Rolf-Günther Nolden

Industriebetriebslehre

unter Mitwirkung von

Ernst Bizer
Georg Blass
Udo Windisch

6. Auflage

Stam 0560

Stam-Verlag Köln · München

umweltfreundlich

Stam druckt auf chlorarm gebleichtem Papier

Verlag H. Stam GmbH
Fuggerstraße 7 · 51149 Köln
Fernruf (0 22 03) 30 29-0

ISBN 3-8237-**0560**-1

Inhaltsverzeichnis

Erster Themenkreis
Der Industriebetrieb im Rahmen der Gesamtwirtschaft

Zweiter Themenkreis
Materialwirtschaft

Dritter Themenkreis
Produktionswirtschaft

Vierter Themenkreis
Personalwirtschaft

Fünfter Themenkreis
Absatzwirtschaft

Sechster Themenkreis
Unternehmensformen und Finanzierung

Siebter Themenkreis

Rechtliche und soziale Rahmenbedingungen der menschlichen Arbeit im Betrieb

Achter Themenkreis
Steuern des Industriebetriebes

Verzeichnis der verwendeten Abkürzungen

AbzG	Gesetz betreffend die Abzahlungsgeschäfte
ADSp	Allgemeine Deutsche Spediteurbedingungen
AE	Ausfuhrerklärung
AFNOR	Agence Française de Normalisation (Französisches Institut für Normung)
AG	Aktiengesellschaft
AGB	Allgemeine Geschäftsbedingungen
AGBG	Gesetz zur Regelung des Rechts der Allgemeinen Geschäftsbedingungen
AHStatGes	Gesetz über die Statistik des grenzüberschreitenden Warenverkehrs
AktG	Aktiengesetz
a.o.	außerordentlich
ARGE	Arbeitsgemeinschaft
Art.	Artikel
AWG	Außenwirtschaftsgesetz
AWV	Außenwirtschaftsverordnung
AZO	Allgemeine Zollordnung
bfn, b/n	brutto für netto
BGB	Bürgerliches Gesetzbuch
BGB-Gesellschaft	Gesellschaft des bürgerlichen Rechts
B/L	Bill of Lading, Konnossement
BLZ	Bankleitzahl
BVG	Betriebsverfassungsgesetz
bzw.	beziehungsweise
c&f, C&F	cost & freight (Klausel der Incoterms)
cif, CIF	cost, insurance, freight (Klausel der Incoterms)
Co.	Compagnie (frz.) oder Company (engl.)
d/a, D/A	documents against acceptance, Dokumente gegen Akzept
d. h.	das heißt
DIN	Deutsches Institut für Normung
DNA	Deutscher Normenausschuß
d/p, D/P	documents against paiment, Dokumente gegen Zahlung
EDV	Elektronische Datenverarbeitung
eG	eingetragene Genossenschaft

EG	Europäische Gemeinschaft
engl.	englisch
e. V.	eingetragener Verein
EVO	Eisenbahnverkehrsordnung
f.	und folgende Seiten
fas, FAS	free alongside ship (Klausel der Incoterms)
ff.	und folgende Seiten
fob, FOB	free on board (Klausel der Incoterms)
for, FOR	free on rail (Klausel der Incoterms)
fot, FOT	free on truck (Klausel der Incoterms)
frz.	französisch
FTB	Frachten- und Tarifanzeiger der Binnenschiffahrt
Gebr.	Gebrüder
GenG	Gesetz, betreffend die Erwerbs- und Wirtschaftsgenossenschaften (Genossenschaftsgesetz)
ggf.	gegebenenfalls
GG	Grundgesetz
GmbH	Gesellschaft mit beschränkter Haftung
GmbHG	Gesetz, betreffend die Gesellschaften mit beschränkter Haftung
GNT	Güternahverkehrstarif
GO	Gewerbeordnung
GWB	Gesetz gegen Wettbewerbsbeschränkungen
HGB	Handelsgesetzbuch
i. A.	im Auftrag
IATA	International Air Transport Association
IHK	Industrie- und Handelskammer
i. L.	in Liquidation
Incoterms	International Commercial Terms
ISO	International Organization for Standardization
i. V.	in Vollmacht, in Vertretung
KG	Kommanditgesellschaft
KGaA	Kommanditgesellschaft auf Aktien
lat.	lateinisch
L/C	letter of credit, Zahlung durch Akkreditiv
Lkw	Lastkraftwagen
LZB	Landeszentralbank
Nr.	Nummer
OHG	Offene Handelsgesellschaft
OLSchVO	Orderlagerscheinverordnung
PGiroA	Postgiroamt
Pkw	Personenkraftwagen
Plz.	Postleitzahl
pp., ppa.	per Prokura
REFA	Verband für Arbeitsstudien – REFA – e. V.
RKT	Reichskraftwagentarif
sog.	sogenannt
TÜV	Technischer Überwachungsverein
u. a.	unter anderem
u. a. m.	und andere mehr
usw.	und so weiter
UWG	Gesetz gegen den unlauteren Wettbewerb
vgl.	vergleiche
VVaG	Versicherungsverein auf Gegenseitigkeit
z. B.	zum Beispiel
ZG	Zollgesetz
ZPO	Zivilprozeßordnung

Erster Themenkreis
Der Industriebetrieb im Rahmen der Gesamtwirtschaft

1 Funktion der Industriebetriebe

1.1 Produktionsstufen

Die Konservenfabrik Schmecker & Lecker benötigt für die Herstellung ihrer Produkte Rohstoffe (Gemüse, Obst, Fleisch, Gewürze), Verpackungsmaterialien (Dosen, Kartons) und Maschinen. All diese Güter stellt sie nicht selbst her, sondern kauft sie von Großmärkten, Schlachthöfen und Betrieben der Verpackungs- und Investitionsgüterindustrie.

Die fertigen Produkte werden über fünf Auslieferungsläger an Großhändler und an die Einkaufsgenossenschaften der Einzelhändler abgesetzt.

Auf die Frage, warum die Unternehmung nicht alle benötigten Rohstoffe, Materialien und Maschinen selbst herstellt und warum sie nicht den gesamten Absatz bis zum Endverbraucher selbst übernimmt, antwortet Herr Schmecker jun.:
„Als Hersteller von Konsumgütern der Lebensmittelbranche wären wir völlig überfordert, wenn wir uns neben unserer Hauptaufgabe auf sachfremde Gebiete konzentrieren müßten. Erstens fehlt uns hierzu das nötige Know-how[1]), zweitens könnten wir derartige Tätigkeiten auch nicht finanzieren, und drittens würden uns unmäßige Kosten entstehen, wenn wir die wenigen Maschinen, die wir im Zeitablauf als Ersatz oder zur Erweiterung benötigen, selbst produzierten."

Eine Vielzahl von Betrieben befaßt sich mit der Aufgabe, verschiedenste Güter für Verwender und Verbraucher bereitzustellen. Dabei nutzt jeder einzelne Betrieb seine Vorteile, indem er sich auf ganz bestimmte Leistungen und Produktionstätigkeiten spezialisiert.

Industriebetriebe und Handwerksbetriebe übernehmen die Herstellung von **Sachgütern** (körperlichen Gütern, also festen, flüssigen und gasförmigen Stoffen). Mehrere Produktionsstufen müssen durchlaufen werden, bis verwendungsfähige Güter in die Hand des privaten oder industriellen Verwenders übergehen.

---

[1]) engl. „wissen wie"; geistig-technische Spezialkenntnisse und Erfahrungen, die nicht rechtlich geschützt werden können und deshalb oft strenger Geheimhaltung unterliegen.

Produktionsstufen	
Urerzeugung ↓	Fischerei, Anbau und Ernte in Land- und Forstwirtschaft, Abbau von Bodenschätzen und Energien (Kohle, Öl, Gas, Erze, Salze usw.)
Weiterverarbeitung ↓	Stufenweise Umformung der von der Urerzeugung gewonnenen Stoffe zu Produkten (Erzeugnissen) durch Industrie- und Handwerksbetriebe
Verteilung	Weitergabe der Produkte an Verbraucher und andere Verwender durch Handelsbetriebe

Produktionswirtschaftliche Grundtätigkeiten

Den Industriebetrieben fallen je nach ihrer Stellung in diesem Stufenprozeß unterschiedliche Aufgaben zu.

Aufgaben der Industriebetriebe
Gewinnungsbetriebe Gewinnungsbetriebe besorgen den Abbau der Naturschätze: Öl- und Gasgewinnung, Abbau von Braun- und Steinkohle, Erzen und Salzen.
Verarbeitungsbetriebe Verarbeitungsbetriebe beziehen Werkstoffe von vorgeschalteten Betrieben und wandeln sie in einem Fertigungsprozeß in Produkte um. Diese Produkte können ge- und verbrauchsfertige Waren für die Haushalte sein. Es kann sich aber auch um Maschinen und Werkzeuge handeln sowie um Güter, die in einer folgenden Produktionsstufe wiederum als Werkstoffe weiterverarbeitet werden. Werkstoffe können also nicht oder nur wenig bearbeitet sein (Grundstoffe), sie können auch bereits eine erhebliche Stoffumwandlung erfahren haben (Halbwaren), oder sie stehen als fertige Produkte für den Einbau in andere Erzeugnisse zur Verfügung (fertige Einbauteile).
Veredelungsbetriebe Veredelungsbetriebe gehören grundsätzlich zu den Verarbeitungsbetrieben. Ihre Aufgabe ist jedoch nicht die Stoffumwandlung, sondern eine technische Veränderung (Form- und/oder Qualitätsverbesserung), die für eine zweckmäßigere Weiterverarbeitung oder – bei Fertigerzeugnissen – für einen individuell verfeinerten Geschmack wirtschaftlich bedeutungsvoll sind.[1]) Es gibt z. B. Betriebe für Papier-, Glas-, Textil-, Kunststoff-, Kraftstoff-, Stahl- und Holzveredelung.

[1]) Fachlich nicht haltbar und Anlaß für Mißverständnisse ist die in der Literatur bisweilen anzutreffende Ansicht, Veredelung sei jede Aufbereitung eines Urprodukts zu einem Zwischenprodukt.

Arten der Industriebetriebe in der Industriestatistik

Die amtliche Industriestatistik benutzt eine Einteilung der Industriebetriebe, die sowohl eine verfeinerte Stufung des Produktionsprozesses als auch die Verwendungszwecke und die Industriebranchen (Industriezweige mit ähnlichen Leistungen) erkennen läßt:

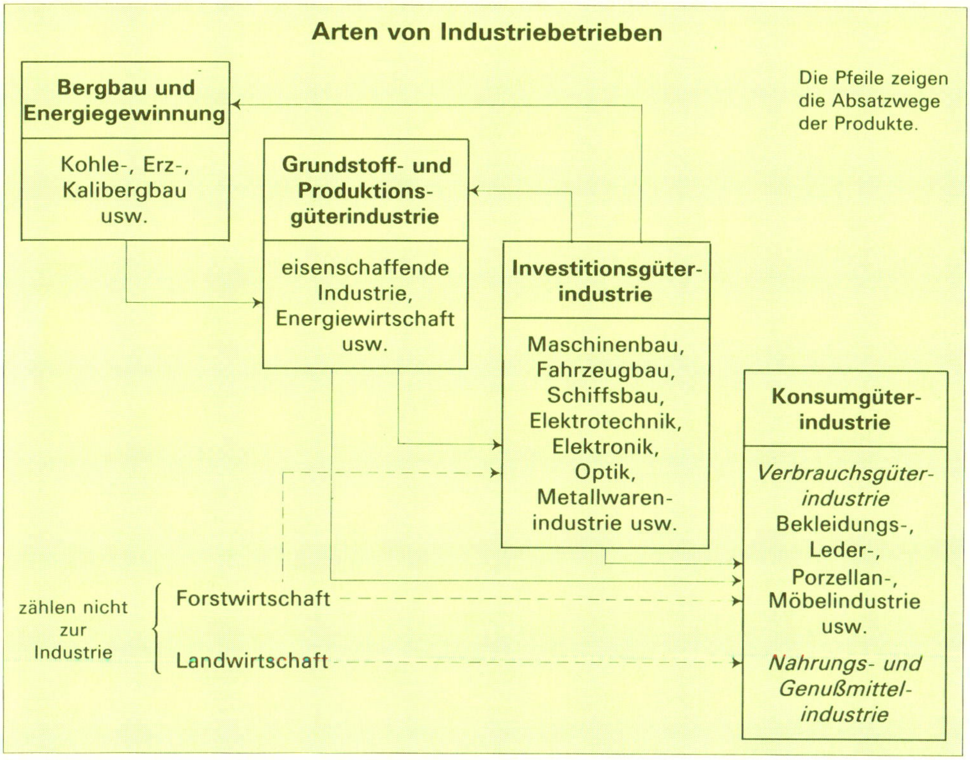

Die **Grundstoff- und Produktionsgüterindustrie** stellt Erzeugnisse zur weiteren Be- oder Verarbeitung in der gewerblichen Wirtschaft oder Bauwirtschaft her.

Die **Investitionsgüterindustrie** stellt Güter her, die zur Produktionsausrüstung in anderen Betrieben bestimmt sind.

Die **Konsumgüterindustrie** stellt Güter für den Gebrauch oder Verbrauch in Haushalten her.

Die Trennung zwischen Investitions- und Konsumgütern ist schwierig, weil das gleiche Produkt (z. B. Pkw, Schreibmaschine, Bohrhammer) vom Haushalt benutzt oder zur Produktion im Betrieb eingesetzt werden kann.

1.2 Betriebliche Grundfunktionen und Betriebsorganisation

Die Vereinigte Maschinen- und Werkzeugfabriken AG (VMW) in Köln beschäftigt 1900 Mitarbeiter. Sie stellt Maschinen und Werkzeuge für Werkstatt- und Heimwerkerbedarf her. Folgendes Organisationsschaubild (Organogramm) zeigt den Aufbau ihrer Betriebsabteilungen:

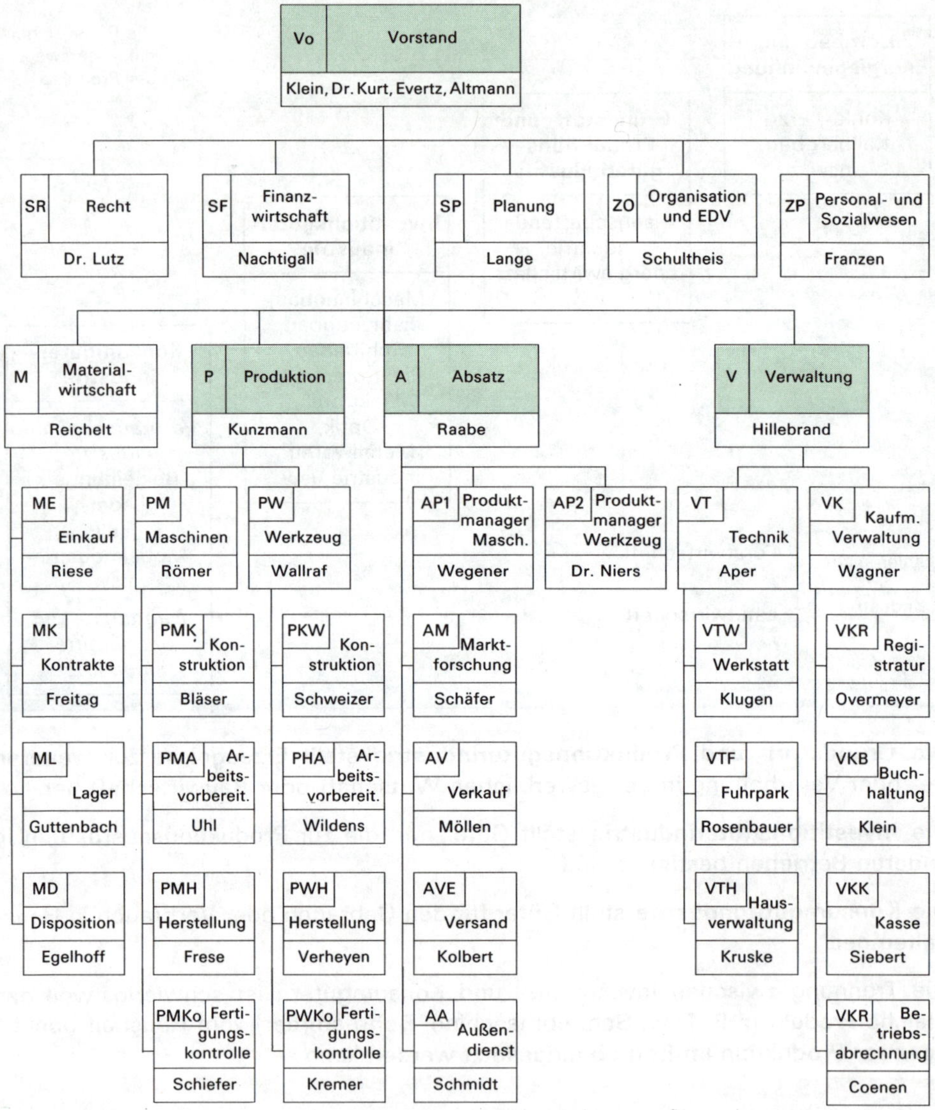

1.2.1 Betriebliche Grundfunktionen

Im Abteilungsaufbau der VMW spiegeln sich verschiedene grundsätzliche Aufgaben (Grundfunktionen) wider, die der Betrieb erfüllen muß, wenn er seine Ziele erfolgreich erreichen will. Folgendes Modell zeigt die Zusammenhänge:

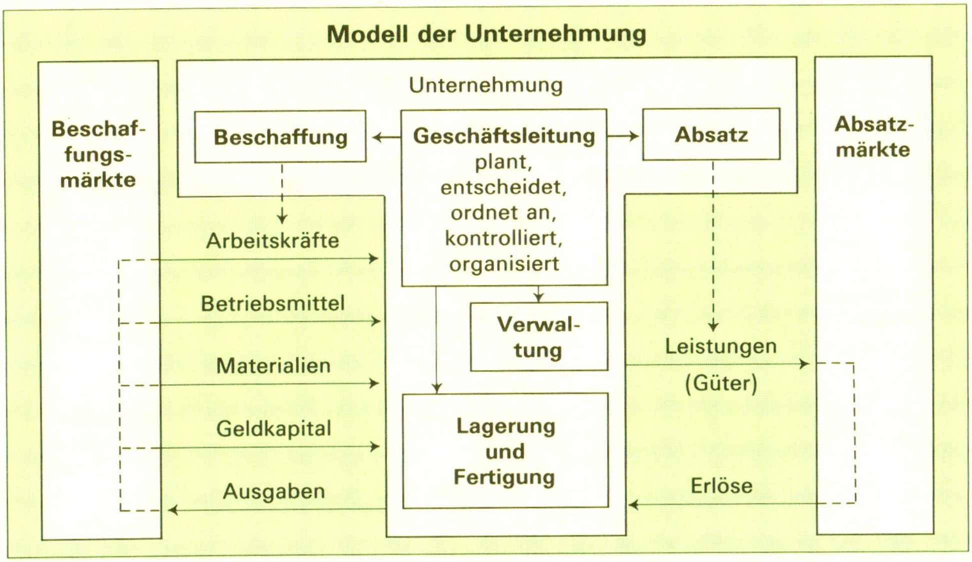

Die **betrieblichen Grundfunktionen** sind:

- Beschaffungsfunktion,
- Lagerungsfunktion,
- Fertigungsfunktion,
- Absatzfunktion,
- Leitungsfunktion,
- Finanzierungsfunktion.

Beschaffungsfunktion

Jeder Betrieb muß für die Erstellung der betrieblichen Leistungen grundlegende Einsatzmittel beschaffen. Man nennt diese die **betriebswirtschaftlichen Produktionsfaktoren.** Es handelt sich um Betriebsmittel, Materialien, ausführende Arbeitskräfte und leitende Arbeitskräfte (Geschäftsleitung):

- **Betriebsmittel**

Betriebsmittel sind die Gegenstände, mit deren Hilfe Leistungen erstellt werden, z. B. Grundstücke, Gebäude, Maschinen, Vorrichtungen und Werkzeuge.

• Materialien

Materialien sind die Gegenstände, die verarbeitet, bearbeitet oder eingebaut werden oder für das Funktionieren der Betriebsmittel eingesetzt werden.

Man teilt die Materialien nach dem Umfang ein, in dem sie Bestandteil des Fertigerzeugnisses werden:

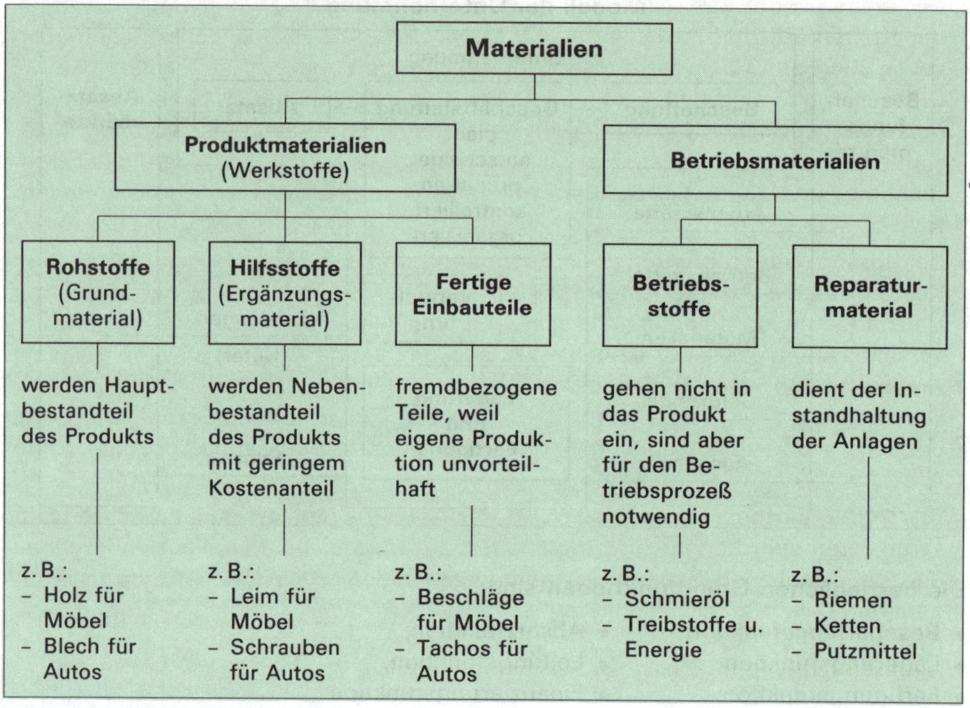

• Ausführende Arbeitskräfte

Ausführende Arbeitskräfte sind die Beschäftigten, die mit Hilfe von Betriebsmitteln aus Werkstoffen Leistungen erstellen.

• Geschäftsleitung

Die Geschäftsleitung, auch „dispositiver Produktionsfaktor" genannt, verbindet die drei anderen Faktoren miteinander und ermöglicht so erst die Leistungserstellung.

Lagerungsfunktion

Die beschafften Werkstoffe können oft nicht sofort verarbeitet, sondern müssen zuerst gelagert werden. Ebenso müssen halbfertige Produkte häufig zwischengelagert und fertige Produkte vor dem Verkauf gelagert werden.

Fertigungsfunktion

In der Fertigung wirken die betriebswirtschaftlichen Produktionsfaktoren zusammen, um auf wirtschaftliche Weise die Betriebsleistungen zu erstellen. Die Werkstoffe werden zu Fertigerzeugnissen verarbeitet.

Von der Art des Betriebes hängt es ab, in welchem Umfang die einzelnen Produktionsfaktoren an den Kosten der Produktion beteiligt sind:

- Bei **anlage- oder kapitalintensiven Betrieben** entfällt der überwiegende Anteil der Kosten auf die Betriebsmittel, z. B. bei Zement-, Hütten-, Energiebetrieben sowie allen Betrieben mit fortgeschrittener Automation.
  Diese Betriebe sind relativ krisenanfällig, da die Anlagen auch dann Kosten verursachen, wenn ihre Kapazität nicht ausgelastet ist. Andererseits verbilligt Massenproduktion die Produkte stark. Das Rechnungswesen in Form der Plankostenrechnung und Kontrolle der Kapazitätsausnutzung ist hier von großer Bedeutung.
- Bei **arbeits- oder lohnintensiven Betrieben** entfällt der überwiegende Anteil der Kosten auf die Arbeitskräfte, z. B. bei Handwerks- und Handelsbetrieben, der Hausindustrie, der feinmechanischen und optischen Industrie. Aufgrund von Universalmaschinen ist eine schnellere Anpassung an die Kundenwünsche möglich. Andererseits bringen größere Produktionsmengen aufgrund des hohen Arbeitskostenanteils kaum Kostensenkungen. Die Folge sind hohe Preise. Wichtig sind besonders die Absatzfunktion (individuelle Kundenbearbeitung) und eine gute Arbeitsvorbereitung in der Fertigung.
- Bei **materialintensiven Betrieben** ist der Anteil der Materialkosten an den Gesamtkosten sehr hoch, weil wertvolle Rohstoffe (z. B. bei Metallhüttenbetrieben und der Textil- und Schmuckwarenindustrie) oder große Mengen normalwertigen Materials (z. B. bei Eisenhüttenbetrieben) verwendet werden. Wichtig für das Betriebsergebnis ist hier vor allem die kostengünstige Beschaffung und Lagerung der Werkstoffe.

Absatzfunktion

Das Ziel des Betriebes ist erst erreicht, wenn die erstellten Leistungen ihre Käufer gefunden haben. Nur der Absatz bringt die Mittel herein, von denen die Verpflichtungen bestritten werden können.

Leitungsfunktion

Es ist die Aufgabe der Geschäftsleitung, die Betriebsprozesse in Gang zu setzen und zu halten.
In der Geschäftsleitung läuft die gesamte Anordnungs-, Entscheidungs- und Kontrollbefugnis zusammen **(Führungsfunktion)**; der Geschäftsleitung obliegt die Gesamtplanung **(Planungsfunktion)**; sie gibt der Unternehmung eine dauerhafte Struktur **(Organisationsfunktion)**.
Häufig werden die Organisation und die Planung besonderen betrieblichen Abteilungen zugeordnet. Dann ist es sinnvoll, Organisation und Planung ebenfalls als Produktionsfaktoren zu bezeichnen. Man spricht von **abgeleiteten Produktionsfaktoren**, weil sie sich aus der Geschäftsführung herleiten.

Folgende Aufgaben sollten immer der Geschäftsleitung vorbehalten bleiben, weil sie aus dem Ganzen der Unternehmung heraus erfüllt werden müssen:

- Festlegung der Unternehmensziele und der Unternehmenspolitik,
- Koordinierung der großen betrieblichen Teilbereiche,
- Beseitigung außergewöhnlicher Störungen im laufenden Betriebsprozeß,
- geschäftliche Maßnahmen von großer Bedeutung (z. B. Beteiligung an anderen Unternehmungen, Stillegungen),
- Besetzung der obersten Führungsstellen.

Finanzierungsfunktion

Die Beschaffung der Produktionsfaktoren, die Lagerung, die Fertigung, der Absatz und die Leitung der Unternehmung verursachen Ausgaben.
Die Beschaffung des notwendigen Kapitals zur Deckung der Ausgaben heißt Finanzierung. Kapital fließt unter anderem durch die Einlagen der Eigentümer, durch die Kredite der Banken und Geschäftsfreunde sowie durch den Verkauf der Produkte als Erlöse in den Betrieb.

Weitere betriebliche Funktionen

Außer den genannten Grundfunktionen existiert eine Reihe weiterer Funktionen, z. B.

- technische und kaufmännische Verwaltung,
- Transportaufgaben,
- soziale Aufgaben,
- Schulungsaufgaben,
- Forschungsaufgaben.

1.2.2 Betriebsorganisation

Betriebliche Bereiche

Um einen reibungslosen Betriebsablauf zu sichern, ordnet man alle betrieblichen Funktionen verantwortlichen betrieblichen Bereichen zu, die in Abteilungen und Stellen gegliedert sind.

Betriebliche Bereiche	
Materialwirtschaft Beschaffung, Lagerung, Transport der Werkstoffe	**Personalwirtschaft** Personalplanung und -beschaffung, Personalführung, soziale Aufgaben, Schulungsaufgaben
Produktionswirtschaft Konstruktion und Fertigung der Erzeugnisse, Qualitätskontrolle	**Finanzwirtschaft** Bereitstellung des für den Betriebsprozeß benötigten Kapitals
Absatzwirtschaft Verwertung der Erzeugnisse am Markt: Erkundung der Marktchancen, Verkauf, Verkaufsförderung, Kundenpflege	**Verwaltung** Reparaturen und Pflege von Fuhrpark und Gebäuden (technischer Bereich), Ablage und Rechnungswesen (kaufmännischer Bereich)

Organisationsschaubild

Das Organisationsschaubild oder Organogramm[1]) hält den organisatorischen Aufbau des Betriebes fest; es zeigt:

- Betriebsbereiche und Betriebsabteilungen,
- Stellen innerhalb der Abteilungen (Arbeitsgebiete, die auf das Leistungsvermögen einer gedachten Person zugeschnitten sind),
- Instanzen (Stellen mit Leitungsaufgaben),
- Rangordnung der Stellen,
- Befehls- und Dienstwege (eindeutig festgelegte Weise- und Meldelinien von der Geschäftsführung zu den ausführenden Stellen und zurück).

Verschiedene Arten von Stellen sind zu unterscheiden.

Arten von Stellen
Linienstellen Sie erhalten Anweisungen von vorgesetzten Stellen und geben ihrerseits Anweisungen an nachgeordnete Stellen. Es existiert sozusagen eine feste Befehlslinie von oben nach unten.
Stabsstellen Sie sind einer Linieninstanz zugeordnet. Sie sollen die Instanz durch informierende, planende, beratende Tätigkeit entlasten. Sie haben ihrerseits kein Weisungsrecht.
Fachinstanzen, Zentralstellen Sie bearbeiten Fragen, die alle Linienabteilungen gemeinsam betreffen. Sie sind der Geschäftsleitung zugeordnet und haben oft ein begrenztes Weisungsrecht gegenüber der Linie. Typisch sind Stellen wie Gesamtplanung, Organisation, Personalwesen.

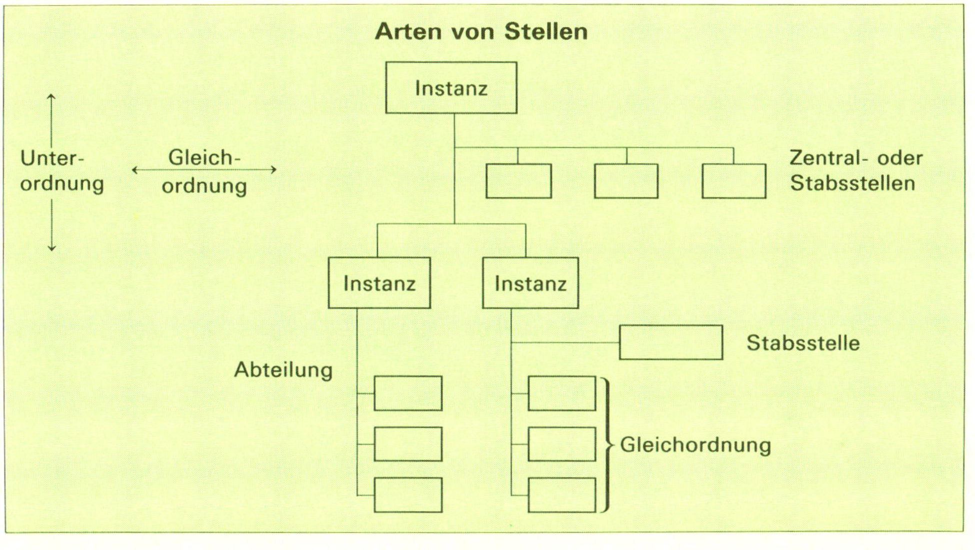

[1]) vgl. S. 16

Funktionsorganisation und Spartenorganisation

Für Betriebe mit einer mittleren Größe ist die **Funktionsorganisation** vorherrschend: Die Unternehmung ist unterhalb der Geschäftsleitung nach den unternehmerischen Funktionen gegliedert.

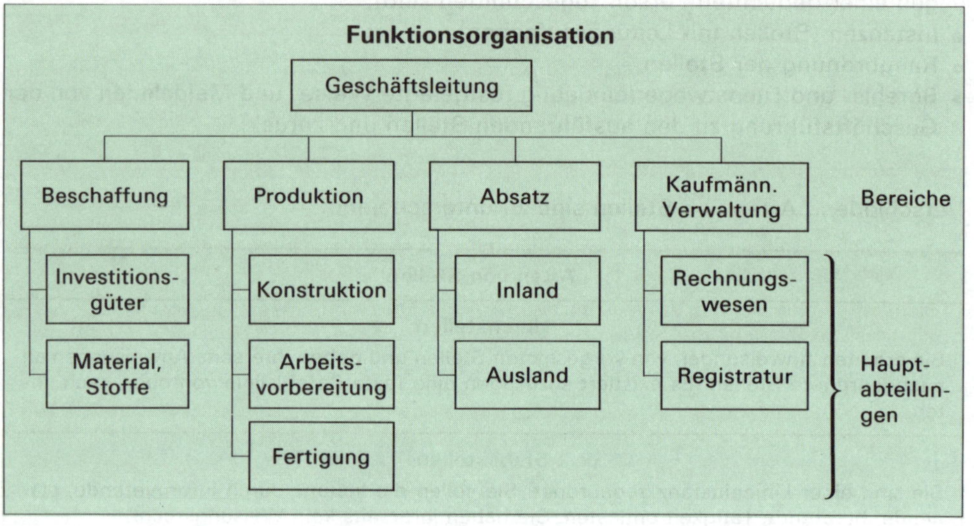

Bei Großunternehmen mit vielen Produkten findet man dagegen eine **Spartenorganisation**[1]): Man bildet unterhalb der Geschäftsleitung Instanzen nach Produktgruppen mit eigenem Beschaffungs-, Produktions- und Absatzwesen.

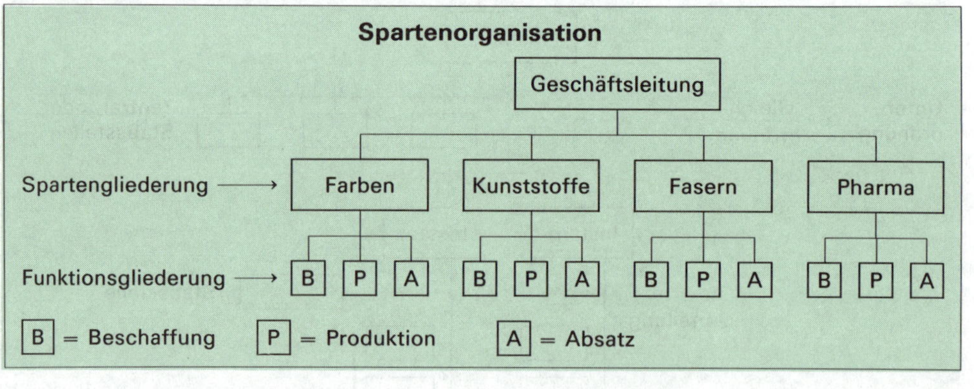

[1]) Sparten sind Fachbereiche.

Kontrolle des Lernerfolgs

1. Versuchen Sie zu beschreiben, welche Betriebe zusammenarbeiten müssen, bis daß ein Personenkraftwagen in die Hand des Benutzers übergeht. Geben Sie dabei auch jeweils die Produktionsstufen und Branchen an, zu denen die betreffenden Betriebe gehören.
2. Betrachten Sie das Organogramm der Vereinigten Maschinen- und Werkzeugfabriken AG.
   a) Welche Grundfunktionen müssen in dieser Unternehmung erledigt werden, um bedarfsgerechte Güter an die Abnehmer liefern zu können?
   b) Geben Sie an, welche Stellen und Abteilungen für die Durchführung dieser Aufgaben jeweils verantwortlich sind.
   c) Welche Stellen sind mit Leitungsaufgaben befaßt? Geben Sie eine detailliertere Beschreibung dieser Aufgaben.
   d) Welche Stellen befassen sich mit material-, produktions-, absatz-, personal-, finanzwirtschaftlichen Aufgaben?
   e) Erläutern Sie, ob es sich um eine Funktions- oder eine Spartenorganisation handelt.
   f) Welche Stellen würden Sie als Linienstellen, welche als Stabsstellen bzw. Fachinstanzen bezeichnen?
3. Handelt es sich bei der VMW nach Ihrer Ansicht um einen anlage-, arbeits- oder materialintensiven Betrieb? Begründen Sie Ihre Ansicht.

2 Einbindung des Industriebetriebes in die Gesamtwirtschaft

2.1 Industriebetrieb und Dienstleistungsbetrieb

Die Unternehmung Ruwersen & Strack lieferte am 17. 08. 19.. 2000 kg Schellack im Rechnungsbetrag von 9125,— DM an die Farbenfabrik José Robledo in Paraguay. Da die Geschäftsverbindung schon seit acht Jahren bestand, hatte man dem Käufer auf dessen Wunsch hin erstmalig ein Zahlungsziel gewährt.
Die Firma Robledo ging am 25. 09. in Konkurs. Es stellt sich heraus, daß die Forderung zu 90% uneinbringlich war. Glücklicherweise hatte Ruwersen & Strack jedoch eine Ausfuhrkreditversicherung abgeschlossen, die ihnen den Schaden zu 80% ersetzte.

Ruwersen & Strack sollen ihrem Kunden einen Kredit gewähren. Kreditgewährung allerdings ist nicht die eigentliche Aufgabe dieses Fertigungsbetriebes. Durch den Kredit entsteht das Risiko des Zahlungsausfalls. Zwar könnte man sich gegen die damit verbundene Gefahr schützen, indem man systematisch aus den Erlösen Beträge als eine Art Selbstversicherung zurücklegt. Es bietet sich aber eher an, einen Betrieb einzuschalten, der sich auf die Absicherung von Risiken spezialisiert hat: eine Versicherung.
Die eigentliche Aufgabe des Fertigungsbetriebes ist die Produktion von Sachgütern. Er kann diese um so besser erfüllen, je mehr er von Nebenaufgaben entlastet wird. Hier greifen zahlreiche Dienstleistungsbetriebe ein.

Dienstleistungsbetriebe
Handelsbetriebe Handelsbetriebe übernehmen die Verteilung der Güter, sind also die Verbindung zwischen Produktion und Verbrauch. Ohne den Handel müßte sich der Produktionsbetrieb oft mit Tausenden von Verbrauchern in Verbindung setzen. Durch diese zusätzliche Arbeit wäre es ihm wahrscheinlich nicht möglich, sich genügend auf die Fertigungsaufgabe zu konzentrieren. **Großhandel** Der Großhandel übernimmt die Verkaufsarbeit für den Produktionsbetrieb. Er kann große Bestellungen vornehmen. Dadurch bekommen die Erzeuger langfristige Vorausbestellungen und können ihren Produktionsplan langfristig aufstellen. Der Großhändler hält die Güter für die meist kurzfristigen Bestellungen der Einzelhändler bereit. **Einzelhandel** Der Einzelhandel kauft die Waren von den verschiedenen Großhändlern und in einzelnen Fällen auch von Produzenten. Der Einzelhandel hält so eine unübersehbare Fülle von Bedarfsgegenständen in verschiedener Güte, Ausführung und Preislage jederzeit und in jeder Menge für den Verbraucher bereit.
Kreditinstitute Banken und Sparkassen vermitteln den Zahlungsverkehr, nehmen überschüssige Gelder zur Verzinsung an und stellen den Unternehmen Kredite zur Durchführung ihrer Aufgaben zur Verfügung.

Versicherungsbetriebe
Jeder Betrieb ist mit Risiken behaftet. Zahlungsausfälle, Stürme, Feuer, Unfälle usw. können Schäden verursachen. Die Versicherung nimmt dem Betrieb gegen Prämie das Risiko ab und gleicht Verluste durch Schadensfälle aus.
Verkehrsbetriebe
Eisenbahn, Post, Schiffahrt, Luftfahrt, Speditionsbetriebe besorgen den Antransport der Werkstoffe und den Versand der Fertigungsprodukte. Sie stellen hierfür vielfach spezielle Umschlagseinrichtungen und Transportmittel zur Verfügung.
Nachrichtenbetriebe
Nachrichtenbetriebe (Rundfunk, Fernsehen, Zeitungen, Fachzeitschriften) beschaffen dem Betrieb wichtige Informationen über Politik und Marktlage und geben ihm Gelegenheit, in Verbindung mit Lieferern und Kunden zu treten (Brief-, Telefon-, Fernschreibverkehr).

2.2 Industriebetrieb und Handwerksbetrieb

Auch die Abgrenzung des Industriebetriebes gegenüber dem Handwerksbetrieb ist von Bedeutung. Bei beiden handelt es sich um Produktionsbetriebe. Der Handwerksbetrieb hat jedoch eine geringere Größe, produziert meist verhältnismäßig unkomplizierte Produkte im Kundenauftrag und besitzt eine kleinere Maschinenausstattung. Er fertigt in Werkstätten oder arbeitet beim Kunden oder auf Baustellen. Die Arbeitskräfte haben vielfach eine fundierte Facharbeiterausbildung. Beim Industriebetrieb liegen oft andere Verhältnisse vor. Jedoch ist die Grenze im Einzelfall schwer zu ziehen.

Im folgenden sind die wesentlichen Unterscheidungsmerkmale aufgeführt. Je mehr industrietypische Kriterien ein Betrieb aufweist, desto eher ist er als Industriebetrieb zu bezeichnen.

Abgrenzung von Handwerks- und Industriebetrieben		
Handwerksbetrieb	Unterscheidungsmerkmale	Industriebetrieb
- Kleinbetriebe - verhältnismäßig wenige Arbeitskräfte - geringe Kapazität	**Größe, Kapazität**	- Großbetriebe, mittlere Betriebe - verhältnismäßig viele Arbeitskräfte - große Kapazität
- wenige, verhältnismäßig unkomplizierte Produkte - geringer Ausstoß	**Produktionsprogramm**	- vielfach technisch komplizierte Produkte - großer Ausstoß oder Einzelanfertigung von Großanlagen

– verhältnismäßig personalintensiv – kleines Anlagevermögen (Handmaschinen)	**Faktorintensität**	– verhältnismäßig kapitalintensiv – großes Anlagevermögen (maschinelle Anlagen)
– kleine Werkstätten – vorwiegend manuelle Fertigung – geringe Arbeitsteilung	**Fertigungsorganisation**	– teils Großwerkstätten, teils Fließfertigung, teils Fertigung in Arbeitsgruppen – überwiegend maschinelle und automatische Fertigung – große Arbeitsteilung
– in der Regel mit Facharbeiterausbildung	**Arbeitskräfte**	– teils ohne Ausbildung (angelernt), teils Facharbeiter, teils Spezialisten
– Auftraggeber bekannt – Absatz auf Bestellung – kleines Absatzgebiet	**Absatzmarkt**	– Großaufträge auf Bestellung; sonst häufig Produktion auf Lager für den anonymen Markt, – großes Absatzgebiet

2.3 Verbindung des Industriebetriebs mit seinen Märkten

Die Unternehmung Gebr. Gabor war bis in die siebziger Jahre ein bedeutender Hersteller von Registrierkassen, bis sie im Jahre 1976 Konkurs anmelden mußte. Schuld am Niedergang des Hauses war eine gefährliche Falscheinschätzung der Marktlage. Man hatte bereits jahrzehntelang mit großem Erfolg mechanische Registrierkassen gebaut. Zuletzt hatte man einen Magnetbandspeicher eingebaut, der eine anschließende Weiterverarbeitung der Rechnungsbeträge durch die EDV ermöglichte. Die Konkurrenz war jedoch schon einen Schritt weiter: Sie brachte gleichzeitig auf rein elektronischer Basis arbeitende Geräte heraus. Vorteile: 1. Die Kassen arbeiteten fast geräuschlos; 2. Neben der Eingabe über die Tastatur war eine Datenabtastung durch einen Lesegriffel möglich. Von diesem Augenblick an ging die Nachfrage nach Gabor-Kassen schlagartig um 90% zurück.

Abhängigkeit des Industriebetriebes von seinen Märkten

Jede Unternehmung tritt als Anbieter bestimmter Leistungen auf. Sie erreicht ihre Betriebsziele nur dann, wenn die Leistungen den Abnehmern zusagen und einen kostendeckenden Preis erzielen. Dem Angebot an einem bestimmten Gut muß also eine genügend große Nachfrage gegenüberstehen.

Das Zusammentreffen von Angebot und Nachfrage nach einem bestimmten Gut nennt man *Markt*. Jedes Gut braucht seinen Markt, um Absatz zu finden.
Aus der Sicht der Unternehmung unterscheidet man zwei *Marktgruppen:* Beschaffungsmärkte und Absatzmärkte.

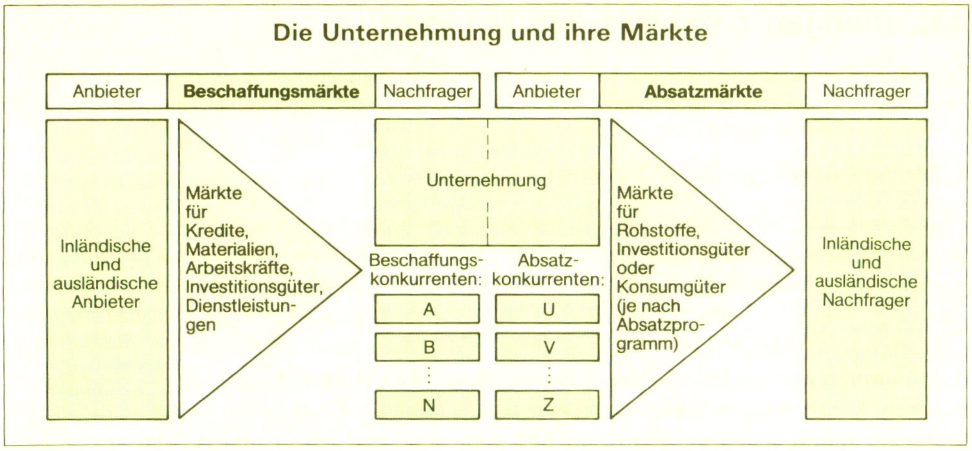

Jeder Markt ist durch drei wesentliche **Merkmale** gekennzeichnet:

- durch die Art der gehandelten Güter,
- durch die Zahl der Anbieter auf den Beschaffungsmärkten bzw. der Nachfrager auf den Absatzmärkten,
- durch die Zahl der Konkurrenten.

Diese Markteigenschaften wirken sich stark auf das Handeln der einzelnen Unternehmung aus.

Beispiele:

1. Art der Güter: Werkzeugmaschinen (z. B. Karusseldrehbänke)
   Nachfrager: verhältnismäßig wenige Betriebe der metallbearbeitenden Industrie
   Konkurrenten: verhältnismäßig wenige Mitanbieter
   Auswirkungen:
   - intensive Bearbeitung der Kunden notwendig
   - starke Rücksichtnahme auf die Konkurrenten, z. B. bei der Preisgestaltung und der Lieferbereitschaft, notwendig.
   - Die Art der Produkte bedingt eine Einzelfertigung mit stets neuer Konstruktion. Gefertigt wird nur bei Vorliegen von Kundenaufträgen (Auftragsfertigung). Wegen der variablen Arbeitsabläufe können keine Fließbänder eingesetzt werden, sondern die Materialien durchlaufen bei der Bearbeitung verschiedene Werkstätten.

2. Art der Güter: Bier
   Nachfrager: fast alle Haushalte (also unendlich viele)
   Konkurrenten: viele, die aber nur in begrenzten Räumen tätig werden
   Auswirkungen:
   - nur indirekte Bearbeitung der Kunden durch verschiedene Werbemaßnahmen
   - begrenzte Rücksichtnahme auf die Konkurrenten nötig. (Der Kunde wird bei leichten Preisänderungen nicht gleich die Marke wechseln.)
   - Produktion auf Lager in großen Mengen (Lagerfertigung). Die Fertigungsabläufe ändern sich nicht, die Anlagen sind deshalb nach dem Arbeitsablauf geordnet (Reihenfertigung).

Beziehungen zwischen den Märkten

Zwischen den verschiedenen Märkten bestehen vielfältige Beziehungen mengenmäßiger und preismäßiger Art:

• Mengenmäßige Beziehungen

Was geschieht, wenn sich die angebotenen Mengen auf einem Rohstoffmarkt ändern, z. B. das Angebot an Kupfer sinkt? Dies hat Auswirkungen auf alle nachgelagerten Märkte und auf die Märkte von Ersatzgütern (Substitutionsgütern). Es können nicht mehr so viele Produkte aus dem Rohstoff Kupfer hergestellt werden. Die betroffenen Unternehmen werden gleichzeitig ihre Nachfrage nach anderen Produktionsfaktoren (Arbeitskräften, Rohstoffen, Maschinen, Kapital usw.) verringern müssen. Langfristig müssen sie sich eventuell auf die Produktion anderer Güter mit anderen Rohstoffen umstellen, so daß hier die Produktion steigt. Man wird vielleicht auch Ersatzrohstoffe suchen, mit denen die bisherigen Produkte ebenfalls hergestellt werden können. Große Umstrukturierungsprozesse in Angebot und Nachfrage sind die Folge.

• Preismäßige Beziehungen

Hier sind ähnliche Auswirkungen gegeben. Verteuern sich die Preise eines Rohstoffes, so werden die nachgelagerten Industrien entweder weniger davon nachfragen und auf Ersatzrohstoffe ausweichen, oder sie wälzen die Preiserhöhungen auf ihre Käufer ab, oder sie drosseln die Produktion. Dadurch sinkt gleichzeitig ihre Nachfrage nach Arbeitskräften und Investitionsgütern.

Aber auch wenn die Preise auf einem Verbrauchermarkt sich ändern, können andere Märkte in Mitleidenschaft gezogen werden. Würde z. B. der Brotpreis auf das Doppelte steigen, so könnte die Nachfrage nach Brot als einem wichtigen Grundnahrungsmittel kaum zurückgehen. Dafür müßten die Verbraucher gegebenenfalls ihre Nachfrage nach anderen Gütern, etwa Auslandsreisen, Möbeln, Fahrzeugen einschränken.

Änderungen auf einem Markt führen also stets zu Störungen auf anderen Märkten und in anderen Wirtschaftsbereichen. Sie wirken sich immer auf die Beschäftigungs-, Ertrags- und Kostenlage der betroffenen Unternehmungen aus.

Abhängigkeit der betrieblichen Planung von den Marktverhältnissen

Alle betrieblichen Funktionen müssen gründlich geplant werden.

***Planung* ist vorausschauendes gedankliches Handeln. Sie legt späteres tatsächliches Handeln zweckmäßig fest.**

Der Betrieb kann nur solche Güter produzieren, die am Markt genügenden Absatz finden. Systematische Marktforschung soll deshalb verheißungsvolle Marktlücken, aber auch Schwachstellen der Konkurrenz aufdecken. Auf der Marktforschung baut ein langfristiger Absatzplan auf, der die geplanten Absatzmengen und Umsätze festhält. Alle anderen Teilpläne hängen vom Absatzplan ab:

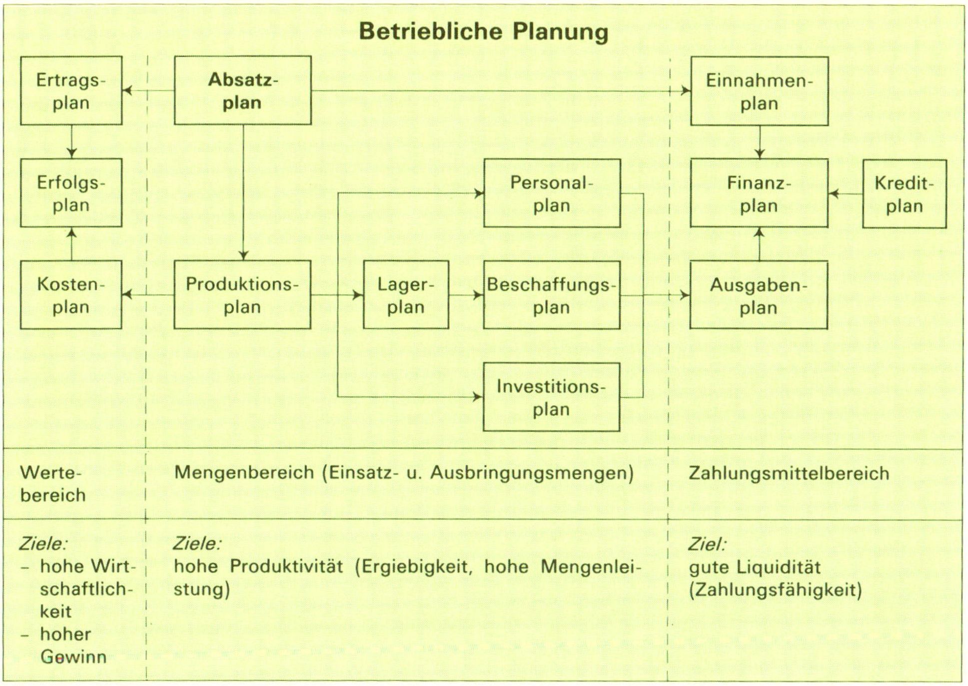

Allerdings können sich aufgrund der Gegebenheiten auf den Beschaffungsmärkten betriebliche Engpässe ergeben: Wenn die Einkaufspreise zu hoch sind, die Bezugsquellen nicht gesichert sind, das notwendige Personal oder die Finanzmittel für die Bereitstellung der Kapazitäten (Produktionsmöglichkeiten) nicht beschafft werden können, so nützen die besten Absatzchancen nichts. Kurzfristig muß sich die Absatzplanung deshalb nach bestehenden Engpässen richten.

Kurzfristig ist also der jeweils schwächste betriebliche Engpaßbereich (der sogenannte **Minimumsektor**) entscheidend für die Gesamtplanung.

Ausgleichsgesetz der Planung:

Langfristig besteht die Tendenz, den Minimumsektor auszuweiten und an das Niveau der anderen Bereiche anzugleichen, so daß er seine Engpaßeigenschaft verliert.

Kontrolle des Lernerfolgs

1. Nehmen Sie Stellung dazu, ob die VMW folgende Aufgaben selbst durchführen oder ob sie gegebenenfalls auf die Hilfe anderer Betriebe zurückgreifen soll. Begründen Sie, welche Betriebe hierfür gegebenenfalls in Frage kommen.
   a) Zustellung von Angeboten an Kunden;
   b) Transport von 15 t Fertigerzeugnissen von Köln nach München;
   c) Absicherung gegen Unfälle der Arbeitnehmer, Maschinenausfälle, Feuer;
   d) Übermittlung einer Zahlung von 20000,— DM an einen Lieferer in Mainz;
   e) Beschaffung einer Summe von 500000,— DM für den Kauf einer Maschine;
   f) Verkauf von Werkzeugen an Heimwerker.

2. Rechnen Sie die folgenden Betriebe zu den Handwerks- oder den Industriebetrieben? Nennen Sie die Kriterien für Ihre Entscheidung.
   a) Bauschlosserei, Meisterbetrieb, 4 Gesellen, 1 Auszubildender;
   b) Näherei, 20 Näherinnen, Fertigung mit Nähmaschinen und Halbautomaten;
   c) Bauunternehmung, 90 Beschäftigte, mit eigenen Baggern, Baukränen, Lkws, Erstellung von Rohbauten in konventioneller Weise;
   d) Bauunternehmung, 100 Beschäftigte, Erstellung von Fertigwohnhäusern in Leichtbauweise, Produktion der Fertigteile in eigenen Produktionshallen, Kapazität: 4 Fertighäuser pro Woche.

3. Beschreiben Sie, welche Auswirkungen eine Verknappung des Rohöls auf verschiedene Gütermärkte haben könnte.

4. Vergegenwärtigen Sie sich den Markt für Personenkraftwagen.
   Welche Auswirkungen haben die Güter-, Nachfrage- und Konkurrenzverhältnisse auf den Absatzmärkten der Pkw-Hersteller auf die Planung, das Marktverhalten und die Produktionsverhältnisse der Pkw-Hersteller?

3 Standortwahl des Industriebetriebes

„Wir wurden 1860 auf Ölschiefer gebaut", erklärte die Geschäftsführung der ältesten deutschen Raffinerie, des Wintershall-Schmierölwerkes Salzbergen im südlichen Emsland. „Schon bald danach hatten wir den falschen Standort; unser Öl wurde aus Amerika importiert, die Schieferverarbeitung war unwirtschaftlich. Als später im Emsland Öl gefunden wurde, lagen wir wieder richtig. Falsch war dann der Standort, als nach dem Krieg die Küste als idealer Raffinerie-Standort angesehen wurde – und wieder richtig, als die Raffinerien zu den Absatzmärkten wanderten – doch nicht richtig, weil die Grenzen zu den nahen europäischen Nachbarmärkten noch geschlossen waren – aber endlich wieder ganz richtig, als sich die Grenzen öffneten."

(Quelle: Frankfurter Allgemeine Zeitung)

3.1 Standortfaktoren

Die Wahl eines günstigen Standortes ist für den Betrieb von entscheidender Bedeutung. Wer sich an der „richtigen" Stelle niederläßt, gewinnt Vorteile gegenüber seinen Konkurrenten, die sich letzten Endes auf seinen Gewinn positiv auswirken werden. Betriebe mit ungünstigem Standort haben entsprechende Nachteile. Darüber hinaus ist die Einrichtung eines Betriebes teuer. So entstehen Ausgaben für das Grundstück, eventuell auch für den Bau von Lagerhallen und Geschäftsräumen, für die Installation und Einrichtung sowie für die Personalbeschaffung. Ein einmal gewählter Standort kann nur mit großen Kosten korrigiert werden.

Der Betrieb versucht, seinen Standort an einem Ort zu wählen, der ihm den *größtmöglichen Nutzen* bringt. Ein solcher Nutzen besteht in gewissen Ertragsvorteilen und Kostenvorteilen.

Standortfaktoren

Ertragsvorteile	**Kostenvorteile**
– räumliche Nähe zum Absatzmarkt, zum Kunden – hohe Kaufkraft im Einzugsgebiet – verkehrsgünstige Lage – fehlende oder schwache Konkurrenz	– natürliche Gegebenheiten (z. B. Vorhandensein von Rohstoffen, Nähe von Wasserwegen, Energien) – Vorhandensein von billigen Arbeitskräften oder branchentypisch ausgebildeten Arbeitskräften – günstiger Betriebsraum (z. B. niedrige Grundstückspreise, niedrige Gewerbesteuer, staatliche Subventionen) – verkehrsgünstige Lage – gute Infrastruktur (z. B. Vorhandensein von Gas-, Wasser-, Stromleitungen, Straßen, Bahnlinien, Verkehrseinrichtungen, Flughäfen usw.)

Bedeutung der Standortfaktoren
Absatz Betriebe mit konsumnahen Produkten sind in der Regel absatzorientiert. Das kann zwei Ursachen haben: 1. In Ballungszentren kann häufig ein höherer Preis erzielt werden. 2. In Konsumnähe besteht eine größere Chance, den mengenmäßigen Absatz zu steigern. Allerdings sind auch höhere Kosten (z. B. Mieten) in Kauf zu nehmen.
Kaufkraft Von entscheidender Bedeutung kann die Geldsumme sein, die im Einzugsgebiet eines Handelsgebietes in einem Zeitabschnitt zur Verfügung steht. Einwohnerdichte, Einkommenshöhe und Kaufgewohnheiten spielen hier eine wesentliche Rolle.
Konkurrenz Das Fehlen von Konkurrenz ist für den Absatz einer Unternehmung stets günstig. Ein Standort kann aber trotz vorhandener Konkurrenz geeignet sein, wenn genügend Kaufkraft bei den Kunden vorhanden ist und/oder wenn kostengünstiger gearbeitet und damit preisgünstiger angeboten werden kann.
Verkehr Der endgültige Standort eines Betriebes wird zwischen den Faktoren Rohstoff, Arbeitskräfte und Absatzgebiet dort liegen, wo die Transportkosten am niedrigsten sind. Und zwar spielen die Verkehrswege sowohl für die Rohstoffe und Fertigprodukte wie auch für die Arbeitskräfte eine wichtige Rolle. So können ursprünglich schlechte Standorte durch die Erschließung von Verkehrsanschlüssen wie Autobahnen, Kanälen oder Eisenbahnen zu günstigen Standorten entwickelt werden. Auch können staatliche Subventionen wie im Falle Berlin mitbestimmend bei der Standortwahl sein.
Rohstoffe Reine Gewinnungsbetriebe sind standortgebunden. Sie können Bodenschätze nur dort fördern, wo sie vorkommen. Aber auch andere Betriebe siedeln sich in der Nähe von Rohstoffquellen an, um die Transportkosten niedrig zu halten. Dies gilt vor allem für Betriebe der Grundstoffindustrie, z. B. der Energiewirtschaft. Industrielle Ballungsgebiete sind oft durch Rohstoffvorkommen entstanden, z. B. das Ruhrgebiet.
Arbeitskräfte Industriebetriebe mit hohem Lohnkostenanteil suchen ihren Standort gern in Gebieten mit niedrigen Löhnen; andere in Gebieten mit freien Arbeitskräften oder auch mit branchentypisch ausgebildeten Arbeitskräften.
Betriebsraum Wenn die Unternehmung eigene Bauten erstellen will, spielen die Grundstückspreise und Baukosten eine große Rolle. Ansonsten sind die ortsüblichen Mieten von entscheidender Bedeutung. Hinzu kommen die in den verschiedenen Gemeinden unterschiedlich hohe Gewerbesteuer und Grundsteuer. Auch können Unternehmen, die neue Arbeitsplätze schaffen, in strukturschwachen Gebieten der Bundesrepublik Deutschland staatliche Zuschüsse zu ihren Investitionen erhalten.
Energie Zu Beginn der Industrialisierung war dieser Standortfaktor wesentlich gewichtiger als heute, da Energie in Form von Elektrizität leicht transportabel ist. Trotzdem spielt der Faktor auch heute noch eine Rolle. So finden wir Aluminiumwerke mit ihrem großen Energieverbrauch in der Nähe von Kraftwerken.
Infrastruktur Unter Infrastruktur versteht man öffentliche Einrichtungen, die den wirtschaftlichen, sozialen und organisatorischen Unterbau einer Region ausmachen, z. B. ein gut ausgebautes Verkehrsnetz. Eine Region mit guter Infrastruktur bietet zwangsläufig Standortvorteile.

Wie die Standortfaktoren sich bei der Standortentscheidung auswirken, hängt von ihrem Gewicht ab. So gilt für Erdöl-Raffinerien, daß sie absatzorientierte Standorte haben, da sich Rohöl leichter durch Pipelines transportieren läßt als die Fertigprodukte. Der Faktor Arbeitskraft wird sich relativ wenig auswirken. So können Arbeitskräfte mit einem hohen Spezialisierungsgrad leicht zu einer Ortsveränderung bewegt werden. Entscheidungen alleine nach den Lohnkostenniveau zu richten, kann sehr schnell zu einer Fehlentscheidung führen, da im europäischen Raum die Tendenz zu einer Lohnniveau-Angleichung feststellbar ist. Maßgeblich sind oft mit einem hohen Gewichtungsgrad die Transportkosten und die Verkehrswege.

3.2 Beispiel für eine Standortentscheidung

Die Geschäftsleitung der Vereinigte Holzwerke AG hat beschlossen, für den regionalen und überregionalen Absatz ihrer Erzeugnisse eine eigene Handelsunternehmung mit Geschäfts- und Lagerräumen zu gründen. Sie sucht nun einen geeigneten Standort.

Bei der Standortwahl sind zwei Punkte **zu berücksichtigen:**

- In welcher Gemeinde soll der Standort festgelegt werden?
- Welche Stelle in der Gemeinde, welches Grundstück soll den Standort bilden?

Für die Vereinigte Holzwerke AG ist zum Beispiel der Standortfaktor Verkehr von größter Bedeutung: Das Holz muß kostengünstig an- und abtransportiert werden können. Dabei soll die Entfernung zum Lieferer wegen der Transportkosten nicht zu groß sein.
Darüber hinaus soll der Standort so beschaffen sein, daß etwa 50% des Umsatzes in der näheren Umgebung getätigt werden können. Dies setzt eine gewisse Ballung von Abnehmerbetrieben voraus.
Aufgrund dieser Überlegungen gelangen zwei Gemeinden (Westlingen und Ostend) in die engere Wahl. Ostend bietet einen möglichen Standort, Westlingen zwei. Die Entscheidung fällt zugunsten von Standort 1 in Westlingen. Er bietet:

- Lage in einem Flußhafen,
- Gleisanschluß und Bahnhofsnähe,
- Autobahnauffahrt in zwei Richtungen in jeweils 1 km Entfernung,
- ein erschlossenes Grundstück von hinreichender Größe,
- im Radius von 20 km eine Bevölkerung von 450000 Einwohnern und damit genügend Industrieansiedlung und Abnehmerbetriebe.

Der Standortentscheidung lag folgende Rechnung (in TDM) zugrunde:

	Ostend	Westlingen 1	Westlingen 2
Grundstückspreis, Investitionsausgaben	2800	3000	2700
+ Umsatzerlöse	13000	14000	14000
– Transportkosten	2000	1500	1900
– Personalkosten	5400	5400	5400
– Energiekosten	1800	1800	1800
– Grund-, Gewerbesteuer	400	300	300
– Umweltschutzkosten	200	100	100
	3200	4900	4500

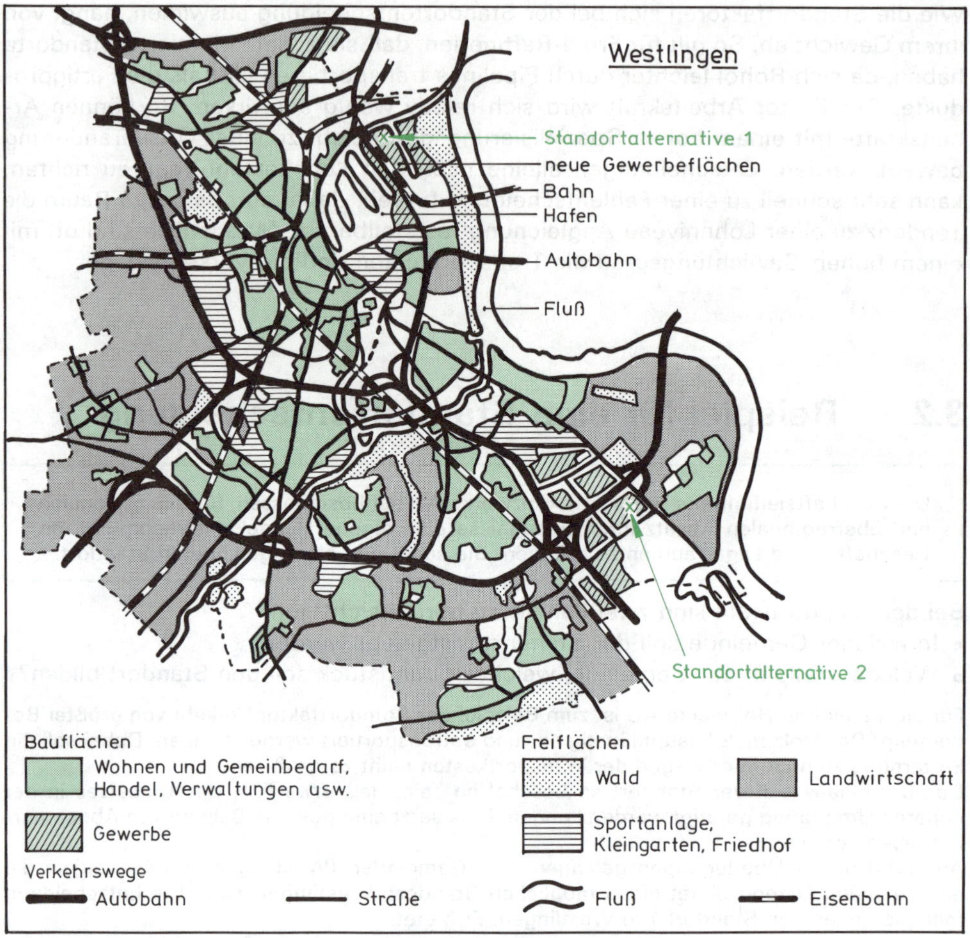

3.3 Beschränkungen der Standortwahl

Die Standortwahl wird durch staatliche Beschränkungen heutzutage stark eingeengt. So legen die Flächennutzungspläne der Gemeinden genau die Gebiete fest, in denen Industrieanlagen errichtet werden dürfen. Darüber hinaus greifen Umweltschutzbestimmungen (z. B. Gewässerschutz, Lärmschutz, Luftreinhaltung).

Beispiel:

Steigendes Umweltbewußtsein führte in den meisten Gemeinden und Landkreisen zur Schaffung von Kanalisationen und Kläranlagen. Derartige Anlagen zur Wasserreinhaltung haben nur eine bestimmte Kapazität, die sich nicht beliebig erweitern läßt. Da Betriebe jedoch oft in großem Umfang Abwasser erzeugen, muß in langen Verhandlungen über den Vorrang von Industrie- und Wohnbesiedlung entschieden werden. Dies spielt vor allem in der Umgebung der Großstädte eine wesentliche Rolle.

Kontrolle des Lernerfolgs

1. Erläutern Sie den Begriff Standortfaktor.
2. Sie wollen a) ein Stahlwerk, b) eine Näherei, c) ein Sägewerk gründen. Welche Anforderungen stellen Sie an den Standort?
3. Welche Standortorientierung ist bei folgenden Betrieben vorherrschend? Begründen Sie Ihre Aussage.
   Raffinerien, Mühlenbetriebe, Papierfabriken, Chemiewerke, Bergwerke, Stahlwerke, Brauereien, Nahrungsmittelbetriebe, Zulieferbetriebe, Maschinenbaubetriebe.
4. Verschiedene deutsche Unternehmen haben nach dem Krieg, verstärkt seit der zweiten Hälfte der sechziger Jahre, ihre Produktionsstätten teilweise ins Ausland verlegt.
   Welche Gründe können zu derartigen Verlagerungen des Standortes ins Ausland geführt haben?
5. Betrachten Sie den Plan von Westlingen[1]), und beurteilen Sie die Standortentscheidung der Vereinigte Holzwerke AG:
   a) Welche Standortfaktoren wurden in der Standortentscheidung vorrangig berücksichtigt?
   b) Warum hat man nach Ihrer Ansicht der Standortalternative 1 den Vorzug gegenüber Alternative 2 gegeben?

---

[1]) vgl. S. 34

Zweiter Themenkreis
Materialwirtschaft

1 Beschaffungswesen des Industriebetriebes

Auf der Suche nach Spar- und Rationalisierungsmöglichkeiten durchforstete ein westdeutsches Industrieunternehmen auch seinen Einkaufsbereich. Es gelangte zu einer verblüffenden Feststellung:
Bei einem Jahresumsatz von 10 Mio. DM wurde im letzten Jahr ein Gewinn von 5% vor Abzug der Steuern erzielt, also 500000 DM. Der wertmäßige Anteil des Wareneinkaufs am Umsatz lag bei 50%. Gelänge es nun, durch geeignete Maßnahmen die Beschaffungskosten um 10% zu reduzieren, so würde sich eine Verdoppelung des Gewinns auf 10% ergeben.
Rechnen Sie dieses Beispiel bitte nach!

1.1 Aufgaben der Materialwirtschaft und des Beschaffungswesens

Die **Aufgabe der Materialwirtschaft** ist die Bereitstellung der Werkstoffe für die Produktion

- in der benötigten Art, Qualität, Abmessung usw.,
- in der benötigten Menge,
- zur richtigen Zeit,
- mit minimalen Kosten.

Hierzu müssen folgende Teilaufgaben erledigt werden:

- optimale Beschaffung der benötigten Werkstoffe,
- optimale Lagerung der benötigten Werkstoffe bis zu ihrer Verwertung.

Die **Aufgaben des Beschaffungswesens** zeigt folgende Übersicht:

Beschaffung

Beschaffungsplanung
- Bedarfsplanung
- Mengenplanung
- Zeitplanung

Beschaffungsdurchführung
- Bezugsquellenermittlung
- Einholen von Angeboten
- Angebotsvergleich
- Bestellung
- Einschaltung günstiger Transportunternehmen

Beschaffungskontrolle
- Vergleich von Soll- und Istwerten
- Terminüberwachung und Mahnverfahren
- Wareneingangs-, Rechnungs- und Frachtkontrolle
- Erstellung von Statistiken

1.2 Einkaufsorganisation

1.2.1 Externe (äußere) Einkaufsorganisation

Der Einkauf kann zentralisiert oder dezentralisiert sein.

Zentraler und dezentraler Einkauf
Zentraler Einkauf Bei zentralem Einkauf existiert eine Einkaufsabteilung, die die Materialien für die gesamte Unternehmung einkauft. Diese Organisation ist günstig bei Klein- und Mittelbetrieben. Großbetriebe wenden sie für Stoffe an, die in großen Mengen mit gleichbleibender Qualität benötigt werden.
Dezentraler Einkauf **Örtliche Dezentralisation** liegt vor, wenn Zweigwerke oder Teilwerke selbständig einkaufen, z. B. wenn sie verschiedenartige Produkte aus verschiedenartigen Rohstoffen fertigen. **Sachliche Dezentralisation** liegt vor, wenn die verschiedenen Bedarfsstellen des Betriebes ihren Bedarf selbst einkaufen. Wegen schwerwiegender Nachteile, z. B. fehlender Marktübersicht, mangelnden Kenntnissen in Einkaufstechnik und Verlust von Mengenrabatten, ist diese Organisationsform überholt.

1.2.2 Interne (innere) Einkaufsorganisation

In der Einkaufsabteilung werden die zur Beschaffung gehörenden Teilaufgaben verschiedenen Aufgabenträgern (Stelleninhabern) zugewiesen. Auch hier kommen wiederum mehrere Zentralisationsmöglichkeiten zur Anwendung.

Verrichtungszentralisation und Objektzentralisation

Verrichtungszentralisation (Funktionsprinzip)

Gleichartige Verrichtungen für verschiedene Materialien werden auf eine Stelle konzentriert.

Beispiel:

Stelle 1	Materialdisposition	für Material 1, 2, 3, 4, 5, ...
Stelle 2	Lieferungsüberwachung	für Material 1, 2, 3, 4, 5, ...
Stelle 3	Wareneingang und Warenprüfung	für Material 1, 2, 3, 4, 5, ...
Stelle 4	Rechnungs- und Frachtenprüfung	für Material 1, 2, 3, 4, 5, ...
Stelle 5	Einkaufsstatistik	für Material 1, 2, 3, 4, 5, ...

Objektzentralisation

Bei Großunternehmen, die sehr viele Materialien benötigen, ordnet man dagegen alle Einkaufstätigkeiten für eine Materialgruppe (ein Objekt) einer Stelle zu, die die nötigen Fachkenntnisse besitzt. Das gleiche gilt, wenn der Betrieb hochwertige und komplizierte technische Produkte fertigt, für die beim Einkauf Spezialkenntnisse erforderlich sind.

Beispiel:

Stelle 1:	Zuständig für Materialgruppe 1	hinsichtlich Materialdisposition, Bestellwesen, Wareneingang, Rechnungsprüfung usw.
Stelle 2:	zuständig für Materialgruppe 2	hinsichtlich Materialdisposition, Bestellwesen, Wareneingang, Rechnungsprüfung usw.
⋮	⋮	⋮
Stelle n	zuständig für Materialgruppe n	hinsichtlich Materialdisposition, Bestellwesen, Wareneingang, Rechnungsprüfung usw.

Kombination von Verrichtungs- und Objektzentralisation

In der Praxis setzt sich eine Kombination beider Organisationsformen immer mehr durch:
Die Einkäufer sind auf bestimmte Materialgruppen spezialisiert (Objektzentralisation).
Einfache Verrichtungen, die für alle Gruppen gleich sind, werden ausgegliedert (Verrichtungszentralisation):

- Eng an den Einkauf gebundene Aufgaben, wie Angebotseinholung und Lieferungsüberwachung, werden oft von einem Einkaufsassistenten wahrgenommen, der für mehrere Einkäufer tätig ist.
- Die anderen Aufgaben, wie Bestellschreibung, Einkaufsregistratur und Einkaufsstatistik, werden in Unterabteilungen für den gesamten Einkauf zusammengefaßt.

Kontrolle des Lernerfolgs

1. Ein Chemieunternehmen produziert Kunststoffe und Arzneimittel in zwei Werken (Bremen und Essen) sowie Farben und Chemiefasern in einem dritten Werk in Dortmund. Neben Werkstoffen müssen auch Maschinen sowie Büromaterialien eingekauft werden. Wie würden Sie die Beschaffung organisieren?
2. Die Einkaufsabteilung einer Maschinenfabrik ist wie folgt organisiert:
   Disposition (verantwortlich für Planung und Anordnung) und vier Einkaufsgruppen. Jede Einkaufsgruppe besteht aus 4 bis 5 Einkäufern, von denen jeder auf ein bestimmtes Einkaufsgebiet spezialisiert ist, z. B. Einkäufer 12: Schmiedestücke, Antriebselemente, Walzmaterial, Schweißkonstruktionen, Ölanlage, Hydraulikanlage, Kunststoffe.
   Welche Organisationsform liegt bei dieser Abteilung vor?

1.3 Informationsbedarf für den Einkauf

Die Vidosonal AG, ein Hersteller von Fernsehgeräten und elektronischen Geräten, hat festgestellt, daß sie für die Fertigung ihrer Produkte rund 30000 verschiedene Materialien benötigt. Im letzten Jahr traten in der Produktion Störungen auf, weil ein Serieneinbauteil im Wert von 0,40 DM nicht rechtzeitig nachbestellt worden war. Gleichzeitig fiel ein weiterer Zulieferer wegen Konkursanmeldung aus. Es dauerte 2 Wochen, bis ein neuer Lieferer gefunden wurde. Die Organisationsabteilung nahm daraufhin eine Überprüfung der Arbeitsabläufe in der Einkaufsabteilung vor.
Bei der Untersuchung stellte sich heraus, daß bei dem einen Serieneinbauteil keine Anforderung des Lagers an den Einkauf vorgelegen hatte und daß im anderen Fall die Liefererdatei nicht ausreichend ergänzt worden war. Informationsmängel hatten also die Probleme verursacht.

Um wirtschaftlich einkaufen zu können, benötigt die Einkaufsabteilung

- Informationen über die Materialien **(Bedarfsinformationen)**,
- Informationen über die Lieferer **(Angebotsinformationen)**.

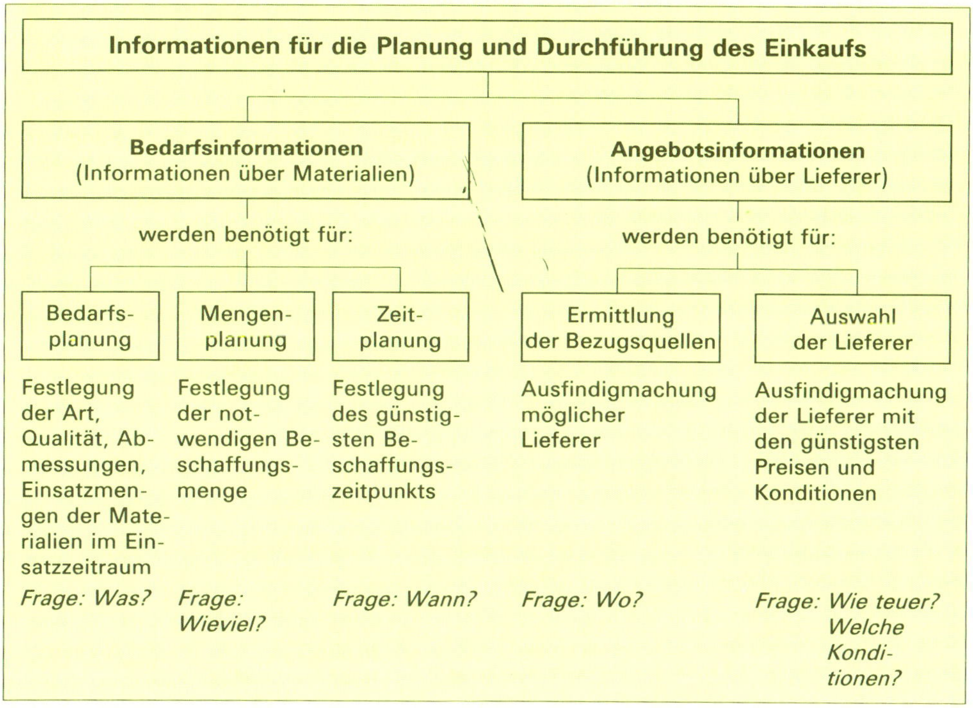

1.4 Bedarfsplanung

Der Bedarf an Materialien hängt vom Fertigungsprogramm des Betriebes (der Palette der hergestellten Güterarten) ab.

Die *Bedarfsplanung* legt die für die Fertigung benötigten Materialien nach Art, Menge und Zeitraum fest.

Eine wesentliche Voraussetzung für eine optimale Planung ist die Einteilung der Materialien nach ihrer wirtschaftlichen Bedeutung.

1.4.1 Einteilung der Materialien nach ihrer Bedeutung

Wenn man bedenkt, daß die Vidosonal AG rund 30000 verschiedene Materialien benötigt, so kann man sich leicht vorstellen, daß die Organisation, Planung, Durchführung und Kontrolle von Beschaffung und Lagerung hohe Kosten verursachen. Um diese Kosten möglichst gering zu halten, wurden die Materialien nach ihrer Bedeutung in drei Gruppen eingeteilt.

Eine wichtige Methode zur Schwerpunktbildung bei Mengenproblemen ist die *A-B-C-Analyse*. Sie teilt gegebene Mengen nach ihrer Bedeutung in A-Teile, B-Teile und C-Teile ein.

Wesentliche Merkmale für die Bedeutung von Werkstoffen sind ihre Verbrauchsmengen und ihr Verbrauchswert. Aus dem Verbrauchswert ergibt sich der Rang eines Werkstoffs. Ordnet man die Materialien nach dem Rang und berechnet ihren Prozentanteil an der Gesamtverbrauchsmenge und am Gesamtverbrauchswert, so lassen sich die genannten drei Gruppen bilden.

Beispiel: Zur Vereinfachung sei angenommen, ein Betrieb benötige nur 10 verschiedene Materialien.

Material	Verbrauchsmenge (in Stück)	Wert pro Stück (in DM)	Verbrauchswert (in DM)	Rang des Artikels
M 1	6000	4,—	24000,—	4
M 2	1000	200,—	200000,—	1
M 3	500	20,—	10000,—	7
M 4	2000	10,—	20000,—	5
M 5	3000	5,—	15000,—	6
M 6	1000	100,—	100000,—	3
M 7	200	5,—	1000,—	10
M 8	3000	50,—	150000,—	2
M 9	1000	2,—	2000,—	9
M 10	8000	1,—	8000,—	8
	25700		530000,—	

Materialien nach Rang	Verbrauchsmenge (in %)		Verbrauchswert (in %)		
M 2	3,89		37,73		A-Teile
M 8	11,67		28,30		
M 6	3,89	19,45	18,87	84,90	
M 1	23,35		4,53		B-Teile
M 4	7,78		3,77		
M 5	11,67	42,80	2,83	11,13	
M 3	1,95		1,89		C-Teile
M 10	31,13		1,52		
M 9	3,89		0,39		
M 7	0,78	37,75	0,20	4,00	
		100		100	

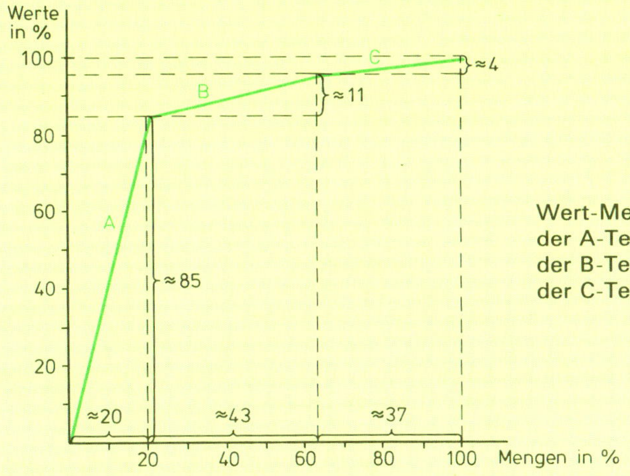

Wert-Mengen-Verhältnis
der A-Teile: $\frac{85}{20}=4{,}25$ (groß)
der B-Teile: $\frac{11}{43}=0{,}26$ (klein)
der C-Teile: $\frac{4}{37}=0{,}11$ (sehr klein)

Ergebnis:

Nur knapp 20% der verbrauchten Teile machen einen Verbrauchswert von knapp 85% aus. Für diese A-Teile können folgende kostensparenden Maßnahmen in Betracht gezogen werden:

- genaue Kontrolle der Lagerbestände zur Vermeidung von Verlusten,
- genaue Kontrolle von Materialentnahmen,
- optimale Planung der Bestellmengen und Lagermengen:
  - Senkung der Mindestlagerbestände im Lager (sogenannte „eiserne Bestände", die jederzeitige Verfügbarkeit gewährleisten sollen),
  - stattdessen langfristige Lieferverträge mit den Lieferern, wobei benötigte Mengen abgerufen werden.

Für C-Güter ist dagegen ein Abbau der kostenintensiven Kontrollen denkbar, gegebenenfalls sogar Selbstbedienung bei der Materialentnahme. Dies gilt häufig für Hilfs- und Betriebsstoffe.

Bei B-Gütern ist nachzuprüfen, ob sie den A-Gütern oder den C-Gütern nahestehen.

Kontrolle des Lernerfolgs

Ermitteln Sie anhand einer A-B-C-Analyse, für welche der folgenden Materialien sich die Ermittlung einer optimalen Bestellmenge lohnen könnte.

Material	Verbrauchsmenge (in Stück)	Wert pro Stück (in DM)
M 1	10 000	0,40
M 2	6 000	0,90
M 3	2 000	3,80
M 4	8 000	0,50
M 5	3 000	5,20
M 6	7 000	0,20

1.4.2 Arten des Bedarfs

Es sind vier Bedarfsarten zu unterscheiden.

Bedarfsarten	
Primärbedarf Der Primärbedarf sind die verkaufsfähigen Produkte. **Beispiel:** Drehbänke	**Tertiärbedarf** Der Tertiärbedarf ist der Bedarf an Hilfs- und Betriebsstoffen. **Beispiel:** Schmierfett
Sekundärbedarf Der Sekundärbedarf sind die Baugruppen eines Produktes, die Einzelteile der Baugruppen und die Werkstoffe, aus denen die Einzelteile gefertigt werden. **Beispiele:** - Baugruppe: Getriebe in der Drehbank - Einzelteil: Welle im Getriebe - Material: Gußstahl	**Zusatzbedarf** Zusatzbedarf besteht zusätzlich zum Sekundärbedarf. **Beispiele:** - Wellen als Ersatzteile für die Drehbänke - Zusatzbedarf wegen Ausschuß, Schwund, Ungenauigkeit

1.4.3 Verbrauchsgesteuerte Bedarfsermittlung (Verbrauchsverfahren)

Bei der *verbrauchsgesteuerten Bedarfsermittlung* richtet man sich nach Verbrauchswerten der Vergangenheit, um den zukünftigen Bedarf festzustellen.

Man entnimmt diese Werte den Absatz- und Verbrauchsstatistiken des Betriebes. Dabei unterstellt man, daß der Zukunftsverbrauch dem Trend der Vergangenheitswerte folgt. Gegebenenfalls sind Saisoneinflüsse zu berücksichtigen.

Das Verbrauchsverfahren wird angewandt, wenn das Fertigungsprogramm (die Palette der gefertigten Güter) nicht genau mengenmäßig festgelegt ist:

- Der Betrieb produziert stetig, solange Kundennachfrage gegeben ist.
- Der Betrieb muß sich schwankender Nachfrage (z. B. bei Saisonartikeln) anpassen.

Auch bei festgelegtem Fertigungsprogramm kann der Bedarf an Rohstoffen, die erfahrungsgemäß immer wieder benötigt werden, verbrauchsgesteuert ermittelt werden.

1.4.4 Plangesteuerte Bedarfsermittlung (Stücklisten- und Programmverfahren)

Bei der *plangesteuerten (programm-, bedarfsgesteuerten) Bedarfsermittlung* stellt man die für ein mengenmäßig bestimmtes Produktionsprogramm oder für vorliegende Kundenaufträge benötigten Werkstoffmengen genau fest. Ausgangspunkte hierfür sind die Konstruktionszeichnungen und Stücklisten.

Stücklistenverfahren

• Konstruktion und Stückliste

Die Produkte müssen fertigungsgerecht und funktionsfähig konstruiert werden[1]). Dabei arbeitet die **Konstruktionsabteilung** von Anfang an mit der Absatz-, Fertigungs- und Einkaufsabteilung zusammen, um die bestgeeigneten, kostengünstigsten und am leichtesten beschaffbaren Materialien zu berücksichtigen.

Eine **Wertanalyse** kann helfen, solche Materialien zu finden.

1. Der Verwendungszweck des Materials wird genau festgelegt.
2. Die unerläßlichen Eigenschaften werden bestimmt.
3. Zusätzliche Eigenschaften werden ermittelt.
4. Die zusätzlichen Eigenschaften werden mit einer Bewertungszahl versehen. Die Bewertungszahlen werden addiert.
5. Die Kosten des Werkstoffes werden ermittelt.
6. Alternative Materialien werden verglichen.

Beispiel:

Alternative Werkstoffe:		I	II	III	IV	V
Unerläßliche Eigenschaften:		ja	ja	ja	ja	ja
Zusätzliche Eigenschaften	A	10	nein	10	10	10
(bewertet):	B	5	5	nein	5	5
	C	20	20	20	nein	20
Summe:		35	25	30	15	35
Kosten (in DM):		40,–	35,–	20,–	15,–	45,–

Es wäre sinnvoll, Werkstoff III zu verwenden, da er eine verhältnismäßig hohe Punktzahl bei verhältnismäßig niedrigen Kosten erzielt.

Das Ergebnis der Konstruktion sind **Zeichnungen** des Produktes.
Anhand der Zeichnungen werden Stücklisten erstellt. Das sind Verzeichnisse aller Einzelteile[2]).
Im Chemiebereich findet man anstelle der Konstrukstionsabteilung das Betriebslabor und anstelle der Konstruktionszeichnungen und Stücklisten Rezepturen.

• Stücklistenauflösung und Bruttobedarf

Die Konstruktionsstückliste führt die einzelnen Baugruppen und Teile auf. Sie kann gleiche Teile an verschiedenen Stellen und in verschiedenen Baugruppen enthalten. Es ist festzustellen, wie oft jedes Teil insgesamt vorkommt. Dazu löst man die Baugruppen in die darin enthaltenen Teile auf **(Stücklistenauflösung).** Gleiche Teile werden addiert und mit der Fertigungsmenge multipliziert. So erhält man den Bedarf an allen Teilen für ein Produkt. Addiert man den entsprechenden Bedarf in den Stücklisten aller Produkte, so ist das Ergebnis der Gesamtbedarf **(Bruttobedarf)** an allen Teilen für alle Produkte.

---

[1]) vgl. S. 220f.
[2]) vgl. S. 222ff.

Beispiel:

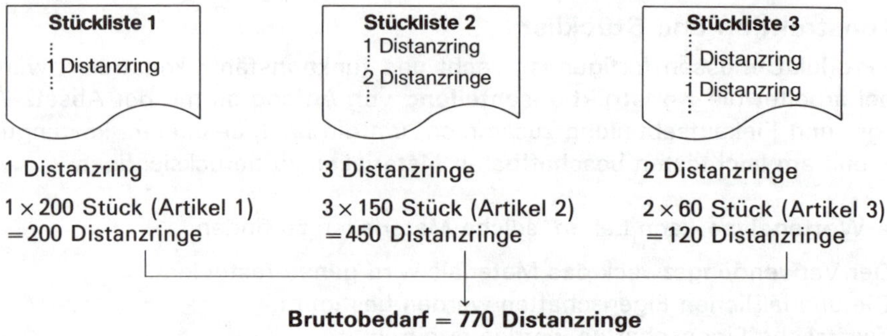

Diese Bruttobedarfsrechnung wird in festen Zeitabständen (z. B. wöchentlich oder monatlich) entsprechend dem Planungszeitraum des Betriebes durchgeführt.

• Stücklistenzergliederung

Durch Aufgliederung der Stücklisten erhält man **Materialstücklisten** (Bereitstellungs-, Dispositionsstücklisten) für Fertigungsteile, Lagerteile und Einkaufsteile:

- **Fertigungsteile** werden vom Betrieb selbst gefertigt.
  Jeder Betrieb ist aufgrund seiner Maschinen- und Personalausstattung, seines Fertigungs-Know-hows und seiner Finanzierungskraft auf die Produktion bestimmter Produkte und Produktteile ausgerichtet. Andere Teile werden zugekauft und eingebaut[1]).
  Für die Fertigungsteile werden Roh- und Hilfsstoffe benötigt. Hiervon werden in der Regel bestimmte Lagervorräte gehalten.
- **Lagerteile** sind Teile, die fremdbezogen werden und von denen wegen ihrer Bedeutung immer ein gewisser Lagervorrat gehalten wird.
- Bei **Einkaufsteilen** lohnt sich wegen unregelmäßigem oder einmaligem Bedarf (z. B. bei auftragsgebundenen Teilen) eine Lagerhaltung nicht.

• Nettobedarf

Der Bruttobedarf muß um Lagerreserven und um erwartete Zugänge (aus der Fertigung und aus ausstehenden Bestellungen) korrigiert werden. Das Ergebnis ist der **Nettobedarf.** Er ist auf die verschiedenen Perioden zu verteilen, in denen er nach den Fertigungsstufen der Produkte und nach dem Fertigungsprogramm anfällt.

Wenn es sich bei den Sekundärteilen um Teile handelt, die in höhere Baugruppen eingehen, dann verschiebt sich der Bedarfszeitpunkt um die Zeit, die für Beschaffung und/oder Fertigung der höheren Baugruppen notwendig ist (sog. „Vorlaufverschiebung um die Vorlaufzeit").

---

[1]) Einige Entscheidungskriterien für Eigenfertigung oder Fremdbezug werden auf Seite 47 genannt.

Im folgenden Beispiel soll die Vorlaufzeit der übergeordneten Baugruppen eine Periode betragen.

Beispiel:

		Periode	
	1	2	3
Sekundärbedarf	800	500	1200
+ Zusatzbedarf			
für Ersatzteile	200	100	200
für Ausschuß	50	30	70
= **Bruttobedarf**	1050	630	1470
Lagerbestand *2000*			
– *Mindestbestand* *200*			
– *Reservierungen* *600*			
Lagerreserve *1200*			
– Lagerreserve	→ 1050	150	0
– Zugänge aus bestehenden Fertigungsaufträgen		100	100
– Zugänge aus ausstehenden Bestellungen		100	200
= **Nettobedarf**	0	280	1170
Vorlaufverschiebung	280	1170	

Die Aufstellung der Stücklisten sowie die Bruttobedarfsermittlung erfolgt über die elektronische Datenverarbeitung. Hierfür stehen Standardprogramme zur Materialplanung zur Verfügung. Das gleiche gilt für die Nettobedarfsermittlung, die eine lückenlose Erfassung der Lagerbewegungen erfordert. Dafür bestehen Programme der Lagerbestandsführung.

Die EDV rechnet nun weiter aus, ob der Einkauf bzw. die Fertigung durch die Zusammenfassung zu größeren Mengen (optimale Bestellmenge[1]) und optimale Losgröße[2]) kostengünstiger wird. Dementsprechend gibt sie Bestellvorschläge[3]) heraus. Bei Fertigungsteilen führen diese zu Werkstattaufträgen, die von der Arbeitsvorbereitung bearbeitet werden; bei Fremdbezugsteilen führen sie zu Einkaufsbestellungen, die von der Einkaufsdisposition bearbeitet werden.

[1]) vgl. S. 50

[2]) vgl. S. 203f.

[3]) Der Begriff „Bestellung" ist in der Fachsprache der Industriebetriebslehre weiter gefaßt als im normalen Sprachgebrauch. Er bedeutet auch, daß Teile zur Anfertigung beim eigenen Betrieb „bestellt" werden.

Ablauf der Bedarfsermittlung (Stücklistenverfahren)

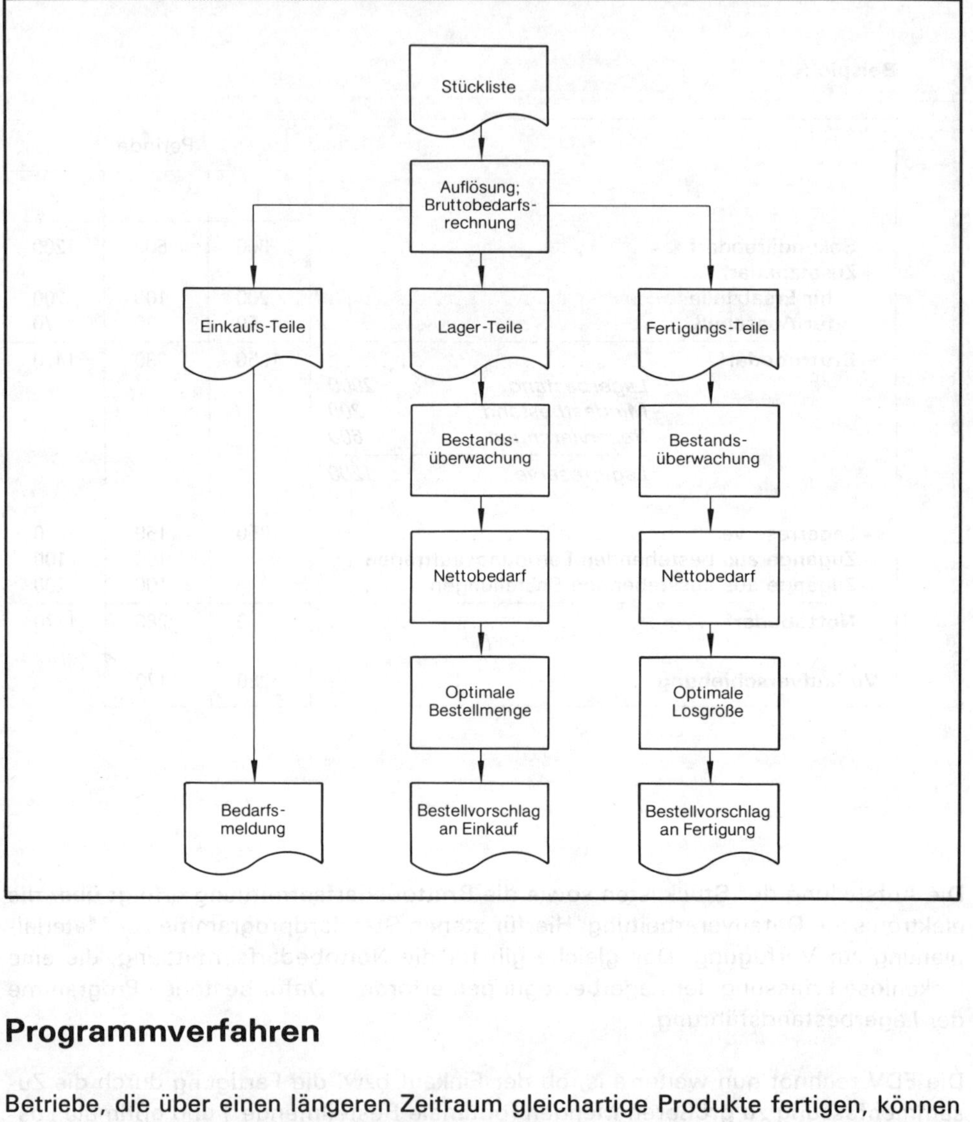

Programmverfahren

Betriebe, die über einen längeren Zeitraum gleichartige Produkte fertigen, können das Programmverfahren für die Bedarfsermittlung anwenden. Es handelt sich um eine Erweiterung des oben beschriebenen Stücklistenverfahrens:

- Das Fertigungsprogramm wird für einen Monat oder ein Vierteljahr festgestellt.
- Die im einzelnen Fertigungsprodukt enthaltenen Materialbestandteile werden ermittelt.
- Die einzelnen Materialbestandteile werden mit der Anzahl der herzustellenden Fertigprodukte multipliziert.

Das Ergebnis ist der Materialbedarf je Materialart für den Planungszeitraum.

1.4.5 Eigenfertigung oder Fremdbezug

Ob der Industriebetrieb alle benötigten Teile und Halberzeugnisse selbst erstellen oder von anderen Betrieben einkaufen soll, kann nur entschieden werden, wenn bezüglich der Kapazität, der Wirtschaftlichkeit etc. die in der folgenden Übersicht aufgeführten Fragen beantwortet werden.

Eigenfertigung oder Fremdbezug	
Kapazität – Sind die nötigen Maschinen vorhanden? – Stehen noch freie Zeiten zur Verfügung oder entstehen durch Eigenfertigung Engpässe? – Steht das nötige Personal zur Verfügung?	**Finanzierung** – Steht genügend Kapital für die notwendigen Investitionen zur Verfügung? (Ein tiefes Produktionsprogramm[1]) erfordert ein finanzstarkes Unternehmen.)
Wirtschaftlichkeit, Rentabilität – Ist die Eigenfertigung kostengünstiger als der Kauf? (Dies ist manchmal bei Massenfertigung der Fall.) – Erreicht man bei Eigenfertigung zumindest die gleiche Qualität wie die Konkurrenz? – Wirft der Kapitaleinsatz ausreichenden Gewinn ab?	**Fertigungstechnik** – Wie viele Stufen umfaßt das Fertigprodukt? (Bei wenigen Fertigungsstufen ist die Möglichkeit der Eigenfertigung eher gegeben.)
Raumbedarf – Ist genügend Raum für die Eigenfertigung vorhanden? – Reicht die Lagergröße für die halbfertigen Erzeugnisse aus?	**Sicherheit** – Wie zuverlässig sind die Lieferer? (Eigenfertigung sichert die Werkstoffversorgung besser als der Einkauf bei fremden Lieferern).

Es kommt zwar vor, daß Industriebetriebe alle Einzelteile einkaufen und sich selbst auf die reine Montage beschränken. Jedoch ist das Gegenteil die Regel.

Fremdbezug kommt vor allem vor bei:

- **kompletten Einbauteilen**
  Sie können von spezialisierten Betrieben kostengünstiger und/oder in besserer Qualität bezogen werden (z. B. Tachometer, Vergaser, Scheinwerfer, Bordcomputer, Reifen).
- **Hilfsstoffen**
  (z. B. Klebstoffe, Fette, Lacke)
- **Handelswaren**
  Produkte, die der Ergänzung der eigenen Erzeugnisse dienen und unverändert weiterverkauft werden (z. B. Kopierpapier zum Kopierer, Dachgepäckträger zum Auto)
- **Energien, Betriebsmitteln, Werkzeugen**

Für Spezialwerkzeuge, die auf dem Markt nicht erhältlich sind, unterhalten die Betriebe eine eigene Werkzeugmacherei.

[1]) vgl. S. 185

1.5 Zeitplanung

Liegt eine Bedarfsmeldung vor, so entscheidet der Einkaufsdisponent über

- Bestell- und Lieferzeitpunkt,
- Bestellmenge,
- Auswahl des Lieferers.

Bestellungen müssen so rechtzeitig erfolgen, daß immer ausreichende Werkstoffbestände für die Produktion zur Verfügung stehen. Dabei kommen zwei grundlegende **Verfahren** zur Anwendung:

- Bestellpunktverfahren,
- Bestellrhythmusverfahren.

Bestellpunktverfahren

Beim *Bestellpunktverfahren* wird der Lagerbestand nach jeder Entnahme überprüft. Erreicht er einen festgelegten Meldebestand, so gibt das Lager eine Bedarfsmeldung an den Einkauf.

Zur Sicherung gegen Lieferfristüberschreitungen und Mehrverbrauch wird für jeden Artikel ein **Mindestlagerbestand (eiserner Bestand)** festgelegt. Er soll unter normalen Bedingungen niemals angegriffen werden. Der eiserne Bestand soll Fehlmengenkosten (z. B. Kosten für Produktionsstillstand, Konventionalstrafen wegen verspäteter Lieferung) verhindern.

Der **Meldebestand** ist folglich so hoch anzusetzen, daß bei normalem Verbrauch innerhalb der Lieferfrist der eiserne Bestand nicht angegriffen wird.

Meldebestand = Eiserner Bestand + (Tagesverbrauch · Lieferzeit)

Beispiel: Aus der Verbrauchsstatistik der Sanitär GmbH ist zu ersehen, daß der Verbrauch an bestimmten Gußstücken im Durchschnitt 5 Stück pro Tag beträgt. Die Lieferzeit beträgt 4 Tage. Der Mindestlagerbestand ist auf 10 Stück festgelegt. Wann ist zu bestellen?

Meldebestand = 10 + (5 · 4) = 30 (Stück) Bestelltermin = Tag 7

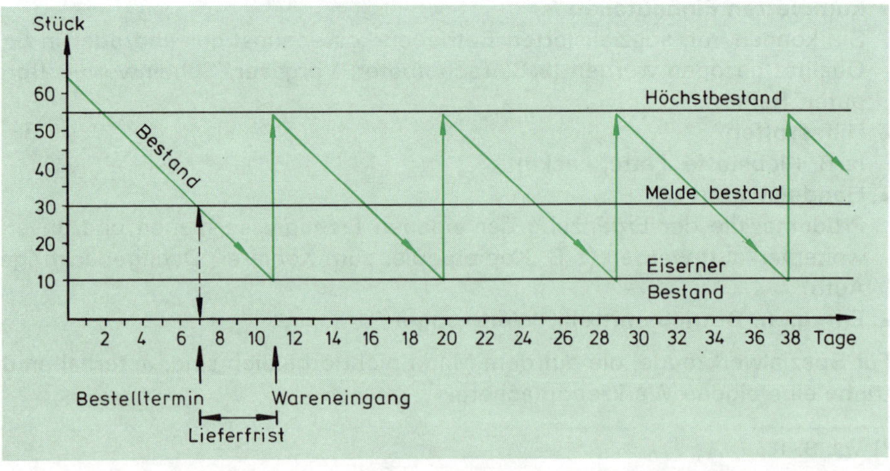

Das Bestellpunktverfahren wird hauptsächlich bei verbrauchsgesteuerter Bedarfsermittlung angewandt.

Der Zeitpunkt des Einkaufs muß jedoch nicht immer an den Meldebestand gebunden sein. Er kann unter Umständen auch abhängen von

- dem Zeitpunkt, an dem Angebote vorliegen (bei Saisonartikeln),
- der Preisentwicklung (Einkauf, bevor der Preis steigt),
- der Lagerfähigkeit der Werkstoffe.

Bestellrhythmusverfahren

Beim *Bestellrhythmusverfahren* wird nicht nach jeder Lagerentnahme der Bestand überprüft, sondern in festen Zeitabständen, z. B. monatlich. Bestellt wird in der Periode, in der unter Berücksichtigung der Vorlaufverschiebung ein Nettobedarf auftritt.

Das Bestellrhythmusverfahren findet hauptsächlich bei plangesteuerter Bedarfsermittlung Anwendung.

Vor- und Nachteile von Bestellpunkt- und Bestellrhythmusverfahren		
Vorteile	**Verfahren**	Nachteile
niedrigere Mindestbestände möglich wegen ständiger Bestandskontrolle	**Bestellpunktverfahren**	nur Artikel mit Lagerbewegungen erfaßt; Sammelbestellungen zur Ausnutzung von Rabatten nicht möglich
systematische Erfassung **aller** Werkstoffe (auch wenig bewegter Teile und Ladenhüter), so daß Verwendungsvorschlag möglich wird	**Bestellrhythmusverfahren**	höhere Mindestbestände notwendig, da zur Lieferzeit die periodische Überprüfungszeitspanne hinzutritt

1.6 Mengenplanung

Optimale Bestellmenge

Einkaufsteile, für die eine Lagerhaltung unwirtschaftlich wäre, werden aufgrund der Bedarfsanforderung seitens der Arbeitsvorbereitung oder anderer Abteilungen bestellt. Werden Materialien jedoch häufiger benötigt, so ist zu überlegen, ob es eventuell vorteilhaft ist, eine größere Menge zu kaufen und auf Lager zu nehmen:

- Einerseits erhält man mit wachsender Bestellmenge höhere Rabatte und kann Transport- und Verpackungskosten sowie Bestellkosten sparen. Die Beschaffungskosten sinken also mit wachsender Bestellmenge. (Selbst durchrationalisierte Unternehmen rechnen heute mit 20,— DM pro Bestellung für Schreibarbeit, Papier, Porto, Kontrolle, Ablage und Buchungen.)
- Andererseits wachsen beim Einkauf größerer Mengen die Lagerkosten.

Beschaffungskosten und Lagerkosten entwickeln sich gegenläufig. Die *optimale Bestellmenge* liegt dort, wo die Summe aus Beschaffungskosten und Lagerkosten ein Minimum erreicht.

Beispiel:
Ein Metallwarenbetrieb benötigt jährlich 1800 Gußstücke mit einem Einkaufspreis von je 100,— DM. Die Lagerkosten pro Stück betragen im Jahr 10,— DM. Um jederzeitige Verfügbarkeit zu gewährleisten, wird ein eiserner Bestand von 10 Stück gehalten, der niemals angegriffen werden soll. Wir nehmen an, daß von den 1800 Stück täglich ziemlich gleichmäßig 5 Stück verbraucht werden. Bei jedem Kauf fallen feste Bestellkosten von 5,— DM an. Rabatte und Transportkosten sollen nicht berücksichtigt werden. Das Jahr wird mit 360 Tagen berechnet. In der folgenden Tabelle wird festgehalten, wie hoch die Kosten bei verschiedenen Bestellmengen sind:

Bestell-menge	Zahl der Bestel-lungen pro Jahr	Kosten pro Be-stellung (in DM)	gesamte Bestell-kosten (in DM)	durch-schnitt-licher Lager-bestand	durch-schnittliche Lager-kosten (in DM)	Gesamt-kosten (in DM)
1800	1	5,—	5,—	910	9100,—	9105,—
900	2	5,—	10,—	460	4600,—	4610,—
450	4	5,—	20,—	235	2350,—	2370,—
225	8	5,—	40,—	122,5	1225,—	1265,—
100	18	5,—	90,—	60	600,—	690,—
50	36	5,—	180,—	35	350,—	530,—
45	40	5,—	200,—	32,5	325,—	525,—
40	45	5,—	225,—	30	300,—	525,—
25	72	5,—	360,—	22,5	225,—	585,—

Bei 40 Bestellungen zu 45 Stück und bei 45 Bestellungen zu 40 Stück sind die Gesamtkosten am niedrigsten. (Genaugenommen liegt die Bestellmenge zwischen 40 und 45 Stück. Bei der Division von 1800 durch die Zahlen 41, 42, 43, 44 erhält man jedoch keine ganze Zahl für die Zahl der Bestellungen.)
Man sollte 45 Stück als optimale Bestellmenge nehmen, weil man dann weniger häufig als bei 40 Stück bestellen muß.

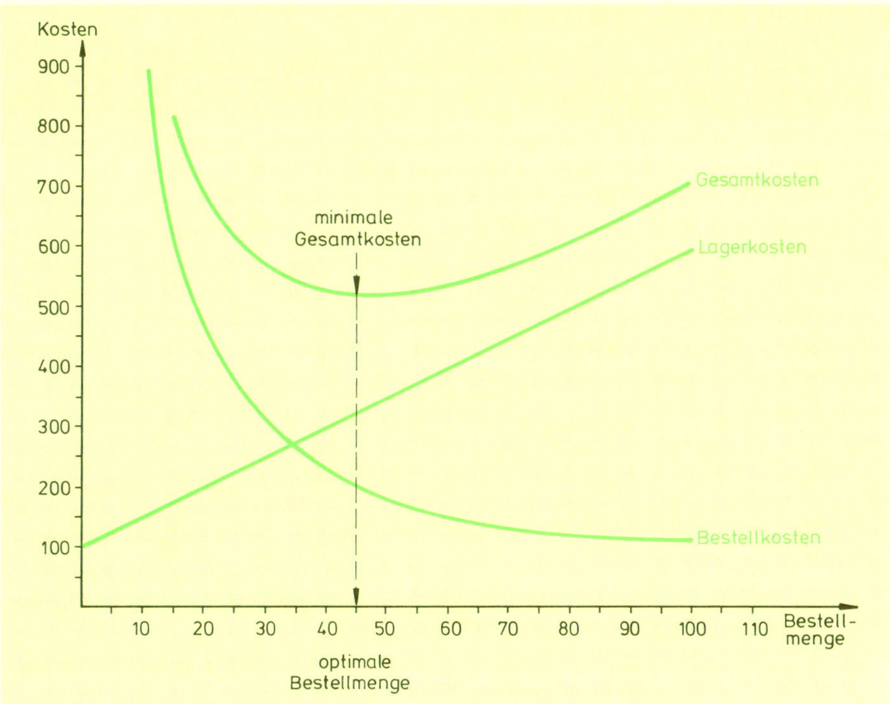

Praktische Bedeutung der optimalen Bestellmenge

In der Praxis begegnet die Planung einer optimalen Bestellmenge indes großen Schwierigkeiten, da die zu verarbeitenden Informationsmengen weitaus größer als in unserem Modell und teilweise unsicher sind:

- Rabatte und Transportkosten müssen einbezogen werden.
- Die Lagerkosten sind nicht allein mengen-, sondern auch wertabhängig (z. B. die Versicherungskosten).
- Meist liegt kein gleichmäßiger Lagerabgang vor.
- Kostenansätze und Verkaufsmengen ändern sich im Zeitablauf.

Will man alle Möglichkeiten und Änderungen berücksichtigen, so wird bei einer großen Zahl von Waren die Planung der optimalen Bestellmenge weitaus höhere Kosten verursachen, als sie einzusparen hilft.

Hinzu kommt, daß man in der Praxis die optimale Bestellmenge manchmal gar nicht realisieren kann, weil

- der Lieferer eine Mindestmenge vorgibt,
- die Ware nur in festen Verpackungseinheiten geliefert wird,
- Artikel nur beschränkt lagerfähig sind,
- es sich um Saisonartikel handelt.

Die Planung einer optimalen Bestellmenge lohnt sich deshalb nur bei Artikeln mit einem hohen Verbrauchswert, bei denen sich Kosteneinsparungen im Gesamtergebnis bemerkbar machen. Um diese Güter herauszufinden, nimmt man eine A-B-C-Analyse vor.

Kontrolle des Lernerfolgs

1. Die Vereinigte Maschinen- und Werkzeugfabriken AG hat laufenden Bedarf an Rillenkugellagern. Der Bedarf wird verbrauchsgesteuert ermittelt. Aus der EDV sind folgende Lagerbewegungen der letzten Tage zu entnehmen:

Rillenkugellager 16002 – DIN 625						
Lager-Nr.: 2.13.45 Meldestand: 100 Höchstbestand: 500 Mindestbestand: 30						
Tag	**Monat**	**Beleg**	**Zugang**	**Abgang**	**Bestand**	**Empfangende Kostenstelle**
04.	03.	Übertrag			120	
05.	03.	ME 2043		6	114	120
06.	03.	ME 2098		8	106	110
07.	03.	ME 3060		5	101	120
08.	03.	ME 3100		5	96	110
09.	03.	ME 3109		3	93	112

An welchem Tag mußte eine Bestellung vorgenommen werden? Geben Sie die Bestellung an. (Tagesbedarf 5 Stück, Lieferzeit 14 Tage)

2. Ein Fertigungsbetrieb verbraucht pro Tag etwa 50 Profileisen mit einem Einstandspreis von je 20,— DM. Die Lagerkosten pro Stück betragen im Jahr 1,— DM. Als eiserner Bestand wurden 300 Stück festgelegt. Bei jeder Bestellung fallen fixe Bestellkosten von 9,— DM an. Die Lieferzeit beträgt 5 Tage. (Das Jahr wird mit 360 Tagen gerechnet.)

a) Berechnen Sie den Meldebestand. Wann ist spätestens zu bestellen, wenn der eiserne Bestand bei normalem Lagerabgang am 28. 03. erreicht wird?

b) Welche Stückzahl ist zu bestellen (optimale Bestellmenge)? Wie hoch ist folglich der Höchstbestand?

3. Ein Betrieb soll drei Produkte A, B und C fertigen, die aus den folgenden Baugruppen (Buchstaben) und Teilen (Ziffern) zusammengesetzt sind. Produkte und Baugruppen setzen sich wie folgt zusammen:

A	B	C	D	E	F	G
D E 1 2	D E F	D G 1 1 1 4 4	4 4 5	D 1 3 4	4 6 8	2 2 4 7

a) Erläutern Sie anhand dieses Beispiels die Begriffe Primärbedarf und Sekundärbedarf.

b) Stellen Sie drei Mengenübersichtsstücklisten auf[1]), und ermitteln Sie den Bruttobedarf an Teil 4, wenn von Produkt A und B 50 Stück und von C 80 Stück zu fertigen sind.

c) Erläutern Sie anhand dieses Beispiels den Begriff plan-(bedarfs-)gesteuerte Bedarfsermittlung.

4. In den Perioden 1, 2 und 3 besteht an dem Teil Verschraubung M 2 ein Sekundärbedarf von 500, 600 und 700 Stück. Hinzu kommen 15% Zusatzbedarf für Ersatzteile. Der Lagerbestand beträgt momentan 1500 Stück, davon sind 400 Stück reserviert und 150 Stück Mindestbestand. Aus Fertigungsaufträgen sind in Periode 2 und 3 jeweils 200 Stück, aus ausstehenden Bestellungen in Periode 1 und 2 jeweils 100 Stück Zugang zu erwarten. Berechnen Sie den Nettobedarf der einzelnen Perioden unter Berücksichtigung einer Vorlaufverschiebung von einer Periode.

[1]) vgl. S. 223

1.7 Ermittlung der Bezugsquellen

Der Einkaufsdisponent erhält von der Bedarfsstelle – Lager, Arbeitsvorbereitung, Betriebsbüro usw. – eine Bedarfsmeldung:

Bedarfsmeldeschein

an Abteilung Einkauf

Konto-Nr. 6020 E.Stat.Nr. 2765

Komm.-Nr. ______ vom ______

über ______

an Außenlager Enzianstraße

Lieferant ______

Liefertermin ca. 3 Wochen

Menge	Gegenstand	Einzelpreis	Gesamtpreis
10 000 m	Kabel NYM 3x1,5		
		Auftragswert: DM ______	

Datum	Unterschrift	Genehmigt	Einkauf erledigt am:
12.02.19..	Krämer	Kätner	

Der Einkaufsdisponent muß nun geeignete Lieferer ermitteln; dazu dienen ihm:

- interne Bezugsquelleninformationen,
- externe Bezugsquelleninformationen.

1.7.1 Interne Bezugsquelleninformationen

Interne Bezugsquelleninformationen sind in Dateien enthalten. **Dateien** sind Datensammlungen, die gleichartig aufgebaut sind. Die Daten (computergerecht verschlüsselte Informationen) können nach bestimmten Merkmalen erfaßt, geordnet und ausgewertet werden. Sie werden mittels der EDV-Anlage gespeichert (z. B. auf Magnetplatten) und können jederzeit auf einem Terminal (Bildschirm mit Schreibmaschinentastatur) abgerufen oder geändert werden.

Die Bezugsquelleninformationen können in verschiedenen Dateien gespeichert sein:

Dateien mit Bezugsquelleninformationen
Materialbeschaffungsdatei Sie enthält alle bekannten Werkstoffe und Teile und gibt zu jedem Werkstoff/Teil in Frage kommende Lieferer an.
Liefererdatei Sie enthält alle Lieferer und deren Angebotssortiment.
Konditionendatei Sie enthält Preise, Lieferungs- und Zahlungsbedingungen der einzelnen Lieferer.

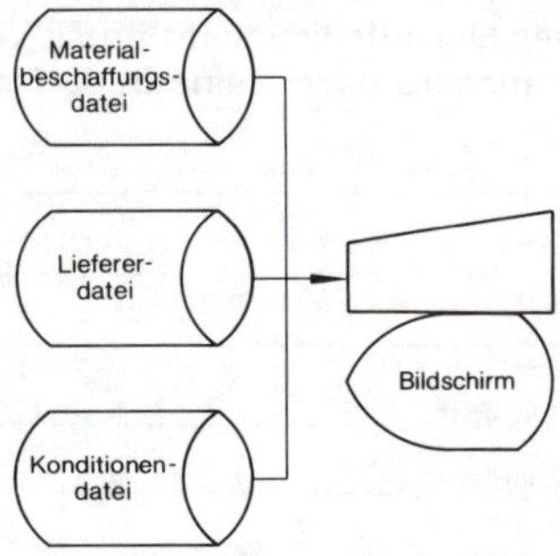

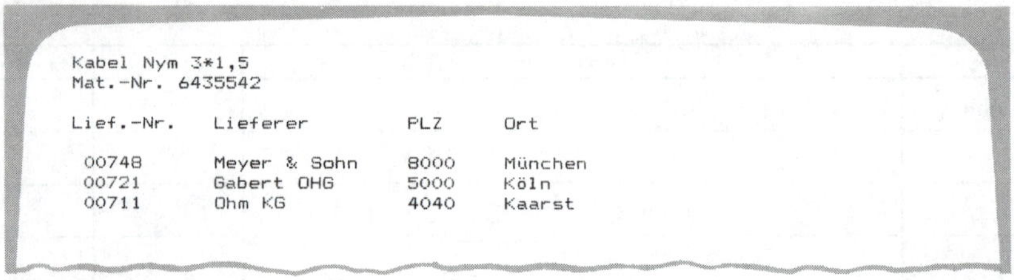

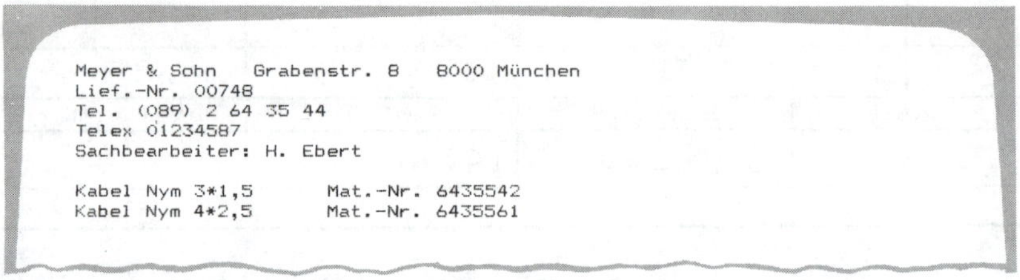

1.7.2 Externe Bezugsquelleninformationen

Liegen keine Informationen über einen möglichen Lieferer vor oder will man vorhandene Informationen ergänzen, so greift man auf externe **Bezugsquellennachweise** zurück.

Beispiele:

- „ABC der deutschen Wirtschaft"
- „Wer liefert was?"
- „Gelbe Seiten" der Telefonbücher
- Informationen der Industrie- und Handelskammern
- Werbeanzeigen in Zeitschriften
- Messekataloge

Messebesuche sind darüber hinaus eine hervorragende Möglichkeit, bislang nicht bekannte Lieferer zu finden. Durch eine Anfrage erhält man genauere Kenntnisse über ihre Leistungsfähigkeit. Dann kann man die Lieferer in die Liefererdatei aufnehmen.

1.8 Anfrage und Angebotsvergleich

Fehlen noch Informationen für eine geplante Beschaffung, so fragt man bei verschiedenen Lieferern an.

Anfragen sind völlig unverbindlich und verpflichten zu nichts. Wenn möglich, sollten sie schon die genaue Warenbezeichnung, die voraussichtliche Bezugsmenge (wichtig für die Lieferfähigkeit, Lieferzeit, Rabatte, Höhe von Transport- und Verpackungskosten) sowie die gewünschten Liefer- und Zahlungsbedingungen enthalten. Zur Überwachung werden die Anfragen in eine Anfragendatei eingegeben.

Entscheidungskriterien beim Vergleich der Angebote verschiedener Lieferfirmen:

- Qualität der Ware,
- Einstandspreis,
- Liefer-, Zahlungs- und Gewährleistungsbedingungen.

Beispiel: Angebotsvergleich

Der Einkauf hat von drei Anbietern Angebote über Kabel NYM 3 × 1,5 eingeholt. Ein Angebot scheidet aus, weil die Lieferzeit fünf Wochen beträgt. Die beiden anderen Angebote unterscheiden sich bei anscheinend gleicher Qualität der Artikel in der Preisgestaltung. Die geplante Bestellmenge beträgt 10000 m (vgl. Bedarfsmeldung S. 53).

Angebotsvergleich				
Artikel: Kabel NYM 3x1,5	Menge: 10 000 m			
Lieferer Unterlage	Franz Weiler GmbH Angebot vom 16.02.19..		Mielenz GmbH & Co. KG Angebot vom 16.02.19..	
		DM		DM
Mindestabnahme Listenpreis Rabatt Mindermengenzuschlag	— 100 m 46,20 ab 1 000 m 10 %	4 620,– 462,– —	— 100 m 45,50 ab 1 000 m 15 %	4 550,– —
Zieleinkaufspreis Skonto	10 Tg./2 %	4 158,– 83,16	10 Tg./3 %	116,03
Bareinkaufspreis Verpackungskosten Transportkosten	Fracht, Hausfracht	4 074,84 — 210,–	Hausfracht	3 751,47 — 30,–
Bezugspreis		4 284,84		3 781,47
Liefermenge	keine Beschränkung		keine Beschränkung	
Lieferzeit	sofort		sofort	
Zahlungsziel	30 Tage		30 Tage	
Bestellung bei			Mielenz	

1.9 Ablauf des Einkaufs

Alle Materialien, die der Betrieb verwendet, sind in einer **Materialstammdatei** (Teilestammdatei) verzeichnet. Sie enthält für jedes Material einen sogenannten Materialstammsatz (Teilestammsatz) mit den Stammdaten des Materials. **Stammdaten** sind Informationen, die sich über längere Zeit nicht ändern. Dazu gehören z. B. Materialnummer, Materialbezeichnung, Mengeneinheit, Verrechnungspreis, Lagerort, Lagerbestand, Meldebestand, Höchstbestand, eiserner Bestand, ABC-Zugehörigkeit, Dispositionsart (verbrauchs-, bedarfsorientiert) und Wiederbeschaffungszeit.

- Wenn der Einkaufsdisponent einen Bestellvorschlag oder eine Bedarfsanforderung erhält, gibt er die Daten in die EDV ein. Der Computer prüft die Richtigkeit der eingegebenen Daten, meldet Fehler und erlaubt die Korrektur der Eingabe.
- Der Einkaufsdisponent überprüft den Bestellvorschlag (die Anforderung). Er kann ihn akzeptieren oder Menge und/oder Termin ändern. Dabei spielen z. B. Lieferfristen, Mindestbestellmengen, Rabatte und Sonderkonditionen eine Rolle. Über die EDV kann der Einkaufsdisponent Lieferervorschläge abrufen. Alle Daten (z. B. Materialstammdatei, Liefererdatei, Konditionendatei) können sofort abgefragt werden.
- Der Einkaufsdisponent gibt die Bestelldaten ein (Lieferer, Datum, Materialnummer, Materialbezeichnung, Menge, Preis, Liefertermin, gewünschte Konditionen). Darauf druckt die EDV automatisch die Bestellung aus.
- Zum Zweck der Terminüberwachung werden die Bestelldaten automatisch in eine Lieferantenauftragsdatei gespeichert.
- Bei Bestellungsannahme durch den Lieferer gibt der Disponent mit der Bestellnummer die bestätigte Menge und den bestätigten Termin ein. Die Lieferantenauftragsdatei wird korrigiert.
- Die EDV erfaßt die ausgehenden Bestellungen im Materialstammsatz als „ausstehende Bestellungen". Damit können sie für die Lagerbestandsführung und -überwachung weiterverwendet werden[1]).
- Die Versandanzeige kündigt die Ware an. Das eintreffende Material wird von der „Warenannahme" entgegengenommen. In Gegenwart des Überbringers prüft man **Anschrift** (Ist die Sendung für uns?), **Absender** (Haben wir bei ihm bestellt?), **Anzahl und Gewicht** (Vergleich mit den Begleitpapieren), **Verpackung** (Liegen Beschädigungen vor?). Bei der Warenannahme wird der Empfang der Ware auf den Warenbegleitpapieren (Lieferschein bzw. Frachtbrief) quittiert. Ein Durchschlag der Warenbegleitpapiere verbleibt in der Regel bei der Warenannahme. Das quittierte Original erhält der Überbringer der Ware; evtl. aufgetretene Mängel oder Verpackungsschäden werden bescheinigt.
- Die Warenannahme stellt einen Wareneingangsschein aus. Darin werden die Ware und der Lieferer genau bezeichnet. Eine Ausfertigung geht an den Einkauf, der die sachliche Prüfung vornimmt (Vergleich mit der Bestellung) und den Eingang in der Lieferantenauftragsdatei vermerkt.
- Der Einkaufsdisponent kann sich jederzeit die fälligen Lieferungen auf dem Bildschirm anzeigen oder als Terminliste ausdrucken lassen. Geht eine bestellte Ware nicht pünktlich ein, so kann noch am selben Tag eine Mahnung von der EDV ausgedruckt werden. Teilweise geschieht dies automatisch.
- Die Materialprüfung ist unverzüglich vorzunehmen (d. h. nicht sofort, sondern ohne schuldhafte Verzögerung!). Je nach der Art der bestellten Ware wird gezählt, gemessen, gewogen; Art, Beschaffenheit, Aufmachung und Qualität werden untersucht und mit Proben und Mustern sowie mit den Angaben im Angebot, in der Bestellung, der Bestellungsannahme, der Versandanzeige, der Rechnung und den Versandpapieren verglichen. Bei großen Warenmengen müssen zumindest Stichproben entnommen werden. Mängel werden unverzüglich gerügt. Die Ware geht mit einem Materialeingangsbeleg ins Lager und wird eingeordnet. Den Eingang bucht man mengenmäßig auf Lagerfachkarten und in der Materialstammdatei.

---

[1]) vgl. S. 135

- Die mit dem Eingangsstempel versehenen Eingangsrechnungen gelangen zur Rechnungsprüfung. Sie werden dort geprüft:
  - Sachlich (durch Vergleich mit der Bestellung),
  - rechnerisch (Einzel- und Gesamtpreis, Rabatt, Fracht- und Verpackungskosten).

  Danach bucht man sie als Verbindlichkeit. Sie werden rechtzeitig zur Zahlung angewiesen und am Fälligkeitstag bezahlt.

Ablauf des Einkaufs

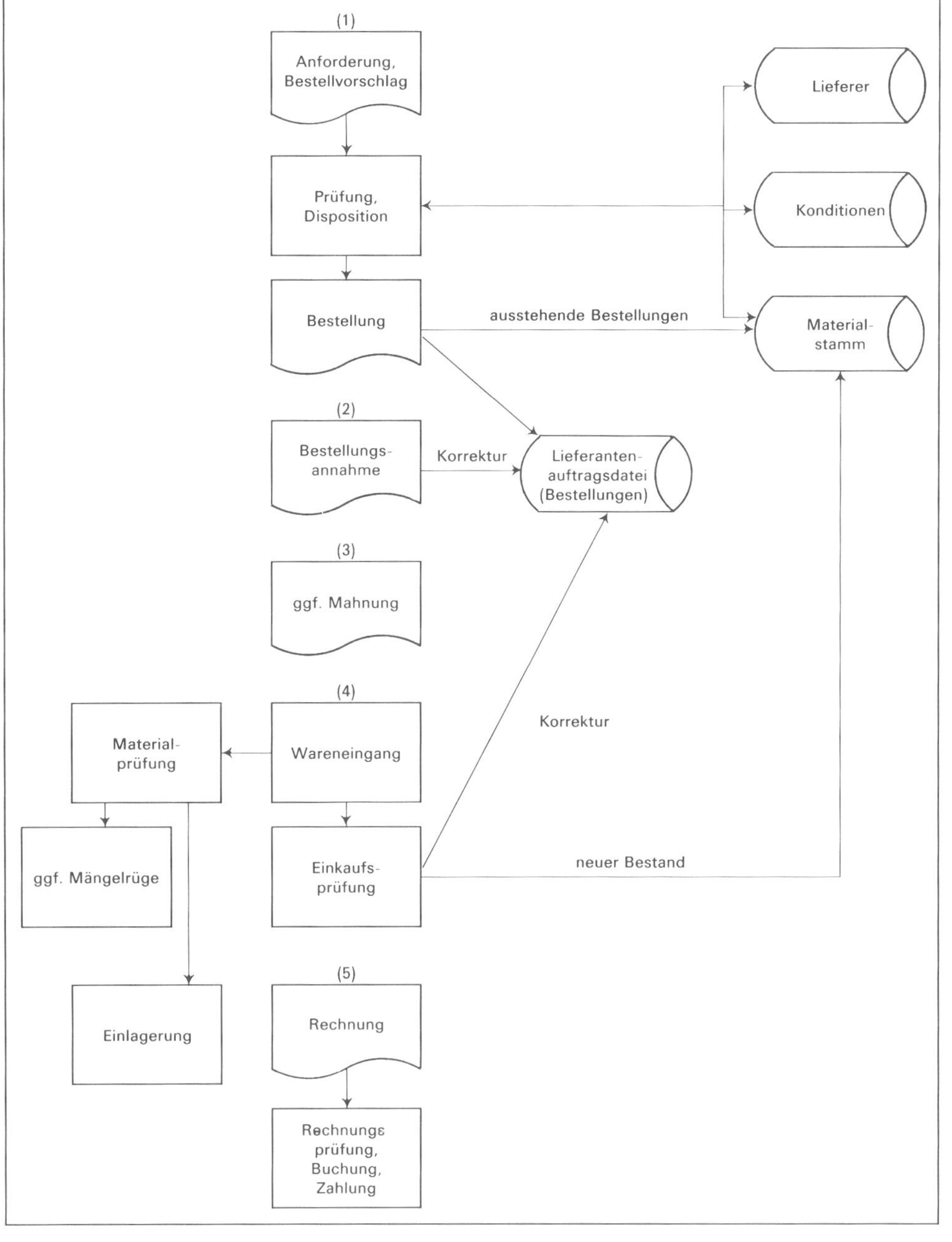

Kontrolle des Lernerfolgs

1. Nennen Sie fünf Aufgaben, die bei der Beschaffung bisher nicht verwendeter Materialien zu erledigen sind.

2. Fortsetzung von Aufgabe 1 auf Seite 52:
Die Materialanforderung wird mit Hilfe eines Bedarfsmeldescheins an den Einkauf gegeben. Der Sachbearbeiter findet in der Materialbeschaffungs-, Lieferer- und Konditionendatei folgende Angaben:

Rillenkugellager 16002 – DIN 625									
Lieferer	Unterlagen	Preis DM	je	Rabatt	Frachtkosten	Verpackung	Zahlungsbedingungen	Lieferzeit	Bemerkungen
Krüger & Sohn, Mainz	Angebot 18.10.19..	25,—	Stck.	100 Stck. 10%	frei Haus	einschl.	30 Tg. netto, 10 Tg. 2%	sofort	Lieferung einwandfrei
Rollkugel GmbH Münster	Preisliste 01.12.19..	24,—	Stck.	200 Stck. 15%	ab Werk	einschl.	30 Tg. netto, 8 Tg. 1%	sofort	
Fritz Peters OHG, Frankfurt	Angebot 13.01.19..	23,70	Stck.	200 Stck. 10%	ab Werk	ausschl.	30 Tg. netto, 10 Tg. 2%	sofort, ab 400 Stck. 14 Tg.	

a) Entwerfen Sie ein geeignetes Formular für einen Angebotsvergleich der drei Lieferer. Führen Sie den Angebotsvergleich durch. (Grundlage für den Vergleich ist der Einstandspreis für die zu bestellende Menge.)

b) Schreiben Sie die Bestellung der VMW auf einen Briefbogen gemäß folgendem Formular.

Bestellung

Unter Zugrundelegung der umstehenden Einkaufsbedingungen bestellen wir bei Ihnen für unser Werk

zur Lieferung an die auf der Rückseite angegebene Versandanschrift:

Diese Bestelldaten sind in allen Schriftstücken, auch auf Frachtbriefen, Paketkarten, Lieferscheinen usw. anzugeben Bestellung Nr. Auftragsnummer Kostenstelle	Tag
Lieferanten-Nr. Sachbearbeiter Durchwahl	Lieferzeit:

Gegenstand	Zeichnungs- bzw. Waren-Nr.	ME*	Menge	DM

* ME = Mengeneinheit

c) Schreiben Sie eine Bestellungsannahme, die gleichzeitig als Versandanzeige und Rechnung dienen kann, mit einer ähnlichen Textanordnung.

d) Geben Sie eine schriftliche Darstellung der auf den Waren- und Rechnungseingang folgenden Arbeiten.

e) Tauschen Sie die von Ihnen erstellten Rechnungen mit Ihren Mitschülern aus, und prüfen Sie sie durch Vergleich mit der Bestellung auf sachliche und rechnerische Richtigkeit.

2 Vertragsrechtliche Grundlagen

2.1 Objektives Recht

2.1.1 Öffentliches Recht und Privatrecht

- Bei Juwelier Reichel ist nachts eingebrochen worden. Die Polizei fahndet nach dem Einbrecher. Nach zwei Wochen wird ein Tatverdächtiger gefaßt, der einen Teil der Beute im Pfandhaus absetzen wollte. Der Staatsanwalt erhebt Anklage. Durch Gerichtsurteil und Bestrafung des Täters soll das gebrochene Recht wiederhergestellt werden.
- Herr Kolb hat bei der Kfz-Werkstatt Sattler die fehlerhaften Bremsen seines Wagens reparieren lassen. Unmittelbar nach dem Verlassen der Werkstatt versagen die Bremsen von neuem. Herr Kolb verlangt kostenlose Nachbesserung, Sattler dagegen will nur gegen erneute Bezahlung reparieren. Herr Kolb besteht auf seinem Recht: Er läßt den Wagen in einer anderen Werkstatt reparieren und verklagt Sattler auf Erstattung der Kosten.

Wo Menschen zusammenleben, entstehen zwangsläufig Interessenkonflikte. Alle staatlichen Regelungen, die der Lösung solcher Konflikte im Sinne der Gerechtigkeit dienen, bilden das **objektive Recht.** Im modernen Rechtsstaat unterscheidet man dabei zwischen:

- öffentlichem Recht,
- Privatrecht.

Öffentliches Recht

- Öffentliches Recht regelt die **Rechtsbeziehungen des Staates zu den Bürgern.**
- Öffentliches Recht wird großenteils vom **Grundsatz der Über- und Unterordnung** beherrscht:
  - Der Staat kann den Bürgern durch **Gebote** einseitig Pflichten auferlegen und ihre Rechte durch **Verbote** unabänderlich beschränken. Öffentliches Recht ist **zwingendes Recht.**
  - Verstöße gegen Ge- und Verbote verfolgt der Staat durch seine Gerichte. Gegebenenfalls verhängt er Strafen.
- Öffentliches Recht umfaßt:
  - **Staatsrecht**
    (Verfassungsrecht)
  - **Verwaltungsrecht**
    (z. B. Ordnungs-, Sozial-, Wehr-, Bau-, Wasser-, Gewerbe-, Beamten-, Schulrecht)
  - **Strafrecht**
  - **Steuerrecht**
  - **Prozeßrecht**
    (z. B. Straf- und Zivilprozeßrecht)
  - **Kirchenrecht**
  - **Völkerrecht**
    (Rechtsbeziehungen zwischen den Staaten)
  - **Teile des Arbeitsrechts**
    (Arbeitsschutzrecht und Mitbestimmungsrecht)
  - **Wettbewerbsrecht**

Privatrecht

- Das Privatrecht regelt die **Rechtsbeziehungen der Bürger untereinander.**
- Das Privatrecht wird vom **Grundsatz der Gleichordnung** beherrscht:
  - Die Beteiligten stehen sich gleichberechtigt gegenüber und können ihre Beziehungen abweichend von den gesetzlichen Regelungen vielfach frei gestalten. Privates Recht ist weitgehend **nachgiebiges Recht.**
    Beispielsweise schreibt das Bürgerliche Gesetzbuch vor, daß der Käufer, der sich eine Ware schicken läßt, die Transportkosten tragen muß. In der Praxis übernimmt der Verkäufer häufig diese Kosten.
  - Privatrechtliche Verhältnisse zielen nicht auf Strafen ab, sondern auf die Erfüllung von Verträgen, die Unterlassung schädigender Handlungen und Schadenersatz für angerichtete Schäden. Bei der Durchsetzung dieser Ansprüche können die Gerichte in Anspruch genommen werden.
- Das Privatrecht umfaßt:
  - **Bürgerliches Recht** (Vorschriften des Bürgerlichen Gesetzbuches – BGB –, die die Rechtsbeziehungen der Bürger allgemein regeln). Das BGB umfaßt 5 Bücher.

Bücher des BGB				
1. Buch: Allgemeiner Teil	2. Buch: Schuldrecht	3. Buch: Sachenrecht	4. Buch: Familienrecht	5. Buch: Erbrecht
§ 1–§ 240 – Natürliche Personen – Juristische Personen – Rechtsgeschäfte – Vertretung und Vollmacht – Fristen und Termine – Verjährung – Sicherheitsleistung	§ 241–§ 853 – Schuldverhältnis Gläubiger–Schuldner – Begründung und Erlöschen von Schuldverhältnissen – Schuldübertragung – Schuldübernahme – Einzelne Schuldverhältnisse Kauf, Tausch, Miete, Pacht, Leihe, Schenkung, Darlehen, Dienstvertrag, Werkvertrag, Bürgschaft, Unerlaubte Handlungen Schadensersatz	§ 854–§ 1296 – Besitz – Eigentum Eigentumsübertragung, Aneignung, Fund, Miteigentum – Nutzungsrecht an bewegl. Sachen Pfandrecht, Nießbrauch – Grundpfandrecht Hypothek, Grundschuld, Rentenschuld	§ 1297–§ 1921 – Verlöbnis – Ehe Ehel. Güterrecht, Gütertrennung – Ehescheidung – Verwandtschaft – Unterhaltspflicht – Eheliche Kinder – Nichteheliche Kinder – Annahme als Kind – Vormundschaft	§ 1922–§ 2385 – Gesetzliche und testamentarische Erbfolge – Rechtsstellung des Erben – Erbschein – Pflichtteil – Erbunwürdigkeit – Haftpflicht des Erben – Erbenmehrheit – Erbverzicht – Testament – Testamentsvollstrecker – Erbvertrag

  - **Handelsrecht** (Vorschriften des Handelsgesetzbuchs – HGB –, die die Rechtsbeziehungen der Kaufleute regeln, sowie das Gesellschaftsrecht, das Wechsel- und Scheckrecht, das Wertpapierrecht)
  - **Urheberrecht** (begründet die Ansprüche an Geisteswerken)
  - **Patentrecht** (begründet die Ansprüche aus Erfindungen)

2.1.2 Rechtsnormen und Rechtsquellen

Das Recht besteht aus Anforderungen *(Rechtsnormen)*, die dem Menschen ein äußeres Verhalten vorschreiben, sei es Tun, Unterlassen oder Dulden. Zu ihrer Durchsetzung kann der Staat Zwangsmittel einsetzen.

Rechtsnormen können durch langdauernde Gewohnheit entstehen, wenn die Menschen die Überzeugung haben, daß ihr Tun rechtens sei.

Solches **Gewohnheitsrecht** bildet sich heute vor allem durch:

- **Gerichtsbrauch**
  (Rechtsfortbildung durch die Rechtsprechung, die sich allgemein durchsetzt)
- **Verkehrssitte**
  (die im Verkehr zwischen Vertragspartnern herrschende, eventuell örtlich verschiedene, tatsächliche Übung)
- **Handelsbrauch**
  (Gewohnheiten unter Kaufleuten)

In einer entwickelten Gesellschaft ist es jedoch nötig, die wesentlichen Rechtsnormen schriftlich festzuhalten. Nur so ist allgemeine Rechtssicherheit gewährleistet. Das **geschriebene Recht** ist in Gesetzen, Verordnungen und Satzungen enthalten:

- **Gesetze** werden vom Parlament geschaffen. Sie enthalten Regelungen, die für alle Bürger in gleicher Weise gelten. Solche Gesetze sind z. B. das Strafgesetzbuch, das Wechselgesetz oder das Kündigungsschutzgesetz.
- Das Parlament kann nicht jede Einzelheit im Gesetz regeln. Die Gesetze ermächtigen daher vielfach die Regierungen, die Einzelheiten in einer **Rechtsverordnung** festzulegen. So basiert z. B. die Straßenverkehrsordnung von 1971 auf dem schon früher erlassenen Straßenverkehrsgesetz. Die Rechtsverordnung steht rangmäßig unter dem Gesetz. Sie ist nichtig, wenn sie den Rahmen der Ermächtigung überschreitet oder eine Regelung enthält, die dem Gesetz widerspricht.
- Städte und Gemeinde haben (wie andere Selbstverwaltungskörperschaften) das Recht, die Angelegenheiten der örtlichen Gemeinschaft durch **Satzungen** zu regeln. In solchen Satzungen kann z. B. die Bebauung des Ortes oder die Benutzung der gemeindlichen Einrichtungen (wie Bücherei, Badeanstalt, Friedhof, Müllabfuhr) geregelt werden.

> **Beispiel:**
> Das **Gewerbesteuergesetz** ist ein von Bundestag und Bundesrat beschlossenes Bundesgesetz über die Gewerbesteuer, die von jedem Gewerbebetrieb zu zahlen ist.
> Die **Gewerbesteuerdurchführungsverordnung** wurde von der Bundesregierung aufgrund einer Ermächtigung des Gesetzgebers erlassen, die im Gesetz ausgesprochen ist. Sie regelt die Einzelheiten der Gewerbesteuererhebung bis hin zum sogenannten Steuermeßbetrag. Dieser stellt einen Grundbetrag für die Steuer dar.
> Die **Gemeindesatzungen** legen den Hebesatz fest. Er gibt an, wieviel Prozent des Steuermeßbetrages als Gewerbesteuer erhoben werden (z. B. 400%).

Auch Vereine, Kapitalgesellschaften und Genossenschaften regeln ihre Angelegenheiten durch Satzungen.

2.2 Subjektives Recht

Als subjektives Recht bezeichnet man Schuldrechte und Sachenrechte:

- **Schuldrechte** (oder: Forderungsrechte) sind Ansprüche, die Personen gegenüber bestimmten anderen Personen haben, z. B. der Anspruch eines Lieferers auf Bezahlung der gelieferten Ware.
- **Sachenrechte** sind Ansprüche, die Personen gegenüber allen anderen Personen haben (rechtliche Macht über Sachen, z. B. Eigentums- und Besitzrechte).

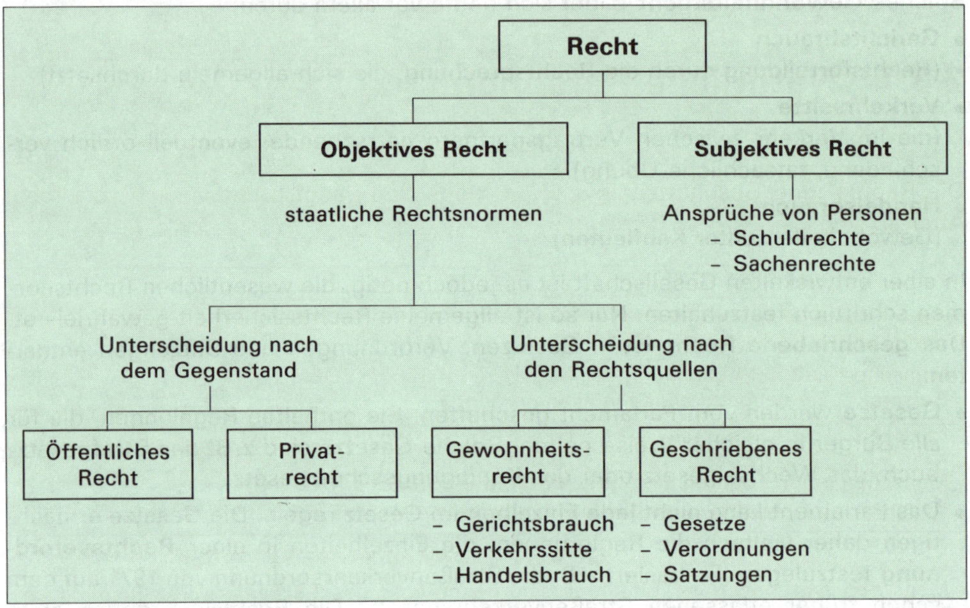

Kontrolle des Lernerfolgs

1. Erläutern Sie folgende Begriffe:
   a) Recht, c) Gewohnheitsrecht, e) objektives Recht,
   b) Rechtsnorm, d) geschriebenes Recht, f) subjektives Recht.
2. Wodurch unterscheiden sich Gesetze und Verordnungen?
3. Wodurch unterscheiden sich öffentliches Recht und Privatrecht?
4. Nennen Sie die Bereiche des öffentlichen Rechts einerseits und die des Privatrechts andererseits.
5. Zu welchen Bereichen des Rechts gehören folgende Tatbestände?
   a) Die Bundesrepublik Deutschland schließt mit China einen Vertrag über gegenseitigen Kulturaustausch.
   b) Herr Klein ficht das Testament seiner Tante an.
   c) Kaufmann Männel stellt einen neuen Mitarbeiter ein.
   d) Herr Schmale erhebt Einspruch gegen seinen Steuerbescheid, aufgrund dessen er 2000,— DM Steuern nachzahlen soll.
   e) Ein ausländischer Arbeitnehmer wird wegen Einschmuggelns von Heroin zu einer Freiheitsstrafe verurteilt.

2.3 Rechtssubjekte

Rechtssubjekte sind Personen im rechtlichen Sinn.

- **Personen sind rechtsfähig.**
  Rechtsfähigkeit ist die Fähigkeit, Träger von Rechten und Pflichten zu sein.
- **Personen sind unter bestimmten Umständen geschäftsfähig.**
  Geschäftsfähigkeit ist die Fähigkeit, Rechtsgeschäfte zu tätigen[1]).

Das Recht unterscheidet **natürliche** und **juristische Personen.**

2.3.1 Natürliche Personen

Natürliche Personen sind Menschen.

Die Rechts- und Geschäftsähigkeit von Menschen hängt grundsätzlich von ihrem Alter ab.

Einfluß des Alters auf Rechts- und Geschäftsfähigkeit
Vollendung der Geburt Menschen sind mit Vollendung der Geburt **rechtsfähig** (BGB § 1). **Beispiel:** Ein neugeborenes Kind kann erben.
unter 7 Jahren Menschen unter 7 Jahren sind **geschäftsunfähig** (BGB § 104). **Beispiel:** Das Kind kann sein Haus nicht verkaufen.
zwischen 7 und 18 Jahren Menschen zwischen 7 und 18 Jahren sind **beschränkt geschäftsfähig.** Ihre Handlungen sind nur mit Zustimmung des gesetzlichen Vertreters rechtswirksam. Die vorherige Zustimmung heißt Einwilligung, die nachträgliche Genehmigung (BGB § 106–108). **Beispiele:** – Ein Zwölfjähriger kauft mit der Erlaubnis seines Vaters ein Fahrrad. – Ein Sechszehnjähriger kauft ein Mofa. Sein Vater, der davon nichts wußte, erklärt nachträglich sein Einverständnis (ausdrücklich oder durch Schweigen).
ab 18 Jahren Menschen ab 18 Jahren sind **voll geschäftsfähig.** **Beispiel:** Ein Zwanzigjähriger nimmt bei der Bank einen Kredit über 5000,— DM auf.

Rechtsgeschäfte von Personen zwischen 7 und 18 Jahren sind voll wirksam, wenn

- das Rechtsgeschäft mit Mitteln erfüllt wird, die dem Minderjährigen von seinem gesetzlichen Vertreter oder mit dessen Zustimmung von einem Dritten zur freien Verfügung oder eigens für den betreffenden Zweck überlassen wurden(„**Taschengeldparagraph**", BGB §110);
- das Rechtsgeschäft dem Minderjährigen **nur rechtliche Vorteile** bringt (wie z. B. bei Geschenken ohne Belastungen) (BGB § 107).

---

[1]) vgl. S. 68

Minderjährige können mit Zustimmung des gesetzlichen Vertreters ein **Arbeits-, Dienst- oder Ausbildungsverhältnis** eingehen. Für alle Rechtsgeschäfte aus einem Arbeits- oder Dienstverhältnis (nicht aber aus einem Ausbildungsverhältnis) gelten sie als voll geschäftsfähig. Sie können z. B. selbständig ein Bankkonto einrichten, ja sogar ihr Dienstverhältnis kündigen und ein ähnliches eingehen (BGB § 113).

Das gleiche gilt für alle Rechtsgeschäfte aus dem selbständigen **Betrieb eines Erwerbsgeschäftes,** das der Minderjährige mit Ermächtigung des gesetzlichen Vertreters und der Genehmigung des Vormundschaftsgerichts betreibt (BGB § 112).

Beispiel:
Ein Vater überträgt wegen Krankheit sein Geschäft auf seinen minderjährigen Sohn.

Geschäftsunfähig sind auch dauernd Geisteskranke (BGB § 104). Beschränkt geschäftsfähig sind auch Personen, die wegen Geistesschwäche, Trunksucht oder Verschwendungssucht entmündigt wurden.

2.3.2 Juristische Personen

Bestimmte rechtliche Gebilde werden vom Recht ähnlich wie Menschen behandelt. Sie können wie Menschen Eigentum erwerben sowie klagen und verklagt werden. Sie sind also ebenfalls **rechts- und geschäftsfähig.** Ihre Rechte werden von ihren zuständigen **Organen** wahrgenommen, die sich aus Menschen zusammensetzen. Diese Gebilde heißen juristische Personen (BGB §§ 21–89). Es handelt sich um Körperschaften, Anstalten und Stiftungen.

Juristische Personen

Körperschaften	Anstalten	Stiftungen
– dauernde, organisierte, vom Mitgliederbestand unabhängige **Vereinigungen** von Personen zur Erreichung eines gemeinsamen Zweckes (z. B. Vereine)	– **Einrichtungen,** die Sachmittel und persönliche Leistungen zusammenfassen (z. B. Universitäten, Rundfunkanstalten)	– **Vermögensmassen,** deren Verwendungszweck in einem Stiftungsgeschäft angegeben worden ist (z. B. die Stiftung Warentest)
– Die Körperschaft hat **Mitglieder.**	– Die Anstalt hat **Benutzer.**	– Die Stiftung hat **Nutznießer.**

Man unterscheidet weiterhin:

- juristische Personen des öffentlichen Rechts,
- juristische Personen des privaten Rechts.

- **Juristische Personen des öffentlichen Rechts** sind z. B. Gemeinden, Kirchen, Rundfunkanstalten und Ortskrankenkassen. Sie erfüllen öffentliche Aufgaben.
- **Juristische Personen des Privatrechts** sind privatrechtliche Stiftungen und Körperschaften des privaten Rechts (rechtsfähige Vereine). Sie verfolgen private Zwecke.

Kontrolle des Lernerfolgs

1. Erläutern Sie den Unterschied
   a) zwischen Rechtsfähigkeit und Geschäftsfähigkeit,
   b) zwischen natürlichen Personen und juristischen Personen.

2. Sind folgende Rechtssubjekte rechtsfähig? In welchem Maße sind sie geschäftsfähig?
   a) eine Aktiengesellschaft,
   b) ein ungeborenes Kind,
   c) eine hundertdreijährige Frau,
   d) ein Trinker, der entmündigt wurde,
   e) ein vierjähriges Kind,
   f) ein ins Vereinsregister eingetragener Fußballclub,
   g) ein achtzehnjähriger Auszubildender.

3. Erläutern Sie, ob im folgenden gültige Rechtsgeschäfte zustandekommen; wenn ja, unter welchen Voraussetzungen.
   a) Ein Sechsjähriger kauft für 20 Pfennig Bonbons.
   b) Ein Siebenjähriger kauft für 20 Pfennig Bonbons.
   c) Ein Siebzehnjähriger bucht eine Flugreise nach Las Vegas.
   d) Ein Geisteskranker kauft ein Fahrrad.
   e) Ein Dreizehnjähriger nimmt eine unbelastete Erbschaft an.
   f) Ein Sechzehnjähriger kündigt seinen Arbeitsvertrag.
   g) Ein Achtzehnjähriger kauft ein Motorboot.
   h) Der Vorstand eines Gesangvereins kauft ein Vereinslokal.

2.4 Rechtsobjekte

Sachen und Rechte

***Rechtsobjekte* sind die Gegenstände des Rechtsverkehrs. Es handelt sich dabei um Sachen und Rechte.**

Sachen sind körperliche Rechtsobjekte, Rechte nicht körperliche Rechtsobjekte.

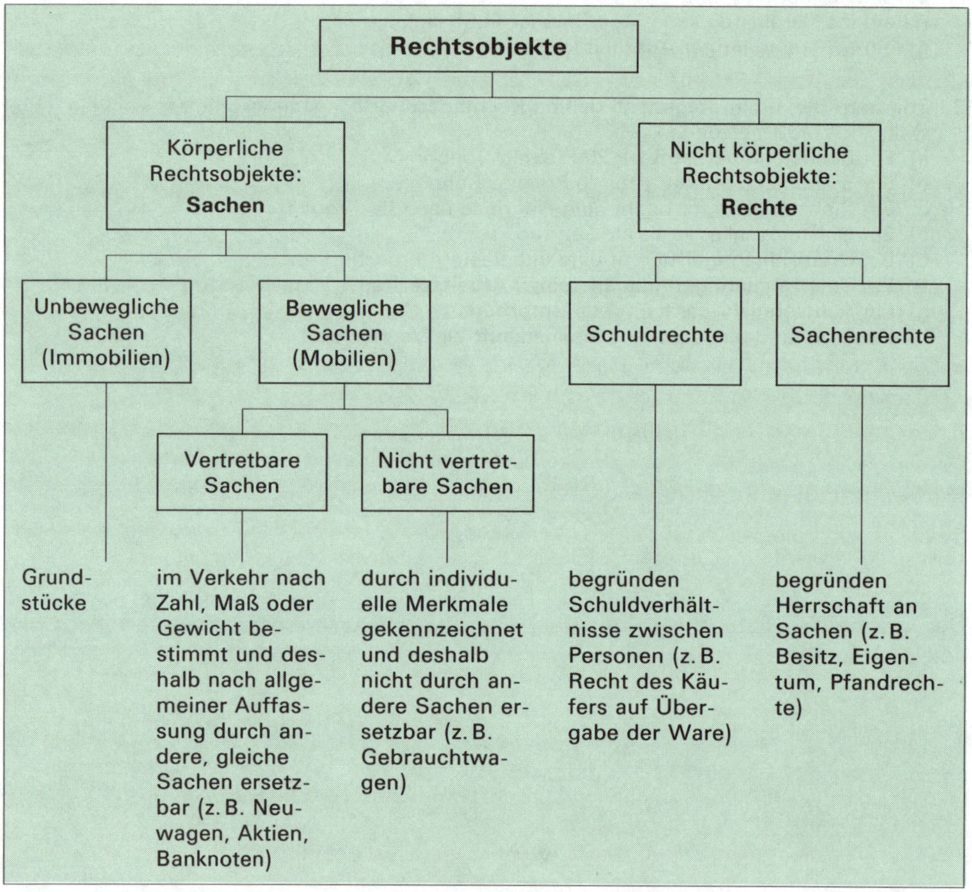

Eigentum und Besitz

Die wichtigsten und in der Praxis am häufigsten vorkommenden Rechte an Sachen sind Eigentum und Besitz.

- ***Eigentum* (BGB § 903 ff.) ist die rechtliche Herrschaft über eine Sache.**
- ***Besitz* (BGB §§ 854 ff.) ist die tatsächliche Herrschaft über eine Sache.**

Beispiel:
Herr Pratz ist Eigentümer eines Hauses mit Einliegerwohnung. Am 01. 02. 19.. vermietet er die Wohnung an Herrn Lehmann. Eigentümer ist nach wie vor Herr Pratz, Besitzer hingegen ist nun Herr Lehmann: Er hat die tatsächliche Herrschaft über die Wohnung.

Der Eigentümer kann folgende **Besitzverhältnisse** zu seiner Sache haben:

- Der Eigentümer hat die Sache:
  Er ist **unmittelbarer Besitzer.**

- Der Eigentümer hat die Sache verliehen, vermietet, verpachtet usw. (freiwillige Besitzübertragung):
  Der Eigentümer ist nur noch **mittelbarer Besitzer.** Der Mieter usw. ist **unmittelbarer Besitzer.** Er darf nur im Umfang der Abmachungen mit dem Eigentümer über die Sache verfügen (z. B. eine zum Gebrauch gemietete Wohnung nicht weitervermieten).

- Dem Eigentümer ist die Sache abhanden gekommen (Verlust, Diebstahl usw. = unfreiwillige Besitzaufgabe):
  Der Eigentümer ist **nicht Besitzer.** Ein Dieb oder Finder, der die Sache nicht abliefert, ist **bösgläubiger Besitzer;** er kann nicht Eigentümer werden. Der Eigentümer verliert sein Recht nämlich nur bei freiwilliger Aufgabe.

- Der Eigentümer läßt seine Herrschaft über die Sache durch einen anderen in abhängiger Stellung ausüben (z. B. Lkw: Fahrer):
  Der Eigentümer bleibt **unmittelbarer Besitzer.** Der andere heißt **Besitzdiener.**

Der rechtmäßige Besitzer kann sich gegen jeden, der ihm den Besitz unberechtigt entziehen will, mit Gewalt wehren. Dies ist sein **Selbsthilferecht.** Gegen jede Störung oder Verletzung seines Besitzes kann er klagen.

Der Eigentümer kann mit seiner Sache tun, was er will, sofern dadurch nicht gesetzliche Bestimmungen oder die Rechte anderer verletzt werden.

Beispiele:
Herr Meier hat einen Autoverleih.

Schutz des Eigentums:
Er darf seine Autos verkaufen, verleihen, vermieten, verschenken.

Verletzung der Rechte Dritter:
Er darf nicht ohne Erlaubnis das Nachbargrundstück befahren.

Verletzung der Rechte Dritter (Recht des Mieters auf Besitz):
Er darf einen Wagen, der für eine Woche vermietet wurde, nicht nach zwei Tagen zurückholen.

Verstoß gegen gesetzliche Bestimmungen:
Er darf seine Autos nicht unversichert verleihen.

Recht auf Besitz:
Er kann nach Ablauf der Mietzeit seinen Wagen zurückverlangen.

Selbsthilferecht:
Er kann sich gegen einen Dieb mit Gewalt wehren.

Die Übertragung von Eigentum und Besitz wird auf Seite 94 behandelt.

Kontrolle des Lernerfolgs

1. Wodurch unterscheiden sich Rechtssubjekte und Rechtsobjekte?
2. Welche körperlichen Rechtsobjekte und welche nicht körperlichen Rechtsobjekte kennen Sie?
3. Erläutern Sie den Unterschied zwischen Schuldrechten und Sachenrechten.
4. Herr Debit nimmt bei seiner Bank einen Kredit auf und übergibt zur Sicherheit ein wertvolles Schmuckstück als Pfand, das die Bank im Fall der Nichtrückzahlung versteigern lassen kann.
   Handelt es sich
   a) bei der Darlehensforderung der Bank,
   b) bei dem Pfandrecht
   um ein Schuldrecht oder um ein Sachenrecht?
5. Wodurch unterscheiden sich Eigentum und Besitz?
6. Kennzeichnen Sie die folgenden Personen durch die Begriffe unmittelbarer Besitzer, mittelbarer Besitzer, nicht Besitzer, bösgläubiger Besitzer, Besitzdiener.
   a) Herr Schöne hat ein Haus geerbt, das er seit zwei Jahren bewohnt.
   b) Herr Schöne vermietet sein Haus an Familie Bien.
   c) Frau Fiesel findet eine Geldbörse mit 600,— DM. Sie nimmt sie zunächst einmal mit nach Hause, legt sie in die Schublade und vergißt, sie zum Fundbüro zu bringen. In der Geldbörse befindet sich der Ausweis von Frau Bolte.
   d) Ein Graf läßt sein Landgut von einem Verwalter bewirtschaften, der auch in einem Teil des Gutes wohnt.
7. Herr Anten hat eine Uhr. Herr Jansen behauptet, sie gehöre ihm. Wer muß im Prozeßfall den Nachweis über das Eigentumsrecht führen?

2.5 Begriff des Rechtsgeschäfts

Otto Krüger will seinem Prokuristen, Herrn Sause, einen Geschäftswagen stellen. Er schließt deshalb mit der Autohandlung Schröder einen Kaufvertrag ab. Der Wagen soll binnen 10 Tagen ausgehändigt werden. Inzwischen verunglückt Herr Sause bei einem Unfall tödlich. Krüger ist nun an dem Wagen nicht mehr interessiert. Er will ihn nicht abnehmen und auch den Kaufpreis nicht bezahlen. Er beruft sich darauf, daß er sich beim Abschluß des Kaufvertrages geirrt habe. Der Verkäufer erkennt dies nicht an und verklagt ihn auf Abnahme und Zahlung.

Schröder und Krüger sind ein Rechtsgeschäft eingegangen. Darin haben beide rechtsverbindlich ihren Willen erklärt: Es soll ein Wagen geliefert und der Kaufpreis dafür bezahlt werden. Die Rechtssubjekte Schröder und Krüger treten durch ihre Erklärungen in bestimmte verbindliche Rechtsbeziehungen zueinander und zu den betroffenen Rechtsobjekten. So kann Krüger nicht die Lieferung ablehnen, weil sein ursprünglicher Beweggrund entfällt. Andererseits hat er ein Recht darauf, daß Schröder ihm vertragsgemäß das Eigentum an dem Wagen verschafft.

***Rechtsgeschäfte* regeln Rechtsbeziehungen zwischen Rechtssubjekten und zu Rechtsobjekten. Sie enthalten eine oder mehrere rechtsgültige Willenserklärungen und ziehen gewollte Rechtswirkungen nach sich.**

Rechtliche Grundlagen für Rechtsgeschäfte sind

- für Nichtkaufleute das Bürgerliche Gesetzbuch (BGB),
- für Kaufleute das Handelsgesetzbuch (HGB) und das BGB.

Hinzu kommen zahlreiche Spezialgesetze.

Die Willenserklärungen können **empfangsbedürftig** oder **nicht empfangsbedürftig** sein.

> **Beispiele:**
> - Ein Testament gilt auch dann, wenn die eingesetzten Erben keine Kenntnis davon haben. Das Testament ist eine nicht empfangsbedürftige Willenserklärung.
> - Eine Kündigung gilt erst dann, wenn sie dem Vertragspartner zugegangen ist. Die Kündigung ist eine empfangsbedürftige Willenserklärung.

2.6 Arten von Rechtsgeschäften

Man kann die Rechtsgeschäfte einteilen nach:

- Zahl der notwendigen Willenserklärungen,
- anzuwendenden Rechtsvorschriften,
- Unterscheidung zwischen Verpflichtung und Erfüllung.

Rechtsgeschäfte nach der Zahl der notwendigen Willenserklärungen

Man unterscheidet **einseitige** und **mehrseitige Rechtsgeschäfte.**

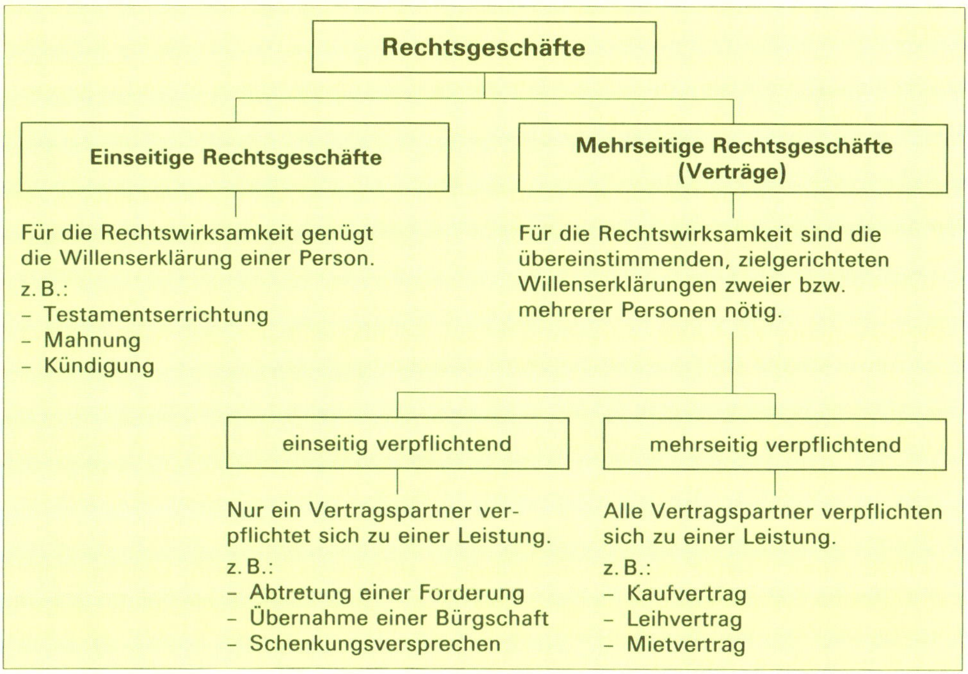

Rechtsgeschäfte nach den anzuwendenden Rechtsvorschriften

Man unterscheidet **bürgerliche Rechtsgeschäfte** und **Handelsgeschäfte.** Für bürgerliche Rechtsgeschäfte gelten die Vorschriften des BGB, für Handelsgeschäfte in erster Linie die des HGB.

Die Kaufmannseigenschaft der Geschäftspartner entscheidet darüber, welche Vorschriften anzuwenden sind.

Rechtsvorschriften bei Rechtsgeschäften		
zwischen Nichtkaufleuten	**zwischen Kaufleuten**	**zwischen Kaufmann und Nichtkaufmann**
Es handelt sich um ein *bürgerliches Rechtsgeschäft.* Anzuwenden ist das Bürgerliche Gesetzbuch (BGB).	Es handelt sich um ein *zweiseitiges Handelsgeschäft.* Anzuwenden sind das Handelsgesetzbuch (HGB) und das Bürgerliche Gesetzbuch (BGB).	Es handelt sich um ein *einseitiges Handelsgeschäft.* Anzuwenden sind das Handelsgesetzbuch (HGB) und das Bürgerliche Gesetzbuch (BGB).

Grundsätzlich ist bei allen Geschäften das BGB anzuwenden. Handelt es sich jedoch um ein- oder zweiseitige Handelsgeschäfte, so gelten in den Fällen, in denen das HGB abweichende Regelungen trifft, die Vorschriften des HGB:

Spezialrecht geht allgemeinem Recht vor!

HGB § 343
Handelsgeschäfte sind alle Geschäfte eines Kaufmanns, die zum Betriebe seines Handelsgewerbes gehören.

Danach wären Geschäfte, die ein Kaufmann für seine private Lebenshaltung vornimmt, also keine Handelsgeschäfte. Aber:

HGB § 344
Die von einem Kaufmann vorgenommenen Rechtsgeschäfte gelten im Zweifel als zum Betriebe seines Handelsgewerbes gehörig.

Der Kaufmann müßte also beweisen, daß es sich um ein bürgerliches Rechtsgeschäft handelt.

Das HGB regelt die Rechtsgeschäfte teilweise anders als das BGB. Es trägt damit der Tatsache Rechnung, daß der Handelsverkehr eine größere Flexibilität als der bürgerliche Rechtsverkehr erfordert, daß man andererseits vom Kaufmann aber auch eine größere Sorgfaltspflicht erwarten darf.

Beispiele:

BGB	HGB
– Bürgschaften können nur schriftlich gegeben werden. – Unangemessen hohe Vertragsstrafen können durch Gerichtsbeschluß herabgesetzt werden.	– Bürgschaften können mündlich gegeben werden. – Unangemessen hohe Vertragsstrafen können durch Gerichtsbeschluß nicht herabgesetzt werden.

Weitere wichtige Unterschiede betreffen z. B. erweiterte Rechte und Pflichten des Kaufmanns im Fall von Störungen bei der Erfüllung von Verträgen[1]).

HGB § 345
Auf ein Rechtsgeschäft, das für einen der beiden Teile ein Handelsgeschäft ist, kommen die Vorschriften über Handelsgeschäfte für beide Teile gleichmäßig zur Anwendung, soweit nicht aus diesen Vorschriften sich ein anderes ergibt.

Die hier angesprochenen Ausnahmen beziehen sich z. B. auf höhere Verzugszinsen und kürzere Rügefristen für Warenmängel, welche lediglich für zweiseitige Handelsgeschäfte gelten.

Rechtsgeschäfte nach der Unterscheidung zwischen Verpflichtung und Erfüllung

Man unterscheidet bei mehrseitigen Rechtsgeschäften **Verpflichtungsgeschäfte** und **Erfüllungsgeschäfte** (Verfügungsgeschäfte).

Mehrseitige Rechtsgeschäfte

Verpflichtungsgeschäfte
- begründen ein Schuldverhältnis
- gehören folglich zum Schuldrecht

Erfüllungsgeschäfte
- verändern Rechte an Sachen
- gehören folglich zum Sachenrecht

Beispiel:
Herr Krelle gibt bei Maler Pinzel ein Bild in Auftrag. Herr Pinzel verpflichtet sich zur Anfertigung des Bildes, Herr Krelle zur Bezahlung (Verpflichtungsgeschäft). Nach Fertigstellung übergibt Herr Pinzel das Bild, Herr Krelle den Kaufpreis (Erfüllungsgeschäft). Erst mit der Übergabe gehen Eigentum und Besitz am Bild auf Herrn Krelle, Eigentum und Besitz am Geld auf Herrn Pinzel über.

[1]) vgl. S. 103ff.

2.7 Form, Nichtigkeit und Anfechtbarkeit von Rechtsgeschäften

Formfreiheit und Formzwang

Rechtsgeschäfte sind im allgemeinen nicht an eine bestimmte Form gebunden: Es besteht **Formfreiheit.**

Mögliche Formen von Rechtsgeschäften	
Schriftliche (auch fernschriftliche) Willenserklärung	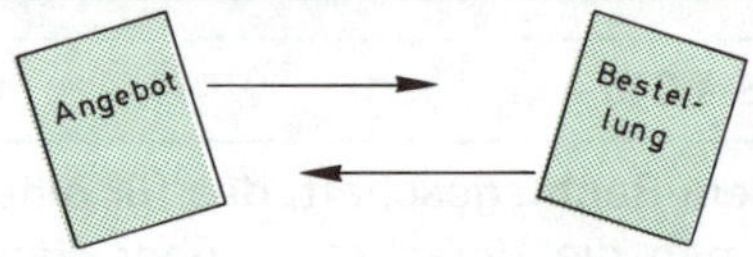
Mündliche (auch fernmündliche) Willenserklärung	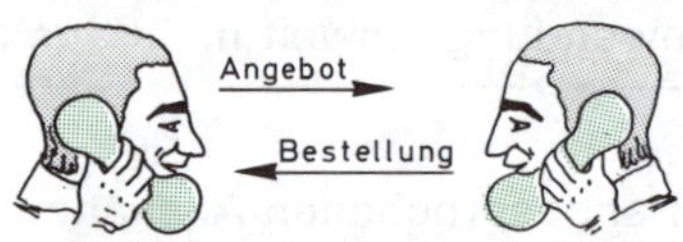
Stillschweigende Willenserklärung = schlüssige Handlung (z. B.: Lieferer sendet bestellte Ware)	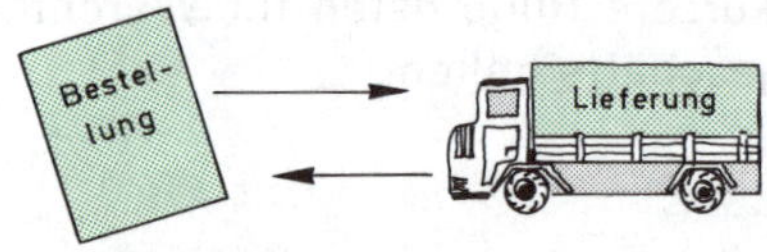

Für eine Anzahl von Rechtsgeschäften ist die Einhaltung einer bestimmten Form vorgeschrieben. So können die Schriftform, die öffentliche Beglaubigung oder die öffentliche Beurkundung verlangt sein **(Formzwang).**

- **Schriftliche Form**

> **Beispiele:**
> Bürgschaftserklärungen von Nichtkaufleuten; Schuldversprechen; Schuldanerkenntnisse; Mietverträge über Wohnraum oder Grundstücke mit einer Dauer von über einem Jahr; Forderungsabtretungen; Privattestamente; Abzahlungsgeschäfte

- **Öffentliche Beglaubigung**

Die Erklärung muß schriftlich, die Unterschrift von einem Notar beglaubigt sein. Die Beglaubigung bezieht sich nur auf die Unterschrift.

> **Beispiele:**
> schriftliche Anmeldungen und Anträge zum Handels- und Güterrechtsregister und zum Grundbuch

- **Öffentliche Beurkundung**

  Der Notar protokolliert die Willenserklärung und bestätigt die Echtheit von Unterschrift und Inhalt.

> **Beispiele:**
> Schenkungsversprechen; Grundstückskaufvertrag; Veräußerung von Erbschaften oder Erbteilen; Verträge von Eheleuten über die Regelung ihrer vermögensrechtlichen Verhältnisse

Nichtigkeit von Rechtsgeschäften

Rechtsgeschäfte sind nichtig, d. h. von Anfang an unwirksam, wenn die gesetzlich vorgeschriebene Form nicht eingehalten wird (BGB § 125), wie z. B. bei einem Grundstücksverkauf, der nicht notariell beurkundet wird.

Nichtig sind Rechtsgeschäfte auch aus anderen Gründen:

- wenn sie gegen ein gesetzliches Verbot verstoßen (BGB § 134), z. B. Rauschgifthandel;
- wenn sie gegen die guten Sitten verstoßen (BGB § 138), z. B. Wucher (60% Zinsen für einen Kredit); Ausnutzung einer Notlage, von Unerfahrenheit und Leichtsinn;
- wenn die Willenserklärung abgegeben wird
  - durch Geschäftsunfähige (BGB § 104),
  - im Zustand der Bewußtlosigkeit (BGB § 105),
  - im Scherz oder zum Schein (BGB §§ 117, 118)

  In diesen Fällen fehlt der für die Gültigkeit des Rechtsgeschäfts notwendige Willen; z. B. ein Betrunkener verkauft ein Haus für 30,— DM; ein Kind kauft einen Pkw.

Von beschränkt Geschäftsfähigen abgeschlossene Rechtsgeschäfte sind (mit Ausnahmen[1])) zunächst schwebend unwirksam, können jedoch durch die Genehmigung des gesetzlichen Vertreters wirksam werden.

---

[1]) vgl. S. 63f.

Anfechtbarkeit von Rechtsgeschäften

Unter bestimmten Umständen können Rechtsgeschäfte auch angefochten werden. Sie sind dann schwebend wirksam, werden aber aufgrund der Anfechtung rückwirkend unwirksam (BGB § 142).

Anfechtbarkeit von Rechtsgeschäften		
wegen arglistiger Täuschung (BGB § 123) **Beispiel:** Einstellung eines Angestellten aufgrund gefälschter Zeugnisse **wegen widerrechtlicher Drohung** (BGB § 123) **Beispiel:** Ein Buchhalter droht seinem Chef mit einer Anzeige wegen Bilanzfälschung, wenn sein Gehalt nicht erhöht wird. **Anfechtungsfrist:** innerhalb eines Jahres nach Kenntnis der Täuschung bzw. Aufhören der Zwangslage, spätestens binnen 30 Jahren (BGB § 124)		
wegen Irrtums		
in der Erklärung (BGB § 119) **Beispiel:** Die Sekretärin schreibt 12,— DM statt 120,— DM ins Angebot.	**in der Übermittlung** (BGB § 120) **Beispiel:** Der Fernschreiber übermittelt einen anderen als den eingegebenen Preis.	**in wesentlichen Eigenschaften der Person oder Sache** (BGB § 119) **Beispiel:** Der Verkäufer liefert irrtümlich einen echten statt des bestellten synthetischen Steins.
Anfechtungsfrist: unverzüglich (d. h. ohne schuldhaftes Verzögern) nach Entdeckung des Irrtums, spätestens binnen 30 Jahren (BGB § 121)		

Bei der Anfechtung wegen Irrtums muß der Anfechtende dem Anfechtungsgegner, sofern dieser den Anfechtungsgrund nicht kannte oder kennen mußte, den Schaden ersetzen, den er im Vertrauen auf die Gültigkeit des Rechtsgeschäftes erleidet. Das gleiche gilt für die Nichtigkeit von Scherzgeschäften (BGB § 122).

Bei Anfechtung wegen arglistiger Täuschung und widerrechtlicher Drohung muß der widerrechtlich Handelnde Schadenersatz leisten (BGB § 823).

Unachtsamkeit, Nachlässigkeit und Irrtümer im Beweggrund bewirken keine Anfechtbarkeit.

Beispiele:
- Der Kunde liest die Allgemeinen Geschäftsbedingungen des Lieferers auf der Rückseite eines Angebotes nicht genau durch, obwohl im Angebotstext darauf hingewiesen wird.
- In der Hoffnung auf einen Kursanstieg kauft Herr Huber Aktien. Die Kurse fallen jedoch.
- Ein Kaufmann gibt aufgrund eines Kalkulationsfehlers ein Angebot ab, das die Kosten nicht deckt.

2.8 Überblick über wichtige Vertragsarten

Wichtige Vertragsarten			
	Inhalt	**Partner**	**Gesetz**
Überlassungsverträge			
Mietvertrag	Gebrauchsüberlassung einer Sache gegen Entgelt	Mieter und Vermieter	BGB §§ 535–580
Darlehnsvertrag	entgeltliche oder unentgeltliche Kreditgewährung auf Zeit mit Rückzahlungsverpflichtung	Darlehnsgeber u. -nehmer	BGB §§ 607–610
Leihvertrag	Überlassung von Sachen zum Gebrauch ohne Entgelt	Verleiher und Leiher	BGB §§ 598–606
Pachtvertrag	entgeltliche Überlassung von Sachen und Rechten zum Gebrauch und Genuß der Früchte	Verpächter, Pächter	BGB §§ 581–597
Betätigungsverträge			
Berufsausbildungsvertrag	Berufsausbildung mit Vergütung	Ausbildender, Auszubildender	Berufsbildungsgesetz
Dienstvertrag	Leistung von Diensten gegen Entgelt	Dienstberechtigter, Dienstverpflichteter	BGB §§ 611–630
speziell: Arbeitsvertrag	Leistung von Diensten als Arbeitnehmer	Arbeitgeber, Arbeitnehmer	BGB §§ 611–630 HGB §§ 59 ff., GO
Werkvertrag	Herstellung eines Werkes oder sonstigen Erfolgs gegen Entgelt	Unternehmer, Besteller	BGB §§ 631–650
speziell: Frachtvertrag	gewerbsmäßige Güterbeförderung	Frachtführer, Absender	HGB §§ 425–452
Werklieferungsvertrag	Herstellung eines Werkes, zu dem der Unternehmer den Stoff stellt	Unternehmer, Besteller	BGB § 651
Gesellschaftsvertrag	vertragliche Vereinigung von Personen zur Erfüllung eines gemeinsamen Zwecks	Gesellschafter	BGB §§ 705–740
Auftragsvertrag	unentgeltliche Besorgung eines Geschäfts für einen anderen	Auftraggeber, Beauftragter	BGB §§ 662–674
Geschäftsbesorgungsvertrag	Dienst- oder Werkvertrag, der Geschäftsbesorgung zum Gegenstand hat	Auftraggeber, Beauftragter	BGB § 675
speziell: Speditionsvertrag	gewerbsmäßige Besorgung von Güterversendungen durch Frachtführer	Spediteur, Versender	HGB §§ 407–415
Kontovertrag	entgeltliche Kontoführung	Kreditinstitut, Kunde	BGB § 675, HGB § 365

Veräußerungsverträge			
Kaufvertrag	Veräußerung von Sachen oder Rechten gegen Entgelt	Verkäufer, Käufer	BGB §§ 433–514
Schenkung	unentgeltliche Veräußerung von Sachen oder Rechten	Schenker, Beschenkter	BGB §§ 516–534
Weitere Verträge			
Versicherungsvertrag	Ersatz eines Vermögensschadens (Schadensversicherung) bzw. Zahlung eines vereinbarten Kapitals oder einer Rente nach Eintritt des Versicherungsfalls gegen vorherige Prämienzahlung	Versicherer, Versicherungsnehmer	Gesetz über den Versicherungsvertrag § 1

Kontrolle des Lernerfolgs

1. Welches ist ein einseitiges, welches ein zweiseitiges Rechtsgeschäft?
   a) Pachtvertrag
   b) Testamenterstellung
   c) Angebot
   d) Kündigung eines Mietvertrages
   e) Kaufvertrag

2. Welche Form ist für folgende Rechtsgeschäfte vorgeschrieben?
   a) Testamenterstellung
   b) Kaufvertrag über ein Fahrrad
   c) Kaufvertrag über ein Grundstück
   d) Werkvertrag über die Erstellung eines Hauses
   e) Bürgschaftserklärung eines Kaufmanns
   f) Anmeldung eines Prokuristen zum Handelsregister

3. Welche Maßnahmen kann in den folgenden Fällen der geschädigte Vertragspartner ergreifen?
   a) Einstellung eines wegen Diebstahls Vorbestraften nach der schriftlichen Versicherung, nicht vorbestraft zu sein.
   b) Irrtümlicher Verkauf einer Ware für 30,— DM statt 300,— DM wegen falscher Preisangabe.

4. Liegt ein bürgerliches Rechtsgeschäft, ein einseitiges oder zweiseitiges Handelsgeschäft vor?
   a) Ein Kaufmann kauft fünf Büroschränke, davon drei beim Kaufhaus und zwei bei seiner Ehefrau.
   b) Die genannte Ehefrau kauft von einem Angestellten ihres Mannes einen Gebrauchtwagen.

2.9 Kaufvertrag

Der Abschluß, der Inhalt und die Erfüllung von Verträgen sollen im folgenden ausführlich am Beispiel des Kaufvertrages erläutert werden.

2.9.1 Abschluß des Kaufvertrags

Die Spirituosenfabrik Walter Diekers KG benötigt Flaschen. Deshalb werden Anfragen an verschiedene Lieferer mit der Bitte um Angabe eines Angebots geschickt. Die eingehenden Angebote werden verglichen. An den günstigsten Lieferer, die Dausenauer Glas AG, ergeht eine Bestellung.

Dausenauer Glas Aktiengesellschaft

Dausenauer Glas, Postfach 5, 5409 Dausenau

GLASHÜTTE

Walter Diekers KG
Spirituosenfabrik
Nordstr. 11

4000 Düsseldorf 30

Ihre Zeichen, Ihre Nachricht vom	Unsere Zeichen, unsere Nachricht vom	☎ (02603) 899-1 Durchwahl-Nr.	Dausenau
wd-se 10.06.19..	li-th	256	18. Juni 19..

Betreff
Angebot

Sehr geehrter Herr Diekers,

für Ihre Anfrage danken wir Ihnen.

Wir sind in der Lage, Flaschen nach dem uns eingesandten Muster zu fertigen, und bieten Ihnen an:

Flaschen (nach Muster)
bei einer Mindestabnahme von 20 000 Stück pro Jahr 0,45 DM je Stück zuzüglich Mehrwertsteuer.

Bei einer Jahresabnahme von 40 000 Stück erhalten Sie einen Bonus von 10 %, bei mehr als 50 000 Stück 15 % Bonus.

Der Preis gilt ab Werk und Lager Dausenau. Die Lieferung erfolgt per Lkw durch eine Spedition. Verpackungskosten sind im Preis enthalten.

Unsere Rechnungen sind 30 Tage nach Lieferungseingang netto Kasse oder nach 10 Tagen mit 2 % Skonto zu begleichen.

Erfüllungsort ist Dausenau, Gerichtsstand ist Koblenz.

Unser Angebot gilt bis zum Jahresende.

Wir freuen uns, schon bald von Ihnen zu hören.

Mit freundlicher Empfehlung

Dausenauer Glas AG

ppa. Petersen | i. V. Liebig

Geschäftsräume	Telex	Telegramm Kurzanschrift	Bankkonto	Postgirokonto
Röderweg 3 5409 Dausenau	063-4492 glada d Teletex 6 10 102 = Dau Gla	Glas Dausenau	Deutsche Bank, Bad Ems 1 500 478 390 (BLZ 570 700 01)	Frankfurt (M.) 139 087-601 (BLZ 500 100 60)

Walter Diekers KG
Spirituosenfabrik

W. Diekers KG, Nordstr. 11, 4000 Düsseldorf 30

Dausenauer Glas AG
Glashütte
Postfach 5

5409 Dausenau

Ihre Zeichen, Ihre Nachricht vom	Unsere Zeichen, unsere Nachricht vom	
st-kj 18.06.19..	wd-se	30. Juni 19..

Betreff
Auftrag Nr. 53/7156

20 000 Flaschen (nach Muster)

je Stück 0,45 DM zuzüglich Mehrwertsteuer.

Lieferung: je 5 000 Stück in der 32., 37., 42. und 47. Woche.

Mit freundlichen Grüßen

Walter Diekers KG

Diekers

Der Kaufvertrag ist ein zweiseitiges Rechtsgeschäft. Er bezieht sich auf bewegliche Sachen (Waren), unbewegliche Sachen (Immobilien) oder auf Rechte (z. B. Lizenzen).

Jeder *Vertrag* kommt durch mindestens zwei übereinstimmende Willenserklärungen zustande. Sie heißen *Antrag* und *Annahme*.

Beim Kaufvertrag kann der Antrag vom Verkäufer in Form eines Angebotes ausgehen, das der Käufer durch eine Bestellung annimmt.

Andererseits kann der Käufer ohne vorheriges Angebot eine Bestellung (Auftrag) an den Verkäufer richten, die der Verkäufer seinerseits durch eine Bestellungsannahme (Auftragsbestätigung) annimmt.

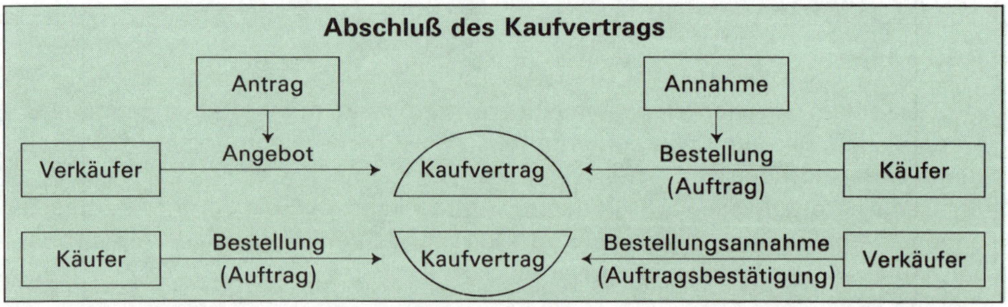

Antrag zum Kaufvertrag

Ein Angebot wird oft aufgrund einer Anfrage des Kunden abgegeben. Eine Anfrage ist **kein** Antrag zu einem Kaufvertrag, sondern eine völlig unverbindliche Erkundigung oder Aufforderung zur Abgabe eines Angebots.
Ein Antrag gilt nur als solcher, wenn er an eine bestimmte Person gerichtet ist. Anpreisungen von Waren, die an die Allgemeinheit gerichtet sind, gelten deshalb nicht als Anträge (z. B. Werbebriefe, Schaufensterauslagen, Zeitungsanzeigen, Prospekte, Kataloge, Warenauslagen in Selbstbedienungsgeschäften). Sie stellen ebenfalls Aufforderungen zur Abgabe eines Antrags dar und verpflichten nicht.

Ein **Antrag** hingegen **bindet** den Antragssteller:

BGB § 145
Wer einem anderen die Schließung eines Vertrags anträgt, ist an den Antrag gebunden, es sei denn, daß er die Gebundenheit ausgeschlossen hat.

Der Antragsteller macht den gesamten Antrag oder auch Teile davon unverbindlich, indem er sogenannte **Freizeichnungsklauseln** einfügt.

Beispiele:
- ,,Wir bieten Ihnen freibleibend (unverbindlich) an''
- ,,Preisänderung vorbehalten''
- ,,Lieferung nur, so lange Vorrat reicht''

Die Bindung des Antragstellers beginnt erst in dem Augenblick, in dem der Antrag dem Partner zugegangen ist. Das gleiche gilt für die Annahme. Antrag und Annahme sind **empfangsbedürftige Willenserklärungen:**

BGB § 130
Eine Willenserklärung, die einem anderen gegenüber abzugeben ist, wird, wenn sie in dessen Abwesenheit abgegeben wird, in dem Zeitpunkt wirksam, in welchem sie ihm zugeht. Sie wird nicht wirksam, wenn dem anderen vorher oder gleichzeitig ein Widerruf zugeht.

Durch einen **Widerruf** wird die ursprüngliche Willenserklärung zurückgenommen. Dies ist ohne weiteres bei Willenserklärungen möglich, die nicht gegenüber anderen abgegeben werden (z. B. beim Testament). Empfangsbedürftige Willenserklärungen dagegen können nur nach Maßgabe von BGB § 130 widerrufen werden, in einem späteren Zeitpunkt nur mit dem Einverständnis des anderen.

Der Antragsteller ist nur eine bestimmte Zeit an seinen Antrag gebunden:

BGB § 147
(1) Der einem Anwesenden gemachte Antrag kann nur sofort angenommen werden. Dies gilt auch von einem mittels Fernsprechers von Person zu Person gemachten Antrage. (2) Der einem Abwesenden gemachte Antrag kann nur bis zu dem Zeitpunkt angenommen werden, in welchem der Antragende den Eingang der Antwort *unter regelmäßigen Umständen* erwarten darf.

„Unter regelmäßigen Umständen" bedeutet:

Der Antragende muß seinem Partner die Zeit für die Übermittlung des Antrags, eine angemessene Bearbeitungs- und Überlegungsfrist und die Zeit für die Übermittlung der Annahme zugestehen. Er kann dabei davon ausgehen, daß der Partner für seine Antwort ein mindestens gleich schnelles Kommunikationsmittel benutzt.

Beispiel:
Antrag: Fernschreiben
Annahme: Fernschreiben, Teletex, Telefon

Im Hinblick auf die Bearbeitungszeit muß der Antragende gegebenenfalls saisonbedingten vermehrten Arbeitsanfall, Urlaub, Einholen notwendiger Auskünfte, Beschlußfassung durch das zuständige Organ im Betrieb des Empfängers berücksichtigen. Bei brieflichen Anträgen ist eine Frist von einer Woche angemessen.

Geht die Annahme des Antrags verspätet ein, so gilt dies als neuer Antrag (BGB § 150). Mußte der Antragsteller erkennen, daß die Annahme rechtzeitig abgeschickt wurde und die Verspätung durch Transportverzögerung entstand (z. B. Fehlleitung durch die Post), so muß der Antragende seine Ablehnung dem Geschäftspartner unverzüglich nach Eingang der verspäteten Annahme mitteilen. Sonst gilt die Annahme als nicht verspätet (BGB § 149).

Bei einem **befristeten Antrag** (z. B. „Das Angebot gilt bis zum 10. April") ist der Antragsteller bis zum Ablauf der Frist gebunden. Danach erlischt der Antrag (BGB § 148).

Ein Antrag zum Kaufvertrag ist auch die **Zusendung unbestellter Ware.** Wenn der Empfänger nicht Kaufmann, sondern „Privatmann" ist, stellt sie allerdings unlauteren Wettbewerb dar.

Annahme des Antrags

Die **rechtzeitige Annahme** des Antrages ist Grundvoraussetzung für das Zustandekommen eines Vertrags. Außerdem muß der Antrag **unverändert angenommen** werden:

BGB § 154
Solange nicht die Parteien sich über alle Punkte eines Vertrags geeinigt haben, über die nach der Erklärung auch nur einer Partei eine Vereinbarung getroffen werden soll, so ist im Zweifel der Vertrag nicht geschlossen.

Um Mißverständnissen vorzubeugen, sollte die Annahme alle wesentlichen Angaben des Antrages wiederholen.

BGB § 150 (2)
Eine Annahme unter Erweiterungen, Einschränkungen oder sonstigen Änderungen gilt als Ablehnung verbunden mit einem neuen Antrage.

Wenn allerdings Käufer und Verkäufer in ihren Erklärungen jeweils auf ihre voneinander abweichenden Allgemeinen Einkaufs- bzw. Verkaufsbedingungen hinweisen, so bleibt der Vertrag wirksam und richtet sich in den sich widersprechenden Punkten nur nach dem Gesetz (Gesetz zur Regelung des Rechts der Allgemeinen Geschäftsbedingungen - AGBG - § 6).

Eine förmliche Annahme kann auch durch **schlüssige Handlung** ersetzt werden. (Der Kunde bestellt, der Verkäufer sendet die Ware zu[1]).)

Schweigen auf einen Antrag bedeutet grundsätzlich Ablehnung des Antrags. Ein Sonderfall liegt vor, wenn eine Annahmeerklärung nach der Verkehrssitte nicht zu erwarten ist oder der Antragende auf sie verzichtet hat (BGB § 151). Dies kann z. B. der Fall sein, wenn in Vorverhandlungen bereits Einigkeit erzielt wurde. Dann bedeutet Schweigen Annahme.

Wer unbestellte Waren erhält und daraufhin schweigt (z. B. nicht zahlt), lehnt ebenfalls die Sendung ab. Er muß sie lediglich eine angemessene Zeit aufbewahren. Das Schweigen bedeutet nur dann Annahme, wenn der Empfänger Kaufmann ist und mit dem Absender in ständiger Geschäftsverbindung steht.

Für Kaufleute gibt es eine weitere Sonderregelung:

HGB § 362
Geht einem Kaufmann, dessen Gewerbebetrieb die Besorgung von Geschäften für andere mit sich bringt, ein Antrag über die Besorgung solcher Geschäfte von jemand zu, mit dem er in Geschäftsverbindung steht, so ist er verpflichtet, unverzüglich zu antworten; sein Schweigen gilt als Annahme des Antrags. Das gleiche gilt, wenn einem Kaufmann ein Antrag über die Besorgung von Geschäften von jemand zugeht, dem gegenüber er sich zur Besorgung solcher Geschäfte erboten hat.

Diese Bestimmung betrifft nicht den Kaufvertrag, sondern Werkverträge, Bank-, Transport-, Kommissions-, Speditions-, Maklergeschäfte und andere.

Eine **Bestellungsannahme** ist nur dann unerläßlich,

- wenn der Kunde ohne vorheriges Angebot bestellt,
- wenn das vorhergehende Angebot freibleibend war.

Sie kann jedoch durch sofortige Lieferung der Ware ersetzt werden. Trotzdem verwendet der Lieferer auch sonst gern die Bestellungsannahme, um

- Mißverständnissen vorzubeugen,
- seinen Dank auszudrücken,
- sie gleichzeitig als Rechnung und/oder Versandanzeige zu verwenden,
- seine allgemeinen Lieferungsbedingungen anzubringen.

Schiebt der Lieferer durch die Bestellungsannahme Vertragspunkte nach, die in Antrag und Annahme noch nicht geregelt waren, so muß der Käufer unverzüglich widersprechen, wenn er nicht einverstanden ist. Ohne Widerspruch besteht die Rechtsvermutung der Richtigkeit und Vollständigkeit.

---

[1]) vgl. S. 72

2.9.2 Inhalt des Kaufvertrags

Der Kaufvertrag regelt die Verpflichtungen von Verkäufer und Käufer. Man nennt ihn deshalb ein **Verpflichtungsgeschäft.** Wenn man sich nicht auf Bedingungen einigt, die von den gesetzlichen Bestimmungen abweichen – was ja aufgrund der Vertragsfreiheit gestattet ist –, so ergeben sich folgende Pflichten (BGB §§ 433, 448):

Pflichten aus dem Kaufvertrag	
Der **Verkäufer muß** – die Ware – je nach Art – auf seine Kosten zählen, messen, wiegen, – die Kosten für die Aufmachungsverpackung tragen, – die Ware mangelfrei und fristgemäß liefern und so dem Käufer den Besitz verschaffen, – das Eigentum auf den Käufer übertragen. – den Kaufpreis annehmen.	Der **Käufer muß** – die Transportkosten tragen, – die Kosten für die Versandpackung tragen, – die Ware vertragsgemäß abnehmen und prüfen, – den Kaufpreis zahlen.

Jeder Vertragspartner muß seine Leistungen

- in der richtigen Art, Beschaffenheit und Qualität,
- in der richtigen Menge,
- zur richtigen Zeit,
- am richtigen Ort

erbringen.

Das BGB und das HGB enthalten hierzu eine Reihe von Vorschriften. Im Rahmen dieser Vorschriften gilt:

BGB § 242
Der Schuldner ist verpflichtet, die Leistung so zu bewirken, wie Treu und Glauben mit Rücksicht auf die Verkehrssitte es erfordern.

Dies bedeutet soviel wie ein ehrbares, rechtschaffenes, faires Verhalten unter Berücksichtigung der herrschenden, gegebenenfalls örtlich unterschiedlichen Gepflogenheiten.

Um dabei Mißverständnisse und Streitigkeiten zu vermeiden, werden insbesondere bei Kaufverträgen über hohe Warenwerte in der Praxis die Vertragsbedingungen bis ins einzelne, vielfach abweichend von den gesetzlichen Bestimmungen, festgelegt.

Die **Vertragsbedingungen** beziehen sich auf:

- Art, Beschaffenheit, Qualität der Ware,
- Warenmenge,
- Warenpreis und Preisnachlässe,
- Erfüllungsort,
- Gerichtsstand,
- Beförderungskosten,
- Verpackungskosten,
- Lieferzeit,
- Zahlungstermin,
- Eigentumsübergang.

Art, Beschaffenheit, Qualität der Ware

Die Art der Ware ergibt sich aus ihrem Namen.
Die Beschaffenheit und die Qualität können auf verschiedene Weise festgelegt werden, z. B. durch genaue Beschreibung, Abbildungen, Modelle, Muster, Proben, Handelsklassen, Standards, Typen, Gütebezeichnungen oder Marken.
Je nach Festlegung der Warenart und -beschaffenheit unterscheidet man auch verschiedene Arten des Kaufvertrags.

Arten des Kaufvertrags
Stückkauf (Spezieskauf) Der Kaufgegenstand ist eine von den Vertragspartnern individuell bestimmte Sache (z. B. ein bestimmter PKW). Sie kann objektiv vertretbar (bestimmter Neuwagen) oder nicht vertretbar (bestimmter Gebrauchtwagen) sein.
Gattungskauf (BGB § 243) Der Kaufgegenstand ist nicht individuell, sondern nur der Gattung nach bestimmt. Eine Gattung bilden alle Gegenstände, die sich durch gemeinsame Merkmale, die von den Vertragspartnern festgelegt werden (z. B. Typ, Sorte, Preis, Qualität), von Gegenständen anderer Art abheben. Meist handelt es sich um vertretbare Sachen (z. B. Neuwagen). Aber auch nicht vertretbare Gegenstände können nach dem Willen der Vertragspartner eine Gattung bilden (z. B. gebrauchte PKW des Herstellers X, Typ Y, Baujahr Z). Bei Gattungsschulden sind Waren mittlerer Art und Güte[1]) zu liefern.
Kauf nach Besicht Der Kaufgegenstand (z. B. Gebrauchtwagen) kann vom Käufer vor Vertragsabschluß besichtigt werden, um etwaige Mängel festzustellen.
Kauf zur Probe Eine Probemenge wird fest gekauft. Ist der Käufer zufrieden, kann eine größere Bestellung folgen.
Kauf nach Probe (nach Muster) (BGB § 494) Der Käufer wünscht die Lieferung einer Ware, die einem Muster oder aber einer früheren Lieferung entsprechen muß.
Kauf auf Probe (zur Ansicht) (BGB § 495) Kaufvertrag mit Rückgaberecht innerhalb einer vereinbarten Frist.
Bestimmungskauf (Spezifikationskauf) (HGB § 375) Kauf einer bestimmten Menge Gattungswaren, bei dem der Käufer das Recht hat, Einzelheiten der Ware (z. B. Farbe, Form) erst später zu bestimmen (spezifizieren). Versäumt er dies in der vereinbarten Frist, so darf der Verkäufer die Spezifikation vornehmen, wenn er eine angemessene Nachfrist gesetzt hat und diese abgelaufen ist.
Kauf in Bausch und Bogen (en bloc, tel quel; Ramschkauf) Hier wird die Ware zu einem Pauschalpreis in „Bausch und Bogen" gekauft. Eine besondere Qualitätszusicherung für die einzelnen Teile wird nicht gegeben.

[1]) engl.: fair average quality (faq) = angemessene Durchschnittsqualität

Warenmenge

Die Menge wird in der Regel in einer gebräuchlichen Maßeinheit (z. B. in Stück, m, m^2, m^3, kg, l) angegeben. Ohne Mengenangabe im Angebot ist der Lieferer verpflichtet, jede handelsübliche Menge zu liefern.

Warenpreis

Auch der Preis ist in der richtigen Art und Menge zu zahlen. So kann z. B. die Zahlung in inländischer, aber auch in ausländischer Währung vereinbart werden (BGB § 244).

Die Angabe kann als Gesamtpreis oder als Preis pro Einheit (z. B. pro Stück, Paar, Dutzend, Liter, 100 kg) erfolgen.

Manchmal werden Verträge ohne Preisangabe abgeschlossen, wenn der Lieferer den Preis erst nach Beschaffung oder Herstellung ermitteln kann. Dieses Verfahren setzt natürlich gegenseitiges Vertrauen voraus.

Rabatt ist ein Preisnachlaß: Mengenrabatt (bei Abnahme bestimmter größerer Mengen), Treuerabatt (für langjährige Kunden), Wiederverkäuferrabatt (für Händler), Sonderrabatt (bei bestimmten betrieblichen Anlässen, wie Jubiläum), Personalrabatt (für Betriebsangehörige), Skonto (Barzahlungsrabatt für sofortige Zahlung).

Bonus ist ein nachträglich gewährter Rabatt, der in der Regel am Jahresende in Form einer Gutschrift gegeben wird, wenn der Kunde einen ausgehandelten Mindestumsatz erreicht hat. Der Kunde sucht ihn gern zu vermeiden und sofort einen Mengenrabatt auszuhandeln.

Naturalrabatt liegt vor, wenn der Lieferer Waren „drauf" (50 Stück bestellt und bezahlt, 60 geliefert) oder „drein" (50 Stück bestellt, 40 berechnet) gibt.

Erfüllungsort (Leistungsort)

Der *Erfüllungsort* ist der Ort, an dem der jeweilige Schuldner seine Leistungshandlung vornehmen muß. Warenschuldner ist der Verkäufer, Geldschuldner der Käufer.

Durch ordnungsgemäße Leistung am Erfüllungsort befreit sich der Schuldner von seinen Vertragspflichten.

Je nachdem, wo sich der Erfüllungsort befindet, unterscheidet man drei Arten von Schulden.

Arten von Schulden		
Holschuld	**Schickschuld**	**Bringschuld**
– Der Erfüllungsort befindet sich beim Schuldner.	– Der Erfüllungsort befindet sich beim Schuldner.	– Der Erfüllungsort befindet sich beim Gläubiger oder an einem anderen Ort.
– Der Schuldner muß die Leistung nur bereitstellen, der Gläubiger muß sie holen.	– Der Schuldner muß die Leistung an den Gläubiger abschicken.	– Der Schuldner muß die Leistung dem Gläubiger an den Erfüllungsort bringen.

Man unterscheidet verschiedene Arten des Erfüllungsortes.

Arten des Erfüllungsortes
Vertraglicher Erfüllungsort Der Erfüllungsort ist von den Vertragspartnern vertraglich bestimmt.
Natürlicher Erfüllungsort Der Erfüllungsort ergibt sich aus den Umständen, insbesondere aus der Natur des Schuldverhältnisses.
Gesetzlicher Erfüllungsort Der Erfüllungsort ergibt sich aus der gesetzlichen Vorschrift von BGB § 269, wenn kein vertraglicher oder natürlicher Erfüllungsort vorliegt.

Beispiele (für den natürlichen Erfüllungsort):
- Heizöl ist am Verbrauchsort (z. B. Wohnung) zu liefern.
- Handwerkerarbeiten sind an der Baustelle zu erbringen.

Der gesetzliche Erfüllungsort ist wie folgt bestimmt:

BGB § 269
Ist ein Ort für die Leistung weder bestimmt noch aus den Umständen, insbesondere aus der Natur des Schuldverhältnisses, zu entnehmen, so hat die Leistung an dem Orte zu erfolgen, an welchem der Schuldner zur Zeit der Entstehung des Schuldverhältnisses seinen Wohnsitz hatte. Ist die Verbindlichkeit im Gewerbebetriebe des Schuldners entstanden, so tritt, wenn der Schuldner seine gewerbliche Niederlassung an einem anderen Orte hatte, der Ort der Niederlassung an die Stelle des Wohnsitzes.

An sich bestimmt der Erfüllungsort nur die politische Gemeinde. Er ist aber sinngemäß auch auf die Leistungsstelle innerhalb der Gemeinde anzuwenden. Bei **Platzgeschäften** (Kauf mit Warenzustellung innerhalb derselben Gemeinde) bezeichnet der Erfüllungsort folglich das Geschäft bzw. die Wohnung.

Aus BGB § 269 ergibt sich:

- Der **gesetzliche Erfüllungsort des Verkäufers (Warenschuldners)** ist sein Wohn-/Geschäftssitz (Wohnung, Geschäft beim Platzkauf).
- Der **gesetzliche Erfüllungsort des Käufers (Geldschuldners)** ist sein Wohn-/Geschäftssitz (Wohnung, Geschäft beim Platzkauf).

• Bedeutung des Erfüllungsortes für Warenschulden

In bezug auf Warenschulden bestimmt das BGB:

BGB § 446 (1)
Mit der Übergabe der verkauften Sache geht die Gefahr des zufälligen Unterganges und einer zufälligen Verschlechterung auf den Käufer über.

BGB § 447 (1)
Versendet der Verkäufer auf Verlangen des Käufers die verkaufte Sache nach einem anderen Orte als dem Erfüllungsorte, so geht die Gefahr auf den Käufer über, sobald der Verkäufer die Sache dem Spediteur, dem Frachtführer oder der sonst zur Ausführung der Versendung bestimmten Person oder Anstalt ausgeliefert hat.

BGB § 448 (1)
... die Kosten der Abnahme und der Versendung der Sache nach einem anderen Orte als dem Erfüllungsorte fallen dem Käufer zur Last.

Der Erfüllungsort für Warenschulden hat also Einfluß auf die **Kostenübernahme** und auf die sogenannte **Gefährdungshaftung** (die Pflicht, für Schäden einzutreten, die ohne Verschulden zustandekommen).

Die Wirkung ist unterschiedlich für **Handkauf** und **Versendungskauf:**

Ein *Handkauf* liegt vor, wenn Verpflichtungs- und Erfüllungsgeschäft in einem einzigen Vorgang zusammenfallen.

> **Beispiel:**
> Frau Rohlinger füllt im Supermarkt ihren Einkaufswagen und begibt sich zur Kasse. Dort legt sie die Waren auf das Laufband (Antrag). Die Kassiererin tippt die Beträge ein und nennt den Gesamtpreis (Annahme). Sie hat die Waren beim Eintippen bereits wieder in den Einkaufswagen gelegt (Erfüllung der Warenschuld). Frau Rohlinger zahlt (Erfüllung der Geldschuld).

Der Erfüllungsort ist hier das Geschäft des Verkäufers. Der Verkäufer erfüllt seine Verpflichtung durch sofortige Übergabe der Ware. Die Warenschuld ist **Holschuld:** Der Käufer trägt die Gefahr und die Kosten für Transport und Versandverpackung ab Übergabe.

Ein *Versendungskauf* ist ein gewöhnlicher Kauf, bei dem der Verkäufer die Nebenpflicht übernommen hat, für die Versendung der Ware an den vom Käufer gewünschten Ablieferungsort zu sorgen.

Gilt für den Kauf der **gesetzliche Erfüllungsort** (Wohn-/Geschäftssitz des Verkäufers), so erfüllt der Verkäufer durch Übergabe an Spediteur, Frachtführer, Post usw. zum vertraglichen Zeitpunkt. Die Warenschuld ist **Schickschuld:** Der Käufer trägt die Gefahr, die Kosten der Versandverpackung und die Transportkosten ab Übergabe an das Verkehrsunternehmen oder eine sonstige Beförderungsperson. Dies gilt auch, wenn der Transport mit eigenen Fahrzeugen des Verkäufers ausgeführt wird[1]).

[1]) vgl. Palandt. Bürgerliches Gesetzbuch. 44. Aufl. 1985, S. 475. Laut Palandt ist diese Ansicht jedoch nicht unbestritten.

Gilt für den Kauf der **natürliche oder ein vertraglicher Erfüllungsort** (Wohn-/Geschäftssitz des Käufers oder ein anderer Ort), so erfüllt der Verkäufer durch Übergabe an den Käufer zum vertraglichen Zeitpunkt an diesem Ort. Die Warenschuld ist **Bringschuld:** Der Verkäufer trägt Gefahr und Kosten bis zur Übergabe am Erfüllungsort.

Käufer mit einer starken Stellung (z. B. Großabnehmer), können bisweilen gegenüber dem Verkäufer ihre Einkaufsbedingungen und damit ihren Geschäftssitz als Erfüllungsort für die Warenschuld durchsetzen.

Die Bestimmungen über den Versendungskauf gelten sinngemäß auch dann, wenn es sich um einen Platzkauf handelt.

Es ist noch anzumerken, daß die angesprochene Gefährdungshaftung natürlich nur den zufälligen Untergang und die zufällige Verschlechterung der Ware betrifft. Für Schäden, die der Verkäufer verschuldet, haftet er in jedem Fall (Verschuldenshaftung).

Verschulden setzt Vorsatz oder Fahrlässigkeit voraus:

- **Vorsätzlich** handelt, wer einen Schaden willentlich herbeiführt.
- **Fahrlässig** handelt, wer die erforderliche Sorgfalt außer acht läßt.
  Der Verkäufer muß z. B. sorgfältig sein in der Auswahl der Verpackung, des Spediteurs bzw. Frachtführers, des Transportweges und des Transportmittels. Er darf auch nicht ohne dringenden Grund von besonderen Anweisungen des Käufers über die Art der Versendung (z. B. Spezialverpackung, gewünschter Spediteur) abweichen (BGB § 447 Abs. 2).
  Grobe Fahrlässigkeit bedeutet ein in besonderem Maße unsorgfältiges Verhalten.

• Bedeutung des Erfüllungsorts für Geldschulden

In bezug auf Geldschulden bestimmt das BGB:

BGB § 270
(1) Geld hat der Schuldner im Zweifel auf seine Gefahr und seine Kosten dem Gläubiger an dessen Wohnsitz zu übermitteln. (2) Ist die Forderung im Gewerbebetriebe des Gläubigers entstanden, so tritt, wenn der Gläubiger seine gewerbliche Niederlassung an einem anderen Orte hat, der Ort der Niederlassung an die Stelle des Wohnsitzes. (4) Die Vorschriften über den Leistungsort bleiben unberührt.

Der gesetzliche Erfüllungsort für die Geldschuld bleibt nach dieser Vorschrift der Wohn-/Geschäftssitz des Käufers. Die Geldschuld ist dabei eine Schickschuld mit der Besonderheit, daß der Käufer die Gefahr und Kosten der Übermittlung trägt. Er muß das Geld zum vertraglichen Zeitpunkt abschicken (z. B. überweisen). Für eine Verzögerung der Zustellung haftet er nicht.

Wird andererseits der Erfüllungsort vertraglich beim Verkäufer festgelegt, so wird die Geldschuld zur Bringschuld. Das Geld muß zum vertraglichen Zeitpunkt im Besitz des Verkäufers sein.

Ist der Verkäufer in einer stärkeren Stellung, so kann er dem Käufer oft den Erfüllungsort vorschreiben: „Erfüllungsort für beide Teile ist der Ort des Verkäufers." Derartige Klauseln finden sich häufig in den Allgemeinen Geschäftsbedingungen[1]) des Verkäufers.

Beispiel (zum Erfüllungsort):

Verkäufer:	Elektro GmbH, Essen
Käufer:	Haushaltscenter, Nürnberg
Ware:	40 Kühlschränke
Preis:	7600,— DM, zahlbar am 10. 08. 19. .

Über den Erfüllungsort ist keine Vereinbarung getroffen. Der Käufer hat Versand durch die Spedition Erler, Essen und Nürnberg, vorgeschrieben.

Erfüllungsort des Verkäufers ist Essen. Er muß die Ware transportsicher verpacken und ordnungsgemäß dem Spediteur Erler übergeben. Handelt er fahrlässig, so daß die Ware z.B. auf dem Transport wegen mangelhafter Verpackung beschädigt wird, so haftet er dem Käufer. Das Risiko für zufälligen Verlust, Beschädigung oder Untergang auf dem Transport trägt dagegen das Haushaltscenter als Käufer. Es muß auch Ersatzansprüche gegen den Spediteur geltend machen, wenn dieser einen Schaden verursacht.

Erfüllungsort des Käufers ist Nürnberg. Von dort muß er pünktlich am 10. 08. 19. . den Kaufpreis überweisen. Verzögert sich die Überweisung, so haftet er nicht. Andererseits muß er die Überweisungskosten tragen. Geht der Überweisungsbetrag verloren, so muß der Käufer noch einmal zahlen. Wegen Schadenersatzes kann er sich gegebenenfalls an sein Kreditinstitut halten.

Gerichtsstand

Der Erfüllungsort hat auch Einfluß auf den Gerichtsstand, d.h. den Ort des für Rechtsstreitigkeiten zuständigen Gerichts:

ZPO § 29

(1) Für Streitigkeiten aus einem Vertragsverhältnis und über dessen Bestehen ist das Gericht des Ortes zuständig, an dem die streitige Verpflichtung zu erfüllen ist.
(2) Eine Vereinbarung über den Erfüllungsort begründet die Zuständigkeit nur, wenn die Vertragsparteien Kaufleute ... sind.

Grundsätzlich ist folglich jeder Geschäftspartner an seinem natürlichen Erfüllungsort und in Ermangelung dessen an seinem gesetzlichen Erfüllungsort zu verklagen. Nur Vollkaufleute können den Gerichtsstand mit dem Erfüllungsort (ZPO § 29) oder auch unabhängig davon (ZPO § 38) vereinbaren. Dabei wird der Stärkere versuchen, dem anderen seinen eigenen Geschäftssitz als Gerichtsstand vorzuschreiben. Dies kann ihm Kosten und Mühen für Anfahrtswege, Zeitaufwand, fremde Anwälte usw. ersparen.
Eine Besonderheit gilt für Abzahlungsgeschäfte und für Haustürgeschäfte, bei denen die Käufer Nichtkaufleute sind: Für diese Geschäfte ist ausschließlich der Wohnsitz des Käufers zur Zeit der Klageerhebung Gerichtsstand (Gesetz betreffend die Abzahlungsgeschäfte § 6a; Gesetz über den Widerruf von Haustürgeschäften § 7).

[1]) vgl. S. 100ff.

Beförderungskosten

Grundsätzlich bestimmt der Erfüllungsort, wer die Beförderungskosten zu tragen hat. Die Vertragspartner treffen häufig besondere Abmachungen über die Übernahme der Beförderungskosten. Solche Abmachungen allein haben jedoch keinen Einfluß auf den Erfüllungsort (HGB § 269 Abs. 3). An Beförderungskosten treten im wesentlichen auf: Rollgeld (Hausfracht) für An- und Abfuhr, Lade- und Entladegebühren, Fracht. Das folgende Schaubild zeigt häufige Vereinbarungen.

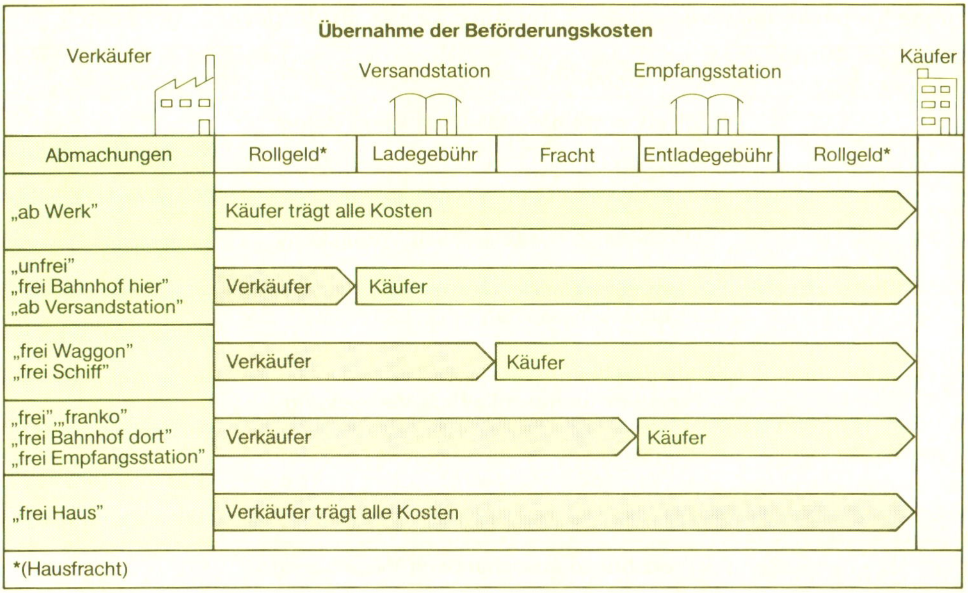

Großbetriebe, die ihre Kunden häufig von verschiedenen Werken aus beliefern, vereinbaren oft eine **Frachtbasis**, d. h. einen Ort, von dem aus die Fracht berechnet wird.

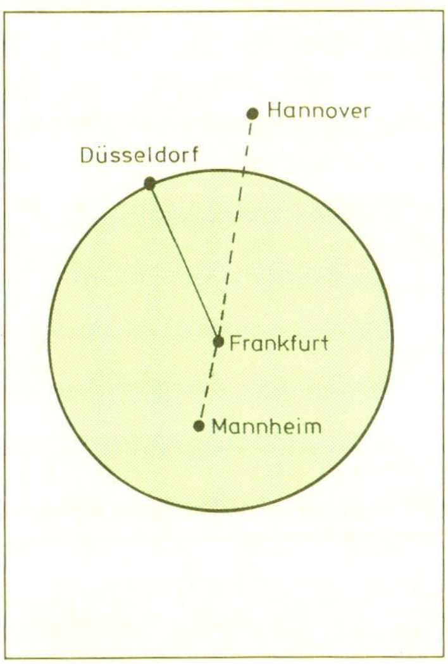

Beispiel:

Lieferung nach Frankfurt, „Frachtbasis Düsseldorf" bedeutet: Der Kunde zahlt Fracht für die Strecke Düsseldorf–Frankfurt, auch wenn er von Hannover oder Mannheim aus beliefert wird.

Wenn der Käufer aus bestimmten Gründen erst nach Vertragsabschluß den Empfangsort bestimmen will, so vereinbart man oft eine **Frachtparität**, d. h. einen Ort, bis zu dem der Verkäufer höchstens die Fracht übernimmt.

Beispiel:

Lieferung von Frankfurt aus „Frachtparität Düsseldorf" bedeutet: Bei Lieferung nach Hannover trägt der Verkäufer die Kosten bis Düsseldorf, bei Lieferung nach Mannheim bis Mannheim, auch wenn der Versand nicht über Düsseldorf erfolgt.

Es gibt darüber hinaus im Innen- und Außenhandel eine große Zahl weiterer möglicher Vereinbarungen[1]).

[1]) vgl. S. 416

Verpackungskosten

Ohne besondere Vereinbarung bezieht sich der Preis der Ware auf das Nettogewicht. Der Verkäufer muß nur die Kosten für die Aufmachungsverpackung (Kosten der Übergabe), der Käufer dagegen die Kosten der Schutz- und Versandverpackung (Kosten der Abnahme) tragen (BGB § 448). Man nennt diese Regelung „Preis netto ausschließlich Verpackung". Es sind jedoch auch andere Abmachungen üblich, die zusätzlich noch darauf Bezug nehmen, ob der Preis für das Nettogewicht (ohne Verpackungsgewicht oder Tara) oder für das Bruttogewicht gelten soll.

Vereinbarungen über Verpackungskosten		
Preis netto einschließlich Verpackung		
Der Käufer zahlt:	Nettogewicht	z. B.: 100 kg à 2,— DM = 200,— DM
Preis netto ausschließlich Verpackung		
Der Käufer zahlt:	Nettogewicht + Verpackungskosten	z. B.: 200,— DM 30,— DM 230,— DM
Preis brutto einschließlich Verpackung[1])		
Der Käufer zahlt:	Nettogewicht + Tara (Verpackungsgewicht)	z. B.: 100 kg à 2,— DM = 200,— DM 5 kg à 2,— DM = 10,— DM 105 kg à 2,— DM = 210,— DM
Preis brutto ausschließlich Verpackung		
Der Käufer zahlt:	Nettogewicht + Tara + Verpackungskosten	z. B.: 200,— DM 10,— DM 30,— DM 240,— DM

Bei den Preisstellungen „Preis brutto ..." muß der Käufer das Gewicht der Verpackung genauso bezahlen wie die Ware selbst.
Häufig wird vereinbart, daß der Kunde teures Verpackungsmaterial frachtfrei gegen Gutschrift der Kosten oder eines Teils der Kosten zurücksenden kann.

Lieferzeit

BGB § 271

(1) Ist eine Zeit für die Leistung weder bestimmt noch aus den Umständen zu entnehmen, so kann der Gläubiger die Leistung sofort verlangen, der Schuldner sie sofort bewirken.
(2) Ist eine Zeit bestimmt, so ist im Zweifel anzunehmen, daß der Gläubiger die Leistung nicht vor dieser Zeit verlangen, der Schuldner aber sie vorher bewirken kann.

---
[1]) kurz: bfn = brutto für netto

Ist sofort zu liefern (BGB § 271 Abs. 1), so liegt ein **Sofortkauf** vor; ist zu einem späteren Zeitpunkt zu liefern (BGB § 271 Abs. 2), so handelt es sich um einen **Terminkauf.**
Werden bei einem Terminkauf z. B. die Ausdrücke „Lieferung Anfang Juni", „... Mitte Mai", „... Ende August" verwendet, so sind darunter der 1., 15. und letzte des Monats zu verstehen (BGB § 192).

Neben dem Sofortkauf und dem Terminkauf sind folgende nach der Lieferzeit unterschiedene Kaufarten von besonderer Bedeutung.

Kaufarten (nach der Lieferzeit unterschieden)
Fixkauf Es ist vereinbart, daß die Lieferung zu einem genau bestimmten Zeitpunkt oder innerhalb einer fest bestimmten Frist erfolgen muß (BGB § 361). Der Kaufvertrag steht und fällt mit der Einhaltung des Termins bzw. der Frist. Dazu ist allerdings erforderlich, daß man den diesbezüglichen Willen der Vertragspartner an einer eindeutigen Fixklausel erkennen muß. **Beispiele:** - „Lieferung am 20. Oktober 19.. fest" („fix", „exakt", „genau", „präzis", „prompt", „spätestens") - „Lieferung bis 20. Oktober 19.., spätestens bis 18 Uhr"
Kauf auf Abruf Es wird eine Frist vereinbart, innerhalb derer der Käufer Teilmengen zu ihm genehmen Zeitpunkten abrufen kann. *Vorteil für den Kunden:* Die Lagerung wird auf den Verkäufer abgewälzt. *Vorteil für den Verkäufer:* Größere Aufträge werden gesichert, die Kapazität wird ausgelastet.
Teillieferungskauf Die Lieferung erfolgt in Teilmengen: - entweder **auf Abruf** (siehe oben) - oder als **Fixkauf** („Lieferung fix Mitte jedes Monats") - oder **gegen Andienung** Der Verkäufer kann innerhalb einer bestimmten Frist die Lieferzeitpunkte wählen. Dies ist z. B. der Fall, wenn der Lieferer die Ware erst herstellen muß und fertiggestellte Teilmengen an den Kunden ausliefert. *Vorteil für den Lieferer:* Lagerung beim Kunden *Vorteil für den Kunden:* Zahlung erst nach vollständiger Lieferung

Zahlungstermin

BGB § 271 bestimmt auch den Zahlungstermin. Ohne besondere Vereinbarung ist folglich **Zug um Zug** zu zahlen, d. h. der Lieferer kann sofortige Zahlung bei Übergabe er Ware verlangen **(Barkauf).**
Die Formel lautet „netto" oder „netto Kasse". Beim Versendungskauf ist die Zahlung Zug um Zug durch **Nachnahmeerhebung** möglich („Lieferung gegen Nachnahme"): Der Frachtführer darf die Ware dem Käufer nur gegen Zahlung des auf der Nachnahmepaketkarte bzw. auf dem Nachnahmebegleitschein angegebenen Betrages ausliefern.

Andere **mögliche Vereinbarungen** hinsichtlich des Zahlungstermins sind:

- **Vorauszahlung/Anzahlung**
  Der Kunde trägt einseitig das Risiko. Üblich bei Großaufträgen (z. B.: ,,10% bei Produktionsaufnahme, 30% bei Montagebeginn, 40% bei Übergabe, 20% 3 Monate nach Übergabe''), teilweise auch im Einzelhandel bei Hauszustellung.
- **Zahlung nach der Lieferung (Zielkauf)**
  Der Lieferer trägt einseitig das Risiko. Er prüft deswegen die Kreditwürdigkeit des Kunden und sichert den Zahlungseingang, etwa durch Eigentumsvorbehalt oder Wechsel.
  Der Verkäufer kalkuliert den durch das Zahlungsziel entstehenden Zinsverlust in den Kaufpreis ein. Bei vorzeitiger Zahlung gewährt er deshalb **Skonto,** z. B.: ,,Zahlbar binnen 30 Tagen netto Kasse oder binnen 10 Tagen unter Abzug von 2% Skonto''. Der Kunde nimmt den Skonto meist in Anspruch. Denn ein Abzug von 2% für eine Zeit von 20 Tagen entspricht immerhin einem Zinsfuß von 36% in 360 Tagen. Selbst wer nicht flüssig ist, sollte sich das Geld durch einen Bankkredit beschaffen.
  Ein Zielkauf liegt auch bei der Vereinbarung ,,Zahlung durch Wechsel''[1]) vor.
  Der **Abzahlungskauf** ist eine Sonderform des Zielkaufs. Der Käufer als Nichtkaufmann ist beim Kauf beweglicher Sachen (Waren), nicht von Immobilien (Grundstücke und Gebäude), auf Raten durch das Gesetz betreffend die Abzahlungsgeschäfte (AbzG) geschützt:
  - Der Kaufvertrag muß schriftlich geschlossen werden. Er muß den Barzahlungspreis, den Teilzahlungspreis, den effektiven Jahreszins sowie Anzahl, Höhe und Fälligkeit der Raten enthalten.
  - Der Käufer kann binnen 1 Woche den Kaufvertrag ohne Begründung und Schadenersatzverpflichtung widerrufen. Dieses Widerrufsrecht soll im Kaufvertrag erwähnt und vom Käufer besonders unterschrieben werden. Der Käufer hat sonst das Recht auf Widerruf, solange er die gelieferte Ware noch nicht bezahlt hat.
  - Gerichtsstand ist immer der Wohnort des Käufers.
  - Das Abzahlungsgesetz gilt auch für sonstige Verträge über gleichbleibende Leistungen, z. B. bei Zeitschriftenabonnements.

  Die Bundesregierung plant, die Regelung über Abzahlungsgeschäfte in ein neues ,,Verbraucherkreditgesetz'' einzubringen (Stand August 1989).

Eigentumsvorbehalt

,,Die Waren bleiben bis zur vollständigen Bezahlung Eigentum des Verkäufers''. Findet sich ein solcher Vermerk im Angebot bzw. in der Bestellungsannahme (nicht erst in der Rechnung!), so wird der Käufer bei der Übergabe der Ware lediglich ihr Besitzer, nicht ihr Eigentümer. Der Eigentumsvorbehalt gibt dem Verkäufer das Recht, vom Vertrag zurückzutreten und die Rückgabe der Ware zu verlangen, wenn der Käufer seinen Zahlungsverpflichtungen nicht fristgemäß nachkommt (BGB § 455). Bei Pfändung der Ware durch Dritte kann der Verkäufer durch eine Widerspruchsklage ihre Freigabe erlangen. Bei Konkurs des Käufers hat er das Aussonderungsrecht: Er kann sein Eigentum aus der Konkursmasse herausnehmen (Konkursordnung § 43).

---

[1]) vgl. S. 170ff.

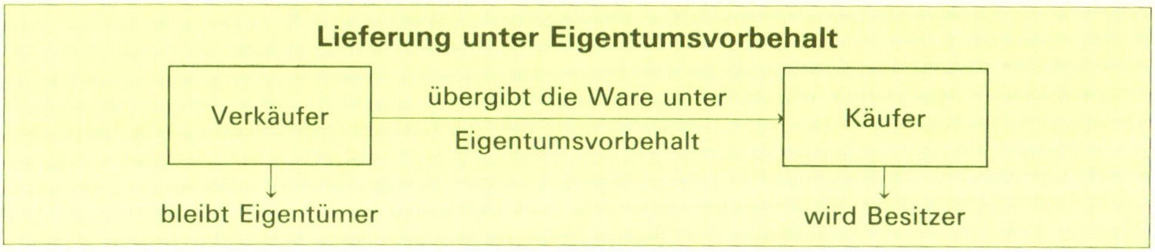

Formen des Eigentumvorbehalts

Einfacher Eigentumsvorbehalt

Der einfache Eigentumsvorbehalt erstreckt sich auf die verkaufte und unter Eigentumsvorbehalt gelieferte Sache. Er erlischt, wenn die Sache untergeht. Er erlischt auch, wenn sie

- mit einem Grundstück fest verbunden wird (BGB § 946),
- mit beweglichen Sachen zu einer Einheit verbunden oder vermischt wird (In diesem Fall wird der Verkäufer Miteigentümer.) (BGB § 947, § 948),
- verarbeitet wird (BGB § 950),
- von einem gutgläubigen Dritten erworben wird (BGB § 932).
  Muß der Verkäufer erkennen, daß der Käufer eine Person ist, die die Sache zum Zweck des Weiterverkaufs erwirbt, so gibt der Verkäufer trotz Eigentumsvorbehalts die Einwilligung zum Verkauf. Die Einwilligung kann vertraglich ausgeschlossen oder auch widerrufen werden.

Erweiterter Eigentumsvorbehalt[1]

Der Verkäufer kann sich weiter durch folgende Formen des erweiterten Eigentumsvorbehalts absichern, die auch miteinander verbunden werden können:

Weitergeleiteter Eigentumsvorbehalt

Der Käufer darf die Ware nur in der Weise weiterveräußern, daß der Verkäufer Vorbehaltseigentümer bleibt. (In der Praxis ungebräuchlich geworden.)

Nachgeschalteter Eigentumsvorbehalt

Der Käufer darf die Ware nur unter seinem eigenen Eigentumsvorbehalt weiterveräußern. Dies ist im Zwischenhandel üblich.

Verlängerter Eigentumsvorbehalt

Der Käufer darf die Ware verarbeiten oder weiterverkaufen. Als Ersatz für den untergegangenen Eigentumsvorbehalt soll der Verkäufer sicherheitshalber das Eigentum an dem hergestellten Gegenstand oder an der Forderung aus dem Weiterverkauf erhalten.

Kontokorrentvorbehalt

Der Eigentumsvorbehalt erlischt erst, wenn der Käufer alle oder einen bestimmten Teil der Forderungen aus der Geschäftsverbindung beglichen hat.

Der sogenannte **nachträgliche Eigentumsvorbehalt,** der erst im Lieferschein oder in der Rechnung angebracht wird, ist vertragswidrig. Er gilt trotzdem, wenn diese Papiere spätestens mit der Ware eintreffen, weil er die fehlende Einigung über die Eigentumsübertragung ausdrückt. Da er nicht Vertragsinhalt ist, kann der Käufer ihm widersprechen und Eigentumsübertragung verlangen.

---

[1]) Begriffe und Einteilung nach Palandt, Bürgerliches Gesetzbuch, 44. Aufl., München 1985, S. 479

2.9.3 Erfüllung des Kaufvertrags

Der Kaufvertrag ist ein **Verpflichtungsgeschäft**[1]).

In der Erfüllung der eingegangenen Verpflichtungen besteht das **Erfüllungsgeschäft.** Es verändert die Rechte an den betroffenen Sachen und bringt das Schuldverhältnis zum Erlöschen.

BGB § 362
Das Schuldverhältnis erlischt, wenn die geschuldete Leistung an den Gläubiger bewirkt wird.

Die geschuldeten Leistungen werden bewirkt, indem

- der Verkäufer dem Käufer Besitz und Eigentum an der Sache verschafft und den Kaufpreis annimmt,
- der Käufer die Sache annimmt und den Kaufpreis zahlt.

Wie erwirbt der Käufer das Eigentum an der Sache?

BGB § 929
Zur Übertragung des Eigentums an einer beweglichen Sache ist erforderlich, daß der Eigentümer die Sache dem Erwerber übergibt und beide darüber einig sind, daß das Eigentum übergehen soll. Ist der Erwerber im Besitze der Sache, so genügt die Einigung über den Übergang des Eigentums.

Das Erfüllungsgeschäft besteht aus den Schritten **Einigung** und **Übergabe.**

Bestandteile des Erfüllungsgeschäftes
Einigung Käufer und Verkäufer müssen sich darüber einig sein, daß das Eigentum auf den Käufer übergehen soll. Der Käufer darf folglich eine gekaufte Ware auch nach Ablauf der Lieferfrist nicht eigenmächtig gegen den Willen des Verkäufers an sich nehmen! Dies wäre verbotene Eigenmacht. Er kann aber auf Herausgabe klagen.
Übergabe Mit der Übergabe verschafft der Verkäufer dem Käufer das Eigentum, d.h. die rechtliche Verfügungsgewalt, und den Besitz, d.h. die tatsächliche Verfügungsgewalt.

Beispiel:

- **Verpflichtungsgeschäft:**
  Ein Kunde kauft in der Baustoffhandlung 50 m² Fliesen.
- **Erfüllungsgeschäft:**
  - **Einigung:** Der Verkäufer gibt dem Kunden einen Auslieferungsschein für das Lager.
  - **Übergabe:** Der Lagerarbeiter übergibt dem Kunden die Ware nach Vorzeigen des Auslieferungsscheins.

---

[1]) vgl. S. 71

Wenn ein Dritter die Sache im Besitz hat, so kann die Übergabe dadurch ersetzt werden, daß der Eigentümer seinen Herausgabeanspruch an den Käufer abtritt (BGB § 931).

Beispiel:
Der Großhändler Moser hat einen Posten Reis in einem Lagerhaus eingelagert und für die Einlagerung einen Lagerschein erhalten. Er verkauft den Reis an die Firma Speiser. Das Eigentum kann an Speiser übertragen werden, indem
- Moser den Reis abholt und Speiser zustellt,
- Moser den Lagerschein auf Speiser überträgt und damit seinen Herausgabeanspruch an Speiser abtritt.

Die Übergabe kann auch durch die Vereinbarung ersetzt werden, daß das Eigentum auf den Käufer übergeht, der Besitz aber beim Verkäufer bleiben soll (**Besitzkonstitut**; BGB § 930).

Bei Eigentumsvorbehalt verschafft die Übergabe dem Käufer nur den Besitz, nicht aber das Eigentum an der Sache.

Grundstücke kann man einem Erwerber nicht wie bewegliche Güter übergeben. Deshalb wird die Übergabe durch die **Eintragung** in das Grundbuch durch den Grundbuchbeamten ersetzt. Die Einigung trägt hier die Bezeichnung **Auflassung.** Sie muß wegen der Bedeutung dieses Rechtsgeschäftes durch einen Notar beurkundet werden.

Das *Eigentum* an einer unbeweglichen Sache wird erworben durch Einigung (Auflassung) und Eintragung in das Grundbuch (BGB § 873).

Der Besitz an einer unbeweglichen Sache wird erworben, indem der alte Besitzer dem neuen die Sache zum Gebrauch überläßt (BGB § 854).

Kontrolle des Lernerfolgs

1. Untersuchen Sie die Schriftstücke auf Seite 77 und 78.
   a) Wird ein rechtsgültiger Kaufvertrag geschlossen?
   b) Bis wann müßte das Angebot spätestens angenommen werden?
   c) Bis wann könnte das Angebot noch widerrufen werden?
   d) Enthält das Angebot Freizeichnungsklauseln?
   e) Ist noch eine Bestellungsannahme erforderlich? Wenn ja, warum?
   f) Schreiben Sie die Bestellungsannahme.
   g) Schreiben Sie die Rechnung.
   h) Enthalten das Angebot und die Bestellung alle für den Kaufvertrag wichtigen Bedingungen?
   i) Handelt es sich um einen Sofortkauf, Terminkauf, Kauf auf Abruf, Fixkauf?
   j) Welche Kosten trägt der Verkäufer, welche der Käufer?
   k) Handelt es sich
      a) bei der Warenschuld
      b) bei der Geldschuld
      um eine Hol-, Bring- oder Schickschuld?
   l) Wo befindet sich der Gerichtsstand
      a) für Klagen des Verkäufers gegen den Käufer,
      b) für Klagen des Käufers gegen den Verkäufer?
      c) Wieviel DM muß der Käufer überweisen?

2. Im Angebot eines Reifengroßhändlers, das Grundlage für eine entsprechende Bestellung war, lautet die Zahlungsbedingung: „Zahlung binnen 30 Tagen netto Kasse oder binnen 10 Tagen mit 2% Skonto".
   a) Lohnt es sich, binnen 10 Tagen zu zahlen, wenn man dafür einen Bankkredit zu 9% aufnehmen muß?
   b) Auf der Rechnung des Großhändlers befindet sich folgender Stempelaufdruck: „Diese Rechnung ist sofort und ohne jeden Abzug zahlbar". Wie verhalten Sie sich daraufhin?

3. Ein Zeitungswerber hat der etwas hilflosen Oma Schulze an der Haustür ein Abonnement einer Wochenzeitschrift verkauft. Als ihr Sohn am Abend davon erfährt, will er den Vertrag rückgängig machen und schreibt an den Verlag. Dieser beruft sich darauf, daß der Vertrag gültig geschlossen sei.
   Wer hat Recht?

4. Herr Berger hat Herrn Müller in einem schriftlichen Kaufvertrag die Lieferung eines Mopeds für den 05. 05. 19.. zugesagt, hält aber den Termin nicht ein und verweigert auch am 06. 05. 19.. die Herausgabe, als Herr Müller bitterböse bei ihm erscheint. Darf Herr Müller sich das Moped einfach vom Hof wegnehmen?

5. Herr Schmidt hat seinen Ring an Herrn Samson verliehen. Herr Rosner kauft den Ring von Herrn Schmidt.
   Welche Möglichkeiten bestehen für Herrn Schmidt, um Herrn Rosner Besitz und Eigentum an dem Ring zu verschaffen?

6. In den Allgemeinen Geschäftsbedingungen einer Aktiengesellschaft steht:
   „Der Liefergegenstand bleibt bis zur Bezahlung sämtlicher, auch der künftig entstehenden Forderungen des Herstellers gegen den Besteller Eigentum des Herstellers.
   Der Besteller tritt bereits jetzt seine Forderungen aus einem Weiterverkauf der Vorbehaltsware in Höhe des Lieferpreises plus 10% Inkassozuschlag zur Sicherheit an den Hersteller ab, wenn er vor der Zahlung des Lieferpreises die Ware veräußert."
   a) Welche Sicherungen liegen hier vor?
   b) Nennen Sie Fälle, in denen der Lieferer durch die obigen Klauseln nicht abgesichert ist.

2.10 Weitere Vertragsarten

Werkvertrag

- Herr Renner läßt seinen Pkw von der Autowerkstatt Schömer reparieren.
- Die Kleiderfabrik Sackig GmbH läßt Anzüge bei der Näherei Fadel & Co. nähen. Sie liefert selbst die nötigen Stoffe.
- Die Firma Laufenberg GmbH & Co. läßt 30 Großrollen Papier mit einem Binnenschiff befördern.

In allen drei genannten Fällen wird ein Vertrag zwischen einem Besteller und einem Unternehmer geschlossen. Darin verpflichtet sich der Unternehmer zur vertragsgemäßen Erstellung eines „Werkes" (z. B. Reparatur, Anfertigung, Transportdurchführung) gegen Entgelt. Einen gegebenenfalls benötigten Stoff liefert der Besteller. Ein solcher Vertrag heißt **Werkvertrag.**

BGB § 631 (2)

Gegenstand des Werkvertrages kann sowohl die Herstellung oder Veränderung einer Sache als ein anderer durch Arbeit oder Dienstleistung herbeizuführender Erfolg sein.

Der Werkvertrag hat Ähnlichkeit mit dem Dienstvertrag.

Vergleich von Werkvertrag und Dienstvertrag	
Werkvertrag	**Dienstvertrag**
Der Werkvertrag verspricht mit der Erstellung des Werkes einen festgelegten Erfolg. (Die Autoreparatur z. B. muß mängelfrei sein.) Der Unternehmer kann sich bei der Erstellung des Werkes vertreten lassen (z. B. durch einen angestellten Schlosser).	Der Dienstvertrag verspricht gegen Entgelt Dienste, entweder einmalig, meist aber über eine bestimmte Zeit, ohne einen festgelegten Erfolg. Der Dienst ist persönlich zu leisten, wenn nichts anderes vereinbart wird.
Beispiele: - Eine Heizungsanlage soll repariert werden. - Ein Transport soll durch einen Frachtführer ausgeführt werden. - Ein Gärtner soll ein Grab herrichten.	**Beispiele:** - Eine Heizungsanlage soll gewartet werden. - Ein Transport soll durch einen Spediteur besorgt werden. (Der Spediteur beauftragt den Frachtführer.) - Ein Gärtner soll ein Grab pflegen.

Der Werkvertrag beinhaltet, wenn nicht anderweitige Vereinbarungen getroffen werden, eine Reihe von Verpflichtungen.

Verpflichtungen durch Werkvertrag	
für Unternehmer	**für Besteller**
Er muß - das versprochene Werk mit den zugesicherten Eigenschaften mängelfrei und fristgemäß herstellen (BGB § 633), - dem Besteller Besitz und Eigentum am Werk verschaffen, - die vereinbarte Vergütung annehmen.	Er muß - gegebenenfalls an der Herstellung des Werkes mitwirken (z. B. Anprobe eines Maßanzuges) (BGB § 642), - das vertragsgemäß hergestellte Werk abnehmen, sofern dies nach seiner Beschaffenheit möglich ist (BGB § 640), - die vereinbarte Vergütung zahlen (BGB § 641).

Im Hinblick auf Erfüllungsort und Gerichtsstand, Zahlungsbedingungen, Verpackungs- und Transportkosten gelten die gleichen Bestimmungen wie beim Kaufvertrag, desgleichen bei Lieferungs-, Annahme- und Zahlungsverzug[1]).
Bei mangelhafter Leistung kann der Besteller Nachbesserung in einer angemessenen Frist verlangen. Anschließend kann er Wandelung oder Preisminderung und bei Verschulden des Unternehmers auch Schadenersatz beanspruchen. Die Verjährungsfristen entsprechen im allgemeinen denjenigen beim Kaufvertrag (BGB §§ 633, 634, 635)[2]).
Der Besteller verlangt oft vor Auftragserteilung einen Kostenvoranschlag (Angebot). Ein verbindlicher Voranschlag darf nicht überschritten werden. Wird bei einem unverbindlichen Kostenvoranschlag die genannte Summe wesentlich (etwa ab 10–15%) überschritten, so muß der Anbieter den Besteller sofort informieren. Dieser kann dann den Vertrag kündigen. Er muß nur die bis dahin geleistete Arbeit vergüten (BGB § 650). Das gleiche gilt für eine Kündigung aus einem anderen Grund, die bis zur Fertigstellung des Werkes jederzeit möglich ist (BGB § 649).

[1]) vgl. S. 104ff., 113ff.
[2]) vgl. S. 122

Werklieferungsvertrag

Liefert nicht der Besteller, sondern der Anbieter auch den Stoff, aus dem das bestellte Werk hergestellt wird, so liegt ein *Werklieferungsvertrag* vor (BGB § 651).

Dieser Vertrag weist so große Ähnlichkeiten mit einem Kauf auf, daß im allgemeinen die Bestimmungen über den Kaufvertrag gelten.

Beispiele:
- Bestellung eines Fertighauses
- Bestellung eines Kraftfahrzeuges beim Hersteller
- Bestellung von speziellen Büromöbeln

Werden allerdings nicht vertretbare Sachen bestellt, so gelten die oben genannten Bestimmungen über den Werkvertrag.

Beispiele:
- Bestellung eines Walzwerkes bei einer Maschinenfabrik
- Bestellung einer Heizungsanlage zum Einbau durch den Installateur

Mietvertrag

Peter Hoffmann hatte einen Autounfall. Die Reparatur seines Fahrzeugs dauert zwei Tage. Herr Hoffmann arbeitet als Handelsvertreter und muß daher seine Kunden aufsuchen. Jeder Tag ohne Fahrzeug bedeutet für ihn einen erheblichen Einkommensausfall. Deshalb mietet sich Herr Hoffmann bei einer Autovermietung ein Fahrzeug.

BGB § 535

Durch den Mietvertrag wird der Vermieter verpflichtet, dem Mieter den Gebrauch der vermieteten Sache während der Mietzeit zu gewähren. Der Mieter ist verpflichtet, dem Vermieter den vereinbarten Mietzins zu entrichten.

Kennzeichen des Mietvertrages sind also:

- Der Mieter erhält eine unbewegliche oder bewegliche Sache für einen festgelegten Zeitraum; er wird Besitzer der Sache.
- Der Mieter muß den vereinbarten Mietzins bezahlen.
- Der Vermieter bleibt Eigentümer der Sache.

Nicht jeder, der eine Sache benötigt, hat auch die finanziellen Mittel zum Kauf. Auch ist es wirtschaftlich nicht immer notwendig, gleich zu kaufen.

Ursprünglich stand der Mietvertrag über Dauerwohnung im Vordergrund. Heute gibt es viele andere Mietgegenstände, z. B. Fahrzeuge, Ferienwohnungen, Bücher, Bekleidung, Sportartikel.

Wichtige **Pflichten des Mieters** sind:

- Abnahme der Mietsache in ordnungsgemäßem Zustand,
- rechtzeitige Zahlung des Mietpreises,
- sorgfältige Behandlung der Mietsache,
- Benachrichtigung des Vermieters bei eintretenden Schäden an der Mietsache,
- Duldung von Maßnahmen, die zur Erhaltung und eventuell zu deren Verbesserung notwendig sind,
- Rückgabe der Mietsache nach Beendigung der Mietzeit.

Eine für den Betrieb wichtige Sonderform der Miete ist das Leasing[1]).

Pachtvertrag

Herr Huber betreibt ein Kieswerk. Der Abbau des Kieses erfolgt in einer Grube, die Eigentum des Bauern Holzapfel ist. Der Bauer Holzapfel erhält dafür monatlich eine Entschädigung.

BGB § 581
Durch den Pachtvertrag wird der Verpächter verpflichtet, dem Pächter den Gebrauch des verpachteten Gegenstandes und den Genuß der Früchte, soweit sie nach den Regeln einer ordnungsgemäßen Wirtschaft als Ertrag anzusehen sind, während der Pachtzeit zu gewähren. Der Pächter ist verpflichtet, dem Verpächter den vereinbarten Pachtzins zu entrichten.

Der Pachtvertrag weist große Ähnlichkeit mit dem Mietvertrag auf. Die rechtlichen Vorschriften der Miete gelten weitgehend auch für die Pacht.

Eine *Pacht* liegt vor, wenn der Pächter zusätzlich zum Gebrauch den Nutzen aus der überlassenen Sache ziehen kann.

Im obigen Beispiel hat Herr Huber die Kiesgrube gepachtet, um den Kies abzubauen. Dies ist der eigentliche Vertragszweck. Bei Abschluß eines Mietvertrages könnte er z. B. nur eine Party in dieser Kiesgrube veranstalten.

Häufige Pachtverträge:

- Pacht von landwirtschaftlichem Grund,
- Pacht von Baugrund (Erbpacht),
- Pacht von Jagd und Fischerei,
- Pacht von Gaststätten und Hotels,
- Pacht von Apotheken und Arztpraxen.

Bei den verschiedenen Arten der Pacht gibt es viele Sondergesetze, die die Vorschriften des BGB beeinflussen.

---

[1]) vgl. S. 517

Kontrolle des Lernerfolgs

1. Jemand läßt bei einem Maler ein Porträt malen.
   a) Um was für eine Vertragsart handelt es sich?
   b) Welche Pflichten ergeben sich für die Vertragspartner?

2. Jemand gibt beim Schreiner die Herstellung von Zimmertüren in Auftrag. Der Schreiner gibt einen verbindlichen Kostenvoranschlag in Höhe von 1500,— DM.
   a) Was für ein Vertrag liegt vor?
   b) Welche Pflichten ergeben sich für die Partner?
   c) Während der Herstellung (die Türen sind noch nicht furniert) ruft der Schreiner an und sagt, er müsse wegen einer Erhöhung der Holzpreise nunmehr 2000,— DM verlangen. Wie verhält sich der Besteller?
   d) Die Türen werden schließlich geliefert. Es stellt sich heraus, daß drei Türen klemmen und zwei weitere erhebliche Schrammen aufweisen. Wie verhält sich der Besteller?

3. Herr Leidmann ist Eigentümer einer Gaststätte. Herr Richter übernimmt die im Eigentum von Herrn Leidmann verbleibende Gaststätte gegen ein monatliches Entgelt von 2000,— DM und führt sie weiter. Außerdem übernimmt Herr Richter gegen ein Entgelt von monatlich 250,— DM ein über der Gaststätte gelegenes Zimmer zur privaten Nutzung.
   a) Welche Verträge liegen vor?
   b) Welche Rechte und Pflichten ergeben sich für die Vertragspartner?

2.11 Vertragsfreiheit und Allgemeine Geschäftsbedingungen

Verträge werden zwischen Vertragspartnern ausgehandelt. Dies klingt sehr nach Gleichberechtigung, nach einem freien Aushandeln von Preis und Vertragsbedingungen. Es entspricht dem für das Schuldrecht geltenden Grundsatz der Vertragsfreiheit.Der *Grundsatz der Vertragsfreiheit* besagt:

- **Jedermann kann frei darüber entscheiden, ob er einen ihm angebotenen Vertrag abschließen will oder nicht.**
- **Die Parteien können den Inhalt der Verträge frei bestimmen, ohne an die gesetzlichen Vertragstypen gebunden zu sein.**

Theoretisch gibt die Vertragsfreiheit jedem einzelnen die Möglichkeit, frei von Zwang diejenigen Rechtsgeschäfte abzuschließen, die ihm den größten Nutzen bringen. In der Praxis setzt sich jedoch meist der wirtschaftlich stärkere Partner durch. Ein wesentliches Instrument dieses Durchsetzungsvermögens sind die **Allgemeinen Geschäftsbedingungen,** die die meisten Unternehmen ihren Geschäften zugrundelegen. Sie werden auf allen Geschäftspapieren abgedruckt, gegebenenfalls auch in den Geschäftsräumen ausgehängt und gelten für jedes abgeschlossene Rechtsgeschäft. Theoretisch können sie zwar abgelehnt oder geändert werden, praktisch ist dies aber nur selten möglich. Ausweichmöglichkeiten auf andere Geschäftspartner sind meist auch versperrt, weil ganze Branchen oft gleichlautende Geschäftsbedingungen benutzen.

Beispiel (Allgemeine Geschäftsbedingungen aus der Elektroindustrie):

1. **Angebote**
   Unsere Angebote sind grundsätzlich freibleibend (Preise, Lieferfristen und Liefermöglichkeiten).
2. **Aufträge**
   Mündliche oder telefonische Vereinbarungen, Absprachen oder Zusagen, sowie schriftliche Vereinbarungen mit den Vertretern sind für uns erst nach schriftlicher Bestätigung durch uns rechtsverbindlich. Durch die Erteilung des Auftrages anerkennt der Besteller unsere Verkaufsbedingungen. Einkaufsbedingungen des Bestellers sind auch ohne unseren ausdrücklichen Widerspruch für uns nicht verbindlich, wenn sie im Widerspruch zu unseren Verkaufsbedingungen stehen. Verstöße gegen unsere Lieferbedingungen oder den Vertragsinhalt berechtigen uns, alle Lieferungen sofort einzustellen, auch soweit es sich um von uns bereits bestätigte Bestellungen handelt.
3. **Preise und Zahlung**
   Unsere Preise verstehen sich ab Werk ausschließlich Verpackung. Sie sind freibleibend, sofern nicht ausdrücklich eine andere Vereinbarung getroffen worden ist. Wir berechnen in der Regel die am Liefertag gültigen Preise.
   Tritt bis zum Liefertag bzw. vor Bezahlung des Rechnungsbetrages eine Erhöhung der Rohstoffpreise oder anderer Kalkulationsgrundlagen ein, so sind wir berechtigt, den sich daraus ergebenden jeweiligen Tagespreis zu errechnen.
4. **Beanstandungen und Gewährleistung**
   Reklamationen irgendwelcher Art anerkennen wir nur innerhalb von 7 Tagen nach Erhalt der Ware.
   Für nachweisbar durch unser Verschulden entstandene Mängel infolge von Material- oder Fertigungsfehlern leisten wir Gewähr für die Dauer von 12 Monaten bei normalem Gebrauch innerhalb des Haushaltes, bzw. von 6 Monaten bei gewerblichem Einsatz zum Beispiel in Pensionen, Kantinen, Hotels u. ä.
   Die Garantieleistung erstreckt sich auf eine kostenlose Instandsetzung bzw. nach unserer Wahl auf die Lieferung eines einwandfreien Austausch-Gerätes bei frachtfreier Rückgabe des fehlerhaften Stückes. Darüber hinausgehende Ansprüche können nicht gestellt werden.

Der Staat hat durch das **„Gesetz zur Regelung des Rechts der Allgemeinen Geschäftsbedingungen" (AGB-Gesetz)** Einschränkungen hinsichtlich der freien Vertragsgestaltung vorgenommen, um den wirtschaftlich schwächeren Vertragspartner zu schützen. Wenn auch einige Vorschriften des AGB-Gesetzes für zweiseitige Handelsgeschäfte gelten, so haben die meisten nur Gültigkeit für einseitige Handelsgeschäfte. Sie dienen dem Schutz der Verbraucher.

Für alle Rechtsgeschäfte gilt:

- Überraschende Klauseln werden nicht Vertragsbestandteil (AGBG § 3).
  Überraschende Klauseln sind so ungewöhnlich, daß man nicht damit rechnen muß (z. B.: Frau X. bucht einen Schreibmaschinenlehrgang und kauft laut AGB gleichzeitig eine Schreibmaschine mit.)
- Individuelle Abreden gehen vor AGB (AGBG § 4).
- Auslegungszweifel gehen zu Lasten des Verwenders der AGB (AGBG § 5).
- Widersprechen sich die AGB zweier Vertragspartner, so bleibt der Vertrag gültig und richtet sich in den widersprüchlichen Punkten nach dem Gesetz (AGBG § 6).
- AGB-Bestimmungen sind unwirksam, wenn sie den Vertragspartner entgegen Treu und Glauben unangemessen benachteiligen (wenn z. B. durch die Einschränkungen der Vertragszweck gefährdet wird oder wesentliche Grundgedanken der gesetzlichen Regelung nicht damit vereinbar sind) (AGBG § 9).

Für die Anwendung von AGB gegenüber Nichtkaufleuten gilt unter anderem:

- Wenn die AGB Vertragsbestandteil werden sollen, muß der Verwender bei Vertragsabschluß ausdrücklich darauf hinweisen. Der Käufer muß von ihnen Kenntnis nehmen können und einverstanden sein, daß sie Vertragsinhalt werden (AGBG § 2).
- Der Verkäufer darf sich keine unangemessen lange Zeit zur Annahme des Vertrages bzw. zur Lieferung vorbehalten (AGBG § 10 [1]).
- Bei Verträgen, die innerhalb von vier Monaten erfüllt werden, sind Preiserhöhungsklauseln nicht erlaubt (AGBG § 11 [1]).
- Der Lieferer darf die zugesagte Leistung nicht ändern, wenn dies für den Vertragspartner nicht zumutbar ist (AGBG § 10 [4]).
- Das Leistungsverweigerungs- oder Zurückbehaltungsrecht darf nicht eingeschränkt werden (AGBG § 11 [2]).
- Es darf keine Vertragsstrafe vereinbart werden (AGBG § 11 [6]).
- Der Lieferer darf die Rechte des Vertragspartners aus einem Lieferungsverzug nicht einschränken (AGBG § 11 [8]).
- Der Lieferer darf die gesetzlichen Gewährleistungsansprüche des Käufers nicht völlig ausschließen. Dem Kunden steht zumindest ein Recht auf Nachbesserung oder Ersatzlieferung zu. Alle damit zusammenhängenden Kosten muß der Lieferer tragen. Er muß in den AGB den Kunden darauf hinweisen, daß ihm bei Nichtgelingen der Nachbesserung die BGB-Rechte zustehen (AGBG § 11 [10]). Eine Verkürzung der gesetzlichen Gewährleistungsfrist[1]) ist nicht gestattet (AGBG § 11 [10f.]).

Kontrolle des Lernerfolgs

1. Lesen Sie die auf Seite 101 abgedruckten Geschäftsbedingungen aus der Elektroindustrie.
   a) Stellen Sie fest, welche Rechte der Verkäufer sich über die gesetzlichen Rechte hinaus einräumt und welche Rechte des Käufers eingeschränkt werden.
   b) Welche Bestimmungen sind nach dem AGB-Gesetz nicht wirksam?

2. Beschaffen Sie sich in Ihrem Betrieb Bestellscheine, Auftragsbestätigungen und Rechnungen.
   a) Lesen Sie die (meist auf der Rückseite abgedruckten) Geschäftsbedingungen aufmerksam durch.
   b) Stellen Sie fest, in welchen Punkten die Rechte des Käufers eingeschränkt werden.
   c) Stellen Sie fest, in welchen Punkten die Rechte des Käufers erweitert werden.
   d) Vergleichen Sie die Geschäftsbedingungen mit dem AGB-Gesetz.

3. Beurteilen Sie das Verhalten des Verkäufers und die Rechte des Kunden in nebenstehender Karikatur anhand der Bestimmungen des AGB-Gesetzes.

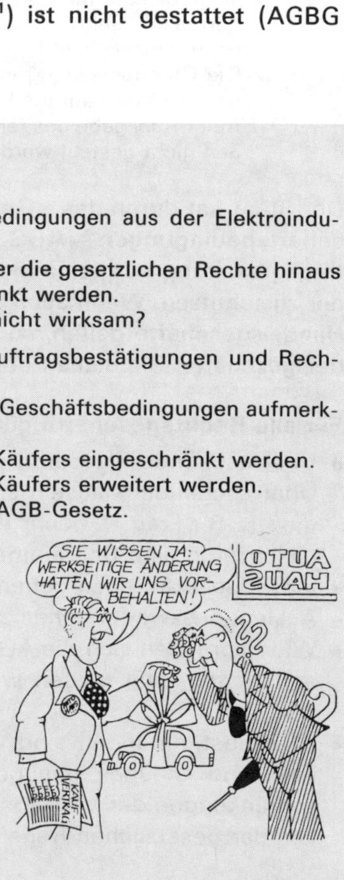

(Quelle: test; Die Zeitschrift für den Verbraucher)

---

[1]) vgl. S. 109

4. Herr Decker hat beim Autohaus Kunert & Co. einen Diesel-Pkw zum Preis von 21450,— DM gekauft. Der Wagen hat eineinviertel Jahre Lieferzeit. Als der Wagen schließlich geliefert wird, verlangt das Autohaus den Preis von 22950,— DM. Ist so etwas rechtlich möglich?

5. Familie Berger kauft eine Stereoanlage, bei der der Verkäufer verspricht, daß sie noch rechtzeitig vor Weihnachten geliefert wird. Als die Anlage Weihnachten aber noch nicht eingetroffen ist, will Familie Berger den Kauf rückgängig machen. Das Radiogeschäft weist auf die Allgemeinen Geschäftsbedingungen hin, in denen steht, daß mündliche Absprachen mit den Verkäufern nicht verbindlich sind. Nehmen Sie zu dem Fall Stellung.

2.12 Störungen bei der Erfüllung von Kaufverträgen

Werden die Pflichten aus dem Kaufvertrag von einem der Vertragspartner nicht ordnungsgemäß erfüllt, so ist die Erfüllung gestört.

Wichtige Erfüllungsstörungen sind:

- mangelhafte Lieferung,
- Verzug.

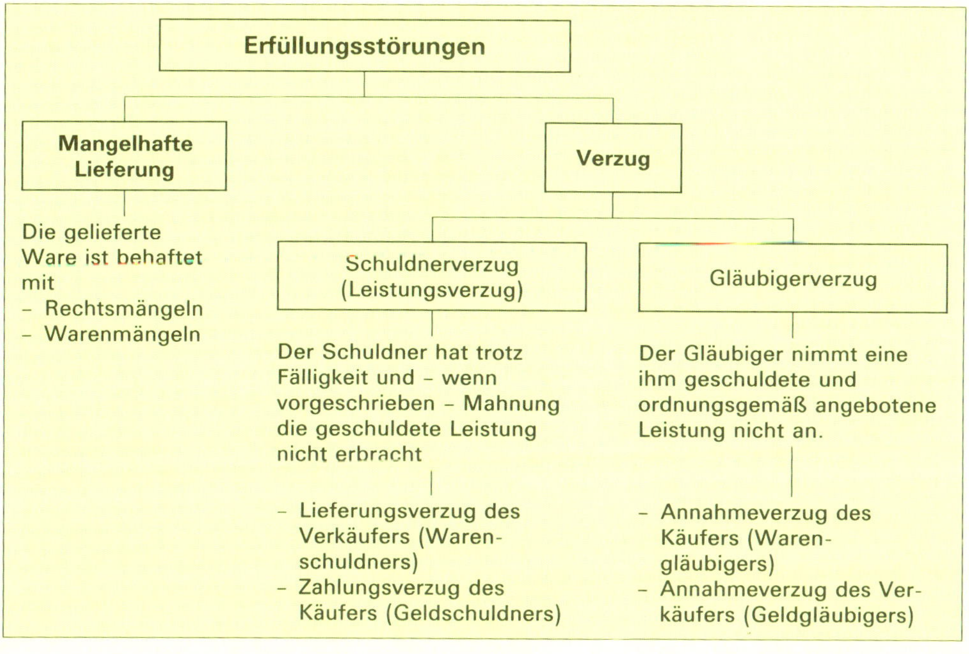

2.12.1 Lieferungsverzug (Leistungsverzug des Lieferers)

Am 18. 06. 19.. schreibt die Gebr. Reinhards OHG wegen einer am 14. 05. 19.. bestellten Ware an den Lieferer:

> Sehr geehrte Damen und Herren,
>
> in Ihrer Auftragsbestätigung vom 16.05.19.. sagten Sie uns verbindlich zu, unsere Bestellung innerhalb eines Monats ab Datum der Bestellung auszuführen. Die Ware ist bisher nicht bei uns eingetroffen. Anläßlich unserer telefonischen Anfrage vom 15.06.19.. teilten Sie uns mit, daß Sie aufgrund unerwartet zahlreicher Auftragseingänge zur Zeit generell nicht in der Lage seien, pünktlich zu liefern.
>
> Wir können diese Erklärung nicht akzeptieren und setzen Ihnen mit dieser Mahnung eine Nachfrist bis spätestens zum 23.06.19.. Eine Aufstellung über unseren Schaden aus der verspäteten Lieferung lassen wir Ihnen noch zugehen.
>
> Nach Ablauf der Nachfrist sind wir leider gezwungen, die Annahme der Ware abzulehnen. Wir behalten uns für diesen Fall alle weitergehenden Rechte vor.
>
> Hochachtungsvoll
>
> D. Reinhards

Gebr. Reinhards mahnen die fällige Leistung an. Eine Mahnung ist eine Aufforderung zur Leistung. Durch die Mahnung wird der Lieferer in Lieferungsverzug gesetzt.

Lieferungsverzug

Voraussetzungen

1. Fälligkeit
Es wurde nicht oder nicht rechtzeitig geliefert (BGB § 284)

2. Verschulden
Der Lieferer hat vorsätzlich oder fahrlässig gehandelt (BGB § 285)
Bei Gattungswaren hat der Schuldner sein Unvermögen zur Leistung auch ohne Verschulden zu vertreten, solange die Leistung aus der Gattung möglich ist. (BGB § 279)

3. Mahnung
Der Käufer muß die Lieferung anmahnen.
Der Verzug beginnt mit dem Tag der Zustellung der Mahnung. (BGB § 284)

Keine Mahnung
wenn
a) der Liefertermin kalendermäßig bestimmt ist (BGB § 284)
b) der Lieferer erklärt, daß er nicht liefern werde (BGB § 242).
Der Verzug beginnt in diesen Fällen mit Fälligkeit der Lieferung.

Rechte des Käufers

- Lieferung und ggf. Schadensersatz wegen verspäteter Lieferung verlangen (z. B. wegen Produktionsausfall; Vertragsstrafe, Schadensersatz an Kunden) (BGB § 286) und bis zur Lieferung die Zahlung verweigern (BGB § 320).
- Nachdem er eine angemessene Nachfrist gesetzt und angedroht hat, nach Ablauf der Frist die Lieferung abzulehnen, nach Ablauf der Frist
  a) vom Vertrag zurücktreten (z. B. weil er die Ware anderweitig billiger beschaffen kann) (BGB § 326) oder
  b) die Lieferung ablehnen und Schadensersatz wegen Nichterfüllung verlangen (BGB § 326). Ein Schaden kann z. B. entstehen durch Produktionsausfälle, durch Mehrpreis und Mehrkosten für einen Kauf bei einem anderen Lieferer (sog. **Deckungskauf**), durch einen entgangenen Gewinn oder durch Schadensersatzforderungen eigener Kunden (BGB § 251 f.). Man spricht von einer „konkreten" Schadensberechnung, wenn die Höhe des Schadens genau nachgewiesen wird (z. B. beim Deckungskauf). Ist dies nicht möglich, so muß eine „abstrakte" Schadensberechnung erfolgen (z. B. Ansatz eines entgangenen Gewinns aufgrund eines vermuteten Kundenausfalls.

  Besonderheiten beim Fixkauf:
  a) Fixkauf als bürgerlicher Kauf:
  Der Käufer hat bei Lieferungsverzug die oben genannten Rechte. Darüber hinaus kann er sofort vom Vertrag zurücktreten, wenn die Lieferung nicht zu der bestimmten Zeit erfolgt (BGB § 361). Dazu muß der Lieferer nicht einmal in Lieferungsverzug sein.
  b) Fixkauf als Handelskauf:
  Der Käufer kann wie beim bürgerlichen Fixkauf sofort vom Vertrag zurücktreten (HGB § 376), oder er kann bei Verzug des Lieferers statt Erfüllung Schadensersatz wegen Nichterfüllung verlangen. Er kann nur auf Erfüllung bestehen, wenn er dies dem Verkäufer sofort nach Fristablauf anzeigt.

Eine Nachfrist muß auch dann nicht gesetzt werden, wenn der Lieferer erklärt, daß er auch später nicht liefern werde oder wenn die spätere Lieferung für den Gläubiger keinen Sinn hat (sog. Zweckkauf, z. B. Lieferung des Brautkleids nach der Hochzeit; von Osterartikeln nach Ostern) (BGB § 326 [2]).

Eine Nachfrist ist angemessen, wenn der Lieferer noch die Möglichkeit hat, die Ware zu liefern, ohne sie erst zu beschaffen oder anzufertigen.

Die Haftung des Lieferers erweitert sich beim Lieferungsverzug auf die zufällige Verschlechterung oder den zufälligen Untergang (Verlust) der Ware (BGB § 287); denn bei rechtzeitiger Lieferung hätte der Zufall nicht wirksam werden können.

Um Streitigkeiten bei der Berechnung des Schadensersatzes zu vermeiden, einigt man sich im Kaufvertrag häufig auf die Zahlung einer zu vereinbarenden Konventionalstrafe (Vertragsstrafe). Sie ist auch dann in der vereinbarten Höhe zu zahlen, wenn kein Schaden eingetreten ist.

Beispiel:
„Erfolgt die Lieferung nicht spätestens am 30. 05. 19.., so ist für jeden Tag der Verspätung eine Vertragsstrafe von 500,— DM zu zahlen."

Kontrolle des Lernerfolgs

1. Das Chemiewerk Franz Elegius GmbH hat aufgrund eines Angebots der Peter Pfister OHG 32 Schutzanzüge bestellt.

Ihr Angebot vom	Ihr Zeichen	München
20.08.19..	We/k.	22.08.19..

Bestellung Nr.: 3245

Lfd. Nr.	Menge	Gegenstand	Größe	Einheit	Preis je Einheit	Zu liefern bis
1	je 4	Schutzanzüge Katalog-Nr. 36	44, 46, 52, 54	Stück	110,00 DM 115,00 DM	14 Tage nach Eingang der Bestellung
2	je 8	"	48, 50	Stück	110,00 DM	

Zahlungsbedingungen:
10 % Rabatt; Zahlung 30 Tage netto Kasse oder binnen 10 Tagen mit 2 % Skonto

Lieferungsbedingungen:
Unfrei einschließlich Verpackung

Franz Elegius GmbH

Franz Elegius

Am 15. September ist die Ware noch nicht eingetroffen.

a) Welche Schritte wird Elegius nun unternehmen?
b) Von welchem Tag an befindet sich der Lieferer in Lieferungsverzug?
c) Muß den Lieferer in diesem Fall ein Verschulden treffen, damit er in Lieferungsverzug gerät?
d) Schreiben Sie einen Brief von Elegius an den Lieferer sowie das Antwortschreiben auf diesen Brief.
e) Nachdem die Pfister OHG in Lieferungsverzug versetzt wurde, schickt sie die bestellten Waren ab. Diese werden jedoch auf dem Bahntransport teilweise beschädigt.
   - Kann der Lieferer trotzdem den vollen Kaufpreis vom Käufer verlangen?
   - Wer muß Ersatzansprüche bei der Bahn geltend machen: der Verkäufer oder der Käufer?

2. Stellen Sie sich vor, es handle sich bei dem Geschäft zwischen Elegius und der Pfister OHG um einen Fixkauf, bei dem „Lieferung fix am 13. September" vereinbart wurde. In welchen Punkten unterscheiden sich nun die Rechte und Pflichten des Käufers gegenüber dem „normalen" Kauf?

2.12.2 Mangelhafte Lieferung

Rechtsmängel

Rechtsmängel **sind gegeben, wenn auf der erworbenen Sache fremde Rechte lasten, z. B. fremdes Eigentum, fremde Besitzrechte, fremde Pfandrechte, fremde Nutzungsrechte.**

Beispiele:
- Die verkaufte Sache ist zur Sicherheit an einen Kreditgeber übereignet.
- Die verkaufte Sache ist ordnungsgemäß verliehen. Der Besitzer gibt sie nicht heraus.
- Die verkaufte Sache ist als Sicherheit an einen Kreditgeber verpfändet. Dieser gibt sie nicht heraus.

Kennt der Käufer den Rechtsmangel bei Vertragsabschluß, so hat der Verkäufer ihn nicht zu vertreten (ausgenommen Hypothek, Grundschuld, Rentenschuld, Schiffshypothek, Pfandrecht sowie eine Vormerkung dieser Rechte) (BGB § 439).

Die **Rechte des Käufers** sind bei Rechtsmängeln weitgehend die gleichen Rechte wie beim Lieferungsverzug (BGB § 440):

- Er kann auf Erfüllung, also Beseitigung der Mängel, bestehen.
- Er kann die Zahlung bis zur Beseitigung verweigern.
- Er kann nach Ablauf einer angemessenen Nachfrist vom Vertrag zurücktreten.
- Er kann statt Erfüllung Schadenersatz wegen Nichterfüllung verlangen. Dazu muß er bewegliche Sachen herausgeben (BGB § 440).

Warenmängel

Am 23. 11. 19.. schreibt die Spirituosenhandlung Kamm + Huber an die Spirituosenfabrik Walter Diekers KG:

Ihre Lieferung vom 19.11.19..
Mängelrüge

Sehr geehrte Damen und Herren,

mit Ihrer letzten Lieferung sind wir nicht zufrieden. Wir bebestellten 30 Flaschen Doppelkorn.

1. Zwei Flaschen waren zerbrochen.
2. Alle Flaschen sind nur zu etwa drei Vierteln gefüllt.

Wir bitten um Ersatzlieferung bis 30.11.19.. . Die Lieferung vom 19.11.19.. halten wir für die Abholung bereit.

Mit freundlichen Grüßen

Kamm + Huber

Kamm

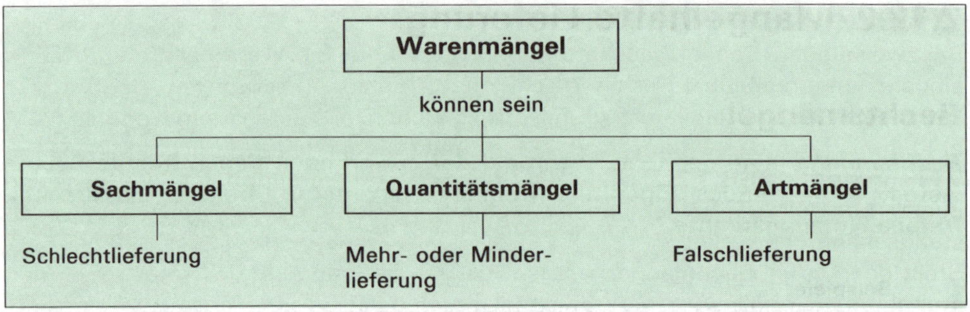

• Sachmängel (Qualitätsmängel, Schlechtlieferung)

Haftung des Verkäufers

Als Sachmängel werden folgende Mängel an der gelieferten Ware bezeichnet:

- **Mängel in der Güte:**
  Der Ware fehlt eine zugesicherte Eigenschaft.
- **Mängel in der Beschaffenheit:**
  Die Ware hat Fehler, ist verdorben oder beschädigt.

> **Beispiele:**
> - Die Ware entspricht nicht dem Muster oder der Probe.
> - Die „wasserdichte" Uhr läßt Wasser eintreten.

Für Sachmängel haftet der Verkäufer nach BGB § 459:

BGB § 459

(1) Der Verkäufer einer Sache haftet dem Käufer dafür, daß sie zu der Zeit, zu welcher die Gefahr auf den Käufer übergeht, nicht mit Fehlern behaftet ist, die den Wert oder die Tauglichkeit zu dem gewöhnlichen oder dem auch dem Vertrage vorausgesetzten Gebrauch aufheben oder mindern. Eine unerhebliche Minderung des Wertes oder der Tauglichkeit kommt nicht in Betracht.
(2) Der Verkäufer haftet auch dafür, daß die Sache zur Zeit des Überganges der Gefahr die zugesicherten Eigenschaften hat.

Der **Verkäufer haftet** jedoch **nicht**:
- für unerhebliche Mängel (BGB § 459),
- für Mängel, die der Käufer bei Vertragsabschluß kennt (BGB § 460),
- wenn eine Sache in öffentlicher Versteigerung als Pfand verkauft wird (BGB § 461),
- wenn der Käufer einen Warenmangel erkennt und die Ware trotzdem ohne Vorbehalt abnimmt (BGB § 464). Der Vorbehalt ist nur wirksam, wenn er sich auf einzeln genannte Mängel bezieht.

Warenprüfung und Gewährleistungsfrist

Bei zweiseitigen Handelsgeschäften muß der Käufer die Ware nach dem Wareneingang **unverzüglich** (d.h. ohne schuldhafte Verzögerung) **prüfen** (HGB § 377). Für andere Geschäfte gilt dies grundsätzlich nicht. Der Käufer könnte jedoch, wenn er Kaufmann ist, den Grundsatz von „Treu und Glauben unter Berücksichtigung der Verkehrssitte" (BGB § 242) verletzen, wenn er die Warenprüfung (und anschließende Mängelrüge) ungebührlich verzögert. Er könnte dann seine Gewährleistungsansprüche verlieren.
Stellt der Käufer Sachmängel fest, so muß er sie innerhalb der sog. **Gewährleistungsfrist (Verjährungsfrist)** dem Verkäufer mitteilen und genau beschreiben. Allgemeine Angaben („Die Töpfe sind beschädigt.") reichen nicht.
Diese Mitteilung heißt **Mängelrüge**. Eine besondere Form ist dafür nicht vorgeschrieben. Zur Beweissicherung werden unter Kaufleuten mündliche Mängelrügen schriftlich bestätigt.

Gewährleistungsfristen			
	bei offenen Mängeln (bei Prüfung erkennbar, z.B. Bruch)	bei versteckten Mängeln (nicht ohne weiteres erkennbar, z.B. Materialfehler)	bei arglistig verschwiegenen Mängeln (versteckte Mängel, die der Lieferer kannte und absichtlich verheimlichte)
nach BGB § 477 (bürgerlicher Kauf; einseitiger Handelskauf)	Die Mängel sind binnen 6 Monaten nach Ablieferung der Ware zu rügen.		Die Mängel sind binnen 30 Jahren nach Ablieferung zu rügen.
nach HGB § 377 (zweiseitiger Handelskauf)	Die Mängel sind unverzüglich nach Prüfung der Ware zu rügen.	Die Mängel sind unverzüglich nach Entdeckung des Mangels, jedoch binnen 6 Monaten nach Ablieferung zu rügen.	Die Mängel sind binnen 30 Jahren nach Ablieferung zu rügen.
Die Fristen können vertraglich verlängert (BGB § 477) oder verkürzt (BGB § 225) werden. Da sich mit dem Zeitablauf die Schadensursache zunehmend schwerer ermitteln läßt, findet man in der Praxis häufig Verkürzungen. Eine Verkürzung durch AGB ist gegenüber Nichtkaufleuten nicht gestattet (AGBG § 11 [10 f.]).			

Gewährleistungsansprüche

Dem Käufer stehen nach eigener Wahl Gewährleistungsansprüche zu (BGB § 459):

- **Wandelung** (Rückgängigmachung des Kaufvertrags; BGB § 462);
- **Minderung** (Herabsetzung des Kaufpreises entsprechend dem Umfang der Wertminderung; BGB § 462);
  Wandelung und Minderung gelten als vollzogen, wenn sich der Verkäufer auf Verlangen des Käufers damit einverstanden erklärt (BGB § 465).

- **Ersatzlieferung** (Umtausch, Neulieferung), wenn es sich um Gattungswaren handelt (BGB § 480);
- **Schadensersatz** wegen Nichterfüllung (BGB § 463), jedoch nur, wenn
  - der Ware eine zugesicherte Eigenschaft fehlt, die Ware der Probe oder dem Muster nicht entspricht (BGB § 494),
  - ein Mangel vom Lieferer arglistig verschwiegen wurde.

Ein Recht auf **Nachbesserung** (Reparatur) steht dem Käufer gesetzlich nicht zu. Es kann aber vertraglich vereinbart werden (BGB § 476 a). Auch die gesetzlich vorgesehenen Rechte können vertraglich abgeändert werden. Im allgemeinen schränkt der Lieferer die Rechte des Käufers durch seine **Allgemeinen Geschäftsbedingungen** stark ein. Ist der Käufer Nichtkaufmann, muß der Verkäufer ihm in den AGB jedoch mindestens ein Recht auf Nachbesserung oder auf Ersatzlieferung zugestehen. Er muß alle damit zusammenhängenden Kosten tragen. Außerdem muß der Verkäufer den Käufer in den AGB ausdrücklich darauf hinweisen, daß er bei Nichtgelingen der Nachbesserung oder ausbleibender Ersatzlieferung Wandelung oder Minderung verlangen kann (AGBG § 11). Fehlt dieser Hinweis, so sind alle Einschränkungen unwirksam.

Bei **arglistig verschwiegenen Mängeln** sind vertraglich vereinbarte Gewährleistungsausschlüsse oder -einschränkungen nichtig (BGB § 476).

Für **zweiseitige Handelsgeschäfte** gilt weiterhin:

- Die mangelhafte Ware darf nur beim Platzkauf zurückgeschickt werden. Ansonsten muß der Käufer für ihre einstweilige Aufbewahrung sorgen, bis der Verkäufer Verfügungen trifft (HGB § 379). Dies soll dem Verkäufer unnötige Kosten ersparen. Verderbliche Waren darf der Käufer, wenn Gefahr im Verzug ist, unter den gleichen Bedingungen wie beim Annahmeverzug[1]) versteigern lassen (HGB § 373, § 379).
- Ist nur der Käufer Kaufmann, so läßt sich aus dem Grundsatz von Treu und Glauben (BGB § 242) schließen, daß für ihn die gleichen Pflichten gelten.

• Quantitätsmängel (Minder- und Mehrlieferung)

Eine Minder- oder Mehrlieferung kann ggf. ein **Sachmangel** sein, wenn die Sache zu klein oder zu groß ist oder falsche Abmessungen hat. Eine Nachlieferung des Fehlenden bzw. eine Rücksendung des Überschüssigen ist dann sinnlos.

> **Beispiel:**
> Statt 3,20 m Anzugstoff werden 3 m geliefert.

In diesem Fall gilt alles, was bisher über Sachmängel gesagt wurde.
Enthält die Lieferung dagegen weniger Stücke bzw. eine geringere Menge als vereinbart (z. B. 35 Stühle statt 40), handelt es sich um eine **teilweise Nichterfüllung** des Kaufvertrags. Der Käufer kann in diesem Fall die Zahlung verweigern, sofern dies nicht wegen Geringfügigkeit gegen Treu und Glauben verstößt (BGB § 320), und den Verkäufer in **Lieferungsverzug**[2]) setzen (BGB §§ 286 und 326).
Mehrlieferungen muß der Käufer nicht bezahlen, wenn er sie nicht behalten will.

---

[1]) Vgl. S. 114
[2]) Vgl. S. 104

• Artmängel (Falschlieferung)

Artmängel liegen vor, wenn bei Stückwaren nicht das bestellte Stück, bei Gattungswaren eine andere Gattung geliefert wird (Gattungsmängel).

Eine Lieferung falscher Ware bedeutet grundsätzlich eine **Nichterfüllung des Kaufvertrags.** Auch hier kann deshalb der Käufer die Zahlung verweigern und den Verkäufer in **Lieferungsverzug** setzen.
Nur beim **zweiseitigen Handelskauf** gilt eine Falschlieferung als **Sachmangel,** wenn die gelieferte Ware nicht offensichtlich von der Bestellung so erheblich abweicht, daß der Verkäufer eine Genehmigung des Käufers ausschließen muß (HGB § 378).

> **Beispiel:**
> Eine Getränkegroßhandlung erhält statt des bestellten Rockysprudels zum gleichen Preis den in der Analyse fast identischen Zocky-Sprudel, den sie auch in ihrem Sortiment führt.

In einem derartigen Fall gilt wiederum alles über Sachmängel Gesagte.

• Prüf- und Rügepflicht bei Quantitäts- und Artmängeln

Beim zweiseitigen Handelskauf hat der Käufer auch bei Quantitäts- und Artmängeln die gleiche Prüf- und Rügepflicht wie bei Sachmängeln. Er muß dabei die gleichen Fristen beachten (HGB § 378). Ansonsten gilt die Lieferung als genehmigt.

Warenmängel

Sachmängel	Quantitätsmängel	Artmängel
– Mängel in der Beschaffenheit – Mängel in der Güte Warenprüfung und Mängelrüge innerhalb der Gewährleistungsfrist nach BGB bzw. HGB	– wenn die Sache zu klein, zu groß oder falsch abgemessen ist: Sachmängel – wenn zu viele oder zu wenige Stücke geliefert wurden: teilweise Nichterfüllung	– Lieferung eines anderen Stücks – Lieferung aus anderer Gattung Dies bedeutet grundsätzlich: Nichterfüllung
	Bei zweiseitigem Handelskauf gleiche Prüf- und Rügepflicht wie bei Sachmängeln	
Rechte des Käufers: – Wandelung – Ersatzlieferung (bei Gattungswaren) – Minderung – Schadensersatz (bei Fehlen einer zugesicherten Eigenschaft und arglistigem Verschweigen)	**Rechte des Käufers:** – Zahlung verweigern – Lieferer in Lieferungsverzug setzen	**Rechte des Käufers:** – Zahlung verweigern – Lieferer in Lieferungsverzug setzen Ausnahme: Zweiseitiger Handelskauf (Falschlieferung ist bei nicht erheblicher Abweichung Sachmangel)

• Garantie

Die gesetzliche Gewährleistungspflicht darf nicht mit der Garantie verwechselt werden, die gegebenenfalls der Hersteller (bisweilen auch der Händler) auf Waren gewährt. Die Garantie beruht auf freiwilliger Basis und beschränkt sich meist auf den Austausch von Teilen. Sie greift erst **nach Ablauf der Gewährleistungsfrist.**

Kontrolle des Lernerfolgs

1. Die Druckerei hat der Spirituosenfabrik Walter Diekers KG Etiketten mit einem Druckfehler geliefert.
a) Um welche Mängelart handelt es sich?
b) Innerhalb welchen Zeitraums muß die Spirituosenfabrik rügen?
c) Welche Rechte kann die Spirituosenfabrik geltend machen?
d) Für welches Recht würden Sie sich entscheiden? Begründen Sie Ihre Entscheidung.
e) Fertigen Sie eine unterschriftsreife Mängelrüge an.
f) Schreiben Sie die Antwort des Lieferers.

2. Die Spirituosenfabrik Walter Diekers KG bestellte am 13. 02. bei der Dausenauer Glas AG 5000 Flaschen
weißes Klarglas, viereckig, Oberfläche glatt, 0,7 l Inhalt, mit Schraubgewinde
Lieferung genau am 20. 03. 19..
a) Um welche Kaufart handelt es sich?
b) Warum könnte Diekers diese Kaufart gewählt haben?
c) Welche Rechte könnte Diekers eventuell geltend machen?
d) Die Dausenauer Glas AG lieferte am 20. 03. 19..
4000 Flaschen, grün, rund, mit rauher Oberfläche, 0,5 l Inhalt. 20 Flaschen sind gesprungen.
Welche Arten von Mängeln können Sie hier rügen?
Welches Recht würden Sie hier geltend machen? Schreiben Sie einen unterschriftsreifen Brief an die Dausenauer Glas AG.
e) In einem anderen Fall hat die Dausenauer Glas AG ordnungsgemäß geliefert. Beim Füllen, Verschließen (Schraubverschluß) und Etikettieren zerbricht aber jede 10. Flasche.
Welche Mängelart könnten Sie rügen?
Welche Frist müßten Sie einhalten?
Welche Rechte würden Sie geltend machen?
Schreiben Sie einen unterschriftsreifen Brief.
f) Schreiben Sie die Antwort des Lieferers.

3. Franz Emser & Co. stellen beim Auspacken einer Sendung emaillierter Töpfe fest, daß 15 Töpfe erhebliche Emailleschäden aufweisen und unverkäuflich sind. Sie schreiben eine Mängelrüge. Der Lieferer antwortet, die Töpfe seien vor dem Versand einzeln geprüft und fachmännisch verpackt worden. Es müsse sich um Transportschäden handeln, die von der Bahn verursacht wurden.
Schreiben Sie die entsprechenden Briefe.

2.12.3 Annahmeverzug

Am 26. 03. 19.. schreibt die Gebr. Reinhards OHG an ihren Kunden (Fritz Müller Nachf., Haushaltswarengroßhandel, Postfach 260216, 5000 Köln 1):

Annahmeverzug

Wie uns die Spedition Schenkel & Co. mitteilte, haben Sie unsere gestern angelieferten Waren - 50 Kartons emaillierte Töpfe, auf Paletten verpackt und in Folien verschweißt - nicht angenommen. Auf unsere telefonische Anfrage teilte uns Ihre Sekretärin, Frau Klein, lediglich und ohne Angabe von weiteren Gründen mit, es handele sich um eine ausdrückliche Anweisung Ihres Einkaufsleiters, Herrn Bungert.

Wir haben kein Verständnis für dieses unbegründete Vorgehen. Leider können wir die Ware nicht zurücknehmen, da unser Lagerraum voll beansprucht ist. Es ist uns auch nicht möglich, die Ware kurzfristig an einen anderen Käufer zu veräußern.

Wir haben deshalb die Spedition Schenkel & Co. beauftragt, die Waren vorerst in ihren Räumen in Köln, Oberstr. 126, einzulagern und gegen Übernahme der entsprechenden Kosten für Sie zur Verfügung zu halten.

Wir bitten Sie nunmehr um umgehende Vertragserfüllung und um Abholung der Paletten. Andernfalls würden wir einen Selbsthilfeverkauf vornehmen und Ihnen rechtzeitig Ort und Zeit hierfür angeben.

Hochachtungsvoll

Schulz

ppa. Schulz

Durch den Kaufvertrag sind beide Parteien verpflichtet, die vertragsgemäß angebotene Leistung des anderen bei Fälligkeit anzunehmen.

BGB § 293
Der Gläubiger kommt in Verzug, wenn er die ihm angebotene Leistung nicht annimmt.

Annahmeverzug

Voraussetzungen

1. Fälligkeit
Die Schuld muß fällig sein (BGB § 293).

2. Angebot
Die Leistung muß dem Gläubiger vertragsgemäß und tatsächlich angeboten werden (BGB § 294).
Ein wörtliches Angebot genügt
a) wenn der Gläubiger erklärt hat, er werde die Leistung nicht annehmen (BGB § 295);
b) bei Holschulden (BGB § 295).
Ist der Abholtermin kalendermäßig bestimmt, ist ein Angebot überflüssig (BGB § 296).

3. Leistungsvermögen des Schuldners
Der Schuldner muß zum Zeitpunkt des Angebots in der Lage sein, die Leistung zu bewirken (HGB § 297).

4. Nichtanbieten der Gegenleistung
Bei Zug-um-Zug-Geschäften muß der Gläubiger nicht nur annahmebereit sein, sondern auf das Angebot des Schuldners hin auch die Gegenleistung anbieten (BGB § 298).

Ein Verschulden des Gläubigers ist für den Annahmeverzug nicht erforderlich.
Darf der Schuldner nach BGB § 271 auch schon vor dem vertraglich festgelegten Leistungstermin leisten und nimmt der Gläubiger nicht an, so gerät er in Annahmeverzug. Allerdings muß er nicht ständig annahmebereit sein. Ist er vorübergehend an der Annahme verhindert, so gerät er nur in Verzug, wenn der Schuldner die Leistung eine angemessene Zeit vorher angekündigt hat (BGB § 299).

Rechte des Schuldners

- Der Schuldner kann **auf Erfüllung bestehen** (BGB § 433). Dazu wird er gegebenenfalls klagen.
  Er kann vom Gläubiger den Ersatz aller Mehraufwendungen verlangen, die er für das erfolglose Angebot (z. B. Transportkosten) sowie für die Aufbewahrung (z. B. Lagergeld) und Erhaltung (besondere Kosten für Warenpflege) machen mußte (HGB § 304).
  Der Verkäufer wird auf Erfüllung bestehen, wenn er die Ware anderweitig nicht oder nur ungünstiger absetzen kann. Ansonsten kann er sich mit dem Käufer auf beiderseitigen Rücktritt vom Vertrag einigen. Er wird dies gegebenenfalls aus Kulanz gegenüber einem sonst guten Kunden tun oder, weil er die Ware günstiger veräußern kann, oder, weil er erkennt, daß der Kunde von Zahlungsunfähigkeit bedroht ist.
- Der Schuldner kann **sich von seiner Leistungspflicht befreien,** indem er
  a) hinterlegungsfähige Sachen (Geld, Wertpapiere, Urkunden, Kostbarkeiten) beim Amtsgericht des Leistungsortes (öffentliche Hinterlegungsstelle) auf Kosten des Gläubigers hinterlegt (BGB § 372, § 374);
  b) nicht hinterlegungsfähige Sachen (Waren) am Leistungsort öffentlich durch den Gerichtsvollzieher oder einen öffentlich angestellten Versteigerer versteigern läßt und den Erlös hinterlegt (BGB § 383) **(Selbsthilfeverkauf).** Waren mit einem Börsen- oder Marktpreis[1]) kann er „freihändig" durch einen öffentlich ermächtigten Handelsmakler verkaufen lassen (BGB § 385). Die Kosten trägt der Gläubiger (BGB § 386). Die Versteigerung ist dem Gläubiger anzudrohen (BGB § 384). Sie ist öffentlich bekanntzumachen (BGB § 383). Der Gläubiger ist unverzüglich davon zu benachrichtigen (BGB § 384). Ist bei verderblichen Gütern Gefahr in Verzug, so kann die Androhung unterbleiben **(Notverkauf)**.

Ist der Verkäufer Kaufmann, so hat er erweiterte Rechte (HGB § 373):

- Er kann die Ware an jedem geeigneten Ort sicher auf Kosten und Gefahr des Käufers einlagern.
- Er kann den Selbsthilfeverkauf an jedem Ort vornehmen.

Einen Mindererlös aus der Versteigerung trägt der Käufer, ein Mehrerlös gehört ihm.
Käufer und Verkäufer können bei der Versteigerung mitsteigern, um den Preis möglichst hoch zu treiben.

---

[1]) Börsen sind organisierte Märkte für vertretbare Güter, die nach Maß, Zahl oder Gewicht gehandelt werden und beim Verkauf nicht anwesend sein müssen. Man unterscheidet Wertpapier- (Effekten-), Devisen- und Warenbörsen. Ein Börsen- oder Marktpreis ist gegeben, wenn für Sachen der geschuldeten Art am Verkaufsort aus einer größeren Anzahl von Verkäufen ein Durchschnittspreis ermittelt werden kann. Der erzielte Erlös muß mindestens dem Durchschnittspreis entsprechen.

Das Eintreten des Annahmeverzugs bewirkt auch, daß die Gefahr auf den Käufer übergeht. Der Verkäufer haftet nur noch für Vorsatz und grobe Fahrlässigkeit. Dies bedeutet, daß der Käufer auch dann den vollen Kaufpreis bezahlen muß, wenn er aufgrund eines Zufalls (nicht vom Lieferer zu vertreten) oder aufgrund leicht fahrlässigen Handelns des Lieferers die Ware nicht oder beschädigt erhält. Hätte er sich nicht in Annahmeverzug gebracht, so hätten der Zufall bzw. die Fahrlässigkeit des Lieferers ja nicht wirksam werden können (BGB § 300).

Von einer verzinslichen Geldschuld muß der Schuldner während des Annahmeverzugs keine Zinsen zahlen (BGB § 301).

Kontrolle des Lernerfolgs

1. Betrachten Sie das Schreiben der Gebr. Reinhards OHG auf Seite 113.
   a) Erläutern Sie den inhaltlichen Aufbau des Briefes.
   b) Sind die Voraussetzungen für einen Annahmeverzug gegeben?
   c) Verhält sich der Lieferer korrekt gegenüber dem Käufer?
   d) Erläutern Sie, wie der angeführte Selbsthilfeverkauf abgewickelt würde.
   e) Verfassen Sie ein Antwortschreiben des Käufers.
   f) Könnte der Verkäufer vom Käufer auch dann den vollen Kaufpreis verlangen, wenn die Ware während der Einlagerung beim Spediteur beschädigt würde?
   g) Welche anderen als die im Brief beschriebenen Maßnahmen könnte der Verkäufer auch ergreifen? Vergleichen Sie das Für und Wider der unterschiedlichen Vorgehensweisen.

2. Die Firma Weber & Co. lieferte im Jahr aufgrund eines Kaufvertrages (Abmachung über den Lieferzeitpunkt: „Lieferung am 16. 06. 1989 per Lkw frei Haus") mit eigenem Lastzug 500 Sack Erbsen von Dortmund an die Konservenfabrik Gustav Reimer OHG in Berlin. An der Grenze bei Helmstedt wird der Lastzug, was nicht vorherzusehen war, acht Stunden festgehalten. Er kommt deshalb nicht schon am 16. 06. 1989 gegen Abend, sondern erst am Morgen des folgenden Tages beim Kunden an. Dort wird den Fahrern ohne Angabe von Gründen die Annahme verweigert. Nach einem Anruf bei ihrer Firma lagern sie die Waren in einem Lagerhaus ein und nehmen Rückfracht mit. Im anschließenden Schriftwechsel stellt sich heraus, daß der Kunde die Lieferung mit der Begründung ablehnt, es handele sich um einen Fixkauf und der Lieferer habe sich im Liefererverzug befunden. (Was er nicht mitteilt, ist, daß er inzwischen eine preisgünstigere Einkaufsmöglichkeit herausgefunden hat.) Die Gustav Reimer OHG verweigert auch die Zahlung, die laut Abmachung „netto Kasse ohne Abzug" erfolgen müßte. Weber & Co. behaupten dagegen, der Kunde befinde sich im Annahme- und Zahlungsverzug.
   a) Beurteilen Sie den Fall unter Darlegung der notwendigen Begründungen.
   b) Fertigen Sie den angedeuteten Schriftwechsel an.

2.12.4 Zahlungsverzug (Leistungsverzug des Geldschuldners)

KONTOAUSZUG/MAHNUNG

Folgende Posten sind zur Zahlung fällig: (bei Zahlung bitte Auftrags- und Rechnungs-Nr. angeben!)

	Nr.	vom	Soll in DM	Haben in DM	Fällig am
RECHNUNG	2679	31.05...	3 141,56		12.06. ..
ZAHLUNG	63700	27.06...		2 300,00	
			---------	-------	
FAELLIGE FORDERUNG			841,56		
BITTE ZAHLEN SIE DEN BETRAG INNERHALB VON 5 TAGEN					

Zahlt er Käufer nicht vertragsgemäß, so gerät er in Zahlungsverzug.

Zahlungsverzug

Voraussetzungen

1. Fälligkeit
Die Zahlung muß fällig sein (BGB § 284).
Bei Geldschulden ist Verschulden nicht Voraussetzung[1]).

2. Mahnung
Der Schuldner muß gemahnt werden. Der Verzug beginnt mit dem Tag der Zustellung der Mahnung (BGB § 284).

Keine Mahnung, wenn
- der Zahlungstermin kalendermäßig bestimmt ist.
  (Zum Beispiel „Zahlung am 30. 09. 19. .“,
  „Zahlung am 15. des der Lieferung folgenden Monats“,
  „Zahlung Gründonnerstag 19. .“ (BGB § 284).
- der Schuldner erklärt, daß er nicht zahlen werde (BGB § 242).

Der Verzug beginnt in diesen Fällen mit dem Tag der Fälligkeit.

[1]) Daß der Schuldner für seine finanzielle Leistungsfähigkeit einzustehen hat, ist ein allgemein anerkannter Rechtsgrundsatz. Vgl. Palandt, Bürgerliches Gesetzbuch, München 1985. Kommentar zu § 279.

- Zahlung und ggf. Schadensersatz (BGB § 286).
  Als Schadensersatz kommen in der Regel entstandene Kosten (Mahnkosten, höhere Darlehenszinsen, Verzugszinsen) in Frage. Die Höhe der Verzugszinsen kann vereinbart werden.
  Sie beträgt ohne Vereinbarung
  - beim zweiseitigen Handelskauf 5% (HGB § 352) vom Tage der Fälligkeit an.
  - beim einseitigen Handelskauf und beim bürgerlichen Kauf 4% (BGB § 288) vom Tage des Verzugs an.
- nach Ablauf einer angemessenen Nachfrist Rücktritt vom Vertrag (BGB § 326).
- oder Schadensersatz wegen Nichterfüllung des Vertrags (BGB § 326).

Außergerichtliches („kaufmännisches") Mahnverfahren

Mit Hilfe der EDV kann täglich eine Liste der fälligen Rechnungen ausgedruckt werden. Die Zahlungseingänge müssen überwacht werden, damit der Betrieb
- selbst zahlungsbereit bleibt,
- nicht selbst zu Bankkrediten greifen muß,
- nicht durch Konkurs oder Verjährung Geld verliert.

Mahnungen müssen vorsichtig und individuell erfolgen. Man will sein Geld erhalten, aber auch den Kunden behalten.
Das kaufmännische Mahnverfahren kennt deshalb eine Abstufung von sehr höflichen Erinnerungen an eine fällige Zahlung bis hin zur Androhung einer Klage. In jedem Falle wird zu berücksichtigen sein, ob es sich um einen guten und langjährigen Kunden handelt, der bislang immer ordentlich bezahlte, oder ob es sich um ein ständiges „Sorgenkind" handelt, dem man eigentlich nur noch gegen Barzahlung hätte verkaufen dürfen.

Üblich ist beim Mahnverfahren folgendes Vorgehen:

• Erste Mahnung (evtl. „Erinnerung")	(bewirkt den Zahlungsverzug)
• Zweite Mahnung	(Zahlungsfrist angeben!)
• Dritte Mahnung	(Als Einschreiben versenden!)
• Einzug der Forderung	(durch ein Inkassoinstitut oder Postnachnahme)

Spätestens in der **dritten Mahnung** droht man den Einzug der Forderung durch Postnachnahme oder durch ein Inkassoinstitut an. Gewerbliche Auskunfteien („Creditreform", „Schimmelpfeng", „Bürgel" usw.) unterhalten z. B. solche Inkassoinstitute. Sie sind gefürchtet, weil durch sie die schlechte Zahlungsmoral des Schuldners bekannt werden könnte, wenn sie auch die Zahlung nicht erzwingen können.

Beispiele (für Mahnbriefe):

23.09.19..

Erinnerung

Sehr geehrter Herr Diekers,

über Ihren Auftrag haben wir uns seinerzeit sehr gefreut. Sicherlich waren Sie auch dieses Mal mit unserer Lieferung zufrieden.

Dürfen wir Sie daran erinnern, nunmehr die fällige

Rechnung Nr. 5756 vom 13.08.19..   2 390,00 DM

zu begleichen?

Wir danken Ihnen schon heute.

Mit freundlicher Empfehlung

Gebr. Beckers KG

i. V.   i. A.

Becker   Wilden

(Becker)   (Wilden)

13.12.19..

Dritte und letzte Mahnung

Trotz eines Erinnerungsschreibens und zweier Mahnungen haben Sie bis heute unsere

Rechnung Nr. 5756 vom 13.08.19..

nicht beglichen

Wir können nicht weiterhin auf Ihre Zahlung warten.

Sollten Sie bis zum 21.12.19.. nicht den Rechnungsbetrag

in Höhe von .... 2 390,00 DM
und die Mahngebühr .... 20,00 DM

gezahlt haben, werden wir einen Mahnbescheid beantragen oder aber Klage einreichen.

Die fälligen Verzugszinsen von 8 % geben wir Ihnen noch bekannt.

Dausenauer Glas AG

ppa.   i. V.

Petersen   Becker

(Petersen)   (Becker)

Gerichtliches Mahnverfahren

Zahlt der Käufer trotz Mahnungen nicht, so kann der Gläubiger ihn vor Gericht auf Zahlung verklagen. Für einen solchen Zivilprozeß ist bei Klagen bis 5000,— DM das Amtsgericht, darüber hinaus das Landgericht an dem Gerichtsstand zuständig, der für die Geldforderung gilt (Zivilprozeßordnung § 29). Um Kosten zu sparen, versucht man aber meist, seine Forderung zunächst mit Hilfe eines Mahnbescheides einzutreiben. Dieser stellt eine Mahnung durch das Amtsgericht dar (ZPO § 689). Örtlich zuständig ist das Amtsgericht am Wohn- bzw. Geschäftssitz des Antragstellers (ZPO § 689).

Der Antrag wird gerichtet an das

Amtsgericht

Plz, Ort

① 5400 Koblenz

Geschäftsnummer des Amtsgerichts
Bei Schreiben an das Gericht stets angeben

② Antragsgegner/ges. Vertreter

Walter Diekers KG
Spirituosenfabrik
Nordstr. 11

4000 Düsseldorf 30

Plz Ort

Raum für Kostenmarken/Freistempler (falls nicht ausreichend, unteres Viertel der Rückseite benutzen)

Mahnbescheid

← Datum des Mahnbescheids

③ **Antragsteller,** ges. Vertreter, Prozeßbevollmächtigte(r); Bankverbindung

Dausenauer Glas AG, Glashütte
Röderweg 3, 5409 Dausenau

Bankkonto: Deutsche Bank, Bad Ems (BLZ 570 700 01), 1500478390

④ **macht gegen –Sie–** ☐ als Gesamtschuldner

⑤ **folgenden Anspruch geltend** (genaue Bezeichnung, insbes. mit Zeitangabe): Geschäftszeichen des Antragstellers:

Warenlieferung lt. Rechnung 5756 vom 13.08.19..

⑥ Hauptforderung DM 2 390,00 — Zinsen: 8 % für die Zeit ab 15.09.19..

⑦ Vorgerichtliche Kosten DM 20,00

⑧ Kosten dieses Verfahrens (Summe 1 bis 5) DM 44,50

1 Gerichtskosten	2 Auslagen d. Antragst.	3 Gebühr d. Prozeßbev.	4 Auslagen d. Prozeßbev.	5 MWSt. d. Prozeßbev.
41,00 DM	3,50 DM	DM	DM	DM

⑨ **Gesamtbetrag** DM 2 454,50 **zuzügl. der Zinsen**

Der Anspruch ist nach Erklärung des Antragstellers von einer Gegenleistung ☒ nicht abhängig. ☐ abhängig; diese ist aber bereits erbracht.

Das Gericht hat nicht geprüft, ob dem Antragsteller der Anspruch zusteht. Es fordert Sie hiermit auf, innerhalb von zwei Wochen seit der Zustellung dieses Bescheids entweder die vorstehend bezeichneten Beträge, soweit Sie den geltend gemachten Anspruch als begründet ansehen, zu begleichen oder dem (oben bezeichneten) **Gericht auf einem Vordruck der beigefügten Art** (s. Hinweis dazu auf der Rückseite) **mitzuteilen, ob und in welchem Umfang Sie dem Anspruch widersprechen.**

Werden die geforderten Beträge nicht beglichen und wird auch nicht Widerspruch erhoben, kann der Antragsteller nach Ablauf der Frist einen Vollstreckungsbescheid erwirken, aus dem er die Zwangsvollstreckung betreiben kann. Ein streitiges Verfahren in Ihrem allgemeinen Gerichtsstand wäre nach Angabe des Antragstellers durchzuführen vor dem

⑩ ☒ Amtsgericht ☐ Landgericht ☐ Landgericht -Kammer für Handelssachen- in Plz, Ort 5400 Koblenz

An dieses Gericht, dem eine Prüfung seiner Zuständigkeit vorbehalten bleibt, wird die Sache im Falle Ihres Widerspruchs abgegeben.

Nauschel
Rechtspfleger

Antrag

Ort, Datum: Dausenau, 28.12.19..

⑪ Anschrift des Antragstellers/Vertreters/Prozeßbevollmächtigten

Dausenauer Glas AG
Glashütte
Röderweg 3

5409 Dausenau

Eingangsstempel des Gerichts

Es wird beantragt, aufgrund der vorstehenden Angaben einen Mahnbescheid zu erlassen.

⑫ ☒ Im Falle des Widerspruchs wird die Durchführung des streitigen Verfahrens vor dem vorstehend bezeichneten Gericht beantragt.

⑬ ☐ Ordnungsgemäße Bevollmächtigung wird versichert.

⑭ ☐ Hier die Zahl der ausgefüllten Vordrucke angeben, falls sich der Antrag gegen mehrere Antragsgegner richtet.

Dausenauer Glas
Aktiengesellschaft
ppa. Petersen ppa. Diehl

Unterschrift des Antragstellers/Vertreters/Prozeßbevollmächtigten

Blatt 1: Antrag und Urschrift

Ablauf des gerichtlichen Mahnverfahrens (ZPO §§ 688 ff.)

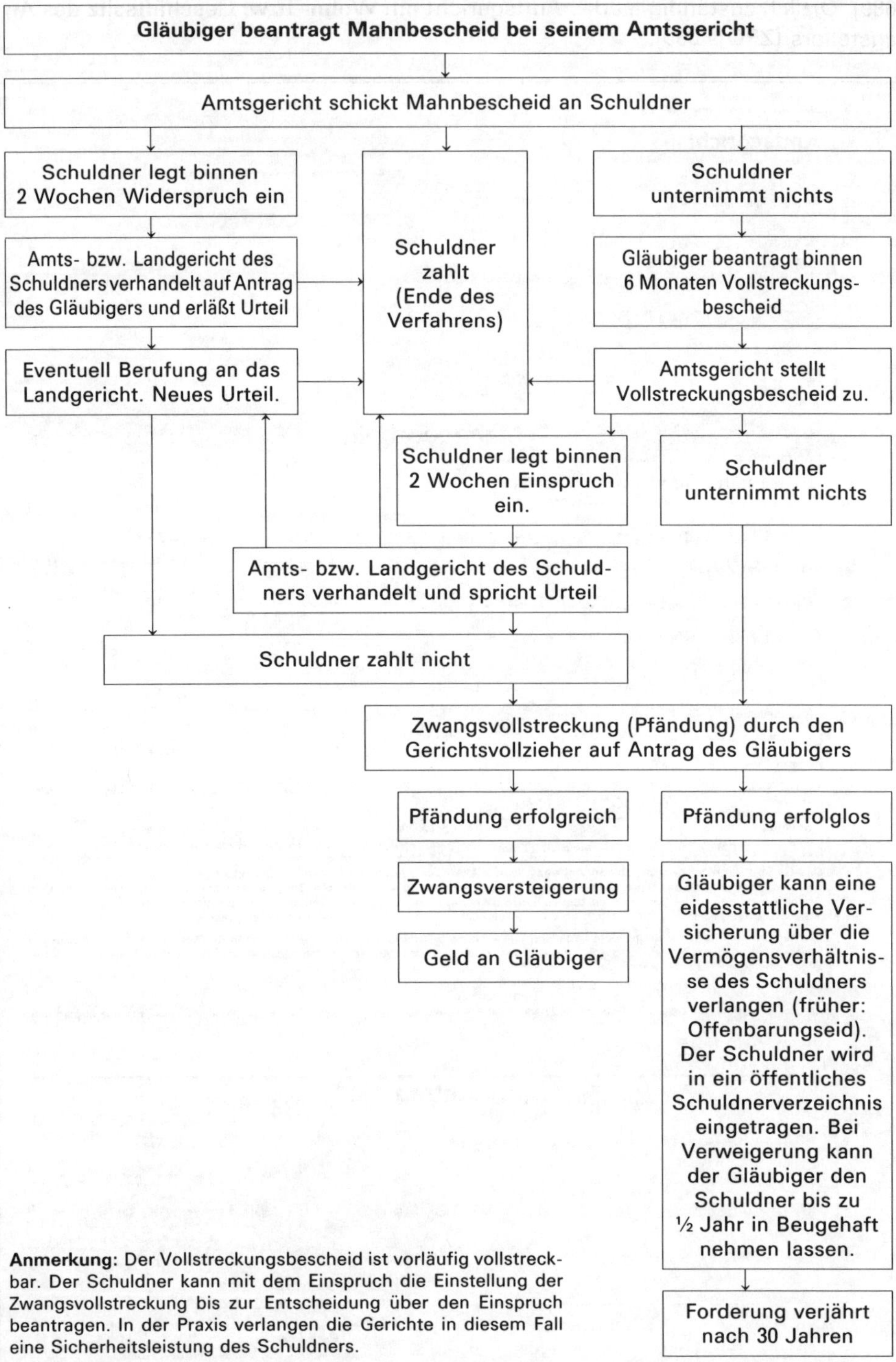

Anmerkung: Der Vollstreckungsbescheid ist vorläufig vollstreckbar. Der Schuldner kann mit dem Einspruch die Einstellung der Zwangsvollstreckung bis zur Entscheidung über den Einspruch beantragen. In der Praxis verlangen die Gerichte in diesem Fall eine Sicherheitsleistung des Schuldners.

Der Gerichtsvollzieher nimmt bei der **Zwangsvollstreckung** (ZPO §§ 704 ff., 803 ff.) Geld, Schmuck und Kostbarkeiten als Faustpfand in Besitz. Andere Gegenstände beschlagnahmt er durch Aufkleben von Pfandsiegelmarken. (Persönliche und dem Haushalt und der Erwerbstätigkeit dienende Gegenstände sind nicht pfändbar, z. B. Kleidung, Betten, Küchengeräte, Handwerkszeug.) Die gepfändeten Gegenstände werden versteigert.

Auch Forderungen (z. B. Lohn-, Gehalts-, Mietforderungen) werden gepfändet. Sie dürfen dann nicht an den Schuldner ausgezahlt werden, sondern sind dem Gläubiger zu überweisen. Auch hier sind bestimmte Beträge unpfändbar.

Bei Grundstücken erfolgt die Zwangsvollstreckung durch Zwangsversteigerung, Zwangsverwaltung oder Eintragung einer Sicherungshypothek.

Kontrolle des Lernerfolgs

1. Die Spirituosenfabrik Walter Diekers KG, Nordstr. 11, 4000 Düsseldorf 30, benötigt neue Etiketten für den von ihr produzierten Doppelkorn.
Schreiben Sie eine Rechnung an die Spirituosenfabrik.
Die Spirituosenfabrik hat die Rechnung noch nicht bezahlt, obschon das vereinbarte Zahlungsziel bereits überschritten ist.
   a) Ist die Spirituosenfabrik bereits in Zahlungsverzug? Begründen Sie Ihre Antwort.
   b) Fertigen Sie eine unterschriftsreife Mahnung an.
   c) Die Spirituosenfabrik hat trotz zweier Mahnungen immer noch nicht bezahlt. Fertigen Sie eine unterschriftsreife „letzte Mahnung" an.
   d) Besorgen Sie sich ein Formular einer „Postkarte mit Nachnahme", und ziehen Sie damit die obige Forderung ein.

2. Erläutern Sie den auf Seite 117 abgebildeten Mahnbescheid.
   a) Auf wessen Antrag ergeht der Mahnbescheid?
   b) Gegen wen ist der Mahnbescheid gerichtet?
   c) Welche Forderungen werden geltend gemacht?
   d) Welches Gericht ist für den Mahnbescheid zuständig?
   e) Auf welche Arten kann der Schuldner auf den Mahnbescheid reagieren? Erläutern Sie, wie das Verfahren dann jeweils fortgesetzt werden kann.
   f) Welches Gericht wäre bei einem Widerspruch auf den Mahnbescheid (bzw. bei einem Einspruch auf den Vollstreckungsbescheid) zuständig?
   g) Welche Möglichkeit verbleibt dem Gläubiger noch im Fall einer erfolglosen Pfändung des Schuldners?

3. Betrachten Sie noch einmal die Bestellung der Elegius GmbH auf Seite 106. Elegius hat bis zum 15. 10. noch nicht bezahlt. Er zahlt auch trotz mehrerer Mahnungen nicht. Besorgen Sie sich das Formular eines Mahnbescheides, und füllen Sie diesen aus.

2.13 Verjährung von Forderungen

Die Dausenauer Glas AG organisierte vor 4 Jahren ihre EDV-Buchhaltung neu. Durch Fehler, die nicht mehr zu klären sind, wurden Forderungen gegenüber Kunden nicht eingegeben. Durch einen Zufall wurde dies jetzt festgestellt; es handelt sich um insgesamt 27000,— DM.
Die Geschäftsleitung gibt die Anweisung, bis spätestens zum Jahresende Mahnbescheide zu beantragen.

Wer Forderungen hat, muß sich darum kümmern! Die Gerichte gewähren ihre Hilfe nur eine bestimmte Zeit. Danach verjährt die Forderung. Das bedeutet:
Die jeweilige Forderung besteht grundsätzlich weiter, jedoch hat der Schuldner ein Leistungsverweigerungsrecht, **die Einrede der Verjährung** (BGB § 194). Dem Gläubiger ist es nach Ablauf der Verjährungsfrist nicht möglich, den Schuldner gerichtlich zur Leistung zu zwingen. Trotz Verjährung erbrachte Leistungen kann der Schuldner natürlich nicht zurückfordern.
Besitzt der Gläubiger ein Pfand, so kann er dieses auch nach der Verjährung noch durch Versteigerung verwerten.

Die **Vorteile der Verjährung** sind:
- Quittungen müssen nur begrenzte Zeit aufbewahrt werden.
- Der Gläubiger wird zur Ordnung und Überwachung der Forderungen gezwungen.
- Die Rechtssicherheit wird erhöht.

Nicht nur Geldforderungen, sondern auch Ansprüche aus Verträgen verjähren. Das gilt z. B. sowohl für das Recht auf Lieferung bzw. auf Zahlung als auch für Rechte aus Mängelrügen.

Verjährungsfristen
Regelmäßige Verjährungsfrist: 30 Jahre (BGB § 195) Sie ist gültig für alle Forderungen, für die keine verkürzten Fristen festgelegt sind; außerdem für: - Darlehensforderungen - alle rechtskräftig festgestellten (d. h. gerichtlich bestätigten) Forderungen (aus Urteilen, Vollstreckungsbescheiden, Prozeßvergleichen, Konkursen usw.) Sie beginnt bei Entstehung des Anspruchs bzw. Fälligkeit der Forderung.
Verkürzte Verjährungsfrist: 4 Jahre (BGB § 196, § 197) Sie ist gültig für Forderungen von Kaufleuten, Handwerkern, Landwirten untereinander; Forderungen auf Zinsen, Miete, Pacht und regelmäßig wiederkehrende Leistungen (Renten usw.) Sie beginnt am 31. Dezember des Jahres, in dem der Anspruch entstanden ist. **Verkürzte Verjährungsfrist: 2 Jahre** (BGB § 196) Sie ist gültig für Forderungen von Kaufleuten, Handwerkern und Landwirten gegenüber anderen; Lohn- und Gehaltsforderungen, Forderungen der Transportunternehmer, der Gastwirte und der freien Berufe (Ärzte, Rechtsanwälte, Architekten usw.). Sie beginnt am 31. Dezember des Jahres, in dem der Anspruch entstanden ist.

Daneben gibt es weitere spezielle Verjährungsfristen, z. B. für:

- Gewährleistungsansprüche[1]),
- Wechselschulden[2]),
- Steuerschulden (5 Jahre), Steuerbetrug (10 Jahre),
- Unerlaubte Handlungen (3 Jahre ab Kenntnis von Schaden und Schädiger).

Verjährungsfristen können auch vertraglich vereinbart werden.
Die Verjährung kann durch Unterbrechung und Hemmung hinausgeschoben werden.

Unterbrechung und Hemmung der Verjährung

Unterbrechung (BGB §§ 208ff.)	Hemmung (BGB §§ 202ff.)
Die Verjährung kann unterbrochen werden durch - Zustellung eines Mahnbescheids, - Klage und Vollstreckungsbefehl, - Teilzahlung, Zinszahlung, Schuldneranerkenntnis oder Gesuch auf Stundung des Schuldners, - Anmeldung im Konkurs. Wird die Verjährung unterbrochen, so beginnt sie vom Tag der Unterbrechung an erneut zu laufen. Die Zeit vor der Unterbrechung wird nicht mitgezählt.	Die Verjährung wird gehemmt, solange - der Gläubiger die Forderung stundet, - der Schuldner berechtigt ist, die Leistung zu verweigern (z. B. Durchführung eines Konkurs- oder gerichtlichen Vergleichsverfahrens, Gegenanspruch, Mängelrüge), - die Rechtspflege stillsteht (z. B. durch Krieg, Katastrophen). Wird die Verjährung gehemmt, so läuft sie nachher weiter. Die Zeit vor der Hemmung wird also mitgerechnet.

Unterbrechung und Hemmung der Verjährung

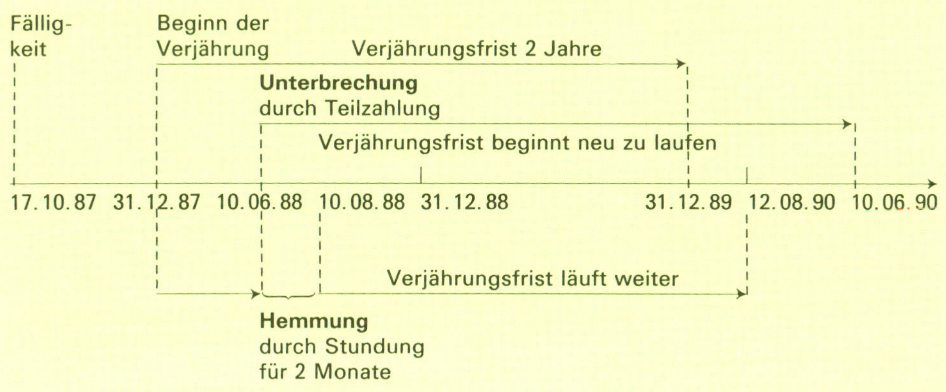

---

1) vgl. S. 109
2) vgl. S. 179

Kontrolle des Lernerfolgs

1. Wann verjähren folgende Forderungen?
   a) Verkauf eines Fahrrads durch Kaufmann Klein an eine Hausfrau am 15. 05. 1987
   b) Verkauf von 1000 Eiern durch Landwirt Rühl an ein Kaufhaus am 31. 03. 1987
   c) Mietpreis für ein Motorboot, fällig am 31. 08. 1987, vermietet von Herrn Müller an Familie Schwarz
   d) Herr Weiß verkauft sein Auto an Herrn Braun; Kaufpreis fällig am 01. 06. 1987
   e) Ihnen steht aus einem rechtskräftigen Urteil vom 01. 09. 1987 eine Schadensersatzleistung von 3000,— DM zu.
   f) Verkauf von Küchenmaschinen durch Großhändler Grau an Einzelhändler Esser für 2500,— DM; Preis fällig am 15. 08. 1987
   g) Herr Maler kauft am 10. 07. 1987 bei einem Bekannten ein gebrauchtes Fahrrad.
   h) Der Arzt schickt Ihnen am 02. 07. 1987 eine Rechnung von 100,— DM.
   i) Der Installateur repariert am 18. 05. 1987 in Ihrer Wohnung einen Wasserhahn.

2. Die Walter Diekers KG bestellte am 30. 06. 19.. Flaschen bei der Dausenauer Glas AG. Lieferung wurde zugesagt 14 Tage nach Datum der Bestellung. Zahlung sollte binnen 30 Tagen nach Rechnungsdatum erfolgen. Die Rechnung wurde am 15. 07. ausgestellt.
   a) Wann würde der Anspruch auf Lieferung verjähren?
   b) Wann würde der Anspruch auf Zahlung verjähren?
   c) Wann würde der Anspruch auf Gewährleistung verjähren?
   d) Was könnten die jeweiligen Gläubiger unternehmen, um die Verjährungsfristen nicht verstreichen zu lassen? Wann würden die Verjährungsfristen nunmehr aufgrund solcher Maßnahmen ablaufen?

3 Lagerung im Industriebetrieb

3.1 Aufgaben der Lagerung und Lagerarten

Die Hochalp Käsefabriken im Allgäu sind eine Unternehmung, die sich vor allem auf die Produktion von Schmelzkäse spezialisiert hat. Über fünf Entladerampen werden täglich Rohkäsepartien und Verpackungsmaterial angeliefert. Beides wird an vorbestimmten Lagerplätzen eingelagert. Jede Käselieferung z. B. wird vollautomatisch gewogen und gelangt – elektronisch gesteuert – zu der Lagerstraße, in der sie eingelagert werden soll.
3000 Tonnen Naturkäse faßt das Käselager. Der Rohkäse muß im Lager bis zu vier Monaten reifen. Die Hauptsorten sind Emmentaler, Chester, Gouda und Tilsiter. 480-kW-Kältemaschinen sorgen für die Einhaltung der richtigen Temperatur. Der Käseprüfer entnimmt regelmäßig Proben für das Laboratorium, das Qualität und biologische Fakten der Rohware ständig kontrolliert.
Der Käseverbrauch ist im Sommer am größten. Deshalb ist das Lager zu dieser Zeit etwas lückenhaft. Besonders vor dieser Hauptverbrauchszeit ist es wichtig, sich mit ausreichenden Vorräten einzudecken. Einen gewissen Einfluß auf die Lagermenge hat auch der Preis des Rohkäses, der weitgehend durch die Käsebörse in Neuwaden bestimmt wird.
Der Rohkäse wird in einem Arbeitsgang gemahlen, gemischt, geschmolzen und portioniert. Es gibt deshalb keine Zwischenlagerung von unfertigen Produkten, wie es bei anderen Industriebetrieben (z. B. in der Metallverarbeitung) der Fall ist.
Nach der Verarbeitung, Abfüllung, Abpackung und Verpackung werden die versandfertigen Kolli zu Palettenladungen zusammengestellt; ein elektronisch gesteuertes Lagersystem bestimmt den genauen Lagerplatz jeder Palette in einer der neun Etagen eines Hochlagers. Auf dem Rückweg bringt der Stapelkran die Paletten mit, die an der Laderampe benötigt werden.

Unter einem *Lager* versteht man einmal eine Menge gelagerter Güter, zum andern den Ort oder Raum, an dem die Lagerung stattfindet.

Entsprechend den betrieblichen Grundfunktionen unterscheidet man im Industriebetrieb Läger im Bereich der Beschaffung, der Produktion, des Absatzes und der Verwaltung:

Läger

im Bereich von

Beschaffung

Läger für Roh-, Hilfs- und Betriebsstoffe:
- Eingangslager
- Hauptlager
- selbständige Nebenläger

Produktion

Läger für Materialbedarf:
- Bereitstellungslager
- Handlager
- Zwischenlager

Läger für Investitionsbedarf:
- Werkzeuglager
- Vorrichtungslager
- Maschinenersatzteillager

Absatz

Läger für:
- Fertigerzeugnisse
- Ersatzteile
- Handelswaren

Verwaltung

Läger für Büromaterialien

<table>
<tr><th colspan="3">Läger</th></tr>
<tr><td colspan="3">Beschaffungsläger (Material-, Teileläger)</td></tr>
<tr><td>Eingangslager
vorübergehende Lagerung des Wareneingangs bis zur durchgeführten Wareneingangskontrolle</td><td>Hauptlager
zentrale oder dezentrale Lagerung der Roh-, Hilfs- und Betriebsstoffe</td><td>Nebenlager
Lager für Güter, die nur ein betrieblicher Bereich benötigt, bzw. Lager zum Auffüllen von Handlagern</td></tr>
<tr><td colspan="3">Produktionsläger</td></tr>
<tr><td colspan="3">Läger für Materialbedarf</td></tr>
<tr><td>Bereitstellungslager
Lager, das die erforderlichen Materialien für die Produktion bereitstellt bzw. vorbereitet</td><td>Handlager
Lager von häufig benötigten Materialien direkt am Arbeitsplatz. Dadurch geht nicht so viel Zeit für das häufige Abholen des Materials verloren.</td><td>Zwischenlager
Lager zur Aufnahme von halbfertigen Erzeugnissen bis zu deren Weiterverarbeitung</td></tr>
<tr><td colspan="3">Läger für Investitionsbedarf</td></tr>
<tr><td>Werkzeuglager
Lager für Werkzeuge (zur Ausgabe an die Arbeiter)</td><td>Vorrichtungslager
Lager für Vorrichtungen und Werkzeuge, die sehr kostspielig sind und einer aufmerksamen Pflege bedürfen. Die Ausgabe erfolgt nur gegen besondere Entnahmescheine.</td><td>Maschinenersatzteillager
Lager für Ersatzteile von eigenen Produktionsmaschinen, um bei Ausfall schnell Reparaturen durchführen zu können</td></tr>
<tr><td colspan="3">Absatzläger (Artikelläger)</td></tr>
<tr><td>Fertigerzeugnislager
Lager der fertigen Erzeugnisse bis zum Verkauf</td><td>Ersatzteillager
Lagerung von Ersatzteilen für die eigenen Erzeugnisse (für den Verkauf und den Service)</td><td>Handelswarenlager
Lagerung von Handelswaren, die unverändert weiterverkauft werden und in der Regel eine Ergänzung der eigenen Erzeugnisse darstellen</td></tr>
<tr><td colspan="3">Verwaltungslager</td></tr>
<tr><td colspan="3">Büromateriallager
Lager für Büromaterial, Vordrucke, Schreibmaterial etc.</td></tr>
</table>

Die Läger im Industriebetrieb haben verschiedene Aufgaben.

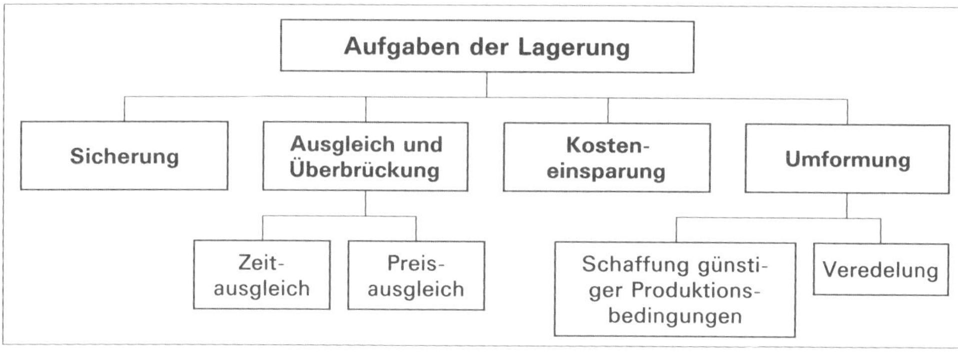

Sicherungsaufgabe

Läger sind dort notwendig, wo der Versorgungsfluß nicht voll gesichert ist:

- im Beschaffungsbereich:
  Außenpolitische Änderungen (z. B. Ausfuhrstopps) oder Witterungseinflüsse (z. B. verspätete Ernten), Liefererausfälle und Transportschwierigkeiten können die rechtzeitige Versorgung gefährden. Die Industriebetriebe halten deshalb vielfach einen „eisernen Bestand" an Werkstoffen, der nicht angegriffen werden und die Produktionsbereitschaft garantieren soll.
- im Produktionsbereich:
  Oft werden Zwischenläger zwischen den einzelnen Produktionsstufen eingerichtet, damit bei Störungen in einzelnen Betriebsteilen nicht der gesamte Produktionsfluß stockt. Auch Vorrichtungs- und Maschinenersatzteilläger sollen die Produktionsbereitschaft garantieren.
- im Absatzbereich:
  Ein gewisser Lagerbestand an Fertigprodukten, Ersatzteilen und Handelswaren soll die Lieferbereitschaft auch bei einem plötzlichen Nachfrageanstieg garantieren.

Ausgleichs- und Überbrückungsaufgabe

Zeitausgleich bedeutet die Überbrückung der bis zum Bedarfszeitpunkt notwendigen Bereitstellungsfrist:

- im Beschaffungs- und Produktionsbereich:
  Bestellte Werkstoffe treffen erst nach Ablauf einer bestimmten Lieferfrist ein. Lagervorräte überbrücken diese Frist. Saisonartikel (z. B. Zuckerrüben, Getreide) fallen zu bestimmten Zeitpunkten in Massen an und können erst allmählich verarbeitet werden. Das Lager dient als Puffer.
- im Absatzbereich:
  Der Betrieb soll möglichst gleichmäßig produzieren, um die Kapazität auszulasten. Die Kundennachfrage entwickelt sich dagegen oft ungleichmäßig. Das Lager an Fertigerzeugnissen gleicht die Schwankungen aus.

Preisausgleich bedeutet die Überbrückung von Preisschwankungen:

- im Beschaffungsbereich:
  Rechnet der Betrieb mit einem Preisanstieg, so wird er versuchen, einen größeren Lagervorrat anzulegen. So kann er noch eine Zeitlang zum günstigeren Einkaufspreis produzieren. Besonders bei Saisonartikeln, bei denen sich im Zeitablauf mit der Angebotsmenge auch die Preise stark verändern, kann so ein Preisausgleich erzielt werden.
- im Absatzbereich:
  Lagerbestände gestatten es, auch bei Preiserhöhungen von Konkurrenten die Produkte zu einem unveränderten Preis anzubieten und Kunden zu binden.

Aufgabe der Kosteneinsparung

Vorratshaltung bedeutet Einsparung von Zeit, Weg und Arbeit durch das Zusammenfassen vieler kleiner Bestellungen zu einer Großbestellung. Bestell-, Verpackungs- und Transportkosten können gespart, Mengenrabatte ausgenutzt werden. So lassen sich die Beschaffungskosten senken.

Umformungsaufgabe

Mit der Lagerung ist manchmal ein gewisser Umformungsprozeß verbunden (Trocknung, Kühlung, Härtung usw.), der erst eine anschließende Verarbeitung ermöglicht.

In einigen Branchen tritt noch die Möglichkeit der Veredelung durch die Lagerung selbst hinzu (z. B. Reifelagerung bei Käse oder Whisky, Aushärtung von Autoreifen durch Lagerung).

Lagervorräte entstehen im Industriebetrieb allerdings auch unfreiwillig. Dann verursachen sie hohe Kosten. Durch eine gute betriebliche Planung versucht man, sie zu vermeiden.

Unfreiwillige Werkstoffläger entstehen, wenn der Fertigungsprozeß nicht wie geplant einsetzt.

Unfreiwillige Zwischenproduktläger entstehen, wenn eine Produktionsanlage schneller arbeitet als die folgende oder wenn eine folgende Produktionsstufe von mehreren Produktionsaufträgen gleichzeitig beansprucht wird (sog. „organisatorische Läger").

Unfreiwillige Fertigerzeugnisläger entstehen, wenn die Fertigerzeugnisse nicht wie geplant abgesetzt werden können.

3.2 Lagerorganisation

Die Organisation des Lagers, seine Größe und die Art der Lagerung sind von den Stoffen abhängig, die für die Produktion benötigt werden. Auch sind viele gesetzliche Vorschriften zu beachten, z. B. bei der Lagerung von Explosivstoffen, Chemikalien oder Lebensmitteln.
Zur Verkürzung der innerbetrieblichen Transportwege, die gleichbedeutend mit einer Verringerung der Transportkosten ist, sollte das Lager nahe am Verbrauchsort eingerichtet werden. Dies gilt besonders für große und schwere Teile. Andererseits sind die Verbrauchsorte häufig räumlich getrennt, so daß mehrere Läger erforderlich werden **(dezentrale Lagerung).** Dadurch steigen wiederum die Kosten, weil jeweils Mindestbestände gehalten werden müssen. Dies spricht für eine **zentrale Lagerung.**

3.2.1 Zentrale Lagerung

Die zentrale Lagerung ist übersichtlicher und verursacht weniger Raum- und Verwaltungskosten als die dezentrale Lagerung. Die Mindestlagerbestände (eiserne Bestände) sind kleiner. Die Inventur (Bestandskontrolle) ist leichter durchzuführen.
Ein zentrales Lager ist oft (nicht immer!) das Hauptlager, das alle für die normale Fertigung erforderlichen Werkstoffe aufnimmt. Dezentralisiert in den einzelnen Werkstätten befinden sich zusätzliche Nebenläger für wichtige und häufig in diesen Abteilungen benötigte Materialien. Letztlich richtet man an den einzelnen Arbeitsplätzen Handläger zur Bereithaltung von ständig benötigten Kleinmaterialien ein.
Voraussetzungen für die zentrale Lagerung sind eine klare Lagereinteilung und eine planvolle Festlegung des Lagerortes für jeden Lagergegenstand.

Beispiel: Zentrales Lager

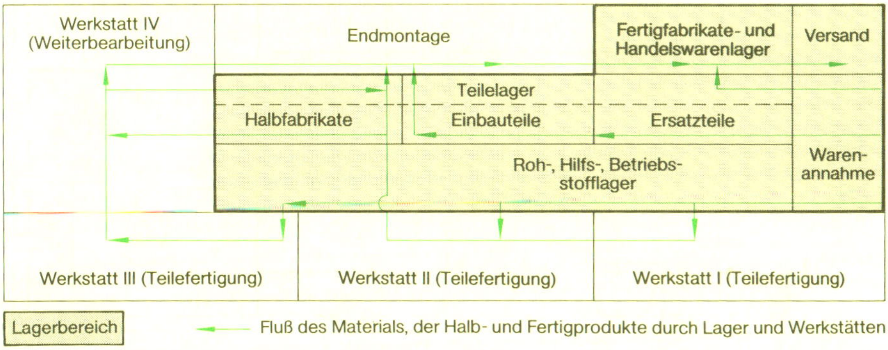

Die Abbildung zeigt eine Möglichkeit für die Anordnung eines zentralen Lagers. Die einzelnen Lagerarten sind in einem optimalen Kompromiß von Arbeitsfluß und organisatorischer Einheit räumlich zusammengefaßt:
Die Warenannahme verteilt die eingehenden Stoffe und Teile auf die Unterläger (Handelswarenlager; Roh-, Hilfs- und Betriebsstofflager; Lager für fertig bezogene Einbauteile). Roh-, Hilfs- und Betriebsstoffe gehen in die Teilefertigung. Die fertigen Teile (Halbfabrikate) und die Einbauteile werden ebenfalls in der Nähe ihrer Verbrauchsorte (Weiterverarbeitung, Montage) gelagert. Die Endmontage liefert unmittelbar an das Lager für Fertigfabrikate.

3.2.2 Dezentrale Lagerung

Eine dezentrale Lagerung kann durch die Gliederung des Betriebes in verschiedene, räumlich getrennte Werke unumgänglich sein. Sie erweist sich aber auch bei geschlossenen Betriebskomplexen aus technischen oder organisatorischen Gründen oft als notwendig oder zweckmäßig.

Die dezentrale Lagerung kann stofforientiert oder verbrauchsorientiert erfolgen.

Dezentrale Lagerung
Stofforientierung Bestimmte Lagergüter werden für den gesamten Betrieb in getrennten Lägern bereitgestellt. Dies ist in vielen Fällen schon wegen der Beschaffenheit der Lagergüter oder wegen Sicherheitsvorschriften notwendig, z. B. explosives Material, geruchsempfindliche Lebensmittel, wärmeempfindliche Stoffe.
Verbrauchsorientierung Die verschiedenen Läger sind auf bestimmte Fertigungsstufen ausgerichtet. Alle Teile, die für eine bestimmte Fertigungsstufe benötigt werden, werden in einem eigenen Lager gelagert. Oft handelt es sich auch um Bereitstellungsläger.

Beispiel: Dezentrales Lager

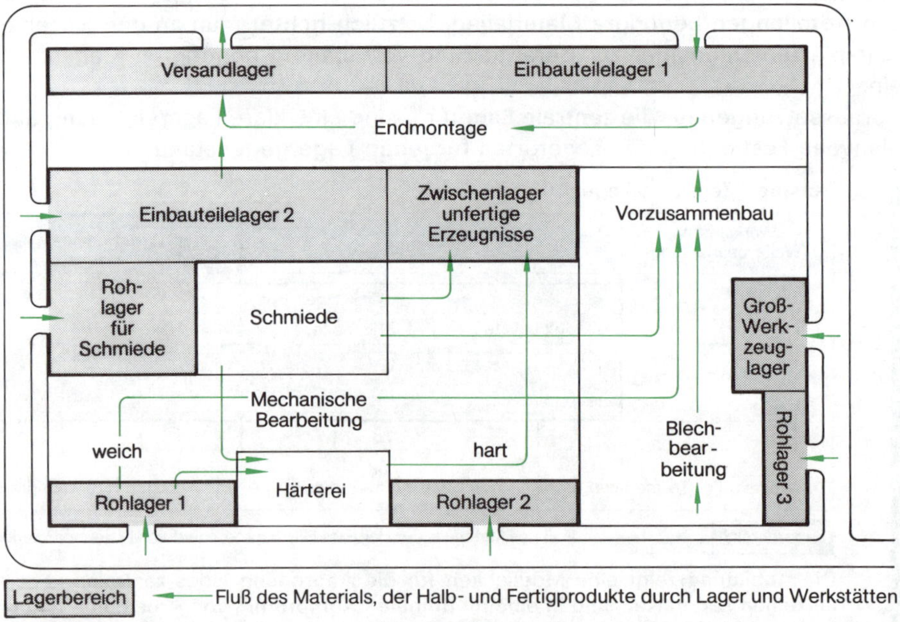

Der Betrieb ist als rechteckiger Flachbau angelegt. Um das Gebäude herum führt eine Straße, so daß bei allen Teillägern eine Anlieferung erfolgen kann. Daher können die verschiedenen Läger dezentral nach fertigungsorientierten Gesichtspunkten angelegt werden. Die Fertigung zeigt eine Gliederung in Warm- und Kaltblechbearbeitung und Montage. Zwischen der Weich- und Hartbearbeitung liegen die Schmiede und die Härterei.

3.2.3 Eigenlager und Fremdlager

Kein Industriebetrieb kommt ohne ein eigenes Lager aus. Trotzdem kann es in bestimmten Fällen zweckmäßig sein, auf fremde Läger zurückzugreifen und die Dienste eines selbständigen Lagerhalters in Anspruch zu nehmen.

HGB § 416
Lagerhalter ist, wer gewerbsmäßig die Lagerung und Aufbewahrung von Gütern übernimmt.

Die Lagerung wird von privaten Unternehmern (Lagerhausgesellschaften), städtischen oder staatlichen Stellen (öffentliche Lagerhäuser) und Spediteuren betrieben. **Lagerhäuser** spielen besonders in Häfen, an großen Umschlagplätzen und Knotenpunkten eine wichtige Rolle. Hier stapeln sich die Güter und warten auf Absatz.

Der Einlagerer erhält für die eingelagerten Güter entweder einen **Lagerempfangsschein,** der lediglich eine Quittung darstellt, oder aber einen **Lagerschein.** Dieser ist mehr als eine Quittung. Er ist ein sogenanntes Warenwertpapier[1]). Die Ware darf nur gegegen Rückgabe des Lagerscheins herausgegeben werden.

- Der **Namenslagerschein** lautet auf den Namen des Einlagerers. Dieser kann ihn durch eine Abtretungserklärung auf eine andere Person übertragen. Diese Person erwirbt dabei nur die Rechte, die der Abtretende selbst gegenüber dem Lagerhalter hat. Sie muß z. B. Gegenforderungen des Lagerhalters gegenüber dem Abtretenden auch gegen sich gelten lassen.

- Der **Orderlagerschein** lautet auf den Einlagerer oder jede weitere Person, auf die der Schein übertragen wird (HGB § 363). Die Übertragung erfolgt durch einen Übertragungsvermerk auf der Rückseite (ein Indossament). Der Erwerber erlangt damit den unbedingten Anspruch auf die Ware.
  Orderlagerscheine dürfen nur von dazu vom Staat ermächtigten Lagerhaltern ausgegeben werden (Orderlagerscheinverordnung § 1).

- Der **Inhaberlagerschein** lautet auf den Inhaber. Er kann ohne Indossament mit der gleichen Wirkung wie der Orderlagerschein von Hand zu Hand übergeben werden. Wegen der bei Verlust damit verbundenen Gefahr kommt er selten vor.

Die Allgemeinen Deutschen Spediteurbedingungen stellen für die Einlagerung bei Spediteuren den Namenslagerschein dem Orderlagerschein praktisch gleich.

---

[1]) vgl. S. 162

Der Lagerschein gestattet eine bequeme Verfügung über die Ware: Der Einlagerer kann sie mit Hilfe des Lagerscheins verkaufen. Der Lagerschein wird einfach auf den Kunden übertragen, der damit Eigentümer der Ware wird.

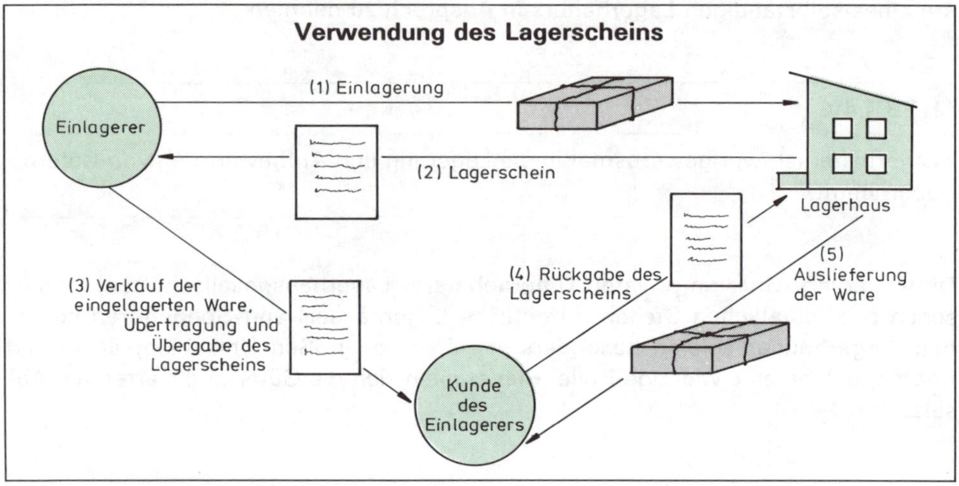

Die **Fremdlagerung wird notwendig,** wenn
- die eigene Lagerkapazität nicht ausreicht,
- die Lagergüter eine besondere Art der Lagerung verlangen, die das eigene Lager nicht ermöglicht und für die die Einrichtung zu kostspielig wäre.

Die **Fremdlagerung ist zweckmäßig,** wenn
- die Erfahrung des selbständigen Lagerhalters genutzt werden kann,
- Güter bis zur Schaffung eines eigenen Lagerraums zwischenzulagern sind,
- große Mengen unverändert weiterveräußert werden.

Vorteile der Fremdlagerung für den Einlagerer	
Kapitalersparnis Bau und Einrichtung eigener Läger fallen fort.	**Bequeme Verfügung** mit Hilfe des Lagerscheins
Ersparnis von Lagerkosten nur verhältnismäßig geringes Lagergeld zu zahlen, das oft unter 1,— DM pro 100 kg und pro Monat liegt	**Kreditbeschaffung** durch Verpfändung (Lombardierung) des Lagerscheins an eine Bank
Geringeres Lagerrisiko Der Lagerhalter muß die Ware bei Übernahme prüfen und zweckentsprechend lagern. Technische Einrichtungen wie Entlüftungs- und Kühlanlagen, Kräne, Förderbänder, Silos usw. gestatten eine optimale Lagerung. Die Ware kann jederzeit besichtigt werden. Der Lagerhalter muß bei drohender Verschlechterung sofort den Einlagerer benachrichtigen. Ist dies nicht möglich, kann er einen Notverkauf vornehmen.	

3.2.4 Allgemeine Grundsätze für die Lagereinrichtung

Eine sachgemäße Lagerung stellt ein **technisches und organisatorisches Problem** dar. Folgende wichtigen Punkte sind zu beachten:

Grundsätze für die Lagereinrichtung		
Größe des Lagerraums Sie hängt u. a. ab von dem Raumbedarf der Güter, der Lagerdauer, der Aufbewahrungsart, dem Gewicht der Gegenstände, ihrer Sperrigkeit, der Lieferdauer.	**Lagervorrichtungen** Es kommen je nach Art des Gutes in Frage: Schränke, Regale, Schubladen, Ständer, Kartons, Paletten, Kästchen, Säcke, Fässer, Tanks, Flaschen u. a. m.	**Spezialeinrichtungen** Die besondere Behandlung einer Reihe von (licht-, geruchs-, feuchtigkeits-, temperaturempfindlichen, entzündlichen, ätzenden usw.) Gütern erfordert Kühl-, Trocken-, Klimaanlagen, Ventilatoren, Dichtungen, Umwälzanlagen usw.
Beförderungsmittel Hand- und Elektrokarren, Gabelstapler, Laufkatzen, Flaschenzüge, Kräne, Aufzüge, Förderbänder, Leitern usw.	**Sicherungseinrichtungen** Sicherheitsschlösser, Gitter, Stahltüren, Alarm- und Feuerlöschanlagen (Sprinkleranlagen) usw.	**Transportwege** Kurze Transportwege vom Lager zum Verbrauchsort! Dies gilt vor allem für schwere und für häufig benötigte Güter.

3.2.5 Anordnung des Lagergutes im Lager

Lagereinteilung

Die Lagereinteilung entscheidet über den Standort des Lagergutes im Lager. Zur Bestimmung des optimalen Lagerortes müssen insbesondere berücksichtigt werden:

- Umschlagshäufigkeit[1]),
- Bestellhäufigkeit,
- Größe, Volumen,
- Gewicht,
- Wert,
- besondere Eigenschaften, z. B. Licht-, Geruchs-, Feuchtigkeitsempfindlichkeit, Gefährlichkeit und damit gegebenenfalls zusammenhängende Zusammenlagerverbote.

---

[1]) vgl. S. 141 f.

Grundsätzlich sollten die Warenflußrichtungen einheitlich sein und die Transportwege insbesondere bei schweren Gütern verkürzt werden. Werden schwere Teile (z. B. Motorblöcke) weit entfernt vom Verbrauchsort verstaut, so sind An- und Abtransport teuer. Das gleiche gilt für ständig benötigte Rohstoffe, bei denen sich die Transporte auf immer gleichen Transportwegen wiederholen.

Materialnummer

Jede Materialart besitzt ihre eigene Materialnummer. Diese stellt eine klare und genaue, systematische und bis in die Einzelheiten gehende Verschlüsselung aller Materialeigenschaften dar.

Beispiel: Materialnummer

3 1 1 2 4 3 0

3	Materialgruppe, evtl. zugleich Lager (Stahllager)
1	Materialuntergruppe (Flußstahl)
1	Materialart (Profilstangen)
2	Querschnitt (rund)
4	Oberfläche (blank gezogen)
3 0	Abmessungen (Durchmesser)

Zusätzlich können Farbmarkierungen hinzutreten, um bei gleichem äußerem Aussehen Verwechslungen zu vermeiden, z. B. bei Treibstoff- und Ölfässern, Gasflaschen usw.

Lagernummer und Lagerplan

Der Lagerplan ist ein Verzeichnis, das den Lagerort aller Materialien ausweist. Der Lagerort ist durch eine Lagernummer gekennzeichnet.

Beispiel: Lagernummer

Das oben angeführte Material mit der Nummer 3112430 befindet sich in Lager 3 (Stahllager). Die Lagernummer gibt seinen genauen Lagerort an:

3 5 7 2 1

3	Lager 3 (Stahllager)
5	Lagergasse 5
7	Lagergestell 7
2	Lagergestellstockwerk 2
1	Lagerfach 1

Die Bestimmung des Lagerortes durch Lagernummern setzt voraus, daß gleichartiges Material immer am gleichen Ort gelagert wird. Auf diese Weise werden Suchzeiten verkürzt, und die Abgabebereitschaft des Lagers wird erhöht.

3.3 Arbeiten im Lager

Erfassung der Lagerbewegungen

Lagerbewegungen sind geplant (von der Bedarfsplanung vorbestimmt) oder ungeplant. Für jede Bewegung ist ein Beleg notwendig. Für geplante Bewegungen werden die Belege im Zuge der Arbeitsvorbereitung durch die EDV erstellt.

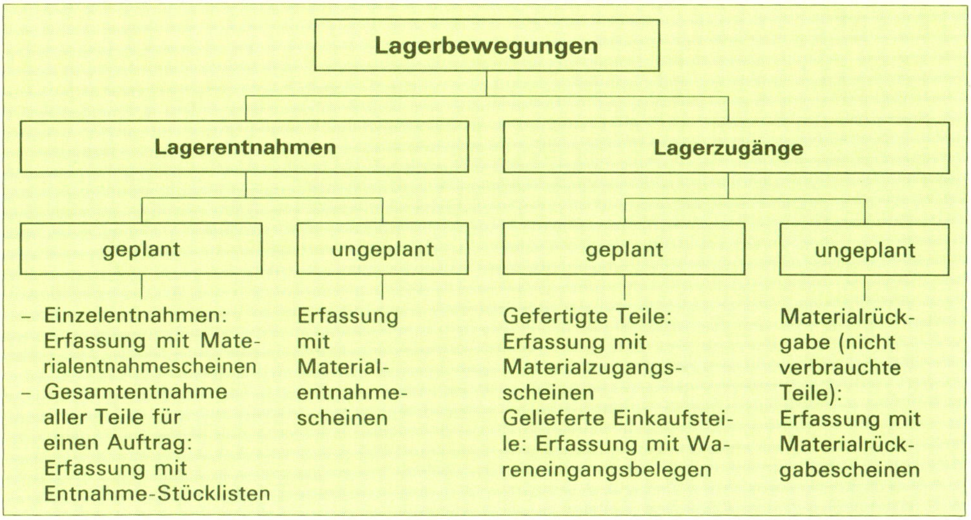

Lagerbewegungen werden auf Lagerfachkarten direkt am Lagerort festgehalten. Sie erlauben jederzeit eine Bestandskontrolle vor Ort.
Außerdem werden die Lagerbewegungen zum Zweck der **Lagerbestandsführung** in eine **Lagerbewegungsdatei** eingegeben. Sie können jederzeit abgerufen werden. Für jeden Verarbeitungslauf wird eine Lagerbewegungsliste ausgedruckt. Gleichzeitig schreibt das System den neuen Bestand in die **Materialstammdatei**.

Bestandsüberwachung

Für die Bedarfsdisposition ist die Kenntnis des **verfügbaren Lagerbestands** notwendig. Die EDV ermittelt den verfügbaren Lagerbestand nach jeder Lagerbewegung. Vom Einkauf versandte Bestellungen und von der Arbeitsvorbereitung freigegebene Fertigungsaufträge erhöhen den verfügbaren Lagerbestand zum Eingangstermin, Reservierungen vermindern ihn zum Vormerkungstermin. **Dispositionslisten** geben über die jeweilige Situation Auskunft.

Beispiel:

Dispositionsliste 27.10.19..

Bezeichnung: Kanne Mat.-Nr.: 04636 Lager-Nr.: 436543
Lagerbestand: 685 Reserviert: 0 Mindestbestand: 3000

Reservierungen Auftr.-Nr.	Menge	Termin	Verfügb. Bestand	Bestellungen Best.-Nr.	Menge	Termin	
			6385	4638	5700	20.07.	
12411	863	24.08.	5522				
12962	1477	11.09.	4045				
12411	610	21.09.	3435				
12411	479	16.10.	2956				<Min.!
			4956	4638	2000	22.10.	
12692	2000	05.11.	2956				<Min.!

Sowohl der Ist-Bestand als auch der verfügbare Bestand werden mit kritischen Lagerwerten verglichen, z. B. mit dem Mindestbestand, dem Meldebestand (bei verbrauchsgesteuerter Disposition) und dem Höchstbestand. Bei Unter- bzw. Überschreitung sind gegebenenfalls Korrekturmaßnahmen zu ergreifen.

Inventur

Die gesetzlich vorgeschriebene Jahresinventur erfolgt im Industriebetrieb in der Regel in Form der **permanenten Inventur:** Sie kann über das Jahr verteilt vorgenommen werden, wenn der Bestand jeweils am niedrigsten ist.
Man wählt über den Computer die zu erfassenden Teile aus und läßt eine **Inventurerfassungsliste** ausdrucken. Man ermittelt die Ist-Mengen durch körperliche Bestandsaufnahme und trägt sie in die Liste ein. Nach Eingabe der Daten druckt der Computer eine **Abstimmliste** mit den festgestellten Differenzen aus.

Beispiel:

Abstimmliste

Lager-Nr.	Bezeichn.	Mat.-Nr.	ME	Soll-Best.	Ist-Best.	Diff.
436534	Kanne	04636	Stck.	2956	2950	- 6
436542	Ölsieb	04630	Stck.	2040	2041	+ 1

Die Differenzen müssen mit der Lagerverwaltung abgeklärt werden. Eventuell ergeben sich noch Korrekturen. Die endgültige Differenz wird in den Computer eingegeben. Die **Inventarliste** wird über den Drucker ausgegeben.
Für betriebliche Zwecke werden die Inventurbestände mit Verrechnungspreisen bewertet. Das Handels- und Steuerrecht verlangt dagegen den Anschaffungs- bzw. Herstellungspreis und, wenn ein Wertverlust eingetreten ist, den niedrigeren Wert. Eine Wertsteigerung darf nicht berücksichtigt werden **(Niederstwertprinzip).** Gleichartige Gegenstände werden gewöhnlich nach dem Verfahren des gleitenden Durchschnitts bewertet.

Beispiel:

Datum	Einstandspreis je Stück (DM)	Zugang	Abgang	Bestand
01. 06.	3,—	1000		1000
20. 06.			500	500
03. 07.	3,45	1000		1500
15. 07.			400	1100

Gleitender Durchschnitt:

	Stück	Preis (DM)	Gesamtpreis (DM)
	1000	3,—	3000,—
–	500	3,—	1500,—
=	500	3,—	1500,—
+	1000	3,45	3450,—
=	1500	3,30	4950,—
–	400	3,30	1320,—
=	1100	3,30	3630,—

3.4 Kosten und Risiken der Lagerhaltung

Lagerung ist teuer! Die folgende Aufstellung gibt einen Eindruck von der Vielzahl der Lagerkosten.

Lagerkosten
Kosten der Lagereinrichtung und Hilfsmittel Instandhaltung, Heizung, Beleuchtung, Reinigung; Versicherung, Abschreibung bzw. Miete für Halle, Einrichtungen, Transportmittel; Verzinsung des investierten Kapitals
Kosten der Lagerverwaltung Gehälter für Lagerverwalter, Löhne für Lagerarbeiter, Organisationskosten (z. B. für Lagerbestandsführung, Entnahme- und Rückgabescheine)
Kosten der Lagervorräte Warenpflege, Versicherung, Wertverluste durch Diebstahl, Verderb, Schwund, Veralten; Güterbearbeitung (z. B. Mischen, Sägen); Verzinsung des in den Vorräten investierten Kapitals; Transportkosten

Bei einer gegebenen Lagerkapazität (Aufnahmefähigkeit des Lagers) sind die Kosten der Lagereinrichtung und Hilfsmittel sowie die Kosten der Lagerverwaltung in hohem Maße **fixe Kosten:** Sie sind in ihrer Höhe von der Menge der gelagerten Güter unabhängig. Die Kosten der Lagervorräte dagegen sind weitgehend **variable Kosten:** Sie sind in ihrer Höhe von der Menge der gelagerten Güter abhängig.
Zusätzlich zu diesen Kapitalkosten kostet die Lagerung den Betrieb auch Liquidität:
Die investierten Gelder sind bis zu ihrer Freisetzung durch Verkäufe „totes Kapital", d. h. das Geld ist dem Betrieb zunächst für andere, eventuell gewinnbringende Einkäufe oder auch für die Bezahlung von Verbindlichkeiten entzogen. Die Liquidität[1]), die ständige Zahlungsbereitschaft, wird also gehemmt.

Außerdem birgt ein Lager für den Betrieb erhebliche Risiken.

Risiken der Lagerhaltung
Risiken durch technischen Fortschritt Neuartige Materialien können herkömmliche Materialien ablösen, so daß letztere wertlos werden (z. B. Ablösung von Metallen durch Kunststoffe).
Risiken durch Modeänderungen Stoffe, Möbel usw. können durch veränderte Modewünsche der Haushalte unverkäuflich werden.
Risiken durch Preisschwankungen Die Preise verschiedener Rohstoffe (vor allem von Edelmetallen) unterliegen starken Preisschwankungen.
Risiken durch Mengenverluste Mengenverluste können durch menschliche Einwirkung entstehen (z. B. Diebstahl, Bruch); sie können aber auch natürliche Ursachen haben (Verderb, Schwund durch Verdunsten usw.)

[1]) lat. liquidus = flüssig

3.4.1 Kosteneinsparungen bei fixen Lagerkosten

Um fixe Lagerkosten zu sparen, ist es sinnvoll,

- die Größe der Lagerräume und -einrichtungen in bestimmten Zeitabständen dem tatsächlichen Bedarf anzupassen,
- einen optimalen Standort für das Lager auszuwählen, gut geschultes Personal einzusetzen (dies ermöglicht gegebenenfalls Personaleinsparungen),
- optimale (raumausnutzende, arbeits- und transporterleichternde) Lagereinrichtungen einzusetzen, eventuell unter Ausnutzung der Möglichkeiten, die die Automation heute bietet.

Beispiel: Automatisches Lagerhaltungssystem (Hochlager)

Die verschiedenen Produkte bzw. Materialien werden auf Paletten gestapelt. Ein elektronisch gesteuertes System bestimmt den genauen Lagerplatz jeder Palette in einer der Etagen des Lagers. Ein Stapelkran lagert die Produkte/Materialien am vorbestimmten Platz ein und bringt auf dem Rückweg benötigte Paletten mit. Der An- und Abtransport erfolgt über Transportbänder.

Da automatische Lagersysteme teuer sind, empfiehlt sich ihre Einrichtung dort, wo ständig große Mengen für die Produktion oder für den Versand abgerufen werden.

3.4.2 Kosteneinsparungen bei variablen Lagerkosten - Just-in-Time

Um die variablen Lagerkosten zu senken, ist es sinnvoll,

- die Lagervorräte so klein wie möglich zu halten (geringe Kapitalkosten, geringe Kapitalbindung, niedriges Lagerrisiko),
- die Lagervorräte so rasch wie möglich umzuschlagen (Freisetzung des gebundenen Kapitals).

Viele Großbetriebe arbeiten heute mit täglicher Beschaffung, um die Kosten der Lagervorräte zu minimieren.

Beispiel:
Bei den großen Automobilherstellern werden die Rohstoffe für die Produktion in den frühen Morgenstunden angeliefert und am gleichen Tag verarbeitet. Es werden vielfach nur eiserne Bestände als Lagerreserve gehalten.
Für eine Tagesproduktion von 1000 Pkw werden 5000 Reifen benötigt. Im Hochlager können 40 Reifen übereinander gelagert werden. Für einen Stapel werden einschließlich Verkehrsraum 1,5 m^2 benötigt. Bei einer Lagerhaltung für 5 Tage und Kosten von 100,— DM pro Quadratmeter und pro Monat errechnen sich die Lagerkosten wie folgt:

Anzahl der Reifen	5000 · 5 Tage = 25000
Anzahl der Stapel	25000 : 40 = 625
Flächenbedarf	625 · 1,5 m^2 = 938 m^2
Lagerkosten	938 m^2 · 100,— DM · 12 Monate = 1125600,— DM

Wird nur ein Sicherheitslager für einen Tag eingerichtet und werden Lagerraum und Einrichtungen entsprechend verkleinert, so sinken die Lagerkosten auf ⅕ dieses Betrages, also auf 225120,— DM.

Die Minimierung der Lagervorräte ist heute vielfach Bestandteil eines **Logistiksystems**[1]), das unter dem Namen **„Just-in-Time"** bekannt geworden ist.

Just-in-Time wurde unter der Bezeichnung **Kanban**[2]) schon 1937 von dem japanischen Automobilhersteller Toyota entwickelt und wird seit Ende der siebziger Jahre auch in der Bundesrepublik Deutschland, vorwiegend in der Fahrzeug- und Elektroindustrie, angewendet.

Just-in-Time **bedeutet: gerade zur rechten Zeit. Alle Güter sollen genau zu dem Zeitpunkt bereitgestellt werden, an dem Bedarf danach besteht.**

Der gesamte Betriebsprozeß wird folglich von seinem Ende her gesteuert: Vorgeschaltete Stufen dürfen immer nur die Menge liefern, die von der jeweils nachgeschalteten Stufe benötigt und von ihr abgerufen wird. Dies gilt für den Absatz, die Fertigung und die Beschaffung.

[1]) „Logistik" stammt aus der Militärsprache und bezeichnet die systematische Versorgung der Front mit allem, was sie braucht. In der Wirtschaft versteht man darunter das Instrument und die Aufgabe, alle Informationsströme und Güterbewegungen innerhalb des Unternehmens sowie zwischen dem Unternehmen und seiner Außenwelt nach den Gesichtspunkten höchster Leistung und Wirtschaftlichkeit zu gestalten (steuern, regeln, koordinieren) und zu entwickeln.

[2]) japanisch: Zettel, Karte (wegen Steuerung des Systems durch Karten)

Steuerung des Betriebsprozesses durch Just-in-Time
Absatz Der Absatz richtet sich nach dem aktuellen Kundenbedarf (besser: nach den Kundenbestellungen). Er „bestellt" deshalb seinerseits bei der Fertigung nur die benötigten Mengen und liefert sie kurzfristig ohne Zeitverzögerung aus. *Folge:* Eine Produktion auf Vorrat wird vermieden. Sie bindet Kapital in den Absatzlägern, verursacht Lagerkosten und bedeutet beim heutigen Tempo technischer Um-, Neu- und Weiterentwicklungen ein erhebliches wirtschaftliches Risiko.
Fertigung In der Fertigung muß gewährleistet werden, daß vorgeschaltete Produktionsstufen nur die Mengen fertigen, die von der jeweils nachgeschalteten Stufe benötigt und von ihr abgerufen werden. *Folge:* Kosten für organisatorische Läger werden vermieden.
Beschaffung Die Beschaffung muß gewährleisten, daß das Material gerade rechtzeitig vom Lieferer an den Fertigungsort geliefert wird. *Folge:* Kosten für Beschaffungsläger werden vermieden.

Folgende **Probleme** sind mit dem Just-in-Time-System verbunden:

- Durch die geringe Lagerhaltung entsteht die Gefahr des **Qualitätsverlustes,** weil beschädigte Teile nicht vom Lager ausgewechselt werden können. Ihr Einbau bewirkt Folgeschäden. Das Wissen um diese Folgen erzieht zu einem gesteigerten Verantwortungs- und Qualitätsbewußtsein bei den Mitarbeitern. Diese wissen, daß die folgende Stufe von ihrer rechtzeitigen und einwandfreien Lieferung abhängt. Die Qualitätskontrolle muß mitlaufend auf jeder Produktionsstufe und auch schon beim Zulieferer erfolgen.
- Wegen stärkerer Schwankungen der Nachfrage entsteht die Gefahr unzureichender **Kapazitätsauslastung.** Dieser Gefahr läßt sich nur durch eine flexiblere Fertigungsstruktur begegnen. So sollten große Fertigungsanlagen durch kleinere Maschinen mit niedrigeren Rüstzeiten und Rüstkosten ersetzt werden.
- Jede Stockung kann dazu führen, daß die **Liefertermine** nicht eingehalten werden. Um diese Folgen zu vermeiden, ist ein extrem schneller computergesteuerter Datenaustausch im Betrieb und mit seinen Lieferern, Kunden, Absatzorganen und Spediteuren unerläßlich. Er umfaßt Steuerungsinformationen, Kontrollinformationen und Prozeßinformationen (d. h. Informationen über den jeweiligen Zustand von Lieferung und Produktion). Außerdem muß die Unternehmung sich durch **enge Bindungen und Verträge** mit ihren Lieferern, Abnehmern und Spediteuren absichern. Die Wirtschaftspläne müssen gegenseitig abgestimmt werden, Kapazitäten müssen fest reserviert werden. Die Absicherung kann bis zum Aufkauf des Zulieferunternehmens gehen. Auf jeden Fall wächst die gegenseitige Abhängigkeit von Betrieb und Lieferer: Der Betrieb dringt durch die Vernetzung der Kommunikationssysteme in die innerbetriebliche Organisation des Zulieferers ein. Er zwingt ihn ebenfalls zum Just-in-Time, weil der Lieferer ja zum spätestmöglichen Zeitpunkt liefern muß. Andererseits bestimmt der Lieferer durch seine eigene Arbeit die Wettbewerbsfähigkeit seines Abnehmers mit.

- Die Kosteneinsparungen bei der Lagerung können durch **häufigere** und **kleinere Bestellungen** wieder verlorengehen.
  Diese Gefahr kann man z. B. entgehen, wenn ein Spediteur die Lieferungen aller Lieferanten eines Einzugsgebietes in einem zentralen Auslieferungslager bündelt. Er kann die täglich benötigten Güter zu kostengünstigen Ladungen zusammenstellen und schnell ausliefern. Er ist außerdem in der Lage, durch sein eigenes EDV-System die Fertigstellungstermine der Lieferer zu überwachen.

Auswirkungen eines **funktionierenden Just-in-Time-Systems:**
- Die **Flexibilität** der Unternehmung wird verbessert (raschere Einstellung auf den Kundenbedarf, verbesserte Leistungsfähigkeit am Markt, besserer Lieferservice). Das Risiko, Lagerbestände nicht absetzen zu können, sinkt.
- Die betrieblichen **Kapazitäten** werden weniger stark gebunden, weil die Vorratsproduktion fortfällt.
- Der **Materialfluß** wird beschleunigt, daher wird weniger Kapital gebunden.
- **Lager**- und **Transportkosten** werden eingespart.

Beispiele (für Just-in-Time):
- Bei Porsche werden 75% der Einzelteile für den Sportwagenbau zugekauft und nur noch 25% im Werk gefertigt. Teile mit großem Lager- und Transportvolumen – die Sitze beispielsweise – werden zweimal täglich angeliefert. Die Lagerhaltung wurde so stark eingeschränkt, daß die Sportwagenbauer nur noch 3,5 Tage von den Teile-Vorräten zehren können.
- Unternehmen müssen immer neue Wege der Kosteneinsparung finden. So berichtet die Zeitschrift „Der Spediteur", daß eine asiatische Firma überlegt, ob sie den Montagevorgang aus der Produktion in das zum Transport bestimmte Schiff verlegen soll. Dies wäre eine kreative Umsetzung des Just-in-Time-Gedankens.

3.4.3 Lagerkennziffern

Lagerkennziffern sind ein Ansatzpunkt für eine kostengünstige Lagerhaltung.

Lagerkennziffern

Durchschnittlicher Lagerbestand	**Umschlagskoeffizient (Umschlagshäufigkeit)**	**Durchschnittliche Lagerdauer**
gibt an, wie hoch die Vorräte im Durchschnitt sind.	gibt an, wie oft der durchschnittliche Bestand im Jahr umgeschlagen wird.	gibt an, wie lange die Bestände durchschnittlich auf Lager liegen.

Der durchschnittliche Lagerbestand berechnet sich bei gleichmäßigem Lagerabgang wie folgt:

$$\textbf{Durchschnittlicher Lagerbestand} = \frac{\textbf{Bestellmenge}}{\textbf{2}} + \textbf{Eiserner Bestand}$$

In der Praxis findet man oft keinen gleichmäßigen Verbrauch vor. Man ermittelt dann den durchschnittlichen Lagerbestand als ungefähre Größe durch Inventur:

- bei Jahresinventuren

$$\textbf{Durchschnittlicher Lagerbestand} = \frac{\textbf{Jahresanfangsbestand + Jahresendbestand}}{\textbf{2}}$$

- auf Grund von Monatsinventuren oder Zahlen der Lagerbewegungsdatei

$$\textbf{Durchschnittlicher Lagerbestand} = \frac{\textbf{Jahresanfangsbestand + 12 Monatsendbestände}}{\textbf{13}}$$

Der Umschlagskoeffizient (die Umschlagshäufigkeit) berechnet sich folgendermaßen:

$$\textbf{Umschlagskoeffizient} = \frac{\textbf{Jahresverbrauch}}{\textbf{Durchschnittlicher Lagerbestand}}$$

Die durchschnittliche Lagerdauer wird wie folgt berechnet:

$$\textbf{Durchschnittliche Lagerdauer} = \frac{\textbf{360 Tage}}{\textbf{Umschlagshäufigkeit}}$$

Beispiel: Wir nehmen noch einmal das Beispiel von Seite 50 auf:
Ein Metallwarenbetrieb benötigt jährlich 1800 Gußstücke mit einem Einkaufspreis von je 100,— DM. Die Lagerkosten pro Stück betragen im Jahr 10,— DM. Eiserner Bestand: 10 Stück. Wir nehmen an, daß ein ziemlich gleichmäßiger Lagerabgang vorliegt und daß von den 1800 Stück täglich im Durchschnitt 5 Stück verbraucht werden.

Fall 1: Der Betrieb bestellt jeweils den gesamten Jahresbedarf auf einmal.
Fall 2: Der Betrieb bestellt jeweils eine Menge von 45 Stück (optimale Bestellmenge). Wenn der Meldebestand erreicht ist, wird neu bestellt.

Berechnung der Lagerkennziffern:

	Fall 1	Fall 2
Durchschnittlicher Lagerbestand	$\frac{1800}{2} + 10 = 910$	$\frac{45}{2} + 10 = 32{,}5$
Umschlagshäufigkeit	$\frac{1800}{910} = 1{,}978 \approx 2$	$\frac{1800}{32{,}5} = 55{,}38 \approx 55$
Durchschnittliche Lagerdauer	$\frac{360}{2} = 180$	$\frac{360}{55} = 6{,}55 \approx 7$

In unserem Beispiel sind alle Kennziffern in Fall 2 günstiger als in Fall 1, denn allgemein gilt:

Ein niedrigerer durchschnittlicher Lagerbestand bedeutet niedrigere Lagerkosten und geringere Kapitalbindung.

Durchschnittliche Lagerkosten = Durchschnittlicher Bestand · Lagerkosten pro Stück

Beispiel:
Fall 1: 910 · 10,— DM = 9100,— DM
Fall 2: 32,5 · 10,— DM = 325,— DM

Durchschnittliche Kapitalbindung = Durchschnittlicher Bestand · Einkaufspreis pro Stück

Beispiel:
Fall 1: 910 · 100,— DM = 91 000,— DM
Fall 2: 32,5 · 100,— DM = 3250,— DM

Ein kleinerer durchschnittlicher Bestand bedeutet gleichzeitig einen schnelleren Umschlag. Dies wiederum bedeutet eine kürzere Lagerdauer und damit eine raschere Freisetzung des gebundenen Kapitals.
Der Lagerzinssatz gibt an, wieviel Prozent Zinsen das im durchschnittlichen Lagerbestand gebundene Kapital während der durchschnittlichen Lagerdauer kostet.

$$\textbf{Lagerzinssatz} = \frac{\textbf{Durchschnittliche Lagerdauer} \cdot \textbf{Marktzinssatz}}{\textbf{360}}$$

Wenn der Lagerzinssatz und somit auch die Lagerkosten niedrig gehalten werden können, so wirkt sich dies letztlich auch im Angebotspreis der Waren aus. Die Lagerkosten erhöhen die Selbstkosten und damit den Angebotspreis.

Beispiel: Wir führen das vorige Beispiel fort:
Durch das in den Lagerbeständen gebundene „tote Kapital" gehen Zinsen verloren, die man ansonsten z. B. durch Anlage des Geldes bei einer Bank erzielen könnte. Wenn z. B. der Marktzinssatz 8% beträgt (er bezieht sich auf 1 Jahr = 360 Tage), so ergibt sich für eine Lagerdauer von 180 Tagen bzw. 7 Tagen folgende **Berechnung des Lagerzinssatzes:**

	Fall 1	Fall 2
Lagerzinssatz	$\frac{180 \cdot 8\%}{360} = 4\%$	$\frac{7 \cdot 8\%}{360} = 0{,}16\%$

In Fall 1 liegen also die in den Selbstkosten enthaltenen Lagerkosten um 3,84% (4% – 0,16%) höher als in Fall 2. Entsprechend höher muß auch der Angebotspreis liegen.

Kontrolle des Lernerfolgs

1. Fertigen Sie einen Bericht über die Aufgaben der Lagerung sowie eine sachgemäße Lagerung an.
2. Beschreiben Sie die Abbildungen auf den Seiten 129 und 130. Welche Arten von Lägern konnten in dieser Zeichnung nicht berücksichtigt werden?
3. Nennen Sie die Vor- und Nachteile der permanenten Inventur gegenüber der Stichtagsinventur.

4. Das Betriebsergebniskonto der Vereinigte Maschinen- und Werkzeugfabriken AG weist folgende Posten auf:
- Materialkosten;
- Löhne, Gehälter;
- Sozialkosten;
- Instandhaltung;
- Steuern, Gebühren, Beiträge, Versicherungsprämien;
- Mieten, Verkehrs-, Büro-, Werbekosten;
- Abschreibungen;
- Sondereinzelkosten der Fertigung und des Vertriebs.

Welche dieser Kosten können auch durch die Lagerung mitverursacht worden sein?

5. Nennen Sie Beispiele dafür, wann eine Fremdlagerung zweckmäßig ist.

6. Nennen Sie Kosten, die durch Fremdlagerung eingespart werden können.

7. Erläutern Sie den Satz: „Der Lagerschein gestattet eine bequeme Verfügung über die eingelagerte Ware, ohne diese selbst zu bewegen."

8. Der Lagerbestand an beschichteten Spanplatten, 16 mm dick, ergibt sich wie folgt:

Datum	Einstandspreis je Stück	Zugang	Abgang	Bestand
06. 03.	100,—	30		30
15. 03.			10	20
15. 04.			15	5
18. 04.	95,—	30		35
01. 06.			20	15
01. 10.			10	5
11. 12.	105,—	30		35

Berechnen Sie den Wert des Bestandes zum 31. 12.

9. Nennen Sie Formulare, die im Lager verwendet werden, sowie ihren Verwendungszweck.

10. Welche Bestände werden im Lager überwacht, und welchen Sinn hat diese Überwachung?

11. Betrachten Sie noch einmal die Aufgabenstellungen von Aufgabe 2 auf Seite 52.
    a) Geben Sie an, wie groß unter den angegebenen Voraussetzungen der durchschnittliche Lagerbestand, der Umschlagskoeffizient und die durchschnittliche Lagerdauer sind.
    b) Berechnen Sie die durchschnittlichen Lagerkosten, die durchschnittliche Kapitalbindung und den Lagerzinssatz.
    c) Erläutern Sie, was die berechneten Kennziffern aussagen.

12. Ein Betrieb macht monatliche Inventuren zur Ermittlung des Lagerbestandes. Es wurden folgende Bestände ermittelt:

02. 01.: 58	31. 03.: 38	30. 06.: 41	30. 09.: 40	30. 11.: 49
31. 01.: 16	30. 04.: 76	31. 07.: 31	31. 10.: 70	31. 12.: 22
28. 02.: 34	31. 05.: 50	31. 08.: 47		

    a) Wie hoch war der durchschnittliche Lagerbestand?
    b) Wie groß war die Umschlagshäufigkeit, wenn der Verbrauch 484 Stück betrug?
    c) Wie viele Tage betrug die durchschnittliche Lagerdauer?
    d) Wie hoch war der Lagerzinssatz bei einem Marktzins von 9%?

13. In einem Betrieb wird behauptet, es habe der durchschnittliche Lagerbestand gesenkt werden können, gleichzeitig sei aber auch die Umschlagshäufigkeit gesunken und die Lagerdauer gestiegen. Nehmen Sie hierzu Stellung.

14. Nehmen Sie Stellung zu folgenden Aussagen:
    a) Für Waren, die im Herbst verkauft werden sollen, muß man im Frühjahr mit der Produktion beginnen. Fertiggestellte Produkte werden bis zum Verkauf gelagert.
    b) Just-in-Time kann zu großen Einsparungen führen, bewirkt aber auch große Abhängigkeiten.
    c) Just-in-Time schafft „Hoflieferanten". Es verringert den Preiswettbewerb.
    d) Just-in-Time ist nur für Betriebe mit einem entwickelten EDV-System möglich.

4 Zahlungsverkehr

4.1 Zahlungsarten

Wer mit Geld bezahlen will, hat dafür mehrere Möglichkeiten.

Träger des Zahlungsverkehrs	Zahlungsarten		
	Bargeldzahlung Bares Geld wird ohne Einschaltung eines Zahlungskontos übergeben.	**Halbbare Zahlung** Entweder der Schuldner **oder** der Gläubiger benutzt ein Zahlungskonto.	**Bargeldlose Zahlung** Schuldner **und** Gläubiger benutzen ein Zahlungskonto.
Zahler selbst	– persönliche Übergabe		
Bote	– Übergabe durch Boten		
Postgiroämter der Post	– Wertbrief – Postanweisung	– Zahlungsanweisung – Zahlschein – Nachnahme – Postbarscheck	– Postüberweisung (auch als Dauer- und Sammelauftrag) – Lastschrift aufgrund Einzugsermächtigung – Verrechnungsscheck
Kreditinstitute (Banken und Sparkassen)		– Zahlschein – Barscheck	– Überweisung (auch als Dauerauftrag) – Lastschrift aufgrund Einzugsermächtigung oder Dauerabbuchungsauftrag – Verrechnungsscheck
Kreditkartenorganisationen			– Kreditkarte

Eine weitere Zahlungsmöglichkeit ist die Zahlung durch **Wechsel.**

4.2 Zahlungen mit Bargeld

- Der Stückgutunternehmer der Deutschen Bundesbahn überbringt Herrn Weber eine Waschmaschine. Er kassiert sofort die Hausfracht.
- Der Auszubildende Rössler kauft für seinen Ausbildungsbetrieb am Postschalter für 200,— DM Briefmarken, Er bezahlt sofort.
- Ein Kunde der Großhandlung Bossen wählt im Verkaufsraum einen Spezialbohrer aus und bezahlt ihn sofort.

Die Zahlung mit Bargeld ist heute noch die häufigste Zahlungsform, besonders bei Einkäufen in Einzelhandelsgeschäften und bei Geschäften von Nichtkaufleuten untereinander. Sie birgt jedoch **Risiken** und verursacht einen ziemlich großen **Arbeitsaufwand:**

Das Geld

- muß gezählt, geordnet und gebündelt werden,
- kann gefälscht sein,
- kann gestohlen werden,
- muß verschlossen und sicher aufbewahrt werden,
- muß in ausreichendem Vorrat und entsprechender Stückelung vorhanden sein,
- muß unter Umständen zur Bank gebracht werden,
- bringt in der Kasse keine Zinsen.

Man kann Bargeld persönlich oder durch einen Boten übergeben. Dabei ist es im Geschäftsverkehr üblich, **Quittungen** auszustellen, die als Buchungsbeleg benutzt werden. Der einfache Kassenbon genügt den Anforderungen der Steuerbehörde nicht, da der Kaufgegenstand und die Mehrwertsteuer oft nicht aufgeführt sind. Der Gläubiger ist auf Verlangen des Schuldners zur Ausstellung der Quittung verpflichtet.

Beispiel:

Quittung

Nr.

netto	DM	15	Pf	70
+ 14 % MWSt	DM	2	Pf	20
gesamt	DM	17	Pf	90

Gesamtbetrag DM in Worten: siebzehn

Pfennig wie oben

von Siegfried Günther & Co., Solingen

für Büromaterial

dankend erhalten

Ort Solingen   Datum 16.08.19..

Buchungsvermerke

Stempel/Unterschrift des Empfängers

Dietmar Kegler & Co.
Nachtigallenweg 18
5650 Solingen
Kegler

Zweckform Quittung

Wertbrief (Brief mit Wertangabe)

In Wertbriefen und -paketen dürfen Banknoten und Münzen bis zu insgesamt 100000,— DM (bei Luftpost bis zu 10000,— DM) versandt werden. Der Umschlag ist ab 500,— DM Wert zu versiegeln, und der Wert der Sendung muß hierauf angegeben sein. Bei Verlust haftet die Post bis zur Höhe dieses Wertes. Allerdings verlangt sie für die Beförderung eines Wertbriefes besondere Gebühren.

Postanweisung

Beträge bis 3000,— DM können bei einem Postamt bar eingezahlt werden. Sie werden dem Gläubiger durch die Postzusteller bar ausgezahlt. Zu benutzen ist das hellrote Formular „Postanweisung".

Beispiel:

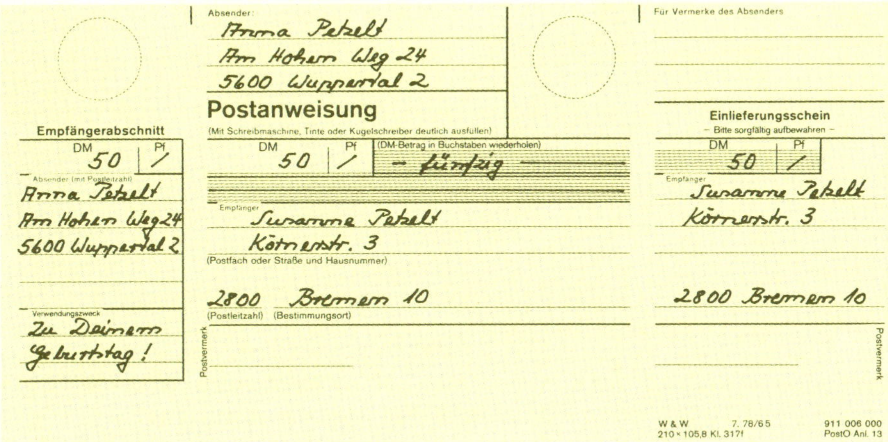
Absender: Anna Petzelt, Am Hohen Weg 24, 5600 Wuppertal 2

Postanweisung
(Mit Schreibmaschine, Tinte oder Kugelschreiber deutlich ausfüllen)

DM	Pf	(DM-Betrag in Buchstaben wiederholen)
50	/	– fünfzig –

Empfänger: Susanne Petzelt, Körnerstr. 3
(Postfach oder Straße und Hausnummer)
2800 Bremen 10
(Postleitzahl) (Bestimmungsort)

Postvermerk

Empfängerabschnitt
DM 50 Pf /
Absender (mit Postleitzahl): Anna Petzelt, Am Hohen Weg 24, 5600 Wuppertal 2
Verwendungszweck: Zu Deinem Geburtstag!

Für Vermerke des Absenders

Einlieferungsschein
– Bitte sorgfältig aufbewahren –
DM 50 Pf /
Empfänger: Susanne Petzelt, Körnerstr. 3
2800 Bremen 10

Postvermerk

W & W 7. 78/65 911 006 000
210 × 105,8 Kl. 317f PostO Anl. 13

4.3 Girokonten und Girokreise

Bei der halbbaren Zahlung zahlt der Schuldner das geschuldete Geld auf ein Konto des Gläubigers ein, oder der Gläubiger hebt es von einem Konto des Schuldners ab. Bei der bargeldlosen Zahlung erfolgt lediglich eine Abbuchung vom Konto des Schuldners und eine Zubuchung auf dem Konto des Gläubigers. In aller Regel werden für diese Zahlungsvorgänge Girokonten[1]) benutzt.

Girokonten

Girokonten **werden von Geldinstituten (Banken, Sparkassen, Postgiroämtern) für natürliche und juristische Personen eingerichtet und geführt. Auf diesen Konten werden Geldbeträge gebucht, die jederzeit und ohne Einschränkung fällig sind (Sichteinlagen).**

Rechtlich ist ein Girokonto ein Kontokorrent (Konto in laufender Rechnung[2])), das in begrenztem Umfang und nach vorheriger Genehmigung überzogen, d.h. für kurzfristige Kredite (sog. Dispositionskredit) benutzt werden kann. Die Postgiroämter räumen bisher nur eine Überziehung bis zu 1000,— DM ein, die kurzfristig aufzufüllen ist. Auch die Gehaltskonten von Arbeitnehmern sind Girokonten.

---

[1]) ital. giro = Kreis
[2]) ital. conto corrente = laufende Rechnung

Über jede Veränderung auf dem Girokonto und den neuen Kontostand wird der Kontoinhaber durch einen **Kontoauszug** unterrichtet.

Beispiel:

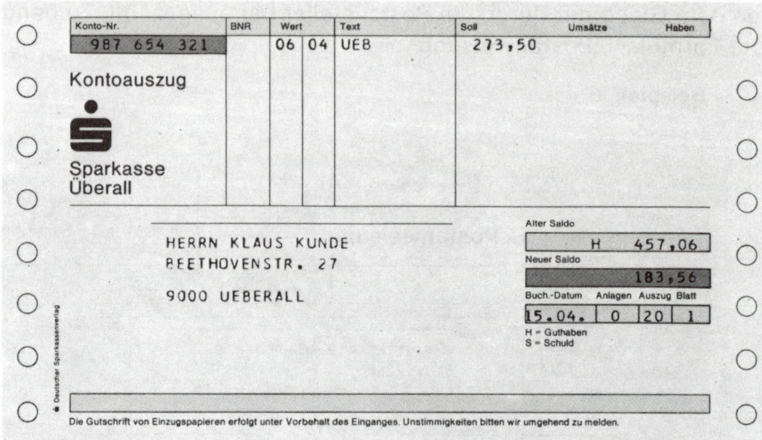

Der Kunde schließt bei der Kontoeröffnung einen **Kontovertrag**, der die Grundlage für den Geschäftsverkehr darstellt. In diesem Vertrag verpflichtet sich das Geldinstitut, Zahlungsaufträge des Kunden in seinem Namen und für seine Rechnung auszuführen. Der Kunde ist gehalten, für Deckung bzw. Kredit auf seinem Konto zu sorgen. Maßgeblich für die Geschäftsverbindung sind außerdem die allgemeinen Geschäftsbedingungen.

Der Kontovertrag entsteht durch Antrag und Annahme.
Inhalt des Antrages sind:

- Angaben zur Person des Kontoinhabers (bei Firmen der Firmenname und die Vertretungsberechtigten),
- Geburtsdatum zur Feststellung der vollen Geschäftsfähigkeit (bei Firmen das Gründungsdatum),
- Bevollmächtigte über das Konto,
- Unterschriftsprobe zur Prüfung der Verfügungsberechtigung bei späteren Verfügungen,
- Legitimation durch einen amtlichen Lichtbildausweis,
- Hinweis auf die geltenden allgemeinen Geschäftsbedingungen.

Girokreise

Die kontenführenden Geldinstitute haben sich zu fünf Girokreisen (Gironetzen, Überweisungsnetzen) zusammengeschlossen:

1. **Gironetz der Sparkassen**
   Jede Sparkasse unterhält ein Konto bei ihrer regionalen Zentrale, der Girozentrale. Die 12 Girozentralen führen ihrerseits gegenseitig Konten.
2. **Gironetz der Genossenschaftsbanken**
   Die Genossenschaftsbanken unterhalten wie die Sparkassen regionale Zentralen.

3. **Gironetz der Großbanken**
   Die Großbanken (Deutsche Bank, Dresdner Bank, Commerzbank) benutzen ihre jeweilige Zentrale in Frankfurt oder Düsseldorf als Abrechnungsstelle.
4. **Gironetz der Postgiroämter**
   Die 13 Postgiroämter führen gegenseitig Konten.
5. **Gironetz der Landeszentralbanken**
   Die 11 Landeszentralbanken sind die Hauptverwaltungen der deutschen Bundesbank in den Bundesländern. Sie führen gegenseitig Konten. Außerdem muß jedes Geldinstitut ein Konto bei seiner Landeszentralbank (LZB) unterhalten.

Auf diese Weise entsteht ein geschlossenes System, welches Zahlungen von jedem beliebigen Girokonto auf jedes andere Girokonto ermöglicht.

4.4 Bankzahlungsverkehr

Halbbare Zahlung

• Zahlschein

Der Zahlschein dient der Bareinzahlung am Bankschalter auf das Konto des Empfängers bei einem beliebigen Geldinstitut. Das Geld wird über die Gironetze der Empfängerbank zugeleitet. Dabei fallen je nach Geldinstitut für den Absender Gebühren von 1,— DM bis 5,— DM an.

Beispiel:

Gutschrift
Überweisung aus Zahlschein durch
Raiffeisenbank Neuss eG 305 601 95
4040 Neuss
Giro-Kontrollstempel

Zahlschein-Quittung
Raiffeisenbank Neuss eG 305 601 95
4040 Neuss

Zahlschein
Raiffeisenbank Neuss eG 305 601 95
4040 Neuss

Empfänger (Name und Anschrift)	Bankleitzahl
Stadtwerke Neuss, 4040 Neuss	370 695 48

Konto-Nr. des Empfängers	bei - oder ein anderes Konto des Empfängers*)
11 70	Raiffeisenbank Neuss-Land

Verwendungszweck (nur für Empfänger)	DM
Stromverbrauchsrechnung vom 19.05.19.. Abn.-Nr. 12805800	187,12

Auftraggeber
Schäfer, Burgweg 9, 4044 Kaarst 1

*) Soll die Überweisung auf ein anderes Konto ausgeschlossen sein, so sind die Worte „oder ein anderes Konto des Empfängers" zu streichen.

41030 Raiffeisendruckerei

Datum | Unterschrift des Einzahlers

Zahlscheine werden häufig von Außendienstmitarbeitern mit Inkassovollmacht benutzt. Diese können damit die kassierten Beträge sofort auf das Firmenkonto einzahlen.
Die Banken benutzen auch Formulare „Überweisung/Zahlschein", die bei Einsetzen der Kontonummer des Auftraggebers gleichzeitig als Überweisung verwendet werden können. Der Zahlungsempfänger legt sie oft – bereits mit den notwendigen Buchungsangaben versehen – seinen Rechnungen bei.

- **Barscheck**

Mit Hilfe eines Barschecks kann der Zahlungsempfänger Geld vom Konto des Zahlers abheben[1]).

Bargeldlose Zahlung

- **Überweisung**

Durch die Überweisung überträgt der Zahler bargeldlos (durch bloße Umbuchung) einen Geldbetrag von seinem Girokonto auf das Girokonto des Zahlungsempfängers.
Der Überweisungsvordruck ist **dreiteilig** und wird im Durchschreibeverfahren erstellt. Der Überweisungsauftrag (Original) ist Buchungsbeleg bei der beauftragten Bank. Die erste Durchschrift ist die Durchschrift für den Auftraggeber. Sie ist zusammen mit dem Kontoauszug Beweis dafür, daß die Zahlung erfolgt ist. Die zweite Durchschrift (Gutschrift) gelangt über die Gironetze zum Empfänger, der sie als Anlage zum Kontoauszug erhält.

Beispiel:

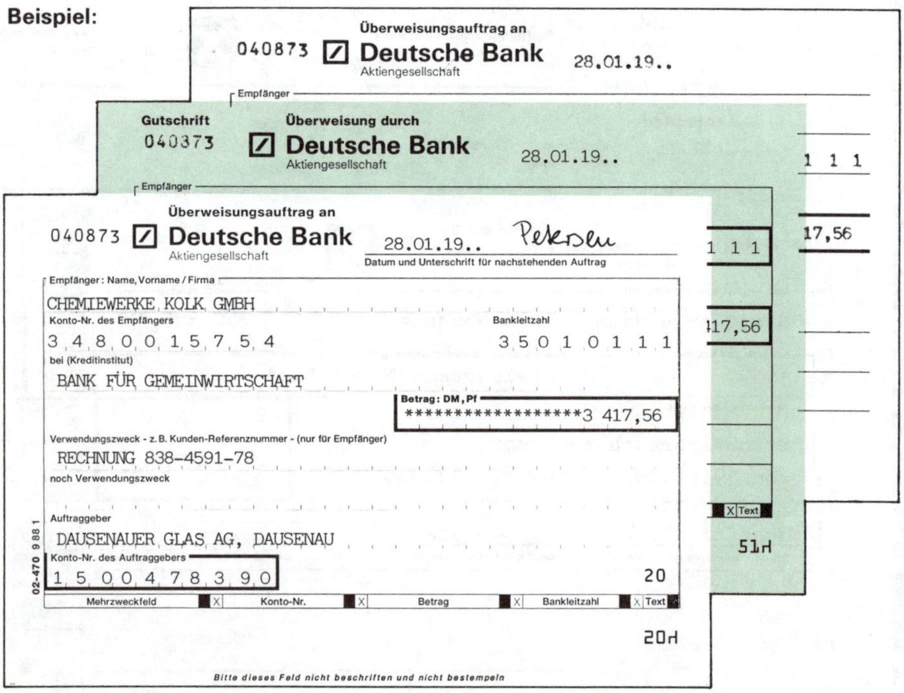
Überweisungsauftrag an
040873 Deutsche Bank Aktiengesellschaft
28.01.19.. Peterson
Datum und Unterschrift für nachstehenden Auftrag
Empfänger: Name, Vorname / Firma
CHEMIEWERKE KOLK GMBH
Konto-Nr. des Empfängers: 3 4 8 0 0 1 5 7 5 4
Bankleitzahl: 3 5 0 1 0 1 1 1
bei (Kreditinstitut): BANK FÜR GEMEINWIRTSCHAFT
Betrag: DM, Pf: ******************3 417,56
Verwendungszweck - z. B. Kunden-Referenznummer - (nur für Empfänger): RECHNUNG 838-4591-78
noch Verwendungszweck
Auftraggeber: DAUSENAUER GLAS AG, DAUSENAU
Konto-Nr. des Auftraggebers: 1 5 0 0 4 7 8 3 9 0
20
Mehrzweckfeld | Konto-Nr. | Betrag | Bankleitzahl | Text
02-470 9 88 1
20H
Bitte dieses Feld nicht beschriften und nicht bestempeln

---

[1]) Einzelheiten siehe S. 159ff.

Wo es möglich ist, speichern die Kreditinstitute den Gutschriftsträger maschinell, so daß nur noch die Magnetbänder ausgetauscht werden. Der Empfänger erhält entweder einen vom Empfängerinstitut ausgedruckten Datenträger oder einen entsprechenden Vermerk im Kontoauszug.

Die **Bankleitzahl** und die **Codierzeile** im unteren Feld der Überweisungsbelege sind der Schlüssel für die maschinelle Verarbeitung.

Beispiel: Aufbau der Bankleitzahl

3 0 5 5 0 0 0 0

3 0 5	Kennzahl der zuständigen Landeszentralbank (Ortskennummer)
5 0 0	Kontonummer des Kreditinstituts bei der zuständigen Landeszentralbank (5 = Nummer der Bankengruppe)
0 0	interne Numerierung der Bank (z. B. für Filialen)

Die Bankleitzahl legt durch die Ortskennummer und Bankengruppe die ,,Adresse" der Empfängerbank fest. Damit ist sie die Grundlage für die Bestimmung des Überweisungsweges.

• Eilüberweisung

Jede Einschaltung einer Zentrale verzögert die Gutschrift auf dem Konto des Empfängers um bis zu zwei Tage. Daher gibt es die Möglichkeit der Beschleunigung, wenn die Kunden die Eilbedürftigkeit angeben oder ein größerer Betrag zu überweisen ist.

Man erzielt eine schnellere Abwicklung, wenn die beauftragte Bank die Gutschrift direkt zur Empfängerbank schickt. Dies kann brieflich, telefonisch oder telegrafisch erfolgen. Die Verrechnung des Überweisungsbetrages erfolgt dann unabhängig über die Zentralen.

• Dauerüberweisung

Der Kunde weist mit einem Dauerauftrag sein Kreditinstitut an, **Zahlungen in gleichbleibender Höhe** und **regelmäßigen Zeitabständen** auszuführen. Daueraufträge sind sinnvoll für Mietzahlungen, Beiträge oder Überträge auf Sparkonten. Das Kreditinstitut speichert den Auftrag und führt die Zahlung zu den gewünschten Terminen aus. Der Kunde hat dadurch eine wesentliche Arbeitserleichterung. Er kann sicher sein, daß die Zahlung nicht vergessen wird.

• Lastschrift

Der Zahlungsempfänger läßt durch Vermittlung seines Kreditinstituts den ihm zustehenden Betrag vom Konto des Schuldners abbuchen. Dazu ist notwendig, daß der Zahlungsempfänger vom Zahlungspflichtigen eine **Einzugsermächtigung** erhält. Diese Vollmacht wird vom Kreditinstitut nicht nachgeprüft, sie ist aber bei Unstimmigkeiten vorzulegen, damit der Zahlungsempfänger nachweisen kann, daß er das Lastschriftverfahren nicht mißbraucht hat.

Beispiel:

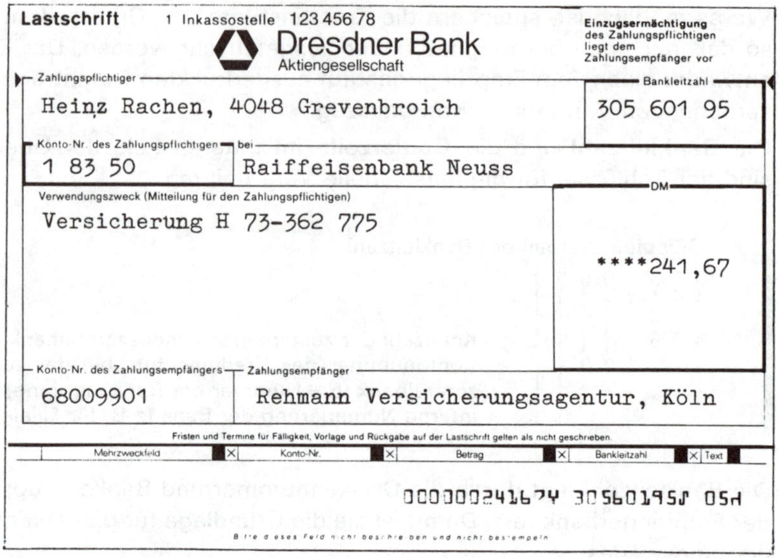
Lastschrift 1 Inkassostelle 123 456 78

Dresdner Bank Aktiengesellschaft

Einzugsermächtigung des Zahlungspflichtigen liegt dem Zahlungsempfänger vor

Zahlungspflichtiger: Heinz Rachen, 4048 Grevenbroich

Bankleitzahl: 305 601 95

Konto-Nr. des Zahlungspflichtigen: 1 83 50 bei Raiffeisenbank Neuss

Verwendungszweck (Mitteilung für den Zahlungspflichtigen): Versicherung H 73-362 775

DM ****241,67

Konto-Nr. des Zahlungsempfängers: 68009901

Zahlungsempfänger: Rehmann Versicherungsagentur, Köln

Fristen und Termine für Fälligkeit, Vorlage und Rückgabe auf der Lastschrift gelten als nicht geschrieben.

Mehrzweckfeld | Konto-Nr. | Betrag | Bankleitzahl | Text

0000024167Y 30560195J 05H

Bitte dieses Feld nicht beschreiben und nicht bestempeln

Das Lastschriftformular wird dem Zahlungsempfänger von seinem Kreditinstitut zur Verfügung gestellt. Der Gläubiger füllt das Lastschriftformular mit den Daten des Zahlungspflichtigen aus. Das mit dem Einzug beauftragte Kreditinstitut schreibt den Lastschriftbetrag dem Einreicher gut und belastet über den Verrechnungsweg das Konto des Schuldners, der den Lastschriftbeleg als Anlage zum Kontoauszug erhält.

Der Schuldner hat bei der Einzugsermächtigung die Möglichkeit, **der Abbuchung** innerhalb von 6 Wochen **zu widersprechen**. Er erhält dann den Betrag gutgeschrieben, während der Zahlungsempfänger wieder belastet wird. Dieses Widerspruchsrecht verhindert einen Mißbrauch des Verfahrens.

Die Lastschrift wird im Gegensatz zur Dauerüberweisung angewendet, wenn die **Beträge sich ändern** und die **Zahlungstermine unterschiedlich sind.** Das Lastschriftverfahren wird aber häufig auch bei gleichbleibenden Zahlungen angewendet, weil es die **Kontrolle des Zahlungseinganges** beim Zahlungsempfänger wesentlich vereinfacht. Nicht bezahlte Lastschriften können sofort beim Schuldner reklamiert werden.

Eine Variante des Lastschrifteinzugsverfahrens ist der **Dauerabbuchungsauftrag.** Dabei wird nicht der Gläubiger selbst durch den Schuldner zum Einzug ermächtigt, sondern der Schuldner beauftragt seine Bank, die von namentlich genannten Gläubigern eingehenden Lastschriften einzulösen. Vor der Einlösung prüft die Bank den Kontostand und das Vorliegen eines Dauerabbuchungsauftrags. Eine Abbuchung kann hier nicht mehr rückgängig gemacht werden.

• Verrechnungsscheck

Mit Hilfe des Verrechnungsschecks kann der Zahlungsempfänger Geld vom Konto des Zahlers seinem eigenen Konto gutschreiben lassen[1]).

---

[1]) Einzelheiten siehe S. 159ff.

Kosten des Bankzahlungsverkehrs

Die Kreditinstitute berechnen monatliche **Grundgebühren, Auszugsgebühren, Buchungsgebühren** (Umsatzprovision), **Porto** und andere **Auslagen**. Bestimmte **Formulare** werden dem Kunden berechnet. Für Kredite innerhalb einer vereinbarten Kreditgrenze werden **Sollzinsen** berechnet, für weitere überzogene Beträge zusätzlich eine **Überziehungsprovision**. Für bereitgestellte, aber nicht beanspruchte Kreditbeträge kann eine **Kreditprovision** vereinbart werden. Guthaben auf Bankgirokonten werden mit geringfügigen Habenzinsen (etwa 0,5%) verzinst.

Die Zahl der berechneten Gebühren und ihre Höhe sind bei den einzelnen Kreditinstituten sehr unterschiedlich.

Kontrolle des Lernerfolgs

1. Beschreiben Sie das Überweisungsformular.

2. Entscheiden Sie, welches Zahlungsverfahren in folgenden Fällen zweckmäßig anzuwenden ist:
a) Zahlung der Miete,
b) Zahlung der monatlichen Telefonrechnung in jeweils unterschiedlicher Höhe,
c) Zahlung von 100000,— DM auf ein Konto bei einer anderen Bank,
d) Zahlung von 50,— DM auf ein Konto bei derselben Bank.

3. Nennen Sie Möglichkeiten, den Überweisungsverkehr kostengünstig zu gestalten.

4. Vergleichen Sie die Codierzeile der Überweisung mit der Codierzeile der Lastschrift. Stellen Sie Gemeinsamkeiten und Unterschiede fest.

5. Eine Großbank berechnet für die Abbuchung von Lastschriften nur 0,20 DM Buchungsgebühr, während für die Abbuchung einer Überweisung 0,50 DM Buchungsgebühr berechnet werden. Nennen Sie eine mögliche Begründung. Denken Sie dabei an die bei der Bearbeitung entstehenden Kosten.

4.5 Postgiroverkehr

Postgirokonto

Die Post wickelt für ihre Kunden den **halbbaren und bargeldlosen Zahlungsverkehr** durch die Postgiroämter ab. Zu diesem Zweck eröffnet sie den Kunden ein Postgirokonto.

Anträge auf Eröffnung eines Postgirokontos sind bei jedem Postamt erhältlich.

Postgirokonten werden bei einem der 13 Postgiroämter nach Wahl des Kunden geführt. Es empfiehlt sich, das nächstgelegene Postgiroamt zu wählen.

Postgiroamt (PGiroA)	Abgekürzte Bezeichnung
Berlin (West)	Bln W
Dortmund	Dtmd
Essen	Esn
Frankfurt am Main	Ffm
Hamburg	Hmb
Hannover	Han
Karlsruhe	Klrh
Köln	Kln
Ludwigshafen am Rhein	Lshfn
München	Mchn
Nürnberg	Nbg
Saarbrücken	Sbr
Stuttgart	Stgt

Halbbare Zahlung

Beim halbbaren Zahlungsverkehr benutzt entweder der Absender oder der Empfänger sein Postgirokonto.

• Zahlungsanweisung

Die Zahlungsanweisung ist ein Auftrag eines Postgirokontoinhabers an sein Postgiroamt, einem bestimmten Empfänger den Betrag bar durch den Postzusteller auszuzahlen. Der Betrag wird zuzüglich der Auszahlungsgebühr dem Postgirokonto des Auftraggebers belastet. Diese Zahlungsart kommt dann vor, wenn man weiß, daß der Empfänger kein Konto hat oder auf Barzahlung besteht. Im Geschäftsverkehr kommt sie kaum vor. Sie ist eher für Zahlungen an Bekannte oder Verwandte geeignet.

Beispiel:

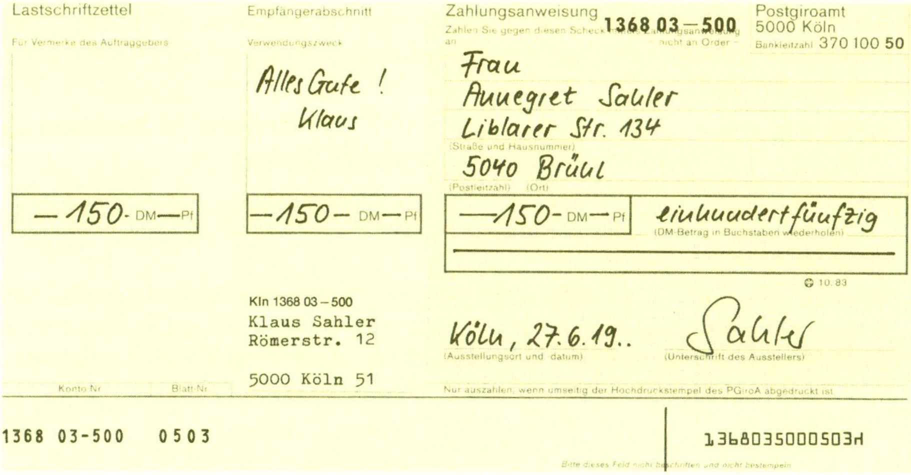
Lastschriftzettel

Für Vermerke des Auftraggebers

— 150 - DM — Pf

Konto-Nr. Blatt-Nr.

Empfängerabschnitt

Verwendungszweck

Alles Gute! Klaus

— 150 — DM — Pf

Kln 1368 03 – 500
Klaus Sahler
Römerstr. 12

5000 Köln 51

Zahlungsanweisung 1368 03 – 500

Zahlen Sie gegen diesen Scheck ... Zahlungsanweisung an ... nicht an Order –

Postgiroamt 5000 Köln
Bankleitzahl 370 100 50

Frau
Annegret Sahler
Liblarer Str. 134
(Straße und Hausnummer)
5040 Brühl
(Postleitzahl) (Ort)

— 150 - DM — Pf

einhundertfünfzig
(DM-Betrag in Buchstaben wiederholen)

© 10.83

Köln, 27.6.19..
(Ausstellungsort und -datum)

Sahler
(Unterschrift des Ausstellers)

Nur auszahlen, wenn umseitig der Hochdruckstempel des PGiroA abgedruckt ist

1368 03-500 0503

13680350005O3H

Bitte dieses Feld nicht beschriften und nicht bestempeln

• Zahlungsanweisung zur Verrechnung (ZzV)

Die Zahlungsanweisung zur Verrechnung wird von Postgirokunden mit umfangreichem Zahlungsverkehr benutzt, wenn ihnen die Konten der Zahlungsempfänger unbekannt sind. Der Postgirokunde stellt die Formulare mit seinem Computer auf Endlospapier aus und sendet die beschrifteten Formulare an das Postgiroamt ein. Dieses belastet die Zahlungsanweisungen dem Konto des Ausstellers und sendet sie an die Zahlungsempfänger. Diese können die Zahlungsanweisungen auf verschiedenen Wegen einlösen:

- durch Gutschrift auf einem Postgirokonto,
- durch Gutschrift auf einem Konto bei einem Kreditinstitut,
- durch Weitergabe an einen Dritten zur Gutschrift auf dessen Konto,
- durch Auszahlung des Betrages am Postschalter gegen eine Auszahlungsgebühr.

Nur im letzten Fall liegt eine halbbare Zahlung vor. Bei den drei erstgenannten Einlösungsmöglichkeiten handelt es sich bereits um bargeldlose Zahlungen.

Beispiel:

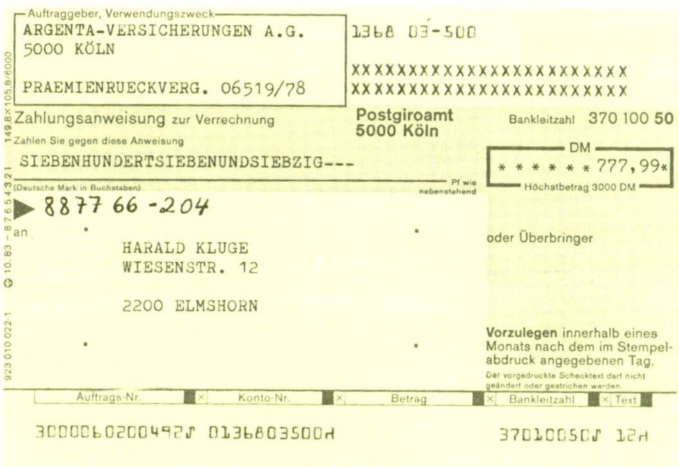
Auftraggeber, Verwendungszweck
ARGENTA-VERSICHERUNGEN A.G.
5000 KÖLN

PRAEMIENRUECKVERG. 06519/78

1368 03-500

XXXXXXXXXXXXXXXXXXXXXXXX
XXXXXXXXXXXXXXXXXXXXXXXX

Zahlungsanweisung zur Verrechnung

Postgiroamt 5000 Köln

Bankleitzahl 370 100 50

Zahlen Sie gegen diese Anweisung

SIEBENHUNDERTSIEBENUNDSIEBZIG---

(Deutsche Mark in Buchstaben) Pf wie nebenstehend

DM
******777,99*
Höchstbetrag 3000 DM

8877 66 -204

an

HARALD KLUGE
WIESENSTR. 12

2200 ELMSHORN

oder Überbringer

Vorzulegen innerhalb eines Monats nach dem im Stempelabdruck angegebenen Tag.
Der vorgedruckte Schecktext darf nicht geändert oder gestrichen werden.

149,8 X 105,8/6000 – 149 – 8765432 1 © 10.83 923 010 022-1

Auftrags-Nr. | Konto-Nr. | Betrag | Bankleitzahl | Text

3000060200049?⑈ 013680350OH 37010050⑈ 12H

Bitte dieses Feld nicht beschriften und nicht bestempeln

• **Zahlschein**

Der Bareinzahlung auf ein Postgirokonto dienen Zahlscheine mit rotem Aufdruck, die den Zahlscheinen der Kreditinstitute entsprechen. Sie können auch zur Einzahlung auf Bankkonten benutzt werden.

Außerdem gibt es – wie im Bankgiroverkehr – Formulare, die gleichermaßen als Zahlschein und als Überweisung benutzt werden können.

• **Nachnahme**

Die Nachnahme ist eine besondere Form der halbbaren Zahlung. Dabei wird eine Postsendung oder Nachnahmekarte nur gegen Aushändigung des geforderten Geldbetrages übergeben. Der Postzusteller zahlt den vereinnahmten Betrag mit einem beigefügten Zahlschein auf das Postgirokonto des Gläubigers ein.

• **Kassenscheck**

Der Kassenscheck entspricht dem Barscheck der Kreditinstitute[1]).

Bargeldlose Zahlung

• **Postüberweisung**

Für die Überweisung vom Postgirokonto auf ein beliebiges anderes Konto sind Überweisungsformulare zu benutzen, die denen im Bankgiroverkehr entsprechen.

• **Andere Aufträge**

Im Postgirodienst sind **Daueraufträge** für Zahlungen an gleichbleibenden Terminen und in stets gleicher Höhe möglich. Die Vordrucke hierfür erhält man bei den Postgiroämtern und Postämtern. Das Postgiroamt schreibt am Fälligkeitstag die Buchungsbelege automatisch aus und überwacht die Erledigung des Auftrages.

Lastschriften. Kontoinhaber mit umfangreichem Zahlungsverkehr können Beträge aufgrund einer Einzugsermächtigung der Zahlungspflichtungen von deren Postgirokonten oder Bankgirokonten mittels einer Lastschrift abbuchen und auf ihrem Postgirokonto gutschreiben lassen. Die Möglichkeit eines Dauerabbuchungsauftrags besteht nicht.

---

[1]) Einzelheiten siehe S. 166

Sammelaufträge sind üblich, wenn Kontoinhaber einen umfangreichen Zahlungsverkehr durchführen. Für jeden Zahlungsempfänger werden einfacher zu beschriftende Ersatzüberweisungen ausgefüllt. Das Postgiroamt liefert Ersatzüberweisungen als Einzelformblatt, in Faltbändern mit oder ohne Führungslochband. Die Beträge der Ersatzüberweisungen werden in einem Rechenstreifen zusammengefaßt. Der auf den Gesamtbetrag ausgestellte Summenträger (Postüberweisung) und der Rechenstreifen werden unterschrieben zusammen mit den Ersatzüberweisungen an das Postgiroamt eingesandt.

Im **Datenträgeraustausch** kann der Kunde dem Postgiroamt seine Aufträge auf Magnetbändern, Magnetbandkassetten oder Disketten übersenden. Für den Kunden entfällt damit das Ausschreiben von Einzelbelegen. Auch für Zahlungseingänge aus dem Datenträgeraustausch kann der Kunde anstelle von Einzelbelegen Magnetbänder, Kassetten oder Disketten erhalten.

Besondere Aufträge sind telegrafische und fernschriftliche Eilaufträge, die unter besonderen Bedingungen innerhalb kürzester Zeit abgewickelt werden.

Kosten, Vorteile und Nachteile des Postgiroverkehrs

Als **Erstausstattung** liefert das Postgiroamt unentgeltlich:

- 25 Überweisungsaufträge
  für Überweisungen von Konto zu Konto,
- 25 Postschecks
  für Bar- und Verrechnungsschecks,
- 50 gelbe Postgirobriefumschläge
  zur gebührenfreien Einsendung der Aufträge an das Postgiroamt,
- 1 Zahlscheinheft
  für gebührenfreie Einzahlungen auf das eigene Postgirokonto.

Für darüber hinaus bestellte Formblätter und künftige Bestellungen werden geringe Abgabepreise berechnet. Weitere Kosten ergeben sich auch aus folgender Aufstellung:

Vor- und Nachteile des Postgiroverkehrs

Vorteile

- Der Inhaber eines Postgirokontos erledigt alle Zahlungen zu Hause.
- Aufträge werden gebührenfrei im gelben Postgirobrief an das Postgiroamt geschickt.
- Überweisungen, Lastschriften, Daueraufträge, Einzahlungen auf das eigene Konto, Einziehungen von Verrechnungsschecks, Barauszahlungen von Schecks und Gutschriften von Zahlungsanweisungen zur Verrechnung auf dem Postgirokonto sind gebührenfrei.
- Der Kontoauszug wird portofrei nach jeder Kontobewegung zugeschickt.
- Die Kontoführungsgebühren sind gestaffelt, z. B.:

0– 5	Buchungen monatlich 1,80 DM	31–100	Buchungen monatlich 9,— DM
6–15	Buchungen monatlich 2,50 DM	101–300	Buchungen monatlich 18,— DM
16–30	Buchungen monatlich 4,50 DM	mehr	Buchungen monatlich 35,— DM

Nachteile

- Größere Barabhebungen müssen vorher beim Postamt angemeldet werden.
- Grundsätzlich ist nur eine Abhebung täglich möglich.
- Überziehungen des Postgirokontos sind nur bis zu 1000,— DM zulässig. Das Konto muß unverzüglich wieder aufgefüllt werden.
- Die Formulare sind gebührenpflichtig (von der Erstausstattung abgesehen).

Kontrolle des Lernerfolgs

1. Erklären Sie die erfolgten Verfügungen, die auf folgendem Kontoauszug gebucht sind:

Postgiroamt
5000 Köln
Bankleitzahl 370 100 50

Kontoauszug
Bitte beachten Sie die Hinweise auf der Rückseite

Postgirokonto-Nr.		Auszug-Nr.	Alter Kontostand	DM	Pf
2199 99-574		6	vom 27.02...	**********380	10

Art	Buchungshinweise		Umsatz DM	Pf	
	LT ANLAGE	+	500	00	
	LT ANLAGE	+	200	00	
UE	GEHALT 03. ..				
	PERSNR. 38561	+	2100	04	
UE	MIETE U. NEBENKOSTEN				
	FRITZ JANSEN	+	1347	92	
UE/LT	ANLAGE		500	00	–
UE/LT	ANLAGE		72	00	–
S	/		1000	00	–
EA	STADTWERKE KOELN				
	STROM 03. .. NR. 2348914		140	28	–
UE	DA 100001				
	GEM. WOHNUNGSBAU GMBH K		280	59	–

Buchungstag		Neuer Kontostand	
28.02...	GUTHABEN	*********2535	19

zur Spalte »Art«	Es bedeuten: DA = Dauerauftrag EA = Einziehungsauftrag/Lastschrift GB = Gebühr KS = Kassenscheck RS = Scheck-Rückgabe S = Scheck SG = Sammelauftrag bzw. Sonderliste (Gut) SL = Sammelauftrag bzw. Sonderliste (Last) UE = Überweisung Z = Zahlungsanweisung
zur Abkürzung »GB«	Gebühren, Kosten oder Zinsen sind mit der Kennzeichnung »GB« einzeln links neben der Spalte »Umsatz« aufgeführt und summarisch als letzter Buchungsposten (SUMME GB) gebucht.
zur Spalte »Umsatz«	Gutbuchungen sind durch »+«, Lastbuchungen sind durch »–« gekennzeichnet.
zur Zeile »Neuer Kontostand«	Verfügbar ist der mit dem Zusatz »GUTHABEN« gekennzeichnete Betrag. Einen negativen Kontostand mit der Kennzeichnung »BITTE AUFFUELLEN« bitten wir in Ihrem eigenen Interesse unverzüglich auszugleichen.

2. Nennen Sie zu den folgenden Geschäftsvorfällen die jeweils sinnvolle Verfügungsmöglichkeit über ein Postgirokonto:
   a) Barabhebung bei einem vorher benannten Postamt.
   b) Auszahlung eines Betrages zu Lasten eines Postgirokontos beim Zahlungsempfänger durch Postzusteller.
   c) Übertragung eines Geldbetrages von einem Postgirokonto auf ein Bankkonto.
   d) Rückvergütung von Versicherungsprämien für 1200 Kunden, deren Kontoverbindungen nicht bekannt sind.
   e) Übertragung von 50,— DM von einem Postgirokonto an einen Bekannten, dessen Konto man aber nicht kennt.
   f) Zahlung von 800,— DM auf ein Bankkonto bei einem Kreditinstitut in einem anderen Ort. Eigenes Bankkonto nicht vorhanden.

4.6 Halbbare und bargeldlose Zahlung durch Scheck

Brief der Werkzeuggroßhandlung Franz Wagner (Auszug):

Werkzeugfabrik
Hubert Schnell KG
Postfach 37 48

5000 Köln 21

Köln, 14.05.19..

Rechnungsausgleich

Zum Ausgleich Ihrer Rechnung Nr. 3122 vom 09.05.19.. überreiche ich Ihnen

einen Verrechnungsscheck über	2 000,00 DM
Skontoabzug 2 %	40,82 DM
Ich bitte um Gutschrift von	2 040,82 DM

Mit freundlichen Grüßen

Franz Wagner

Anlage
1 Verrechnungsscheck

Aufgaben und Inhalt des Schecks

Der *Scheck* ist eine Anweisung des Kontoinhabers an sein Geldinstitut, bei Vorlage eine bestimmte Geldsumme zu zahlen.

Der Scheck ist also ein Schriftstück, mit dem der Schuldner über sein Kontoguthaben verfügt. Dabei wendet er sich nicht selbst an das Geldinstitut, sondern er gibt dieses Papier **zahlungshalber** an seinen Gläubiger. Dieser bekommt den Scheckbetrag ausbezahlt, sobald er ihn dem angegebenen (= bezogenen) Geldinstitut vorlegt.

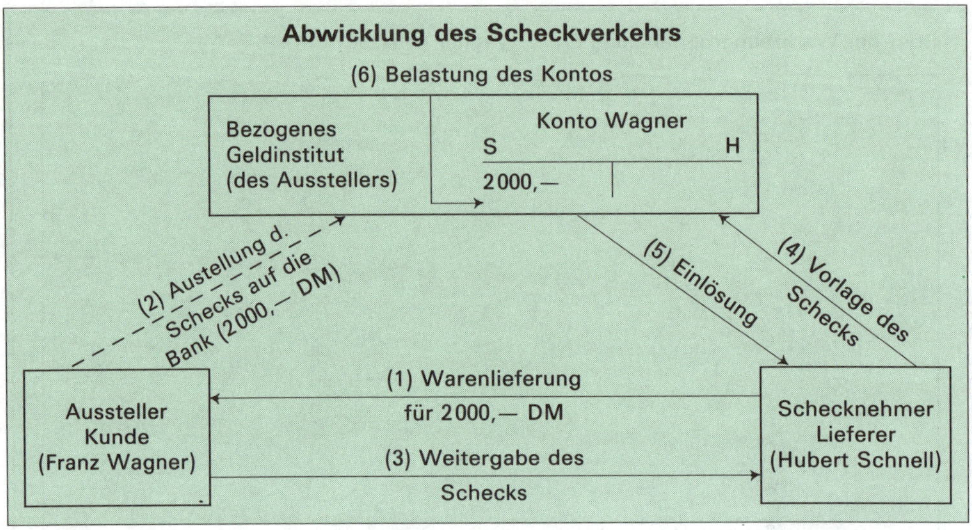

Es ist möglich, wenn auch in der Praxis nicht üblich, daß der Schecknehmer den Scheck an eine weitere Person zahlungshalber weitergibt. Er wird dazu einen Übertragungsvermerk (Indossament) auf die Rückseite setzen (bei Inhaberschecks nicht vorgeschrieben, aber zweckmäßig). Voraussetzung für die Zahlung mit Schecks ist, daß bei einem Geldinstitut (Bank, Sparkasse, Postgiroamt) ein Girokonto eingerichtet wurde, daß hierauf ein Guthaben besteht bzw. ein Kredit eingeräumt wurde und daß der Aussteller die Scheckformulare des Geldinstituts benutzt.

Bestandteile des Schecks

• Gesetzliche Bestandteile

Das Scheckgesetz vom 14. 08. 1933 schreibt zwingend vor, welche Bestandteile ein gültiger Scheck enthalten muß.

Gesetzliche Bestandteile des Schecks[1])
① **Wort „Scheck" im Text** Es muß in der Sprache geschrieben sein, in der der Scheck ausgestellt ist.
② **Bezogenes Geldinstitut** Das ist der Name des Geldinstitutes, das den Scheckbetrag auszahlen soll.
③ **Zahlungsort** Dies ist der Sitz des Geldinstitutes.
④ **Unbedingte Anweisung,** eine bestimmte Geldsumme zu zahlen Die Anweisung muß also ohne jede zusätzliche Bedingung erfolgen.
⑤ **Ort und Tag der Ausstellung des Schecks**
⑥ **Unterschrift des Ausstellers** Aussteller eines Schecks kann nur der Kontoinhaber sein oder jemand, den er dazu bevollmächtigt hat und dessen Unterschriftsprobe bei dem Geldinstitut hinterlegt ist.

[1]) vgl. den Scheck auf S. 159

• „Kaufmännische" Bestandteile

Die Scheckvordrucke enthalten außerdem weitere Bestandteile, die nicht vorgeschrieben sind, aber die Abwicklung des Scheckverkehrs erleichtern.

Kaufmännische Bestandteile des Schecks
• **Schecknummer** Die Geldinstitute versehen die Scheckformulare mit einer laufenden Nummer. Diese Nummer dient der Kontrolle und der Sicherheit, z. B. bei Sperrung von abhanden gekommenen Schecks. • **Kontonummer** Geldinstitute geben jedem Konto eine besondere Nummer, um die organisatorische Abwicklung der Kontoführung rationell gestalten zu können. • **Bankleitzahl** Um den Buchungsverkehr zwischen den Geldinstituten mit EDV-Anlagen durchführen zu können, hat jedes Geldinstitut in der Bundesrepublik Deutschland eine besondere Kennzahl erhalten. Sie ist mit der Postleitzahl vergleichbar. • **Schecksumme in Ziffern** Die Wiederholung des Betrages in Ziffern ermöglicht eine schnelle Erfassung der Summe. • **Guthabenklausel** – nicht bei Eurocheques – Sie weist den Aussteller noch einmal darauf hin, daß er für ein Guthaben auf seinem Konto zu sorgen hat. • **Name des Zahlungsempfängers und Überbringerklausel** Das Geldinstitut kann vom Scheckinhaber vor der Auszahlung des Betrages verlangen, daß er sich ausweist. Es ist dazu aber nicht verpflichtet. Die Scheckvordrucke enthalten gewöhnlich den Vermerk „... oder Überbringer" (Überbringerklausel). Diese Klausel besagt, daß das Geldinstitut an jeden Vorleger auszahlen darf, und gilt auch, wenn sie durchgestrichen ist.

Scheckarten

• Scheckarten nach der Übertragbarkeit

Schecks (wie auch Wechsel und der bereits behandelte Lagerschein) sind Wertpapiere. Zum besseren Verständnis sind auf Seite 162 wesentliche Sachverhalte über Wertpapiere zusammengestellt.

Scheckarten nach der Übertragbarkeit
Orderscheck (Namensscheck) Der Scheck ist ein geborenes Orderpapier. Enthält er beim Zahlungsempfänger (Schecknehmer) keinen Zusatz, so kann er nur mit einem Indossament weitergegeben werden. Orderschecks sind relativ selten.
Inhaberscheck Der übliche Scheck enthält die Überbringerklausel. Er wird hierdurch zu einem Inhaberpapier.
Rektascheck Durch den Vermerk „nicht an Order" kann der Orderscheck zu einem Rekta- (Namens-) Papier gemacht werden. Er kann dann nicht vom Zahlungsempfänger durch Indossament weitergegeben werden. Diese Schecks werden nur bei hohen Beträgen und im Außenhandel verwendet.

Exkurs: Wertpapiere

Wertpapiere sind Urkunden über Vermögenswerte oder Rechte, deren Ausübung an den Besitz des Papiers gebunden ist. (Urkunden sind Schriftstücke mit rechtserheblicher Bedeutung, die den Aussteller erkennen lassen.) Der aus dem Wertpapier Verpflichtete muß Leistungen nur gegen Vorlage und Rückgabe der Urkunde erbringen.

Arten von Wertpapieren

- **nach dem Ertrag**
  - Wertpapiere ohne Ertrag
    - Warenwertpapiere:
      - Konnossement[1])
      - Lagerschein[2])
      - Ladeschein[3])
    - Geldwertpapiere:
      - Banknote
      - Scheck
      - Wechsel und andere
  - Wertpapiere mit Ertrag (Kapitalwertpapiere)
    - nicht vertretbare:
      - Hypothekenbrief[4])
      - Grundschulbrief[4])
    - vertretbare (Effekten):
      - Rentenpapiere/Gläubigerpapiere/Festverzinsliche: Pfandbriefe, Schuldverschreibungen (Obligationen)
      - Dividendenpapiere/Teilhaberpapiere/Variabelverzinsliche: Aktien, Kuxe, Investmentzertifikate
- **nach der Art der Übertragung**
  - Inhaberpapiere
  - Orderpapiere
  - Namens- oder Rektapapiere

Rentenpapiere werden für Anleihen (von Hypothekenbanken, des Staates, von Unternehmungen) ausgestellt. Sie bringen ihrem Besitzer einen festen Zinsertrag und Rückzahlung des verliehenen Geldbetrags am Ende der Laufzeit.

Dividendenpapiere verkörpern Eigentumsrechte (an einer Aktiengesellschaft, einer Bergrechtlichen Gewerkschaft, einem Investmentfonds). Sie bringen dem Besitzer einen schwankenden Ertrag in Form von Gewinnanteilen.
Effekten werden vorwiegend an der Börse gehandelt. Makler ermitteln den Preis (Kurs) aufgrund von Angebot und Nachfrage.

Bei **Inhaberpapieren** ist das Recht aus dem Papier jedem (berechtigten) Inhaber zugesagt, der es durch einfache Einigung und Übergabe übertragen kann.

Bei **Orderpapieren** ist das Recht aus dem Papier einer genannten Person zugesagt, außerdem aber jedem, der von dieser Person wieder benannt wird (d. h. Order hat). Die Übertragung erfolgt durch Vermerk (Indossament) auf der Rückseite: „Für mich an Herrn ... oder dessen Order". Der Zusatz „oder dessen Order" heißt Orderklausel.
„Gekorene" Orderpapiere (Konnossement, Lager-, Ladeschein) sind eigentlich Namenspapiere, werden aber durch die erlaubte Orderklausel des Ausstellers („Lieferung/Zahlung an ... oder dessen Order") zu Orderpapieren; „geborene" Orderpapiere (Scheck, Wechsel, Aktie) müssen die Klausel nicht enthalten.
Orderpapiere werden durch die negative Orderklausel („nicht an Order") zu Namenspapieren.

Bei **Namenspapieren** ist das Recht aus dem Papier nur der genannten Person zugesagt. Diese kann es abtreten. Der Erwerber kann dann aber nur das fordern, was der Abtretende selbst zu fordern hatte. So muß er ggf. Gegenforderungen gegen den Abtretenden auch gegen sich gelten lassen. Bei Inhaber- und Orderpapieren hingegen steht ihm das volle genannte Recht zu (sog. „abstrakte Forderung").

---

[1]) Vgl. S. 400, 424 [2]) Vgl. S. 131 [3]) Vgl. S. 399, 424 [4]) Vgl. S. 510

• Scheckarten nach der Einlösungsmöglichkeit

Scheckarten nach der Einlösungsmöglichkeit
Barscheck Im Normalfalle ist jeder Scheck ein Barscheck. Das bedeutet, er wird dem Zahlungsempfänger von dem kontoführenden Geldinstitut bar an der Kasse ausgezahlt. Er dient somit dem halbbaren Zahlungsverkehr. Er wird auch für Barabhebungen vom eigenen Konto benutzt.
Verrechnungsscheck Die Barauszahlung eines Schecks kann durch den Vermerk „Nur zur Verrechnung" verhindert werden. Ein solcher Verrechnungsscheck wird dem Einreicher auf dessen Girokonto gutgeschrieben. Damit gehört der Verrechnungsscheck zum unbaren Zahlungsverkehr. Man kann Verrechnungsschecks wie Barschecks weitergeben. In der Praxis ist dies allerdings nicht üblich, sondern die Scheckempfänger reichen Verrechnungsschecks ihrem Institut (Bank, Sparkasse, Postgiroamt) zur Gutschrift ein.

Der Scheckinhaber muß weder einen Barscheck noch einen Verrechnungsscheck selbst dem bezogenen Geldinstitut zur Einlösung vorlegen, sondern kann ihn seinem eigenen Geldinstitut übergeben. Dieses zieht ihn ein und schreibt den Betrag dem Konto des Einreichers gut.

Beispiel:

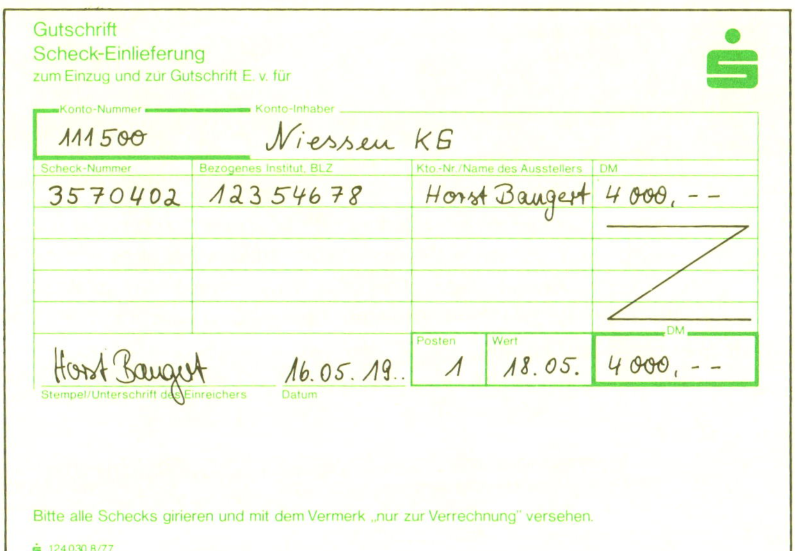
Gutschrift
Scheck-Einlieferung
zum Einzug und zur Gutschrift E. v. für

Konto-Nummer	Konto-Inhaber
111500	Niessen KG

Scheck-Nummer	Bezogenes Institut, BLZ	Kto.-Nr./Name des Ausstellers	DM
3570402	12354678	Horst Baugert	4000,--

Stempel/Unterschrift des Einreichers	Datum	Posten	Wert	DM
Horst Baugert	16.05.19..	1	18.05.	4000,--

Bitte alle Schecks girieren und mit dem Vermerk „nur zur Verrechnung" versehen.

124 030 8/77

• Eurocheques

Viele Geschäftsleute nahmen früher von unbekannten Privatleuten nur ungern Schecks an, weil sie fürchteten, der Scheck könnte ungedeckt sein und von der Bank nicht eingelöst werden. Seit 1969 geben die Geldinstitute deshalb Eurocheques in Verbindung mit Scheckkarten an ihre Kunden aus.

Beispiel:

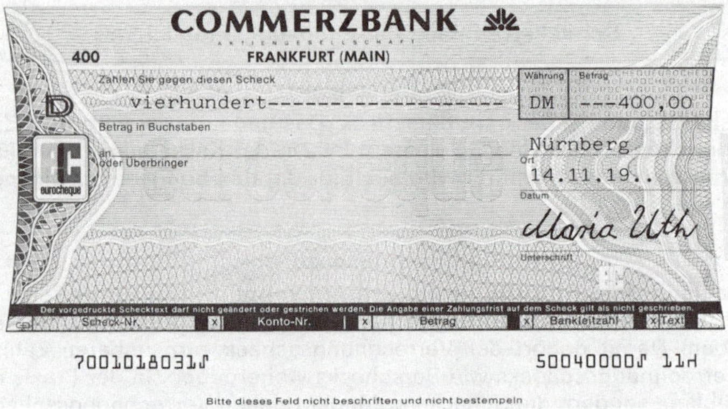

Die Geldinstitute garantieren die Einlösung dieser Schecks bis zu 400,— DM, auch wenn die Schecksumme höher und nicht gedeckt ist. Erforderlich ist, daß die auf der Rückseite der Scheckkarte vermerkten Bedingungen erfüllt sind. Vor allem muß die Scheckkartennummer auf der Rückseite des Schecks notiert werden.

Beispiel:

Scheckkarte: Vorderseite

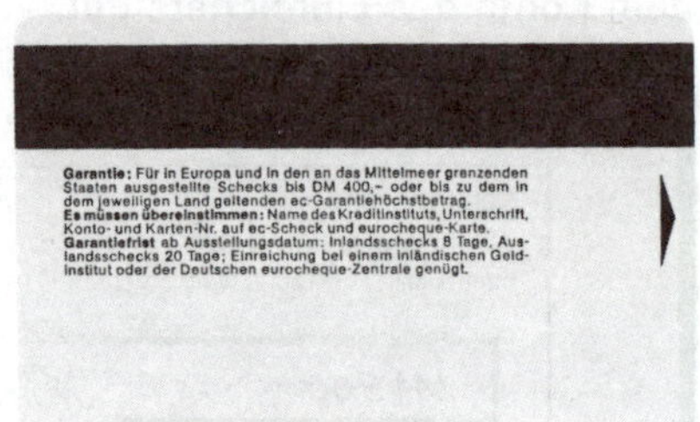

Scheckkarte: Rückseite

Auf der Rückseite der Scheckkarte sind auf einem Magnetstreifen die Bankleitzahl, die Kontonummer und eine nur dem Kontoinhaber bekannte persönliche Geheimnummer (PIN-Nummer[1])) gespeichert. Der Kontoinhaber kann deshalb mit der Scheckkarte bei jeder beliebigen Bank zu jeder Tages- und Nachtzeit an einem Bargeldautomaten Bargeld bis zu 400,— DM pro Tag von seinem Konto abheben. Er muß den gewünschten Betrag und seine Geheimnummer eingeben.

Vorlegungsfristen

Vorlegungsfristen für Schecks
Inlandsschecks **8 Tage:** Danach ist das bezogene Geldinstitut nicht verpflichtet, den Scheck einzulösen. Es kann ihn aber noch einlösen, falls ihn der Aussteller nicht inzwischen widerruft.
Auslandsschecks **20 Tage,** wenn Ausstellungsort und Zahlungsort sich in demselben Erdteil befinden; **70 Tage,** wenn Ausstellungsort und Zahlungsort sich in verschiedenen Erdteilen befinden.

[1]) engl. PIN = personal identity number

Vordatierte Schecks dürfen sofort, also schon vor dem angegebenen Ausstellungstag, vorgelegt werden und sind dann sofort zahlbar.

Scheckrückgriff

Wird der Scheck innerhalb der Vorlegungsfrist dem bezogenen Geldinstitut vorgelegt, aber nicht eingelöst, kann sich der Scheckinhaber die Nichteinlösung durch den Vermerk „Vorgelegt am ... und nicht eingelöst" auf dem Scheck bescheinigen lassen[1]).

Der Scheckinhaber muß sodann den Aussteller und, falls der Scheck durch Indossament auf ihn übertragen wurde, auch seinen Vormann innerhalb von 4 Tagen von der Nichteinlösung benachrichtigen. Dieser muß wieder seinen Vormann innerhalb von 2 Tagen benachrichtigen. (Die Benachrichtigung des Ausstellers erfolgt automatisch durch das Geldinstitut.)

Beispiel:

STADTSPARKASSE KÖLN

Vertraulich

Einschreiben

Firma
Franz Wagner
Brückenstr. 12

5000 Köln 1

Konto Nummer
47 533 658

Unser Zeichen	Telefon	Datum
mü-mi	24 36 15	18.05.19..

Nicht eingelöste Schecks

Wir benachrichtigen Sie hierdurch, daß Ihr(e) auf uns gezogener/gezogenen Scheck(s)

Nummer	über DM
208080554	2.000,-

heute zur Zahlung vorgelegt wurde(n), aber nicht eingelöst werden konnte(n), da Ihr Konto zur Zeit keine ausreichende Deckung aufweist. Den/Die Scheck(s) haben wir unserer Verpflichtung gemäß mit Vorlegungsvermerk an den/die Einreicher zurückgegeben.

Wir nehmen an, daß Ihnen in dem vorliegenden Fall ein Irrtum in Ihren Dispositionen unterlaufen ist, müssen Sie jedoch bitten, in Zukunft unbedingt dafür zu sorgen, daß uns keine auf Ihr Konto gezogenen deckungslosen Schecks präsentiert werden.

Diese Benachrichtigung nehmen wir für den/die letzten Inhaber des/der Schecks gemäß Artikel 42 des Scheckgesetzes vor. Für die Scheckrückgabe haben wir Ihr Konto mit einem Kostenersatz in Höhe von DM

6,10 belastet.

Hochachtungsvoll

i.V. [Unterschrift] i.V. [Unterschrift]

---

[1]) Es ist zu beachten, daß die Geldinstitute sich in ihren AGB das Recht einräumen, bereits erfolgte Belastungen des Kontoinhabers wieder zu stornieren, insbesondere, wenn das Konto nicht gedeckt ist. Der Scheck gilt deshalb erst dann als eingelöst, wenn die Belastung des Ausstellerkontos nicht spätestens am 2. Buchungstag nach der Belastungsbuchung storniert wird.

Der Scheckinhaber hat dann gegenüber dem Aussteller und den Vormännern ein Rückgriffsrecht. Er kann von ihnen verlangen:

- Schecksumme,
- Zinsen (2% über dem Diskontsatz, mindestens 6% seit dem Tag der Vorlegung),
- ⅓% Provision aus dem Scheckbetrag,
- Ersatz der entstandenen Kosten.

Verweigern Aussteller oder Vormann die Zahlung, so kann der Scheckinhaber die Scheckklage einreichen. Sie vollzieht sich wie die Wechselklage[1]).

Verlust eines Schecks

Geht ein Scheck verloren, so muß man damit rechnen, daß ein unredlicher Finder ihn sofort bei dem bezogenen Geldinstitut vorlegt, das ihm den Scheckbetrag ohne weiteres auszahlt bzw. auf seinem Konto gutschreibt.

Beim Verlust eines Schecks sollte man daher das bezogene Geldinstitut umgehend benachrichtigen und den Scheck sperren lassen. Das Geldinstitut ist aber innerhalb der Vorlegungsfrist von 8 Tagen nicht verpflichtet, dieser Aufforderung nachzukommen, denn ein solches Verfahren kommt einem Widerruf des Schecks gleich. In der Regel wird es jedoch einen gesperrten Scheck nicht auszahlen.

Der Verlierer kann ferner beim Amtsgericht des Zahlungsortes das Aufgebotsverfahren (Amortisation) beantragen, das nach Ablauf einer Aufgebotsfrist zur Kraftloserklärung des Schecks führt.

Grundsätzlich lehnen die Geldinstitute in ihren „Allgemeinen Geschäftsbedingungen" die Verantwortung ab, wenn Schecks durch Nachlässigkeit des Kunden mißbräuchlich verwendet werden. Alle Folgen des Verlustes, der mißbräuchlichen Verwendung, der Fälschung und Verfälschung von Schecks trägt demnach der Kunde. Bei gleichzeitigem Verlust von Eurocheques und Scheckkarte trägt allerdings eine von der Bank abgeschlossene Versicherung 90% des Schadens, der dem Kontoinhaber entsteht.

Besonderheiten des Postschecks

Für den Postscheck gilt grundsätzlich alles bereits über den Scheck Gesagte. Es können jedoch keine Order- und Rektaschecks ausgestellt werden. Für den **Postbarscheck** gelten folgende Besonderheiten:

Der Postgirokunde kann mit einem Postbarscheck bei einem von ihm vorher bestimmten Postamt Bargeld abheben oder abheben lassen. Der Postbarscheck darf keinen Verrechnungsvermerk tragen. Außerdem ist eine grüne **Ausweiskarte** vorzulegen, um unberechtigte Abhebungen auszuschalten. Beim kontoführenden Postgiroamt ist die Barabhebung auch ohne Ausweiskarte möglich (sog. Kassenscheck). Der Kassenscheck wird also stets an jeden ausgezahlt, der ihn vorlegt.

---

[1]) vgl. S. 179

Beispiel:

Postgiroamt
5000 Köln

Konto-Nr.
970 26-502

Bankleitzahl
370 100 50

Zahlen Sie gegen diesen Scheck aus meinem/unserem Guthaben

— Zweihundertsechzig 85/100 —
(Deutsche Mark in Buchstaben)

DM
— 260,85 —

Pf wie nebenstehend

an Horst Witte oder Überbringer

970 26-502

BOLL, JUERGEN
5000 KOELN 1

Köln, 28.02.19..
(Ausstellungsort, Datum)

Jürgen Boll
(Unterschrift des Ausstellers)

Verwendungszweck
(Mitteilung für den Zahlungsempfänger)

Der vorgedruckte Schecktext darf nicht geändert oder gestrichen werden. Die Angabe einer Zahlungsfrist auf dem Scheck gilt als nicht geschrieben.

Scheck-Nr. | Konto-Nr. | Betrag | Bankleitzahl | Text

2084741900151⑈ 0097026502⑆ 37010050⑈ 01⑆

Bitte dieses Feld nicht beschriften und nicht bestempeln

AUSWEISKARTE
Postgirokonto Köln
Nr. 970 26-502

DEUTSCHE BUNDESPOST

Diese Ausweiskarte ist dem Postamt beim Einlösen von Postbarschecks vorzulegen; sie ist gesichert aufzubewahren.

Möchte der Kontoinhaber seinem Postgirokonto **Schecks gutschreiben** lassen, so sendet er sie zusammen mit einem Zahlschein, bei dem der Lastschriftbeleg abgetrennt ist, an sein Postgiroamt ein. Handelt es sich um mehrere Schecks, so fügt er ein Scheckeinreichungsverzeichnis bei und vermerkt auf dem Zahlschein den Gesamtbetrag.

Kontrolle des Lernerfolgs

1. Beschreiben Sie den Unterschied zwischen
   a) Barscheck und Verrechnungsscheck,
   b) Inhaberscheck und Namensscheck,
   c) Scheck und Eurocheque.

2. Verrechnungsscheck und Überweisung zählen zum bargeldlosen Zahlungsverkehr.
   a) Beschreiben Sie den unterschiedlichen Ablauf der Zahlungsweisen.
   b) Stellen Sie dies auch in einer Zeichnung dar.
   c) In welchem Fall könnte die Verwendung eines Verrechnungsschecks günstiger sein als die einer Überweisung?

3. Aus welchen Gründen wird der Eurocheque immer mehr benutzt?

4. Aus welchen Gründen benutzen die Unternehmungen meist nur die „normalen" Schecks?

5. Die Großhandlung Hubert Schmidt bezahlt eine Rechnung ihres Lieferers Peter Altmann & Co. vom 19. 09. 19.. über 4200,— DM unter Abzug von 3% Skonto durch Postüberweisung von 2000,— DM und durch einen Verrechnungsscheck über den Restbetrag.
   a) Füllen Sie ein entsprechendes Scheckformular aus. (Fehlende Angaben ergänzen Sie selbst.)
   b) Schreiben Sie ein Begleitschreiben zur Übersendung des Schecks.
   c) Erläutern Sie den weiteren Weg des Schecks.
   d) Der Scheck wird von dem bezogenen Geldinstitut mangels Deckung nicht eingelöst. Schreiben Sie eine Rückrechnung von Altmann an Schmidt.

4.7 Zahlung mit Kreditkarte

Kreditkarten werden von Kreditkartenorganisationen Firmen und anderen kreditwürdigen Personen mit einem bestimmten Mindestjahreseinkommen gegen Entrichtung einer Jahresgebühr angeboten. Mit der Karte kann der Inhaber **bargeldlos** Rechnungen bei Vertragsunternehmen der Kreditkartenorganisation begleichen. Der Kunde ist so **stets zahlungsfähig,** ohne Bargeld oder Schecks mitführen zu müssen. Insbesondere Geschäftsreisende zahlen häufig mit Kreditkarte.

Beispiele:

Die Zahlung mit Kreditkarte vollzieht sich wie folgt:

- Der Karteninhaber legt dem Vertragsunternehmen die Kreditkarte vor und unterschreibt einen Leistungsbeleg, z. B.:

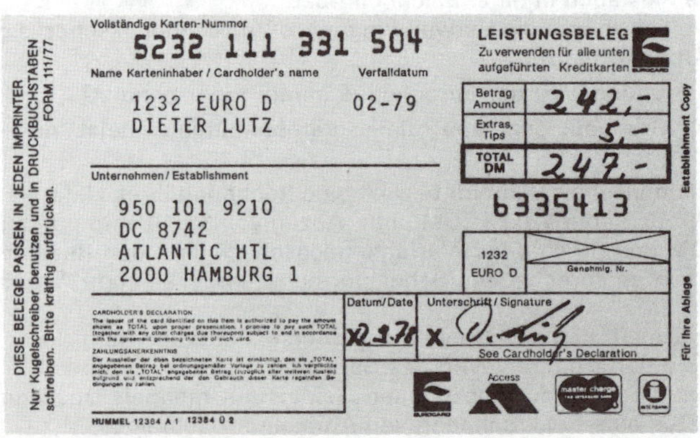

DIESE BELEGE PASSEN IN JEDEN IMPRINTER
Nur Kugelschreiber benutzen und in DRUCKBUCHSTABEN schreiben. Bitte kräftig aufdrücken.
FORM 111/77

Vollständige Karten-Nummer
5232 111 331 504

LEISTUNGSBELEG
Zu verwenden für alle unten aufgeführten Kreditkarten

Name Karteninhaber / Cardholder's name
1232 EURO D
DIETER LUTZ

Verfalldatum
02-79

Betrag Amount	242,-
Extras, Tips	5,-
TOTAL DM	247,-

Unternehmen / Establishment
950 101 9210
DC 8742
ATLANTIC HTL
2000 HAMBURG 1

6335413

1232 EURO D
Genehmig. Nr.

Establishment Copy

CARDHOLDER'S DECLARATION

ZAHLUNGSANERKENNTNIS

Datum/Date
Unterschrift / Signature
See Cardholder's Declaration

Access

Für Ihre Ablage

HUMMEL 12384 A 1 12384 0 2

- Der Vertragsunternehmer reicht der Kreditkartenorganisation den Beleg ein und erhält (nach etwa einem Monat) eine Gutschrift auf seinem Konto, eine Provision (zwischen 2,75% und 7%) wird ihm einbehalten.

- Die Kreditkartenorganisation schickt dem Karteninhaber monatlich eine detaillierte Sammelrechnung über die fälligen Zahlungen und bucht den Gesamtbetrag im Wege des Lastschrifteinzugsverfahrens von seinem Konto ab.

Die Kreditkarten bieten darüber hinaus **Zusatzleistungen** wie

- Erlaß der sonst üblichen Kaution für Mietwagen,
- automatischen Einschluß einer Reiseunfallversicherung.

Außerdem kann man sich bei den meisten Kreditinstituten gegen Vorlage der Kreditkarte Bargeld auszahlen lassen (bei der Eurocard z. B. bis 4000,— DM pro Woche).
Mitte 1989 waren die **größten Kreditkartenorganisationen** in der Bundesrepublik Deutschland:

- Eurocard (125000 Vertragsunternehmer),
- American Express (100000 Vertragsunternehmer),
- Visa (100000 Vertragsunternehmer),
- Diners Club (95000 Vertragsunternehmer).

Kontrolle des Lernerfolgs

Vergleichen Sie Scheckkarte/Eurocheque und Kreditkarte.
a) Wo kann der Karteninhaber bezahlen?
b) Bei welchem System ist die Abrechnung einfacher?
c) Welche Kosten entstehen
  - dem Karteninhaber,
  - dem Vertragsunternehmen?
d) Welche Vorteile bieten die Karten
  - dem Karteninhaber,
  - dem Vertragsunternehmen?

4.8 Zahlung durch Wechsel

Kreislauf des Wechsels

Die Großhandlung Huth & Söhne bestellt bei der Spirituosenfabrik Walter Diekers KG Spirituosen für 6000,— DM, fällig am 31. 08. 19. . Wegen der sommerlichen Absatzflaute hat die Firma Huth und Söhne nicht genügend Barmittel, weiß aber aus Erfahrung, daß die bestellten Waren spätestens nach drei Monaten verkauft sein werden. Sie möchte deshalb ein Zahlungsziel von drei Monaten.
Die Firma Diekers dagegen sieht lieber Bargeld. Sie will zwar das Geschäft abschließen, hat aber selbst Verbindlichkeiten gegenüber der Dausenauer Glas AG für einen Flaschenkauf über 8000,— DM. Durch einen Wechsel kann beiden Partnern geholfen werden:
Diekers ist bereit, einen Wechsel von Huth in Zahlung zu nehmen. Dausenauer Glas hat sich seinerseits bereit erklärt, von Diekers Wechsel anzunehmen.

Beispiel:

(7) Düsseldorf, den 31. August 19 . .
(1) Ort und Tag der Ausstellung (Monat in Buchstaben)
(2) Nr. d. Zahl.-Ortes | Wuppertal (Zahlungsort) | 30.11. . . (Verfalltag)

Gegen diesen **Wechsel** - erste Ausfertigung - zahlen Sie am (4) 30. November 19 . .
Monat in Buchstaben

(6) an Dausenauer Glas AG, Röderweg 3, 5409 Dausenau — DM 6 000,00
Betrag in Ziffern

Deutsche Mark sechstausend---------------- Pfennige wie oben
Betrag in Buchstaben

Bezogener (3) Huth & Söhne
Spirituosengroßhandlung
in (5a) 5600 Wuppertal 2, Lange Hecke 12
Ort und Straße (genaue Anschrift)

Zahlbar in (5) Wuppertal
Zahlungsort
bei Volksbank Wuppertal — 753096
Name des Kreditinstituts — z. L. Konto Nr.

Walter Diekers KG
Spirituosenfabrik
Nordstr. 11
4000 Düsseldorf 30
(8) Diekers
Unterschrift und genaue Anschrift des Ausstellers

Angenommen: Jens Huth

sigel-formular Einheitswechsel Din 5004

Stempelmarken auf der Rückseite unmittelbar unter diesem Rande aufkleben!

Die Firma Diekers stellt den Wechsel aus. Der Wechseltext enthält eine Anweisung an Huth & Söhne, am 30. November an Dausenauer Glas AG die Summe von 6000,— DM zu zahlen. Man sagt: Diekers zieht den Wechsel auf Huth. Ein solcher Wechsel heißt deshalb **gezogener Wechsel** oder **Tratte**[1]).

Die Firma Huth & Söhne heißt **Bezogener.**

Huth unterschreibt diese Tratte am linken Rand und akzeptiert durch dieses **Querschreiben** verbindlich die Anweisung von Diekers. Den akzeptierten Wechsel nennt man ebenso wie die Unterschrift **Akzept.**

[1]) von lat. trahere = ziehen

Diekers erhält das Akzept zurück und gibt es an die Dausenauer Glas AG zur Zahlung weiter. Die Dausenauer Glas AG heißt deshalb **Wechselnehmer** oder **Remittent**[1]), der weitergegebene Wechsel trägt den Namen **Rimesse.**

Am 30. November legt die Dausenauer Glas AG den Wechsel dem Bezogenen zur Einlösung vor.

Der *gezogene Wechsel* ist eine Anweisung des Ausstellers an den Bezogenen, eine bestimmte Summe an einem bestimmten Termin an den Wechselnehmer zu zahlen.

Die Zahlungsanweisung darf nicht an eine Bedingung geknüpft sein. Ein Schuldgrund darf nicht angegeben werden.

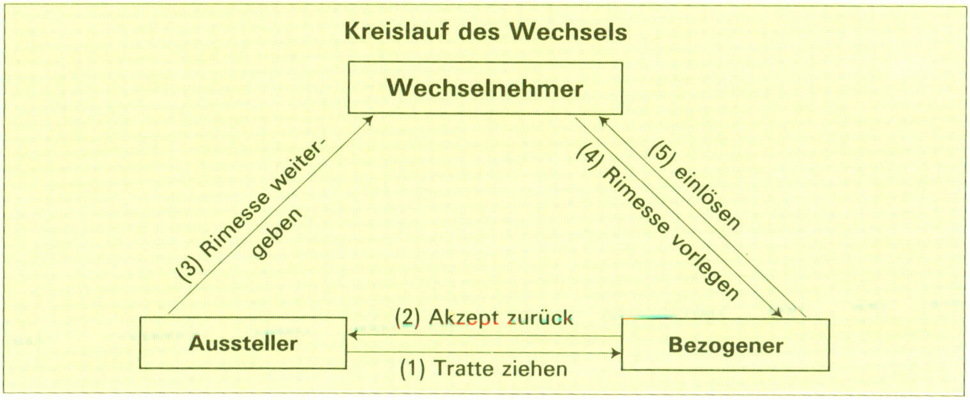

Beispiel: Bitte um Annahmevermerk, Akzeptierung

Brief der Walter Diekers KG an Huth & Söhne (Auszug):

31.08.19..

Bitte um Annahmevermerk

Wir haben Ihre Bestellung vom 24.08.19.. ausgeführt und überreichen Ihnen zum Ausgleich der beiliegenden Rechnung Nr. 1213 einen Wechsel über

6 000,00 DM, fällig am 30.11.19.. in Wuppertal, Order Dausenauer Glas AG, Dausenau.

Wir bitten Sie um Rücksendung des akzeptierten Wechsels und um pünktliche Einlösung.

[1]) von lat. remittere = zurückschicken, übergeben

Brief von Huth & Söhne an Walter Diekers KG (Auszug):

01.09.19..

Wechselakzept

Den auf uns gezogenen Wechsel über

6 000,00 DM, fällig am 30.11.19.. in Wuppertal,
Order Dausenauer Glas AG, Dausenau,

haben wir angenommen und versteuert. Wir fügen das Akzept bei und bitten um Gutschriftsanzeige.

Der Einfachheit halber füllt der Bezogene den Wechsel häufig selbst aus und sendet ihn mit seinem Akzept an den Gläubiger. Dieser bleibt aber juristisch nach wie vor der Aussteller. Er muß lediglich noch als solcher unterschreiben.

Es ist in der Praxis eigentlich eine Ausnahme, daß der Aussteller bereits bei der Wechselziehung einen Wechselnehmer kennt. Er setzt sich dann selbst als Wechselnehmer ein: „... zahlen Sie ... an mich" oder „... zahlen Sie ... an eigene Order". Er kann den Wechsel durch einen Übertragungsvermerk auf der Rückseite (Indossament) weitergeben („beordern").

Handelswechsel und Finanzwechsel

Der Wechsel im obigen Beispiel wurde ausgestellt, um einen Warenkauf durch die Firma Huth & Söhne zu finanzieren. Ein solcher Wechsel wird als **Handelswechsel** bezeichnet. In der Regel reicht die Zeitspanne bis zum Verfalltag aus, um die Ware weiterzuverkaufen. Mit dem Verkaufserlös kann der Wechsel am Zahlungstag eingelöst werden.

Einem **Finanzwechsel** liegt kein Warenumsatz zugrunde. Er dient lediglich der kurzfristigen Geldbeschaffung.

Beispiel:
Die Säumig OHG verfügt momentan nicht über ausreichende flüssige Mittel zur Begleichung ihrer Schulden. Ein Geschäftsfreund erklärt sich bereit, einen Wechsel der Säumig OHG zu akzeptieren. Diese begleicht damit ihre Liefererverbindlichkeiten und bemüht sich, vor dem Zahlungstag das Geld zu beschaffen und dem Bezogenen für die Wechseleinlösung zur Verfügung zu stellen.

Finanzwechsel sind bedeutend weniger sicher als Handelswechsel. Dies gilt allerdings mit einer Ausnahme: Bisweilen gestatten Banken guten Kunden, Wechsel auf sie zu ziehen. Solche „Bankakzepte" sind besonders sicher und werden deshalb von jedem Lieferer – auch im Ausland – gern in Zahlung genommen[1]).

[1]) vgl. auch S. 515

Bestandteile des Wechsels

• Gesetzliche Bestandteile des Wechsels

Das Wechselgesetz schreibt mehrere Bestandteile verbindlich vor.

Gesetzliche Bestandteile des Wechsels[1])
① **Bezeichnung als Wechsel im Text der Urkunde**
② **Unbedingte Anweisung, eine bestimmte Summe zu zahlen**
③ **Name des Bezogenen**
④ **Angabe der Verfallzeit** Nach der Art der Angabe des Verfalltags unterscheidet man: – *Tagwechsel (Datumswechsel)* Der Verfalltag ist kalendermäßig angegeben, z. B. „am 30. Nov. 19..“ – *Zeitwechsel (Datowechsel)* Der Verfalltag ist als eine bestimmte Zeitspanne nach dem Ausstellungstag angegeben, z. B. „nach 90 Tagen“. (Anwendung, wenn die Laufzeit feststeht, nicht aber der Ausstellungstag) – *Sichtwechsel* Der Wechsel ist bei Vorlage fällig („Zahlen Sie bei Sicht“). Er ist binnen 1 Jahr vorzulegen. (Anwendung vor allem im Überseegeschäft) Als Sichtwechsel gilt auch ein Wechsel ohne Angabe der Verfallzeit. – *Nach-Sichtwechsel* Der Wechsel ist eine bestimmte Zeit nach Vorlagedatum (Datum des Akzepts) fällig („Zahlen Sie 90 Tage nach Sicht.“) (ebenfalls Anwendung im Überseeverkehr)
⑤ **Angabe des Zahlungsortes** (5a) Der Wechsel kann an einem beliebigen Ort zahlbar gestellt werden. Fehlt die Angabe, so gilt der beim Namen des Bezogenen angegebene Ort gleichzeitig als Wohnort und Zahlungsort. Um die Einlösung zu erleichtern, wird meist die Bank des Bezogenen als Zahlungsort angegeben (sog. Zahlstellenvermerk).
⑥ **Angabe des Wechselnehmers** Der Wechsel kann, wie schon gesagt, an eigene oder fremde Order ausgestellt werden.
⑦ **Ort und Tag der Ausstellung** Fehlt der Ausstellungsort, so gilt der ggf. beim Aussteller angegebene Ort. Der Monat sollte in Buchstaben geschrieben werden.
⑧ **Eigenhändige Unterschrift des Ausstellers** Durch seine Unterschrift haftet der Aussteller für die Akzeptierung und Einlösung des Wechsels.

• „Kaufmännische“ Bestandteile des Wechsels

Die Wechselvordrucke enthalten weitere Bestandteile, die nicht vorgeschrieben sind, aber die Abwicklung des Wechselverkehrs erleichtern.

„Kaufmännische“ Bestandteile des Wechsels
• Ortsnummer des Zahlungsortes (Verzeichnis des Rationalisierungskuratoriums der Deutschen Wirtschaft) • Wiederholung des Zahlungsortes und des Verfalltages am oberen Rand • Wiederholung der Wechselsumme in Ziffern • Anschrift des Ausstellers bei der Unterschrift • Zahlstellenvermerk • Zusatz „erste“ bzw. „zweite Ausfertigung“, wenn (im Außenhandel) mehrere Originalausfertigungen vorkommen

[1]) Die Zahlen beziehen sich auf den Wechsel auf S. 170.

Akzeptierung und Versteuerung des Wechsels

Durch den Annahmevermerk („Querschreiben" am linken Rand) haftet der Bezogene nach den Bestimmungen des Wechselgesetzes für die Einlösung des Wechsels am Verfalltag.

Arten des Akzepts nach der äußeren Form	
Kurzakzept	**Vollakzept**
besteht nur aus der Unterschrift des Bezogenen. Angenommen Huth	enthält Ort, Datum, Unterschrift (notwendig bei Nach-Sichtwechseln) Angenommen Wuppertal, 1. Sept. 19.. Huth

Arten des Akzepts nach dem Inhalt		
Teilakzept	**Blankoakzept**	**Avalakzept**
akzeptiert nur einen Teil der Wechselsumme (z. B. weil ein Preisnachlaß verlangt wird). Angenommen für 4000,00 DM Huth	wird auf einem unvollständig ausgefüllten Wechselformular gegeben, etwa bei fehlender Wechselsumme (Vorsicht!). Es kann ein **Kurz- oder Vollakzept** sein.	ist das zusätzliche Akzept eines selbstschuldnerisch haftenden Bürgen (Aval[1])). Von ihm kann unmittelbar Zahlung verlangt werden. per Aval Berger

Für jeden in Umlauf gesetzten Wechsel ist durch Aufkleben einer Steuermarke oder durch Freistempler **Wechselsteuer** zu zahlen (0,15 DM je angefangene 100,— DM Wechselsumme). Die Marke ist durch Eintragung des Datums (Monat in Buchstaben!) zu entwerten. Der Wechsel befindet sich in Umlauf, wenn er das Haus des Bezogenen verläßt. Die Steuer soll 1991 abgeschafft werden.

Verwendung des Wechsels

• Aufbewahrung

Der Aussteller kann den Wechsel bis zum Verfalltag **aufbewahren.** Er gewährt so seinem Kunden bis zum Verfalltag einen Kredit zur Finanzierung eines Warengeschäftes. Man spricht deshalb von einem „Handelswechsel", der aus dem Erlös für den Warenverkauf wieder eingelöst werden kann. Der Wechsel dient als **Kreditmittel.**

• Weitergabe zahlungshalber

Der Aussteller kann den Wechsel zahlungshalber an einen Lieferer **weitergeben.** Er dient dann als **Zahlungsmittel.** Der Lieferer kann ihn wiederum an einen „Nachmann" weitergeben.

---

[1]) von frz. aval = Bürgschaft, insbesondere Wechselbürgschaft; Avalist = Wechselbürge; vgl. auch S. 515

Beispiele: Rechnungsausgleich

Brief der Walter Diekers KG an Dausenauer Glas AG (Auszug):

```
                                              04.09.19..

      Rechnungsausgleich


      Wir begleichen Ihre Rechnung Nr. 1677 vom 20.08.19.. durch

      1. Rimesse auf Huth & Söhne, Wuppertal        6 000,00 DM
      2. Scheck auf Stadtsparkasse Düsseldorf       2 000,00 DM
                                                    8 000,00 DM

      Wir bitten um Gutschrift.
```

Brief der Dausenauer Glas AG an Walter Diekers KG (Auszug):

```
                                         09.09.19..

      Rechnungsausgleich

      Wir haben Ihren Scheck über 2 000,00 DM und Ihren Wechsel über
      6 000,00 DM erhalten und zum 05.09.19..

               abzüglich Diskont 6 %     85,00 DM

      Ihrem Konto gutgeschrieben.
```

• Diskontierung

Der jeweilige Wechselinhaber kann den Wechsel vor dem Verfalltag an eine Bank **verkaufen,** die ihn diskontiert, d. h. den Gegenwert unter Abzug von Zinsen bis zum Verfalltag auszahlt. Die Banken kaufen nur Handelswechsel an.

Beispiel:

Handelswechsel-Abrechnung

für

Folgende Wechsel haben wir von Ihnen zum Diskont hereingenommen.

Vom Einreicher auszufüllen:

Kontroll-Nr.	Zahlungsort	Verfall	Betrag	Tage	Zinszahlen	Zinssatz	Zinsen	Provision	Auslagen
	Wuppertal	30.11.	6 000,00	60	3600	6	60,00	0,00	0,00

Tag der Einreichung: 30.09.19.. Zahl der Wechsel: 1

Zinsen, Prov., Ausl.	60,00
Wert: 30.09.	5 940,00

Den Endbetrag haben wir Ihrem Konto gutgeschrieben.

Der Barwert wird „Eingang vorbehalten" gutgeschrieben.

Die Banken ihrerseits lassen die Wechsel gern (zu einem günstigeren Diskontsatz) von den Landeszentralbanken (LZB) rediskontieren (= noch einmal diskontieren).

Dazu müssen die Wechsel allerdings den **Anforderungen der LZB** entsprechen:

- Sie müssen gute Handelswechsel sein.
- Sie müssen mindestens drei Unterschriften von als zahlungsfähigen bekannten Personen tragen.
- Die Restlaufzeit darf höchstens drei Monate betragen.
- Die Wechsel müssen akzeptiert sein.
- Die Wechsel müssen bei einem Kreditinstitut an einem Bankplatz zahlbar gestellt sein (d. h. einem Ort mit einer LZB). In dieser Anforderung liegt ein Anreiz für die Anbringung eines Zahlstellenvermerkes auf dem Wechsel, denn die Banken diskontieren nicht rediskontfähige Wechsel zu einem ungünstigeren Diskontsatz.

• Wechsellombardierung

Der Wechselinhaber kann den Wechsel bei einer Bank **verpfänden** (lombardieren), um sich einen Kredit zu verschaffen. Der hierfür berechnete Zinssatz (Lombardsatz) liegt in der Regel 1% über dem Diskontsatz.

• Einreichung zum Inkasso

Der Wechselinhaber kann den Wechsel vor dem Verfalltag seiner Bank gegen Berechnung einer Provision **zum Einzug einreichen.**

Indossament

Der Wechsel ist ein „Orderpapier": Der Bezogene schuldet nicht nur dem genannten Wechselnehmer die volle Leistung am Verfalltag, sondern jedem, der von dem Wechselnehmer „Order" hat, d. h. von ihm als Nachmann benannt wird. Das Beordern erfolgt durch ein Indossament und hat folgende Wirkungen:

- **Transportwirkung**
  Das Eigentum wird auf den Nachmann übertragen
- **Legitimationswirkung**
  Durch die lückenlose Kette der Indossamente weist sich der Inhaber als rechtmäßiger Eigentümer aus.
- **Haftungswirkung**
  Jeder, der seine Unterschrift auf einen Wechsel setzt, haftet allen Nachmännern gegenüber für die Einlösung des Wechsels.

Das Indossament heißt auch Giro; der Weitergebende heißt Vormann, Indossant oder Girant; der Nachmann heißt auch Indossat, Indossatar, Girat, Giratar.

Beispiel: Indossamente

① **Vollindossament**
enthält den Namen des Nachmanns (ggf. mit Oderklausel), Ort, Datum, Unterschrift.

② **Blanko- oder Kurzindossament**
enthält nur die Unterschrift des Vormanns. Das Blankoindossament macht den Wechsel zum Inhaberpapier: Jeder Inhaber kann seinen eigenen Namen oder den seines Nachmanns über die Unterschrift des Vormanns setzen (genügend Platz lassen!) oder aber den Wechsel blanko, also ohne Namensnennung, weitergeben. Man verwendet das Blankoindossament, wenn man nicht sicher ist, ob der Gläubiger den Wechsel in Zahlung nehmen wird.

③ **Inkassoindossament**
wird für die Einreichung des Wechsels zum Inkasso benutzt und muß den Zusatz „zum Inkasso", „zum Einzug" enthalten. Es überträgt nicht das Eigentum, sondern nur den Besitz am Wechsel. Folgende Indossamente können nur Inkassoindossamente sein.

④ **Weiteres Inkassoindossament**

⑤ **Quittungsvermerk**
Der Wechsel verbleibt nach Einlösung beim Bezogenen.

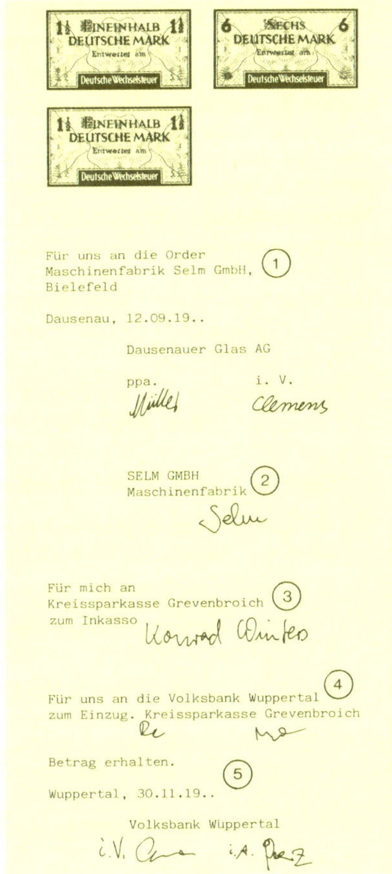
1½ EINEINHALB 1½ DEUTSCHE MARK Entwertet am Deutsche Wechselsteuer

6 SECHS 6 DEUTSCHE MARK Entwertet am Deutsche Wechselsteuer

1½ EINEINHALB 1½ DEUTSCHE MARK Entwertet am Deutsche Wechselsteuer

Für uns an die Order
Maschinenfabrik Selm GmbH, ①
Bielefeld

Dausenau, 12.09.19..

Dausenauer Glas AG

ppa. i. V.

SELM GMBH ②
Maschinenfabrik

Für mich an
Kreissparkasse Grevenbroich ③
zum Inkasso

④
Für uns an die Volksbank Wuppertal
zum Einzug. Kreissparkasse Grevenbroich

Betrag erhalten. ⑤

Wuppertal, 30.11.19..

Volksbank Wuppertal

Reicht die Rückseite des Wechsels nicht für die Indossamente aus, so ist eine Verlängerung (Allonge) oder ein neues Wechselformblatt anzukleben. Die Verbindungsstelle wird gestempelt. Die Vorderseite wiederholt die Wechselangaben.

Einlösung am Zahlungstag

Der Wechselinhaber muß den Wechsel am Zahlungstag oder einem der beiden folgenden Werktage dem Bezogenen am Zahlungsort innerhalb der ortsüblichen Geschäftszeit auf seine Kosten (Holschuld!) zur Einlösung präsentieren, die Zahlung quittieren und den Wechsel aushändigen. Bis zu einer Wechselsumme von 3000,— DM kann auch die Post mit dem Einzug beauftragt werden.
Der Zahlungstag ist der Verfalltag. Wenn dieser auf einen Samstag, Sonntag oder gesetzlichen Feiertag fällt, so ist der nächste Werktag Zahlungstag.

Notleidender Wechsel

Der Wechsel ist kein gewöhnlicher Schuldschein, sondern eine durch die besondere „Wechselstrenge" des Wechselgesetzes geschützte Urkunde. Er wird deshalb gern in Zahlung genommen. Die Wechselstrenge zeigt sich deutlich, wenn der Bezogene den Wechsel am Verfalltag nicht einlöst:

- Der Wechselinhaber muß dann am 1. oder 2. Werktag nach dem Zahlungstag **„Protest erheben"**, d. h. sich die Nichteinlösung auf dem Wechsel amtlich bestätigen lassen. Die Protesturkunde kann ausgestellt werden durch den Postzusteller (bis 3000,— DM), durch den Gerichtsvollzieher, durch den Notar.

- Der Wechselinhaber muß seinen Vormann und den Aussteller binnen 4 Tagen benachrichtigen, jeder Vormann den eigenen Vormann binnen 2 Tagen **(Notifikationspflicht).** (Man erkennt hier den Sinn der Anschrift bei der Unterschrift des Ausstellers.)

- Der Wechselinhaber kann nun in beliebiger Reihenfolge auf Vormänner und Aussteller **Rückgriff** (Regreß) nehmen, d. h. sofortige Zahlung verlangen:
  - Wechselsumme,
  - Protestkosten und Auslagen,
  - Zinsen seit dem Verfalltag, 2% über dem Bundesbankdiskontsatz, mindestens aber 6%,
  - ⅓% Provision aus der Wechselsumme,

Beispiel: Wechsel-Rückrechnung
Brief von Konrad Winters an Maschinenfabrik Selm GmbH (Auszug):

Betreff
Wechsel-Rückrechnung

Den uns in Zahlung gegebenen Wechsel über

6 000,00 DM zum 30.11.19.. auf Huth & Söhne

erhalten Sie in der Anlage mangels Zahlung protestiert zurück.
Mit dem Betrag der folgenden Rückrechnung haben wir Ihr Konto,
Wert 30.11.19.., belastet und bitten um Begleichung.

Hochachtungsvoll

Wechsel-Rückrechnung

Wechsel-Betrag	6 000,00 DM
Protestkosten	20,00 DM
Postspesen für Benachrichtigung und Hersendung	1,60 DM
7 % Zinsen für 5 Tage	5,83 DM
1/3 % Provision	20,00 DM
Gesamtbetrag	6 047,43 DM

- Ein Rückgriff auf alle Vormänner und den Aussteller **ohne** Protesterhebung ist nur möglich, wenn der Aussteller seine Unterschrift durch den Zusatz „Ohne Protest" oder „Ohne Kosten" ergänzt. Hierdurch sollen Prostestkosten gespart werden.
  Der Aussteller gibt oft auch seine Anschrift an, damit der Wechsel bei Nichteinlösung sofort an ihn zurückgereicht werden kann. Auch so spart er Kosten.

- Der beanspruchte Vormann kann gegen Zahlung Wechsel und Quittung verlangen, sein Indossament und das seiner Nachmänner durchstreichen und entsprechend auf seine Vormänner zurückgreifen. Der Wechsel landet so letztlich beim Aussteller.

- Wird ein Wechselinhaber beim Rückgriff nicht befriedigt, so kann er gegen seine Vormänner, den Aussteller und den Bezogenen bei einem einzigen Gericht gleichzeitig vorgehen, indem er einen **Wechselmahnbescheid** erwirkt oder eine **Wechselklage** einreicht. Dabei kommt dem Wechselinhaber zugute:

  - Als Beweismittel sind nur die Wechselurkunde selbst, die Protesturkunde und die Aussagen der Parteien zulässig, nicht etwa andere Schriftstücke oder Zeugenaussagen (Urkundenprozeß).

  - Der Beklagte kann nur Einwendungen gegen die Wechselurkunde selbst (Fälschung, Formmangel, Unterlassung des Protestes) oder direkte Gegenansprüche gegen den Kläger geltend machen (Stundung, Mängelrüge, Aufrechnung). Man nennt den Wechsel deshalb ein „abstraktes Zahlungsversprechen". Er ist losgelöst von dem ursprünglichen Warengeschäft.

    Beispiel:
    In unserem ursprünglichen Beispiel[1]) könnten etwa Huth & Söhne gegenüber der Dausenauer Glas AG nicht die Zahlung verweigern, weil sie eine Mängelrüge gegenüber dem Aussteller anzubringen haben. Diese Einrede können sie nur anbringen, wenn Diekers klagt. Jeder spätere Wechselinhaber muß sich auf die Einlösung des Wechsels verlassen können, gleich welche Ansprüche zwischen Aussteller und Bezogenem bestehen.

  - Das Urteil (bzw. der Mahnbescheid nach Fristablauf) wird sofort für vollstreckbar erklärt. Der Schuldner kann gepfändet werden.

- Es **verjähren**
  - die Ansprüche gegen den Akzeptanten 3 Jahre nach Verfall,
  - die Ansprüche des letzten Inhabers gegen Vormänner und Aussteller 1 Jahr nach Protesterhebung,
  - die Ansprüche von Nachmännern gegenüber Vormännern und Aussteller binnen 6 Monaten.

- Wirtschaftlich bedeutet ein zu Protest gegangener Wechsel für den Bezogenen den **Verlust der Glaubwürdigkeit und der Kreditwürdigkeit.** Er wird in Zukunft nur sehr schwer Kredite (mit – und erst recht ohne – Wechsel) bekommen können. Das kann der Anfang vom (wirtschaftlichen) Ende für ihn sein.
  Ein zu Protest gegangener Wechsel läßt sich in den meisten Fällen auch nicht verheimlichen. Die Geldinstitute ziehen für ihre Kunden die meisten Wechsel ein. Sie wollen sich allesamt schützen. Deshalb halten sie die Namen der „schwarzen Schafe" in einer „Protestliste" fest.

Die Wechselstrenge macht den Wechsel zu einem gern benutzten **Kreditsicherungsmittel** für den jeweiligen Wechselinhaber. Auch Banken lassen sich von ihren Kreditnehmern zur Sicherheit oft Wechsel geben, die sie aufbewahren und nur präsentieren, wenn der Kreditnehmer seinen Pflichten nicht nachkommt. Statt des gezogenen Wechsels wird dabei auch der sog. **Solawechsel** (Eigenwechsel) verwendet. Er hat keinen Bezogenen, sondern der Aussteller verpflichtet sich selbst durch den Text: „Gegen diesen Solawechsel zahle ich ...".

---
[1]) Vgl. S. 170

Wechselprolongation (Verlängerung)

Fürchtet ein Bezogener, einen Wechsel nicht einlösen zu können, so wendet er sich oft rechtzeitig vor dem Verfalltag an den Aussteller und bittet ihn um Wechselprolongation. Dazu überreicht er ihm einen neuen Wechsel mit einem späteren Verfalltag, akzeptiert und versteuert.

Wenn der Aussteller den alten Wechsel noch besitzt, kann er ihn vernichten. Zahlung erhält er durch Diskontierung des neuen Wechsels.

Besitzt er den alten Wechsel nicht mehr, so läßt er ebenfalls den neuen Wechsel diskontieren und überweist dem Bezogenen die erhaltene Summe. Damit kann der Bezogene den alten Wechsel einlösen.

Die Diskontzinsen werden in jedem Fall dem Bezogenen in Rechnung gestellt.

Gebräuchliche Fachausdrücke im Wechselgeschäft	
Tratte	= Gezogener Wechsel (ohne Unterschrift des Bezogenen)
Trassant	= Aussteller
Trassat	= Bezogener
Akzept	= Akzeptierter Wechsel; Unterschrift des Bezogenen
Akzeptant	= Bezogener
Rimesse	= Zahlungshalber weitergegebener Wechsel
Remittent	= Wechselnehmer
Indossament, Giro	= Übertragungsvermerk
Indossant, Girant	= Weitergebender, Vormann
Indossat, Indossatar Girat, Giratar	= Empfänger, Nachmann
Allonge	= Verlängerungsblatt
Prolongation	= Verlägerung der Wechsellaufzeit
Protest	= öffentlicne Beurkundung der Nichteinlösung
Regreß	= Rückgriff
Notifikation	= Benachrichtigung

Kontrolle des Lernerfolgs

1. Die Dausenauer Glas AG zieht auf die Walter Diekers KG am 11. 11. 19.. einen Dreimonatswechsel über 4377,50 DM.
   a) Aus welchem Grund wird ein solcher Wechsel gezogen?
   b) Wie heißen die an diesem Wechselgeschäft Beteiligten? Welche weiteren Beteiligten können auftreten?
   c) Fertigen Sie die anfallenden Briefe an.
   d) Wie kann die Dausenauer Glas AG das Akzept verwenden?
   e) Wäre ein solches Akzept rediskontfähig? (Nennen Sie die Voraussetzungen).
   f) Warum belastet eine Bank beim Ankauf eines Wechsels Diskont?

2. Welche Rechtsvorschrift regelt den Wechselverkehr?

3. Erläutern Sie die verschiedenen Arten von Indossamenten und ihre Aufgabe.

4. Was bedeutet: Ein Wechsel wird „notleidend"?
Was ist in einem solchen Fall zu tun?
Wie kann der Bezogene die Nichteinlösung eines Wechsels bei Zahlungsunfähigkeit vermeiden?

5. Was bedeutet: „Der Wechsel ist ein abstraktes Zahlungsversprechen"?

Dritter Themenkreis
Produktionswirtschaft

1 Aufgaben der Produktionswirtschaft

Automobilfirmen müssen heute ständig Forschung betreiben, ohne Rücksicht darauf, ob sie die Ergebnisse einmal verwenden können. So werden neuartige Motoren (Elektro-, Kerosinmotor usw.), neue Materialien und Techniken entwickelt. Gleichzeitig betreibt man intensive Marktforschung, um herauszufinden, welche Produkte der Markt in fünf bis zehn Jahren aufnehmen könnte. So werden Vorstellungen von Fahrzeugen geboren und von der Unternehmensleitung als Entwicklungsaufträge vergeben. Die folgende Arbeit vollzieht sich dann in mehreren Phasen:

1. Definitionsphase – 3 Monate
   Diese erste Phase dient der genauen Bestimmung des neuen Projekts. Im Zusammenwirken aller Leistungsbereiche entwirft der Ausschuß für Produktplanung ein Konzept des künftigen Wagens. Zwischen Technikern, Absatz- und Finanzexperten werden grundsätzliche Fragen geklärt: Ob Front- oder Heckantrieb vorzuziehen ist, ob bei der vorgesehenen Größe des Autos ein Zwei- oder Viertürer erforderlich ist, usw.

2. Entwicklungsphase – 4 Monate
   Die Techniker befassen sich nun bereits mit Einzelheiten des künftigen Autos, allerdings immer noch „auf dem Papier". Es wird gezeichnet und geplant. Kosten und fertigungstechnische Fragen werden durchdacht, denn der Preis, zu dem der „Neuling" auf dem Markt angeboten werden soll, muß „stimmen". Er ist deshalb von vornherein bis ins Detail kalkuliert. Die Kunst der Ingenieure besteht darin, den vorgegebenen Preis in zweckmäßige und sichere Konstruktionen umzusetzen. Die ermittelten Daten werden als „Lastenheft 1" der Unternehmensleitung vorgelegt. Über die „Styling-Konzeption" entscheidet sie anhand verschiedener Modelle im Maßstab 1:4.

3. Prototypphase – 6 Monate
   Das Projekt wird zur Planungsreife gebracht. An den Vorbereitungen für die Herstellung des „Neulings" ist nun auch die Produktionsleitung beteiligt. Nach den Vorgaben des „Lastenhefts 1" rechnen Fachleute der Technik, der Qualitätskontrolle, des Einkaufs, des Vertriebs und der Finanzabteilung das Projekt erneut durch. Zugleich entstehen in Handarbeit funktionstüchtige Prototypen, die Crash-Tests und Versuchsfahrten bestehen müssen.

4. Planungsphase – 5 Monate
   Jetzt müssen die Probleme der Fertigungsplanung bewältigt werden. Dazu gehören die Ermittlung des Bedarfs an Produktionsmaschinen sowie Werkzeugen und die Festlegung der Fertigungszeiten. Von der Finanz-, Produktions- und Einkaufsabteilung werden die Herstellkosten aller Einzelteile und anhand der „Entwicklungsstückliste" der Investitionsaufwand zusammengestellt.

5. Beschaffungsphase – 22 Monate
   Knapp zwei Jahre werden benötigt, um neue Produktionsmaschinen und Werkzeuge (zum Beispiel für die Formteile der Karosserie) zu beschaffen. Die Zulieferfirmen müssen sich auf die neuen Wünsche einstellen. Eine Versuchsserie von etwa 50 Fahrzeugen läuft an. Betriebsanleitungen, Reparatur-Leitfäden und Ersatzteil-Kataloge werden erarbeitet und gehen in Druck.

6. Nullserienphase - 8 Monate
Als Vorläufer der Serienwagen werden bis zu 100 Nullserienautos hergestellt, die bereits „Handgriffe" der Serienherstellung mitgemacht haben. Mit Versionen der Nullserie holt man auch die Betriebserlaubnis im Ausland ein, damit der Export rasch beginnen kann. Dann naht schließlich der Tag, an dem das neue Auto öffentlich auf Autoausstellungen vorgestellt wird.

7. Marktphase
Das Auto geht in die Serienfertigung. Gleichzeitig werden die Händler geschult und mit Werbematerial versehen. Eine massive Zeitungs- und Fernsehwerbung setzt ein. Je nach Verkaufserfolg werden eventuell neue Händler in die Absatzorganisation aufgenommen. Der Erfolg wird ständig anhand der Verkaufszahlen überprüft; Werbemaßnahmen, Preise, Kundendienst werden neu gestaltet. Ältere Modelle werden allmählich aus dem Markt genommen ...

1.1 Zusammenhang zwischen Produktion und Absatz

Produktion und Absatz sind eng miteinander verzahnt: Nur solche Güter können produziert werden, die auch am Markt ihren Absatz finden[1]).

Das Automobilbeispiel verdeutlicht auch die Notwendigkeit, ständig bedarfsgerechte Leistungen für den Nachfrager bereitzuhalten. Ständige Erforschung des Marktes (Absatzmarktforschung) einerseits, naturwissenschaftlich-technologische Forschung andererseits sind erforderlich, um solche Leistungen zu entwickeln. Insgesamt bedingt eine erfolgreiche Produktpolitik folgende Maßnahmen im Hinblick auf das **Absatzprogramm** (die Produktpalette) des Betriebes.

Produktpolitik

Programmerneuerung durch **Produktinnovation** (Einführung völlig neuer Produkte)

Programmerweiterung durch **Produktvariation** (Verbesserung und Abwandlung bestehender Produkte) und **Produktdiversifikation** (Aufnahme völlig verschiedener Produkte)

Absatzprogramm

Programmbereinigung durch **Produktelimination** (Herausnahme aus dem Absatzprogramm)

Diese Vorgänge sind im Abschnitt „Produktpolitik" im einzelnen erläutert[2]).

[1]) An früherer Stelle wurde bereits auf diesen Zusammenhang hingewiesen. Lesen Sie noch einmal auf S. 26 ff. nach.

[2]) vgl. S. 340 ff.

Von besonderer Bedeutung für die Zukunft der Unternehmung ist die **Entwicklung von Produktinnovationen.** Sie läßt sich wie folgt veranschaulichen:

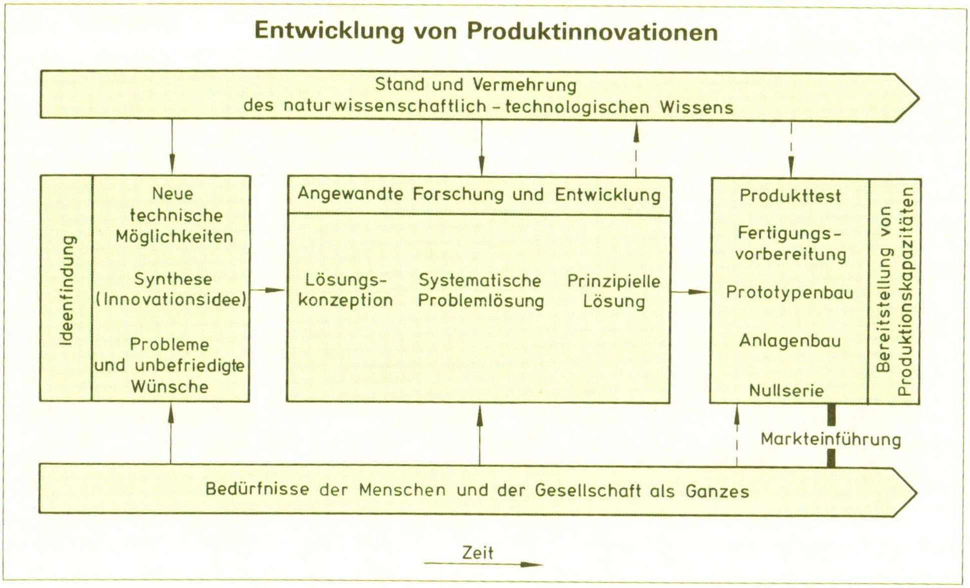

Das **Produktionsprogramm** wird aus dem Absatzprogramm abgeleitet, ist aber nicht mit ihm identisch: Einerseits stellt der Betrieb Erzeugnisse für die eigene Verwendung her (Eigenleistungen), z. B. Werkzeuge und Maschinen, die im eigenen Betrieb eingesetzt werden. Andererseits werden auch Handelswaren (z. B. Zubehör) geführt, die nicht selbst produziert werden.

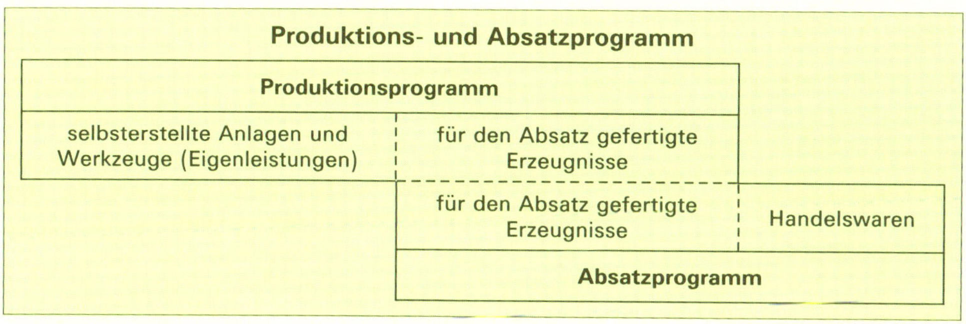

1.2 Überblick über die Produktionswirtschaft

Die Produktionswirtschaft ist für die Produktion (Fertigung) der Erzeugnisse (Leistungen) zuständig; sie umfaßt verschiedene Teilaufgaben.

Teilaufgaben der Produktionswirtschaft

Produktionsplanung
- Planung des Produktionsprogramms (Art und Menge der Erzeugnisse)
- Planung des Produktionsvollzugs (Fertigungsplanung)

Produktionsdurchführung
- Fertigungssteuerung (unmittelbare Vorbereitung, Steuerung und Überwachung der Fertigung)
- Be- und Verarbeitung der Werkstoffe

Produktionskontrolle
- technische Kontrolle (Qualitätskontrolle)
- betriebswirtschaftliche Kontrolle (Nachkalkulation, Kostenrechnung)

1.3 Planung des Produktionsprogramms

Das *Produktionsprogramm* umfaßt die Art und die Menge der Produkte, die in einem bestimmten Zeitraum gefertigt werden.

Die Planung des Produktionsprogramms umfaßt Entscheidungen über
- das Produktfeld,
- die Programmbreite,
- die Programmtiefe,
- die Fertigungsmenge.

Produktfeld

Das Produktfeld ist der Bereich, in dem eine Unternehmung tätig sein will (z. B. Elektroindustrie, Automobilbau, Werkzeugmaschinenproduktion). Er wird vor der Betriebsgründung abgesteckt.

Hier wie auch bei allen folgenden Entscheidungen sind die Marktchancen, also die erwarteten Erträge, aber ebenso die Finanzierungsmöglichkeiten und die Kosten zu berücksichtigen.

Beispiel:
Der Gründer eines Werkes für Wasserreinhaltungsanlagen kann vielleicht mit guten Absatzchancen rechnen. Er muß trotzdem verzichten, wenn er nicht das nötige Startkapital für die teuren Produktionsmaschinen beschaffen kann.

Programmbreite

Bei der **Programmbreite** geht es um die Frage, ob viele oder wenige Produktarten in vielen oder wenigen Ausführungen (Größen, Formen usw.) gefertigt werden sollen.

Programmbreite

wird bestimmt von

Absatzüberlegungen

Ein breites Programm
- verringert die Abhängigkeit von einem einzelnen Produkt,
- genießt die Vorliebe der Kunden,
- kann bewirken, daß sich die einzelnen Produkte ergänzen (Komplementärgüter) ⓐ oder behindern (Substitutionsgüter).

Kostenüberlegungen

Ein breites Programm
- verhindert Spezialisierungsvorteile ⓑ,
- erhöht die Kosten für die Umrüstung von Maschinen,
- hemmt oft eine optimale Materialausnutzung.

technischen Gegebenheiten

Ein breites Programm kann bewirkt werden durch
- die gleichzeitige Mitproduktion von andersartigen Erzeugnissen (Kuppelprodukte) ⓒ,
- Verwertung von Abfällen,
- Möglichkeiten zur Nutzung brachligender Kapazitäten.

Erläuterungen:

ⓐ Komplementärgüter sind z. B. Auto und Benzin, Messer und Gabel, Tisch und Stuhl. Wer das eine Produkt absetzt, hat auch gute Chancen für den Absatz des anderen Gutes. Substitutionsgüter dagegen können sich gegenseitig ersetzen und behindern sich deshalb oft im Absatz, z. B. Butter und Margarine, Glas und Kunststoff.

ⓑ Spezialisierung ist die Konzentration auf bestimmte Tätigkeiten unter Vernachlässigung anderer. Eine Spezialisierung auf wenige Produktarten bedeutet ein enges Produktionsprogramm, bringt aber häufig Kostenvorteile durch geringere Entwicklungskosten, größere Produktserien, evtl. Massenproduktion, kleinere Werkstofflager, Ausnutzung optimaler Bestellmengen, weniger häufige Umrüstung von Maschinen.

ⓒ Kuppelprodukte sind Erzeugnisse, die im selben Produktionsprozeß zwangsläufig nebeneinander anfallen. So fallen z. B. bei der Rohölverarbeitung bekanntlich die verschiedensten Produkte gleichzeitig an, u. a. Gas, Rohbenzin, Rohpetroleum, Dieselöl, Schmieröl. Der Gesamterlös muß dann die Kosten decken.

Programmtiefe

Die Tiefe des Produktionsprogramms betrifft die Frage, in welchem Umfang Teile und Halberzeugnisse selbst gefertigt oder fremdbezogen werden sollen.

> **Beispiel:**
> Grundsätzlich könnte ein Automobilbetrieb eigene Erzbergwerke, Hütten-, Stahl- und Walzwerke besitzen, um seine Bleche herzustellen, und entsprechend könnte er seine Reifen, Polsterung, Scheinwerfer, Tachometer, Lichtmaschinen usw. selbst erzeugen. In der Praxis werden diese Produktionsstufen jedoch von Zulieferern bearbeitet.

Die Entscheidungsgrundlagen wurden bereits behandelt[1]).

[1]) vgl. S. 47

Fertigungsmenge

Bei **Auftragsfertigung** wird nur aufgrund von vorliegenden Kundenbestellungen produziert. Damit ist der Umfang der Fertigung, aber auch ihr Gegenstand bereits festgelegt. Eine eigentliche Mengenplanung existiert deshalb nicht. Es kommt vielmehr darauf an, die Aufträge so einzuordnen, daß die betriebliche Kapazität bestmöglich ausgelastet wird, die Durchlaufzeit der Aufträge möglichst kurz gehalten wird und die zugesagten Lieferfristen eingehalten werden.
Bei **Lagerfertigung** (in aller Regel bei Gattungswaren) ist die zu erwartende Absatzmenge durch Marktforschung so genau wie möglich zu ermitteln. Danach richtet sich die Fertigungsmenge. Ein Problem ist, wie die **Anpassung an Absatzschwankungen** durchgeführt werden soll.

1. Möglichkeit: Fertigung synchron zum Absatz

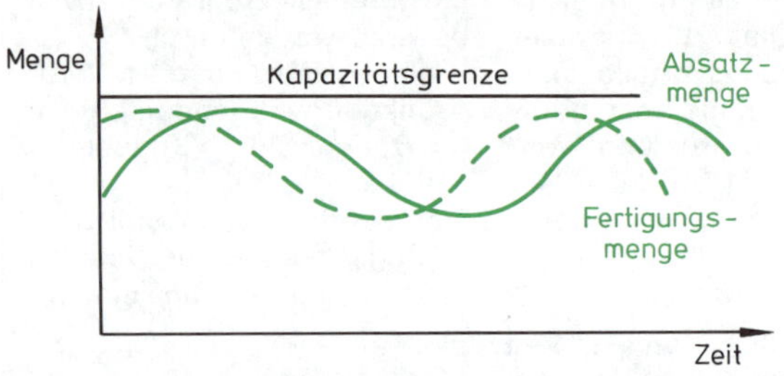

Das Logistiksystem Just-in-Time[1]) rückt die Fertigung synchron zum Absatz stark in den Vordergrund.

Vorteil:
Kosten der Lagerhaltung für die Fertigprodukte relativ gering, da die produzierten Erzeugnisse sofort abgesetzt werden.

Nachteil:
Die Kapazität ist starken Schwankungen in der Auslastung unterworfen. Kann sie nicht schnell genug ausgebaut werden, so werden nicht genügend Erzeugnisse produziert; kann sie nicht schnell genug abgebaut werden, so entstehen hohe Fixkosten für die überschüssige Kapazität.

2. Möglichkeit: Gleichmäßige Kapazitätsauslastung

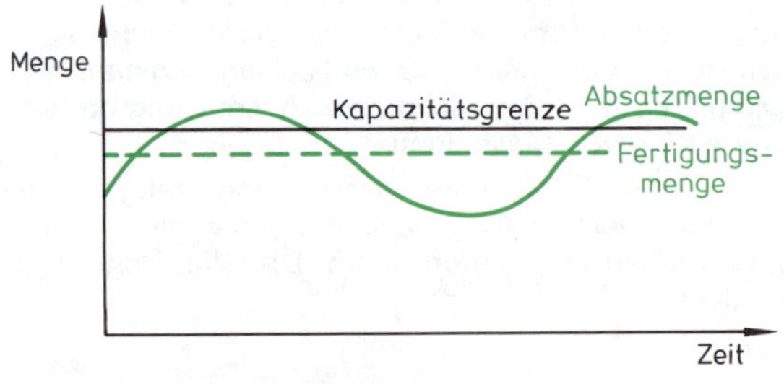

Vorteil:
Geringe Fixkosten für überschüssige Kapazität, Produktionsmengen ausreichend.

Nachteil:
Lagerkosten der Fertigerzeugnisse höher.

3. Möglichkeit: Stufenweise Anpassung

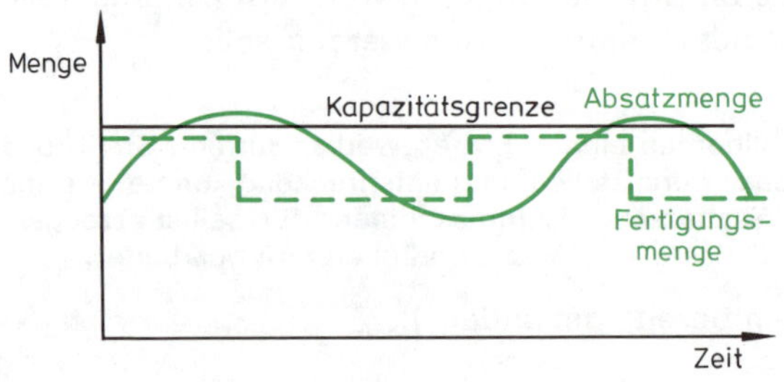

Unter der Voraussetzung, daß die Fertigung stufenweise auf- und abgebaut werden kann, sucht dieses Verfahren die genannten Vorteile zu nutzen und die Nachteile zu vermeiden.

---

[1]) Vgl. S. 139

Wenn mehrere Produkte auf denselben Anlagen gefertigt werden können, so ergibt sich die Frage, welche dieser Produkte ins Produktionsprogramm aufgenommen werden sollen.

- Bei ausreichender Kapazität wird man alle gewinnbringenden Produkte in der Menge fertigen, die der Markt aufnimmt.
- Ist die Kapazität dagegen beschränkt, so daß nicht jede gewünschte Menge gefertigt werden kann, oder nimmt der Markt nicht jede produzierbare Menge auf, so werden zuerst die gewinnbringendsten Produkte ins Programm aufgenommen.

Statt am Gewinn orientiert man sich dabei speziell bei kurzfristiger Planung meist am Deckungsbeitrag[1]).

Arten der Programmplanung

Nach dem Planungszeitraum unterscheidet man lang-, mittel- und kurzfristige Planung.

Arten der Programmplanung
Langfristige Planung Sie ist eine Perspektivplanung, die oft über Zeiträume von 10 Jahren reicht. Sie legt vor allem das Produktfeld fest und bestimmt Produktvorstellungen, die langfristig entwickelt werden sollen.
Mittelfristige Planung In der mittelfristigen Planung werden konkrete Produkte entwickelt. Die wahrscheinliche Fertigungsmenge wird ermittelt, die notwendigen Kapazitäten werden bereitgestellt. Die Planung reicht über Zeiträume von über einem Jahr bis manchmal 4 Jahre.
Kurzfristige Planung Die kurzfristige Planung legt das Fertigungsprogramm nach Art der Produkte und Produktmenge für einen Zeitraum bis zu 1 Jahr fest.

Kontrolle des Lernerfolgs

1. Beschreiben Sie kurz, welche Stufen die Fertigung von Erzeugnissen umfaßt.
2. Erläutern Sie folgende Begriffe aus dem Bereich der Planung des Produktionsprogramms: Produktfeld, Programmbreite, Programmtiefe.
3. Auf S. 181 finden Sie eine Beschreibung der Planungsschritte in einem Automobilwerk.
   a) Stellen Sie fest, welche Phasen in den Bereich der Programmplanung fallen.
   b) Wird im Kundenauftrag oder auf Lager produziert?
   c) Welche Teile sollte der Automobilhersteller selbst fertigen, welche von Zulieferbetrieben beziehen?
   d) Welcher Fertigungszeitraum gilt für die Produktion dieser Unternehmung?
   Vergleichen Sie ihn mit den Fertigungszeiträumen von Ihnen bekannten Unternehmen.

---

[1]) vgl. S. 197

2 Einfluß von Kosten und Erlösen auf das Produktionsprogramm

Für die Erstellung von 1 000 000 Gummimanschetten für Pkw wurden in einem Jahr eingesetzt:

50 000 kg Kautschuk zu	12,— DM/kg	600 000,— DM
3 000 Arbeitsstunden zu	20,— DM/Std.	60 000,— DM
3 000 Maschinenstunden zu	60,— DM/Std.	180 000,— DM
Für Maschinenreparaturen und Wartungen wurden bezahlt:		5 000,— DM
Die Gesamtkosten für 1 000 000 Maschetten betrugen:		845 000,— DM
Die Stückkosten für 1 Manschette betrugen:		0,845 DM

2.1 Kostenbegriff

Für die Erstellung der betrieblichen Leistungen müssen Produktionsfaktoren eingesetzt werden. Außerdem müssen Fremdleistungen bezogen werden (z. B. Reparaturleistungen, Transportleistungen, Kommissionärsdienste).

Den Wert aller in einer Abrechnungsperiode für die Erstellung der betrieblichen Leistungen eingesetzten Sachgüter und Dienstleistungen bezeichnet man als *Kosten*.

Kennzeichnend für Kosten sind demnach stets folgende **Merkmale:**

- **Leistungsverbundener Einsatz von Gütermengen**
  Weder Ausgaben (z. B. Kauf von Wertpapieren zu Spekulationszwecken) noch Aufwendungen (z. B. Abschreibung einer uneinbringlichen Forderung) sind zwangsläufig Kosten!

- **Zugehörigkeit zur Abrechnungsperiode**
  Ausgaben für vergangene Perioden (z. B. eine Gewerbesteuernachzahlung) oder für künftige Perioden (z. B. die Anschaffungsausgabe für eine Maschine mit einer Nutzungsdauer von 12 Jahren) sind keine Kosten. Für die Maschine z. B. stellt erst der allmähliche produktionsbedingte Wertverlust, der durch Abschreibungen verrechnet wird, Kosten dar.

- **Bewertung**
  Die eingesetzten Gütermengen sind stets mit ihrem Geldwert anzusetzen. Nur so wird der Einsatz unterschiedlicher Güter addierbar und vergleichbar.

Kosten lassen sich nach unterschiedlichen Kriterien einteilen. Je nach gewähltem Kriterium erhält man bestimmte **Kostenarten.**

2.2 Kostenarten nach den eingesetzten Gütern

Man unterscheidet:

- Arbeitskosten,
- Betriebsmittelkosten,
- Material- oder Werkstoffkosten,
- Kosten für Fremdleistungen.

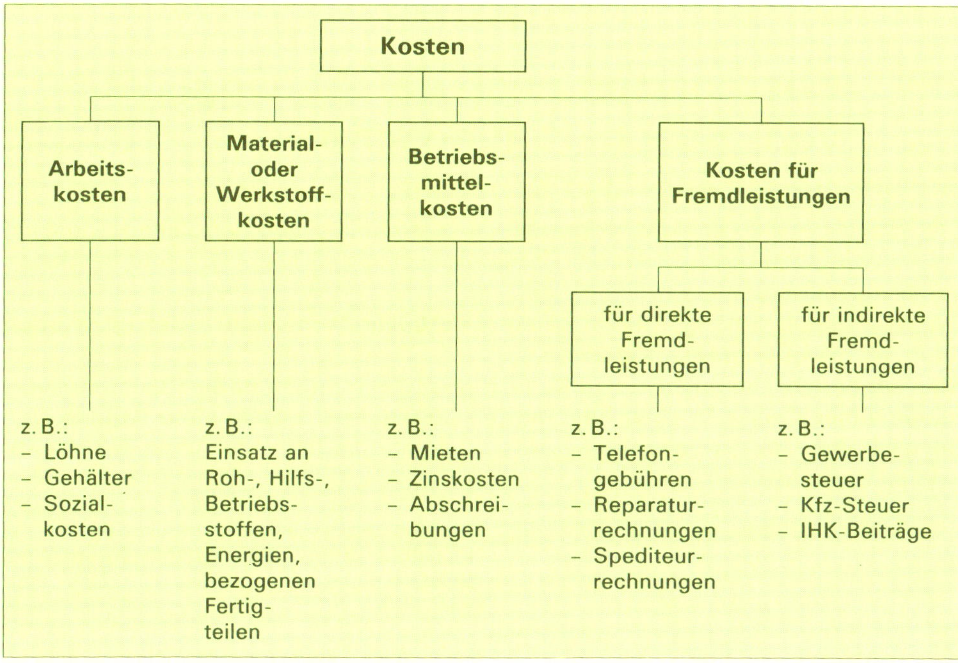

2.3 Kostenarten nach dem Umfang der Zurechnungsgröße

Die Kosten für die gesamte Ausbringungsmenge einer Leistungsart in einem Abrechnungszeitraum werden als **Gesamtkosten** bezeichnet. Neben den Gesamtkosten sind die **Stückkosten** von Interesse. Sie geben an, wieviel eine Einheit der Ausbringungsmenge durchschnittlich kostet. Sie heißen deshalb auch **Durchschnittskosten.**

$$\textbf{Stückkosten} = \frac{\textbf{Gesamtkosten}}{\textbf{Ausbringungsmenge}}$$

2.4 Kostenarten nach der Zurechenbarkeit zu den Betriebsleistungen

Einzelkosten sind Kosten, die sich dem einzelnen Produkt direkt zurechnen lassen, wie z. B. der Wert des verbrauchten Materials oder der Lohn für die aufgewendeten Arbeitsstunden.

Gemeinkosten fallen für mehrere Produkte gemeinsam oder sogar für den gesamten Betrieb an. Hierzu gehören z. B. Gehälter, Zinsen, Betriebssteuern, Gebühren, Mieten, Abschreibungen. Sie können dem einzelnen Produkt nur indirekt über einen Verteilungsschlüssel zugerechnet werden.

2.5 Kostenarten nach der Abhängigkeit vom Beschäftigungsgrad

Ausbringungsmenge und Kapazität

Das Ergebnis eines Produktionsprozesses in einem bestimmten Zeitabschnitt ist die **Ausbringungsmenge** oder der **Produktionsertrag**, d. h. eine bestimmte Menge von Erzeugnissen.

Die Ausbringungsmenge, die in einem Zeitabschnitt maximal gefertigt werden kann, ist die *quantitative Kapazität*[1]).

Man sagt auch: Die quantitative Kapazität ist das mengenmäßige Leistungsvermögen einer Anlage in einer bestimmten Zeitspanne, z. B. in einer Stunde.

Bei einer verfeinerten Betrachtung unterscheidet man folgende **Arten der quantitativen Kapazität:**

technische Kapazität *z. B. 1100 Stück*	oberstes Leistungsvermögen einer Anlage bei Höchstbelastung (Spitzengeschwindigkeit, längstmögliche Beanspruchung, keine Pausen)
Maximalkapazität (Kannleistung) *z. B. 1000 Stück*	Leistungsvermögen unter Berücksichtigung aller begrenzenden Einflüsse (z. B. Rüstzeiten, Unterbrechungszeiten, Nichteinsatzzeiten)
Optimalkapazität (wirtschaftliche Kapazität, Betriebsoptimum) *z. B. 900 Stück*	Ausbringungsmenge mit den niedrigsten Kosten pro Stück (z. B. wegen Einhaltung der optimalen Geschwindigkeit und der optimalen Beanspruchungszeit)
genutzte Kapazität (Beschäftigung, Kapazitätsauslastung) *z. B.800 Stück*	tatsächliche Ausbringungsmenge in einer gegebenen Zeitspanne (Istproduktion, Istertrag, Istleistung)
Mindestkapazität *z. B. 300 Stück*	Manche Maschinen und Anlagen (z. B. Hochofen) haben eine Mindestkapazität. Dies ist z. B. der Fall, wenn aus technischen Gründen eine Mindestdrehzahl nicht unterschritten werden kann.

[1]) Davon zu unterscheiden ist die qualitative Kapazität. Sie ist der Leistungsfächer einer Anlage, d. h. ihre Fähigkeit, Leistungen einer bestimmten Art zu erbringen. So hat ein Präzisionsbohrwerk eine höhere qualitative Kapazität als eine Bohrmaschine einfacher Art.

Die Gesamtkapazität eines Betriebes hängt von den Einzelkapazitäten seiner Anlagen ab. Erstellt ein Betrieb nur eine einzige Leistungsart (sog. Einproduktbetrieb) in Stufen auf verschiedenen Anlagen, so wird die Gesamtkapazität durch die Anlagen mit der kleinsten Kapazität (Minimumsektor, Engpaß) bestimmt.
Bei Mehrproduktbetrieben ist eine allgemeingültige Aussage über die Gesamtkapazität schwieriger. Werden die verschiedenen Leistungsarten in getrennten Prozessen auf gesonderten Anlagen erstellt, so lassen sich für jeden Bereich voneinander unabhängige Teilkapazitäten angeben. Ist dies nicht der Fall, so sind - z. B. in Betrieben mit Einzelfertigung - die verschiedensten Kombinationen von Betriebsmitteln möglich. Die Gesamtkapazität läßt sich nicht eindeutig ermitteln.

Beschäftigungsgrad

Die Ausbringungsmenge kann in Mengeneinheiten (Stück, Kilogramm, Liter usw.) angegeben werden. Für Zwecke der Arbeitsüberwachung und Kostenkontrolle ist es jedoch zweckmäßiger, sie prozentual auf die Maximalkapazität zu beziehen:

Das prozentuale Verhältnis aus Ausbringungsmenge (Kapazitätsausnutzung, Beschäftigung) und Maximalkapazität heißt *Beschäftigungsgrad* oder *Kapazitätsausnutzungsgrad*. Es gibt an, in welchem Umfang eine Anlage mengenmäßig ausgelastet ist.

$$\textbf{Beschäftigungsgrad} = \frac{\textbf{Ausbringungsmenge}}{\textbf{Maximalkapazität}} \cdot \textbf{100}$$

Beispiel:
Die Unternehmung Michael Block kann täglich 20 Anhängerkupplungen für Wohnwagen herstellen. Entsprechend der vorhandenen Kundennachfrage werden tatsächlich täglich 15 Kupplungen gefertigt.

$$\text{Beschäftigungsgrad} = \frac{15}{20} \cdot 100 = 75\ (\%)$$

Die vorhandene Maximalkapazität wird nur zu 75% (oder ¾) ausgenutzt.

Ändert sich die Ausbringungsmenge (bzw. der Beschäftigungsgrad), so kann sich dies in den Gesamtkosten der betreffenden Menge unterschiedlich niederschlagen.

Fixe Kosten

Ein Teil der Gesamtkosten ändert sich nicht mit der Ausbringungsmenge (bzw. dem Beschäftigungsgrad). Diese Kosten heißen *fixe Kosten*.

Den fixen Kosten entsprechen degressive (fallende) Stückkosten.

Beispiel:

Gesamtkosten (DM) (K)	**Ausbringungsmenge** in Stück (x)	in %	**Stückkosten** (DM) (k)
1000,–	50	25	20,–
1000,–	100	50	10,–
1000,–	150	75	6,67
1000,–	200	100	5,–

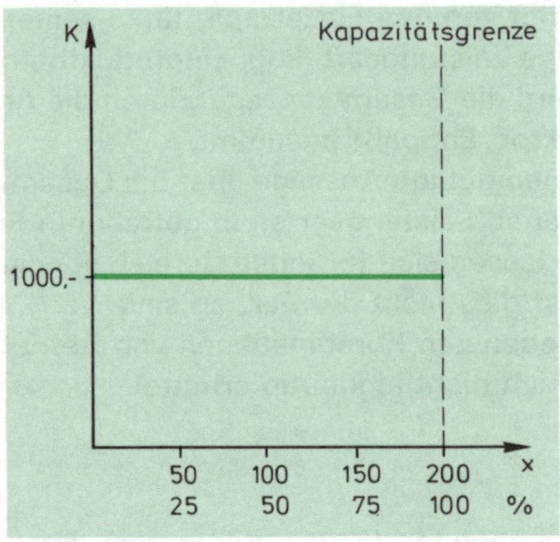

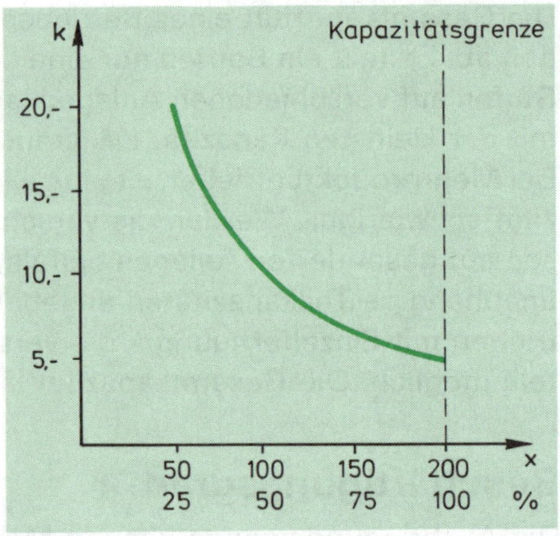

Fixkostenarten
Kosten der Betriebsbereitschaft Anlagen, die nicht ausgelastet sind, verursachen Kosten in Form von Mieten, Versicherungen, Zinsen, Abschreibungen, Wartung. Wird die überschüssige Kapazität trotz Minderauslastung vorgehalten, so geschieht dies in der Regel mit dem Ziel, sich möglichst schnell Absatzerhöhungen anpassen zu können.
Kosten aufgrund befristeter rechtlicher Bindungen Durch Arbeitsverträge und Kündigungsfristen liegen die Personalkosten immer für die Dauer der Kündigungsfrist fest. Auch für andere Verträge (z. B. Mietverträge) existieren solche Fristen.
Kosten aufgrund der Unteilbarkeit von Produktionsfaktoren Benötigt beispielsweise ein Betrieb für die Produktion von 2000 Produkteinheiten 2 Maschinen und sinkt die Nachfrage auf 1500 Einheiten, so werden rechnerisch nur 1½ Maschinen benötigt. Es ist jedoch nicht möglich, eine Maschine zu halbieren.

Variable Kosten

Ein Teil der Gesamtkosten ändert sich mit der Ausbringungsmenge (bzw. dem Beschäftigungsgrad). Diese Kosten heißen *variable Kosten*.

Die variablen Kosten können sich im gleichen Verhältnis wie die Ausbringungsmenge ändern, aber auch stärker oder schwächer. Dementsprechend unterscheidet man:

• **variable Kosten**		• **variable Stückkosten**
– proportionale variable Kosten	⟶	– konstante Stückkosten
– überproportionale variable Kosten	⟶	– progressive Stückkosten
– unterproportionale variable Kosten	⟶	– degressive Stückkosten

Beispiel:

Ausbringungsmenge in Stück (x)	Ausbringungsmenge in %	proportionale variable Kosten (K) (DM)	konstante variable Stückkosten (k) (DM)	überproportionale variable Kosten (K) (DM)	progressive variable Stückkosten (k) (DM)	unterproportionale variable Kosten (K) (DM)	degressive variable Stückkosten (k) (DM)
100	25	500,—	5,—	500,—	5,—	500,—	5,—
200	50	1000,—	5,—	1050,—	5,25	900,—	4,50
300	75	1500,—	5,—	1800,—	6,—	1200,—	4,—
400	100	2000,—	5,—	2800,—	7,—	1400,—	3,50

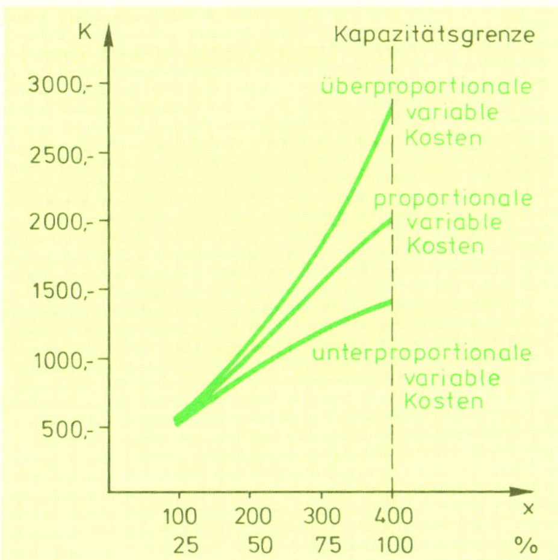

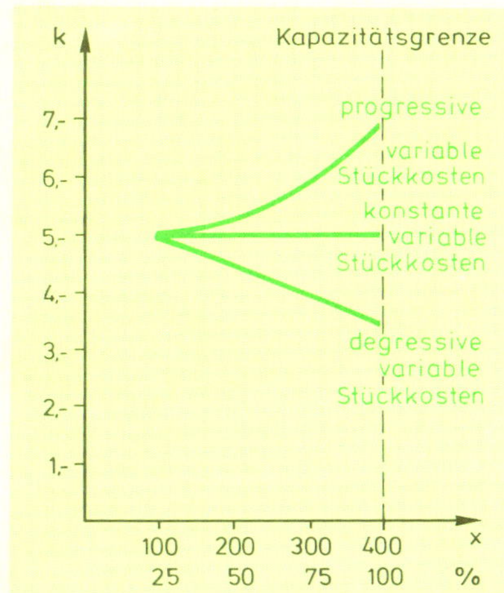

Wie die Kosten tatsächlich verlaufen, hängt davon ab, wie die Betriebe die **Anpassung an Beschäftigungsschwankungen** durchführen. Man unterscheidet:

- **Intensitätsmäßige Anpassung**
  Wenn man die Ausbringungsmenge durch eine Erhöhung der Laufgeschwindigkeit (Intensität) von Maschinen steigern kann, so kann (nicht: muß!) es sein, daß die Kosten zuerst unterproportional steigen, weil sich Energieverbrauch und Verschleiß optimalen Werten nähern, und daß sie anschließend aus den entgegengesetzten Gründen überproportional steigen. Man erhält dann einen **s-förmigen Kostenverlauf.**

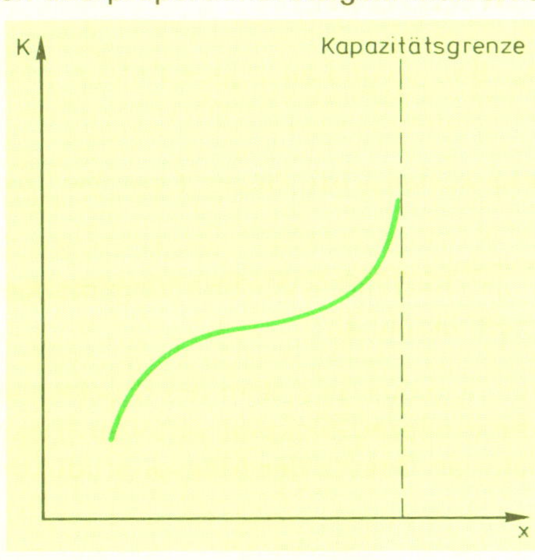

- **Zeitliche Anpassung**
  Man wählt die günstigste Laufgeschwindigkeit und variiert innerhalb der gegebenen Kapazität die Zeit der Inanspruchnahme. Es entstehen proportionale Kosten, in der Nähe der Kapazitätsgrenze evtl. auch überproportionale Kosten (z. B. durch Überstunden).

- **Quantitative Anpassung**
  Sie entsteht durch Inbetriebnahme zusätzlicher Maschinen, wenn die zeitliche Anpassung nicht ausreicht (bzw. umgekehrt durch ihre Stillegung). Da einmal die Unternehmung selbst fixe Kosten hat (unternehmensfixe Kosten), ebenso aber jede zusätzliche Maschine (intervallfixe Kosten), entsteht ein **treppenförmiger Verlauf der Gesamtkosten.** Wird bei rückläufiger Beschäftigung die freiwerdende Maschine nicht veräußert, so verschwinden nur ihre anteiligen variablen Kosten, die Fixkosten bleiben (Kostenremanenz). **Langfristig** stellt der Kostenverlauf eine **Gerade** dar.

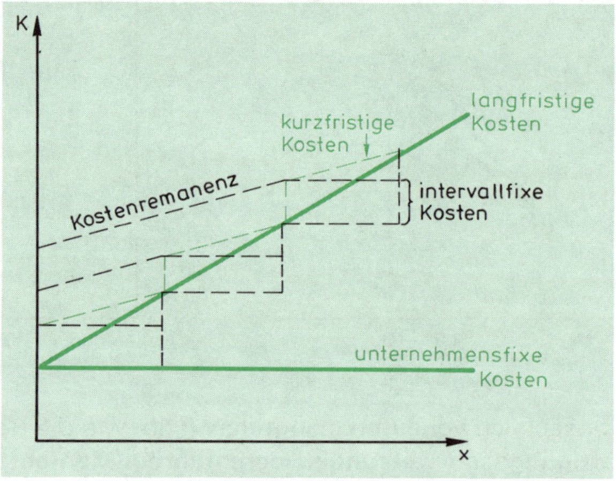

2.6 Gesetz der Massenproduktion und Optimalkapazität

In der Praxis haben jeder Betrieb und auch jede Anlage sowohl fixe als auch variable Kosten. Es gilt also:

Gesamtkosten = fixe Kosten + variable Kosten

Die **Gesamtkosten** für eine bestimmte Ausbringungsmenge, aber auch die **Stückkosten** hängen von der Stückzahl ab.

Mit wachsender Ausbringungsmenge sinken die Stückkosten enorm ab, weil sich die fixen Kosten auf eine größere Stückzahl verteilen (Fixkostendegression). Man nennt diesen Sachverhalt das **Gesetz der Massenproduktion.**

Beispiel:
Auf einer Anlage werden Kupplungen gefertigt. Die Anlage hat fixe Kosten von 25300,— DM jährlich. Die Kupplungen haben pro Stück einen Materialwert von 50,— DM und verursachen Arbeitslöhne von 40,— DM; also entstehen variable Kosten von 90,— DM pro Stück.

produzierte Menge pro Jahr (in Stück)	fixe Kosten (DM)	variable Kosten (DM)	Gesamtkosten (DM)	Stückkosten (DM)
1	25300,—	90,—	25390,—	25390,—
10	25300,—	900,—	26200,—	2620,—
100	25300,—	9000,—	34300,—	343,—
230	25300,—	20700,—	46000,—	200,—
1000	25300,—	90000,—	115300,—	115,30

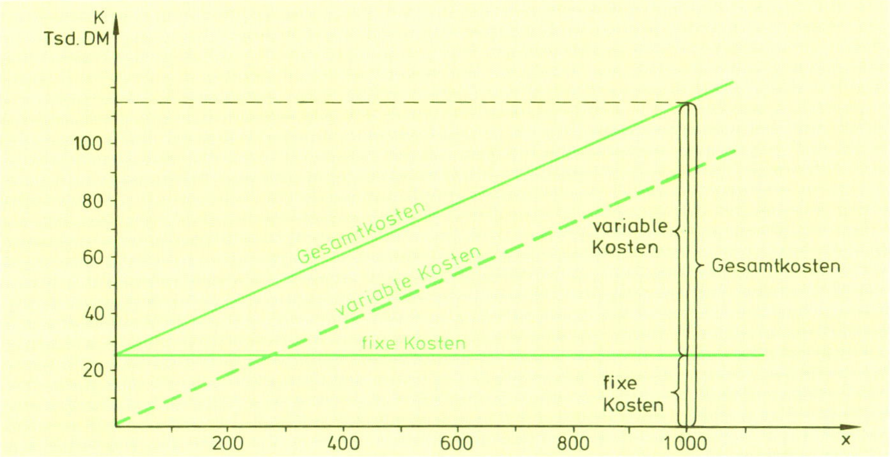

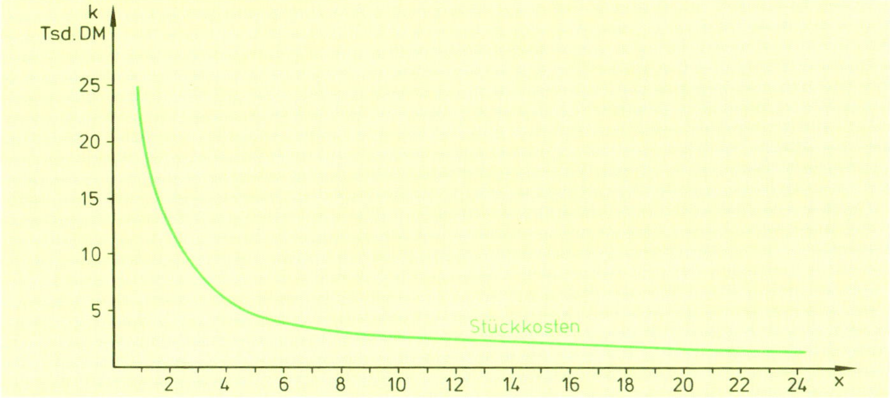

Unterproportionale variable Kosten verstärken die Fixkostendegression noch. Bei proportionalen und unterproportionalen Kostenverläufen sollte deshalb die Maximalkapazität möglichst ausgelastet werden. Sie ist gleichzeitig die Optimalkapazität. Bei überproportional variablen Kosten ist es hingegen möglich, daß die Kosten vor der Kapazitätsgrenze wieder steigen, wenn der überproportionale Anstieg der variablen Kosten die Fixkostendegression übertrifft. In diesem Fall liegt die Optimalkapazität unterhalb der Maximalkapazität.

Beispiel:

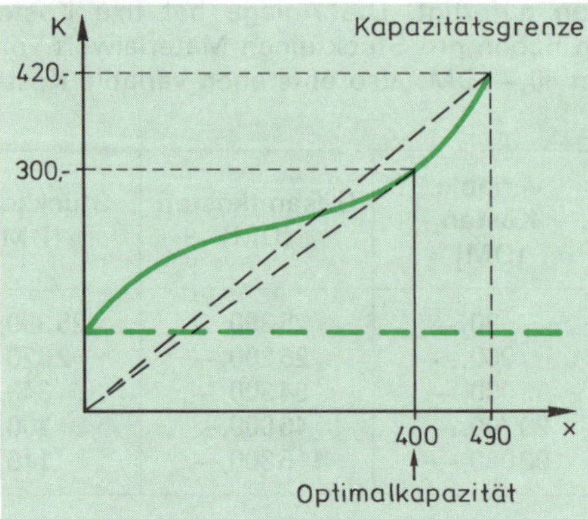

Stückkosten bei

a) 490 Stück: $\frac{420}{490} = 0{,}857$ DM

b) 400 Stück: $\frac{300}{400} = 0{,}75$ DM

2.7 Abhängigkeit der Kosten von der Anlagengröße

Der Zwang zur Modernisierung der Betriebsmittel führt zu Veränderungen der Kostenstruktur. Größere und leistungsfähigere Anlagen verursachen in der Regel höhere Fixkosten, während die variablen Kosten einen weniger starken Anstieg aufweisen. Im Schnittpunkt der Gesamtkostenkurve zweier Anlagen liegt die sog. **„kritische Menge"**. Von dieser Ausbringungsmenge an lohnt sich erst der Einsatz der größeren Anlage.

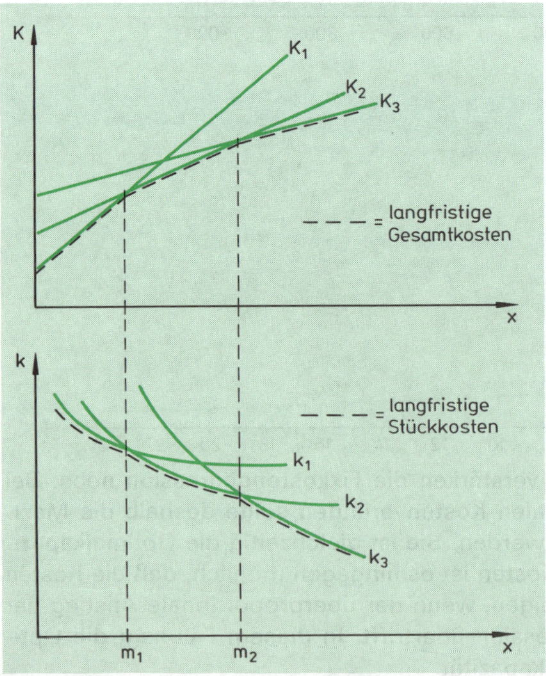

Auf längere Sicht bewirkt das ständige Ersetzen durch größere Anlagen ein im Verhältnis zur Ausbringungsmenge unterproportionales Ansteigen der Gesamtkosten:

K_1 = Gesamtkosten bei Anlage 1
K_2 = Gesamtkosten bei Anlage 2
K_3 = Gesamtkosten bei Anlage 3

ein verstärktes Absinken der Stückkosten:

k_1 = Stückkosten bei Anlage 1
k_2 = Stückkosten bei Anlage 2
k_3 = Stückkosten bei Anlage 3

2.8 Deckungsbeitrag

Die Anhängerkupplungen werden (vom Hersteller) bisher für 200,— DM pro Stück verkauft. Nach einem halben Jahr sind 230 Kupplungen verkauft, und die Nachfrage steigt ständig. Man hofft, bis zum Ende des Geschäftsjahres 500 bis 550 Stück absetzen zu können. Doch schon macht sich Konkurrenz bemerkbar. Andere Anbieter bringen Anhängerkupplungen für 160,— DM auf den Markt. Man bemerkt sofort einen Umsatzrückgang. Wenn man seine Kunden nicht verlieren will, muß man ebenfalls den Preis senken. Wie weit kann man maximal heruntergehen?

Die Differenz zwischen den Verkaufserlösen und den variablen Kosten trägt zur Abdeckung der fixen Kosten bei. Diese Differenz heißt daher *Deckungsbeitrag.* Man unterscheidet den *Deckungsbeitrag je Stück* und den *Gesamtdeckungsbeitrag.*

Beispiel:

Stückerlös:	200,— DM
variable Stückkosten:	90,— DM
Deckungsbeitrag je Stück:	110,— DM

Verkaufsmenge: 100 Stück

Gesamterlös:	20000,— DM
Gesamte variable Kosten:	9000,— DM
Gesamtdeckungsbeitrag:	11000,— DM

So lange der Stückerlös größer als die variablen Stückkosten ist, entsteht ein positiver Deckungsbeitrag je Stück. Mit steigender Absatzmenge trägt er in wachsendem Umfang zur Deckung der fixen Kosten bei und garantiert von einer kostendekkenden Absatzmenge an – der Gewinnschwelle – einen Stückgewinn in Höhe des Deckungsbeitrages je Stück. Ziel der Unternehmung ist deshalb ein hoher Dekkungsbeitrag je Stück.

Beispiel: Erlös- und Kostensituation mit steigender Verkaufsmenge.

Verkaufsmenge (Stück)	1	2	10	100	230	231	*das letzte Stück zu 160,— DM* 231
Verkaufspreis (DM)	200,—	400,—	2000,—	20000,—	46000,—	46200,—	46160,—
variable Kosten (DM)	90,—	180,—	900,—	9000,—	20700,—	20790,—	20790,—
abgedeckte Fixkosten (Gesamtdeckungsbeitrag) (DM)	110,—	220,—	1100,—	11000,—	25300,—	25410,—	25370,—
gesamte Fixkosten (DM)	25300,—	25300,—	25300,—	25300,—	25300,—	25300,—	25300,—
noch zu decken (DM)	25190,—	25080,—	24200,—	14300,—	0,—	– 110,—	– 70,—

Gewinn (bezogen auf die letzten beiden Spalten)

- Der Anbieter macht auch bei einem Preis von künftig 160,— DM noch einen Gewinn von 70,— DM pro Stück.
- Von der Gewinnschwelle an hat also der Gewinn pro Stück stets die Höhe des positiven Deckungsbeitrag je Stück.

- Für das Beispiel bedeutet dies: Man könnte mit dem Preis bis auf die Höhe der variablen Stückkosten hinuntergehen, ohne einen Verlust zu machen.
  Die variablen Stückkosten bilden allerdings nur die **kurzfristige Preisuntergrenze.**
  Wenn man etwa im nächsten Jahr zu 100,— DM pro Stück verkaufen müßte, so würden bei einer Absatzmenge von 550 Stück die Fixkosten nur zu einem geringen Anteil gedeckt. Ein Gewinn wäre nur möglich, wenn es gelänge,
  a) entweder die Absatzmenge beträchtlich zu steigern
  b) oder die variablen Kosten zu senken
  c) oder die fixen Kosten zu senken.
- Die Vollkosten stellen die **langfristige Preisuntergrenze** dar.

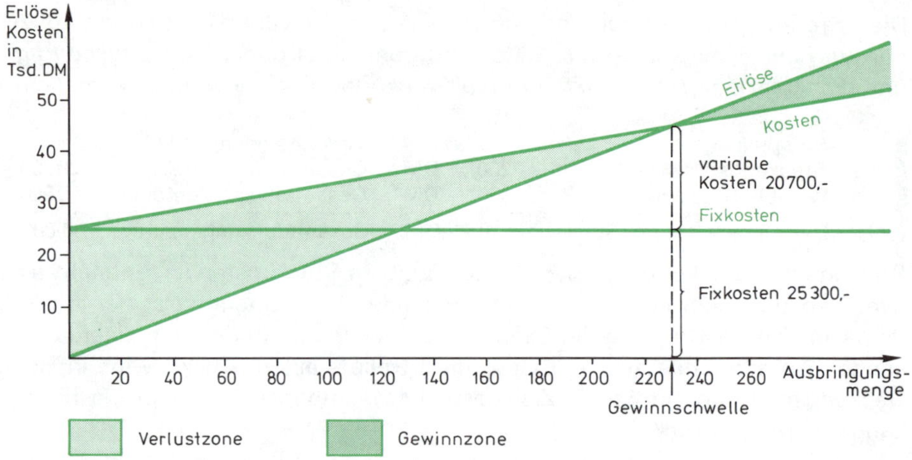

Die Deckungsbeitragsrechnung wird heute als Lösungsansatz für zahlreiche kurzfristige Probleme benutzt.

Beispiele:

Annahme zusätzlicher Aufträge

Der Hersteller kann Lieferant eines Betriebes werden, welcher 200 Kupplungen pro Jahr zum Preis von 140,— DM abnehmen würde. Man stellt bisher 500 Stück im Jahr her, die Kapazität ist jedoch auf 750 Stück ausgelegt.

Bei Annahme des Zusatzauftrags entstehen keine zusätzlichen Fixkosten, wohl aber wird die Kapazität besser ausgelastet. Der Auftrag bringt einen zusätzlichen Deckungsbeitrag von 50,— DM (140,— DM minus 90,— DM) je Stück, also insgesamt einen Zusatzgewinn von 10000,— DM.

Kurzfristige Fertigungsprogramm- (oder Sortiments-)Planung (oder Maschinenbelegung)

In einem Unternehmen werden 3 Produktgruppen geführt. Die Kapazität ist auf 1000 Stück ausgelegt. Vom Markt werden aber nur 900 Stück aufgenommen, wobei die Stückzahlen pro Produkt zwischen 200 und 400 schwanken können. In welcher Reihenfolge sind die Erzeugnisse zu produzieren?

Produktgruppe	Erlös je Stück (DM)	variable Kosten je Stück (DM)	Deckungsbeitrag (DM)
I	200,—	100,—	100,—
II	300,—	150,—	150,—
III	150,—	80,—	70,—

Aufgrund der Deckungsbeiträge lautet die Reihenfolge: II, I, III, d.h. von II ist zunächst die gesamte Nachfrage zu befriedigen, dann von I und schließlich von III.

In der Praxis liegen meist Produktionsengpässe vor, d. h. einzelne Abteilungen sind voll ausgelastet. Die Fertigungsaufträge konkurrieren um die Kapazitäten. In diesem Fall ist anhand von **relativen Deckungsbeiträgen** zu entscheiden. Ein Beispiel dazu finden Sie auf Seite 208.
Wenn mehrere Produktionsengpässe bestehen, löst man das Problem anhand der linearen Optimierung, einer mathematischen Methode der modernen Verfahrensplanung (Operations Research).

Kontrolle des Lernerfolgs

1. Erläutern Sie den Satz: „Kosten sind bewerteter leistungsverbundener Gütereinsatz".

2. Sind
a) Einzelkosten,
b) Gemeinkosten
fixe oder variable Kosten?

3. Ein Fotokopierautomat kostet 600,— DM Monatsmiete. 100 000 Blatt Papier kosten 1500,— DM. Für jede Kopie sind 0,03 DM zu zahlen. Das Gerät wird von einer Mitarbeiterin bedient, die ein Monatsgehalt von 1300,— DM erhält und Lohnnebenkosten (Arbeitgeberanteil zur Sozialversicherung, vermögenswirksame Leistung, Gratifikationen, Urlaubsgeld usw.) von 700,— DM verursacht. Wie hoch sind die Kosten für 1 Kopie, wenn monatlich 20 000, 50 000, 100 000, 200 000 Kopien erstellt werden?

4. Ein Betrieb, der Plastikgefäße herstellt, hat die Wahl zwischen zwei Produktionsanlagen I und II:
I: Fixe Kosten monatlich 5 000,— DM, variable Kosten pro Stück 0,50 DM.
II: Fixe Kosten monatlich 10 000,— DM, variable Kosten pro Stück 0,30 DM.
a) Zeichnen Sie die Kostenkurven für beide Maschinen in ein gemeinsames Koordinatensystem.
b) Stellen Sie fest, bei welcher Produktionsmenge der Einsatz der Anlage II kostengünstiger wird.
c) Welche Anlage würden Sie beschaffen, wenn Sie mit einem monatlichen Absatz von zunächst 20 000 Stück Plastikgefäßen (Absatzpreis maximal 0,55 DM) rechnen, der auf längere Sicht auf 40 000 Stück gesteigert werden kann, wenn man gleichzeitig den Preis auf 0,40 DM senkt?

5. Auf einer Anlage können in der Stunde maximal 120 Stück gefertigt werden. Zur Zeit werden im Durchschnitt 100 Stück produziert. Die Anlage läuft 320 Stunden im Monat. Die fixen Kosten der Anlage betragen im Monat 10 000,— DM. Der Materialverbrauch kostet pro Stück 1,— DM, der Arbeitslohn pro Stück 0,30 DM. Das Stück wird zu 1,90 DM verkauft.
a) Wieviel Prozent beträgt der Beschäftigungsgrad?
b) Liegen unterproportionale, proportionale oder überproportionale variable Kosten vor?
c) Wieviel DM betragen die variablen Kosten einer Monatsproduktion?
d) Wieviel DM betragen die Gesamtkosten einer Monatsproduktion?
e) Wieviel DM betragen die Stückkosten?
f) Wieviel DM betragen die Stückkosten bei einem Beschäftigungsgrad von 70% (100%)?
g) Erläutern Sie anhand dieser Aufgabe die Fixkostendegression (Gesetz der Massenproduktion).
h) Wieviel DM beträgt der Monatsgewinn bei einer Stundenproduktion von 100 Stück?
i) Wieviel DM betragen die kurzfristige und die langfristige Preisuntergrenze bei den 3 genannten Beschäftigungsgraden?
j) Kann ein Zusatzauftrag über 3000 Stück zum Stückpreis von 1,40 DM angenommen werden? Um wieviel DM verändert er das Monatsergebnis?

3 Fertigungsverfahren

- Die Maschinenfabrik Hellwig GmbH fertigt Werkzeugmaschinen, unter anderem Karusselldrehbänke. Nachfrager sind verhältnismäßig wenige Betriebe der metallverarbeitenden Industrie. Die Fertigung erfolgt nur im Kundenauftrag. Dies bedingt eine sogenannte Einzelfertigung mit immer neuer Konstruktion. Wegen der variablen Arbeitsabläufe können keine Fließbänder eingesetzt werden, sondern die Materialien durchlaufen bei der Bearbeitung verschiedene Werkstätten.
- Die Hochalp Käsefabriken GmbH ist auf die Herstellung von Weichkäse spezialisiert. Nachfrager sind letztlich alle Haushalte im Inland und benachbarten Ausland. Die Fertigung erfolgt auf Lager. Es liegt eine Massenfertigung immer gleicher Produkte vor. Die Portionierung und Verpackung erfolgt am Fließband. Im Durchschnitt alle zwei Tage wird die Produktion auf eine andere Sorte umgestellt.

3.1 Bestimmungsgrößen der Fertigungsverfahren

Fertigungsverfahren stellen jeweils eine bestimmte Art der Güterherstellung dar. Die Wahl des Verfahrens hängt von verschiedenen Bestimmungsgrößen ab.

Bestimmungsgrößen der Fertigungsverfahren
Werkstoff Jeder Werkstoff erfordert ein ihm gemäßes Verarbeitungsverfahren. (Rohkäse wird anders als Metall verarbeitet.)
Fertigprodukt Jedes Fertigungsprodukt verlangt ein ihm gemäßes Herstellungsverfahren. (Weichkäse wird anders als Karusselldrehbänke gefertigt.)
Nachfrage Weichkäse wird von fast jedem Haushalt in kleinen Portionen nachgefragt. Dies führt zu Lagerfertigung in großen Mengen unter Fließbandeinsatz. Karusselldrehbänke werden einzeln in Kundenauftrag in Werkstätten gefertigt.
Betriebsgröße Großbetriebe organisieren aufgrund ihrer andersartigen Ausstattung mit Personal und Betriebsmitteln die Fertigung anders als Kleinbetriebe.
Faktorpreise Verschieben sich die Preise der Produktionsfaktoren, so sucht der Betrieb die kostengünstigste Faktorkombination (Minimalkostenkombination). So wird Arbeit wegen steigender Lohnkosten durch Maschinen ersetzt.
Technischer Fortschritt Technischer Fortschritt führt ebenfalls zu fortschreitender Automation.
Soziale Einflüsse Kostengünstige Verfahren (z. B. Fließband) können schädlich für den Menschen sein (Monotonie, einseitige Belastung). Man sucht deshalb humanere Verfahren (Humanisierung der Arbeit). Auch durch den Umweltschutz werden neue Verfahren erforderlich.

Die genannten Bestimmungsgrößen führen zu

- unterschiedlichen technologischen Verfahren,
- unterschiedlich häufiger Wiederholung des Fertigungsvorgangs,
- unterschiedlicher Anordnung der Betriebsmittel,
- unterschiedlicher Beteiligung menschlicher Arbeitskraft.

3.2 Technologische Fertigungsverfahren (Erzeugungsverfahren)

Nach der Art und Weise, wie die Rohstoffe be- oder verarbeitet werden, unterscheidet man durchlaufende, analytische und synthetische Fertigung.

Durchlaufende Fertigung

Durchlaufende Fertigung **bedeutet direkte Umwandlung von Werkstoffen in Halb- und Fertigfabrikate.**

- **Urformen**

Ungeformte Werkstoffe werden in eine erste Form gebracht (z. B. Gießen von Eisen).

- **Umformen**

Vorgeformtes Material wird in eine neue Form gebracht (z. B. Walzen von Brammen zu Blechen).
Chemische Verfahren: Verflüssigen, Gießen, Sieden, Kochen, Brennen, Gären, Sintern, Backen, Kondensieren u. a. m.
Mechanische Verfahren: Schmieden, Walzen, Pressen, Ziehen, Biegen, Spinnen u. a. m.

Analytische Fertigung

Analytische Fertigung **bedeutet Fertigung durch Trennen von Bestandteilen der Werkstoffe.**
Chemische Verfahren: Destillieren, Raffinieren, Zerlegen, Auflösen u. a. m.
Spanabhebende mechanische Verfahren: Hobeln, Drehen, Fräsen, Bohren u. a. m.
Spanlose mechanische Verfahren: Sägen, Schneiden, Brechen, Zerkleinern, Stanzen u. a. m.

Synthetische Fertigung

Synthetische Fertigung **bedeutet Fertigung durch Zusammenfügen und Verbinden von Werkstoffen.**
Chemische Verfahren: Legieren, Polykondensieren, Polymerisieren, Polyaddieren u. a. m.
Mechanische Verfahren: Nageln, Schweißen, Nieten, Schrauben, Verdrahten, Kleben, Weben, Mischen u. a. m.
Speziell oberflächenbehandelnde Verfahren: Galvanisieren, Färben, Lacken, Pinseln, Spritzen, Ätzen u. a. m.

3.3 Fertigungsverfahren nach der Wiederholung des Fertigungsvorgangs (Fertigungstypen)

Einzelfertigung liegt vor, wenn mit einer Produktionsanlage zu einer gegebenen Zeit nur ein einzelnes Produkt von einer bestimmten Art gefertigt wird.
Mehrfachfertigung liegt vor, wenn auf einer Anlage gleichzeitig oder unmittelbar hintereinander mehrere Produkte der gleichen Art gefertigt werden. Bei der Mehrfachfertigung sind Serien-, Sorten- und Massenfertigung zu unterscheiden.

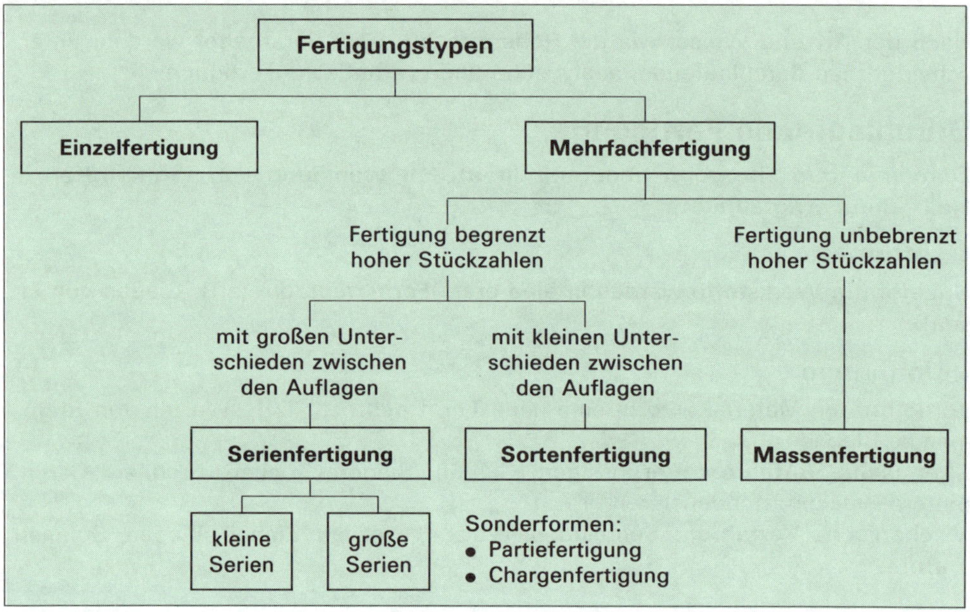

3.3.1 Einzelfertigung[1])

Die Artikel werden meist (nicht immer) *auf besonderen Kundenauftrag hin* gefertigt (Auftragsfertigung).
Zum Beispiel werden Schiffe, Spezial- und Schwermaschinen, Gebäude und Brükken in Einzelfertigung erstellt. Eine intensive Kundenbearbeitung ist notwendig, oft durch die Geschäftsleitung selbst. In der Regel werden im Betrieb mehrere Aufträge gleichzeitig bearbeitet. Die Produktion ist als Werkstättenfertigung, teilweise auch als Baustellenfertigung organisiert, mit den entsprechenden Vor- und Nachteilen. Wenn möglich, wendet man folgende **Rationalisierungsmaßnahmen** an:

- Einsatz automatischer Maschinen,
- Verwendung genormter Teile, Fertigung im Baukastensystem,
- Teilefamilienfertigung,
- Zusammenfassung gleicher Vorgänge zu Losen (Auflagen, Serien).

---

[1]) In diesem und den folgenden Abschnitten wird eine Reihe von Fachausdrücken genannt, die erst an späterer Stelle erläutert werden können. Es wird empfohlen, diese Stellen anhand des Stichwortverzeichnisses aufzusuchen.

3.3.2 Serienfertigung

Eine *begrenzt hohe Stückzahl (Serie)* wird auf einer Anlage gleichzeitig oder unmittelbar nacheinander erstellt.

Die Produkte zweier Serien unterscheiden sich stark. Die Anlage muß deshalb für eine neue Serie mit hohen Kosten und großem Zeitaufwand umgerüstet werden. Man unterscheidet Klein- und Großserien. Eine zahlenmäßige Abgrenzung ist produktabhängig. Viele technische Produkte (Fahrzeuge, Büromaschinen, elektronische Geräte usw.) werden in Großserien gefertigt. Sie werden auf Lager produziert (Lagerfertigung) und als Reihen-, Fließ- oder Gruppenfertigung organisiert.

3.3.3 Sortenfertigung

***Sortenartikel* sind Varianten des gleichen Grundproduktes. Sie unterscheiden sich nur bezüglich einzelner Merkmale.**

Merkmale können sein:

- Maße (Schuhe verschiedener Größen aus gleichem Leder),
- Material (Kleidung gleichen Schnitts aus verschiedenen Stoffen),
- Materialzusätze (z. B. bei Bier- und Käsesorten).

Im Gegensatz zur Serienfertigung werden nur geringfügige Umrüstungen nötig (z. B. Kesselreinigung in der Schmelzkäseproduktion). Für den Zeitpunkt der Umrüstung ist die **optimale Losgröße** entscheidend.

Ein *Los (Auflage, Serie)* ist die Menge, die ohne Umrüsten der Anlage produziert wird.

Beispiel:
Eine Schraubenfabrik produziert 10 Sorten Maschinenschrauben. Der Jahresabsatz beträgt 100000 Stück pro Jahr. Die Kunden bestellen unregelmäßig. Die Schrauben werden auf denselben Maschinen gefertigt, die jedoch bei Sortenwechsel umgerüstet und neu eingerichtet werden müssen. Pro Sortenwechsel entstehen auf diese Weise Kosten von 100,— DM. Andererseits verursacht die Lagerung von je 1000 Schrauben 200,— DM Zins- und Lagerkosten pro Jahr. Wie hoch ist die optimale Losgröße?

- Aufgrund der Kundennachfrage muß der Betrieb mehrere Sorten anbieten.
- Eine Produktion im Kundenauftrag wäre zu teuer. Man müßte bei den meisten Bestellungen jedesmal die Maschinen umrüsten, was 100,— DM kostet (Lohn-, Transport-, Einarbeitungskosten). Da die Rüstkosten pro Los bzw. Auflage festliegen, nennt man sie auch **auflagenfixe Kosten.** Um sie niedrig zu halten, bietet es sich an, so selten wie möglich umzurüsten. (Das bedeutet bei 10 Sorten mindestens 10mal.)
- Dies wiederum bedeutet die Produktion großer Serien, die erst nach und nach verkauft werden können. Das in den Produkten gebundene Kapital verursacht Zinskosten, die Lagerung bewirkt Lagerkosten. Da diese Kosten sich mit der Auflagengröße verändern, nennt man sie **auflagenvariable Kosten.** Größere Lose erhöhen die Kosten.
- Rüstkosten einerseits und Zins- und Lagerkosten andererseits sind gegenläufig. Gesucht ist die optimale Losgröße, bei der die Summe aus beiden Kostenarten minimiert wird. (Das Problem entspricht in seiner Struktur genau dem der optimalen Bestellmenge.)

Die Lagermenge errechnet sich – gleichmäßiger Lagerabgang vorausgesetzt – als:

$$\frac{\text{Losgröße}}{2} \cdot \text{Zahl der Produkte.}$$

Lose	Losgröße	Rüstkosten (DM)	Lagermenge (Stück)	Lagerkosten (DM)	Gesamtkosten (DM)
10	10000	1000,–	50000	10000,–	11000,–
20	5000	2000,–	25000	5000,–	7000,–
30	3333	3000,–	16665	3333,–	6333,–
31	3226	3100,–	16130	3226,–	6326,–
32	3125	3200,–	15625	3125,–	6325,–
33	3030	3300,–	15150	3030,–	6330,–
35	2857	3500,–	14285	2857,–	6357,–
40	2500	4000,–	12500	2500,–	6500,–
50	2000	5000,–	10000	2000,–	7000,–

In diesem Beispiel liegt die optimale Losgröße bei 3125 Stück. Dies entspricht einer 32maligen Umrüstung der Maschinen im Jahr.

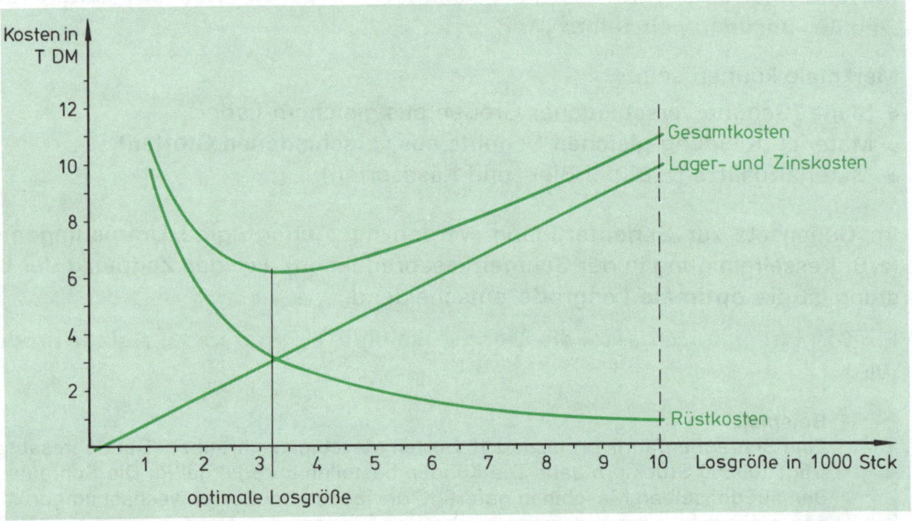

Für die Sortenfertigung eignen sich ebenfalls die Reihen-, Fließ- und Gruppenfertigung. Viele Werkzeuge, Schreibgeräte, Bleche, Schrauben, Kleidungsstücke, Drähte, Ziegel, konservierte Nahrungsmittel und andere Produkte werden in Sortenfertigung hergestellt. Meist ist eine Lagerfertigung gegeben.

Partie- und Chargenfertigung sind Sonderformen der Sortenfertigung. Die Produktvarianten entstehen hier aber ungewollt durch den Produktionsprozeß:

- Eine **Partie** ist eine in sich einheitliche Rohstoffmenge, die sich von jeder anderen Partie in ihren Eigenschaften unterscheidet. So hat amerikanische Baumwolle eine andere Faserlänge und Reißfestigkeit als ägyptische. Dann unterscheiden sich auch die Produkte.
- Eine **Charge** ist die Füllmenge für einen Produktionsvorgang (z. B. die Beschikkungsmenge eines Hochofens, eines Backofens, eines Töpferbrennofens, einer Branntweindestillieranlage). Die Bedingungen des Produktionsprozesses werden in solchen Fällen nicht vollständig beherrscht. Dies führt zu verschiedenen Produktausfällen, wie hellem oder dunklerem Brot.

3.3.4 Massenfertigung

Bei der *Massenfertigung* werden unbegrenzt hohe Stückzahlen von sogenannten Massenartikeln produziert.

In Massenfertigung werden z. B. Zigaretten, Dragees und Elektrizität erstellt. Die Produktion ist weitgehend automatisiert und erfolgt in der Regel als Lagerfertigung.

3.4 Fertigungsverfahren nach der Anordnung der Betriebsmittel (Fertigungsorganisation)

Je nachdem, wie die Betriebsmittel und Arbeitsplätze angeordnet und die Wege gestaltet sind, die die Produkte in der Fertigung durchlaufen, unterscheidet man verschiedene Organisationstypen:

3.4.1 Werkstattfertigung

Eine *Werkstatt im handwerklichen Sinn* ist ein mit verschiedenen Maschinen ausgestatteter Raum, in dem Bearbeitungen vorgenommen werden.

Die Werkstücke werden in die Werkstatt gebracht und dort bearbeitet.
Die Werkstattfertigung ist typisch für handwerkliche Betriebe.

3.4.2 Werkstättenfertigung

Herr M. ist Dreher bei der Schürmann GmbH, einer Werkzeugmaschinenfabrik, die neben Spitzen-, Plan-, Karussell- und Revolverdrehbänken verschiedenster Größen auch Bohrmaschinen auf Bestellung produziert. Kaum eine der bestellten Maschinen gleicht der anderen, jede muß eigens nach den Wünschen des Kunden konstruiert werden. Die Einzelteile werden in verschiedenen Werkstätten (Dreherei, Fräserei, Bohrerei, Schlosserei, Stanzerei, Schleiferei usw.) gefertigt und anschließend in den Montagehallen zusammengebaut. In Herrn M.s Werkstatt, der Dreherei, befinden sich 12 Drehbänke. Die hier bearbeiteten Materialien kommen anschließend in eine andere Abteilung, entweder die Bohrerei oder die Schleiferei, um dort weiterbearbeitet zu werden.

Verrichtungszentralisation

Eine *Werkstatt im industriellen Sinn* ist ein Ort, an dem Betriebsmittel mit *gleichartigen Verrichtungen* zu einer Gruppe zusammengefaßt werden *(Verrichtungszentralisation)*.

Die Werkstücke werden von einer Werkstatt zur anderen transportiert. Die Werkstättenfertigung ist dadurch gekennzeichnet, daß an verschiedenen Objekten stets gleichartige Verrichtungen (z. B. Bohrungen) vorgenommen werden. Diese Organisationsform findet in Betrieben mit Einzelfertigung und Kleinserienfertigung Anwendung.

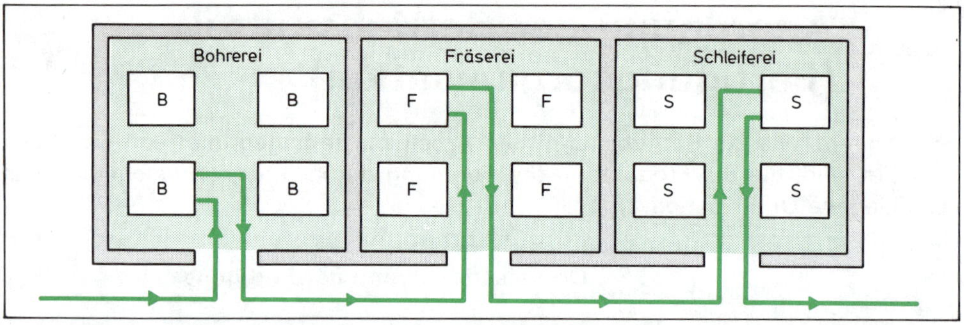

Vor- und Nachteile der Werkstättenfertigung	
Vorteile	**Nachteile**
- hohe Anpassungsfähigkeit an Marktveränderungen, an immer neue Arten von Aufträgen (Marktflexibilität) und unterschiedliche Arbeitsgangfolgen - relativ niedrige Investitionskosten für Universalmaschinen, im Gegensatz zur Fließfertigung, bei der viele einzelne Spezialmaschinen benötigt werden - Anpassungsfähigkeit bei Erkrankungen von Arbeitern oder bei Schäden an einzelnen Maschinen - meist gut ausgebildete Arbeitskräfte, die verschiedenartige Arbeiten ausführen können.	- lange Transportwege wegen unterschiedlicher Arbeitsgangfolgen - langsamer Durchlauf wegen langer Transportwege und langer Liegezeiten sowie ständiger Umrüstung der Maschinen - keine Eignung für kostensparende Massenproduktion - Probleme in der Auslastung der einzelnen Werkstätten: Gleichmäßige Auslastung führt zu großen Zwischenlägern mit hohen Zins- und Lagerkosten; will man diese vermeiden, so muß man teilweise Überbeschäftigung mit teuren Überstunden bzw. Unterbeschäftigung in einzelnen Werkstätten hinnehmen. - hohe Lohnkosten für Facharbeiter - Notwendigkeit teurer Transporteinrichtungen (wie Kräne, Elektrokarren, Hubroller) - verhältnismäßig hohe Fehlerquote wegen geringer Spezialisierung - Überblick über die Gesamtheit der Fertigungsabläufe schwierig; erfordert dezentralisierte Entscheidungen von Meistern und Vorarbeitern - aufwendige Kalkulation für jedes Produkt - Notwendigkeit einer intensiven Arbeitsvorbereitung im Hinblick auf Terminplanung, Ermittlung der Arbeitszeiten für die einzelnen Bearbeitungen, Planung der Maschinenbelegung und Arbeitsverteilung - Notwendigkeit einer gut durchdachten Fertigungssteuerung für jeden Auftrag

Problem der Maschinenbelegung

Die Maschinenbelegung ist das Hauptproblem der kurzfristigen Terminplanung. Sie beinhaltet die Festlegung, welche Aufträge endgültig auf welcher Maschine bearbeitet werden sollen.

Beispiel[1]):

Auf 3 Maschinen müssen täglich 4 verschiedene Arbeiten ausgeführt werden:

Arbeit 1: 2 Std. M 1 → 2,5 Std. M 3 → 1,5 Std. M 2
Arbeit 2: 4 Std. M 1 → 1 Std. M 3
Arbeit 3: 2 Std. M 2 → 0,5 Std. M 3
Arbeit 4: 3 Std. M 2 → 1 Std. M 1 → 1 Std. M 3

1. Lösungsansatz:

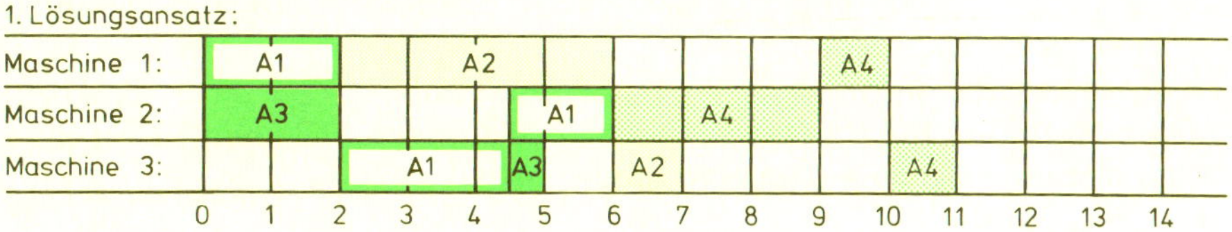

Der Plan weist lange Durchlaufzeiten auf. Durch Wartezeiten entstehen organisatorische Läger. Die Maschinenbelegung läßt sich wesentlich verbessern, indem man Arbeit 4 nach vorn schiebt:

2. Lösungsansatz

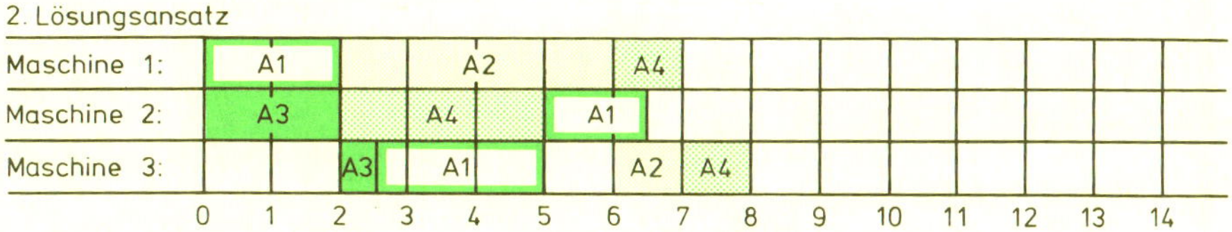

Ziele optimaler Maschinenbelegung

- **Einhaltung der Termine**
- **Minimierung der Durchlaufzeiten** – Verringerung der Zins- und Lagerkosten der Werkstücke
- **Bestmögliche Kapazitätsauslastung** – Verringerung der Brachzeiten der Maschinen
- **Minimierung der Bearbeitungs- und Rüstkosten** – wenn diese Kosten auf den einzelnen Maschinen verschieden hoch ausfallen

[1]) in Anlehnung an: Rudolf Hambusch (Hrsg.): Organisationslehre, Darmstadt, S. 37

Bei Werkstättenfertigung wirft eine optimale Maschinenbelegung **Probleme** auf:

- Maschinen bleiben längere Zeit ungenutzt, weil der Produktionsfluß sie nicht rechtzeitig mit Aufträgen versorgt (siehe obiges Beispiel, Maschine 3). Es treten Maschinenleerkosten auf.
- Maschinen können von mehreren Aufträgen gleichzeitig beansprucht werden und so auf längere Zeit blockiert werden. Unter diesen Umständen entstehen Wartezeiten und damit Kosten für die Werkstücke, die noch nicht bearbeitet werden können. (Siehe obiges Beispiel; Arbeit 4 kann nach Beendigung des Vorgangs auf Maschine 2 nicht sofort auf Maschine 1 weiterbearbeitet werden. Dies verlängert die Durchlaufzeit dieses Werkstückes.)

Man hat bisher noch keinen Weg gefunden, dieses ,,**Dilemma der Ablaufplanung**'' allgemeingültig zu lösen. In der Praxis konzentriert man sich auf die Engpässe, die ja die Durchlaufzeit wesentlich beeinflussen. **Entscheidungsgrundlagen** können dann etwa, je nach Situation, sein:

- **Dringlichkeit der Aufträge:** Die eiligsten Aufträge werden zuerst bearbeitet.
- **Minimierung der Rüstkosten:** Serienteile, Familienteile laufen zuerst durch.
- **Maximierung des Deckungsbeitrages**

Beispiel:
Es werden 3 Produktgruppen geführt. Engpaß: Montageabteilung

Produkt-gruppe	Erlös je Stück (DM)	variable Kosten je Stück (DM)	Deckungs-beitrag je Stück (DM)	Montage-zeit je Stück (Min.)	montierte Einheiten je Std.	relativer Deckungs-beitrag (DM)
I	200,—	100,—	100,—	30	2	200,—
II	300,—	150,—	150,—	60	1	150,—
III	150,—	80,—	70,—	20	3	210,—

Der relative Deckungsbeitrag ist der auf 1 Stunde umgerechnete Deckungsbeitrag. Die Produkte sind in der Reihenfolge III, I, II zu fertigen. Wieviel von den letzten Gruppen gefertigt werden kann, hängt von den freien Kapazitäten in der Montageabteilung ab.

3.4.3 Reihen- und Fließfertigung

Der Amerikaner Frederick Winslow Taylor (1856–1915) gilt als der Vater des Rationalisierungsgedankens. Indem er Arbeitsgänge in ihre Bestandteile zerlegte, fand er schnell die vorteilhafteste Bewegungs- und Griffolge heraus.
Eine ,,außergewöhnliche Zeitersparnis und die damit verbundene Steigerung der Produktion lasse sich dann erreichen, wenn alle unnötigen Bewegungen ausgeschaltet, langsame Bewegungen durch schnelle und unökonomische durch ökonomische Handgriffe ersetzt werden..., fand Taylor.
Als Protyp der arbeitszerlegten Produktion gilt das Fließband. 1873 wurde das Fließband in den Schlachthäusern von Chicago und Cincinnati eingeführt. 40 Jahre später stellte Henry Ford (1863–1947) die Produktion seiner Autos in Detroit auf Fließbandfertigung um. Effekt: Die Montagezeit verringerte sich je Auto von zwölf auf eineinhalb Stunden.''
(Quelle: iwd)

Objektzentralisation und Arbeitszerlegung

Wenn die Betriebsmittel und Arbeitsplätze in der Reihenfolge der auszuführenden Arbeiten angeordnet sind, liegt *Reihenfertigung* (auch Linien- oder Straßenfertigung genannt) vor. An jedem Arbeitsplatz nimmt man eine andere Verrichtung am gleichen Bearbeitungsobjekt vor *(Objektzentralisation)*.

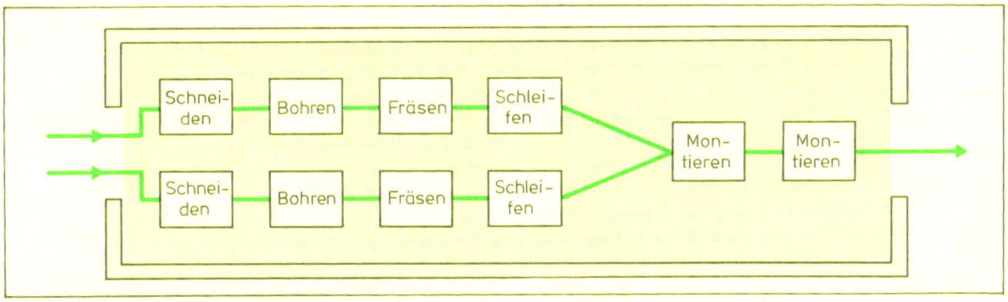

Die perfekteste Form der Reihenfertigung ist die Fließfertigung: Die Werkstücke gleiten in einer für alle Arbeiten gleichen Taktzeit (= Zeitspanne vom Beginn eines Arbeitsganges bis zum Beginn des nächsten gleichartigen Arbeitsganges) gleichmäßig oder auch ruckweise an den einzelnen Arbeitsplätzen vorbei.
Die Fertigung ist in eine große Anzahl von kleinen, unselbständigen Verrichtungen zerlegt **(Arbeitszerlegung)**[1].

Beispiel: Arbeitszerlegung

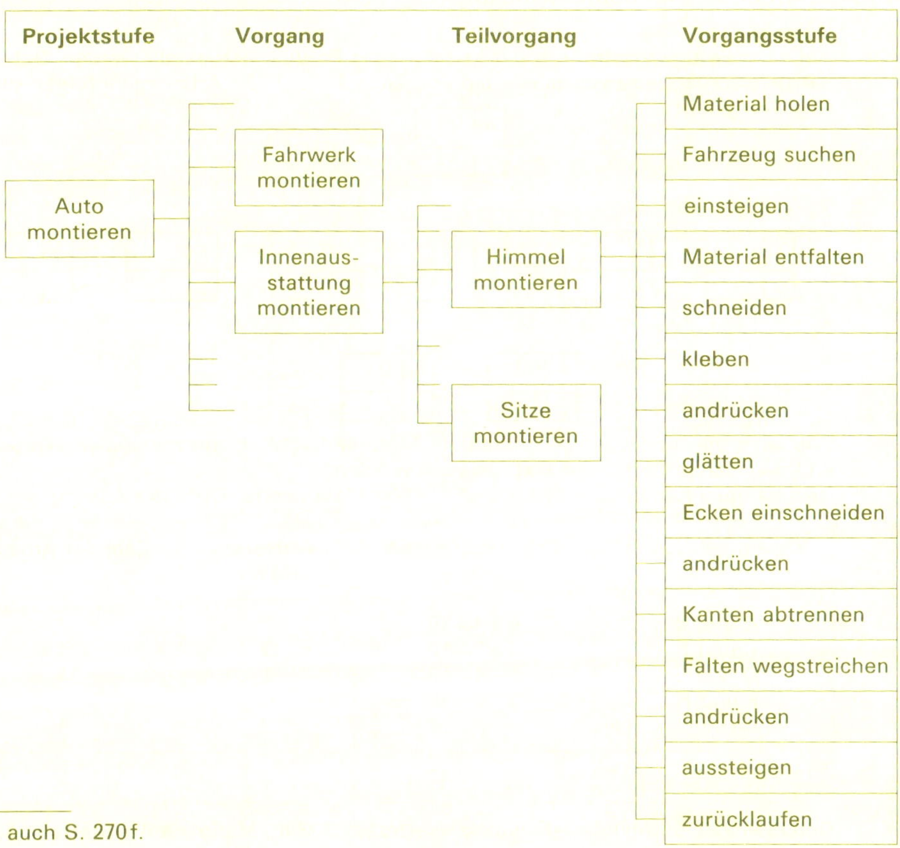

[1]) vgl. auch S. 270f.

Taktzeit und Fließbandabgleich

Um einen gleichmäßigen Materialdurchfluß zu erreichen, ist es nötig, für das gesamte Fließband eine einheitliche Taktzeit festzulegen.

Die *Taktzeit* ist diejenige Zeit, in der jeweils eine Mengeneinheit fertiggestellt wird. (REFA)

Die Taktzeit hängt von der geplanten Soll-Ausbringungsmenge ab.

Beispiel:
Arbeitszeit pro Tag: 8 Std. = 480 Minuten
Sollmenge pro Tag: 48 Stück
Die Taktzeit beträgt 10 Minuten pro Stück.

$$\text{Taktzeit} = \frac{480}{48} = 10$$

Die Taktzeit umfaßt die Bearbeitungszeit und die Wartezeit des Arbeiters:

Taktzeit = Bearbeitungszeit + Wartezeit

Bekanntlich entstehen durch Wartezeiten organisatorische Läger, die Kosten verursachen. Die Arbeiter sind nicht beschäftigt, müssen aber bezahlt werden. Um möglichst geringe Arbeitskosten zu haben, wird man versuchen, das Fertigungssoll mit möglichst wenigen Arbeitern zu erreichen. Man wird deshalb die Arbeitsvorgänge so miteinander kombinieren, daß die Summe der kombinierten Zeiten bei keinem Arbeiter die Taktzeit überschreitet, aber die Wartezeiten minimiert werden. Damit wird die Arbeiterzahl ebenfalls minimiert.

Beispiel:
Auf einer Fertigungsstraße soll ein bestimmtes Produkt hergestellt werden. Dabei sind 9 Arbeitsvorgänge zu vollziehen (die Vorgänge A bis I). Die Arbeitsgangfolgen sind wie folgt festgelegt:

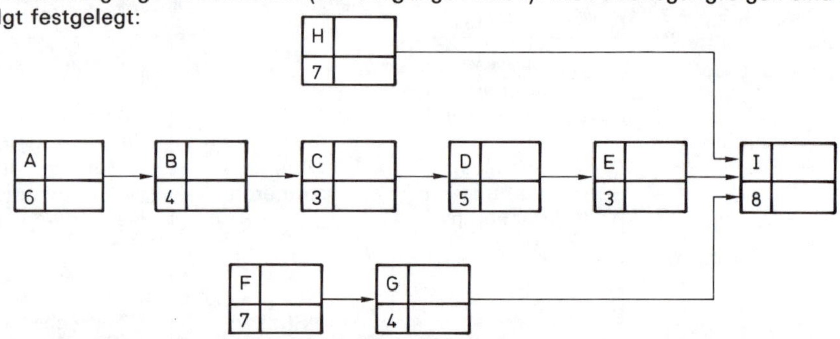

Wie kann ein möglichst gleichmäßiger Materialdurchfluß mit minimalen Wartezeiten und minimalem Personaleinsatz erreicht werden?
Dies ist das Problem des **optimalen Fließbandabgleichs.** Optimale Lösung:

Zusammenfassen	Bearbeitungszeit (Min.)	Wartezeit (Min.)	Zahl der Arbeiter
A und B	6+4=10	0	1
C und F	3+7=10	0	1
D und G	5+4= 9	1	1
E und H	3+7=10	0	1
I	8	2	1
	47	3	5

Durchlaufzeit: 50 Minuten, Minimale Wartezeit: 3 Min., Minimale Arbeiterzahl: 5

Wichtig für eine funktionierende Fließfertigung ist ein exakt ausgearbeiteter Fließarbeitsplan, der Art und Reihenfolge der Verrichtungen, Stückzeiten und Taktzeiten umfaßt.

Vor- und Nachteile der Reihen- und Fließfertigung	
Vorteile:	Nachteile:
- kurze Transportwege, kaum Zwischenläger, also geringe Zins- und Lagerkosten - schneller Durchlauf durch Einsatz von Spezialmaschinen, Spezialisierung der Arbeiter auf kleinste Verrichtungen und zweckmäßige Gestaltung der Arbeitsvorgänge (Rationalisierung) - Eignung für Großserien- und Massenproduktion mit den entsprechenden Kostenvorteilen - geringer Ausschuß aufgrund der Spezialisierung der Arbeitskräfte - verhältnismäßig niedrige Lohnkosten, da keine Fachkräfte benötigt werden - bessere Übersicht über den Produktionsprozeß: einfache Terminsteuerung und Kalkulation, Ausbringungsmenge und Materialverbrauch genau bestimmbar - Möglichkeit der Automation in vielen Bereichen	- geringere Anpassungsfähigkeit an Marktveränderungen - hohe Investitionskosten für Spezialmaschinen, die sich bei Nachfragerückgängen leicht als Fehlinvestitionen erweisen können - Störanfälligkeit des gesamten Produktionsprozesses bei Ausfall einzelner Maschinen oder Arbeiter. Teure Reparaturkolonnen und „Springer", die eine Vielzahl von Arbeiten übernehmen können, müssen jederzeit bereitstehen. - Die Monotonie der Arbeit und das Spezialistentum mit einseitiger körperlicher Beanspruchung führen häufig zu Arbeitsunlust, körperlichen und psychischen Erkrankungen. „Krankfeiern" (Absentismus), Sabotage („Montagsauto") und Kündigungen seitens der Arbeiter sind an der Tagesordnung. - Speziell bei der Fließfertigung gilt: Bei einem komplizierten Gesamtprozeß ist die Austaktung schwierig. Der Mensch muß sich dem Takt anpassen. Dies belastet den Arbeiter.

Besonders stark wirken sich die aufgeführten Vorteile bei der Fließfertigung aus.

Im Zuge einer fortschreitenden Humanisierung der Arbeit setzen sich zur Zeit neue Formen der Fertigungsorganisation durch, die das Fließband abwandeln[1]). Sie sind eine Folge der Mehrkosten, die den Unternehmungen häufig durch Arbeitsunlust, Sabotage, Krankfeiern und Fluktuation der Arbeiter entstehen und die ihre Ursachen in der Monotonie und einseitigen Belastung durch das Fließband haben.

3.4.4 Gruppenfertigung

Die Gruppenfertigung ist eine Kombination von Reihen- und Werkstättenfertigung: Verschiedenartige Maschinen (z. B. eine Bohrmaschine, eine Stanze, eine Presse, eine Schleifmaschine) werden einer Fertigungsgruppe zugeordnet, die gleiche oder gleichartige Fertigteile erstellt.

Die *Gruppenfertigung* kombiniert Teilabläufe nach dem Fließprinzip (Fließinseln).

Man will so auch bei Sortenfertigung und bei Fertigung kleiner Serien die Vorteile der Fließfertigung für diese Teilabläufe ausnutzen.

---

[1]) vgl. S. 267

Vorteile der Gruppenfertigung	
Vorteile gegenüber der Werkstättenfertigung	**Vorteile gegenüber der Fließ- und Reihenfertigung**
– kürzere Transportwege – schnellerer Fertigungsdurchlauf – geringere Kosten für Zwischenläger – größere Übersichtlichkeit des Produktionsprozesses	– größere Anpassungsfähigkeit – vielseitigere Beschäftigung der Arbeitskräfte (weniger Monotonie, besserer Kontakt, eventuell sogar Austausch von Arbeitern) – geringere Störanfälligkeit

3.4.5 Baustellenfertigung

Bei der *Baustellenfertigung* wird das Fertigprodukt an einer Baustelle produziert. Das Produkt ist ortsgebunden, unbeweglich; Arbeitskräfte, Betriebsmittel und Werkstoffe müssen zur Baustelle transportiert werden (Raumzentralisation).

Baustellenfertigung betrifft in erster Linie die Erstellung von Großprojekten im Hoch- und Tiefbau, von Brücken und Schiffen.

Der Arbeitsablauf läßt sich nur in zeitlicher Hinsicht organisieren. Dazu werden Bauablaufpläne erstellt.

Für die Einrichtung der Baustelle und den Transport der Produktionsfaktoren entstehen hohe Kosten. Man bemüht sich deshalb, die Fertigung der Teile in Fabriken zu verlegen (Fertigteil-Bauweise, Normteile), so daß die Arbeit auf der Baustelle sich möglichst auf die Montage reduziert. Dabei spielt handwerkliches Können vielfach noch eine größere Rolle als bei den anderen Organisationsformen.

Wenn möglich, versucht man auch hier die Vorteile der Serienfertigung zu nutzen (z. B. Erstellung gleicher Häuser in größeren Bauabschnitten).

Ein Sonderfall ist die Fertigung nach dem Wanderprinzip. Dabei ist der Arbeitsgegenstand auch ortsgebunden, jedoch muß die Baustelle mit dem Arbeitsfortschritt abschnittsweise verlegt werden. Nach diesem Prinzip wird zwangsläufig im Straßen-, Kanal- und Gleisbau, bei Kabelverlegungen oder dem Bau von Pipelines verfahren.

3.5 Fertigungsverfahren nach dem Grad der Beteiligung menschlicher Arbeitskraft

In einer großen deutschen Keksfabrik werden einer Teigknetmaschine die Zutaten (Mehl, Fett, Milch, Gewürze u. a.) zugeführt. Der Teig läuft durch Ausstechwalzen, die Teigreste werden erneut zum Ausstechen ausgerollt. Die Plätzchen wandern durch den Backofen, kühlen anschließend aus, werden entsprechend glasiert (Zuckerguß, Schokolade), in Tüten gefüllt, und auf einer Waage wird das Gewicht kontrolliert. Sie kann bei zu geringem Gewicht Plätzchen hinzufügen. Dann werden die Tüten verschlossen und in Kartons gelegt. Diese werden zugeklebt und von einer Maschine mit Aufschrift versehen. Erst dann wird das Gebäck von Menschenhand zum Weitertransport in Empfang genommen.

Wenn grundsätzlich die Möglichkeit besteht, Arbeitsvorgänge auf verschiedene Art zu organisieren, so wird der Unternehmer unter der Voraussetzung gleicher Leistungsfähigkeit eine möglichst kostengünstige Kombination der Produktionsfaktoren anstreben: Er sucht die **Minimalkostenkombination.** In der Praxis bedeutet das für den Einsatz der Produktionsfaktoren Arbeitskräfte und Betriebsmittel: Menschen werden durch Maschinen ersetzt.
Diese „Substitution von Arbeit durch Kapital" hat sich in einem stufenförmigen Prozeß vollzogen.

Prozeß der Substitution von Arbeit durch Kapital

Handarbeit	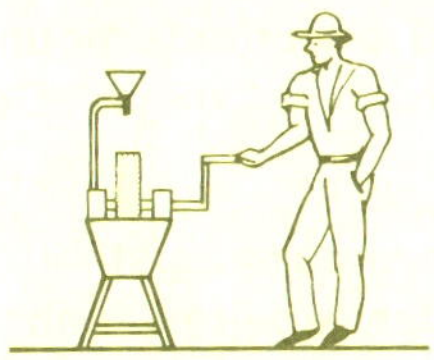	**1. Stufe** Arbeiten am Schleifbock – handbetrieben	Der Mensch ist Kraftquelle und Fachmann. Als Werkzeug dient ein Schleifstein.
Mechanisierte Handarbeit Ersatz der menschlichen Arbeitskraft	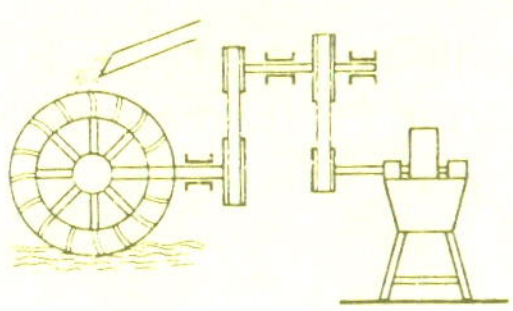	**2. Stufe** Arbeiten am Schleifbock mit Antrieb durch Wasserkraft	Der Mensch als Fachmann führt das Werkstück. Als Kraftquelle dient Wasserkraft. Werkzeug ist eine Schleifscheibe.
Technisierung Maschinisierung Moderne Energiequellen	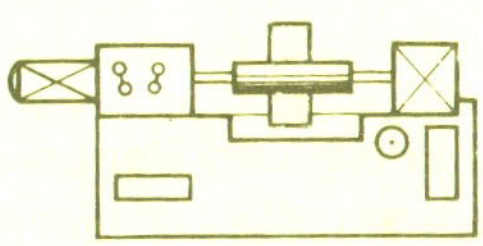	**3. Stufe** Schleifmaschine	Der Mensch bedient die Maschine. Das Werkstück wird von der Maschine geführt. Kraftquelle ist der Elektromotor.
Automation Maschine „regelt" die Arbeit: Sie steuert, überwacht sich selbst und korrigiert die Fehler.	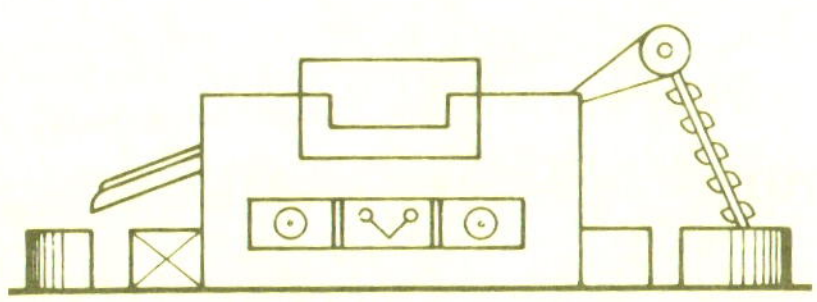	**4. Stufe** Schleif-Automat Vollautomat	Die Maschine überwacht sich selbst. Sie mißt und stellt die Schleifscheibe selbsttätig nach.
	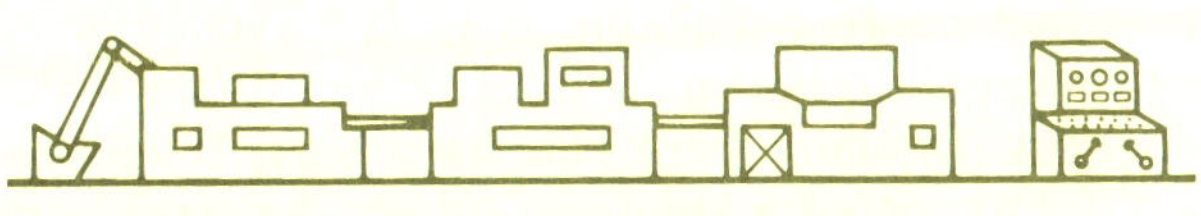	**5. Stufe** Fertigungsstraße (Transferstraße) *Automation*	Automaten sind hintereinandergeschaltet. Sie sind durch automatische Transporteinrichtungen (z. B. Bänder) verbunden. Der Mensch überwacht von einem Steuerpult aus. Er greift nur bei Störungen ein.

Eine Fertigungsstraße, die in einem geschlossenen Fertigungsprozeß Rohstoffe zu Fertigprodukten verarbeitet, heißt Fertigungskette.

Entsprechend diesen Entwicklungsstufen unterscheidet man die manuelle Fertigung, die maschinelle Fertigung und die automatische Fertigung.

Manuelle Fertigung

Handarbeit findet man heute überwiegend in handwerklichen Berufen. Allerdings erfolgt sie unter Einsatz moderner Handmaschinen (Bohrmaschine, Schleifmaschine, Stichsäge usw.). In der industriellen Fertigung findet man sie z. B. bei Montagearbeiten in der Einzel- und Kleinserienfertigung, wobei ebenfalls moderne Hilfsmittel eingesetzt werden. Das gleiche kann für Großserienfertigung am Fließband und für Präzisionsarbeiten gelten. Allerdings werden auf diesen Gebieten immer mehr Roboter eingesetzt.

Die manuelle Fertigung ist verhältnismäßig anpassungsfähig, d.h. sie kann sich leicht auf andere Arbeitsgänge umstellen. Der Arbeiter erlebt die Entstehung seines Produktes mit, er identifiziert sich damit und wird zur Leistung motiviert.

Andererseits ist Handarbeit relativ wenig rationalisierbar. Folglich ist die Produktivität gegenüber technisierter und automatisierter Produktion gering. Betriebe mit Handarbeit sind lohnintensiv.

Maschinelle Fertigung

Die maschinelle Fertigung ist in der Einzel-, Serien- und Sortenfertigung anzutreffen. Sie ist weniger anpassungsfähig als die manuelle Fertigung, aber bedeutend produktiver. Dies bedeutet, daß die Arbeitskraft in der gleichen Zeit mehr Leistungen erstellen kann. Folglich treten mit zunehmender Maschinisierung die Lohnkosten hinter die Anlagekosten zurück. Der Betrieb wird anlagenintensiver. Auch die maschinelle Fertigung wird immer mehr durch automatische Fertigungsverfahren ersetzt.

Automatische Fertigung

Die Automation findet sich sowohl in der Einzelfertigung (Anfertigung von Einzelteilen auf automatischen Maschinen) als auch in der Serien-, Sorten- und vor allen Dingen Massenfertigung. Sie führt zur höchsten Arbeitsproduktivität.

Automatisierte Betriebe weisen die typischen Merkmale anlagenintensiver Betriebe auf.

Automaten übernehmen heute schon ganze Arbeitsprozesse (z. B. vollautomatische Walzstraßen, Flaschenabfüllanlagen, elektronische Datenverarbeitungsanlagen). Sie ersetzen vor allem repetitive (wiederholbare, routinemäßige) Tätigkeiten. Dem Menschen bleiben letztlich der Bereich der kreativen Arbeit, der Bereich der verantwortlichen Entscheidungen und viele Arbeiten im Dienstleistungsbereich (z. B. in der Güter- und Personalbeförderung, im Reparaturgewerbe usw.).

In den Industriebetrieben werden zunehmend Roboter eingesetzt – frei programmierbare Handhabungsautomaten, die sich um mehrere Achsen bewegen können und mit Greifern oder Werkzeugen ausgerüstet sind. Hauptanwendungsgebiete sind derzeit die Schweiß- und Montagestraßen der Automobilindustrie, die elektrotechnische Industrie, der Maschinenbau, die Gießereien und Schmiedewerke. Die Industrieroboter der Zukunft können Erkennungs-, Unterscheidungs- und Kontrollfunktionen ausüben, die bisher der menschlichen Arbeitskraft vorbehalten waren. Welche Auswirkungen die Roboteranwendung auf die Situation der Beschäftigten haben wird, ist gegenwärtig noch nicht voll abzusehen. Die Industrieroboter können zweifellos zur Humanisierung der Arbeit beitragen. Es ist aber auch zu erwarten, daß die neue Technologie mehr Arbeitsplätze beseitigt, als sie an anderer Stelle neu entstehen läßt.

Neue Technologien am Arbeitsplatz
NC-Werkzeugmaschinen (numerical control) Mit Hilfe von Lochkartenstreifen, die elektronisch in Maschinenbefehle umgesetzt werden, wird das Arbeitsprogramm erstellt.
CNC-Anlagen (computerized numerical control) Von einem frei programmierbaren Computer gesteuerte NC-Maschinen, die häufig vor Ort, d. h. am Arbeitsplatz programmierbar sind (Werkstattprogrammierung).
DNC-Anlagen (direct numerical control) Mehrere – von einem Zentralcomputer gesteuerte – CNC-Maschinen.
Industrieroboter (Handhabungsautomaten) Universell einsetzbare Automaten, deren Bewegungsfolge frei programmierbar ist. Ihre Bewegungsmöglichkeiten sind im allgemeinen auf mehrere Arme und Gelenke (Nebenachsen) beschränkt. Die Steuerung erfolgt elektronisch oder durch Sensoren. Für ihre Arbeit sind sie mit Greifern, Werkzeugen, Meßgeräten oder anderen Fertigungsmitteln ausgerüstet.
Flexible Fertigungssysteme (FFS) Ein gemeinsames Steuer- und Transportsystem verknüpft die Fertigungsanlagen miteinander. Sie dienen sowohl der automatischen Fertigung, können aber auch unterschiedliche Bearbeitungsaufgaben an einzelnen Werkstücken durchführen.

Die Automation ist nicht denkbar ohne den Einsatz von Computern. Sie kommen heute bereits in allen Bereichen der Unternehmung zur Anwendung. Die Entwicklung wird zur Verknüpfung aller Teilbereiche durch eine zentrale Datenbank führen, aus der von allen betrieblichen Stellen die benötigten Informationen entnommen werden können. Das Ergebnis wird die **computerintegrierte Fertigung** (computer integrated manufacturing, CIM) sein. Dabei werden mit Hilfe eines komplexen Computerprogramms alle betrieblichen Prozesse vom Kundenauftrag über die Konstruktion, Materialbeschaffung, Planung, Steuerung und Kontrolle der Fertigung bis zur Auslieferung, Fakturierung und ggf. Mahnung geplant, gesteuert und überwacht.

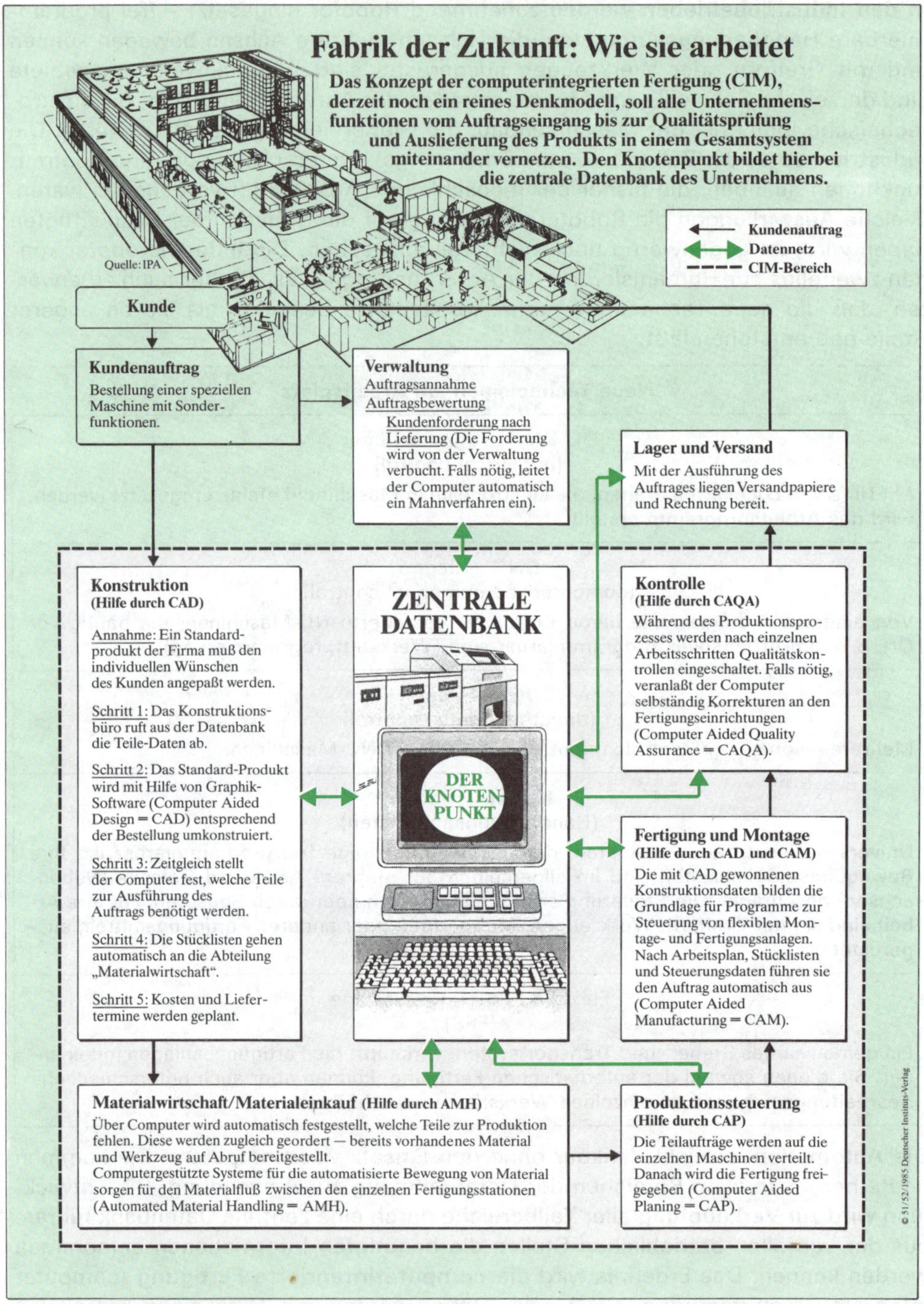

(Quelle: IW-Zusammenstellung; Institut der deutschen Wirtschaft iwd)

Kontrolle des Lernerfolgs

1. Welcher Fertigungstyp liegt vor bei
   a) einer Maschinenfabrik, die Großwalzwerke produziert,
   b) einem Automobilwerk,
   c) einer Schuhfabrik,
   d) einer Brotfabrik,
   e) einer Zigarettenfabrik,
   f) einer Brauerei,
   g) einem Hochofen?

   Stellen Sie jeweils fest, ob die Produktion auf Lager oder im Kundenauftrag durchgeführt wird. Geben Sie auch an, in welchen Fällen der Vorteil der Massenproduktion, also Kostensenkung durch große Stückzahlen, zum Tragen kommt.

2. Erläutern Sie folgende Begriffe: Los, Auflage, Rüstzeit, auflagenfixe Kosten, auflagenvariable Kosten, optimale Losgröße.

3. Die Fertigungskosten für eine Serie von 120 Stück betragen 4800,— DM. Der Lohnanteil je Stück beträgt 35,— DM.
   a) Wieviel DM betragen die Rüstkosten, die verrechnet werden müssen?
   b) Wieviel DM betragen die Rüstkosten je Stück, wenn die Losgröße auf 250 Stück erhöht wird?

4. Es werden 5 Sorten produziert. Der Jahresabsatz beträgt 60000 Stück; Rüstkosten 500,— DM; Zins- und Lagerkosten 100,— DM pro 100 Stück und pro Jahr.
   Berechnen Sie die optimale Losgröße.

5. Begründen Sie, welche Fertigungsorganisation bei der Produktion folgender Erzeugnisse sinnvoll ist. Beschreiben Sie die wichtigsten Vorgänge.
   a) Bau von Überseefrachtschiffen auf der Werft
   b) Abfüllen von Getränkeflaschen
   c) Herstellung von Herrenkonfektion
   d) Montage von Fernsehgeräten

6. Folgende Abbildungen kennzeichnen zwei verschiedene Typen der Fertigungsorganisation.

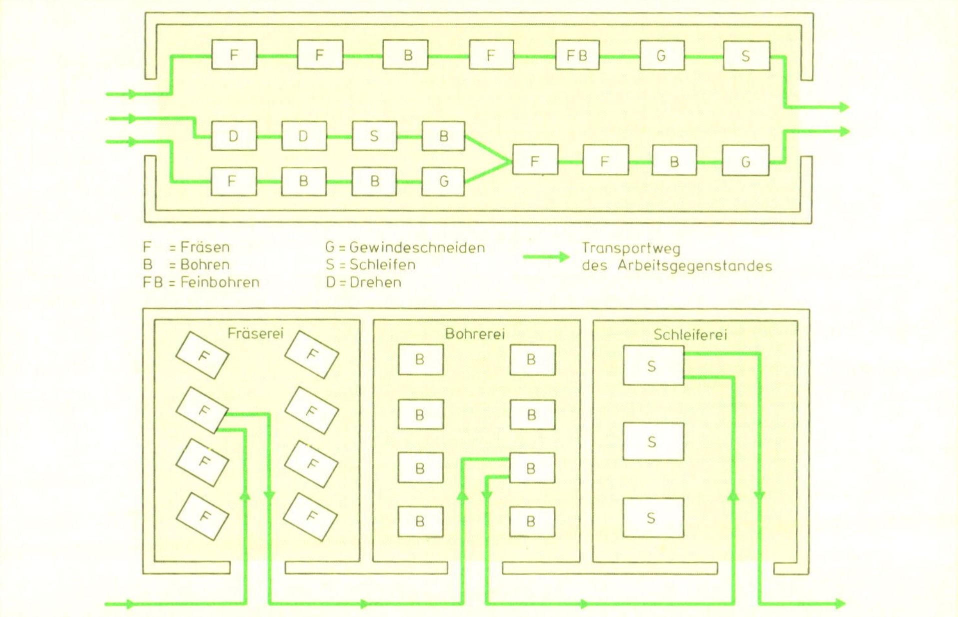

   a) Charakterisieren Sie diese Organisationstypen.
   b) Nennen Sie verschiedene Vor- und Nachteile dieser Organisationstypen.
   c) Bei welchen Fertigungstypen kann man diese Organisationsformen antreffen?

7. Erläutern Sie den Ausdruck „Dilemma der Ablaufplanung".

8. Wie versucht man in der Praxis, das „Dilemma der Ablaufplanung" so gut wie möglich zu lösen?

9. Vier Erzeugnisse durchlaufen bei ihrer Fertigung eine Abteilung, deren Kapazität einen Engpaß darstellt. Ein fünftes Produkt durchläuft diese Abteilung nicht.

Erzeugnis	**A**	**B**	**C**	**D**	**E**
Stückerlös (DM)	100,—	200,—	300,—	150,—	250,—
variable Stückkosten (DM)	50,—	110,—	160,—	90,—	100,—
Fertigungszeit im Engpaßbereich (Min.)	30	40	20	10	0

In welcher Reihenfolge sind die Produkte zu fertigen, wenn als vordringliches Ziel die Maximierung des Deckungsbeitrages angesehen wird?

10. Ein Fertigungsbetrieb (Einzelfertigung) arbeitet in der 5-Tage-Woche mit 8 Stunden pro Tag. Überstunden sind jedoch möglich, wenn auch nicht erwünscht, weil sie erhöhte Kosten verursachen (25% Lohnzuschlag). Es stehen die Maschinen M 1, M 2, M 3, M 4, M 5 zur Verfügung. In der 36. Woche müssen aus Termingründen folgende Arbeitsvorgänge unbedingt ausgeführt werden (Zeitangaben in Stunden):

Auftrag 1: 20 M 2 5 M 4 3 M 5 7 M 1
Auftrag 2: 15 M 1 2 M 3 3 M 5
Auftrag 3: 15 M 3 5 M 2
Auftrag 4: 10 M 5 10 M 1 5 M 4
Auftrag 5: 20 M 1 4 M 2 2 M 3 17 M 4
Auftrag 6: 15 M 4 5 M 5 5 M 3 11 M 2

Nehmen Sie eine möglichst optimale Maschinenbelegung vor.
Welche Möglichkeiten bleiben, wenn die Reihenfolge der Arbeiten es unmöglich machen sollte, daß alle Aufträge in der Woche ausgeführt werden können?

11. Auf einer Fertigungsstraße sollen folgende Arbeitsgänge vollzogen werden (Zeitangaben in Minuten):

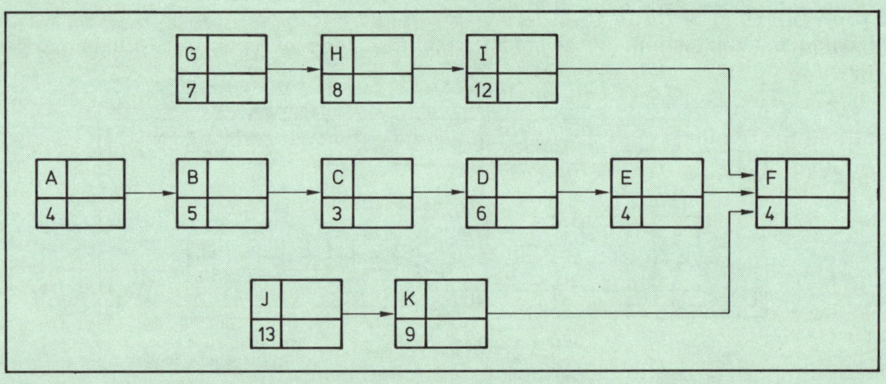

Die Arbeitszeit pro Tag beträgt 8 Stunden. Es sollen 37 Teile pro Tag fertiggestellt werden. Stellen Sie einen optimalen Fließbandabgleich her.

12. Sowohl Werkstattfertigung als auch Fließfertigung haben sich zunehmend in folgenden Stufen entwickelt:

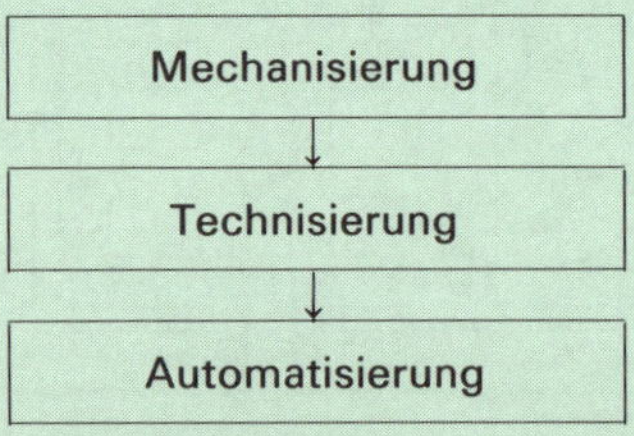

a) Welche Auswirkungen hat diese Form der Rationalisierung (= zweckmäßige Gestaltung von Arbeitsgängen) auf den Einsatz des Produktionsfaktors Arbeit?
b) Wie wird die Kostensituation des Betriebes beeinflußt?

4 Konstruktion, Fertigungsplanung und Fertigungssteuerung

4.1 Betriebliches Auftragswesen

> Die Vereinigte Maschinen- und Werkzeugfabriken AG (VMW) hat eine Anfrage bezüglich Lieferung von 200 Schieberäder-Getrieben erhalten. Nach Überprüfung der betrieblichen Kapazitäten, der gewünschten Liefertermine und der Finanzierung wurde eine Vorkalkulation erstellt und ein Angebot abgegeben.

In der Vorkalkulation wird der Angebotspreis ermittelt. Dazu müssen die Einzelkosten für Material und Fertigungslöhne ermittelt und durch prozentuale Zuschläge die Gemeinkosten berücksichtigt werden. Der notwendige Gewinn wird durch einen Gewinnzuschlag einkalkuliert[1]).

Bei Fertigung im Kundenauftrag, bei der es sich oft um Großaufträge handelt, ist die Vorkalkulation sehr schwierig und risikoreich. Oft kann sie nur aufgrund vorangegangener ähnlicher Aufträge durchgeführt werden. Bei Lagerfertigung (meist weniger komplizierte Produkte) kann man leicht auf bekannte Werte zurückgreifen und muß dann häufig nur noch mengenmäßige Veränderungen (z. B. bei Neukonstruktionen) und Preisänderungen berücksichtigen (z. B. Erhöhung der Stundenlöhne).

Durch die Kundenbestellung wurde das Angebot angenommen. Nun ist das Unternehmen verpflichtet, die bestellte Leistung zu erbringen. Aus der Kundenbestellung geht der **Kundenauftrag** hervor.

Ein *Auftrag* ist die innerbetriebliche Aufforderung einer dazu befugten Stelle an andere Stellen, eine bestimmte Aufgabe durchzuführen.

Der Kundenauftrag zieht weitere innerbetriebliche Aufträge nach sich:

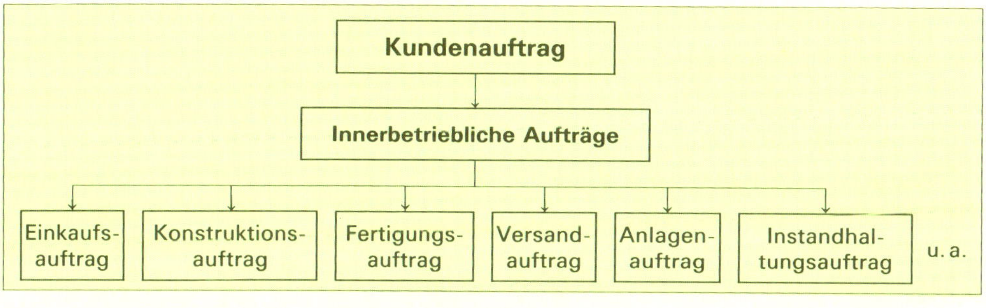

[1]) vgl. Beispiel auf S. 363

Bei Betrieben mit Lagerfertigung steht der Kundenauftrag nicht am Anfang, sondern eher am Schluß: Beschaffungs- und Produktionsauftrag kommen von innen, von der Geschäftsleitung her; sie sind **Innenaufträge**. Aufgrund der Marktforschungsergebnisse entschließt sich die Geschäftsleitung, Produkte zu entwickeln, zu konstruieren und zu fertigen, Produktionsfaktoren zu beschaffen, eventuell notwendige Anlagen selbst zu bauen und für ihre Instandhaltung zu sorgen. Der Kundenauftrag löst dann oft nur noch die Lieferung vom Lager aus (Lagerversandauftrag).

Um den Kundenauftrag sachgerecht bearbeiten zu können, ist eine **Auftragsvorbereitung** notwendig. Hierzu gehören außer den oben bereits erwähnten Tätigkeiten vor allem:

- Überprüfung der Bestellung auf Vollständigkeit und Fehler anhand einer Prüfliste,
- Vergabe einer Auftragsnummer,
- Ergänzung des Auftrags durch betriebseigene Bezeichnungen und Nummern (z. B. Standardbezeichnungen und Nummern, die keine Verwechslungen aufkommen lassen).

4.2 Konstruktion und Stücklistenerstellung

Aufgaben der Konstruktion

***Konstruktion* ist die fertigungsgerechte und funktionsfähige Gestaltung der Produkte.**

Die Konstruktionsaufgaben umfassen:

- Ermittlung der Hauptdimensionen des Erzeugnisses,
- Ermittlung der einzelnen Funktionsabläufe und der beteiligten Elemente,
- konstruktive Gestaltung der Baugruppen und Einzelteile (fremdbezogene Teile sind zu berücksichtigen),
- Werkstoffauswahl,
- Bestimmung von Toleranzen (so groß wie möglich – so klein wie nötig),
- Formgebung (zweckmäßig, einfach, leicht herstellbar, geschmackvoll),
- Herausgabe von Bau- und Betriebsvorschriften,
- Erstellung von Bedienungsanleitungen.

Konstruktionszeichnungen

Das Ergebnis der Konstruktionsarbeit sind **Zeichnungen** des Produktes:

Montagezeichnung enthält die Montagehinweise	Produkt 3 (Getriebe)	**Gesamtzeichnung** Sie zeigt die Gesamtmaße des Produktes und dessen Zusammensetzung aus Baugruppen und baugruppenunabhängigen Teilen.
	Baugruppe 3.01 (Einbausatz)	**Gruppenzeichnung** Sie zeigt die Maße einer Baugruppe und die Einzelteile, aus denen sie zusammengesetzt ist.
	Einzelteil F.3.01.1 (Welle)	**Einzelteilzeichnung** Sie zeigt die Maße des Einzelteils und enthält Angaben über die Werkstoffe und ihre Rohabmessungen, die Bearbeitungsverfahren und Toleranzen.
		Teilebeschreibungszeichnung Enthält Maße und Bearbeitungsvorschriften für die einzelnen Bearbeitungen, die an einem Teil an verschiedenen Maschinen vorzunehmen sind (z. B. Angaben für Bohren).

Die Zeichnungen werden in einem Zeichnungssatz zusammengefaßt und nach Zeichnungsnummern geordnet in der Zeichnungsregistratur aufbewahrt.

Beispiel: Einzelteilzeichnung

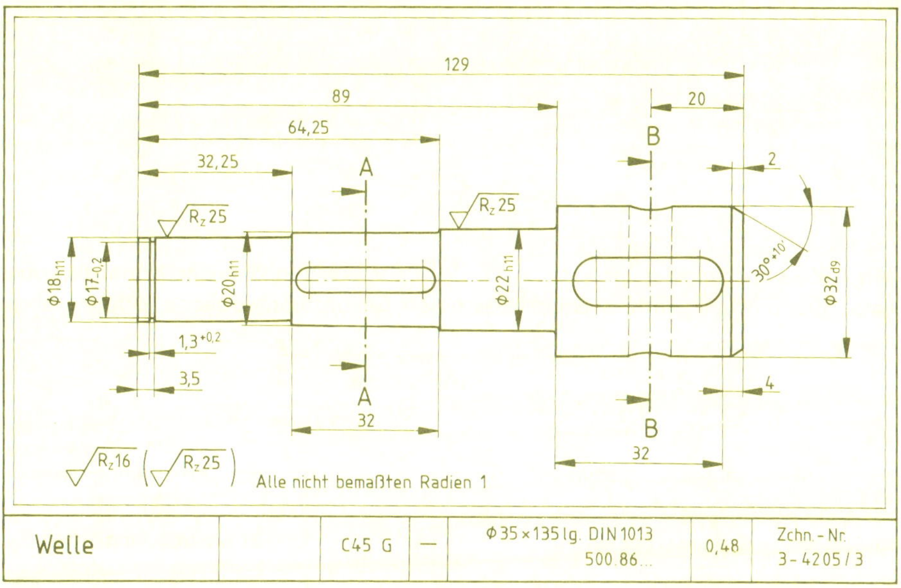

Welle		C45 G	—	Φ 35 × 135 lg. DIN 1013 500.86...	0,48	Zchn.-Nr. 3-4205/3

Beim Einsatz von Computer Aided Design (CAD) erfolgt die Konstruktionsarbeit am Bildschirm. Er kann wirklichkeitsgetreue dreidimensionale Bilder erzeugen. Der CAD-Rechner erzeugt die Konstruktionszeichnungen; er kann aber auch zur Steuerung des Prozeßrechners für CNC-Maschinen benutzt werden. Dann können die Konstruktionszeichnungen eventuell entfallen.

Stücklisten

Auf der Zeichnung macht der Konstrukteur eine Aufstellung über die Teile, die die Zeichnung enthält. Diese Aufstellungen werden für das Gesamtprodukt zusammengezogen zur Konstruktionsstückliste.

Die *Konstruktionsstückliste* ist eine Zusammenstellung aller Baugruppen, Einzelteile und Werkstoffe eines Produktes.

Beispiel:

Konstruktionsstückliste							Nr. 03	
Schieberäder – Getriebe							Baugruppe/Zeichn-Nr. 3-4205	
Gr.	Lfd. Nr.	St. je Einheit	Gegenstand	*)	Zeichn.-Nr.	Werkstoff	Rohmaße oder Modell-Nr.	Rohgewicht kg – Stück
0	1	1	Gehäuse		3-4205/1	Ge 12. 91	2018	12,000
0	2	1	Deckel		3-4205/2	Ge 12. 91	1019	4,500
II	3	6	Sechskantschraube M			St 37	DIN 931	
0	4	1	Welle		3-4205/3	C 45 G	∅ 35; 135	0,550
0	5	1	Welle		3-4205/4	St 50. 11	∅ 25; 180	0,600
0	6	1	Stirnrad 28 Z	X	3-4205/5	St 60. 11	∅ 65; 22	0,540
0	7	1	Stirnrad 36 Z	X	3-4205/6	St 60. 11	∅ 75; 22	0,730
0	8	1	Stirnrad 24 Z	X	3-4205/7	St 60. 11	∅ 60; 22	0,445
0	9	1	Stirnrad 32 Z	X	3-4205/8	St 60. 11	∅ 65; 22	0,540
I	10	1	Ölstutzen M 16			St 37		
0	11	2	Buchse		3-4205/9	G Bz 9	2022	0,255
0	12	2	Buchse		3-4205/10	G Bz 9	2023	0,285
I	13	2	Verschraubung M 18			St 37. 12		
0	14	1	Kegelzahnrad		3-4205/11	St 60. 11	∅ 65; 50	1,350
I	15	1	Riemenscheibe 140 ∅	X		Ge 12. 91		
0	16	1	Nutenscheibe		3-4205/12	St 50. 11	∅ 70; 20	0,700
II	17	5	Zylinderschraube M			St 37	3020	
0	18	1	Gabel mit Griff	X	3-4205/13	Ge 12. 91	2020	2,560
0	19	1	Indexbolzen		3-4205/14	St 37. 12	∅ 8; 40	0,018
I	20	1	Druckfeder 10 ∅; 30		3-4205/15	Federst.	∅ 1,5;200	
II	21	2	Kugellager 6404				DIN 625	
II	22	2	Kugellager 6405				DIN 625	
I	23	4	Dichtungsring Fi 6			Filz		
I	24	1	Paßfeder A 5x5; 25			Keilstahl	DIN 6885	
II	25	1	Paßfeder A 5x5; 20			Keilstahl	DIN 6885	
II	26	2	Kugellager EL 5				DIN 625	
I	27	2	Halsschraube M 8x12; 6			St 37		
II	28	4	Zylinderstift 6 m 6x24			St 60	DIN 7 geh.	

		Datum	Name	Liste besteht aus 3 Blatt	Blatt-Nr. 1
0 = Fertigungsteil I = Bezugsteil II = Normteil	*) kommt in mehreren Typen vor (Baukastenteil)				
	bearbeitet	15.01.19..	Schneider		
	geprüft	18.01.19..	Müller		

Mit Hilfe von Standardprogrammen der EDV werden aus der Konstruktionsstückliste verschiedene andere Stücklistentypen für unterschiedliche Zwecke abgeleitet:

Stücklisten

nach dem Aufbau

Aufbaustücklisten

- Mengenübersichtsstücklisten
- Strukturstücklisten
  - einfache Strukturstücklisten
  - Baukastenstücklisten
  - Variantenstücklisten

nach dem Verwendungszweck

Arbeitsstücklisten

- Bereitstellungsstücklisten (Material-, Dispositionsstücklisten)
- Fertigungsstücklisten
- Kalkulationsstücklisten
- Montagestücklisten

- **Aufbaustücklisten**

Beispiel:
Ein Produkt habe die folgende Erzeugnisstruktur (Fertigungsstufen 4 bis 0; Buchstaben = Baugruppen; Zahlen = Einzelteile).

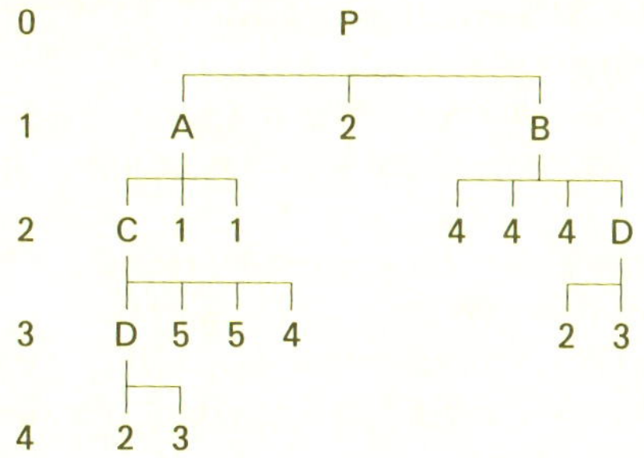

Baukastenstücklisten:

P	Teile-Nr.	Stückzahl
	A	1
	B	1
	2	1

A	Teile-Nr.	Stückzahl
	C	1
	1	2

B	Teile-Nr.	Stückzahl
	D	1
	4	3

C	Teile-Nr.	Stückzahl
	D	1
	5	2
	4	1

D	Teile-Nr.	Stückzahl
	2	1
	3	1

Mengenübersichtsstückliste:

Teile-Nr.	Stückzahl
A	1
B	1
C	1
D	2
1	2
2	3
3	2
4	4
5	2

Strukturstückliste:

Fertigungsstufe	Teile-Nr.	Stückzahl
1	A	1
2	C	1
3	D	1
4	2	1
4	3	1
3	5	2
3	4	1
2	1	2
1	B	1
2	D	1
3	2	1
3	3	1
2	4	3
1	2	1

Mengenübersichtsstücklisten zeigen alle Baugruppen und Einzelteile, die direkt oder indirekt in das Erzeugnis eingehen. Sie reichen für die Ermittlung des Bruttobedarfs aus.

Bruttobedarf = Teilpositionsmengen · Produktmenge

Mengenübersichtsstücklisten zeigen jedoch nicht, welche Teile auf welcher Fertigungsstufe in welche Baugruppe eingehen. Sie ermöglichen es deshalb nicht, die für die einzelnen Fertigungsstufen erforderlichen Produktionsaufträge stufenweise separat zu planen.

Strukturstücklisten zeigen die Aufgliederung von Erzeugnissen nach konstruktiv zusammengehörenden Baugruppen:

- **Einfache Strukturstücklisten** enthalten sämtliche Baugruppen und Teile des Erzeugnisses in ihrem fertigungstechnischen Zusammenhang.
- **Baukastenstücklisten** stellen den Aufbau immer nur bis zur nächstniederen Stufe dar. Der Gesamtaufbau ist deshalb nur durch das Zusammenfügen aller Baukastenstücklisten zu erkennen. Vorteil von Baukastenstücklisten: Die Zusammensetzung von mehrfach verwendeten Baugruppen muß nur einmal dargestellt werden.
- **Variantenstücklisten** werden für Enderzeugnisse mit Varianten aufgestellt. Solche Erzeugnisse haben einen hohen Anteil an gleichen Bauteilen in allen Varianten. Für sie wird eine Gleichteilstückliste (auch Rumpfstückliste genannt) erstellt. Hinzu kommen individuelle Variantenstücklisten für die restlichen Teile.

• Arbeitsstücklisten

Bereitstellungsstücklisten (Material-, Dispositionsstücklisten) dienen der Ermittlung des Materialbedarfs. Soll nur der Bruttobedarf ermittelt werden, so reichen Mengenübersichtsstücklisten aus. Soll dagegen auch der Nettobedarf berechnet werden, so müssen Strukturstücklisten verwendet werden. Je nach Betrieb werden sie teilweise auch in Listen für Fertigungsteile, Lagerteile (häufig Normteile) und Einkaufsteile zergliedert[1]).

Fertigungsstücklisten werden für die Fertigungsteile aufgestellt. Sie sind dem Fertigungs- und Materialfluß entsprechend aufgebaut und enthalten die für die Fertigung notwendigen Angaben (z.B. Auftragsnummer, Produktmenge, Endtermin, ggf. auch Anfangstermin und andere Angaben.

Kalkulationsstücklisten sind Fertigungsstücklisten mit besonderen Feldern für Vor- und Nachkalkulation (z.B. Preise, Zeiten).

Montagestücklisten enthalten besondere Felder für die Kostenstellen der Montage.

Teileverwendungsnachweis

Stücklisten sind so dargestellt, daß sie für ein Erzeugnis alle Gruppen und Einzelteile evtl. bis hinunter zum Rohmaterial enthalten. Sie beantworten also die Frage: „Woraus besteht ein Erzeugnis?"
Bei der Durchführung von Änderungen, bei der Disposition und Normung interessiert jedoch auch die Frage: „Wo ist ein Teil enthalten?" Hier hilft der Teileverwendungsnachweis weiter.

Im *Teileverwendungsnachweis* sind für jedes Teil die jeweiligen Enderzeugnisse oder Baugruppen aufgeführt, in denen das jeweilige Teil enthalten ist.

Verwendungsnachweise sind Stücklisten mit umgekehrtem Aufbau.

---

[1]) vgl. S. 44

Zusammenfassung der Aufgaben der Stückliste
1. **Arbeitsvorbereitung:** zusammen mit den Zeichnungen Unterlage für die Ablaufplanung (Arbeitsgänge und Montageablauf) und Fertigungssteuerung (Prüfung der Verfügbarkeit von Rohmaterialien, Einzelteilen und Gruppen) 2. **Lager:** Stückliste als Information zur Bereitstellung der Rohmaterialien und Teile 3. **Montage:** Stückliste als Montageanleitung 4. **Einkauf:** Stückliste als Grundlage zur Material- und Teilebeschaffung 5. **Rechnungswesen:** Stückliste als Grundlage für Vor- und Nachkalkulation 6. **Kundendienst:** Stückliste als Ersatzteilliste

Kontrolle des Lernerfolgs

1. Für ein Kfz-Zubehörteil stellt der Hersteller eine Vorkalkulation auf:
Fertigungsmaterial 40,— DM, Fertigungslohn 30,— DM; Zuschläge für Materialgemeinkosten 20%; Fertigungsgemeinkosten 90%, Verwaltungs- und Vertriebsgemeinkosten 12%, Gewinn 10%, Kundenskonto 2%, Kundenrabatt 30%.
  a) Kalkulieren Sie den Angebotspreis.
  b) Die Gemeinkosten seien alle etwa zur Hälfte fixe bzw. variable Kosten. Soll der Verkäufer auch dann einen Kaufvertrag abschließen, wenn ein Kunde 500 Stück dieser Zubehörteile zu einem Preis von 100,— DM netto abzunehmen bereit ist?

2. Warum ist eine Vorkalkulation schwierig und mit Unsicherheiten behaftet?

3. Aus Absatzüberlegungen darf ein Erzeugnis nicht mehr als 300,— DM Herstellungskosten verursachen. Es ist bekannt, daß für die Herstellung Fertigungsmaterial im Wert von 50,— DM und Sondereinzelkosten der Fertigung in Höhe von 40,— DM entstehen werden. Der Betrieb arbeitet mit 10% Materialgemeinkostenzuschlag und 310% Fertigungsgemeinkostenzuschlag.
In welcher Höhe dürfen für dieses Erzeugnis Fertigungslöhne anfallen?

4. Definieren Sie den Begriff „Konstruktion".

5. Mit welchen anderen Abteilungen muß die Konstruktionsabteilung stets eng zusammenarbeiten? Begründen Sie bitte Ihre Aussage.

6. Die Konstruktionsabteilung hat das folgende Erzeugnis konstruiert.

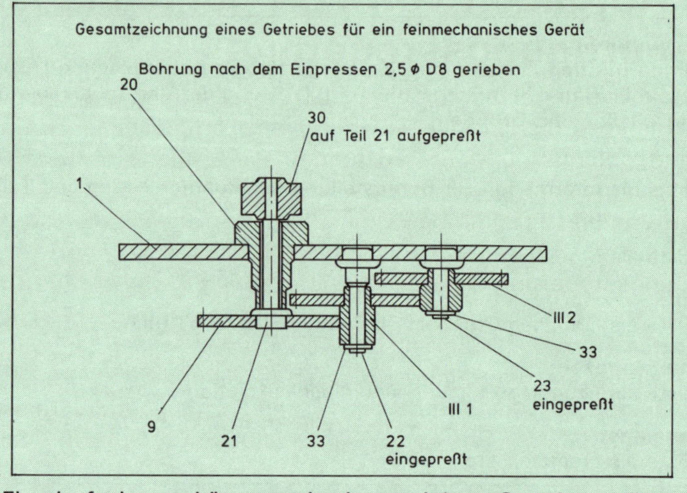

a) Welche Einzelaufgaben gehören zu der konstruktiven Gestaltung dieses Erzeugnisses?
b) Welche Arten von Zeichnungen müssen erstellt werden?
c) Zu dem Getriebe gehört folgende Konstruktionsstückliste:

Konstruktionsstückliste

Lfd. Nr.	Stück	Benennung	Teilenummer	Material	Fertigungshinweise
1	1	Große Platine	456 051 001 000	Ms 58-2,0	
9	1	Zahnrad	091 062 002 002	Ms 58-1,2	55 Zähne, m = 0,3 Ev.
20	1	Lagerbuchse	456 014 002 000	Ms 58-8,0 ∞	
21	1	Lagerwelle	456 022 004 000	NR-5,0 ∞	
22	1	Lagerbolzen	456 022 005 000	NR-5,0 ∞	
23	1	Lagerbolzen	456 022 006 000	NR-5,0 ∞	
30	1	Ritzel	456 009 003 001	Ns-7,0 ∞	20 Zähne, m = 0,3 Ev.
33	2	Sicherungsscheiben	1,5 DIN 6799	F.-St.	

- Welche anderen Stücklisten werden üblicherweise aus der Konstruktionsstückliste entwickelt?
- Wodurch unterscheiden sich diese Stücklisten von der Konstruktionsstückliste?

d) Für welche Arbeiten wird die Stückliste als Unterlage benutzt?

7. Ein Produkt hat folgende Erzeugnisstruktur:

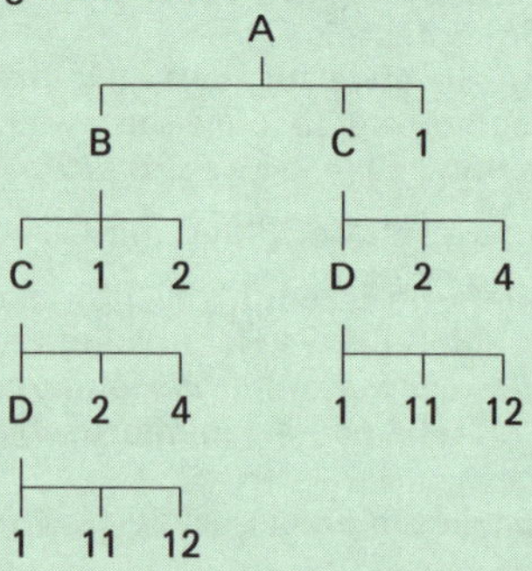

Erstellen Sie
a) die Mengenübersichtsstückliste,
b) die einfache Strukturstückliste,
c) die Baukastenstücklisten.

4.3 Aufgaben von Fertigungsplanung und Fertigungssteuerung

Eine rationale Fertigung verlangt eine gründliche Planung und Lenkung. Diese Aufgaben übernehmen die Fertigungsplanung und Fertigungssteuerung.
Die **Fertigungsplanung** umfaßt Regelungen, die vor der Erteilung der innerbetrieblichen Fertigungsaufträge getroffen werden. Sie sind noch nicht auf bestimmte Kundenaufträge und Termine bezogen. Man unterscheidet Ablaufplanung und Bedarfsplanung.
Die **Fertigungssteuerung** dagegen bezieht sich auf die laufende Steuerung des Fertigungsprozesses. Sie regelt die Bearbeitung konkreter termin- und mengenmäßig begrenzter Aufträge. Dabei ist sie einerseits auf den einzelnen Auftrag bzw. die einzelne Position des Fertigungsprogramms, andererseits gleichzeitig auf die Steuerung aller Aufträge durch den gesamten Fertigungsfluß abgestellt.
Die Schwerpunkte dieser Tätigkeiten liegen je nach Betriebstyp – Kundenfertigung oder Lagerfertigung – anders.

Schwerpunkte von Fertigungsplanung und Fertigungssteuerung	
bei Lagerfertigung:	bei Kundenfertigung:
– Großserien- und Massenfertigung, teilweise in Sorten	– Einzel- und Kleinserienfertigung
– Aufträge von innen, meist ähnlich oder gleich	– Kundenaufträge, im Extremfall immer verschieden (andere konstruktive, bearbeitungsmäßige, materialmäßige Schwerpunkte)
– Fertigungsplanung plant eingehend und detailliert den Produktionsablauf und versucht, ihn dem Flußprinzip anzunähern.	– Fertigungsplanung kann nur den organisatorischen Rahmen unter Verzicht auf detaillierte Planungsunterlagen schaffen.
– Fertigungssteuerung konzentriert sich auf rechtzeitige Materialbereitstellung, personelle Besetzung der Arbeitsplätze, Überwachung der Bestände an Material und Erzeugnissen sowie auf Störungen des Ablaufes.	– Fertigungssteuerung muß immer neu die Probleme der rechtzeitigen Materialbeschaffung und -bereitstellung, der zweckmäßigsten Auftragssteuerung, Terminierung und Kapazitätsauslastung lösen.

In Betrieben mit Auftragsfertigung ist in der Regel eine besondere Abteilung, die „Arbeitsvorbereitung", mit den Aufgaben der Fertigungsplanung und Fertigungssteuerung betraut.

4.4 Fertigungsplanung

Die Fertigung der bestellten Schieberäder-Getriebe ist für die VMW keine neue Aufgabe. Die Getriebe befinden sich schon seit drei Jahren im Produktionsprogramm. Sie werden nicht ständig produziert, sondern in bestimmten Zeitabständen wird eine Serie von 500 Stück aufgelegt. Ab und zu bestellt ein Kunde eine größere Menge. Auch in diesem Fall wird ein Fertigungsauftrag erteilt.
Als die Getriebe in das Produktionsprogramm aufgenommen wurden, mußte der Fertigungsablauf genau geplant werden. Er umfaßte vor allem die Ermittlung der Arbeitsgänge und Arbeitsgangfolgen sowie der Fertigungszeit und des Bedarfs an Personal, Betriebsmitteln und Material.

4.4.1 Bedarfsplanung

Das Produkt Schieberäder-Getriebe wird ins Produktionsprogramm aufgenommen, um die Betriebskapazität besser auszulasten. Es entstammt dem bisherigen Produktfeld des Betriebes. Daraus ergeben sich folgende Planungsüberlegungen.

Personalbedarf und Betriebsmittelbedarf

Es entsteht kein zusätzlicher Personalbedarf, da das Produkt von den vorhandenen Arbeitskräften auf den vorhandenen Maschinen gefertigt werden kann. Auch alle notwendigen Fertigungshilfsmittel sind vorhanden.

Fertigungshilfsmittel sind:

- **Einrichtungen**
  Hilfsmittel zum Umrüsten der Maschinen auf neue Arbeitsoperationen
- **Vorrichtungen**
  Hilfsmittel für eine vorteilhafte und/oder sichere Bearbeitung des Werkstücks (z. B. Vorrichtung zum Schmutzabsaugen)
- **Werkzeuge**
  Gegenstände zur Bearbeitung der Werkstücke, entweder für manuelle Benutzung oder zum Einspannen in Maschinen
- **Lehren**
  Meßwerkzeuge zum Nachprüfen von Maschinenteilen
- **Transportmittel**
  Gegenstände zur Beförderung der Werkstücke (Kräne, Karren usw.)

Materialbedarf

Aus den Konstruktionszeichnungen und Stücklisten ergibt sich die Art der benötigten Materialien. Sie werden in Fertigungs- und Einkaufsteile untergliedert[1]). Es wird festgesetzt, daß der Bedarf plangesteuert ermittelt werden soll.

Bei Betriebserrichtungen und -erweiterungen, Produktionsumstellungen usw. erfordert die Bedarfsplanung selbstverständlich mehr Aufwand. Dann muß die qualitative und quantitative Kapazität der Betriebsmittel bestimmt werden; die Art der Beschaffung (Kauf, Leasing), die Instandhaltung der Betriebsmittel und die Fertigungsorganisation (z. B. Fließfertigung) müssen festgelegt werden; der qualitative und quantitative Personalbedarf[2]) ist zu ermitteln und gegebenenfalls in einem Stellenplan festzuhalten.

---

[1]) vgl. Stückliste S. 222
[2]) vgl. S. 306 f.

4.4.2 Ablaufplanung

Aus Zeichnungen und Stückliste wird der Fertigungsplan entwickelt. Er enthält die Baugruppen des Produkts mit den zu fertigenden Teilen.

Beispiel:

Fertigungsplan Nr. 30

Schieberäder-Getriebe

Nr.	Fertigungsgruppe	Einzelteile	Arbeits-plan-Nr.	Zeichnungs-Nr.	Stück-liste Nr.	Bemerkung
300	Gehäuse	Gehäusekasten	3000	3-4205/1	03/1	
		Gehäusedeckel	3001	3-4205/2	03/2	
301	Getriebe-	Welle	3010	3-4205/3	03/4	
	Einbausatz	Welle	3011	3-4205/4	03/5	
		Stirnrad 28 Z	3012	3-4205/5	03/6	
		Stirnrad 36 Z	3013	3-4205/6	03/7	
		Stirnrad 24 Z	3014	3-4205/7	03/8	
		Stirnrad 32 Z	3015	3-4205/8	03/9	
		Buchse	3016	3-4205/9	03/11	
		Buchse	3017	3-4205/10	03/12	
		Kegelzahnrad	3018	3-4205/11	03/14	
		Nutenscheibe	3019	3-4205/12	03/16	
302	Zuhaltung	Gabel mit Griff	3020	3-4205/13	03/18	
		Indexbolzen	3021	3-4205/14	03/19	

Arbeitsplanung

Für jedes Teil, jede Baugruppe und das Produkt hält man nun in einem gesonderten Arbeitsplan das technische Fertigungsverfahren (Fertigungsablauf) genau fest.

Der *Arbeitsplan* enthält die Arbeitsvorgänge für ein Erzeugnis, eine Baugruppe oder ein Einzelteil. Er enthält auch den Arbeitsplatz (Kostenstelle, Maschine), die notwendigen Betriebsmittel, Hilfsmittel und Werkzeuge, die Lohngruppen, die Rüstzeiten und Vorgabezeiten je Einheit sowie die notwendigen Informationen über das Werkstück und das Ausgangsmaterial.

Beispiel:

Arbeitsplan

Gegenstand	Auftrags-(Kommissions-) Nr.	Arbeitsplan Nr.
Gehäusekasten 03/1	12.243/127	3000

Zeichnungs-Nr.	Baumuster-Type	Teil-Nr.	Menge	Los-Nr.	Losgröße
3-4205/1	6045-006.039	3000	1000	3	100

Werkstoffmenge %	Einh.	Werkstoff	Abmessung oder Modell-Nr.
12.000	1	Ge 12.91	2018

Abteilung Kostenst.	Arb.-folge	Arbeitsgang	Unterweisungskarte Nr.	Betriebsmittel Werkzeug-Vorr.	L-Gr. Fakt.	Zeitvorgabe t_r	Zeitvorgabe t_e %
1130	01	richten	30000		04	010	100
0310	02	Auflagefläche winklig fräsen	30001	Fräsvorr.3	06	010	120
0260	03	bohren ∅ 5,8	30002	Bohrvorr.7	05	008	50
0260	04	bohren 4 × ∅ 4,8; 2 × ∅ 2,8;	30003	Bohrvorr.9	05	008	810
		2 × ∅ 3,8; 9 × ∅ 2,5;					
		∅ 4					
0260	05	reiben 2 × ∅ 4; 2 × ∅ 3	30004		06	008	190
0280	06	Gewinde schneiden 10 × M3	30005	Gew.vorr.7	06	008	440
0260	07	reiben 4 × ∅ 5	30006	Reibvorr.17	06	008	220
0310	08	Fläche winklig fräsen	30007	Fräsvorr.12	06	010	150
1130	09	entgraten	30008		03	005	120

Mengeneinheit: 1 = Stück; 2 = mm; 3 = cm; 4 = m; 5 = kg; 6 = Paar; 7 = Satz

Das **Material** wird hinsichtlich Werkstoff, Form und Rohabmessung endgültig vom Arbeitsplaner festgelegt.

Hilfsmittel sind die Zeichnungen und die Stückliste. Aus der **Materialstammdatei** können außerdem technische Angaben sowie Hinweise auf Lagerbestände, Lagerabmessungen und Materialkosten entnommen werden.

Die **Betriebsmittel** müssen den einzelnen Arbeitsvorgängen zugeordnet werden. Hilfsmittel sind **Arbeitsplatzdateien.** Ihnen können die fertigungstechnischen Angaben (Arbeitsbereich, Leistung usw.) und wirtschaftlichen Angaben (Maschinenstundenkosten bei Normalauslastung) entnommen werden. Die kostengünstigste Maschine ist auszuwählen. Dabei muß eventuell die geplante Ausbringungsmenge berücksichtigt werden. Eine kleine Menge kann wahrscheinlich auf einer einfachen Maschine wirtschaftlicher gefertigt werden, eine große Serie auf einem Automaten.

Nicht vorhandene Maschinen müssen beschafft werden. Es besteht jedoch auch die Möglichkeit, Lohnaufträge an andere Unternehmen zu vergeben, wenn die eigene Kapazität qualitativ oder quantitativ nicht ausreicht.

Die **Fertigungshilfsmittel und Werkzeuge** können besonderen **Werkzeug-, Vorrichtungs- und Transportmitteldateien** usw. entnommen werden. Sie sollen so ausgesucht werden, daß die Kosten des Produktionsprozesses minimiert werden. Universalvorrichtungen lohnen sich bei Einzel- und Kleinserienfertigung, weil sie für verschiedene Probleme immer wieder verwendet werden können. Spezialvorrichtungen sind auf ganz bestimmte Arbeitsgänge zugeschnitten und lohnen sich folglich nur bei größeren Serien.

Die **Arbeitswerte** sind Ausdruck der Anforderungen, die der Arbeitsvorgang an den Ausführenden stellt. Gemäß diesen Anforderungen wird er in eine Lohngruppe eingeteilt und erhält für seine Arbeit ein höheres oder niedrigeres Entgelt. Grundlage für die Einteilung sind sogenannte Arbeitswertstudien[1]). **Arbeitswertdateien** ordnen die Arbeitswerte den verschiedenen Verrichtungen zu.

Die **Zeitermittlung** erfolgt anhand von **Zeitdateien.** Dort sind die Vorgabezeiten je Einheit sowie die Rüstzeiten für bekannte Tätigkeiten enthalten. Man erhält die Werte durch Arbeitszeitstudien[2]).

Bei automatischen, numerisch gesteuerten Maschinen besteht der Arbeitsplan nicht in einem Formularausdruck, sondern wird als maschinenlesbarer Lochstreifen oder Magnetband erstellt, die alle Schalt-, Weg- und Werkzeuginformationen und technologischen Angaben, Vorschub-, Drehzahlwerte usw. als Maschinenbefehle enthalten.

Alle vom Betrieb erstellten Arbeitspläne werden in einer **Arbeitsplandatei** abgespeichert und sind jederzeit abrufbar.

Bei komplizierten Produkten werden die Arbeitspläne zu **Arbeitsfolgeplänen** zusammengestellt. Sie werden ebenfalls in einer Datei gespeichert.

---

[1]) vgl. S. 278
[2]) vgl. S. 275

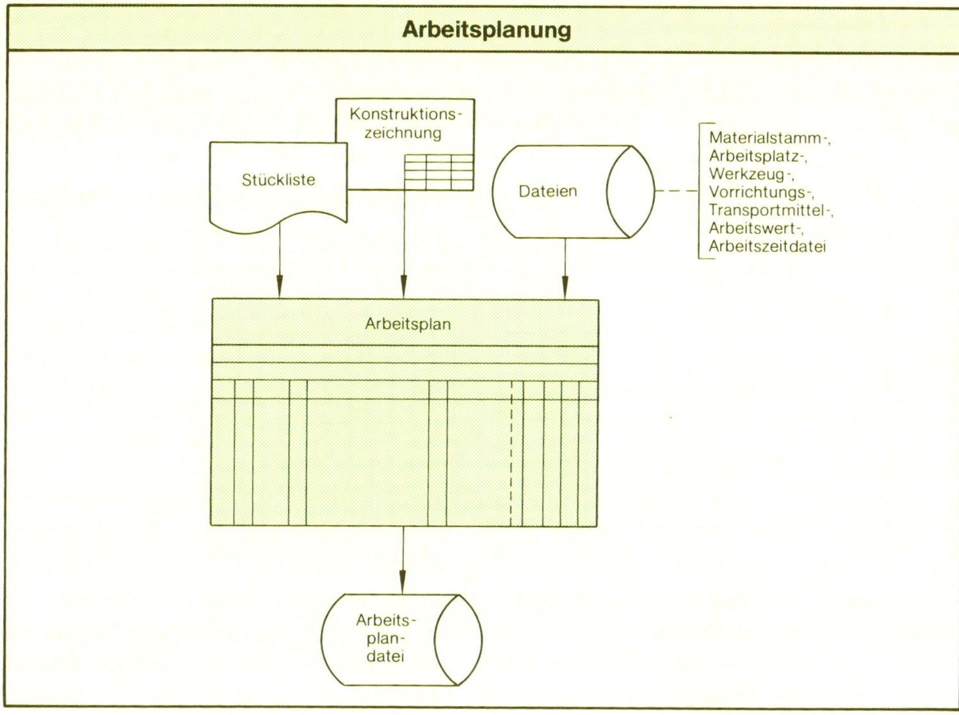

Zeitplanung

Die Stücklisten zeigen, welche Teile zu fertigen sind. Aus den Arbeitsplänen läßt sich der Zeitbedarf pro Arbeitsgang berechnen:

Zeitbedarf pro Arbeitsgang (Vorgabezeit) = Rüstzeit + Zeit je Einheit

Bei einer gegebenen Losgröße gilt:

Zeitbedarf pro Arbeitsgang (Vorgabezeit) = Rüstzeit + Zeit je Einheit · Stückzahl

Damit lassen sich Durchlaufzeiten, Termine und Fristen berechnen.

Die **Durchlaufzeit** errechnet sich wie folgt:

Bearbeitungszeiten
+ Transportzeiten = Veränderungszeiten

Lagerzeiten
+ Wartezeiten = Liegezeiten

Durchlaufzeit

• Balkendiagramme

Terminpläne sollen klar die Zeiträume von der Beschaffung und Fertigung der Einzelteile bis zur Fertigmontage und zum Versand erkennen lassen. Man stellt sie zweckmäßig in Form von **Balkendiagrammen** dar. Sie können von links nach rechts oder von rechts nach links aufgebaut sein.

Möglichkeit 1: Aufbau von links nach rechts (progressiv, vorwärtsschreitend)

Beispiel:

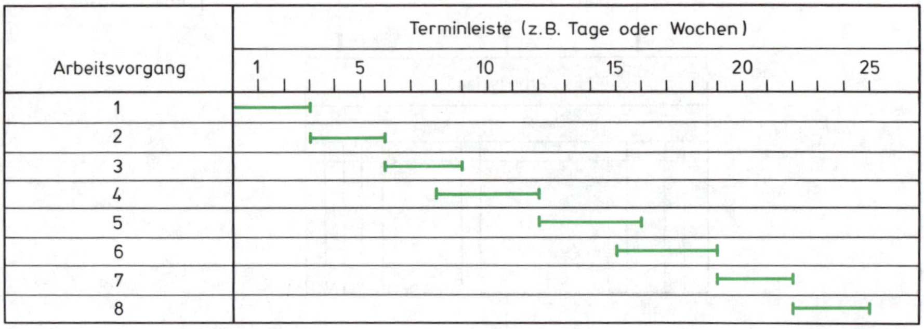

Diese Form ist zweckmäßig zur Ermittlung der Durchlaufzeit von Einzelteilen. Durch unproduktive Zeiten liegen Teile fest. Es entstehen sogenannte „organisatorische Läger". Sie verursachen Zins- und Lagerkosten. Der Minimierung der Durchlaufzeiten entspricht also gleichzeitig die Minimierung der organisatorischen Läger. Dazu muß man versuchen, ein möglichst starkes Überlappen der Vorgänge zu erreichen. Könnte man in der Abbildung z. B. mit Vorgang 5 schon 3 Tage früher beginnen, so könnte man auch alle folgenden Vorgänge um diese Zeit nach vorn schieben.

In der Praxis läßt sich die Minimierung der Durchlaufzeiten am besten bei Fließfertigung und Gruppenfertigung planen und verwirklichen.

Möglichkeit 2: Aufbau von rechts nach links (retrograd, rückwärtsschreitend)

Beispiel:

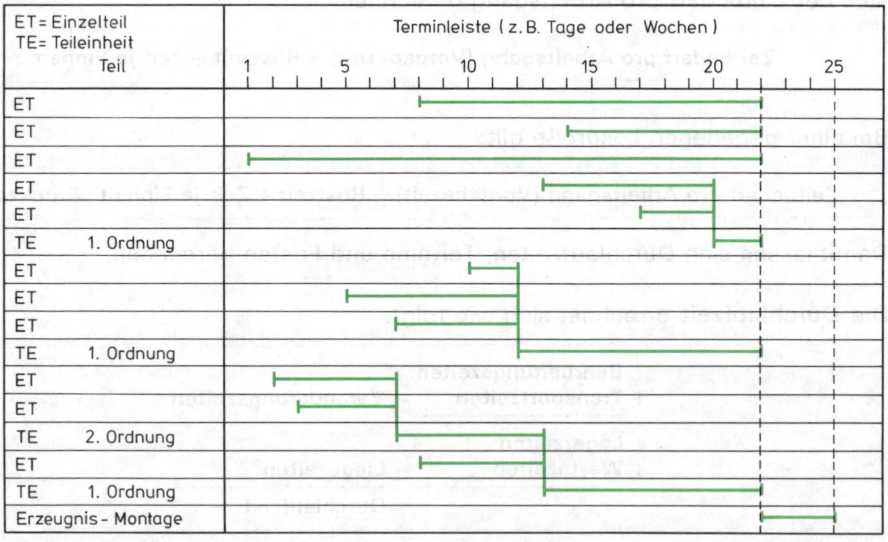

Bei Baugruppen oder Geräten ist es günstiger, wenn man die Frist von hinten beginnend ermittelt. Man kann dann bei den einzelnen für die Montage benötigten Teilen die richtigen Starttermine berechnen. Denn wenn bei unterschiedlicher Durchlaufzeit alle Einzelteile gleichzeitig begonnen werden, entsteht eine unwirtschaftliche Liegezeit.

Der Termin- oder Fristenplan zeigt keine Vorbelastungen von Maschinen oder Abteilungen an!

• Netzpläne

Bei der Erstellung von Großprojekten sind Balkendiagramme ungeeignet, da sie nicht die Abhängigkeit der Ereignisse voneinander erkennen lassen. Außerdem erweckt das Balkendiagramm den Eindruck eines kontinuierlichen Ablaufs. In der Praxis kommt es aber häufig nicht auf den kontinuierlichen Ablauf, sondern auf die Einhaltung von Terminen – Anfangs- und Endterminen – an. Deshalb entwickelte man **Netzpläne.**

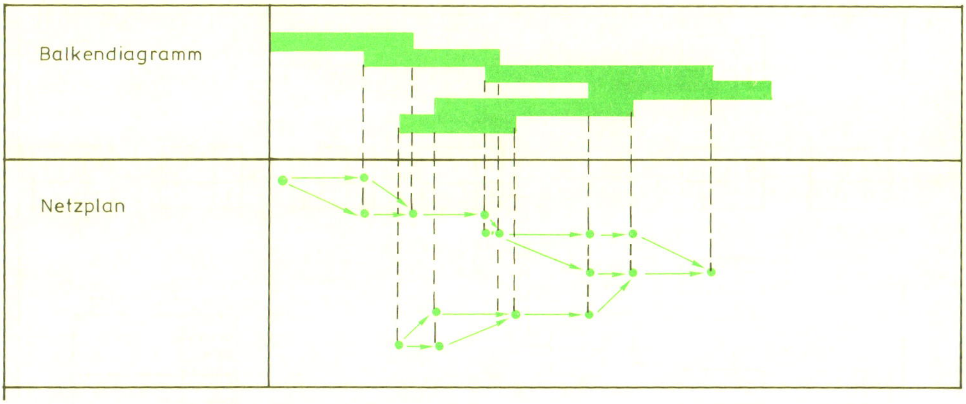

Der Netzplan verfolgt folgende **Ziele:**

- Verschaffung eines strukturierten Überblicks über das zu planende Objekt,
- Abbildung der aufeinander folgenden Vorgänge,
- genaue Zeitangaben für alle Arbeitsteile,
- Verschaffung eines Überblicks über die zeitlichen Abhängigkeiten,
- Ermittlung des längsten, zeitaufwendigsten Weges,
- Voraussehbarkeit von Störungen, die das Projekt zeitlich gefährden,
- Möglichkeit rechtzeitiger Gegenmaßnahmen.

Von den verschiedenen Verfahren der Netzplantechnik soll hier die **MPM-Methode** (Metra Potential Method) gezeigt werden.

Beispiel:
Eine alte Fertigungsanlage soll durch eine neue ersetzt werden. Die hierfür nötigen Vorgänge werden in einer Vorgangsliste festgehalten. Die Dauer der Vorgänge wird notiert. Bei jedem Vorgang gibt man an, welche anderen Vorgänge ihm unmittelbar vorausgehen (von welchen Vorgängen er unmittelbar abhängig ist).

Bezeichnung	Art	Dauer (in Tagen)	vorausgehender Vorgang
A	Angebotseinholung, Vergleich, Bestellung	25	–
B	Demontage der alten Anlage	8	–
C	Entfernung des alten Fundaments	5	B
D	Konstruktion des neuen Fundaments	9	A
E	Lieferzeit für die neue Anlage	21	A
F	Errichtung des neuen Fundaments	9	C, D
G	Installation der neuen Anlage	6	E, F
H	Personalausbildung	15	A
I	elektrische Anschlüsse	2	G
J	Probelauf	1	H, I
K	Abnahme, Inbetriebnahme	2	J

Danach kann der Netzplan erstellt werden:

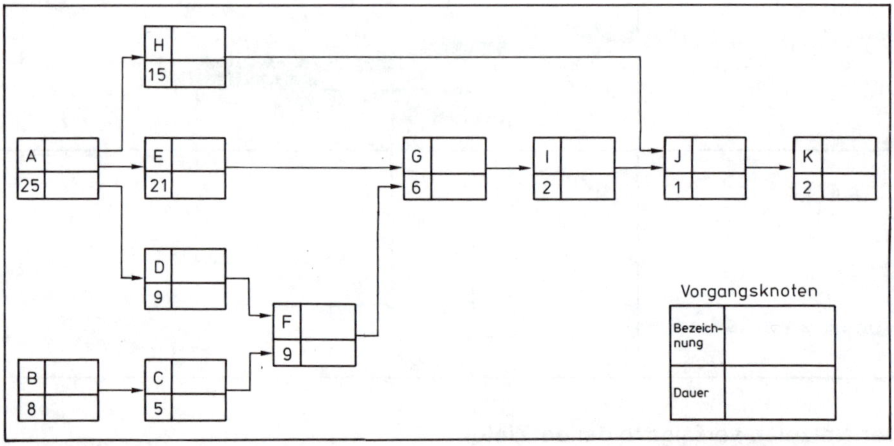

Vorwärtsrechnung:

Für die Berechnung der **frühesten** Anfangszeitpunkte (FAZ) und Endzeitpunkte (FEZ) gilt:

FAZ + Dauer = FEZ

Beispiel:

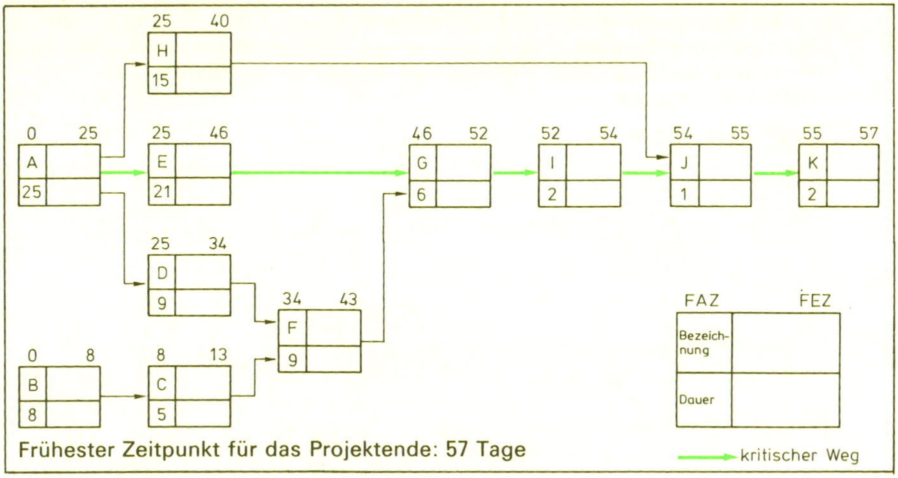

Als *kritischen Weg* bezeichnet man die Vorgänge, die dem längsten Weg vom ersten bis zum letzten Vorgangsknoten entsprechen.

Verzögert sich auch nur einer dieser Vorgänge, so verzögert sich damit der Endtermin des gesamten Projektes. Man muß dann nach Problemlösungen suchen, wie Überstunden oder Vergabe als Lohnauftrag. In der Praxis hat sich gezeigt, daß im Durchschnitt ungefähr ein Fünftel aller Vorgänge kritisch ist. Auf diese Schwachstellen ist besonders zu achten.

Rückwärtsrechnung:

Es müssen nicht alle Vorgänge schon am frühestmöglichen Termin begonnen werden. Vielmehr gilt dies nur für die Vorgänge auf dem kritischen Weg. Es ist deshalb interessant festzustellen, wann die nicht kritischen Vorgänge spätestens begonnen und wann sie spätestens beendet sein müssen, um das Projekt nicht zu gefährden.

Für die Berechnung der **spätesten** Anfangszeitpunkte (SAZ) und Endzeitpunkte (SEZ) gilt: Die spätesten Anfangstermine ergeben sich, wenn man von den spätesten Endterminen die jeweilige Vorgangsdauer abzieht.

SAZ = SEZ – Dauer

Beispiel:
Das Projekt soll zum Termin 57 fertig sein. Da der letzte Vorgang 2 Tage dauert, müssen alle vorausgehenden Vorgänge spätestens am Termin 55 erledigt sein, entsprechend alle dem Vorgang J vorausgehenden Vorgänge am Termin 54, alle vor I am Termin 52, alle vor G am Termin 46, alle vor F am Termin 37, alle vor C am Termin 32, alle vor D, E und H am Termin 25.

Der Netzplan ergibt nun folgendes Bild:

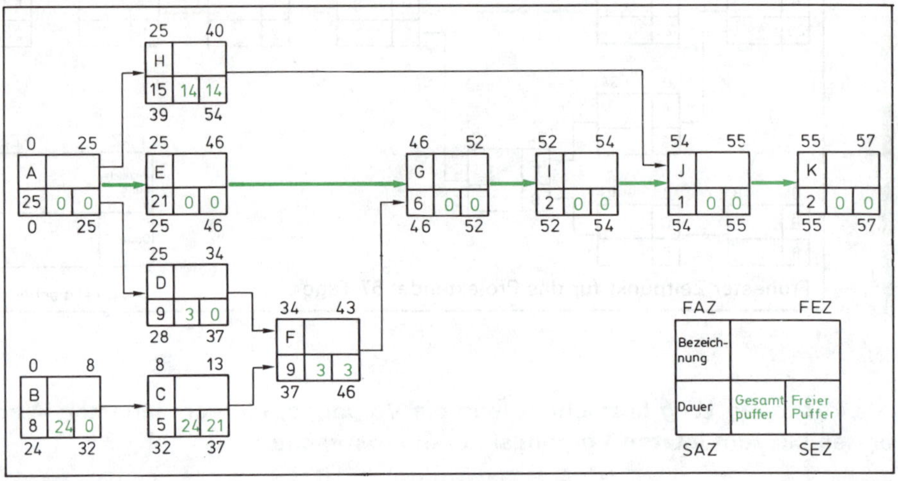

Bei den Vorgängen B, C, D, F und H stimmen die frühesten Anfangszeitpunkte mit den spätesten Anfangszeitpunkten nicht überein. Diese Vorgänge müssen also nicht unbedingt an ihrem frühesten Termin begonnen werden. Der Netzplan enthält daher sog. **Pufferzeiten.** Betrachten wir den Vorgang B: Er kann auch am Termin 24 beginnen; dadurch ergibt sich ein Puffer von 24 Tagen. Wird der Vorgang B an seinem spätesten Anfangszeitpunkt begonnen, dann ist dieser Vorgang am Termin 32 erledigt. Der Beginn des Vorgangs C verzögert sich entsprechend; sein Puffer fällt damit weg. Das bedeutet, daß die Pufferzeit von 24 Tagen für die Vorgänge B und C insgesamt gilt. Deshalb wird diese Zeitreserve als **Gesamtpuffer** bezeichnet.

Der Gesamtpuffer wird wie folgt errechnet:

Gesamtpuffer = SAZ − FAZ oder SEZ − FEZ

Beispiel:
Wir vergleichen nun den frühesten Endzeitpunkt des Vorgangs C mit dem frühesten Anfangszeitpunkt des Vorgangs F: Der FEZ von C liegt um 21 Tage vor dem FAZ von F. Hierbei handelt es sich um einen **freien Puffer.**

Der freie Puffer wird folgendermaßen berechnet:

Freier Puffer$_C$ **=** $FAZ_F - FEZ_C$

Ein Vorgang hat folglich einen freien Puffer, wenn sein frühester Endzeitpunkt kleiner ist als der früheste Anfangszeitpunkt des Nachfolgers.

Kontrolle des Lernerfolgs

1. Welche Aufgaben soll ein Arbeitsplan erfüllen?
2. Erläutern Sie den Aufbau des im voraufgehenden Abschnitt abgebildeten Arbeitsplans.
3. Welchen Unterlagen entnimmt der Arbeitsplaner die Angaben, die er in den Arbeitsplan einträgt?
4. Arbeitspläne sehen in den einzelnen Betrieben vom Aufbau des Formulars her unterschiedlich aus. Beschaffen Sie sich einen Arbeitsplan in Ihrem Betrieb und untersuchen Sie ihn auf eventuelle zusätzliche oder andere Angaben.
5. Welche Arten von Hilfsmitteln sind zu unterscheiden? Wann lohnt sich der Einsatz von Universalvorrichtungen bzw. Spezialvorrichtungen?
6. Der Arbeitsplaner stellt fest, daß ein Arbeitsvorgang auf den Maschinen 8261, 8270 oder 8271 durchgeführt werden kann:

Maschinen-Nummer	Rüstkosten (DM)	Fertigungskosten pro Stück (ohne Rüstkosten) (DM)
8261	200,—	0,25
8270	60,—	0,30
8271	10,—	0,40

   a) Auf welcher Maschine sollte ein Auftrag über 100 Stück gefertigt werden?
   b) Auf welcher Maschine sollte ein Auftrag über 1000 Stück gefertigt werden?
   c) Bei welcher Auftragsmenge sind die Gesamtkosten für die Maschinen 8261 und 8270 gleich?
7. Warum ist eine gute Terminplanung für jeden Industriebetrieb unerläßlich?
8. Die beiden folgenden Skizzen zeigen 2 verschiedene Arten von Terminplänen.

(1)
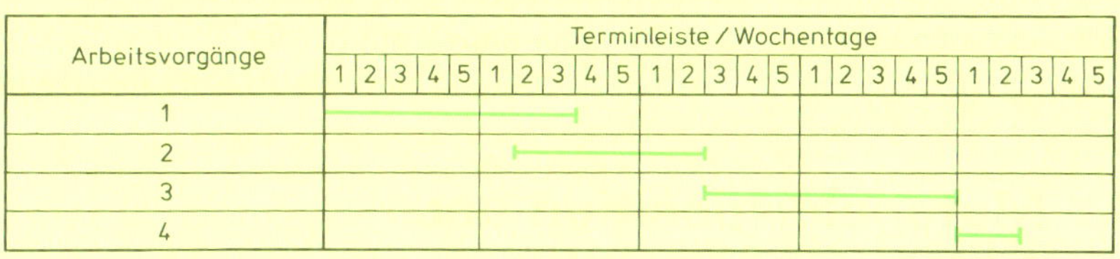

(2)
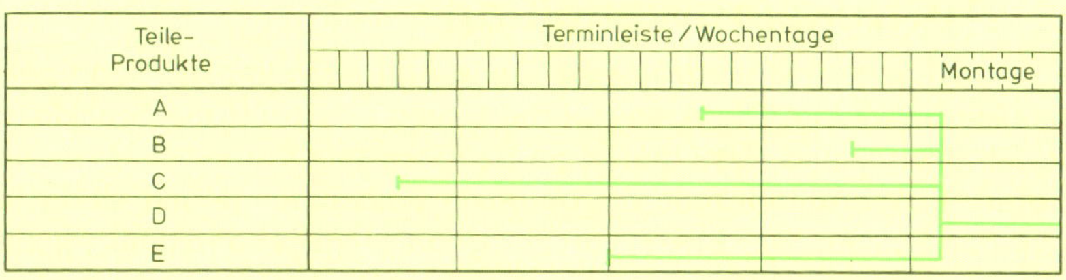

   a) Wie nennt man den Aufbau dieser Pläne?
   b) In welchen Fällen finden diese Pläne jeweils Verwendung?
9. Zwei wesentliche Ziele der Terminplanung sind 1. ein rascher Materialdurchlauf und 2. eine möglichst hohe Auslastung der Maschinenkapazitäten.
   a) Erläutern Sie die Begriffe „Durchlaufzeit" und „Kapazitätsauslastung".
   b) Begründen Sie die beiden Zielsetzungen.
   c) In vielen Fällen können beide Ziele nicht zusammen erreicht werden, weil sie sich gegenseitig widersprechen. Versuchen Sie dies zu begründen.
10. Nehmen wir an, Sie wären Angestellter in der Stabsabteilung „Planung" Ihrer Firma. Suchen Sie Argumente, um Ihren Vorgesetzten davon zu überzeugen, daß man bei der Durchführung größerer Projekte die Methoden der Netzplantechnik anwenden sollte.

11. Ein Maschinenprojekt besteht aus den Baugruppen A und B.
Baugruppe A setzt sich aus den Teilen A1, A2 und A3 zusammen.
Baugruppe B setzt sich aus den Teilen B1 und B2 zusammen.
Zunächst ist die Arbeitsplanung durchzuführen: 60 Tage. Anschließend erfolgt die Fertigung (Zeitangaben in Tagen):
A1: Fräsen 12, Bohren 10, Gewindeschneiden 12, Fräsen 8, Feinbohren 12, Schleifen 16
A2: Drehen 10, Fräsen 10, Wärmebehandlung 20, Schleifen 16
A3: Drehen 16, Fräsen 10, Schleifen 12
Montage Baugruppe A: 30
B1: Hobeln 20, Bohren 12, Gewindeschneiden 10, Schleifen 12
B2: Fräsen 16, Bohren 10, Härten 12
Montage Baugruppe B: 20
Endmontage beider Baugruppen: 30
a) Stellen Sie eine Vorgangsliste auf.
b) Zeichnen Sie den Netzplan.
c) Ermitteln Sie früheste und späteste Termine, kritischen Pfad und Pufferzeiten.

4.5 Fertigungssteuerung

Der VMW liegt eine Kundenbestellung über 200 Schieberäder-Getriebe vor. Die Lieferfrist beträgt 3 Monate. Anhand der Fristenpläne wurde festgestellt, daß die kürzestmögliche Durchlaufzeit 34 Tage beträgt. Es besteht also eine hinreichend große Pufferzeit von 56 Tagen. Damit kann der Auftrag ohne Terminnot in das bestehende Fertigungsprogramm eingeschoben werden.

Die Fertigungsteuerung bereitet den Fertigungsprozeß unmittelbar vor, lenkt und überwacht ihn. Sie umfaßt die Materialdisposition, die Bildung optimaler Losgrößen (Auftragsumwandlung) und Maschinenbelegung, die Termindisposition, die Bereitstellungsdisposition, die Arbeitsverteilung und die Arbeitsüberwachung.

4.5.1 Materialdisposition und Auftragsumwandlung

Der eingegangene Kundenauftrag erhält eine Auftragsnummer. Dann gelangt er in die Arbeitsvorbereitung. Die Arbeitsvorbereitung überprüft die Stückliste und berechnet den Brutto- und Nettobedarf an Sekundärteilen.
Mit Hilfe der EDV ermittelt man die optimale Bestellmenge und einen Bestellvorschlag für den Einkauf. Der Bestellvorschlag führt – gegebenenfalls nach Korrektur durch die Einkaufsdisposition – zur Bestellung und zur Eintragung in die Lieferantenauftragsdatei[1]).
Für Fertigungsteile ermittelt man mit Hilfe der EDV eine optimale Losgröße, z. B. unter Berücksichtigung weiteren Bedarfs an gleichen Teilen. Die Produktionsmenge entspricht damit nicht mehr dem Umfang der einzelnen Kundenbestellung (Auftragsumwandlung). Anschließend wird der Auftrag – nach eventueller Korrektur – von der Arbeitsvorbereitung in eine Fertigungsauftragsdatei eingegeben. Dabei werden Auftragsnummer, Materialnummer, Materialbezeichnung, Auftragsmenge und geplanter Termin gespeichert.

[1]) vgl. S. 45f. und 56f.

Auftragsumwandlung

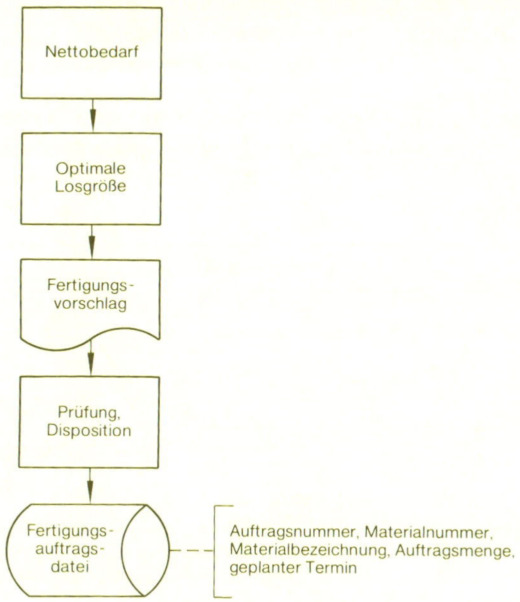

4.5.2 Maschinenbelegung und Termindisposition

Die zum Zweck der Auftragsterminierung notwendigen Daten befinden sich in der **Arbeitsplandatei:** Arbeitsgänge, Zeiten der Arbeitsgänge und geplante Maschinenbelegung. Mit Hilfe der EDV läßt sich der Zeitbedarf pro Arbeitsgang ermitteln:

Zeitbedarf pro Arbeitsgang (Vorgabezeit) = Rüstzeit + Zeit je Einheit · Stückzahl

Beispiel: Rüstzeit 10 Min., Zeit je Einheit 1 Min. (100 Dezimalsek.)
Losgröße von 200 Stück für den 1. Arbeitsgang:

210 Min. = 10 Min. + 1 Min. · 200 Stück

Der erste Arbeitsgang betrifft Kostenstelle 1130. Die EDV sucht sie in der **Arbeitsplatzdatei** auf und zeigt unter anderem ihre Belastung auf:

Kostenstelle	Soll-Kapazität	Ist-Belastung	Verfügbar	Termin
1130	16	5	11	412

Für Vorgang 1 werden 210 Minuten = 3,5 Stunden in Kostenstelle 1130 benötigt. Der Disponent kann sie zum Termin 412 einlasten. Er kann aber auch einen anderen Auftrag eingeben. Auf diese Weise entscheidet er über die Maschinenbelegung. Dringlichkeit der Auftragserledigung, Höhe des Deckungsbeitrags und andere Gesichtspunkte spielen hier eine Rolle.

Lastet der Disponent den Auftrag zu Termin 412 ein, so ist damit der Start für diesen Arbeitsgang festgelegt, aber auch sein Ende. Unter Berücksichtigung der Übergangszeit zum nächsten Arbeitsgang ergibt sich auch dessen Starttermin. So lassen sich nacheinander alle Termine für den Fertigungsauftrag einlasten. Die EDV ermittelt die Pufferzeit und schreibt sie in die Fertigungsauftragsdatei.

Sollte bei einem Arbeitsgang die Auftragszeit größer als die verfügbare Kapazität sein, so sind grundsätzlich drei Lösungen möglich:

- Ausweichen auf eine geeignete andere Maschine,
- Übernahme des Auftrags in die nächste Periode,
- Vergabe des Auftrags als Lohnauftrag an einen anderen Betrieb.

Zuletzt versieht der Disponent den Arbeitsplan mit den Daten des Fertigungsauftrags und speichert den nunmehr auftragsbezogenen Arbeitsplan in einer **Werkstattauftragsdatei** ab.

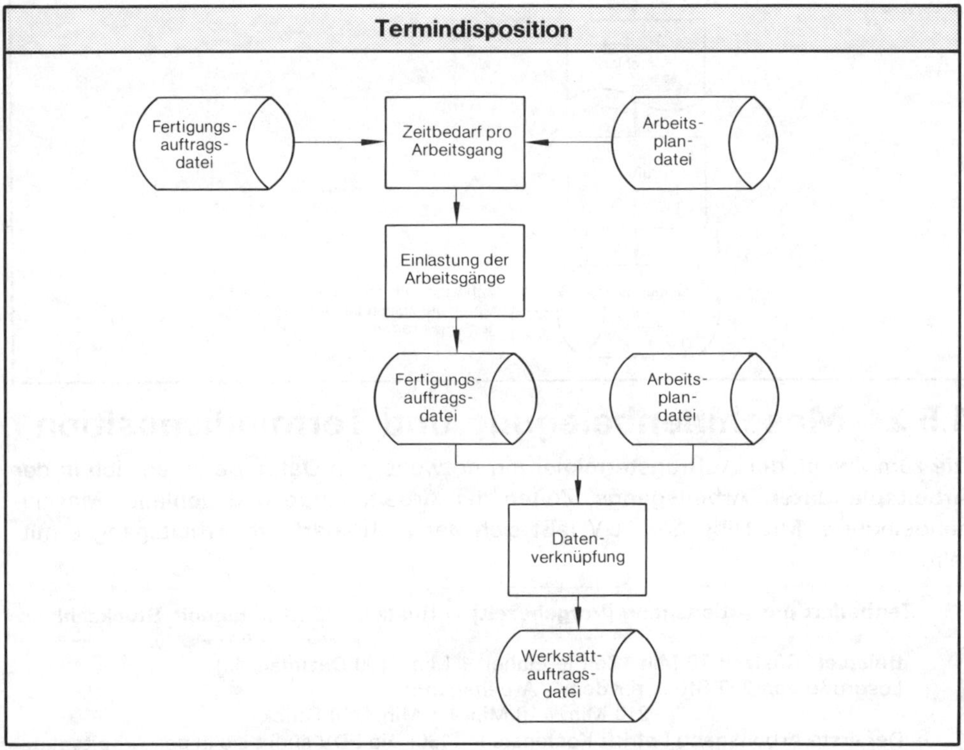

4.5.3 Bereitstellungsdisposition

Durch Eingabe der Materialnummer und der Auftragsnummer gibt der Disponent bestimmte Aufträge oder auch alle Aufträge, deren Anfangstermin in einer bestimmten Zeitspanne liegt, zur Fertigung frei. Daraufhin verfügt die EDV automatisch in der Materialstammdatei die Reservierung der für den Auftrag notwendigen Einsatzmengen. Diese Resiervierungen werden dann bei Bedarfsberechnungen und der Ermittlung des verfügbaren Bestandes berücksichtigt.

Weiterhin druckt man mit Hilfe der EDV die notwendigen Arbeitspapiere aus, die den Arbeitsprozeß in Gang setzen und in Gang halten.

Arbeitspapiere
Werkstattauftrag (Laufkarte) Der Werkstattauftrag ist der mit den Auftragsdaten versehene Arbeitsplan. Er enthält alle Auftragsdaten. Deshalb begleitet er das Werkstück durch seinen gesamten Fertigungsprozeß, weist den Weg für den innerbetrieblichen Transport und läßt anhand von Erledigungs-, Prüf- und Ausschußvermerken immer den Bearbeitungsstand erkennen.
Lohnschein Der Lohnschein enthält den einzelnen Arbeitsgang. Er ist die Arbeitsanweisung für den Arbeiter. Außerdem enthält er Felder für die Lohnberechnung, in die der Arbeiter seine Eintragungen macht.
Materialentnahmeschein Der Materialentnahmeschein weist das benötigte Material nach und dient zu seiner Entnahme. Er wird bei Gesamtentnahmen durch die **Entnahme-Stückliste** ersetzt.
Rückmeldeschein Der Rückmeldeschein wird nach Erledigung eines Arbeitsganges sofort an die Arbeitsvorbereitung zurückgegeben. Dann kann sofort der nächste Arbeitsgang veranlaßt werden. Der Erledigungsvermerk wird in die Werkstattauftragsdatei eingegeben. Die Arbeitsvorbereitung kann sich jederzeit am Bildschirm eine Auftragsfortschrittsübersicht zeigen lassen oder sich eine solche ausdrucken lassen.
Lagerzugangsschein Nach Abschluß aller Arbeitsgänge geht das gefertigte Teil mit einem Lagerzugangsschein ins Lager. Damit gilt der Auftrag als ausgeführt.

4.5.4 Arbeitsverteilung

Die Verteilung der Arbeit an die Arbeiter erfolgt über die Werkstattmeister. Diese erhalten die Arbeitspapiere und eine Arbeitsverteilerliste. Sie gibt die einzelnen Arbeiten mit gewissen Terminspannen vor. Innerhalb dieser Spannen kann der Meister die endgültige Maschinenbelegung disponieren.

Beispiele:

Werkstattauftrag

Gegenstand	Auftrags-(Kommissions-) Nr.	Arbeitsplan Nr.
Gehausekasten 03	12.243/127	3000

Zeichnungs-Nr.	Baumuster-Type	Teil-Nr.	Menge	Los-Nr.	Losgröße
3-4205/1	6045-006.039	3000	3000	3	100

Werkstoffmenge %	Einh.	Werkstoff	Abmessung oder Modell-Nr.	Ausstelltag	Termin
12.000	1	Ge 12.91	2018	17.03.19..	20.04.19..

Abteilung Kostenst.	Arb.-folge	Arbeitsgang	Unterweisungskarte Nr.	Betriebsmittel Werkzeug-Vorr.	L-Gr. Fakt.	Zeitvorgabe		Kontroll-Vermerk	Ausschuß		Gute Stücke
						t_r	t_e %		Fabr.	Mat.	
1130	01	richten	30000		04	010	100				
0310	02	Auflagefläche winklig fräsen	30001	Fräsvorr.3	06	010	120				
0260	03	bohren Ø 5.8	30002	Bohrvorr.7	05	008	50				
0260	04	bohren 4 x Ø 4.8; 2 x Ø 2,8;	30003	Bohrvorr.9	05	008	810				
		2 x Ø 3,8; 9 x Ø 2,5;									
		Ø 4									
0260	05	reiben 2 x Ø 4; 2 x Ø 3	30004		06	008	190				
0280	06	Gewinde schneiden 10 x M3	30005	Gew.vorr.7	06	008	440				
0260	07	reiben 4 x Ø 5	30006	Reibvorr.17	06	008	220				
0310	08	Fläche winklig fräsen	30007	Fräsvorr.12	06	010	150				
1130	09	entgraten	30008		03	005	120				

Lohnschein

Gegenstand	Auftrags-(Kommissions-) Nr.	Arbeitsplan Nr.
Gehäusekasten 03	12.243/127	3000

Zeichnungs-Nr.	Baumuster-Type	Teil-Nr.	Menge	Los-Nr.	Losgröße
3-4205/1	6045-006.039	3000	1000	3	100

Werkstoffmenge %	Einh.	Werkstoff	Abmessung oder Modell-Nr.	Ausstelltag	Termin
12.000	1	Ge 12.91	2018	17.03.19..	20.04.19..

Abteilung Kostenst.	Arb.-folge	Arbeitsgang	Unterweisungskarte Nr.	Betriebsmittel Werkzeug-Vorr.	L-Gr. Fakt.	Zeitvorgabe t_r	t_e %	Gesamt-Minuten	Lohnbetrag DM	Pf
0260	03	bohren Ø 5,8	30002	Bohrvorr.7	05	008	50			

Name des Arbeiters	Stamm-Kontroll-Nr.		Kontrolle	Ausschuß Fabr.	Mat.	Gut-Stück	Abschlag Minuten	Gegenzeichnung Meister	Lohnbüro
		Arbeitsbeginn							
		Arbeitsende							
		Arbeitsbeginn							
		Arbeitsende							

Materialentnahmeschein

Gegenstand	Auftrags-(Kommissions-) Nr.	Arbeitsplan Nr.
Gehäusekasten 03	12.243/127	3000

Zeichnungs-Nr.	Baumuster-Type	Teil-Nr.	Menge	Los-Nr.	Losgröße
3-4205/1	6045-006.039	3000	1000	3	100

Werkstoffmenge %	Einh.	Werkstoff	Abmessung oder Modell-Nr.	Ausstelltag	Termin
12.000	1	Ge 12.91	2018	17.03.19..	20.04.19..

ausgegeben am	Quittung des Empfängers Name Datum	Kostenst.-Abt.	ausgegebene Menge	Einh.	Einheitspreis DM	Pf	Gesamtpreis DM	Pf
Lagerkartei gebucht								

Rückmeldeschein

Gegenstand	Auftrags-(Kommissions-) Nr.	Arbeitsplan Nr.
Gehäusekasten 03	12.243/127	3000

Zeichnungs-Nr.	Baumuster-Type	Teil-Nr.	Menge	Los-Nr.	Losgröße
3-4205/1	6045-006.039	3000	1000	3	100

Werkstoffmenge %	Einh.	Werkstoff	Abmessung oder Modell-Nr.	Ausstelltag	Termin
12.000	1	Ge 12.91	2018	17.03.19..	20.04.19..

Abteilung Kostenst.	Arb.-folge	Arbeitsgang	Unterweisungskarte Nr.	Betriebsmittel Werkzeug-Vorr.	L-Gr. Fakt.	Zeitvorgabe t_r	t_e %	Arbeitsbeginn	Arbeitsende
0260	03	bohren Ø 5,8	30002	Bohrvorr.7	05	008	50		

Lagerzugangsschein

Gegenstand	Auftrags-(Kommissions-) Nr.	Arbeitsplan Nr.
Gehäusekasten 03	12.243/127	3000

Zeichnungs-Nr.	Baumuster-Type	Teil-Nr.	Menge	Los-Nr.	Losgröße
3-4205/1	6045-006.039	3000	1000	3	100

	Einh.		Menge	Ausstelltag	Termin
	1		200	17.03.19..	20.04.19..

4.5.5 Arbeitsüberwachung

Die Arbeitsüberwachung ist die mitlaufende Kontrolle des Fertigungsgeschehens. Kontrolle bedeutet: Sollwerte mit Istwerten vergleichen. Anschließend sind die nötigen Maßnahmen zu ergreifen, um das System wieder auf die Sollwerte auszurichten. Die Arbeitsüberwachung erstreckt sich auf

- Überwachung der Termine,
- Überwachung der Kapazitätsauslastung,
- Qualitätskontrolle (erfolgt auch bei Materialeingang und Zwischenprodukten).

Sie ist damit ein Teil der Fertigungskontrolle.

Kontrolle des Lernerfolgs

1. Welche Teilaufgaben gehören zur Fertigungssteuerung?
2. Welche Bedeutung hat die Fertigungssteuerung bei Fließfertigung, welche bei Werkstattfertigung?
3. Erläutern Sie die einzelnen Aufgaben der Fertigungssteuerung.
4. Welche Arbeitsunterlagen werden für die Fertigungssteuerung benötigt? Erläutern Sie die Aufgaben dieser Unterlagen.
5. Welche Kontrollmöglichkeiten bieten die Arbeitsunterlagen, die für die Fertigungssteuerung verwendet werden?

5 Fertigungskontrolle

Maschine Typ A 22
Prüfplan
162.22.70.020

(Auszug)

Nr.	Gegenstand der Messung	Meßgeräte	Toleranzen in µm 1 µm =0,001mm	Meßanleitung
3	 Fluchten der Werkstückspindel mit der Reitstockspindel a) vertikal gemessen b) horizontal gemessen	Feinzeiger "Mikrokator" 2000 : 1 mit schneidenförmigem Taster Stabiler Meßständer mit Magnetfuß 2 zyl. Prüfdorne mit genau gleichem Außendurchmesser	 5 5	Reitstock demontieren, Auflagefläche Seite Reitstock und Seite Maschinengehäuse sehr gut reinigen. Reitstock montieren. Befestigungsschrauben mit Drehmomentschlüssel mit 13 Nm abwechslungsweise anziehen. Reitstock- und Werkstückspindel demontieren. Je 1 zyl. Prüfdorn mit genau gleichem Durchmesser in diese Bohrung einführen. Maximaler Gesamtweg des Horizontalfrässchlittens einstellen. Wippe ganz nach unten stellen. Meßständer mit Feinmeßuhr auf dem Horizontalfrässchlitten befestigen. Prüfdorn Seite Reitstock mit der Feinmeßuhr in Richtung a (bzw. in Richtung b) antasten. Drossel für den Horizontalvorschub auf ca. 8 stellen. Maschine anlassen. Zentralschmierung betätigen. 2 Fräszyklen ablaufen lassen. Feinzeiger Seite Reitstock auf Null stellen. Längsbewegung des Horizontalfrässchlittens ausführen. Feinzeiger auf Seite Spindelstock ablesen. Messung 3mal wiederholen.
4	 Rundlauf des Innenkonus 3° der Werkstückspindel a) am 40 mm langen Prüfdorn bei der Spindelnase gemessen b) am 40 mm langen Prüfdorn außen gemessen c) Rundlauf des Innenkonus 2° der Werkstückspindel	Feinzeiger "Mikrokator" 2000 : 1 Stabiler Meßständer mit Magnetfuß Zyl. Prüfdorn mit 3°-Konus Elektronisches Längenmeßgerät Hebeltaster GT 30 Schreibgerät	 2 3 2	a + b) Werkstückspindel montieren. Innenkonus in der Werkstückspindel und Außenkonus am Prüfdorn sehr gut reinigen. Prüfdorn in die Werkstückspindel einsetzen. Meßständer mit Feinzeiger auf dem Maschinengehäuse befestigen. Prüfdorn mit dem Feinzeiger bei a (bzw. bei b) antasten. Feinzeiger 0,025 mm vorspannen. Drossel für den Horizontalvorschub auf Null stellen. Maschine anlassen. Feinzeiger ablesen. Bei unzulässig großem Rundlauffehler Prüfdorn demontieren und erneut reinigen. Messung wiederholen. c) Innenkonus mit dem Hebeltaster des El. Längenmeßgerätes antasten. Maschine anlassen. Rundlauffehler mit dem Schreibgerät registrieren.

Die Fertigungskontrolle umfaßt

- die Kontrolle der Termine,
- die Kontrolle der Kapazitätsauslastung,
- die Kostenkontrolle,
- die Überwachung des Materialverbrauchs,
- die Qualitätskontrolle.

5.1 Kontrolle der Termine

Laufkarten und Rückmeldescheine werden zurückgegeben und durch Vergleich mit den Planungsdaten systematisch auf Abweichungen und deren Gründe hin analysiert.

5.2 Kontrolle der Kapazitätsauslastung

Moderne Maschinen zeichnen oft automatisch ihre Belastung auf Diagrammen auf. Ansonsten vergleicht man in kürzeren Zeiträumen die tatsächliche Maschinenbelegung mit den Belegungsplänen.

Neben der Auslastung der quantitativen (mengenmäßigen) Kapazität ist die Überwachung der qualitativen Kapazität (Leistungsfähigkeit) von Bedeutung. So wie ein Ingenieur zu hohe Kosten verursacht, um zu Handlangertätigkeiten herangezogen zu werden, so soll ein teures Lehrenbohrwerk nicht für einfache Bohrarbeiten benutzt werden. Dies würde nur unnötigen Verschleiß, Terminschwierigkeiten und vermeidbare Kosten bringen.

5.3 Kostenkontrolle

Durch eine Nachkalkulation werden die tatsächlich angefallenen Verbrauchswerte an Material, Löhnen, Maschinenstunden mit den vorgegebenen Werten verglichen. Die Verbrauchsabweichungen werden ermittelt, analysiert und ausgewertet. Sie bilden die Grundlage für neue realistische Plandaten.

5.4 Überwachung des Materialverbrauchs

Materialverluste entstehen in Form von Ausfall und Ausschuß[1]) sowie durch Abfälle. Abfälle sind Reste, meist von geringwertiger Qualität, die bei der Fertigung anfallen. Die Abfallbeseitigung kann mit hohen Kosten verbunden sein. Man versucht, diese Kosten durch materialsparende Fertigungsverfahren, Zahlen von Ersparnisprämien und durch Abfallverwertung (Verkauf der Abfälle, Verarbeitung zu Nebenprodukten) zu verringern.

---

[1]) vgl. S. 249

5.5 Qualitätskontrolle

Nach Beendigung der Fertigung werden die Erzeugnisse endgültig abgenommen, das heißt einer abschließenden Kontrolle unterzogen. Man geht dabei nach den von der Konstruktion oder vom Kunden bestimmten Abnahme- und Prüfvorschriften vor.

Qualitätskontrolle ist notwendig, um Gefahren für den Menschen abzuwenden und Ärger und Kosten zu vermeiden (Kundenverlust, Zahlungsverweigerung, Garantieleistungen). Gesichtspunkte für die Prüfung sind vorbestimmte Qualitätsmerkmale, z. B.

Beispiele:

Allgemeine Beschaffenheit	– Entsprechung mit der Zeichnung – vorgegebene Werkstoffe – Oberflächenausführung
Maßhaltigkeit	Einhaltung der Toleranzen, z. B. bei Längen, Winkeln, Durchmessern
Eigenschaften	physikalische oder chemische
Tauglichkeit	Ausübung bestimmter Funktionen
Normen	Einhaltung der ISO-, DIN-, Betriebsnormen
Vorschriftsmäßigkeit	TÜV-, VDE-, Bauvorschriften usw.

5.5.1 Arten der Qualitätskontrolle

Man unterscheidet verschiedene Arten der Qualitätskontrolle

- nach dem Zeitpunkt der Kontrolle,
- nach der Person des Prüfers,
- nach der Zahl der geprüften Produkte.

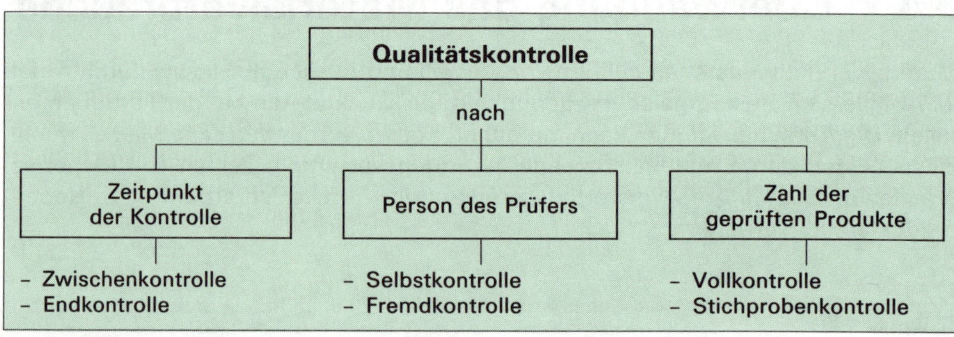

• Zwischen- und Endkontrolle

Zwischenkontrollen erfolgen beim Abschluß einzelner Arbeitsgänge, die Endkontrolle bei der Endabnahme des Fertigfabrikats. Je früher die Kontrolle einsetzt, desto wirkungsvoller ist sie. Aus diesem Grund erfolgen Materialkontrollen auch bereits beim Wareneingang. Bestimmte Fehler können bei einer ausschließlichen Endkontrolle gar nicht mehr aufgedeckt werden. Andererseits ist die Endkontrolle unerläßlich, um das fehlerfreie Zusammenwirken aller Teile zu überprüfen.

• Selbst- und Fremdkontrolle

Selbstkontrollen erfolgen durch den Bearbeiter selbst, Fremdkontrollen durch andere Personen. Manche Zwischenkontrollen können als Selbstkontrollen durchgeführt werden. Dazu muß dem Bearbeiter eine Kontrolliste übergeben werden, anhand deren er alle Prüfungen in der richtigen Reihenfolge vornehmen kann. Die Endkontrolle dagegen ist zwangsläufig eine Fremdkontrolle. Aus Sicherheitsgründen darf die Qualitätskontrolle niemals dem Leiter der zu kontrollierenden Abteilung unterstellt werden.

• Voll- und Stichprobenkontrolle

Bei der **Vollkontrolle** werden alle Produkte eines Loses anhand der Qualitätsmerkmale überprüft (100%-Kontrolle). Man nimmt sie meist bei Teilen vor, die für die Funktionstüchtigkeit technischer Geräte wesentlich sind, oder auch bei einer automatischen Kontrolle (z. B. bei der Flaschenproduktion). Bei sicherheitsempfindlichen Produkten nimmt man teilweise sogar eine mehrfache Vollkontrolle durch verschiedene Prüfgruppen vor (z. B. beim Flugzeug-, Raumfahrzeug-, Reaktorbau).

Bei der **Stichprobenkontrolle** wählt man nach dem Zufallsverfahren[1]) einen bestimmten Prozentsatz des Loses (eine Stichprobe) für die Kontrolle aus. Aus dem Fehleranteil in der Stichprobe schließt man dann auf den Fehleranteil im Gesamtlos. Zum Teil ist die Stichprobenkontrolle produktbedingt. So läßt sich z. B. die Kontrolle von Pralinen nicht lückenlos durchführen.
Manche Betriebe prüfen jeden Artikel durch, weil die Kunden bereit sind, die dadurch bedingten höheren Preise in Kauf zu nehmen, oder weil der Ausschuß bei der Weiterverarbeitung verringert wird. Wo es möglich ist, wird man allerdings in der Regel das billigere Stichprobenverfahren anwenden.

Eine besondere Form des Stichprobenverfahrens ist die Anwendung von **Kontrollkarten.** Sie eignen sich vor allem für die Überwachung der bei Großserien unvermeidlichen Qualitätsschwankungen. Man entnimmt dabei in festen Zeitabständen Stichproben aus der Serie, mißt die Qualität und trägt den Durchschnitt der Meßwerte in eine Kontrollkarte ein. Über- bzw. unterschreitet die Eintragung eine obere bzw. untere Warngrenze, die noch innerhalb der Toleranzgrenzen liegt, so schließt man auf Fehlerquellen im Produktionsprozeß, die zu Qualitätsmängeln führen können. Man greift dann in den Prozeß ein, um die Fehlerquelle zu beseitigen.

---

[1]) Zufallsverfahren bedeutet, daß jedes Stück die gleiche Chance haben muß, ausgewählt zu werden.

Beispiel:

Stichprobe		Qualitätskontrolle		Entscheidung
Nr.	Uhrzeit	Einzelmeßwerte	Mittelwert	
1	8.00	20 20 20 20 20 20	20	
2	8.30	20 20 20 20 20 21	20,17	
3	9.00	21 21 21 20 21 22	21	
4	9.30	21 22 22 22 23 23	22,17	
5	10.00	23 24 24 25 25 26	24,50	Eingriff
6	10.30	20 20 20 20 20 20	20	

Eintragung der Meßmittelwerte in die Kontrollkarte:

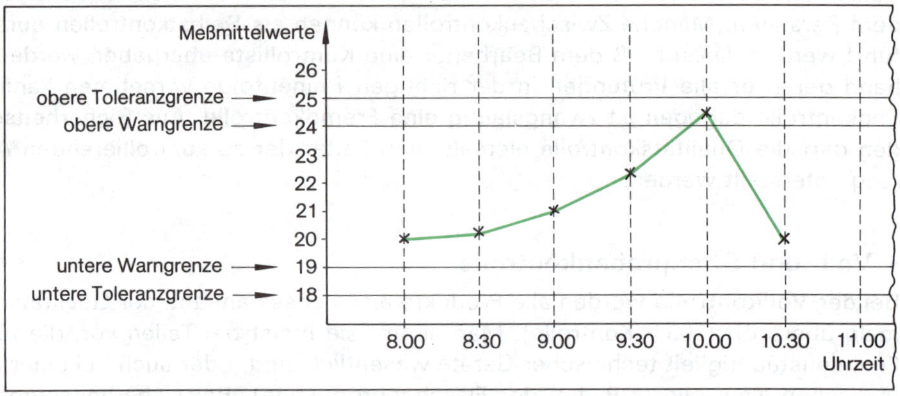

5.5.2 Qualitätskosten

Qualitätskosten entstehen als Fehlerverhütungskosten, Prüfkosten und Fehlerkosten.

• Fehlerverhütungskosten

Alle Produktionsfaktoren können für eine mangelhafte Produktqualität verantwortlich sein:

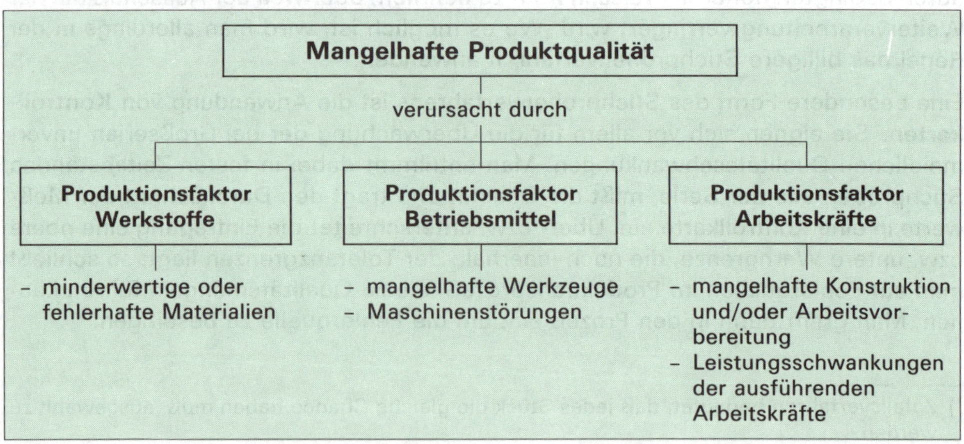

Will man die Produktmängel vermeiden, so sind vorbeugende Maßnahmen zu ergreifen. Die Kosten dafür heißen Fehlerverhütungskosten.

Maßnahmen zur Vermeidung von Produktmängeln
Maßnahmen bezüglich des Materials - Einkauf einwandfreien Materials - sachgerechte Lagerung und Materialpflege - Materialkontrolle vor der Fertigung
Maßnahmen bezüglich der Betriebsmittel - vorbeugende Instandhaltung der Werkzeug- und Fertigungsmaschinen - Instandhaltung und rechtzeitige Auswechslung der Werkzeuge
Maßnahmen bezüglich des Personals - Qualitätsplanung durch verbesserte Konstruktion - Verbesserung von Arbeits- und Prüfanweisungen - Schulung und Fortbildung - Zahlung von Qualitätsprämien

• Prüfkosten

Prüfkosten sind Kosten, die durch den Prüfvorgang selbst entstehen. Sie fallen für Prüfgeräte, Prüfwerkzeuge, Prüfmaterialien und für das Prüfpersonal an. Weitere Kosten entstehen, wenn die Qualitätskontrolle nicht „zerstörungsfrei" durchgeführt werden kann. Dies ist z. B. der Fall, wenn Sicherheitsgurte auf ihre Festigkeit, Medikamente auf ihre Wirksamkeit, Metalle auf ihre Korrosionsbeständigkeit geprüft werden.

• Fehlerkosten

Fehlerkosten sind Kosten für die mangelhafte Produktqualität. Sie entstehen für Ausfall und Ausschuß.

Fehlerkosten
Fehlerkosten für Ausfall Ausfall sind fehlerhafte Erzeugnisse, die nachbearbeitet werden können. Als Folge entstehen Nachbearbeitungskosten.
Fehlerkosten für Ausschuß Ausschuß sind fehlerhafte Erzeugnisse, die nicht nachbearbeitet werden können oder bei denen sich eine Nachbearbeitung nicht lohnt. Die Folgen sind: - Das Produkt ist in der Regel nicht mehr verkäuflich. - Der Werkstoff ist unbrauchbar, Maschinennutzung und Arbeitseinsatz sind verloren. - Die Beseitigung des Ausschusses ist oft kostspielig.

In manchen Fällen kann Ausfall- und Ausschußware noch als Ware zweiter oder dritter Wahl mit einem entsprechenden Preisnachlaß verkauft werden.

5.5.3 Wirtschaftlichkeit der Qualitätskontrolle

Unter dem Gesichtspunkt der Qualitätskosten ergibt sich die Frage, wie intensiv die Qualitätskontrolle durchgeführt werden soll. Grundsätzlich gilt:

Kontrollintensität	Fehlerquote	Fehlerkosten	Prüfkosten
stark schwach	klein groß	niedrig hoch	hoch niedrig

Fehlerkosten und Prüfkosten entwickeln sich also bei unterschiedlicher Kontrollintensität und entsprechender Fehlerquote gegenläufig. Aus Wirtschaftlichkeitsgründen sollte die Intensität (Fehlerquote) gewählt werden, bei der die Summe aus Fehlerkosten und Prüfkosten am kleinsten ist. Es handelt sich dabei um ein ähnliches Optimierungsproblem wie bei der optimalen Bestellmenge.

Beispiel:

Fehlerquote	Fehlerkosten (DM)	Prüfkosten (DM)	Gesamtkosten (DM)
0%	0	100,—	100,—
1%	15,—	70,—	85,—
2%	30,—	50,—	80,—
3%	45,—	35,—	80,—
4%	60,—	25,—	85,—
5%	75,—	20,—	95,—

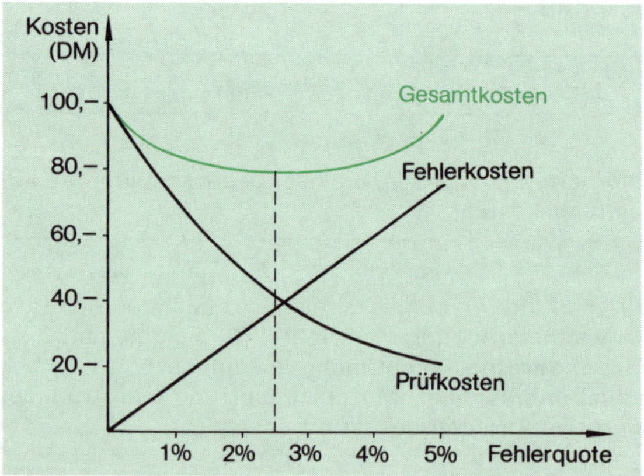

Die kostenminimale Prüfintensität liegt bei einer Fehlerquote von 2,5%.

Kontrolle des Lernerfolgs

1. Nach welchen Gesichtspunkten kann eine Qualitätskontrolle vorgenommen werden?
2. Aus welchen Gründen hat das produzierende Unternehmen selbst ein Interesse an einer eingehenden Qualitätsprüfung?
3. Welche Möglichkeiten kennen Sie, die durch eine Qualitätsprüfung entstehenden Kosten auszugleichen oder zu verringern?
4. Warum werden schon während der Fertigung stichprobenweise Prüfungen durchgeführt?
   Welche der folgenden Antworten halten Sie für richtig?
   a) Sie verringern die Ausschußquote.
   b) Sie sind Grundlage für die Entlohnung.
   c) Sie erleichtern die Kalkulation.
   d) Sie helfen mit, Nachbesserungen zu vermeiden.
5. Welche der folgenden Maßnahmen sind geeignet, die Ausschußquote zu senken?
   a) Erhöhung des Materialdurchflusses zwecks besserer Kapazitätsauslastung,
   b) Erhöhung der Fertigungslosgrößen,
   c) Übergang von Akkord- auf Zeitentlohnung,
   d) Einführung von Prämienlohn zur Erhöhung des Ausstoßes bei gleichem Materialeinsatz,
   e) Einführung von Qualitätsprämien.

6 Rationalisierung der Leistungserstellung

6.1 Begriff und Ziele der Rationalisierung

Rationalisierung **ist die zweckmäßige Gestaltung von Arbeitsvorgängen mit dem Ziel, ein möglichst günstiges Verhältnis von Kosten und Leistungen zu erzielen.**

Durch den Konkurrenzdruck im In- und Ausland sind heute alle Unternehmen gezwungen zu rationalisieren. Das genannte Rationalisierungsziel spiegelt sich dabei in einer oder mehreren der konkreteren Zielsetzungen, die von REFA[1]) genannt werden:

Rationalisierungsziele	
Kostenziele – Senkung der Selbstkosten – Verringerung des Ausschusses	**Humane Ziele** – Verminderung der Belastung des einzelnen – Verbesserung der Zusammenarbeit – Schaffung neuer Formen der Zusammenarbeit
Organisatorische Ziele – Verringerung der Minimumsektoren – Erhöhung des Ausnutzungsgrades von Betriebsmitteln – Verbesserung des Materialflusses	**Terminziele** – Festlegung der Endtermine für die jeweiligen Rationalisierungsmaßnahmen

[1]) REFA, Methodenlehre des Arbeitsstudiums, Band 3, Kostenrechnung. Arbeitsgestaltung, München 1972.
Die Abkürzung REFA kommt von „**R**eichsausschuß für **A**rbeitszeitermittlung". Seit 1951 lautet der Name: „Verband für Arbeitsstudien – REFA – e.V."

6.2 Betriebliche Kennziffern

Aus der Sicht des Unternehmers lohnen sich Rationalisierungsmaßnahmen, wenn sie zu einer Verbesserung der Unternehmenssituation führen. Die drei betrieblichen Kennziffern Produktivität, Wirtschaftlichkeit und Rentabilität sollen dazu beitragen, Rationalisierungserfolge zahlenmäßig meßbar zu machen.

Kennziffern **entstehen, wenn man Zahlen, die etwas über das Ergebnis des betrieblichen Handelns aussagen, rechnerisch auf andere Größen bezieht.**

6.2.1 Produktivität

Man erhält die Kennziffer ***Produktivität,*** **indem man das mengenmäßige Produktionsergebnis (die Ausbringungsmenge) auf den mengenmäßigen Einsatz an Produktionsfaktoren bezieht.**

Als Einsatzmengen verwendet man normalerweise die geleistete Arbeit (in Arbeitsstunden) und die eingesetzten Betriebsmittel (in DM). Im ersten Fall spricht man von der Arbeitsproduktivität, im zweiten von der Kapitalproduktivität.

$$\text{Arbeitsproduktivität} = \frac{\text{Ausbringungsmenge}}{\text{Arbeitsstunden}}$$

$$\text{Kapitalproduktivität} = \frac{\text{Ausbringungsmenge}}{\text{Kapitaleinsatz}}$$

Beispiel:

Vor einer Rationalisierungsmaßnahme werden mit einem monatlichen Kapitaleinsatz von 200000,— DM in 160 Arbeitsstunden 800 Pumpen gefertigt. Durch die Rationalisierungsmaßnahme steigt der Kapitaleinsatz auf 240000,— DM; die Ausbringung steigt auf 1120 Stück.

Arbeitsproduktivität (A)

vor der Rationalisierung:	nach der Rationalisierung:
$A = \frac{800 \text{ Stück}}{160 \text{ Std.}} = 5 \text{ Stück/Std.}$	$A = \frac{1120 \text{ Stück}}{160 \text{ Std.}} = 7 \text{ Stück/Std.}$

Pro Arbeitsstunde werden nach Durchführung der Rationalisierungsmaßnahme zwei Stück zusätzlich erstellt.

Kapitalproduktivität (K)

vor der Rationalisierung:	nach der Rationalisierung:
$K = \frac{800 \text{ Stück}}{200000 \text{ DM}} = 0{,}004 \text{ Stück/DM}$	$K = \frac{1120 \text{ Stück}}{240000 \text{ DM}} = 0{,}0047 \text{ Stück/DM}$

Pro eingesetzter DM Kapital werden nach der Rationalisierungsmaßnahme 0,0007 Stück zusätzlich erstellt.

Produktivitätskennziffern stellen keinen Ursache-Wirkungs-Zusammenhang her.

Beispiel:

Wir führen das obige Beispiel fort:

Die Rationalisierungsmaßnahme könnte in der Anschaffung einer leistungsfähigeren Maschine bestanden haben. In diesem Fall würde trotzdem eine höhere Arbeitsproduktivität ausgewiesen, obwohl sich der Einsatz des Produktionsfaktors Arbeit nicht verändert hätte.

Die Produktivität stellt ein rein mengenmäßiges Verhältnis dar. Sie erklärt die **technische Ergiebigkeit** der Produktion, ohne zu berücksichtigen, ob das Ergebnis wirtschaftlich ist oder nicht. Es fehlt der Bezug zu den aufgewendeten Werten (Kosten) und den entstandenen Werten (Leistungen). So kann eine Produktivitätssteigerung durchaus unwirtschaftlich sein, wenn sie mit hohen Kosten verbunden ist oder wenn sie aus Absatzmangel nicht genutzt werden kann.

6.2.2 Wirtschaftlichkeit

Produktionskennziffern sind erst in Verbindung mit Wirtschaftlichkeits- und Rentabilitätsuntersuchungen aussagefähig.

Wirtschaftlichkeit ist Ausdruck eines Handelns nach dem **ökonomischen Prinzip.** Das ökonomische Prinzip hat zwei Ausprägungen:

- **Maximalprinzip**
  Ein Betrieb handelt wirtschaftlich, wenn er mit gegebenen Kosten eine möglichst große (maximale) Leistung erstellt (Ergiebigkeitsgrad des Betriebes).
- **Minimalprinzip**
  Ein Betrieb handelt wirtschaftlich, wenn er eine gegebene Leistung mit geringstmöglichen (minimalen) Kosten erzielt (Sparsamkeitsgrad des Betriebes).

Man erhält eine Kennziffer für die *Wirtschaftlichkeit*, indem man die wertmäßige Leistung auf den Wert der eingesetzten Produktionsfaktoren (Kosten) bezieht.

$$\textbf{Wirtschaftlichkeit} = \frac{\textbf{Leistungen}}{\textbf{Kosten}}$$

Dabei gilt: Leistungen = Menge · Marktpreis

Beispiel:

Vor einer Rationalisierungsmaßnahme wurden pro Monat 10 000 Stück einer Ware produziert. Der Marktpreis betrug 30,— DM. Die monatlichen Produktionskosten beliefen sich auf 260 000,— DM. Nach der Rationalisierungsmaßnahme konnten monatlich 11 000 Stück mit Kosten von 250 000,— DM produziert werden.

Wirtschaftlichkeit (W)

vor der Rationalisierung:	nach der Rationalisierung:
$W = \frac{10\,000 \cdot 30,\text{— DM}}{260\,000,\text{— DM}} = 1{,}154$	$W = \frac{11\,000 \cdot 30,\text{— DM}}{250\,000,\text{— DM}} = 1{,}32$

Vor der Rationalisierung erbringt jede als Kosten eingesetzte DM Leistungen in Höhe von 1,154 DM, nach der Rationalisierung in Höhe von 1,32 DM. Die Maßnahme ist insofern wirtschaftlich.

Durch die Bewertung der Leistungen mit Marktpreisen wird die Aussagekraft der Wirtschaftlichkeitskennziffer allerdings problematisch. Dies läßt sich leicht zeigen:

Beispiel:

Wir führen das obige Beispiel fort:

Man stelle sich vor, der Marktpreis sei während der Durchführung der Rationalisierungsmaßnahme auf 25,— DM gefallen, dann gilt:

$$\textbf{Wirtschaftlichkeit} = \frac{\textbf{11 000} \cdot \textbf{25,— DM}}{\textbf{250 000,— DM}} = \textbf{1,1}$$

Die Wirtschaftlichkeit scheint gesunken zu sein. Dies aber ist eindeutig falsch: Die Kosten sind gesunken, die Ausbringungsmenge ist gestiegen. Der Betrieb arbeitet zweifellos wirtschaftlicher. Aufgrund der gesunkenen Marktpreise macht sich lediglich der Kapitaleinsatz schlechter bezahlt; er „rentiert" sich weniger.

Die Kennziffer $\text{Wirtschaftlichkeit} = \frac{\text{Leistungen}}{\text{Kosten}}$ führt bei Preisschwankungen zu einer Vermischung von Wirtschaftlichkeits- und Rentabilitätsvorstellungen. Deshalb hat man Wirtschaftlichkeitskennziffern gebildet, die den tatsächlichen Zustand (den Istwert) mit einem Vorgabewert (Sollwert) vergleichen. Von praktischer Bedeutung ist vor allem folgende Kennziffer:

$$\textbf{Wirtschaftlichkeit} = \frac{\textbf{Istkosten}}{\textbf{Sollkosten}}$$

Je kleiner der Wert dieses Verhältnisses ist, desto größer ist die Wirtschaftlichkeit.

Beispiel:
Fortführung des Beispiels von Seite 254:
Eine Menge von 10000 Stück soll mit monatlichen Kosten von 200000,— DM erstellt werden. Zur Zeit fallen Kosten von 260000,— DM an. Nach Durchführung einer Rationalisierungsmaßnahme werden 11000 Stück für 250000,— DM Kosten produziert. Die Sollkosten für diese Menge betragen 210000,— DM.

Wirtschaftlichkeit (W)

vor der Rationalisierung:	nach der Rationalisierung:
$W = \frac{260000,\text{— DM}}{200000,\text{— DM}} = 1,3$	$W = \frac{250000,\text{— DM}}{210000,\text{— DM}} = 1,19$

Die Wirtschaftlichkeit ist gestiegen: Vor der Rationalisierung betrugen die Istkosten das 1,3fache der Sollkosten, nach der Rationalisierung nur noch das 1,19fache.

6.2.3 Rentabilität

Wirtschaftlichkeit ist das Grundprinzip für betriebliches Handeln, sagt aber nichts darüber aus, ob sich der Kapitaleinsatz wirklich lohnt, ob das Kapital rentabel eingesetzt ist. Hierüber entscheidet vielmehr die Höhe des Gewinns.
So können Rationalisierungsmaßnahmen die Produktivität steigern und die Kosten senken, so daß die Wirtschaftlichkeit sich verbessert. Wenn bei den hergestellten Gütern jedoch ein Preisverfall eintritt oder höhere Zinsen, steigende Löhne usw. die Kostenersparnis beeinträchtigen, kann der Gewinn sinken. Umgekehrt ist es auch denkbar, daß bestimmte Maßnahmen höchst unwirtschaftlich sind, der Gewinn infolge verbesserter Marktchancen aber trotzdem steigt.
Man erhält die Kennziffer *Rentabilität*, indem man den Gewinn prozentual auf das durchschnittlich eingesetzte Kapital bezieht.[1]

$$\textbf{Rentabilität} = \frac{\textbf{Gewinn}}{\textbf{durchschnittlich eingesetztes Kapital}} \cdot \textbf{100}$$

[1]) Die Unterscheidung zwischen Unternehmerrentabilität, Unternehmungsrentabilität und Umsatzrentabilität wird auf den Seiten 520 und 528 behandelt.

Beispiel:
Fortführung des Beispiels von Seite 254:
Die Maschine, mit der vor der Rationalisierungsmaßnahme produziert wurde, wurde für 800 000,— DM gekauft. Die Rationalisierungsmaßnahme bewirkte weitere Ausgaben von 304 000,— DM. Alle erstellten Produkte konnten wegen des höheren Angebotes nur noch zu einem Preis von 29,— DM pro Stück abgesetzt werden.
Der Gewinn entwickelte sich wie folgt:

	Menge	Preis DM	Erlöse DM	Kosten DM	Gewinn DM
vor der Rationalisierung:	10 000	30,—	300 000,—	260 000,—	40 000,—
nach der Rationalisierung:	11 000	29,—	319 000,—	250 000,—	69 000,—

Rentabilität (R)

vor der Rationalisierung:	nach der Rationalisierung:
$R = \frac{40\,000,\text{— DM}}{400\,000,\text{— DM}} \cdot 100 = 10\ (\%)$	$R = \frac{69\,000,\text{— DM}}{552\,000,\text{— DM}} \cdot 100 = 12{,}5\ (\%)$

Trotz der schlechteren Preissituation wurde die Rentabilität um 2,5% verbessert. Auf je 100,— DM eingesetztes Kapital entfallen 2,50 DM mehr an Gewinn.

6.2.4 Ergebnis

Die **Produktivität** betrifft die **mengenmäßige Ergiebigkeit** der Produktionsfaktoren. Sie ist ein **technisches Problem.** Höhere Produktivität bedeutet aber nur dann höhere Wirtschaftlichkeit, wenn die Produktionskosten nicht im gleichen Umfang wie die Ausbringungsmenge steigen.

Die **Wirtschaftlichkeit** betrifft die **wertmäßige Ergiebigkeit** oder Sparsamkeit. Sie ist ein **kaufmännisches Problem.** Höhere Wirtschaftlichkeit bedeutet aber nur dann höhere Rentabilität, wenn die Kosteneinsparungen nicht durch Preisverfall, Absatzeinbrüche, Zinssteigerungen, Lohnerhöhungen und andere gewinnmindernde Tatbestände kompensiert werden.

Die **Rentabilität** betrifft die **Verzinsung des eingesetzten Kapitals.** Sie ist ein **unternehmerisches Problem.**

Auf Dauer besteht zwischen diesen Größen folgender Zusammenhang:

Rationalisierung, technischer Fortschritt

↓

Erhöhung der Produktivität — Durch Rationalisierung und technischen Fortschritt wird das mengenmäßige Produktionsergebnis steigen.

↓

Erhöhung der Wirtschaftlichkeit — Die Produktionssteigerung führt in der Regel zu einer Senkung der Kosten pro Stück und damit zu einer höheren Wirtschaftlichkeit.

↓

Erhöhung der Rentabilität — Wenn keine negativen Kräfte auf dem Absatzmarkt entgegenwirken, steigt im Normfalfall auch die Rentabilität.

Kontrolle des Lernerfolgs

1. Die Gummiwerke AG fertigte im Monat März mit 656 ihrer Beschäftigten 182115 Reifen des Typs „Radiant Stahl", im April 185090 Einheiten des gleichen Typs. Die geleisteten Arbeitsstunden beliefen sich im März auf 109716, im April auf 104796 Stunden. Der Einsatz aller anderen Betriebsmittel blieb unverändert (Wert 210000,— DM).

a) Wie entwickelte sich die
- Arbeitsproduktivität,
- Kapitalproduktivität?

b) Wie erklären Sie die Änderung der Kapitalproduktivität trotz gleichen Betriebsmitteleinsatzes?

2. Die Gummiwerke AG stellte im Februar 16100 große Lkw-Reifen der Marke „Steel 2" her, im März 17200 und im April 19000. 184 Arbeiter benötigten dafür im Februar insgesamt 31832 Stunden, im März 32488 und im April 31280 Stunden. Die Arbeitsstunde pro Beschäftigten kostete im Februar und März 62,50 DM, im April 65,20 DM. Weiterhin waren monatlich feste Kosten von 1150000,— DM zu verrechnen.
Folgende Verkaufspreise wurden erzielt: Februar 195,— DM, März 190,50 DM, April 180,35 DM.
Die von der Ausbringungsmenge abhängigen Sollkosten (sogenannte variable Kosten) betragen 123,57 DM pro Stück. Die festen Kosten sind ebenfalls Sollkosten.

a) Berechnen Sie die Arbeitsproduktivität.

b) Berechnen Sie die Wirtschaftlichkeit für jeden Monat nach der Formel:

$$\text{Wirtschaftlichkeit} = \frac{\text{Leistungen}}{\text{Kosten}}$$

Welchen wesentlichen Nachteil hat die Anwendung dieser Formel im vorliegenden Fall?

c) Berechnen Sie die Wirtschaftlichkeit nach der Formel:

$$\text{Wirtschaftlichkeit} = \frac{\text{Istkosten}}{\text{Sollkosten}}$$

3. Eine Reifenaufbaumaschine der Gummiwerke AG, die für 325000,— DM gekauft wurde, stellt bei 4600 Arbeitsstunden 78320 Werkstücke her. Es entstehen feste Kosten von 32500,— DM jährlich. Die Lohnkosten einschließlich der Nebenkosten betragen 20,80 DM/Std. Der Wert der gefertigten Stücke liegt bei 4,— DM je Werkstück. Bisher konnten mit einer Maschine herkömmlicher Bauart lediglich 53840 Stücke hergestellt werden. Der Anschaffungswert der Maschine lag bei 250000,— DM. Die Lohnkosten waren die gleichen. Die festen Kosten beliefen sich auf 25000,— DM jährlich.

a) Berechnen Sie den Anstieg der Arbeitsproduktivität.

b) Berechnen Sie den Anstieg der Kapitalproduktivität.

c) Berechnen Sie die Wirtschaftlichkeit nach einer hier anwendbaren Formel. Um wieviel ist sie gestiegen?

d) Berechnen Sie den Anstieg der Rentabilität.

6.3 Lösung von Rationalisierungsproblemen

Der Betrieb, der rationalisieren will, kann sinnvoll wie folgt vorgehen: Er kann den bisherigen Zustand erfassen und genau analysieren und anschließend eine bessere Konzeption ausarbeiten.

Vorgehensweise bei Neugestaltung	
Ist-Aufnahme	Die vorliegende betriebliche Situation wird mit allen erforderlichen Daten erfaßt.
Ist-Kritik	Kritische Würdigung des gegebenen Zustandes, um Mängel und Schwachstellen aufzudecken und Absatzpunkte für Verbesserungen freizulegen.
Soll-Konzeption	Ausarbeitung einer zweckmäßigen Lösung des Problems.
Durchsetzung	Mit Hilfe von Arbeitsanweisungen wird der neue betriebliche Zustand eingeführt.
Kontrolle (nicht befriedigend → zurück zur Ist-Aufnahme; befriedigend → Ende)	Vergleich der Arbeitsergebnisse mit den vorgegebenen Zielen, um den Grad der Zielerreichung zu überwachen.
Ende	

Bei diesem Vorgehen besteht die Gefahr, daß man letztlich das Problem doch so ähnlich löst wie schon immer, weil man von einem bestehenden Zustand ausgeht. REFA schlägt deshalb ein anderes Vorgehen vor, das nicht von der Ist-Aufnahme ausgeht, sondern sich an Idealvorstellungen orientiert.

6 Stufen der Rationalisierung nach REFA	
Stufe 1:	Ziele setzen
Stufe 2:	Aufgabe abgrenzen
Stufe 3:	Ideale Lösungen suchen
Stufe 4:	Daten sammeln und praktikable Lösungen entwickeln
Stufe 5:	Optimale Lösung auswählen
Stufe 6:	Lösung einführen und Zielerreichung kontrollieren

Stufe 1: Ziele setzen

Es kann sich um Kostenziele, humane Ziele, organisatorische Ziele oder Terminziele handeln, z. B. **Senkung der Selbstkosten um 5%!**

Die **Einflußgrößen des Sachverhalts** sind zu **untersuchen:**

- *Prozentanteil der einzelnen Kostenarten (Material-, Personal-, Betriebsmittel-, Verwaltungskosten)*
  Man wird dort ansetzen, wo die höchsten Einsparungen möglich sind.
- *Gegebener Rationalisierungsgrad und Stand der Technik*
  Dies erlaubt Rückschlüsse darauf, wo sich neue Verfahren einsetzen lassen.
- *Zukünftige Entwicklung des Absatz- und Beschaffungsmarktes*
  Diese Entwicklung erlaubt Rückschlüsse, bei welchen Erzeugnissen und Materialien sich Rationalisierungsmaßnahmen am ehesten lohnen.

Stufe 2: Aufgabe abgrenzen

Grobabgrenzung:

- *Benennung des zu rationalisierenden Sachverhalts*
  (z. B. ein Arbeitsablauf, ein Arbeitsplatz, ein Produkt)
- *Festlegung eines Mindestziels*
  (z. B. Senkung der Herstellkosten einer bestimmten Baugruppe um mindestens 15%)

Feinabgrenzung:

- *Festlegung der Systemgröße*
  (Angabe, ob sich die Maßnahme auf einen bestimmten Arbeitsplatz - z. B. Arbeitsplatz Endkontrolle Produkt A -, auf eine Gruppe von Arbeitsplätzen - z. B. eine Fertigungsstraße - oder auch auf den ganzen Betrieb erstreckt)
- *Festlegung der Rationalisierungsansätze*

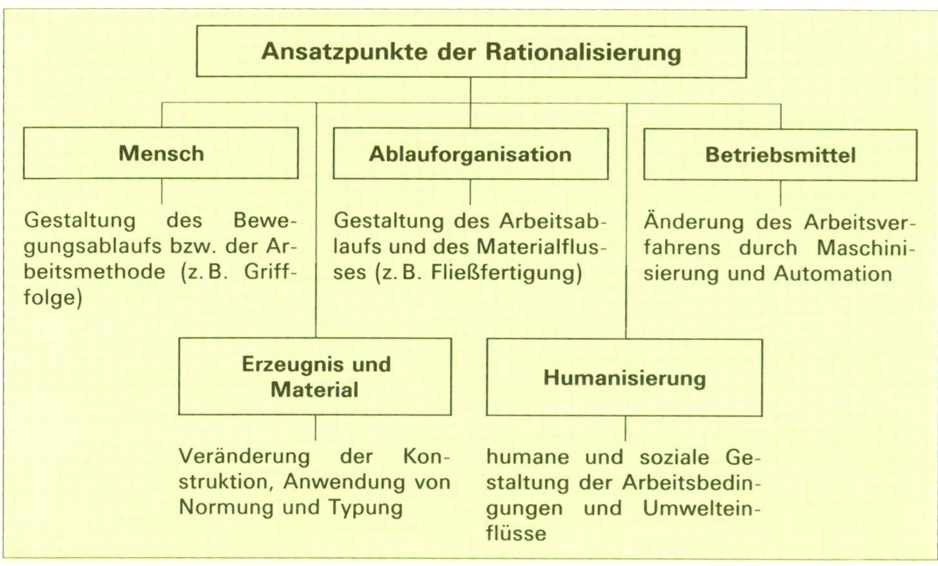

- *Festlegung der Minimalforderungen, die die Rationalisierungsmaßnahme unbedingt beachten muß*
  (z. B. bestimmte Produktionsmenge, bestimmte Produktqualität, begrenzter Umfang an Finanzmitteln, Zwang zur Nutzung bestimmter Betriebsmittel, Eignung des Arbeitsplatzes auch für Frauen)
  Häufig ist es angebracht, der Entwicklung von Lösungskonzeptionen die Ist-Aufnahme und Ist-Kritik voranzustellen, weil sich die Minimalforderungen oft aus dem bestehenden Zustand ergeben.

Stufe 3: Ideale Lösungen suchen

Hierzu sind Projektgruppen geeignet. Sie sollen zunächst ohne Rücksicht auf die Beschränkungen der Stufe 2 ungehemmt Ideallösungsvorschläge einbringen.

Stufe 4: Daten sammeln und praktikable Lösungen entwickeln

Rationalisierungsansätze, zweckmäßige Systemgröße und Minimalforderungen werden wieder eingeführt (Stufe 2). Die Ergebnisse von Stufe 3 werden an diesen Bedingungen ausgerichtet. Dabei sollten mindestens zwei Lösungen genau ausgearbeitet werden.

Stufe 5: Optimale Lösung auswählen

Es sollen nur Lösungen ausgewählt werden, die technisch sicher, wirtschaftlich, menschlich zumutbar und rechtlich zulässig sind.

Stufe 6: Lösung einführen und Zielerreichung kontrollieren

Die Entscheidung wird von der Geschäftsleitung gefällt. Sie muß technische und psychologische Gesichtspunkte berücksichtigen:

Gesichtspunkte bei der Entscheidungsfindung
Technische Gesichtspunkte
– Soll das neue System sofort voll eingeführt werden, oder soll es erst allmählich eingeführt werden? – Soll das neue System durch eigene Mitarbeiter oder durch betriebsexterne Spezialisten eingeführt werden? – Wie können Ausfälle in der laufenden Produktion vermieden werden? – Wie soll die Rationalisierungsmaßnahme zeitlich ablaufen? – Wie werden die nötigen Arbeitskräfte geschult oder angelernt?
Psychologische Gesichtspunkte
– Sind die Mitarbeiter zu Änderungen bereit? – Sind die Mitarbeiter in die Entwicklung der Rationalisierungsmaßnahme mit einbezogen worden? – Sind die Mitarbeiter rechtzeitig informiert worden?

Zuletzt muß kontrolliert werden, ob die gesetzten Ziele erreicht wurden. Ist dies nicht der Fall, so sind die Ursachen aufzudecken, um Korrekturmaßnahmen einleiten zu können.

Kontrolle des Lernerfolgs

1. Suchen Sie Möglichkeiten der Rationalisierung der betrieblichen Ausbildung; gehen Sie dabei nach der REFA-Methode vor.

2. Entwickeln Sie Rationalisierungsmaßnahmen für Ihren derzeitigen Arbeitsplatz anhand der REFA-Methode.

6.4 Wichtige Arten der Rationalisierung

Normung

Wer ein Türschloß kauft, erwartet heutzutage, daß dieses in die vorhandene Türe paßt, daß das Schloß sich schließen läßt und die Klinke die gewohnte Höhe hat. Er weiß, daß alle diese Elemente genormt sind.

Normung **bedeutet eine allgemein anerkannte Vereinheitlichung von Einzelteilen und einfachen Erzeugnissen auf der Grundlage von Normen.**

Normen

Werknormen	**Nationale Normen**	**Internationale Normen**
gelten nur im Bereich eines Unternehmens	z. B. AFNOR (von **A**gence Française de **Nor**malisation), DIN (von **D**eutsches **I**nstitut für **N**ormung)	ISO-Normen (von **I**nternational **O**rganization for **S**tandardization)
z. B. einheitliche Vordrucke im Einkauf	z. B. einheitliche Papierformate (DIN A 4 usw.)	z. B. einheitliche Abmessungen für Schrauben, Muttern: M 8, M 10 usw.

DIN-Normen werden unter Mitwirkung der Öffentlichkeit vom Deutschen Normenausschuß (DNA) herausgegeben.

Grundnormen sind von grundlegender Bedeutung für die verschiedensten Bereiche (z. B. einheitliche Maßeinheiten, Normdurchmesser).

Fachnormen sind maßgebend für bestimmte Branchen (z. B. Elektrotechnik, Bauwesen).

Die folgende Abbildung[1]) gibt einen Eindruck davon, wie stark sich die Normung auf die Konstruktion von Teilen auswirkt:

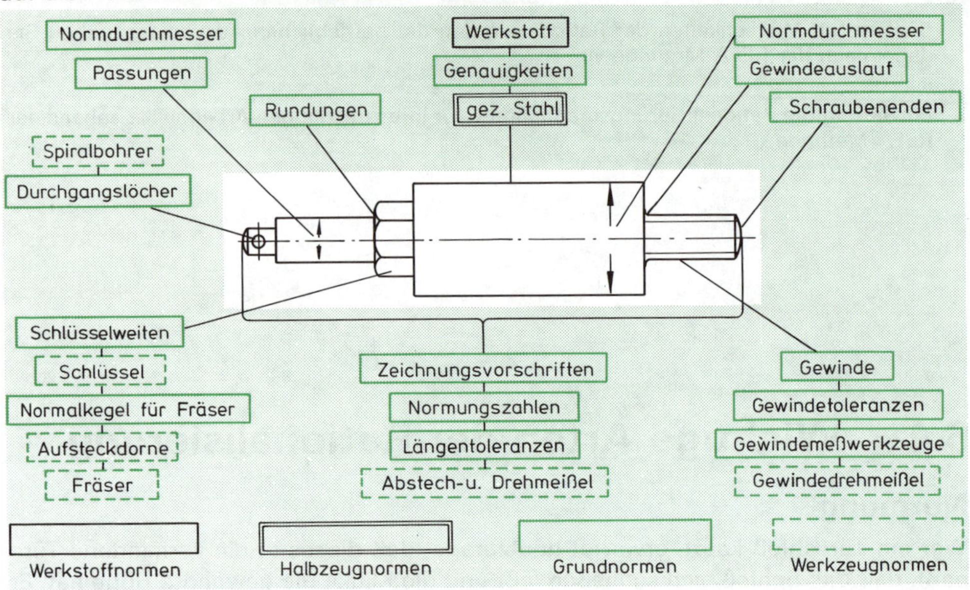

Die Normung bewirkt eine vielseitige Verwendbarkeit der genormten Teile, sie erleichtert Konstruktion, Kalkulation und Bestellung, führt so zu Kosten- und Preissenkungen und ermöglicht die Massenproduktion, vereinfacht und verbilligt die Lagerhaltung (Beschränkung auf wenige Arten), verbessert die Qualität der Erzeugnisse (durch Spezialisierung) und des Kundendienstes (schnelle Ersatzlieferung, Austauschbarkeit der Teile).

Typung

***Typung* ist die Vereinheitlichung von Endprodukten. Typen sind gleichartige Erzeugnisse, die sich in Einzelheiten unterscheiden können.**

Beispiel:
Kfz-Typ Audi 80: vereinheitlichtes Endprodukt mit unterschiedlichen Teilen (Lackierung, Motorstärke, Ausstattung)

Verschiedene Größen des Typs heißen Baureihen (z. B. durch die Motorstärke gekennzeichnet).

Verschiedene Ausführungen von Bauteilen heißen Varianten (z. B. getönte und ungetönte Scheiben).

Bei genormten Erzeugnissen handelt es sich stets um Grundelemente, schlechthin um „einfachere" Erzeugnisse. Das Normteil geht deshalb in der Regel als Einzelteil in das Enderzeugnis ein.

Das der Typung unterworfene Enderzeugnis spricht dagegen direkt den Abnehmer bzw. Verwender an.

Typung bedeutet Nutzung der Vorteile der Spezialisierung, wobei durch Baureihen und Varianten dennoch den individuellen Kundenwünschen Rechnung getragen wird. Ziel ist es, durch möglichst wenige Typen möglichst viele **Kundenwünsche** zu befriedigen.

[1]) Kern, Dieter: Arbeitsorganisation, Darmstadt, o. J., S. 9

Produktspezialisierung

***Produktspezialisierung* ist die Beschränkung des Fertigungsprogramms eines Unternehmens auf wenige, bestimmte Arten von Erzeugnissen.**

Beispiel: Eine Unternehmung stellt ausschließlich Zahnräder her.

Häufig erfolgt die Spezialisierung nach Absprachen in der Wirtschaft in Form von Spezialisierungskartellen[1]).

Im Rahmen der Spezialisierung wirken sich die **Vorteile** der Normung und der Typung besonders stark aus:

- Steigerung von Qualität der Erzeugnisse und Leistungsfähigkeit des Unternehmens, da dem engen Produktionskreis erhöhte Aufmerksamkeit gewidmet werden kann,
- Verringerung des mit der Zahl der Erzeugnisse stark anwachsenden Bedarfs an Werkzeugen, Maschinen und Vorrichtungen,
- Eindämmung des Konkurrenzkampfes durch Absprachen mit Konkurrenzbetrieben.

Andererseits ist ein spezialisierter Betrieb stark dem Absatzrisiko unterworfen. Ein Ausweichen auf andere Artikel durch schnelle Umstellung der Produktion ist nicht möglich.

Baukastensystem

Beim *Baukastensystem* bestehen die Produkte aus Bausteinen. Dies sind Teile, die nach Baumusterplänen zu verschiedenartigen Erzeugnissen zusammengebaut werden können.

Beispiel: Motor VX kann eingebaut werden in die Modelle F1, F2, F3.

Bausteine übertragen den Gedanken der Normung auf kompliziertere Teile.

Das Baukastensystem hat folgende **Vorteile:**

- durch hohe Auflagen der Bausteine kann der Vorteil der Fixkostendegression genutzt werden,
- erleichterte und damit kostengünstigere Wartung und Reparatur,
- schnellere Ersatzbeschaffung,
- Wiederverwendbarkeit der Bauteile,
- Möglichkeit des An- und Umbaus oder der Umstellung (z. B. bei Möbelanbauprogrammen und Transferstraßen).

Teilefamilienfertigung

Fertigungstechnisch verwandte Teile von ähnlicher Form bilden eine Teilefamilie. Sie können auf den gleichen Maschinen mit dem gleichen Werkzeug produziert werden. Lediglich die Steuerung der Maschine wird verändert.

---

[1]) vgl. S. 482

Arbeitsteilung und Arbeitszerlegung

Der schottische Nationalökonom Adam Smith (1723–1790) brachte in seinem Buch „Untersuchung über das Wesen und die Ursachen des Volkswohlstands" (1776) folgende beiden berühmt gewordenen Beispiele:

(1) Ein nicht in der Herstellung von Stecknadeln ausgebildeter Arbeiter wird an einem Tag nur sehr wenige Stecknadeln herstellen können. Bei der arbeitsteiligen Produktion in einer Manufaktur wird die Fertigung in 18 Einzeloperationen zerlegt, die in der Regel alle von verschiedenen Arbeitern ausgeführt werden (z. B. Draht abspulen, richten, schneiden, anspitzen, schleifen, Kopf schlagen). So produziert eine Manufaktur mit 10 Arbeitern pro Tag 48000 Stecknadeln.

(2) Wenn ein Schmied alle möglichen Schmiedearbeiten ausführt, so wird er für die Herstellung von Hufnägeln keine besondere Geschicklichkeit erwerben. Wenn ein anderer Schmied nur Hufnägel schmiedet, so wird er dem ersten an Geschicklichkeit weit überlegen sein.

***Arbeitsteilung* liegt vor, wenn die Arbeiten in einem Leistungsprozeß auf verschiedene Träger verteilt werden. Arbeitsteilung bedeutet insofern Spezialisierung auf bestimmte Tätigkeiten.**

Die Arbeitsteilung innerhalb des Betriebes umfaßt zwei Aspekte: die Aufgabengliederung und die Arbeitszerlegung.

• Aufgabengliederung

Die betrieblichen Teilaufgaben Einkauf, Lagerung, Fertigung, Verkauf, Finanzierung, Verwaltung usw. werden Abteilungen zugeordnet. In den Abteilungen werden sie weiter aufgegliedert und Aufgabenträgern zugeordnet. Die Aufgabengliederung spiegelt sich im Organisationsschaubild (Organogramm) wider.

• Arbeitszerlegung

Bei der Arbeitszerlegung wird jede Arbeit in Arbeitsvorgänge oder Teilarbeiten zerlegt.
Dabei können mehrere Personen die gleiche Arbeit nebeneinander ausführen (**Mengenteilung,** nebeneinandergeschaltete Hantierungen).

Beispiel: In einer Glasschleiferei bearbeiten 5 Glasschleifer nebeneinander Gläser.

Die einzelnen Personen können aber auch aufeinanderfolgende Arbeiten ausführen (**Artteilung,** hintereinandergeschaltete Hantierungen).

Beispiel: Am Fließband nehmen verschiedene Arbeiter unterschiedliche Arbeitsvorgänge nacheinander an gleichartigen Arbeitsobjekten vor.

Arbeitsgliederungspläne zerlegen einen Arbeitsvorgang nacheinander in Teilvorgänge, Vorgangsstufen und Vorgangselemente[1]).

[1]) vgl. S. 209 und S. 271

Vor- und Nachteile der Arbeitsteilung	
Vorteile	**Nachteile**
Die Arbeitsteilung ermöglicht: - die Spezialisierung des Arbeiters. Durch Übung und Gewöhnung wird dessen Produktivität und/oder die Qualität seiner Leistung gesteigert. - den wirtschaftlichen Betriebsmitteleinsatz. Am gleichen Arbeitsplatz fallen stets gleiche Arbeitsvorgänge an. Dadurch ist der Einsatz von Spezialmaschinen möglich. - den Einsatz ungelernter bzw. angelernter Arbeitskräfte. Die sich immer wiederholenden Arbeitsvorgänge ermöglichen es, auf ungelernte Arbeitskräfte zurückzugreifen.	Die Arbeitsteilung bewirkt - Arbeitsmonotonie, - einseitige Belastung des Arbeiters. Dies führt zu - Unlust, - hoher Fluktuation, - willkürlichem Fernbleiben von der Arbeit, - höherem Krankenstand, - sogar Sabotage, - höheren Kosten.

Ergonomische Arbeitsgestaltung

Die Ergonomie ist die Wissenschaft von der Anpassung der Arbeit an den Menschen. Diese Anpassung bezieht sich zugleich auf

- die körpergerechte Gestaltung der Arbeitsplätze,
- die Gestaltung des Bewegungsablaufs,
- die Gestaltung der Arbeitszeit,
- die Gestaltung der Arbeitsumgebung.

Bereiche der ergonomischen Arbeitsgestaltung
Arbeitsplatz Die Arbeitsmittel und der Arbeitsraum müssen den Körpermaßen angepaßt werden. So ist im Sitzen eine gewisse Beinfreiheit erforderlich. Hebel und Maschinen sollen körpergerecht konstruiert und angeordnet sein.
Bewegungsablauf Die manuelle Arbeitstechnik soll einerseits rationalisiert werden, andererseits sollen einzelne Körperteile nicht einseitig belastet und eine gesunde Körperhaltung angestrebt werden. Leistungs- und Reaktionsfähigkeit, Muskelkräfte, Aufmerksamkeit und Konzentration sollen nicht überbeansprucht werden.
Arbeitszeit Arbeitsbeginn, Arbeitsdauer und Pausen sollen so gelegt werden, daß die Ermüdung gering, die Erholung groß ist[1]).
Arbeitsumgebung Schädliche oder belästigende Umgebungseinflüsse (Gase, Staub, Dampf, Hitze, Lärm, Feuchtigkeit, Gerüche usw.) sollen gemindert oder ganz beseitigt werden. Psychologische Gesichtspunkte (z. B. angenehme Farben, Formen, Materialien) und soziologische Gesichtspunkte (z. B. Repräsentationsfähigkeit usw.) sollen berücksichtigt werden und eine angenehme Arbeitsatmosphäre schaffen.

[1]) vgl. S. 298

Beispiele: Ergonomisch gestaltete Arbeitsplätze

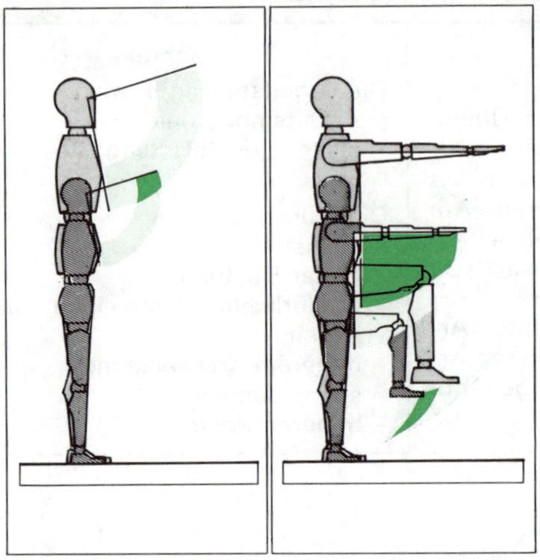

Einige Grundregeln für die ergonomische Gestaltung eines Arbeitsplatzes: Das Blickfeld sowie der Arbeitsbereich für Arme und Beine sind je nach Körpergröße unterschiedlich; ein Arbeitsplatz soll angepaßt werden.

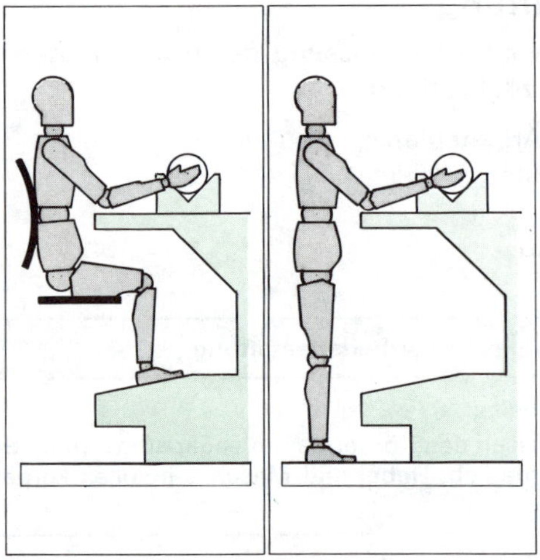

An einem gutgestalteten Arbeitsplatz soll der Mitarbeiter abwechselnd im Stehen und im Sitzen arbeiten können.

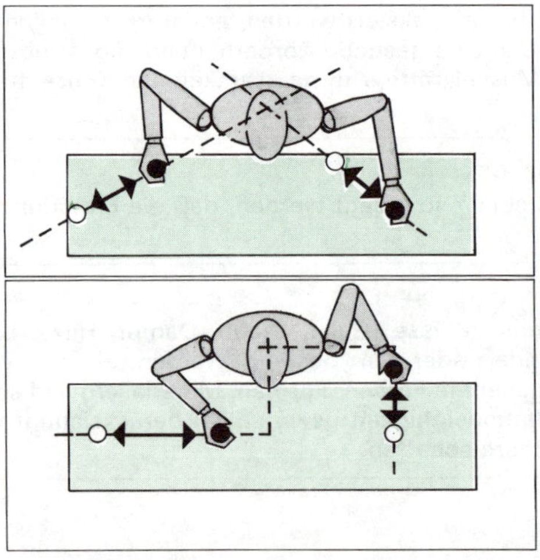

Hebel und ähnliche Bedienelemente sollen so angeordnet sein, daß sie zur Körpermitte hin bewegt werden, weil dann die geringste Kraftanstrengung notwendig ist.

(Quelle: Presse- und Informationsamt der Bundesregierung [Hrsg.]: Tips für Arbeitnehmer)

Humanisierung des Arbeitsinhalts

Konsequent durchgeführte Arbeitszerlegung entleert die Arbeit ihres Inhaltes, ihres Sinns: Die Arbeitskraft hat nur stets die gleiche minimale Verrichtung zu erledigen. Dies gilt insbesondere für die Fließbandarbeit. Die negativen Folgen für den Menschen wurden bereits genannt: Monotonie, körperliche Schäden, Unlust. Sie führen auch zu erhöhten Kosten für den Betrieb: Der Krankheitsstand ist hoch, bisweilen wird die Arbeit sabotiert, Produkte werden beschädigt, die Fluktuation der Arbeitskräfte ist groß. Eine humanere Gestaltung der Arbeitsbedingungen zielt deshalb auch darauf ab, den Arbeitsinhalt stärker an die Fähigkeiten und Bedürfnisse des Arbeitenden anzupassen. Wichtige Maßnahmen zu diesem Zweck sind die Arbeitserweiterung, der Arbeitsplatzwechsel, die Arbeitsbereicherung und die Gruppenarbeit.

• Arbeitserweiterung (Job Enlargement)

Mehrere hintereinandergeschaltete Arbeitsgänge mit gleicher oder ähnlicher Qualifikation werden zusammengefaßt und einer Arbeitskraft zugewiesen. Der Beschäftigte führt die Arbeitsgänge nacheinander im Rahmen eines größeren Arbeitsablaufs aus.

Beispiel: Einzelarbeitsplatz
Der Mitarbeiter erledigt eine in sich abgeschlossene Arbeitsaufgabe. Arbeitsleistung und Arbeitsrhythmus können von ihm bestimmt werden.

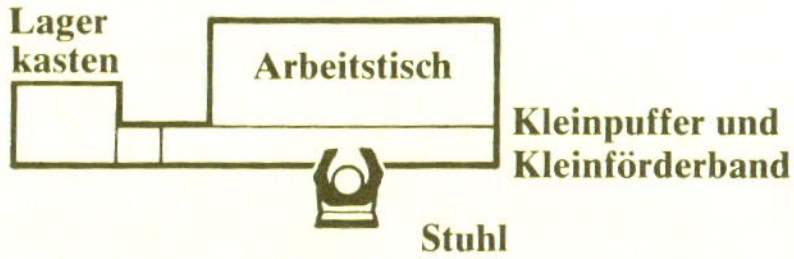

• Arbeitsplatzwechsel (Job Rotation)

Die Beschäftigten nehmen innerhalb eines festgelegten Arbeitsabschnitts einen Tausch ihrer Arbeitsplätze vor. So werden eintönige Arbeiten durch Abwechslung – durch unterschiedliche physische und psychische Belastungen – aufgelockert.

Beispiel: Umlauf-Prinzip
Das Werkstück wird durch „Ring-Transport" immer wieder zum Ausgangspunkt zurückbefördert. Bei drei Mitarbeitern z. B. werden zunächst alle an Platz 1, 2 und 3 erforderlichen Arbeiten verrichtet. Sobald das letzte im Umlauf befindliche Werkstück Platz 1 passiert hat, wechselt Mitarbeiter 1 auf Platz 4, Mitarbeiter 2 auf Platz 5 usw.

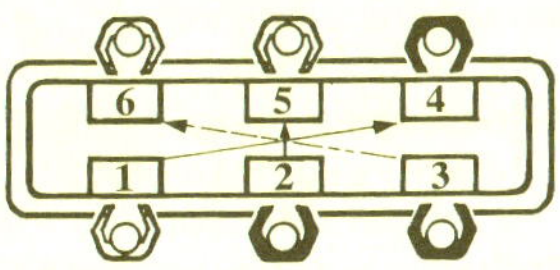

• Arbeitsanreicherung (Job Enrichment)

Der Arbeitsinhalt wird mit Elementen angereichert, die der Initiative und dem Gestaltungsspielraum des einzelnen größere Möglichkeiten zur Selbstverwirklichung geben. Der Spielraum kann umfassen: Planung und Verteilung der Arbeit, Materialhandhabung und Qualitätskontrolle sowie Koordination mit anderen Stellen des Betriebes. Dadurch entstehen höhere Freiheitsgrade und ein gewisses Maß an Selbstkontrolle in einem überschaubaren Verantwortungsbereich.

- **Gruppenarbeit (teilautonome Arbeitsgruppen)**

Eine Gruppe von Arbeitern (5 bis 30 Personen) erhält eine gemeinsame mehrstufige Aufgabe zugewiesen, die sie in einer festen Zeit in eigener Regie erfüllen kann. Die Gruppe kann selbständig und flexibel die Arbeit unter die Gruppenmitglieder aufteilen, also die einzelnen Arbeitsplätze anweisen. Sie kann Montageteile abrufen und das Arbeitstempo bestimmen. Jeder in der Gruppe muß alle Handgriffe beherrschen.
Die Gruppenarbeit beinhaltet sowohl Arbeitserweiterung als auch Arbeitsplatzwechsel und Arbeitsbereicherung. Darüber hinaus fördert sie die sozialen Kontakte.

Die Vorteile, die die Gruppenarbeit dem Betrieb bringt, müssen folgende **Nachteile** aufwiegen:

- **Höherer Investitionsbedarf**
  Jeder Arbeitsplatz benötigt einen vollen Satz Werkzeugmaschinen.
- **Höherer Materialbedarf**
  Jeder Arbeitsplatz muß mit sehr viel mehr Einzelteilen versehen sein.

Kontrolle des Lernerfolgs

1. Nennen Sie Rationalisierungsvorteile der Normung von Papierformaten.
2. Zeigen Sie, wie sich die Einführung des Baukastensystems
   a) in der Bauindustrie,
   b) in der Möbelindustrie,
   c) in der Elektroindustrie
   auswirkt.
3. Erklären Sie die Typung anhand des Erzeugnisprogramms Ihres Ausbildungsbetriebes.
4. „Die Spezialisierung stellt auch eine Gefahr für die Wirtschaft dar."
   Erklären Sie diese Behauptung anhand passender Beispiele.
5. Erläutern Sie, was mit folgendem Satz gemeint sein könnte: „Wir wollen die Identifizierung des Arbeiters mit seinem Produkt langsam wieder aufbauen."
6. „Nachmittagsschicht in einem deutschen Automobilwerk, Fertigungsstraße für ein 16000-DM-Auto. Auf dem Band: Hinterachsen, die langsam vorwärtsgleiten. Ein Arbeiter, gelernter Mechaniker, öffnet eine Plastikklappe am Differentialgehäuse einer Achse, wirft eine Schraubenmutter zwischen die Zahnräder, schließt die Kappe wieder. Das Band zieht weiter, eine neue Hinterachse kommt, wieder wird eine Mutter ins Differential geworfen, ein Aggregat im Werte von 500 Mark unbrauchbar gemacht.
   Ein paarmal geht das so, dann wird ein Vorarbeiter Zeuge des Geschehens, nimmt den Arbeiter zur Seite, stellt ihn zur Rede. „Ich hasse diese Arbeit", sagt der Arbeiter. – „Wenn du noch einmal ..." warnt ihn der Vorarbeiter. Kein Aufsehen, keine Meldung – der Vorfall wird vertuscht. Dem Vorarbeiter fehlen sowieso 3 Leute."
   (Quelle: ADAC-Motorwelt)
   a) Mit welchen Schwierigkeiten hat dieses Automobilwerk zu kämpfen?
   b) Nennen Sie Gründe für diese Schwierigkeiten.
   c) Beschreiben Sie Möglichkeiten, die in der Praxis versucht werden, um diese Schwierigkeiten zu beseitigen.

7 Arbeitsstudien

7.1 Ziel von Arbeitsstudien

Die für Rationalisierungsmaßnahmen notwendigen Erkenntnisse werden durch Arbeitsstudien gewonnen.

Arbeitsstudien **sind erfahrungsmäßig-praktisch oder arbeitswissenschaftlich begründete Methoden zur Untersuchung von Arbeitsvorgängen zum Zweck einer optimalen Arbeitsgestaltung.**

Sie sind Voraussetzung für eine optimale Fertigungsplanung und Fertigungsorganisation und damit auch für eine sinnvolle Rationalisierung. Arbeitsstudien wurden von F. W. Taylor (1856–1915) in den USA begründet. Hauptträger in Deutschland war und ist der REFA-Verband, außerdem der „Ausschuß für wirtschaftliche Fertigung" (AWF).

Arten von Arbeitsstudien
Arbeitsablaufstudien Sie untersuchen die Folge von Arbeitsvorgängen, d. h. das sinnvolle Ineinandergreifen von einzelnen Plätzen, Arbeitsstufen und -gruppen. Mit Hilfe dieser Studien ist eine Beurteilung des Arbeitsvollzugs möglich; es lassen sich menschliche oder technische Störungen aufdecken.
Arbeitszeitstudien Sie messen die für den einzelnen Arbeitsvorgang benötigte Zeit mit Stoppuhren, Registriergeräten und Filmen. Die ausgewerteten Ergebnisse bilden die Basis für die Einteilung der Arbeit in zeitlicher Hinsicht.
Arbeitswertstudien Sie erfassen die Schwierigkeit von Arbeiten und bezwecken eine Einstufung der Tätigkeiten nach dem Schwierigkeitsgrad.

7.2 Arbeitsablaufstudien

Der Arbeitsablauf ist nach REFA eine Folge zusammenhängender **Arbeitsvorgänge** in **Raum** und **Zeit.** Demgemäß sind zu untersuchen:

- die Unterteilung des Arbeitsablaufs in einzelne Arbeitsvorgänge,
- die zeitliche Reihenfolge der Arbeitsvorgänge,
- die räumliche Anordnung der Arbeitsplätze,
- die Beförderungsmittel für die Werkstoffe.

Die Arbeitsabläufe werden auf verschiedene Art, je nach der Zweckmäßigkeit, festgehalten.

Darstellungsarten von Arbeitsabläufen
Verbale Darstellung Beschreibung des Ablaufs in Worten. Meist als Arbeitsanweisungen, Arbeitsbeschreibungen, Organisationsanweisungen anzutreffen.
Grafische Darstellung Darstellung des Ablaufs in bildlicher oder symbolischer Form; z. B.: - Grundrißdarstellungen Sie zeigen den Arbeitsablauf zwischen Arbeitsplätzen und Abteilungen. - Flußdiagramme Sie zeigen den logischen Ablauf durch Symbole - Balkendiagramme und Netzpläne Sie zeigen den zeitlichen Ablauf unter Einbeziehung der Termine. - Matrixdarstellungen Sie bestehen aus Zeilen und Spalten und gestatten es so, zwei Aspekte miteinander zu kombinieren, z. B. logischer Ablauf und Abteilung, Tätigkeiten und ihre Zuordnung zu einer Tätigkeitsart.

Grundlage bei Arbeitsablaufstudien ist stets die Unterteilung des Arbeitsablaufs in Arbeitsvorgänge. Sie wird in einem **Arbeitsgliederungsplan** dargestellt und ist Ausdruck der Arbeitszerlegung[1]).

[1]) vgl. auch S. 209.

Beispiel: Arbeitsgliederungsplan „Herstellung eines Drehstrommotors (Ausschnitt)“[1])

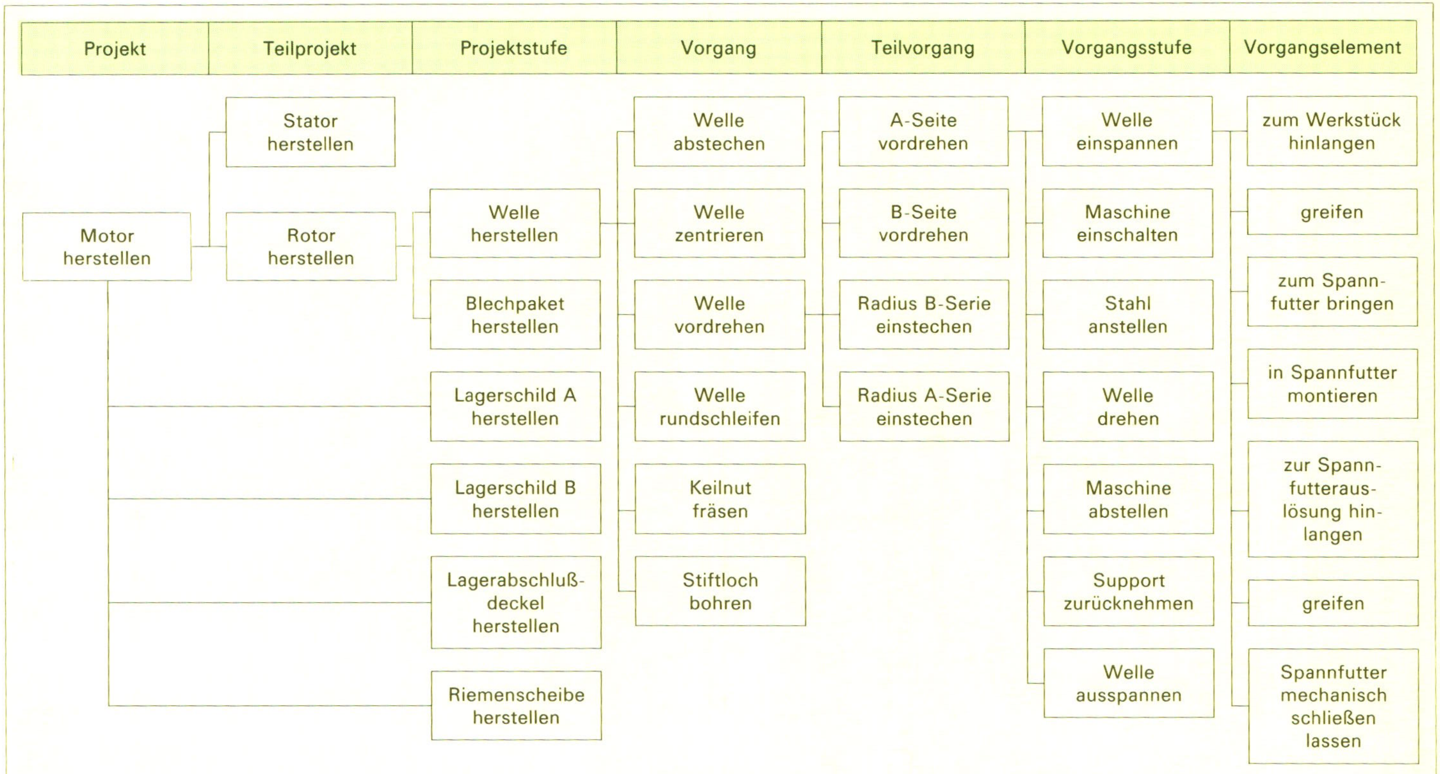

[1]) REFA, Verband für Arbeitsstudien – REFA-e. V. (Hrsg.): Methodenlehre des Arbeitsstudiums. Teil 1, Grundlagen, 3. Aufl., München

Grundrißdarstellungen zeigen die Länge der Verkehrswege auf und geben Hinweise darauf, wo sich die Verkehrswege verkürzen lassen.

Beispiel: Fertigungsfluß in einer Wellen- und Läuferfertigung[1]).

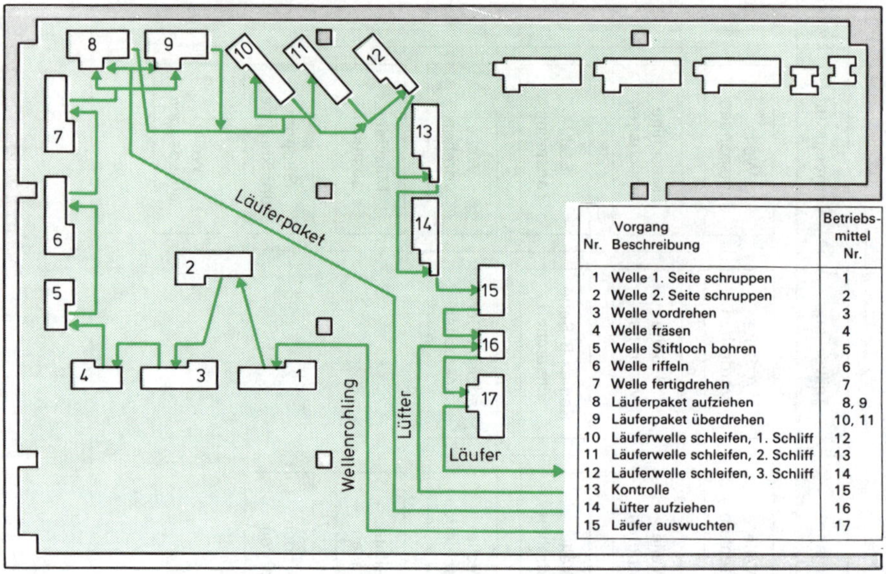

Nr.	Vorgang Beschreibung	Betriebsmittel Nr.
1	Welle 1. Seite schruppen	1
2	Welle 2. Seite schruppen	2
3	Welle vordrehen	3
4	Welle fräsen	4
5	Welle Stiftloch bohren	5
6	Welle riffeln	6
7	Welle fertigdrehen	7
8	Läuferpaket aufziehen	8, 9
9	Läuferpaket überdrehen	10, 11
10	Läuferwelle schleifen, 1. Schliff	12
11	Läuferwelle schleifen, 2. Schliff	13
12	Läuferwelle schleifen, 3. Schliff	14
13	Kontrolle	15
14	Lüfter aufziehen	16
15	Läufer auswuchten	17

[1]) REFA, Verband für Arbeitsstudien - REFA - e. V. (Hrsg.): Methodenlehre des Arbeitsstudiums, Teil 3, Kostenrechnung, Arbeitsgestaltung, 3. Aufl., München

Fertigungsablaufpläne geben einen guten Überblick über die Abteilungen, die ein Werkstück durchläuft. Man erkennt dabei gleichzeitig, wo Kosten bei der Fertigung entstehen.

Beispiel:

Fertigungsablaufplan eines Walzwerkes und einer Zieherei[1]

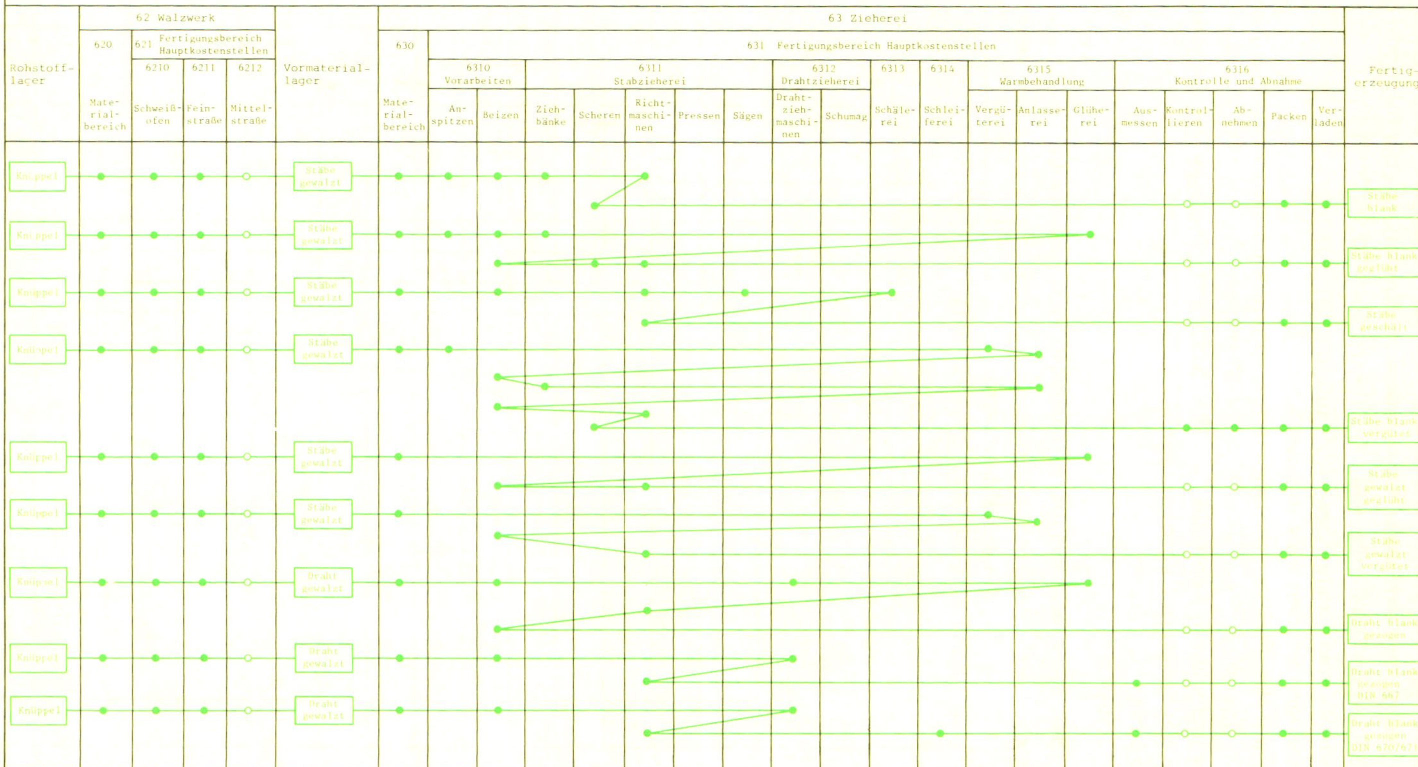

[1]) Eicke, K.: Arbeitsvorbereitung im Rahmen der betriebswirtschaftlichen Organisation, Wiesbaden o.J., Abb. 2

Als Grundlage für die Untersuchung von Teilvorgängen, Vorgangsstufen und Vorgangselementen sind **Arbeitsprozeßdarstellungen** wie die folgende gut geeignet. Sie können verschiedene Tatbestände gleichzeitig verdeutlichen:

- die berührten Stellen bzw. Abteilungen,
- die verschiedenen Ablaufstufen,
- die auf den jeweiligen Ablaufstufen vorgenommenen Verrichtungen,
  O = **O**peration, Bearbeitung   **T** = **T**ransport
  I = **I**nspektion, Kontrolle   **S** = **S**tillstand, Verzögerung, Lagerung, Ablage
- die Häufigkeit der Verrichtungen,
- die Länge der Wege,
- die Zeitdauer.

Beispiel: Arbeitsablaufkarte (Kundenauftragsbearbeitung)

Arbeitsablaufkarte
(Beispiel Kundenauftragsbearbeitung)
(Raum für Eintragungen bezüglich Bezeichnung des Arbeitsablaufs, angesprochener Bereich, Name und Datum des Aufnehmenden, des Prüfers u. a. m.)

Lfd. Nr.	Ablaufstufen	Verrichtung				Berührte Stellen: Poststelle	Debitorenbuchhaltung	Verkaufsleiter	Verkauf	Fertigwaren-Lager	Packerei	Versand/Fuhrpark
1	Posteingang – Öffnen des Kundenauftrags	X	I	T	S	1						
2	Bonitätskontrolle	O	X	T	S		2					
3	Sortiert und disponiert	X	I	T	S			3				
4	Entscheidet über Lieferfähigkeit	O	X	T	S				4			
5	Adresse, Konditionen, Preis eingeben	O	X	T	S				5			
6	Mengen eingeben	X	I	T	S				6			
7	Fakturieren	X	I	T	S				7			
8	Rechnungssatz trennen	X	I	T	S				8			
9	Fakturierte Aufträge weiterleiten	O	I	X	S				9			
10	Auftrag kommissionieren	X	I	T	S					10		
11	Auftrag und Begleitpapiere	O	I	X	S					11		
12	Auftrag versandfertig machen	X	I	T	S						12	
13	Versandzettel	O	I	X	S							13
14	Originalrechnung aussortieren	X	I	T	S					14		
15	Originalrechnung und Duplikat	O	I	X	S	15						
16	Originalrechnung und Duplikat an Kunden versenden	O	I	X	S	16						

7.3 Arbeitszeitstudien

Aufgabe der *Arbeitszeitstudien* ist die Ermittlung der Vorgabezeit. Hierunter ist der Zeitverbrauch für die ordnungsgemäße Erledigung einer Aufgabe bei normaler Leistung der Arbeitskraft zu verstehen (Sollzeit).

Die **Vorgabezeiten** werden benötigt für

- die Lohnberechnung bei Akkordarbeit,
- die Ermittlung der Durchlaufzeit eines Produktes,
- die Terminplanung,
- den Personalbedarf.

Vorgabezeiten können für Menschen und Maschinen ermittelt werden. Sie setzen sich nach REFA aus Grundzeiten, Verteilzeiten und Erholungszeiten zusammen.

Zusammensetzung der Vorgabezeiten
Grundzeiten Regelmäßig auftretende Zeiten (Tätigkeits- und Wartezeiten), die sich durch Zeitaufnahme oder Berechnung ermitteln lassen.
Verteilzeiten Unregelmäßig auftretende Zeiten, die durch einen prozentualen Zuschlag auf die Grundzeit berücksichtigt werden müssen. Sie umfassen sachliche Verteilzeiten (störungsbedingte Unterbrechungen) und persönliche Verteilzeiten (persönlich bedingte Unterbrechungen, z. B. Zigarrettenholen).
Erholungszeiten Sie kommen nur bei Menschen vor und dienen dem Abbau von Ermüdung und der Wiederherstellung der Arbeitskraft.

Es ergibt sich folgendes Schema für die Berechnung der Vorgabezeit des Menschen für einen Auftrag:[1])

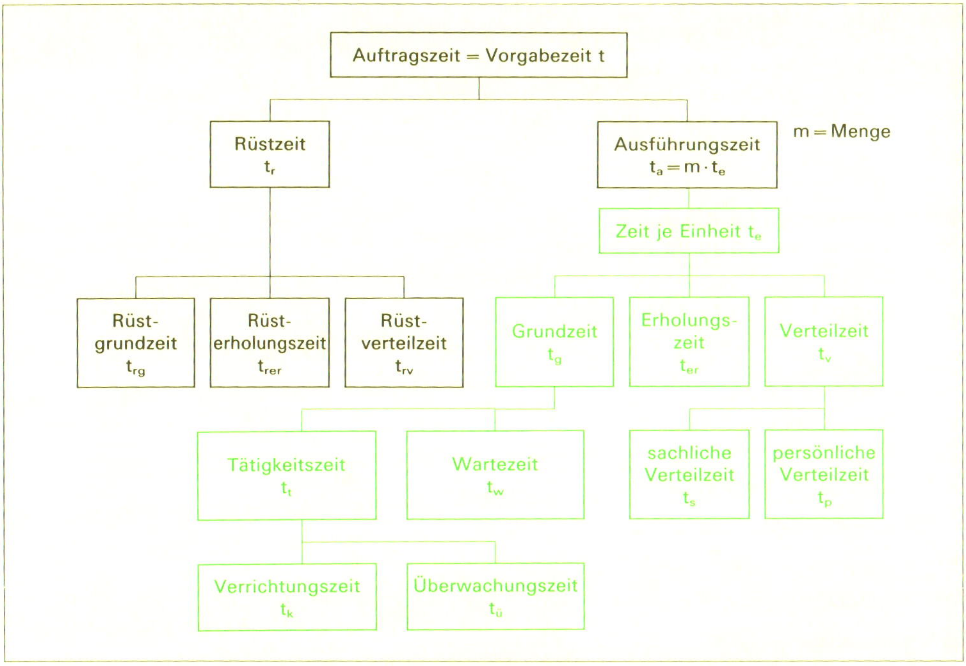

[1]) REFA, Verband für Arbeitsstudien – REFA – e.V. (Hrsg.): Methodenlehre des Arbeitsstudiums, Teil 2, Datenermittlung, 3. Aufl., München

Ein entsprechendes Schema (ohne Erholungszeiten) wird auch für die Belegungszeit von Betriebsmitteln benutzt.

Beispiel:
Errechnung der Vorgabezeiten für „Verschlußdeckel, plandrehen, hinterstechen und Bohrung drehen"

Nr.	Vorgangsstufen	Sollzeit in Minuten	Zeitart
1.	Auftrag und Zeichnung lesen	1,0	t_{rg}
2.	Werkzeug bereitlegen	1,0	
3.	Werkzeug einspannen	0,5	
4.	Maschine einstellen	1,0	
5.	Werkstück einspannen	0,5	t_g
6.	Werkzeug anstellen, Maschine einschalten	0,2	
7.	Bohrung ausdrehen 1. Span	1,1	
8.	Zurückfahren und Werkzeug anstellen	0,1	
9.	Bohrung ausdrehen 2. Span	1,1	
10.	Zurückfahren und Werkzeug anstellen	0,2	
11.	Plandrehen	2,3	
12.	Werkzeugwechsel	0,2	
13.	Werkzeug anstellen	0,1	
14.	Hinterstechen	1,6	
15.	Freistechen innen	0,4	
16.	Werkzeugwechsel	0,2	
17.	Werkzeug anstellen	0,1	
18.	Anfasen 3×	0,5	
19.	Messen	0,05	
20.	Werkstück abspannen	0,2	
21.	Werkstück ablegen	0,1	
	(Nr. 5 bis 21 wird 99mal wiederholt)		
22.	Werkzeug ausspannen und weglegen	0,8	t_{rg}

Verteilzeiten für Rüstzeit $z_{rv} = 10\%$;
Verteilzeitzuschlag für Ausführungszeit $z_v = 10\%$.

Rüstzeit: $t_r = t_{rg} + t_{rer} + t_{rv}$

$$t_r = 4{,}3 \text{ Min.} + 0 \text{ Min.} + 4{,}3 \text{ Min.} \cdot \frac{10}{100} = 4{,}73 \text{ Min.}$$

Zeit je Einheit: $t_e = t_g + t_{er} + t_v$

$$t_e = 8{,}95 \text{ Min.} + 0 \text{ Min.} + 8{,}95 \text{ Min.} \cdot \frac{10}{100} = 9{,}85 \text{ Min.}$$

Vorgabezeit: $T = t_r + m \cdot t_e$

$$T = 4{,}73 \text{ Min.} + 100 \cdot 9{,}85 \text{ Min.} = 990 \text{ Min.}$$

Die **Sollzeiten für die Vorgangsstufen** können auf verschiedene Weise ermittelt werden.

Ermittlung der Sollzeiten für die Vorgangsstufen
Messen Stoppuhr, Stopprechner, Stoppband, Filmkamera, Impulsgeber, Zeitschreiber, Zählwerke u.a.m.
Multimomentaufnahmen In zufällig ausgewählten Zeitpunkten werden auf Betriebsrundgängen die Tätigkeiten innerhalb einer Gruppe registriert. Von der Häufigkeit des Vorkommens einer bestimmten Tätigkeit schließt man auf ihren prozentualen Anteil an der Gesamtzeit des Arbeitsablaufs.
Vergleichen Vergleich mit ähnlichen, zeitmäßig bekannten Vorgängen
Schätzen Der gesamte Vorgang oder Teilvorgänge können geschätzt werden.
Planzeiten Aus Tabellen werden als Richtwerte ermittelte Planzeiten abgelesen, die für bestimmte Arbeitsabschnitte gelten, auf eine Tätigkeit angewendet und aufsummiert.
Berechnen Zeiten, die vom Vorgang her unbeeinflußbar sind (mechanisch oder automatisch ablaufende Abschnitte) können formelmäßig errechnet werden.
Systeme vorbestimmter Zeiten Man führt einen Vorgang auf kleine Vorgangselemente zurück, die wiederum bestimmten Grundbewegungstypen zugeordnet werden. So sind die sechs wesentlichen Bewegungselemente nach REFA:

Hinlangen	Bewegen der Hand zu einem Gegenstand
Bringen	Bewegen eines Gegenstandes mit der Hand
Greifen	Schließen der Finger zum Fassen eines Gegenstandes
Vorrichten	Drehen eines Gegenstandes in eine einbaugerechte Lage
Fügen	In- oder Aneinanderfügen von Gegenständen
Loslassen	Öffnen der Finger, die den Gegenstand halten

Es gibt mehrere Systeme vorbestimmter Zeiten, vor allem **MTM (Method-Time-Measurement)** und **WF (Work-Factor)**, die sich vor allem durch eine unterschiedliche Zahl von Bewegungselementen und die Art der Zeitzuordnung unterscheiden. Allgemein läßt sich sagen, daß die Gesamtzeit für einen Vorgang synthetisch durch Aufsummieren der minimalen Zeiteinheiten erfolgt.

7.4 Arbeitswertstudien

Die Leistung eines Mitarbeiters hängt unter anderem davon ab, ob er sich im Rahmen des Betriebssystems als gerecht entlohnt beurteilt. Er benötigt die Gewißheit, daß sein Lohn in angemessenem Verhältnis zum Lohn seiner Arbeitskollegen steht, die schwierigere oder leichtere Arbeiten ausführen.

***Arbeitswertstudien* sollen den Schwierigkeitsgrad der Arbeit ermitteln. Sie dienen damit der Arbeitsplatzwertung und sind eine Grundlage für die Bestimmung der Lohnhöhe.**

Der Arbeitswert wird mit summarischen und analytischen Methoden ermittelt:

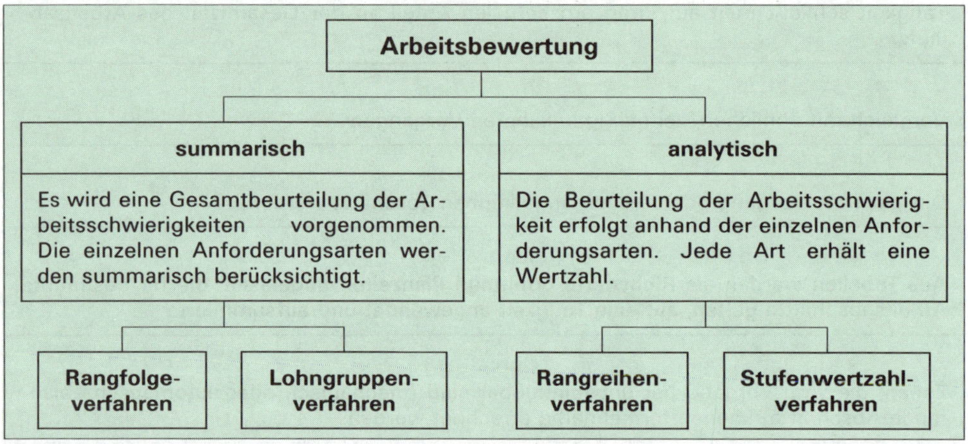

Die einzelnen Anforderungsarten, die mit einer Arbeit verbunden sind, wurden grundlegend im sogenannten **Genfer Schema** von 1950 festgehalten. Auf der Basis dieses Schemas bildet REFA fünf Anforderungsarten mit Untergliederungen[1]). Jede Anforderungsart des Anforderungskataloges erhält eine Bewertungszahl entsprechend der Schwierigkeit.

Rangfolgeverfahren

Man vergleicht Stellen paarweise im Hinblick auf ihre Anforderungen miteinander und bringt sie so in eine Rangfolge.

Beispiel:

Stelle \ Vergleichsstelle		1	2	3	4	5	Rangfolge
Sekretärin	1		−	+	+	−	2
Bilanzbuchhalter	2	+		+	+	+	4
Stenokontoristin	3	−	−		+	−	1
Bote	4	−	−	−		−	0
Verkäufer	5	+	−	+	+		3

Der Bilanzbuchhalter erhält den höchsten Rang, der Bote den untersten.

Wesentliche Nachteile: Das Verfahren ist nur bei einer geringen Anzahl von Stellen anwendbar, und das Problem des Lohnabstandes ist nicht gelöst.

[1]) Vgl. S. 279

Von REFA wurde folgender Anforderungskatalog entwickelt:

	Bewertung der Arbeit Anforderungsarten und deren Abstimmung zueinander											
Be-wer-tungs-zahl	I **Erforderliche Fachkenntnisse**	II **Geschick-lichkeit**	III **Anstrengung**		IV **Verantwortung**			V **Umgebungseinflüsse**				
	Berufsausbildung Berufserfahrung	**Hand-fertigkeit**	a **Körperliche Beanspru-chung**	b **Geistige Beanspru-chung**	a **für Werk-stück und für Betriebs-mittel**	b **für die Arbeits-güte**	c **für Gesund-heit anderer**	a **Tempe-ratur-beein-flussung**	b **Öl, Fett, Schmutz, Staub . . .**	c **Gase . . .**	d **Unfall-gefähr-dung**	e **Lärm, Blendung, Erkältungs-gefahr . . .**
0	kurze Anweisung	keine		gering	gering	gering	gering	gering		gering	gering	gering
1	Anweisung bis 6 Wochen	gering	gering	zeitweise mittel	mittel	mittel	mittel	mittel	gering	mittel	mittel	mittel
2	Anlernen bis 6 Monate	mittel	zeitweise mittel	dauernd mittel	hoch	hoch	hoch	hoch	mittel	hoch	hoch	hoch
3	Anlernen mindestens 6 Monate und zusätzliche Berufserfahrung	hoch	dauernd mittel	dauernd hoch	sehr hoch	sehr hoch	sehr hoch		hoch			sehr hoch
4	abgeschlossene Anlernausbildung und zusätzliche Berufserfahrung	höchste	dauernd hoch	dauernd sehr hoch		ganz außer-gewöhnlich			sehr hoch			
5	abgeschlossene Facharbeiter-ausbildung		dauernd sehr hoch	dauernd ganz außer-gewöhnlich								
6	abgeschlossene Facharbeiter-ausbildung mit besonderer Berufserfahrung		dauernd außer-gewöhnlich									
7	abgeschlossene Fach-arbeiterausbildung und höchstes fach-liches Können											

Lohngruppenverfahren

Für Arbeiter, kaufmännische und technische Angestellte werden jeweils 6 bis 12 Lohngruppen gebildet. Jede Lohngruppe wird in allgemeiner Form nach Schwierigkeitsgraden abgestuft und mit Beispielen versehen. Dieses Verfahren wird in Tarifverträgen bevorzugt.

Beispiel:

Lohngruppe 8	Facharbeiter mit meisterlichem Können	Vorarbeiter Gruppenleiter
Lohngruppe 6	Qualifizierter Facharbeiter mit langer Erfahrung	Maschinenrichter
Lohngruppe 4	Qualifizierter Angelernter	Berufsfremder mit Erfahrung
Lohngruppe 1	Hilfsarbeiter, Anlernung einfachster Art, Leichtlohngruppe	Berufsfremder ohne Erfahrung

Ein wesentlicher Nachteil dieses Verfahrens liegt darin, daß die unterschiedlichen Anforderungen einer Tätigkeit nur global berücksichtigt werden.

Rangreihenverfahren

Wie beim Rangfolgeverfahren nimmt man eine Einordnung von der einfachsten bis zur schwierigsten Verrichtung vor, **jedoch für jede Anforderungsart getrennt.** Man vergleicht also alle im Betrieb vorkommenden Tätigkeiten nacheinander auf geistige und körperliche Beanspruchung, Verantwortung und Arbeitsbedingungen. Bei 50 Arbeitsplätzen bekommt z. B. die Tätigkeit mit der höchsten Verantwortung den Wert 50, die mit der niedrigsten den Wert 1 usw. Durch eine Gewichtungsziffer wird die unterschiedliche Bedeutung der einzelnen Beanspruchungsarten berücksichtigt. Problematisch ist vor allem das subjektive Element, das in die Gewichtung einfließt.

Beispiel:

	Kenn-ziffer	Ge-wicht	Anforderungsart	Rang	Gewichteter Rang	
Können	101	9	Arbeitskenntnisse Ausbildung, Erfahrung, Denkfähigkeit	13	117	
	102	5	Geschicklichkeit Handfertigkeit, Körpergewicht	15	75	192
Verant-wortung	201	7	Eigene Arbeit Betriebsmittel, Erzeugnisse	23	161	
	202	3	Arbeit anderer	11	33	
	203	3	Sicherheit anderer	11	33	227
Be-lastung	301	5	Sinne und Nerven Aufmerksamkeit	16	90	
	302	3	Denktätigkeit, Nachdenken	20	60	
	303	6	Muskelmäßig	21	126	276
Um-gebung	401	3	Schmutz	30	90	
	402	2	Staub	40	80	
	403	1,5	Öl	17	26	
	404	3	Temperatur	24	72	
	405	2	Nässe	7	14	
	406	2	Gase, Dämpfe	8	16	
	407	2,5	Lärm	35	88	
	408	2	Erschütterung	9	18	
	409	1	Blendung, Lichtmangel	9	9	
	410	1,5	Erkältung	10	15	
	411	2	Schutzkleidung	30	60	
	412	3	Unfallgefahr	31	93	581
					Punktsumme	1276

Stufenwertzahlverfahren

Die Wertzahlen des Anforderungs-Katalogs werden je nach der Dauer der Belastung mit einem Stundenfaktor multipliziert. Man addiert die erhaltenen Punkte. Die Summe ist das Kriterium für die Einordnung in eine Lohngruppe.
Auch hier liegt der Hauptnachteil in dem subjektiven Moment, das in die Gewichtung eingeht.

Beispiel:

Bewertung der geistigen Beanspruchung							
Anforderungsstufen	**Stufenwertzahl**	**Stundenfaktor** 1,0	1,1	1,2	1,3	1,4	1,5
gering	0	0	0	0	0	0	0
zeitweise mittel	1	1,0	1,1	1,2	1,3	1,4	1,5
dauernd mittel	2	2,0	2,2	2,4	2,6	2,8	3,0
dauernd hoch	3	3,0	3,3	3,6	3,9	4,2	4,5
dauernd sehr hoch	4	4,0	4,4	4,8	5,2	5,6	6,0
dauernd ganz außergewöhnlich	5	5,0	5,5	6,0	6,5	7,0	7,5

Anwendung auf „Brennschneiden":

Tätigkeiten	Stufenwertzahl	Stundenfaktor	Punkte
Zeichnung lesen	4	1,0	4,0
Arbeit vorbereiten	2	1,1	2,2
Brennschneiden	3	1,4	4,2
			10,4

Auf die gleiche Weise erhält man die notwendigen Punktzahlen für alle anderen Anforderungsarten.

Kontrolle des Lernerfolgs

1. Welche Ziele verfolgen Arbeitsstudien?
2. In welchen Schritten ist zur Erzielung einer rationalen Arbeitsgestaltung vorzugehen?
3. Welche Tatbestände werden anhand von Arbeitsstudien untersucht?
4. Beschreiben Sie die auf den Seiten 271–274 wiedergegebenen grafischen Darstellungen von Arbeitsprozessen. Versuchen Sie anzugeben, bei welchen Gelegenheiten derartige Arbeitsablaufstudien nötig werden könnten.
5. Zeichnen Sie aus dem Gedächtnis das Schema zur Berechnung der Vorgabezeit des Menschen für einen Auftrag auf. Erläutern Sie dann Ihre Eintragungen in den einzelnen Kästchen.
6. Nennen Sie Anlässe, bei denen Vorgabezeiten berechnet werden müssen.
7. Berechnen Sie die Rüstzeit, die Zeit je Einheit und die Vorgabezeit für folgenden Auftrag: „Welle A-Seite vordrehen"; Menge 15 Stück.

Nr.	Vorgangsstufen	Sollzeit in Minuten	Zeitart
1.	Auftrag und Zeichnung lesen	1,0	
2.	Stahl bereitlegen	1,0	
3.	Stahl einspannen	0,5	
4.	Maschine einstellen	1,0	
5.	Welle einspannen	0,5	
6.	Stahl anstellen, Maschine einschalten	0,2	
7.	Welle drehen	10,0	
8.	Maschine ausstellen	0,1	
9.	Support zurücknehmen	0,2	
10.	Welle ausspannen	0,4	
11.	Welle ablegen (Nr. 5-11 wird 14mal wiederholt)	0,1	
12.	Stahl ausspannen und weglegen	0,8	

Verteilzeitzuschlag für Rüstzeit 15%; Verteilzeitzuschlag für Ausführungszeit 10%.

8. Der Dreher erhält in Aufgabe 7 die Sollzeiten vorgegeben. Nennen Sie Möglichkeiten, diese Sollzeiten zu ermitteln.

9. Ein modernes Verfahren für die Ermittlung von Sollzeiten ist das Modulverfahren:

Seine kleinste Einheit, 1 MODUL, entspricht $\frac{1}{7}$ sec (für schnelle Planung - exakt: 0,14285 sec). Alle Tätigkeitselemente sind ein Mehrfaches vom MODUL, z. B. bei Hinlang- und Bringbewegungen mit den Armgliedern

Fingerbewegung	= 1 MOD
Handbewegung aus Handgelenk	= 2 MOD
Unterarmbewegung aus Ellbogengelenk	= 3 MOD
Oberarmbewegung aus Schultergelenk	= 4 MOD
gestreckte Armbewegung	= 5 MOD

Diese Definition aus der anatomischen Kinematik ist unterschiedlich zu den bisherigen Verfahren. Die physiologische Deutung ist empirisch und zeigt im Ergebnis Übereinstimmung mit anderen Verfahren. Die weiteren Merkmale von MODUL betreffen die geringe Zahl von Ausführungselementen (21), wenig Anwendungsregeln sowie Symbole, die mit dem Zeitwert identisch sind; Übersetzungsroutinen mit der Tabelle entfallen also. Die Addition einstelliger Ziffern (MODULN) ergibt direkt den Zeitwert:

Beispiel:

Kugelschreiber aufnehmen aus Ständer (Hinlangen 45 cm):

Mit Oberarm hinlangen	MOD 4
Kugelschreiber ergreifen	MOD 1
Kugelschreiber herausziehen aus Ständerloch:	MOD 2
Kugelschreiber zum Schreibpapier (20 cm): Unterarmbewegung mit Nachrichten des Kugelschreibers	MOD 3
Kugelschreiber zum Schreiben ansetzen: Anfügen	MOD 2
Summe	MOD 12

a) Zu welchen der folgenden Verfahren gehört das Modulverfahren nach Ihrer Ansicht?
1. Messen, 2. Multimomentaufnahmen, 3. Vergleichen, 4. Schätzen, 5. Planzeiten, 6. Berechnen, 7. VVZ (Verfahren vorbestimmter Zeiten).

b) Berechnen Sie die Sollzeit für das angegebene Beispiel.

10. Beschreiben Sie das Vorgehen bei den verschiedenen Arten von Arbeitswertstudien.

11. a) Erstellen Sie eine Arbeitsbewertung nach dem Rangfolgeverfahren für folgende Beschäftigten:
- Angestellter in der Registratur,
- Einkäufer,
- Sekretärin,
- Schreibkraft,
- Prokurist im Einkauf,
- Portier.

b) Vergleichen Sie das Rangfolgeverfahren mit den anderen Verfahren der Arbeitsbewertung.

Vierter Themenkreis
Personalwirtschaft

1 Personalstrukturen

Die Personalstatistiken von zwei Industrieunternehmen enthalten folgende Zahlen:

	Adam Schwarze KG Kammgarnspinnerei	Sperner GmbH Werftbetriebe
Beschäftigte	345	296
davon:		
– Männer	62 = 18%	245 = 83%
– Frauen	283 = 82%	51 = 17%
– Arbeiter	874 = 85%	255 = 86%
– Angestellte	51 = 15%	45 = 14%
– angelernt, ungelernt	256 = 74%	46 = 16%
– gelernt	84 = 24%	230 = 78%
– akademisch ausgebildet	5 = 2%	20 = 6%
Personalaufwand		
– insgesamt	15751320,— DM	16753600,— DM
– je Mitarbeiter	45656,— DM	56600,— DM

(Vergleichen Sie hierzu Aufgabe 6 auf Seite 295.)

Die Zusammensetzung des Personals (die Personalstruktur) in den einzelnen Wirtschaftszweigen und in den einzelnen Unternehmungen kann sehr unterschiedlich sein. Ausschlaggebend dafür sind gesetzliche Vorschriften, das Angebot an Arbeitskräften auf dem Arbeitsmarkt und die Personalpolitik der Unternehmungen, die wiederum von Arbeitsanforderungen und von Kostengesichtspunkten bestimmt sind.

Das Betriebspersonal läßt sich einteilen nach

- arbeitsrechtlicher Stellung,
- Rang der Mitarbeiter,
- erteilten Vollmachten,
- Arbeitszeit,
- Fristigkeit des Arbeitsvertrags,
- Geschlecht,
- Ausbildung,
- Nationalität,
- Alter,
- Dauer der Betriebszugehörigkeit,
- Familienstand.

1.1 Personaleinteilung nach der arbeitsrechtlichen Stellung

Es sind zu unterscheiden:

- Angestellte,
- Arbeiter,
- Auszubildende,
- freie Mitarbeiter.

Personaleinteilung nach arbeitsrechtlicher Stellung
Angestellte Angestellte sind Arbeitnehmer, die vorwiegend geistige Arbeit leisten. Da dieses Kriterium im Einzelfall wenig aufschlußreich ist, wird in der Regel Bezug auf die beispielhafte Aufzählung in § 1 Angestelltenversicherungsgesetz genommen. Danach sind Angestellte z. B. Arbeitnehmer mit gehobenen (Meister) und höheren Stellungen (Ingenieur) im technischen Bereich; alle Arbeitnehmer im kaufmännischen Bereich und die mit Bürotätigkeiten (soweit es sich nicht nur um Botengänge, Reinigung, Aufräumen handelt) beschäftigten Arbeitnehmer.
Arbeiter Arbeiter sind Arbeitnehmer, die vorwiegend körperliche Arbeit leisten; genauer: alle Arbeitnehmer, die nicht Angestellte sind. Im technischen Bereich sind es die Mitarbeiter mit rein ausführender Tätigkeit, im Bürobereich mit Botengängen, Reinigung, Aufräumen und ähnlichen Dingen beschäftigte Mitarbeiter.
Auszubildende Auszubildende sind Arbeitnehmer, die eingestellt werden, um in einem staatlich anerkannten Ausbildungsberuf die notwendigen Kenntnisse und Fertigkeiten zu erwerben. Je nach Art der Tätigkeit sind sie den Angestellten oder Arbeitern zuzurechnen.
Freie Mitarbeiter Freie Mitarbeiter sind rechtlich Selbständige, die durch einen Dienstvertrag an die Unternehmung gebunden sind. Sie sind nicht persönlich weisungsgebunden wie Arbeitnehmer. Sie können wirtschaftlich unabhängig sein, wenn sie für mehrere Unternehmen tätig sind, oder wirtschaftlich abhängig, wenn sie für ein Unternehmen tätig sind. Im letzteren Fall haben sie eine arbeitnehmerähnliche Stellung und sind im Arbeitsrecht Arbeitnehmern gleichgestellt. Grafiker, Ingenieure, Unternehmensberater, Designer, Journalisten, Fotomodelle und andere arbeiten häufig als freie Mitarbeiter.

Die Unterscheidung zwischen Angestellten und Arbeitern hat Bedeutung für die Betriebsratswahl, für Tarifverträge, für die Sozialversicherung und für die Kündigungsfristen.

Im Hinblick auf die Angestellten sind noch folgende Gruppen von Bedeutung:

- **Außertarifliche Angestellte**

  Für sie gelten nicht die Bestimmungen der jeweils gültigen Tarifverträge, sondern ihr Arbeitsverhältnis ist eingehend in Einzelarbeitsverträgen geregelt. Es handelt sich um die Inhaber gehobener Positionen.

- **Leitende Angestellte**

  Nach Betriebsverfassungsgesetz § 5 gilt als leitender Angestellter,
  - wer selbständig Arbeitnehmer einstellen oder entlassen darf,
  - wer Generalvollmacht oder Prokura hat,
  - wer für den Bestand und die Entwicklung eines Unternehmens oder Betriebes Entscheidungen „im wesentlichen frei von Weisungen trifft oder sie maßgeblich beeinflußt".

  Leitender Angestellter ist im Zweifel auch,
  - wer bereits bei der letzten Betriebsratswahl als solcher galt oder
  - wer einer Leitungsebene angehört, auf der überwiegend leitende Angestellte vertreten sind, oder
  - wer ein für leitende Angestellte in seinem Unternehmen übliches Gehalt bezieht (im Zweifel mehr als das Dreifache des Durchschnittsverdienstes der Rentenversicherten).

  Leitende Angestellte sind arbeitsrechtlich Arbeitnehmer, es gelten aber Sondervorschriften für sie. So gilt die Arbeitszeitordnung nicht für Prokuristen, Gesamtbevollmächtigte und Angestellte, die Vorgesetzte von mindestens 20 Arbeitnehmern sind. Das Kündigungsschutzgesetz gilt nicht für Geschäftsführer, Betriebsleiter und ähnliche leitende Personen, soweit sie selbständig Arbeitnehmer einstellen und entlassen können. Für alle bisher Genannten gilt auch das Betriebsverfassungsgesetz nicht.

Der Anteil der Arbeiter an der Gesamtbelegschaft ist verhältnismäßig groß in Industrie und Handwerk, im Baugewerbe, im Transport- und Lagereigewerbe. Der Anteil der Angestellten ist verhältnismäßig groß im Dienstleistungsbereich (Banken, Versicherungen, Handel usw.).

1.2 Personaleinteilung nach dem Rang der Mitarbeiter

Es sind zu unterscheiden:

- leitende Arbeitskräfte,
- ausführende Arbeitskräfte.

Das Betriebsgeschehen ist ein Führungsprozeß. Darin leiten Führungskräfte (leitende Arbeitskräfte) ihre Mitarbeiter zur Erfüllung ihrer Aufgaben im Sinne der Betriebsziele an.

Personaleinteilung nach dem Rang der Mitarbeiter
Leitende Arbeitskräfte Sie setzen Ziele, planen, entscheiden, setzen die Entscheidungen durch (d. h. sie veranlassen die Mitarbeiter zur Ausführung) und kontrollieren die Ergebnisse.
Ausführende Arbeitskräfte Sie führen Entscheidungen aus und geben durch Rückmeldung der Ergebnisse die Möglichkeit zur Kontrolle.

Je höher der Rang eines Mitarbeiters ist, desto größer ist in der Regel der Leitungsanteil seiner Aufgaben, desto größer wird der Entscheidungsspielraum.

Die Zahl der Führungskräfte wird nach oben immer kleiner, so daß sich das Bild einer **Managementpyramide**[1]) (Führungspyramide) ergibt:

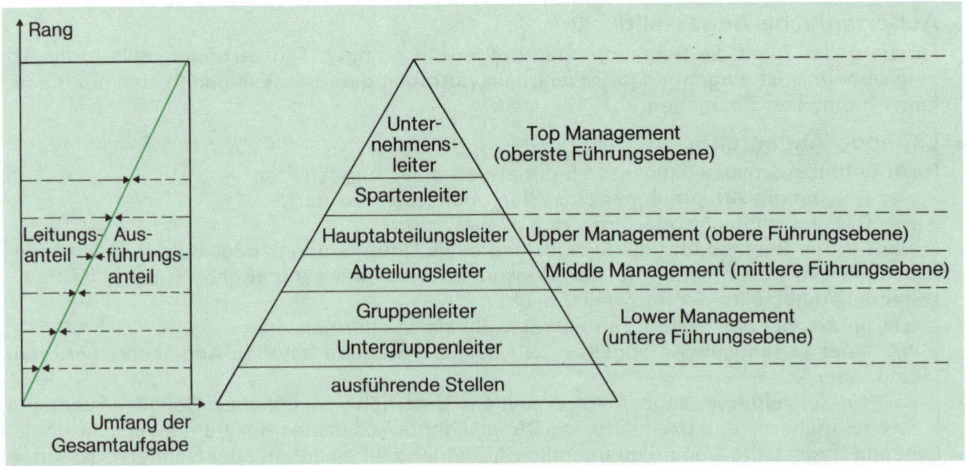

[1]) von engl. management = Unternehmensführung

1.3 Personaleinteilung nach erteilten Vollmachten

Die Kleiderfabrik Erich Körner, Bocholt, verschickt folgende Schreiben:

Amtsgericht
- Registergericht -

4290 Bocholt

06.03.19..

Prokuraerteilung

Ich erteile Herrn Franz Otten mit Wirkung vom 10.03.19.. Einzelprokura. Herr Otten ist zur Alleinvertretung der Firma berechtigt. Ich beantrage die Eintragung ins Handelsregister.

Körner

Herr Otten wird zeichnen:

E r i c h K ö r n e r

ppa. Otten

Die mir persönlich bekannten Herren Erich Körner, Bocholt, und Franz Otten, Bocholt, haben die vorstehenden Unterschriften heute eigenhändig in meiner Gegenwart vollzogen.

Bocholt, 06.03.19..

Notar

10.03.19..

Rundschreiben an meine Geschäftsfreunde

Ich habe heute meinem Verkaufsleiter, Herrn Franz Otten, Einzelprokura erteilt.

Außerdem darf ich Ihnen den neuen Leiter meines Zweigbetriebes in Essen, Herrn Kurt Rossmanith, vorstellen. Ich habe Herrn Rossmanith Gesamtvollmacht übertragen.

Mit freundlichen Grüßen

Körner

Es zeichnen:

Herr Otten: E r i c h K ö r n e r

ppa. Otten

Herr Rossmanith: E r i c h K ö r n e r

i. V. Rossmanith

Angestellte werden häufig mit Vollmachten ausgestattet.

Die *Vollmacht* ist eine Vertretungsbefugnis. Wem Vollmacht erteilt wurde, darf (in einem bestimmten Rahmen) für den Vollmachtgeber rechtsgültig Rechtsgeschäfte tätigen. (BGB § 166)

Das Handelsrecht kennt besondere Vollmachten:

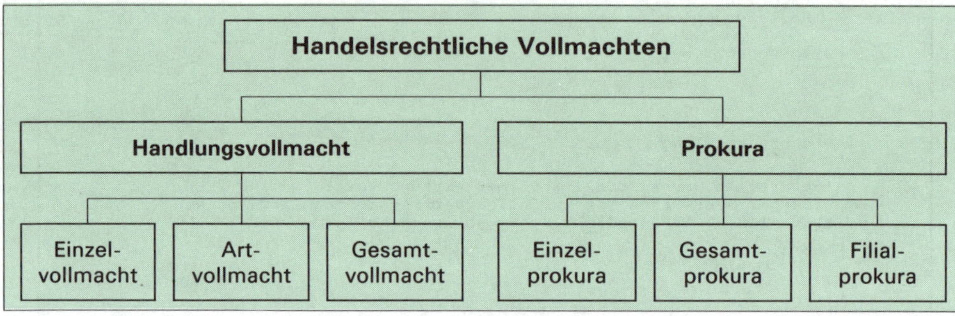

Prokura

Die *Prokura* ist eine Vertretungsbefugnis, die zu allen Arten von gerichtlichen und außergerichtlichen Geschäften und Rechtshandlungen ermächtigt, die der Betrieb eines Handelsgewerbes mit sich bringt. (HGB § 49)

Dem **Prokuristen** ist **gesetzlich** lediglich **untersagt,**

- die Inventare, Bilanzen und Steuererklärungen der Geschäftsinhaber zu unterschreiben,
- anderen Personen Prokura zu erteilen und zu entziehen bzw. die eigene Prokura auf andere zu übertragen,
- die Unternehmung zu verkaufen oder aufzulösen oder Konkurs anzumelden,
- Gesellschafter aufzunehmen (Ausnahme: stille Teilhaber),
- für den/die Geschäftsinhaber einen Eid zu leisten,
- Grundstücke zu verkaufen oder zu belasten (wenn ihm diese Befugnis nicht besonders erteilt ist),
- Eintragungen ins Handelsregister zu beantragen,
- die Firma zu löschen oder zu ändern.

Beispiel:
Ein Geschäftsinhaber kommt aus dem Urlaub zurück und stellt fest, daß der Prokurist inzwischen aus der Möbelgroßhandlung einen Tabakimport gemacht hat, ein Grundstück für 800000,— DM und 20 Tonnen Käse gekauft sowie Wechsel für 1000000,— DM unterschrieben und einen Filialleiter eingestellt hat.
Alle diese Geschäfte sind rechtsgültig. Der Geschäftsinhaber muß sie gegen sich gelten lassen.

Einschränkungen der Prokura, die solche Handlungen verhindern sollen, sind in der Tat nur im **Innenverhältnis** möglich. Zum Beispiel könnte festgelegt werden, daß der Prokurist nur für eine bestimmte Abteilung rechtsverbindlich unterschreiben darf, daß er keine Wechsel unterschreiben darf usw.

Im **Außenverhältnis** gelten solche Einschränkungen nicht, nicht einmal dann, wenn die Beschränkung dem Geschäftspartner bekannt ist. Allerdings macht sich der Prokurist gegenüber dem Geschäftsinhaber schadenersatzpflichtig, wenn er einer Einschränkung zuwider handelt. Das von ihm abgeschlossene Rechtsgeschäft bleibt jedoch für den Unternehmer bindend.

Man spricht von **Einzelprokura,** wenn ein Prokurist allein vertretungsberechtigt ist, und von **Gesamtprokura,** wenn mehrere (meist zwei) Prokuristen die Firma nur gemeinsam vertreten dürfen. Die Gesamtprokura bewirkt eine gegenseitige Kontrolle. Auch die Beschränkung der Prokura auf eine bestimmte Niederlassung ist möglich, wenn die Niederlassungen unter verschiedenen Firmen im Handelsregister eingetragen sind **(Filialprokura).** Für die Unterscheidung genügt ein Firmenzusatz.

Der Prokurist unterschreibt mit einem Zusatz, der die Prokura erkennen läßt: „per procura" oder (abgekürzt) „ppa." oder „pp."

Beispiele:

Einzelprokura	Gesamtprokura	Filialprokura
Walter Diekers KG Spirituosenfabrik ppa. Blume	DAUSENAUER GLAS AG ppa. ppa. Petersen Dietz	DAUSENAUER GLAS AG Niederlassung Worms ppa. Dietz

Die Prokura kann nur von Vollkaufleuten erteilt werden. Zuständig sind:

- in der Einzelunternehmung der **Inhaber;**
- in der OHG und KG die **geschäftsführenden Gesellschafter** gemeinsam (den Widerruf kann schon ein einzelner Gesellschafter aussprechen),
- in der AG und der Genossenschaft der **Vorstand;**
- in der GmbH die **Mehrheit der Gesellschafter.**

Die Prokura muß ausdrücklich (mündlich oder schriftlich) erteilt werden. Stillschweigende Duldung genügt nicht. Die Prokura beginnt mit dem Augenblick der Erteilung. Eine Annahmeerklärung seitens des Prokuristen ist nicht erforderlich. Auf die gleiche Weise kann die Prokura jederzeit widerrufen werden. Außerdem endet sie bei Verkauf oder Auflösung der Unternehmung, bei Beendigung des zugrundeliegenden Rechtsverhältnisses (z. B. Ausscheiden des Prokuristen aus der Unternehmung), Konkurs und Liquidation, nicht aber beim Tod des Geschäftsinhabers.

Die Prokura ist ins Handelsregister einzutragen, ebenso ihr Erlöschen. Beide Eintragungen haben jedoch lediglich deklaratorische Bedeutung, bekunden also nur den ohnehin gültigen Sachverhalt. Ein Prokurist kann also gültige Rechtsgeschäfte bereits vor der Eintragung abschließen. Andererseits kann sich ein Geschäftspartner auf eine im Handelsregister eingetragene Prokura berufen, wenn ihm die gegenteilige Tatsache nicht bekannt war (z. B. wenn er nicht durch Rundschreiben vom Widerruf unterrichtet war).

Bei der Eintragung müssen Einzel-, Gesamt- oder Filialprokura als solche gekennzeichnet werden.

Handlungsvollmacht

Ist jemand *ohne Erteilung der Prokura*
- **zum Betrieb eines Handelsgewerbes oder**
- **zur Vornahme einer bestimmten zu dem Handelsgewerbe gehörenden Art von Geschäften oder**
- **zur Vornahme einzelner zu dem Handelsgewerbe gehörender Geschäfte**

ermächtigt, so erstreckt sich die Vollmacht *(Handlungsvollmacht)* auf alle Geschäfte und Rechtshandlungen, die der Betrieb eines solchen Handelsgewerbes oder die Vornahme derartiger Geschäfte gewöhnlich mit sich bringt. (HGB § 54, § 57)

Diese Definition unterscheidet **drei Arten** der Handlungsvollmacht.

Arten der Handlungsvollmacht
Gesamtvollmacht (allgemeine Handlungsvollmacht) Allgemeine Vollmacht, die zu allen gewöhnlichen Rechtsgeschäften in dem betreffenden Handelsgewerbe berechtigt. Geschäftsführer und Filialleiter haben z. B. Gesamtvollmacht.
Artvollmacht (Teilvollmacht) Vollmacht zur Vornahme von Rechtshandlungen einer bestimmten Art, die im gewöhnlichen Rahmen immer wiederkehren. Einkäufer, Verkäufer, Kassierer haben z. B. Artvollmacht.
Einzelvollmacht (Spezialvollmacht) Vollmacht zur Vornahme einer einzelnen Rechtshandlung. **Beispiele:** – Ein Angestellter erhält den Auftrag, einen Rechnungsbetrag einzuziehen und zu quittieren. – Ein angestellter Jurist erhält den Auftrag, die Firma vor Gericht zu vertreten.

Rechtsgeschäfte, die dem Prokuristen verboten sind, dürfen auch der Gesamtbevollmächtigte und der Artbevollmächtigte nicht vornehmen. Sie dürfen auch keine Prozesse führen, Wechselverbindlichkeiten eingehen und Kredite und Darlehen aufnehmen, es sei denn, sie würden besonders hiermit beauftragt. Kein Bevollmächtigter darf seine eigene Vollmacht auf andere übertragen. Gesamtbevollmächtigte und Artbevollmächtigte können aber im Rahmen der eigenen Vollmacht Untervollmacht erteilen:

Beispiele:
- Geschäftsführer Müller (Gesamtvollmacht) erteilt dem Angestellten Eberle Artvollmacht zum Einkauf.
- Einkäufer Eberle erteilt dem Auszubildenden Schröder Einzelvollmacht zum Kauf von Mahnbescheidformularen.

Andere als die genannten Beschränkungen muß ein Dritter nur dann gegen sich gelten lassen, wenn er sie kannte oder kennen mußte.

Handlungsbevollmächtigte unterschreiben mit einem Zusatz, der das **Vollmachtverhältnis** ausdrückt. Üblich sind die im nachstehenden Beispiel dargestellten Formen.

Beispiele:

Robert Meurer	Robert Meurer	für Robert Meurer	per Robert Meurer
i.V. Klein	i.A. Klein	Klein	Klein

↑ in Vollmacht ↑ im Auftrag

Die Gesamtvollmacht kann vom Geschäftsinhaber (auch von einem Minderkaufmann!) und von einem Prokuristen erteilt werden. Dies kann formlos, entweder ausdrücklich (mündlich oder schriftlich) oder auch durch stillschweigende Duldung erfolgen. Sie wird nicht ins Handelsregister eingetragen.

Die Handlungsvollmacht endet wie die Prokura, bei Geschäftsverkauf allerdings nur bei Widerruf durch den neuen Inhaber. Überdies kann sie erlöschen, wenn ein Geschäft durchgeführt wurde (Einzelvollmacht) oder wenn eine vereinbarte Frist abgelaufen ist.

1.4 Personaleinteilung nach der Arbeitszeit

Es sind zu unterscheiden:

- Vollzeitpersonal,
- Teilzeitpersonal.

Personaleinteilung nach der Arbeitszeit
Vollzeitpersonal Vollzeitpersonal steht dem Betrieb zumindest während der vollen Tarifarbeitszeit zur Verfügung. Leitende und gehobene Tätigkeiten sind meist Vollzeitstellen.
Teilzeitpersonal Teilzeitpersonal steht weniger als die volle tarifliche Arbeitszeit zur Verfügung. Meist handelt es sich um Halbtagsarbeit.

Teilzeitarbeit entstand in der Zeit der Vollbeschäftigung: Man versuchte, den Mangel an Arbeitskräften durch die Anwerbung von Frauen zu überwinden, die sich halbe Tage von ihren Familienpflichten freimachen konnten.

Teilzeitarbeit wird deshalb immer noch meist von Frauen geleistet, bietet selten qualifizierte Tätigkeiten und kaum Aufstiegsmöglichkeiten. In der gegenwärtigen Zeit hoher Arbeitslosigkeit wird Teilzeitarbeit unter anderem als Möglichkeit gesehen, Arbeitsplätze zu teilen und damit die Zahl der Arbeitslosen zu senken (Job Sharing).

1.5 Personaleinteilung nach der Fristigkeit des Arbeitsvertrags

Es sind zu unterscheiden:

- Stammpersonal,
- Zeitpersonal (Leihpersonal).

Personaleinteilung nach Fristigkeit des Arbeitsvertrages
Stammpersonal Stammpersonal ist über längere Zeit in einem Unternehmen beschäftigt. Es handelt sich um Arbeitnehmer des Unternehmens (Belegschaft). Der Arbeitsvertrag wird zwischen Arbeitnehmer und Unternehmung geschlossen.
Zeitpersonal Zeitpersonal wird von einem Unternehmen für Zeitarbeit (das die Erlaubnis der Bundesanstalt für Arbeit zur gewerbsmäßigen Arbeitnehmerüberlassung haben muß) kurzfristig als Aushilfe an andere Unternehmen überlassen. Der Arbeitsvertrag ist zwischen dem Arbeitnehmer und dem Unternehmen für Zeitarbeit geschlossen.

Wegen der Kurzfristigkeit können in Zeitarbeit nur Arbeitskräfte eingesetzt werden, die bereit sind, alle Arbeiten zu übernehmen, die keine Einarbeitung benötigen. In der Regel handelt es sich um Arbeiten mit weniger hohen Anforderungen.
Zeitpersonal wird häufig bei Urlaub oder längerer Erkrankung von Stammpersonal eingesetzt, wenn dringende Aufträge erledigt werden müssen. Dann ist Zeitarbeit meist billiger als Überstunden oder die Neueinstellung von Arbeitskräften.

1.6 Personaleinteilung nach dem Geschlecht

Es sind zu unterscheiden:

- männliche Arbeitskräfte,
- weibliche Arbeitskräfte.

- Der Anteil der Frauen in verantwortlicher Stellung liegt bedeutend unter dem Männeranteil.
- Frauen arbeiten vielfach als Zuarbeiterinnen, Assistentinnen, Helferinnen der Männer.
- Frauen verdienen im Durchschnitt 25 bis 30% weniger als Männer.
- Der Prozentsatz der Frauenarbeitslosigkeit ist höher als der Prozentsatz der Männerarbeitslosigkeit.

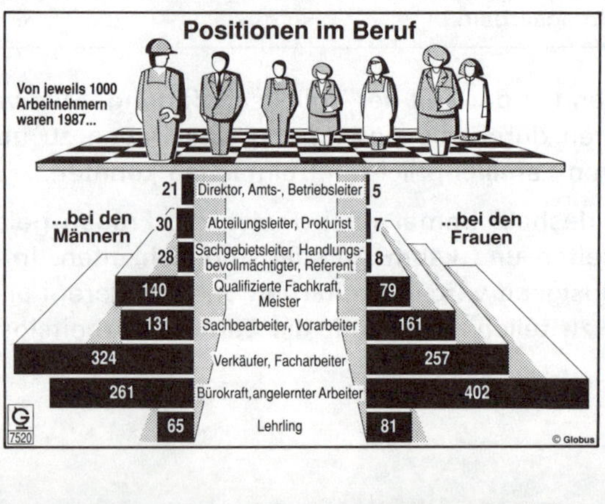

Solche Unterschiede sind nur teilweise durch die Art der Arbeit selbst bedingt. Zwar sind bestimmte Berufe wegen der hohen körperlichen Anforderungen eine Domäne der Männer (Bergbau, Gießerei, Chemie, Bau, Handwerk). In den meisten Fällen aber ist es die traditionelle Rollenverteilung zwischen dem Mann als „Ernährer" der Familie und der Frau als Hausfrau und Mutter, die sich dem beruflichen Erfolg der Frau in den Weg stellt:

- Männer und Frauen drängen jeweils in „typische" Berufe:

10 typische Männerberufe (Männeranteil über 90%)	**10 typische Frauenberufe** (Frauenanteil über 80%)
Maurer, Gas- und Wasserinstallateur, Kfz-Mechaniker, Maler, Formgießer, Drucker, Zimmerer, Zerspanungsmechaniker, Chemiekant, Maschinenschlosser	Arzthelferin, Bürogehilfin, Friseuse, Stenosekretärin, Tierarzthelferin, Bekleidungsnäherin, Wäscheschneiderin, Krankenpflegerin, Verkäuferin, Modistin.

  Die Frauenberufe sind in der Regel schlechter bezahlt als die Männerberufe, teilweise verlangen sie nur eine kürzere Ausbildungszeit (Verkäuferin, Bürogehilfin u.a.).
- Frauen können (und wollen) vielfach wegen ihrer Doppelrolle als Berufstätige einerseits und als Hausfrau und Mutter andererseits eine berufliche Karriere nicht mit der gleichen Zielstrebigkeit wie Männer verfolgen.

1.7 Personaleinteilung nach der Ausbildung

Es sind zu unterscheiden:

- Ungelernte,
- Angelernte,
- Gelernte,
- Hochqualifizierte.

Personaleinteilung nach der Ausbildung
Ungelernte Ungelernte Arbeitskräfte werden mit Arbeiten beschäftigt, die keine Ausbildung, sondern nur eine Einweisung erfordern.
Angelernte Angelernte Arbeitskräfte werden mit Arbeiten beschäftigt, deren Ausführung durch Sonderausbildung erworbene Spezialkenntnisse oder -fertigkeiten voraussetzt und die dementsprechend anerkannt und tariflich eingruppiert sind. Die Spezialausbildung erfolgt aufgrund eines Anlernvertrags.
Gelernte Gelernte Arbeitnehmer haben eine allseitige Ausbildung in einem anerkannten Ausbildungsberuf erhalten. Die Ausbildung erfolgt aufgrund eines Berufsausbildungsvertrages.
Hochqualifizierte Hochqualifizierte besitzen oft eine Hochschulausbildung. Sie werden für Fachtätigkeiten und Führungsaufgaben eingesetzt, die eine solche Ausbildung voraussetzen.

Die Kosten für die Arbeitskraft steigen mit der Qualifikation. Die Arbeitskosten sind deshalb bei ausführenden repetitiven Arbeiten am niedrigsten. Dies sind meist Hilfstätigkeiten und Fließbandtätigkeiten. Der **Frauenanteil** und der Anteil an ungelernten **ausländischen Arbeitskräften** ist hier sehr hoch.
Ungelernte Arbeitskräfte werden meist als erste gekündigt, wenn die Auftragslage sich abschwächt. Sie sind bei einem Anziehen der Konjunktur am leichtesten wieder einzustellen. Qualifizierte Arbeitskräfte dagegen sind knapp. Sie besetzen teure Arbeitsplätze und benötigen lange Einarbeitungszeiten. Man versucht sie deshalb auch bei schwächerer Auftragslage zu halten.

1.8 Weitere Einteilungsmöglichkeiten

Das Betriebspersonal läßt sich weiterhin einteilen

- **nach der Nationalität** (inländische und ausländische Arbeitskräfte):
  Ausländische Arbeitskräfte werden meist für Tätigkeiten herangezogen, für die keine inländischen Arbeitskräfte zu erhalten sind. Der Anteil der ungelernten Hilfsarbeiter ist hier sehr hoch.
- **nach dem Alter:**
  Jüngere Arbeitnehmer sind oft vitaler. Um beruflich weiterzukommen, setzen sie oft viel Energie ein. Andererseits sind ältere Arbeitnehmer erfahrener. Sie wechseln nicht so häufig die Arbeitsstelle. Gegebenenfalls sind Alterszuschläge zu zahlen.
- **nach der Betriebszugehörigkeit:**
  Langjährige Mitarbeiter haben längere Kündigungsfristen. Gegebenenfalls erhalten sie Lohn- bzw. Gehaltszuschläge, höhere Gratifikationen usw. Sie verfügen über größere betriebliche Erfahrung und wechseln nicht so häufig die Arbeitsstelle.
- **nach dem Familienstand:**
  Verheiratete Arbeitnehmer, besonders solche mit Kindern, gelten für Personalchefs als verhältnismäßig zuverlässiger als nicht verheiratete, da sie stärker gebunden sind und privat größere Verantwortung tragen.

Kontrolle des Lernerfolgs

1. Der Schuhfabrikant Adler (Vollkaufmann) bestellt durch mündliche Erklärung seinen Angestellten Preiser zum Prokuristen. Am nächsten Tag, noch vor Eintragung ins Handelsregister, bestellt Preiser ein teures Computersystem für den Betrieb, und zwar ohne Wissen Adlers. Adler ist entrüstet. Der Verkäufer hat als vorsichtiger Geschäftsmann vorher das Handelsregister eingesehen, aber keine Prokura gefunden. Preiser hat allerdings seine Prokura erwähnt. Wer haftet für die Bezahlung des Computersystems?

2. Der Elektrogeräthersteller Schneider will seinem langjährigen Angestellten Emsel Gesamtprokura erteilen. Außerdem stellt er für eine neue Filiale einen Geschäftsführer ein.
   a) Warum erteilt Schneider keine Einzel-, sondern Gesamtprokura?
   b) Welche Vollmacht erhält der Geschäftsführer?
   c) Wann werden die Vollmachten wirksam?
   d) Wie zeichnen die beiden Angestellten?
   e) Beschreiben Sie in beiden Fällen die Schritte, die Schneider unternehmen wird.

3. Entscheiden Sie, ob ein Prokurist bzw. ein Gesamtbevollmächtigter für die Unternehmung bindend folgende Handlungen durchführen darf. (Eine entsprechende Einzelvollmacht ist in keinem Fall erteilt.)

a) Kauf eines Grundstücks
b) Verkauf eines Grundstücks
c) Einkauf von Waren
d) Verkauf von Waren
e) Einstellung eines Arbeiters
f) Entlassung eines Angestellten
g) Prokura erteilen
h) Gesamtvollmacht erteilen
i) Einzelvollmacht (Untervollmacht) erteilen
j) Aufnahme eines Bankdarlehns
k) Belastung eines Grundstücks mit einer Hypothek
l) Zahlung von Liefererschulden mit Scheck
m) Annahme eines Wechsels von einem Kunden
n) Akzeptierung eines Wechsels
o) Unterschreiben der Bilanz
p) Beantragung eines Mahnbescheids
q) Aufnahme eines Gesellschafters in die Unternehmung

4. Zwei Industriebetriebe vergleichen ihre Personalstruktur.

	Betrieb A	Betrieb B
durchschnittliches Alter des Personals	24,3 Jahre	35,6 Jahre
Anteil der Frauen	48%	74%
durchschnittliche Betriebszugehörigkeit	3 Jahre	7 Jahre

Wie können sich die unterschiedlichen Personalstrukturen möglicherweise auf die Betriebe auswirken?

5. Sie lesen folgendes in einer Stellenanzeige:

> Verlangt wird neben dem Nachweis praktischer Verkaufstätigkeit im Innen- und Außendienst die Fähigkeit, einen größeren Vertreterstab zu betreuen und auszubauen, die Verbindung zu Händlern zu pflegen, Vertriebs- und Werbeaktivitäten zu entwickeln und durchzuführen (u. a. Direktkontakte mit wichtigen Kunden) sowie die Verkaufsförderung zu nutzen. Zur Pflege der Auslandsbeziehungen ist eine gute Beherrschung der englischen Sprache wünschenswert.

a) Bestimmen Sie die Stellung des Mitarbeiters nach unterschiedlichen Gesichtspunkten hinsichtlich der Personalstruktur.
b) Versuchen Sie, einige Planungs-, Entscheidungs- und Kontrollaufgaben zu nennen, die dem Mitarbeiter zugedacht sind.

6. Betrachten Sie das Beispiel von Seite 284.
a) Erläutern Sie Gemeinsamkeiten und Unterschiede in den Personalstrukturen der beiden Unternehmen.
b) Geben Sie wahrscheinliche Gründe für die unterschiedlich hohen Personalkosten je Mitarbeiter an.

7. Beschreiben Sie die Managementpyramide Ihres Ausbildungsbetriebes.

2 Ziele und Aufgaben der Personalwirtschaft

Die kaufmännische Abteilung der PIGUAG GmbH umfaßt 453 Mitarbeiter. Die Personalabteilung hat festgestellt, daß in den nächsten 5 Jahren jährlich jeweils 2 bis 3 Mitarbeiter aus Altersgründen ausscheiden werden. Erfahrungsgemäß kündigen jährlich etwa 4 Mitarbeiter. Deshalb werden jedes Jahr 6 kaufmännische Auszubildende eingestellt, die später die Lücken auffüllen sollen. Sie werden allerdings kaum die freiwerdenden Stellen besetzen. Diese werden nämlich vor dem Ausscheiden der Stelleninhaber innerbetrieblich ausgeschrieben. Jeder Mitarbeiter kann sich bewerben. Die Personalabteilung wählt nach Eignung aus und stellt Maßnahmen zur Einarbeitung und Weiterbildung bereit.

2.1 Ziele der Personalwirtschaft

Für die betriebliche Leistungserstellung werden bekanntlich die Produktionsfaktoren Arbeitskräfte, Betriebsmittel und Werkstoffe benötigt. Mit dem Produktionsfaktor Arbeitskräfte ist insbesondere die betriebliche Personalwirtschaft befaßt.

Alle Probleme im Zusammenhang mit der Bereitstellung, dem Einsatz, der Entwicklung und dem Ausscheiden von Arbeitskräften fallen in den Aufgabenbereich der *Personalwirtschaft*. Diese Probleme sollen so gelöst werden, daß die Leistung der Arbeitskräfte im Sinne der Betriebsziele maximiert wird.

2.2 Bestimmungsgrößen menschlicher Arbeitsleistung

Die Arbeitsleistung umfaßt die qualitative Leistung (Leistung von bestimmter Art und Güte) und die quantitative Leistung (mengenmäßige Leistung, Arbeitsproduktivität).
Eine Optimierung der Arbeitsleistung ist nur möglich, wenn die Bestimmungsgrößen der Arbeitsleistung bekannt sind.

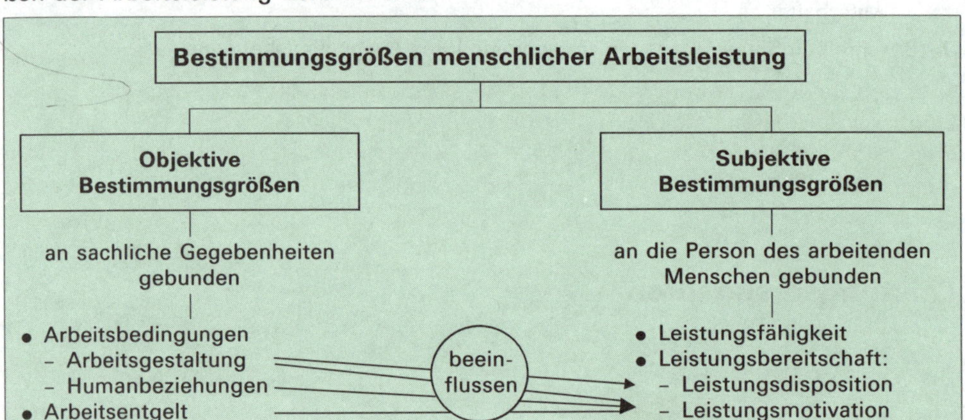

Leistungsfähigkeit

***Leistungsfähigkeit* bedeutet Eignung für eine bestimmte Tätigkeit. Der Mitarbeiter ist um so geeigneter, je mehr er den Anforderungen entspricht, die die Tätigkeit stellt.**

Man unterscheidet:

- **Qualitative Eignung**
  Der Mitarbeiter kann die entsprechende **Tätigkeitsart** bewältigen.
- **Quantitative Eignung:**
  Der Mitarbeiter kann die geforderte **Arbeitsmenge** bewältigen.

Die Leistungsfähigkeit wird durch verschiedene wichtige Größen bestimmt.

Bestimmungsgrößen der Leistungsfähigkeit
Begabung Begabungen sind Leistungsanlagen, die im wesentlichen vererbt werden. Man unterscheidet z. B. geistige Begabung (Intelligenz), praktisch-technische Begabung und künstlerische Begabung.
Körperliche Eignung Für bestimmte Arbeiten sind bestimmte Körpergrößen, Körperkräfte, Reichweiten, Ausdauer usw. erforderlich. Männliche Jugendliche erreichen ihre volle Körperkraft erst mit 25 Jahren, weibliche mit 22. Dann nimmt die Körperkraft langsam wieder ab.
Ausbildung Die meisten Tätigkeiten setzen ein bestimmtes Wissen und Können voraus, das durch Ausbildung vermittelt wird. Mitarbeiterschulung und Fortbildung erhöhen die Eignung.
Erfahrung Die Ausübung von Tätigkeiten ist stets mit neuen Erkenntnissen verbunden. Sie erhöhen den Grad der Vertrautheit mit dem Aufgabeninhalt.
Übung Geschwindigkeit und Geschicklichkeit nehmen bei repetitiven Tätigkeiten mit jeder Wiederholung zu. Sie führen zu Routine. Durch intensives Training kann die Wirkung verstärkt werden.

Bei der Personaleinstellung sollen Zeugnisunterlagen, das Einholen von Auskünften über den Bewerber, Eignungstests und Vorstellungsgespräche Hilfestellung bei der Eignungsbeurteilung leisten. Später werden regelmäßige Beurteilungen vorgenommen. Sie sind auch die Grundlage für Versetzungen, Beförderungen und Fortbildungsmaßnahmen.

Leistungsdisposition

Die *Leistungsdisposition* ist die physiologische (von den Körperfunktionen abhängende) Leistungsbereitschaft. Sie schwankt mit den Änderungen des körperlichen Zustands. Von großem Einfluß sind körperliches Wohlbefinden, Ermüdungszustand, Alter und Tagesrhythmus.

• Alter

Bei schwerer körperlicher Arbeit nimmt die Leistungsfähigkeit des Erwachsenen mit zunehmendem Alter ab. Bei geistiger Arbeit und leichter, Fertigkeit verlangender körperlicher Arbeit steigt sie aufgrund von Erfahrung und Training eher. Der Betrieb sollte insofern bestrebt sein, seine Mitarbeiter an den geeigneten Arbeitsplatz zu stellen.

• Tagesrhythmus

Untersuchungen haben ergeben, daß der Mensch im Laufe eines Arbeitstages einem bestimmten Rhythmus unterliegt. Wird in einem Betrieb 24 Stunden täglich gearbeitet, so sind die höchsten Leistungen zwischen 8 und 11 Uhr und zwischen 18 und 21 Uhr möglich, die niedrigsten liegen zwischen 1 und 4 Uhr. Die Arbeitsorganisation sollte deshalb nicht gerade zu Beginn oder am Ende der Arbeitszeit von der Arbeitskraft die höchsten Leistungen verlangen und die schwierigsten Verrichtungen – soweit möglich – auf den Vormittag legen.

• Ermüdung

Im Hinblick auf die Ermüdung sind Beginn und Dauer der Arbeitszeit sowie die Pauseneinteilung von großer Bedeutung. Die Höchstdauer der Arbeitszeit ist durch die Arbeitszeitordnung[1]) geregelt. Den modernen Lebensgewohnheiten (verlängerte Abende) tragen viele Betriebe bereits durch die Einführung der Gleitzeit Rechnung.

Die **gleitende Arbeitszeit** ist geeignet, zeitliche Abhängigkeiten des Mitarbeiters zu mildern und Selbstverantwortlichkeit zu erzeugen.

Beispiel:

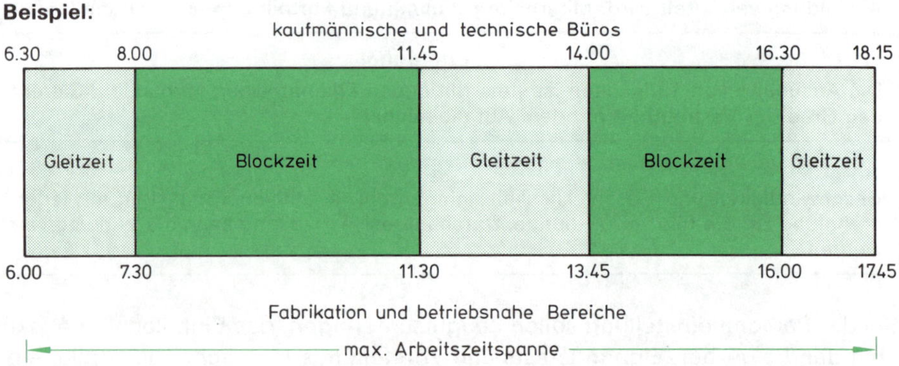

Von einer maximalen Arbeitszeit von 11¾ Stunden entfallen immerhin 5½ Stunden auf Gleitzeit und nur noch 6¼ Stunden auf die sogenannte Blockzeit, bei der alle anwesend sein müssen. Dieses flexible System ist theoretisch außer in allen Bürobereichen auch im Produktionsbereich ohne Schichtbetrieb möglich.

Arbeitspausen dienen der Erholung bei Ermüdung. Sie sollten deshalb in Zeiten absteigender Leistung gelegt werden. Die Mittagspause sollte möglichst lang sein. Die von der Arbeitszeitordnung vorgeschriebene Mindestpause von 30 Minuten (oder zwei Pausen von 15 Minuten) bei einem 8-Stunden-Tag ist nach arbeitsphysiologischen Erkenntnissen zu kurz.

---
[1]) vgl. S. 565

Leistungsmotivation

Die *Leistungsmotivation* ist die psychologische Leistungsbereitschaft (Leistungswilligkeit).

Die Leistungsmotivation besteht in Triebkräften, die den Menschen zur Abgabe von Arbeitsleistungen bewegen. Diese Triebkräfte sind Bedürfnisse, die er durch seine Arbeitsleistung zu befriedigen hofft. Sie umfassen folgende Stufen:

Bedürfnisstufen

Selbstverwirklichungsbedürfnisse
z. B. Entfaltung individueller Fähigkeiten, Unabhängigkeit

Achtungsbedürfnisse
z. B. Stärke, Kompetenz, Können, Prestige, Ansehen, Einfluß, Beachtung

Zugehörigkeitsbedürfnisse
z. B. sozialer Kontakt, Anerkennung, Zuneigung, Einordnung

Sicherheitsbedürfnisse
z. B. persönliche und soziale Sicherheit, sicherer Arbeitsplatz, Freiheit von Furcht und Chaos

Physiologische Bedürfnisse
z. B. Sicherung von Nahrung und körperlicher Unversehrtheit

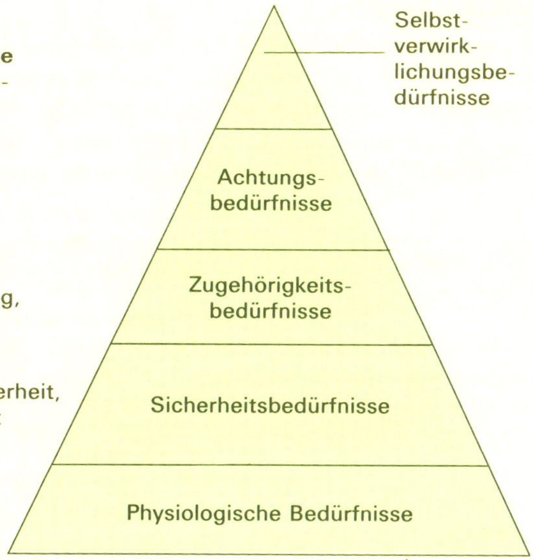

Beispiel:
Herr Pfitzinger will durch seine Arbeit zunächst seinen Lebensunterhalt bestreiten (physiologisches Bedürfnis). Seine Motivation steigt in dem Umfang, in dem die Arbeit ihm Sicherheit gibt (z. B. Alterssicherung, sicherer Arbeitsplatz, Unfallsicherung), in dem er sich unter seinen Kollegen wohlfühlt (z. B. gutes Arbeits- und Betriebsklima), in dem seine Leistung anerkannt wird (z. B. gerechte Entlohnung, gute Beurteilung) und in dem er sich selbst entfalten kann (z. B. abgegrenzter Aufgabenbereich, Entscheidungsbefugnisse, Arbeitszufriedenheit durch humane Arbeitsgestaltung, Fortbildungs- und Aufstiegsmöglichkeiten).

Arbeitsbedingungen

Die Arbeitsbedingungen umfassen die zwischenmenschlichen Beziehungen (Humanbeziehungen) im Betrieb sowie die Arbeitsgestaltung:

Arbeitsbedingungen

Humanbeziehungen
- Personalführung
- freiwillige Sozialleistungen
- Mitbestimmung
- Betriebsklima

Arbeitsgestaltung
- Arbeitssicherheit
- Arbeitsabläufe
- Arbeitszeit
- Arbeitsplatz und -umgebung
- Arbeitsinhalt

Möglichkeiten der Arbeitsgestaltung wurden bereits im Kapitel „Rationalisierung der Leistungserstellung" behandelt[1]). Ausführungen zur Arbeitssicherheit, zur Mitbestimmung, zum Betriebsklima finden Sie an späterer Stelle[2]).

• Personalführung

Die Personalführung äußert sich in den Mitteln, die die Unternehmensleitung zur Durchführung ihrer zielgerichteten Entscheidungen anwendet. Man hat z. B. erkannt, daß der Beschäftigte sich dann am stärksten für die Betriebsziele einsetzt, wenn sie in Harmonie mit seinen persönlichen Bedürfnissen stehen. Hier setzen Führungsstile an, die die Mitarbeiter auf unterschiedliche Weise zu motivieren suchen.

Führungsstile
Autoritärer Führungsstil Verlangt völlige Unterordnung, wenig eigene Antriebskraft. Entscheidungen sind vorgegeben und werden aufgrund von Erfahrungen, Faustregeln oder Vorschriften getroffen. Motivation erfolgt durch materielle Anreize, wie Sicherheit, Sozialleistungen. Ungeeignet für komplizierte Betriebsvorgänge, wo Mitdenken verlangt wird.
Kooperativer Führungsstil Der Untergebene ist echter Mitarbeiter. Er soll sich an Entscheidungen beteiligen und aktiv mitarbeiten. Es werden zur Motivation höhere Stufen der Bedürfnisse angesprochen: Anerkennung, Selbstverwirklichung und Kreativität. Führung durch Anerkennung und Überzeugung.

Zwischen diesen beiden Extremen findet man in der Praxis verschiedene Abstufungen:

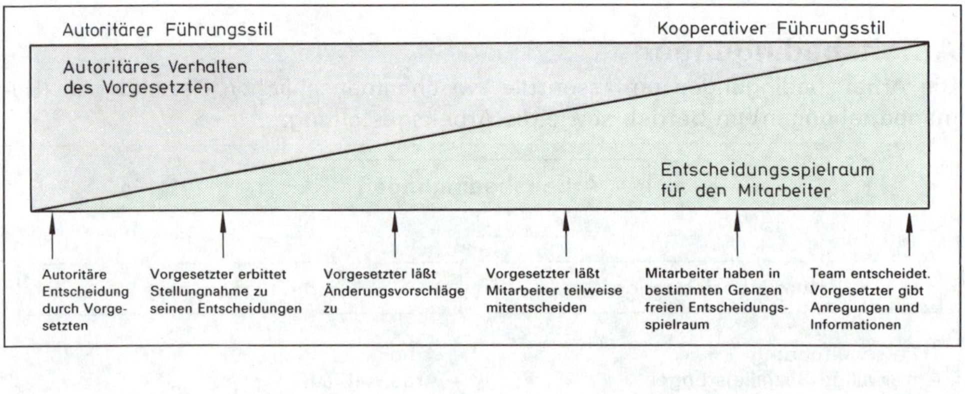

---

[1]) vgl. S. 265
[2]) vgl. S. 328, 560 f., 576 ff.

Kooperative Führungsstile kommen den Bedürfnissen der Mitarbeiter in weitaus höherem Maße entgegen als autoritäre Führungsstile.

Bei der Einführung eines kooperativen Führungsstils sind zunächst die Führungsgrundsätze in einer **Allgemeinen Führungsanweisung** festzulegen. Jeder hat sich danach zu richten.

Beispiel:
Ein bekanntes westdeutsches Unternehmen aus der Maschinenbranche hat eine Allgemeine Führungsanweisung herausgegeben, die wie folgt gegliedert ist:

1. Vorwort
2. Wesen der Führung
3. Führen durch Delegation von Aufgaben, Entscheidungsbefugnissen und Verantwortung
4. Die Verantwortung
5. Der Vorgesetzte und seine Pflichten
6. Der Mitarbeiter und seine Pflichten
7. Die Führungsmittel (Mitarbeitergespräche, Mitarbeiterbesprechung, Entscheidungsgespräch, Team, Dienstaufsicht, Erfolgskontrolle, Beurteilung, Kritik und Anerkennung)
8. Die Information
9. Die Stellvertretung
10. Linie und Stab
11. Der Dienstweg
12. Die Beschwerde.

Aus Punkt 3: „Delegieren bedeutet Übertragen, d.h. jeder Mitarbeiter erhält einen festumgrenzten Aufgabenbereich mit bestimmten Befugnissen, innerhalb dessen er selbständig handeln und entscheiden muß. Der Mitarbeiter wird also nicht durch Einzelaufträge geführt ...

Jeder Mitarbeiter ist für die ihm übertragenen Aufgaben und Befugnisse verantwortlich ...

Ziel ist es, die übergeordneten Instanzen zu entlasten und Vorgesetzten wie Mitarbeitern auf allen Stufen die Möglichkeit zur Entfaltung ihrer Fähigkeiten innerhalb eines bestimmten Aufgabenbereiches zu geben.

Die schriftliche Festsetzung der einzelnen Aufgaben und der dazugehörigen Entscheidungsbefugnisse erfolgt nur durch die Unternehmensleitung oder durch eine von ihr besonders beauftragte Stelle in Form von Stellenbeschreibungen".

Das Beispiel zeigt, daß die Delegation von Verantwortung für einen kooperativen Führungsstil sehr wichtig ist. Deshalb erhält der Mitarbeiter einen festen Aufgabenbereich übertragen. Dieser wird durch eine **Stellenbeschreibung** genau beschrieben, gegliedert und von anderen Aufgabenbereichen abgegrenzt. Die Stellenbeschreibung sollte die Teilaufgaben der Stelle, ihre Eingliederung in den Stellenplan, ihre Besetzung, die aktive und passive Stellvertretung des Stelleninhabers und das Anforderungsprofil, d.h. alle für die Stelle notwendigen Qualifikationen, enthalten.

Beispiel:

<table>
<tr><th colspan="4">Stellenbeschreibung</th></tr>
<tr><td>Bereich:
Materialwirtschaft</td><td colspan="2">Abteilung:
Lagerung</td><td>Arbeitsort:
Geb. 3, Sek. 1</td></tr>
<tr><td>Sachgebiet:

Rohproduktelager</td><td>Stellen-
bezeichnung:
Lagerist</td><td>Anzahl der
Stelleninhaber:
1</td><td>Stand vom:

01. 04. 19..</td></tr>
<tr><td>lfd.
Nr.</td><td>Aufgaben:</td><td>Arbeiten zu
Auf-
gabe
Nr.</td><td></td></tr>
<tr><td>1
2
3
4</td><td>Rohproduktelager leiten
Lagerung planen
Lagerbestand überwachen
Lagerbedarf ermitteln</td><td>1

3

4</td><td>Mitarbeiter einarbeiten
Mitarbeiter anweisen
Personalbeurteilungen schreiben
Rohproduktezugang eintragen
Rohprodukteabgang eintragen
Inventur erstellen
Lagerbedarf feststellen
Lagerbedarfsmeldung ausfüllen</td></tr>
<tr><td colspan="2">Verantwortung für:
ordnungsgemäße Lagerung
Lagerbestand
rechtzeitige Bedarfsmeldung</td><td colspan="2">Besondere Vollmachten:
—</td></tr>
<tr><td colspan="2">Untergeordnete Stellen:
6 Lagerarbeiter
2 Lagerhilfsarbeiter</td><td colspan="2" rowspan="2">Anforderungen:
– Schulbildung: mittl. Reife
– Berufsausbildung: Industriekaufmann
– Berufserfahrung: 3 Jahre kaufm. Tätigkeit
– Spezialkenntnisse: 1 Jahr Branchenerfahrung; Grundkenntnisse der EDV</td></tr>
<tr><td>Stellvertretung durch:
1. Lagerarbeiter</td><td>für:</td></tr>
<tr><td colspan="2">Mitarbeit in Kollegien:
Ausschuß für langfristige Materialplanung</td><td colspan="2">Direkte Verbindung zu internen Stellen:
alle Fertigungsstellen
Einkaufsassistent</td></tr>
</table>

Weiter ist wichtig, daß der Mitarbeiter klare Zielvorgaben erhält, die er dann im Rahmen seines Verantwortungsbereichs selbständig zu erreichen sucht. Der Vorgesetzte entscheidet nur in Ausnahmefällen, die außerhalb des Ermessensspielraums des Mitarbeiters liegen (Management by exception – Führung durch Ausnahmeregelung). Teilweise geht man so weit, die Ziele mit dem Mitarbeiter zu vereinbaren (Management by objectives – Führung durch Zielvereinbarung). Die Leistung des Mitarbeiters (oder auch einer Arbeitsgruppe) wird an den gesetzten Zielen (bestimmte Ausbringungsmengen, Qualitäten, Kostensummen, Umsätze usw.) gemessen und entscheidet letzten Endes über Lohn bzw. Gehalt, Weiterbildung und Beförderung.

- **Freiwillige Sozialleistungen**

Neben den gesetzlich vorgeschriebenen Sozialleistungen bieten die Betriebe vielfach eine Reihe weiterer Leistungen an.

Freiwillige Sozialleistungen	
Geldleistungen	
- Weihnachtsgratifikation - zusätzliche betriebliche Altersversorgung - Arbeitgeberbeitrag zu den vermögenswirksamen Leistungen - Essenszuschüsse - Fahrtkostenerstattungen - Urlaubsgeld - Treueprämien	- Erfolgsbeteiligung - zinslose oder zinsgünstige Arbeitgeberdarlehen (z. B. für den Wohnungsbau) - Beteiligung am Betriebsvermögen (z. B. Belegschaftsaktien) - Familienzuschläge zum Lohn/Gehalt - Erfolgsprämien für Verbesserungsvorschläge - preisgünstige Krankenversicherung (Betriebskrankenkasse)
Sachleistungen	
- Abgabe betrieblicher Leistungen zum Selbstkostenpreis an Arbeitnehmer - Bedienstetenrabatt	- Jubiläumsgeschenke - Nutzungsangebot von Maschinen und Werkzeugen
Dienstleistungen	
- Werkskindergärten - Betriebsbüchereien - Werkskantinen	- Sport- und Freizeitangebote - Werkverkehr für An- und Abfahrt - Weiterbildungsmaßnahmen für Bedienstete
Nutzungsleistungen	
- Werkswohnungen	- betriebliche Erholungseinrichtungen

Freiwillige betriebliche Sozialleistungen bestimmen in einem hohen Maße den äußeren Rahmen der Arbeit mit. Sie sind ein Ansatzpunkt für die Verbesserung der Arbeitsleistung und des Betriebsklimas.

Sie haben einen großen Einfluß auf das „Wohlbefinden" des Arbeitnehmers bei seiner Arbeit, sorgen für einen festen Mitarbeiterstamm und geringen Personalwechsel und verbessern das „soziale Ansehen" eines Betriebes. Folglich kommen sie sowohl dem Arbeitnehmer als auch dem Betrieb zugute. Vielfach werden sie am Jahresende in sogenannten Sozialberichten veröffentlicht.

Die **Gewerkschaften** sind bestrebt, derartige Sozialleistungen in ihren Tarifverträgen mit den Arbeitgeberverbänden zu verankern und sie auf diese Weise einer möglichst großen Zahl von Arbeitnehmern zugänglich zu machen. Auf diese Weise werden aus freiwilligen Sozialleistungen **tarifliche Sozialleistungen.** Da sie vertraglich begründet sind, können sie nicht mehr einseitig rückgängig gemacht werden. Zwei besonders bekannte Beispiele sind die tarifvertragliche Weihnachtsgratifikation und die tarifvertraglich festgelegte Arbeitgeberbeteiligung an der Vermögensbildung nach dem 3., 4. und 5. Vermögensbildungsgesetz.

Arbeitsentgelt

Das erzielbare Arbeitsentgelt hat großen Einfluß auf die menschliche Arbeitsleistung. Es wird größtenteils sogar als die entscheidende Einflußgröße angesehen. Die Höhe der Entlohnung soll dem Schwierigkeitsgrad der Arbeit angemessen sein und bei gleichem Schwierigkeitsgrad die höhere Leistung belohnen[1]).

[1]) Einzelheiten siehe S. 315 ff.

2.3 Aufgaben der Personalwirtschaft

Die Personalwirtschaft muß folgende Aufgaben erfüllen:

- die Beschaffung und den Einsatz geeigneter Mitarbeiter in der notwendigen Zahl und zur richtigen Zeit gewährleisten,
- die Anpassung der Leistungsfähigkeit an neue Situationen fördern,
- die Voraussetzungen für eine angemessene Entlohnung sichern,
- möglichst günstige Arbeitsbedingungen (Humanbeziehungen und Arbeitsgestaltung) schaffen.

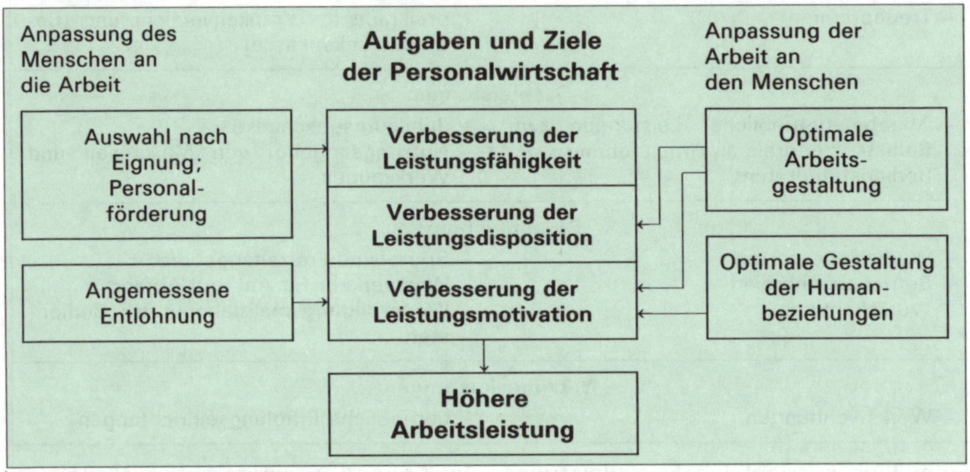

Die Personalwirtschaft muß folgende **Einzelaufgaben** erfüllen:

- Ermittlung des Personalbedarfs,
- Personalbeschaffung (Personalanwerbung, -auswahl, -einstellung, -einweisung),
- Personaleinsatz (Arbeitszeitregelung, Urlaubsregelung, Umsetzungen, Stellenbeschreibung),
- Personalentlassung,
- Personalverwaltung (Führen der Personalakte, Personalstatistik),
- Personalführung,
- Personalentwicklung (Aus-, Fort-, Weiterbildung, Personalbeurteilung),
- Personalbetreuung (Sozialwesen),
- Arbeitsbewertung und Entlohnung.

Organisatorisch findet man bei größeren Unternehmungen häufig eine Gliederung des Bereichs Personalwirtschaft in Personalwesen und Sozialwesen.

Kontrolle des Lernerfolgs

1. Beurteilen Sie, ob Arbeitsleistung gleichbedeutend mit Arbeitsproduktivität ist.
2. Erläutern Sie die Aussage: „Was ein Mensch leistet, hängt teilweise von seiner eigenen Person ab, teilweise von äußeren Einflüssen."
3. Nennen Sie leistungsbeeinflussende Elemente der Arbeitsgestaltung, die bereits im Themenkreis „Produktionswirtschaft" behandelt wurden.
4. a) Nennen Sie Gründe, die für die Einführung der Gleitzeit sprechen.
   b) In welchen Betriebsbereichen ist die Einführung der Gleitzeit mit Schwierigkeiten verbunden?

5. Welche Bedürfnisstufen werden stärker von autoritären, welche stärker von kooperativen Führungsstilen angesprochen?

6. Werten Sie folgende Grafik aus:

Motivations-Faktoren

Soviel Prozent der befragten Arbeitnehmer wären bereit, ihre beruflichen Anstrengungen zu steigern für ... (Mehrfachnennungen)[1])

– Höheres Einkommen	48
– Bessere Aufstiegs- und Karrierechancen	25
– Größere Selbständigkeit und Unabhängigkeit	25
– Mehr Möglichkeiten, eigene Ideen wirksam durchzusetzen	23
– Mehr Urlaub	22
– Eine interessantere Tätigkeit	22
– Mehr Einfluß, Entscheidungskompetenzen	22
– Freiere Gestaltungsmöglichkeiten bei der Arbeitszeit	21
– Verkürzung der Arbeitszeit	21
– Mehr Möglichkeiten, sich durch Tüchtigkeit und Leistung auszuzeichnen	16
– Soviel Prozent sind nicht bereit, ihre beruflichen Anstrengungen zu steigern	16

(Quelle: Institut der deutschen Wirtschaft iwd)

a) Ist nach Ihrer Ansicht die pessimistische These gerechtfertigt, daß die Unternehmen es bald nur noch mit einem „Heer freizeitlüsterner Mitarbeiter" zu tun haben werden?

b) Gut ein Fünftel der Mitarbeiter ist nicht zu einer Leistungssteigerung bereit. Nennen Sie mögliche Gründe.

c) Wie spiegeln sich die Bedürfnisstufen (vgl. S. 299) in der Statistik wider?

7. a) Beschreiben Sie den Führungsstil des nebenstehenden Artikels.

b) Nennen Sie drei Voraussetzungen des beschriebenen Führungsstils.

c) Beschreiben Sie, auf welchem Wege der Vorgesetzte Motivation schaffen kann.

d) Kooperative Führungsstile sind durchaus keine „weichen" Führungsstile. Es wird behauptet, daß auch sie inhumane Merkmale haben. Versuchen Sie, dies zu begründen.

> Der Vorgesetzte „von gestern" war ein Radfahrer: Nach oben buckeln und nach unten treten. Der Vorgesetzte von morgen, und zum Glück gibt es davon heute schon viele, ist seiner ganzen Struktur nach „andersherum". Er ist nach unten offen; er setzt seine größere berufliche Erfahrung dazu ein, die Ideen seiner jüngeren und meist weniger erfahrenen Untergebenen, die sich oft noch nicht so artikulieren können, zu erkennen. Er sieht einen wesentlichen Teil seiner Führungsaufgabe darin, beim Formulieren zu helfen und dann nach oben „zu treten", das heißt, nicht nur die Verantwortung, sondern auch dafür Sorge zu tragen, daß die Ideen nach oben durchgesetzt werden. Er agiert also wie ein „perverser Radfahrer" (lat. perversus = verdreht, verkehrt, schlecht).

8. a) Welche betrieblichen Sozialleistungen gewährt Ihr Betrieb?

b) Welche dieser Leistungen gewährt Ihr Betrieb auf freiwilliger Basis?

c) Konnten Sie bisher feststellen, daß diese Leistungen sich in irgendeiner Weise auf die Haltung der Beschäftigten auswirken?

d) Feiwillige betriebliche Sozialleistungen nehmen immer mehr ab. Welche Gründe gibt es hierfür?

---

[1]) EMNID-Umfrage bei 2000 Arbeitern und Angestellten

3 Probleme der Personalplanung und Personalorganisation

3.1 Personalbedarf

Personalbedarf tritt als **Neubedarf** (bei Betriebsgründung), als **Zusatzbedarf** (bei Betriebserweiterung) und als **Ersatzbedarf** (bei Personalabgängen) auf.

Bei Kapazitätseinschränkungen und Rationalisierungsmaßnahmen werden Personaleinsparungen nötig.

Der Personalbedarf muß nach **Quantität, Qualität, Ort** und **Zeit** geplant werden. Er wird im Stellenplan festgeschrieben.

Quantitativer Personalbedarf

Die Zahl der Mitarbeiter orientiert sich am geplanten Arbeitsanfall. Bei leitenden, planenden, kreativen Tätigkeiten wird man sich auf Schätzwerte stützen müssen. Bei ausführenden Tätigkeiten läßt sich der Bedarf nach folgender Formel berechnen:

$$\textbf{Personalbedarf} = \frac{\textbf{Bearbeitungsmenge} \cdot \textbf{Bearbeitungszeit}}{\textbf{Durchschnittliche Arbeitszeit/Monat}} + \textbf{Verteilzeitfaktor}$$

Beispiel:
Geplante Ausbringungsmenge = 1800 Stück/Monat
Arbeitszeit pro Stück = 3 Stunden
Durchschnittliche Arbeitszeit/Monat = 160 Std.
Verteilzeitfaktor = 10%

$$\text{Personalbedarf} = \frac{1800 \cdot 3}{160} + \left(\frac{1800 \cdot 3}{160} \cdot \frac{10}{100}\right) = 37{,}125 \approx 38$$

Plant man nach einer bestimmten Zeit eine Kapazitätsausweitung um 10%, so werden 41 Arbeitskräfte benötigt. Erwartet man weiterhin Abgänge von 4 Arbeitern (1mal Ruhestand, 2mal Kündigung, 1mal Wehrdienst) und 2 Zugänge (1mal Übernahme aus Ausbildungsverhältnis, 1mal Rückkehr vom Wehrdienst), so errechnet sich der Personalbedarf nach folgendem Schema:

Geplanter Bestand	41
– Gegenwärtiger Bestand	– 38
+ Abgänge	+ 4
– Zugänge	– 2
= Ersatz- und Neubedarf	= 5

Qualitativer Personalbedarf

Jede Stelle stellt bestimmte Anforderungen an den möglichen Stelleninhaber. Die Voraussetzungen, die er erfüllen muß, werden zweckmäßigerweise im Anforderungsprofil der Stellenbeschreibung[1]) festgehalten.

Zeitpunkt des Personalbedarfs

Um Hektik bei der Personalbeschaffung zu vermeiden, soll der Bedarfszeitpunkt hinreichend genau geplant werden. Dies ermöglicht auch, durch eine gezielte Personalentwicklung Nachwuchs auf bestimmte Stellen hin innerbetrieblich aufzubauen.

Informations- und Beratungsrecht des Betriebsrats

Der Betriebsrat ist über die Personalplanung, insbesondere über den Personalbedarf, rechtzeitig und umfassend anhand von Unterlagen zu informieren. Er hat ein Beratungsrecht und kann selbst Vorschläge machen (Betriebsverfassungsgesetz § 92).

3.2 Personalbeschaffung

Bei Personalbedarf wird in vielen Unternehmen eine **Personalanforderung** auf einem Formular vom anfordernden Bereich an die Personalabteilung gerichtet. Alle notwendigen Angaben, wie Stellenaufgaben, Anforderungen, Arbeitsort und -zeit, Lohn-/Gehaltsgruppe, Bedarfszeitpunkt sind darin enthalten.

Der **Betriebsrat** hat bei Personaleinstellungen ein **Mitbestimmungsrecht:**

Betriebsverfassungsgesetz

§ 93

Der Betriebsrat kann verlangen, daß Arbeitsplätze ... vor ihrer Besetzung innerhalb des Betriebs ausgeschrieben werden.

§ 95 (1)

Richtlinien über die personelle Auswahl bei Einstellungen, Versetzungen, Umgruppierungen und Kündigungen bedürfen der Zustimmung des Betriebsrats. ...

§ 99

...hat der Arbeitgeber den Betriebsrat vor jeder Einstellung ... und Versetzung zu unterrichten ... und die Zustimmung des Betriebsrats zu der geplanten Maßnahme einzuholen.

Der Betriebsrat kann vor allem Einspruch erheben, wenn gesetzliche oder tarifvertragliche Bestimmungen verletzt werden oder beschäftigte Arbeitnehmer gekündigt werden oder sonstige Nachteile erleiden.

---

[1]) vgl. S. 302

Das Ausschreibungsverfahren wird oft in Betriebsvereinbarungen zwischen Arbeitgeber und Betriebsrat schriftlich festgehalten.

Betriebsvereinbarungen sind **Verträge zwischen Arbeitgeber und Betriebsrat.** Sie regeln Fragen der Arbeitsbedingungen (z. B. Urlaubsplan, Beginn und Ende der Arbeitszeit, Betriebsordnung), der Mitbestimmung, der Verhütung von Arbeitsunfällen und Gesundheitsschädigungen, der Errichtung von Sozialeinrichtungen und der Förderung der Vermögensbildung. Hat ein Tarifvertrag die Fragen schon geregelt, so können sie allerdings nicht Gegenstand von Betriebsvereinbarungen werden, es sei denn, der Tarifvertrag läßt den Abschluß ergänzender Betriebsvereinbarungen ausdrücklich zu (BetrVG § 77, (3)). Betriebsvereinbarungen gelten unmittelbar und zwingend.

Neben der **internen Personalanwerbung** über die innerbetriebliche Stellenausschreibung kann der Betrieb eine **externe Personalanwerbung** vornehmen:

- Anfrage beim Arbeitsamt,
- Aufgabe einer Zeitungsanzeige,
- Anfrage bei einer Unternehmung für Zeitarbeit.

Das Verfahren der Personalauswahl aufgrund der eingehenden Bewerbungen läuft anschließend etwa folgendermaßen ab:

Verfahren der Personalauswahl	
Die Bewerbung soll Bewerbungsschreiben, Lebenslauf, alle notwendigen Zeugnisse, Lichtbild, ggf. Referenzen umfassen.	
Analyse der Bewerbungsunterlagen	– Unterlagen nicht vollständig – Unterlagen nicht formgerecht – Zwingende Anforderungen des Anforderungsprofils nicht erfüllt } Absage
↓ Tests oder andere geeignete Überprüfungen	– Leistungstests – Intelligenztests – Persönlichkeitstests – Assessment-Center (Beurteilungsseminar mit umfangreichem Testprogramm)
↓ Vorstellungsgespräch, Interview	– systematisches Interview (durch Personal- und Abteilungsleiter) – Streß-Interview (Kreuzfeuer durch mehrere Befrager) – Lösung von Praxisfällen – Geschäftsessen
↓ Vorläufige Einstellung	Arbeitsvertrag mit notwendigem Inhalt[1])
↓ Endgültige Einstellung	nach Bewährung in der Probezeit

[1]) Vgl. S. 549f.

Das Vorstellungsgespräch soll abklären, ob die Erwartungen von Arbeitgeber und Bewerber übereinstimmen. Nicht nur der Arbeitgeber sollte sich über den Bewerber und seine Fähigkeiten informieren, sondern auch der Bewerber über den Betrieb, seine Eigenarten und Leistungen sowie über die zu besetzende Stelle (Stellenbeschreibung!). Der Inhalt des Arbeitsvertrags sollte abgeklärt werden.

Der neue Mitarbeiter ist gezielt in seine neue Tätigkeit einzuweisen. Dabei benötigen sowohl die bereits vorhandenen Mitarbeiter als auch der neue Mitarbeiter Informationen, um Leerlauf und Reibungsverluste zu vermeiden.

Personaleinweisung	
Informationen für die Arbeitsgruppe	**Informationen für den Einzuführenden**
über: – die Person des neuen Mitarbeiters – den beruflichen Werdegang/die Ausbildung – das zukünftige Tätigkeitsgebiet – die Zuweisung eines Paten/Betreuers – die Kompetenzen, Über- und Unterordnung – den Betriebsablauf – die Anlaufstelle für Schwierigkeiten	– Begrüßung in der Gruppe – Einführung in die Arbeitsordnung – Einführung in die Arbeitsaufgabe – Anlernen am Arbeitsplatz – Bekanntmachung mit der Organisationsstruktur – Kontrolle der Einarbeitung

Im einzelnen können folgende Informationen für den neuen Mitarbeiter von Bedeutung sein:

- **Begrüßung**
  Aushändigung von Informationsmaterial wie Stellenbeschreibung, Betriebsordnung, Vorstellen der engen Mitarbeiter
- **Arbeitsordnung**
  Arbeitszeit, Pausenregelung, Überstunden, Gleitzeit, Schichtdienst, Arbeitsentgelt, Abrechnungsmethode, Termine, Vorschüsse, Verhalten am Arbeitsplatz, Rauchen, Sicherheit, Passierscheine, Garderobe, Waschräume
- **Arbeitsaufgabe**
  Erklären der Stellenbeschreibung, systematischer Überblick, Erklären der Tätigkeit – Vormachen – Selbermachen unter Aufsicht
- **Organisation**
  Aufbau- und Ablauforganisation, Produktprogramme, Informationssysteme
- **Kontrolle**
  Gespräch mit den Mitarbeitern, Befragen des neuen Mitarbeiters, Kontrolle der Arbeitsergebnisse

3.3 Personalbeurteilung

Ein Tarifvertrag für die metallverarbeitende Industrie, abgeschlossen mit der IG-Metall und der Deutschen Angestellten-Gewerkschaft, enthält 7 Paragraphen zur Leistungsbeurteilung von Angestellten.

Arbeitnehmer: Ernst Marbeit

<table>
<tr><td rowspan="7">Die zur Beurteilung der persönlichen Leistung anzuwendenden Beurteilungsmerkmale bestimmt der § 2:
1. Anwendung der Kenntnisse
Darunter ist zu verstehen Sorgfalt, Genauigkeit und Zuverlässigkeit.
2. Arbeitseinsatz
Das sind Intensität, Wirksamkeit, Selbständigkeit und Kostenbewußtsein.
3. Arbeitsverhalten bei unterschiedlichen Arbeitssituationen,
also Überblick, Beweglichkeit und Setzen von Prioritäten.
4. Zusammenarbeit
Darunter verstehen die Tarifparteien Informationsaustausch, Überzeugungsfähigkeit und Zusammenarbeit zur gemeinsamen Lösung von Aufgaben.</td><td>Beurteilungsstufen Punkte</td><td>Anwendung der Kenntnisse</td><td>Arbeitseinsatz</td><td>Arbeitsverhalten bei unterschiedlichen Arbeitssituationen</td><td>Zusammenarbeit</td></tr>
<tr><td>a) Genügt den Anforderungen nicht immer 0</td><td></td><td></td><td></td><td></td></tr>
<tr><td>b) Genügt den Anforderungen fast immer 2</td><td></td><td>2</td><td></td><td></td></tr>
<tr><td>c) Genügt den Anforderungen in vollem Umfang 4</td><td>4</td><td></td><td></td><td></td></tr>
<tr><td>d) Übertrifft die Anforderungen 6</td><td></td><td></td><td>6</td><td></td></tr>
<tr><td>e) Übertrifft die Anforderungen in besonderem Umfang 8</td><td></td><td></td><td></td><td>8</td></tr>
<tr><td>Summe: 20</td><td>4</td><td>2</td><td>6</td><td>8</td></tr>
</table>

Notwendigkeit der Personalbeurteilung

Personalbeurteilungen werden notwendig, wenn Mitarbeiter Leistungszuschläge, Gehaltsanhebungen, Versetzungen, Beförderungen, Weiterbildungsmaßnahmen beantragen oder aus dem Betrieb ausscheiden. Der Vorgesetzte benötigt die Beurteilung, um seine Entscheidung sachgerecht treffen zu können.

Auch eine periodische Beurteilung alle ein bis zwei Jahre hat sich in der Praxis bewährt.

Beim Ausscheiden aus dem Betrieb kann der Arbeitnehmer ein einfaches oder qualifiziertes Arbeitszeugnis verlangen[1]). Bei der Bewertung der Leistungen wird dabei vielfach eine Art Geheimsprache benutzt.

---

[1]) vgl. S. 551

Alles über die „Geheimsprache" der Chefs in den Zeugnissen

Nach dem Bürgerlichen Gesetzbuch hat jeder Arbeitnehmer in der Bundesrepublik bei Beendigung des Arbeitsverhältnisses Anspruch auf ein Zeugnis. Darin darf nach dem Arbeitsrecht nicht unobjektiv Schädigendes stehen. Andererseits aber hat der Bundesgerichtshof entschieden: „Wenn ein ungetreuer Buchhalter auch den neuen Arbeitgeber hereinlegt, muß der frühere den Schaden ersetzen, wenn er ein gutes Zeugnis ausgestellt hat." Aktenzeichen: VI ZR 193/69. Zur Umschiffung dieser Klippen haben die Personalchefs ihre Geheimsprache vereinbart. Es ist gut, sie zu kennen. Denn schließlich kommt es nicht selten vor, daß Arbeitnehmer zu Unrecht ungenügend bewertet werden.

	... das schreiben sie	**... und das meinen sie**
1.	Er (sie) hat die ihm (ihr) übertragenen Arbeiten stets zu unserer vollsten Zufriedenheit erledigt.	Sehr gute Leistungen
2.	Er hat die ihm übertragenen Arbeiten stets zu unserer vollen Zufriedenheit erledigt.	Gute Leistungen
3.	Er hat die ihm übertragenen Arbeiten zu unserer Zufriedenheit erledigt.	Ausreichende Leistungen
4.	Er hat die ihm übertragenen Arbeiten im großen und ganzen zu unserer Zufriedenheit erledigt.	Mangelhafte Leistungen
5.	Er hat sich bemüht, die ihm übertragenen Arbeiten zu unserer Zufriedenheit zu erledigen.	Unzureichende Leistungen
6.	Er hat alle Arbeiten ordnungsgemäß erledigt.	Er ist ein Bürokrat, der keine Initiative entwickelt.
7.	Mit seinen Vorgesetzten ist er gut zurechtgekommen.	Er ist ein Mitläufer, der sich gut anpaßt.
8.	Er war sehr tüchtig und wußte sich gut zu verkaufen.	Er ist ein unangenehmer Mitarbeiter.
9.	Wegen seiner Pünktlichkeit war er stets ein gutes Vorbild.	Er war in jeder Hinsicht eine Niete.
10.	Wir haben uns im gegenseitigen Einvernehmen getrennt.	Wir haben ihm gekündigt.
11.	Er bemühte sich, seinen Aufgaben gerecht zu werden.	Er hat versagt.
12.	Er hat sich im Rahmen seiner Fähigkeiten eingesetzt.	Er hat getan, was er konnte, aber das war nicht viel.
13.	Alle Arbeiten erledigte er mit großem Fleiß und Interesse.	Er war eifrig, aber nicht besonders tüchtig.
14.	Er zeigte für seine Arbeit Verständnis.	Er war faul und hat nichts geleistet.
15.	Wir lernten sie als umgängliche Kollegin kennen.	Viele Mitarbeiter sahen sie lieber von hinten als von vorn.
16.	Sie ist eine zuverlässige (gewissenhafte) Mitarbeiterin.	Sie ist zur Stelle, wenn man sie braucht, allerdings ist sie nicht immer brauchbar.
17.	Durch seine Geselligkeit trug er zur Verbesserung des Betriebsklimas bei.	Er neigt zu übertriebenem Alkoholgenuß.

(Quelle: Deutsche Gewerkschafts-Zeitung)

Beurteilender und Gegenstand der Beurteilung

Die Personalabteilung kann Beurteilungsrichtlinien erlassen. Beurteilen darf jedoch nur, wer direkt und ständig mit dem zu Beurteilenden zusammengearbeitet hat (Vorgesetzter). Manchmal sollte der Vorgesetzte des Beurteilenden eine Kontrolle der Beurteilung vornehmen, um eine persönliche Abneigung zu neutralisieren.

Folgende Daten fließen in eine Beurteilung ein:

- Fachkönnen: Fachkenntnisse, Fertigkeiten
- geistige Fähigkeiten: Auffassungsvermögen, Kreativität, Organisationsvermögen, Selbständigkeit, Verhandlungsgeschick
- Arbeitsverhalten: Arbeitsqualität, Arbeitstempo, Ausdauer, Einsatzbereitschaft, Belastbarkeit, Materialbehandlung, Ordnung, Pünktlichkeit, Kostenbewußtsein
- Kooperation: Kontaktvermögen, Umgangsformen, Sozialverhalten, Auftreten
- Führungseigenschaften: Zielsetzungs- und Entscheidungsfähigkeit, Motivationsfähigkeit, Verantwortungsbewußtsein, Delegationsvermögen, Durchsetzungsvermögen, Selbstbeherrschung, Vertrauenswürdigkeit, Repräsentationsfähigkeit

Ein solcher Katalog von Bewertungskriterien muß auf die individuelle Tätigkeit, auf den Arbeitsplatz und auf die Ranghöhe genau abgestimmt werden. Ebenso hängt er vom Zweck der Beurteilung ab.

Das Beurteilungsverfahren kann die Bewertungskriterien vorgeben. Es kann dem Beurteiler sogar Vorgaben für die Formulierung machen. Das hat den Vorteil, daß die Aussagen mit anderen Beurteilungen vergleichbar sind.

Wenn keine Bewertungspunkte vorgegeben sind, sollte der Vorgesetzte durch eine möglichst große Zahl von Einzelbeobachtungen das natürliche Verhalten des Mitarbeiters bei seiner Aufgabenerfüllung erfassen und schriftlich festhalten. Dem Gedächtnis sollte man nicht vertrauen. Der Beobachtete sollte keine Kenntnis vom Zeitpunkt der Beobachtung zum Zweck seiner Beurteilung haben.

Die Beurteilung soll sich an bekannten Zielen und Aufgaben (Stellenbeschreibung) orientieren.

Der zu Beurteilende muß vor einer abschließenden schriftlichen Formulierung der Beurteilung die Möglichkeit zur kritischen **Stellungnahme** haben. Eine Aussprache über das Verfahren und das Ergebnis der Beurteilung ist zu empfehlen. Eine Gegendarstellung ist aufzunehmen.

Darüber hinaus schreibt das Betriebsverfassungsgesetz vor, daß der Arbeitnehmer in die über ihn geführten Personalakten Einsicht nehmen kann (BVG § 83).

Beurteilungsfehler

Vorurteile („Nasenfaktor") können die Beurteilung färben. Deshalb sind meßbare Bewertungsgrößen und Kontrollbeurteilungen sinnvoll.

Bewußt falsche Beurteilungen liegen vor, wenn untüchtige Mitarbeiter weggelobt werden, während die Fähigen zu schlecht abschneiden. Dies führt zu Unzufriedenheit und Leistungsabfall. Der Vorgesetzte ist über sein Fehlverhalten aufzuklären.

Der schwache Vorgesetzte will es allen recht machen. Seine Beurteilungen liegen immer in der Mitte, sind milde, unklar, nichtssagend und folglich wertlos. Er muß ebenfalls auf den Sinn von Beurteilungen aufmerksam gemacht werden.

3.4 Personalentwicklung

Die Personalentwicklung beinhaltet die persönliche und berufliche Entwicklung der Mitarbeiter. Sie umfaßt vor allem die betriebliche Ausbildung, Fortbildung und Weiterbildung.

Ausbildung

Das betriebliche Ausbildungssystem bildet neue Mitarbeiter für Ersatz- und Neubedarf heran.

Eine Berufsausbildung darf nur in einem anerkannten Ausbildungsberuf nach der dazu erlassenen Ausbildungsordnung erfolgen. Der wesentliche Inhalt des Ausbildungsvertrags muß unverzüglich nach Vertragsabschluß, spätestens vor Beginn der Berufsausbildung, schriftlich niedergelegt werden. Die Ausbildung muß vom Ausbildenden selbst oder von einem Ausbilder durchgeführt werden, der die persönliche und fachliche Fähigkeit zur Ausbildung nachgewiesen hat.

Pflichten der Vertragsparteien	
Pflichten des Ausbildenden (§ 6 BBiG)	**Pflichten des Auszubildenden** (§ 9 BBiG)
– dafür sorgen, daß die dem Ziel entsprechenden Kenntnisse und Fertigkeiten vermittelt werden – planmäßig, zeitgemäß und sachlich gegliedert ausbilden – selbst ausbilden oder Ausbildungsbeauftragte benennen – kostenlos Ausbildungsmittel bereitstellen – zum Besuch der Berufsschule anhalten – charakterlich fördern und sittlich und körperlich nicht gefährden – nur Verrichtungen übertragen, die dem Ausbildungszweck dienen	– im Rahmen der Berufsausbildung übertragene Verrichtungen sorgfältig durchführen – an Ausbildungsmaßnamen teilnehmen, für die er freigestellt ist – Weisungen im Rahmen der Berufsausbildung befolgen – Betriebsordnung beachten – Werkzeuge, Einrichtungen pfleglich behandeln – Verschwiegenheit

Eine Kündigung ist während der Probezeit (höchstens 3 Monate) jederzeit, später nur aus wichtigem Grund möglich (durch den Auszubildenden auch, wenn er die Berufsausbildung aufgeben will, mit 4 Wochen Frist). Die Ausbildungszeit endet meist mit dem Bestehen der Berufsabschlußprüfung. Der Auszubildende kann ein Zeugnis verlangen.

Fort- und Weiterbildung

Die betriebliche **Fortbildung** fördert die Eignung für Neuerungen bei der Ausführung der bisherigen Tätigkeit (z. B. Anpassung an technische Neuerungen).

Die betriebliche **Weiterbildung** schafft die Eignungsvoraussetzungen für höherqualifizierte Tätigkeiten (Aufstiegsförderung).

Bisweilen werden auch **Umschulungen** notwendig, wenn Arbeitsplätze wegfallen, die Arbeitnehmer aber nicht entlassen werden sollen, oder wenn der Arbeitnehmer aus gesundheitlichen Gründen seine bisherige Tätigkeit aufgeben muß.

Kontrolle des Lernerfolgs

1. Die Abteilung Personal umfaßt die Stellen Personalleiter, Personalassistent, Sekretariat, Personalverwaltung, Ausbildungswesen, die mit je einem Stelleninhaber besetzt sind. Es gibt folgende Veränderungen: Der Assistent erhält eine neu zu bildende Stelle REFA. Die Sekretärin scheidet wegen Heirat aus. Der Personalleiter geht in den Ruhestand. Es wird eine neue Stelle Sozialwesen gebildet.
   Erstellen Sie ein Planungsschema für den Personalbedarf.

2. Eine Unternehmung mit Fließfertigung plant eine Ausbringungsmenge von 10000 Stück monatlich. Die Taktzeit beträgt 20 Minuten, die durchschnittliche monatliche Arbeitszeit 156 Stunden, der Verteilzeitzuschlag 0,5%. Berechnen Sie den Personalbedarf für die Anlage.

3. Welche Vorteile haben innerbetriebliche Stellenausschreibungen für Betrieb und Mitarbeiter?

4. Vergleichen Sie folgende Stellenanzeigen:

Stellenangebot

Bezirksleiter gesucht
(Alter 25–35 Jahre)
Sind Sie bereit, sich im Direktverkauf und in der Anwerbung und Führung von Mitarbeitern zu bewähren, so werden Sie bei uns schnell Karriere machen. Wir bieten Festanstellung, hohe Erfolgsbeteiligung und Spesen.
Ihre Bewerbung richten Sie an:
Hakawerk
7035 Waldenbuch
Telefon 07157/4031

Stellengesuch

Betriebswirt, 30 J., Personalmann, Führerschein Kl. III, eigener Wagen, Englisch/Spanisch, sucht per 1. 6. neue Tätigkeit. E 551 RP, Düsseldorf 13, Gärtnerstraße 8.

   a) Prüfen Sie inhaltliche Übereinstimmung oder etwaige Unterschiede.
   b) Beschreiben Sie das Verfahren der Bewerbung und der Personalauswahl.
   c) Notieren Sie 10 Fragen, die Sie im Vorstellungsgespräch dem Bewerber stellen würden.
   d) Notieren Sie 10 Fragen, die Sie als Bewerber auf das Stellenangebot stellen würden.

5. a) Ordnen Sie folgende Stufen des Vorstellungsgespräches in eine logische Reihenfolge: Vertragsverhandlung, berufliche Entwicklung, Information über das Unternehmen, die persönliche Situation des Bewerbers, schulischer Werdegang, Begrüßung.
   b) Führen Sie zu den Anzeigen in Frage 4 das Vorstellungsgespräch.

6. Wann sollte ein Auszubildender nach Ihrer Ansicht beurteilt werden?

7. Wie kann man bei einer Mitarbeiterbeurteilung vorgehen, wenn keine Bewertungsbögen vorliegen?

8. Warum werden die Bewertungen in einem Arbeitszeugnis häufig in einer verklausulierten „Geheimsprache" abgefaßt?

9. Welche Anforderungen sollte nach Ihrer Meinung eine Mitarbeiterbeurteilung erfüllen?

4 Entlohnung der Arbeitsleistung

4.1 Bestimmungsfaktoren der Lohnfindung

Jede Entlohnung sollte gerecht sein. Aber was bedeutet „gerecht"? Wenn man die Arbeitnehmer befragt, so meinen die meisten, sie schnitten im Vergleich mit anderen zu schlecht ab.

- Da sind Herr Schwarz, Herr Appel und Herr Kuhn. Sie arbeiten in einer Montagekolonne im Gruppenakkord, d. h. sie werden nach der gemeinsamen Leistung bezahlt. Trotzdem verdienen sie nicht das gleiche. Herr Kuhn ist unzufrieden, weil Herr Appel bei gleicher Leistung einen Alterszuschlag von 5% erhält. Herr Schwarz, der Kolonnenführer, meint, mit einem Leistungszuschlag von nur 10% sei er zu schlecht bedient. Schließlich trage er viel Verantwortung.
- Herr Appel hat einen Bekannten, der in einer anderen Unternehmung die gleiche Tätigkeit verrichtet, aber im Stundenlohn bezahlt wird. Trotzdem verdient er das gleiche, weil die Arbeitnehmer dieses Betriebes übertariflich entlohnt werden. Herr Appel findet dies höchst ungerecht.
- Eine Bekannte von Herrn Appel ist Sekretärin. Er weiß, daß er im Durchschnitt nicht mehr verdient als sie, obwohl er Schichtarbeit leistet (sie hat eine gleichbleibende Arbeitszeit), höheren körperlichen Belastungen ausgesetzt ist und mehr Lärm ertragen muß. Er meint, auch dies sei ungerecht. Allerdings übersieht er gern, daß seine Bekannte eine lange, qualifizierte Ausbildung benötigte und zwei Fremdsprachen beherrscht.

Schwierigkeitsgrad und Leistungsgrad

Der Lohn (das Arbeitsentgelt) ist der Preis für den Einsatz des Produktionsfaktors Arbeit.

Grundsätzlich gilt:
Wer eine schwierigere Arbeit verrichtet, verdient eine höhere Entlohnung. Bei gleicher Schwierigkeit muß die höhere Leistung besser entlohnt werden.

Der **Schwierigkeitsgrad** von Tätigkeiten wird durch Arbeitswertstudien ermittelt. Der **Leistungsgrad** läßt sich ermitteln, wenn bekannt ist, welche quantitative Leistung in einer bestimmten Zeit als „normal" anzusehen ist.

Die quantitative Arbeitsleistung (oder Arbeitsproduktivität) ist das Verhältnis von Ausbringungsmenge und Arbeitszeit.

$$\textbf{Quantitative Arbeitsleistung} = \textbf{Arbeitsproduktivität} = \frac{\textbf{Ausbringungsmenge}}{\textbf{Arbeitszeit}}$$

Beispiel:
Ausbringungsmenge = 20 Stück; Zeit = 2 Stunden

Quantitative Arbeitsleistung (Arbeitsproduktivität) = $\frac{20}{2}$ Stück/Std. = 10 Stück/Std.

Für den Zweck der Entlohnung wird für die zu leistende Arbeit eine Vorgabezeit (Sollzeit) ermittelt. Sie ist der Zeitverbrauch für die ordnungsgemäße Erledigung einer Aufgabe bei Normalleistung. Sie wird durch Arbeitszeitstudien festgelegt.

Entscheidend für die Entlohnung ist der **Leistungsgrad.** Er drückt die tatsächliche Leistung in Prozent der Normalleistung aus:

$$\textbf{Leistungsgrad} = \frac{\textbf{Istleistung}}{\textbf{Normalleistung}} \cdot 100$$

Beispiel:
Normalleistung = 8 Stück/Std., Istleistung = 9 Stück/Std.
$\text{Leistungsgrad} = \frac{9}{8} \cdot 100 = 112{,}5\,\%$

Der Leistungsgrad kann auch in einen Zeitgrad umgerechnet werden:

$$\frac{\textbf{Istleistung}}{\textbf{Normalleistung}} = \frac{\dfrac{\textbf{Ausbringungsmenge}}{\textbf{Ist-Arbeitszeit}}}{\dfrac{\textbf{Ausbringungsmenge}}{\textbf{Soll-Arbeitszeit}}} = \frac{\textbf{Soll-Arbeitszeit}}{\textbf{Ist-Arbeitszeit}}$$

Der **Zeitgrad** drückt die vorgegebene Sollzeit in Prozent der erzielten Istzeit aus:

$$\textbf{Zeitgrad} = \frac{\textbf{Sollzeit}}{\textbf{Istzeit}} \cdot 100$$

Beispiel:
Normalleistung = 8 Stück/Std. Dies entspricht einer Sollzeit von $7\frac{1}{2}$ Minuten/Stück oder $\frac{15}{2}$ Minuten/Stück.
Istleistung = 9 Stück/Std. Dies entspricht einer Istzeit von $6\frac{2}{3}$ Minuten/Stück oder $\frac{20}{3}$ Minuten/Stück.

$$\frac{\frac{15}{2}}{\frac{20}{3}} \cdot 100 = \left(\frac{15}{2} \cdot \frac{3}{20}\right) \cdot 100 = \frac{45}{40} \cdot 100 = 112{,}5\,\%$$

Bei repetitiven Tätigkeiten läßt sich die quantitative Leistung verhältnismäßig gut durch die mengenmäßige Produktivität messen. Je weniger sich das Ergebnis einer Tätigkeit durch Stückzahlen oder Mengen ausdrücken läßt, je ungleichförmiger oder kreativer die übertragenen Aufgaben sind, desto eher muß man entweder auf eine direkte Leistungsmessung völlig verzichten oder aber einen anderen Leistungsmaßstab suchen, z. B. die vermittelten Umsätze (wertbezogener Leistungsmaßstab).

Je nach der Art und Weise, wie die quantitative Leistung zur Berechnung des Arbeitsentgelts herangezogen wird, unterscheidet man verschiedene Formen des Entgelts:

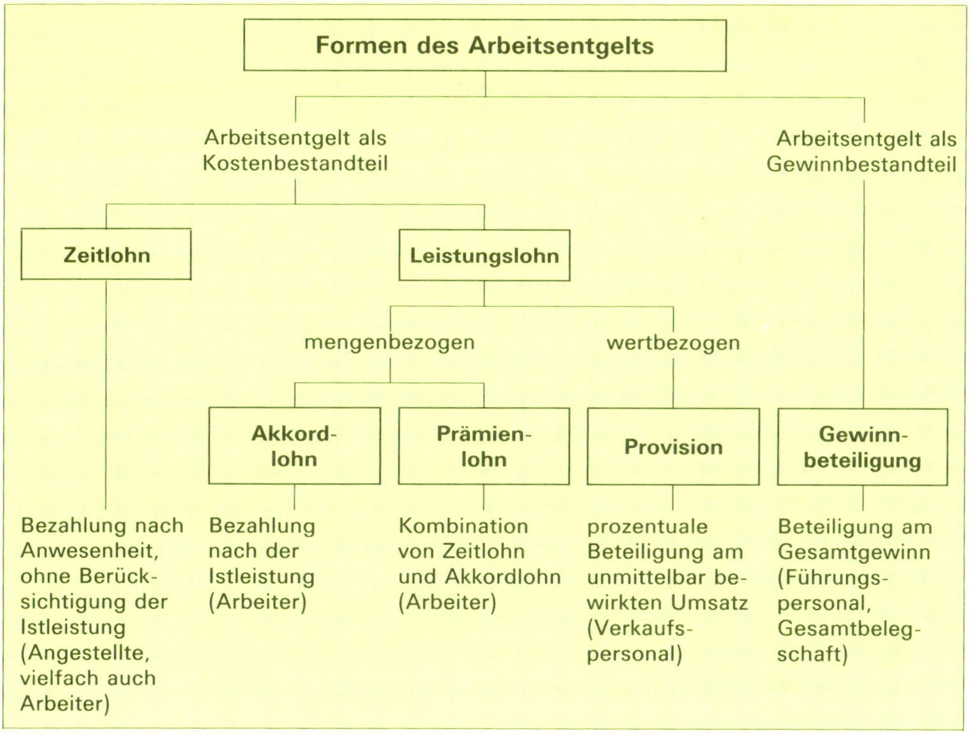

Weitere Bestimmungsfaktoren der Lohnfindung

Neben dem Schwierigkeitsgrad und dem Leistungsgrad können soziale Komponenten die Höhe des Entgelts beeinflussen.

Soziale Bestimmungsfaktoren des Entgelts
Lebensalter Ältere Arbeitnehmer erhalten gegebenenfalls einen höheren Grundlohn als jüngere.
Familienstand Verheiratete und Arbeitnehmer mit Kindern erhalten gegebenenfalls Familienzuschläge.
Betriebszugehörigkeit Langjährige Arbeitnehmer erhalten gegebenenfalls längeren Urlaub, höhere Erfolgsprämien und Gratifikationen sowie Jubiläumsgeschenke oder Lohnzuschläge.

Diese Leistungen durchbrechen den Grundsatz: „Gleicher Lohn für gleiche Arbeit". Sie können deshalb zu Spannungen im Betrieb führen, wenn sie regelmäßige Lohnbestandteile sind. Man zieht deshalb einmalige Zahlungen vor, wie sie sich in Gratifikationen, Jubiläumsgeschenken und ähnlichen Leistungen ausdrücken. Auch ist zu bedenken, daß Lebensalter und Familienstand bereits in einer unterschiedlichen Besteuerung der Bruttoeinkommen und in Kindergeldzahlungen durch den Staat berücksichtigt werden.

4.2 Zeitlohn

Der *Zeitlohn* entlohnt die Arbeitnehmer nach der Dauer der abgeleisteten Arbeitszeit. Meßgröße ist bei Arbeitern der Stundenlohn, bei Angestellten das Monatsgehalt. Die Entlohnung erfolgt unabhängig davon, ob die Normalleistung unter- oder überschritten wird.

Der Begriff **Zeit**lohn bedeutet nicht, daß die Stückleistung unerheblich ist. Man geht vielmehr von einer bestimmten Normalleistung aus, die beim einzelnen nur anhand der Zeitgröße zu ermitteln ist.

Der Arbeitnehmer kann beim Zeitlohn von einem festen Einkommen ausgehen, vorausgesetzt, er leistet die erforderlichen Stunden. Der Arbeitgeber hat auf der anderen Seite feste Gesamtkosten, die aber auf das Stück bezogen veränderlich sind. Bei einer höheren produzierten Stückzahl im Vergleich zur Normalleistung sinken die Stücklohnkosten.

Beispiel:
Stundenlohn:12,— DM
Normalleistung: 10 Stück je Stunde

Stück/Stunde	Arbeitszeit/Stück	Lohnkosten/Stück
8	7,5 Min.	1,50 DM
10	6 Min.	1,20 DM
12	5 Min.	1,— DM

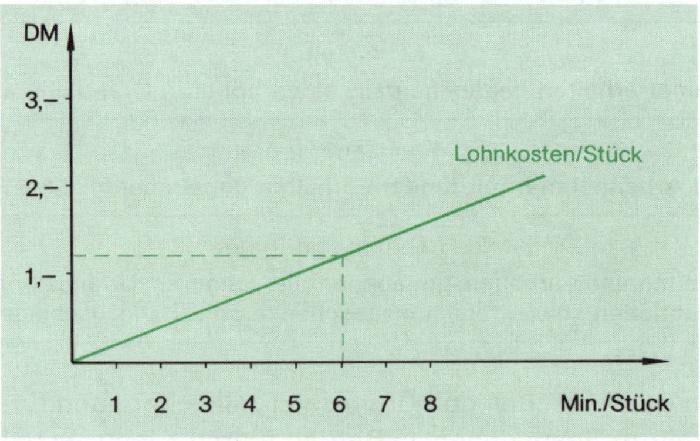

Der Zeitlohn ist überall dort zu verwenden, wo der Anreiz zu überhöhter Leistung unzweckmäßig ist oder die Arbeitnehmer selbst wenig Einfluß auf ihre eigene Leistung nehmen können, wie z. B. bei Fließbandarbeiten.

Vor- und Nachteile des Zeitlohnes		
Vorteile	Anwendungsbeispiele des Zeitlohnes	Nachteile
– Die freie Arbeitszeit verringert den Ausschuß.	**Präzisionsarbeiten**	– Es besteht kein Anreiz für höhere Stückzahlen.
– Das Tempo bestimmt allein die Maschine.	**Fließband, Maschinenbedienung**	– Sorgfältige Bedienung wird nicht belohnt.
– Leistungsmengen brauchen nicht ermittelt zu werden.	**Bürotätigkeiten**	– Leerlaufzeiten werden nicht immer sinnvoll genutzt.
– Es besteht genügend Zeit für eine gründliche Einarbeitung.	**Einarbeitungen**	– Zeitvorgaben werden nicht abgekürzt.

4.3 Akkordlohn

Beim *Akkordlohn* werden die Arbeitnehmer nach der mengenmäßigen Leistung entlohnt.

Der Akkordlohn setzt meßbare, gleichartige Leistungen voraus, bei denen der Arbeiter selbst das Tempo bestimmen kann.
Bestandteile des Akkordlohns sind ein garantierter Mindestlohn und ein Akkordzuschlag. Sie ergeben zusammen den Akkordrichtsatz.

Beispiel:

garantierter Mindestlohn	8,— DM	Entspricht dem Zeitlohn; also Normalleistung, Leistungsgrad 100 %
+ Akkordzuschlag, 20 %	1,60 DM	+ Akkordzuschlag von meist 10–25 %
Akkordrichtsatz (Grundlohn)	9,60 DM	Stundenverdienst des Akkordarbeiters bei Normalleistung; er liegt von vornherein über dem Zeitlohn für vergleichbare Arbeit, weil eine größere Arbeitsintensität unterstellt wird.

Es sind Geldakkord und Zeitakkord zu unterscheiden:

Beim *Geldakkord* wird ein fester Geldsatz pro Stück (Stückgeld) vergütet:

$$\textbf{Stückgeld} = \frac{\textbf{Akkordrichtsatz}}{\textbf{Normalleistung/Std.}}$$

Beispiel:
Normalleistung/Std.: 6 Stück
Akkordrichtsatz: 9,60 DM

$$\text{Stückgeld} = \frac{9{,}60\ \text{DM}}{6\ \text{Stück}} = 1{,}60\ \text{DM/Stück}$$

Das Arbeitsentgelt errechnet sich beim Geldakkord wie folgt:

Arbeitsentgelt = Istleistung · Stückgeld

Beispiel:
Der Arbeiter verdient an einem 8-Stunden-Tag
- bei einer Normalleistung von 48 Stück: 48 · 1,60 DM = 76,80 DM
- bei einer Istleistung von 60 Stück: 60 · 1,60 DM = 96,— DM
- bei einer Istleistung von 30 Stück: 30 · 1,60 DM = 48,— DM
  (Da aber der Mindestlohn 8,— DM/Std. beträgt, verdient er auch bei einer Istleistung von nur 30 Stück 64,— DM)[1].

Jede einzelne Tätigkeit hat ihr eigenes Stückgeld. Der Geldakkord hat deshalb den Nachteil, daß alle Stückgelder neu berechnet werden müssen, wenn sich die Tariflöhne (Mindestlöhne) ändern.

Beim *Zeitakkord* wird die Vorgabezeit pro Stück vorgegeben und mit dem Preis pro Minute (Minutenfaktor) vergütet.

$$\text{Stückgeld} = \frac{\text{Akkordrichtsatz}}{\text{Normalleistung/Std.}}$$

$$\text{Stückgeld} = \frac{\text{Akkordrichtsatz}}{\text{60 Min.}} \cdot \frac{\text{60 Min.}}{\text{Normalleistung/Std.}}$$

$$\text{Stückgeld} = \text{Minutenfaktor} \cdot \text{Vorgabezeit/Stck.}$$

$$\text{Arbeitsentgelt} = \text{Istleistung} \cdot \underbrace{\text{Minutenfaktor} \cdot \text{Vorgabezeit/Stck.}}_{\text{Stückgeld}} \quad \text{(Zeitakkord)}$$

$$\text{Arbeitsentgelt} = \text{Istleistung} \cdot \text{Stückgeld} \quad \text{(Geldakkord)}$$

Beispiel:
Mindestlohn 8,— DM/Std.; Akkordzuschlag 20%; Normalleistung 6 Stück/Std. Dann gilt:
Akkordrichtsatz = 8,— DM + 20% = 8,— DM + 1,60 DM = 9,60 DM
Stückgeld = 9,60 DM : 6 Stück/Std. = 1,60 DM/Stück
Minutenfaktor = 9,60 DM : 60 Min. = 0,16 DM/Min.
Vorgabezeit/Stück = 60 Min. : 6 Stück = 10 Min.
Arbeitsentgelt für 8 Stunden bei
- Normalleistung von 48 Stück: 48 · 0,16 DM · 10 = 48 · 1,60 DM = 76,80 DM
- Istleistung von 60 Stück: 60 · 0,16 DM · 10 = 60 · 1,60 DM = 96,— DM
- Istleistung von 30 Stück: 30 · 0,16 DM · 10 = 30 · 1,60 DM = 48,— DM

Aber Mindestlohn = 8,— DM · 8 Std. = 64,— DM[1])

Jede einzelne Tätigkeit hat ihren eigenen Minutenfaktor. Bei Tariflohnänderungen bleiben die Vorgabezeiten unverändert; die Minutenfaktoren müssen neu berechnet werden. Beim Akkordlohn bleiben die Lohnkosten/Stück bei Abweichungen von der Normalleistung gleich. Sie steigen erst an, wenn gilt:

$$\text{Vorgabezeit/Stück} \cdot \text{Minutenfaktor} < \text{Mindestlohn}$$

[1]) Das Beispiel zeigt die grundsätzlichen Zusammenhänge. Die Gewerkschaften haben inzwischen tarifvertraglich durchgesetzt, daß auch bei einer Minderleistung mindestens der Akkordrichtsatz zu zahlen ist. Damit gehen Mehrleistungen voll zu Gunsten des Arbeitnehmers, Minderleistungen voll zu Lasten des Betriebes.

Beispiel:

$x \cdot 10 \cdot 0{,}16 < 8 \qquad x < \frac{8}{16} \qquad x < 5$

Bei einer Leistung von weniger als 5 Stück/Std., d.h. bei einer Bearbeitungszeit von mehr als 12 Min./Stück, steigen die Lohnkosten/Stück an.

Min./Stück	Stück/Std.	Stundenverdienst	Lohnkosten/Stück
6	10	16,—	1,60
10	6	9,60	1,60
12	5	8,—	1,60
15	4	8,—	2,—

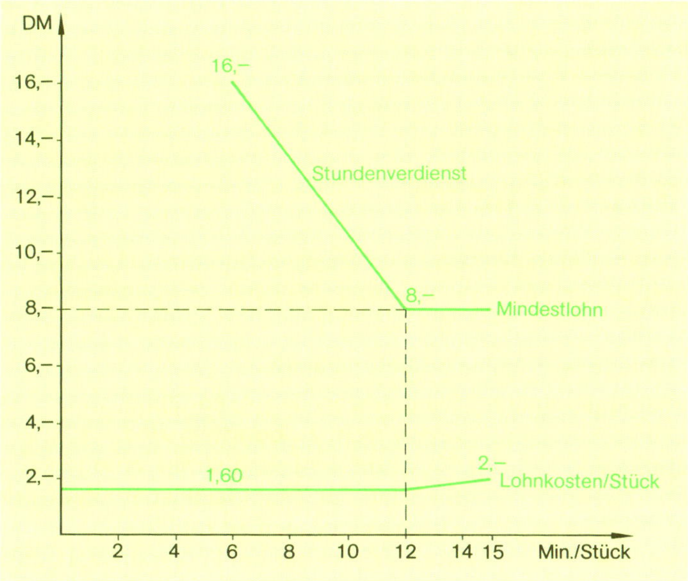

Eine Sonderform des Akkordlohnes ist der **Gruppenakkord.** Hier gelten die Vorgabezeit und der Minutenfaktor für eine Gruppe von Arbeitnehmern, die an einem Werkstück gemeinsam arbeiten. Der Mehrverdienst der Gruppe wird auf die Mitglieder aufgeteilt.

Beispiel:

In einer Kolonne arbeiten drei Arbeiter. Der Mindestlohn beträgt 10,— DM, der Akkordzuschlag 20%. B erhält außerdem noch einen Alterszuschlag von 20%. C erhält als Kolonnenführer einen Leistungszuschlag von 10%. Es wird im Stückzeitakkord abgerechnet.

Vorgabezeit: 10 Min./Stück

Minutenfaktor:
A 10,— DM + 20% . . . . 12,— DM
B 10,— DM + 20% + 20% . . . . . . 14,40 DM
C 10,— DM + 20% + 10% . . . . . . 13,20 DM

39,60 DM : 60 Min. = 0,66 DM/Min.

Leistung: 8 Stück je Stunde

Akkordlohn: $8 \cdot 10 \cdot 0{,}66$ DM $= 52{,}80$ DM

Schlüssel: $\frac{\text{Istverdienst}}{\text{Sollverdienst}} = \frac{52{,}80 \text{ DM}}{39{,}60 \text{ DM}} = 1{,}333$

A erhält 12,— DM · 1,33 = 16,— DM
B erhält 14,40 DM · 1,33 = 19,20 DM
C erhält 13,20 DM · 1,33 = 17,60 DM

Vor- und Nachteile von Akkordlohn und Gruppenakkord		
Vorteile		**Nachteile**
– Anreiz zur Leistungssteigerung – kein Risiko der Minderleistung für den Betrieb – fixe Lohnkosten je Stück	**Akkordlohn**	– übersteigertes Tempo – erhöhter Verschleiß – Qualitätsminderung – Kontrolle notwendig – hoher Krankenstand
– stärkere Gruppengemeinschaft – gegenseitige Kontrolle der Gruppenmitglieder – vereinfachte Abrechnung	**Gruppenakkord**	– Überforderung der Gruppe durch den Stärksten

4.4 Prämienlohn

Der *Prämienlohn* ist eine Kombination aus Zeitlohn und Akkordlohn. Es wird grundsätzlich ein Zeitlohn gezahlt, aber für erhöhte Leistungen tritt eine Prämie hinzu.

Es sind verschiedene Prämien zu unterscheiden:

- Mengenleistungsprämien: Sie ersetzen den Akkordlohn, wenn exakte Vorgabezeiten nicht zu ermitteln sind.
- Qualitätsprämien: Sie sind für Ausschußminderungen zu zahlen.
- Ersparnisprämien: Sie sind für Materialeinsparungen oder sparsamen Energieverbrauch zu zahlen.
- Nutzungsprämien: Sie sind zahlbar bei kürzeren Wartezeiten und Reparaturzeiten.

Beispiel: Prämienlohnsystem nach Rowan

Zeitlohn/ Std.	Vorgabezeit (Std.)	Istzeit (Std.)	Ersparte Zeit (in % der Grundzeit)	Prämie (DM)	Gesamtlohn in der aufgewendeten Zeit (DM)	Verdienst/ Std. (DM)
10,—	10	9	10	9,—	99,—	11,—
		8	20	16,—	96,—	12,—
		7	30	21,—	91,—	13,—
		6	40	24,—	84,—	14,—

Die Prämienlohnsysteme sind in der Praxis so aufgebaut, daß die Vergütung für die Mehrleistung dem Arbeiter nicht in voller Höhe zugute kommt, sondern zwischen Betrieb und Arbeiter geteilt wird. Dadurch sinken die Lohnstückkosten für den Betrieb.

Rechnen Sie dies anhand des Beispiels nach.

Die Vor- und Nachteile des Prämienlohns entsprechen grundsätzlich denen des Akkordlohns.

4.5 Provision

Die *Provision* ist eine prozentuale Beteiligung am Umsatz, der durch die Tätigkeit des Mitarbeiters bewirkt worden ist. Sie wird an das Verkaufspersonal, z. B. an Reisende, gezahlt und soll einen Leistungsanreiz bieten. Sie ist meist mit einem festen Grundgehalt gekoppelt.

Beispiel:
Ein Reisender erhält ein festes Grundgehalt von 1000,— DM im Monat und eine umsatzabhängige Provision von 4%. Der Umsatz im Monat April beträgt 70000,— DM.
Verdienst = 1000,— DM + 70000,— DM · 4% = 3800,— DM

4.6 Gewinnbeteiligung

Die bisher behandelten Lohnformen beziehen sich auf den Arbeitseinsatz des einzelnen Arbeitnehmers bzw. einer Arbeitsgruppe. Darüber hinaus besteht die Möglichkeit, die Arbeitnehmer am Gewinn, also am Überschuß der Unternehmung, zu beteiligen.

Löhne und Gehälter sind *Kosten*. Sie beeinflussen die Gewinnerzielung.
Gewinnanteile sind *Überschußbestandteile*. Sie stellen Gewinnverwendung dar.

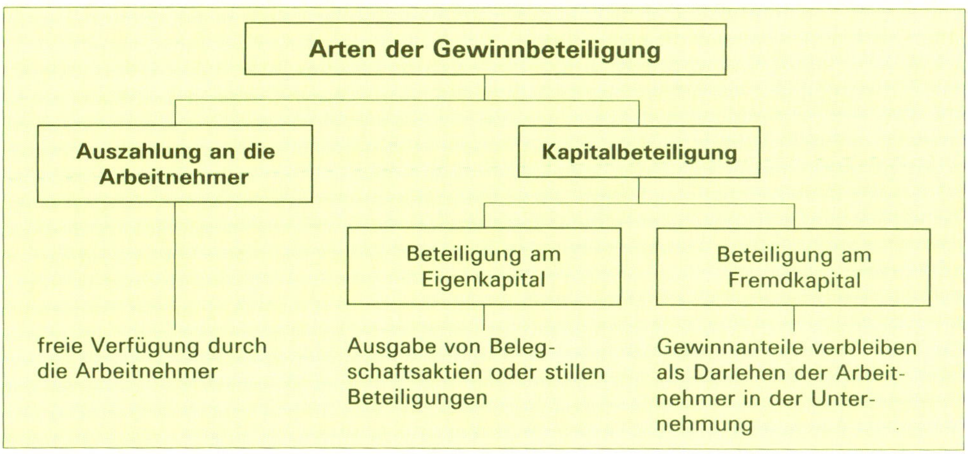

Beteiligungen am Eigenkapital geben dem Arbeitnehmer auch Eigentümerrechte, wie z. B. Stimmrecht in der Hauptversammlung und das Recht auf Dividende.
Beteiligungen am Fremdkapital schließen Eigentümerrechte aus, berechtigen aber zu Zinsforderungen.

Vorteile der Gewinnbeteiligung

für die Unternehmung

- Steigerung des Interesses und der Einsatzbereitschaft der Arbeitnehmer
- bei Kapitalbeteiligung: Die Gewinnanteile verbleiben als arbeitendes Kapital in der Unternehmung.

für die Arbeitnehmer

- Vermögensbildung durch Beteiligung am Produktivvermögen der Wirtschaft
- bei Eigenkapitalbeteiligung: Mitbestimmungsrechte

Die Gewinnbeteiligung wird theoretisch damit begründet, daß der Anteil der Produktionsfaktoren Arbeit und Kapital am Ergebnis erst am Ende des Geschäftsjahres endgültig festgestellt werden kann und dann auf die Faktoren zu verteilen ist.

Bei der Gewinnbeteiligung ergeben sich folgende Probleme:

- Zahlreiche Betriebe erzielen überhaupt keinen Gewinn, z. B. öffentliche Betriebe wie die Bundesbahn.
- Die Höhe des Gewinns und damit auch die Höhe des Gewinnanteils der Arbeitnehmer schwankt von Betrieb zu Betrieb erheblich.
- Zu klären ist die Frage, ob die Arbeitnehmer nur am Gewinn oder auch am Verlust beteiligt werden sollen.

4.7 Lohnabrechnung

Der Arbeitgeber ist verpflichtet, die Lohn- und Kirchensteuer, die Sozialversicherungsbeiträge und vermögenswirksame Leistungen vom Arbeitslohn des Arbeitnehmers einzubehalten und an die maßgeblichen Empfänger abzuführen.

Beispiel: Monatliche Gehaltsabrechnung eines Arbeitnehmers

1	2a					2b	3 (1–2b)
Lohn/ Gehalt	Lohnsteuer (Steuerklasse I)	Kirchensteuer ev.	Kirchensteuer kath.	Sozialvers.	Verm.-Leistung	Summe der Abzüge	Auszahlung
2200,—	251,41		20,11	385,—[1])	78,—	734,52	1465,48

[1]) Für die Sozialversicherung sind folgende Beiträge zu entrichten:
z. B. 12% des Gehalts für Krankenversicherung . . . . 264,— DM
18,7% des Gehalts für Rentenversicherung . . . . 411,40 DM
4,3% des Gehalts für Arbeitslosenversicherung . . . . 94,60 DM
770,— DM
Davon zahlen Arbeitnehmer und Arbeitgeber je die Hälfte, also 385,— DM

Kontrolle des Lernerfolgs

1. Es läßt sich feststellen, daß die Lohnanreizsysteme immer mehr durch den Zeitlohn verdrängt werden. Die Gewerkschaften haben als Ziel, die Akkordlöhne abzubauen. Nennen Sie Argumente, die gegen den Akkordlohn sprechen.

2. Ein Akkordarbeiter erstellt 1200 Formstücke in 190 Stunden. Er erhält einen Mindestlohn je Stunde von 10,— DM zuzüglich 20% Akkordzuschlag.
Wie hoch ist sein Lohn, wenn die Vorgabezeit 10 Minuten je Stück beträgt?

3. Eine Gewerkschaft hat als erklärtes Ziel ihrer Tarifpolitik die
   - Beseitigung der Altersklassen,
   - Sicherung der Effektivverdienste,
   - Erhöhung der Anzahl von Gehaltsgruppen.

   a) Prüfen Sie, welche Lohnformen durch diese Änderungen betroffen werden und welche Lohnbestandteile zu ändern sind.
   b) Entscheiden Sie, ob durch diese Forderungen der Leistungslohn verstärkt wird.

4. Stückgeldakkord und Stückzeitakkord kommen zum gleichen Ergebnis! Weisen Sie das an folgendem Beispiel nach:
Mindestlohn 8,— DM — Istleistung 50 Stück an einem 8-Std.-Tag
Akkordzuschlag 25%
Normalleistung 5 Stück/Stunde
Errechnen Sie den Akkordlohn nach beiden Verfahren.

5. Ermitteln Sie aus folgenden Angaben die entsprechende Vorgabezeit:
Normalleistung 20 Stück
Akkordrichtsatz 15,— DM

6. Errechnen Sie die im Gruppenakkord zu zahlenden Istverdienste:

	Akkordrichtsatz	Istverdienst
Brockbalz Straten Heinen	15,— DM 20,— DM 25,— DM	
		100,— DM

7. Errechnen Sie den Prämienlohn nach folgenden Angaben:
Stundenlohn 20,— DM
Vorgabezeit 5 Stunden
Benötigte Zeit 4 Stunden
Prämie für 1 Std. Zeitersparnis 10% vom Stundenlohn
2 Std. Zeitersparnis 20% vom Stundenlohn

8. Welche Schwierigkeiten stehen einer allgemeinen Einführung der Gewinnbeteiligung im Wege?

9. Weshalb gewähren große Unternehmen ihren Arbeitnehmern freiwillig Gewinnanteile?

10. Errechnen Sie den Nettolohn für folgenden Arbeitnehmer:
Akkordrichtsatz 9,20 DM
Normalleistung 10 Stück/Stunde
Istleistung 2000 Stück in 22 Tagen zu 9 Stunden / 1 Stunde unbezahlte Pause
durchschnittliche Lohnsteuer 12%, keine Kirchensteuer
Sozialversicherung: Krankenversicherung 12,5%, Rentenversicherung 18,7%, Arbeitslosenversicherung 4,3% } einschl. Arbeitgeberanteil
zu verrechnender Gehaltsvorschuß 100,— DM
monatlicher Steuerfreibetrag 200,— DM

5 Konflikte im Betrieb

5.1 Konfliktursachen

„Die Arbeitsbedingungen sind noch lange nicht so, daß man allgemein von menschengerecht gestalteten Arbeitsplätzen ausgehen dürfte." So kommentiert ein Gewerkschaftsfunktionär eine Untersuchung, die der Verband der Metallindustrie in Baden-Württemberg (VMI) in 92 Betrieben mit insgesamt 68000 Beschäftigten durchführte. Daß der VMI zur genau umgekehrten Schlußfolgerung kommt (die Arbeitsplätze seien „bis auf einen verschwindend geringen Teil menschengerecht gestaltet") ist damit zu erklären, daß für Arbeitgeber eben das Glas der Humanisierung schon halb voll ist, wenn es für die Arbeitnehmer noch halb leer ist.
(Quelle: IG Metall)

Konflikte im Betrieb können zwischen Arbeitgeber und Arbeitnehmer, zwischen Vorgesetzten und Mitarbeitern und zwischen Kollegen auftreten. Die Konflikte können persönlicher Natur sein. Dann werden sie auch persönlich bereinigt. Der Regelfall eines Konfliktes in der Arbeitswelt ist jedoch sachlich bedingt: Er ergibt sich aus Interessengegensätzen und aus Verstößen gegen Vereinbarungen, Vorschriften oder betriebliche Ordnung. Er kann auch durch die betriebliche Organisation selbst oder durch unterschiedliche Auffassungen hinsichtlich der betrieblichen Ziele bedingt sein.

- Natürliche **Interessengegensätze** können z. B. die Höhe der Entlohnung, die Beförderung oder die Arbeitsbedingungen betreffen (z. B. Monotonie und mangelhafter Arbeitsinhalt bei Fließbandarbeit).

- Die **betriebliche Ordnung** kann z. B. gestört werden, wenn Arbeitsvorschriften nicht befolgt oder Dienstwege nicht eingehalten werden.

- **Vereinbarungen oder Vorschriften,** gegen die verstoßen werden kann, sind z. B. Betriebsvereinbarungen (zwischen Arbeitgeber und Betriebsrat), Tarifverträge, Arbeitsverträge, Ausbildungsverträge, Berufsbildungsgesetz, Bundesurlaubsgesetz, Kündigungsschutzgesetz, Arbeitssicherheitsgesetz.

- **Zielkonflikte** entstehen, wenn den Mitarbeitern die Ziele nicht genügend verdeutlicht werden („Produzieren Sie Kühlschränke!" anstatt: „Produzieren Sie im Januar 2000 Kühlschränke, Typ X, mit geringstmöglichen Kosten!") oder unterschiedliche Zielauffassungen bestehen (Der Produktionsleiter möchte große Serien des gleichen Artikels, der Absatzleiter ein breites Sortiment.).

- **Organisationskonflikte** sind z. B. Kompetenzstreitigkeiten zwischen Kollegen oder Rollenkonflikte von Mitarbeitern, die mehrere Vorgesetzte haben und nicht wissen, wessen „Rolle" sie spielen sollen. Organisationskonflikte ergeben sich auch aus dem Bestehen sogenannter informeller Gruppen im Betrieb.

5.2 Informelle Gruppen als Konfliktursache

Die Betriebsorganisation legt die formelle (planmäßig geformte) Ordnung fest. Formelle Gruppen im Betrieb sind folglich einerseits ständige Gruppierungen wie Abteilungen, Arbeitskolonnen und Arbeitsteams, andererseits nichtständige Gruppierungen wie Kommissionen, Ausschüsse, Konferenzen, Projektgruppen usw.
In der formellen Organisation werden die Menschen zur Erfüllung der Betriebsziele eingesetzt. Insofern erfahren sie eine Vernachlässigung als Mensch an sich mit ihren eigenen Grundbedürfnissen: Sie suchen psychische und soziale Befriedigung durch menschliche Nähe, Kontakte und Sicherheit.
Es bilden sich Gruppen aufgrund gegenseitiger Zuneigung oder gemeinsamer Interessen. Sie können durch außer- oder innerbetriebliche Kontakte bedingt sein.

Informelle Gruppen

aufgrund außerbetrieblicher Kontakte	aufgrund betrieblicher Kontakte
z. B.: - Bekanntschaft - Mitgliedschaft im selben Verein - gemeinsamer Weg zur Arbeit	z. B.: - räumliche Nähe am Arbeitsplatz - gleiche Rangstellung - ähnliche oder ergänzende Tätigkeit

Beispiele:
- Verschiedene Mitarbeiter einer Abteilung bilden eine Lottogemeinschaft.
- Bestimmte Personen essen in der Kantine stets an einem gemeinsamen Tisch.
- Drei Abteilungsleiter treffen sich wöchentlich zur Skatrunde.

In solchen informellen Gruppen bilden sich Führungspersönlichkeiten heraus, werden bestimmte Verhaltensmuster geprägt, werden Informationen ausgetauscht.
Von großer Bedeutung ist, daß die informellen Beziehungen die formellen Beziehungen positiv und negativ beeinflussen können.

Einflüsse informeller Beziehungen	
Positive Einflüsse	Negative Einflüsse
- Informelle Kontakte können das Arbeitsklima verbessern und zu höherer Motivation führen. - Betriebliche Informationen können auf informellen Wegen eventuell schneller weitergegeben werden. - Auf informellen Wegen ist gegenseitiges Aushelfen möglich.	- Stärkere, kontaktfreudige Personen können stillschweigend Kompetenzen an sich ziehen und die gewollten Machtstrukturen verändern. - Es können Gerüchte und Klatsch verbreitet werden. Vertraulichkeit ist nicht gewährleistet. Informationen können verzerrt werden. - Die Kommunikationswege (z. B. das Telefon) können durch informelle Kontakte blockiert werden.

Für die Betriebsleitung ist es wichtig zu wissen, daß informelle Kontakte nicht grundsätzlich gegen den Betriebszweck gerichtet sind. Sie sollte allerdings bemüht sein, die informellen Strukturen den formellen anzunähern, um Konfliktursachen auszuschalten.

5.3 Möglichkeiten der Konfliktregelung

Möglichkeiten der Konfliktregelung
Verhandlungen zwischen den Betroffenen selbst **Beispiel:** Arbeitgeber und Arbeitnehmer verhandeln z. B. über eine Gehaltserhöhung.
Verhandlungen von Vertretern **Beispiel:** Arbeitgeberverbände und Gewerkschaften verhandeln im Auftrag von Arbeitgebern und Arbeitnehmern über Lohnerhöhungen.
Einschaltung vorgesetzter Stellen **Beispiel:** Der Personalchef trifft eine Entscheidung bei einer Streitigkeit zwischen Ausbilder und Auszubildendem.
Einschaltung von Mitbestimmungsorganen **Beispiel:** Ein Arbeitnehmer ruft den Betriebsrat wegen einer nach seiner Meinung sozial ungerechtfertigten Kündigung an.
Anrufung der Gerichte **Beispiel:** Der entlassene Arbeitnehmer klagt beim Arbeitsgericht gegen seine Entlassung.

Eine alle Betroffenen befriedigende Konfliktregelung kann nur erfolgen, wenn der Konflikt offen zu Tage tritt und erkannt wird. Schwelt er nur unterschwellig, so suchen die Betroffenen oft individuelle, dem Gesamtbetrieb abträgliche Auswege, z. B. durch Kündigung, „Krankfeiern", Sabotageakte, mangelnde Mitarbeit. Es kommt zu einem unbefriedigenden Betriebsklima.

5.4 Betriebsklima

Die Arbeitsgestaltung, die Entlohnung und die freiwilligen Leistungen des Betriebs, die Personalführung, die Mitbestimmung und darüber hinaus alle informellen Kontakte und die Umgangsformen schaffen eine Atmosphäre im Betrieb, in der sich die Beschäftigten mehr oder weniger wohlfühlen. Dieses Betriebsklima ist nicht machbar wie ein Produkt, denn es wird von ganz persönlichen Faktoren mitbestimmt: Kameradschaft, Verständnis, Vertrauen, Hilfsbereitschaft oder auch Neid, Mißgunst und Mißtrauen. Der Betrieb kann durch seinen Führungsstil, seine Organisation, seine Arbeitsgestaltung usw. nur einen positiven Rahmen schaffen.

Das Betriebsklima ist in der Regel schlecht, wenn

- das Personal reihenweise kündigt,
- der Ausschuß trotz modernster Technik steigt,
- der Krankenstand im Vergleich zu früheren Perioden oder zu anderen Betrieben hoch ist,
- die Arbeitsplätze „verwaisen", da die Mitarbeiter „Spaziergänge" machen.

Kontrolle des Lernerfolgs

1. Geben Sie Beispiele an für
   a) persönlich bedingte Konflikte,
   b) Konflikte aus natürlichen Interessengegensätzen,
   c) Konflikte aus Verstößen gegen die betriebliche Ordnung,
   d) Konflikte aus Verstößen gegen gesetzliche Bestimmungen und gegen Vereinbarungen,
   e) Zielkonflikte,
   f) Konflikte aus Kompetenzüberschneidungen,
   g) Rollenkonflikte,
   h) Konflikte durch Bildung informeller Gruppen.
2. Nennen Sie Möglichkeiten, die von Ihnen in Aufgabe 1 genannten Konflikte zu lösen oder zu regeln.

Fünfter Themenkreis
Absatzwirtschaft

1 Aufgaben der Absatzwirtschaft

1.1 Absatz und Marketing

Unter *Absatz* versteht man alle Tätigkeiten, die auf die Veräußerung der betrieblichen Leistungen gegen Entgelt gerichtet sind.

Absatz

Absatzplanung und -vorbereitung	Absatzdurchführung	Absatzkontrolle	Erhaltung der Absatzbeziehungen
– Marktforschung – Produktfindung – Festlegung von Soll-Absatzmengen und -kosten – Festlegung absatzpolitischer Maßnahmen	– Verkaufsanbahnung – Verkaufsabschluß – Verkaufsabwicklung – Versand – Rechnungsstellung – Kundenbuchhaltung und Mahnwesen	– Gegenüberstellung der Soll- und Istzahlen – Auswertung als Grundlage neuer Absatzentscheidungen	– Kundendienst – Kundenpflege

In der Zeit des Wirtschaftsaufschwungs in den Nachkriegsjahren hatte der Anbieter wegen des großen Gütermangels eine starke Stellung gegenüber dem Kunden und brauchte sich auch bei ungünstigem Preis, geringerer Qualität und schlechtem Service oft keine Absatzsorgen zu machen. Es lag ein sogenannter **Verkäufermarkt** vor.

Heute dagegen stehen die Hersteller einem gesättigten, mit einer Fülle von Gütern aller Art versehenen Verbraucher gegenüber. Der Verbraucher ist meist sehr qualitäts- und preisbewußt und verhält sich ausgesprochen wählerisch gegenüber den immer neuen Güterangeboten. In dieser Situation sprechen wir von einem **Käufermarkt.**

Die meisten Unternehmen haben sich der veränderten Lage angepaßt. Sie haben erkannt, daß sie ihren Betrieb vom Markt her aufziehen müssen: Marktchancen werden systematisch aufgespürt. Sie bestimmen die Produktion, Beschaffung, Personalplanung, Finanzierung, Organisation. Ziel einer jeden Unternehmung ist es, sich einen festen Markt zu schaffen und zu erhalten.

Alle Maßnahmen, die ein Unternehmen trifft, um sich einen Markt zu schaffen, zu vergrößern und zu erhalten, faßt man unter dem Begriff *Marketing* zusammen.

Einen ersten Überblick über die Instrumente des Marketing gibt die folgende Übersicht. Setzt man insbesondere die absatzpolitischen Instrumente in einer möglichst wirksamen Mischung ein, so nimmt man ein sogenanntes **Marketing-Mix** vor.

1.2 Absatzplanung

Absatzplanung im Rahmen des Marketing umfaßt:

- das Suchen und Finden von Marktlücken (durch Marktforschung),
- die Entwicklung absatzträchtiger Produkte sowie ihre marktgerechte Gestaltung und Zusammenstellung zu Sortimenten,
- die Festlegung der Umsatzhöhe,
- die Festlegung der restlichen absatzpolitischen Instrumente im Rahmen des Marketing-Mix, um die angestrebten Absatzmengen auch erreichen zu können,
- die Ermittlung der durch den Absatz verursachten Kosten (Vertriebskosten).

Der **Absatzplan** hält die Ergebnisse der Absatzplanung fest. Er enthält folgende Teilpläne:

- **Verkaufsplan**
  Der Verkaufsplan enthält für jede Warengruppe und Warenart die erwarteten Absatzmengen, Umsätze und Deckungsbeiträge, gegliedert nach Zeit und Ort.
  Es gilt: Umsatz = Absatzmenge · Stückpreis.
  Deshalb müssen marktgerechte Preise und Rabatte geplant werden.

Beispiel:

Verkaufsplan Sanitär Jahr: 19..

Produkt	Absatzmenge Soll	Absatzmenge Ist	Abweichung	Preis (DM)	Umsatz Soll (TDM)	Umsatz Ist (TDM)	Abweichung	Deck.-beitr. Soll (TDM)	Deck.-beitr. Ist (TDM)	Abweichung
WB 1	2000			130	260			120		
WB 2	3000			100	300			140		
TT 1	2500			150	375			170		

- **Vertriebsplan**
  Der Vertriebsplan enthält die einzusetzenden Absatzorgane und die geplanten Vertriebswege.
- **Werbeplan**
  Der Werbeplan enthält die Einzelheiten der geplanten Werbemaßnahmen.
- **Vertriebskostenplan**
  Der Vertriebskostenplan enthält die geplanten vertriebsverursachten Kosten: Vertriebsgemeinkosten und Sondereinzelkosten des Vertriebs.
  Vertriebsgemeinkosten sind Kosten, die sich nicht unmittelbar den einzelnen Produkten zurechnen lassen (z. B. Gehälter des Vertriebspersonals, Reisekosten, Telefonkosten).
  Sondereinzelkosten des Vertriebs sind Kosten, die durch einen ganz bestimmten Auftrag verursacht werden (z. B. Spezialverpackung, besondere Aufmachung).

Kontrolle des Lernerfolgs

1. Erläutern Sie folgende Elemente einer Marketingkonzeption:

Unternehmung	↔	**Absatzmarkt**
• ständige Forschung und Schaffung von Problemlösungspotentialen • Produktideen • Auswahl von Produktideen • Produktplanung • Produktentwicklung • Fertigung von Prototypen	• Erforschung von Marktchancen	
	• Test der Prototypen	
• Berücksichtigung der Testergebnisse • Produktionsplanung • Beschaffung der Produktionsfaktoren • Finanzierung • Fertigung	• Information für den Einsatz der absatzpolitischen Instrumente	
• Entwicklung einer Werbe- und Verkaufsstrategie • laufende Erfolgskontrolle • Änderungen in der Marketingkonzeption	• Maßnahmen zur Beeinflussung von Markt und Absatz	

2. Erläutern Sie die Elemente der Absatzplanung anhand des Absatzprogramms Ihres Betriebes.

2 Marktforschung

Selbstdarstellung eines Marktforschungsinstituts:

„Sagen Sie uns, welche Leute Sie erreichen wollen, und wir sagen Ihnen, mit welchen Medien Sie das am besten machen. Wir können das, weil wir über einen nicht zu übertreffenden Fundus an Daten verfügen. Weil wir nicht nur an den großen Gemeinschaftsuntersuchungen der Branche beteiligt sind, sondern auch in einer beispielhaften Fülle eigener Untersuchungen die Leistungen von Werbeträgern in den differenziertesten Zielgruppen analysieren – von Bauherren und Architekten über Frauen mit einem ausgeprägten Hang zum raffinierten Kochen bis zu Haushaltvorständen, die sich intensiv mit Film und Foto beschäftigen. Wenn Sie zum Beispiel Baustoffe oder Broccoli oder Belichtungsmesser zu verkaufen haben, werden Sie das zu schätzen wissen. Und dann koppeln wir diese Daten an Ihr Problem an: durch Zielgruppen-Zählungen, Segmentation, Rangreihen- und Streuplan-Aufzählungen, Media-Selektionsprogramme. Ergebnis: Ihre richtige Media-Entscheidung." *(Quelle: Capital)*

***Marktforschung* ist die Beschaffung von Informationen über die Absatzmärkte[1]). Sie ist Grundlage für die Absatzplanung und den Einsatz der absatzpolitischen Instrumente.**

Oft grenzt man den Begriff Marktforschung enger ein und versteht darunter (im Gegensatz zur unsystematischen Markterkundung) eine systematisch durchgeführte Marktuntersuchung.

Markterkundung, Marktforschung, Marktprognose

Ziel

Beschaffung von Informationen über
- die tatsächlichen und möglichen Nachfrager (Bedarfsforschung);
- die Konkurrenz und die Entwicklung der Branche (Konkurrenzforschung);
- allgemeinwirtschaftliche Verhältnisse, also staatliche Maßnahmen und volkswirtschaftliche Entwicklungen (Konjunkturforschung);
- die eigene Stellung am Markt und die Wirkung der absatzpolitischen Instrumente (Absatzforschung).

↓

Marktuntersuchungen

Markterkundung	Marktforschung
unsystematisches Sammeln von Informationen (Kundengespräche, Berichte des Verkaufspersonals, besonders von Reisenden und Vertretern, Marktberichte in Fachzeitschriften, Messebesuche)	systematisches Sammeln von Informationen (mit wissenschaftlichen Methoden vorbereitet und vom Betrieb selbst oder von Marktforschungsinstituten durchgeführt)

Marktanalyse: Untersuchung des Marktes zu einem bestimmten Zeitpunkt, etwa für die Einführung eines neuen Produktes (Zeitpunkt-Analyse).

Marktbeobachtung: Eine Kette von Marktanalysen über einen längeren Zeitraum hinweg, meist bei schon eingeführten Produkten (Zeitraum-Analyse).

↓

Verarbeitung der Ergebnisse zu einer

Marktprognose

Abschätzung und Vorausberechnung der zukünftigen Marktverhältnisse als Grundlage für den Einsatz der absatzpolitischen Instrumente.

[1]) Genauer: Absatzmarktforschung. Davon zu unterscheiden: Beschaffungsmarktforschung.

2.1 Methoden der Marktforschung

1. Der Verkaufsleiter eines Getränkeherstellers will wissen, welche Umsätze der Verkaufsbereich Münster erzielt hat. Er wird zur betriebsinternen Umsatzstatistik greifen.
2. In einem anderen Fall will er wissen, wie groß der Getränkekonsum in den letzten 5 Jahren in der gesamten Bundesrepublik Deutschland war. Er wird externe Statistiken (z. B. Verbandsstatistiken) benutzen.
3. Er will drittens wissen, wie eine neue Limonadenmarke ,,Pepsosprit'' von der Bevölkerung aufgenommen wird. Hierfür wird eine eigene Umfrage gestartet.

Marktforschung kann als *Primärforschung oder* als *Sekundärforschung* betrieben werden.

2.1.1 Sekundärforschung[1])

Die benötigten Informationen werden bei der Sekundärforschung anhand von Quellenmaterial gewonnen, das schon für andere Zwecke erstellt wurde.

Sekundärforschung

Innerbetriebliche Informationsquellen	**Außerbetriebliche Informationsquellen**
z. B.: – Umsatzstatistik – Verkaufsberichte – Schriftwechsel mit Kunden – Sammlungen von Zeitschriftenartikeln – Reparaturlisten – Lagerbestandsmeldungen – Reisendenaufzeichnungen – Einkaufspreislisten	z. B.: – Statistische Jahrbücher – Statistiken und Berichte von IHK, Verbänden, Banken, Fachzeitschriften – Bilanzen und Geschäftsberichte anderer Unternehmen – Prospekte und Kataloge – Preislisten von Konkurrenzfirmen – Veröffentlichungen wissenschaftlicher Institute

2.1.2 Primärforschung[2])

Man erhält bei der Primärforschung die benötigten Informationen durch Erhebungen, die eigens für den bestimmten Zweck angestellt werden. Es handelt sich um Befragungen, Beobachtungen und Tests (Experimente).

Da man nicht die gesamte Bevölkerung heranziehen kann, wird man aus der **Gesamtmasse** der Einwohner eine **repräsentative Teilmasse (Stichprobe)** auswählen, von 20 Millionen Menschen vielleicht nur 1000. Die Stichprobe muß in ihrer

[1]) lat. secundus = zweiter; Sekundärforschung verwendet sozusagen Material ,,aus zweiter Hand''.
[2]) lat. primus = erster; Primärforschung verwendet sozusagen Material ,,aus erster Hand''.

Struktur (z. B. im Hinblick auf Altersaufbau, Geschlecht, Ausbildung, Beruf, Einkommen) mit der Gesamtmasse übereinstimmen. Dies erreicht man durch zwei Verfahren:

- **Random-Verfahren** (= Zufallsauswahl)
  Hier muß jedes Element der Gesamtmasse die gleiche Chance haben, ausgewählt zu werden. Man wählt z. B. jeden 100. Fernsprechteilnehmer aus dem Telefonbuch.

- **Quotenverfahren**
  Man bestimmt die Struktur der Gesamtmasse und stellt z. B. fest:

  50,3% der Einwohner sind weiblich,
  24 % leben in einer Großstadt,
  23,2% sind zwischen 20 und 30 Jahre alt,
  55 % verfügen über ein mittleres Einkommen.

Die Stichprobe muß nun die gleiche Struktur aufweisen. Der Befrager erhält deshalb genaue Anweisungen, wie viele „weibliche Personen, wohnhaft in einer Großstadt, Alter zwischen 20 und 30, mit mittlerem Einkommen" er aufsuchen muß.

Je nach dem Marktforschungsziel führt man eine einmalige Untersuchung **(Marktanalyse)** oder eine fortlaufende Untersuchung über einen längeren Zeitraum hinweg durch **(Marktbeobachtung).**

Die häufigste Untersuchungsmethode ist die **Befragung** durch **Fragebögen.** Um eine ausreichende Rücklaufquote zu erhalten, werden sie oft mit Anreizen (Preisausschreiben, Werbegeschenke) verbunden. Fragebögen haben ein festes Frage- und Antwortschema. Kontrollfragen sollen eine wahrheitsgemäße Beantwortung gewährleisten. Der Fragebogen ermöglicht die Erfassung großer Gruppen und eine schnelle Auswertung. Mündliche Befragungen – **Interviews** – haben diese Vorzüge nicht. Sie verlangen vom Interviewer große Fähigkeiten und sind zeitaufwendig, können aber andererseits genauere Aussagen bringen.

Die Befragung eines gleichbleibenden Personenkreises zu denselben Themen und in regelmäßigen Abständen über einen längeren Zeitraum heißt **Panel.** Es handelt sich um eine besondere Form der Marktbeobachtung. Je nach den untersuchten Gruppen unterscheidet man Handels- und Haushaltspanel. Ein Nachteil des Panels ist, daß die Befragten im Lauf der Zeit nicht natürlich reagieren, sondern ihr Verhalten den Fragen anpassen. Um Nachlässigkeiten und Verhaltenskorrekturen der Befragten auszugleichen, werden die Panel-Haushalte von Zeit zu Zeit systematisch ausgetauscht. Dadurch wird auch die Zusammensetzung auf den neusten Stand gebracht. So kann man z. B. den „Alterungsprozeß" durch Hinzunahme junger Haushalte auffangen.

Unter bestimmten Umständen kann man das Verhalten der Marktteilnehmer durch **Beobachtung** ermitteln. So kann man z. B. durch Kameras die Kundenreaktion auf eine bestimmte Schaufenstergestaltung festhalten, oder man kann zählen, wie viele Kunden ein bestimmtes Produkt in die Hand nehmen oder mitnehmen.

Letztlich sind **Tests** ein beliebtes Mittel, um die Einstellung von Käufern zu bestimmten Produkten, zu einem neuen Produktnamen, zur Gestaltung der Verpackung, zur Höhe des Preises usw. zu ermitteln oder um festzustellen, ob sich bestimmte Werbemaßnahmen lohnen. Um die Absatzfähigkeit neuer Produkte zu überprüfen, wendet man häufig den Warentest oder das Testmarktverfahren an.

Warentest und Testmarktverfahren
Warentest Man stellt den Auskunftspersonen in Verbindung mit einer Befragung eine Ware zur Begutachtung zur Verfügung. So testet man insbesondere die Marktfähigkeit bestimmter Produktgestaltungen.
Testmarktverfahren Man führt das Produkt auf einem regional begrenzten Teilmarkt, der in seiner Struktur dem Gesamtmarkt ähnlich ist, in Verbindung mit sämtlichen wesentlichen absatzpolitischen Maßnahmen ein und kontrolliert die Wirkungen. Berlin (West) und das Saarland sind beliebte Testmärkte.

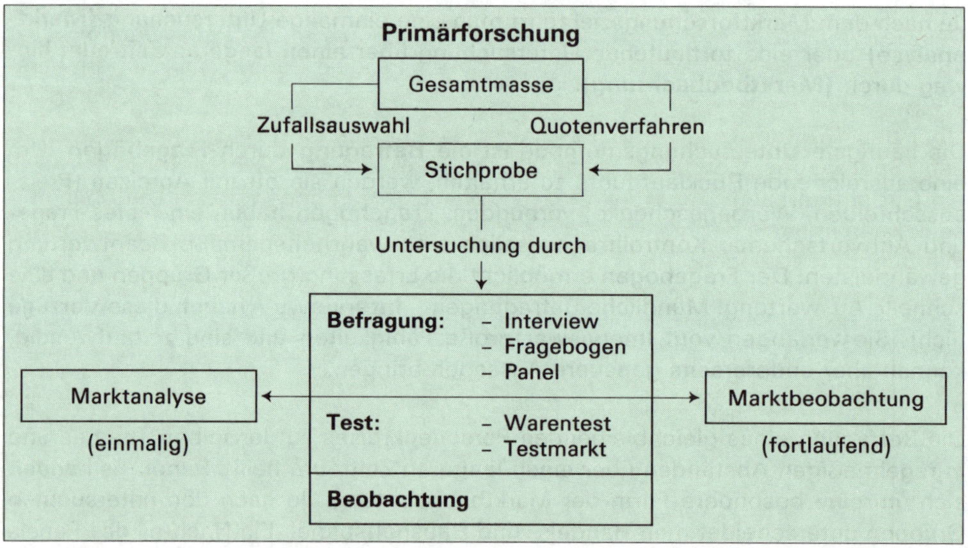

2.2 Bedarfsforschung

Die Bedarfsforschung sammelt Informationen über die tatsächlichen und möglichen Nachfrager. Ziel ist es herauszufinden, welche Absatzchancen für bestimmte Produkte und Sortimente, für einzelne Dienstleistungen und Bündel von Dienstleistungen bestehen. Die Bedarfsforschung umfaßt Tatsachenforschung, Meinungsforschung und Motivforschung.

Bedarfsforschung

Tatsachenforschung	**Meinungs- und Motivforschung**
objektive Daten über den Markt	Meinung der Kunden über Produkte und Konkurrenzprodukte; Gründe für die Kaufentscheidung

Tatsachenforschung – objektive Daten über den Markt

1. **Marktgröße**
   Größe der Bevölkerung?
   Einkommensverhältnisse und Kaufkraft?
2. Bestehen **Ersatzgüter** (Substitutionsgüter) oder **ergänzende Güter** (Komplementärgüter)?
3. **Verbraucher**
   tatsächliche Käufer?
   mögliche Käufer?
   Geschlecht, Alter, soziale Stellung, Einkommen, Ausbildung, Religion, Familienstand usw.?
4. **Entwicklungstendenzen** der angeführten Größen

Meinungs- und Motivforschung – Meinung der Kunden über Produkte und Konkurrenzprodukte; Gründe für die Kaufentscheidung

1. **Konsumverhalten**
   Wo, wann, wofür, wie oft, in welchem Umfang wird das Produkt gebraucht?
2. **Produktbeurteilung**
   gewünschte Qualität und Aufmachung?
   Kritik an eigenen und Konkurrenzprodukten?
3. **Kaufmotive**
   Grundnutzen? Zusatznutzen?

Das Gewicht einzelner Untersuchungsmerkmale hängt von dem jeweiligen Produkt ab. So wird das Geschlecht der Käufer für das Produkt Zahnpasta von geringerer Bedeutung sein als für Bekleidung.

Über den **Grundnutzen** (Auto: Fortbewegung) hinaus ist oft auch der **Zusatznutzen** (Sportwagen: Gefühl der Männlichkeit, Sportlichkeit, Exklusivität) wichtig, den ein Gut stiften kann. Die Motive für den Zusatznutzen liegen oft im Unterbewußtsein. Kann man sie herausfinden, so werden sie meist durch gezielte, oft raffinierte Werbung angesprochen.

Beispiel: Auszug aus einem Fragebogen

Tatsachenforschung

Wie viele Personen umfaßt Ihr Haushalt? ______
Besitzen Sie einen Trockenautomaten? Ja ☐ Nein ☐

Meinungsforschung

Halten Sie einen Trockenautomaten geeignet für

Kochwäsche?	Ja ☐	Nein ☐
Buntwäsche?	Ja ☐	Nein ☐
Oberbekleidung?	Ja ☐	Nein ☐
Gardinen?	Ja ☐	Nein ☐
Lederbekleidung?	Ja ☐	Nein ☐

Die meisten Trockenautomaten kosten zwischen 500,- DM und 1200,- DM.
Wieviel DM würden Sie dafür ausgeben? ______ DM

Motivforschung

Welche Gründe sprechen nach Ihrer Ansicht für die Anschaffung eines Trockenautomaten?

Arbeitserleichterung?	Ja ☐	Nein ☐
Wäschepflege?	Ja ☐	Nein ☐
Zeitersparnis?	Ja ☐	Nein ☐

weitere Gründe ______

2.3 Konkurrenzforschung

Die Konkurrenzforschung sammelt Informationen über die tatsächlichen und möglichen Konkurrenten und die Branchenentwicklung.

Konkurrenzforschung

Tatsachenforschung

1. Konkurrenzprodukte (Substitutions-, Komplementärgüter)?
2. Vor- und Nachteile in Qualität, Aufmachung, Preis, Handhabung?
3. Größe des Marktanteils, Absatzentwicklung?
4. Konkurrenzanbieter (Angebotspalette, Kapitalstärke, Personalbestand, Absatzorgane)?
5. Entwicklungstendenzen bei diesen Größen?

Verhaltensforschung

aggressive oder zurückhaltende, schnell oder langsam reagierende Konkurrenz

im Hinblick auf

Preissetzung, Werbemaßnahmen, Verkaufsförderung, Produktgestaltung, Einsatz der Absatzorgane?

2.4 Konjunkturforschung

Hier kommt es vor allem darauf an, Modeänderungen, Saisonschwankungen, Strukturveränderungen, Konjunkturschwankungen sowie rein zufällige Bewegungen, die sich langfristig nicht auswirken, und Trends (über lange Zeit wirksame Verschiebungen in einer bestimmten Richtung) zu erkennen und zu analysieren. Die Konkunkturforschung ist Sekundärforschung.

2.5 Absatzforschung

Die Absatzforschung sammelt Informationen über die eigene Stellung am Markt und über die Wirkung der eingesetzten absatzpolitischen Instrumente. Es ist herauszufinden,

- wie ein eingeführtes Produkt, eine Produktveränderung (etwa andere Aufmachung oder der Fortfall eines Produktes) beim Kunden ankommen;
- wie der Kunde auf Änderungen der Preise, Rabatte, Lieferungs- und Zahlungsbedingungen reagiert (Elastizität der Nachfrage),
- in welchem Umfang Werbemaßnahmen den gewünschten Erfolg gebracht haben,
- ob die richtigen Absatzorgane eingesetzt wurden (Verkaufserfolg der Absatzabteilungen, Filialen, Reisenden, Vertreter usw. feststellen) und ob die optimalen Absatzwege gewählt wurden.

Die **Absatzforschung** übernimmt damit gleichzeitig eine **Kontrollaufgabe.** Bei der **Absatzkontrolle** werden die Sollziffern des Absatzes, also abzusetzende Menge und anzustrebende Umsatzhöhe für die einzelnen Leistungen, den tatsächlich erreichten Ist-Werten gegenübergestellt. Durch entsprechende Untersuchungen im Rahmen der Absatzforschung lassen sich dann eventuell stichhaltige Gründe für Abweichungen von Soll und Ist finden.

Kontrolle des Lernerfolgs

1. Erläutern Sie folgende Begriffe:
Bedarfsforschung, Konkurrenzforschung, Konjunkturforschung, Absatzforschung, Markterkundung, Marktforschung, Primärforschung, Sekundärforschung, Marktprognose.

2. Aus einem Reisebericht des Handlungsreisenden Ralf Petersen für die Vereinigte Maschinen- und Werkzeugfabriken AG:
„... Die besuchten Werkstätten halten zur Zeit generell mit der Anschaffung von Maschinen und Geräten zurück. Sie begründen dies mit dem konjunkturell bedingten Auftragsrückgang ihrer Kunden. Gegenüber dem letzten Vierteljahr ist mein Auftragsvolumen wertmäßig um etwa 25% von 815000,— DM auf 607000,— DM zurückgegangen. Andererseits konnte ich allgemein reges Interesse an unserer neuen Metallsäge MS-3 feststellen. Eine gezielte Informations- und Werbekampagne könnte sich hier lohnen.
Der verstärkte Hang zum Hobbywerken führte zu einer leicht ansteigenden Umsatztendenz bei Bohrmaschinen in Fachgeschäften, Warenhäusern und Verbrauchermärkten. Der Kauf von Zusatzgeräten scheint sich langsam von Kreissägen stärker auf Stichsägen zu verlagern. Die Konkurrenz (vor allem Black & Bauer) engagiert sich im Verbrauchermarkt- und Warenhausbereich mit Rabatten, die 10% über den unsrigen liegen. Die Firma UNI-PREIS ist nur bei einem Wiederverkäuferrabatt von 50% bereit, unser Sortiment einzuführen ..."

a) Zu welchem Bereich der Markterkundung gehört das Sammeln von Informationen aus einem solchen Bericht?
b) Stellen Sie eine Übersicht über die Informationen und Rückschlüsse auf, die sich für die VMW ergeben.

3. Die Firma Rheinische Haushaltselektro GmbH hat Pläne für eine neuartige Küchenmaschine entwickelt. Sie versucht nun, sich einen genauen Überblick über den Markt zu verschaffen. Welche Fragen muß sie sich stellen?

4. Die Firma Chemische Werke Eduard Chrom GmbH hat vor Jahresfrist mit der Markteinführung ihrer Autopolitur „Langglanz mit Langzeitwirkung" begonnen. Nach einem Jahr kostspieliger Werbung erwartete man einen Marktanteil von etwa 10%. Der tatsächliche Verkaufserfolg liegt jedoch nur bei 3%. Durch gezielte Marktforschungsmaßnahmen sucht man die Gründe zu erfahren.

a) Entwerfen Sie einen Fragebogen für Autobesitzer mit bis zu 15 Fragen.
Er soll erkennen lassen, welche Gruppen (Alter, Einkommen, Geschlecht usw.) die Politur „Langglanz" ablehnen und welche Gründe für die Ablehnung vorliegen.
b) Entwerfen Sie eine Anweisung für die Beobachtung von Käufern von Autopolitur. Beobachtungsort sei ein Stand in einem Verbrauchermarkt, an dem eine geeignete Werbeaktion durchgeführt wird. Auch hier sollen Motive für und gegen „Langglanz" erforscht werden können.
c) Denken Sie sich einen Test aus, mit dem die Einstellungen zum Produkt „Langglanz" erforscht werden können.

3 Produkt- und Sortimentspolitik

3.1 Produktpolitik

Ein Produkt lebt nicht ewig. Spätestens wenn Konkurrenzprodukte auftauchen, wird es für die Unternehmung bedrohlich. Sie merkt es am Gewinnrückgang. Welche Lösungen bieten sich an?

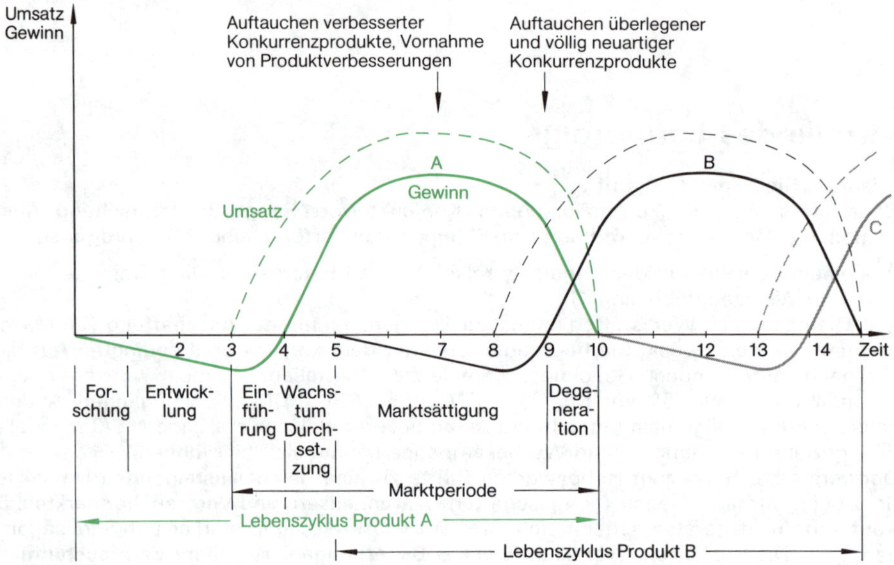

Die *Produkt- und Sortimentspolitik* umfaßt alle Maßnahmen des Industriebetriebes, das Angebot seiner Leistungen dem sich im Zeitablauf ändernden Bedarf der Nachfrager anzupassen.

Die Produktpolitik umfaßt die Problemkreise der Produktinnovation, Produktvariation, Produktgestaltung und Produktelimination[1]).

3.1.1 Produktinnovation

Die Marktforschung vermittelt der Unternehmensleitung unter anderem Informationen darüber, wie Produkte beim Abnehmer ankommen und welche Bedürfnisse voraussichtlich in der Zukunft auftreten. Dies ist äußerst wichtig: Die ausgeklügeltste Werbung, die besten Verkäufer und die günstigsten Preise können auf die Dauer aus schlechten Produkten keinen Verkaufsschlager machen. Wie schon das Automobilbeispiel auf Seite 181 zeigte, muß sich der Betrieb ständig um Neuentwicklungen („Innovationen") bemühen. Der Vorgang der Innovation beginnt mit dem Sammeln neuer Ideen.

[1]) lat. innovatio = Neuerung; variatio = Abänderung, Abwechslung; eliminatio = Abschaffung

Mögliche Quellen für Innovationsideen	
Betriebsexterne Quellen - Anregungen von Kunden - Anregungen von Unternehmensberatungen - Auswertung von Konkurrenzerzeugnissen - Nutzung fremder Forschungsergebnisse	**Betriebsinterne Quellen** - Berichte von Reisenden und Vertretern - Ideenwettbewerbe der Mitarbeiter - eigene Forschung und Entwicklung

Damit die Unternehmung den Erfolg eines neuen Erzeugnisses allein genießen kann, erfolgt die Produktentwicklung unter strengster Geheimhaltung.

3.1.2 Produktvariation

Bis zur Durchsetzung am Markt verursacht ein Produkt nur Kosten für Forschung, Entwicklung und Einführung, wirft also noch keinen Gewinn ab. Mit wachsendem Absatz steigen die Erträge und sinken die Stückkosten. Wenn Nachahmer auftauchen, geht der Gewinn gewöhnlich zurück oder stagniert. Kommen schließlich verbesserte Konkurrenzprodukte auf den Markt, kann man den Gewinn noch eine Zeitlang mit eigenen Verbesserungen halten. Solche **Produktvariationen** bedingen aber genau wie Innovationen eine intensive Marktforschung und technische Forschung.
In manchen Branchen ist es kaum möglich, Güter mit völlig neuem Grundnutzen auf den Markt zu bringen. So bleibt der Güternutzen in der Bekleidungsindustrie im wesentlichen konstant. Hier kommt deshalb der Produktvariation um so größere Bedeutung zu. Sie hat die Aufgabe, den Zusatznutzen zu erfassen.

3.1.3 Produktgestaltung

Sowohl bei der Produktinnovation als auch bei der Produktvariation spielt die **Produktgestaltung** bis in alle Einzelheiten eine große Rolle; denn die Produkte sollen sich von denen der Konkurrenz deutlich abheben. Dafür genügt manchmal schon eine bekannte betriebstechnische Ausstattung oder die Benutzung einer bekannten Marke. Auch sollen die Erzeugnisse den Verbraucherwünschen bestmöglich entsprechen. Dies betrifft z. B. Fragen der Gebrauchstüchtigkeit, Konstruktion, Bequemlichkeit, Sorgfalt, Form, Farbe, Verpackung und Beratung sowie des Materials und Stils, des Service und Kundendienstes.

3.1.4 Produktelimination

Das Erscheinen überlegener und völlig neuartiger Konkurrenzerzeugnisse läßt die Gewinnkurve meist rasch sinken. Wirft das Produkt keinen Gewinn mehr ab, so stellt sich die Aufgabe, es im richtigen Augenblick aus dem Markt zu nehmen: **Produktelimination.**

Für eine Elimination kommen vor allem Produkte mit negativem Deckungsbeitrag in Frage.

Beispiel:
(Es zeigt, wie man mit einer Stufendeckungsbeitragsrechnung vorgehen kann.)
Ein Betrieb fertigt 3 Produkte. Folgende Situation liegt vor:

	Produkte I	II	III	Gesamt
Nettoerlös pro Stück – Einzelkosten	100,— 50,—	150,— 100,—	80,— 40,—	
= Deckungsbeitrag 1 pro Stück – variable Gemeinkosten	50,— 30,—	50,— 40,—	40,— 20,—	
= Deckungsbeitrag 2 pro Stück Absatzmenge pro Monat Deckungsbeitrag 2 gesamt – Erzeugnisfixkosten (z. B. Lizenzkosten, Beratungskosten)	20,— 4000 80000,— 5000,—	10,— 900 9000,— 10000,—	20,— 12000 240000,— 10000,—	 329000,— 25000,—
= Deckungsbeitrag 3 gesamt – Unternehmensfixkosten	75000,—	– 1000,—	230000,—	304000,— 235000,—
Gewinn pro Monat				75000,—

Produkt II erbringt einen negativen Deckungsbeitrag. Ohne dieses Produkt wäre der Monatsgewinn um 1000,— DM höher. Bevor das Produkt aus dem Markt genommen wird, ist allerdings zu fragen, ob in der Zukunft eine Erhöhung des Deckungsbeitrags zu erwarten ist.

Viele Erzeugnisse sind unmittelbar mit dem Firmennamen verbunden (z. B. UHU, Rollei). Eliminiert man sie, so können treue Kunden verloren gehen. Man muß auch die Auswirkungen auf andere Produkte mitbeachten: Es ist durchaus möglich, daß ein an sich verlustbringendes Erzeugnis den Absatz anderer Leistungen, z. B. von Komplementärgütern, fördert.
Der Gewinnrückgang kann den Betrieb in große Gefahr bringen. Um dies zu vermeiden, ist jeder Betrieb bestrebt, durch die Entwicklung weiterer Innovationen die Mindereinnahmen aufzufangen. Hierzu ist eine langfristige Vorausplanung nötig.

3.2 Sortimentspolitik

3.2.1 Marktsegmentierung

Die Brauerei Gebr. Schenk braut seit jeher nur eine Sorte Bier: das „Schenk Pils". Es handelt sich dabei um ein Pilsener, also um ein untergäriges helles Vollbier. Seit einiger Zeit allerdings geht der Umsatz langsam, aber stetig zurück. Die Marktsättigung, die aufgrund des steigenden Ausstoßes der Brauereien inzwischen eingetreten ist, und der scharfe Konkurrenzkampf sind der Grund dafür. Man überlegt deshalb bei Schenk, ob man Altbier (ein obergäriges braunes Vollbier) in die Produktion aufnehmen soll. Vielleicht könnte man mit einer solchen Sorte, die in dieser Gegend als Spezialbier gelten würde, einen neuen Teilmarkt ansprechen und einen gewinnbringenden Preis erzielen.

Ein Produktmarkt ist meist nicht einheitlich, sondern besteht aus mehreren **Teilmärkten (Marktsegmenten)**. Beim Bier z. B. kann man deutlich regionale Teilmärkte feststellen, weil in den verschiedenen Regionen Deutschlands vorzugsweise bestimmte Biersorten getrunken werden (z. B. Alt, Berliner Weiße, Bock, Export, Kölsch, Malzbier, Pils, Weißbier, Weizendoppelbock, Weizenmärzenbier). Für die Bildung von Marktsegmenten sind letztlich die uneinheitlichen Verbraucherbedürfnisse maßgebend.

Beispiel: Markt für Oberbekleidung

Merkmale	Marktsegmente für:
Geschlecht	Herren-, Damenbekleidung
Alter	Bekleidung für Kinder, Jugendliche, Erwachsene
Geschmack	elegante Kleidung, sportliche Kleidung
Kaufkraft	Modelle, Massenkonfektion
Beruf	Berufskleidung für Dachdecker, Anstreicher, Ärzte, medizinisches Personal, Jäger usw.
Region	Trachtenkleidung
körperliche Beschaffenheit	Spezialgrößen
Verwendungszweck	Kleidung für Arbeit, Freizeit, Festlichkeiten, Sport
Jahreszeit	Kleidung für Sommer, Winter, Übergangszeit
Material	Textilien, Strickwaren, Pelze, Häute

Es ist eine wesentliche Aufgabe der Marktforschung, Marktlücken aufzuspüren, Absatzmöglichkeiten zu erforschen und damit gewinnbringende Teilmärkte zu eröffnen.

3.2.2 Sortimentsbildung

Unter dem *Absatzsortiment* eines Betriebes versteht man die gesamte Palette der von ihm angebotenen Leistungen.

Wenn der Betrieb eine möglichst umfassende Kenntnis des Gesamtmarktes und der Teilmärkte erlangt hat, legt er im Rahmen einer **Sortimentsstrategie** sein Absatzsortiment fest.

Sortimentsstrategien		
Vorteile	**Sortimentsstrategie**	**Nachteile**
Ein großer Kundenkreis wird angesprochen und evtl. Massenvertrieb möglich. Die Kosten sind verhältnismäßig niedrig.	**Belieferung des Gesamtmarktes mit einem Universalprodukt** (Man stellt auf den Durchschnittsverbraucher ab.)	Gefahr des Unterliegens gegenüber Konkurrenzprodukten, die besser auf individuelle Wünsche ausgerichtet sind.
Meist starke Stellung auf dem Marktsegment. Die Kosten sind verhältnismäßig niedrig.	**Spezialisierung:** **Belieferung eines Teilmarktes mit einem Spezialprodukt** (Man stellt auf eine spezielle Käuferschicht ab, z. B. junge Leute.)	Gefahr eines zu kleinen Teilmarktes. Gefahr, daß sich die Verbrauchergewohnheiten ändern.
Erfassung eines größeren Kundenkreises.	**Differenzierung:** **Belieferung mehrerer Teilmärkte mit einem Sortiment differenzierter Spezialprodukte** (Verschiedene Gruppen werden angesprochen, z. B. durch unterschiedliche Formen, Farben, Größen, Preislagen, Qualitäten.)	Mögliche Zersplitterung des Verkaufsprogramms. Die Kosten sind verhältnismäßig hoch.

Die Bearbeitung kleinerer Teilmärkte empfiehlt sich insbesondere für mittelständische Unternehmen, insbesondere dann, wenn sie technische, geschmackliche oder modische Spezialprobleme aufweisen, die eine sehr individuelle Lösung erfordern. Hierdurch wird ihre Wettbewerbsanfälligkeit verhältnismäßig gering. Solche Marktnischen sind z. B. auf dem Papiermarkt (Endlosformulare für Abrechnungsautomaten und EDV-Anlagen), auf dem Margarinemarkt (Spezialfette für gewerbliche Verwender, wie Bäckereien, Konditoreien usw.), auf dem Getränkemarkt (Bier mit einer besonderen Geschmacksnote für einen eng begrenzten Regionalmarkt), auf dem Radiomarkt (Radiogeräte für die gehobene Käuferschicht oder für den technisch-modern eingestellten Käufer) und auf dem Textilmarkt (Boutiquen für junge Leute) gegeben.

Die **Differenzierung des Angebotes** kann dadurch verstärkt werden, daß man die unterschiedlichen Produktausführungen unter verschiedenen Firmenbezeichnungen (Rosenthal, Thomas) vertreibt. Andererseits kann man das gleiche Produkt für markenbewußte Käufer als Markenartikel vertreiben, für die anderen Käufer als No-name-Ware.

3.2.3 Diversifikation

Der Zwang, vom Erfolg einer Leistung unabhängig zu werden, kann auch zu einer Erweiterung des Produktprogramms führen, d. h. zur Aufnahme andersartiger Erzeugnisse. Man nennt diesen Vorgang **Diversifikation.** Oft kauft man zu diesem Zweck andere Firmen auf, um deren Know-how auszunutzen und eigene Entwicklungskosten zu sparen. In jedem Fall wird man „auf mehreren Beinen stehen", um das Risiko zu verringern.

Eine Programmerweiterung auf der gleichen Wirtschaftsstufe heißt **horizontale Diversifikation.**

Beispiele:
- Ein Warenhauskonzern gliedert sich ein Versandgeschäft an.
- Ein Nahrungsmittelhersteller produziert zusätzlich Haushaltswaren.

Eine Programmerweiterung auf nachgelagerten Wirtschaftsstufen heißt **vertikale Diversifikation.**

Beispiele:
- Eine Papierfabrik stellt gleichzeitig Papierbearbeitungsmaschinen her.
- Ein Textilhaus erwirbt eine Kleiderfabrik.

3.3 Rechtsschutz der Erzeugnisse

Patente, Gebrauchsmuster, Geschmacksmuster und Warenzeichen sollen Erzeugnisse und Bezeichnungen vor unbefugter Verwendung schützen.

Patente

Ein *Patent* ist ein Recht zur ausschließlichen Verwertung von Erfindungen, das für längstens 20 Jahre vom Deutschen Patentamt in München verliehen wird.

Ein Europa-Patent für 13 Vertragsstaaten (Belgien, Bundesrepublik Deutschland, Frankreich, Griechenland, Großbritannien, Italien, Liechtenstein, Luxemburg, Niederlande, Österreich, Schweden, Schweiz, Spanien) kann beim Europäischen Patentamt (EPA), ebenfalls mit Sitz in München, beantragt werden.

Das Patentamt prüft die Patentfähigkeit. Voraussetzung ist, daß die Erfindung (Erzeugnis oder Herstellungsverfahren) seit mehr als 100 Jahren weder beschrieben noch benutzt wurde und daß eine gewerbliche Verwertung möglich ist.

Beispiele:
- Reißverschluß
- Wankel-Motor
- Sicherheitsschloß
- Herstellungsverfahren für Nylon

Der Patentinhaber kann das Patent selbst auswerten, aber auch verkaufen oder verpachten. Er kann es anderen auch gegen Gebühr für einen bestimmten Zeitraum zur Verwertung überlassen (Lizenz).

Gebrauchsmuster

Ein *Gebrauchsmuster* ist das Recht zur alleinigen gewerblichen Nachbildung und Verwertung von technischen Neuerungen[1]) an Arbeitsgeräten und Gebrauchsgegenständen. Es wird beim Deutschen Patentamt erworben.

Gebrauchsmuster haben einen geringen Erfindungswert, so daß die Eintragung als Patent nicht möglich ist. Es erfolgt keine Prüfung der Neuheit und Erfindungshöhe, sondern nur eine Registrierung.

Beispiele:
- Faltschachtel
- Schreibgeräte
- Archivkassetten für Tonbänder

Der Schutz ist geringer als beim Patent. Die Schutzdauer beträgt nur drei Jahre. Eine Verlängerung um weitere drei Jahre und später um nochmals 2 Jahre ist möglich.
Gegen ein eingetragenes Gebrauchsmuster kann man mit einem Löschungsantrag vorgehen.

Geschmacksmuster

Ein *Geschmacksmuster* ist das Recht zur alleinigen gewerblichen Nachbildung und Verwertung neuer und eigentümlicher Muster und Modelle.

Beispiele:
- Stoffmuster
- Tapetenmuster
- Formgebung von Verpackungen, Flaschen, Gläsern

Auch beim Geschmacksmuster prüft das Patentamt nicht die Schutzwürdigkeit. Der Schutz wird aufgrund des Eintrags beim Deutschen Patentamt erworben. Die Schutzdauer beträgt 5 Jahre. Sie kann bis auf höchstens 20 Jahre verlängert werden.

Dritte dürfen

- einzelne Motive des geschützten Musters zur Herstellung eines neuen Musters frei benutzen,
- Muster in einzelnen Stücken nachbilden, wenn keine gewerbliche Verbreitung oder Verwertung erfolgt,
- geschützte Flächenmuster in plastische Erzeugnisse umbilden und umgekehrt,
- Nachbildungen einzelner Muster in Schriftwerke aufnehmen.

---

[1]) d. h. eine neue Gestaltung, Anordnung, Vorrichtung oder Schaltung

Warenzeichen

Ein *Warenzeichen* ist das Recht zur alleinigen Verwendung von Bezeichnungen für Waren. Es wird beim Deutschen Patentamt erworben.

Das Warenzeichen kann aus Wörtern, Abkürzungen oder auch aus Bildern oder Zahlen bestehen.

Beispiele:

- Nivea
- Persil
- VW
- IBM
- 8×4
- 4711
- Mercedes-Stern
- Kranich der Lufthansa
- Krokodil von Lacoste

Warenzeichen sind an den Symbolen ® oder Ⓦⓩ erkennbar. Die Schutzdauer beträgt 10 Jahre. Sie kann beliebig um jeweils 10 Jahre verlängert werden.

Warenzeichen haben in der Praxis große Bedeutung. Sie erfüllen mehrere Funktionen.

Funktionen von Warenzeichen
Gewährfunktion Das Warenzeichen zeigt die Herkunft einer Ware aus einem bestimmten Geschäftsbetrieb.
Werbefunktion Mit einem Warenzeichen kann ein erheblicher Werbegewinn erzielt werden (z. B. Persil, UHU).
Wertfunktion Das Warenzeichen stellt für die Unternehmung einen Wert dar, da kein Konkurrent die Bezeichnung verwenden darf, z. B. Magnetophon (AEG), Duden (Bibliographisches Institut), Aspirin (Bayer).

Kontrolle des Lernerfolgs

1. Erläutern Sie folgende Begriffe, und geben Sie Beispiele an, die Ihnen bekannt sind: Produktinnovation, Produktvariation, Produktelimination, Diversifikation, Produktgestaltung, Sortiment.
2. Erläutern Sie die Abbildung auf Seite 340.
3. Worauf ist nach Ihrer Meinung bei der Gestaltung folgender Produkte besonders zu achten:
   Schokolade, Waschmittel, Bohrmaschine, Waschmaschine, Oberbekleidung?
4. Nennen Sie Gesichtspunkte, nach denen ein Seifenhersteller Marktsegmentierung betreiben könnte.
5. Worin unterscheiden sich Patent, Gebrauchsmuster und Geschmacksmuster?

4 Kommunikationspolitik

4.1 Meinungswerbung (Public Relations, Öffentlichkeitsarbeit)

Im Stadtgarten steht eine Bank, auf der deutlich lesbar eine Plakette angebracht ist: „Geschenk der Firma August Schwabe KG".
August Schwabe liebt die Fastnacht. Jedes Jahr stellt er für den Umzug einen Wagen. Dabei vergißt er auch das Geschäft nicht: Auf der Rückseite liest man: „Wagen der Firma August Schwabe KG".
Herrn Schwabes Sohn geht noch zur Schule. Beim letzten Schulfest gab es kostenlos Erbsensuppe mit Würstchen. Im Programmheft war zu lesen: „Gestiftet von der Firma August Schwabe KG".

Die angeführten Maßnahmen stellen Werbung für das Unternehmen dar. Sie sollen es in der Öffentlichkeit bekannt machen. Jeder soll mit dem Namen August Schwabe KG eine positive Vorstellung verbinden. Das Ziel ist die Imagepflege. Alle Maßnahmen, die diesem Ziel dienen, faßt man unter dem Begriff **Public Relations,** d. h. Öffentlichkeitsarbeit, Meinungswerbung, Vertrauenswerbung, zusammen. Public Relations ist noch nicht direkt auf den Absatz ausgerichtet.

Andere Public-Relations-Maßnahmen, die besonders von Großunternehmen angewandt werden, sind z. B.:

- Werksbesichtigungen durch Schulklassen oder Clubs;
- Tage der offenen Tür;
- Kontakte zu Film, Presse, Funk, Fernsehen;
- Berichte in Tageszeitungen und Zeitschriften;
- Herausgabe von Broschüren, Werks- und Kundenzeitschriften;
- Förderung des Gemeinwohls, z. B. durch Spenden.

4.2 Absatzwerbung

Herr Schröder schaltet um 7 Uhr das Radio ein: Nachrichten, dann Schlagermusik; dazwischen Werbung.
Herr Schröder schlägt die Zeitung auf: Zwei Werbeprospekte fallen ihm entgegen; dazu auf fast jeder Zeitungsseite Werbeanzeigen.
Herr Schröder fährt zur Arbeit: Auf Litfaßsäulen und Plakatwänden kommt ihm Werbung entgegen.
Herr Schröder hat eine Unterredung mit seinem Chef: Es geht darum, wie man für ein neues Produkt werben könnte.
Herr Schröder macht nach der Arbeit noch einen Einkauf in der Stadt: Überall Werbung in Schaufenstern, auf Neonreklamen, an Verkaufsständen.
Herr Schröder schaltet um 19 Uhr das Fernsehen ein: Heute-Nachrichten; anschließend Werbung ...

Der Verbraucher ist auf Schritt und Tritt von Werbung umgeben. Teils ist sie ihm lästig, teils interessiert sie ihn. Die Anbieter brauchen sie. Wie sonst sollen sie auf ihre Angebote aufmerksam machen?

4.2.1 Psychologische Ziele der Absatzwerbung

Durch die *Absatzwerbung* läßt der Anbieter seinen potentiellen Kunden ausgewählte Informationen zukommen, um sie direkt zugunsten der von ihm angebotenen Güter zu beeinflussen.

Werbung stellt eine Kommunikation zwischen dem Werbenden und dem Umworbenen dar: Der Werbende gibt eine Werbebotschaft ab, der Umworbene nimmt sie auf. Wenn die Botschaft zu einer Kaufhandlung führen soll, so muß sich anschließend im Umworbenen ein Informationsverarbeitungsprozeß in **vier Wirkungsstufen** abspielen. Diese lassen sich gleichzeitig als **psychologische Ziele der Werbung** ansehen:

Wirkungsstufen der Werbung (= psychologische Werbeziele)	
1. Stufe Bekanntmachung des Produktes	Die Bekanntmachung ist die Vorstellung, die Nennung des Produktes. Sie ist notwendig, weil ein Produkt nur dann gekauft werden kann, wenn der Käufer von seiner Existenz weiß.
2. Stufe Information über das Produkt	Der potentielle Käufer muß Produktinformationen erhalten, die über die reine Bekanntheit hinausgehen. Sie beziehen sich in erster Linie auf den Nutzen, den das Produkt bringt.
3. Stufe Schaffung eines positiven Produktimages	Die Werbung soll bewirken, daß die gesamte Vorstellung von dem Produkt überwiegend positiv ausgeprägt ist. Dies setzt eine positive Bewertung der Produktinformationen voraus.
4. Stufe Schaffung einer Kaufdisposition bzw. Auslösung der Kaufhandlung	Das positive Produktimage soll dazu führen, daß das Produkt dem Umworbenen als wünschenswert erscheint. Die Folge soll eine Kaufdisposition (-neigung) sein (d. h. das Produkt soll bei Bedarf gekauft werden) oder das direkte Auslösen der Kaufhandlung (z. B. Bestellung aus einem Prospekt; Aufsuchen des Verkäufers).

Eine ähnliche Stufung gibt die sogenannte **AIDA-Formel** an:

1. Aufmerksamkeit erregen	(Attention)	A
2. Interesse an der Ware wecken	(Interest)	I
3. Besitzwünsche wecken	(Desire)	D
4. Kaufhandlungen auslösen	(Action)	A

Die Werbung wendet sich teils an den Verstand des Menschen, teils sucht sie durch feine psychologische Methoden im Unterbewußtsein versteckte Wünsche, Sehnsüchte, Ängste zu aktivieren. Letzteres ist vor allem bei der Werbung für Konsumgüter im Fernsehen und in Zeitschriften der Fall.

Man erkennt hier entgegengesetzte Interessenlagen:

- Der Verkäufer steht unter dem Zwang, sein Produkt absetzen zu müssen. Er wendet hierfür alle erlaubten Mittel an.

- Für den Käufer steht dagegen die Informationsaufgabe der Werbung im Vordergrund. Er möchte über Eigenschaften, Vor- und Nachteile sowie Preise der ihn interessierenden Produkte unterrichtet sein. Er will ja seine Entscheidungen möglichst nach dem ökonomischen Prinzip treffen.

4.2.2 Aufgaben der Werbung im Lebenszyklus des Produktes

Während der Lebenszeit eines Produktes soll die Werbung unterschiedliche Aufgaben erfüllen. Dementsprechend unterscheidet man verschiedene **Arten der Werbung** nach dem Lebenszyklus des Produktes.

Arten der Werbung nach dem Lebenszyklus des Produktes
Einführungswerbung Sie soll neue Produkte bekanntmachen und Verlangen danach wecken. Sehr häufig entstehen die Bedürfnisse erst durch die Werbung. Ein Mode- oder Geschmackswandel soll ausgelöst werden, neue Kunden sollen gewonnen, neue Märkte erschlossen werden.
Expansionswerbung Bei schon eingeführten Produkten will man den Marktanteil erhöhen und eventuell von den Konkurrenten Kunden abziehen. Der Bekanntheitsgrad des Produktes soll erhöht werden.
Stabilisierungswerbung Die Werbung soll aggressive Konkurrenten abwehren, die ihrerseits den Marktanteil vergrößern wollen, und die eigene Stellung am Markt stabilisieren.
Erinnerungswerbung Sie soll Leistungen des Unternehmens bei bestehenden und früheren Kunden in Erinnerung bringen. Frühere Kunden sollen zurückgewonnen werden.

Indem die Werbung Präferenzen für die Unternehmung schafft, bewirkt sie:

- die Verkürzung der Einführungsphase bei neuen Produkten,

- die Verlängerung der Lebensdauer eines Produktes.

4.2.3 Werbemittel und Werbeelemente

Die Werbung versucht, ihre Ziele durch den Einsatz verschiedenartiger Werbeelemente und Werbemittel zu erreichen:

Zum Einsatz der Werbemittel bedient man sich verschiedener **Medien (Werbeträger, Streumedien)**: Post, Tages-, Wochen-, Sonntagszeitungen, Zeitschriften (Publikums- und Fachzeitschriften), Zeitungsbeilagen, Bildschirmtext, Hörfunk, Schallplatte, Kassette, Fernsehen, Fahrzeuge, Gebäude, Verpackungen, Kino, Adreßbücher, Plakatwände, Litfaßsäulen, Geschäfts-, Messe-, Ausstellungsräume, Schaufenster, Videokassette, Bildplatte, Kabelfernsehen und andere.

4.2.4 Werbegrundsätze

Die Unternehmung sollte bei ihrer Werbung vier Grundsätze beachten: Die Werbung muß

1. wirksam,
2. wirtschaftlich,
3. wahr und
4. klar sein.

Werbegrundsätze
Wirksamkeit Wirksamkeit ist der oberste Werbegrundsatz. Er verlangt eine Beschaffenheit der Werbung, die zur Verwirklichung der Werbeziele führt. Aus diesem Grund muß die Werbung genau geplant werden. Die Planung muß folgende Elemente berücksichtigen: - Werbeziele: Festlegung des Werbezwecks - Werbesubjekt: Festlegung des Werbenden - Werbebudget: Festlegung des Werbebetrags - Zielgruppe: Festlegung der Umworbenen - Werbeobjekte: Festlegung der Produkte - Werbeinhalt: Festlegung der Werbeaussage - Streuzeit: Festlegung der Werbetermine - Werbemittel und -medien: Festlegung der Übermittlungsart - Streugebiet: Festlegung der Werbeorte
Wirtschaftlichkeit Werbeerfolg und eingesetzte Geldmittel sollen in einem möglichst günstigen Verhältnis zueinander stehen. Auch aus diesem Grund ist eine genaue Planung der Werbung unerläßlich.
Wahrheit Die Erfahrung zeigt, daß falsche Werbeaussagen auf Dauer eine negative Wirkung erzielen, weil das Vertrauen der Umworbenen getäuscht wird. Deshalb sollen auch irreführende oder übertriebene Aussagen vermieden werden (z. B. ,,das beste Waschmittel, das es je gab!''). Die Werbung muß dabei nicht nur die Gesetze der jeweiligen Länder beachten (z. B. Hinweis auf Gesundheitsgefährdung bei Zigaretten), sondern soll auch mit dem moralischen und ästhetischen Empfinden im Einklang stehen.
Klarheit Zum einen müssen die Ziele der Werbung klar formuliert werden, damit keine ungeeigneten Werbemaßnahmen ergriffen werden. Zum anderen muß die Werbeaussage so klar formuliert bzw. dargestellt sein, daß keine Fehlinterpretationen möglich sind. Sie könnten zu verheerenden Umsatzeinbrüchen führen.

4.2.5 Elemente der Werbeplanung

In den einzelnen Elementen der Werbeplanung spiegeln sich die genannten Werbegrundsätze wider.

Werbeziele

Die Werbeziele[1]) müssen konkretisiert werden.

Beispiele:
- Steigerung des Bekanntheitsgrades des Produktes um 50%
- Erzielung eines positiven Images bei Männern bis zu 35 Jahren
- Neutralisierung einer bestimmten Werbemaßnahme eines Konkurrenten

[1]) vgl. S. 348

Werbesubjekt

Großunternehmen besitzen häufig **Werbeabteilungen,** die für die Planung und Durchführung der Werbung verantwortlich sind. In vielen Fällen aber – und dies gilt vor allem für kleinere Betriebe – setzt man selbständige **Werbeagenturen** ein. Diese beschäftigen Spezialisten wie Werbeleiter, Kontaktleute, Marktforscher, Psychologen, Grafiker, Textgestalter, Layouter, Dekorateure, Fotografen. Oft ist es günstiger, hohe Kosten für diese Fachleute in Kauf zu nehmen, um einen größeren Werbeerfolg zu erzielen. Darüber hinaus unterscheidet man:

- **Einzelwerbung**
  Eine Firma wirbt für ihre eigenen Leistungen (z. B. ,,Kauft blitzoblanko!'').
- **Gemeinschaftswerbung**
  Mehrere Firmen werben gemeinsam, ohne daß das einzelne Unternehmen mit dem Namen genannt wird (z. B. ,,Trinkt Milch''; ,,Durst wird durch Bier erst schön'').
- **Sammelwerbung**
  Mehrere Unternehmen verschiedener Branchen schließen sich zu einer gemeinsamen Werbeaktion zusammen. Sie werden namentlich genannt.

Werbebudget (Werbeetat)

Der Betrag, der in einem Jahr für Werbung ausgegeben werden soll, wird in der Praxis nach unterschiedlichen Grundsätzen bestimmt. Jedes Vorgehen hat dabei Vor- und Nachteile.

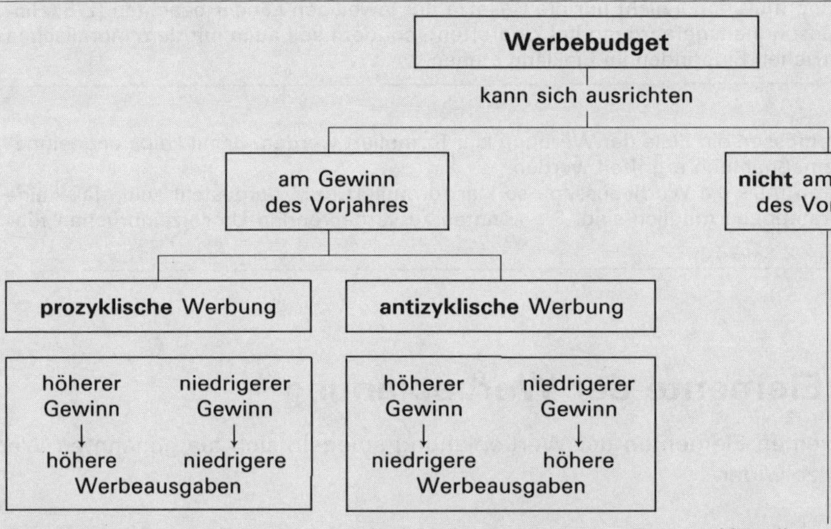

Vorteil:
Bei guter Gewinnlage verstärkt die Werbung den günstigen Trend.
Nachteile:
Bei schlechter Gewinnlage verstärkt die geringere Werbung den Abwärtstrend; bei guter Gewinnlage wird eventuell unnötig geworben.

Auswirkungen umgekehrt wie bei prozyklischer Werbung. Voraussetzung ist in jedem Fall ein gutes Finanzpolster auch bei schlechter Gewinnlage, sonst werden anderen wichtigen Bereichen nötige Gelder entzogen.

Vorteil:
Die für Werbung und Absatz nötigen Mittel werden stets eingesetzt
Nachteil:
Gefahr, daß anderen Bereichen Gelder entzogen werden.

Zielgruppe

Grundsatz: Wenn möglich, soll die Werbung nur die möglichen Käufer ansprechen **(Direktwerbung** oder **feingestreute Werbung).**

Beispiel:
Werbung für Computer-Software für Großrechenanlagen im Fernsehen wäre Verschwendung, da nur ein geringer Prozentsatz der Fernsehzuschauer an diesen Produkten interessiert ist. Es bietet sich vielmehr die Werbung in Fachzeitschriften an.

Gegebenenfalls kann sich die Werbung auch an den Handel und andere den Absatz beeinflussende Personen richten.

Beispiele:

Heimwerkzeuge	Zielgruppe: Hausbesitzer, Fachhandel
Arzneimittel	Zielgruppe: Ärzte (nicht Patienten! Gesetzliches Verbot!)
Waschmittel	Zielgruppe: Hausfrauen
Süßigkeiten	Zielgruppe: Kinder (sog. „Bedarfsäußerer")
Maschinen	Zielgruppe: Betriebe

Feingestreute Werbung (z. B. durch Werbebriefe, Messestände) ist sehr wirksam, aber, auf den einzelnen Adressaten bezogen, auch sehr teuer. Auch fehlt ihr die Breitenwirkung. Diese wiederum wird durch **Massenwerbung** oder **grobgestreute Werbung** in den Massenmedien erreicht: Zeitungen, Zeitschriften, Fernsehen, Rundfunk. Sie bietet sich bei Gütern des täglichen Bedarfs an, für die jedermann in Frage kommt. Sie ist auch immer dann nötig, wenn die möglichen Käufer nicht genau zu erfassen sind.

Werbeobjekte

Grundsatz: Es sind die Produkte zu bevorzugen, bei denen die Werbung die Werbeziele am besten erfüllen kann. Häufig wird über die **Firmenwerbung** gleichzeitig für die anderen Produkte des Betriebes indirekt mitgeworben („Das Gard-Haarstudio informiert Sie ...").

Werbeinhalt

Jede Werbung ist eine Aussage über ein Erzeugnis, aber auch über die Unternehmung. Es ist genau festzulegen, welche Informationen die Werbemaßnahme enthalten soll:

- Die Werbung muß Aufmerksamkeit erregen.
- Sie muß die Werbebotschaft sofort erkennen lassen.
- Sie muß Vertrauen erwecken.
- Sie darf keine Verwechslung mit anderen Produkten bewirken.
- Sie muß einen Besitzwunsch auslösen.

Zu umfangreiche Texte langweilen den Umworbenen. Deshalb ist auf Originalität und Aktualität zu achten.
Der Werbeinhalt ist auch vom verwendeten Werbemittel und von der Zielgruppe abhängig.

Beispiele:
- Ein Plakat auf einer Plakatwand darf kaum Text enthalten, eine Anzeige in einer Zeitung bedeutend mehr.
- Massenwerbung im Fernsehen kann nur allgemein gehaltene Informationen enthalten, Werbung in Fachzeitschriften dagegen fachmännische Details.

Werbezeit (Streuzeit)

Grundsatz: Der Erfolg soll im gewünschten Zeitpunkt eintreten. Dabei ist die Zeitspanne zwischen Werbemitteleinsatz und Eintreten des Erfolgs zu beachten. So muß Weihnachtswerbung beispielsweise so frühzeitig ansetzen, daß sich der Verbraucher über die verschiedenen Angebote informieren kann und noch Zeit hat, sich zu entscheiden. Eine verfrühte Werbung wird vergessen, auf eine verspätete kann man nicht mehr reagieren.

Bei saison- und konjunkturabhängigen Betrieben strebt man oft einen Ausgleich des Absatzes im Zeitverlauf an, um Kosten und Beschäftigungslage stabil zu halten. (Vgl. aber die Bemerkungen über die prozyklische Werbung!)

Darüber hinaus stellt sich die Frage, an welchen Wochen- oder Monatstagen geworben werden soll. Samstagswerbung kostet z.B. mehr, ist aber oft wirksamer.

Werbemittel und Werbemedien

Grundsatz: Es sind die wirksamsten Mittel zu wählen, d.h. die Mittel, die

- die Zielgruppe möglichst exakt ansprechen,
- ihren Werbeinhalt durch die Art der Schrift, des Bildes, des Tons, der Farbe, der Bewegung am überzeugendsten ausdrücken.

Allerdings sind dabei wichtige Nebenbedingungen zu beachten:

- Ein niedriges Werbebudget schließt teure Medien automatisch aus.
- Ein kleines Absatzgebiet schließt weitreichende Medien aus (z.B. Fernsehen, überregionale Zeitungen und Zeitschriften).
- Fernsehwerbung benötigt lange Voranmeldungen (Anfang Herbst für das neue Jahr).
- Bei in etwa gleich wirksamen Medien ist das kostengünstigere zu wählen (Grundsatz der Wirtschaftlichkeit).

Um die Kosten der Medien untereinander in etwa vergleichbar zu machen, berechnet man den **Tausenderpreis.** Dies ist der Preis für eine ganzseitige Anzeige oder einen 30-Sekunden-Spot, um tausend Leser (bzw. Fernsehzuschauer bzw. Rundfunkhörer) zu erreichen.

$$\textbf{Tausenderpreis nach verkaufter Auflage} = \frac{\textbf{Seitenpreis}}{\textbf{verkaufte Auflage}} \cdot \textbf{1000}$$

Beispiele:

Zeitschrift	Verkaufte Auflage (Stück)	Brutto-Preise (DM)	Tausenderpreis nach verkaufter Auflage (DM)
Bunte	1155947	56224,—	48,64
Neue Revue	1148248	40780,—	35,51
Quick	865362	37785,—	43,66
Stern	1419581	87552,—	61,67

Der Tausenderpreis beim Fernsehen liegt bei etwa 13,— DM.

Man erreicht genauere Ergebnisse, wenn man die Zielgruppe, die das Medium erreicht, zahlenmäßig exakter eingrenzen kann.

Beispiel:

Zielgruppe: Hausfrauen	Zeitung 1	Zeitung 2
Seitenpreis ...... Auflage .... Leser .... davon Hausfrauen .	10000,– DM 150000 450000 ca. 60%	11000,– DM 160000 480000 ca. 55%
Tausenderpreis	$\frac{10000,\text{– DM} \cdot 1000}{450000 \cdot 0,6}$ = 37,04 DM	$\frac{11000,\text{– DM} \cdot 1000}{480000 \cdot 0,55}$ = 41,67 DM

Streugebiet

- Bei Einführungswerbung wirbt man oft zunächst auf einem Testmarkt (z. B. Berlin, Saarland), um dort den Erfolg zu testen.
- Bei konkurrenzorientierter Expansions- und Stabilisierungswerbung wirbt man am Ort des Wettbewerbs.
- Ansonsten hängt das Streugebiet oft von einer schon bestehenden Vertriebsorganisation, der Höhe der Werbekosten, dem Wohnsitz der Zielgruppe ab.

4.2.6 Ablauf einer Werbekampagne

Zunächst ist das **Werbebudget** genau festzulegen; denn von der Höhe der verfügbaren Mittel hängen Werbestrategie und Einschaltungen in den Medien ab.

In der Regel entsteht die Werbekampagne im Zusammenspiel mit einer **Werbeagentur.** Dieser sind alle notwendigen Informationen in Form eines schriftlichen Berichts **(Briefing)** zuzuleiten.

Die Informationen betreffen

- die Werbeziele (z. B. Steigerung des Bekanntheitsgrads um 30%),
- eine besondere Verkaufsidee (z. B. Sicherheit eines Autos),
- Käufer, Konkurrenten, Produktpolitik (Gestaltung, Vorzüge, Verpackung, Sortiment),
- Preise, Rabatte, Verkaufseinsätze, Public-Relations-Maßnahmen.

Die Werbeagentur entwickelt eine **Werbestrategie.** Diese geht von dem „einzigartigen" Nutzen des Gutes aus (z. B. hervorragende Waschkraft) und formuliert dafür eine Beweisführung (z. B. ist die befragte Hausfrau im Fernsehspot so zufrieden, daß sie das Waschmittel auch nicht gegen die doppelte Menge eines anderen eintauschen würde). Außerdem wird das Produkt mit einem Image versehen (z. B. Frische, Verjüngung, Strahlen). Es soll gewisse Gefühle und/oder Vorstellungen bei der Zielgruppe wecken. Anschließend erfolgt die Gestaltung der Werbemittel (z. B. Herstellung von Werbefilmen, Anzeigen) und gleichzeitig die Erstellung des Mediaplans (Festlegung der Medien und Einschalttermine). Anschließend erfolgt die Durchführung der Werbung, d. h. die Einschaltung aller Werbemittel in den Medien.

Ablauf einer Werbekampagne

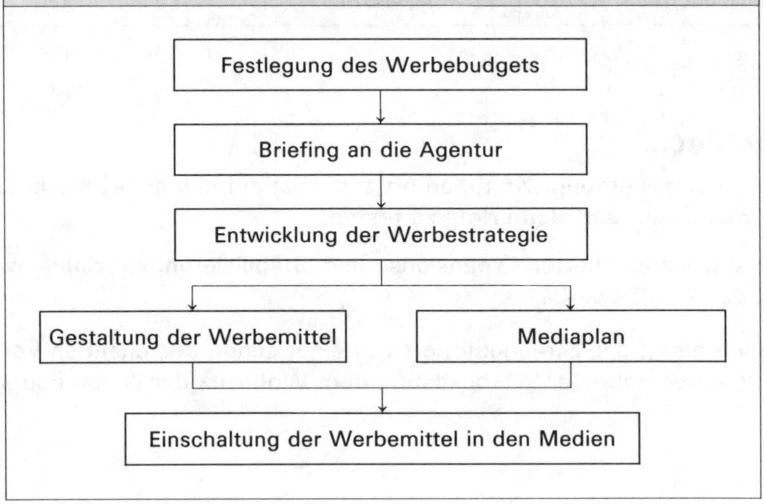

4.2.7 Kontrolle des Werbeerfolgs

Ökonomischer Werbeerfolg

Zur Messung des ökonomischen Werbeerfolgs werden folgende Kennziffern genannt:

$$\textbf{Umsatzrendite} = \frac{\textbf{Umsatzzuwachs}}{\textbf{Werbeaufwand}} \cdot \textbf{100}$$

$$\textbf{Marktanteil} = \frac{\textbf{Umsatz}}{\textbf{Gesamtumsatz des Marktes}}$$

Die Messung des ökonomischen Werbeerfolgs ist wichtig, aber in der Praxis überaus problematisch. Denn eine Steigerung des Umsatzes oder eine Erhöhung des Marktanteils hängt vom Einsatz aller Marketinginstrumente und außerdem von der Konjunktur, der Wirtschaftspolitik, der Mode und weiteren Einflüssen ab. Auch

kann eine Werbemaßnahme erfolgreich sein, obwohl Umsatz oder Marktanteil sogar zurückgehen. Dann hat die Werbung vielleicht eine noch schlechtere Entwicklung vermieden.
Einigermaßen zuverlässig läßt sich die ökonomische Werbeerfolgskontrolle nur auf einem **Testmarkt** durchführen[1]), der in seiner Struktur mit dem Vergleichsmarkt möglichst übereinstimmen soll. Man wirbt auf dem Testmarkt und stellt fest, wie sich Marktanteil und/oder Umsatz im Vergleich zu den Nicht-Werbegebieten entwickeln.

Außerökonomischer Werbeerfolg

Wegen der Mängel der ökonomischen Erfolgskontrolle hat man Kennziffern entwickelt, die sich an den psychologischen Werbezielen orientieren. Sie zielen darauf, das Verhalten der Umworbenen auszuwerten und festzustellen, wie die Werbung auf sie einwirkt. Dementsprechend kann man die Wirksamkeit der Werbemaßnahmen überprüfen und die Werbemaßnahmen gegebenenfalls variieren.

Beispiele:
Meßziffern, die sich an der AIDA-Formel orientieren:

$$\text{Attention} = \frac{\text{Aufmerksame Adressaten}}{\text{Gesamtzahl der Adressaten}}$$

$$\text{Interest} = \frac{\text{Interessenten}}{\text{Gesamtzahl der Adressaten}}$$

$$\text{Desire} = \frac{\text{Überzeugte}}{\text{Gesamtzahl der Adressaten}}$$

$$\text{Action} = \frac{\text{Zusätzliche Käufer}}{\text{Gesamtzahl der Adressaten}}$$

Um solche Meßziffern zu erhalten, nimmt man Beobachtungen (z. B. mit Blickbewegungs-Registriergeräten), Befragungen, Tests (z. B. Erinnerungstests, Tests über die Nachhaltigkeit von Werbemaßnahmen) vor. Fehler lassen sich dabei nicht vermeiden: Wer sich erinnert, muß deshalb nicht positiv berührt sein. Wer sich nicht erinnert, kann trotzdem positiv beeinflußt worden sein.

4.2.8 Unzulässige Werbung

Werbung ist in der Lage, dem Anbieter Präferenzen (Vorteile) zu verschaffen. Da sie den Wettbewerb fördert, kann sie leicht zur Anwendung unfairer Methoden verlocken, die dann vorübergehend unangemessene Vorteile verschaffen und den Konkurrenten direkt schädigen können. Als unlauterer Wettbewerb wird z. B. das Anlocken von Kunden (wie durch Lockvogelangebote, Zusendung unbestellter Ware an den Verbraucher) oder der Vergleich mit fremden Artikeln angesehen.

---

[1]) vgl. S. 336

Damit solche unredlichen Methoden möglichst vermieden werden, greift der Staat mit verschiedenen **Gesetzen zum Schutz des Wettbewerbs** ein.

Das **Gesetz gegen den unlauteren Wettbewerb (UWG)** untersagt unter anderem:

- irreführende Angaben über die eigenen geschäftlichen Verhältnisse (UWG § 3):
- den Hinweis auf die Eigenschaft als Hersteller oder Großhändler, wenn nicht deutlich angegeben wird, ob man an den Endverbraucher zu den gleichen Bedingungen wie an Wiederverkäufer verkauft (UWG § 6a);
- die mengenmäßige Beschränkung von Waren, die durch Preisangaben (z. B. „jetzt nur 59,— DM") oder blickfangmäßige Angaben (z. B. „Sonderangebot") oder Werbung aus dem gesamten Angebot hervorgehoben werden, durch Angaben wie „Abgabe nur in haushaltsüblichen Mengen", „Abgabe nur 5 Stück pro Person", sowie den Ausschluß von Wiederverkäufern („keine Abgabe an Wiederverkäufer") (UWG § 6d);
- blickfangmäßig (z. B. in Zeitungen, im Prospekt oder der sonstigen Außenwerbung) herausgestellte Preisgegenüberstellungen einzelner Waren oder Leistungen, z. B. „bisher 100,— DM, jetzt 80,— DM", „Modell X, um die Hälfte reduziert" (UWG § 6e);
- das Vor- und Nachschieben von Waren bei Räumungsverkäufen (UWG § 8);
- das Bestechen von Angestellten und Beauftragten (z. B. um Aufträge zu erhalten) (UWG § 12);
- das Anschwärzen und Verleumden von Mitbewerbern (UWG § 14);
  Anschwärzen ist die Behauptung von geschäftsschädigenden, nicht nachweislich wahren Tatsachen. Verleumdung sind solche Nachreden wider besseres Wissen, z. B. ein Kaufmann behauptet wider besseres Wissen, der Mitbewerber sei hoch verschuldet;
- den Verrat von Geschäftsgeheimnissen während des Dienstverhältnisses, zum Zweck des Wettbewerbs oder aus Eigennutz (UWG § 17);
- die unerlaubte Benutzung anvertrauter Vorlagen, Vorschriften, Modelle usw. zu eigenen Zwecken (UWG § 18);
- Benutzung einer fremden Firma, sofern eine Verwechslungsgefahr besteht (UWG § 16).

Das **Rabattgesetz** regelt, welche Rabatte an den Endverbraucher gegeben werden dürfen:

- Mengenrabatt,
- Weiterverarbeitungsrabatt (z. B. an Handwerker),
- Großverbraucherrabatt (z. B. an Krankenhäuser, Hotels),
- Personalrabatt an die eigenen Mitarbeiter,
- Sonderrabatt bei Jubiläums-, Schluß-, Ausverkäufen,
- Barzahlungsrabatt darf nur bis zu 3% gegeben werden.

Die **Zugabeverordnung** erlaubt als Zugaben nur

- geringwertige Gegenstände (z. B. Bonbons, Kugelschreiber mit Firmenaufdruck),
- handelsübliches Zubehör (Werkzeug für Pkw, Strohhalm für Trinkpackung).

Die **Preisangabenverordnung** verlangt,

- daß der Einzelhändler seine Waren mit dem Preis ausgezeichnet,
- dabei die handelsübliche Gütebezeichnung (z. B. Wein: Jahrgang 1973, Spätlese) und
- die Verkaufseinheit (z. B. Stück, Paar, Dutzend) angibt.

Hinzu kommen Bestimmungen des Lebensmittel- und Bedarfsgegenständegesetzes, des Heilmittelwerbegesetzes (Verbot der Patientenwerbung), des Jugendarbeitsschutzgesetzes, der Verordnung für Fertigpackungen, des Textilkennzeichnungsgesetzes, des Handelsklassengesetzes, des Eichgesetzes, des Patentgesetzes, des Gebrauchsmustergesetzes, des Warenzeichengesetzes und des Geschmacksmustergesetzes.

4.3 Verkaufsförderung (Sales Promotion)

Die Haushaltselektro GmbH hat eine neuartige Küchenmaschine entwickelt. Das Gerät soll über die bestehende Absatzorganisation vertrieben werden. Die Preisstrategie ist festgelegt. Demnächst soll die Produkteinführung am Markt erfolgen, begleitet von einer Werbekampagne im Fernsehen und in fünf Publikumszeitschriften, davon zwei Frauenzeitschriften.

Außerdem wurde bereits eine Reihe von Maßnahmen ergriffen, die das Verkaufspersonal, die Absatzmittler und den Handel auf das neue Produkt einstimmen sollen:

- Die Küchenmaschine wurde auf der Haushaltswarenmesse vorgestellt. Es erfolgten Demonstrationen, und die Messebesucher (der Fachhandel) erhielten umfangreiches Prospektmaterial.
- Gebrauchs-, Bedienungs- und Reparaturanleitungen wurden erstellt. Das Verkaufspersonal wurde in einem speziellen Training damit vertraut gemacht, ebenso der Kundendienst.
- Der gesamte Außendienst wurde mit einem Muster zur Demonstration ausgestattet.
- Es wurde werbewirksames Display-Material in Auftrag gegeben, das in den Fachgeschäften und Warenhäusern der Warendemonstration dienen soll: Attrappen, Bodenaufsteller, Hinweisschilder, Vorführdias und ein Video-Vorführfilm.

Unter *Verkaufsförderung* versteht man alle Maßnahmen, die einerseits die Werbung über die Massenmedien und andererseits die Arbeit des Verkäuferstabes koordinieren, ergänzen und unterstützen.

Während die Werbung sich in erster Linie an die Letztverbraucher bzw. -verwender richtet, wendet sich die Verkaufsförderung vor allem an die eigenen Verkaufsorgane. Man könnte deshalb sagen:

***Werbung* ist direkte Verbraucherbeeinflussung, *Verkaufsförderung* ist indirekte Verbraucherbeeinflussung.**

Sachliche Mittel der Verkaufsförderung sind solche, die die Arbeit des Verkäufers vorbereiten, unterstützen und ergänzen sollen.

Personelle Mittel der Verkaufsförderung sind solche, die im Rahmen des Verkäufertrainings einsetzbar sind.

<table>
<tr><th colspan="2">Mittel der Verkaufsförderung</th></tr>
<tr><td>

Sachliche Mittel der Verkaufsförderung
Schriftliche Mittel:
- Verkaufs- und Werbebriefe
- Prospekte
- Kataloge
- Listen
- Produktbeschreibungen
- Handbücher
- Verfahrensbeschreibungen, Versuchs- und Laborberichte
- wissenschaftliche Gutachten
- Wirtschaftlichkeitsberechnungen und -vergleiche
- Gebrauchs-, Bedienungs- und Montageanleitungen
- technische Unterlagen (Diagramme, Zeichnungen, grafische Darstellungen)
- Sonderdrucke aus Veröffentlichungen und vervielfältigte Vortragsmanuskripte
- Referenzlisten
- Musterbriefe (Formbriefe)
- kundenbezogene Angebots- und Korrespondenzgestaltung
Demonstrative Mittel:
- Messen und Ausstellungen
- Hausausstellungen
- Produktvorführungen im Werk, beim Verwender oder beim Interessenten
- Proben und Muster
- Modelle, Attrappen } Display-Material
- Fotos, Dias und Filme } Display-Material
- Gratisproben
Sonstige Mittel:
- Hauszeitschriften und Informationsdienste
- Jubiläums- und sonstige Broschüren
- redaktionelle Artikel
- Betriebsbesichtigungen
- Pressekonferenzen

</td><td>

Personelle Mittel der Verkaufsförderung
Schriftliche Mittel:
- Vertreterrundschreiben, Außendienstinformationen
- verkaufsbezogene Druckschriften aller Art (Prospekte, Kataloge, Listen, Hauszeitschriften, Sonderdrucke, Referenzlisten etc.)
- technische Unterlagen aller Art (Zeichnungen, Leistungsdiagramme, Schaltpläne, Tabellen, Versuchsberichte etc.)
- Lehrbriefe, schriftliche Schulungskurse
- Wettbewerbsvergleiche
- Verkaufsargumentesammlungen
- Einführungs- und Anmeldeschreiben für den Außendienst
Optische und akustische Mittel:
- Modelle und Muster
- Zeichnungen, Fotos
- Dias, Filme, Tonbildschauen
- Fernsehaufzeichnungen (Video-Recorder)
Verbale Mittel:
- Vorträge
- persönliche Besprechungen, Konferenzen, Tagungen
- Arbeitsgemeinschaften
- Diskussionen, Gruppenarbeit, Aussprachen
- Rollenspiel
- Falldiskussionen
- Brainstorming
Persönliche Mitarbeit und unmittelbares Erleben:
- Übungen an Maschinen und Geräten
- Werkbesichtigungen
- Volontärtätigkeit im Betrieb
- Assistenz im Außendienst
Sonstige Mittel:
- Schulungskurse für Absatzmittler und Kunden
- Beratung und persönliche Verkaufsunterstützung der Absatzmittler
- Verkaufswettbewerbe und -prämien

</td></tr>
</table>

Kontrolle des Lernerfolgs

1. Wodurch unterscheidet sich Public Relations als Meinungswerbung von der Absatzwerbung?

2. Der Verkaufsdirektor der Firma Rheinische Haushaltselektro GmbH äußert sich in einer Mitarbeiterbesprechung über die Absatzlage:

   „Demnächst werden wir unsere neue Küchenmaschine ‚Super-Blitz' auf den Markt bringen, eine Neuentwicklung, die mixen, pressen, zerkleinern, schneiden, hacken, stampfen, sägen kann.
   Der Marktanteil unseres Trockenautomaten ‚Trocken-Blitz' liegt bei dem für uns niedrigen Wert von 6%. Die Konkurrenz unterbietet unseren Preis bis zu 15% mit Waren von geringer Qualität.
   Seit längerer Zeit ist der Absatz unseres seit 10 Jahren hergestellten Tauchsieders ‚Blitz-Koch' stark rückläufig."

   a) Welche Werbung ist bei diesen Produkten angebracht (Einführungs-, Expansions-, Stabilisierungs-, Erinnerungswerbung)?
   b) Welche Ziele verfolgt diese Werbung jeweils?
   c) Welche Werbemittel könnte man hier sinnvollerweise einsetzen?

3. Nehmen Sie Stellung zu folgenden Sätzen:
   - „Wahrheit, Klarheit, Wirksamkeit und Wirtschaftlichkeit sind die wichtigsten Grundsätze der Werbung."
   - „Jedes Produkt ist nur so gut wie seine Werbung."
   - „Wirb oder stirb!"
   - „Information + Verführung = Werbung."

4. Nennen Sie die Elemente eines Werbeplans.

5. Arbeiten Sie den Werbeplan eines industriellen Herstellers von Fertighäusern in Massivbauweise (zweischalige hinterlüftete Betonwand mit Styroporisolierung) für das Jahr 19.. aus.
   Die in Dortmund ansässige Firma konnte wegen der hohen Transportkosten für die Betonelemente bisher nur einen Umkreis mit einem Radius von 150 km beliefern, ist jedoch im Begriff, ein Zweigwerk bei Aschaffenburg zu eröffnen. Im letzten Jahr konnten 650 Häuser (durchschnittlicher Preis: 180000,— DM), davon 250 mit Keller (durchschnittlicher Preis: 40000,— DM) ausgeliefert werden. Weitere Präzisierungen nehmen Sie bitte selbst vor.

6. Die Fertighausfirma unterhält an mehreren Orten Musterhäuser.
   Wie kann mittels dieser Häuser wirksam Werbung betrieben werden?

7. An Bauwillige sendet die Fertighausfirma Werbebriefe mit dem notwendigen Informationsmaterial. Fassen Sie einen solchen Werbebrief ab. Beachten Sie: Die Werbegrundsätze (vgl. Aufgabe 3) müssen berücksichtigt werden. Hervorzuheben sind vor allem die technischen und Wohneigenschaften des Bauprogramms sowie die Zuverlässigkeit des Lieferers. Der Briefstil soll anziehend sein, vielleicht auch den einen oder anderen Werbegag enthalten, aber nicht übertreiben.

8. Berechnen Sie durch Einsetzen geeigneter Zahlen Kennziffern für den Werbeerfolg des Fertighausunternehmens.

9. Werden Waren durch Werbung teurer?

10. Nennen Sie Argumente für und gegen die Werbung.

11. Welche Wünsche, Bedürfnisse, Ängste werden durch folgende Werbetexte angesprochen? (Mögliche Antworten: Ansehen, Prestige, Sex, Männlichkeit, Weiblichkeit, Mut, Jugend, Schönheit, Modern-Sein, Versagen.)

a) ,,Weite Einsamkeit, harte Männer auf wilden Pferden. Dazu gehört die Pamir-Extra, herb im Geschmack, stark im Aroma. Eine Zigarette für Männer. Selbstverständlich ohne Filter (Nikotinarm im Rauch).''

b) ,,Warum schreit das Baby? Es hat doch alles, was es braucht! Frische Windeln und ein duftiges Bettchen! Halt, habe ich etwa Flora-Sanft im letzten Spülgang vergessen? Sollte ich wirklich eine so schlechte Mutter sein?''

c) ,,Jugend, Frische, Schönheit! Auch Ihr Mund wird begehrenswerter mit dem Frische-Schock von Super-Weiß, der Zahncreme mit dem atemberaubenden Sex-Appeal. Nehmen Sie nicht zuviel davon! Ihr eigener Mann könnte Sie wieder küssen wollen.''

d) ,,Endlich ist er da, der Wagen mit den schwarzen Rallye-Streifen auf den Flanken, 150 PS stark, mit Rennfelgen, Gürtelreifen, Überrollbügel serienmäßig. Von diesem Wagen werden die meisten Autofahrer nur das Heck sehen.''

Formulieren Sie eine Kritik an dieser Art der Werbung.

12. Wodurch unterscheidet sich Werbung von Verkaufsförderung?
Nennen Sie Maßnahmen der Verkaufsförderung, die über den Bereich der Werbung hinausgehen.

13. Beurteilen Sie folgende Fälle:

a) Ein Lebensmittelhändler stellt im Schaufenster besten Wein zu sehr niedrigem Preis aus. Er erklärt aber einem Kunden, es handele sich um einen Irrtum in der Preisangabe. Nach einer Woche steht die Flasche immer noch mit dem alten Preis im Schaufenster.

b) ,,Im größten Teppichlager am Niederrhein führen wir Teppiche aller Preislagen und Qualitäten!'' – Das Teppichlager ist in Wirklichkeit mittelmäßig groß.

c) Ein Kaufmann behauptet einem Kunden gegenüber, sein Konkurrent X habe überhaupt keine kaufmännische Ausbildung und sei zur Führung eines Geschäftes nicht geeignet.

d) Ein Kaufmann wirbt mit dem Schild ,,Räumungsverkauf – Alle Artikel stark reduziert!'' Ein Kunde bemerkt, daß nach einer gewissen Zeit die geschmolzenen Bestände wieder aufgefüllt werden.

e) Eine Waschmittelfirma wirbt für ihr Produkt: ,,Nichts wäscht reiner!''

f) Ein Lebensmitteleinzelhändler bringt an seinen Waren keine Preisauszeichnung an.

g) Eine Hausfrau findet im Briefkasten unbestellte Rasierklingen zum Angebotspreis von 10,— DM.

h) Ein Weinhändler bringt auf seinen Flaschen Medaillen für frei erfundene Qualitätsprüfungen an.

i) Ein Tintenhersteller benutzt das Markenzeichen ,,Pelikan''.

j) Ein Einzelhändler gewährt einen Barzahlungsrabatt von 3% an alle seine Kunden.

k) Zu Fischdosen erhält der Kunde von diesem Einzelhändler gratis einen Dosenöffner.

Geben Sie auch die Vorschriften an, gegen die diese Handlungen (eventuell) verstoßen.

5 Preispolitik

5.1 Gegenstand der Preispolitik

Die Vereinigte Maschinen- und Werkzeugfabriken AG kalkuliert den Angebotspreis für eine Bohrmaschine durch eine Zuschlagskalkulation:

	DM
Fertigungsmaterial	1000,—
+ Materialgemeinkostenzuschlag 20%	200,—
= Materialkosten	1200,—
+ Fertigungslohn	600,—
+ Fertigungsgemeinkostenzuschlag 150%	900,—
+ Sondereinzelkosten der Fertigung	100,—
= Herstellungskosten	2800,—
+ Verwaltungsgemeinkostenzuschlag 10%	280,—
+ Vertriebsgemeinkostenzuschlag 5%	140,—
+ Sondereinzelkosten des Vertriebs	80,—
= Selbstkosten	3300,—
+ Gewinnzuschlag 10%	330,—
= Barverkaufspreis	3630,—

Für jede Unternehmung ist es wichtig, daß „die Preise stimmen". Über den Marktpreis muß sie ihre Kosten wieder hereinholen und einen Überschuß erzielen.

Durch eine **Preiskalkulation** sucht man den Angebotspreis zu ermitteln. Es ist jedoch durchaus nicht sicher, daß der Betrieb den errechneten Preis auch tatsächlich erzielen kann. Dies hängt vielmehr von der Situation auf dem Absatzmarkt ab. Starker Wettbewerb z. B. wird den Preis drücken, starke Nachfrage ihn in die Höhe treiben.

Die *Preispolitik* muß entscheiden, welche Preise, Konditionen und Serviceleistungen (z. B. Kundendienst) sinnvoll sind, um einen möglichst hohen Gewinn oder einen möglichst großen Marktanteil zu erreichen.

Preispolitik

beinhaltet
- Festsetzung der Preise
- spätere Preisänderungen
- besondere Preisstellungen und Preisdifferenzierungen
- die Festlegung sonstiger Verkaufskonditionen
- ggf. Kundendienst

verfolgt die Ziele
- Gewinnmaximierung

oder
- Erlangung eines gewünschten Marktanteils

ist abhängig von
- der Existenz eines Käufer- bzw. Verkäufermarktes
- den Eigenschaften der angebotenen Güter
- der jeweiligen Marktform

5.2 Einfluß eines Käufer- bzw. Verkäufermarktes auf die Preispolitik

Auf dem **Verkäufermarkt** ist der Verkäufer in der stärkeren Position: Die Kunden haben einen hohen Bedarf an Gütern. Das Güterangebot ist verhältnismäßig knapp.

Auswirkung des Verkäufermarktes auf die Preispolitik
Die Preisbildung vollzieht sich *kostenorientiert:*
Der Verkäufer kann seine Einzel- und Gemeinkosten addieren und auf die Selbstkosten seinen kalkulierten Gewinnzuschlag aufschlagen. Er hat gute Chancen, den ermittelten Preis tatsächlich am Markt zu erzielen.

Beispiel:
Die Vereinigte Maschinen- und Werkzeugfabriken AG wird wahrscheinlich ihren Verkaufspreis von 3630,— DM für eine Bohrmaschine erzielen können.

Auf dem **Käufermarkt** ist der Käufer in der stärkeren Position: Der Markt ist verhältnismäßig gesättigt. Die Käufer sind qualitäts- und preisbewußt und verhalten sich wählerisch.

Auswirkung des Käufermarktes auf die Preispolitik
Die Preisbildung vollzieht sich *nachfrageorientiert (marktorientiert):*
Der Verkäufer muß seine Preisvorstellungen am Markt ausrichten:

- **Vor der Neueinführung eines Produktes muß er sich fragen, welchen Preis er am Markt erzielen kann, und seine Produktionskosten danach ausrichten (kostengünstige Konstruktion, Auswahl preisgerechter Materialien, Anwendung preisgerechter Fertigungsverfahren).**
- **Bei bestehenden Produkten muß er sich fragen, in welchem Umfang der erzielbare Preis seine Kosten deckt. Mit Hilfe der Deckungsbeitragsrechnung trifft er seine Entscheidungen über die Preisuntergrenze und gegebenenfalls über die Produktelimination.**

Beispiel:
Läge der erzielbare Preis für eine Bohrmaschine bei 2600,— DM, so könnte die Vereinigte Maschinen- und Werkzeugfabriken AG ihre Bohrmaschine zu diesem Preis noch anbieten, denn die Einzelkosten (Fertigungsmaterial 1000,— DM und Fertigungslohn 1200,— DM) wären gedeckt und es würde ein positiver Deckungsbeitrag 1 von 400,— DM erzielt, der die Gemeinkosten teilweise abdeckt. Voraussetzung ist allerdings, daß die variablen Gemeinkosten durch die 400,— DM abgedeckt werden, so daß ein positiver Deckungsbeitrag 2 verbleibt.

5.3 Einfluß der Gütereigenschaften auf die Preispolitik

Die Unternehmung erhält einen verhältnismäßig großen Spielraum für die Preispolitik, wenn

- sie lebensnotwendige Güter anbietet, denn die Nachfrager müssen solche Güter auch bei Preissteigerungen weiterhin kaufen;
- sie Güter anbietet, die sich möglichst stark von Konkurrenzprodukten abheben (heterogene Güter). Bei gleichartigen (homogenen) Gütern werden die Käufer auf Preisänderungen viel stärker reagieren, indem sie zu anderen Anbietern abwandern.

5.4 Einfluß der Marktformen auf die Preispolitik

In den Marktformen spiegeln sich sowohl die Markteigenschaften (Verkäufermarkt - Käufermarkt) als auch die Gütereigenschaften (homogene Güter - heterogene Güter) wider. Hinzu tritt als weitere Einflußgröße die Zahl der Anbieter und Nachfrager. Sie ist ebenfalls eine wesentliche Einflußgröße für die Marktmacht des Anbieters.

Man unterscheidet im wesentlichen folgende Marktformen:

Marktformen			
Anbieter	Nachfrager		
	viele	wenige	einer
viele	Polypol	Nachfrageoligopol	Nachfragemonopol
wenige	Angebotsoligopol	Zweiseitiges Oligopol	Beschränktes Nachfragemonopol
einer	Angebotsmonopol	Beschränktes Angebotsmonopol	Zweiseitiges Monopol

Für unsere Überlegungen genügt die Betrachtung des

- Angebotsmonopols,
- Polypols,
- Angebotsoligopols.

5.4.1 Preispolitik im Angebotsmonopol

Der Monopolist ist Alleinanbieter eines Gutes. Er kann darum theoretisch im Rahmen der vermuteten Kundennachfrage den Preis oder die Produktionsmenge frei bestimmen, die ihm den höchsten Gewinn verspricht. Diesem Vorgehen sind in der Praxis jedoch Grenzen gesetzt:

- Kein Anbieter weiß genau, wie die Abnehmer auf seine Preissetzungen und Preisänderungen reagieren.
- Der Monopolist wird sich hüten, den Preis unnötig zu sehr zu verteuern. Dies könnte andere Unternehmen veranlassen, Ersatzgüter zu entwickeln (Substitutionskonkurrenz).
- Der Zwang, die Kapazität des Betriebes optimal auszunutzen, verhindert eine künstliche Verknappung des Angebotes.
- Das Bundeskartellamt kann überhöhte Preise, die einen angemessenen Gewinnzuschlag übersteigen, verbieten (Mißbrauchsaufsicht).

Beispiel:
Die Vereinigte Maschinen- und Werkzeugfabriken AG könnte bei einer entsprechend hohen Nachfrage ihren Preis gegebenenfalls bei 4000,— DM ansetzen. Aus den oben genannten Gründen zieht sie jedoch den Verkaufspreis von 3630,— DM vor, der einen angemessenen Gewinn bietet.

5.4.2 Preispolitik im Polypol

Bei einem Polypol auf einem vollkommenen Markt (homogene Güter, keine Präferenzen, Punktmarkt, vollkommene Markttransparenz, sofortige Reaktion auf Veränderungen) spricht man von **vollständiger Konkurrenz.** Aus Angebot und Nachfrage bildet sich ein **Marktpreis** (Gleichgewichtspreis), der von jedem Anbieter als gegeben hingenommen werden muß. Bei Preiserhöhungen eines Anbieters wandern seine Kunden ab, bei Preissenkungen kann er wegen seiner begrenzten Kapazität die Nachfrage nicht befriedigen. So kann er keine aktive Preispolitik betreiben. Die Preisbildung vollzieht sich nachfrageorientiert. Anhand der Deckungsbeitragsrechnung prüft der Anbieter, wie weit der Marktpreis seine Kosten deckt.

Beispiel:

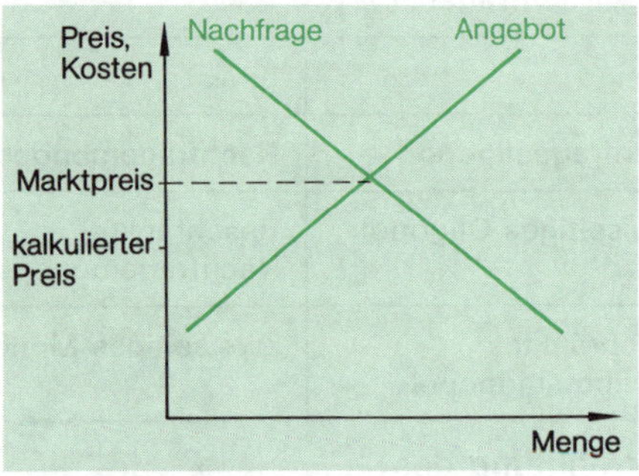

Der Marktpreis deckt den kalkulierten Preis. Das Produkt kann uneingeschränkt angeboten werden.

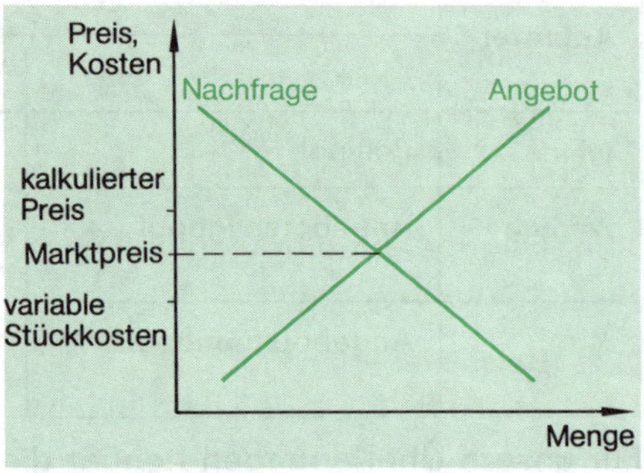

Der Marktpreis deckt den kalkulierten Preis nicht. Er deckt aber die variablen Stückkosten. Das Produkt kann kurzfristig angeboten werden.

Die vollständige Konkurrenz ist ein praxisfremdes Modell. Die Wirklichkeit zeigt viel mehr die Züge eines **Polypols auf unvollkommenem Markt:**

- Die angebotenen Güter stimmen in Art, Aufmachung, Qualität nicht völlig überein.
- Die Käufer haben Präferenzen (Vorlieben) räumlicher, zeitlicher, persönlicher Art (weil die Wege unterschiedlich lang sind, weil man einem bestimmten Anbieter vertraut usw.)
- Der Markt läßt sich nicht vollständig überblicken.
- Die Marktteilnehmer reagieren auf Änderungen mit Verzögerungen.

Von der Seite der Unternehmungen her wird diese Uneinheitlichkeit bewußt gefördert:

Da der Preiswettbewerb oft schmerzhafte Folgen hat, verlagert man den Wettbewerb vielfach von der Preisebene weg auf die Art und Qualität der Leistungen. Vielen Anbietern gelingt es, Leistungen zu produzieren, die alle auf ihre eigene Weise Vorteile bieten.

Beispiele:
Leistungen können Vorteile bieten durch:
- gefälliges Aussehen,
- gute Verarbeitung,
- gute Materialqualität,
- vielseitige Verwendbarkeit,
- besondere Aufmachung,
- guten Kundendienst,
- besondere Zahlungs- und Lieferungsbedingungen
- oder besondere Garantieleistungen.

Dem Anbieter gelingt es bei seinen mehr oder weniger sicheren Stammkunden oft, seine Preisvorstellungen auch dann durchzusetzen, wenn sie von den Preisen ähnlicher Produkte der Konkurrenz abweichen.

Der Anbieter erlangt folglich einen gewissen monopolistischen Preisspielraum, in dem er aktive Preispolitik betreiben, seinen Preis also gewinnmaximal festsetzen kann. Bei überhöhten Preisen allerdings wandern die Kunden ab.

5.4.3 Preispolitik im Angebotsoligopol

Beim Oligopol stehen wenigen Anbietern mit großen Marktanteilen viele Nachfrager gegenüber.

Beispiele:
Benzinmarkt, Automobilmarkt, Zigarettenmarkt

Die Oligopole haben in der Realität große Bedeutung. Es handelt sich um unvollkommene Märkte: Die Käufer haben Präferenzen und die Anbieter führen wie im Polypol Leistungsdifferenzierung durch.

Oligopolisten müssen die Reaktionen der Nachfrager, aber auch die ihrer etwa gleich mächtigen Konkurrenten beachten. Um ihre Marktanteile nicht zu verlieren, werden sie auf Preisheraufsetzungen der Konkurrenten nicht unbedingt, auf Preissenkungen dagegen fast immer reagieren. Zumindest war dies in der Frühzeit des Kapitalismus so. Man versuchte oft, sich durch Preisunterbietungen vom Markt zu verdrängen. Dabei ruinierte man sich jedoch häufig selbst (sog. „ruinöse Konkurrenz"). Für den Oligopolisten gilt insofern das gleiche wie für den Unternehmer in vollständiger Konkurrenz: Wenn durch eigene Maßnahmen oder durch Maßnahmen der Konkurrenz der Marktpreis sinkt, besteht Gefahr, daß die Kosten nicht mehr gedeckt werden. Die Absatzmenge müßte steigen, um den Nachteil auszugleichen. Das geht aber wieder auf Kosten der Marktanteile der anderen, so daß erneut Reaktionen provoziert werden.

Weil die Auswirkungen von Preissenkungen für den Oligopolisten schlecht kalkulierbar sind, wurde der oligopolistische „Krieg" auf der Preisebene weitgehend durch eine **oligopolistische Zusammenarbeit** abgelöst: Man fordert den anderen preismäßig nicht heraus, sondern hält die Preise still (sog. „Schlafmützenkonkurrenz"). Ausnahmen sind lediglich Saison- und Sonderangebote. Gelegentlich kommt es zu kurzen, heftigen Preiskriegen.

Die oligopolistische Zusammenarbeit zeigt sich auch in der **Preisführerschaft**: Ein Oligopolist mit besonders großem Marktanteil wird häufig von den Mitbewerbern stillschweigend als Preisführer anerkannt. Sie halten ihre Preise in der Regel still und verändern sie nur, wenn der Preisführer seinerseits den Preis ändert.

5.5 Preisstellungssysteme

Der Betrieb ist bestrebt, seine Preise möglichst individuell auf die Käufer abzustellen, um viele Kunden zu gewinnen. Hierzu dienen ihm grundsätzlich zwei Preisstellungssysteme:

Preisstellungssysteme

Bruttosystem	**Nettosystem**
Von den angegebenen Preisen werden noch Rabatte gewährt. **Beispiel:** „Wir bieten an zu 450,— DM abzüglich 40% Wiederverkäuferrabatt."	Von den angegebenen Preisen werden keine Rabatte mehr gewährt. **Beispiel:** „Wir bieten an zu 270,— DM."

Die **Rabatte beim Bruttosystem** verfolgen z. B. folgende Ziele:

- **Mengenrabatt**
  Der Kunde soll möglichst **große Mengen** kaufen.
- **Treuerabatt**
  Langjährige Kunden sollen **erhalten** werden.
- **Personalrabatt**
  Betriebsangehörige sollen **im eigenen Unternehmen** kaufen.
- **Sonderrabatt** (aus bestimmten Anlässen, wie Jubiläum)
  Kunden sollen **in großer Zahl** kaufen.
- **Bonus**
  Der Kunde soll im Laufe des Jahres eine **große Menge** beziehen, um in den Genuß der Rückvergütung zu gelangen.
- **Skonto**
  Der Kunde soll sofort **bezahlen**.

Umgekehrt versucht der Betrieb den Absatz von unrentablen Kleinmengen zu unterbinden durch:

- **Mindestabnahmemengen**
  z. B.: „Mindestabnahmemenge 10 Stück"
- **Mindermengenzuschläge** (Umkehrung des Rabatts)
  z. B.: „Bei Abnahme von weniger als 10 Stück berechnen wir einen Zuschlag von 15% auf den Listenpreis."
- **Frankogrenzen** (Übernahme festgelegter Fracht- oder Verpackungskosten von einem bestimmten Wert oder einer bestimmten Menge an)
  z. B.: „Bei einem Warenbezug ab 1000,— DM erfolgt die Lieferung frei Haus."

5.6 Preisdifferenzierung

Das **Nettopreissystem** wird häufig mit einer **Preisstaffelung** (Preisdifferenzierung) verknüpft. Dabei bietet man das gleiche Produkt zu unterschiedlichen Preisen am Markt an, um unterschiedliche Nachfragebedingungen auszunutzen und den Gewinn zu vergrößern.

Arten der Preisdifferenzierung	
Räumliche Preisdifferenzierung unterschiedliche Preise an verschiedenen Orten, Regionen usw. **Beispiel:** Höhere Preise an Autobahntankstellen	**Sachliche Preisdifferenzierung** Angebot eines Produktes in unterschiedlicher Aufmachung zu unterschiedlichen Preisen **Beispiel:** Waschmittel als Markenartikel und Nicht-Markenartikel
Zeitliche Preisdifferenzierung unterschiedliche Preissetzung zu verschiedenen Zeitpunkten **Beispiel:** Höhere Preise für Obst im Winter	**Persönliche Preisdifferenzierung** Preisbildung nach Personengruppen **Beispiel:** Sozialpreise bei der Bahn

5.7 Preisstrategien

Bei der Produkteinführung bieten sich zwei Strategien an:

- **Hohe Einführungspreise (Abschöpfungspreise)**

  Man setzt hohe Einführungspreise, um zunächst die kaufkräftigste Käuferschicht anzusprechen. Anschließend senkt man den Preis. Mit dieser Preissenkung geht manchmal eine Verschlechterung der Ausstattung einher.

  Beispiel:
  Einführung eines Romans in gebundener Leinenausgabe, später als Taschenbuch.

- **Marktdurchdringungspreise**

  Man setzt von vornherein einen niedrigen Preis, um möglichst große Käuferschichten zu gewinnen. Wenn das Erzeugnis nach einer gewissen Zeit gut eingeführt ist, hebt man den Preis vorsichtig an.

Wenn ein Produkt allmählich aus dem Markt genommen werden soll, so hält man meist die Preise stabil und verzichtet auf alle kostenträchtigen Maßnahmen (wie Werbung). Zum Schluß versucht man, die Lager durch starke Preissenkungen in Verbindung mit einer Sonderwerbeaktion zu räumen.

5.8 Verkaufskonditionen

Folgende Konditionen sind geeignet, die Kaufentscheidung zu beeinflussen.

Verkaufskonditionen	
Preisnachlässe Rabatte, Skonti, Boni	**Rückgaberecht** Kauf auf Probe
Zahlungsfristen – Der Lieferer gewährt ein Zahlungsziel. – Der Lieferer vermittelt dem Kunden einen Kredit. – Der Lieferer gewährt Abschlagszahlungen.	**Garantieleistungen** Abgabe einer Werksgarantie über die Gewährleistungsfrist hinaus (u. a. bei technischen Geräten)
Übernahme der Verpackungskosten Lieferung „Preis netto einschließlich Verpackung"	**Übernahme der Transportkosten** – „Lieferung frei Haus" – „Lieferung frei Empfangsstation"

5.9 Kundendienst

Der *Kundendienst* umfaßt alle Dienstleistungen, die freiwillig und zum Teil kostenlos erbracht werden. Sie sollen Dauerkunden gewinnen und den guten Ruf des Betriebes stützen.

Kundendienst

kaufmännisch
- Informationen über Neuentwicklungen
- Beratungen
- Besuche, Kurse (Kundenpflege)

technisch
- Beratung in Anwendungsfragen
- Reparatur- und Ersatzteildienst
- Wartung und Pflege

Der **kaufmännische Kundendienst** wird schwerpunktmäßig vor der Kaufentscheidung eingesetzt. Durch Beratung und Systemvorschläge werden dem Kunden die Vorteile und Verwendungsmöglichkeiten eines Erzeugnisses vor Augen geführt. Gegebenenfalls werden Wirtschaftlichkeitsberechnungen, Finanzierungspläne und Personalschulung angeboten.
Nach dem Verkauf muß der Kontakt zum Kunden weiter gepflegt werden. Dies kann durch gelegentliche Besuche beim Kunden erfolgen, aber auch durch Kurse des Herstellers. Diese Aktivitäten gehören in den Bereich der **Kundenpflege.** Ihr Ziel ist es, den Kunden auch für künftige Einkäufe zu gewinnen.
Der **technische Kundendienst** hat zwar auch Bedeutung für die Produktpräsentation, spielt aber nach dem Kauf eine größere Rolle, z. B. bei Montage, Änderungen und Reparaturen. Manchmal liegt der eigentliche Gewinn des Lieferers nicht einmal im ursprünglichen Abschluß, sondern im späteren Ersatzteil- oder Verbrauchsmaterialgeschäft (z. B. bei Kopiergeräten, Kameras, Unterhaltungselektronik).

Kontrolle des Lernerfolgs

1. Durch welche Merkmale wird ein Verkäufermarkt, durch welche ein Käufermarkt beschrieben?

a)
- Bedarf ist größer als die derzeit mögliche Produktion
- Käufer akzeptiert teilweise mindere Qualität und überhöhte Preise
- Wettbewerb zwischen den Anbietern ist gering

b)
- Bedarf ist kleiner als die derzeit mögliche Produktion
- Käufer hat relativ viele Wahlmöglichkeiten
- Wettbewerb zwischen den Anbietern ist groß

2. Die Vereinigte Maschinen- und Werkzeugfabriken AG (VMW) kalkuliert den Angebotspreis für eine Kleindrehbank.
   a) Unter welchen Bedingungen könnte der Angebotspreis kostenorientiert festgelegt werden, unter welchen Bedingungen müßte er nachfrageorientiert festgelegt werden?
   b) Worauf müßte der Hersteller besonders achten, wenn er sich in der Marktform eines Angebotsoligopols befindet?
   c) Vom Listenverkaufspreis gewährt die VAW 20% Rabatt und 2% Skonto. Welches Preisstellungssystem wendet sie an?
   d) Welche Möglichkeiten der Preisdifferenzierung könnte der Anbieter nutzen?

3. Bestimmen Sie
   a) die langfristige und
   b) die kurzfristige

   Preisuntergrenze für einen Bohrautomaten:
   Fertigungsmaterial 5000,— DM, Fertigungslöhne 2000,— DM.
   Die Materialgemeinkosten betragen 40%, die Fertigungsgemeinkosten 120%. Der Verwaltungs- und Vertriebsgemeinkostenzuschlag beträgt 20%. Von den Material- und Fertigungsgemeinkosten sind 40% fix und 60% variabel.

4. In welcher Situation werden Preisuntergrenzen in der Praxis angewandt?

5. Welche Marktformen liegen vor
   - auf dem Neuwagenmarkt,
   - auf dem Benzinmarkt,
   - auf dem Markt für Hobby- und Heimwerkerartikel,
   - bei der Briefbeförderung und im Fernsprechverkehr?

   Stellen Sie fest, wie sich die Preise auf diesen Märkten bilden.

6. Nennen Sie besondere Maßnahmen der Preis- und Wettbewerbspolitik, die folgende Anbieter anwenden könnten, um Kunden von der Konkurrenz abzuziehen:
   - ein Möbelhersteller,
   - ein Hersteller von Körperpflegemitteln (Seifen, Zahnpasta, Shampoo usw.).

7. Unternehmungen differenzieren häufig ihre Preise. Ordnen Sie die nachfolgenden Beispiele den vier behandelten Arten von Preisdifferenzierung zu:
   a) Rentner bekommen Rabatt.
   b) Nachsaisonpreise sind günstiger.
   c) Die gleichen Medikamente werden in England billiger als in Deutschland angeboten.
   d) Markenartikelhersteller verkaufen ihre Ware auch als „No-Name-Produkt" beim Billigpreisanbieter.

6 Distributionspolitik

Die *Distributionspolitik* betrifft die betrieblichen Entscheidungen über die optimale Verteilung der Betriebsleistungen an Käufer und Endverbraucher.

Im Rahmen der Distributionspolitik müssen Entscheidungen über die betriebliche Absatzorganisation und die damit verbundenen Vertriebssysteme sowie über die Absatzwege getroffen werden.

6.1 Innere Organisation des Absatzes

Der Absatzbereich kann nach unterschiedlichen Gesichtspunkten gegliedert werden. Die Gliederung kann z. B. funktionsorientiert, produktorientiert, kundenorientiert oder gebietsorientiert erfolgen.

Funktionsorientierter Absatz (Vertrieb)

Die einzelnen Tätigkeiten werden so auf die Mitarbeiter aufgeteilt, daß jeder Mitarbeiter stets gleichartige Aufgaben erfüllt.

Beispiel:

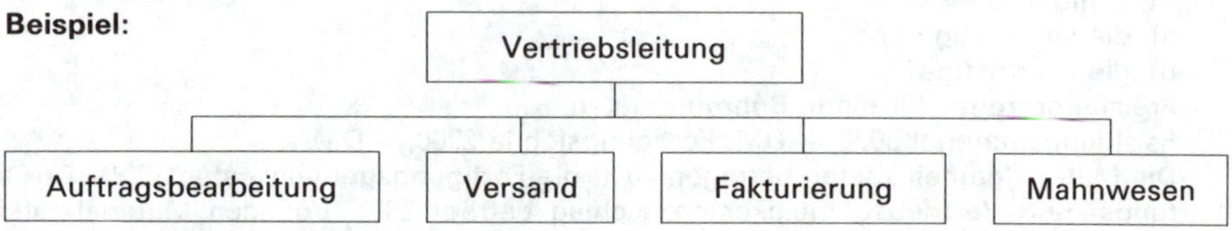

Produktorientierter Absatz (Vertrieb)

Bei einer großen Vielfalt von Erzeugnissen ist der Absatzbereich oft nach Erzeugnisgruppen gegliedert.

Beispiel:

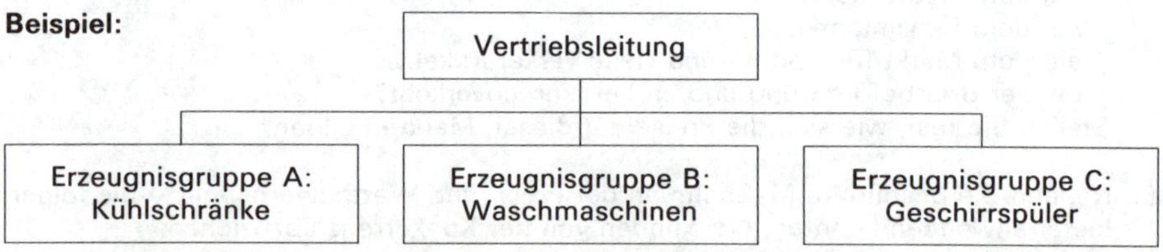

Kundenorientierter Absatz (Vertrieb)

Sind besondere Kenntnisse (z. B. Rechtskenntnisse) für bestimmte Abnehmergruppen notwendig, so empfiehlt sich oft eine Gliederung des Absatzbereichs nach diesen Gruppen.

Beispiel:

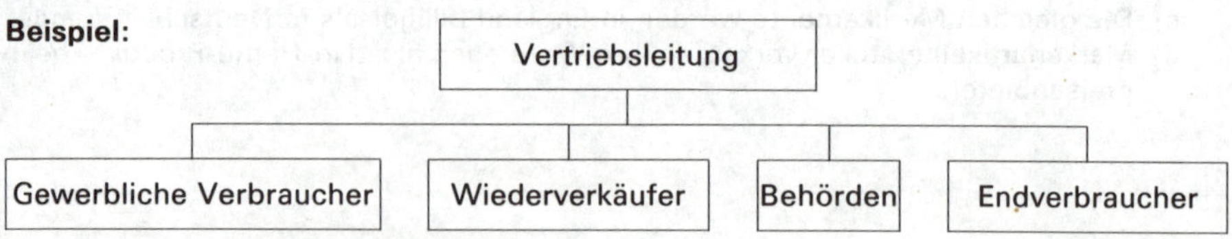

Gebietsorientierter Absatz (Vertrieb)

Bei einem weitverzweigten Absatzgebiet und unterschiedlichen Handelsgewohnheiten in diesen Gebieten (z. B. Ländern) ist oft die Gliederung des Absatzbereichs nach solchen Gebieten zweckmäßig.

Beispiel:

- Vertriebsleitung
  - Inland
  - EG
  - Nordamerika
  - OPEC
  - Ostblock

6.2 Äußere Organisation des Absatzes

Je nachdem, ob die Absatzorgane einer Unternehmung an einem Ort zusammengefaßt sind oder auf verschiedene Orte verteilt sind, unterscheidet man zwischen **zentralem Vertrieb** und **dezentralem Vertrieb.**

Zentraler und dezentraler Vertrieb	
Zentraler Vertrieb Vertrieb von einer zentralen Verkaufsstelle aus. Die Verkaufsstelle kann sich am Produktionsort befinden oder ausgegliedert sein. 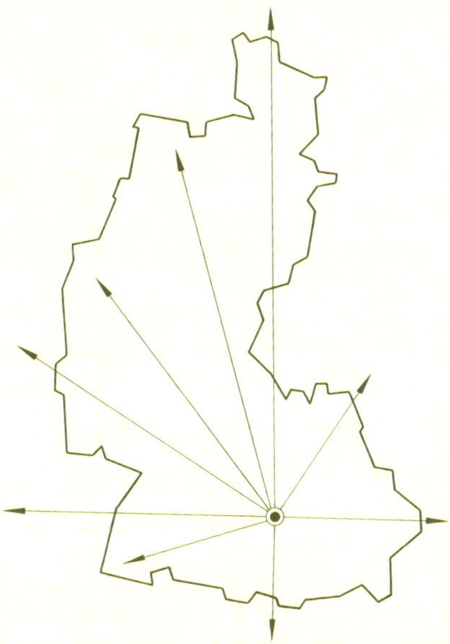	**Dezentraler Vertrieb** Vertrieb von mehreren Verkaufsstellen aus, die räumlich getrennt sind. 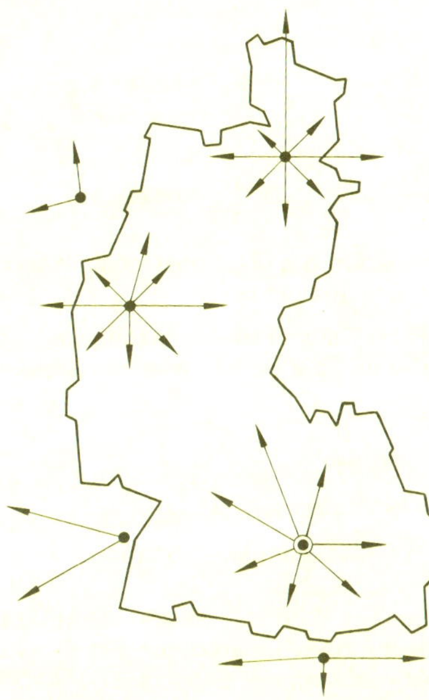

Der **zentrale Vertrieb** setzt verhältnismäßig wenig Verkaufspersonal voraus und verursacht deshalb vergleichsweise niedrige Kosten. Auch Sach- und Raumkosten für Verkaufsniederlassungen entfallen. Andererseits fehlt die Kundennähe. Dies verhindert eine intensive Bearbeitung des Marktes. Deshalb ist ein zentraler Vertrieb im allgemeinen nur bei einem relativ begrenzten Absatzgebiet angebracht. Auch eine umfangreiche Produktpalette, die eine besondere Behandlung der einzelnen Kundengruppen erforderlich macht, verhindert einen ausschließlich zentralen Vertrieb.

Durch einen **dezentralen Vertrieb** versucht man, einen engeren Kontakt mit den Kunden zu erzielen. Dafür müssen höhere Kosten in Kauf genommen werden. Dies ist zumindest dann der Fall, wenn der Hersteller eigene Verkaufsorgane einsetzt, um den direkten Einfluß auf die Kunden zu behalten. In diesen Fällen überzieht ein Netz von Niederlassungen, Verkaufsbüros oder Läden das Absatzgebiet, oder Angestellte besuchen als Reisende die Käufer.

Kontrolle des Lernerfolgs

1. Nach welchen Gesichtspunkten sind die Absatzabteilungen in folgenden (Teil-)Organigrammen gegliedert? Welches könnten die Gründe für die jeweilige Gliederung sein?

a)

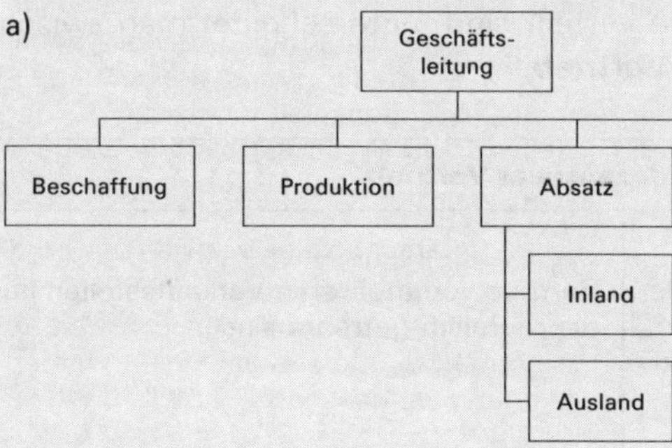

b)

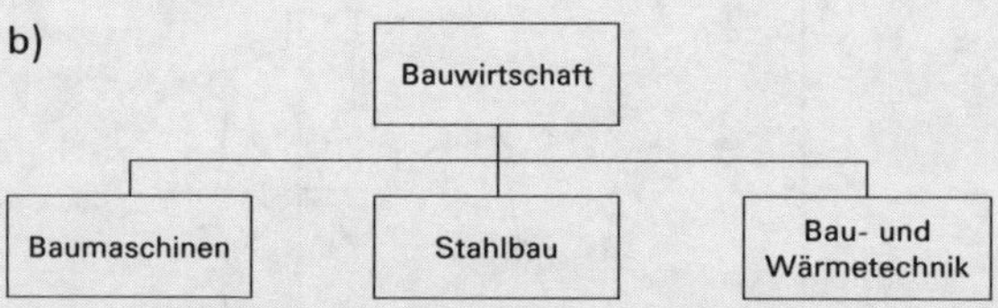

c)

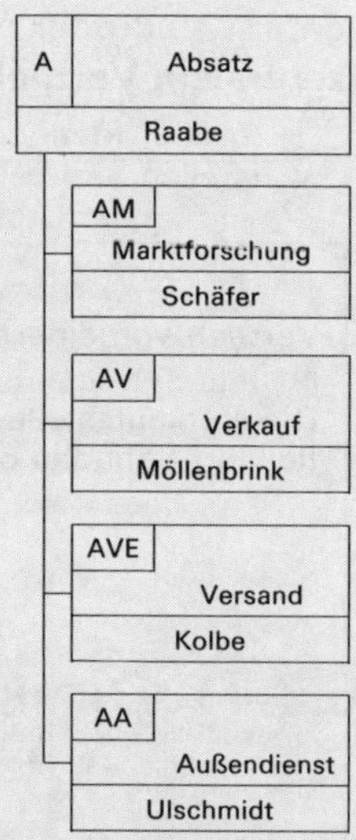

2. Beschreiben Sie die Absatzorganisation in Ihrem Ausbildungsbetrieb, und begründen Sie diese Organisation.

3. Die Peter Oswald GmbH erzeugt und vertreibt elektronische Steueranlagen für den Werkzeug- und Gerätebau sowie für Großkühlanlagen. Der Vertrieb ist wie folgt gegliedert:

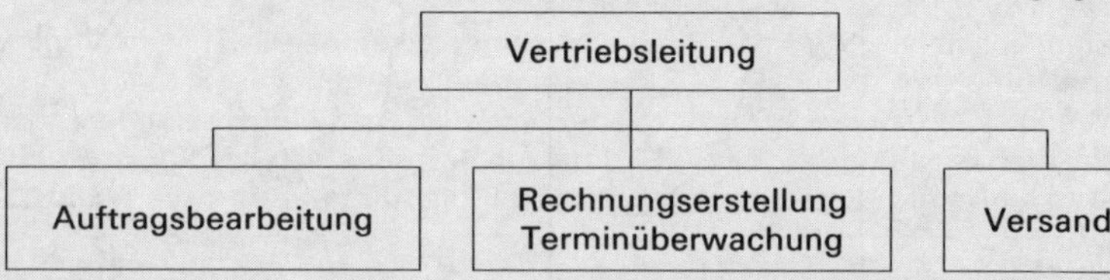

Neuerdings wird der ausländische Markt immer wichtiger. Dabei treten vor allem Probleme mit dem direkten Kontakt zum Kunden auf, ferner ergeben sich Schwierigkeiten mit der Abwicklung der Exporte. Die Vertriebsabteilung soll deshalb neu organisiert werden.

a) Wie würden Sie die Vertriebsabteilung bei zentralem Absatzprinzip neu organisieren?

b) Wie würden Sie eine dezentrale Vertriebsorganisation aufbauen?

6.3 Absatzwege und Vertriebssysteme

Ein Schuhhersteller bemüht sich um die Produktion qualitativ hochwertiger Markenartikel. Er hat grundsätzlich die Wahl, seine Schuhe durch ein weitverzweigtes Netz eigener Läden oder über den Schuhgroß- und -einzelhandel an den Verbraucher zu verkaufen.

a) Ein alteingesessenes, finanzstarkes Unternehmen könnte durchaus im Laufe der Zeit eine starke Filialkette aufbauen. Es nimmt damit bewußt hohe fixe Kosten für Personal, Lager, Transporteinrichtungen in Kauf. Diese Kosten könnten durch ein ausgeklügeltes Belieferungssystem und durch die Einsparung hoher Rabatte für Groß- und Einzelhändler mehr als ausgeglichen werden. Außerdem kann der Hersteller seinen Absatzorganen sämtliche Aktivitäten vorschreiben: die Art der Werbung, der Raumgestaltung, des Sortimentaufbaus, des Personaleinsatzes und der Preisgestaltung und Lieferungsbedingungen. Durch Marktforschung kann er die Kundenwünsche erspüren und seine Läden zu entsprechenden Maßnahmen veranlassen. So geht der direkte Kontakt zum Kunden nicht verloren. Der Kunde kann am leichtesten im Sinn der Betriebsziele beeinflußt werden. Durch ein im ganzen Land gleichartiges, gut sortiertes Warenangebot und gleiche Preise erhält der Kunde den Eindruck von immer gleichbleibender Qualität und Gediegenheit.

b) Ein anderer Hersteller von Qualitätsschuhwerk könnte den Verkauf durch Fachgeschäfte vorziehen. Er verliert damit die oben angeführten Einflußmöglichkeiten, muß aber auch nicht die hohen Kosten des direkten Vertriebs tragen. Ausgewählte Großhändler nehmen ihm diese Kosten ab. Durch langfristige Vorausbestellungen großer Mengen ermöglichen sie es ihm, seinen Produktionsplan langfristig aufzustellen und seine Kapazitäten gleichmäßig auszulasten. Auch die Lagerung übernimmt der Großhändler. Er leitet die Waren weiter, übernimmt teilweise Werbeaufgaben und gewährt den Einzelhändlern Kredite. Die Einzelhändler nehmen die Artikel in ihr Sortiment auf, runden das Sortiment nach allen Seiten mit den Artikeln anderer Hersteller ab, so daß eine größere Anziehungskraft entsteht.

c) Ein dritter Hersteller stellt billigere Schuhe von geringerer Qualität her. Er vertreibt sie über Discount- und Versandgeschäfte, Supermärkte und Warenhäuser, weil er hier den preisbewußten Durchschnittskäufer findet. Fachgeschäfte berücksichtigen ihn höchstens im Rahmen von Sonderangeboten.

6.3.1 Direkter und indirekter Absatz

***Absatzwege* sind die Bahnen, über die die Betriebsleistungen an die Verbraucher bzw. Verwender abgesetzt werden. Es sind direkter und indirekter Absatz zu unterscheiden.**

Direkter und indirekter Absatz
Direkter Absatz Beim direkten Absatz vertreibt der Hersteller seine Leistungen in eigener Regie und ohne Zwischenschaltung selbständiger Handelsbetriebe an den Endverbraucher oder gewerblichen Verwender. Dabei wendet er entweder werkseigene, werksgebundene oder ausgegliederte Vertriebssysteme an. Bei jedem dieser Vertriebssysteme kann er verschiedene Absatzorgane einsetzen (Personen oder Betriebe, die mit dem Vertrieb beauftragt sind).
Indirekter Absatz Beim indirekten Absatz vertreibt der Hersteller seine Leistungen über selbständige Betriebe des Großhandels und/oder des Einzelhandels an den Endverbraucher bzw. an den gewerblichen Verwender.

Das folgende Schema gibt einen Überblick über die Vertriebssysteme, Absatzorgane und Handelsbetriebe sowie die Absatzwege, die durch ihre Einschaltung entstehen.

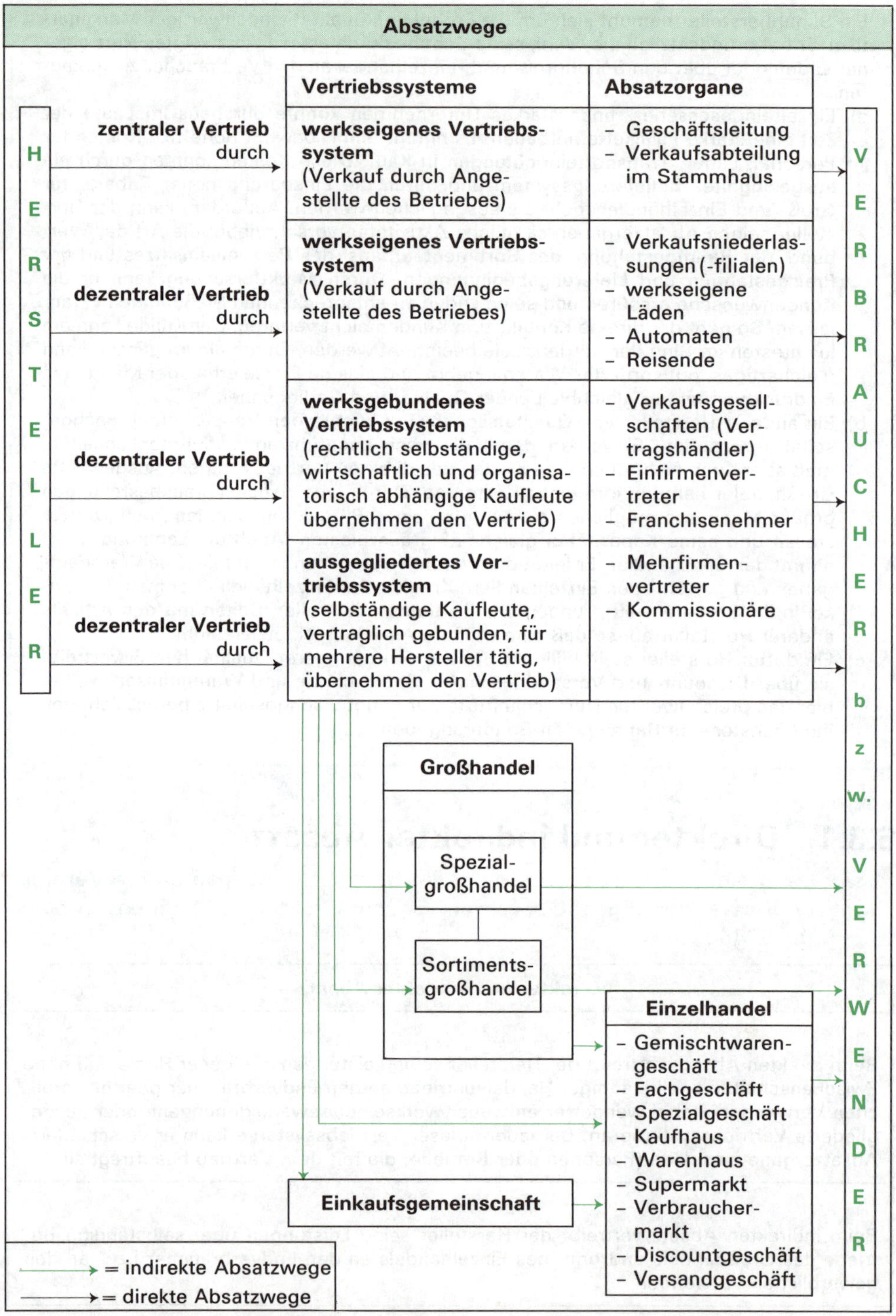

6.3.2 Optimaler Absatzweg

Der Hersteller wählt den optimalen Absatzweg unter Berücksichtigung der Kosten und der Absatzchancen aus. Die Eigenschaften des Produktes und die Besonderheiten des Absatzmarktes sind dabei zu berücksichtigen.

- Hochwertige Investitionsgüter (maschinelle Anlagen, Schiffe usw.) werden stets direkt abgesetzt. In aller Regel werden sie überhaupt erst im Kundenauftrag gefertigt. Der direkte Kontakt zum Kunden ist unerläßlich.
- Je mehr eine Ware den Charakter eines Konsumgutes hat, je weniger beratungsbedürftig sie ist, je geringer ihr Wert ist, desto eher bietet sich der indirekte Absatz an. Eine eindeutige Regel läßt sich jedoch nicht aufstellen. So werden Autos über werkseigene und werksgebundene Vertriebssysteme abgesetzt, teure Pelze dagegen über den Fachhandel. Die Größe und Finanzkraft der Betriebe sowie ihre Marktziele und die Größe ihres Absatzgebietes spielen hier eine bedeutende Rolle.

Vor- und Nachteile des direkten und indirekten Absatzes	
Vorteile des direkten Absatzes (= Nachteile des indirekten Absatzes)	**Nachteile des direkten Absatzes** (= Vorteile des indirekten Absatzes)
– unmittelbarer Kundenkontakt = unmittelbare Beeinflussung der Kunden – schnelle Reaktion auf Kundenwünsche – schnelle Belieferung der Kunden – schneller Kundendienst – Einsparung der Händlerkosten und -gewinne – direkter Einfluß auf alle Aktivitäten der Absatzorgane (Sortimentsgestaltung, Konditionen, Preise, Raumgestaltung, Werbung usw.)	– gegliederte und kostenintensive Absatzorganisation – hohe Kosten für Lagerung und Transport (mit hoher Kapitalbindung) – mangelhafte Anpassung an Nachfrageänderungen (Handel bildet aufgrund von Großbestellungen Puffer)

In vielen Fällen kann der Handel folgende Aufgaben besser als der Lieferer selbst übernehmen:

- Transport zum Verbraucher (Raumüberbrückung)
- Lagerhaltung (Zeitüberbrückung)
- Bereitstellung der richtigen Menge (Mengenaufgabe) } Sortimentsbildung
- Bereitstellung der richtigen Art, Qualität, Größe, Form, Farbe usw. (Qualitätsaufgabe) } Sortimentsbildung
- Werbung für das Produkt (Werbeaufgabe)
- Kreditgewährung an den Käufer (Kreditaufgabe)

Hersteller mit einer starken Marktstellung haben auch beim indirekten Absatz Einflußmöglichkeiten, besonders wenn der Artikel so bekannt ist, daß ohne ihn das Sortiment unvollständig wäre. Der Hersteller kann durch geschickte Gewährung von Rabatten und Boni das Geschäft ankurbeln, er kann mit den Händlern Verträge über die Größe der Verkaufsfläche, die Lagerhaltung und Zusammensetzung des Sortiments schließen (Sortimentsbindung[1]). Auch eine Vertriebsbindung ist möglich[2]).

---

[1]) vgl. S. 381
[2]) vgl. S. 381

Hinzu kommt das **Rack Jobbing** (Regalmiete): Der Hersteller mietet Regale bzw. Verkaufsflächen im Geschäft an, füllt sie laufend mit seinen Sortimentswaren auf, zeichnet sie mit seinen Preisen aus und nimmt nicht verkaufte Ware wieder zurück. Das Einzelhandelsgeschäft verkauft die Ware für Rechnung und auf Gefahr des Herstellers und erhält eine Provision vom Umsatz.

Ein ähnliches System ist der **Hersteller-Verkaufsstand.** Dabei erhält der Hersteller im Geschäft eine eigene Verkaufsfläche, wo er seine Waren auf eigene Rechnung und durch eigenes Personal verkauft. So entsteht ein kleiner Laden im großen Laden. Man spricht deshalb auch von „Shop in the Shop".

Die Marktform ist jedoch entscheidend für die Stärke der Beeinflussung. So tritt in der Praxis durchaus häufig der umgekehrte Fall auf, daß die Händler dem Produzenten ihre Bedingungen vorschreiben, weil sie große Mengen einkaufen und dabei die Hersteller gegeneinander ausspielen können. Eine solche Marktmacht haben oft

- Großversandhäuser (z. B. Quelle, Neckermann, Otto),
- Warenhäuser (z. B. Karstadt, Kaufhof, Hertie, Horten),
- Verbrauchermärkte (z. B. Massa, Allkauf usw.),
- Einkaufsgenossenschaften (z. B. Rewe, Edeka),
- Großhändler, die sich mit einer Vielzahl von Einzelhändlern zu einer sog. „Kette" zusammengeschlossen haben (z. B. Spar).

Kontrolle des Lernerfolgs

1. Die meisten Konsumgüter werden nicht vom Hersteller selbst an den Endverbraucher abgesetzt, sondern auf einem indirekten Absatzweg vertrieben.
   a) Nennen Sie typische indirekte Absatzwege.
   b) Beschreiben Sie verschiedene Absatzwege, auf denen Konserven vom Hersteller an den Endverbraucher gelangen.
   c) Welche Aufgaben übernehmen dabei die zwischengeschalteten Betriebe?
   d) Welche Vor- und Nachteile ergeben sich folglich für den Hersteller?
   e) Warum findet man in der Investitionsgüterindustrie häufiger den direkten Vertrieb?
   f) Nennen Sie bekannte Firmen, von denen Sie wissen, daß sie Konsumgüter direkt vertreiben.
2. In Kaufhäusern und Warenhäusern finden Sie bei manchen Gebrauchsgütern (z. B. Nähmaschinen) nur eine Marke. Geben Sie hierfür mögliche Gründe an.
3. Großunternehmen des Einzelhandels fordern von Industriebetrieben, die als Lieferer Berücksichtigung finden wollen, oft ungewöhnliche Preisnachlässe und kostenlose Nebenleistungen, z. B. Preisauszeichnung der gelieferten Ware, Einräumen und Nachfüllen der Regale, Eintrittsgelder und Schaufenstermieten (obwohl vom Bundesgerichtshof verboten), Werbekostenzuschüsse, Gewinnausgleich, kostenpflichtige Warenrückgabe und Dutzende von Rabatten. In extremen Fällen werden für die gleiche Ware bis zu 17 verschiedene Rabatte gewährt.
   a) Aus welchen Gründen wählen die betroffenen Industrieunternehmen trotz der Nachteile den genannten Absatzweg?
   b) Welche Möglichkeiten müssen zwangsläufig in Anspruch genommen werden, um die Preis- und Kostennachteile auszugleichen?

6.3.3 Werkseigenes Vertriebssystem

Ein zentraler Vertrieb setzt relativ wenig Personal voraus und verursacht deshalb vergleichsweise geringe Kosten. Andererseits fehlt die Kundennähe. Dies verhindert eine intensive Bearbeitung des Marktes. Ein Verkauf direkt durch die Geschäftsleitung ist in der Regel nur bei Großaufträgen und Einzelfertigung angebracht.

Durch eine **Dezentralisierung des Vertriebs** versucht man, einen engeren Kontakt mit dem Kunden zu erzielen. Um dabei den direkten Einfluß auf die Marktpartner zu behalten, setzen große Hersteller oft eigene Verkaufsorgane ein. Ein dichtes Netz von Niederlassungen oder Läden pflegt die Beziehungen zum Kunden, oder Angestellte besuchen als Reisende den Käufer. Der direkte Einfluß auf den Kunden besteht auch hier. Ein solches System verursacht jedoch meist hohe Personal- und Sachkosten.

Handlungsreisende als Beispiel für ein werkseigenes Vertriebssystem

Die in Duisburg ansässige Haushaltselektro GmbH setzt für den Verkauf ihrer Produkte im Umkreis von 200 km neben ihrer zentralen Verkaufsabteilung und ihren fünf Verkaufsfilialen Reisende ein. Die Reisenden haben die Aufgabe, den persönlichen Kontakt mit den Kunden zu pflegen, alte Kunden zu besuchen, neue zu werben, ihre Kreditwürdigkeit zu überwachen, die Konkurrenz zu beobachten, Geschäfte zu vermitteln und Kaufverträge abzuschließen. Der Reisende ist Angestellter des Unternehmens.

Der *Reisende* ist ständig aufgrund seines Dienstvertrags damit beauftragt, für seinen Dienstherrn Geschäfte zu vermitteln oder abzuschließen (HGB § 55).

Der Reisende hat die **Abschlußvollmacht.** Eine Bestätigung durch den Vertretenen ist nicht nötig. Die Vollmacht kann ihm allerdings durch ausdrückliche Erklärung der Geschäftsleitung genommen werden, etwa durch den Vermerk auf den Bestellformularen: „Die durch den Reisenden vermittelten Geschäfte bedürfen der Bestätigung durch die Geschäftsleitung". Anhand einiger Beispiele lassen sich weitere Merkmale erkennen:

Beispiele:

Reisender Klein unternimmt nach einem Kundenbesuch vier Wochen nichts mehr.	Vertragswidrig! Er hat die **Bemühungspflicht:** Er muß sich um Abschlüsse bemühen. Der Reiseplan wird ihm meist vorgeschrieben.
Die Haushaltselektro GmbH erfährt nichts von den abgeschlossenen Verträgen.	Vertragswidrig! Der Reisende hat die **Benachrichtigungspflicht.**
Klein teilt einem Reisenden einer anderen Firma beim Essen die genaue Kalkulation einer Küchenmaschine mit.	Vertragswidrig! Er hat die **Treue- und Verschwiegenheitspflicht.**
Klein arbeitet nebenbei noch für ein ähnliches Unternehmen.	Vertragswidrig! Er unterliegt wie jeder Angestellte dem **Wettbewerbsverbot.**

Ein Kunde erklärt, er wolle wegen eines Warenmangels einen Preisnachlaß. Außerdem verlangt er eine längere Zahlungsfrist.	Der Reisende darf Mängelrügen und Erklärungen über die Zurverfügungstellung von Waren entgegennehmen. Er darf aber keine geschlossenen Verträge ändern, insbesondere keine Zahlungsfristen gewähren.
Herr Klein verlangt am Monatsende vom Arbeitgeber eine Provision und Ersatz seiner Auslagen.	Als Angestellter erhält der Reisende grundsätzlich ein Gehalt und Ersatz seiner Aufwendungen (Spesen). Oft wird das Gehalt (Fixum) niedrig angesetzt. Als Leistungsanreiz wird dann eine **Provision** gezahlt.
Ein Kunde will dem Reisenden eine fällige Rechnung bezahlen.	Zur Entgegennahme von Zahlungen benötigt der Reisende eine besondere **Inkassovollmacht.** Ihm steht dann eine zusätzliche Inkassoprovision zu.

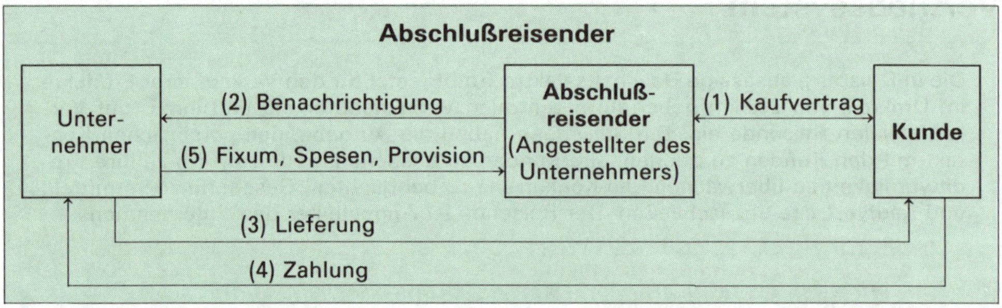

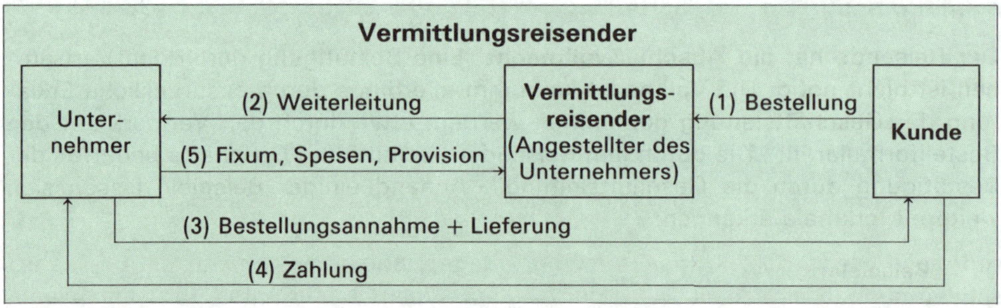

6.3.4 Werksgebundenes Vertriebssystem

Um die hohen Kosten eines werkseigenen Vertriebssystems zu vermeiden, bedient man sich häufig selbständiger Kaufleute, die als Werksvertretungen (Einfirmenvertreter), Vertragshändler oder Franchisenehmer tätig werden. Sie sind wirtschaftlich und organisatorisch eng gebunden. Der Hersteller kann ihnen nämlich je nach dem mit ihnen abgeschlossenen Vertrag auch weitgehende Vorschriften machen, etwa im Hinblick auf die Gewährung von Rabatten, Zahlungs- und Lieferungsbedingungen und auf die Preissetzung, in der Zusammensetzung des Sortiments und der Größe des Lagers, in der Unterhaltung eines Kunden- und Reparaturdienstes usw. Die Verkaufsorgane tragen als selbständige Kaufleute ihre Geschäftskosten selbst, verursachen aber andererseits hohe umsatzabhängige Kosten in Form von Provisionen.

Vertragshändler

Der Vertragshändler ist ein selbständiger Kaufmann, der in eigenem Namen und für eigene Rechnung ein- und verkauft. Er ist durch einen langfristigen Vertrag an den Hersteller gebunden und erhält von diesem in der Regel das Alleinvertriebsrecht für seinen Bezirk. Weitere Rechte können sein: Recht auf Überlassung von Mustern und Ausstellungsstücken, Übernahme von Werbemaßnahmen durch den Hersteller, weitgehender Kundendienst und Reparaturdienst durch den Hersteller.

Dafür unterliegt der Vertragshändler weitreichenden **Bindungen:**

- der Sortimentsbindung,
- der Vertriebsbindung,
- Bindungen im Hinblick auf die Verkaufsmenge (Mindestverkaufsmengen),
- Bindungen bei der Lagerhaltung (Mindestlagermengen).

Beispiel: Opel-Vertragshändler (übernimmt jedoch Reparatur- und Kundendienst)

Die **Sortimentsbindung** schreibt dem Vertragshändler den Aufbau seines Sortiments vor.

Beispiele:
- Komplementärgüter anderer Hersteller sollen in das Sortiment aufgenommen werden.
  (Komplementärgüter sind solche, die sich gegenseitig ergänzen. Die Nachfrage nach einem Gut steigert folglich die Nachfrage nach dem anderen.)
  z. B. Gartenstühle und Sonnenschirm
- Substitutionsgüter anderer Hersteller sollen nicht in das Sortiment aufgenommen werden.
  (Substitutionsgüter sind solche, die sich gegenseitig ersetzen können und folglich sich gegenseitig im Absatz behindern.)
  z. B. Handrasenmäher, Motorrasenmäher; Butter, Margarine

Häufig dürfen nur die Waren des einen Herstellers geführt werden.

Die **Vertriebsbindung** schreibt dem Vertragshändler vor, welche Kunden er beliefern darf.

Beispiele:
- Vertrieb nur an Weiterverkäufer, nicht an Endverbraucher
- Vertrieb nur an Fachgeschäfte oder Warenhäuser mit Fachabteilungen
- Vertrieb nicht an Verbrauchermärkte, Diskontgeschäfte, andere Billigpreisgeschäfte, Versandgeschäfte

Auf diese Weise betreibt der Hersteller Imagepflege seines Produktes. Dieses erscheint dem Kunden als Markenartikel mit einem bestimmten Qualitätsniveau. Dementsprechend kann der Hersteller auch bestimmte Preisvorstellungen durchsetzen.

Werksvertretung

Der Hersteller darf einem selbständigen Händler nicht seinen Weiterverkaufspreis vorschreiben (Verbot der vertikalen Preisbindung durch das Gesetz gegen Wettbewerbsbeschränkungen). Der Hersteller kann dieses Verbot umgehen, indem er einen Handelsbetrieb als Handelsvertreter tätig werden läßt. Der Handelsbetrieb übernimmt die Werksvertretung. Als Handelsvertreter verkauft er die Erzeugnisse des Lieferers in dessen Namen und für dessen Rechnung, ist also an seine Weisungen gebunden. In der Regel darf der Werksvertreter keine anderen Firmen vertreten (Einfirmenvertreter).

Beispiel: Daimler-Benz Werksvertretungen

Franchising

Das Franchising beruht auf einem Vertrag zwischen einem Franchisegeber und einem Franchisenehmer. Aufgrund dieses Vertrages erhält der Franchisenehmer die Lizenz, rechtlich selbständig Produkte mit dem Markenzeichen des Franchisegebers herzustellen oder zu führen oder zu vertreiben. Dafür zahlt der Franchisenehmer eine Gebühr, die meist von der Umsatzhöhe abhängig ist.

Der **Franchisegeber**
- erteilt die Lizenz,
- überläßt sein Markenzeichen,
- überläßt sein Know-How,
- unterstützt den Absatz durch Marketing-Maßnahmen (Werbung, Verkaufsförderung).

Der **Franchisenehmer**
- wendet die Lizenz entsprechend dem Vertrag an,
- zahlt die Gebühr,
- läßt Kontrollen des Franchisegebers zu.

Beispiel:
Vertrieb des Getränks Coca-Cola durch selbständige Abfüllbetriebe, die dazu von der amerikanischen Zentrale den Sirup nach dem Originalrezept erhalten

6.3.5 Ausgegliedertes Vertriebssystem

Ausgegliederter Vertrieb liegt vor, wenn der Hersteller den Absatz seiner Produkte auf rechtlich und wirtschaftlich selbständige Unternehmen überträgt.

Syndikat

Ein Syndikat liegt vor, wenn mehrere Firmen eine gemeinsame Verkaufsgesellschaft gründen, die die Kundenaufträge entgegennimmt und nach einem vereinbarten Schlüssel an die Unternehmen weiterleitet. Auch die Zahlung erfolgt an das Syndikat. Auf diese Weise wird der Absatz kostengünstiger zentralisiert. Die Produktionsbetriebe können sich ihrer ureigenen Aufgabe, der Herstellung, widmen. Hinzu kommt eine wichtige Finanzierungsfunktion. Das Syndikat kann die Bestellungen jeweils zwischenfinanzieren oder beschleunigt abwickeln.

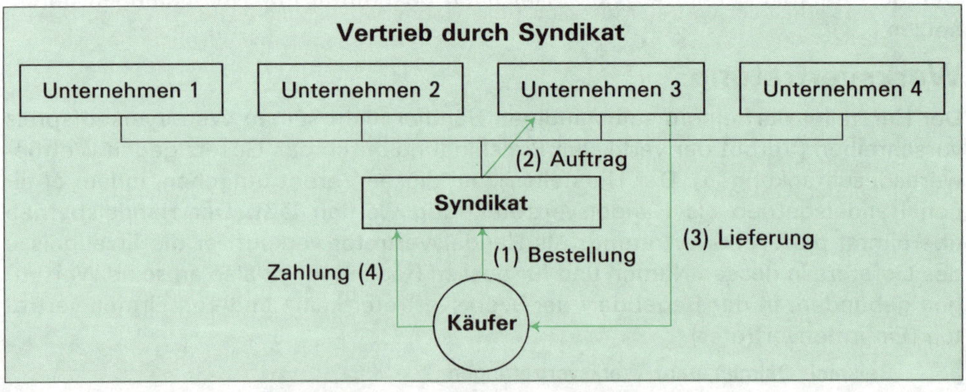

Handelsvertreter

Die Haushaltselektro GmbH hat sich bisher auf Norddeutschland konzentriert. Sie will nun in Süddeutschland Fuß fassen. Die Einrichtung von Verkaufsbüros ist zunächst zu teuer; auch Reisende bringen fixe Kosten und sind außerdem nicht ortskundig. Man sucht ein Verkaufsbüro, das seine Kosten selbst trägt, ortsansässig und ortskundig ist und nur für zustandegekommene Verträge bezahlt wird. In einem solchen Fall kann man einen Handelsvertreter engagieren.

HGB § 84

Handelsvertreter ist, wer als selbständiger Gewerbetreibender ständig damit betraut ist, für einen anderen Unternehmer Geschäfte zu vermitteln oder in dessen Namen abzuschließen.

Der **Handelsvertreter** arbeitet also in fremden Namen und für fremde Rechnung. Der Vertreter wird aufgrund eines Agenturvertrages (Vertretervertrags) tätig. Er kann als Selbständiger seine Tätigkeit frei gestalten und seine Arbeitszeit selbst bestimmen. Je nach Abschluß- oder Vermittlungsvollmacht unterscheidet man Abschluß- und Vermittlungsvertreter.

Der Handelsvertreter hat grundsätzlich die gleiche Tätigkeit wie der Reisende mit den gleichen Rechten und Pflichten. Aus den folgenden Beispielen können Abweichungen und Zusätze erkannt werden.

Beispiele:

Der Vertreter möchte auch für andere Firmen tätig sein.	Das Wettbewerbsverbot gilt nur für den Fall, daß durch Vertretung von Konkurrenzfirmen das Interesse des Unternehmens leiden würde. Es gibt neben dem Einfirmenvertreter also auch **Mehrfirmenvertreter**.
Ein Kunde wünscht ein Muster von der zu bestellenden Ware.	Der Vertreter hat ein Recht auf **Überlassung von Unterlagen** für seine Tätigkeit.
Was erhält der Vertreter für seine Tätigkeit?	Er erhält lediglich eine **Provision.** Diese ist allerdings höher als beim Reisenden, weil sie alle Kosten decken muß.
Der Vertreter hat ein Geschäft abgeschlossen. Einen Monat später tätigt der Kunde eine Nachbestellung direkt bei der Firma.	Der Vertreter erhält auch hier die Provision. Er hat den Kunden geworben. Er hat auch ein **Recht auf Benachrichtigung** im Hinblick auf Annahme, Abänderung, Ablehnung aller vermittelten Geschäfte. Der **Bezirksvertreter** erhält sogar Provision für alle Geschäfte, die ohne sein Mitwirken in seinem Bezirk zustandegekommen sind.

Die Lieferfirma kennt viele der geworbenen Kunden nicht. Sie weiß nicht, ob sie kreditwürdig sind. Wenn sie aber keinen Kredit einräumt, müßte sie auf manches Geschäft verzichten.	Der Vertreter erklärt sich bereit, die Haftung für den Zahlungseingang zu übernehmen. Als Entschädigung erhält er eine besondere Haftungsprovision (Delkredereprovision).
Das Vertragsverhältnis zwischen dem Vertreter und seiner vertretenden Firma wird in beiderseitigem Einverständnis gelöst oder vom Unternehmer gekündigt. Die Firma hat jedoch durch die vom Vertreter geworbenen Kunden noch erhebliche Vorteile.	Der Vertreter erhält **nach dem Ausscheiden noch Provision** für alle Geschäfte, an deren Zustandekommen er nachhaltig mitgewirkt hat. Außerdem erhält er eine Abfindung (Ausgleichsanspruch) bis zur Höhe einer Jahresprovision aus dem Durchschnitt der letzten fünf Jahre.

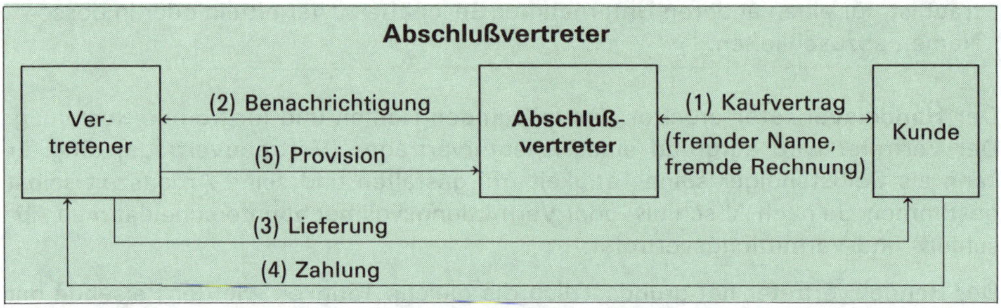

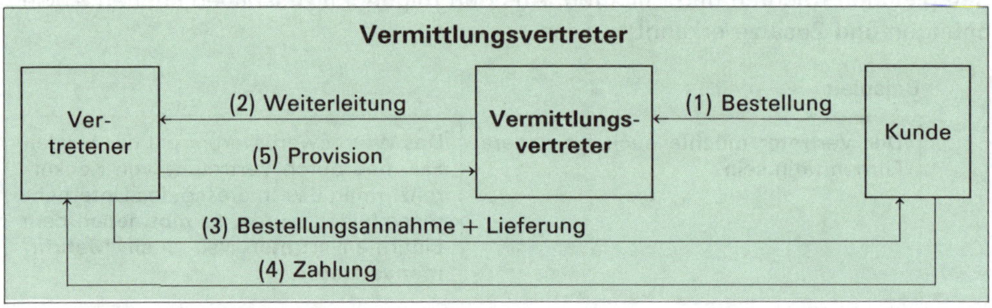

Kommissionär

Die Haushaltselektro GmbH möchte auch im Ausland Fuß fassen. Niederlassungen und Reisende sind mit festen Kosten verbunden, ohne daß ein Erfolg sicher ist; Handelsvertreter arbeiten im Namen der Firma, die aber im Ausland unbekannt ist. Geschäfte mit Unbekannten, zumal mit Ausländern, schließt man – wegen der meist etwas anderen Rechtsbestimmungen im Ausland – nicht so leicht ab. Die Firma entschließt sich deshalb, einen Geschäftsfreund als Kommissionär einzusetzen.

HGB § 383

Kommissionär ist, wer es gewerbsmäßig übernimmt, Waren oder Wertpapiere für Rechnung eines anderen (des Kommittenten) in eigenem Namen zu kaufen oder zu verkaufen.

Es gibt also **Einkaufs- und Verkaufskommissionäre.** Sie können ständig oder von Fall zu Fall aufgrund ihres Kommissionsvertrags tätig werden.

Das folgende Schaubild zeigt den **Ablauf einer Verkaufskommission:**

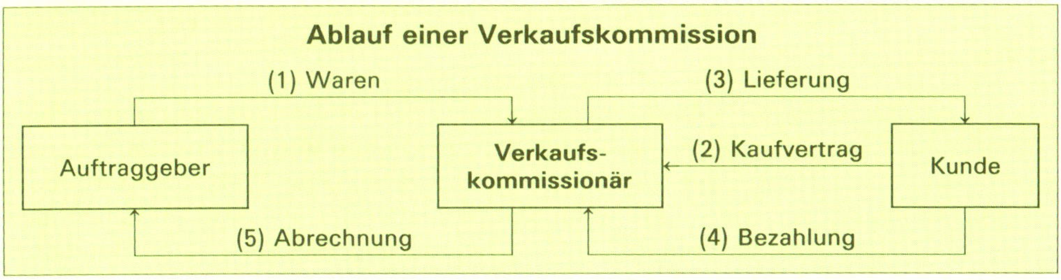

(1) Der Auftraggeber stellt dem Kommissionär Waren zur Verfügung. Diese bleiben Eigentum des Auftraggebers. (Erst mit der Eigentumsübertragung an einen Dritten verliert der Kommittent sein Eigentumsrecht.) Häufig richtet der Auftraggeber dem Kommissionär ein sogenanntes **Konsignationslager** ein. Er übernimmt die Kosten für die Lagerung und alle anderen Aufwendungen (Maklergebühren, Zölle, Fracht, Vergütung für die Benutzung der eigenen Lagerräume und Beförderungsmittel).

(2) Der Kommissionär schließt im eigenen Namen mit dem Kunden Geschäfte ab. Er hat die Abschlußvollmacht. Er hat dabei die Gehorsamspflicht: Er muß Weisungen des Auftraggebers befolgen, insbesondere in bezug auf die Preise. Preisvorteile bei Verkauf über dem vorgeschriebenen Preis stehen dem Kommittenten zu.

(3) Der Kommissionär beliefert den Kunden und erfüllt damit den Kaufvertrag. Er hat dabei die Sorgfaltspflicht eines ordentlichen Kaufmanns und muß die Interessen des Auftraggebers wahren. Er trägt auch die Verantwortung für Verlust und Beschädigung des Kommissionsgutes in seinem Besitz.

(4) Der Kunde zahlt an den Kommissionär und erfüllt damit den Kaufvertrag.

(5) Der Kommissionär muß dem Kommittenten unverzüglich die Ausführung einer Kommission anzeigen. Sonst haftet er selbst für die Erfüllung der Geschäfte (Anzeigepflicht). Er muß dem Auftraggeber die **Kommissionsabrechnung** mit Belegen und die eingegangenen Rechnungsbeträge überweisen. In der Praxis erfolgt dies bei ständiger Kommission oft halbjährlich. Die verdiente Provision und seine Kosten zieht der Kommissionär ab.

Wenn der Kommissionär die Haftung für den Zahlungseingang übernimmt, erhält auch er eine Delkredereprovision.

Der Verkaufskommissionär kann die Waren auch für sich selbst kaufen, der Einkaufskommissionär kann sie (wenn sie einen Börsen- oder Marktpreis haben) aus eigenen Beständen liefern. Er hat das **Selbsteintrittsrecht.**

Zur Sicherung seiner Forderungen hat der Kommissionär ein gesetzliches **Pfandrecht** am Kommissionsgut, solange er es noch im Besitz hat oder durch Lagerschein, Ladeschein oder Konnossement darüber verfügen kann.

Die **Vorteile** des Verkaufs durch Kommissionäre sind:

- **für den Kommittenten:**
  Der Kommissionär kennt das Absatzgebiet, die Kaufgewohnheiten der Kunden und ihre wirtschaftlichen Verhältnisse. Er stellt dem Auftraggeber eine fertige Verkaufsorganisation zur Verfügung. Dafür verursacht er vergleichsweise niedrige Kosten.
- **für den Kommissionär:**
  Er kann sein Sortiment ohne Absatzrisiko vergrößern, da er nicht verkaufen **muß.** Die Kosten trägt der Kommittent. Da oft eine halbjährliche Abrechnung mit dem Auftraggeber stattfindet, verwaltet er in der Zwischenzeit große Summen, die ihm manchmal zinslos oder zinsgünstig zur Verfügung stehen.

Exkurs: Handelsmakler

Handelsvertreter und Kommissionär werden als **Handelsvermittler** bezeichnet, weil durch ihre vermittelnde Tätigkeit der Verkauf von Waren ermöglicht wird. Zu den Handelsvermittlern zählen auch die Handelsmakler.

HGB § 93
Wer gewerbsmäßig für andere Personen, ohne von ihnen aufgrund eines Vertragsverhältnisses ständig damit beauftragt zu sein, die Vermittlung von Verträgen über Anschaffung oder Veräußerung von Waren oder Wertpapieren, über Versicherungen, Güterbeförderungen, Schiffsmiete oder sonstige Gegenstände des Handelsverkehrs übernimmt, hat die Rechte und Pflichten eines Handelsmaklers.

Handelsmakler vermitteln also in fremden Namen und für fremde Rechnung.

- **Warenmakler** vermitteln den An- und Verkauf von Waren.
- **Versicherungsmakler** vermitteln Seeversicherungen.
- **Befrachtungsmakler** vermitteln Charterungen von Seeschiffen.
- **Schiffsmakler** vermitteln Laderaum in der Binnenschiffahrt[1]).
- **Effektenmakler** vermitteln den An- und Verkauf von Wertpapieren an der Börse als freie Makler und als amtliche Kursmakler.

Die Vermittlungstätigkeit besteht darin, vertragswillige Partner, die sich sonst wahrscheinlich schwerlich finden würden und sich deshalb beim Makler melden, zusammenzuführen. Den Anspruch auf seine **Maklergebühr** (Courtage) erwirbt der Handelsmakler erst nach Abschluß des Geschäfts durch die Vertragspartner. Mangels anderer Abmachung ist sie von beiden Partnern zur Hälfte zu tragen.

Der Makler hat folgende Pflichten:

- Wahrung der Interessen **beider** Partner,
- Ausstellen einer Schlußnote über den Vertragsabschluß für jede Partei,
- Führung eines Tagebuchs für die Eintragung aller abgeschlossenen Geschäfte in zeitlicher Reihenfolge,
- Auskunftspflicht aus dem Tagebuch,
- Haftpflicht gegenüber den Parteien für verschuldete Schäden.

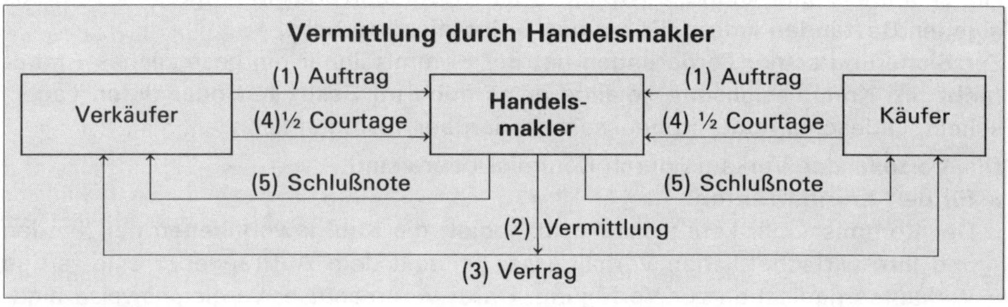

Anmerkung:
Haus- und Grundstücks-(Immobilien-) und Hypothekenmakler, Heirats- und Konzertvermittler sind **Zivilmakler.** Auf sie treffen die Bestimmungen des BGB zu.

---

[1]) In der Seeschiffahrt sind die sog. „Schiffsmakler" hingegen in aller Regel Linienagenten, d.h. selbständige Handelsvertreter einer Reederei mit Abschluß- und Inkassovollmacht. Gelegentlich gilt dies auch für die Binnenschiffahrt.

Kontrolle des Lernerfolgs

1. Kennzeichnen Sie folgende Vertriebsformen mit den Begriffen
- zentral, dezentral;
- werkseigen, werksgebunden, ausgegliedert.

a) Verkaufsfiliale
b) Kommissionär
c) Einfirmenvertreter (Werksvertretung)
d) Mehrfirmenvertreter
e) Verkaufsabteilung
f) Franchisenehmer
g) Reisender

2. a) Welche Vorteile und Nachteile hat ein zentraler Vertrieb?
b) Welche Nachteile des zentralen Vertriebes werden durch ein dezentrales werkseigenes Vertriebssystem beseitigt? Welche Nachteile entstehen andererseits?
c) Welche Vorteile hat ein werksgebundenes Vertriebssystem?
d) Wann ist ein ausgegliederter Vertrieb unumgänglich?

3. Ein Hersteller von Elektrogeräten, ansässig in Hamburg, will seine Produkte auch in Süddeutschland sowie im benachbarten Dänemark und Holland absetzen. Welche Absatzorgane würden Sie zur Produkteinführung jeweils einsetzen? Begründen Sie Ihre Entscheidungen.

4. Fertigen Sie eine Übersicht nach folgendem Schema an:

	Handlungs-reisender	Handels-vertreter	Kommis-sionär	Handels-makler
Stellung (Angestellter/ selbständiger Kaufmann)	?	?	?	?
Tätigkeit	?	?	?	?
Vertretungsmacht	?	?	?	?
Vergütungsanspruch	?	?	?	?
Rechte	?	?	?	?
Pflichten	?	?	?	?
Vor- und Nachteile für den Vertretenen	?	?	?	?

5. Ein Reisender soll neu eingestellt werden. Es meldet sich Herr Patt, dem man bezüglich seiner Bezüge folgende Vorschläge macht:
(1) ein Fixum von 1000,— DM pro Monat zuzüglich 5% Provision vom jeweiligen Zielverkaufspreis,
(2) ein Fixum von 500,— DM pro Monat zuzüglich 8% vom jeweiligen Zielverkaufspreis.
a) Von welchem Monatsumsatz an steht sich Herr Patt bei Vorschlag 2 günstiger?
b) Herr Patt bringt es im Laufe der Zeit auf einen Monatsumsatz von durchschnittlich 50000,— DM. Da überlegt sein Arbeitgeber, ob es nicht kostengünstiger wäre, ihn durch einen Handelsvertreter zu ersetzen, dem man 11% Provision zahlen müßte. (Beachten Sie, daß Herr Patt im Monat noch etwa 1200,— DM Spesen erhält und Personalnebenkosten von 2300,— DM verursacht.)

7 Auftragsabwicklung

Erst die Verkaufsanbahnung stellt den individuellen Kontakt mit dem Kunden her: Kundenbesuche werden getätigt, oder es gehen Anfragen von Kunden ein; Bemusterung, Vorführung, Beratung werden nötig. Den Abschluß bilden die Unterbreitung eines Angebots, die Bestellung durch den Käufer und ggf. die Bestellungsannahme.

Für die Auftragsabwicklung benutzt die Verkaufsabteilung folgende **Dateien** mit den aufgeführten Informationen:

- **Auftragsdatei**
  Auftragsnummer, Kundennummer, Artikelnummer, Bestellmenge, Bestelldatum, Liefertermin, spezielle Vereinbarungen über Preise, Preisnachlässe, Konditionen
- **Artikeldatei**
  Artikelnummer, Artikelbezeichnung, Mengeneinheit, Preis, artikelabhängige Preiszuschläge und -abschläge (z. B. Mindermengen-, Veredelungs-, Legierungszuschläge), Lagerort, Mindest-, Melde-, Höchstbestand, Lagerbestand (fortgeschrieben), Umsatz (mengen- und wertmäßig fortgeschrieben)
- **Kundendatei**
  Kundennummer, Name/Firma, Anschrift, Kreditlimit, Vereinbarungen über Versandart, Verpackungsart, Preisabzüge, Lieferungs- und Zahlungsbedingungen, Debitorensaldo (fortgeschrieben), Umsatz (fortgeschrieben), Vertreternummer
- **Auftragsbestandsdatei**
  Auftragsnummer, Kundennummer, Position, Artikelnummer, Termin, Menge
- **Vertreterdatei**
  Vertreternummer, Name, Provisionssatz, Umsatz (fortgeschrieben), Provision (fortgeschrieben)

Ablauf der Auftragsabwicklung
Poststelle Bestellung Eingangsstempel aufdrücken; an Verkauf weiterleiten.
Verkaufsabteilung Auftragsdatei Aus der Bestellung einen Auftragssatz bilden und Daten eingeben. Kundendatei Auftragssumme errechnen, zum Debitorensaldo addieren und feststellen, ob das Kreditlimit überschritten wird. (Wenn ja, wird eine Entscheidung notwendig, ob trotzdem geliefert werden soll.) Umsatzhöhe errechnen (wichtig für Bonus). Bestellt der Kunde erstmalig, so wird in der Kundendatei ein Stammsatz eingerichtet. Ggf. Auskünfte einholen, insbesondere, wenn Zahlungsziel gewünscht. Bei schlechter Auskunft Auftrag ggf. zurückstellen. Artikeldatei Verfügbarkeit der bestellten Artikel feststellen: Lagerbestand – Reservierungen für andere Aufträge + Erwartete Zugänge bis Liefertermin = Verfügbarer Bestand Bestellte Menge reservieren, neuen verfügbaren Bestand errechnen.

Auftragsbestandsdatei

Terminaufträge (Auslieferung zu bestimmtem Termin nach Auftragseingang), Abrufaufträge (werden in Teilmengen abgerufen) und zurückgestellte Aufträge eingeben zwecks Terminüberwachung. (Bei neu zu erstellenden Erzeugnissen Liefertermin nach Rücksprache mit Arbeitsvorbereitung festlegen.)

Bestellungsannahme

Bestellungsannahme drucken und an Kunden senden. Dies ist zumindest notwendig, wenn der Bestellung kein Angebot vorausging und/oder nicht sofort geliefert wird.

Auftragslisten

Zur Überwachung der Liefertermine Ausdruck von Auftragslisten aus der Auftragsbestandsdatei:
- Kunden-Termin-Liste (nach Kundennamen und Lieferterminen geordnet)
- Termin-Artikel-Liste (nach Lieferterminen und Artikeln geordnet)
- Artikel-Termin-Liste (nach Artikeln und Lieferterminen geordnet)

Zum Liefertermin wird der Auftrag freigegeben.

Lieferpapiere

Es werden gedruckt:
- Packzettel (Unterlage für die Zusammenstellung der Sendung im Lager)
- Lieferschein (Begleitpapier der Sendung bei Zustellung mit eigenem Fahrzeug)
- ggf. Versandanzeige (weist Kunden auf bevorstehenden Wareneingang hin)

Expedition (Versandbüro)

Versandpapiere

Versandpapiere ausstellen (z. B. Speditionsauftrag, Frachtbrief, Ausfuhrerklärung) und Spediteur bzw. Frachtführer bestellen. (Ohne besonderen Wunsch des Kunden ermittelt die Versandabteilung die günstigste Versandmöglichkeit.) Das Versandbüro prüft auch die vom Frachtführer berechneten Frachten.

Lager

Packzettel

Sendung anhand Packzettel kommissionieren (zusammenstellen) und verpacken. Packzettel mit Angaben über Inhalt, Versandtag und Kontrollnummer des Packers zu Kontrollzwecken in die Stücke legen.
Kopie des Packzettels zurück an Verkauf geben. Dies gewährleistet, daß nur die wirklich versandten Posten fakturiert werden.

Verkauf

Auftragsbestandsdatei

Auftragsbestand fortschreiben

Artikeldatei

Lagerbestand fortschreiben

Rechnung

Rechnung ausdrucken und versenden. Die notwendigen Angaben entnimmt das EDV-System der Auftragsdatei, der Kundendatei, der Artikeldatei. Spezielle Vereinbarungen entnimmt der Sachbearbeiter dem Kundenauftrag.

OP-Datei

Die Rechnungsdaten gehen in die OP-Datei (Offene-Posten-Datei), d.h. die EDV-mäßig geführte Debitorenbuchhaltung, ein.

Vertreterdatei

Anhand der Rechnungsdaten werden in der Vertreterdatei die Vertreterumsätze und -provisionen berechnet und addiert.

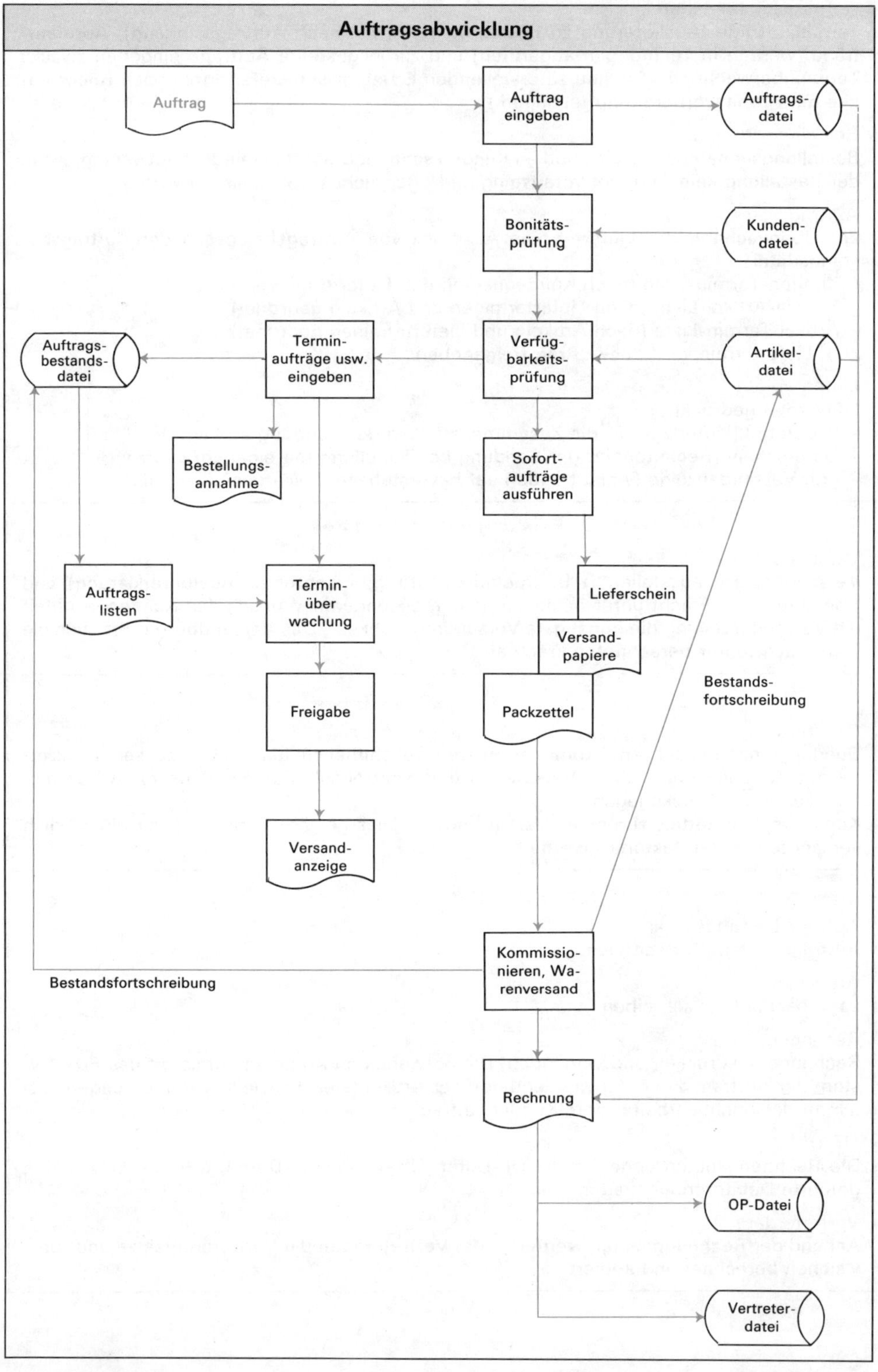
Auftragsabwicklung
Auftrag
Auftrag eingeben
Auftrags-datei
Bonitäts-prüfung
Kunden-datei
Auftrags-bestands-datei
Termin-aufträge usw. eingeben
Verfüg-barkeits-prüfung
Artikel-datei
Bestellungs-annahme
Sofort-aufträge ausführen
Auftrags-listen
Termin-über wachung
Lieferschein
Versand-papiere
Bestands-fortschreibung
Freigabe
Packzettel
Versand-anzeige
Kommissio-nieren, Wa-renversand
Bestandsfortschreibung
Rechnung
OP-Datei
Vertreter-datei

Kontrolle des Lernerfolgs

1. Der Haushaltswarenhersteller Franz Häuser KG erhält von einem Bezirksvertreter einen Bestellschein für den Großhändler Eduard Reisig über
100 elektrische Kaffeemühlen, Best.-Nr. 187, Stückpreis 25,— DM
100 Handmixer, Best.-Nr. 96, Stückpreis 20,— DM
100 Küchenmaschinen, Best.-Nr. 37, Stückpreis 60,— DM
Rabatt 10%, Lieferung nach 20 Tagen als Frachtgut, ab Werk, Zahlung mit 3-Monats-Akzept.
a) Beschreiben Sie die Tätigkeiten, die bei der Franz Häuser KG nach Eingang der Bestellung ablaufen.
b) Schreiben Sie Versandanzeige und Rechnung.

2. Versuchen Sie, sinnvolle Vorgehensmöglichkeiten anzugeben, wenn nach einem Bestellungseingang folgende Konstellationen vorliegen:

	a)	b)	c)	d)
Erzeugnis ist verfügbar	ja	ja	nein	nein
Kunde ist kreditwürdig	ja	nein	ja	nein

3. Welchen Dateien entnimmt man folgende Angaben einer Rechnung:
- Empfänger: Eduard Reisig
- Kundennummer: 67180
- Auftragsnummer: 06712
- Bestellnummer: 6789
- Lieferung: frei Haus einschl. Verpackung
- Artikelnummer: 034567
- Artikel-Bezeichnung: Kettensäge
- Mengeneinheit: Stück
- Bestellmenge: 100
- Liefermenge: 100
- Einzelpreis: 190,— DM
- Rabatt: 40%
- Skonto: 2%

8 Güterversand

8.1 Werkverkehr und gewerbliche Güterbeförderung

- Die Zementfabrik Reisig & Co. beliefert Kunden in der näheren Umgebung bis zu einer Entfernung von etwa 50 km. Da ständig größere Mengen an Baustellen transportiert und viele Bestellungen sehr schnell erledigt werden müssen, lohnt sich der Einsatz eigener Lkws.
- Die Werkzeugfabrik Franz Wagner verschickt täglich viele kleine und kleinste Sendungen in alle Teile Deutschlands und auch ins benachbarte Ausland. Eigene Fahrzeuge könnten hier niemals ausgelastet werden. Man schaltet deshalb gewerbliche Verkehrsunternehmer für den Versand ein: die Post, die Bahn, Spediteure.

Werkverkehr

***Werkverkehr* bedeutet firmeneigene Beförderung von Gütern.**

- Der Kunde holt das Transportgut mit eigenen Fahrzeugen ab.
- Der Lieferer stellt das Transportgut mit eigenen Fahrzeugen zu.
- Das Transportgut wird mit eigenen Fahrzeugen zwischen verschiedenen Niederlassungen derselben Unternehmung befördert.

Der Werkverkehr unterliegt keiner besonderen Genehmigung. In den allermeisten Fällen handelt es sich um Beförderungen mit dem Lkw (Werknahverkehr bis 50 km, Werkfernverkehr über 50 km, jeweils von einem amtlich festgelegten Ortsmittelpunkt aus gerechnet). Großunternehmen besitzen oder mieten bisweilen eigene Binnen- und Seeschiffe sowie Flugzeuge.
Der Lkw-Fahrer erhält als Begleitpapier für eine zu befördernde Sendung einen Lieferschein in doppelter Ausfertigung. Ein Exemplar (Empfangsschein) erhält der Kunde, der sich darauf gegebenenfalls äußere Warenschäden (Verpackungsschäden) quittieren läßt; das andere Exemplar nimmt der Fahrer, mit der Empfangsbescheinigung des Kunden versehen, wieder mit zurück.

Gewerbliche Güterbeförderung

***Gewerbliche Güterbeförderung* ist die Beförderung durch Transportunternehmen gegen Entgelt (Fracht, Porto).**

Solche Unternehmen sind:

- **Frachtführer:**
  - die Eisenbahnen, vor allem die Deutsche Bundesbahn
  - Unternehmen des gewerblichen Güterkraftverkehrs:
    a) Güternahverkehr
    (Beförderung bis 50 km Entfernung Luftlinie vom Ortsmittelpunkt; Erlaubnis der örtlichen Verkehrsbehörde notwendig)

b) Güterfernverkehr
(Beförderung über die Nahzone hinaus:
Bis 150 km vom Ortsmittelpunkt: Bezirksgüterfernverkehr; darüber hinaus: allgemeiner Güterfernverkehr; Genehmigung der oberen Landesverkehrsbehörde notwendig)
c) Grenzüberschreitender Güterkraftverkehr
(verschiedene Arten von Transportgenehmigungen notwendig)
- Unternehmen der Binnenschiffahrt:
  a) Einzelschiffer (Partikuliere)
  b) Reedereien (Großunternehmen mit z. T. vielen Schiffen)
- Luftverkehrsgesellschaften

- **Verfrachter** in der Seeschiffahrt:
  Reeder (Schiffseigentümer) und Ausrüster (sie verwenden gecharterte Schiffe für Fremdtransporte)

- **Post**

Die Frachtverträge mit den Frachtführern und Verfrachtern werden häufig von Spediteuren „besorgt". In aller Regel werden die Spediteure auch selbst als Frachtführer tätig.

8.2 Allgemeines Frachtrecht

HGB § 425
Frachtführer ist, wer es gewerbsmäßig übernimmt, die Beförderung von Gütern zu Lande oder zu Flüssen oder sonstigen Binnengewässern auszuführen.

Der Absender schließt mit dem Frachtführer einen **Frachtvertrag** ab. Dadurch wird der Frachtführer verpflichtet,
- die Güter in einer festgelegten Frist zu befördern,
- die Güter im übernommenen Zustand an den Empfänger auszuliefern,
- nachträgliche Verfügungen des Absenders bis zur Ankunft des Gutes zu befolgen,
- den Absender bei Ablieferungshindernissen unverzüglich zu benachrichtigen und seine Anweisungen einzuholen,
- für Verlust und Beschädigung des Gutes, Überschreiten der Beförderungsfrist, Nichtbefolgen einer nachträglichen Verfügung zu haften.

Der Frachtführer hat
- das Recht auf Übergabe aller für den Versand erforderlichen Begleitpapiere (für Fehler haftet der Absender),
- Anspruch auf die vereinbarte oder tarifmäßige Fracht und Ersatz seiner Auslagen,
- ein Pfandrecht am Gut für alle seine Forderungen aus dem Frachtvertrag.

Der Frachtvertrag ist ein Werkvertrag, in dem dem Auftraggeber der Beförderungserfolg geschuldet wird.

Antrag und Annahme sind beim Frachtvertrag übereinstimmende Willenserklärungen zugunsten eines Dritten (des Empfängers). Dieser hat beim Erfüllungsgeschäft das Recht auf Auslieferung der Sendung.

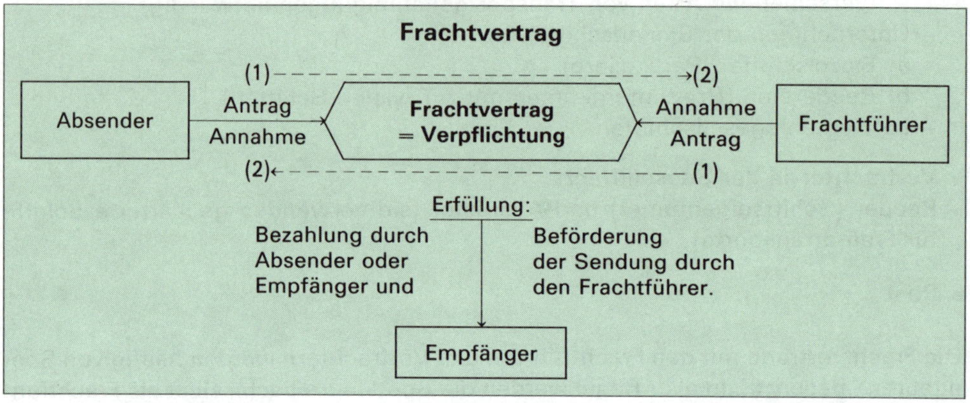

Die Sendungen werden gewöhnlich mit einem **Frachtbrief** aufgegeben. Er ist Beweisurkunde, Empfangsbescheinigung und Begleitpapier.

Diese allgemeinen Bestimmungen des HGB werden durch zahlreiche Bestimmungen für die einzelnen Arten von Frachtführern ergänzt und teilweise abgeändert („Eisenbahnverkehrsordnung" für die Bahn; „Kraftverkehrsordnung" für den Güterfernverkehr mit Lkw; „Allgemeine Beförderungsbedingungen für den gewerblichen Güternahverkehr mit Kraftfahrzeugen" für den Nahverkehr; „Binnenschiffahrtsgesetz" für die Binnenschiffahrt; „Luftverkehrsgesetz" für die Luftfahrt). Für den grenzüberschreitenden Güterverkehr gelten zwischenstaatliche Verträge, die von den einzelnen Staaten ratifiziert wurden.

8.3 Güterversand mit der Bahn

Leistungsangebot der Bahn

Das Leistungsangebot der Bahn umfaßt den

- Ladungsverkehr und
- Kleingutverkehr.

Im **Ladungsverkehr** werden Sendungen befördert, die einen gesonderten Güterwagen beanspruchen.

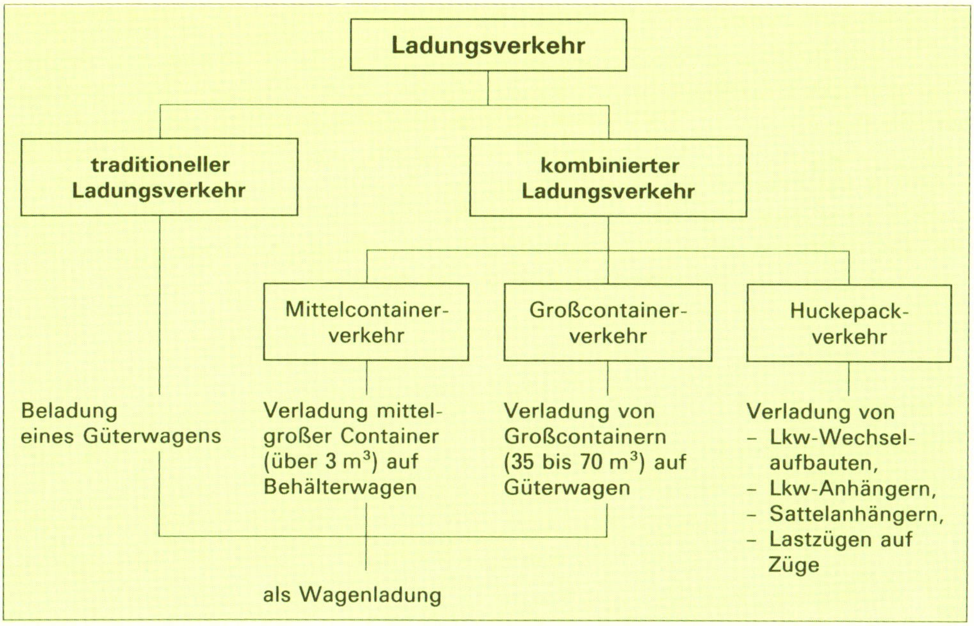

Wagenladung

Sendungen mit einem Frachtberechnungsgewicht von mindestens 6 t können bei der Bahn als Wagenladung aufgegeben werden. Entweder wird ein vorher bestellter Güterwagen auf einem Freiladegleis des Güterbahnhofs oder auf einem eigenen Anschlußgleis beladen, oder der Bahn werden Mittelcontainer oder Großcontainer[1]) übergeben. Für den Großcontainerverkehr wurde von der Bahn die Firma TRANSFRACHT gegründet. Mit ihr ist der Beförderungsvertrag zu schließen.
Die Beförderung erfolgt als **Frachtgut** im normalen Güterzug (Abfertigungsfrist: 24 Stunden; Beförderungsfrist: die ersten 200 km 24 Stunden; je weitere 300 km 24 Stunden) oder als **Eilgut** in Eilgüterzügen (Abfertigungsfrist: 12 Stunden; Beförderungsfrist: die ersten 300 km 24 Stunden; je weitere 400 km 24 Stunden). Für Eilgut wird ein Frachtzuschlag von 25% berechnet (Güter der Eilgutklasse I e), oder das Eilgut wird ohne Zuschlag befördert (Güter der Eilgutklasse II e).
Die Frachtberechnung erfolgt entweder nach sog. **Regeltarifen** oder bei Vorliegen der Anwendungsbedingungen nach verbilligten Ausnahmetarifen. **Ausnahmetarife** bestehen auch für Sendungen in Containern.

InterCargo

Zwischen elf Wirtschaftszentren der Bundesrepublik Deutschland hat die Bundesbahn einen beschleunigten Verkehr für Wagenladungen eingerichtet (InterCargo). Es handelt sich um die Zentren München, Nürnberg, Stuttgart, Rhein-Neckar-Saar, Rhein-Main, Rhein, westliche Ruhr, östliche Ruhr, Hannover, Bremen, Hamburg. Güterwagen werden im Bereich vieler Bahnhöfe zwischen 16 und 18 Uhr abgeholt und am nächsten Morgen zwischen 6 und 9 Uhr dem Empfänger zum Entladen bereitgestellt. Mehrkosten entstehen nicht.

[1]) Vgl. S. 407

Huckepackverkehr

Lkw-Unternehmer des Güterfernverkehrs können ihre Lastkraftwagen, Anhänger oder Wechselaufbauten auf bestimmten Relationen auf Bahnwagen befördern lassen. Sie müssen hierfür ihre Güterfernverkehrsgenehmigung[1]) bei der Bahn hinterlegen. Dieser sog. Huckepackverkehr ist deshalb, rechtlich gesehen, über die Schienen geleiteter Güterfernverkehr mit Lkw. Rechtlich gesehen, bleibt der Lkw-Unternehmer gegenüber seinem Auftraggeber Frachtführer. Er schließt den Beförderungsvertrag mit der Firma KOMBIVERKEHR KG, die von der Deutschen Bundesbahn und dem Verkehrsgewerbe gegründet wurde.

Kleingutverkehr

Im **Kleingutverkehr** werden viele kleinere Sendungen zusammen in ein Transportmittel verladen.

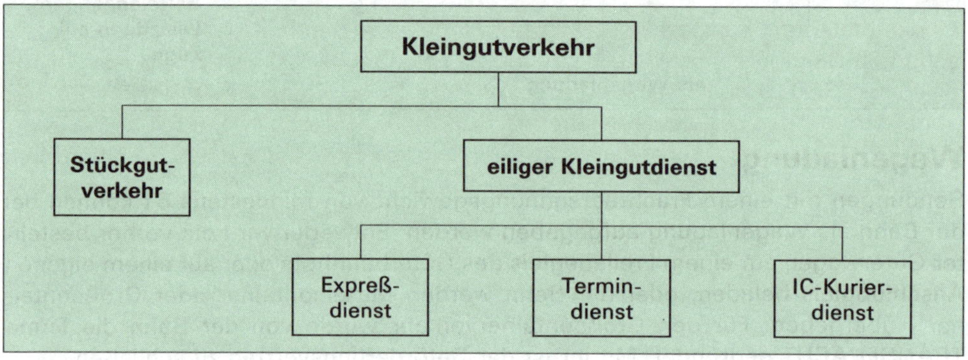

Stückgutverkehr

Stückgüter sind in Kisten, Paketen, Säcken, Matten, Ballen, Flaschen usw. verpackte Güter sowie genormte Kleinbehälter (1–3 m^3), genormte zusammenlegbare Kisten (Collico-Kisten) und auf Paletten (stapelfähige Untersätze) verladene Güter. Sie werden entweder bei der Güterabfertigung aufgegeben oder von einem DB-Stückgutunternehmer abgeholt. Die Güter werden vom DB-Stückgutunternehmer dem Empfänger zugestellt. Für Abholung und Zustellung wird eine Hausfracht berechnet. Die Schienenbeförderung erfolgt als **Frachtgut** im normalen Frachtgüterzug (Abfertigungsfrist: 24 Stunden; Beförderungsfrist: je angefangene 200 km 24 Stunden). Die Fristen beginnen um 24 Uhr des Annahmetages. Die Frachten für Stückgut werden nach dem Stückguttarif berechnet. Aufgrund des bedeutend höheren Aufwands für die Behandlung der Sendungen ist die Stückgutfracht entsprechend höher als die Wagenladungsfracht.

Größere Stückgüter (ab 1000 kg) können ggf. als **Partiefracht** ausgeliefert werden. Hierfür wird ebenfalls das InterCargo-Netz genutzt:

---

[1]) Nur Unternehmer, die eine Genehmigung der oberen Landesverkehrsbehörde besitzen (in Nordrhein-Westfalen: der Regierungspräsident), dürfen gewerblichen Güterfernverkehr mit Lkw betreiben.

Im Bereich von 26 Partiefrachtbahnhöfen und von ihnen zugeordneten Stückgutbahnhöfen - insgesamt sind 153 Bahnhöfe einbezogen - werden die Sendungen vom Lkw abgeholt, zu Wagenladungen zusammengefaßt, im InterCargo-Netz befördert und garantiert am nächsten Tag bis 18 Uhr dem Empfänger per Lkw zugestellt. Bis zum Gewicht von 4000 kg können die Frachten frei vereinbart werden, für höhere Gewichte findet ein Ausnahmetarif Anwendung.

Expreßdienst

Güter mit der Beschaffenheit von Stückgütern, die zur Beförderung im Gepäckwagen geeignet sind, können am Expreßgutschalter des Personenbahnhofs (bzw. bei der Gepäckabfertigung) aufgegeben werden. Sie werden mit dem nächsten Personenzug befördert und gelangen so schnell zum Empfänger. Sie werden dem Empfänger gegen Berechnung eines Rollgelds zugestellt oder vom Empfänger abgeholt, wenn der Absender sie bahnlagernd bestellt hat.

Termindienst

Eiliges Kleingut bis zu 100 kg Gewicht pro Stück der Sendung kann im Verkehr zwischen 60 Bahnhöfen über Nacht befördert werden. Hierzu vereinbart man telefonisch bis 13.00 Uhr einen Abholtermin mit dem Termindienstbahnhof. Das Gut wird abgeholt und dem Empfänger garantiert bis 10.00 Uhr des folgenden Tages zugestellt (bis 12.00 Uhr, wenn der Empfänger nicht in der politischen Gemeinde des Empfang-Termindienstbahnhofs wohnt). Bei Terminüberschreitung zahlt die Bahn die Fracht zurück.

Selbstauflieferung am Versandbahnhof (bis 17.30 Uhr) und Selbstabholung vom Empfangsbahnhof (ab 8.00 Uhr) sind möglich.

IC-Kurierdienst

Handliche Gegenstände bis zu 10 kg Gewicht können im IC-Kurierdienst über Tag mit jedem Intercity-Zug zwischen den 36 Intercity-System-Halten zum Einheitspreis von 115,— DM befördert werden. Die Sendungen werden bis 30 Minuten vor Zugabfahrt am Gepäckschalter aufgeliefert. Wenn es besonders eilt, können sie auch unmittelbar am Zug aufgeliefert werden. Der Empfänger kann sie unmittelbar am Zug abholen oder 15 Minuten nach Ankunft des Zuges am Gepäckschalter. Jeder Sendung ist eine IC-Kurierdienstkarte beizugeben.

Die Sendungen können auch zum Preis von 200,— DM inklusive Verzollung nach zahlreichen Bahnhöfen in der Schweiz aufgegeben werden.

Bahnfrachtbrief

Jede Bahnsendung ist mit einem Bahnfrachtbrief aufzugeben (ausgenommen IC-Kurierdienst-Sendungen). Der **Frachtbrief besteht aus vier Teilen,** die im Durchschreibeverfahren beschriftet werden:

- Versandblatt: für den Versandbahnhof
- Frachtbriefdoppel: für den Absender
- Empfangsblatt: für den Bestimmungsbahnhof
- Frachtbrief: für den Empfänger

Mit Hilfe des Frachtbriefdoppels kann der Absender auch nach Aufgabe der Sendung noch über diese verfügen, z. B. sie zurückverlangen. Gibt er das Frachtbriefdoppel aus der Hand (etwa an den Empfänger gegen Zahlung), so ist sein Verfügungsrecht gesperrt. Das **Frachtbriefdoppel** wird deshalb als ein **Sperrpapier** bezeichnet.

Beispiel: Bahnfrachtbrief (Inland)

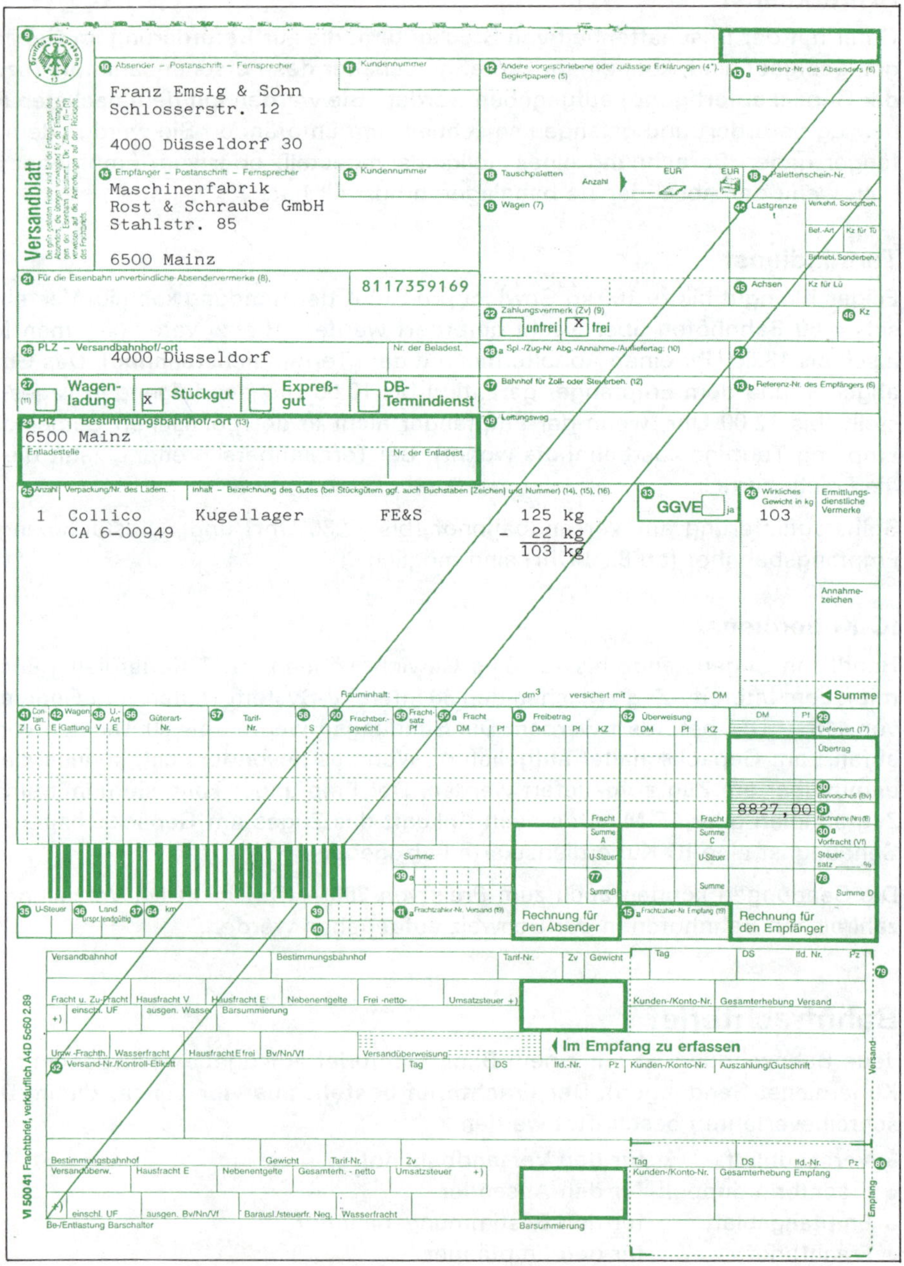
Versandblatt

10 Absender – Postanschrift – Fernsprecher
Franz Emsig & Sohn
Schlosserstr. 12
4000 Düsseldorf 30

11 Kundennummer

12 Andere vorgeschriebene oder zulässige Erklärungen (4*), Begleitpapiere (5)

13a Referenz-Nr. des Absenders (6)

14 Empfänger – Postanschrift – Fernsprecher
Maschinenfabrik
Rost & Schraube GmbH
Stahlstr. 85
6500 Mainz

15 Kundennummer

18 Tauschpaletten – Anzahl – EUR – EUR

18a Palettenschein-Nr.

19 Wagen (7)

44 Lastgrenze t

21 Für die Eisenbahn unverbindliche Absendervermerke (8).
8117359169

45 Achsen

22 Zahlungsvermerk (Zv) (9): unfrei / [x] frei

46 Kz

28 PLZ – Versandbahnhof/-ort: 4000 Düsseldorf

Nr. der Beladest.

28a Spl.-/Zug-Nr. Abg.-/Annahme-/Auflieferetag (10)

27 (11): Wagenladung / [x] Stückgut / Expreßgut / DB-Termindienst

47 Bahnhof für Zoll- oder Steuerbeh. (12)

13b Referenz-Nr. des Empfängers (6)

24 PLZ – Bestimmungsbahnhof/-ort (13): 6500 Mainz

Entladestelle – Nr. der Entladest.

49 Leitungsweg

25 Anzahl – Verpackung/Nr. des Ladem. – Inhalt – Bezeichnung des Gutes (bei Stückgütern ggf. auch Buchstaben [Zeichen] und Nummer) (14), (15), (16).
1 Collico CA 6-00949 – Kugellager – FE&S – 125 kg – 22 kg = 103 kg

33 GGVE ja

26 Wirkliches Gewicht in kg: 103

Ermittlungsdienstliche Vermerke

Annahmezeichen

Rauminhalt dm³ – versichert mit DM

Summe

Lieferwert (17) – Übertrag – Barvorschuß (Bv) – Nachnahme (Nn) (18) – Vorfracht (Vf) – Steuersatz % – Summe D

8827,00

Rechnung für den Absender

Rechnung für den Empfänger

Im Empfang zu erfassen

VI 500 41 Frachtbrief, verkäuflich A4D 5c60 2.89

Internationaler Eisenbahngüterverkehr

Im internationalen Verkehr können sowohl Stückgüter als auch Wagenladungen als Frachtgut oder als Eilgut verschickt werden. Versandpapier ist der internationale Eisenbahnfrachtbrief. Eiliges Kleingut kann mit einem internationalen Expreßgutschein als Eurail-Express nach Berlin, Frankreich, Großbritannien, Luxemburg, in die Niederlande, nach Österreich und in die Schweiz aufgegeben werden.

8.4 Güterversand mit dem Lastkraftwagen

Versandarten (Lastkraftwagen)	
Stückgut Beschaffenheit wie bei der Bahn. Aufgabe beim Güterkraftverkehrsunternehmen oder Abholung (bis 2,5 t durch einen Spediteur gegen Rollgeld).	**Ladung** Beladung eines vorher bestellten Lkw oder Beladung von Containern. Mindestfrachtberechnungsgewicht: 5 t.
Frachtberechnung: - Fernverkehr: GFT (Güterfernverkehrstarif); Stückgut- bzw. Ladungstarif - Nahverkehr: GNT (Güternahverkehrstarif) - Bei internationalen Transporten gelten die für den jeweiligen Streckenanteil anzuwendenden Tarife. Für die Bundesrepublik Deutschland und die EG-Länder bestehen unverbindliche bilaterale Tarife.	

Die Güter werden mit einem **ähnlichen Frachtbrief wie bei der Bahn** aufgegeben. Auch hier können nachträgliche Verfügungen gestellt werden. Allerdings hat nur beim internationalen (CMR-)Frachtbrief ein Exemplar des Frachtbriefs eine Sperrfunktion.

Die Lieferfrist beträgt für je angefangene 300 km 24 Stunden. Sie kann auf 18 Stunden (25% Frachtzuschlag) oder auf 12 Stunden (50% Frachtzuschlag) verkürzt werden. Die Frist beginnt für bis 12 Uhr übernommene Güter um 18 Uhr, für später übernommene Güter um 24 Uhr.

8.5 Güterversand mit dem Binnenschiff

Versandarten (Binnenschiff)		
Stückgut Wegen der andersartigen Raumverhältnisse gelten Güter bis 50 t (bei großen Schiffen bis 200 t) noch als Stückgut.	**Raumladung** Befrachtung eines Teiles des Schiffsraums	**Charter** Befrachtung des ganzen Schiffes für eine bestimmte Reise (Charterung in Fracht) oder für eine bestimmte Zeit (Charterung in Tagesmiete)
Frachten für den innerdt. Verkehr nach FTB (Frachten- u. Tarifanzeiger der Binnenschifffahrt), im internat. Verkehr frei		

Auch in der Binnenschiffahrt kann der Frachtführer vom Absender die Ausstellung eines Frachtbriefs verlangen. Dieser wird aber in aller Regel ersetzt durch einen **Ladeschein** (auch Fluß- oder Binnenkonnossement genannt). Er ist ähnlich dem in nächsten Abschnitt behandelten Konnossement in der Seeschiffahrt.

8.6 Güterversand mit dem Flugzeug

Flugzeuge werden entweder gechartert (dann werden die Frachten frei vereinbart), oder die Güter werden im Linienverkehr der großen Fluggesellschaften befördert. Diese sind meist der IATA (International Air Transport Association) angeschlossen, welche einheitliche Tarife festgelegt hat. Unterschiedliche Beförderungsarten existieren nicht.

Die Güter werden mit einem **Luftfrachtbrief** aufgegeben. Da der Transport häufig ins Ausland geht, werden in weit mehr als der Hälfte aller Verwendungen spezialisierte Spediteure eingeschaltet, die die notwendigen Begleitpapiere besorgen und Zollformalitäten erledigen.

8.7 Güterversand durch Seeschiffe

Die Schiffe verkehren entweder in der **Trampschiffahrt** (sie werden dann gechartert) oder sie verkehren als **Linienschiffe** nach einem festen Fahrplan (dann sind sie vor allem auf den Stückgutverkehr ausgerichtet).

Versandarten (Seeschiffe)	
Stückgut Wie Binnenschiffahrt. Stückgüter werden von Linienschiffen befördert.	**Teilcharter** Frachtvertrag über einen Teil des Schiffes
Raumcharter Frachtvertrag über einen bestimmt bezeichneten Raum des Schiffes	**Vollcharter** Frachtvertrag über das ganze Schiff für eine bestimmte Reise (Reisecharter) oder Zeit (Zeitcharter)
Frachten frei vereinbart; weitgehend von Konferenzen (Internationale Kartelle) festgelegt.	

In der Schiffahrt wird der Frachtbrief in der Regel durch das **Konnossement** ersetzt, wenn Stückgüter befördert werden. Im Gegensatz zum Frachtbrief ist das Konnossement ein Wertpapier[1]). Der Eigentümer des Konnossements gilt als Eigentümer der Ware, welche nur gegen Rückgabe der Urkunde herausgegeben wird. Meist übergibt der Absender sofort nach der Verschiffung das Konnossement gegen Zahlung oder anderweitige Sicherstellung dem Empfänger oder dessen Bank. Dadurch gehen das Eigentum und das Verfügungsrecht auf den Empfänger über.

Das Konnossement kann auf den Namen des Berechtigten (Namenskonnossement) oder an Order (Orderkonnossement) ausgestellt sein. Im letzten Fall ist eine Übertragung durch Indossament möglich. So kann der rechtmäßige Eigentümer die Ware schon vor der Ankunft verkaufen oder verpfänden.

Auch beim Schiffsversand werden meist Spediteure eingeschaltet.

[1]) Vgl. S. 162

8.8 Güterversand durch die Post

Sendungen mit einem Gewicht bis zu 20 kg kann man auch durch die Post versenden. Die Post ist kein Frachtführer nach HGB. Es sind zu unterscheiden:

- Warensendung,
- Päckchen,
- Paket,
- Postgut.

• **Warensendung** (Versand nur im Inland)

Verbilligter Versand von Proben, Mustern und kleinen Gegenständen mit der Briefpost. Die Einlieferung erfolgt ohne Einlieferungsnachweis.
Höchstgewicht: 500 g. Besondere Versendungsformen sind nicht zugelassen.

• **Päckchen**

Warenversand mit Gebührenvorteilen gegenüber Brief und Paket. Dafür erfolgt die Beförderung mit der Paketpost. Die Einlieferung erfolgt ohne Einlieferungsnachweis.
Höchstgewicht: 2 kg (ins Ausland meist 1000 g)

• **Paket**

Warenversand mit der Paketpost. Einlieferungsnachweis ist die Paketkarte.
Höchstgewicht: 20 kg. Die Post haftet bis zum Höchstbetrag von 500,— DM.

Beispiel: Paketkarte

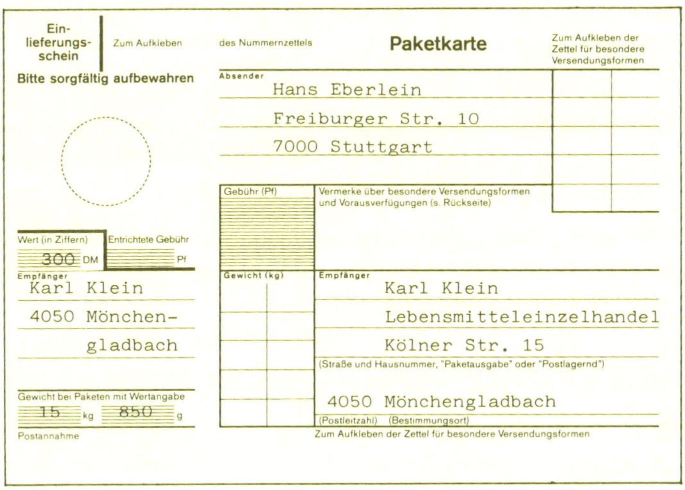
Einlieferungsschein
Bitte sorgfältig aufbewahren
Zum Aufkleben des Nummernzettels
Paketkarte
Zum Aufkleben der Zettel für besondere Versendungsformen
Absender
Hans Eberlein
Freiburger Str. 10
7000 Stuttgart
Gebühr (Pf)
Vermerke über besondere Versendungsformen und Vorausverfügungen (s. Rückseite)
Wert (in Ziffern) 300 DM
Entrichtete Gebühr Pf
Empfänger
Karl Klein
4050 Mönchen-
gladbach
Gewicht (kg)
Empfänger
Karl Klein
Lebensmitteleinzelhandel
Kölner Str. 15
(Straße und Hausnummer, "Paketausgabe" oder "Postlagernd")
Gewicht bei Paketen mit Wertangabe 15 kg 850 g
4050 Mönchengladbach
(Postleitzahl) (Bestimmungsort)
Postannahme
Zum Aufkleben der Zettel für besondere Versendungsformen

• **Postgut**

Selbstgebuchte, nichtsperrige, gewöhnliche Paketsendungen mit gleichbleibender Einlieferungsnummer. Selbstbucher sind Betriebe, die in größerem Umfang Sendungen aufliefern (mindestens 500 Paketsendungen im Jahr). Sie buchen die Sendung in einem eigenen Einlieferungsbuch (= Einlieferungsnachweis) und bekleben das Postgut mit postdienstlichen Klebezetteln. Die Gebühren werden nachträglich vom Postgirokonto abgebucht. Postgut ist jeweils um 0,90 DM billiger als das normale Paket. Eine Paketkarte ist nur bei Nachnahmesendungen erforderlich (Nachnahmepaketkarte).

Besondere (gebührenpflichtige) Versendungsformen			
	Päckchen	Pakete	Postgut
Einschreiben	×		
Rückschein	bei Einschreiben	bei Wertangabe	
Eigenhändig	bei Einschreiben	bei Wertangabe	
Nachnahme	×	×	×
Luftpost	×	×	
Schnellsendung	×	×	×
Eilzustellung	bei Schnellsendung und Luftpost		bei Schnellsendung
Wertangabe		×	

- **Einschreiben**

Bei eingeschriebenen Sendungen bescheinigt die Post die Einlieferung auf einem Einlieferungsschein. Sie haftet bei Verlust in Höhe von 40,— DM.

- **Rückschein**

Der Rückschein ist eine Empfangsbestätigung des Empfängers, ohne die die Sendung nicht ausgeliefert wird. Die Post schickt sie an den Absender zurück.

- **Eigenhändig**

Als „Eigenhändig" gekennzeichnete Sendungen werden nur dem Empfänger persönlich oder einer besonders bevollmächtigten Person ausgeliefert.

- **Nachnahme**

Nachnahmesendungen werden nur gegen Zahlung des auf einer besonderen Nachnahmekarte angegebenen Nachnahmebetrages an den Empfänger ausgeliefert. Der Betrag wird an den Absender überwiesen.

- **Luftpost**

Die Sendung wird mit dem Flugzeug befördert.

- **Schnellsendung**

Normale Sendungen werden in der Reihenfolge ihrer Einlieferung befördert. Schnellsendungen werden dagegen vorrangig befördert und nach der Ankunft dem Empfänger gesondert zugestellt, falls der Paketzusteller das Postamt bereits verlassen hat.

- **Eilzustellung**

Die Sendung wird normal befördert, aber sofort nach der Ankunft durch Eilboten zugestellt.

- **Wertangabe**

Für Sendungen mit Wertangabe haftet die Post für den Inhalt bis zur Höhe der Wertangabe (höchstens 100000,— DM, bei Luftpostbeförderung 10000,— DM).

8.9 Güterversand durch Paketdienste

Pakete können auch durch privatwirtschaftliche Paketdienste versandt werden. Am bekanntesten sind der Deutsche Paketdienst und der United Parcel Service. Die Paketdienste nehmen allerdings keine Einmalkunden an, sondern sie schließen einen Dauervertrag. Aufgrund dieses Vertrages holt der Paketdienst jeden Werktag ohne besondere Aufforderung und unabhängig davon, ob Pakete versandfertig bereitstehen, Sendungen beim Absender ab und stellt sie binnen ein bis zwei Tagen zu. Zustellgebühren werden nicht erhoben. Die Beförderung erfolgt wie bei der Post nach einem Tarif, der nach drei Entfernungszonen gestaffelt ist. Wie bei der Post, so können auch hier Nachnahmesendungen aufgegeben werden. Die Obergrenze für das Gewicht der Pakete liegt bei 30 kg. Rechtlich gesehen sind Paketdienste Spediteure, die im Selbsteintritt befördern.

8.10 Aufgaben des Spediteurs beim Güterversand

Der Güterversand gestaltet sich schwierig, wenn mehrere Frachtführer eingeschaltet und die Güter von einem Transportmittel aufs andere umgeladen und vielleicht sogar eingelagert werden müssen. Dann fehlt häufig der Überblick über die Fülle der zu bewältigenden Formalitäten, über die günstigsten Transportwege und Umschlagmöglichkeiten. Hier hilft als Fachmann der Spediteur.

HGB § 407
Spediteur ist, wer es gewerbsmäßig übernimmt, Güterversendungen durch Frachtführer oder Verfrachter von Seeschiffen für Rechnung eines anderen in eigenem Namen zu besorgen.

Der Spediteur befördert nach dieser Definition also nicht selbst, sondern er besorgt den Transport durch einen von ihm ausgewählten Transportunternehmer. Mit dem Versender schließt er einen Speditionsvertrag, mit dem Frachtführer in eigenem Namen den Frachtvertrag ab. Gegenüber dem Frachtführer gilt also er als der Absender. Den Güterumschlag läßt er durch Zwischenspediteure besorgen. Für seine Tätigkeit hat er Anspruch auf Provision und Ersatz seiner Aufwendungen.

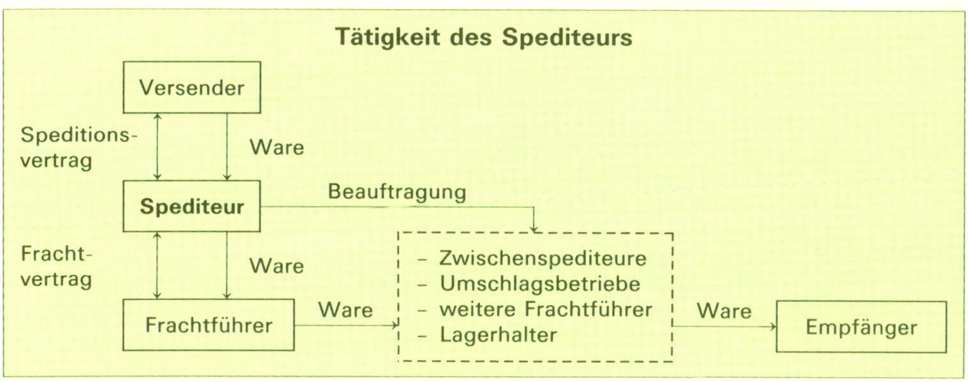

Allerdings räumt das Handelsgesetzbuch dem Spediteur noch **weitergehende Rechte** ein:

- **Selbsteintritt** (HGB § 412)
  Der Spediteur darf die Güterbeförderung selbst ausführen.
- **Speditionsübernahme** (HGB § 413)
  Der Spediteur kann mit dem Versender einen festen Preis für die gesamte Beförderung bis hin zum Empfänger vereinbaren. Dies geschieht besonders bei mehrstufigen Transporten (Transporte, bei denen die Sendung mehrmals von einem Verkehrsmittel auf ein anderes „umgeschlagen" wird).
- **Sammelladung** (HGB § 414)
  Der Spediteur kann die Versendung eines Gutes zusammen mit den Gütern anderer Versender bewirken.
  (Der Spediteur sammelt Stückgüter verschiedener Versender, die an denselben Empfangsort gerichtet sind, und gibt sie als Wagenladung auf. Er kann anstelle des teuren Stückguttarifs den bedeutend billigeren Wagenladungstarif in Anspruch nehmen, bei Bahn und Lkw sogar in Form eines günstigen Ausnahmetarifs für Spediteur-Sammelgut. Einen Teil seines Frachtvorteils gibt er an den Versender weiter. Ein Empfangsspediteur verteilt die Sendungen an die Endempfänger.)

Von diesen Rechten macht der Spediteur in der Praxis zum Vorteil seines Auftraggebers ausgiebig Gebrauch.

Beispiel:
Versand einer Kiste Maschinenteile an die George Brand Ltd., Pittsburgh, USA, ab Werk Düsseldorf bis Ankunft Schiff New York. Der Spediteur besorgt:

1. **Rollfuhr** – vom Werk zum Sammelschuppen des Spediteurs:
   - entweder im Wege des Selbsteintritts
   - oder der Besorgung durch einen Rollfuhrunternehmer
2. **Umschlag** – am Ladeschuppen:
   Abladen, Überlagernahme, Verladen in den Sammelwagen
3. **Sammelladung** – nach dem Seehafen:
   - im Bahn-Sammelverkehr
   - oder im Kraftwagen-Sammelverkehr durch einen Güterfernverkehrsunternehmer oder im Selbsteintritt
4. **Umschlag** – im Seehafen:
   Anlieferung und Verschiffung durch einen Zwischenspediteur (Seehafenspediteur).
5. **Seetransport** – nach New York durch eine Reederei
6. Evtl. Nebenleistungen: z. B. Transport- und Seeversicherung.
   Konsulatsfaktura (für die Verzollung im Empfangsland),
   Akkreditiv-Papiere,
   Geltendmachen von Schadenersatzansprüchen.

Auch der Empfänger in USA kann den Spediteur in Anspruch nehmen: Er beauftragt seinen Hausspediteur (Empfangsspediteur). Dieser veranlaßt den Seehafenspediteur, die ankommende Sendung entgegenzunehmen, zu verzollen, zu prüfen und weiterzuleiten. Er nimmt die mit der Bahn anrollende Sendung in Empfang, kontrolliert die Verpackung, löst den Frachtbrief und gegebenenfalls eine Nachnahme ein und rollt dem Empfänger die Ware zu.

Die Rechte und Pflichten des Spediteurs werden in Deutschland durch die Allgemeinen Deutschen Spediteurbedingungen (ADSp) geregelt.

8.11 Optimale Güterbeförderung

8.11.1 Wahl des Transportmittels

Wer Güter versenden will, wird die Versandart auswählen, die den Eigenschaften des Gutes (Größe, Gewicht, Gefährlichkeit, Empfindlichkeit, Wert) am besten entspricht und im Hinblick auf Schnelligkeit, Sicherheit, Preis, Regelmäßigkeit und Pünktlichkeit des Verkehrsmittels den Anforderungen am nächsten kommt. Alle Transportmittel haben eigentümliche Vor- und Nachteile, weil sie an bestimmte Verkehrswege gebunden sind (Schiene, Straße, Wasserweg, Luftweg und Flughafen).

Vor- und Nachteile der Transportmittel		
Vorteile	**Transportmittel**	Nachteile
- geringe Reibung zwischen Rad und Schiene, daher: schnellere, sichere, preiswerte Beförderung - lange Züge, Anpassung an alle möglichen Güter - schnelles Massenverkehrsmittel im kontinentalen Verkehr - Güterabfertigungen ermöglichen Stückgutverkehr	**Eisenbahn** (schienengebunden)	- Rollfuhren an Versand- und Empfangsort - gute Verpackung nötig (Kosten!) wegen Rollen, Verladen, Umladen, Rangieren usw. - teilweise Korrektur durch Anschlußgleise, Behälter, Paletten- und Huckepackverkehr (Verladen von Lkw bzw. Lkw-Aufbauten auf Züge)
- kleinste Orte erreichbar (Flächigkeit des Lkw-Verkehrs); auch Bahnzubringer - Haus-Haus-Verkehr ohne Umladen spart oft Transport-, Verpackungs-, Verladekosten - individuelle Behandlung und Sonderwünsche möglich - Beweglichkeit, deshalb kürzere Lieferfristen als bei der Bahn	**Lkw** (straßengebunden)	- bedingte Verwendbarkeit für Massengutverkehr - größere Witterungsabhängigkeit

- geringste Reibung: gleiche Kraft befördert schwerere Menge - geringe Selbstkosten (Schiffahrtsabgaben nur für Benutzung künstlicher Wasserstraßen) - große Fahrzeuge + große Tragfähigkeit = niedrige Frachten - Verkehrsmittel für Massengüter und Rohstoffe	**Binnenschiff** (wassergebunden)	- geringere Eignung für Stückgutversand - Abhängigkeit von Wasserstand und Vereisung - - - - - - - - - geringe Geschwindigkeit - Verlängerung der Transportdauer durch Laden und Löschen der großen Mengen
- verschiedenste Schiffstypen für Güter aller Art: Massen- u. Stückgüter - land- und schiffseigene Umschlagseinrichtungen erlauben schnelles und kostengünstiges Beladen und Löschen - günstigere Fracht als beim Flugzeug	**Seeschiff** (wassergebunden)	- Anschlußfrachten - teure seemäßige Verpackung
- große Schnelligkeit - kleines Transportrisiko - sorgfältige Behandlung - deshalb: kurze Dispositionszeiten, kleine Lagerhaltung, schneller Kapitalumschlag, niedrige Verpackungskosten (seemäßige Verpackung ist teuer), niedrige Versicherungskosten - besonders geeignet: hochwertige, hochempfindliche, leichtverderbliche, eilbedürftige Güter	**Flugzeug** (flughafengebunden)	- hohe Fracht, - Höchstmaße und -gewichte

8.11.2 Entscheidung über Werkverkehr, Frachtführer, Spediteur

Der **Werkverkehr** erfordert eine hohe Auslastung der Fahrzeuge. Ein nicht ausreichend ausgelasteter Fuhrpark verursacht hohe Kosten in Form von Abnutzung, Fahrerlöhnen, Steuern, Versicherungen, Wartung usw. Diese Kosten lassen sich vermeiden, wenn man **Transportunternehmer** einschaltet. Der **Postversand** ist dabei nur für Kleinsendungen bis 20 kg möglich. Als Alternative bietet sich der Expreßgutversand an.

Bei vielen Inlandstransporten macht es keinen Unterschied, ob man den Versand durch Transportunternehmer oder durch Spediteure vornehmen läßt, weil die meisten Spediteure ohnehin im Selbsteintritt befördern, also als Frachtführer tätig werden. Bei Stückgütern kann die Einschaltung des Spediteurs den Transport verbilligen **(Sammelladung)**, bei mehrstufigen Transporten (unter anderem Auslandstransporten) hilft der Spediteur durch seine Spezialkenntnisse, sucht selbst die geeigneten Frachtführer aus, sichert die Beachtung der häufig komplizierten Ein- und Ausfuhrbestimmungen, besorgt die Gesamtbeförderung zu einem festen Preis, besorgt die notwendigen Versicherungen, erledigt die Zollformalitäten und wirkt bei der Zahlungsabwicklung mit.

Auf diese Weise trägt der Spediteur auch dazu bei, das **Beförderungsrisiko** zu verringern, das mit jedem Warenversand verbunden ist. Diesem Ziel dienen auch eventuell notwendige Spezialbehandlungen des Gutes auf dem Transport (z. B.

Kühlung), Ausbesserungen der Verpackung und eine angemessene Bezettelung der Sendung. Für **Schäden**, die trotzdem durch die Speditionstätigkeit entstehen, tritt eine **Speditionsversicherung** ein, die der Spediteur auf Kosten des Auftraggebers abschließen muß.
Die Frachtführer, die der Spediteur einschaltet oder die vom Versender selbst beauftragt werden, haften für die ordnungsgemäße Beförderung der Sendung. Allerdings ist die Haftung beschränkt (z. B. bei der Bahn maximal 100,— DM je kg Bruttogewicht, im Lkw-Fernverkehr 80,— DM, im Luftverkehr 65,— DM; in der Schifffahrt stark eingeschränkte Haftung nach den jeweiligen Bedingungen der Reederei). Wer sich vollen Ersatz des Schadens sichern will, kann gegen eine Gebühr bei Bahn- und Luftversand einen Lieferwert angeben, bis zu dessen Höhe dann der Schaden ersetzt wird[1]). Bei den anderen Verkehrsträgern kann der Versender vollen Schadenersatz durch den Abschluß einer **Transportversicherung** erlangen.

8.11.3 Wahl der Verpackung

Der Versender kann selber daran mitwirken, die Transportgefahren für die Güter zu verringern und Verpackungskosten zu sparen. Hier bietet sich z. B. der Einsatz **verschiedener Behälter** (Container) an. **Container** sind kranbare, stabile Transportgefäße aus Metall in verschiedenen Größen:

Arten von Containern
Collico-Kisten Bahneigene Lademittel für kleine Stückgutsendungen. Zusammenklappbar. Bei der Bahn keine Berechnung des Eigengewichts; frachtfreier Rückversand. Vermietung auf 1 Jahr. **Kleincontainer für Stückgüter** Bahneigene Lademittel: A-, B-, C-Behälter (Fassungsvermögen 1, 2, 3 m^3); zollsicher, herausnehmbare Wände, rollbar, kranbar. Werden für 1 Transport gemietet. Bei der Bahn keine Berechnung des Eigengewichts, wenn das Mindestgewicht überschritten ist (200, 350, 500 kg, im internationalen Verkehr 150, 300, 500 kg). **Mittelcontainer** Bahneigene Behälter mit Fassungsraum von etwa 6–13 m^3. Lastgrenze meist über 5 t, deshalb zum Versand als Wagenladung geeignet. Befestigung auf Behälterwagen. Werden für 1 Transport gemietet. *Anstelle der bahneigenen Behälter können auch Privatbehälter benutzt werden.*
Großcontainer Teils bahneigen, teils privat. International genormt (20, 30 oder 40 engl. Fuß lang). Häufig Anwendung im Überseeverkehr. Dort können nur international genormte ISO-Container[2]) verwendet werden.

Für den Flugzeugversand werden besondere, den Rundungen des Flugzeugrumpfes angepaßte Container verwendet.
Container gestatten eine leichte Verpackung, schnelle Be- und Entladung, Haus-Haus-Verkehr der Ware in demselben Behälter, Verringerung der Umschlagsgefahren.

[1]) Bei Bahnversand nur bei Wagenladungen
[2]) ISO von International Organization for Standardization

Verladung von Containern mit Portalkran auf Containerwagen der Deutschen Bundesbahn (Quelle: Deutsche Bundesbahn).

Vorteile entstehen auch durch den Versand von Waren auf **Paletten.** Dies sind genormte Ladeflächen aus Holz in den Abmessungen 1200 × 800 mm, die von allen Seiten mit Gabelstapler aufgenommen werden können. Neben diesen Flachpaletten gibt es Gitterboxpaletten (aus Stahlrohr und -draht). Paletten werden meist Zug um Zug getauscht (Tausch einer beladenen gegen eine leere Palette). Damit entfällt eine Rückbeförderung.

Vorteile des Palettenverkehrs	
beim Transport	**im Betrieb**
- Zusammenfassung zu größeren Ladungseinheiten, die leicht bewegt und gestapelt werden können, - weniger Lade- und Umschlagsarbeiten und damit weniger Personal, - geringere Verpackungskosten, - Frachtersparnis durch bessere Wagenausnutzung, leichtere Verpackung und Fehlen des Leergutversandes.	- Verbesserung des innerbetrieblichen Transportes, - bessere Lagerraumausnutzung durch mehrfaches Stapeln, - Arbeitserleichterung bei Lagerverwaltung und Inventur.

Kontrolle des Lernerfolgs

1. Erläutern Sie folgende Begriffe:
   Werkverkehr, Frachtführer, Verfrachter, Stückgut, Wagenladung, Expreßgut, Raumladung, Charterung, Frachtvertrag, Frachtbrief, Konnossement, Ladeschein, Selbstbucher, Nachnahme, Spediteur, mehrstufiger Transport, Speditionsvertrag, Selbsteintritt, Speditionsübernahme, Sammelladung.

2. Eine Stückgutsendung mit Autoersatzteilen soll von Frankfurt nach Kairo transportiert werden.
   Beschreiben sie die Transportmöglichkeiten mit ihren Vor- und Nachteilen, und entscheiden Sie sich für den Ihrer Meinung nach günstigsten Transportweg.

3. Angenommen, Sie sind als Akquisiteur (Reisender, Kundenwerber) bei einer bekannten Spedition beschäftigt. Der Geschäftsführer eines Betriebes äußert Ihnen gegenüber, er könne auf die Dienstleistungen des Spediteurs gut verzichten. Versuchen Sie, ihn vom Gegenteil zu überzeugen.

4. Welche Versendungsarten kommen in Ihrem Betrieb hauptsächlich zur Anwendung? Warum werden sie gewählt?

5. Sie wollen ein Paket mit Fräsern im Gewicht von 19 kg
   (a) mit eigenem Lkw, (c) durch die Bahn,
   (b) durch die Post, (d) durch Ihren Spediteur
   nach Hamburg versenden.
   a) Welche Versandpapiere sind jeweils von Ihnen auszufüllen?
   b) Fertigen Sie die entsprechenden Versandpapiere aus (setzen Sie die fehlenden Angaben selbst ein).

6. Wann ist eine besondere Versendungsform bei der Post angezeigt?

7. Fertigen Sie einen Aufsatz über die Bestimmungsgründe bestmöglicher Güterbeförderung an.

9 Auslandsgeschäft

9.1 Rechtsgrundlagen des Außenwirtschaftsverkehrs

Der Außenwirtschaftsverkehr der Bundesrepublik Deutschland wird u.a. geregelt durch • Nationales Recht und • Gemeinschaftsrecht der EG.

9.1.1 Nationales Recht

Der Außenwirtschaftsverkehr der Bundesrepublik Deutschland wird vor allem durch folgende Gesetze und Verordnungen geregelt:

Gesetz und Verordnung für die Außenwirtschaft
Außenwirtschaftsgesetz (AWG) Grundlegende Regelungen des gesamten Außenwirtschaftsverkehrs (Waren-, Dienstleistungs-, Kapital-, Zahlungsverkehr und sonstiger Wirtschaftsverkehr)
Außenwirtschaftsverordnung (AWV) Ergänzende und erläuternde Vorschriften zu den Bestimmungen des Außenwirtschaftsgesetzes (z.B. Verfahrensfragen)
Gesetz über die Statistik des grenzüberschreitenden Warenverkehrs (AHStatGes) Sicherstellung der statistischen Erfassung des gesamten Außenwirtschaftsverkehrs durch das Statistische Bundesamt zur Erstellung der Zahlungsbilanz
Zollgesetz (ZG) Gesetzliche Rahmenvorschriften betreffend die Zollbehandlung
Allgemeine Zollordnung (AZO) Ergänzung und Erläuterung der Rahmenvorschriften des Zollgesetzes
Abschöpfungserhebungsgesetz Regelung des Preisausgleichs bei der Einfuhr von Agrarprodukten aus Drittländern
Zolltarifgesetz (ZTG) Festlegung des Zolltarifs für Wareneinfuhren

9.1.2 Gemeinschaftsrecht der EG

Rat und Kommission der EG geben Rechtsvorschriften heraus, die für die Mitgliedsländer zweierlei Wirkung haben:

Rechtsvorschriften der EG
EG-Vorderungen EG-Verordnungen sind in den EG-Ländern unmittelbar geltendes Recht. Die Gerichte lassen erforderlichenfalls jede entgegenstehende nationale Rechtsvorschrift unangewendet.
EG-Richtlinien EG-Richtlinien sind an die Regierungen der Mitgliedsstaaten gerichtet und überlassen es ihnen, sie in geeigneter Weise in nationales Recht umzusetzen.

Beispiele:

EG-Verordnungen:

- VO (EG) Nr. 1439/74 betreffend die gemeinsame Einfuhrregelung
- VO (EG) Nr. 2603/69 zur Festlegung einer gemeinsamen Ausfuhrregelung
- VO (EG) Nr. 802/68 über die gemeinsame Begriffsbestimmung über den Warenursprung
- VO(EG) Nr. 950/68 über den gemeinsamen Zolltarif
- VO (EG) Nr. 1496/68 über die Bestimmung des Zollgebiets der Gemeinschaft

EG-Richtlinien:

- Richtlinie zur Harmonisierung der Rechts- und Verwaltungsvorschriften über die zollamtliche Erfassung der Waren
- Richtlinie über Zollager
- Richtlinie zur Harmonisierung der Verfahren über die Überführung von Waren in den zollrechtlich freien Verkehr

9.1.3 Beschränkung des Außenwirtschaftsverkehrs

In der Bundesrepublik Deutschland ist der *Handel* mit dem Ausland weitgehend *liberalisiert:* Die meisten Güter dürfen ohne Beschränkung ein- und ausgeführt werden (AWG § 1).
Beschränkungen sind nur unter bestimmten, im AWG genannten Voraussetzungen oder aufgrund anderer Gesetze zulässig.

Verbote und Beschränkungen aufgrund des AWG

Zu den Verboten und Beschränkungen aufgrund des AWG gehören u. a.:

- Beschränkungen zur Erfüllung zwischenstaatlicher Verträge (§ 5)

  Beispiel:

  Überwachung von Textileinfuhren aufgrund von Abkommen zwischen EG und Herstellungsländern

- Beschränkungen zur Abwehr schädigender Einflüsse durch Aktionen fremder Wirtschaftsgebiete (§ 6)

  Beispiel:

  Zölle auf Produkte, die im Ausland billiger als im Inland angeboten werden, sogenannte Dumpingpreise

- Depotpflicht (§ 6a), d.h. Festlegung schädlicher Kapitalzuflüsse aus dem Ausland bei der Deutschen Bundesbank.
- Genehmigungspflicht für Stahlausfuhren in die USA (§ 6b).
- Beschränkungen zum Schutz der Sicherheit und der auswärtigen Interessen (§ 7).

  Beispiel:

  Genehmigung der Ein-, Aus- und Durchfuhr von Waffen

Eine **Einfuhrliste** und eine **Ausfuhrliste** geben über entsprechende Beschränkungen Auskunft.

Einfuhrliste

Die Einfuhrliste, als Anlage zum AWG, enthält:

- alle Waren,
- Angaben über genehmigungspflichtige Waren,
- eine Waren- und Länderliste.

Die Einfuhr einer Ware nach Warenliste ist genehmigungsfrei, wenn Einkaufs- und/ oder Ursprungsland in der Länderliste genannt sind.

Ausfuhrliste

Die Ausfuhrliste als Anlage zur AWV enthält solche **Warengruppen** bzw. **Warenpositionen,**

- die einem Ausfuhrverbot unterliegen,
- die zur Ausfuhr einer Genehmigung bedürfen,
- deren Ausfuhr bei Vorliegen bestimmter Voraussetzungen genehmigungsfrei ist,
- die zur Ausfuhr bestimmten Qualitätsstandards entsprechen müssen.

Verbote und Beschränkungen aufgrund anderer Vorschriften

Der Integrierte Deutsche Gebrauchszolltarif (DGebrZT) enthält neben den Tarifvorschriften auch die Waren, die Verboten und Beschränkungen unterliegen. Sie sind mit dem Zeichen „**VuB**" versehen. Bei Vorliegen von VuB muß die Zollstelle die Einfuhrabfertigung ablehnen. Die **Bestimmungen** betreffen:

- den **Schutz der öffentlichen Ordnung** (z. B. bei Einfuhr von Banknotenpapier, Waffen, Munition, radioaktiven Stoffen usw.),
- den **Schutz der Umwelt** (z. B. nach Abfallbeseitigungsgesetz, Immissionsschutzgesetz),
- den **Schutz der menschlichen Gesundheit** (z. B. Untersuchung von Lebensmitteln),
- den **Schutz der Tierwelt** (z. B. Untersuchung von Tieren, Einfuhrverbot geschützter Tierarten),
- den **Schutz der Pflanzenwelt** (z. B. Einfuhr pflanzengefährdender Produkte),
- den **gewerblichen Rechtsschutz** (z. B. Schutz von Marken),
- den **Schutz des Kulturgutes** (z. B. Ausfuhrgenehmigung für Kunstwerke und anderes Kultur- und Archivgut),
- **Monopole** (Einfuhr von Branntwein ist nur der Monopolverwaltung oder zugelassenen Personen gestattet),
- **Verkehrsbeschränkungen auf dem Gebiet der Verbrauchsteuern** (Güter, die Verbrauchsteuern unterliegen, müssen Vorschriften über Menge, Verpackung, Ein- und Ausfuhr unter Steueraufsicht beachten),
- **Verkehrsbeschränkungen auf dem Gebiet der nationalen Marktordnungen** (z. B. gehen auf das Getreidegesetz und auf das Vieh- und Fleischgesetz Vorschriften für die Einfuhr und die Verwendung bestimmter Waren nach der Einfuhr zurück),
- **Sonstiges** (vor allem Kontrollen zur Einhaltung bestimmter Kennzeichnungsvorschriften und zur Einhaltung von festgelegten Handelsklassen).

Kontrolle des Lernerfolgs

1. Der Außenhandel der Bundesrepublik Deutschland ist weitgehend liberalisiert. Nennen Sie Vor- und Nachteile, die sich daraus ergeben.
2. In vielen Entwicklungsländern ist jegliche Einfuhr genehmigungspflichtig. Begründen Sie dies.
3. Geben Sie Beispiele für Handelshemmnisse, die auch von der Bundesrepublik Deutschland praktiziert werden, und begründen Sie sie.
4. Auf welche Weise erhält EG-Recht Gültigkeit für die Bundesrepublik Deutschland?

9.2 Export

9.2.1 Absatzwege im Export

Die Firma Renz & Co. stellt Zellulosepapier her und möchte wegen der Marktsättigung im Inland ihren Export wesentlich erhöhen. Ihr liegen z. B. Anfragen aus dem Sudan vor.

Direkter Export

Der Exporteur kann versuchen, die Geschäftsbeziehungen zum Importeur selbst anzuknüpfen und die Ausfuhr selbst durchzuführen. Diese Möglichkeit ist jedoch nur dann anzuraten, wenn eine eigene Exportabteilung mit Spezialkenntnissen zur Verfügung steht oder aufgebaut wird, weil ständig alle Veränderungen der rechtlichen und marktmäßigen Bedingungen berücksichtigt werden müssen. Dies macht meist ein häufiges Bereisen der Importländer notwendig.
Großunternehmen unterhalten Auslandsvertretungen mit ausländischen Angestellten, die die Geschäftspartner entsprechend den ausländischen Bedingungen betreuen können.
Der Exporteur organisiert den Absatz im Importland auch häufig durch den Einsatz von Vertragshändlern, Werksvertretungen, Franchisenehmern, Handelsvertretern und Verkaufskommissionären.
Besonders beim Handel mit Rohstoffen und Massengütern wenden sich Exporteur und Importeur auch an Makler, die Abschlüsse vermitteln.

Indirekter Export

Der indirekte Export erfolgt über **Exporthandelsfirmen.** Sie werden auf dreierlei Weise tätig:

- **Ausfuhreigenhändler** sind selbständige Handelsbetriebe, die Waren in eigenem Namen und auf eigene Rechnung von den Herstellern aufkaufen und exportieren.
- **Exportkommissionäre** verkaufen die Exportwaren in eigenem Namen für Rechnung des Exporteurs.
- **Exportvertreter** verkaufen die Exportwaren im Namen des Exporteurs und für dessen Rechnung.

In der Praxis gehen in vielen Exporthandelsfirmen die verschiedenen Arten des Geschäfts nebeneinander her. So ist eine Anpassung an die Bedürfnisse des Einzelfalls möglich. Es kommt auch oft vor, daß ein Ausfuhreigenhändler Waren, für die ihm Bestellungen aus dem Ausland vorliegen, beim im Ausfuhrhafen ansässigen Exportvertreter oder Exportkommissionär des Produzenten einkauft. Ausfuhreigenhändler besitzen im Importland häufig wiederum eigene Tochtergesellschaften, Niederlassungen, Vertreter, Kommissionäre, Reisende sowie einheimische Korrespondenzfirmen, mit denen sie zusammenarbeiten.

Die Exporthandelsfirmen nehmen dem Hersteller folgende Aufgaben ab:

- **Marktbearbeitung:**
  Erkundung des Marktes, Auftragsbeschaffung, Kundendienst. Sie können diese Aufgaben um so besser erfüllen, als sie entweder auf bestimmte Länder spezialisiert sind (Marktorientierung) oder auf bestimmte Produkte (Fachorientierung).
- **Finanzierung und Risikoübernahme:**
  Die Exporthandelsfirmen bezahlen oft den Hersteller bei Lieferung und gewähren ihrerseits dem ausländischen Kunden den gewünschten Kredit. Auf diese Weise entfällt für den Hersteller auch das Risiko des Zahlungsausfalls.

Der indirekte Export kommt vor allem für den Absatz von Konsumgütern auf überseeischen Märkten in Betracht. Der Konsumgüterabsatz auf den europäischen Märkten und der Investitionsgüterabsatz allgemein ist dagegen stärker auf den direkten Export hin orientiert.

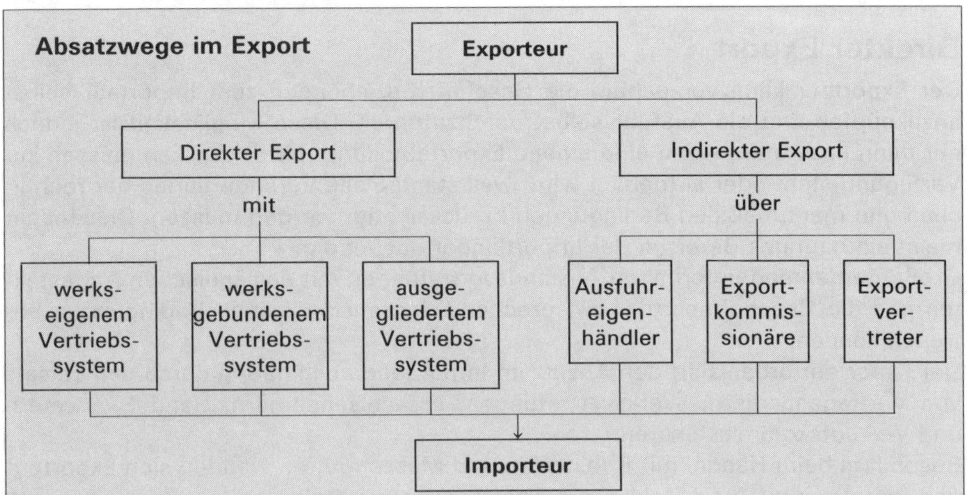

Kontrolle des Lernerfolgs

1. Nennen Sie jeweils drei Fälle, in denen
   a) ein direkter Export,
   b) ein indirekter Export
   angebracht ist.
2. Wer trägt das Zahlungsrisiko bei Einschaltung
   a) eines Ausfuhreigenhändlers,
   b) eines Exportkommissionärs,
   c) eines Exportvertreters?
   Wie kann der Hersteller auf jeden Fall das Zahlungsrisiko abwälzen?
3. Warum ist eine Exporthandelsfirma besonders für die Aufgabe der Markterkundung im Importland geeignet?

9.2.2 Abwicklung des Exportgeschäfts

Die Firma Renz & Co., Bremen, hat in Khartoum (Sudan) einen Geschäftspartner namens Mustafa bin Said als Käufer von Zellulosepapier gefunden.
Nach Erhalt von Informationsmaterial und Vorverhandlungen bittet die Firma Mustafa bin Said um eine Festofferte und eine Proforma-Rechnung. Diese „Als-ob-Rechnung" enthält die Angaben der späteren Handelsrechnung. Sie wird für die Beantragung der Einfuhrgenehmigung benötigt, die im Sudan für alle Warenimporte vorgeschrieben ist, sowie für die Beantragung eines Akkreditivs bei der Bank des Kunden. Nach Erlangung der Einfuhrgenehmigung bestellt der Kunde fest und legt die Einfuhrgenehmigung bei.

Inhalt des Kaufvertrags (Kontrakts):

Verkäufer:	Renz & Co., Bremen
Käufer:	Mustafa bin Said, Khartoum
Artikel:	Zellulosepapier auf Rotationsrollen
Qualität:	holzfrei, gebleicht, 50 g/m²
Menge:	100 Rollen à 60 cm
Verpackung:	ISO-Container
Lieferung:	sofort
Preis:	150,00 DM je Rolle cif port Sudan gemäß INCOTERMS 1980
Zahlung:	netto Kasse durch unwiderrufliches bestätigtes Akkreditiv zugunsten Renz & Co. bei Deutsche Bank AG, Bremen, gegen Übergabe der unterschriebenen Handelsrechnung (3fach, englisch), des vollen Satzes (5fach) reiner An-Bord-Konnossemente an Order und blanko indossiert, mit dem Vermerk "Fracht bezahlt", der Versicherungspolice ausweisend "Prämie bezahlt" für vollen Rechnungsbetrag plus 10 % sowie der Packliste.

Nachdem Renz & Co. von der Deutschen Bank die Bereitstellung und Bestätigung des Akkreditivs avisiert worden ist, beauftragen sie ihren Spediteur, die Waren vom Lager abzuholen, mit der Ausfuhrerklärung beim Zoll zu gestellen und anschließend die Anlieferung an das Schiff zu besorgen und die Transportversicherung einzudecken. Danach werden die vom Schiffsmakler der Reederei ausgestellten Konnossemente zusammen mit der Handelsrechnung, der Versicherungspolice und der Packliste der Deutschen Bank überreicht, welche dem Konto von Renz & Co. den Rechnungsbetrag gutschreibt.

Lieferbedingungen

Bei internationalen Verträgen ist es oft schwierig zu klären, welche Rechtsgrundlage maßgebend ist und ob das Recht des Verkäufers oder das des Käufers gilt. Durch Anwendung der **INCOTERMS** (International Commercial Terms = Internationale Handelsklauseln) werden die Vertragsparteien weitgehend der Mühe enthoben, eine Antwort auf diese Frage zu suchen.

Die *INCOTERMS* sind handelsübliche Vertragsformeln, die von der Internationalen Handelskammer in Paris herausgegeben und 1980 zuletzt angepaßt und erweitert wurden.

Die INCOTERMS haben keine Gesetzeskraft, sondern werden nur wirksam, wenn sie von den Parteien vereinbart und damit Vertragsbestandteil werden. Sie regeln genau, welche Pflichten Verkäufer und Käufer jeweils zu erfüllen haben (z. B. Besorgung von Dokumenten, Anlieferung, Benachrichtigung, Übernahme von Kosten und Risiken) und wo Kosten und Gefahren vom Verkäufer auf den Käufer übergehen. Durch ihre Anwendung erübrigen sich folglich eigene Regelungen.

Klauseln der Incoterms[1])		
	Kostenübergang	**Gefahrenübergang**
1. Ab Werk (ex works, ex plantation usw.)	ab Werk (nach Zurverfügungstellung bzw. Konkretisierung)	
2. Frei Waggon benannter Abgangsort (FOR = free on rail, FOT = free on truck)	beladener Waggon bzw. Übergabe an die Bahn	
3. FAS (free alongside ship = frei Längsseite Schiff) benannter Verschiffungshafen	Längsseite See- oder Binnenschiff im Verschiffungshafen	
4. FOB (free on board) benannter Verschiffungshafen	Reling Seeschiff Verschiffungshafen	
5. C & F (cost, freight) benannter Bestimmungshafen	Seeschiff Verschiffungshafen plus Seefracht (d. h. der Verkäufer übernimmt die Seefracht)	Reling Seeschiff Verschiffungshafen
6. CIF (cost, insurance, freight) benannter Bestimmungshafen	Seeschiff Verschiffungshafen plus Seefracht und Versicherung ausschl. Krieg	Reling Seeschiff Verschiffungshafen
7. Ab Schiff benannter Bestimmungshafen (ex ship)	ab Bord Seeschiff Löschhafen (nach Zurverfügungstellung bzw. Konkretisierung). Importabfertigung und Verzollung zu Lasten des Käufers.	

[1]) Für die Abkürzungen werden auch Kleinbuchstaben verwendet

8. Ab Kai/Ab Kai verzollt benannter Bestimmungshafen (ex quay ... duty paid)	ab Zurverfügungstellung bzw. Konkretisierung am Kai des Bestimmungshafens. Importabfertigung und Zoll zu Lasten des Verkäufers. Bei „ex quay, duty on buyer's account" gehen sie zu Lasten des Käufers.	
9. Geliefert Grenze benannter Lieferort an der Grenze (delivered at frontier ...)	Zurverfügungstellung am benannten Lieferort an der Grenze (einschl. Ausfuhrabfertigung usw.)	
10. Geliefert benannter Bestimmungsort im Einfuhrland (verzollt) (delivered ... duty paid)	Zurverfügungstellung am benannten Bestimmungsort, verzollt (einschl. Einfuhrabfertigung usw.)	
11. FOB Flughafen - benannter Abgangsflughafen (FOB airport - named airport of departure)	Übergabe an den Luftfrachtführer oder Agenten (einschl. Ausfuhrabfertigung und AWB: Air Way Bill, dt. Luftfrachtbrief)	
12. Frei Frachtführer benannter Ort (Free Carrier)	Übergabe an den benannten Frachtführer (einschl Ausfuhrabfertigung)	
13. Frachtfrei benannter Bestimmungsort (freight paid to ...)	Ablieferungsplatz am Bestimmungsort	Übergabe an den ersten Frachtführer
14. Frachtfrei versichert (freight and insurance paid ... to)	Ablieferungsplatz am Bestimmungsort (einschl. Versicherung)	Übergabe an den ersten Frachtführer

Zahlungsbedingungen

Der **Exporteur** ist an einer möglichst frühzeitigen Zahlung interessiert, denn er trägt das Risiko, daß die Ware nicht abgenommen wird oder aber abgenommen, aber nicht bezahlt wird.

Der **Importeur** ist an einer möglichst späten Zahlung interessiert, denn er trägt das Risiko der Nicht- oder Schlechterfüllung durch den Exporteur. Er würde ein Zahlungsziel vorziehen.

Grundsätzlich stehen im Außenhandel folgende Zahlungsformen zur Auswahl:

- Vorauszahlung,
- Anzahlung,
- Zahlung gegen Dokumente (documents against payment; d/p),
- Dokumente gegen Akzept (documents against acceptance; d/a),
- Zahlung mittels Akkreditiv (letter of credit; L/C),
- Zahlung nach Erhalt der Ware und Eingang der Rechnung,
- Offenes Zahlungsziel.

- **Zahlung nach Erhalt der Ware und Eingang der Rechnung**

Diese Zahlungsweise ist auch im internationalen Warenverkehr am häufigsten anzutreffen. Dies gilt vor allem für den westeuropäischen Raum. Wegen des größeren Risikos setzt sie aber Vertrauen und gefestigte Geschäftsbeziehungen voraus. Fehlen sie, so wird gern **„Zahlung per Nachnahme"** (c.o.d. = cash on delivery) vereinbart. Der Frachtführer bzw. Spediteur darf die Sendung dann nur gegen Barinkasso der Nachnahmeforderung ausliefern. Er überweist den Betrag an seinen Auftraggeber.

- **Offenes Zahlungsziel**

Ein offenes Zahlungsziel wird vor allem beim Kauf von Investitionsgütern verlangt. Es kann sich dann über mehrere Jahre erstrecken. Die Finanzierung erfolgt ggf. über einen AKA-Kredit[1]), die Risikoabsicherung durch Bankgarantien[2]) und eine Hermes-Ausfuhrgarantie[3]).

- **Vorauszahlung**

Eine Vorauszahlung kommt bei Kleinaufträgen, Erstaufträgen und unsicheren Kunden vor.

- **Anzahlung**

Anzahlungen sind im Außenhandel besonders dann üblich, wenn das Exportgut speziell für den Besteller angefertigt wird. Vielfach verlangt in diesen Fällen der Importeur von der Bank des Exporteurs eine Anzahlungsgarantie. Sie garantiert ihm die Rückzahlung des Anzahlungsbetrages bei Nichtlieferung, ggf. einschließlich Zinsen.

- **Zahlung gegen Dokumente**

Durch die Zahlungsbedingung *„Zahlung gegen Dokumente"* (d/p) verpflichtet sich der Importeur, Barzahlung gegen Übergabe der im Kaufvertrag vereinbarten Dokumente zu leisten.

Bei allen Zahlungsformen, die Leistungen gegen die Übergabe von Dokumenten vorsehen, müssen die Dokumente „rein" sein: Sie dürfen keine Vermerke des Transporteurs über äußerlich erkennbare Mängel der Sendung enthalten.

---

[1]) Die AKA Ausfuhrkredit-Gesellschaft mbH, Frankfurt/M., übernimmt die Finanzierung von Exportgeschäften mit einem Ziel von mindestens 12 Monaten.

[2]) Vgl. Seite 515f.

[3]) Vgl. Seite 434

Die Abwicklung erfolgt über die Bank des Importeurs und die Bank des Exporteurs:
Der Exporteur erhält bei Versendung der Waren vom Transporteur die Dokumente, gibt sie mit einem Inkassoauftrag an seine Bank weiter und läßt sie über die Bank des Importeurs diesem gegen Zahlung aushändigen. Es erfolgt also Zahlung Zug um Zug.

Dokumenteninkasso mit der Vereinbarung „Zahlung gegen Dokumente"

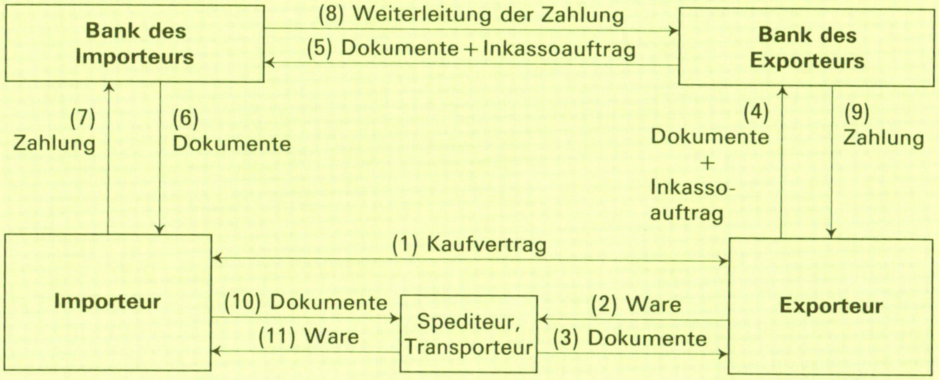

• Dokumente gegen Akzept

Durch die Zahlungsbedingung *„Dokumente gegen Akzept" (d/a)* verpflichtet sich der Importeur, einen akzeptierten Wechsel gegen Übergabe der im Kaufvertrag vereinbarten Dokumente zu übergeben.

Der Exporteur geht wie beim Dokumenteninkasso vor, fügt aber seinem Inkassoauftrag eine Tratte bei, die er auf den Importeur gezogen hat. Wegen der größeren Sicherheit wird oft auch eine Wechselziehung auf die Bank des Importeurs vereinbart, die auf diese Weise einen **Akzeptkredit**[1]) gibt.

Die Zahlung erfolgt erst bei Fälligkeit des Wechsels. In der Regel läßt der Exporteur aber den Wechsel vor Fälligkeit von seiner Bank diskontieren. Die Verbindung von Akzept- und Diskontkredit wird als **Rembourskredit**[2]) bezeichnet.

Die technische Abwicklung der Zahlung kann durch Überweisung oder Scheck erfolgen. Üblich ist ein von der Bank ausgestellter Orderscheck, der die Einlösung garantiert.

• Zahlung mittels Akkreditiv

Ein *Akkreditiv* (genauer: *Dokumentenakkreditiv*) ist die Verpflichtung der Bank des Importeurs, gegen Übergabe der Dokumente unbedingt Zahlung zu leisten.

Die Zahlungsbedingung im Kaufvertrag lautet: „Zahlung durch Akkreditiv" (L/C, letter of credit).

[1]) Vgl. Seite 515
[2]) frz. rembourser = zurückzahlen

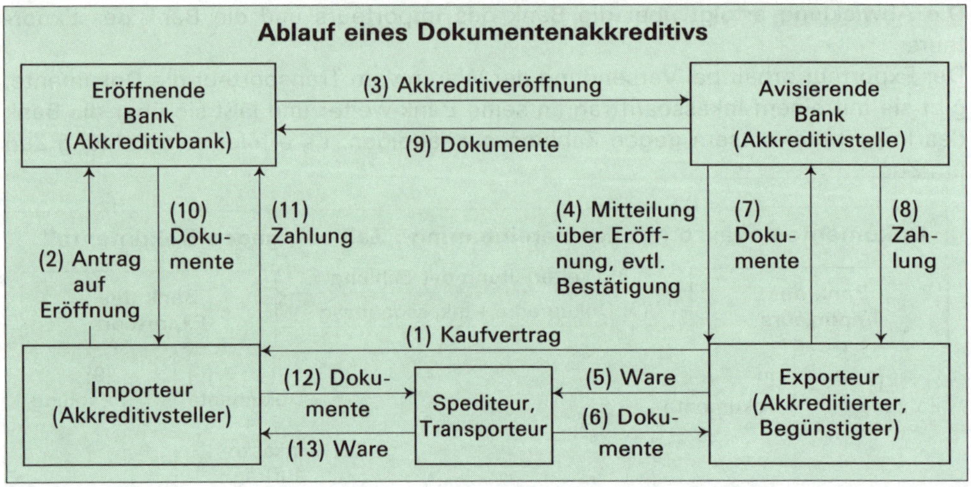

Der Importeur beantragt bei seiner Bank die Eröffnung des Akkreditivs. Mit der Eröffnung verpflichtet sich die Bank, an seiner Stelle zu zahlen. Dadurch ist der Exporteur sicher, gegen Übergabe der vollständigen und reinen Dokumente Zahlung zu erhalten. Die Akkreditivbank verlangt vom Importeur in der Regel die Hinterlegung des Kaufpreises oder anderer Sicherheiten.

Für die Zahlungsabwicklung wird die Bank des Exporteurs eingeschaltet. Von der Bank des Importeurs wird ihr die Akkreditiveröffnung mitgeteilt. Daraufhin avisiert sie ihrerseits den Exporteur. Dieser bringt die Ware zum Versand, übergibt die Dokumente seiner Bank und erhält Zahlung. Die Dokumente werden an die eröffnende Bank weitergeleitet, die sie ihrerseits gegen Zahlung an den Importeur aushändigt.

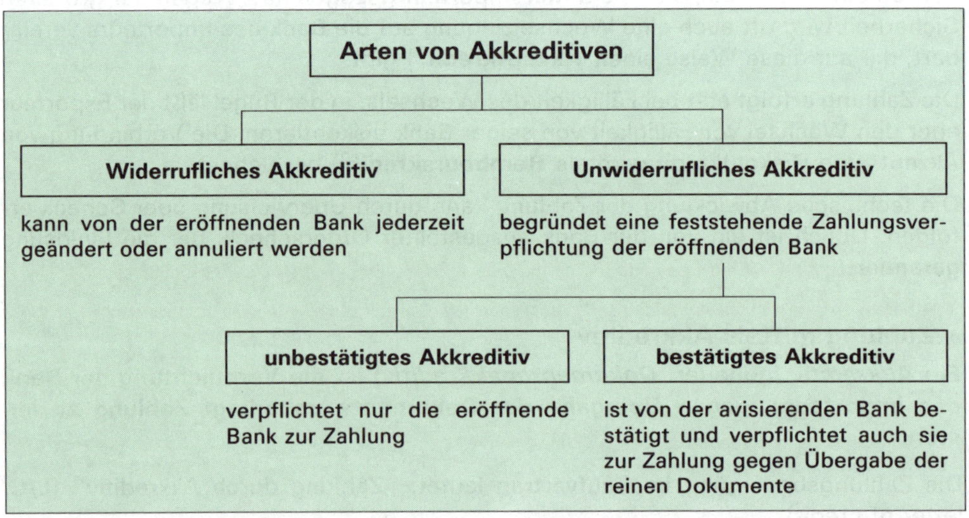

Widerrufliche Akkreditive kommen in der Praxis kaum vor. Wegen der höheren Sicherheit werden häufig bestätigte Akkreditive verlangt.

Bestätigung der Akkreditiveröffnung

BANK of Sudan
Khartoum

10. 10. 19. .

Irrevocable Commercial Letter of Credit
No. 454566

Renz & Co
Hafenstr. 28
D 2800 Bremen

via airmail through Deutsche Bank AG
Filiale Bremen

Dear Sirs,
By order of Messrs. Mustafa bin Said, Khartoum/ Sudan

we hereby establish in your favour an irrevocable Letter of Credit for DM 16 000,00
-.-.-sixteenthousand Deutsch Marks-.-.
available by your drafts at ---- sight on Deutsche Bank AG Filiale Bremen

for 100 % of the invoice value accompanied by the following documents:

- commercial invoice in threefold
- full set clean on board bill of Lading
  issued to order and blank endorsed
  marked ,,freight prepaid'', notify applicant, fivefold
- insurance certificate, covering all risks for 110 % of
  cif-value, marked ,,premium paid''
- packing-list in duplicate
- certificate of origin in duplicate

covering shipment of:

- 100 rolls of cellulose paper free from wood-pulp
  and bleached at 60 cm each and 50 g/m²
  as per order No. 1321
  c i f port Sudan subject to Uniform Customs and
  practice for Documentary Credits (1983 Revision)
- shipment not later than 30 November 19. .

Part shipments ~~permitted~~/not permitted. Latest date of shipment: 30 November 19. .
Drafts are to be drawn and negotiated not later than 16 December 19. .
Drafts are to be presented for negotiation within 15 days after the date of issuance of B/L

Each draft must state that it is „Drawn under Deutsche Bank AG
Letter of Credit No. 454566 dated 10. 10. 19. .
and the amount thereof must be endorsed on the back of this Letter of Credit by the negotiating bank.

We hereby engage with drawers and/or bona fide holders that drafts drawn and negotiated in conformity with the terms of this credit will be duly honoured on presentation and that drafts accepted within the terms of this credit will be duly honoured at maturity.

Yours faithfully,
Bank of Sudan

Documents to be forwarded to us
by two subsequent airmails quoting
our Credit Number.

Dokumentenakkreditive müssen befristet sein, d.h. ein Verfalldatum für die Vorlage der Dokumente enthalten.

Anstelle der Zahlung bei Vorlage der Dokumente kann ein Akkreditiv auch vorsehen:

- das Versprechen der Akkreditivbank, die Leistung zu einem festgesetzten späteren Zeitpunkt (meist nach 30 bis 180 Tagen) zu erbringen (deferred letter of credit = hinausgeschobenes Akkreditiv);
- die Aushändigung eines Akzepts der Akkreditivbank.
  Bei bestätigten Akkreditiven kann das Akzept auch direkt von der Akkreditivstelle gegeben werden.
  Wird der Wechsel anschließend diskontiert, so entsteht wiederum ein Rembourskredit.

9.2.3 Dokumente im Außenhandel

Für den Warenversand sind verschiedene Dokumente erforderlich:

- **Transportdokumente** werden für den Transport benötigt. Sie beweisen den Abschluß des Frachtvertrags, bescheinigen den Empfang der Sendung und begleiten sie. **Sperrpapiere** gestatten es dem Absender, über die Sendung nachträglich zu verfügen. Gibt er sie aus der Hand, so verliert er dieses Verfügungsrecht (es ist „gesperrt"). **Warenwertpapiere** gehen darüber hinaus: Durch ihre Übertragung wird gleichzeitig das Eigentum an der Sendung übertragen. Allerdings ist dabei zwischen **Order- und Namenspapieren** zu unterscheiden.[1])
- **Versicherungsdokumente** weisen den Abschluß einer Transportversicherung nach, die das Transportrisiko abdeckt.
- **Zolldokumente** werden für die Abwicklung des Einfuhrverfahrens im Importland benötigt.

Der Exporteur kann nur Zahlung erlangen, wenn die Dokumente ordnungsgemäß ausgestellt und übergeben werden.

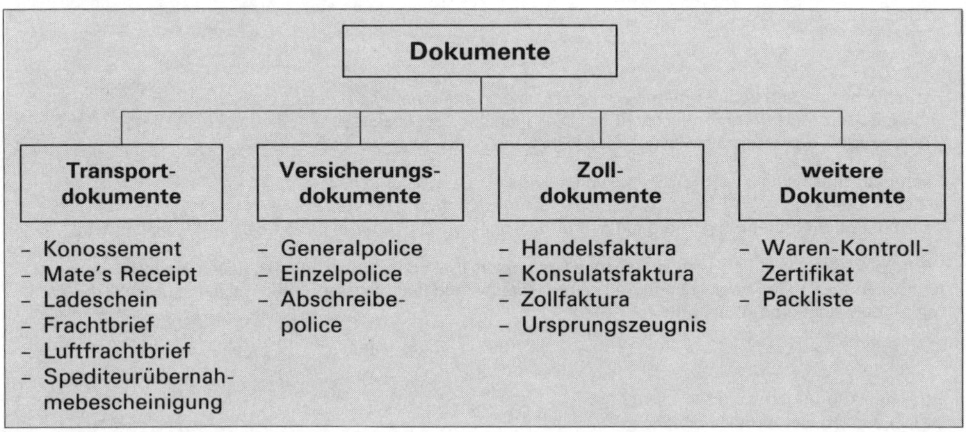

[1]) Vgl. S. 162

Orderkonnossement

Shipper	Renz & Co Hafenstr. 28 2800 Bremen
Consignee	to order
Notify Party	Messrs. Mustafa bin Said 6 Ben Halef Rd Khartoum/Sudan
*Pre-carriage by	
*Place of Receipt by Pre-carrier	
Ocean Vessel / Voy. No.	MS Hamburg
Port of Loading	Bremen
Port of Discharge	Khartoum
* Final destination (if goods to be transhipped at port of discharge)	
Freight payable at	paid
Number of original Bs/L	3/three

BILL OF LADING B/L No. **71**

7/06043/85 ko

COSCO

中国远洋运输公司

CHINA OCEAN SHIPPING COMPANY

Cable:	Telex:
COSCO PEKING	22264 CPCPK CN
COSCO CANTON	44080 COSCA CN
COSCO SHANGHAI	33057 COSCO CN
COSCO TSINGTAO	32037 OCSQD CN
COSCO TIENTSIN	
COSCO DAIREN	86162 DOSCO CN

ORIGINAL

Marks & Nos.	Number and kind of packages; description of goods	Gross weight kos	Measurement m³
one container Marks: Renzco Khartoum	cellulose paper free from wood-pulp and bleached	5 500 kos	

TOTAL PACKAGES (IN WORDS) one

Freight and charges
paid

Shipped on board the vessel named above in apparent good order and condition (unless otherwise indicated) the goods or packages specified herein and to be discharged at the above mentioned port of discharge or as near theseto as the vessel may safely get and be always afloat. The weight, measure, marks, numbers, quality, contents and value, being particulars furnished by the Shipper, are not checked by the Carrier on loading. The Shipper, Consignee and the Holder of this Bill of Lading hereby expressly accept and agree to all printed, written or stamped provisions, exceptions and conditions of this Bill of Lading, including those on the back hereof.

In witness whereof, the Carrier or his Agents has signed Bills of Lading all of this tenor and date, one of which being accomplished, the others to stand void.

Shippers are requested to note particularly the exceptions and conditions of this Bill of Lading with reference to the validity of the insurance upon their goods.

Place and date of issue:	
Bremen	November 13, 19. .

Signed for the Carrier

CLAUS RICKMERS KG

Rickmers **as agents**

*) Applicable only, when document used as a through Bill of Lading

Transportdokumente
Konnossement „Bill of Lading" (B/L), dient als Urkunde über die Verfrachtung der Ware. Der Verfrachter bescheinigt die Übernahme der Ware und gibt ein Auslieferungsversprechen an den im Dokument Genannten. Kommt im Seeverkehr vor. Das Bord-Konnossement bestätigt die Verladung an Bord, das Übernahme-Konnossement nur die Entgegennahme. Für Akkreditive werden reine Bord-Konnossemente benötigt. Da das Konnossement ein Warenwertpapier ist, wird durch seine Weitergabe das Eigentum an der Sendung bedingungslos (Orderkonnossement) bzw. eingeschränkt (Namenskonnossement) übertragen. Der Ablader (er liefert die Güter ans Schiff) erhält im Überseeverkehr mindestens 3 gleichlautende Originale („voller Satz 3/3"), im Europaverkehr 2 („voller Satz 2/2"). Die Reederei behält die „Kapitänskopie" als Begleitpapier. Sie ist kein Original.
Mate's Receipt (Steuermannsquittung) Vorläufiger Empfangsschein der Reederei über zur Verladung angelieferte Güter. Vollgültige Bordquittung, aber ohne die Wirkung des Konnossements. Der Inhaber hat das Recht auf Aushändigung der Konnossemente. Das Mate's Receipt kommt häufig im Transithandel vor sowie bei Verladungen durch Handelsfirmen, bei denen der Hersteller der Ware nicht den Drittempfänger (Kunde des Händlers) und dieser nicht den Hersteller erfahren soll.
Ladeschein Entspricht dem Konnossement, kommt allerdings nur im Flußtransport vor.
Frachtbrief Der Internationale Eisenbahnfrachtbrief ist im internationalen Eisenbahnverkehr, der CMR-Frachtbrief[1]) im Lkw-Verkehr vorgeschrieben. Das Frachtbriefdoppel erlaubt dem Absender, so lange über die Ware zu verfügen, wie sie dem Empfänger noch nicht ausgehändigt ist (Sperrpapier). So kann die Ware umgeleitet werden, wenn der Empfänger die Annahme der Dokumente bzw. die Zahlung gegen Dokumente verweigert.
Luftfrachtbrief „Air Way Bill (AWB)"; bei Flugzeugversand zu verwenden. Hier dient das Luftfrachtbriefdritt als Sperrpapier. Der Absender kann damit über die Sendung verfügen, bis der Empfänger die Aushändigung des AWB oder der Sendung verlangt.
Spediteurübernahmebescheinigung (Forwarders Certificate of Receipt = FCR) Dokument, das üblicherweise vom Spediteur beim Versand durch Lkw ausgestellt wird. Der Spediteur bescheinigt die Übernahme der Sendung und verpflichtet sich, sie an den Empfänger auszuhändigen. Ein Widerruf ist nur bei Rückgabe des FCR möglich. Es ist deshalb ein Sperrpapier.

Die Transportdokumente enthalten neben Angaben über Ablader und Transportweise auch Angaben über die übernommene Fracht. Nur wenn die Waren äußerlich unbeschädigt übernommen wurde, spricht man von „reinen Dokumenten".

[1]) CMR = Convention relative au Contrat de transport international de marchandises par Route (Übereinkommen über den Beförderungsvertrag im internationalen Straßengüterverkehr). In der Bundesrepublik Deutschland durch Gesetz gültig.

Versicherungsdokumente
Generalpolice Der Versicherungsnehmer hat einen Generalvertrag mit dem Versicherer, nach dem alle Transporte gleicher Art im voraus versichert sind. Die Abrechnung erfolgt monatlich nachträglich.
Einzelpolice Sie ist ein einzelner Transportversicherungsvertrag für eine Sendung.
Abschreibepolice Der Versicherungsnehmer schließt einen Vertrag über eine bestimmte Versicherungssumme ab. Er meldet die durchgeführten Transporte und setzt die Summen von dem vereinbarten Vertrag ab. Ist die Vertragssumme „abgeschrieben", erneuert sich der Vertrag.

Die **Binnentransportversicherung** deckt alle Gefahren der Beförderung zu Lande, zu Wasser oder mit Luftfahrzeugen, denen die Güter während der Dauer der Versicherung ausgesetzt sind. Die **Seetransportversicherung** deckt die entsprechenden Gefahren des Seetransports. Nicht gedeckt sind vor allem politische Risiken (Krieg, Aufruhr, Streik usw.), Gefahren der Kernenergie, der Beschlagnahme. Durch „Wiedereinschlußklauseln" können jedoch auch diese Gefahren mit versichert werden.

Der Versicherungswert ist der gemeine Handelswert der Güter am Absendungsort bei Versicherungsbeginn zuzüglich Versicherungskosten, Kosten bis zum Schiff und Fracht sowie ein imaginärer Gewinnzuschlag von 10% des Cif-Wertes.

Zolldokumente
Handelsfaktura, Konsulatsfaktura, Zollfaktura Die Handelsfaktura ist die übliche Rechnung mit den entsprechenden kaufmännischen Angaben. Sie dient u. a. der Ermittlung des Einfuhrzollwerts. Manche Länder verlangen besondere formelle Rechnungen (Zollfaktura, Konsulatsfaktura). Die Zollfaktura ist unbeglaubigt. Die Konsulatsfaktura ist mit der Beglaubigung des zuständigen Konsuls des Importlandes versehen, mit der dieser die Richtigkeit des Warenwertes sowie des Warenursprungs bestätigt. Die Konsulatsfaktura wird hauptsächlich für lateinamerikanische Staaten benötigt, die Zollfaktura für Länder, die dem britischen Commonwealth angehören bzw. angehörten. In diesen Staaten trägt sie die Bezeichnung „combined certificate of value and of origin" bzw. „special customs invoice".
Ursprungszeugnis Es ist für die Zollbehörde ein maßgeblicher Nachweis über die Herkunft der Ware. Danach kann je nach Handelsabkommen zwischen den Staaten ein ermäßigter Satz berechnet werden. In der Bundesrepublik Deutschland ist die IHK für die Ausstellung zuständig. Alle EG-Länder verwenden in der Form einheitliche Ursprungszeugnisse. Ursprungsnachweise sind auch die **„Warenverkehrsbescheinigungen"**. Sie sind EG-Präferenznachweise und dienen der Erlangung der Zollfreiheit bzw. der Vorzugszölle. Sie sind erforderlich für den Warenverkehr mit den Staaten, mit denen die EG Freihandels-, Präferenz- oder Kooperationsabkommen geschlossen hat, sowie mit den Staaten und Gebieten, die der EG assoziiert sind.

Ursprungszeugnis

1 Absender - *Consignor - Expéditeur - Expedidor*

Renz & Co
Hafenstr. 28
D 2800 Bremen

D 008551

ORIGINAL

EUROPÄISCHE GEMEINSCHAFT
EUROPEAN COMMUNITY - COMMUNAUTE EUROPEENNE - COMUNIDAD EUROPEA

URSPRUNGSZEUGNIS
CERTIFICATE OF ORIGIN - CERTIFICAT D'ORIGINE - CERTIFICADO DE ORIGEN

2 Empfänger - *Consignee - Destinataire - Destinatario*

Messrs.
Mustafa bin Said
6 Ben Halef Rd
Khartoum/Sudan

3 Ursprungsland - *Country of origin - Pays d'origine - País de origen*

Federal Republic of Germany
European Community

4 Angaben über die Beförderung - *means of transport - expédition - expediciòn*

by MS Hamburg from Bremen to Khartoum on November 16, 19..

5 Bemerkungen - *remarks - observations - observaciones*

6 Laufende Nummer; Zeichen, Nummern, Anzahl und Art der Packstücke; Warenbezeichnung			7 Menge
1	one container Marks: Renzco Khartoum	cellulose paper free from wood-pulp and bleached	100 rolls at 60 cm each gross weight 5 500 Kos net weight 5 000 Kos

8 DIE UNTERZEICHNENDE STELLE BESCHEINIGT, DASS DIE OBEN BEZEICHNETEN WAREN IHREN URSPRUNG IN DEM IN FELD 3 GENANNTEN LAND HABEN
The undersigned authority certifies that the goods described above originate in the country shown in box 3
L'autorité soussignée certifie que les marchandises désignées ci-dessus sont originaires du pays figurant dans la case No. 3
La autoridad infrascrita certifica que las mercancías abajo mencionadas son originarias del país que figura en la casilla no. 3

November 13, 19..

Industrie- und Handelskammer
der Freien Hansestadt
Bremen

Ort und Datum der Ausstellung; Bezeichnung, Unterschrift und Stempel der zuständigen Stelle

Genehmigt durch Erlaß des Bundesministers der Finanzen vom 22. 5. 1969 III B/8 — Z 1351 — 9/69

Bestell-Nr. **3289 S** PURSCHKE + HENSEL 1000 BERLIN 47, Postfach 47 06 63 Tel.: (030) 6 61 70 61, Telex: 1 84 619 · 5300 BONN 1, Burbacher Straße 232 Tel.: (0228) 23 23 54, Telex: 8 86 514 · 3000 HANNOVER 1, Gr. Kolonnenweg 5 Tel.: (0511) 63 28 78, Telex: 9 23 310 · 5600 WUPPERTAL 21, Postfach 21 02 29 Tel.: (0202) 4 67 04 91, Telex: 8 592 352

Weitere Dokumente
Waren-Kontroll-Zertifikat Um zu gewährleisten, daß die Lieferung auch tatsächlich z. B. in Güte, Anzahl, Zusammensetzung, äußerer Beschaffenheit der Bestellung entspricht, werden Waren-Kontroll-Zertifikate verlangt. Der Grund dafür ist, daß beim Akkreditiv lediglich die Dokumente, nicht aber die Waren selbst geprüft werden.
Packliste Detaillierte Aufstellung aller Frachtstücke mit Markierung, Art, Gewichten und Inhalt.

Der Kaufvertrag sollte alle notwendigen Angaben über die zu erstellenden Dokumente enthalten. Sobald Urkunden beim Import fehlen, kann es zu Verzögerungen bei der Abfertigung kommen, die unnötige Lagerkosten verursachen.

9.2.4 Ausfuhrverfahren

Die Warenausfuhr ist grundsätzlich frei. Sie bedarf einer Genehmigung nach Vorschrift der Ausfuhrliste nach AWV. Ansonsten unterliegen die Waren nur einer Ausfuhrkontrolle, die durch Abgabe einer Ausfuhrerklärung/Ausfuhranmeldung (AE) und zollamtliche Abfertigung erfolgt. Die Ausfuhrerklärung erfolgt mit Hilfe eines sogenannten **„Einheitspapiers"**, welches **im gesamten EG-Bereich** einheitlich verwendet wird (s. Seite 429).

Bei der zollamtlichen Vorabfertigung muß die Ware nicht unbedingt gestellt werden. Wenn die Ware im Bezirk der zuständigen Versandzollstelle verpackt oder verladen wird, so kann der Exporteur die Sendung mit einem Vordruck unter Vorlage der Ausfuhrerklärung anmelden. Die Anmeldung muß so rechtzeitig erfolgen, daß die zollamtliche Behandlung möglich ist. Auf diese Weise werden die Kosten der Gestellung, des Öffnens der Verpackung und der erneuten Verpackung vermieden. Auch könnte die Verpackung durch das Öffnen und Schließen an Stabilität verlieren. Der Exporteur kann die Anmeldung auch von seinem Spediteur vornehmen lassen.

Das Hauptzollamt kann gestatten, daß Waren, die innerhalb eines Monats zum Versand kommen sollen, im voraus angemeldet werden.

Ausfuhrzölle werden nicht erhoben.

Ausfuhren sind von der Umsatzsteuer befreit.

Ausfuhrverfahren

Genehmigungspflichtige Ausfuhr

vor Abschluß des Kaufvertrags:

(1) Antrag auf Ausfuhrgenehmigung zu richten an:

- Bundesamt für gewerbliche Wirtschaft, Eschborn (für gewerbliche Waren)
- Bundesamt für landwirtschaftliche Marktordnung, Frankfurt (für Erzeugnisse der Ernährungs- und Landwirtschaft, die Marktorganisationen unterliegen, für die Interventionen vorgesehen sind)
- Bundesamt für Ernährung und Forstwirtschaft, Frankfurt (für sonstige Erzeugnisse des Agrarbereichs)

↓

(2) Weitergabe der Ausfuhrgenehmigung mit Ausfuhrerklärung

→ weiter bei (2) Zollamtliche Vorabfertigung

Genehmigungsfreie Ausfuhr

(1) Erstellung der Ausfuhrerklärung (Einheitspapier)

↓

(2) Zollamtliche Vorabfertigung bei der Versandzollstelle (Binnenzollamt) (entfällt bei genehmigungsfreien Waren bis 4000,— DM Grenzübergangswert):

- Vorlage der AE,
- Gestellung der Ware,
- Überprüfung der Zulässigkeit der Ausfuhr durch den Zoll,
- ggf. Beschau der Ware,
- ggf. Anbringen eines Zollverschlusses (Plombe) zur Nämlichkeitssicherung

↓

(3) Verbringen der Ware zur Ausgangszollstelle (Grenzzollamt):

- Bescheinigung der Ausfuhr auf der AE,
- Weiterleitung der AE an das Statistische Bundesamt

↓

(4) Ausfuhr der Ware

Einheitspapier (hier: Ausfuhrerklärung)

A VERSENDUNGS-/AUSFUHRZOLLSTELLE

EUROPÄISCHE GEMEINSCHAFT

Exemplar für das Versendungs-/Ausfuhrland

1

- **1 ANMELDUNG:** EX 1
- **2 Versender/Ausführer** Nr.: Renz & Co., D 2800 Bremen
- **3 Vordrucke:** 1 1
- **4 Ladelisten:** 0
- **5 Positionen:** 1
- **6 Packst. insgesamt:** 100
- **7 Bezugsnummer:**
- **8 Empfänger** Nr.: Mustafa bin Said, Khartoum – Sudan
- **9 Verantwortlicher für den Zahlungsverkehr** Nr.:
- **10 Erstes Best. Land:**
- **11 Handels land:**
- **13 G. L. P.:**
- **14 Anmelder/Vertreter** Nr.: – Versander / Ausführer –
- **15 Versendungs-/Ausfuhrland:** BR Deutschland
- **15 Vers./Ausf. L. Code:** a | b
- **17 Bestimm. L. Code:** a 224 | b
- **16 Ursprungsland:**
- **17 Bestimmungsland:** Sudan
- **18 Kennzeichen und Staatszugehörigkeit des Beförderungsmittels beim Abgang:** Schiff
- **19 Ctr.:** 1
- **20 Lieferbedingung:** CIF Port Sudan
- **21 Kennzeichen und Staatszugehörigkeit des grenzüberschreitenden aktiven Beförderungsmittels:**
- **22 Währung u. in Rechn. gestellter Gesamtbetr.:** 004 15.000
- **23 Umrechnungskurs:**
- **24 Art des Geschäfts:** 1 1
- **25 Verkehrszweig an der Grenze:** 1
- **26 Inländischer Verkehrszweig:**
- **27 Ladeort:** Bremen
- **28 Finanz- und Bankangaben:**
- **29 Ausgangszollstelle:**
- **30 Warenort:**

1

- **31 Packstücke und Warenbezeichnung** – Zeichen und Nummern – Container Nr. – Anzahl und Art:
  ISO – Container Nr. xxxxxxxxxxx
  100 Rollen, andere Papiere in Rollen mit einem Quadratmetergewicht von 50 gr.
- **32 Positions Nr.:** 1
- **33 Warennummer:** 48025200 .6
- **34 Urspr. land Code:** a | b 04
- **35 Rohmasse (kg):**
- **37 VERFAHREN:** 1000 0
- **38 Eigenmasse (kg):**
- **39 Kontingent:**
- **40 Summarische Anmeldung/Vorpapier:**
- **41 Besondere Maßeinheit:**
- **44 Besondere Vermerke/Vorgelegte Unterlagen/Bescheinigungen u. Genehmigungen:**
- Code B. V.:
- **46 Statistischer Wert:** gesch. 12.000
- **47 Abgabenberechnung:** Art | Bemessungsgrundlage | Satz | Betrag | ZA | Summe
- **48 Zahlungsaufschub:**
- **49 Bezeichnung des Lagers:**
- **B ANGABEN FÜR VERBUCHUNGSZWECKE**
- **50 Hauptverpflichteter** Nr. – Unterschrift: vertreten durch – Ort und Datum
- **C ABGANGSZOLLSTELLE**
- **51 Vorgesehene Grenzübergangsstellen (und Land):**
- **52 Sicherheit** nicht gültig für – Code
- **53 Bestimmungszollstelle (und Land):**
- **D PRÜFUNG DURCH DIE ABGANGSZOLLSTELLE** – Stempel: Ergebnis; Angebrachte Verschlüsse: Anzahl, Zeichen; Frist (letzter Tag); Unterschrift
- **54 Ort und Datum:** 2800 Bremen , den
  Unterschrift und Name des Anmelders/Vertreters: – Renz & Co. 2800 Bremen

0735 Einheitspapier (gemeinschaftliches/gemeinsames Versandverfahren gVV) + III B 7 (1988)

9.2.5 Transportabwicklung

Für die Transportabwicklung beauftragt der Exporteur meist einen **Spediteur**[1]). Dieser hat die notwendigen **Kenntnisse** über die **deutschen Ausfuhrvorschriften** und die **ausländischen Einfuhrvorschriften:**

- Er kann die notwendigen Zolldokumente besorgen,
- die Waren mit eigenem Lkw zum ausländischen Empfänger transportieren oder Frachtverträge mit Lkw-Frachtführern, der Eisenbahn, Luftfrachtgesellschaften oder Reedereien abschließen und die Sendung diesen Transportunternehmen übergeben.
- Er erhält vom Transportunternehmen die Transportdokumente,
- deckt gegebenenfalls (auf besonderen Auftrag hin) die Transportversicherung ein und
- reicht alle Dokumente an seinen Auftraggeber bzw. an dessen Bank weiter, damit die Zahlung entsprechend dem Kaufvertrag abgewickelt werden kann.

9.2.6 Abdeckung von Risiken

- Meissner & Co. hatten gegen offenes Zahlungsziel an Juan Robledo in Argentinien geliefert. Die Zahlung ging nicht ein, und der Kunde meldete sich auch auf mehrere Mahnungen hin nicht.
- In einem anderen Fall ging ein neuseeländischer Kunde der Firma Meissner in Konkurs. Die Forderung wurde uneinbringlich.
- Die Färber KG hatte Klebstoffe nach Zaire geliefert. Der Kunde wollte zwar zahlen, aber das Einfuhrland verhängte eine Devisenausfuhrsperre.
- Die Mezer GmbH verschiffte Speiseöl. Durch einen Schiffsunfall lief das Öl aus den Behältern aus.
- Franken & Bäumler hatten Waren nach Ägypten verschifft und in US-$ fakturiert. Der Wechselkurs für diese Währung sank plötzlich um 5%. Der Exporteur erlitt einen Verlust von 4000,— DM.

Exporte können mit einer Anzahl schwerwiegender **Risiken** verbunden sein, die bei Inlandsverkäufen nicht oder in geringerem Maße auftreten:

Risiken im Außenhandel

mögliche Risiken des Exporteurs	**mögliche Risiken des Importeurs**
• Transportrisiko	• Transportrisiko
• Wechselkursrisiko	• Wechselkursrisiko
• Abnahmerisiko	• Erfüllungsrisiko
• Zahlungsrisiko	
• Kreditrisiko	
– Fabrikationsrisiko	
– wirtschaftliches Risiko	
– politisches Risiko	

[1]) vgl. auch Seite 403

Transportrisiko

Eine Sendung kann z. B. verloren gehen, beschädigt werden oder falsch ausgeliefert werden. Gegen eine Vielzahl solcher Schäden können sich die jeweiligen Risikoträger durch **Transportversicherungen** schützen.

Wechselkursrisiko

Fakturiert der Exporteur in Auslandswährung, so kann er bei einer Verschlechterung des Wechselkurses dieser Währung Einbußen erleiden, weil er beim Umtausch des Verkaufserlöses in DM weniger erzielt, als er kalkuliert hat. Umgekehrt würde in diesem Fall der Importeur verlieren, wenn der Exporteur in DM fakturiert hat. Die **beste Absicherung** gegen solche Risiken ist folglich die **Fakturierung in der eigenen Währung.** Der stärkere Partner wird sich hier durchsetzen. Wenn ein solches Vorgehen nicht möglich ist, verbleiben vor allem folgende Lösungen:

• Kurssicherungsgeschäft

Kurssicherungsgeschäfte sind **Börsentermingeschäfte:**

- Der Exporteur hat eine Forderung in Fremdwährung. Am Fälligkeitstag erhält er vom Käufer zur Bezahlung Devisen. Er verkauft sie bereits bei Warenabgang zu einem Terminkurs, der je nach der erwarteten Kursentwicklung gewisse Zu- und Abschläge gegenüber dem Kassakurs enthalten wird.

> **Beispiel:**
>
> Warenverkauf am 31. 05. zum Preis von 10000 US-$.
> Kassakurs zum 31. 05.: 1,7; Terminkurs zum 31. 08.: 1,69
> Wert der Forderung a) zum 31. 05.: 17000,— DM;
> b) zum 31. 08.: 16900,— DM.
> Verkauf der Forderung am 31. 05. per 31. 08.
> Damit steht am 31. 05. der tatsächliche Erlös zum 31. 08. genau fest (16900,— DM).
> Beträgt der tatsächliche Kassakurs am 31. 08. z. B. 1,65, so sind durch das Kurssicherungsgeschäft 400,— DM Verlust vermieden worden. Beträgt er 1,71, so erleidet der Exporteur zwar einen Verlust. In der Regel überwiegt für ihn aber der Vorteil, der ihm die Vorauskalkulierbarkeit des Erlöses bietet.

- Der Importeur, der eine Verbindlichkeit in Fremdwährung hat, kann sich auf entsprechende Weise sichern, indem er den am Zahlungstag benötigten Fremdwährungsbetrag beim Wareneinkauf bereits zum Terminkurs ankauft.

Kurssicherungsgeschäfte sind bei kurzfristigen Forderungen (bis 180 Tage bzw. bei gängigen Währungen bis 360 Tage) möglich.

• Ausstellung eines Akzepts

Der Exporteur kann einen Wechsel in Fremdwährung auf den Importeur ziehen und diesen von seiner Bank diskontieren lassen. Auch hier ist ein Terminab- oder -zuschlag zu berücksichtigen.

• Aufnahme eines Fremdwährungsbarkredits

Der Exporteur kann einen Barkredit in ausländischer Währung aufnehmen, den er sofort in DM umtauscht. Bei Bezahlung der Rechnung zahlt er den Kredit mit dem erhaltenen Betrag wieder zurück.

• **Factoring**[1])

Wenn der Exporteur z.B. aufgrund des Konkurrenzdrucks gezwungen ist, in der Währung des Empfängerlandes zu fakturieren, kann der Export-Factor in bestimmten Fällen das Kursrisiko für die angekauften Forderungen übernehmen. Dies ist aber abhängig von der jeweiligen Situation im Empfängerland und von der Notwendigkeit eigener Kurssicherung.

• **Forfaitierung**[2])

Bei der Forfaitierung werden in der Regel mittelfristige Exportforderungen (6 Monate bis 5 Jahre Laufzeit) angekauft. Im Gegensatz zum Factoring handelt es sich stets um Einzelforderungen. Die Forderungen sollen grundsätzlich auf DM, Schweizer Franken oder US-Dollar lauten.

Die Forfaitierung schaltet das Kursrisiko für den Exporteur vom Tag der Forfaitierung an aus. Das Risiko bis zu diesem Tag könnte der Exporteur z.B. durch ein zusätzliches Kurssicherungsgeschäft absichern.

Erfüllungsrisiko

Der *Importeur trägt das Risiko*, daß der Exporteur seine Lieferung nicht, nur teilweise, nicht rechtzeitig oder mangelhaft erbringt.

Der Importeur verlangt deshalb vom Exporteur oft die Beschaffung

• einer **Erfüllungsgarantie**[3]) (5–20% des Vertragswertes),
• einer **Gewährleistungsgarantie**[4]) (für Mängel; Laufzeit meist 1 Jahr)

durch eine Bank.

Abnahmerisiko und Zahlungsrisiko

Verweigert der Importeur die Abnahme der Ware, so muß diese eingelagert werden. Ein Agent muß den Notverkauf durchführen (sofern dies gestattet ist) oder den Rücktransport veranlassen. Diese Maßnahmen sind umständlich und teuer. Außerdem wird der Importeur in einem solchen Fall nicht zahlen.

Durch die Vereinbarung der Zahlungsbedingungen ,,Zahlung gegen Dokumente'' oder besser noch ,,Zahlung durch Akkreditiv'' kann der Exporteur sich die Zahlung sichern.

Kreditrisiko

Das *Kreditrisiko* umfaßt das Fabrikationsrisiko, das wirtschaftliche Risiko und das politische Risiko.

---

[1]) Vgl. S. 518f.
[2]) Vgl. S. 519
[3]) Vgl. S. 516
[4]) Vgl. S. 515

• Fabrikationsrisiko

Das Fabrikationsrisiko kann bei Waren auftreten, die speziell für den ausländischen Kunden gefertigt werden: Der Kunde kann einen Vermögensverfall erleiden. Entweder wird dadurch die Fertigstellung der Waren unmöglich, oder sie kann dem Hersteller nicht mehr zugemutet werden. Verwertet er sie nun anderweitig, so erleidet er einen Verlust. Politische Ereignisse im Importland können die gleichen Folgen haben.

• Wirtschaftliches Risiko

Das wirtschaftliche Risiko besteht darin, daß der Schuldner bei Ablauf der vereinbarten Zahlungsfrist nicht zahlt.

• Politisches Risiko

Das politische Risiko besteht darin, daß es zur **Uneinbringlichkeit der Forderung** führt:

- infolge allgemeiner staatlicher Maßnahmen des Schuldnerlandes,
- infolge bestimmter politischer Ereignisse,
- infolge von Stockungen bei der Durchführung oder Abwicklung von Zahlungs- oder Verrechnungsabkommen oder ähnlichen Vereinbarungen (vor allem: Moratorien, Zahlungs- und Transferverbote, Einfrieren von Währungsbeträgen).

Das Kreditrisiko läßt sich durch eine Exportkreditversicherung, durch Factoring und Forfaitierung abdecken.

• Factoring und Forfaitierung

Bei Factoring und Forfaitierung wird die Exportforderung vom Factor aufgekauft. Dieser übernimmt damit voll das Risiko für den Zahlungseingang.

• Exportkreditversicherung

Man unterscheidet privatwirtschaftliche und staatlich geförderte Exportkreditversicherungen:

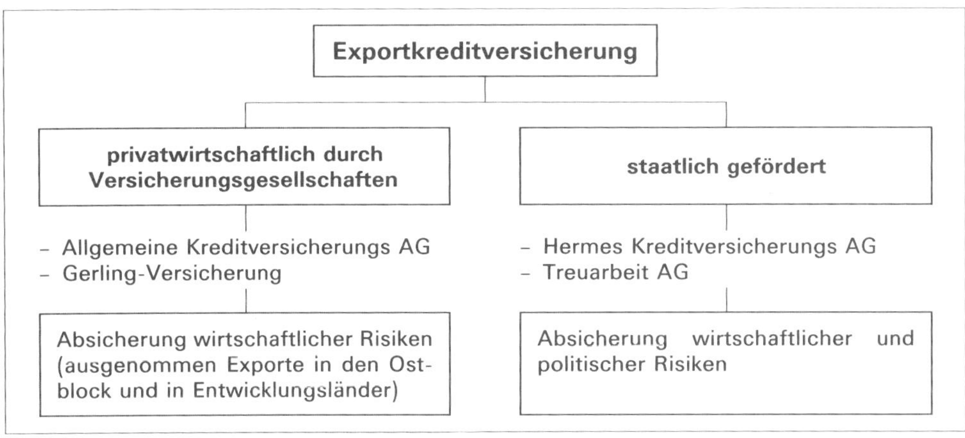

Privatwirtschaftliche Exportkreditversicherungen werden von der Allgemeinen Kreditversicherungs AG und von der Gerling-Versicherung angeboten. Sie versichern jedoch nur wirtschaftliche Risiken und Fabrikationsrisiken bei Exporten in Länder, die nicht dem Ostblock und der Dritten Welt angehören.

Für Exporte in Ostblockländer und Länder der Dritten Welt können nur **staatlich geförderte Exportkreditversicherungen** in Anspruch genommen werden. Sie werden im Auftrag des Bundes von der Hermes Kreditversicherungs-Aktiengesellschaft, Hamburg, und der Treuarbeit Aktiengesellschaft, Hamburg, angeboten. Federführend ist Hermes.

Hermes bietet

Ausfuhrgarantien	Ausfuhrbürgschaften	Ausfuhr-Pauschal-Gewährleistungen*
• zur Deckung des Fabrikationsrisikos • zur Deckung des politischen Risikos und des wirtschaftlichen Risikos (Uneinbringlichkeit wegen Zahlungsunfähigkeit – nicht Zahlungsverweigerung – des Schuldners)	• zur Deckung des Fabrikationsrisikos • zur Deckung des Risikos der Uneinbringlichkeit der Forderung (Uneinbringlichkeit liegt vor bei Nichtzahlung binnen 6 Monaten nach Fälligkeit)	• zur Deckung des politischen Risikos und des wirtschaftlichen Risikos (Uneinbringlichkeit wegen Zahlungsunfähigkeit des Schuldners und Nichtzahlung binnen 6 Monaten nach Fälligkeit)
bei Geschäften deutscher Exporteure mit privaten ausländischen Firmen	bei Geschäften deutscher Exporteure mit ausländischen Regierungen und sonstigen Körperschaften öffentlichen Rechts.	bei Geschäften mit privaten und öffentlichen ausländischen Schuldnern, wenn – die Kreditlaufzeit 2 Jahre nicht überschreitet – der Exporteur alle absicherbaren Geschäfte mit privaten Schuldnern aus OECD-Ländern[1]) einbezieht

* Das Entgelt für Ausfuhr-Pauschal-Gewährleistungen wird für jede APG gesondert festgelegt und liegt niedriger als das Entgelt für Ausfuhrgarantien und Ausfuhrbürgschaften.

Der Garantie-, Bürgschafts- oder Gewährleistungsnehmer muß je nach Risiko einen **Selbstbehalt** von 10 bis 15% der Versicherungssumme selbst tragen. Er darf ihn nicht anderweitig abdecken. Der vorsichtige Exporteur wird – soweit die Wettbewerbslage es zuläßt – in seinen Preis eine kalkulatorische Forderungswagnisprämie einrechnen. So kann er seinen Selbstbehalt verringern.

Über die genannten Maßnahmen hinaus bietet **Hermes Wechselkursgarantien und -bürgschaften** für Geschäfte mit langen Zahlungsfristen. Gedeckt werden Kursverluste über 3%, die nach Ablauf einer Vorlaufzeit von 2 Jahren – gerechnet vom Tag des Geschäftsabschlusses an – entstehen. Die Ausfuhrverträge müssen auf US-Dollar, Pfund-Sterling oder Schweizer Franken lauten. Deckungen für andere frei konvertible und an deutschen Devisenbörsen notierte Währungen (nur Nicht-EG-Währungen) sind möglich, wenn der Antragsteller glaubhaft macht, daß ohne die Währungsvereinbarung das Geschäft nicht zustande kommen würde.

---

[1]) Australien, Belgien, Dänemark, Finnland, Frankreich, Griechenland, Großbritannien, Irland, Island, Italien, Japan, Kanada, Luxemburg, Neuseeland, Niederlande, Norwegen, Österreich, Portugal, Schweden, Schweiz, Spanien, Türkei, USA. OECD = Organization for Economic Cooperation and Development = Organisation für wirtschaftliche Zusammenarbeit und Entwicklung.

Kontrolle des Lernerfolgs

1. Vergleichen Sie das Einführungsbeispiel auf Seite 415 (Partner: Renz, bin Said).

a) Der Kaufvertrag enthält die Klausel „cif Port Sudan gemäß INCOTERMS 1980".
- Erläutern Sie die Bedeutung dieser Klausel für den Vertrag.
- Welche Pflichten hätten Verkäufer und Käufer, wenn vereinbart worden wäre: ex works; free on rail; FOB Bremen; C & F Port Sudan; ex ship Port Sudan; ex quai Port Sudan duty paid?
- Auf welche Weise werden vereinbarte INCOTERMS-Klauseln wirksam?

b) Die Zahlung soll durch Akkreditiv erfolgen.
- Ist diese Zahlungsart bei allen Außenhandelsgeschäften üblich?
- Begründen Sie die Vereinbarung des Akkreditivs im vorliegenden Fall.
- Beschreiben Sie den genauen Ablauf des Akkreditivverfahrens.
- Welche Wirkung hat die Vereinbarung eines unwiderruflichen bestätigten Akkreditivs?
- Wie könnte dem Kunden geholfen werden, wenn er zwar bereit ist, durch Akkreditiv zu zahlen, aber einen Kredit von drei Monaten wünscht?
- Vergleichen Sie die Zahlungsbedingungen d/p und L/C. Welche bietet dem Exporteur ein höheres Maß an Sicherheit?

c) Die Zahlung soll gegen Übergabe der Dokumente erfolgen.
- Welche Gruppen von Dokumenten lassen sich im vorliegenden Fall unterscheiden?
- Wozu dient die Handelsrechnung, und warum ist sie englisch abzufassen?
- Welche Rechnungen werden vor allem für Exporte nach lateinamerikanischen Ländern und nach Commonwealth-Ländern benötigt?
- Wodurch unterscheidet sich die Proforma-Rechnung von den übrigen Rechnungsarten?
- Erläutern Sie die genannten Anforderungen an das Konnossement: voller Satz, rein, An-Bord-Konnossement, an Order, blanko indossiert. Erläutern Sie, wenn möglich, auch die gegenteiligen Begriffe.

d) Welche Risiken hat der Verkäufer durch die Gestaltung des Kaufvertrags für sich ausgeschlossen? Auf welche Weise hat er sich gesichert?

e) Welche Risiken hat der Käufer für sich ausgeschlossen?
- Auf welche Weise ist er gesichert? Welche Risiken verbleiben ihm?
- Wie könnte er sich ggf. gegen diese Risiken absichern?

f) Erläutern Sie den Ablauf des Ausfuhrverfahrens im vorliegenden Fall.

2. Nennen Sie Transportpapiere, die Sperrpapiere darstellen, und solche, die Warenwertpapiere sind, und erläutern Sie den Unterschied.

3. Erläutern Sie die verschiedenen Möglichkeiten, Banken zur Abdeckung von Exportrisiken und Importrisiken einzuschalten.

4. Ist der folgende Ablauf eines Kurssicherungsgeschäftes richtig dargestellt? Korrigieren Sie ihn gegebenenfalls.
Exporteur X. verkauft am 18. 03. Waren für 7500 can. Dollar, zahlbar durch Akkreditiv. Die Verschiffung soll am 17. 06. auf MS Braunschweig erfolgen. X. verkauft am 18. 03. die Dollar-Forderung zum Kassa-Kurs vom 18. 06.

5. Beurteilen Sie, ob folgende Aussagen falsch oder richtig sind, und korrigieren Sie die falschen Aussagen.

a) Gegen Wechselkursrisiken sichert sich der Exporteur am wirksamsten durch Fakturierung in eigener Währung, der Importeur durch Fakturierung in Fremdwährung ab.

b) Der Exporteur kann sich gegen Wechselkursrisiken sichern, indem er einen Fremdwährungswechsel zieht und diesen von seiner Bank diskontieren läßt.

c) Beim Auslandsfactoring und bei der Forfaitierung werden vom jeweiligen Finanzierungsinstitut Fremdwährungsforderungen angekauft. Folglich ist hiermit stets eine vollständige Absicherung des Wechselkursrisikos und des Kreditrisikos für den Exporteur gewährleistet.

d) Der Importeur kann sich gegen eine mangelhafte Lieferung durch den Exporteur im Wege der Erfüllungsgarantie einer Bank absichern.

e) Die Vereinbarung „Zahlung gegen Akkreditiv" sichert den Importeur gegen das Erfüllungsrisiko ab.
f) Für die Abdeckung des Fabrikationsrisikos, des wirtschaftlichen Risikos und des politischen Risikos kann der Exporteur für den Export in beliebige Länder zwischen privaten und staatlichen Exportkreditversicherungen wählen.

6. Die Exporthandelsfirma Schell & Scholl hat einen Auftrag über Prozellan-Service von einem privaten Kunden aus Indien erhalten. Die Zahlung soll 10 Tage nach Rechnungseingang erfolgen.
a) Kann das Kreditrisiko durch Hermes abgedeckt werden?
b) Erfolgt die Abdeckung durch eine Ausfuhrgarantie oder eine Ausfuhrbürgschaft?
c) Unter welchen Umständen wäre auch eine Abdeckung durch eine Ausfuhr-Pauschal-Gewährleistung möglich?
d) Ist der Exporteur durch die Exportkreditversicherung gegen eine Zahlungsverweigerung des Importeurs geschützt?
e) Ist eine hundertprozentige Absicherung durch Hermes möglich?

9.3 Import

9.3.1 Einfuhrverfahren

Die Wareneinfuhr ist grundsätzlich frei. Verbote und Beschränkungen (VuB) ergeben sich aus der Einfuhrliste zum AWG und anderen Gesetzen. Sie sind aus dem Integrierten Deutschen Gebrauchszolltarif (DGebrZT) zu ersehen. Für genehmigungspflichtige Güter ist eine Einfuhrgenehmigung **vor** Abschluß des Kaufvertrags zu beantragen. Für genehmigungsfreie Güter ist nur binnen 14 Tagen nach Abschluß des Kaufvertrags eine Einfuhrerklärung (EE) bei der Landeszentralbank einzureichen.

Einfuhrverfahren

Genehmigungspflichtige Einfuhr

↓

vor Abschluß des Kaufvertrags:
(1) Antrag auf Einfuhrgenehmigung zu richten an:
Bundesamt für gewerbliche Wirtschaft, Eschborn (für gewerbliche Waren)
Bundesamt für landwirtschaftliche Marktordnung, Frankfurt (für Erzeugnisse der Ernährungs- und Landwirtschaft, die Marktorganisationen unterliegen, für die Interventionen vorgesehen sind)
Bundesamt für Ernährung und Forstwirtschaft, Frankfurt (für sonstige Erzeugnisse des Agrarbereichs)

↓

(2) Einfuhrbewilligung und Einfuhrerklärung beim Zollamt einreichen

↓

Genehmigungsfreie Einfuhr

↓

(1) Erstellung der Einfuhrerklärung (Einheitspapier)

↓

(2) Einreichen bei der LZB (binnen 14 Tagen **nach** Abschluß des Kaufvertrags, aber **vor** der Einfuhr)

↓

(3) Zollbehandlung beim Einfuhrzollamt

9.3.2 Zollbehandlung

Mit wenigen Ausnahmen werden alle Waren mit der Einfuhr in das Zollgebiet **Zollgut.** Das bedeutet: Man darf nur nach den zollrechtlichen Bestimmungen über sie verfügen. Erst nach der vorgeschriebenen zollamtlichen Abfertigung zum freien Verkehr werden sie **Freigut** und damit frei verfügbar. Außer dieser Abfertigung gibt es eine Reihe weiterer Arten der Zollbehandlung.

Arten der Zollbehandlung

- **Abfertigung zum freien Verkehr**
- **andere Arten der Zollbehandlung**

  zum Beispiel:
  - aktive Veredelung
  - Zollgutversand
  - Zollgutlagerung

Eingeführtes Zollgut muß der zuständigen Zollstelle unverzüglich und unverändert gestellt werden. Unter „**Gestellung**" sind alle Maßnahmen zu verstehen, die notwendig sind, um der Zollstelle das Prüfen und Untersuchen der Waren und Begleitpapiere zu ermöglichen.

Für die Zollabfertigung sind vorzulegen:

- Einfuhrerklärung (EE) oder Einfuhrgenehmigung (EG),
- Einfuhranmeldung, Zollantrag, Zollanmeldung (Einheitspapier),
- Handelsfaktura,
- ggf. Warenverkehrsbescheinigung, Ursprungszeugnis, Versandschein, Belege über Vertriebs- und Beförderungskosten bis CIF, wenn sie dem Zollwert hinzuzurechnen sind,
- ggf. Kaufkontrakt und andere Unterlagen, wenn dies von der Zollstelle verlangt wird.

9.3.3 Abfertigung zum freien Verkehr

Für Petersen & Co. liegen in Hamburg im Freihafen 15 t Erdnüsse unverzollt zum Abholen bereit. Es ist also ihre Aufgabe, für die Erledigung der notwendigen Zollformalitäten zu sorgen, damit sie frei über die Ware verfügen können. Sie müssen die Abfertigung zum freien Verkehr beantragen.

Der **Zollantrag** für die Abfertigung zum freien Verkehr ist für Seeinfuhrgut binnen 45 Tagen und für anderes Zollgut binnen 15 Tagen nach der Gestellung vom Importeur zu stellen. Mit der **Zollanmeldung** meldet er das betreffende Gut an.

Die Zollstelle bestimmt Zeit und Ort der Zollabfertigung und entscheidet, ob sie eine **Zollbeschau** vornehmen will. Der Importeur ist dann zur **Zolldarlegung** verpflichtet: Er muß das Gut „vorzeigen" und ggf. die Entnahme von Mustern und Proben gestatten. Die Zollstelle kann aber auch die Angaben des Importeurs als richtig vermuten und auf ihr Beschaurecht verzichten. Aufgrund der Zollbehandlung wird der **Zollbefund** in die Zollanmeldung eingetragen, der Zoll wird berechnet, es ergeht der **Zollbescheid.** Die Zollschuld ist sofort fällig, kann aber auf Antrag bis zum 15. des folgenden Monats gegen Sicherheitsleistung aufgeschoben oder gestundet werden. Anschließend wird das Gut freigegeben und wird Freigut. Ist das Gut nach dem Zolltarif zollfrei, so wird es ebenfalls freigegeben (Freistellung).

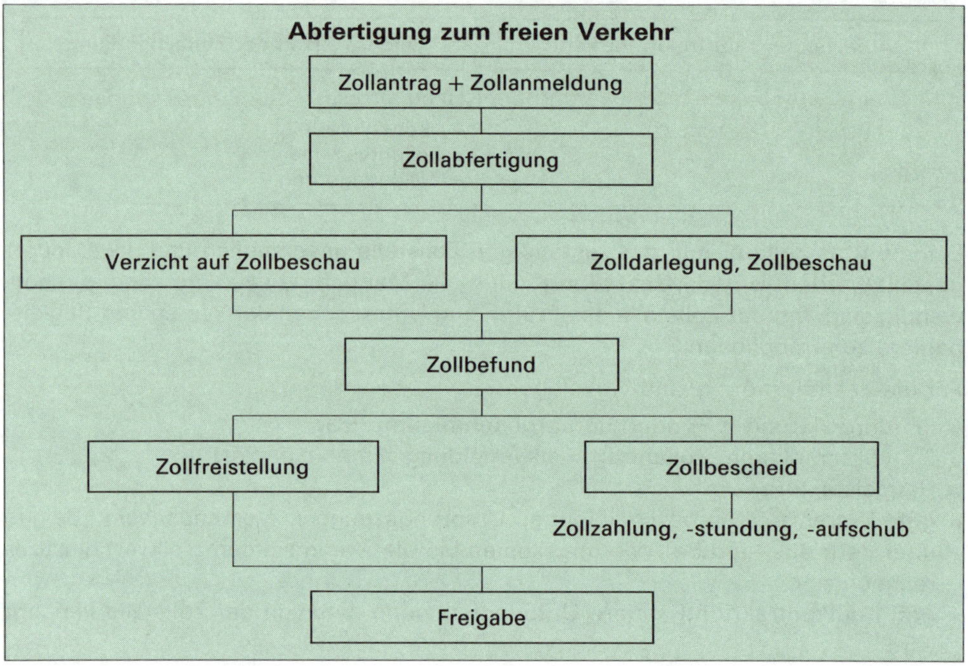

9.3.4 Aktive Veredelung

Veredelung im Sinne des Zollrechts ist das Bearbeiten, Verarbeiten, Ausbessern und Reinigen von Waren.

Aktiver Veredelungsverkehr[1] ist eine solche Behandlung eingeführter Waren im Zollgebiet. Diese Waren werden auf Antrag vom Zoll befreit und mit der Maßgabe freigegeben, daß innerhalb einer bestimmten Frist eine dem abgefertigten Zollgut entsprechende Menge veredelter Waren dem Zoll zur Ausfuhr gestellt wird.

[1]) Gegensatz: passiver Veredelungsverkehr, d.h. Veredelung inländischer Waren im Ausland und Wiedereinfuhr **derselben** veredelten Waren in einer bestimmten Frist. Der Zoll wird dann nur in Höhe der Differenz zwischen dem vollen Zoll für die veredelten Waren und dem Zoll erhoben, der bei einer fiktiven Einfuhr der unveredelten Waren zu erheben wäre.

9.3.5 Zollgutversand

Petersen & Co. wollen 20 t Erdnüsse, die sie im Sudan gekauft haben, umgehend zu ihren Fabrikationsstätten nach Dortmund transportieren lassen. Erst dort sollen sie dem Zoll zur Verzollung gestellt werden. Deshalb beauftragen sie ihren Spediteur, den Versand als Zollgut nach Dortmund zu besorgen. Der Spediteur beauftragt seinerseits einen Seehafenspediteur in Hamburg, die notwendigen Formalitäten zu erledigen, und holt die Waren im Freihafen ab. Vor dem Verlassen des Freihafens werden die Lkws vom Zoll verplombt, damit die „Nämlichkeit" der Waren gesichert ist. Der Spediteur gestellt die Waren in Dortmund dem Binnenzollamt und beantragt die Abfertigung zum freien Verkehr.

Das sog. **„gemeinschaftliche Versandverfahren"** ermöglicht es, in die EG importierte Waren als Zollgut zu transportieren. Der Antrag ist beim Zollamt mit Versandscheinen zu stellen. Es handelt sich dabei um Exemplare des Einheitspapieres[1]).

- Für Gemeinschaftsgut (mit Ursprung in der EG) ist der **Versandschein T2** zu benutzen.
- Für Drittlandsgut (mit Ursprung in einem Nicht-EG-Land) ist der **Versandschein T1** zu benutzen.

Im gemeinschaftlichen Versandverfahren können die Waren als Zollgut auch in ein anderes EG-Land verbracht werden.

Beispiel:
In Le Havre (Frankreich) angelandete Ware wird über Belgien in die Bundesrepublik Deutschland transportiert. Die vorgesehenen Grenzübergänge (Roubaix und Aachen) werden im Versandschein vermerkt. An den Grenzen gibt der Lkw-Fahrer einen Grenzübergangsschein ab.

Beim **internationalen Bahnversand** ist das Verfahren vereinfacht: Die Sendung muß nicht zur Abgangszollstelle gebracht werden; T1 und T2 werden durch den internationalen Bahnfrachtbrief ersetzt.

9.3.6 Zollgutlagerung

Oft steht es beim Import noch nicht fest, wie und wann die importierten Güter weiterverwendet werden sollen. Die Güter können dann bis zu 5 Jahre in öffentlichen Zollägern (unter Zollmitverschluß oder Zollverschluß) oder privaten Zollägern (offene Zolläger = ohne Zollmitverschluß; Zollverschlußläger = unter Zollmitverschluß) eingelagert werden. Die Läger unterliegen der Zollüberwachung.

---

[1]) Vgl. Seite 429

9.3.7 Eingangsabgaben

Für Importe in die EG werden **Eingangsabgaben** erhoben:

Eingangsabgaben

Zölle	Verbrauchsteuern	Einfuhrumsatzsteuer
– Wertzoll: Berechnung nach dem Warenwert frei Grenze – Gewichtszoll: Berechnung nach Gewichtseinheiten – Mischzoll: Berechnung zum Teil aus dem Gewicht und Wert, die jeweils als Höchst- oder Mindestgrenze gelten	Entsprechend den verschiedenen Verbrauchsteuergesetzen werden bei der Wareneinfuhr Verbrauchsteuern zur Gleichbehandlung mit inländischen Waren erhoben: Biersteuer, Zuckersteuer, Mineralölsteuer usw.	Ähnlich wie die inländischen Waren der Mehrwertsteuer unterliegen, werden ausländische Waren der Einfuhrumsatzsteuer unterworfen: Bemessungsgrundlage ist der Warenwert, Steuersatz ist entweder 7% oder 14%

Bei Agrarprodukten, die den Marktordnungen unterliegen, werden an Stelle von Zöllen Abschöpfungen erhoben. Die EG kann damit die Agrar-Außenhandelspolitik steuern. Damit will man Preisunterschiede zwischen den in der Gemeinschaft höheren Agrarpreisen und den Weltmarktpreisen an der Grenze ausgleichen.

Kontrolle des Lernerfolgs

1. Erläutern Sie den Begriff „Eingangsabgaben".
2. Wodurch unterscheiden sich Zölle und Abschöpfungen?
3. Der Lebensmittelhersteller Schmackes KG bezieht über den Importhändler Olaf Dröger GmbH eine Containerladung kanadischen Rapshonig CIF Bremen und erhält das Konnossement mit ordnungsgemäßem Indossament. Schmackes wünscht schnellstmögliche Anlieferung per Lkw an sein Lager in Münster und beauftragt den Spediteur Rasch GmbH mit der Transportbesorgung und Zollabfertigung.
   a) Welche Art der Zollabfertigung ist im vorliegenden Fall sinnvoll?
   b) Welcher Versandschein ist zu benutzen?
   c) Wo erfolgt die Abfertigung zum freien Verkehr?
   d) Welche Papiere sind bei der Zollabfertigung vorzulegen?
   e) Erläutern Sie den Ablauf des Verfahrens der Abfertigung zum freien Verkehr.
4. Wodurch unterscheiden sich aktiver und passiver Veredelungsverkehr, und welche Unterschiede gibt es bei der Zollbehandlung?

Sechster Themenkreis: Unternehmensformen und Finanzierung

1 Kaufleute

1.1 Handelsgewerbe

Alle auf Dauer angelegten und auf Gewinn ausgerichteten selbständigen Tätigkeiten außer der Land- und Forstwirtschaft, den anderen Betrieben der Urproduktion und den freien Berufen (d.h. den wissenschaftlichen und künstlerischen Berufen wie Arzt, Anwalt, Architekt usw.) sind **Gewerbe.**
Die Gewerbeordnung (GO) gestattet in § 1 jedermann den Betrieb eines Gewerbes **(Gewerbefreiheit)** und legt gleichzeitig Ausnahmen und Beschränkungen fest. Der Beginn eines Gewerbes ist bei der zuständigen Ortsbehörde anzumelden (GO § 14). Ein Gewerbe unterliegt der Gewerbesteuer.

Handwerksgewerbe sind kleinere und mittlere Betriebe, die sich mit Reparaturen sowie mit der Be- und Verarbeitung von Stoffen befassen. Sie unterliegen der **Handwerksordnung.**

Handelsgewerbe sind Gewerbe, die von den Vorschriften des Handelsgesetzbuchs erfaßt werden. Ein Teil davon wird in HGB § 1 aufgezählt. Man bezeichnet sie als **Grundhandelsgewerbe:**

- Handelsbetriebe (Waren- und Wertpapierhandel) und Industriebetriebe (ohne Bergbau, Steinbruch, Landwirtschaft, Gärtnerei, Fischerei, Bauunternehmungen);
- Betriebe der Warenbearbeitung oder -verarbeitung (z.B. Reparatur von Fahrzeugen, Maschinen, Hausrat, Kleidung usw., Färberei, Reinigung), die nicht handwerksmäßig betrieben werden;
- Versicherungen;
- Kreditinstitute;
- Transportbetriebe;
- Kommissionäre, Spediteure, Lagerhalter;
- Handelsvertreter, Handelsmakler;
- Verlage, Buch- und Kunsthandel;
- Druckereien, die nicht handwerksmäßig betrieben werden.

HGB § 2 erweitert den Begriff des Handelsgewerbes:

Als Handelsgewerbe gelten auch handwerkliche und andere gewerbliche Unternehmen, wenn sie nach Art und Umfang einen kaufmännisch eingerichteten Geschäftsbetrieb erfordern und wenn sie in das beim Amtsgericht geführte Handelsregister eingetragen sind. Zu dieser Eintragung sind sie verpflichtet.

Solche Betriebe sind z. B. Bauunternehmungen, Hotels, Theater, größere Handwerksbetriebe, Sanatorien, Auskunfteien. Voraussetzung ist immer eine Größe, die einen kaufmännischen Geschäftsbetrieb erfordert. Dies wird meist der Fall sein, wenn Bilanzen erstellt werden müssen, kaufmännische Angestellte beschäftigt werden usw.

Land- und Forstwirtschaftliche Betriebe oder ihre Nebenbetriebe (z. B. Molkerei, Sägewerk, Gastwirtschaft) werden Handelsgewerbe, wenn die Betriebe oder Nebenbetriebe ins Handelsregister eingetragen werden. Zu dieser Eintragung sind sie berechtigt, aber nicht verpflichtet (HGB § 3).

1.2 Voll- und Minderkaufleute

Das HGB legt fest, wer Kaufmann ist.

HGB § 1
Kaufmann im Sinne dieses Gesetzbuchs ist, wer ein Handelsgewerbe betreibt.

Kaufmann kann nur ein selbständiger Gewerbetreibender sein. Begriffe wie „Bank-, Industrie-, Versicherungskaufmann" usw. bezeichnen dagegen lediglich einen Ausbildungsberuf.

Man unterscheidet **Vollkaufleute und Minderkaufleute** (Kleinkaufleute).

Minderkaufleute sind Kleingewerbetreibende mit einem Grundhandelsgewerbe nach HGB § 1 (z. B. Bauchladenhändler, Betreiber von Kiosken und kleineren Gaststätten). Alle anderen Kaufleute sind Vollkaufleute.

Alle Vollkaufleute führen eine **Firma.** Die Firma ist der Name, unter dem der Kaufmann seine Geschäfte betreibt, unterschreibt, klagen und verklagt werden kann.

Für Vollkaufleute gelten die Vorschriften des HGB in vollem Umfang, für Minderkaufleute dagegen **nicht.**

Nach HGB § 4 gilt:

- Minderkaufleute können keine Firma führen.
- Minderkaufleute können keine Prokuristen ernennen.
- Minderkaufleute müssen nur eine eingeschränkte Buchführung führen.
- Minderkaufleute können keine offene Handelsgesellschaft und keine Kommanditgesellschaft gründen.
- Minderkaufleute werden nicht ins Handelsregister eingetragen.

Außerdem können Minderkaufleute (im Gegensatz zu Vollkaufleuten) sich nur schriftlich verbürgen und bei unangemessen hohen Vertragsstrafen auf Herabsetzung klagen (HGB § 351).

1.3 Kaufleute nach dem Entstehen der Kaufmannseigenschaft

Kaufleute nach dem Entstehen der Kaufmannseigenschaft
Mußkaufleute (HGB § 1) Mußkaufmann ist, wer ein Grundhandelsgewerbe nach HGB § 1 betreibt. Er erwirbt die Kaufmannseigenschaft vom Beginn seines Gewerbes an. Je nach Umfang seines Geschäfts kann er Voll- oder Minderkaufmann sein.
Sollkaufleute (HGB § 2) Sollkaufmann ist, wer ein Handelsgewerbe nach HGB § 2 betreibt, von der (verbindlichen) Eintragung ins Handelsregister an. Er ist stets Vollkaufmann.
Kannkaufleute (HGB § 3) Kannkaufleute sind Land- und Forstwirte, die ihren Betrieb oder Nebenbetrieb ins Handelsregister eintragen lassen. Sie werden durch diese freiwillige Eintragung Vollkaufleute.
Formkaufleute (HGB § 6) Wenn eine Unternehmung als Aktiengesellschaft, Gesellschaft mit beschränkter Haftung, Kommanditgesellschaft auf Aktien, eingetragene Genossenschaft oder Versicherungsverein auf Gegenseitigkeit geführt werden soll, so ist dies nur möglich, wenn sie ins Handelsregister (bzw. ins Genossenschaftsregister) eingetragen wird. Sie wird mit der Eintragung juristische Person und erwirbt selbst (also nicht die Inhaber!) mit dem Zeitpunkt der Eintragung die Eigenschaft eines Vollkaufmanns kraft ihrer Rechtsform, gleichgültig, ob sie ein Handelsgewerbe betreibt oder nicht.

HGB § 6 sagt darüber hinaus, daß alle Handelsgesellschaften (Offene Handelsgesellschaft, Kommanditgesellschaft, Aktiengesellschaft, Gesellschaft mit beschränkter Haftung, Kommanditgesellschaft auf Aktien) Kaufleute sind. Obwohl die Offene Handelsgesellschaft und die Kommanditgesellschaft keine juristischen Personen sind, gibt das Recht ihnen gewisse Eigenschaften einer juristischen Person. So können sie selbst klagen und verklagt werden.

Offene Handelsgesellschaft und Kommanditgesellschaft werden kraft ihrer Rechtsform Kaufmann mit Beginn des Geschäftsbetriebs, wenn sie ein Grundhandelsgewerbe betreiben, ansonsten mit der Eintragung ins Handelsregister. Ihre persönlich haftenden Gesellschafter gelten ebenfalls als Kaufleute.

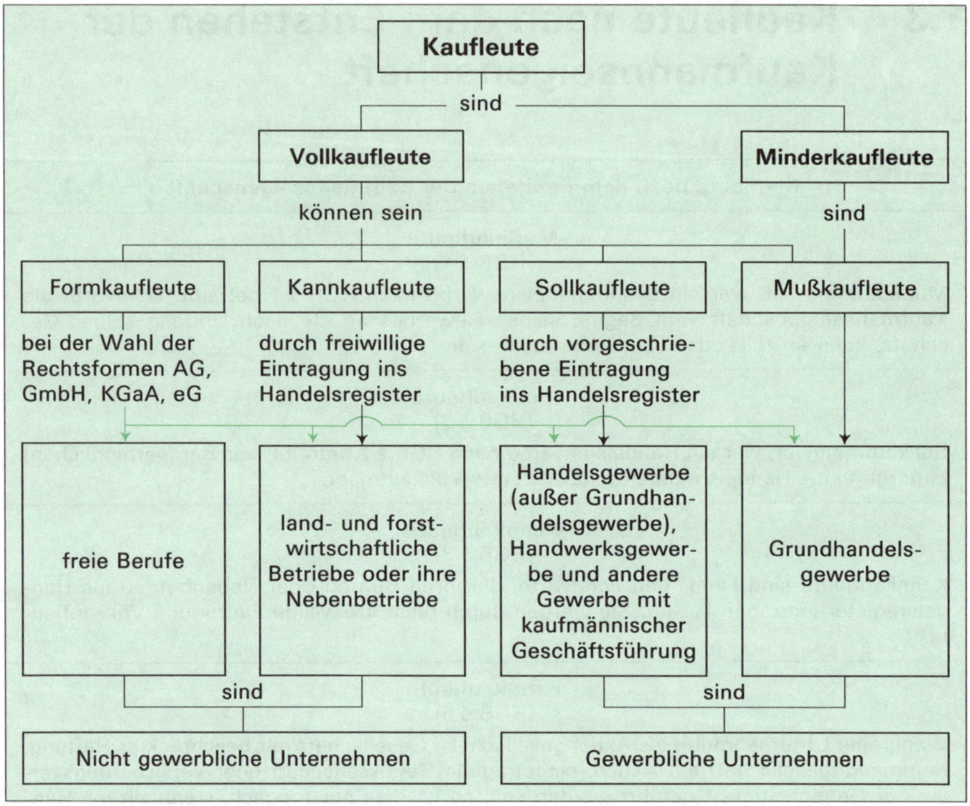

Kontrolle des Lernerfolgs

1. Erläutern Sie die folgenden Begriffe:
Grundhandelsgewerbe, Mußkaufmann, Sollkaufmann, Kannkaufmann, Formkaufmann, Minderkaufmann, Vollkaufmann.

2. Gegeben seien die Unternehmen

(1) Industrie GmbH
(2) Brennstoffhandel Fritz Arendt
(3) Tischlerei Bernd Schröder
(4) Sägewerk Gebrüder Schneller
(5) Westdeutsche Fahrzeugbau AG
(6) Getränkekiosk „Schnelle Ecke"
(7) Rheinische Wohnungsbaugenossenschaft eG

a) Welche der genannten Personen bzw. Unternehmen besitzen die Kaufmannseigenschaft, welche nicht?
b) Welche der Kaufleute sind Vollkaufleute, welche Minderkaufleute?
c) Welche der Kaufleute sind Muß-, Soll-, Kann-, Formkaufleute?
d) Alle Unternehmen mit Kaufmannseigenschaft seien am 15. Mai gegründet worden; bei den Vollkaufleuten erfolgt die Eintragung in das zuständige Register am 30. Mai. An welchem Tag wurde die Kaufmannseigenschaft erworben?
e) Welches Register ist für die jeweiligen Vollkaufleute zuständig?
f) Für welche der Kaufleute war die Eintragung Pflicht, für welche nicht?
g) Bei welchen der genannten Unternehmungen ist der Eigentümer und bei welchen die Unternehmung selbst Kaufmann?
h) Nennen Sie Rechte und Pflichten, die zwar die genannten Vollkaufleute, nicht aber die Minderkaufleute haben.
i) Für welche der genannten Unternehmen gelten die Vorschriften des HGB (1) voll, (2) beschränkt, (3) nicht?

2 Firma des Kaufmanns

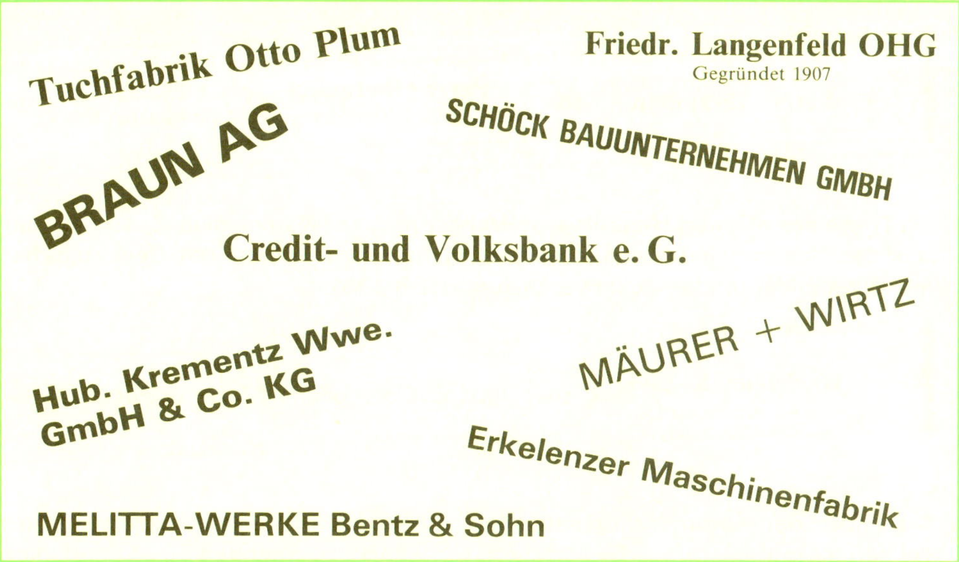

2.1 Firmenbegriff und Firmenarten

Die *Firma* ist der Handelsname des Vollkaufmanns. Unter seiner Firma betreibt er seine Geschäfte, gibt er seine Unterschrift ab, kann er klagen und verklagt werden (HGB § 17).

Geschäftsnamen, wie sie sich jeder Gewerbetreibende zulegen kann („Pizzeria Napoli", „Hotel zur Sonne", „Apotheke am Markt") sowie die mit Reklame verbundenen Geschäftsnamen von Kleingewerbetreibenden („Blumen-Paul", „Reudenbachs fahrende Werkstatt") sind keine Firmennamen.

Die Firma besteht aus dem Firmenkern (Hauptbestandteil) und eventuellen Firmenzusätzen.

Arten der Firma

Personenfirmen

Der Firmenkern besteht aus mindestens einem Namen, der auf den oder die Inhaber hinweist. Dies gilt für:
- Einzelunternehmung,
- Personengesellschaften (Stille Gesellschaft, Offene Handelsgesellschaft, Kommanditgesellschaft).

Sachfirmen

Der Firmenkern ist dem Gegenstand der Unternehmung entnommen. Dies gilt für:
- Genossenschaften,
- Kapitalgesellschaften (Aktiengesellschaft, Kommanditgesellschaft auf Aktien, Gesellschaft mit beschränkter Haftung)

  Anmerkung: Die GmbH kann auch eine Personenfirma führen.

- Die **Firma des Einzelunternehmers** muß den Nachnamen und mindestens einen ausgeschriebenen Vornamen enthalten. Zusätze sind möglich und zur Unterscheidung teilweise erforderlich (HGB § 18).

Beispiel:

Peter Obermann oder **Peter Obermann** → Firmenkern
Baustoffhandel → Firmenzusatz

- Die **Firma der offenen Handelsgesellschaft** muß die Namen aller Gesellschafter oder den Namen mindestens eines Gesellschafters mit einem das Gesellschaftsverhältnis andeutenden Zusatz enthalten (HGB § 19).

Beispiel:

Alt, Meier & Klein Industriebedarf oder **Alt & Co.** oder **Meier & Klein OHG**

- Die **Firma der Kommanditgesellschaft** muß zumindestens den Namen eines Vollhafters mit einem das Gesellschaftsverhältnis andeutenden Zusatz enthalten (HGB § 19).

Beispiel:

Berger & Co. oder **Berger & Söhne** oder **Franz Berger KG** Ofenbau

Firmen, die einen Namen und den Gegenstand des Unternehmens enthalten, heißen **gemischte Firmen.**

- Die **Firma der Aktiengesellschaft** muß den Zusatz AG, die der **Gesellschaft mit beschränkter Haftung** den Zusatz GmbH, die der **Genossenschaft** den Zusatz eG enthalten (AktG § 4, § 279; GmbHG § 4; GenG § 5).

Beispiele:

Sachfirmen

Vereinigte Glasfabriken AG

Dausenauer Glas AG

Kreditgemeinschaft eG

Wellpappe GmbH

Gemischte Firma

Mannesmann Röhrenwerke AG

Personenfirma, bei der GmbH zulässig

Eduard Schlosser GmbH

Personenfirma, bei der AG bei Fortführung einer übernommenen Firma zulässig

Adam Opel AG

Phantasiefirma, bedarf einer Sondergenehmigung

Pepsosprit AG

2.2 Firmengrundsätze

Alle Notwendigkeiten und Möglichkeiten, die das HGB mit dem Begriff der Firma verbindet, lassen sich durch folgende Grundsätze ausdrücken:

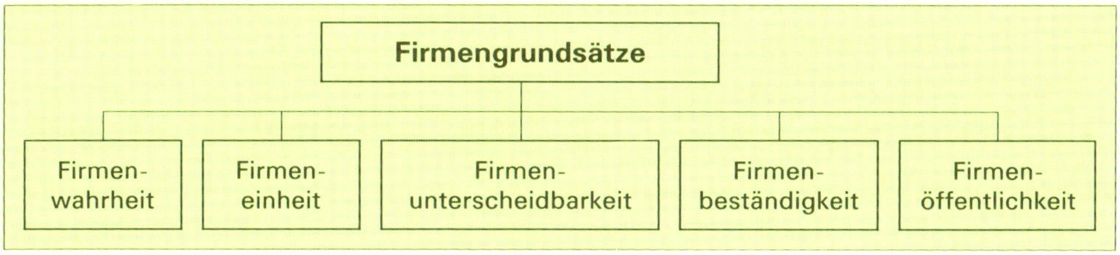

Firmenwahrheit

- Bei Gründung der Unternehmung muß der Firmennamen mit dem bürgerlichen Namen übereinstimmen.
- Die angegebenen Gesellschaftsverhältnisse müssen stimmen.
- Der Firmenkern einer Sachfirma muß den Gegenstand der Unternehmung der Wahrheit entsprechend bezeichnen.
- Firmenzusätze dürfen nicht zu Täuschungen über Art und Umfang des Unternehmens Anlaß geben. (Ein kleines Bekleidungsgeschäft dürfte z. B. nicht die Firma „Modecenter Erich Emmermann" führen.)

Firmeneinheit

Ein und dasselbe Geschäft darf nur unter der einen, im Handelsregister eingetragenen Firma geführt werden.

Firmenunterscheidbarkeit

Laut HGB § 30 muß sich jede neue Firma von allen im selben Ort bereits eingetragenen Firmen deutlich unterscheiden. Bei gleichem Namen ist gegebenenfalls ein Firmenzusatz zur Unterscheidung notwendig.
Einen umfassenderen Schutz gewährt das Gesetz gegen den **unlauteren Wettbewerb** (UWG § 1, § 16), indem es alle Firmen (und darüber hinaus auch die anderen geschäftlichen Namen und besonderen Bezeichnungen) im gesamten Bundesgebiet vor mißbräuchlicher Verwendung schützt. Geschädigte können auf Unterlassung und Schadenersatz klagen.
Ferner muß nach Gewerbeordnung § 15 jeder Gewerbetreibende, der eine offene Verkaufsstelle oder eine Gast- oder Schankwirtschaft betreibt, an der Außenseite oder am Eingang ein Schild mit seinem Nachnamen und mindestens einem ausgeschriebenen Familiennamen anbringen. Wer eine Firma führt, muß diese angeben und, wenn sein bürgerlicher Name davon abweicht, diesen hinzufügen.

Beispiel: „Schuhhaus Franz Großmann, Inhaber Erich Arndt"

Firmenbeständigkeit

„Firmenbeständigkeit gilt vor Firmenwahrheit".
Der Erwerber oder Erbe eines Handelsgeschäftes kann den alten Firmennamen mit der Genehmigung des bisherigen Inhabers fortführen. Mit dieser zulässigen „Firmenunwahrheit" trägt der Gesetzgeber der Tatsache Rechnung, daß ein eingeführter Firmenname einen Wert darstellt und einen Kundenstamm verbürgt. Die Zu-

stimmung zur Fortführung der Firma muß deshalb oft mit teurem Geld erkauft werden. Eine Veräußerung lediglich der Firma ohne das Unternehmen ist nicht zulässig. Die alte Firma kann mit oder ohne Zusatz fortgeführt werden.

Beispiel:

Peter Franken	**Peter Franken, Inh. Erwin Ebert**
Peter Franken Nachf.	**Erwin Ebert, vormals Peter Franken**

Wer ein Handelsgeschäft unter der alten Firma fortführt, haftet Dritten gegenüber für die Geschäftsschulden des früheren Inhabers, wenn nicht eine abweichende Vereinbarung ins Handelsregister eingetragen oder vom Erwerber oder Veräußerer dem Dritten mitgeteilt wird. Das gleiche gilt, wenn eine Einzelunternehmung in eine OHG oder KG umgewandelt wird, für die neuen Gesellschafter (sogar dann, wenn die Firma nicht fortgeführt wird). Andererseits gehen die Geschäftsforderungen auf den Erwerber über. Der alte Inhaber selbst haftet seinen Gläubigern noch fünf Jahre für seine Schulden (HGB §§ 25–28).

Firmenöffentlichkeit

Der Kaufmann muß seine Firma und den Ort seines Geschäftes ins Handelsregister eintragen lassen (HGB § 29).

Kontrolle des Lernerfolgs

1. Erläutern Sie, was der Begriff „Firma" im Sinne des HGB bedeutet.
2. Die drei Kaufleute Gernot Haber, Erich Orloff und Rolf Schöne überlegen, ob sie eine Schraubenfabrik als OHG, KG oder GmbH gründen sollen.
   a) Erfinden Sie für jede dieser Rechtsformen verschiedene mögliche Firmennamen.
   b) Unterscheiden Sie bei den von Ihnen genannten Firmenbezeichnungen den Firmenkern und den Firmenzusatz.
   c) Erläutern Sie anhand der genannten Firmenbezeichnungen die Grundsätze der Firmenwahrheit, der Firmeneinheit und der Firmenöffentlichkeit.
   d) Die drei Herren einigen sich darauf, die Unternehmung als OHG unter der Firma Haber & Co. zu führen. Bei der Anmeldung zum Handelsregister erfahren sie, daß bereits eine Unternehmung mit der gleichen Firma eingetragen ist.
      - Welche Konsequenzen ergeben sich hieraus?
      - Wie können die Firmengründer die Schwierigkeiten umgehen?
3. In welchem Fall geht der Grundsatz der Firmenbeständigkeit dem Grundsatz der Firmenwahrheit vor?
4. Die Unternehmung „Eduard Fuhrmann, Internationale Spedition" ist eine alteingesessene Firma mit gutem Ruf und einem beachtlichen Kundenstamm. Da Herr Fuhrmann keine Kinder hat, will er die Unternehmung verkaufen und sich zur Ruhe setzen.
   a) Unter welchen Firmennamen könnte beispielsweise der Erwerber Oswald Schneller die Unternehmung fortführen, wenn Herr Fuhrmann mit der Fortführung seiner Firma einverstanden ist?
   b) Unter welchen Bedingungen wird Herr Fuhrmann mit der Fortführung seiner Firma einverstanden sein?
   c) Wer haftet bei Übernahme des alten Firmennamens für die bestehenden Schulden der Unternehmung?
      Besteht diese Haftung in jedem Fall?
      Wie ist die Rechtslage, wenn der alte Firmenname nicht übernommen wird?

3 Handelsregister und Genossenschaftsregister

3.1 Begriff des Handelsregisters

Das *Handelsregister* ist ein amtliches Verzeichnis aller Vollkaufleute, das vom Amtsgericht für dessen Bezirk geführt wird (HGB § 8). Es hat zwei Abteilungen: Abteilung A für Einzelunternehmungen und Personengesellschaften, Abteilung B für Kapitalgesellschaften.
Für Genossenschaften wird ein *Genossenschaftsregister* geführt (GenG § 10).

Handelsregister und Genossenschaftsregister sind **öffentliche Verzeichnisse.** Dies bedeutet:

- Jedermann kann die Register (und die von den Kaufleuten eingereichten Schriftstücke) einsehen und – gegen Gebühr – Abschriften verlangen.
- Eintragungen werden im Bundesanzeiger und in einem weiteren Blatt (in der Regel in der örtlichen Tageszeitung) veröffentlicht.

Beispiele:

HRB 2361 – 28. 06. 19.. **Möbelland GmbH, Kaarst 1** (Hermann-Löns-Straße).
Gegenstand des Unternehmens: Herstellung von Einrichtungsgegenständen und Heimtextilien aller Art, insbesondere Möbeln. Die Gesellschaft kann sich an anderen Unternehmen beteiligen und deren Geschäftsführung übernehmen. Sie kann Zweigniederlassungen im In- und Ausland errichten. Stammkapital: 500 000,— DM. Geschäftsführer: Hartmut Beck, Assessor, Kaarst 1. Gesellschaft mit beschränkter Haftung. Gesellschaftsvertrag vom 23. Juni 19..

HRB 1400 – 13. 07. 19.. **Sel Wärmetechnik Gesellschaft mit beschränkter Haftung, Meerbusch-Büderich.** Die Firma ist nach beendeter Liquidation erloschen.

3.2 Eintragungen

In die Spalten der Abteilungen A und B des Handelsregisters werden folgende Tatbestände eingetragen (siehe Spaltenüberschriften in den Beispielen).

Beispiele:

Amtsgericht Vilsendorf **HR A** 7093

Nr. der Eintragung	a) Firma b) Ort der Niederlassung (Sitz der Gesellschaft) c) Gegenstand des Unternehmens (bei juristischen Personen)	Geschäftsinhaber Persönlich haftende Gesellschafter Vorstand Abwickler	Prokura	Rechtsverhältnisse	a) Tag der Eintragung und Unterschrift b) Bemerkungen
1	2	3	4	5	6
1	a) Förder- und Lagertechnik GmbH & Co Kommanditgesellschaft b) Vilsendorf	Förder- und Lagertechnik Gesellschaft mit beschränkter Haftung; Vilsendorf		Kommanditgesellschaft, die am 21. Mai 1987 begonnen hat. Kommanditisten sind: Jürgen Schuster, Kaufmann, Bünde, mit einer Einlage von 5.000,- DM Brigitte Schuster, geb. Keßler, Hausfrau, Bünde, mit einer Einlage von 5.000,- DM	a) 21. Mai 1987 Hausen

Amtsgericht Vilsendorf — **HR B** 3174

Nr. der Eintragung	a) Firma b) Sitz c) Gegenstand des Unternehmens	Grund- oder Stammkapital DM	Vorstand Persönlich haftende Gesellschafter Geschäftsführer Abwickler	Prokura	Rechtsverhältnisse	a) Tag der Eintragung und Unterschrift b) Bemerkungen
1	2	3	4	5	6	7
1	a) Förder- und Lagertechnik Gesellschaft mit beschränkter Haftung b) Vilsendorf c) Die Vermittlung, der Erwerb und Verkauf von Fördersystemen aller Art, insbesondere von Aufzügen, Förderbändern und Lagersystemen (Regale), sowie die Montage der vorstehenden Anlagen und Durchführung des Reparatur-Service. Die Gesellschaft ist berechtigt, Zweigniederlassungen zu errichten, andere Unternehmen gleicher oder ähnlicher Art zu übernehmen, zu vertreten oder sich an solchen Unternehmen zu beteiligen, sowie deren Geschäftsführung unter Übernahme der unbeschränkten Haftung zu übernehmen.	50.000,-	Jürgen Schuster, Kaufmann, Bünde		Gesellschaft mit beschränkter Haftung. Gesellschaftsvertrag vom 21. Dezember 1986. Ist nur ein Geschäftsführer vorhanden, so vertritt dieser die Gesellschaft allein. Sind mehrere Geschäftsführer vorhanden, so wird die Gesellschaft jeweils von zwei Geschäftsführern gemeinsam oder von einem Geschäftsführer in Gemeinschaft mit einem Prokuristen vertreten. Bei Vorhandensein mehrerer Geschäftsführer kann die Gesellschafterversammlung einem, mehreren oder jedem von ihnen Einzelvertretungsbefugnis erteilen.	a) 31. Januar 1987 Hausen b) Ges.Vertrag Bl. 5 f

In die Spalte „Rechtsverhältnisse" werden auch Konkurs, Liquidation (Auflösung der Unternehmung) und Vergleich eingetragen.

Eintragungen erfolgen aufgrund von Anmeldungen beim Registergericht des Amtsgerichts am Sitz der Unternehmung. Die Anmeldung kann persönlich oder schriftlich erfolgen. Bei schriftlicher Anmeldung muß die Unterschrift notariell beglaubigt sein. Das Registergericht kann Ordnungsstrafen verhängen, um die Anmeldung einer eintragungspflichtigen Tatsache zu erzwingen. Eintragungspflichtig sind auch alle Änderungen der eingetragenen Tatsachen.

Die Unterschriften der zeichnungsberechtigten Personen werden beim Registergericht hinterlegt.

Löschungen erfolgen, indem die Eintragungen rot unterstrichen werden.

3.3 Bedeutung der Handelsregistereintragungen

Das Handelsregister soll jedem Interessierten, vor allem aber den Unternehmungen untereinander **Informationen** und damit eine gewisse **Rechtssicherheit** geben.

Es sind Eintragungen mit rechtserzeugender (konstitutiver) und solche mit rechtsbekundender (deklaratorischer) Wirkung zu unterscheiden.

Handelsregistereintragungen
Rechtserzeugende (konstitutive) Eintragungen Die eingetragenen Tatsachen werden erst durch die Eintragung selbst wirksam. Vorher hatten sie noch keine Gültigkeit. Dies gilt insbesondere - für die Gültigkeit der Firma, - für die Kaufmannseigenschaft der Soll-, Kann- und Formkaufleute.
Rechtsbekundende (deklaratorische) Eintragungen Die Eintragung bezeugt nur einen Sachverhalt, der auch schon vor der Eintragung rechtsgültig war. Dies gilt insbesondere - für die Kaufmannseigenschaft der Mußkaufleute, - für die Erteilung und Entziehung der Prokura.

Die Sicherheit, die das Handelsregister verleiht, besteht in folgenden Tatsachen (HGB § 15):

- Jedermann muß eine eingetragene und bekanntgemachte Tatsache gegen sich gelten lassen, selbst wenn er sie nicht kennt. Eine Ausnahme sind nur Rechtshandlungen, die innerhalb von 15 Tagen nach der Bekanntmachung vorgenommen wurden, sofern der Dritte beweist, daß er die Tatsache weder kannte noch kennen mußte.
- Niemand kann einem Dritten eine eintragungspflichtige (löschungspflichtige) Tatsache, die er nicht eintragen (löschen) läßt, entgegenhalten. Ausnahme: Der Dritte kannte die Tatsache.

Auf die Aussage und das Schweigen des Handelsregisters kann vertraut werden, wenn man guten Glaubens ist, d. h. wenn man den von der Eintragung abweichenden Sachverhalt nicht kennt (sog. beschränkter öffentlicher Glauben des Handelsregisters).

Beispiel:
Kaufmann Pelzer hat eine Geldforderung gegenüber Herrn Schröder. Pelzer übereignet am 15. 04. sein Geschäft mit allen Bilanzwerten an Herrn Lehmann. Damit tritt er auch seine Forderung an Lehmann ab. Die Übereignung wird am 18. 04. ins Handelsregister eingetragen.

Fall 1: Schröder zahlt am 17. 04. an Pelzer, da er von dem Geschäftsübergang nichts weiß. Am 25. 04. verlangt Lehmann seinerseits Zahlung. Schröder muß nicht zahlen, denn die eintragungspflichtige Tatsache des Geschäftsübergangs war am 17. 04. nicht eingetragen. (Schweigen des Registers)

Fall 2: Wie Fall 1, aber Schröder weiß durch Rundschreiben von dem Geschäftsübergang Bescheid. Nun kann er bei einer Zahlung an Pelzer nicht mehr auf das Schweigen des Registers vertrauen. Lehmann kann ihm gegenüber auf Zahlung bestehen.

Fall 3: Schröder zahlt in Unkenntnis der Geschäftsübergabe am 20. 04. an Pelzer. Nun kann Lehmann seinerseits Zahlung verlangen, weil infolge der Handelsregistereintragung die Abtretung der Forderung als bekannt gilt. (Aussage des Registers)

Fall 4: Schröder weist seine Bank am 14. 04. an, am 19. 04. an Pelzer zu zahlen. Er verreist anschließend für 10 Tage ins Ausland. Lehmann kann nicht seinerseits Zahlung verlangen, denn die Eintragung mußte Schröder nicht bekannt sein.

Kontrolle des Lernerfolgs

1. Welche Aufgabe hat das Handelsregister?
2. Wo wird das Handelsregister geführt?
3. Wo werden die folgenden Unternehmen eingetragen: in Abteilung A, in Abteilung B oder ins Genossenschaftsregister?
   a) Industriebau GmbH
   b) Brennstoffhandel Fritz Arendt
   c) Sägewerk Gebrüder Schneller
   d) Westdeutsche Fahrzeugbau AG
   e) Rheinische Wohnungsbaugenossenschaft eG
4. Welche Tatsachen sind bei der Industriebau GmbH eintragungspflichtig, welche beim Brennstoffhandel Fritz Arendt?
5. Herr Arendt möchte die Prokura seines verstorbenen Mitarbeiters, Herrn Schneider, löschen lassen. Wie kann er dabei vorgehen?
6. Ein Geschäftspartner, der sich über die Firma Fritz Arendt erkundigen will, sieht, daß die Prokuraeintragung betreffend Herrn Schneider rot unterstrichen ist. Was schließt er hieraus?
7. 10 Tage nach Eröffnung seines Brennstoffhandels ließ sich Herr Arendt als Kaufmann ins Handelsregister eintragen. 3 Jahre später ließ er die Prokura von Herrn Schneider eintragen.
   a) Haben diese Eintragungen konstitutive oder deklaratorische Wirkung?
   b) Erläutern Sie die Begriffe ,,konstitutiv'' und ,,deklaratorisch''.
   c) Nennen Sie andere Eintragungen mit deklaratorischem bzw. konstitutivem Charakter.
8. Erläutern Sie den Satz: ,,Das Handelsregister genießt einen beschränkten öffentlichen Glauben.''
9. Dem Prokuristen Ferdinand Unter wurde am 20. 04. vom Firmeninhaber Eberhard Pateron die Prokura durch mündliche Erklärung entzogen. Die Löschung im Handelsregister erfolgte auf Antrag von Herrn Pateron am 22. 04. Am 21. 04. bestellte Herr Unter bei der Firma Egon Reinert noch schnell für 20000,— DM Seife, die für die eigene Firma völlig nutzlos war, zur sofortigen Lieferung. Der Lkw mit der Seife trifft noch am selben Tag ein. Herr Pateron, völlig außer sich, lehnt die Annahme ab. Reinert besteht jedoch auf Abnahme, da ein rechtsgültiger Kaufvertrag zustandegekommen sei.
   a) Ist Reinert oder Pateron im Recht?
   b) Wie beurteilen Sie den Sachverhalt, wenn Unter bei seinem Telefonat mit der Verkaufsabteilung von Reinert durchblicken ließ, daß ihm zwar die Prokura entzogen worden sei, er jedoch vor der Eintragung ins Handelsregister noch schnell dieses ,,wichtige'' Geschäft tätigen müsse?

4 Einzelunternehmung und Gesellschaftsunternehmung

Das Amtsgericht in Köln erhält am 13. Mai 19.. folgendes Schreiben (Auszug):

Umwandlung

Durch Aufnahme von Herrn Franz Schneider, Kaufmann, Poststr. 8, 5000 Köln 1, als vollhaftenden Gesellschafter wandeln wir mit Wirkung vom 15. Mai 19.. die Einzelunternehmung Emil Schneider - bisheriger Inhaber: Emil Schneider, Kaufmann, Immermannstr. 19, 5000 Köln 1 - in eine Offene Handelsgesellschaft mit der Firma

Emil Schneider & Co.

um.

Der Sitz der Gesellschaft bleibt in 5000 Köln 1, Immermannstr. 19, Geschäftsgegenstand ist weiterhin die Fertigung von Maschinenschrauben.

Wir beantragen die Eintragung ins Handelsregister.

Unternehmungen können in verschiedenen Rechtsformen betrieben werden. Jede Rechtsform stellt einen gesetzlich beschriebenen Rahmen dar, in dem sich die Unternehmung entfalten darf. Sie ist die rechtliche Verfassung der Unternehmung.

4.1 Rechtsform der Einzelunternehmung

Die *Einzelunternehmung* ist ein Unternehmen im Eigentum eines einzelnen Inhabers, der die Firma nach außen vertritt und die Geschäfte führt.

Vor- und Nachteile der Einzelunternehmung	
Vorteile	**Nachteile**
– Der Einzelunternehmer hat die alleinige Entscheidungsbefugnis. Dies ermöglicht schnelle Entscheidungen und rasche Reaktionen auf neue Gegebenheiten. – Meinungsverschiedenheiten sind ausgeschlossen. – Der Einzelunternehmer muß seinen Gewinn nicht teilen.	– Der Einzelunternehmer muß das Eigenkapital allein aufbringen (begrenzte Finanzierungsmöglichkeiten). Dies kann notwendige oder gewünschte Betriebserweiterungen verhindern. – Der Einzelunternehmer trägt das Verlustrisiko allein. – Der Einzelunternehmer haftet auch mit seinem Privatvermögen für die Unternehmensschulden. – Die Gefahr von Fehlentscheidungen ist größer als bei Gesellschaftsunternehmen.

Die Einzelunternehmung steht und fällt mit der Persönlichkeit, Initiative, Risikobereitschaft und Anpassungsfähigkeit des Unternehmers. Daher ist sie die Rechtsform für Persönlichkeiten, die sich durchsetzen können und ihre eigenen Ideen verwirklichen wollen. Zahlenmäßig überwiegt die Einzelunternehmung gegenüber den anderen Rechtsformen in der Bundesrepublik Deutschland. Es handelt sich überwiegend um mittelständische Betriebe mit weniger als fünf Beschäftigten.

4.2 Gründe für die Bildung von Gesellschaftsunternehmungen

Gesellschaftsunternehmungen entstehen in der Regel durch den vertraglichen Zusammenschluß von zwei oder mehreren Personen zur Erreichung eines gemeinsamen Zweckes. Eine Ausnahme stellt die „Ein-Mann-GmbH" dar[1]).

Die Gründung von Gesellschaftsunternehmungen wird notwendig, wenn das Eigenkapital einer Person für die geplante Betriebsgröße nicht ausreicht oder wenn die unternehmerische Mitarbeit mehrerer Personen erforderlich ist.

Vielfach werden aus unterschiedlichen Gründen auch Einzelunternehmungen in Gesellschaftsunternehmungen umgewandelt:

- Notwendigkeit neuer Mitarbeiter wegen Krankheit, Alter, Tod des Unternehmers;
- Notwendigkeit neuer Fachleute oder Führungskräfte;
- Aufnahme von Familienmitgliedern (Sohn, Tochter);
- Kapitalzuführung durch neue Gesellschafter;
- Vergrößerung der Kreditbasis durch Vergrößerung des haftenden Eigenkapitals;
- Risikoverteilung auf mehrere Gesellschafter;
- Beschränkung der Haftung auf das eingebrachte Kapital (bei GmbH und AG);
- Vergrößerung der Marktmacht durch Zusammenschluß mehrerer Unternehmen.

---

[1]) vgl. S. 473

4.3 Überblick über die Gesellschaftsunternehmungen

Vertragliche Verbindungen, die Personen zur Erfüllung eines gemeinsamen Zweckes eingehen, heißen *Vereinigungen*.

Vereinigungen können die Form von Gesellschaften oder von Vereinen haben.

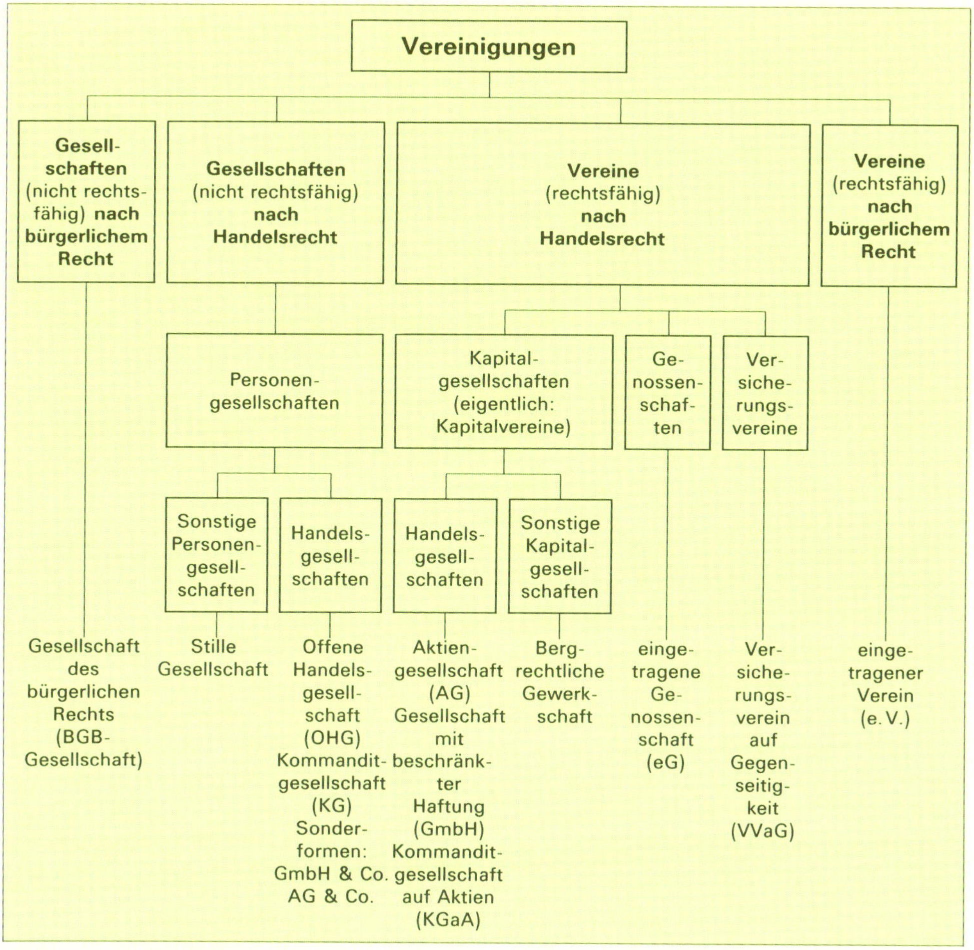

Eigenschaften von Gesellschaften und Vereinen

Gesellschaften	Vereine
– Nicht die Gesellschaft, sondern die **Gesellschafter** sind **rechtsfähig**.	– Der **Verein selbst** ist juristische Person und damit **rechtsfähig.** Das aufgebrachte Vermögen ist „verselbständigt".
– Die Gesellschaft ist **nicht** von vornherein **auf wechselnden Mitgliederbestand** ausgerichtet.	– Der Verein ist von vornherein auf **wechselnden Mitgliederbestand** ausgerichtet.
– Die **Gesellschafter** selbst nehmen die nötigen **Handlungen** für die Gesellschaft vor.	– Der Verein handelt nicht durch seine Mitglieder, sondern er hat eine „abstrakte Organisation", d. h. er **handelt durch** selbständige **Organe.**

Die **Gesellschaft des bürgerlichen Rechts** unterliegt den Bestimmungen des BGB, die **Gesellschaften des Handelsrechts** denen des HGB. Bei den sogenannten Handelsgesellschaften sind die vollhaftenden Gesellschafter Vollkaufleute.	Der **eingetragene Verein** ist nicht auf einen wirtschaftlichen Zweck ausgerichtet (Idealverein). Er unterliegt den Bestimmungen des BGB. Seine Organe sind der Vorstand und die Mitgliederversammlung. Er wird ins Vereinsregister beim Amtsgericht eingetragen. Die Kapital„gesellschaften" (eigentlich richtiger: Kapitalvereine), Genossenschaften und Versicherungsvereine auf Gegenseitigkeit gehören zu den **wirtschaftlichen Vereinen:** Sie sind auf einen wirtschaftlichen Geschäftsbetrieb ausgerichtet. Sie unterliegen dem Handelsrecht (HGB) und Sondergesetzen. Sie werden ins Handelsregister bzw. ins Genossenschaftsregister eingetragen. Sie sind **Vollkaufleute.**

Da man (nicht ganz korrekt) die Kapitalvereine auch als **Kapitalgesellschaften** bezeichnet, stellt man ihnen zur deutlicheren Unterscheidung die eigentlichen Gesellschaften unter dem Begriff **Personengesellschaften** gegenüber.

Wird eine Unternehmung in der Rechtsform einer bestimmten Personengesellschaft oder Kapitalgesellschaft oder einer Genossenschaft oder eines Versicherungsvereins geführt, so liegt eine *Gesellschaftsunternehmung* vor.

Bei der Gründung einer Gesellschaftsunternehmung regeln die Gesellschafter ihre Rechte und Pflichten in einem **Gesellschaftsvertrag.** Darin sollten zumindest Abmachungen enthalten sein über

- die Höhe der Kapitalbeteiligung (Einlagen),
- die Verteilung von Gewinn und Verlust,
- die Berechtigung zur Geschäftsführung und zur Vertretung der Gesellschaft,
- die Haftung der Gesellschafter,
- die Dauer der Gesellschaft bzw. die Auflösung und Kündigung.

Der Gesellschaftsvertrag einer Kapitalgesellschaft heißt **„Satzung"**, der einer Genossenschaft **„Statut"**.
Soweit die Gesetze nicht zwingende Vorschriften enthalten, sind die Gesellschafter in ihren Vereinbarungen frei. Solche zwingenden Vorschriften beziehen sich vor allem auf die Haftung und auf das Recht zur Geschäftsführung und Vertretung der Gesellschaft.

Geschäftsführung und Vertretungsbefugnis	
Geschäftsführung Sie betrifft das **Innenverhältnis** der Unternehmung: Wer die Geschäfte führt, ist den anderen Gesellschaftern gegenüber zur Vornahme aller Handlungen berechtigt, die der gewöhnliche Betrieb des Handelsgewerbes mit sich bringt.	**Vertretungsbefugnis** Sie betrifft das **Außenverhältnis** der Unternehmung: Wer die Vertretungsmacht hat, ist berechtigt, Dritten gegenüber rechtswirksame Willenserklärungen abzugeben, durch die die Unternehmung berechtigt oder verpflichtet wird.

Grundsätzlich gilt: Nur wer für die Schulden der Unternehmung voll – mit seiner Einlage und mit seinem privaten Vermögen – haftet, ist auch automatisch berechtigt, die Geschäfte zu führen und die Gesellschaft zu vertreten. Dies zeigt sich deutlich bei der Unterscheidung zwischen Personen- und Kapitalgesellschaften, die in den folgenden Kapiteln behandelt werden:

Personen- und Kapitalgesellschaften
Personengesellschaften Nicht die Gesellschaft ist rechtsfähig, sondern nur die Gesellschafter sind es. Folge: Die Gesellschafter haften als natürliche Personen für die Schulden der Gesellschaft. Mindestens ein Gesellschafter muß mit seinem gesamten Vermögen haften. Folge: Nur vollhaftende Gesellschafter führen die Geschäfte und vertreten die Unternehmung. Dies bedingt ein enges persönliches Verhältnis zwischen den Gesellschaftern.
Kapitalgesellschaften Die Gesellschaft selbst ist rechtsfähig. Sie ist eine juristische Person. (Das aufgebrachte Vermögen ist „verselbständigt".) Folge: Die Gesellschaft haftet nur mit ihrem eigenen Vermögen, also mit den Einlagen der Gesellschafter, für ihre Schulden. Es gibt keine vollhaftenden Gesellschafter. Folge: Nicht die Gesellschafter, sondern ein eigens hierfür gebildetes Organ führt die Geschäfte und vertritt die Unternehmung. Nicht die persönliche Arbeitsteilung, sondern die Kapitalbeteiligung steht im Vordergrund.

Man erkennt, daß die Wahl der richtigen Rechtsform von großer Bedeutung ist für

- die **Haftung** der Gesellschafter,
- die **Geschäftsführung,**
- die **Vertretung** der Gesellschaft.

Darüber hinaus hat die gewählte Rechtsform Einfluß auf

- die Möglichkeit der **Beschaffung von Eigen- und Fremdkapital,**
- die **Verteilung von Gewinn und Verlust,**
- die **Besteuerung** der Unternehmung und der Gesellschafter,
- die **Publizitätspflicht** (Pflicht zur Veröffentlichung des Jahresabschlusses),
- die **Anzahl der Gesellschafter.**

Kontrolle des Lernerfolgs

1. Folgende Vereinigungen sind gegeben:
BGB-Gesellschaft, stille Gesellschaft, OHG, KG, AG, GmbH, KGaA, eG, VVaG, e.V.
   a) Was bedeuten die Abkürzungen?
   b) Welche dieser Vereinigungen sind juristische Personen?
   c) Welche dieser Vereinigungen haben selbst die Kaufmannseigenschaft (Formkaufmann)?
   d) Welche dieser Vereinigungen unterliegen dem Handelsrecht?
   e) Welche dieser Vereinigungen sind Personengesellschaften?
   f) Welche dieser Vereinigungen sind Kapitalgesellschaften?
   g) Welche dieser Vereinigungen sind Handelsgesellschaften?

2. Betrachten Sie den Brief auf Seite 453.
   a) Welche Gründe könnten den Inhaber veranlaßt haben, seine Einzelunternehmung in eine Gesellschaftsunternehmung umzuwandeln?
   b) Welche Vorteile könnte er erzielen, welche Nachteile müßte er gegebenenfalls in Kauf nehmen?
   c) Wandelt er seine Unternehmung in eine Personengesellschaft oder in eine Kapitalgesellschaft um?
   d) Was bedeutet dies im Hinblick auf die Haftung, die Geschäftsführungsbefugnis und die Vertretungsbefugnis?

5 Personengesellschaften[1])

5.1 Offene Handelsgesellschaft (OHG)

(HGB §§ 105–160)

Gesellschaftsvertrag

zwischen

Emil Schuster, Kaufmann, Hermesstr. 16, 4000 Düsseldorf

und

Ernst Obermann, Kaufmann, Grabengasse 37, 4000 Düsseldorf.

Es wird vereinbart:

1. Wir errichten unter der Firma

   Schuster & Obermann – Schraubenfabrik

   eine Offene Handelsgesellschaft mit Sitz in Düsseldorf, Stahlstr. 2 – 5.

2. Der Zweck der Gesellschaft ist die Fabrikation von Maschinenschrauben.

3. Die Gesellschaft beginnt am 1. April 19.. .

4. Herr Schuster bringt eine Einlage von 2 865 000,00 DM gemäß beiliegendem Inventarverzeichnis ein.
   Herr Obermann bringt eine Einlage von 754 000,00 DM gemäß beiliegendem Inventarverzeichnis ein. Er leistet außerdem bis zum 1. Juni 19.. eine Bareinlage von 700 000,00 DM auf das Konto 471 112 bei der Stadtsparkasse Düsseldorf.

5. Zur Geschäftsführung und Vertretung sind die Gesellschafter einzeln ermächtigt.

6. Vom Jahresbeginn werden 50 % im Verhältnis der zum jeweiligen Zeitpunkt bestehenden Kapitaleinlagen verteilt. Der Rest wird zur Hälfte aufgeteilt. Die gleiche Regelung gilt für einen Verlust.

7. Kündigt ein Gesellschafter, so kann der andere Gesellschafter das Geschäft mit allen Aktiva und Passiva übernehmen. Er muß dem ausscheidenden Gesellschafter den Kapitalanteil auszahlen, der sich aus der Auseinandersetzungsbilanz zum Tag der Auflösung ergibt. Von diesem Betrag sind 20 % sofort, 40 % nach einem Jahr und 40 % nach 2 Jahren zuzüglich 5 % Zinsen fällig.

Düsseldorf, den 15. März 19..

(Emil Schuster) (Ernst Obermann)

[1]) Die GmbH & Co. und AG & Co. werden des besseren Verständnisses wegen erst im Anschluß an die Kapitalgesellschaften behandelt.

Die *OHG* ist eine Unternehmung, die von mindestens zwei Gesellschaftern durch Vertrag gegründet wird. Die Gesellschafter betreiben ein Handelsgewerbe unter einer gemeinsamen Firma. Jeder von ihnen haftet für Schulden der Gesellschaft mit seinem betrieblichen und seinem privaten Vermögen.

Merkmale der OHG
Gründung, Firma Es sind **mindestens zwei Gesellschafter** erforderlich. Dies können natürliche Personen, juristische Personen und Handelsgesellschaften sein. Die Gründung erfolgt durch einen **Gesellschaftsvertrag,** in dem die besonderen Rechte und Pflichten der einzelnen Gesellschafter festgelegt werden. Für den Vertrag ist keine Form vorgeschrieben; üblich ist jedoch der schriftliche Vertrag. Die OHG erhält eine **Personenfirma.** Entweder werden alle Namen der Gesellschafter (Vornamen sind nicht notwendig) angegeben, oder dem Namen eines Gesellschafters wird ein entsprechender Zusatz beigefügt (z. B. OHG, & Co., & Cie, & Sohn, Gebrüder). Die Gesellschafter müssen die OHG in das **Handelsregister** eintragen lassen. Die Gesellschaft beginnt mit Geschäftsaufnahme, wenn sie ein Grundhandelsgewerbe betreibt, ansonsten mit der Eintragung ins Handelsregister.
Kapitaleinlage Jeder Gesellschafter ist verpflichtet, die vereinbarte, ansonsten eine gleich hohe Kapitaleinlage zu erbringen. Diese Einlage kann erfolgen in bar, in Sachwerten (z. B. Grundstücke, Gebäude, Maschinen, Fahrzeuge) oder in Rechtswerten (z. B. Patente). Die Einlagen werden zwar auf getrennten Kapitalkonten verbucht, werden aber gemeinsames Vermögen („Vermögen zur gesamten Hand").
Rechte und Pflichten der Gesellschafter Die besonderen Rechte und Pflichten ergeben sich aus dem Gesellschaftsvertrag. Ohne besondere Vereinbarung gelten die Vorschriften des HGB: - Recht auf Geschäftsführung und Vertretung der Gesellschaft (Beschränkung auf bestimmte Gesellschafter möglich), - Recht auf Gewinnanteil und Privatentnahmen, - Recht auf Kündigung und Anteil am Liquidationserlös, - Pflicht zur Erbringung der Einlage, - Pflicht zur Geschäftsführung, - Haftpflicht, - Pflicht zum Tragen des Verlustanteils, - Konkurrenzverbot.
Geschäftsführung Jeder Gesellschafter ist allein zur Geschäftsführung innerhalb der Gesellschaft berechtigt **(Einzelgeschäftsführungsbefugnis).** Dies gilt allerdings nur für Handlungen, die der Betrieb gewöhnlich mit sich bringt (z. B. Einkauf, Warenverkauf, Zahlungsverkehr, Personaleinstellungen und -entlassungen) und wenn kein anderer geschäftsführender Gesellschafter widerspricht. Außergewöhnliche Handlungen (z. B. Grundstückskauf, Einrichtung einer Filiale, Bestellung eines Prokuristen) bedürfen der Zustimmung aller Gesellschafter. Jeder Gesellschafter ist zur Geschäftsführung nicht nur berechtigt, er ist dazu verpflichtet. Das Gesetz sieht also vor, daß jeder Gesellschafter in der OHG seine Arbeitskraft zur Verfügung stellt. Vertraglich können aber Gesellschafter von der Geschäftsführung ausgeschlossen werden.

Vertretung

Jeder Gesellschafter ist allein zur Vertretung der OHG (nach außen) berechtigt **(Einzelvertretungsbefugnis).** Hier gibt es also keine Unterscheidung von gewöhnlichen und außergewöhnlichen Handlungen. Verträge, die ein einzelner Gesellschafter für die OHG abschließt, sind also bindend, es sei denn, im Handelsregister seien besondere Regelungen der Vertretungsbefugnis vermerkt. Mögliche Änderungen sind:

- Die Gesellschafter dürfen die Firma nur gemeinsam vertreten.
- Einzelne Gesellschafter sind von der Vertretungsmacht ausgeschlossen.
- Ein Gesellschafter mit Einzelvertretungsbefugnis kann nur zusammen mit einem Prokuristen die Firma vertreten.

Aus wichtigem Grund (grobe Pflichtverletzung, Unfähigkeit zur ordentlichen Geschäftsführung bzw. Vertretung) können die Geschäftsführungsbefugnis und/oder die Vertretungsbefugnis einem Gesellschafter auf Antrag der übrigen Gesellschafter durch Gerichtsbeschluß entzogen werden.

Gewinnanteil und Privatentnahmen

Jeder Gesellschafter hat das Recht auf Anteil am erwirtschafteten Gewinn. Bei ausreichendem Gewinn erhält jeder Gesellschafter zunächst 4% auf seine **Kapitaleinlage.** Der Gewinnrest wird **nach Köpfen** aufgeteilt. Die Gesellschaftsverträge sehen oft andere Regelungen vor.

Beispiel: Jahresgewinn: 79000,— DM (=19,75% vom Gesamtkapital)

Gesellschafter	Kapitaleinlage (DM)	4% vom Kapital (DM)	Rest nach Köpfen (DM)	Gewinnanteil (DM)
A	100000,—	4000,—	21000,—	25000,—
B	80000,—	3200,—	21000,—	24200,—
C	220000,—	8800,—	21000,—	29800,—
Summe	400000,—	16000,—	63000,—	79000,—

Der Gewinnanteil wird jedem Gesellschafter auf dessen Kapitalkonto gutgeschrieben. Der Gewinn erhöht also die Kapitaleinlage eines Gesellschafters.
Privatentnahmen sind während des Geschäftsjahres jederzeit bis zu 4% der Kapitaleinlage möglich. Dies gilt auch, wenn die OHG einen Jahresverlust gemacht hat.

Verlustanteil

Macht die OHG in einem Geschäftsjahr Verlust, so wird der Verlust (im Gegensatz zur Gewinnaufteilung) **nach Köpfen** aufgeteilt. Der Verlustanteil wird dem Kapitalkonto des jeweiligen Gesellschafters belastet. Die Gesellschaftsverträge sehen oft andere Regelungen vor.

Haftung

Jeder der Gesellschafter haftet mit seinem betrieblichen und seinem privaten Vermögen (Vollhafter) als Gesamtschuldner. Auch wenn im Gesellschaftsvertrag etwas anderes festgelegt wurde, ist dies gegenüber Dritten (also den Gläubigern) unwirksam.

Die Haftung eines Gesellschafters ist deshalb

- **unbeschränkt**
  (Er haftet mit seinem ganzen Vermögen.)
- **unmittelbar (direkt)**
  (Jeder Gläubiger kann seine Forderungen gegen die Gesellschaft oder unmittelbar gegen einen oder mehrere Gesellschafter richten.)
- **solidarisch (gesamtschuldnerisch)**
  (Jeder Gesellschafter haftet auch allein für die gesamten Schulden der Gesellschaft. Er haftet für die anderen Gesellschafter mit. Richtet ein Gläubiger gegen einen der Gesell-

schafter seine Forderungen, so hat dieser gegenüber den anderen Gesellschaftern einen Ausgleichsanspruch.
Tritt ein Gesellschafter in eine bestehende OHG ein, so haftet die Gesellschaft gegenüber Dritten auch für schon bestehende Gesellschaftsschulden.[1]))
Diese gesetzlichen Haftungsbestimmungen können nicht vertraglich abgeändert werden.

Kündigung und Auflösung

Kündigt ein Gesellschafter (mindestens 6 Monate vor Geschäftsjahresabschluß), so wird die OHG aufgelöst, es sei denn, der Gesellschaftsvertrag sieht anderes vor. Dasselbe gilt sinngemäß für den Tod eines Gesellschafters. Überdies kann die OHG aufgelöst werden durch Beschluß der Gesellschafter, wenn die durch Vertrag vereinbarte Zeit abgelaufen ist, durch Eröffnung des Konkurses über das Vermögen der Gesellschaft oder eines Gesellschafters sowie durch gerichtliche Entscheidung. (Die gerichtliche Entscheidung setzt einen wichtigen Grund voraus; das ist vor allem eine vorsätzliche oder grob fahrlässige Pflichtverletzung eines Gesellschafters.)

Liquidationsanteil

Wird die OHG aufgelöst, so wird der Liquidationserlös im Verhältnis der Kapitalanteile aufgeteilt.

Konkurrenzverbot (Wettbewerbsverbot)

Kein Gesellschafter darf ohne Einwilligung der anderen Gesellschafter in **derselben Branche eigene Geschäfte** machen oder sich als persönlich haftender Gesellschafter beteiligen. Geschieht dies doch, so haben die übrigen Gesellschafter ein Recht auf Schadenersatz. Sie können ihn aus der OHG ausschließen.

Die OHG ist eine Unternehmungsform, die in der Regel den vollen Einsatz der Gesellschafter und ein großes Vertrauen untereinander fordert. Sie ist leicht zu gründen, da ein Mindestkapital nicht vorgeschrieben ist. Wegen der Vollhaftung der Gesellschafter ist sie im allgemeinen sehr kreditwürdig. Sie ist aus diesen Gründen für kleinere und mittlere Betriebe besonders geeignet.

5.2 Kommanditgesellschaft (KG)

(HGB §§ 161–177)

Der alte Einzelunternehmer Franz Weiß hat drei Kinder: Ein Sohn ist Prokurist im Geschäft, ein Sohn ist Arzt mit eigener Praxis, eine Tochter ist Geologin.
Herr Weiß möchte die Unternehmung an seine Kinder vererben. Die Umwandlung in eine OHG wäre jedoch ungünstig: Der Mediziner und die Tochter sind geschäftsunkundig und möchten auch nicht mit ihrem ganzen Vermögen für ein Geschäft haften, das sie nicht führen können. Hier bietet sich die Rechtsform der KG an.

Die *KG* ist wie die OHG eine Gesellschaft, in der die Gesellschafter unter gemeinsamer Firma ein Handelsgewerbe betreiben. Mindestens ein Gesellschafter ist *Komplementär* (Vollhafter), der mit seinem gesamten Vermögen haftet, und mindestens ein Gesellschafter ist *Kommanditist* (Teilhafter), der nur mit seiner Einlage haftet.

---

[1]) vgl. S. 448

Merkmale der KG
Gründung, Firma Die Gründung erfolgt **wie bei der OHG**: Ihre Form ist nicht vorgeschrieben. Sie erfolgt aber meist schriftlich. Die Gesellschaft beginnt sofort, wenn sie ein Grundhandelsgewerbe betreibt, ansonsten mit der Eintragung ins Handelsregister (wie OHG). Alle Gesellschafter müssen die KG zum Handelsregister anmelden. Namen und Einlagenhöhe der Kommanditisten werden eingetragen. Die Firma der KG ist eine Personenfirma und kann äußerlich der Firma der OHG gleichen. Sie darf aber nur **Namen von Vollhaftern** enthalten, eventuell mit dem Zusatz KG. Auch eine juristische Person (meist eine GmbH) kann Vollhafter sein. Es entsteht so eine GmbH & Co. KG[1]).
Kapitaleinlage Die Gesellschafter haben die **Einlagepflicht** nach Vertrag (wie OHG). Jede Veränderung der Einlage von Kommanditisten ist zum Handelsregister anzumelden. Die Kommanditeinlagen gehen wie die Einlagen der Komplementäre in das Gesellschaftsvermögen über, werden aber getrennt gebucht.
Rechte und Pflichten der Komplementäre Die Komplementäre haben im wesentlichen die gleichen Rechte und Pflichten **wie die OHG-Gesellschafter** (Geschäftsführung, Vertretung, Privatentnahmen, Haftung, Konkurrenzverbot). Besonderheiten bei Gewinn und Verlust.
Rechte und Pflichten der Kommanditisten **Die Kommanditisten haben weder das Recht noch die Pflicht zur Geschäftsführung und Vertretung** (zwingende Vorschrift!). Sie können aber Prokuristen werden. Entgegen HGB § 52 kann ihnen die Prokura nur aus wichtigem Grund entzogen werden. Die Kommanditisten sind nicht zur Mitarbeit im Betrieb verpflichtet und unterliegen nicht dem **Wettbewerbsverbot.** Sie dürfen aber nichts unternehmen, was die KG direkt schädigt (Treuepflicht). Die Teilhafter haben das Recht auf **Gewinnanteil.** Sie erhalten wie die Vollhafter zunächst 4% der Kapitaleinlage. Ein Gewinnrest wird unter Voll- und Teilhafter in „angemessenem Verhältnis" verteilt. Am **Verlust** sind die Teilhafter ebenfalls in angemessenem Verhältnis (bis zur Höhe ihrer Einlage) beteiligt. Um Streitigkeiten zu vermeiden, sollten im Gesellschaftsvertrag genaue Abmachungen erfolgen. Nicht entnommene Gewinnanteile wachsen der Kommanditeinlage nicht zu, sondern sind Verbindlichkeiten der KG. Die Kommanditisten haben **kein Recht auf Privatentnahme.** Die Kommanditisten haben ein **Informationsrecht:** Sie können am Schluß des Geschäftsjahres eine Abschrift der Bilanz verlangen und zur Prüfung die Bücher einsehen. Die Kommanditisten haben ein **Recht auf Widerspruch** bei außergewöhnlichen Geschäften. Die Kommanditisten haben das **Kündigungsrecht:** Jeder Teilhaber kann mit sechsmonatiger Frist zum Ende des Geschäftsjahres kündigen.
Kündigung, Auflösung Kündigung und Auflösung vollziehen sich wie bei der OHG. Beim Tod eines Kommanditisten erfolgt jedoch keine Auflösung. Seine Erben werden an seiner Stelle Kommanditisten.

[1]) Das Verständnis der GmbH & Co. KG setzt Kenntnisse über die Kapitalgesellschaften voraus. Sie wird, obwohl sie eine Personengesellschaft ist, deshalb erst im Anschluß an die Kapitalgesellschaften behandelt (vgl. S. 475).

Dem Vollhafter ermöglicht die **Aufnahme von Kommanditisten** die Erhöhung des Eigenkapitals, ohne dem Geldgeber Einfluß auf die Leitung einzuräumen und ohne den Betrieb mit Zinsen zu belasten. Für den Kommanditisten kann es angenehm sein, sich an der Gesellschaft zu beteiligen, ohne Arbeitskraft einzusetzen und voll zu haften. Andererseits ist das Risiko ziemlich groß. Deshalb sind erhebliche Gewinnerwartungen notwendig, um Kommanditeinlagen zu erhalten.

Die KG eignet sich deshalb ihrer Struktur nach besonders für **Familiengesellschaften,** etwa indem ein Vater einen vollberechtigten Partner aufnimmt, während die übrigen Kinder Kommanditisten werden.

5.3 Stille Gesellschaft

(HGB §§ 230–237)

Die Werkzeuggroßhandlung Friedhelm Bach braucht dringend eine „Finanzspritze". Zwar laufen die Geschäfte gut, aber gerade deshalb müßte der Geschäftsumfang erweitert werden. Herr Bach könnte einen Kredit oder einen Gesellschafter aufnehmen. Er überlegt:

Nachteile eines Kredits: - Er kostet Zinsen. - Er haftet nicht. - Er muß zurückgezahlt werden.	**Vorteile eines Gesellschafters:** - Er nimmt an Gewinn und Verlust teil. - Er haftet. - Er verlangt keine Rückzahlung der Einlage.
Vorteil eines Kredits: - Er bewirkt keine Mitbestimmung anderer Personen.	**Nachteil eines Gesellschafters:** - Er will über die Geschäfte der Gesellschaft mitbestimmen.

Aber Herr Bach findet noch einen anderen Weg, der einen gewissen Kompromiß zwischen den Vor- und Nachteilen darstellt: Sein Freund Dieter Spranger bietet sich als stiller Teilhaber an.

Durch die Aufnahme eines **stillen Teilhabers** bleibt die **Firma unverändert.** Die Gesellschaft ist also nach außen nicht zu erkennen (sog. Innengesellschaft). Name und Beteiligung des stillen Teilhabers werden nicht ins Handelsregister eingetragen. Seine Einlage geht in das Vermögen des Geschäftsinhabers über. Dafür ist der stille Teilhaber angemessen (Gesellschaftsvertrag!) am Gewinn zu beteiligen. Eine **Verlustbeteiligung** kann bis zur Höhe der Einlage vereinbart werden. Wird sie ausgeschlossen, so kann der stille Teilhaber im Konkursfall sogar seine Einlage voll als Konkursforderung geltend machen. Auf diese Weise wird die stille Einlage eine Art Darlehen mit Gewinnbeteiligung. Bei Auflösung der Gesellschaft erfolgt wie bei der OHG eine Auseinandersetzung. Beim Tode des stillen Teilhabers wird die Gesellschaft nicht aufgelöst, sondern die Einlage wird vererbt.

Der stille Teilhaber kann lediglich die Jahresbilanz anhand der Geschäftsbücher prüfen. Er hat kein Recht auf Geschäftsführung und Vertretung, nicht einmal ein Widerspruchsrecht bei außergewöhnlichen Handlungen, und kein Recht auf Privatentnahmen.

5.4 Gesellschaft des bürgerlichen Rechts (BGB-Gesellschaft)

(BGB §§ 705 ff.)

Stellen Sie sich folgende Fälle vor:
1. Mehrere Personen finanzieren gemeinsam einen Ausflug.
2. Mehrere Personen bilden eine Lottogemeinschaft.
3. Zwei Unternehmen wollen gemeinsam ein Bauprojekt durchführen.
4. Zwei Rechtsanwälte unterhalten gemeinsam eine Praxis.
5. Zwei Minderkaufleute betreiben gemeinsam einen Kiosk.

In all diesen Fällen schließen sich Personen dauernd oder vorübergehend zur Erreichung eines bestimmten Zieles zusammen. Sie bilden dann eine BGB-Gesellschaft.

Auch der Zusammenschluß von Minderkaufleuten ist eine BGB-Gesellschaft, da Minderkaufleute keine Handelsgesellschaft bilden können.

Vollkaufleute wiederum können für den gemeinsamen Betrieb ihres Handelsgewerbes keine BGB-Gesellschaft, sondern nur Gesellschaften nach Handelsrecht bilden. Verträge zwischen Unternehmen zur Bildung von Interessengemeinschaften oder Arbeitsgemeinschaften[1]) begründen hingegen BGB-Gesellschaften.

- Die BGB-Gesellschaft hat **keine Firma**, wird nicht ins Handelsregister eingetragen und zahlt keine Gewerbesteuer.
- Das Gesellschaftsvermögen ist **gemeinschaftliches Vermögen.**
- **Geschäftsführung und Vertretung** werden mangels anderer Abmachungen gemeinsam bewirkt.
- Die Gesellschafter **haften** voll mit ihrem **Privatvermögen** als Gesamtschuldner.
- Die Gesellschaft hat **keine eigene Rechtspersönlichkeit.**
- Mangels anderer Abmachungen erhalten alle Gesellschafter den **gleichen Anteil** an Gewinn und Verlust.
- Bei **Auflösung** der Gesellschaft (z. B. bei Kündigung, Tod) erfolgt eine Auseinandersetzung.

[1]) vgl. S. 482

Kontrolle des Lernerfolgs

1. Der Umsatz der Konservenfabrik Axel Feist hat sich so vergrößert, daß der Inhaber es für zweckmäßig hält, den Betrieb zu erweitern. Sein technischer Mitarbeiter Herr Düren könnte ein geeignetes Grundstück einbringen und einen nennenswerten Barbetrag zur Verfügung stellen. Herr Feist bietet Herrn Düren die Aufnahme als Gesellschafter an. Der Gesellschaftsvertrag sieht unter anderem folgende Bestimmungen vor:

I. Herr Feist nimmt Herrn Düren als Gesellschafter in sein Unternehmen auf. Die hierdurch entstandene OHG wird unter der Firmenbezeichnung „Axel Feist" weitergeführt.

II. Herr Feist bringt in die OHG seinen Betrieb ein, und zwar so, wie er bis zum 31. Dezember 01 geführt wurde. Der Einbringung wird die berichtigte Bilanz zum 31. Dezember 01 zugrunde gelegt. Das darin ausgewiesene Eigenkapital beträgt 480000,— DM
Herr Düren bringt sein Grundstück Jahnstr. 12 ein. Der Wert wird mit 178000,— DM festgelegt. Außerdem leistet Herr Düren eine Bareinlage von 132000,— DM. Er haftet nicht für die bisherigen Verbindlichkeiten der Firma „Axel Feist".

III. Die OHG beginnt am 1. Januar 02. Sie soll zunächst bis zum 31. Dezember 11 bestehen. Das Gesellschaftsverhältnis verlängert sich anschließend jeweils um 1 Jahr, wenn es nicht von einem der beiden Gesellschafter mit neunmonatiger Frist gekündigt wird.

IV. Kündigt ein Gesellschafter, so ist der andere berechtigt, das Unternehmen ohne Liquidation zu übernehmen und unter der bisherigen Firma weiterzuführen.

V. Für die Gewinn- und Verlustverteilung sowie für die Verzinsung der Privatentnahmen und ausstehenden Einlagen gelten die gesetzlichen Bestimmungen.

a) Ist die vorgesehene Firma der Gesellschaft zulässig?
b) Welche Form erfordert dieser Gesellschaftsvertrag? Welche Form ist auf jeden Fall zweckmäßig?
c) Hat die Eintragung ins Handelsregister hier deklaratorische oder konstitutive Bedeutung?
d) Herr Düren ist kaufmännisch nicht vorgebildet. Machen Sie ihm den Unterschied zwischen der beschränkten und der unbeschränkten Haftung klar.
e) Geben Sie weitere Erläuterungen zur Haftung der beiden Gesellschafter.
f) Kann Herr Düren im Gesellschaftsvertrag die Haftung für die bei seinem Eintritt in die Gesellschaft bestehenden Verbindlichkeiten ausschließen? Nehmen Sie hierzu Stellung.
g) Das eingebrachte Grundstück geht in das Gesellschaftsvermögen ein. Welche rechtlichen Konsequenzen ergeben sich daraus für Herrn Düren?
h) Warum soll das Geschäft beim Ausscheiden eines Gesellschafters nicht automatisch liquidiert werden?
i) Herr Düren, der von Buchführung nichts versteht, überläßt Herrn Feist die Aufstellung der Bilanz der OHG zum Ende des ersten Geschäftsjahrs. Haftet er trotzdem für die Richtigkeit der Bilanz?
j) Herr Düren kann wider Erwarten bis zum 01. 01. 02 nicht den vollen Betrag von 132000,— DM flüssig machen. Die noch ausstehenden 45000,— DM kann er der OHG erst zum 30. 09. 02 zur Verfügung stellen. Im Jahre 02 werden folgende Privatentnahmen vorgenommen:
Herr Feist 1500,— DM, Herr Düren 800,— DM, jeweils am Monatsende.
Der Jahresgewinn für das Jahr 02 beträgt laut Gewinn- und Verlustrechnung 105000,— DM. Stellen Sie die Gewinnverteilungstabelle für das Jahr 02 auf.
k) Welche weiteren Punkte sollten nach Ihrer Ansicht noch im Gesellschaftsvertrag eingehend geregelt werden?

2. Herr Feist und Herr Düren nehmen nach Ablauf von 2 Jahren noch einen stillen Gesellschafter in ihre OHG auf. Er bringt 100 000,— DM ein.
   a) Welche Gründe könnten dazu führen, daß dieses Kapital nicht über einen Bankkredit beschafft wird?
   b) Ist der stille Gesellschafter am Vermögenszuwachs der Gesellschaft beteiligt?

3. Warum wird in Gesellschaftsverträgen oft festgelegt, daß beim Tod eines Gesellschafters seine Erben Kommanditisten werden?

4. Beschreiben Sie wesentliche Unterschiede zwischen einer OHG, einer KG und einer stillen Gesellschaft
   a) in der Haftungsfrage,
   b) im Recht auf Geschäftsführung und Vertretung,
   c) bei der Gewinnverteilung.

5. In Ihrer Tageszeitung finden Sie die folgenden Anzeigen:

Beteiligung

ab 50 000,— DM an bekanntem, ertragreichen Unternehmen der Autobranche, 9,5% bankverbürgte Verzinsung vor Gewinnverteilung. Kapitalaufstockung erfolgt zur Übernahme von neuen Betriebsstätten.

Stille Teilhaberschaft geboten

ab DM 150 000,— Kapitaleinlage. Festrendite 12% p.a. plus Bonus. Zuschr. unt. … ✉ RP Düsseldorf

   a) Um welche Unternehmungsformen handelt es sich?
   b) Welche Aussagen können Sie den Anzeigen entnehmen?
   c) Welche Informationen interessieren Sie darüber hinaus?
   d) Schreiben Sie einen Brief (ohne Anschrift) auf eine der beiden Anzeigen. Finanzielle Mittel stehen Ihnen aus einer Erbschaft in ausreichendem Maße zur Verfügung.

6 Kapitalgesellschaften

6.1 Aktiengesellschaft (AG)

(Aktiengesetz, AktG)

Die AG ist die wichtigste Rechtsform für das **Großunternehmen.** Sie nahm ihren Aufschwung im 19. Jahrhundert, als in der Zeit der großen Industrialisierung wenige Personen das notwendige Kapital für die großen Schiffahrts-, Eisenbahn-, Industrieunternehmungen, Versicherungen usw. nicht mehr aufbringen konnten. Man sammelte deshalb über die Banken von vielen (oft zigtausend) Personen Kapital und gab ihnen dafür Anteilscheine **(Aktien)** an der zu gründenden Unternehmung.

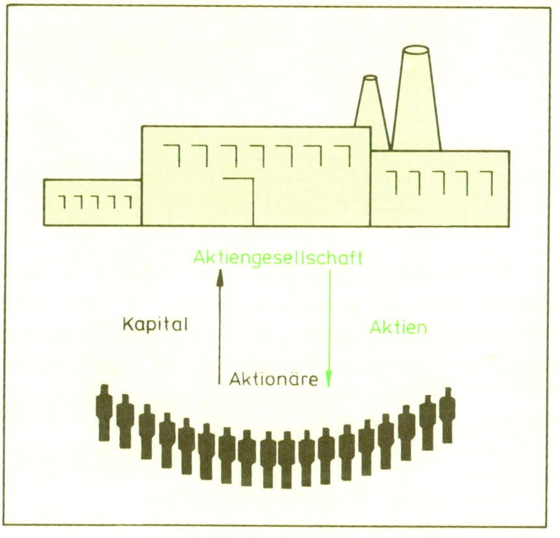

Der **Aktionär** als Eigentümer der Aktie ist Miteigentümer der Aktiengesellschaft. Der Aktionär ist in Höhe des **Nennwertes** (Nominalwertes) am Gesellschaftskapital beteiligt. Der Nennwert ist aufgedruckt. Er muß mindestens 50,— DM betragen. Aktien dürfen nicht „unter Nennwert" ausgegeben werden. Höhere Nennwerte müssen auf volle hundert DM lauten.

Der Aktionär kann jederzeit seine Aktie verkaufen. Der Preis, den er dafür erzielt, ergibt sich aus Angebot und Nachfrage. Er kann erheblich vom Nennwert abweichen. Man nennt ihn den **Kurswert** der Aktie.

Die Summe der Nennwerte aller Aktien bildet das **Grundkapital** der Aktiengesellschaft. Das Grundkapital muß mindestens 100000,— DM betragen[1]).

[1]) In der Bilanz der AG heißt das Grundkapital „Gezeichnetes Kapital".

Die *AG* ist eine Handelsgesellschaft, deren Grundkapital in Aktien zerlegt und von Aktionären aufgebracht ist. Sie ist eine eigene Rechtspersönlichkeit (juristische Person) und haftet gegenüber Dritten nur mit dem Gesellschaftsvermögen. Die Aktionäre haften der Gesellschaft nur mit dem Wert ihrer Aktien.

Merkmale der AG
Gründung, Firma Es sind mindestens **5 Gründer** erforderlich. Ein notariell beurkundeter Gesellschaftsvertrag (Satzung) muß aufgestellt werden. Die Gesellschaft erhält eine **Sachfirma** mit dem Zusatz „Aktiengesellschaft" (z. B. Volkswagenwerk AG). Bei der Umwandlung einer bestehenden Unternehmung in eine AG darf eine vorhandene Personenfirma beibehalten werden (z. B. Daimler-Benz AG). Die Gründer müssen die AG in das Handelsregister eintragen lassen. Die Eintragung hat konstitutive Wirkung: Mit ihr entsteht die AG als juristische Person und Vollkaufmann. **Mindestinhalt der Satzung (AktG § 23)** – Firma – Gesellschaftssitz – Gegenstand der Unternehmung – Höhe des Grundkapitals und Aktiennennwerte (gegebenenfalls die Arten von Aktien) – Zusammensetzung von Vorstand und Aufsichtsrat – Form der Bekanntmachungen der AG
Kapitaleinlagen Die Gründer sind die ersten Aktionäre. Sie übernehmen alle Aktien gegen Einlagen (Geldeinlagen oder Sacheinlagen). Werden die Aktien über dem Nennwert ausgegeben, so müssen sie auch das Aufgeld (Agio) einzahlen. Dieses fließt in die Kapitalrücklage.

Das **Eigenkapital** einer AG setzt sich zusammen aus:
- Gezeichnetem Kapital (= Grundkapital)
- Kapitalrücklage
- Gewinnrücklagen (gesetzliche Rücklage, Rücklage für eigene Anteile, satzungsmäßige Rücklagen, andere Gewinnrücklagen)
- Gewinn-/Verlustvortrag
- Jahresüberschuß/-fehlbetrag

Man unterscheidet folgende **Aktienarten:**

nach der Übertragbarkeit:
- **Inhaberaktien** sind die häufigste Form. Sie können durch einfache Übergabe übertragen werden (z. B. Verkauf, Schenkung). Der jeweilige Eigentümer ist sodann Anteilseigner.
- **Namensaktien** sind auf eine bestimmte Person ausgestellt und können nur durch Indossament übertragen werden. Der Aktiengesellschaft ist die Eigentumsübertragung zu melden. Die jeweiligen Aktionäre werden im Aktienbuch der Gesellschaft notiert.
- Die Satzung kann die Übertragung an die Zustimmung des Vorstands (oder auch an die des Aufsichtsrates oder der Hauptversammlung) binden **(vinkulierte**[1]) oder **gebundene Namensaktien).**

nach den Rechten aus dem Aktienbesitz:
- **Stammaktien** sind die Aktien, die dem Aktionär die normalen Rechte (siehe unten) einräumen.
- **Vorzugsaktien** räumen dem Aktionär besondere Rechte ein (z. B. Recht auf erhöhte Dividende (Gewinnanteil)). Im Gegenzug ist es möglich, solche Aktien ohne Stimmrecht in der Hauptversammlung zu versehen. Aktien mit mehreren Stimmen in der Hauptversammlung sind dagegen gesetzlich nicht erlaubt.

nach dem Ausgabetermin der Aktien:
- **Alte Aktien** sind die Aktien, die vor einer Grundkapitalerhöhung ausgegeben wurden. Die Aktionäre besitzen das Recht, in bestimmtem Umfang junge Aktien zu kaufen (Bezugsrecht).
- **Junge Aktien** sind die Aktien, die anläßlich einer Grundkapitalerhöhung ausgegeben werden.

Organe

Als juristische Person handelt die Aktiengesellschaft durch Organe. Sie hat drei Organe:
- Vorstand,
- Aufsichtsrat,
- Hauptversammlung.

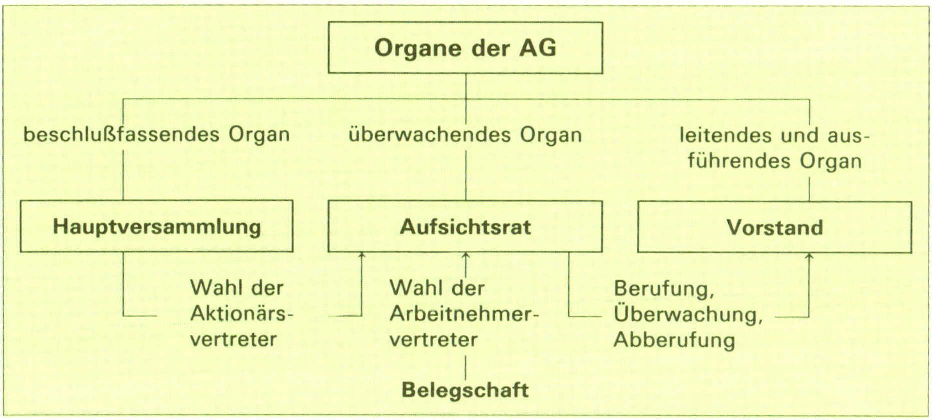

1) von lat. vinculum = Fessel

Vorstand

Vorstand

hat Recht auf

Geschäftsführung (Innenverhältnis)

- Der Vorstand führt die Geschäfte gemeinschaftlich.
- Beschränkungen gelten nur im Innenverhältnis.
- Entscheidungen werden je nach der Satzung oder Geschäftsordnung mehrheitlich oder einheitlich getroffen.

Vertretung (Außenverhältnis)

- Der Vorstand vertritt die Gesellschaft gerichtlich und außergerichtlich.
- Sofern die Satzung nichts anderes bestimmt, sind die Vorstandsmitglieder nur gemeinschaftlich vertretungsberechtigt.

Aufgaben des Vorstandes
- Geschäftsführung
- Mindestens alle Vierteljahre Berichterstattung an den Aufsichtsrat
- Erstellung des Jahresabschlusses mit dem Lagebericht
- Einberufung der Hauptversammlung
- Beantragung von Konkurs und Vergleich

Grundsätzlich sind die Vorstandsmitglieder Angestellte. Dies ist auch dann der Fall, wenn Aktionäre in den Vorstand berufen werden. Als Vergütung erhalten sie ein festes Gehalt und zusätzlich eine gewinnabhängige **Tantieme.**

Aufsichtsrat

Der Aufsichtsrat ist das Organ, das die Kontrollfunktion von der Hauptversammlung übertragen erhält.

Aufgaben des Aufsichtsrates
- Bestellung des Vorstandes und die Überwachung seiner Geschäftsführung
- Prüfung des Jahresabschlusses, des Lageberichts und des Gewinnverteilungsvorschlages des Vorstandes
- Berichterstattung an die Hauptversammlung über diese Prüfung
- Einberufung einer außerordentlichen Hauptversammlung, „wenn das Wohl der Gesellschaft es erfordert" (§ 111 AktG)

Zusammensetzung des Aufsichtsrates

Der Aufsichtsrat wird für vier Jahre gewählt. Er besteht in der Regel aus Aktionärsvertretern (von der Hauptversammlung gewählt) und aus Arbeitnehmervertretern (von der Belegschaft gewählt)[1]).

Hauptversammlung

Die Hauptversammlung (HV) ist die **Versammlung der Aktionäre** und gilt als das beschließende Organ. Mindestens einmal jährlich hat eine ordentliche Hauptversammlung stattzufinden, zu deren Teilnahme die Aktionäre spätestens einen Monat vorher öffentlich durch Anzeigen in bestimmten Zeitungen eingeladen werden.

Die Aktionäre üben ihr Mitwirkungsrecht in der Hauptversammlung aus. Ihnen steht ein **Stimmrecht** nach Aktiennennbeträgen zu.

---

[1]) Einzelheiten siehe S. 581 ff.

Ausübung des Stimmrechtes

selbst	durch Vertreter	als Großaktionär
Die Aktionäre können selbst ihr Stimmrecht ausüben, indem sie sich über ihre Verwahrstelle für die Aktien eine Stimmrechtskarte besorgen lassen.	Depotstimmrecht Die Aktionäre können Banken beauftragen, ihr Stimmrecht wahrzunehmen. Dazu müssen sie eine Stimmrechtsermächtigung geben. Sie können die Banken verpflichten, nach ihren Weisungen zu stimmen. Aktionärsvereine sind ebenfalls bereit, das Stimmrecht auszuüben.	Sobald ein Aktionär mehr als 25% des Grundkapitals hält, muß er dies der Gesellschaft mitteilen. Nur dann kann er sein Stimmrecht in Form einer Sperrminorität ausüben (d.h. Beschlüsse verhindern, die ³⁄₄-Mehrheit erfordern).

Die Hauptversammlung ist **beschlußfähig,** soweit Anteilseigner vertreten sind. Für Satzungsänderungen wird eine qualifizierte Mehrheit von 75% des bei der Hauptversammlung vertretenen Kapitals notwendig, ansonsten genügt die einfache Mehrheit.

Rechte der Hauptversammlung (§ 119 AktG)
- Wahl der Mitglieder des Aufsichtsrates nach den Mitbestimmungsregeln,
- Beschlußfassung über die Verwendung des Bilanzgewinnes,
- Entlastung der Mitglieder des Vorstandes und Aufsichtsrates von ihrer Haftpflicht,
- Bestellung der Abschlußprüfer,
- Beschlußfassung über Satzungsänderungen (¾-Mehrheit!), dazu gehört auch die Beschlußfassung über Kapitalerhöhung oder Kapitalherabsetzung,
- Bestellung von Gründungsprüfern,
- Auflösung der Gesellschaft (¾-Mehrheit!),
- Entscheidungen über Vorlagen des Vorstandes, wenn es dieser verlangt.

Rechte und Pflichten der Aktionäre

Rechte der Aktionäre
- Recht auf Teilnahme an der Hauptversammlung
- Stimmrecht und Recht auf Auskunft in der Hauptversammlung
- Anspruch auf Anteil am Bilanzgewinn (Dividende)
- Recht auf Bezug junger Aktien (Bezugsrecht)
- Recht auf Anteil am Liquidationserlös

Pflichten der Aktionäre
- Leistung der (bei Gründung) übernommenen Kapitaleinlage
- Haftung mit dem Wert der eigenen Aktien

Rechnungslegung, Jahresabschluß

Jahresabschluß

3 Monate nach Ablauf eines Geschäftsjahres muß der Vorstand den fertigen Jahresabschluß und Lagebericht vorlegen.
- Wirtschaftsprüfer prüfen die Beachtung der Bewertungsvorschriften sowie anderer aktienrechtlicher Bestimmungen bei mittelgroßen und großen AGs.

Merkmal \ Zuordnung	Kleine Kapitalgesellschaft	Mittelgroße Kapitalgesellschaft	Große Kapitalgesellschaft
Bilanzsumme	≤3,9 Mio. DM	≤15,5 Mio. DM	>15,5 Mio. DM
Umsatzerlöse	≤8 Mio. DM	≤32 Mio. DM	>32 Mio. DM
Arbeitnehmer	≤50	≤250	>250

- Der Aufsichtsrat erhält den Abschluß mit Prüfungsvermerk zugestellt.
- Die Hauptversammlung beschließt über die Billigung.
- Es besteht Publizitätspflicht, d. h. je nach Größe der AG müssen der Jahresabschluß oder Teile davon zum Handelsregister eingereicht und im Bundesanzeiger veröffentlicht werden.

Gewinnverwendung
Die Gewinnverwendung unterliegt gesetzlichen Bestimmungen:

Jahresüberschuß
– Einstellung in die gesetzlichen Rücklagen (5% des um einen Verlustvortrag geminderten Jahresüberschusses, bis die gesetzliche Rücklage und die Kapitalrücklage zusammen 10% des Grundkapitals betragen).
– Einstellung in andere Gewinnrücklagen durch den Vorstand (maximal 50% des Restbetrages, wenn die Satzung keinen höheren Betrag bestimmt).

= Bilanzgewinn
– weitere Einstellungen in andere Gewinnrücklagen durch die Hauptversammlung
– Dividendenausschüttung

= Gewinnvortrag

Auflösung
- durch Ablauf der in der Satzung festgelegten Vertragsdauer
- durch Beschluß der Hauptversammlung (¾-Mehrheit)
- durch Konkurseröffnung
- durch Ablehnung des Konkurses mangels Masse

Die Aktiengesellschaft hat ihren Ursprung im vergangenen Jahrhundert, als mit zunehmender Industrialisierung der Kapitalbedarf der Unternehmen enorm stieg. Die verhältnismäßig kleine Stückelung einer Kapitalbeteiligung (Aktie), das damit verbundene geringe Risiko und die Möglichkeit, die Aktie jederzeit weiterverkaufen zu können, ließ den Kreis der Kapitaleigner wachsen. Aus diesem Grund ist auch heute die Aktiengesellschaft die übliche Unternehmungsform für Großunternehmungen der Industrie, der Versicherungen, des Handels und der Banken, d. h. für alle die Unternehmen, die einen hohen Kapitalbedarf haben.

Darüber hinaus können Aktiengesellschaften Anleihen auflegen, so daß sie auch hier verhältnismäßig einfach und in größerem Umfang Fremdkapital erhalten können. Durch ihre eigene Unternehmungsgröße und durch Kapitalverflechtungen untereinander haben sie häufig die Möglichkeit, das Marktgeschehen entscheidend zu beeinflussen. Der Zwang zur Veröffentlichung der Jahresabschlüsse, die Kartellgesetzgebung und die Forderung nach paritätischer Mitbestimmung sind Hinweise dafür, daß in der Ballung von Kapital und Macht auch Gefahren für die Wirtschaft entstehen können.

6.2 Gesellschaft mit beschränkter Haftung (GmbH)

(GmbH-Gesetz)

Die *GmbH* ist eine Handelsgesellschaft, deren Stammkapital in Stammeinlagen (Geschäftsanteile) zerlegt ist. Sie ist eine eigene Rechtspersönlichkeit (juristische Person). Sie haftet gegenüber Dritten nur mit ihrem Vermögen. Die Gesellschafter haften nur mit ihrer Einlage.

Merkmale der GmbH
Firma
Personen- oder Sachfirma mit dem Zusatz ,,mit beschränkter Haftung''.
Gründung
Mindestens 1 Gründer. Die GmbH kann folglich als sogenannte ,,Ein-Mann-Gesellschaft'' gegründet werden. **Mindeststammkapital** 50000,— DM; jede Stammeinlage mindestens 500,— DM. Die Stammeinlagen müssen (vor Anmeldung der Gesellschaft) jeweils zu mindestens 25% eingebracht sein; der Gesamtbetrag der eingebrachten Stammeinlagen muß mindestens 25000,— DM ausmachen. In der Bilanz heißt das Stammkapital ,,Gezeichnetes'' Kapital. Erstellung eines Gesellschaftsvertrages (Satzung). Eintragung ins Handelsregister Abteilung B.
Geschäftsanteile
Die Gesellschafter leisten ihre **Stammeinlage** und erwerben damit ihren Geschäftsanteil. Mit der Einzahlung rückständige Gesellschafter können nach erneuter Aufforderung ihres Geschäftsanteils für verlustig erklärt werden **(Kaduzierung)**. Die Geschäftsanteile können in Urkunden verbrieft sein. Diese ,,Anteilscheine'' können veräußert oder vererbt werden. Die Veräußerung erfolgt durch Abtretung, die (zur Erschwerung des Mitgliederwechsels) meist von der GmbH genehmigt werden muß. Um eine spätere Kapitalbeschaffung zu erleichtern, kann die Satzung eine Nachzahlungspflicht **(Nachschußpflicht)** der Gesellschafter vorsehen. Sie kann auf einen bestimmten Betrag beschränkt oder unbeschränkt sein. (Vorsicht bei Eintritt in eine bereits bestehende GmbH!) Von der unbeschränkten Nachschußpflicht kann ein Gesellschafter sich befreien, indem er auf seinen Geschäftsanteil verzichtet **(Abandonrecht**[1]**)**. Bei beschränkter Nachschußpflicht ist kein Abandon, aber Kaduzierung möglich.
Organe
Geschäftsführer: Es werden von der Gesellschafterversammlung ein oder mehrere Geschäftsführer bestellt, die ohne besondere Regelung die GmbH gemeinsam vertreten. Ihre Rechte und Pflichten sind denen des AG-Vorstandes ähnlich. **Aufsichtsrat:** Er ist nur bei mehr als 500 Arbeitnehmern vorgeschrieben und setzt sich dann wie bei der AG zusammen. **Gesellschafterversammlung:** Sie entspricht der Hauptversammlung der AG. Stimmrecht nach je 100,— DM Geschäftsanteil. Das Protokoll über den Verlauf der Versammlung muß nicht notariell beurkundet und nicht zum Handelsregister eingereicht werden. Eine Versammlung ist nicht notwendig, wenn alle Gesellschafter den zu fassenden Beschlüssen schriftlich zugestimmt haben.

[1]) frz. abandonner = weggeben, preisgeben

Rechte der Gesellschafter
Recht auf **Gewinnanteil** im Verhältnis der Geschäftsanteile. (Bei Verlust werden die freiwilligen Rücklagen aufgelöst oder Nachschüsse gefordert.) Weitgehendes **Mitverwaltungsrecht** auch der nicht geschäftsführenden Gesellschafter: – Feststellung der Jahresbilanz und Verteilung des Reingewinns – Forderung von Einzahlungen auf die Stammeinlage – Anforderung und Rückzahlung von Nachschüssen, Teilung und Einziehung von Geschäftsanteilen (Kaduzierung) – Bestellung, Entlastung, Abberufung von Geschäftsführern – Wahl des Aufsichtsrates – Maßregeln zur Prüfung und Überwachung der Geschäftsführer – Bestellung von Prokuristen und Handlungsbevollmächtigten – Geltendmachen von Ersatzansprüchen gegen Geschäftsführer und Mitgesellschafter – Vertretung der GmbH in Prozessen gegen die Geschäftsführung – Satzungsänderungen
Jahresabschluß
Veröffentlichung wie bei AG, aber keine Pflicht zur Bildung gesetzlicher Rücklagen.
Auflösung
– durch Ablauf der vereinbarten Vertragsdauer – durch Gesellschafterbeschluß (¾-Mehrheit) – durch Konkurseröffnung – durch Gerichtsurteil

Die GmbH ist aus folgenden Gründen **eine der häufigsten Rechtsformen:**

- Die Gründung ist mit wenig Kapital möglich.
- Die Haftung ist auf die Stammeinlage beschränkt.
- Die Gesellschafter haben weitgehendes Mitverwaltungsrecht.
- Die Gründungs- und Verwaltungskosten sind niedriger als bei der AG.

Deshalb trifft man die GmbH häufig als Familienunternehmung oder als Ein-Mann-GmbH an. Sie erlaubt volle Handlungsfreiheit bei beschränkter Haftung. Diese Haftungsbeschränkung kann allerdings für Gläubiger nachteilig sein. Deshalb ist die GmbH vergleichsweise wenig kreditwürdig.

6.3 Kommanditgesellschaft auf Aktien (KGaA)

(AktG §§ 278–290)

Die *KGaA* ist eine Kombination von Kommanditgesellschaft und Aktiengesellschaft. Mindestens ein *Komplementär* haftet gegenüber Dritten unbeschränkt, während die *Kommanditaktionäre* nur mit ihren Einlagen, für die Aktien ausgegeben werden, haften.

Für das Rechtsverhältnis der Komplementäre gelten die Vorschriften über die KG, im übrigen die Vorschriften des Aktiengesetzes.

Diese Rechtsform ist jedoch sehr selten. Sie wird gewählt, wenn z.B. eine Familienunternehmung (in der Form einer KG) großen Kapitalbedarf (über die Ausgabe von Aktien) decken will, ohne jedoch den entscheidenden Einfluß in der Unternehmung verlieren zu wollen. Die Komplementäre sind kraft Gesetz der Vorstand der Gesellschaft, der hier – anders als bei der AG – vom Aufsichtsrat nicht bestellt wird und somit nicht abberufen werden kann.

7 Weitere Gesellschaftsunternehmungen

7.1 GmbH & Co. und AG & Co.

Die Pumpenfabrik Quack GmbH & Co. ist eine Kommanditgesellschaft. Deren Komplementär ist die Quack GmbH. Einziger Gesellschafter und gleichzeitig Geschäftsführer der Quack GmbH ist Hubert Quack. Die rechtliche Konstruktion der GmbH & Co. gestattet es ihm, allein die Geschäfte zu führen, ohne andererseits mit seinem privaten Vermögen für die Schulden der KG haften zu müssen. Hubert Quack ist gleichzeitig Kommanditist. Kommanditisten sind auch seine Brüder Andreas und Hans, die lediglich ihr väterliches Erbteil in der Unternehmung angelegt haben, ansonsten jedoch eine Anwaltspraxis betreiben.

Nicht nur natürliche, sondern auch juristische Personen können vollhaftende Gesellschafter der Personengesellschaften OHG und KG sein. Meist handelt es sich um eine GmbH, in selteneren Fällen auch um eine AG. Wie das obige Beispiel zeigt, lassen sich auf diese Weise uneingeschränkte Geschäftsführung und beschränkte Haftung miteinander verbinden. Aus diesem Grund wird insbesondere die Rechtsform der GmbH & Co. KG recht häufig gewählt. Auch die Belastung mit Einkommen- und Vermögensteuer ist in vielen Fällen günstiger als bei der reinen GmbH.[1])

Beispiele:

Quack GmbH & Co. (KG)

Komplementär:
Quack GmbH
Stammkapital: 50 000,— DM
Gesellschafter: Hubert Quack

Kommanditisten:
- Hubert Quack: 250 000,— DM
- Andreas Quack: 250 000,— DM
- Hans Quack: 250 000,— DM

Eigenkapital von Quack GmbH & Co.: 800 000,— DM

Edelweiß GmbH, Mertens & Co. (OHG)

Gesellschafter:
- Edelweiß GmbH, Stammkapital: 600 000,— DM
  Gesellschafter: Xaver Rabe, Peter Ungemuth
- Ernst Mertens: 300 000,— DM;
- Erna Waberle: 300 000,— DM;

Eigenkapital von Edelweiß GmbH, Mertens & Co.: 1 200 000,— DM

Besonders bei der KG besteht die Tendenz, das Stammkapital der GmbH möglichst niedrig anzusetzen. Dies eröffnet auch die Möglichkeit, die für Kapitalgesellschaften vorgeschriebene Publizitätspflicht zu begrenzen[2]).

Bei der OHG ist die GmbH oft der Hauptgesellschafter mit der größten Einlage. Durch die gewählte Rechtsform wird eine unverhältnismäßig hohe Haftung ihrer Gesellschafter vermieden.

Ein Nachteil der GmbH & Co. bzw. AG & Co. für die weiteren Gesellschafter besteht darin, daß die Geschäftsanteile bzw. Aktien verkauft werden und auf diese Weise andere, unerwünschte Personen in der Geschäftsführung auftauchen können.

---

[1]) Dieser komplizierte steuerrechtliche Zusammenhang kann hier nicht näher erläutert werden.

[2]) Vgl. S. 472

7.2 Bergrechtliche Gewerkschaft

(in Landesgesetzen geregelt)

Die *Bergrechtliche Gewerkschaft* ist eine Vereinigung von Personen zur Ausbeutung eines Bergwerks.

Sie ist fast völlig von der Aktiengesellschaft verdrängt. Die Anteilseigner (Gewerken) erhalten Anteilscheine (Kuxe), die keinen festen Nennwert haben, sondern auf einen Bruchteil des Wertes des Bergwerks lauten (z. B. 1/1000). Sie sind auf den Namen ausgestellt. Die Gewerken haften unbeschränkt. Gewinn („Ausbeute") und Verlust werden im Verhältnis der Kuxe verteilt. Es besteht Nachschußpflicht („Zubuße") mit Abandonrecht. Die Organe sind der Grubenvorstand und die Gewerkenversammlung. Ein Aufsichtsrat ist nach den Bestimmungen des Montanmitbestimmungsgesetzes ab 1000 Arbeitnehmern zu bilden.

7.3 Genossenschaft (eG)

(Gesetz betreffend die Erwerbs- und Wirtschaftsgenossenschaften, GenG)

„Vereint sind auch die Schwachen mächtig."
In der Mitte des 19. Jahrhunderts gründete unter diesem Motto Hermann Schulze-Delitzsch (1808–1883) die ersten Einkaufsgenossenschaften für Handwerker. Diese Genossenschaften waren Selbsthilfevereine:
Die Industriebetriebe wuchsen und nahmen ständig an Zahl zu. Sie konnten, unter anderem wegen ihrer großen Produktionsmengen, günstiger einkaufen und verkaufen als Kleinbetriebe. Um zu überleben, mußten sich die Kleinbetriebe zusammenschließen, um gemeinsam ebenfalls die Vorteile eines Großbetriebs zu erlangen.
Etwa zur gleichen Zeit schuf Friedrich Wilhelm Raiffeisen (1818–1888) Kreditgenossenschaften für die Landwirtschaft. Sie sollten den hoch verschuldeten Bauern, die durch Wucherzinsen in den Ruin getrieben wurden, zinsgünstige Darlehen verschaffen.

Die *Genossenschaft* ist ein wirtschaftlicher Verein mit nicht geschlossener Mitgliederzahl. Sie hat das Ziel, den Erwerb oder die Wirtschaft ihrer Mitglieder zu fördern. Sie ist eine eigene Rechtspersönlichkeit (juristische Person) und Vollkaufmann (Formkaufmann) im Sinne des HGB.

Der Aufbau einer Genossenschaft ähnelt dem einer AG. Die Genossenschaft ist jedoch keine Erwerbsunternehmung; sie will nicht einen maximalen Gewinn erzielen. Ihre Zielsetzung hat vielmehr einen **sozialen Charakter:** Die Mitglieder wollen gemeinschaftlich ihre wirtschaftlichen Interessen wahrnehmen, weil der einzelne in der Regel dazu nicht in der Lage ist. Genossenschaften gründen somit auf dem **Solidaritätsgedanken.**

Arten von Genossenschaften
Erwerbsgenossenschaften Die Genossen besitzen einen Erwerbsbetrieb und wollen das Einkommen hieraus mit Hilfe der Genossenschaft erhöhen oder sichern. - **Einkaufsgenossenschaften** (gemeinschaftlicher Einkauf von Handwerkern, Landwirten, Einzelhändlern) - **Produktionsgenossenschaften** (gemeinsame Verarbeitung, z. B. Wein, Milch) - **Betriebsgenossenschaften** (gemeinsame Benutzung genossenschaftlicher Einrichtungen, wie z. B. Mähdrescher) - **Verkehrsgenossenschaften** (Laderaumvermittlung, Frachtberechnung, Versicherungsdienst) - **Absatz- oder Verwertungsgenossenschaften** (gemeinschaftliche Sammlung, Lagerung, Absatz von Erzeugnissen) - **Kreditgenossenschaften** (Erlangung zinsgünstiger Darlehen; z. B. Volksbanken, Spar- und Darlehenskassen, Raiffeisenbanken; ursprünglich für Handwerker und Landwirte)
Wirtschaftsgenossenschaften Die Genossen sind Verbraucher, die ihr vorhandenes Einkommen besser verwenden wollen (Förderung der Wirtschaftsführung). - **Konsumgenossenschaften** (günstige Güterbeschaffung für Haushalte) - **Baugenossenschaften** (günstige Beschaffung von Wohnungen für die Mitglieder)

Merkmale der Genossenschaft
Gründung, Firma, Mitgliedschaft Für die Gründung einer Genossenschaft sind mindestens **7 Personen (Genossen)** erforderlich. Die Genossen stellen ein Statut (Satzung) auf. Die Firma muß eine **Sachfirma** sein. Sie muß die Bezeichnung „eingetragene Genossenschaft" oder die Abkürzung „eG" enthalten. Die Genossenschaft muß beim zuständigen Amtsgericht in das **Genossenschaftsregister** eingetragen werden. Die Eintragung hat konstitutive Wirkung: Mit ihr entsteht die eG als juristische Person und Vollkaufmann. Die Mitgliedschaft in einer Genossenschaft wird durch schriftliche Beitrittserklärung und Eintragung in die Liste der Genossen (beim Registergericht) erworben. Der Vorstand entscheidet über die Aufnahme und beantragt die Eintragung. Die Zahl der Genossen ist nach oben nicht begrenzt. Die Mitgliedschaft kann mit mindestens dreimonatiger Frist zum Ende des Geschäftsjahres gekündigt werden. Ausschluß und Tod beenden ebenfalls die Mitgliedschaft.
Einlagen, Eigenkapital Die Mitglieder zeichnen Geschäftsanteile, deren Höhe sich nach dem Statut bestimmt. Davon ist unbedingt eine **Mindesteinlage** (nach dem Gesetz mindestens 10% des Geschäftsanteils) einzuzahlen. Die tatsächlichen Einzahlungen plus gutgeschriebene Gewinnanteile minus abgezogene Verlustanteile ergeben das Geschäftsguthaben. **Beispiel:** Mindesteinlage: 50,— DM (eingezahlt) Geschäftsguthaben: 200,— DM (einschl. Gewinngutschriften) Geschäftsanteil: 500,— DM (gezeichnet) Die Satzung kann vorsehen, daß Genossen auch mehrere Geschäftsanteile übernehmen. Die Genossenschaft hat folglich kein festes Grund- oder Stammkapital. Ihr **Eigenkapital** setzt sich zusammen aus: - Geschäftsguthaben - Rücklagen (gesetzliche Rücklagen, andere Ergebnisrücklagen) - Jahresüberschuß

Organe

Vorstand: Der Vorstand leitet die Genossenschaft und vertritt sie nach außen. Er erstellt den Jahresabschluß. Er muß aus mindestens 2 Genossen bestehen. Wenn das Statut nichts anderes bestimmt, vertreten sie die Genossenschaft gemeinschaftlich.

Aufsichtsrat: Der Aufsichtsrat überwacht die Geschäftsführung des Vorstands und prüft den Jahresabschluß. Er besteht aus mindestens 3 Genossen[1]).

Generalversammlung: Die Generalversammlung ist die Versammlung der Genossen. Jeder Genosse hat eine Stimme, auch wenn er mehrere Geschäftsanteile besitzt. Das Statut kann bis zu drei Stimmen für Genossen vorsehen, die den Geschäftsbetrieb besonders fördern (nicht für Beschlüsse, für die ¾-Mehrheit erforderlich ist). Ab 1500 Mitgliedern kann, ab 3000 Mitgliedern muß die Generalversammlung aus mindestens 50 gewählten Vertretern der Genossen bestehen, die selbst Genossen sind (Vertreterversammlung).
Die Generalversammlung
- wählt den Vorstand und den Aufsichtsrat,
- beschließt über den Jahresabschluß, den auf die Genossen fallenden Gewinn- oder Verlustbetrag sowie über die Entlastung des Vorstands und Aufsichtsrats,
- beschließt über Änderungen des Statuts (in der Regel mit¾-Mehrheit).

Jahresabschluß, Gewinn und Verlust

Gewinn und Verlust werden nach dem Verhältnis der Geschäftsguthaben verteilt. Ein Gewinn wird so lange dem Geschäftsguthaben zugeschrieben, bis der Geschäftsanteil erreicht ist. Das Statut kann einen anderen Verteilungsmaßstab und ebenso eine Einstellung des Gewinns in die gesetzliche Rücklage vorsehen. Die Generalversammlung kann Gewinnanteile in andere Ergebnisrücklagen einstellen.
Der Vorstand muß den Jahresabschluß unverzüglich nach der Generalversammlung zum Genossenschaftsregister einreichen. Je nach Größe der Genossenschaft muß der Jahresabschluß gegebenenfalls in den Genossenschaftsblättern veröffentlicht werden.

Haftung

Für die Verbindlichkeiten der Genossenschaft haftet den Gläubigern nur das Vermögen der Genossenschaft.
Für den Fall, daß die Gläubiger im Konkursfall nicht befriedigt werden, kann das Statut vorsehen:
- eine unbeschränkte Nachschußpflicht der Genossen,
- die Nachschußpflicht bis zu einer Haftsumme (mindestens in Höhe des Geschäftsanteils),
- keine Nachschußpflicht.

Jede Genossenschaft gehört einem Prüfungsverband an, der zum Schutz der Genossen mindestens alle 2 Jahre die Geschäftsführung, die Vermögenslage und die Einrichtungen der Genossenschaft prüft.

7.4 Versicherungsverein auf Gegenseitigkeit (VVaG)

Der *VVaG* ist ein privates Versicherungsunternehmen, bei dem die Versicherungsnehmer zugleich Mitglieder der Unternehmung sind.

Mit dem Ende des Versicherungsvertrages endet auch die Mitgliedschaft. Die Mitglieder zahlen Beiträge, aus denen sie die Versicherungsleistungen und Überschüsse erhalten. Die Organe entsprechen denen der Genossenschaft.

[1]) zur Zusammensetzung vgl. S. 581 f.

Kontrolle des Lernerfolgs

1. Erklären Sie folgende Begriffe:
   Kapitalgesellschaft, Aktiengesellschaft, Aktie, Aktionär, Grundkapital, Vorstand, Aufsichtsrat, Hauptversammlung, Gesellschaft mit beschränkter Haftung, Stammkapital, Stammeinlage.

2. Erläutern Sie die wesentlichen Unterschiede zwischen Personengesellschaften, Kapitalgesellschaften und Genossenschaften
   a) bei der Gründung,
   b) bei der Aufbringung von Eigenkapital,
   c) in der Haftung,
   d) in der Geschäftsführung und Vertretung,
   e) bei den Rechten der Kapitaleigner,
   f) beim Ausscheiden eines Kapitaleigners.

3. Erklären Sie den Aufbau einer AG und die Aufgaben der einzelnen Organe.

4. Warum kann eine AG nicht Minderkaufmann sein?

5. Welche Angaben einer AG werden in das Handelsregister eingetragen?

6. Wie können Sie Gesellschafter einer AG werden, und wie können Sie Ihre Beteiligung wieder abgeben?

7. Wieso haben die großen Unternehmungen in der Bundesrepublik Deutschland meist die Rechtsform einer AG, die kleinen hingegen meist die einer Einzelunternehmung?

8. Erläutern Sie die Möglichkeiten, wie sich der Aufsichtsrat einer AG zusammensetzen kann. Welche gesetzlichen Vorschriften sind zu beachten?

9. Suchen Sie aus dem Telefonbranchenverzeichnis jeweils 20 Aktiengesellschaften und 20 Gesellschaften mit beschränkter Haftung heraus.
   a) Welche Branchen sind hierbei vertreten?
   b) Stellen Sie fest, wie viele davon Personenfirmen oder Sachfirmen haben.

10. Aus welchen Gründen sind die Kapitalgesellschaften gezwungen, Bilanz und G- u. V-Rechnung zu veröffentlichen?

11. Erläutern Sie, wie der erwirtschaftete Jahresüberschuß bei der AG und bei der GmbH zu verteilen ist und wer darüber beschließt.

12. a) Was bedeutet der Ausdruck ,,ordentliche'' Hauptversammlung?
    b) Wie oft müssen Hauptversammlungen stattfinden?
    c) Sind die Aktionäre verpflichtet, auf einer Hauptversammlung zu erscheinen?
    d) Wem könnten sie ihr Stimmrecht übertragen?
    e) Wie viele Stimmen hat der Aktionär in der Hauptversammlung?

13. In welcher Rechtsform kann eine im Familienbesitz befindliche Personengesellschaft als Kapitalgesellschaft weitergeführt werden, ohne daß die bisherigen Eigentümer viele ihrer Rechte einbüßen?
    Nennen Sie die entscheidenden Unterschiede zwischen dieser Rechtsform und der Aktiengesellschaft.

14. Erklären Sie den Aufbau einer GmbH.

15. Erklären Sie, warum Genossenschaften gegründet wurden und auch weiterhin gegründet werden.

16. Skizzieren und beschreiben Sie den Aufbau einer Genossenschaft.

17. Nennen Sie mindestens 10 Ihnen bekannte Genossenschaften. Nehmen Sie eventuell Tageszeitung und Telefonbranchenverzeichnis zu Hilfe.

18. Wie kann man Genosse werden?
    Welche Rechte und Pflichten hat man dann?

8 Unternehmenszusammenschlüsse

Energiewirtschaft plant Kernbrennstoff-Kartell

Erlaubnisantrag in Berlin gestellt

HANDELSBLATT, Mittwoch, 23. 3. 19..

cmk. BERLIN. Sechs der größten deutschen Energieversorgungsunternehmen haben beim Bundeskartellamt in Berlin einen Erlaubnisantrag für ein Rationalisierungskartell zur Kernbrennstoffversorgung gestellt. Vertragspartner sind die Badenwerke AG, Karlsruhe, die Energie-Versorgung Schwaben AG, Stuttgart, die Vereinigte Elektrizitätswerke Westfalen AG, Dortmund, die Elektromark Kommunales Elektrizitätswerk Mark AG, Hagen, die Neckarwerke Elektrizitätsversorgungs-AG, Eßlingen und die Technische Werke der Stadt Stuttgart AG in Stuttgart.

In einer sieben Punkte umfassenden Präambel werden die Ziele des angestrebten Konsortialvertrages wie folgt umrissen: Eine sichere und preiswerte Stromversorgung der Allgemeinheit hänge zukünftig in steigendem Maß von der Sicherung des Kernbrennstoffkreislaufs ab. Angesichts der übermächtigen Marktstellung der Anbieter auf diesem Markt halte man die Anlage von Vorräten für unerläßlich, wobei gemeinsame Lagervorräte zu erheblichen Rationalisierungsvorteilen führen würden. Darüber hinaus ermöglichten die Vorräte den Ankauf billiger Spotmengen und erlaubten gleichzeitig einen Ausgleich der benötigten Brennstoffmengen in Fällen von Über- oder Unterbedarf einzelner Partner.

Außerdem schaffe die Zusammenfassung der finanziellen Beteiligungen der Partner an Prospektionsgesellschaften wesentlich günstigere Voraussetzungen für die Erschließung neuer Uranvorkommen und werde daher auch von der öffentlichen Hand begrüßt. Schließlich erhofft man sich durch eine Standardisierung der Brennelemente und Anreicherungsgrade bei der Vorratshaltung erhebliche Kosteneinsparungen sowie durch eine Zusammenfassung der Aufträge für den Einkauf, die Konversion, die Anreicherung und Wiederaufbereitung der Brennstoffe eine preiswertere Stromversorgung.

Zusammenfassend wird erklärt, daß der außerordentlich hohe Personal- und Verwaltungsaufwand, der in diesem Geschäft jetzt noch nötig sei, in hohem Maß reduziert werden könne, wenn alle Aufgaben zusammengefaßt und einer einzigen Verwaltungseinheit, nämlich der GKB, übertragen werden könnten.

Erläuterungen

← **Wirkungen der Zusammenschlüsse**
Wir unterscheiden lose und feste Formen der Zusammenschlüsse. Da die Wirkungen oft sehr weitreichend sind, müssen sie kontrolliert werden können.

← **Form der Zusammenschlüsse**
Hier wird ein Vertrag mit dem Ziel einer Rationalisierung angestrebt.

← **Marktmacht**
Die Nachfrager wollen durch den Zusammenschluß eine größere Macht gegenüber den Anbietern haben.

← **Stärkung der Kapitalkraft**
So kann eine Beteiligung an anderen Unternehmen leichter finanziert werden.

← **Kosteneinsparungen**
Das Rationalisierungskartell will vor allem Kosteneinsparungen erzielen. Die betrieblichen Tätigkeiten wie Einkauf, Lagerung, Wiederaufbereitung sollen gemeinsam ausgeübt werden. Dadurch kann erheblich an Personalkosten gespart werden.

8.1 Ziele von Unternehmenszusammenschlüssen

Wenn Unternehmen sich zusammenschließen, so wollen sie damit ihre Situation verbessern, das heißt letzten Endes einen höheren Gewinn erzielen.
Der Weg dahin kann führen über

- einen **Ausbau der Machtstellung** des Betriebes (auf der Beschaffungsseite und/oder auf der Absatzseite);
- **Kostensenkungen** in den betrieblichen Teilbereichen. So können die Zusammenschlüsse vom Beschaffungs-, Lager-, Produktions-, Absatz-, Investitions- und Finanzierungsbereich ausgehen.

  Beispiele:
  - Bildung einer Einkaufsgemeinschaft, um durch Großaufträge günstigere Einkaufskonditionen zu erzielen;
  - Benutzung eines gemeinsamen Großlagers;
  - vertraglich vereinbarte Aufteilung der Produktion von Einzelteilen auf verschiedene Unternehmen;
  - Absatz durch ein gemeinsames Verkaufskontor;
  - Verstärkung der Kapitalkraft durch Zusammenschluß: höheres Eigenkapital, damit auch höhere Kreditwürdigkeit.

- eine **Verminderung des Risikos.** Eine Verbindung mit den Hauptabnehmern kann z. B. das Absatzrisiko verringern, eine Verbindung mit den Lieferern die Beschaffung sichern.

8.2 Formen von Unternehmenszusammenschlüssen

Unternehmungen können sich zusammenschließen

- auf der gleichen Produktionsstufe (horizontaler Zusammenschluß),
- auf nachgelagerten Produktionsstufen (vertikaler Zusammenschluß),
- über unterschiedliche, nicht zusammenhängende Branchen hinweg (diagonaler Zusammenschluß).

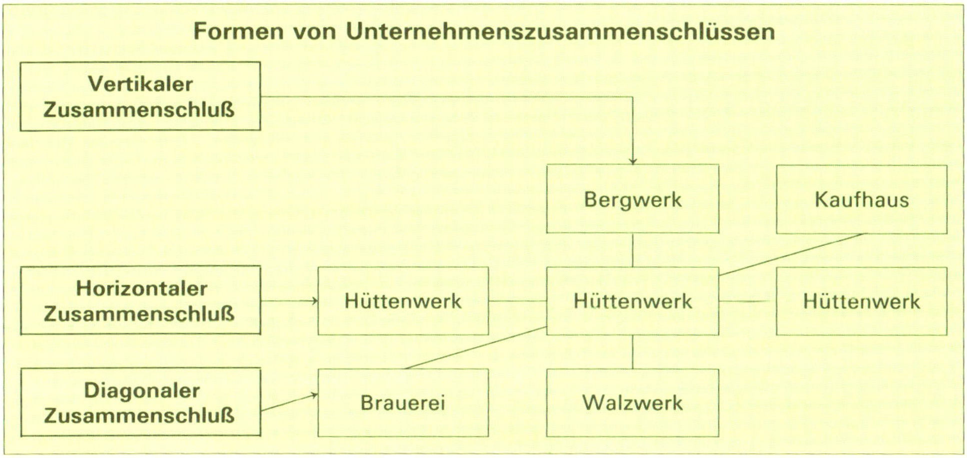

Je nachdem, ob die Unternehmen ihre Selbständigkeit behalten oder verlieren, spricht man von **Kooperation** oder **Konzentration.**

8.3 Formen der Kooperation

Man spricht von *Kooperation*, wenn die betreffenden Unternehmen ihre wirtschaftliche und rechtliche Selbständigkeit nicht verlieren.
Wichtige Formen der Kooperation sind: Interessengemeinschaft, Arbeitsgemeinschaft, Genossenschaften, Kartelle.

Interessengemeinschaft (Pool)

Unternehmen, die rechtlich selbständig bleiben, schließen sich zu einem gemeinsamen wirtschaftlichen Zweck zusammen, meist in der Rechtsform einer BGB-Gesellschaft. Ein Gewinn wird zusammengelegt (Gewinnpoolung[1])) und nach einem vereinbarten Schlüssel verteilt.
Gemeinsame Zwecke können z. B. sein:

- gemeinsame Forschungs- und Entwicklungsaufgaben,
- gemeinsame Werbung,
- gemeinsame Nutzung von Datenverarbeitungsanlagen,
- gemeinsame Öffentlichkeitsarbeit (Public Relations),
- gemeinsame Durchführung von Marktuntersuchungen,
- gemeinsame Ausbeutung von Rohstoffvorkommen.

Arbeitsgemeinschaft (ARGE)

Unternehmen, die rechtlich selbständig bleiben, schließen sich zur gemeinsamen Durchführung eines Auftrags zusammen (z. B. Bau einer Brücke, eines Kraftwerks), ebenfalls meist in Form einer BGB-Gesellschaft. Mit der vollendeten Durchführung des Auftrags endet die Arbeitsgemeinschaft. Eine besondere Form ist das **Konsortium,** bei dem sich Banken zusammenschließen, um neu herausgegebene Wertpapiere bei der Kundschaft unterzubringen.

Kartell

***Kartelle* sind vertragliche Zusammenschlüsse von Unternehmen des gleichen Wirtschaftszweiges, die in der Regel den Wettbewerb beschränken oder ausschließen sollen.**

Preiskartelle: Die Mitglieder vereinbaren einheitliche Preise. Bei öffentlichen Aufträgen vereinbaren sie oft vorher, wer den Zuschlag erhalten soll, und nennen dementsprechend ihre Preise (Submissionkartell).

Konditionskartelle sind Vereinbarungen, die die einheitliche Anwendung allgemeiner Geschäfts-, Lieferungs- und Zahlungsbedingungen betreffen. Die Regelungen dürfen sich dabei aber nicht auf Preise beziehen.

Rabattkartelle beinhalten Beschlüsse über zu gewährende Rabatte bei Lieferung.

Rationalisierungskartelle sollen die Leistungsfähigkeit wirtschaftlicher Abläufe in technischer, betriebswirtschaftlicher oder organisatorischer Hinsicht heben und so die Deckung des Gesamtbedarfs verbessern:

- **Normungs- und Typisierungskartelle** regeln die einheitliche Anwendung von Normen und Typen.
- **Spezialisierungskartelle** bezeichnen Vereinbarungen, die die Rationalisierung durch Spezialisierung auf bestimmte Bauteile, Baugruppen oder Produkte zum Inhalt haben.

---
[1]) engl. pool = Becken

Strukturkrisenkartelle schließen Unternehmen bei nachhaltiger Änderung der Nachfrage, um eine planmäßige Anpassung der Kapazität an den Bedarf zu ermöglichen unter Berücksichtigung der Gesamtwirtschaft und des Gemeinwohls. Die Absatzmengen werden für die Mitglieder vertraglich vereinbart.

Kalkulationskartelle vereinbaren eine gleichartige Preisermittlung.

Gebietskartelle teilen den Kartellmitgliedern die Absatzgebiete räumlich zu, um so den Wettbewerb der angeschlossenen Unternehmen auf Teilmärkten auszuschalten.

Produktionskartelle bestimmen für die Mitglieder die jeweils zu produzierenden Mengen. Man spricht von Produktionsquoten und **Quotenkartell.** Dadurch hat jedes Unternehmen einen gesicherten Absatz und kann seine Kapazitäten kontinuierlich ausnutzen. Allerdings kann das Produktionskartell das Angebot auch künstlich verknappen und so den Preis beeinflussen.

Ausfuhrkartelle regeln das gemeinsame Vorgehen auf den Auslandsmärkten bezüglich der Preise und sonstigen Bedingungen. Das führt zu erheblichen Erleichterungen, da der Wettbewerb der Unternehmen untereinander auf dem ausländischen Markt ausgeschaltet wird und die Mitglieder nur noch mit Auslandsunternehmen konkurrieren müssen.

Importkartelle: Importeure legen gleichartige Preise oder Bedingungen für den Import fest.

Konferenzen: Dies sind Absprachen von Reedereien im Seeschiffahrtsverkehr über die Höhe der Fracht.

Syndikate (Vertriebskartelle): Kartellunternehmen verkaufen ihre Produkte über eine gemeinsame Absatzzentrale. Die Kunden bestellen beim Syndikat und zahlen an das Syndikat[1]).

8.4 Formen der Konzentration

Man spricht von *Konzentration*, wenn die betreffenden Unternehmen

- **ihre wirtschaftliche Selbständigkeit verlieren: Bildung von *Konzernen*;**
- **ihre wirtschaftliche und rechtliche Selbständigkeit verlieren: Bildung von *Trusts*.**

8.4.1 Konzern

Konzernunternehmen stehen unter einer einheitlichen Leitung:

AktG § 18
(1) Sind ein herrschendes und ein oder mehrere abhängige Unternehmen unter der einheitlichen Leitung des herrschenden Unternehmens zusammengefaßt, so bilden sie einen Konzern; ... **(Unterordnungskonzern)** (2) Sind rechtlich selbständige Unternehmen, ohne daß das eine Unternehmen von dem anderen abhängig ist, unter einheitlicher Leitung zusammengefaßt, so bilden sie auch einen Konzern; ... **(Gleichordnungskonzern)**

Die einheitliche Leitung ermöglicht es, die wirtschaftlichen Interessen und Aufgaben der Konzernunternehmen aufeinander abzustimmen.

Für Konzernbildungen gibt es vor allem folgende wichtige Möglichkeiten:

---
[1]) vgl. S. 382

Unterordnungskonzern

Ein Unterordnungskonzern kann auf zweierlei Art entstehen:

- Ein Unternehmen kauft die Kapitalmehrheit an einem oder mehreren anderen Unternehmen auf. Es genügt schon eine Beteiligung von 51 %, da so schon über die Unternehmensführung und deren Ziele bestimmt werden kann. Durch die Kapitalverflechtung entsteht ein sogenanntes **Mutter-Tochter-Verhältnis,** das oft mit einem **Beherrschungsvertrag** (Leitung der Tochterunternehmung wird der Mutterunternehmung unterstellt) oder **Gewinnabführungsvertrag** (Gewinn der Tochter wird an die Mutter abgeführt) verbunden ist.
- Die Konzernunternehmen übertragen alle oder nur einen Teil der Kapitalanteile auf eine Dachgesellschaft, die nur Kapitalanteile ,,hält'' **(Holding-Gesellschaft).** Dafür erhalten die Konzernunternehmen Anteile an der Holding. Die Dachgesellschaft verwaltet ihre Gesellschaftsanteile und lenkt den Konzern.

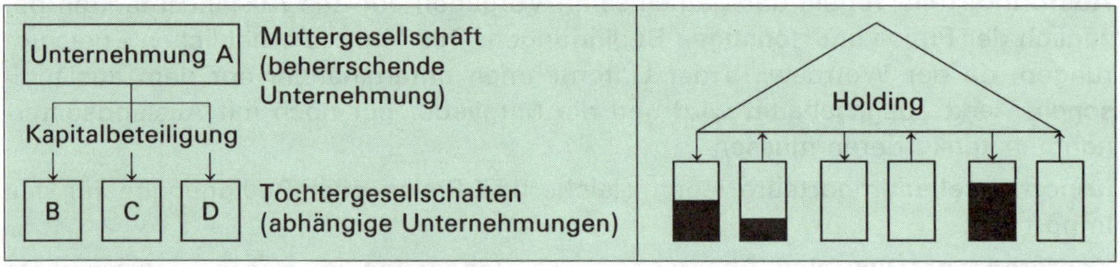

Gleichordnungskonzern

Die Konzernunternehmungen tauschen ihre Kapitalbeteiligungen gleichmäßig aus. Dazu brauchen die Unternehmen kein neues Kapital aufbringen. Aufgrund der Ausgewogenheit der Beteiligung besteht ein gleichgewichtiger, gegenseitiger Einfluß. Man spricht dann von **Schwestergesellschaften.** Die einheitliche Leitung entsteht hier durch gegenseitige Abstimmung.

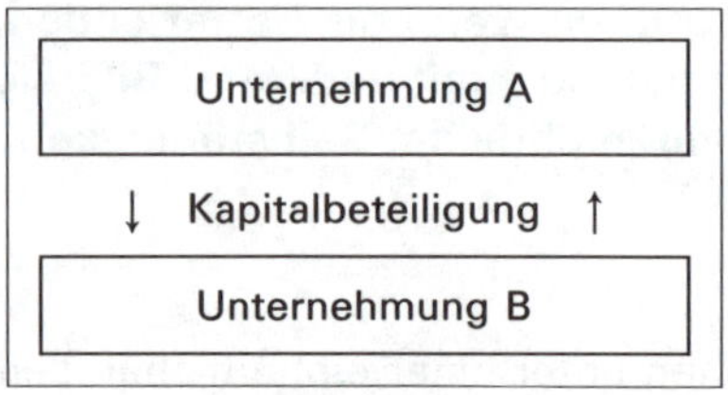

8.4.2 Trust

Trusts entstehen, wenn eine kleinere Firma mit ihrem gesamten Vermögen in einer größeren aufgeht. Ihre Firma erlischt (Fusion durch Aufnahme, Fusion = Verschmelzung). Es ist auch möglich, daß alle fusionierenden Firmen gelöscht werden. Sie übertragen dann ihr gesamtes Vermögen auf eine gemeinsam von ihnen gegründete neue Gesellschaft (Fusion durch Neugründung).

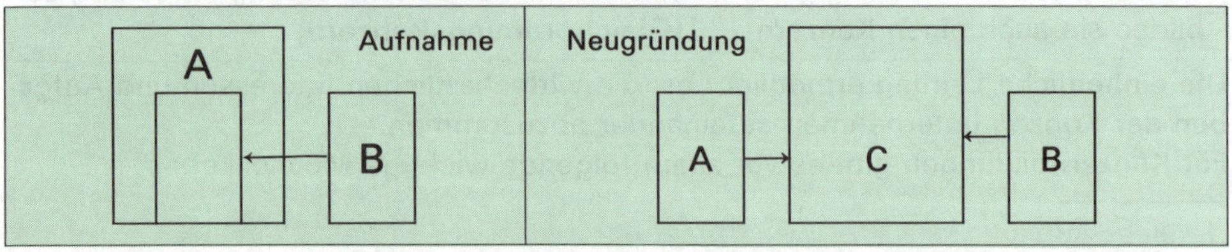

8.5 Wettbewerbspolitik

Der Wettbewerb

- sichert die individuelle wirtschaftliche Freiheit,
- garantiert den funktionierenden Marktmechanismus der Güterverteilung,
- sichert die optimale Versorgung der Konsumenten,
- ermöglicht den optimalen Einsatz der Produktionsfaktoren.

Kartelle, wirtschaftliche Macht, Konzerne oder Trusts mit marktbeherrschenden Anteilen können den Wettbewerb außer Kraft setzen. Um das zu verhindern, wurde 1958 das **Kartellgesetz** (Gesetz gegen Wettbewerbsbeschränkungen, GWB) erlassen.

8.5.1 Kartellverbot

GWB § 1
Verträge, die Unternehmungen ... zu einem gemeinsamen Zweck schließen, ... sind unwirksam, soweit sie geeignet sind, die Erzeugung oder die Marktverhältnisse für den Verkehr mit Waren oder gewerblichen Leistungen durch Beschränkung des Wettbewerbs zu beeinflussen.

Kartelle sind somit grundsätzlich verboten. Das Kartellgesetz verbietet Preis-, Produktions-, Gebiets- und Kalkulationskartelle. Jedoch sieht das Gesetz Ausnahmen in Form von anmelde- und genehmigungspflichtigen Kartellen vor:

Erlaubte Kartelle

Anmeldepflichtige Kartelle	**Genehmigungspflichtige Kartelle**
Anmeldung bei und Überwachung durch Bundeskartellamt	Genehmigung durch Bundeskartellamt
wirksam, wenn das Kartellamt nicht binnen 3 Monaten widerspricht	Genehmigung für 3 Jahre
z. B.: Rabatt-, Konditionen-, Normungs-, Typisierungs-, Exportkartelle	z. B.: Strukturkrisen-, Rationalisierungskartelle (evtl. mit Syndikat), Importkartelle, Exportkartelle mit Wirkungen auch im Inland

Der Bundeswirtschaftsminister kann ein an sich verbotenes Kartell erlauben, wenn die Beschränkung des Wettbewerbs im Interesse des Gemeinwohls liegt.

8.5.2 Mißbrauchsaufsicht gegenüber marktbeherrschenden Unternehmen

Die Kartellbehörde kann marktbeherrschenden Unternehmen ein mißbräuchliches Verhalten untersagen und Verträge für unwirksam erklären.

GWB § 22
Ein Unternehmen ist marktbeherrschend ..., soweit es als Anbieter oder Nachfrager einer bestimmten Art von Waren oder gewerblichen Leistungen 1. ohne Wettbewerber ist oder keinem wesentlichen Wettbewerb ausgesetzt ist oder 2. eine im Verhältnis zu seinen Wettbewerbern überragende Marktstellung hat; hierbei sind außer seinem Marktanteil insbesondere seine Finanzkraft, sein Zugang zu den Beschaffungs- oder Absatzmärkten, Verflechtungen mit anderen Unternehmen sowie rechtliche oder tatsächliche Schranken für den Marktzutritt anderer Unternehmen zu berücksichtigen. Als marktbeherrschend gelten auch zwei oder mehr Unternehmen, soweit zwischen ihnen für eine bestimmte Art von Waren oder gewerblichen Leistungen ... ein wesentlicher Wettbewerb nicht besteht und soweit sie in ihrer Gesamtheit die Voraussetzungen des Absatzes 1 erfüllen.

Das Kartellamt kann die Marktbeherrschung vermuten, wenn ein Unternehmen einen Marktanteil von mindestens einem Drittel hat und seine Jahresumsätze 250 Mio. DM übersteigen oder wenn bis zu drei Unternehmen einen Marktanteil von mindestens 50% haben oder wenn bis zu fünf Unternehmen einen Marktanteil von mindestens zwei Dritteln haben und wenn die Jahresumsätze 100 Mio. DM übersteigen.

Ein mißbräuchliches Verhalten liegt insbesondere vor, wenn marktbeherrschende Unternehmen

- die Wettbewerbsmöglichkeiten anderer Unternehmen erheblich und ohne sachlich gerechtfertigten Grund beeinträchtigen;
- Entgelte oder Geschäftsbedingungen fordern, die sie bei wirksamem Wettbewerb nicht fordern könnten;
- ungünstigere Entgelte oder Geschäftsbedingungen fordern, als sie selbst auf vergleichbaren Märkten von vergleichbaren Abnehmern fordern, und wenn der Unterschied nicht sachlich gerechtfertigt ist.

8.5.3 Fusionskontrolle und Unternehmenskonzentration

Dem Kartellamt ist ein Zusammenschluß anzuzeigen, wenn dadurch ein Marktanteil von mindestens 20% erreicht wird oder die beteiligten Unternehmen mindestens 10000 Beschäftigte oder mindestens 400 Mio. DM Jahresumsatz hatten (GWB § 23).

Ist zu erwarten, daß durch den Zusammenschluß eine marktbeherrschende Stellung entsteht oder verstärkt wird, so kann das Kartellamt die Fusion untersagen oder gewisse Auflagen machen (z. B. Unternehmensteile zu veräußern).

Beispiel:
Als vor einigen Jahren ein großes Versandhandelsunternehmen vor dem Konkurs stand, erklärte sich ein Warenhauskonzern bereit, sich zu beteiligen. Trotz des Entstehens einer marktbeherrschenden Stellung genehmigte das Kartellamt den Zusammenschluß im Interesse der Erhaltung der Arbeitsplätze, machte aber die Auflage, die Reiseveranstalter auszugliedern.

Als Zusammenschluß gilt bereits der Erwerb einer Beteiligung von 25% am stimmberechtigten Kapital eines Unternehmens.

Nach GWB § 23a wird das Entstehen einer marktbeherrschenden Stellung vermutet, wenn

- ein Großunternehmen mit mindestens 2 Mrd. DM Umsatz durch Zusammenschluß auf einem mittelständischen Markt, auf dem kleine und mittlere Unternehmen zwei Drittel Marktanteil halten, 5% Marktanteil erreicht;
- ein Großunternehmen mit mindestens 2 Mrd. DM Umsatz ein bereits marktbeherrschendes Unternehmen auf einem Markt mit mindestens 150 Mio. DM Umsatz erwirbt;
- Großunternehmen mit mindestens 1 Mrd. DM Umsatz durch Zusammenschluß insgesamt mindestens 12 Mrd. DM Umsatz erreichen (sog. „Elefantenhochzeit").

Bereits das Vorhaben eines Zusammenschlusses ist beim Kartellamt anzumelden, wenn eines der beteiligten Unternehmen Umsatzerlöse von mindestens 2 Mrd. DM hat oder wenn mindestens zwei der beteiligten Unternehmen Umsatzerlöse von jeweils mindestens 1 Mrd. DM Umsatz haben (GWB § 24a).

Kontrolle des Lernerfolgs

1. Erläutern Sie folgende Begriffe:
   vertikaler Zusammenschluß, horizontaler Zusammenschluß, Kooperation, Konzentration, Kartell, Konzern, Trust.
2. Welche Kartellarten kennen Sie? Welche davon haben schädlichen Einfluß auf den Wettbewerb innerhalb einer Volkswirtschaft? Welche könnten vielleicht sogar den Wettbewerb fördern?
3. Wie kann ein Konzern, wie ein Trust entstehen?
4. Vier Chemiewerke stellen als einzige ein bestimmtes Medikament her. Sie verabreden, dieses Medikament zum Preis von 10,— DM zu verkaufen. Erläutern Sie die rechtliche Problematik.
5. Zwei Hersteller von speziellen elektronischen Geräten, die einzigen Anbieter, schließen sich durch Fusion zusammen. Ist dies gestattet?
6. Was versteht man unter
   a) Mißbrauchsaufsicht?
   b) Fusionskontrolle?

7.

Gründung eines freiwilligen Handelskonzerns

HANDELSBLATT, Montag, 7. 3. 19..
Ho KÖLN. Die HKG-Handelsketten-Handels-GmbH & Co. KG in Köln arbeitete bisher als Handels- und Dienstleistungszentrum für Großbetriebe des Handels. Dabei wurden Handelsketten, Cash and Carry-Betriebe, SB-Warenhäuser und Verbrauchermärkte gleichermaßen betreut. Seit November 19.. beschreitet die Gruppe jedoch nun auch den Weg zum „freiwilligen Handelskonzern“.
Die HKG-Zentrale gründete in diesem Monat den „HKG-Zentralvertrieb“, der künftig am Domizil jedes der Kommanditisten Zweigniederlassungen errichten wird. Die neue Gesellschaft kauft bei den Herstellern der Nahrungsmittelindustrie im eigenen Namen und für eigene Rechnung. Das Bestellwesen wird bei zentraler Listung der Sortimente über die HKG-Zentrale abgewickelt. Die Lieferung erfolgt jeweils an die Lager der Niederlassungen, die Rechnungen werden von der HKG-Zentrale beglichen.
Die HKG-Gruppe bestand 19.. aus 87 Firmen, die zusammen 288 Betriebe unterhielten.

a) Beschreiben Sie, um welche Art der Zusammenschlüsse und um welche Rechtsform es sich hier handelt.
b) Erklären Sie drei wirtschaftliche Gründe für diesen Zusammenschluß.
c) Prüfen Sie die kartellrechtliche Problematik, wenn der gesamte Einzelhandelsumsatz etwa 280 Mrd. DM ausmacht.

8.

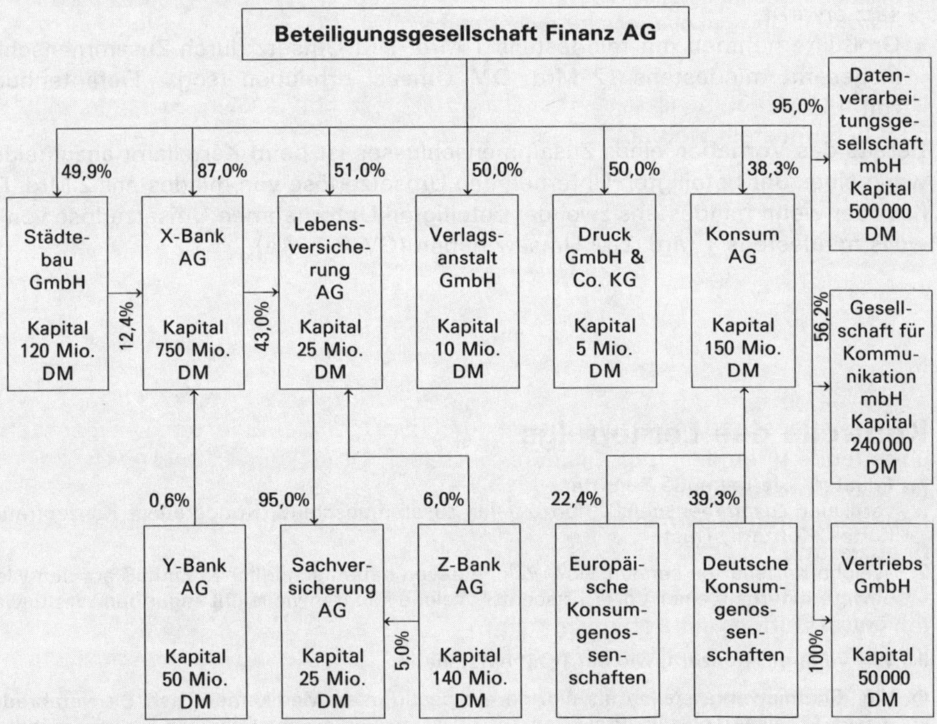

a) Nennen Sie die Dachgesellschaft.
b) Beschreiben Sie die Art des Konzerns und die Kapitalverflechtungen.
c) Diskutieren Sie mögliche Gründe für diesen Zusammenschluß so unterschiedlicher Unternehmen.
d) Errechnen Sie die Höhe der Kapitalbeteiligung der Finanz AG an der Lebensversicherung AG.

9 Investition und Finanzierung im Unternehmenskreislauf

Herr Schramm ist gelernter Bauschlosser. Er hat die Meisterprüfung abgelegt. Seit langem schon träumt er vom eigenen Betrieb. Er hat bereits eine gewisse Summe angespart, als ihm der Zufall noch mit einem hohen Lottogewinn zu Hilfe kommt.
Nun wagt Herr Schramm den Sprung: Mit seinem Geld und einem Bankkredit kann er ein Grundstück, Baumaterial und Arbeitskräfte für einen Werkstattbau, Maschinen und Werkzeuge finanzieren. So legt er das eigene und fremdes Kapital in Betriebsvermögen an.
Es verbleibt noch ein Betrag, mit dem Herr Schramm Werkstoffe beschaffen kann. Damit beginnt ein Kreislauf von Sachgütern und Geldwerten, der andauern wird, solange die Unternehmung besteht: Die Werkstoffe werden verarbeitet, die Produkte verkauft. Auch abgenutzte Betriebsmittel werden veräußert. Durch die Verkäufe fließen Geldwerte in den Betrieb zurück. Einen Teil davon muß Herr Schramm dem Betrieb für seinen privaten Lebensunterhalt und für die Rückzahlung des Kredits entziehen, den anderen Teil kann er für den Einkauf neuer Werkstoffe, den Ersatz der abgenutzten Betriebsmittel und den Kauf zusätzlicher Betriebsmittel verwenden. Damit beginnt der Kreislauf von neuem. Reichen die betrieblichen Erlöse nicht zur Durchführung der geplanten Investitionen aus, so kann Herr Schramm dem Betrieb auch neues Kapital in Form von Einlagen oder neuer Kredite zuführen.

Um den Unternehmenskreislauf in Gang zu setzen und in Gang zu halten, muß Kapital bereitgestellt werden.

Kapital im betriebswirtschaftlichen Sinn sind Mittel – Geldmittel und Sachmittel –, die für produktive Zwecke bereitgestellt werden. Kapitalbeschaffung bedeutet *Finanzierung*, Kapitalentzug *Entfinanzierung*.

Die Anlage von Kapital in Vermögensteilen für produktive Zwecke heißt *Investition*. Investition beinhaltet Kapitalbindung. Der umgekehrte Vorgang, die Kapitalfreisetzung, heißt *Desinvestition*.

Die Kapitalbeschaffung erfolgt zuerst durch Einlagen der Eigentümer (Eigenkapital) und Kredite (Fremdkapital). Die bereitgestellten Mittel können Geld- oder Sachmittel (z. B. Rohstoffe) sein.
Kapitalzuführende Einnahmen durch Eigenkapital und Fremdkapital heißen **Außenfinanzierung.**

Die Beschaffung der Produktionsfaktoren bindet das Kapital zunächst in Sachwerten (Werkstoffen und Betriebsmitteln).
Kapitalbindung in Sachmitteln bedeutet **Sach-** oder **Realinvestitionen.**

Durch die Produktion werden Werkstoffe zu Fertigprodukten. Dies bedeutet eine Umschichtung von Vermögenswerten.
Die Umschichtung von Vermögenswerten bedeutet **Uminvestitionen.**

Die Umschichtung setzt sich im Verkauf der Erzeugnisse und dem gelegentlichen Verkauf abgenutzter Betriebsmittel fort. Es entstehen Forderungen.
Forderungen (ebenso die finanzielle Beteiligung an anderen Unternehmen) sind **Finanzinvestitionen.**

Der Eingang der Forderungen durch Bezahlung der fälligen Rechnungen setzt letzten Endes das gebundene Kapital wieder frei.
Kapitalfreisetzung bedeutet **Desinvestition.**

Die Kapitalfreisetzung stellt eine Kapitalbeschaffung von innen her dar. Das freigesetzte Kapital kann im Betrieb erneut in Sachwerten gebunden oder für Beteiligungen verwandt werden.
Kapitalfreisetzende Einnahmen bedeuten **Innenfinanzierung.**

Von besonderer Bedeutung ist die Verwendung der freigesetzten Mittel für den Ersatz abgenutzter Betriebsmittel.
Dem Ersatz abgenutzter Betriebsmittel dienen **Re-** oder **Ersatzinvestitionen.**

Das Kapital kann dem Betrieb aber auch durch Privatentnahmen der Inhaber, durch Gewinnausschüttungen oder durch die Rückzahlung von Krediten entzogen werden.
Kapitalentzug bedeutet **Entfinanzierung.**

Kreislauf von Finanzierung und Investition

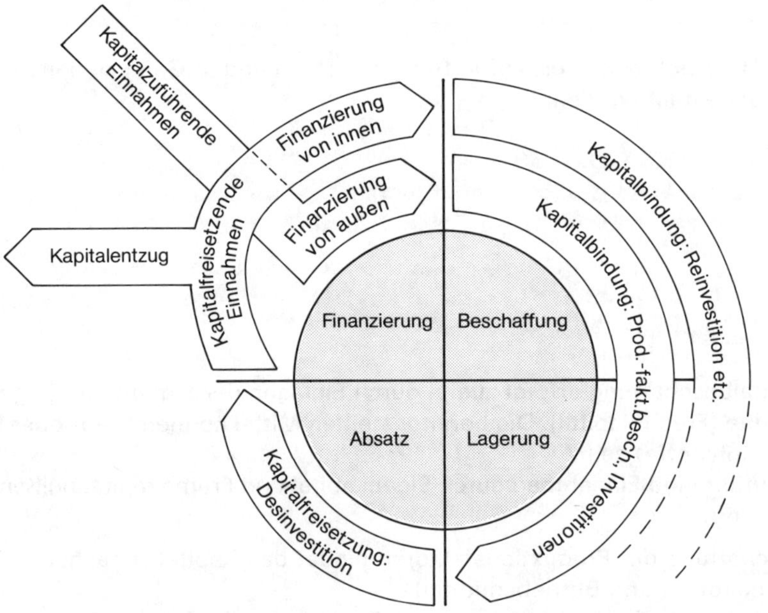

Die Begriffe Finanzierung und Investition hängen eng zusammen. Kapitalverwendung setzt immer Kapitalbeschaffung voraus. Allerdings verlangt eine Kapitalbeschaffung nicht in jedem Fall eine Investition. So kann ein Betrieb einen Bankkredit aufnehmen, um fällige Verbindlichkeiten zu bezahlen. Dann nehmen die Investitionen nicht zu. Es liegt nur eine Umfinanzierung vor. Umgekehrt kann eine Finanzierung auch ohne Geldmittel erfolgen, wenn ein Teilhaber statt Geldmittel Sachgüter, z. B. Maschinen, einbringt.

10 Investitionsarten

Aufgrund der bisherigen Ausführungen lassen sich folgende Investitionsarten unterscheiden:

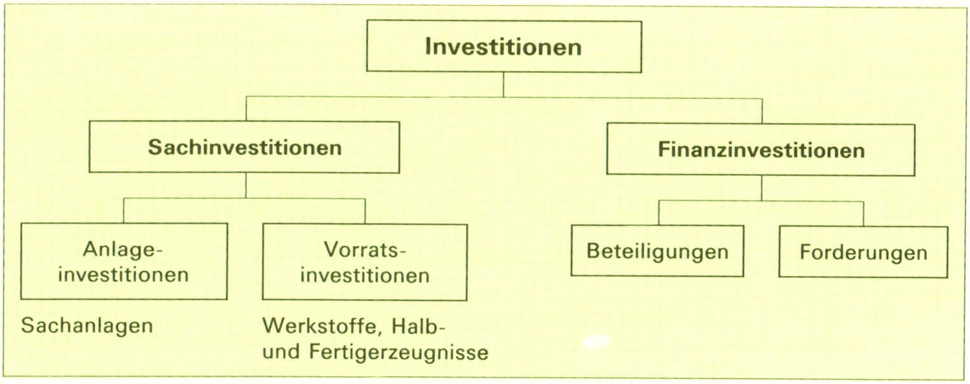

Eine weitere Gliederung ergibt sich aus dem Investitionszweck.

- **Gründungsinvestition** ist die erste Investition anläßlich der Unternehmensgründung,
- **Ersatz-(Re-)investition** bedeutet Ersatz verbrauchter Betriebsmittel durch neue Betriebsmittel (Kapitalerneuerung),
- **Erweiterungsinvestition** bedeutet Vergrößerung der Kapazität durch zusätzliche oder größere Betriebsmittel (Kapitalneubildung),
- **Rationalisierungsinvestition** bedeutet Verbesserung der Leistungsfähigkeit durch produktivere oder kostengünstigere Betriebsmittel (Kapitalverbesserung),
- **Modernisierungsinvestition** bedeutet Anpassung der Betriebsmittel an den technischen Fortschritt, meist verbunden mit Ersatz- und Rationalisierungsinvestitionen,
- **Sonstige Investitionen** sind
  - *Umstellungsinvestitionen* (bei neuen Unternehmenszielen),
  - *Sicherungsinvestitionen* (eiserner Bestand zur Sicherung der laufenden Produktion, Anlagen in Finanzmitteln),
  - *Sozialinvestitionen* (Finanzanlagen zur Absicherung der Mitarbeiter; sie fördern das Gefühl der Zusammengehörigkeit),
  - *Immaterielle Investitionen* (Kapitalverwendung für Forschung, Werbung, Ausbildung).

Kontrolle des Lernerfolgs

1. Erläutern Sie die Begriffe Investition, Kapitalbindung, Finanzierung, Kapitalfreisetzung, Kapitalzufuhr, Kapitalentzug, Desinvestition, Entfinanzierung.
2. Erläutern Sie mögliche Zusammenhänge zwischen Ersatz-, Erweiterungs-, Rationalisierungs- und Modernisierungsinvestitionen.

11 Kapitalbedarf

11.1 Gründe für Kapitalbedarf

Die kapitalbindenden Zahlungsströme (z. B. Bezahlung der Liefererrechnungen für bezogene Produktionsfaktoren) liegen gewöhnlich im Zeitablauf vor den kapitalfreisetzenden Zahlungsströmen (z. B. eingehende Kundenzahlungen), da die Produktion Zeit erfordert.

Die Bereitstellung von Kapital überbrückt die Zeitspanne zwischen den kapitalbindenden und kapitalfreisetzenden Zahlungen.

11.2 Ermittlung des Kapitalbedarfs für das Anlagevermögen

Die Möbelfabrik Hans Lipfert will ihr Produktionsprogramm auf die Herstellung von Gartenmöbeln ausdehnen. Dazu soll eine Fertigungshalle auf dem bestehenden Betriebsgrundstück gebaut werden. Im Rahmen einer Investitionsplanung wird der Bedarf an Produktionsmitteln festgestellt. Man bezieht in die Investitionsplanung verschiedene Investitionsrechnungen ein, um zu ermitteln, ob der Investitionsaufwand sich auch lohnen wird. Aus den anfallenden Zahlen ergibt sich der Kapitalbedarf für das notwendige Anlagevermögen. Außerdem wird der Kapitalbedarf für das Umlaufvermögen berücksichtigt. Dies ist notwendig, weil Werkstoffe, Zwischen- und Endprodukte bis zum Eingang der Kundenzahlungen vorfinanziert werden müssen.

11.2.1 Erstbedarf und Folgebedarf

Der *Kapitalbedarf für das Anlagevermögen* wird aus den Anschaffungskosten der langfristig benötigten Wirtschaftsgüter einschließlich aller Nebenkosten errechnet. Er heißt *Grundfinanzierung*.

Zur Grundfinanzierung rechnet man auch den eisernen Bestand an Werkstoffen, da dieser Bestand langfristig gebunden ist und in der Regel nicht angegriffen werden soll. Berechnungsgrundlagen sind Angebote, Kostenvoranschläge und Preislisten.

Beispiel: Die Möbelfabrik Lipfert ermittelt:

	DM
Baukosten der Fertigungshalle (schlüsselfertig)	700 000,—
verschiedene Maschinen laut Einzelaufstellung	410 000,—
Transportmittel	60 000,—
Werkzeuge	40 000,—
Nebenkosten für Transport, Einbau usw.	30 000,—
Wert des eisernen Bestands (Mindestbestand)	10 000,—
Kapitalbedarf für das Anlagevermögen	1 250 000,—

Da erst nach der Produktionsaufnahme kapitalfreisetzende Einnahmen entstehen, muß der Erstbedarf an Kapital voll durch Mittel der Außenfinanzierung gedeckt werden.

In späteren Wirtschaftsjahren entsteht ein Folgebedarf für Ersatz-, Erweiterungs-, Rationalisierungs- und Modernisierungsinvestitionen. Er kann zumindest zum Teil mit Mitteln der Innenfinanzierung gedeckt werden.

11.2.2 Investitionsrechnungen

Im Rahmen der Investitionsplanung suchen die Unternehmen mit Hilfe unterschiedlicher Methoden den wirtschaftlichen Erfolg einer Investition zu berechnen. Neben finanzmathematischen Verfahren existieren folgende einfache Rechnungen, die in der Praxis gern verwendet werden:

- Kostenvergleichsrechnung,
- Gewinnvergleichsrechnung,
- Rentabilitätsrechnung,
- Amortisationsrechnung.

Die **Kostenvergleichsrechnung** stellt die jährlichen Kosten einer alten Anlage den geschätzten jährlichen Kosten einer neuen Anlage gegenüber. Liegen die Kosten der neuen Anlage niedriger, so beeinflußt dies die Entscheidung für sie günstig. Da dieses Verfahren die Erlöse aus der Investition vernachlässigt, läßt sie sich nur für Ersatz- und Rationalisierungsinvestitionen anwenden.

Die **Gewinnvergleichsrechnung** stellt die bisherigen Gewinne den aufgrund einer geplanten Investition zu erwartenden Gewinnen gegenüber. Höhere Gewinne begünstigen die Entscheidung für die neue Anlage. Dieses Verfahren ist auch für Erweiterungs- und Modernisierungsinvestitionen anwendbar.

Die **Rentabilitätsrechnung** ermittelt die veränderte Rentabilität aufgrund einer Investition[1]). Sie ist aufschlußreicher als die Gewinnvergleichsrechnung, weil die Rentabilitätskennziffer einen Vergleich mit jeder anderen Anlagealternative gestattet und die Kapitalverzinsung berücksichtigt.

Die **Amortisationsrechnung** ermittelt den Zeitraum, in dem das eingesetzte Kapital über den Gewinn und die jährlichen kalkulatorischen Abschreibungen zurückfließt (sich amortisiert). Man nennt diesen Zeitraum die Kapitalrückflußzeit (Wiedergewinnungszeit, pay off-period).

$$\textbf{Kapitalrückflußzeit} = \frac{\textbf{Kapitaleinsatz}}{\textbf{durchschnittl. (Jahresgewinn + Abschreibung)}}$$

Der Unternehmer schätzt das mit der Investition verbundene Risiko und legt eine diesem Risiko entsprechende (Soll-) Rückflußzeit fest. Er sieht eine Kapitalanlage dann als günstig an, wenn die errechnete Kapitalrückflußzeit kürzer ist als die Sollrückflußzeit.

Beispiel:

Kapitaleinsatz: 100000,— DM; durchschnittlicher Jahresgewinn 15000,— DM; durchschnittliche kalkulatorische Abschreibung 10000,— DM; Soll-Rückflußzeit 5 Jahre.

$$\text{Kapitalrückflußzeit} = \frac{100\,000}{25\,000} = 4 \text{ Jahre} < 5 \text{ Jahre}$$

Die Investition ist als günstig anzusehen.

Die Amortisationsrechnung ist in der Praxis weit verbreitet, weil sie einem gewissen Sicherheitsbedürfnis Rechnung trägt. Sie gewichtet die Investition mit schnellem Gewinn schwerer als diejenige, die vielleicht erst nach Ablauf der Kapitalrückflußzeit eine starke Ertragsentwicklung aufweist. Auf jeden Fall sollten ergänzend Rentabilitätsgesichtspunkte herangezogen werden.

---
[1]) vgl. S. 255

11.3 Kapitalbedarf für das Umlaufvermögen

Um den Kapitalbedarf für das Umlaufvermögen zu ermitteln, müssen möglichst genaue Prognosen über den zu erwartenden Absatz vorliegen. Dann können Durchschnittswerte für die täglichen Produktionsmengen und für die täglichen Ausgaben berechnet werden. Die Ausgaben betreffen Material, Fertigungslöhne und die ausgabewirksamen Bestandteile der Gemeinkosten für Fertigung, Lagerung, Verwaltung und Vertrieb. Der Betrieb muß die Mittel für diese Ausgaben so lange bereitstellen, bis sie durch die Einahmen aus dem Verkauf der Erzeugnisse gedeckt werden. Der zu überbrückende Zeitraum heißt **Kapitalbindungsdauer.** Zahlungsziele für Kunden verlängern, Lieferantenziele verkürzen ihn.

Beispiel:
Die Möbelfabrik Hans Lipfert rechnet mit folgenden Zeiten:
- durchschnittliche Lagerdauer der Werkstoffe (LW) . . . . 15 Tage
- durchschnittliche Produktionsdauer (P) . . . . 3 Tage
- durchschnittliche Lagerdauer der Erzeugnisse (LE) . . . . 12 Tage
- durchschnittliches Lieferantenziel bei Skonto (LZ) . . . . 10 Tage
- durchschnittliches Kundenziel bei teilweisem Skonto (KZ) . . . . 15 Tage

Es ergeben sich folgende Zeiten für die Kapitalbindungsdauer.

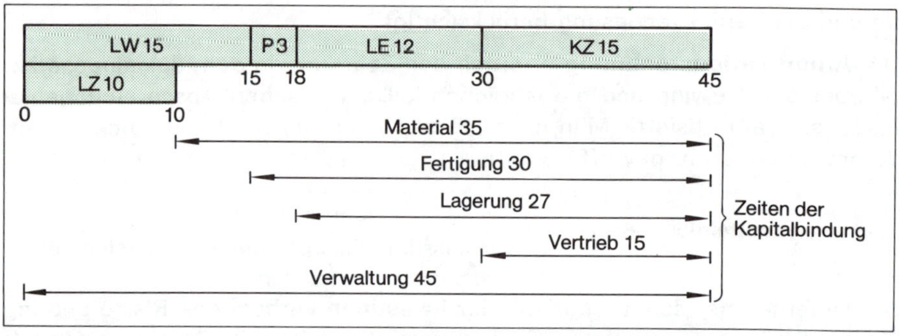

Geht man weiter davon aus, daß täglich 100 Stück produziert werden und daß pro Tag die in der folgenden Tabelle aufgeführten durchschnittlichen Ausgaben entstehen, so ergibt sich der Kapitalbedarf durch die Multiplikation dieser Ausgaben mit der jeweiligen Kapitalbindungsdauer:

	tägliche Ausgaben pro Stück (DM)	Tagesbedarf (DM)	Kapitalbindungsdauer (Tage)	Kapitalbedarf (DM)
Material	20,—	2000,—	35	70000,—
Löhne	25,—	2500,—	30	75000,—
Gemeinkosten:				
Fertigung		1500,—	30	45000,—
Lagerung		100,—	27	2700,—
Vertrieb		400,—	15	6000,—
Verwaltung		300,—	45	13500,—
Kapitalbedarf für das Umlaufvermögen:				212200,—

Es gilt:

Kapitalbedarf für das Umlaufvermögen = Tagesbedarf · Kapitalbindungsdauer

Diese Berechnung kann allerdings nur als Anhaltspunkt dienen. In der Praxis können sehr leicht Abweichungen von den geplanten Werten und Terminen auftreten. Stehen dann die Mittel für fällige Rechnungen nicht zur Verfügung, kann der Betrieb rasch in unangenehme Zahlungsschwierigkeiten geraten. Eine flexible Finanzplanung soll die ständige Zahlungsfähigkeit sichern. Dazu ist es nötig, Soll- und Istwerte häufig (z. B. monatlich) zu vergleichen und Abweichungen festzustellen.

Kontrolle des Lernerfolgs

1. Nennen Sie Beispiele für kapitalbindende und kapitalfreisetzende Zahlungsströme.

2. Sind folgende Sätze richtig?
   a) Mit zunehmender Breite des Produktionsprogramms nimmt der Kapitalbedarf zu, mit zunehmender Tiefe des Produktionsprogramms sinkt er.
   b) Die durchschnittliche Lagerdauer eines Betriebes sinkt von 45 Tagen auf 35 Tage. Damit steigt der Kapitalbedarf für das Anlagevermögen und sinkt der Kapitalbedarf für das Umlaufvermögen.
   c) Die Kunden der Block GmbH erhalten ein Zahlungsziel von 30 Tagen, sie zahlen jedoch durchweg binnen 10 Tagen unter Ausnutzung von 3% Skonto. Der tatsächliche Kapitalbedarf der Block GmbH ist deshalb größer als der geplante Kapitalbedarf.

3. Der Haushaltsgerätehersteller Stahl GmbH & Co. KG plant den Ersatz einer Produktionsanlage durch eine neue, leistungsfähigere Anlage. Es liegen ihm 2 Angebote vor. Eine Aufstellung über die Anschaffungskosten, die jährlichen laufenden Kosten und die geschätzten Jahreserträge ergibt folgendes Bild:

	alte Anlage	Angebot 1	Angebot 2
Anschaffungsausgabe (DM)	600000,—	800000,—	950000,—
jährliche Kosten (DM)	700000,—	650000,—	630000,—
jährliche Erträge (DM)	800000,—	850000,—	850000,—

Stellen Sie mit Hilfe unterschiedlicher Verfahren fest, ob sich eine Neuinvestition lohnt und welche Alternative vorzuziehen ist.

4. Die Stahl GmbH & Co. KG will Staubsauger in ihr Produktionsprogramm aufnehmen. Dazu wären Anlageinvestitionen von 1,5 Mio. DM nötig. Für das Umlaufvermögen wird mit folgenden Zeiten gerechnet:
- durchschnittliche Lagerdauer der Werkstoffe: . . . . 10 Tage
- durchschnittliche Produktionsdauer: . . . . 3 Tage
- durchschnittliche Lagerdauer der Fertigerzeugnisse: . . . . 10 Tage
- Zahlungsziel der Kunden: . . . . 30 Tage
- Zahlungsziel gegenüber den Lieferern bei Skonto: . . . . 10 Tage

Die voraussichtliche Produktionsmenge beträgt 100 Stück pro Tag.

Es wird mit folgenden Kosten gerechnet:
- Materialkosten: 60,— DM pro Stück
- Fertigungslöhne: 80,— DM pro Stück
- Gemeinkosten:

Fertigung:	1000,— DM pro Tag	Vertrieb:	300,— DM pro Tag
Lagerung:	80,— DM pro Tag	Verwaltung:	220,— DM pro Tag

Ermitteln Sie den gesamten Finanzbedarf.

12 Finanzierungsarten

Nach den Quellen, aus denen das Finanzierungskapital fließt, unterscheidet man mehrere Arten der Finanzierung:

<table>
<tr><th colspan="2" rowspan="2">Finanzierungsarten</th><th colspan="2">Finanzierungsarten nach der Herkunft der Mittel</th></tr>
<tr><th>Innenfinanzierung
(Die Mittel stammen aus dem Leistungsprozeß)</th><th>Außenfinanzierung
(Die Mittel werden von außen zugeführt)</th></tr>
<tr><td rowspan="2">Finanzierungsarten nach der Rechtsstellung der Kapitalgeber</td><td>Eigenfinanzierung
(Zuführung von Eigenkapital)</td><td>Selbstfinanzierung (Überschußfinanzierung) aus Gewinnen
Rückflußfinanzierung aus Abschreibungsgegenwerten</td><td>Finanzierung durch Einlagen und Beteiligungen</td></tr>
<tr><td>Fremdfinanzierung
(Zuführung von Gläubigerkapital)</td><td>Finanzierung durch Rückstellungen</td><td>Finanzierung durch Kredite</td></tr>
</table>

Die Eröffnungsbilanz einer neu gegründeten Unternehmung zeigt die Finanzierungsarten nach der Rechtsstellung der Kapitalgeber durch die Gliederung der Passivseite in Eigen- und Fremdkapital. Die Passivseite der Bilanz heißt deshalb auch Kapital- oder Finanzierungsseite. Die Aktivseite (Investitions- oder Vermögensseite) zeigt, wie die Mittel angelegt wurden.

Aktiva (Investition)	**Bilanz**	Passiva (Finanzierung)
I. Anlagevermögen II. Umlaufvermögen		I. Eigenkapital II. Fremdkapital
↑ ————	Anlage	———— ┘

Kontrolle des Lernerfolgs

Erstellen Sie auf einem getrennten Blatt ein Schema wie in folgendem Beispiel und kreuzen Sie an, welchen Finanzierungsarten die folgenden Vorgänge zuzurechnen sind.

EF = Eigenfinanzierung IF = Innenfinanzierung
FF = Fremdfinanzierung AF = Außenfinanzierung

		EF	FF	IF	AF
a)	Kapitaleinlage der Gesellschafter	?	?	?	?
b)	Aufnahme eines Hypothekendarlehens	?	?	?	?
c)	Akzeptierung eines Wechsels	?	?	?	?
d)	Bildung einer Prozeßrückstellung	?	?	?	?
e)	Verrechnung von Abschreibungen in den Verkaufspreis	?	?	?	?
f)	Einbehaltung von Gewinnanteilen	?	?	?	?
g)	Überziehung des Bankkontos	?	?	?	?
h)	Bildung stiller Reserven durch überhöhte Abschreibungen auf BGA	?	?	?	?
i)	Ausnutzung eines Zahlungszieles von 60 Tagen	?	?	?	?

12.1 Außenfinanzierung mit Eigenkapital (Beteiligungsfinanzierung)

Bei der *Beteiligungsfinanzierung* führen die Eigentümer der Unternehmung von außen Eigenkapital zu.

Anlässe der Beteiligungsfinanzierung können sein:

- Gründung,
- Geschäftserweiterung,
- Modernisierung,
- Rationalisierung,
- Sanierung (Ausgleich von Verlusten),
- Fusion,
- Änderung der Rechtsform (Erreichen des Mindestkapitals).

12.1.1 Formen des Eigenkapitals

Je nach Rechtsform wird das Eigenkapital in der Bilanz unterschiedlich ausgewiesen:

Eigenkapital

Einzelunternehmung und Personengesellschaften	Kapitalgesellschaften	Genossenschaften
Die Bilanz weist das Eigenkapital in einem einzelnen Posten aus. Ausnahme: Kommanditeinlagen sind gesondert auszuweisen.	Die Bilanz weist das Eigenkapital in getrennten Positionen aus: - Gezeichnetes Kapital[1]) - Rücklagen - Jahresüberschuß (oder Bilanzgewinn)	Die Bilanz weist das Eigenkapital in getrennten Positionen aus: - Geschäftsguthaben - Rücklagen - Jahresüberschuß (oder Bilanzgewinn)

Die Dreiteilung des Eigenkapitals bei Kapitalgesellschaften ist durch die Haftungsbeschränkung der Gesellschafter begründet. Der Gesetzgeber will Verminderungen des Grund- bzw. Stammkapitals verhindern und eine saubere Trennung von Grund- bzw. Stammkapital und zugewachsenem Kapital (Rücklagen) sowie von für Verwendung vorgesehenem Kapital (Jahresüberschuß) bzw. ausschüttbarem Kapital (Bilanzgewinn) gewährleisten. Genossenschaften allerdings haben kein festes Grundkapital, sondern ein Geschäftsguthaben, das der Summe der Geschäftsanteile der jeweiligen Genossen entspricht.

---

[1]) Beachte: Das Grundkapital der AG und das Stammkapital der GmbH heißen in der Bilanz „Gezeichnetes Kapital".

12.1.2 Formen der Mittelzuführung

Auch die Zuführung der Mittel ist in den einzelnen Rechtsformen unterschiedlich:

Beteiligungsfinanzierung

Einzelunternehmung, Personengesellschaften	Kapitalgesellschaften	Genossenschaften
Mittel werden durch Privateinlagen des Einzelunternehmers bzw. der vollhaftenden Gesellschafter zugeführt. Die Erhöhung von Kommanditeinlagen erfordert eine Änderung des Gesellschaftsvertrags und die Eintragung ins Handelsregister.	Das Grundkapital wird durch den Verkauf der Aktien an die Aktionäre, das Stammkapital durch die Einlage der Geschäftsanteile aufgebracht. Die Kapitalhöhe ist durch die Satzung festgelegt. Kapitalerhöhungen erfordern eine Änderung der Satzung.	Das Geschäftsguthaben wird durch den Erwerb von Geschäftsanteilen durch die Genossen aufgebracht. Die Aufnahme neuer Genossen oder die Erhöhung der Summe der Geschäftsanteile mehren das Geschäftsguthaben.

Einzelheiten über die Beteiligungsfinanzierung der GmbH

Die Satzung der GmbH legt die Höhe des Stammkapitals (mindestens 50000,— DM) und die Höhe der Geschäftsanteile der Gesellschafter (mindestens 500,— DM) fest. Die Zuführung der Mittel erfolgt durch die Einbringung der Geschäftsanteile. Die Satzung kann für den Fall späteren Kapitalbedarfs eine beschränkte oder unbeschränkte Nachschußpflicht vorsehen. Eine Erhöhung des Stammkapitals mittels Ausgabe von Geschäftsanteilen an die alten oder an neue Gesellschafter bedarf einer Satzungsänderung, die die Gesellschafterversammlung mit einer Mehrheit von drei Vierteln der Geschäftsanteile beschließen muß. Das jeweilige Stammkapital muß ins Handelsregister eingetragen werden.

Einzelheiten über die Beteiligungsfinanzierung der AG

Die Satzung der AG legt die Höhe des Grundkapitals (mindestens 100000,— DM) und des Nennwertes der Aktien (mindestens 50,— DM) fest. Die Kapitalzuführung erfolgt durch den Kauf der Aktien durch die Aktionäre. Diese sind im Verhältnis der Nennwerte ihrer Aktien Eigentümer der AG. Eine Ausgabe von Aktien unter dem Nennwert (Unter-pari-Emission) ist nicht zulässig, eine Ausgabe über dem Nennwert (Über-pari-Emission) ist häufig. Das Agio (Aufgeld) ist in die Kapitalrücklage einzustellen.

Eine Erhöhung des Grundkapitals mittels Ausgabe junger (neuer) Aktien bedarf einer Satzungsänderung, die die Hauptversammlung der Aktionäre mit einer Mehrheit von drei Vierteln der anwesenden Aktiennennwerte beschließen muß. Das jeweilige Grundkapital muß ins Handelsregister eingetragen werden. Es sind vier Arten der Kapitalerhöhung zu unterscheiden.

Arten der Kapitalerhöhung
Ordentliche Kapitalerhöhung (AktG §§ 182ff.) Die ordentliche Kapitalerhöhung führt der AG nach dem Beschluß der Hauptversammlung durch Ausgabe junger Aktien neue Mittel zu. Die jungen Aktien müssen zunächst den alten Aktionären angeboten werden, damit diese ihren prozentualen Kapitalanteil an der AG wahren können: Sie haben das Bezugsrecht an den jungen Aktien. Die jungen Aktien sind als Kaufanreiz in der Regel mit einem Kurs ausgestattet, der unter dem Kurs der alten Aktien liegt. Das Bezugsrecht stellt deshalb einen Wert dar, den der Aktionär - wenn er das Bezugsrecht nicht wahrnehmen will - veräußern kann (bei börseneingeführten Aktien durch Verkauf an der Börse).
Bedingte Kapitalerhöhung (AktG §§ 192ff.) Die AG gibt auf Beschluß der Hauptversammlung Wandelanleihen heraus. Dies sind Schuldverschreibungen, deren Eigentümer das Recht hat, sie nach Ablauf einer festgelegten Zeit unter bestimmten Bedingungen (z. B. einer Zuzahlung) in Aktien umzutauschen. Auch für Wandelanleihen haben die Aktionäre das Bezugsrecht.
Genehmigte Kapitalerhöhung (AktG §§ 202ff.) Die Hauptversammlung ermächtigt den Vorstand im voraus, das Kapital um den genehmigten Betrag zu einem von ihm zu wählenden Zeitpunkt zu erhöhen.
Kapitalerhöhung aus Gesellschaftsmitteln (AktG §§ 207ff.) Die Hauptversammlung kann eine Erhöhung des Grundkapitals durch Umwandlung von offenen (d. h. in der Bilanz ausgewiesenen) Rücklagen in Grundkapital beschließen. Da lediglich eine Umbuchung von bestehenden Eigenkapitalposten erfolgt, liegt hier keine Kapitalzuführung vor.

Die Hauptversammlung der AG (bzw. die Gesellschafterversammlung der GmbH) kann auch über eine Kapitalherabsetzung beschließen, um z. B. Kapital an die Eigentümer zurückzuzahlen (Kapitalentzug).

12.1.3 Beurteilung der Beteiligungsfinanzierung

Vorteile der Beteiligungsfinanzierung

Die Beteiligungsfinanzierung stellt eine Möglichkeit dar, der Unternehmung Eigenkapital zuzuführen. Eigenkapital bietet gegenüber Fremdkapital folgende **Vorteile:**

- Eigenkapital steht unbegrenzt zur Verfügung. Es bestehen keine Rückzahlungspflicht und keine Rückzahlungsfristen.
- Eigenkapital belastet nicht mit festen Zahlungsverpflichtungen für Tilgung und Zinsen. So wird die ständige Zahlungsfähigkeit (Liquidität) nicht beeinträchtigt. Zwar muß auch Eigenkapital in Form von Gewinnausschüttungen verzinst werden, aber die Höhe dieser Ausschüttungen wird von den Eigentümern selbst bestimmt. Bei Aktiengesellschaften können die Satzung oder der Vorstand und Aufsichtsrat bestimmen, daß Beträge bis zur Häfte des Jahresüberschusses in

die Gewinnrücklagen eingestellt werden. (Beträge, die in die gesetzliche Rücklage eingestellt werden, sowie ein Verlustvortrag sind vorher vom Jahresüberschuß abzuziehen.)

- Eigenkapital ist haftendes Kapital. Die Zuführung von Eigenkapital erhöht somit gleichzeitig die Kreditwürdigkeit und erleichtert die Beschaffung von Fremdkapital.

Beteiligungsfinanzierung und Rechtsform

Die Finanzierung mit vollhaftendem Eigenkapital bedeutet für den Kapitalgeber gleichzeitig das Recht auf bzw. die Pflicht zu Geschäftsführung und Vertretung. Teilhafter dagegen haben nur gewisse Mitsprache- und Kontrollrechte. Dies führt besonders bei Personengesellschaften zu Konflikten:

- Die Aufnahme neuer Vollhafter ist meist nicht erwünscht, weil sie die Rechte der alten Gesellschafter zu stark beeinträchtigt.
- Teilhafter sind dagegen nur zu bekommen, wenn es der Unternehmung gut geht und eine höhere Verzinsung der Kapitaleinlage als auf dem Kapitalmarkt erzielt wird.
- In diesem Fall ist Fremdkapital kostengünstiger, bringt aber auch dann feste Belastungen, wenn die Geschäftslage sich verschlechtert.

Bei der GmbH sind neue Gesellschafter oft nur zu erhalten, wenn diese mehr als 50% der Geschäftsanteile bekommen und auf diese Weise entscheidend Einfluß auf die Unternehmung nehmen können.

Beispiel:
Die Maschinenfabrik Hörner GmbH stellt Walzwerke her. Die Produktion muß aufgrund des zunehmenden Wettbewerbs immer mehr vorfinanziert werden. Da es sich oft um Beträge von 100 Millionen DM und mehr handelt, reicht die Finanzkraft des mittelständischen Unternehmens nicht mehr aus. Ein Großkonzern beteiligt sich mit 51% der Geschäftsanteile.

Die Möglichkeit der Beteiligungsfinanzierung ist also sehr stark von der Rechtsform der Unternehmung abhängig. Die größten Vorteile hat dabei die Aktiengesellschaft. Sie kann durch die Ausgabe junger Aktien leicht große Kapitalmengen erhalten. Kapitalanleger sind verhältnismäßig leicht zu erhalten, weil die Aktie beweglich ist und jederzeit an der Börse verkauft werden kann – ein Vorgang, von dem die Aktiengesellschaft selbst nicht berührt wird.

Kontrolle des Lernerfolgs

1. Welche der folgenden Sätze sind falsch?

a) OHG und KG haben ein festes Grundkapital, das von den Gesellschaftern aufgebracht wird.
b) Die Rücklagen weisen bei einer Kapitalgesellschaft das zugewachsene Kapital aus.
c) Eine Kapitalerhöhung erfolgt bei einer GmbH durch Privateinlagen der Gesellschafter, die ihre Stammeinlage mehren.
d) Die Höhe des gezeichneten Kapitals ist bei einer AG durch die Satzung festgelegt.
e) Eine Kapitalerhöhung stellt eine Zuführung von Gewinnen zu den Rücklagen dar.
f) Für die Aktionäre einer AG besteht Nachschußpflicht.
g) Wenn Aktien unter pari ausgegeben werden, bedeutet dies eine Kapitalherabsetzung.
h) Ein Agio bei der Ausgabe von Aktien wird in die Kapitalrücklage eingestellt.
i) Kapitalerhöhungen werden vom Vorstand der AG beschlossen.
j) Bei der Ausgabe junger Aktien haben die Aktionäre ein Bezugsrecht, nicht jedoch bei der Ausgabe von Wandelanleihen.
k) Die Ausgabe von Wandelanleihen bedeutet eine ordentliche Kapitalerhöhung.

2. Auszug aus der Tagesordnung der Hauptversammlung der Daimler-Benz AG vom 06. 07. 19..:

> ...
>
> 3. Beschlußfassung über die Erhöhung des gezeichneten Kapitals gegen Bareinzahlung. Vorstand und Aufsichtsrat schlagen vor, das gezeichnete Kapital gegen Bareinzahlung wie folgt zu erhöhen:
> Das Grundkapital von 1189086000,— DM wird um 169869500,— DM auf 1358955500,— DM durch Ausgabe neuer auf den Inhaber lautende Stammaktien gegen Bareinzahlung mit halber Dividendenberechtigung für 19.. zu pari erhöht.
> Die neuen Aktien werden von einem Konsortium unter Führung der Deutschen Bank AG mit der Verpflichtung übernommen, den Aktionären im Verhältnis 7:1 neue Aktien zum Ausgabepreis von 50,— DM je Aktie im Nennbetrag von 50,— DM zum Bezug anzubieten.
> Der Vorstand wird ermächtigt, im Einvernehmen mit dem Aufsichtsrat die weiteren Einzelheiten der Kapitalerhöhung, die spätestens bis zum 31. Dezember 19.. durchzuführen ist, festzusetzen.
> 4. Beschlußfassung über die Änderung der Satzung
> Vorstand und Aufsichtsrat schlagen vor, § 3 der Satzung (gezeichnetes Kapital) an die neuen Kapitalverhältnisse wie folgt anzupassen ...

a) Nennen Sie zwei Gründe für eine Kapitalerhöhung.
b) Prüfen Sie, um welche Art der Kapitalerhöhung es sich handelt.

3. Die Prüfer KG ist in Zahlungsschwierigkeiten. Sie inseriert in der Zeitung: „Kommanditeinlage gesucht ..."
a) Wie beurteilen Sie die Chance, die gewünschte Einlage zu erhalten?
b) Welche anderen Finanzierungsmöglichkeiten stehen noch offen?

12.2 Außenfinanzierung mit Fremdkapital (Kreditfinanzierung)

12.2.1 Kreditarten

> Bei dem Hersteller von Sanitäreinrichtungen Karl Hauser ist Zahltag. 178000,— DM an Löhnen und Gehältern sind auszuzahlen. Einen solch hohen Betrag weist das Bankkonto zur Zeit nicht auf. Trotzdem überweist die Bank das Geld: Sie gewährt der Firma einen Kontokorrentkredit, der in den nächsten Tagen durch Zahlungseingänge wieder abgedeckt sein wird. Auch für Wareneinkäufe wird das Konto häufig überzogen.
> In den nächsten Tagen ist die Anschaffung eines Lkws im Wert von 50000,— DM fällig. Hierfür stellt die Bank ein Darlehen in Höhe von 30000,— DM zur Verfügung.

Unter einem *Kredit* versteht man die Überlassung von Geld oder anderen vertretbaren Sachen mit der Vereinbarung, daß am Ende der vereinbarten Laufzeit Sachen gleicher Art, Menge und Güte zurückerstattet werden (BGB § 607).

Beim Kredit müssen demgemäß nicht die empfangenen Güter selbst zurückerstattet werden. Diese werden vielmehr verwertet (angelegt, ausgegeben, verbraucht). Zurückerstattet werden gleichartige Güter.

Die wichtigste Kreditform ist der Geldkredit.

Als Preis für die zeitliche Überlassung der Güter wird in der Regel ein Zins vereinbart. Zinslose Kredite sind meist Gefälligkeitskredite.

Kredite lassen sich nach mehreren Merkmalen unterscheiden:

Kreditarten
nach der Verwendung des Kredits – Betriebskredit (zur Deckung eines vorübergehenden Geldbedarfs) – Saisonkredit (zur Finanzierung von Saisongeschäften) – Investitionskredit (zur Finanzierung von Anlagegegenständen) – Zwischenkredit (zur Vorfinanzierung eines langfristigen Kredits)
nach der Fristigkeit des Kredits – Kurzfristiger Kredit (bis 3 Monate, teilweise 1 Jahr) – Mittelfristiger Kredit (bis 4 Jahre) – Langfristiger Kredit (über 4 Jahre)
nach der Verfügbarkeit des Kredits – Kontokorrentkredit (kann in wechselnder Höhe bis zu einer Obergrenze in Anspruch genommen werden) – Darlehen (bestimmter Betrag mit vereinbarter Tilgung)
nach der Herkunft des Kredits – Bankkredit (z. B. Kontokorrentkredit, Darlehen, Diskontkredit, Lombardkredit, Kreditleihe) – Kredit von Privatpersonen und Betrieben (z. B. Schuldscheindarlehen, Obligationen) – Lieferantenkredit – Kundenkredit (z. B. Anzahlungen, Vorauszahlungen) – Kredite der öffentlichen Hand (z. B. aufgrund öffentlicher Förderprogramme)

nach der rechtlichen Sicherung des Kredits
– Personalkredit
  – Blankokredit (ohne besondere Sicherung)
  – Diskontkredit (durch Wechsel gesichert)
  – Zessionskredit (durch Abtretung von Forderungen gesichert)
  – Bürgschaftskredit (durch Bürgschaft eines Dritten gesichert)
– Realkredit (dinglich gesicherter Kredit)
  – durch Sicherungsübereignung gesicherter Kredit
  – Lombardkredit (durch Verpfändung von Waren oder Wertpapieren gesicherter Kredit)
  – Grundschuld- oder Hypothekarkredit (durch Grundpfandrechte gesicherter Kredit)
  – durch Eigentumsvorbehalt gesicherter Kredit

nach dem übertragenen Kreditgegenstand – Sachkredit (Naturalkredit) (Dem Kreditnehmer fließt ein Sachwert zu.) – Geldkredit (Dem Kreditnehmer fließt ein Geldwert zu.) – Kreditleihe (Der Kreditnehmer erhält Sicherheiten, mit denen er Sach- oder Geldkredite aufnehmen kann.)

12.2.2 Rechtliche Sicherung von Krediten

Der Kreditgeber wird vor der Kreditgewährung die Kreditwürdigkeit des Kreditnehmers überprüfen, um sich vor Forderungsausfällen zu schützen. Bei einem **Blankokredit** oder **einfachen Personalkredit** erfolgt keine weitere Absicherung. Er ist kurzfristig und nicht für Investitionszwecke geeignet.

Beim **verstärkten Personalkredit** (Diskontkredit, Bürgschaftskredit, Zessionskredit) dagegen haften neben der Person des Kreditnehmers noch weitere Personen. Eine weitergehende Sicherung wird durch den **Realkredit** erreicht. Er überträgt bestimmte Rechte an Sachen vom Kreditnehmer auf den Kreditgeber (sogenannte dingliche Sicherung) und gestattet letzterem, die Sachen bei ausbleibender Rückzahlung und Verzinsung des Kredits zu verwerten. Für die Sicherung eignen sich der Eigentumsvorbehalt, Pfandrechte und Sicherungsübereignung.

Überprüfung der Kreditwürdigkeit

Wenn der Industriebetrieb auf Ziel verkauft, so wird er bei größeren Beträgen Auskünfte über den Kunden bei öffentlichen Registern (Handels-, Genossenschafts-, Güterrechtsregister, Schuldnerverzeichnis, Grundbuch), Auskunfteien, Geschäftsfreunden und Bankverbindungen des Schuldners einholen. Banken geben allerdings nur sehr begrenzte Auskünfte, Geschäftsfreunde sind meist wenig geneigt, negative Sachverhalte bekanntzugeben.

Gewerbliche Auskunfteien geben dagegen verläßlichere Informationen über die kreditnehmende Unternehmung. Da diese Auskunfteien die Auskünfte gegen Bezahlung geben, sind sie an möglichst vielen Kunden interessiert. Dieses Ziel ist aber nur erreichbar, wenn die gegebenen Auskünfte auch zutreffend sind. Wirtschaftsauskunfteien verwerten täglich Informationen

- von Industrie- und Handelskammern,
- von öffentlichen Registern,
- aus Zeitungsberichten, Geschäftsberichten,
- aus eigenen Recherchen (z. B. Befragungen),
- aus Protestlisten über Wechselproteste,
- aus Vergleichs- und Konkursverfahren,
- aus Bilanzveröffentlichungen.

In der Regel ist eine größere Unternehmung Abonnent bei einer Auskunftei. Auf diese Weise erhält sie laufend Informationen über eine Branche, Einkaufsadressen, Messeveranstaltungen und besondere Kundenkreise. Folgende Auskunfteien bieten z. B. ihre Dienste an: Creditreform, Schimmelpfeng und Bürgel. Die Banken und die kreditgebende gewerbliche Wirtschaft unterhalten eine eigene Auskunfteinrichtung: die Schufa (Schutzgemeinschaft für allgemeine Kreditsicherung e. V.).

Die Prüfung der Kreditwürdigkeit kann folgendes Ergebnis haben:

- Der Kreditnehmer gilt als zuverlässig, geschäftstüchtig, branchenkundig, fleißig **(persönliche Kreditwürdigkeit).**
- Die wirtschaftlichen Verhältnisse des Kreditnehmers sind geordnet, die Vermögenslage gilt als gut, der Betrieb hat eine ordentliche Führung und Verwaltung **(sachliche Kreditwürdigkeit).**

Beispiel:
Kreditauskunft

Ort:
Z. u. H. Nr.: 05-6048
Kontroll-Nr.: Ze Bu
Ihr Zeichen: La

Datum: 15. Dezember 19..
Nr.: BI 0/228/49/D/2f
Dch. V. C.:
Mitgl. V. C.: Düsseldorf

CREDITREFORM

Stechmann & Co. GmbH
Königsallee 25

8000 München

Betr.:
Kurt Busch
Fabrik chemischer Rohstoffe GmbH
Peterstr. 40

4040 Neuss

Unternehmensform und Alter	Rechtsform	GmbH
	Gründung	02.01.1938 als Einzelfirma, 07.08.1952 als GmbH
	Handelsregister	20.10.1952, Ag Neuss, HRB 510
	Gesellschafter	Kurt Busch sen., Neuss 500 000,00 DM
		Dr. Jürgen Busch, Neuss 250 000,00 DM
		Dr. Kurt Busch jun., Neuss 200 000,00 DM
	Stammkapital (gezeichnetes Kapital)	950 000,00 DM
Haftungsverhältnisse	Geschäftsführer	Kurt Busch sen., geb. 20.02.1910, verheiratet, Akazienallee 14, Neuss, gute Beurteilung
Produktion und Branche	Allgemeines	Produktion von Lackkunstharzen, Kunststoffbändern, -verpackungen und ähnlichen Artikeln Vertrieb erfolgt zum Teil über Firma Mahlendorf Handel & Co., Neuss
Größe der Belegschaft	Mitarbeiter	ca. 30 Angestellte, ca. 130 Arbeiter
Umsätze	Jahresumsatz	19.. ca. 38,0 Mio. DM, Vorjahr ca. 36,0 Mio. DM
mögliche Sicherheiten und	Immobilien	Eigentum der Firma Betriebsgrundstück und -gebäude, ca. 6 800 qm, zur Hälfte bebaut, Verkehrswert ca. 10,0 Mio. DM, angeblich geringe Belastung
Betriebsmittel	Aktiva	Betriebseinrichtung: maschinelle Anlagen, Forschungslabor, 2 Tankwagen, 2 Lkw, 10 Pkw, Zeitwert ca. 7,0 Mio. DM Material- und Warenlager ca. 5,0 Mio. DM Außenstände ca. 6,5 Mio. DM GmbH ist mit 140 000,00 DM Kommanditistin der Firma Mahlendorf Handel & Co., Neuss
Verpflichtungen Ihres Geschäftspartners	Passiva	Lieferantenverbindlichkeiten nach Eigenangaben 3,6 Mio. DM Bankkredit auf gedeckter Basis in unbekannter Höhe steht zur Verfügung
etwaige zusätzliche Sicherheiten	Anmerkung	nicht haftendes Immobilienvermögen von Kurt Busch sen.: Bürokomplex Cantadorstr. 10, 4000 Düsseldorf, Verkehrswert ca. 1,0 Mio. DM, Belastung unbekannt Überprüfung sämtlicher Angaben zum Immobilieneigentum durch Grundbucheinsicht nicht möglich
Zulässigkeit eines Kredits	Banken	Dresdner Bank AG, Neuss Stadtsparkasse, Neuss
Bankverbindung	Zahlungsweise	vereinbarungsgemäß, teils mit Skonto
Zahlungsweise	Kreditfrage	200 000,00 DM (zweihunderttausend) zulässig

Im Interesse einer objektiven Auskunftserteilung bitten wir um Nachricht bei abweichenden Erfahrungen.

VEREIN CREDITREFORM NEUSS

Diese Auskunft ist nur für den Anfragenden bestimmt. Für den Inhalt der Auskunft wird jede Haftung abgelehnt, das gilt auch für den etwaigen Vorsatz von Erfüllungsgehilfen. Wer die Auskunft zur Kenntnis nimmt, unterwirft sich damit diesen Bedingungen.

Banken nehmen bei großen Krediten auch Betriebsprüfungen sowie Prüfungen der Geschäftsbücher vor (Bilanzen, Gewinn- und Verlustrechnungen, Debitorenlisten, Finanzierungs- und Investitionspläne).

Diskontkredit

Beim *Diskontkredit* werden die Wechselforderungen eines Bankkunden gegenüber dem Bezogenen bis zum Zahlungstag des Wechsels vom Kreditinstitut vorfinanziert.

Die Banken vereinbaren mit ihren Kunden meist einen Höchstbetrag, bis zu dem sie Wechsel einreichen können (Diskontkontingent).

Von der Wechselsumme ziehen die Kreditinstitute Zinsen für die Restlaufzeit (= Diskont) ab. Als Diskontsatz wird je nach Bonität der Wechsel 2 bis 3% über dem LZB-Diskontsatz vereinbart. Wechsel, die rediskontfähig sind (diese Wechsel

können die Banken an die Bundesbank weiterverkaufen), werden zu einem günstigeren Satz abgerechnet. Für kleinere Wechselbeträge wird ein Mindestdiskont vereinbart.
Der Diskontkredit gestattet es dem Betrieb, in den Besitz von Geldmitteln zu gelangen, obwohl der seinem Käufer ein längeres Zahlungsziel einräumt.
Man geht davon aus, daß der Bezogene die gegen Wechsel gekauften Waren bis zum Zahlungstag verarbeitet und weiterverkauft hat, so daß er aus dem Erlös den Wechsel einlösen kann.
Der Bank gegenüber haftet nicht nur der Bezogene für die Einlösung des Wechsels, sondern alle Indossanten und der Aussteller. Hierdurch wird der Diskontkredit zu einem verstärkten Personalkredit. Die Wechselstrenge, die bei Nichteinlösung eine rasche Zwangsvollstreckung in das Vermögen der genannten Personen gestattet, macht ihn zu einem beliebten Kredit.

Bürgschaftskredit

Eine *Bürgschaft* entsteht, wenn sich eine Person (der Bürge) gegenüber dem Gläubiger eines anderen vertraglich verpflichtet, für die Erfüllung der Verbindlichkeiten des anderen einzustehen (BGB § 765).

Die Bürgschaft ist ein einseitig verpflichtender Vertrag, für den die Schriftform vorgeschrieben ist. Vollkaufleute können sich auch mündlich verbürgen, wenn die Bürgschaft für sie ein Handelsgeschäft darstellt (HGB § 350).

Bürgschaftsarten

Ausfallbürgschaft	**Selbstschuldnerische Bürgschaft**
Der Bürge ist erst zur Leistung verpflichtet, wenn der Gläubiger den Ausfall des Hauptschuldners durch eine erfolglos betriebene Zwangsvollstreckung nachweist (sogenannte Einrede der **Vorausklage**) oder wenn der Hauptschuldner in Konkurs gefallen ist oder anzunehmen ist, daß die Zwangsvollstreckung erfolglos sein wird.	Der Bürge haftet wie der Hauptschuldner selbst; er hat nicht die Einrede der Vorausklage. Die Bürgschaft eines Vollkaufmanns ist, wenn sie ein Handelsgeschäft darstellt, stets eine selbstschuldnerische Bürgschaft (HGB § 349). Kreditinstitute verlangen stets selbstschuldnerische Bürgschaften.

Der Bürge haftet in Höhe der Hauptschuld, auch für Schadenersatzansprüche, Prozeßkosten usw., die der Hauptschuldner zu vertreten hat. Mit der Hauptschuld erlischt auch die Bürgschaft (z. B. durch Erfüllung der Hauptschuld, Erlaß, Aufrechnung mit einer Gegenforderung). Sie ist ein akzessorisches Recht[1]). Der Bürge hat alle Einreden, die auch der Hauptschuldner hat (z. B. die Einreden der Verjährung, der Schuldstundung, der Aufrechnung mit Gegenforderungen). Wird er in Anspruch genommen, so geht die Forderung vom Gläubiger auf ihn über, und er hat ein Rückgriffsrecht auf den Hauptschuldner.

[1]) vgl. S. 507

Zessionskredit

Eine Forderung kann von einem Gläubiger durch Vertrag auf eine andere Person übertragen werden (Abtretung oder Zession). Dadurch tritt der neue Gläubiger an die Stelle des bisherigen Gläubigers (BGB § 398). Er hat die gleichen Rechte und muß deshalb auch alle Einreden des Schuldners gegen sich gelten lassen. Der abtretende heißt auch Zedent, der neue Gläubiger Zessionar.

Beim *Zessionskredit* tritt der Schuldner eigene Forderungen zur Sicherung eines Kredits an den Kreditgeber ab.

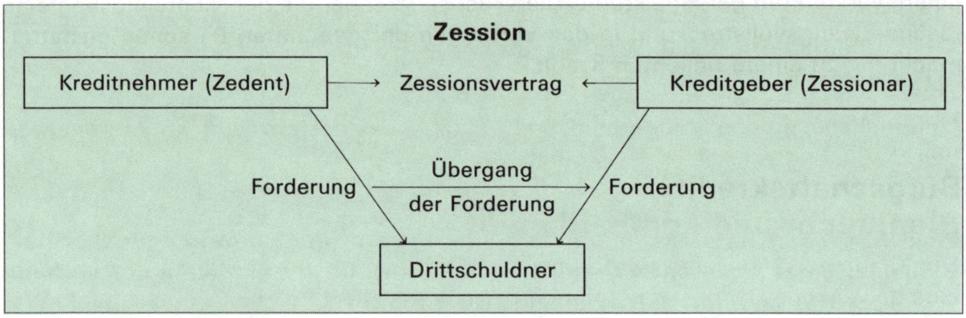

Die Zession kann offen oder still erfolgen:

- Bei der **offenen Zession** teilt der Zedent seinem Schuldner die Abtretung der Forderung mit. Der Schuldner kann dann mit befreiender Wirkung nur an den Zessionar zahlen. Dieser sollte sich sicherheitshalber vom Schuldner bestätigen lassen, daß er von der Abtretung Kenntnis hat, daß er die Forderung nicht bestreitet und daß er keine Gegenrechte hat.
- Bei der **stillen Zession** teilt der Zedent seinem Schuldner die Abtretung der Forderung nicht mit. Auf diese Weise soll eine Störung der Beziehung zwischen dem Zedenten und seinem Schuldner vermieden werden. Der Schuldner zahlt weiter an den Zedenten, der seinerseits die vertraglich vereinbarten Zahlungen an den Zessionar leistet.

Für den Zessionar liegt stets ein gewisses Risiko darin, daß er die Zahlungsfähigkeit des Drittschuldners nicht kennt. Weitere Unsicherheiten entstehen für ihn insbesondere bei der stillen Zession.

Beispiele:

- Im Zessionsvertrag (stille Zession) wurde vereinbart, daß der Zedent die vom Drittschuldner erhaltenen Zahlungen an den Zessionar abführen soll. Der Zedent zahlt jedoch nicht, obwohl er vom Drittschuldner ordnungsgemäß Zahlung erhält.
- Der Zedent tritt eine still abgetretene Forderung ein weiteres Mal, diesmal offen, ab. Der Drittschuldner zahlt an den zweiten Zessionar, da er von der ersten Abtretung nichts weiß. Der Zedent erfüllt seinerseits seine Zahlungsverpflichtungen gegenüber dem Erstzessionar nicht.

In beiden Fällen ist die Abtretung für den Zessionar wertlos: Der gutgläubige Drittschuldner hat in Unkenntnis der stillen Zession an den ersten Gläubiger bzw. an den Zweitzessionar gezahlt. Die Zahlung befreit ihn von seiner Verpflichtung (BGB § 407, § 408).

Benötigt eine Unternehmung einen längerfristigen Kredit, kann sie aber nur kurzfristige Forderungen aus Lieferungen und Leistungen abtreten, so besteht die Möglichkeit einer Globalzession oder einer Mantelzession:

- Bei der **Globalzession** tritt der Kreditnehmer sämtliche Forderungen einer festgelegten Forderungsgruppe ab, z. B. Forderungen gegenüber Kunden aus Nordrhein-Westfalen, Forderungen gegenüber den Käufern des Produktes XY, Forderungen gegenüber Kunden mit den Anfangsbuchstaben G bis N. Der Zessionar wird mit dem Augenblick der Entstehung der Forderung ihr Eigentümer.
- Bei der **Mantelzession** verpflichtet sich der Zedent, bezahlte Forderungen durch neue Forderungen zu ersetzen. Er muß deshalb dem Zessionar in festgelegten Zeiträumen (z. B. monatlich) Debitorenlisten (Schuldnerlisten) übergeben. Mit der Übergabe der Liste wird der Zessionar Eigentümer der darin aufgeführten Forderungen.

Unterhaltsansprüche, Kindergeld und Urlaubsgeld dürfen nicht abgetreten werden.

Pfandrecht und Lombardkredit

Der Gläubiger kann eine Forderung auch sichern, indem er sich vom Schuldner eine bewegliche Sache als Pfand übergeben läßt. Hierzu eignen sich vor allem Warenbestände, Schmuck, Edelmetalle oder Wertpapiere. Das Pfand muß in den Besitz des Gläubigers übergehen (man nennt es deshalb ,,Faustpfand''), während der Schuldner Eigentümer bleibt. Zahlt der Schuldner fristgerecht, so erhält er das Pfand zurück. Im gegenteiligen Fall tritt die ,,Pfandreife'' ein: Der Gläubiger kann den Verkauf des Pfandes androhen und es nach Ablauf einer Wartefrist von einem Monat verkaufen. Die Vorschriften über den Pfandverkauf entsprechen im wesentlichen den Vorschriften über den Selbsthilfeverkauf bei Annahmeverzug des Käufers (BGB §§ 1204, 1220, 1221, 1228, 1233 ff.).

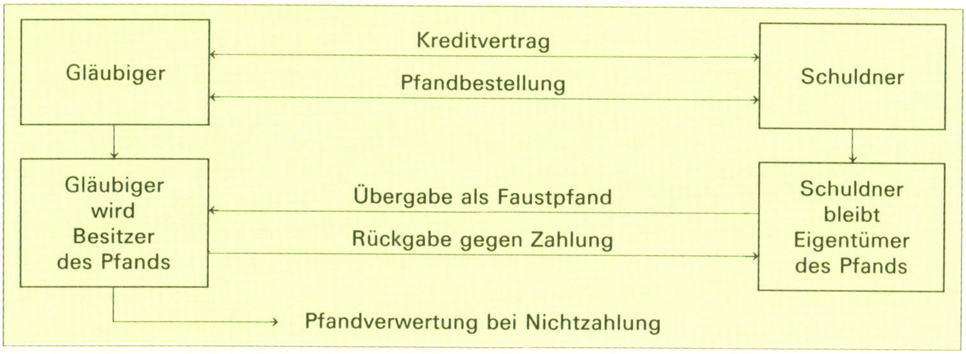

Voraussetzung für eine Pfandbestellung ist stets das Bestehen einer Forderung. Man sagt: Das Pfandrecht ist ein akzessorisches[1]) Recht, d. h. ein Nebenrecht, das nur in Abhängigkeit von einem Hauptrecht gilt.

Bei Konkurs des Schuldners hat der Gläubiger das Recht auf Absonderung zwecks Pfandverwertung[2]).

[1]) lat. accedere = hinzutreten
[2]) vgl. S. 546

Ein *Lombardkredit* liegt vor, wenn ein Kreditgeber (in der Regel ein Kreditinstitut) einen Kredit gegen die Verpfändung von wertbeständigen, leichtverkäuflichen beweglichen Sachen gewährt.

Der Zweck des Lombardkredits kann z. B. die Überbrückung vorübergehender Zahlungsengpässe oder die Überbrückung der Zeitspanne zwischen Einkauf und Verkauf sein.

Um das Kreditrisiko zu verringern, beleihen die Banken die Sachen nur mit einem Teil ihres Wertes:

Art des Lombards	Pfand	Beleihungsgrenze
Effektenlombard	Effekten	Festverzinsliche 80%, Aktien 60% des Kurswertes
Wechsellombard	Wechsel	90% der Wechselsumme
Warenlombard	Handelswaren	50% des Marktwerts
Edelmetallombard	Gold, Silber	50% des Marktwerts

Effekten, Wechsel, Edelmetalle werden der Bank übergeben. Dies ist bei Warenvorräten nicht möglich. Entweder bleiben die Waren deshalb an einem räumlich getrennten Ort im Warenlager des Kreditnehmers unter Mitverschluß der Bank, oder sie werden in einem Lagerhaus eingelagert. Die Bank erhält den Lagerschein. Er ist mit einem Pfandindossament versehen. Ein solches Indossament enthält den Zusatz „Wert zum Pfand" und überträgt nicht das Eigentums-, sondern nur das Besitzrecht. Soll die Verpfändung äußerlich nicht erkennbar sein, so kann auch ein Blankoindossament benutzt werden. Gleichzeitig wird vereinbart, daß der Lagerschein nur zum Pfand übergeben wird.

Auf die gleiche Weise lassen sich auch schwimmende Waren durch Übergabe des Konnossements bzw. des Ladescheines verpfänden.

Ein wesentlicher Nachteil der Verpfändung ist, daß der Schuldner nicht mehr mit dem Pfand arbeiten und darüber verfügen kann. Kraftfahrzeuge und Produktionsmittel eignen sich daher nicht für eine Verpfändung. Auch der Warenlombard kann sich ungünstig auswirken, wenn die Waren nicht zum Verkauf zur Verfügung stehen.

Sicherungsübereignung

Eine *Sicherungsübereignung* liegt vor, wenn ein Schuldner seinem Gläubiger zur Sicherung der Forderung das Eigentum an einer Sache überträgt.

Die Übertragung des Eigentums an beweglichen Gütern erfordert bekanntlich die Übergabe des betreffenden Gutes. Dies jedoch ist zumindest dann problematisch, wenn es sich um Gegenstände handelt, die der Kreditnehmer für seinen Betrieb benötigt (z. B. Maschinen, Kraftfahrzeuge). Auch müßte das Kreditinstitut die Gegenstände lagern. Man umgeht diese Schwierigkeit durch die Vereinbarung, daß das Eigentum zwar auf den Kreditgeber übergehen, der Besitz aber beim Kreditnehmer bleiben soll (Besitzkonstitut, BGB § 930).

Gerät der Schuldner mit der Zahlung in Verzug, so kann der Gläubiger die Herausgabe der übereigneten Sache verlangen und diese verkaufen. Erbringt der Schuldner jedoch vertragsgemäß seine Tilgungs-, Zins- und sonstigen vereinbarten Leistungen, so erhält er das Eigentum nach der Tilgung des Kredits zurück.

Entstehung einer Sicherungsübereignung

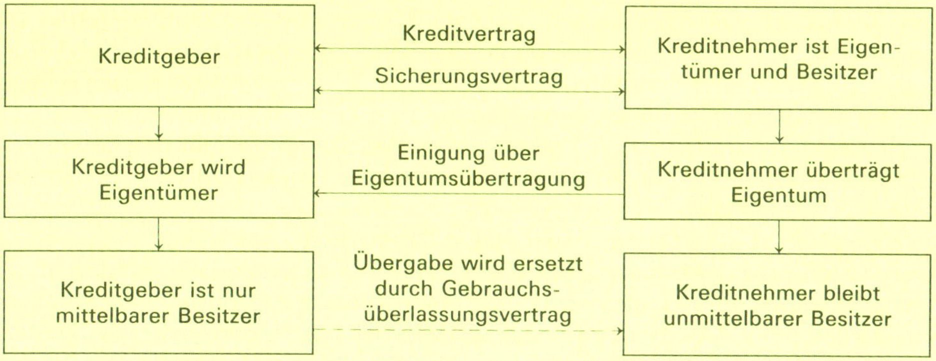

Die Übertragung des Eigentumsrechtes an der Sache hat nur den Zweck, die Forderungen aus dem Kreditvertrag zu decken. Es handelt sich nur um ein **beschränktes Eigentumsrecht,** das der Kreditgeber nur geltend machen kann, wenn der Kreditnehmer seinen Verpflichtungen nicht nachkommt (sog. Treuhandeigentum).
Wichtig ist, daß die Sache in dem Vertrag genau bestimmt ist. Formulierungen wie „alle Maschinen gelten als sicherungsübereignet" sind ungeeignet. Handelt es sich um Schüttgut oder einen mengenmäßig großen Warenbestand, so ist auch eine Raumsicherungsübereignung möglich. Hierbei gelten alle Waren in einem genau bestimmten Raum als sicherungsübereignet. Der Kreditnehmer erhält die Verpflichtung, entnommene Waren durch neue zu ersetzen.

Der Kreditgeber hat bei der Sicherungsübereignung mehrere **Risiken** zu bedenken:

- Der Kreditnehmer ist vielleicht nicht Eigentümer der Sache, da sie noch dem Eigentumsvorbehalt unterliegt.
- Die Sache ist schon einmal sicherungsübereignet.
- Die Sache ist nicht exakt bestimmt.
- Die Sache unterliegt dem Vermieterpfandrecht, da sie sich in gemieteten Räumen befindet.
- Die Sache unterliegt starken Abnutzungen, Preisverfall oder ist so speziell, daß sie gar nicht verwertet werden kann.

Besonders geeignet für die Sicherungsübereignung sind Kraftfahrzeuge, Warenlager, Produktionsmittel (wie Maschinen).

Im Konkursfall hat der Kreditgeber einen Anspruch auf Absonderung, damit er die übereignete Sache verwerten kann.

Hypothek und Grundschuld

Immobilien (unbebaute und bebaute Grundstücke) sind wegen ihres im Zeitablauf erfahrungsgemäß stabilen Wertes besonders für die Absicherung langfristiger Kredite geeignet. Hierzu dienen die Hypothek und die Grundschuld als Grundpfandrechte.

Hypothek und _Grundschuld_ sind Pfandrechte an Grundstücken. Da das Grundstück dem Pfandnehmer nicht als Faustpfand übergeben werden kann, wird die Übergabe durch die Eintragung des Pfandrechts in das Grundbuch ersetzt.

Das Grundbuch ist ein öffentliches Verzeichnis aller Grundstücke, das vom Amtsgericht geführt wird. Es enthält vor allem die Eigentumsverhältnisse sowie die auf dem Grundstück ruhenden Lasten, Beschränkungen und Grundpfandrechte. Die Reihenfolge der Eintragungen bestimmt ihren Rang. Dies bedeutet z. B., daß Forderungen aufgrund einer erstrangigen Eintragung voll befriedigt sein müssen, bevor die Rechte aus der zweitrangigen Eintragung zum Zuge kommen.
Die Eintragungen im Grundbuch gelten als richtig. Damit genießt das Grundbuch vollen öffentlichen Glauben (im Gegensatz etwa zum Handelsregister, welches beschränkten öffentlichen Glauben genießt).

Die *Hypothek* ist ein Pfandrecht an einem Grundstück, das stets zur Sicherung einer Forderung eingetragen wird (BGB § 1113). Sie setzt also ein rechtsgültiges Schuldverhältnis voraus (akzessorisches Recht). Für die Hypothekenschuld haftet einerseits das Grundstück (dingliche Haftung) und andererseits der Schuldner selbst mit seinem gesamten Vermögen (persönliche Haftung).

Die *Grundschuld* ist ein Grundpfandrecht, aufgrund dessen an den Begünstigten eine bestimmte Geldsumme aus dem Grundstück zu zahlen ist (BGB § 1191). Eine bestehende Forderung wird im Gegensatz zur Hypothek nicht vorausgesetzt. Andererseits haftet für die Grundschuld nur das Grundstück (dingliche Haftung), nicht der Schuldner persönlich.

Man unterscheidet die Fremdgrundschuld und die Eigentümergrundschuld:

- Die **Fremdgrundschuld** wird in der Regel zur Sicherung eines Kredits eingetragen. Sie gibt dem Gläubiger den Vorteil, daß er im Streitfall nicht das Bestehen seiner Forderung beweisen muß, sondern daß der Schuldner das Nichtbestehen einer Forderung beweisen muß.
- Bei der **Eigentümergrundschuld** läßt der Grundstückseigentümer eine (möglichst erstrangige) Grundschuld auf seinen eigenen Namen eintragen. Bei Kreditbedarf kann er die Grundschuld verpfänden oder abtreten. Nach der Rückzahlung des Kredits steht sie ihm wieder für entsprechende Verwendung zur Verfügung.

Ein Grundpfandrecht kann durch die alleinige Eintragung ins Grundbuch bestellt werden **(Buchhypothek, Buchgrundschuld)** oder durch die zusätzliche Ausfertigung einer Urkunde, des Hypothekenbriefs bzw. Grundschuldbriefs, nach der erfolgten Eintragung **(Briefhypothek, Briefgrundschuld).** Durch den Brief wird z. B. eine Verpfändung oder Abtretung ohne Änderung der Grundbucheintragungen ermöglicht.
Die **Verwertung eines Grundpfandrechts** erfolgt aufgrund eines vollstreckbaren Titels (Gerichtsurteil oder Zwangsvollstreckungsklausel im Grundpfandrechtsvertrag) durch **Zwangsvollstreckung.** Die Zwangsvollstreckung kann im Wege der Eintragung einer **Sicherungshypothek,** der **Zwangsversteigerung** und der **Zwangsverwaltung** durch einen gerichtlich bestellten Verwalter erfolgen. Bei der Versteigerung wird der Gläubiger aus dem Versteigerungserlös, bei der Verwaltung aus den laufenden Erträgen aus dem Grundstück befriedigt.

Eigentumsvorbehalt

Der Eigentumsvorbehalt, der meist in den Allgemeinen Geschäftsbedingungen erklärt wird, ist das übliche Mittel, durch das sich der Verkäufer von Waren beim Zielkauf vor Forderungsausfällen zu schützen sucht[1]).

---

[1]) vgl. S. 92f.

Kontrolle des Lernerfolgs

1. Entscheiden Sie, ob folgende Auskunft die Kreditwürdigkeit der beschriebenen Unternehmung bestätigt.

   Rechtsform: Aktiengesellschaft
   Gründung: 1788, Neugründung: 10. 5. 1947
   Eintragung ins Handelsregister: 21. 05. 1947; Ag Bottrop unter HRB 84
   Grundkapital (gezeichnetes Kapital): 290 000 000,— DM
   Rücklagen:
   a) Kapitalrücklagen: 5 000 000,— DM
   b) Gewinnrücklagen: 141 000 000,— DM

Vorstand:	Prof. Dr. Karl Müller, Bottrop
	Bergassessor a. D. Heinrich Lutz, Bottrop
	Rechtsanwalt Dr. Herbert Reich, Mülheim/Ruhr
	Werner Lehmann, Essen
	Klaus Dieter Schüler, Bottrop
Aufsichtsrat:	Kurt Kübel, Bottrop - Vorsitzender
	Heinrich Schmalbach, Frankfurt - 1. stellv. Vorsitzender
	Dr. Werner Schuh, Hamburg - 2. stellv. Vorsitzender
	sowie weitere 18 Mitglieder

   Allgemeines:
   Das Unternehmen befaßt sich mit der Erzeugung und Verarbeitung von Eisen, Stahl und anderen Werkstoffen sowie mit der Förderung und Verarbeitung von Kohle. Eine Zweigniederlassung befindet sich in Essen unter der Bezeichnung Hüttenwerk Essen AG, vorm. Richter & Comp.
   Die Betriebsanlagen gliedern sich wie folgt:
   1. Bergwerksanlagen mit rd. 100 000 qm Grubenfeldern,
   2. Hüttenwerk mit 15 modernen Hochofenanlagen, 1 Walzwerk für Halbzeug und 1 Blechwalzwerk,
   3. Drahtwerke der Zweigniederlassung Essen.

   Insgesamt beschäftigt das Unternehmen etwa 4500 Angestellte und 18 000 Arbeiter.
   In diesem Geschäftsjahr wurde ein Jahresumsatz von ca. 1,1 Mrd. DM, im Vorjahr 1,18 Mrd. DM erzielt.
   Hauptaktionärin ist die Firma Chemie AG, Berlin.

   Persönliches:
   Die Leitung der Gesellschaft (Namen siehe Vorstandsmitglieder) zeichnet sich durch straffe Organisation, kaufmännischen Weitblick und zielbewußte Ausnutzung und Anpassung an die jeweiligen Marktverhältnisse aus. Bei den Vorstandsmitgliedern handelt es sich um angesehene Persönlichkeiten.

   Vermögenslage:
   Der zuletzt veröffentlichten Bilanz etnehmen wir folgende wesentliche Positionen:

	Mio. DM
Bilanzsumme:	1243,8
Anlagevermögen:	695,5
Umlaufvermögen:	362,0
Rückstellungen:	180,0
Langfristige Verbindlichkeiten:	250,2
Kurzfristige Verbindlichkeiten:	160,0
Gewinn:	15,3

   Auf Beschluß der Hauptversammlung wurde aus dem Gewinn des letzten Geschäftsjahres eine Dividende von 3% ausgeschüttet.
   Die finanziellen Verhältnisse der Gesellschaft sind in jeder Hinsicht geordnet. Auf der nächsten Hauptversammlung soll eine Kapitalerhöhung von 60 Mio. DM auf 350 Mio. DM beschlossen werden.

2. Sie erhalten die folgende Bitte um Auskunft von Gebr. Sailer, Baden-Baden:

> Sehr geehrte Damen und Herren,
>
> die auf dem beiliegenden Blatt genannte Firma hat uns einen Auftrag über 6 000,00 DM erteilt und bittet um ein Zahlungsziel von 30 Tagen.
>
> Der Besteller hat Sie uns als Referenz angegeben. Da der Kunde uns bisher unbekannt ist, wären wir Ihnen für eine möglichst genaue Auskunft verbunden. Vor allem interessieren uns der Ruf und das Ansehen des Inhabers sowie die Größe, der Umsatz und die Zahlungsweise der Firma. Des weiteren bitten wir Sie um ein Kreditурteil.
>
> Wir sichern Ihnen für Ihre Auskünfte absolute Verschwiegenheit zu und danken Ihnen im voraus für Ihre Mühe.
>
> Mit freundlichen Grüßen

a) Nennen Sie die wesentlichen Teile dieser Bitte um Auskunft.
b) Warum wird der Name des Kunden im Brief nicht genannt?
c) Schreiben Sie eine Antwort auf die Bitte um Auskunft. Sie soll nach Möglichkeit alle Punkte der Anfrage beantworten. Des weiteren wird vertrauliche Behandlung der Angaben erbeten. Der Brief enthält den Hinweis auf Unverbindlichkeit der Auskunft.

3. Übertragen Sie folgende Tabelle auf ein DIN-A4-Blatt. Machen Sie Angaben zu den angeführten Punkten:

	Sicherungsübereignung	Pfandrecht
geeignete Gegenstände	?	?
Eigentumsrecht an der Sache	?	?
Vorteil für Kreditgeber	?	?
Vorteil für Kreditnehmer	?	?
Nachteil für Kreditgeber	?	?
Nachteil für Kreditnehmer	?	?

4. In welchen Fällen liegt eine dingliche Sicherung vor?
a) Sicherungsübereignung einer Maschine,
b) Übernahme einer Ausfallbürgschaft,
c) Übernahme einer selbstschuldnerischen Bürgschaft,
d) Sicherung eines Darlehens durch eine Hypothek,
e) Sicherung eines Darlehens durch eine Grundschuld,
f) Sicherung eines Kredits durch einen Wechsel,
g) Übergabe eines Faustpfands,
h) Kreditsicherung durch Abtretung einer Forderung.

5. Wer ist Eigentümer, wer Besitzer
a) beim Pfandrecht,
b) bei der Sicherungsübereignung?

12.2.3 Kurzfristige Kreditfinanzierung

Lieferantenkredit

Der *Lieferantenkredit* entsteht, indem der Lieferer seinem Kunden für gelieferte Waren ein Zahlungsziel einräumt.

Er wird nicht wegen des Kreditgeschäfts selbst gewährt (wie der Bankkredit), sondern ergibt sich sozusagen „nebenbei" aus dem Kaufvertrag und wird vom Lieferer als Mittel der Absatzförderung eingesetzt. Er ist sehr bequem, da er in der Regel ohne Formalitäten gewährt und nur durch den Eigentumsvorbehalt gesichert wird.

Die Verzinsung ist im Kaufpreis bereits enthalten, weil bei vorzeitiger Zahlung (innerhalb von 8 bis 10 Tagen) meist bis zu 3% Skonto abgezogen werden dürfen. Dieser Skontoabzug macht den Lieferantenkredit zu einem der teuersten Kredite überhaupt. Wenn nicht genügend flüssige Mittel vorhanden sind, sollte der Kunde ihn durch einen Bankkredit ersetzen, um in den Genuß des Skontoabzugs zu gelangen.

Beispiel:

Zahlungsbedingungen für eine Warenlieferung: „30 Tage netto oder 10 Tage mit 3% Skonto" Kreditdauer: 20 Tage 3%/20 Tage = 54% p. a.	Kosten eines Bankkredits über den um das Skonto reduzierten Rechnungsbetrag: 11% p. a.
Gewinn bei Skontoausnutzung: 54% p. a. – 11% p. a. = 43% p. a.	

Auch bei der **Zahlung mit Wechsel** entsteht ein Lieferantenkredit. Der Käufer verliert die Vergünstigung des Skontoabzugs. Deshalb ist dieser Kredit vor allem für Betriebe von Bedeutung, deren Liquidität gering ist und die nicht genügend Sicherheiten besitzen, um Bankkredite beanspruchen zu können. Die Wechsellaufzeit von gewöhnlich 3 Monaten gestattet die Finanzierung des Wareneinkaufs durch den Weiterverkauf der Waren bzw. der daraus entstandenen Produkte. Der Lieferer seinerseits kann sich durch die Diskontierung des Wechsels bei seiner Bank refinanzieren.

Der Käufer kann den Skontoverlust durch das Verfahren der **Scheck-Wechsel-Ziehung** vermeiden: Er bezahlt seinen Lieferer mit Scheck unter Abzug von Skonto. Gleichzeitig läßt er vom Lieferer einen Wechsel auf sich ziehen. Der Lieferer stellt den Wechsel an eigene Order aus und indossiert ihn an den Käufer. Dieser akzeptiert ihn und wird somit gleichzeitig Bezogener und Indossatar. Als Indossatar reicht er den Wechsel seiner Bank zum Diskont ein. Auf diese Weise ersetzt er den teuren Lieferantenkredit durch den Diskontkredit, der ihn sogar billiger als ein Kontokorrentkredit kommt.

Kundenanzahlungen

Anzahlungen sind bei Großaufträgen (Schiffbau, Maschinenbau, Wohnungsbau usw.) üblich, da der Hersteller das gesamte Projekt – teilweise wegen langer Produktionsdauer – nicht allein finanzieren kann. Häufig wird ein Drittel des Kaufpreises bei Auftragserteilung, ein Drittel bei Lieferung und ein Drittel mit vereinbartem Ziel fällig. Um das Risiko abzuwenden, daß der Lieferer seinen Verpflichtungen nicht nachkommt, verlangt der Kunde häufig als Sicherheit eine Bankgarantie.

Kontokorrentkredit

Ein *Kontokorrentkredit* entsteht, wenn ein einem festgelegten Abrechnungszeitraum auf einem Konto Kreditbeträge in schwankender Höhe in Anspruch genommen, zurückgezahlt und wieder beansprucht werden können.

Kontokorrente kommen im Waren- und Dienstleistungsverkehr (Liefererkredite) wie im Bankverkehr vor. Die Banken richten sich bei der Einräumung des Kreditlimits nach dem Umsatz.

Der Kontokorrentkredit dient in der Regel der Finanzierung des kurzfristigen Finanzbedarfs. Die vereinbarte Frist ist längstens 6 Monate, kann jedoch stillschweigend verlängert werden. Dadurch erhält er in der Praxis langfristigen Charakter.

Verwendungsmöglichkeiten des Kontokorrentkredits
Betriebskredit Dient der Deckung eines vorübergehenden Geldbedarfs, z. B. dem Wareneinkauf oder der Entlohnung von Arbeitskräften.
Saisonkredit Dient der Finanzierung von Saisongeschäften wie z. B. der Finanzierung der Herbstkollektion im Frühjahr bis zum Verkauf Ende des Jahres.
Zwischenkredit Dient der Finanzierung eines Bauvorhabens bis zur Ablösung durch ein längerfristiges Darlehen in Form eines Hypothekarkredites.

Zur Sicherung des Kontokorrentkredits werden häufig Pfandrechte bestellt oder Sicherungsübereignungen vorgenommen.

Kreditleihe

Die *Kreditleihe* ist ein Kreditgeschäft, bei dem eine Bank ihrem Kunden keine Geldmittel zur Verfügung stellt, sondern sich verpflichtet, für ihn zu zahlen, wenn er seinen Verpflichtungen gegenüber einem Gläubiger nicht nachkommt. Damit überträgt die Bank ihre Kreditwürdigkeit auf den Kunden.

Man unterscheidet den Akzeptkredit und das Garantiegeschäft.

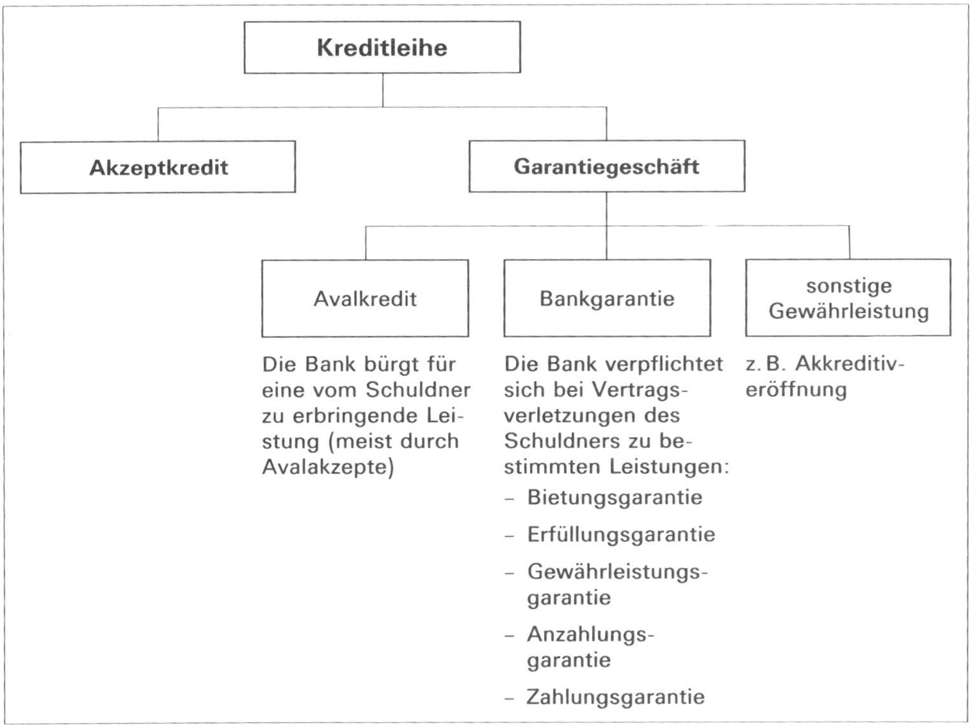

- Beim **Akzeptkredit**[1]) akzeptiert die Bank anstelle des Käufers einen Wechsel, den der Verkäufer auf sie zieht. Solche Bankakzepte werden vor allem von Exporteuren verlangt, denen das Akzept des Importeurs als Sicherheit nicht ausreicht. Der Importeur muß der Bank seinerseits Sicherheiten liefern und vor dem Verfalltag für Deckung auf seinem Konto sorgen. So verliert die Bank keine Liquidität, obwohl sie selbst Wechselverpflichtete ist.
- Beim **Avalkredit**[2]) übernimmt die Bank eine selbstschuldnerische Bürgschaft (Aval), vor allem in Form des Avalakzepts auf einem Wechsel. Sie stattet so den Bezogenen mit ihrer Kreditwürdigkeit aus.
- Die **Bietungsgarantie** soll den Besteller einer Leistung dahingehend absichern, daß der Anbieter bei Annahme des Angebots den Vertrag tatsächlich unterzeichnen wird. Die Garantiesumme beträgt in der Regel 1% bis 5% des Auftragswertes.
- Bei der **Gewährleistungsgarantie** muß die Bank dann einstehen, wenn die gelieferte Sache Mängel aufweist bzw. wenn solche Mängel nicht vertragsgemäß behoben werden. Sie beträgt meist 5% des Auftragswerts. Sie kann schon in der Erfüllungsgarantie enthalten sein.

[1]) vgl. S. 172
[2]) vgl. S. 174

- Bei der **Erfüllungsgarantie** muß die Bank leisten, wenn der Schuldner seine Leistung nicht vertragsgemäß erbringt (z. B. Bau einer Halle). Die Garantiesumme kann 5% bis 8% des Auftragswertes betragen.
- Die **Anzahlungsgarantie** soll die Rückerstattung von Anzahlungen sichern, wenn geschuldete Leistungen nicht vertragsgemäß erbracht werden.
- Bei der **Zahlungsgarantie** verpflichtet sich die Bank zur Zahlung oder Wechseleinlösung, wenn der Käufer seinen Zahlungsverpflichtungen nicht nachkommt.
- Durch ein **Akkreditiv**[1]) verpflichtet sich die Bank eines Importeurs, an dessen Stelle gegen Übergabe der Transportdokumente und sonstiger vereinbarter Dokumente an den Exporteur Zahlung zu leisten.

12.2.4 Langfristige Kreditfinanzierung

Darlehen

Ein *Darlehen* ist ein Kredit, bei dem eine einmalige Auszahlung in festgelegter Höhe erfolgt.

Im Gegensatz zum Kontokorrentkredit kann beim Darlehen über zurückgezahlte Beträge nicht erneut verfügt werden.
Darlehen dienen als längerfristige Kredite meist der Finanzierung des Anlagevermögens. Sie werden je nach Höhe und Laufzeit durch Bürgschaften, Lombardierungen, Sicherungsübereignungen oder Grundpfandrechte abgesichert.

Darlehensarten

Festdarlehen	Abzahlungsdarlehen	Annuitätsdarlehen
Rückzahlung in einer Summe mit zwischenzeitlichen Zinszahlungen	Tilgung in festen Raten bei sinkenden Zinszahlungen	jährliche Zahlung eines festen Betrages (Annuität) bei steigender Tilgung und sinkenden Zinsen

Industrieobligationen und Wandelschuldverschreibungen

Der Staat, Banken und Großunternehmen benötigen für Anlagezwecke häufig sehr hohe Kreditsummen, die einzelne Banken nicht aufbringen können oder wollen. Es werden deshalb **Obligationen (Anleihen)** aufgelegt, die man in viele kleine **Anteilscheine (Teilschuldverschreibungen)** zu mindestens 100,— DM oder einem Vielfachen davon stückelt. Über diese Stücke werden Urkunden ausgestellt, die über die Banken an Kapitalanleger verkauft werden. Sie beweisen die Forderung und verbriefen unter anderem das Recht auf Zinsen und Rückzahlung zum festgelegten Zeitpunkt. Eine Kündigung ist nicht möglich. Die Schuldverschreibungen sind jedoch Wertpapiere und können als solche jederzeit an der Börse zum Tageskurs verkauft werden.

---

1) vgl. S. 419f.

Die von der gewerblichen Wirtschaft ausgegebenen Obligationen heißen *Industrieobligationen*.

Industrieobligationen sind nicht an eine bestimmte Rechtsform gebunden, werden aber fast nur von großen Aktiengesellschaften ausgegeben, da sie sich wegen hoher Ausgabekosten nur bei Anleihebeträgen von mehreren Millionen Mark rentieren.

***Wandelschuldverschreibungen* sind Obligationen, die dem Eigentümer die Wahl zwischen Rückzahlung des Anleihebetrags am Fälligkeitstag oder (unter festgelegten Bedingungen) Eintausch in Aktien einräumen.**

Die **Sicherung von Anleihen** erfolgt in der Regel durch die Eintragung eines Grundpfandrechts ins Grundbuch.

Schuldscheindarlehen

***Schuldscheine* sind Urkunden, mit denen der Schuldner eine bestimmte Leistung, z. B. eine Geldzahlung, verspricht.**

Schuldscheine sind aber keine Wertpapiere, sondern lediglich Beweisurkunden über die bestehende Forderung. Die Forderung kann durch Zession des Schuldscheins übertragen werden.

Schuldscheindarlehen werden meist nicht von Banken, sondern von Versicherungen gegeben, die langfristiges Kapital anlegen wollen. Als Kreditnehmer kommen nur erstklassige große Unternehmen in Frage. Schuldscheindarlehen ersparen die hohen Ausgabekosten von Anleihen, ihr Zinssatz liegt aber meist 0,25 bis 0,5 Prozent höher. Die Absicherung erfolgt ebenfalls durch Grundpfandrechte.

12.2.5 Sonderformen der Außenfinanzierung

Leasing

***Leasing* ist die vertragliche Einräumung eines zeitlich begrenzten Nutzungsrechts an Gebäuden (Immobilien-Leasing) oder beweglichen Anlagegütern wie Maschinen, Fahrzeugen, EDV-Anlagen usw. (Mobilien-Leasing).**

Der Leasingnehmer hat den Vorteil, daß er keinen hohen Anschaffungspreis zahlen muß. Er muß allerdings dafür eine feste monatliche Leasing-Rate entrichten. Der Hersteller bleibt Eigentümer des vermieteten Gegenstandes. Bei einem Gerät übernimmt er meist die Verpflichtung, es zu warten. Der Leasingnehmer hat je nach Vertragsgestaltung das Recht, das Gerät nach einer vereinbarten Zeit zurückzugeben, es unter Anrechnung eines Teils des Mietpreises zu erwerben oder gegen ein modernes Gerät auszutauschen. Typische Leasing-Laufzeiten liegen bei Ausrüstungsgegenständen zwischen 2 und 6 Jahren.

Der Leasinggeber berechnet die Mietkosten so, daß darin die Abschreibungen, die Verzinsung des Kapitaleinsatzes und ein Risikozuschlag für Ausfälle sowie die Wartungskosten enthalten sind.

Vorteile und Nachteile des Leasing	
Vorteile	**Nachteile**
für den Leasinggeber: – Zusatzgeschäfte durch Wartung – dauerhafter und enger Kundenkontakt für Leasingnehmer: – Erhaltung des Kreditspielraumes – Mietkosten sind steuermindernde Betriebsausgaben – Rationalisierung der Verwaltung – keine Überalterung der Anlagen – flexible Investition durch eventuelle Rückgabe – Teilnahme an Know-how der Leasing-Gesellschaft durch eventuelle Beratungs- und Wartungsverträge.	für Leasinggeber: – Risiko der Vertragskündigung – mangelnde Verwertungsmöglichkeiten bei Spezialmaschinen für Leasingnehmer: – Belastung der Liquidität durch monatliche Zahlungsverpflichtungen, u. U. höhere Kosten als bei einem Kauf. – Vorzeitige Rückgabe eines eventuell nicht geeigneten Gegenstandes ist je nach Vertrag problematisch, zumindest aber mit erheblichen Kosten verbunden (Amortisation, Vertragsstrafen u. ä.)

Der Anwendungsbereich des Leasing weitet sich aus. So gibt es z. B. Leasingmöglichkeiten für Berufskleidung, Handtuchautomaten, Seifenspender u. a. Die Devise der Leasingwerbung lautet: **Pay as you earn – Zahlen Sie, wie Sie verdienen.**

Factoring

Das Factoring soll Unternehmen mit hohen Außenständen Liquidität verschaffen. Die eigentliche Unternehmensaufgabe besteht nicht in der Gewährung von Kundenkrediten. Das ist Aufgabe der Banken. Wenn das Unternehmen diese Leistungen ausgliedert, kann es sich auf die Herstellung oder den Vertrieb seiner Güter oder Dienstleistungen konzentrieren.

***Beim Factoring kauft der Factor*, in der Regel eine Factoring-Gesellschaft (Factoring-Bank), die Forderung einer Unternehmung (Klient genannt) auf und bevorschußt sie. Der Factor übernimmt die Eintreibung der Forderung beim Kunden.**

Gekauft werden Forderungen mit offenen Zahlungszielen bis zu 90 Tagen (Export 120 Tage). Der Factor berechnet seinem Klienten Zinsen für die Vorschüsse sowie eine Umsatzgebühr.

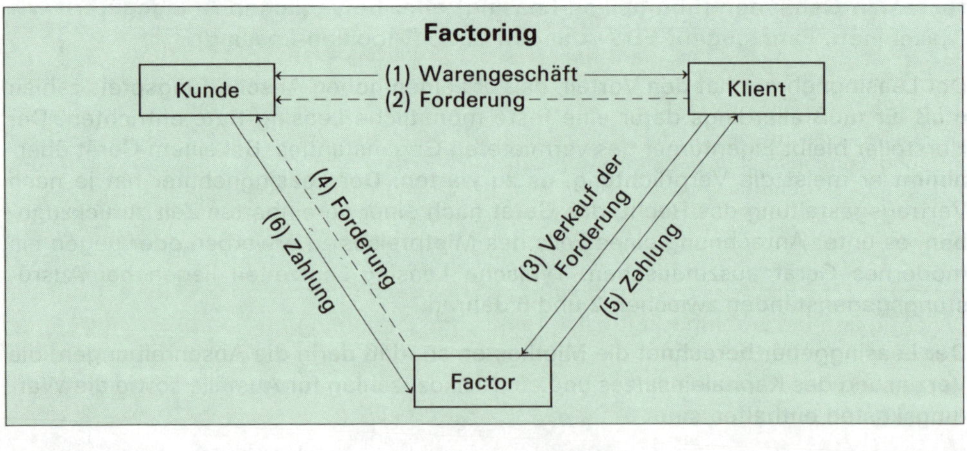

Der Factor kann je nach Vertragsgestaltung bis zu drei Aufgaben erfüllen:

Aufgaben des Factors
Dienstleistungsfunktion Rechnungsausstellung (Fakturierung) Mahnverfahren
Finanzierungsfunktion sofortige Bevorschussung der Forderung gegen Factorgebühren anstelle eines Zinses
Risikofunktion Risikoübernahme für Forderungsverluste gegen Prämie

Die Kosten des Factoring sind durch die Risikoprämie etwas höher als die üblichen Kreditkosten. Berücksichtigt man, daß Verwaltungsarbeiten wie Fakturierung oder Mahnverfahren mit übernommen werden, so kann die Kosteneinsparung erheblich größer sein als die zu zahlenden Gebühren. Banken kaufen Forderungen aber nur unter bestimmten Bedingungen an. Es muß ein bestimmter Mindestumsatz vorhanden sein (Factoring wird erst ab einem Jahresumsatz von 1 bis 2 Millionen DM lohnend). Es darf sich nur um Forderungen gegen Wiederverkäufer handeln.

Forfaitierung

Die Forfaitierung hat große Ähnlichkeit mit dem Factoring:

- Ein Kreditinstitut kauft die Forderung eines Exporteurs.
- Das Kreditinstitut übernimmt voll das Risiko des Zahlungseingangs.
- Es werden nur Einzelforderungen gekauft.
- Das Kreditinstitut übernimmt keine Dienstleistungsfunktion.
- Es muß sich um eine erstklassige Forderung handeln.
- Die Forderung muß zusätzlich gesichert sein (etwa durch eine Ausfuhrkreditversicherung).

12.2.6 Beurteilung der Kreditfinanzierung

Vor- und Nachteile der Kreditfinanzierung	
Vorteile	Nachteile
– keine Einschränkung der Verfügungs- und Leitungsrechte (wie bei Aufnahme von Gesellschaftern) – Fremdkapitalzinsen wirken als Aufwand steuermindernd	– befristete Verfügbarkeit – Einschränkung der Liquidität durch Tilgungs- und Zinszahlung – Notwendigkeit von Sicherheiten (beschränkte Verfügbarkeit von Vermögensteilen)

Wichtig ist eine wohlüberlegte Wahl zwischen Darlehen und Kontokorrentkrediten. Letztere sind teurer und kurzfristig kündbar. Sie eignen sich deshalb für die Überbrückung eines Spitzenbedarfs, Darlehen dagegen für einen längerfristigen Kreditbedarf.

Kreditfinanzierung und Rechtsform

Kreditgewährung setzt stets Kreditwürdigkeit voraus. Unter sonst gleichen Verhältnissen ist die OHG wegen der unbeschränkten, unmittelbaren und solidarischen Haftung der Gesellschafter vergleichsweise kreditwürdig, die GmbH ist es wegen der beschränkten Haftung bedeutend weniger. Die AG ist trotz beschränkter Haftung wegen der strengen gesetzlichen Vorschriften über Rechnungslegung und Gewinnverwendung am kreditwürdigsten.

Kreditfinanzierung und Rentabilität

Eine Kreditaufnahme lohnt sich stets, wenn Rückzahlung und Zinszahlung gesichert sind und die Investition des Kredits einen zusätzlichen Gewinn bringt. Dann steigt die Rentabilität des eingesetzten Eigenkapitals.
Rentabilität ist die prozentuale Verzinsung des eingesetzten Kapitals:

$$\textbf{Rentabilität} = \frac{\textbf{Gewinn}}{\textbf{Eingesetztes Kapital}} \cdot 100$$

Mit der Rentabilitätskennziffer prüft man die Vorteilhaftigkeit von Investitionen[1]). Ebenso kann man mit ihrer Hilfe die Verzinsung des eingesetzten Eigenkapitals (Eigenkapital- oder Unternehmerrentabilität) und Gesamtkapitals (Gesamtkapital- oder Unternehmungsrentabilität) angeben.

$$\textbf{Eigenkapitalrentabilität} = \frac{\textbf{Bereinigter Gewinn}}{\textbf{Eigenkapital}} \cdot 100$$

Dabei gilt:

Gewinn (bei der AG der Jahresüberschuß)	
+ Außerordentliche Aufwendungen	} Beträge mit einmaligem Charakter sind herauszurechnen
– Außerordentliche Erträge	
– Kalkulatorischer Unternehmerlohn	→ nur bei Einzelunternehmen und Personengesellschaften
= Bereinigter Gewinn	

Der kalkulatorische Unternehmerlohn ist der Betrag, den die mitarbeitenden Geschäftsinhaber in der Einzelunternehmung und in den Personengesellschaften normalerweise als Gehalt beziehen würden. Er ist abzuziehen, denn er ist Entgelt für die Arbeitsleistung des Unternehmers und hat mit der Verzinsung des Kapitals nichts zu tun. Andernfalls wäre kein Rentabilitätsvergleich zwischen Personen- und Kapitalgesellschaften möglich, weil in den Kapitalgesellschaften die Geschäftsführer bzw. der Vorstand tatsächlich ein gewinnminderndes Gehalt beziehen.

Beispiel:
Das Gewinn- und Verlustkonto der Metzer OHG weist folgende Zahlen aus:

S **G. u. V.** H

S		H	
A. o. Aufwendungen	200 000,–	A. o. Erträge	250 000,–
Andere Aufwendungen	1 000 000,–	Andere Erträge	1 270 000,–
Jahresüberschuß	320 000,–		
	1 520 000,–		1 520 000,–

[1]) vgl. S. 493

Die beiden Gesellschafter kalkulieren einen Unternehmerlohn von jeweils 80000,— DM. Das durchschnittliche Eigenkapital betrug im Geschäftsjahr 1280000,— DM.

$$\text{Eigenkapitalrentabilität} = \frac{110000}{1280000} \cdot 100 = 8{,}59\ (\%)$$

Auf jeweils 100,— DM Eigenkapital entfallen 8,59 DM Gewinn. Durch Vergleich mit der Rentabilität anderer Anlageformen läßt sich die Vorteilhaftigkeit der Kapitalanlage im eigenen Betrieb feststellen. Auch ein Vergleich der Rentabilität in verschiedenen Geschäftsjahren ist sinnvoll.

Die Gesamtkapitalrentabilität errechnet sich wie folgt:

$$\textbf{Gesamtkapitalrentabilität} = \frac{\textbf{bereinigter Gewinn + Fremdkapitalzinsen}}{\textbf{Gesamtkapital}} \cdot \textbf{100}$$

Das Fremdkapital erwirtschaftet nicht nur einen Teil des Gewinns auf das Eigenkapital, sondern auch seine Zinsen. Diese sind deshalb in der Formel zu berücksichtigen.

Man benutzt die Gesamtkapitalrentabilität, um zu ermitteln, ob die Aufnahme zusätzlichen Fremdkapitals lohnend ist. Dies ist der Fall, wenn die Eigenkapitalrentabilität steigt.

Die Eigenkapitalrentabilität wächst, solange der Zinssatz für Fremdkapital kleiner als die Gesamtkapitalrentabilität ist. [1])

Beispiel:
Ein Unternehmen arbeitet mit 150000,— DM Eigenkapital und 50000,— DM Fremdkapital. Jede DM Kapital verursacht 0,20 DM Kosten und 0,30 DM Ertrag. Für das Fremdkapital sind außerdem 8% Zins zu zahlen. Lohnt sich die Aufnahme zusätzlichen Fremdkapitals von 50000,— DM, wenn die damit vorzunehmende Investition die gleichen Kosten und Erträge wie vorher verursacht und wenn dieses Kapital a) 8%, b) 10%, c) 12% Zinsen kostet?

		a) p = 8%	b) p = 10%	c) p = 12%
	DM	DM	DM	DM
+ Eigenkapital	150000,—	150000,—	150000,—	150000,—
+ Fremdkapital	50000,—	100000,—	100000,—	100000,—
= Gesamtkapital	200000,—	250000,—	250000,—	250000,—
Ertrag	60000,—	75000,—	75000,—	75000,—
– Kosten	40000,—	50000,—	50000,—	50000,—
– Altzins	4000,—	4000,—	4000,—	4000,—
– Neuzins		4000,—	5000,—	6000,—
= Gewinn	16000,—	17000,—	16000,—	15000,—
Gesamtkapitalrentabilität	$\frac{20000}{200000} \cdot 100$ = 10%	$\frac{25000}{250000} \cdot 100$ = 10% > p	$\frac{25000}{250000} \cdot 100$ = 10% = p	$\frac{25000}{250000} \cdot 100$ = 10% < p
Eigenkapitalrentabilität	$\frac{16000}{150000} \cdot 100$ = 10⅔%	$\frac{17000}{150000} \cdot 100$ = 11⅓%	$\frac{16000}{150000} \cdot 100$ = 10⅔%	$\frac{15000}{150000} \cdot 100$ = 10%
Die Eigenkapitalrentabilität		wächst	bleibt gleich	sinkt

[1]) Diese Erkenntnis wird in der Literatur als „Leverage-Effekt" („Hebelwirkung") der zunehmenden Verschuldung bezeichnet.

Kontrolle des Lernerfolgs

1. Erläutern Sie den Unterschied zwischen einem Kontokorrentkredit und einem Darlehen.

2. Erläutern Sie: Der Kontokorrentkredit ist rechtlich gesehen ein kurzfristiger Kredit. In der Praxis kann er aber den Charakter eines langfristigen Kredits annehmen.

3. Welche Kosten entstehen für die Inanspruchnahme
a) eines Kontokorrentkredits,
b) eines Darlehens,
c) eines Diskontkredits,
d) eines Lombardkredits?
Erkundigen Sie sich bei der Bank nach der momentanen Höhe dieser Kosten.
Welche dieser Kreditarten würden Sie dementsprechend vorziehen, wenn Sie einen Wareneinkauf für die Dauer von 3 Monaten finanzieren wollen?

4. Erläutern Sie an je einem Beispiel die Abwicklung eines
a) Avalkredits,
b) Akzeptkredits.

5. Sie beziehen Waren im Wert von 6000,— DM.
Zahlungsbedingungen: 30 Tage netto Kasse oder binnen 10 Tagen mit 3% Skonto.
Sie haben den Betrag im Moment nicht zur Verfügung, könnten jedoch einen Kontokorrentkredit zu 15% pro anno in Anspruch nehmen.
Welche Zahlungsweise ziehen Sie vor? Begründen Sie Ihre Entscheidung durch eine Rechnung.

6. Erläutern Sie Vor- und Nachteile des Leasings.

7. Nennen Sie Unterschiede zwischen Factoring und Zession.

8. Beschreiben Sie den Ablauf eines Factoring-Vertrages.

9. Nennen Sie Unterschiede zwischen Factoring und Forfaitierung.

10. Stellen Sie Vor- und Nachteile von Beteiligungsfinanzierung und Kreditfinanzierung gegenüber.

11. Zum Jahresabschluß ergeben sich bei einer Unternehmung folgende Zahlen auf dem Gewinn- und Verlustkonto und in der Bilanz (zusammengefaßt):

S	G. u. V.		H
Zinsen	40000,—	Erträge	200000,—
Weitere Aufwendungen	110000,—		
Gewinn	50000,—		
	200000,—		200000,—

A	Bilanz		P
Anlagevermögen	270000,—	Eigenkapital	300000,—
Umlaufvermögen	430000,—	Fremdkapital	400000,—
	700000,—		700000,—

a) Lohnt sich die Aufnahme von 100000,— DM zusätzlichem Fremdkapital, wenn für Erträge, Aufwendungen und Zinsen die gleichen Verhältnisse und Zinssätze weitergelten sollen?
b) Von welchem Zinssatz an steigt bei zusätzlicher Fremdkapitalaufnahme die Rentabilität des Eigenkapitals nicht mehr?

12.3 Innenfinanzierung mit Eigenkapital

12.3.1 Rückflußfinanzierung

Der Tiefbauunternehmer Carl Schneider hat einen Bagger für 180000,— DM angeschafft. Die Nutzungsdauer wird auf 6 Jahre geschätzt, die jährliche Einsatzzeit auf 1500 Stunden. Der jährliche Abschreibungsbetrag beläuft sich bei linearer Abschreibung auf 30000,— DM (180000,— DM:6).
Herr Schneider kalkuliert seinen Angebotspreis für eine Arbeitsstunde:

Arbeitslohn (einschl. Lohnnebenkosten)	35,— DM
Kraftstoff (10 l à 1,30 DM)	13,— DM
Abschreibungen (30000,— DM:1500)	20,— DM
Weitere Geschäftskosten	40,— DM
	108,— DM
Gewinnzuschlag 15%	16,20 DM
Angebotspreis	124,20 DM

In den Betriebsmitteln ist Kapital gebunden. Die einsatzbedingte Wertminderung der Betriebsmittel stellt Kosten dar und wird durch die Abschreibungen erfaßt. Wie alle anderen Kosten müssen sie in die Absatzpreise einkalkuliert werden. Der Verkauf der Betriebsleistungen führt der Unternehmung über die Erlöse die Abschreibungswerte wieder zu und bewirkt eine Freisetzung des gebundenen Kapitals. Am Ende der Nutzungsdauer sollte soviel Kapital zurückgeflossen sein, daß das Anlagegut wiederbeschafft werden kann.

***Rückflußfinanzierung* ist Finanzierung aus Abschreibungswerten.**

Sind mehrere Anlagegegenstände vorhanden, so können die eingehenden Abschreibungswerte bereits vor dem Ende der Nutzungsdauer der einzelnen Betriebsmittel zur Finanzierung von Erweiterungsinvestitionen benutzt werden **(Kapazitätserweiterungseffekt).**

Beispiel: Ein Betrieb beschafft sich in vier aufeinanderfolgenden Jahren je eine Maschine im Wert von 1000,— DM mit einer vierjährigen Nutzungsdauer. Die Abschreibung soll je Maschine jährlich 250,— DM betragen.

Maschinen	**Jahr (Ende)**				
	1	**2**	**3**	**4**	**5**
	DM	DM	DM	DM	DM
1 2 3 4	250,—	250,— 250,—	250,— 250,— 250,—	250,— 250,— 250,— 250,—	250,— 250,— 250,— 250,—
Jährliche Abschreibung	250,—	500,—	750,—	1000,—	1000,—
Liquide Mittel – Reinvestitionen	250,— —	750,— —	1500,— —	2500,— 1000,—	2500,— 1000,—
Freigesetzte Mittel	250,—	750,—	1500,—	1500,—	1500,—

Während der ersten 4 Jahre beträgt der Kapitalbedarf jährlich 1000,— DM. Ende des vierten Jahres muß die erste Maschine ersetzt werden, die zweite Ende des fünften Jahres usw. Ab dem vierten Jahr entspricht die Abschreibung der Reinvestition von 1000,— DM. Die Abschreibungsbeträge der ersten drei Jahre stehen zur Neuinvestition zur Verfügung. Dieser **freigesetzte** Betrag könnte zur Erweiterung der **Kapazität** verwendet werden.

12.3.2 Selbstfinanzierung

Offene Selbstfinanzierung

***Offene Selbstfinanzierung* liegt vor, wenn Teile des Gewinns einbehalten werden.**

Nicht entnommene Gewinne von Einzelunternehmen und Vollhaftern von Personengesellschaften fließen den Kapitalkonten dieser Personen zu. Die Gewinnanteile von Kommanditisten erhöhen dagegen die Kommanditeinlage nicht. Sie werden auf Gewinnanteilkonten der Kommanditisten gebucht und stellen Verbindlichkeiten dar. Sie können gegebenenfalls als Fremdkapital in der Unternehmung verbleiben. Bei den Kapitalgesellschaften und Genossenschaften fließen nicht ausgeschüttete Gewinne den **Gewinnrücklagen** zu, die in der Bilanz ausgewiesen sind. Die Aktiengesellschaft ist sogar zur Bildung solcher Rücklagen gesetzlich verpflichtet: Sie muß einen Bilanzposten **Gesetzliche Rücklagen** bilden. Darin ist einzustellen (AktG § 150): der zwanzigste Teil des um einen Verlustvortrag aus dem Vorjahr geminderten Jahresüberschusses, bis die gesetzliche Rücklage und die Kapitalrücklagen zusammen den zehnten oder den in der Satzung bestimmten höheren Teil des Grundkapitals erreichen. Weitere Gewinnanteile können in den Bilanzposten **Andere Gewinnrücklagen** (das sind freiwillig gebildete Rücklagen) eingestellt werden. Sie können auch auf den Gewinn des nächsten Jahres vorgetragen werden (Gewinnvortrag) und sind dann verteilungsfähig. Gewinnrücklagen können grundsätzlich nur aus dem versteuerten Gewinn gebildet werden.

Stille Selbstfinanzierung

Die Möbelfabrik Herschel GmbH schreibt ihre Betriebsmittel innerbetrieblich für die Zwecke der Kostenrechnung nach der Leistung ab. In der Gewinn- und Verlustrechnung, die für das Finanzamt maßgeblich ist, wendet sie jedoch die Abschreibung vom Buchwert mit dem höchsten steuerlich zulässigen Abschreibungssatz an. Da der Maschinenpark sehr neu ist, ergeben sich bei der Abschreibung vom Buchwert höhere Abschreibungsbeträge.

G. u. V. bei Abschreibung nach der Leistung (in Tsd. DM)

S			H
Abschreibungen	10	Erträge	700
Andere Aufwendungen	600		
Gewinn	90		
	700		700

G. u. V. bei Abschreibung vom Buchwert (in Tsd. DM)

S			H
Abschreibungen	30	Erträge	700
Andere Aufwendungen	600		
Gewinn	70		
	700		700

Bezogen auf den tatsächlichen Wertverlust der Betriebsmittel, hat die Unternehmung in diesem Beispiel einen Gewinn von 90000,— DM erwirtschaftet. Aufgrund der Abschreibung vom Buchwert beträgt der offiziell ausgewiesene Gewinn jedoch nur 70000,— DM. 20000,— DM, die eigentlich Gewinn darstellen, werden als Aufwand ausgewiesen. Sie sind damit auch der Gewinnausschüttung entzogen und können zur Finanzierung von Investitionsvorhaben verwendet werden.

Da die Finanzierungsmittel in diesem Fall nicht offen in der Bilanz als Gewinn ausgewiesen sind, spricht man von stiller Selbstfinanzierung.

Das Beispiel zeigt, daß die stille Selbstfinanzierung durch die Unterbewertung von Aktiva ermöglicht wird. Sie führt zur Bildung **stiller Rücklagen.** Die stillen Rücklagen werden zu einem späteren Zeitpunkt aufgelöst, z. B. wenn die Abschreibungsbeträge vom Buchwert niedriger werden als die kalkulatorischen Abschreibungsbeträge oder wenn die betreffenden Vermögensgegenstände verkauft werden.

Der **Vorteil der stillen Selbstfinanzierung** gegenüber der offenen Selbstfinanzierung liegt darin, daß die Bildung der offen in der Bilanz ausgewiesenen Gewinnrücklagen aus dem versteuerten Gewinn erfolgt, während bei der stillen Form diese Beträge überhaupt nicht als Gewinn ausgewiesen und deshalb zunächst auch nicht versteuert werden. Die Steuern werden vielmehr bis zur Auflösung der stillen Rücklagen sozusagen gestundet. Dies bedeutet größere Finanzierungskraft, höhere Liquidität und Zinsvorteile.

Handels- und Steuerrecht gestatten, ja verlangen teilweise aufgrund ihrer Bewertungsvorschriften sogar die Bildung stiller Rücklagen. Für die Bewertung des Umlaufvermögens gilt das strenge **Niederstwertprinzip,** für das Anlagevermögen das gemilderte Niederstwertprinzip (HGB § 253).

Bewertungsvorschriften
Umlaufvermögen (Strenges Niederstwertprinzip) Die Güter des Umlaufvermögens sind mit Anschaffungs- oder Herstellungskosten zu bewerten. Ist der Tageswert am Bilanzstichtag jedoch niedriger, so ist dieser anzusetzen. Eine Wertminderung wird also in der Bilanz berücksichtigt. Sie bewirkt eine vorläufige Steuerersparnis. Eine Wertsteigerung wird nicht berücksichtigt. Sie führt zu einer stillen Rücklage.
Anlagevermögen (Gemildertes Niederstwertprinzip) Die Güter des Anlagevermögens sind mit Anschaffungs- oder Herstellungskosten zu bewerten. Abnutzbare Güter sind planmäßig abzuschreiben. Dabei kann bereits durch die Wahl der Abschreibungsmethode (Abschreibung vom Buchwert) die Möglichkeit eröffnet werden, stille Rücklagen zu bilden. Ohne Rücksicht auf die Abnutzbarkeit **können** die Gegenstände mit dem niedrigeren Wert am Bilanzstichtag bewertet werden. Dieser Wertansatz kann auch bei einem späteren Wertanstieg beibehalten werden. Damit entstehen wiederum stille Rücklagen. Ist die Wertminderung von Dauer, so muß der niedrigere Wert angesetzt werden. Auch wenn das Steuerrecht ausdrücklich einen niedrigeren Wertansatz zuläßt, kann dieser genommen werden. Dies gilt z. B. für geringwertige Wirtschaftsgüter (Anschaffungs- oder Herstellungskosten bis 800,— DM netto), die im Jahr der Anschaffung voll abgeschrieben werden dürfen.

Ebenso wie die Unterbewertung von Aktivposten führt die Überbewertung von Passivposten zu stillen Rücklagen[1]).

Stille Selbstfinanzierung **entsteht durch die Bildung stiller Rücklagen**
- **aufgrund der Unterbewertung von Aktiva,**
- **aufgrund der Überbewertung von Passiva.**

[1]) vgl. S. 527

12.4 Innenfinanzierung mit Fremdkapital

Der Meßgerätehersteller Paul Kühne hat einen Großauftrag über 1 200 000,— DM erhalten. Er hat sich dabei jedoch verpflichten müssen, 3 Jahre lang kostenlos anfallende Reparaturen zu übernehmen, die auf Herstellungsmängeln beruhen. Hierfür bildet er im Jahr des Vertragsabschlusses eine Garantierückstellung von 4% (= 48 000,— DM). Im selben Jahr stellt Herr Kühne einen neuen Produktionsleiter ein, dem er eine betriebliche Pensionszusage macht (monatlich 2000,— DM, zu zahlen ab dem 65. Lebensjahr). Hierfür wird jährlich eine Pensionsrückstellung gebildet.

***Innenfinanzierung* mit Fremdkapital erfolgt durch die Bildung von Rückstellungen.**

Rückstellungen sind Verbindlichkeiten, die dem Grunde nach bereits feststehen und insofern in dem Geschäftsjahr zu buchen sind, in dem sie verursacht werden, aber deren Höhe und Fälligkeit am Bilanzstichtag noch nicht bekannt sind. Als Verbindlichkeiten stellen sie Fremdkapital dar.

Rückstellungen sind nach HGB § 249 zu bilden für:

- ungewisse Verbindlichkeiten (zu erwartende Gewerbesteuernachzahlungen, zu erwartende Inanspruchnahme aus Bürgschaften, Garantieverpflichtungen usw.),
- drohende Verluste aus schwebenden Geschäften (z. B. wegen laufender Prozesse),
- im Geschäftsjahr unterlassene Aufwendungen für Instandhaltung, die binnen 3 Monaten nach dem Bilanzstichtag nachgeholt werden, oder für Abraumbeseitigung, die im folgenden Geschäftsjahr nachgeholt werden,
- Gewährleistungen aus Kulanz.

Rückstellungen dürfen auch für genau umschriebene Aufwendungen gebildet werden, die diesem oder einem früheren Geschäftsjahr zuzuordnen sind und am Abschlußtag wahrscheinlich oder sicher, aber der Höhe oder dem Zeitpunkt nach unbestimmt sind. Dies gilt vor allem für laufende Pensionen und Pensionsanwartschaften.

Die jeweilige Rückstellung wird auf einem Aufwandskonto gegengebucht. Damit wird der ausgewiesene Gewinn gemindert. Der betreffende Betrag ist damit auch der Gewinnausschüttung entzogen, verbleibt in der Unternehmung und kann zur Finanzierung von Investitionen verwendet werden.

Von besonderer Bedeutung sind die **Pensionsrückstellungen,** da sie der Unternehmung sehr langfristig zur Verfügung stehen. Die Zahlung der Pensionen kann eventuell sogar aus erneut gebildeten Rückstellungen geleistet werden. Der Staat verlangt deshalb streng die Beachtung finanzmathematischer Regeln beim Ansatz von Pensionsrückstellungen.

Größere Unternehmen bilden eigene Pensionskassen, oft in der Rechtsform einer GmbH. Dann entstehen echte Ausgaben in Form von Prämienzahlungen. Die von der Pensionskasse erwirtschafteten Gewinne gehen als Darlehen oder Gewinnabführungen an die Muttergesellschaft.

Andere Rückstellungen sind in der Höhe anzusetzen, die bei vernünftiger kaufmännischer Beurteilung notwendig ist. Hier verbleibt dem Unternehmen ein Bewertungsspielraum. So können Prozeßrückstellungen oder Gewährleistungsrückstellungen höher als notwendig angesetzt werden. Der Effekt ist der gleiche wie bei überhöhten Abschreibungen: Verminderung des ausgewiesenen Gewinns und Steuerstundung bis zur Auflösung der Rückstellung. Dies bedeutet auch hier größere Finanzierungskraft, höhere Liquidität und Zinsvorteile.
Die **überhöhte Rückstellung** (Überbewertung von Passiva) führt wie die Unterbewertung von Aktiva zu einer stillen Rücklage. Der überhöhte Teil der Rückstellung hat damit den Charakter von Eigenkapital. Er wäre eigentlich Gewinn. Somit ist er der Selbstfinanzierung zuzurechnen.

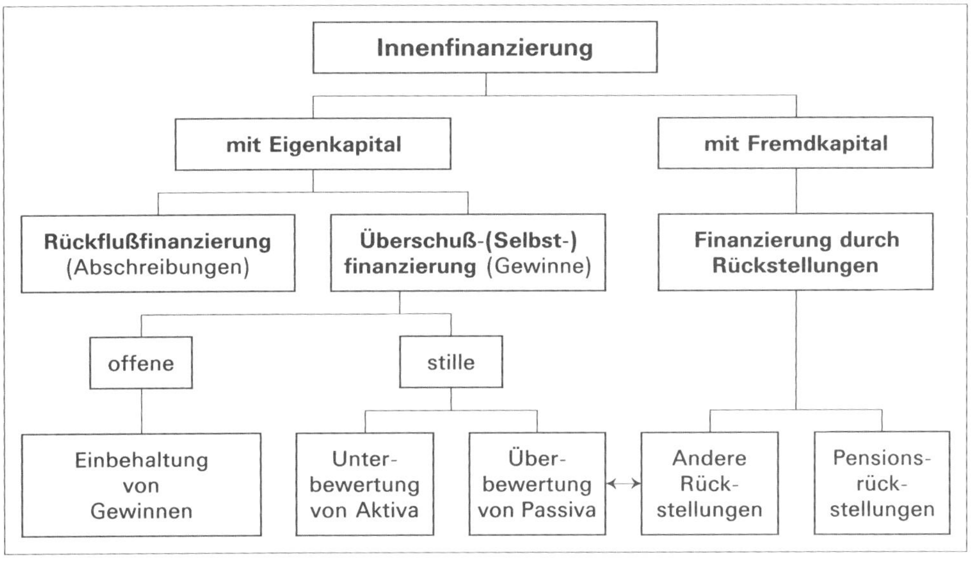

12.5 Beurteilung der Innenfinanzierung

12.5.1 Vorteile der Innenfinanzierung

Innenfinanzierung bedeutet für die Unternehmung Mittelzuführung aus eigener Kraft, ohne Verpflichtung gegenüber Kapitalgebern. Sie gestattet den Ersatz verbrauchter Vermögensgegenstände und die Bildung zusätzlichen Vermögens von innen her. Damit schützt sie die Unternehmung vor Substanzverlusten und ermöglicht ihr Wachstum. Schulden können ohne Substanzverlust zurückgezahlt und der Anteil des Eigenkapitals am Gesamtvermögen erhöht werden. Dies bedeutet einerseits eine Stärkung der Finanzkraft, andererseits eine Erhöhung der Kreditwürdigkeit. Finanzierungskosten und irgendwelche lästigen Formalitäten entstehen nicht. Der Kapitalmarkt muß nicht in Anspruch genommen, das Privatvermögen der Eigentümer nicht angegriffen werden.

Ansonsten bringt die Innenfinanzierung, soweit es sich um Finanzierung mit Eigenkapital handelt, die gleichen Vorteile wie die Beteiligungsfinanzierung mit sich[1]).
Während die Beteiligungsfinanzierung durch Aufnahme neuer Gesellschafter die bestehenden Entscheidungsbefugnisse verschiebt, ist dies bei der Innenfinanzierung nicht der Fall.
Eine ausreichende Innenfinanzierung kann die Unternehmung in ihren Investitionsentscheidungen weitgehend von der staatlichen Kreditpolitik unabhängig machen.
Für Klein- und Mittelbetriebe ist die Innenfinanzierung oft die einzige Möglichkeit, Kapital zu beschaffen. Leider wird der nötige Umfang häufig dadurch eingeschränkt, daß ein Teil der Gewinne von den Eigentümern zur Deckung des privaten Lebensunterhalts entnommen werden muß.
Die stille Selbstfinanzierung führt über den Weg der Steuerstundung zu höherer Finanzkraft und Liquidität. Sie eröffnet bei Aktiengesellschaften auch Möglichkeiten der Dividendenpolitik: In gewinnreichen Jahren werden stille Rücklagen gebildet, die in gewinnarmen Jahren zum Zwecke der Dividendenzahlung aufgelöst werden können.

12.5.2 Nachteile der Innenfinanzierung

Die Bildung erheblicher stiller Rücklagen führt dazu, daß die Bilanz als Instrument der Rechenschaftslegung erheblich an Aussagekraft verliert. Die Unternehmung stellt sich schlechter dar, als sie ist. Andererseits kann die Möglichkeit, stille Reserven aufzulösen, zu einer zu guten Selbstdarstellung führen und Fehler der Geschäftsleitung verschleiern.

12.5.3 Kennziffern für die Finanzierungskraft der Unternehmung

Umsatzrentabilität

Die Umsatzrentabilität ist eine wichtige Kennzahl für die Selbstfinanzierungskraft der Unternehmung. Sie ist das prozentuale Verhältnis von bereinigtem Gewinn und Umsatz. Sie gibt also an, über wieviel Prozent des Umsatzes die Unternehmung als Gewinn für Investitionen, Schuldentilgungen und Gewinnausschüttungen verfügt:

$$\textbf{Umsatzrentabilität} = \frac{\textbf{Bereinigter Gewinn}}{\textbf{Umsatzerlöse}} \cdot \textbf{100}$$

Die Umsatzrentabilität heißt auch Umsatzverdienstrate: Sie gibt an, wieviel DM Verdienst (Gewinn) auf jeweils 100,— DM Umsatz entfallen.

Beispiel:
Umsatzerlöse: 800 000,— DM
bereinigter Gewinn: 96 000,— DM

$$\text{Umsatzrentabilität} = \frac{96\,000}{800\,000} \cdot 100 = 12\,\%$$

Eine zu niedrige Umsatzrentabilität signalisiert eine zu geringe Gewinnspanne. Dies ist z. B. der Fall, wenn der Umsatz stärker als der Gewinn steigt.

[1]) vgl. S. 499

• Cash-flow und Cash-flow-Umsatzverdienstrate

Der Gewinn kann durch die Abschreibungspolitik und durch die Bildung und Auflösung von Rückstellungen stark manipuliert werden. Er ist deshalb nur sehr bedingt für die Beurteilung der wirklichen Selbstfinanzierungskraft der Unternehmung geeignet. Eine andere Kennziffer, der Cash-flow (Kassenzufluß) erfaßt den tatsächlichen Mittelzufluß aus dem Inneren der Unternehmung genauer:

Jahresüberschuß[1])
+ Abschreibungen auf Anlagen
+ Zuführungen zu langfristigen Rückstellungen (Pensionsrückstellungen)

= Cash-flow

Der Cash-flow kann – wie der Gewinn – zu Eigen- und Gesamtkapital sowie zum Umsatz ins prozentuale Verhältnis gesetzt werden. So zieht man anstelle der Umsatzrentabilität gern die sogenannte Cash-flow-Umsatzverdienstrate heran:

$$\textbf{Cash-flow-Umsatzverdienstrate} = \frac{\textbf{Cash-flow}}{\textbf{Umsatzerlöse}} \cdot \textbf{100}$$

Beispiel:

A — **Bilanz** (in Tsd. DM) — P

A		P	
Anlagevermögen	5000	Eigenkapital	4000
Vorräte	500	Langfristiges Fremdkapital	2000
Forderungen, Bankguthaben	3500	Kurzfristiges Fremdkapital	3000
	9000		9000

Gewinn- und Verlustrechnung (in Tsd. DM):

Umsatzerlöse	4000
Bestandsveränderungen an unfertigen und fertigen Erzeugnissen	200
Gesamtleistung	4200
– Aufwand für Werkstoffe	1000
– Löhne und Gehälter	900
– Soziale Aufwendungen	400
– Zuführung zu Pensionsrückstellungen	150
– Abschreibungen auf Anlagen	600
– Zinsen	400
– Steuern	250
= Jahresüberschuß	500

Berechnung des Cash-flow:

Jahresüberschuß	500
+ Abschreibungen auf Anlagen	600
+ Zuführung zu Pensionsrückstellungen	150
= Cash-flow	1250

$$\text{Cash-flow-Umsatzverdienstrate} = \frac{1250}{4000} \cdot 100 = 31{,}25\,\%$$

Von jeweils 100,— DM Umsatzerlösen fließen 31,25 DM flüssige Mittel zurück.

[1]) Bei Einzelunternehmungen und Personengesellschaften gekürzt um den Unternehmerlohn.

$$\textbf{Cash-flow-Eigenkapitalrentabilität} = \frac{\textbf{Cash-flow}}{\textbf{Eigenkapital}} \cdot \textbf{100}$$

Beispiel:

$$\text{Cash-flow-Eigenkapitalrentabilität} = \frac{1250}{4000} \cdot 100 = 31{,}25\,\%$$

Auf jeweils 100,— DM eingesetztes Eigenkapital fließen 31,25% an flüssigen Mitteln zurück.

$$\textbf{Cash-flow-Gesamtkapitalrentabilität} = \frac{\textbf{Cash-flow + Zinsen}}{\textbf{Gesamtkapital}} \cdot \textbf{100}$$

Beispiel:

$$\text{Cash-flow-Gesamtkapitalrentabilität} = \frac{1250 + 400}{9000} \cdot 100 = 18{,}33\,\%$$

Auf jeweils 100,— DM Gesamtkapital fließen 18,33 DM an flüssigen Mitteln zurück.

Entschuldungsgrad

Der Entschuldungsgrad zeigt an, in welcher Zeit die Unternehmung bei unveränderter innerer Finanzierungskraft ihre Schulden abzahlen kann. Dazu setzt man die Schulden (effektive Verschuldung) und Finanzierungskraft (Cash-flow) in Beziehung zueinander:

$$\textbf{Entschuldungsgrad} = \frac{\textbf{Effektive Verschuldung}}{\textbf{Cash-flow}}$$

Die effektive Verschuldung errechnet sich wie folgt:

Langfristige Schulden
+ Kurzfristige Schulden
– Monetäres Umlaufvermögen (Forderung, flüssige Mittel)

= Effektive Verschuldung

Beispiel:
Aus der Bilanz und Gewinn- und Verlustrechnung des obigen Beispiels ergibt sich:

$$\text{Entschuldungsgrad} = \frac{2000 + 3000 - 3500}{1250} = 1{,}2$$

Gleichbleibende Innenfinanzierungskraft vorausgesetzt, kann die Unternehmung ihre Schulden in 1,2 Jahren abtragen.

Kontrolle des Lernerfolgs

1. Worin bestehen die Unterschiede zwischen
   a) Außenfinanzierung und Innenfinanzierung,
   b) Rückflußfinanzierung und Selbstfinanzierung,
   c) stiller und offener Selbstfinanzierung,
   d) Innenfinanzierung durch Abschreibungen und durch Rückstellungen?

2. Erläutern Sie den Kapazitätserweiterungseffekt der Abschreibungen.

3. Eine Unternehmung will in drei aufeinanderfolgenden Jahren je eine Maschine von 2000,— DM kaufen. Die Maschinen haben jeweils eine vierjährige Nutzungsdauer. Die Abschreibung soll 500,— DM jährlich betragen.
   Errechnen Sie den Kapazitätserweiterungseffekt durch die Finanzierung über Abschreibungen.

4. Geben Sie an, wie die folgenden Vermögenswerte und Verbindlichkeiten am Bilanzstichtag bewertet werden können und welche Möglichkeiten zur Bildung stiller Rücklagen bestehen.
   a) Rohstoffe,
   b) unbebaute Grundstücke,
   c) Maschinen,
   d) ein Meßgerät (Anschaffungswert 400,— DM + Mehrwertsteuer),
   e) Pensionsrückstellungen,
   f) Prozeßrückstellungen.

5. Erläutern Sie den Satz:
   „Stille Rücklagen verschaffen bei ihrer Bildung erhöhte Liquidität, führen aber später zu stärkeren Einschränkungen der Liquidität."

6. Die Bilanzen und Gewinn- und Verlustkonten des Galvanisierungsbetriebes Franz Werter enthalten in zwei aufeinanderfolgenden Jahren (01 und 02) folgende Zahlen (in Tsd. DM):

A **Bilanz** P

	01	02		01	02
Anlagevermögen	700	720	Eigenkapital	500	600
Vorräte	400	450	Langfristiges Fremdkapital	400	350
Forderungen, Bank	100	130	Kurzfristiges Fremdkapital	300	350
	1200	1300		1200	1300

S **G. u. V.** H

	01	02		01	02
A.o. Aufwand	80	70	A.o. Ertrag	50	50
Pensionsrückstellung	10	10	Umsatzerlöse	1000	1050
Abschreibung auf Anlagen	60	60	Andere Erträge	90	100
Zinsen	50	45			
Andere Aufwendungen	740	800			
Gewinn	200	215			
	1140	1200		1140	1200

Der kalkulierte Unternehmerlohn beträgt 100 000,— DM.
Berechnen Sie für beide Geschäftsjahre folgende Kennziffern, und beurteilen Sie deren Entwicklung:
a) Eigenkapitalrentabilität,
b) Gesamtkapitalrentabilität,
c) Umsatzrentabilität,
d) Cash-flow-Eigenkapitalrentabilität,
e) Cash-flow-Gesamtkapitalrentabilität,
f) Cash-flow-Umsatzverdienstrate,
g) Entschuldungsgrad.

13 Zeitliche Abstimmung von Investition und Finanzierung

13.1 Finanzierungsregeln

Die Firma Dorn GmbH & Co. stellt Pumpen verschiedener Art her. Man hat festgestellt, daß das Rohstofflager eine Umschlagshäufigkeit von 6 aufweist. Das Kapital ist also im Durchschnitt 2 Monate in den Werkstoffen gebunden. Man ist deshalb dazu übergegangen, mit den Lieferern Zahlungsfristen von 90 Tagen zu vereinbaren. Auf diese Weise muß kein Eigenkapital für den Einkauf eingesetzt werden. Die Werkstoffe sind mit hoher Wahrscheinlichkeit binnen 3 Monaten verarbeitet, verkauft und bezahlt. Mit dem Erlös können die eigenen Verbindlichkeiten fristgerecht beglichen werden.
Eine solche Finanzierung ist selbstverständlich beim Kauf von Maschinen nicht möglich. Wenn möglich, versucht man, sie mit Erlösüberschüssen zu finanzieren. Fehlbeträge werden mit Bankkrediten abgedeckt, deren Laufzeit der geschätzten Nutzungsdauer der Maschinen entspricht und die in jährlichen Teilbeträgen getilgt werden.

13.1.1 Goldene Finanzierungsregel

Eigenkapital kann unbedenklich langfristig investiert werden. Fremdkapital dagegen muß fristgerecht zurückgezahlt und deshalb rechtzeitig freigesetzt werden. Deshalb sollen nur Vorräte mit kurzfristigem Fremdkapital finanziert werden: Die gebundenen Mittel fließen durch den Verkauf relativ rasch zurück. Bei Betriebsmitteln dagegen fließt die Beschaffungsausgabe erst im Laufe der Jahre über die in die Erlöse verrechneten Abschreibungen zurück. Die Finanzierung einer Maschine mit einem kurzfristigen Kredit wäre verhängnisvoll, da die Mittel zur Rückzahlung nicht rechtzeitig zur Verfügung stehen würden.

Investition und Finanzierung müssen deshalb zeitlich aufeinander abgestimmt werden. Es gilt die sogenannte **„goldene Finanzierungsregel"** (oder „goldene Bankregel"):

Der Zeitraum, für den Kapital in Vermögensteilen gebunden ist, muß dem Zeitraum der Kapitalüberlassung für den bestimmten Zweck entsprechen.

Auch eine über den Investitionszeitpunkt hinausreichende Finanzierung ist problematisch. Sie bedeutet Rückzahlungen und Zinsbelastung, wenn die entsprechenden Anlagen bereits nicht mehr verwendet werden und dementsprechend keine Erlöse mehr hereinbringen.

13.1.2 Goldene Bilanzregel

Die goldene Bilanzregel macht eine ähnliche Aussage wie die goldene Finanzierungsregel:

Das Anlagevermögen (und langfristig gebundene eiserne Bestände) sollen durch Eigenkapital und langfristiges Fremdkapital gedeckt sein.

Den Grad der Anlagendeckung gibt folgende Kennzahl wieder:

$$\textbf{Anlagendeckung} = \frac{\textbf{Eigenkapital + Langfristiges Fremdkapital}}{\textbf{Anlagevermögen}} \cdot 100$$

Goldene Finanzierungsregel und goldene Bilanzregel sollen die Liquidität der Unternehmung sichern: Für die Rückzahlung fälligen Fremdkapitals werden liquide (flüssige) Mittel benötigt.

Liquidität **ist die Fähigkeit, Schulden fristgerecht zu begleichen. Liquiditätsmangel kann zu Zahlungsunfähigkeit und Konkurs führen. Bei ausreichender Liquidität befindet sich die Unternehmung im „finanziellen Gleichgewicht".**

Kritik an goldener Finanzierungs- und Bilanzregel	
Goldene Finanzierungsregel	Goldene Bilanzregel
Die goldene Finanzierungsregel sichert die Liquidität nicht, wenn - die getätigte Investition Verluste bringt, - die getätigte Investition zwar ihre Zinsen und Tilgungsleistungen, nicht aber die laufenden Zahlungen für Löhne, Werkstoffe, Steuern usw. erwirtschaftet.	Die goldene Bilanzregel sichert die Liquidität nicht, weil - die Bilanz nicht alle künftigen Ein- und Auszahlungen ausweist (Lohn- und Mietzahlungen, Steuern, Mieteinnahmen usw.), - die Zahlungstermine nicht aus der Bilanz zu ersehen sind, - die Bilanz keine Möglichkeiten der Kapitalbeschaffung zeigt (Einlagen, Kreditverlängerung usw.).

Die Einhaltung der Regeln kann die Liquidität nicht garantieren, aber zu ihrer Aufrechterhaltung beitragen.

13.1.3 Vermögensaufbau und Kapitalstruktur

Einen gewissen Rückschluß auf die Liquidität lassen auch die zeitlichen Veränderungen im Vermögensaufbau und in der Kapitalstruktur zu.

$$\textbf{Vermögensaufbau} = \frac{\textbf{Anlagevermögen}}{\textbf{Umlaufvermögen}} \cdot 100$$

$$\textbf{Kapitalstruktur} = \frac{\textbf{Eigenkapital}}{\textbf{Fremdkapital}} \cdot 100$$

Beispiel: Ein Industriebetrieb weist in zwei aufeinanderfolgenden Geschäftsjahren die folgenden Bilanzwerte aus (zusammengefaßt):

Aktiva **Bilanz** (in Mio. DM) Passiva

	Jahre 01	Jahre 02		Jahre 01	Jahre 02
Anlagevermögen	9	13	Eigenkapital	8	8
Umlaufvermögen:			Fremdkapital:		
Vorräte	3	7	langfristig	3	4
Forderungen und Finanzmittel	10	8	kurzfristig	11	16
	22	28		22	28

Anlagen-deckung 01	$= \frac{8+3}{9} \cdot 100 = 122{,}2\,\%$	Anlagen-deckung 02	$= \frac{8+4}{13} \cdot 100 = 92{,}3\,\%$
Vermögens-aufbau 01	$= \frac{9}{13} \cdot 100 = 69{,}2\,\%$	Vermögens-aufbau 02	$= \frac{13}{15} \cdot 100 = 86{,}7\,\%$
Kapital-struktur 01	$= \frac{8}{14} \cdot 100 = 57{,}14\,\%$	Kapital-struktur 02	$= \frac{8}{20} \cdot 100 = 40\,\%$

Die Situation hat sich im Jahr 02 gegenüber 01 verschlechtert: Eigenkapital und langfristiges Fremdkapital decken das Anlagevermögen nicht mehr. Das Anlagevermögen ist nun teilweise mit kurzfristigem Kapital finanziert. Dies widerspricht der goldenen Finanzierungsregel. Der Vermögensaufbau verschiebt sich zugunsten des Anlagevermögens (starke Investitionen im Anlagevermögen), die Kapitalstruktur zugunsten des Fremdkapitals (Finanzierung der Investitionen durch Fremdkapital).
Folgen:
abnehmende Liquidität, höhere Zins- und Tilgungsbelastung, geringerer Spielraum für weitere Kredite, wachsender Einfluß fremder Kapitalgeber.

13.2 Liquiditätskennziffern

Aus der Bilanz der Unternehmung lassen sich Liquiditätskennziffern ableiten. Sie sollen Aufschluß darüber geben, inwieweit die liquiden Mittel zur Bezahlung der fälligen Verbindlichkeiten ausreichen. Die Bilanz wird zu diesem Zweck zu einer „Liquiditätsbilanz" aufbereitet.

Beispiel:

Aktiva — **Liquiditätsbilanz** (in Tsd. DM) — Passiva

	Jahre 01	Jahre 02		Jahre 01	Jahre 02
Anlagevermögen			**Eigenkapital**	300	380
Liquide Mittel 4. Ordnung			**Fremdkapital**		
Maschinen	350	380	*Langfristiges Fremdkapital*		
Beteiligungen	0	40	Darlehen	150	155
Umlaufvermögen			Pensionsrückstellungen	0	25
Liquide Mittel 3. Ordnung			*Kurzfristiges Fremdkapital*		
Vorräte	100	110	Verbindlichkeiten	280	265
Liquide Mittel 2. Ordnung					
Forderungen	150	155			
Liquide Mittel 1. Ordnung					
Zahlungsmittel	130	140			
	730	825		730	825

Die **Barliquidität** (Liquidität 1. Grades) gibt den Deckungsgrad der kurzfristigen Verbindlichkeiten durch bare Mittel (Kassenbestand, Bank- und Postgiroguthaben) an. Da nur ein Teil der Verbindlichkeiten sofort fällig ist, darf sie unter 100% liegen. Als Faustregel für die Untergrenze gelten 20%.

$$\textbf{Barliquidität} = \frac{\textbf{Liquide Mittel erster Ordnung}}{\textbf{Kurzfristige Verbindlichkeiten}} \cdot \textbf{100}$$

Beispiel:

Barliquidität 01 $= \frac{130}{280} \cdot 100 = 46{,}4\,\%$ Barliquidität 02 $= \frac{140}{265} \cdot 100 = 52{,}8\,\%$

Die Barliquidität erscheint ausreichend. Der Liquiditätsgrad bessert sich von Jahr 01 zu Jahr 02.

Die **Einzugsliquidität** (Liquidität 2. Grades) gibt den Deckungsgrad der kurzfristigen Verbindlichkeiten durch Mittel wieder, die binnen 3 Monaten verfügbar werden (Kundenforderungen, Besitzwechsel, Wertpapiere). Zweifelhafte Forderungen sollten nicht berücksichtigt werden.

$$\textbf{Einzugsliquidität} = \frac{\textbf{Liquide Mittel 1. und 2. Ordnung}}{\textbf{Kurzfristige Verbindlichkeiten}} \cdot \textbf{100}$$

Beispiel:

$$\text{Einzugsliquidität 01} = \frac{130 + 150}{280} \cdot 100 = 100\%$$

$$\text{Einzugsliquidität 02} = \frac{140 + 155}{265} \cdot 100 = 111{,}3\%$$

Die Einzugsliquidität erscheint ausreichend, da die kurzfristigen Verbindlichkeiten durch kurzfristig verfügbare Mittel abgedeckt werden. Auch hier wird der Liquiditätsgrad von Jahr 01 zu Jahr 02 besser.

Die **Umsatzliquidität** (Liquidität 3. Grades) gibt den Deckungsgrad der kurzfristigen Verbindlichkeiten durch Mittel wieder, die durch den künftigen Umsatzprozeß flüssig gemacht werden können (Vorräte an Rohstoffen, Halb- und Fertigprodukten). Dabei ist zu beachten, daß Rohstoffe und Halbfabrikate erst noch verarbeitet werden müssen, also schwerer liquidierbar sind. Nach einer Faustregel sollte die Umsatzliquidität etwa 200% betragen.

$$\textbf{Umsatzliquidität} = \frac{\textbf{Liquide Mittel 1., 2. und 3. Ordnung}}{\textbf{Kurzfristige Verbindlichkeiten}} \cdot \textbf{100}$$

Beispiel:

$$\text{Umsatzliquidität 01} = \frac{130 + 150 + 100}{280} \cdot 100 = 135{,}7\%$$

$$\text{Umsatzliquidität 02} = \frac{140 + 155 + 110}{265} \cdot 100 = 152{,}8\%$$

Die Umsatzliquidität erscheint nach der genannten Faustregel als nicht ausreichend. Der Liquiditätsgrad bessert sich aber auch hier von Jahr 01 zu Jahr 02.

Die bedeutendste der drei aufgeführten Liquiditätskennziffern ist die Einzugsliquidität.
In absoluten Zahlen ausgedrückt, stellt die Einzugsliquidität das **Netto-Geldvermögen** der Unternehmung dar.

Liquide Mittel 1. und 2. Ordnung
– kurzfristige Verbindlichkeiten
= Netto-Geldvermögen

Beispiel:

Liquide Mittel 1. und 2. Ordnung	Jahr 01: 280	Jahr 02: 295
– Kurzfristige Verbindlichkeiten	Jahr 01: 280	Jahr 02: 265
– Netto-Geldvermögen	Jahr 01: 0	Jahr 02: 30

Aussagekraft der Liquiditätskennziffern

Die Aussagekraft der Liquiditätskennziffern ist begrenzt:

- Die Bilanz weist Forderungen und Verbindlichkeiten nicht aus, für die noch keine Rechnungen vorliegen oder für die keine Rechnungen anfallen (zu erwartende Ausgaben für Einkäufe, Lohnzahlungen, Mieten, Gebühren, Stromkosten, Steuern usw.; zu erwartende Einnahmen aus Vermietungen, Verkäufen usw.). Man spricht deshalb von einer **Stichtagsliquidität.**
- Die Bilanz weist keine Fälligkeitstermine für Forderungen und Verbindlichkeiten aus.
- Die Bilanz zeigt keine Möglichkeiten der Kapitalbeschaffung auf, die gegebenenfalls bestehen (z. B. zusätzliche Kredite oder Einlagen).
- Die Bilanz wird in der Regel erst Monate nach dem Bilanzstichtag erstellt. Die Verhältnisse können sich bis dahin bereits stark verändert haben.

Anhand der Liquiditätskennziffern läßt sich deshalb nicht beurteilen, ob eine Unternehmung zu einem gegebenen Zeitpunkt tatsächlich zahlungsfähig ist.

Die Liquiditätskennziffern geben jedoch im Zeitvergleich Aufschluß darüber, wie sich die Liquiditätslage der Unternehmung ändert, ob sie angespannter wird oder sich entspannt. Sie gestatten damit auch einen gewissen Einblick in die Liquiditätspolitik.

Werden weitergehende Einsichten verlangt, so helfen die Finanzierungsrechnung und der Finanzplan[1]) weiter:

- Die **Finanzierungsrechnung** zeigt die Ursachen für Liquiditätsveränderungen auf.
- Der **Finanzplan** zeigt die geplanten Einnahmen und Ausgaben sowie die daraus entstehende Über- bzw. Unterdeckung an flüssigen Mitteln.

13.3 Finanzierungsrechnung

Die Bilanz zeigt die Vermögens- bzw. Kapital**bestände** zum Bilanzstichtag. Will man dagegen die Finanzierungs- und Investitions**vorgänge** und damit die Ursachen erfassen, die im Jahresablauf stattgefunden und zu diesen Beständen geführt haben, so muß man die Posten zweier Bilanzen vergleichen. Die Veränderungen der Bilanzposten lassen sich in einer Finanzierungsrechnung (Bewegungsbilanz, Kapitalflußrechnung) darstellen. Sie zeigen die Mittelherkunft und die Mittelverwendung in vier typischen Veränderungen auf:

Mittelverwendung **Finanzierungsrechnung**	Mittelherkunft
Finanzielle Mittel können verwendet werden für: • **Erhöhung von Aktivposten** (z. B. Maschinenkauf, Kassezuwachs) • **Abnahme von Passivposten** (z. B. Darlehenstilgung)	Finanzielle Mittel fließen zu durch: • **Erhöhung von Passivposten** (z. B. Gewinnanlage, Kreditaufnahme) • **Abnahme von Aktivposten** (z. B. Maschinenverkauf, Eingang von Forderungen)

[1]) vgl. S. 539

Beispiel:
Für die Bilanz von Seite 534 (Eröffnungs- und Schlußbilanz) soll die Finanzierungsrechnung aufgestellt werden.
Um die Veränderung des Eigenkapitals genauer zu erfassen, werden das Gewinn- und Verlustkonto und das Privatkonto zusätzlich herangezogen.
Ersatzinvestitionen werden durch die Verrechnung von Abschreibungen in die Verkaufspreise über die Erlöse finanziert. Sie werden deshalb zweckmäßigerweise in die Finanzierungsrechnung einbezogen.

Soll **Gewinn- und Verlustkonto** (in Tsd. DM) Haben

Soll		Haben	
Verbrauch von Vorräten	230	Verkaufserlöse	360
Pensionsrückstellungen	25		
Abschreibungen auf Maschinen	45		
Gewinn	60		
	360		360

Soll **Privatkonto** (in Tsd. DM) Haben

Soll		Haben	
		Privateinlagen	20

Mittelverwendung **Finanzierungsrechnung** (in Tsd. DM) Mittelherkunft

Mittelverwendung		Mittelherkunft	
Erweiterungsinvestitionen	30	Innenfinanzierung	
Ersatzinvestitionen	45	mit Eigenkapital:	
Finanzinvestitionen im		Rückflußfinanzierung	45
Anlagevermögen (Beteiligungen)	40	Überschußfinanzierung	60
Vorratsinvestitionen	10	Innenfinanzierung	
Finanzinvestitionen im Umlauf-		mit Fremdkapital:	
vermögen (Forderungen)	5	Pensionsrückstellungen	25
Desinvestitionen (Zunahme		Außenfinanzierung	
der Zahlungsmittel)	10	mit Eigenkapital:	
Entfinanzierung (Tilgung		Privateinlagen	20
von Verbindlichkeiten)	15	Außenfinanzierung	
		mit Fremdkapital:	
		langfristig: Kreditaufnahme	5
		kurzfristig:	-
	155		155

Aus den Bilanzen ergab sich eine Zunahme des Netto-Geldvermögens um 30.
Aus der Finanzierungsrechnung läßt sich nun ablesen:
Der Unternehmung flossen Finanzierungsmittel in Höhe von 155 zu, davon allein 130 (45+60+25) von innen. Sie reichten aus, um sämtliche Investitionen (30+45+40+10+5) zu tätigen. Das Netto-Geldvermögen wurde um 5 (Forderungen) erhöht. Durch die Aufnahme eines langfristigen Kredits von 5 wurden kurzfristige Verbindlichkeiten umgeschuldet. Sie erlaubte eine Tilgung von Verbindlichkeiten in gleicher Höhe und vermehrte das Netto-Geldvermögen um 5. Durch eine Privateinlage von 20 konnten weitere Verbindlichkeiten in Höhe von 10 getilgt werden (Erhöhung des Netto-Geldvermögens um 10), während 10 Einheiten als zusätzliche Liquiditätsreserve als Zahlungsmittel gehalten wurden (Erhöhung des Netto-Geldvermögens um 10).

Die *Finanzierungsrechnung* verdeutlicht die Investitions- und Finanzierungstätigkeit während des Geschäftsjahres. Damit zeigt sie die Ursachen für Liquiditätsänderungen auf.

13.4 Finanzpläne

13.4.1 Ziele und Zielkonflikte der Finanzplanung

Die Finanzplanung ist Teil der betrieblichen Gesamtplanung:

- Der Absatz führt zu Einnahmen,
- Beschaffung, Produktion und Lagerung führen zu Ausgaben.

Die *Finanzplanung* erfaßt systematisch alle in einem Planungszeitraum erwarteten Einnahmen und Ausgaben sowie die flüssigen Mittel. Sie ermittelt die Über- bzw. Unterdeckung und plant einen Ausgleich zwischen Einnahmen und Ausgaben.

Die **Ziele der Finanzplanung** sind:

- die Sicherung des finanziellen Gleichgewichts, der Liquidität (Hauptziel),
- die Kapitalbeschaffung für die geplanten Investitionen,
- die Förderung der Rentabilität,
- die Förderung der finanziellen Flexibilität (Fähigkeit, je nach der gegebenen Situation die passenden Finanzierungsmittel einzusetzen).

Vor allem zwischen dem Liquiditätsziel und dem Rentabilitätsziel besteht dabei ein ständiger **Zielkonflikt:**

Das Streben nach Rentabilität verlangt die produktive Investition der flüssigen Mittel. Hierdurch jedoch werden diese Mittel gebunden und können nicht mehr für fällige Zahlungen verwendet werden.

Beispiel:
Eine kleine Metallwarenfabrik will Personalcomputer beschaffen. Einschließlich der nötigen Software sind dafür Ausgaben von 25000,— DM notwendig. Es sind jedoch zur Zeit nur eigene Mittel in Höhe von 15000,— DM vorhanden. Der Spielraum für langfristige Darlehen ist ausgeschöpft. Die Finanzierung der restlichen 10000,— DM ist gegenwärtig nur über den Kontokorrentkredit möglich. Die monatliche Zinsbelastung dafür beträgt 100,— DM. Die monatliche Kosteneinsparung wird auf 900,— DM geschätzt.
Bei Inanspruchnahme des Kontokorrentkredits wird der Liquiditätsspielraum um 10000,— DM eingeschränkt. Andererseits steigt der Gewinn monatlich um 800,— DM. Damit steigt auch die Rentabilität. Die Investition würde sich in gut einem Jahr bezahlt machen (12·800,— DM = 9600,— DM). Aufgrund der erhöhten Rentabilität ist also eine Abtragung der Schuld möglich. Anschließend wächst der monatliche Gewinn um 900,— DM.

13.4.2 Aufstellung von Finanzplänen

Finanzpläne werden für einen kürzeren oder längeren Zeitraum erstellt. Für diese Periode werden die Einnahmen und Ausgaben festgelegt. Die Pläne weisen also stets eine **Periodenliquidität** aus. Diese kann von der **Momentanliquidität** zu einem bestimmten Zeitpunkt innerhalb der Perioden abweichen (z. B. von der Stichtagsliquidität, die sich aus der Bilanz ergibt). Sicherheitsbestände an liquiden Mitteln und Kontokorrentkredite sollen gegen solche Abweichungen in Richtung einer Unterdeckung sichern und die Zahlungsfähigkeit erhalten.

Am häufigsten ist der Jahresfinanzplan. Er wird je nach Bedarf in Quartale oder Monate unterteilt. Vielfach nimmt man auch eine überlappende Planung vor: Der Plan wird für ein Jahr aufgestellt. Ist der erste Monat (bzw. das erste Quartal) abgelaufen, so wird der 13. Monat (bzw. das fünfte Quartal) in die Planung einbezogen. So wird stets ein Gesamtzeitraum von einem Jahr gesichert.
Der Finanzplan trennt zwischen ordentlichen und außerordentlichen Einnahmen und Ausgaben.

Einnahmen und Ausgaben im Finanzplan	
Ordentliche Einnahmen und Ausgaben	**Außerordentliche Einnahmen und Ausgaben**
Sie ergeben sich aus der Umsatztätigkeit der Unternehmung (Materialeinkauf, Lohnzahlung, Erlöse usw.)	Sie ergeben sich aus Finanzmaßnahmen (z. B. Kreditaufnahmen, Einnahmen aus Maschinenverkäufen; Kreditrückzahlung, Gewinnausschüttung, Anlagenkäufe)

Beispiel: Finanzplan (in Tsd. DM)

	Jahr 19..			Januar			Februar		
	Soll	Ist	Abweichung	Soll	Ist	Abweichung	Soll	Ist	Abweichung
A Flüssige Mittel	120			10			10		
B Einnahmen									
Ordentliche Einnahmen:									
Verkaufserlöse									
– Produkt A	1080			90	95	+ 5	90	93	+ 3
– Produkt B	840			70	76	+ 6	70	68	– 2
Mieten, Pachten	48			4	4	0	4	4	0
Zinsen	24			2	2	0	2	2	0
Sonstige ordentliche Einnahmen	24			2	3	+ 1	2	2	0
Summe	2016			168	180	+ 12	168	169	+ 1
Außerordentliche Einnahmen:									
Kreditaufnahme	200			–	–	–	100	100	0
Anlagenverkäufe	80			–	–	–	40	35	– 5
Summe	280			–	–	–	140	135	– 5
C Ausgaben									
Ordentliche Ausgaben:									
Materialkäufe	720			60	64	+ 4	60	64	+ 4
Löhne, Gehälter	480			40	40	0	40	40	0
Zinsen	84			7	7	0	7	7	0
Mieten, Pachten	96			8	8	0	8	8	0
Steuern, Versicherungen	120			10	9	– 1	10	10	0
Werbung	36			3	3	0	3	3	0
Reparaturen	60			5	2	– 3	5	1	– 4
Summe	1596			133	133	0	133	133	0
Außerordentliche Ausgaben:									
Anlagenkäufe	240			–	–	–	120	125	+ 5
Kredittilgung	60			5	5	0	5	5	0
Summe	300			5	5	0	125	130	+ 5
Über-/Unterdeckung	+ 400			+ 30	+ 42	+ 12	+ 50	+ 41	– 9

Kontrolle des Lernerfolgs

1. Warum ist eine zeitliche Abstimmung von Investition und Finanzierung unerläßlich?
2. In welchen der folgenden Fälle ist eine Unternehmung nicht im finanziellen Gleichgewicht?
   a) Die kurzfristigen Verbindlichkeiten übersteigen die liquiden Mittel 1. und 2. Ordnung.
   b) Die liquiden Mittel 1. und 2. Ordnung übersteigen die kurzfristigen Verbindlichkeiten.
   c) Die liquiden Mittel 1. und 2. Ordnung entsprechen den kurzfristigen Verbindlichkeiten.
3. Für eine Unternehmung ergebe sich folgende Bilanz:

Aktiva	**Bilanz** (in Tsd. DM)		Passiva
Anlagevermögen	400	Eigenkapital	300
Rohstoffe, Halbfabrikate	80	Langfristiges Fremdkapital	300
Fertigerzeugnisse	140	Kurzfristiges Fremdkapital	400
Forderungen	200		
Flüssige Mittel	180		
	1000		1000

   Berechnen und beurteilen Sie:
   a) die Anlagendeckung,
   b) den Vermögensaufbau,
   c) die Kapitalstruktur,
   d) die 3 Liquiditätsgrade und das Netto-Geldvermögen.

   Warum läßt sich die Zahlungsfähigkeit der Unternehmung anhand der Bilanz nicht endgültig beurteilen?
4. Entwickeln Sie aus der folgenden Bilanz eine Finanzierungsrechnung:

Aktiva	**Bilanz** (in Tsd. DM)		Passiva
I. Anlagevermögen		**I. Eigenkapital**	420
Maschinen	400	**II. Fremdkapital**	
Geschäftsausstattung	100	Rückstellungen	50
II. Umlaufvermögen		Verbindlichkeiten	360
Vorräte	200		
Forderungen	90		
Zahlungsmittel	40		
	830		830

Geschäftsfälle	Tsd. DM
1. Eingang von Kundenzahlungen	20
2. Maschinenkäufe auf Ziel	100
3. Kauf von Vorräten auf Ziel	270
4. Verbrauch an Vorräten	250
5. Verkäufe an Kunden auf Ziel (Abschreibungen in Höhe von 50 sind einkalkuliert)	400
6. Eingang von Kundenzahlungen	390
7. Bezahlung von Verbindlichkeiten	350
8. Abschreibung auf Maschinen	50
9. Einstellung in Rückstellungen	20
10. Gewinnentnahme	10

5. Erläutern Sie, wie die Finanzplanung in die betriebliche Gesamtplanung eingebettet ist.
6. Erläutern Sie die Ziele der Finanzplanung.
7. Stellen Sie den Konflikt zwischen Liquidität und Rentabilität an einem selbstgewählten Beispiel dar.
8. Erläutern Sie den Unterschied zwischen Momentan- und Periodenliquidität.
9. Warum wird im Finanzplan zwischen ordentlichen und außerordentlichen Einnahmen bzw. Ausgaben unterschieden?
10. Die Finanzplanung dient nicht nur zur Vorherbestimmung von Einnahmen und Ausgaben, sondern auch zu ihrer Kontrolle. Wie erfolgt diese Kontrolle?
11. Wie werden im Finanzplan die Unter- bzw. Überdeckung errechnet?
12. Führen Sie den Finanzplan von Seite 539 auf einem gesonderten Blatt fort.

14 Folgen falscher Finanzierungsentscheidungen

Die Peter Obermann OHG schreibt an ihre Gläubiger (Auszug):

> Leider müssen wir Sie um einen außergerichtlichen Vergleich bitten.
>
> Durch den Konkurs dreier großer Kunden mußten wir in den letzten drei Monaten erhebliche Forderungsausfälle hinnehmen, die wir auch durch die Kreditzusage unserer Bank nicht voll abdecken können. Wir gewähren Ihnen gern Einsicht in unsere Bücher. Sie werden erkennen, daß einzig der genannte Sachverhalt uns in diese Lage gebracht hat.
>
> Wir bitten Sie um einen Zahlungsaufschub von drei Monaten und um einen Erlaß von 25 % Ihrer Forderungen. Die restlichen 75 % werden wir pünktlich bezahlen.
>
> Sie können sicher sein, daß wir uns durch Aufträge an Sie für Ihr Entgegenkommen erkenntlich zeigen werden.

14.1 Zahlungsschwierigkeiten

Unternehmungen können durch sehr verschiedene Ursachen in Schwierigkeiten geraten, die ihren Fortbestand gefährden. Man spricht dann von einer **notleidenden Unternehmung.** Besonders gefährlich ist die Zahlungsunfähigkeit.

Die Unternehmung ist *zahlungsunfähig*, wenn sie fällige Schulden nicht begleichen kann.

Häufig führen folgende Phasen zur Zahlungsunfähigkeit:

Phasen bis zur Zahlungsunfähigkeit

Umsatzrückgang → Gewinnrückgang → Verluste → Zunehmende Verschuldung → Zahlungsstockung → Zahlungsunfähigkeit

Innerbetriebliche Ursachen können sein:

Kapitalmangel, nicht absetzbare Produkte, ungeeignetes Vertriebssystem, ungünstig kalkulierte Preise, Überkapazität u. a. m.

Außerbetriebliche Ursachen können sein:

schlechte Konjunkturlage, Forderungsausfälle, verschärfte Konkurrenz, Nachfrageänderungen u. a. m.

Maßnahmen zur Erhaltung der Unternehmung können sein:

- Verkauf der Unternehmung,
- Sanierung,
- Vergleich.

14.2 Verkauf der Unternehmung

Manchmal gelingt es, die Unternehmung insgesamt zu verkaufen. Der Käufer übernimmt die Schulden. Er eignet sich durch die Übernahme das Know-how, die Absatzorganisation und den Kundenstamm des Unternehmens an und verstärkt seine Marktstellung. Da er die genannten Werte (Goodwill = Firmenwert) mit bezahlen muß, ist eine Gesamtveräußerung für den Verkäufer günstiger als die Auflösung der Unternehmung.

14.3 Sanierung

Als *Sanierung* bezeichnet man Gesundungsmaßnahmen auf Kosten der Eigentümer: Sie führen neues Kapital zu (z. B. durch Nachschüsse oder Aufnahme neuer Gesellschafter).

Dies wird aber nur dann endgültig Erfolg haben, wenn auch die Schwachstellen beseitigt werden, die die Zahlungsschwierigkeiten bewirkten.

14.4 Vergleich

Der *Vergleich* ist eine Vereinbarung zwischen Schuldner und Gläubigern zur Abwendung des Konkurses.

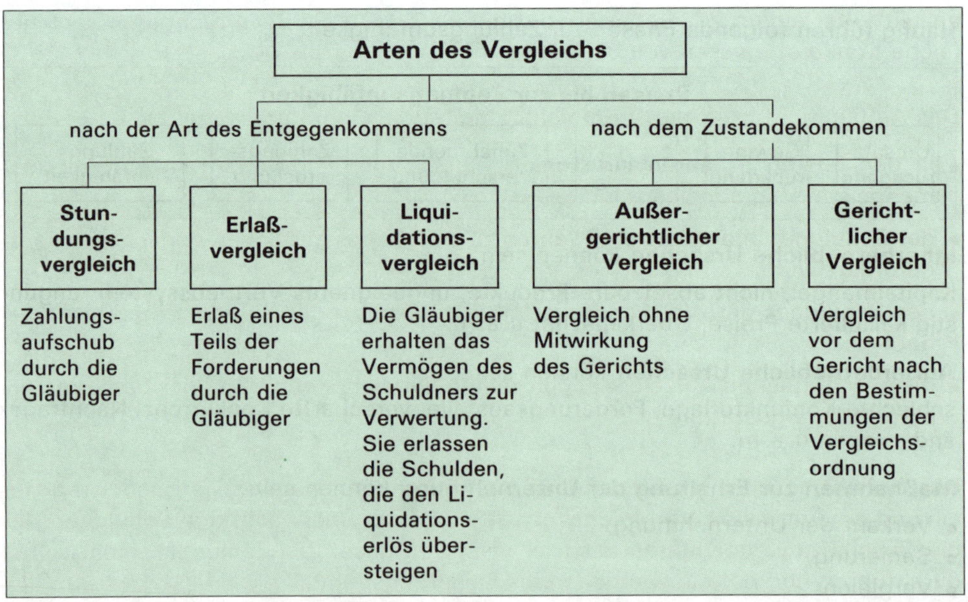

14.4.1 Außergerichtlicher Vergleich

Der Schuldner verhandelt einzeln mit den Gläubigern. Alle Gläubiger müssen dem Vergleich zustimmen, müssen aber nicht in gleicher Weise behandelt werden. So ist es möglich, daß Gläubiger durch Pfandbestellung bevorzugt abgesichert werden. Es ist deshalb zweckmäßig, einen Treuhänder (Wirtschaftsprüfer) mit der Durchführung des Vergleichs zu beauftragen und Gleichbehandlung zur Voraussetzung zu machen.

Vor- und Nachteile des außergerichtlichen Vergleichs	
Vorteile	Nachteile
- rasche Durchführung - keine Veröffentlichung - keine Gerichtskosten	Kommen einzelne Gläubiger nicht entgegen und lassen den Vergleich scheitern, so erleiden die gutwilligen Gläubiger Schaden: Im anschließenden Konkurs bleibt ihr Forderungsverzicht bestehen.

Der Schuldner kann auch nur mit einzelnen Gläubigern „freiwillige Sanierungs-Einzelverträge" abschließen.

14.4.2 Gerichtlicher Vergleich

(Vergleichsordnung)

Der zahlungsunfähige Schuldner beantragt beim Amtsgericht die Eröffnung des Vergleichsverfahrens. Er bietet den Gläubigern mindestens 35% ihrer Forderungen an (40% bei einem Zahlungsziel von mehr als 1 Jahr). Bevorrechtigte Gläubiger (siehe Konkurs) müssen voll bezahlt werden.

Das Amtsgericht prüft die **Vergleichsfähigkeit.** Es lehnt ab, wenn

- in den letzten 5 Jahren ein Konkurs- oder Vergleichsverfahren eröffnet oder mangels Masse abgelehnt wurde,
- der Schuldner in den letzten 5 Jahren zu einer eidesstattlichen Versicherung aufgefordert wurde,
- der Schuldner den Vermögensverfall leichtsinnig oder unredlich herbeigeführt hat,
- die geschäftlichen Aufzeichnungen keinen hinreichenden Überblick über die Vermögenslage gestatten.

Das Gericht beschließt die Eröffnung des Verfahrens, trägt es ins Handelsregister ein und ernennt einen **Vergleichsverwalter.** Dieser überwacht den Schuldner (der die Geschäfte weiter führen darf); er kann den gesamten Zahlungsverkehr selbst durchführen und hat ein weitgehendes Einspruchsrecht.

Am **Vergleichstermin** stimmen die nicht bevorrechtigten Gläubiger über den **Vergleichsvorschlag** ab.

Für die Annahme gilt:

- **bei einem Angebot von mindestens 50%:**
  Die Mehrheit der Gläubiger muß zustimmen. Sie muß mindestens 75% der Forderungen vertreten.
- **bei einem Angebot unter 50%:**
  Die Mehrheit der Gläubiger muß zustimmen. Sie muß mindestens 80% der Forderungen vertreten.

Der vom Gericht bestätigte Vergleich bindet alle Gläubiger. Er wird ins Handelsregister eingetragen und veröffentlicht. Lehnen die Gläubiger den Vergleichsvorschlag ab oder verbleiben für die Quote weniger als 35%, so kommt es zum Anschlußkonkurs. Während des Vergleichs ist keine Zwangsvollstreckung möglich. Die Verjährung wird gehemmt.

14.5 Konkurs

(Konkursordnung)

Konkursverfahren

25 N 123: Über das Vermögen des Herrn Walter Antrag, Görgesheideweg 140, 4005 Meerbusch 2, ist heute, am 04. März 19.., 12 Uhr KONKURS eröffnet worden, da die AOK Neuss den Antrag auf Eröffnung des Konkursverfahrens gestellt und glaubhaft gemacht hat, daß ihr gegen den Gemeinschuldner eine Forderung in Höhe von 17389,37 DM zusteht; der Gemeinschuldner ist nach den angestellten Ermittlungen zahlungsunfähig. Konkursverwalter: Rechtsanwalt Dieter Zirpins. Arnoldstraße 15, 4000 Düsseldorf 30, Anmeldefrist bis 04. April 19... Termin zur Gläubigerversammlung am 19. April 19.., 10.15 Uhr, Prüfungstermin am 09. Mai 19.., 9.30 Uhr, Neuss, Hochstraße 1, Zimmer 102. Offener Arrest mit Anzeigepflicht bis 04. April 19...

Neuss, den 04. März 19.. **Amtsgericht**

Der *Konkurs* ist die zwangsweise Unternehmensauflösung wegen Zahlungsunfähigkeit. Er soll eine anteilsmäßig gleichmäßige Befriedigung der Gläubiger sicherstellen.

Bei juristischen Personen führt auch Überschuldung (die Schulden übersteigen die Summe der Vermögenswerte) zum Konkurs.
Das Konkursverfahren wird durch den Schuldner (Unternehmung) oder durch einen/mehrere Gläubiger beim zuständigen Amtsgericht beantragt.
Der Schuldner hat ein Vermögens-, ein Schuldner- und ein Gläubigerverzeichnis beizufügen.
Der Gläubiger muß die Zahlungsunfähigkeit der Unternehmung nachweisen, z. B. durch erfolglose Pfändung.
„Mangels Masse" wird ein Konkursverfahren vom Gericht abgelehnt, wenn das vorhandene Vermögen noch nicht einmal die entstehenden Kosten des Konkursverfahrens decken würde. Die Gläubiger gehen leer aus und können wieder zu Einzelvollstreckungen schreiten.

Ablauf eines Konkursverfahrens

Das Gericht **eröffnet** förmlich den Konkurs und bestellt einen **Konkursverwalter** (meist einen Rechtsanwalt). Die Konkurseröffnung wird im **Handelsregister** eingetragen und veröffentlicht.

Die **Verfügungsgewalt** über die Unternehmung und deren Vermögen geht auf den **Konkursverwalter** über. Er veräußert die Vermögensteile. Die vorhandenen und durch Veräußerung erzielten Geldmittel sowie das pfändbare Vermögen der Vollhafter gehören zur **Konkursmasse.** Diese wird aber keineswegs gleichmäßig an die Gläubiger verteilt. Die Konkursordnung kennt bevorrechtigte Ansprüche (Aussonderung, Absonderung, Aufrechnung, Vorweganspruche). Nicht bevorrechtigte Gläubiger erhalten den verbleibenden Rest, der im Verhältnis der bestehenden Forderungen aufgeteilt wird (*Konkursquote, Konkursdividende*).

Das Verfahren endet mit der **Aufhebung des Konkurses** durch das Gericht, nachdem eine Gläubigerversammlung die Schlußrechnung des Konkursverwalters abgenommen hat. Die Aufhebung des Konkurses wird im Handelsregister eingetragen und veröffentlicht.

Folgen eines Konkurses

Folgen eines Konkurses
für den Unternehmer Während des Konkursverfahrens ist der Unternehmer in seinen Rechten eingeschränkt, z. B. darf er seinen Wohnort ohne Erlaubnis nicht verlassen und darf keine Ehrenämter ausüben. Nach Beendigung des Verfahrens besteht eine **Haftung von 30 Jahren** für alle nicht befriedigten Forderungen. Gläubiger können während dieser Zeit immer wieder versuchen, ihre noch bestehenden Ansprüche durch Pfändungen zu tilgen. Damit ist der Bewegungsspielraum des Unternehmers für neue unternehmerische Tätigkeiten eingeschränkt, zumal er außerdem in Zukunft nur schwer Kapitalgeber finden wird.
für die Gläubiger Die meisten Gläubiger, vor allem die Lieferer, haben in der Regel hohe **Forderungsausfälle.** Dies wiederum kann deren **Existenz gefährden** und unter Umständen zu weiteren Konkursen führen.
für die Beschäftigten Die Mitarbeiter in der Unternehmung verlieren plötzlich ihren **Arbeitsplatz** und damit ihr **Einkommen.** Bei Konkurseröffnung bestehende Lohn- und Gehaltsforderungen werden allerdings bevorrechtigt behandelt. Sind keine Mittel vorhanden, so erhalten die Beschäftigten **Konkursausfallgeld** nach dem Arbeitsförderungsgesetz: Das Arbeitsamt zahlt ausgefallene Löhne und Gehälter für die letzten 3 Monate.

Verteilung der Konkursmasse

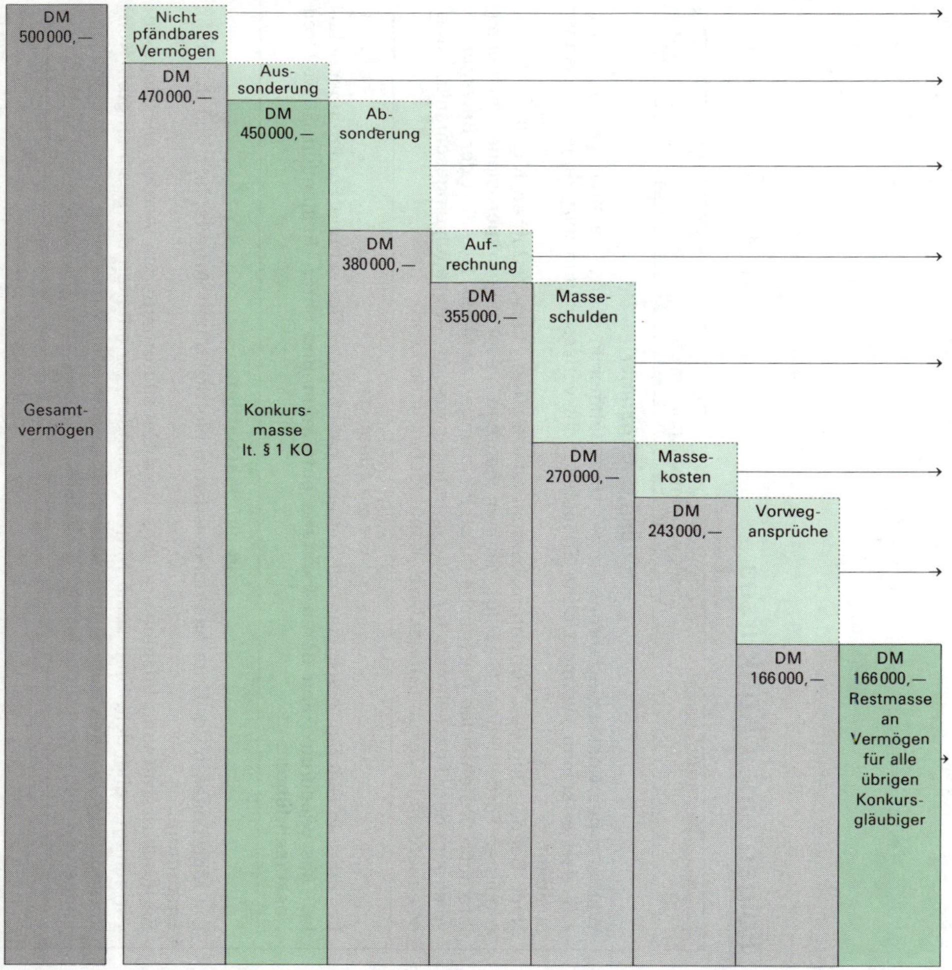

Gesamtvermögen	500000,— DM
– **Nicht pfändbares Vermögen** (Sachen, die der Schuldner für eine bescheidene Lebensführung benötigt)	30000,— DM
	470000,— DM
– **Aussonderung** von Vermögen, das der Schuldner besitzt, dessen Eigentümer er aber nicht ist (z. B. unter Eigentumsvorbehalt gelieferte Maschinen und Rohstoffe)	20000,— DM
Konkursmasse laut § 1 KO	450000,— DM
– **Absonderung** der Gläubigerforderungen mit einen Pfandrecht (z. B. Sicherungsübereignung, Hypothek)	70000,— DM
	380000,— DM
– **Aufrechnung** von Gegenforderungen (Schuldner und Gläubiger hatten wechselseitig Forderungen gegeneinander)	25000,— DM
	355000,— DM
– **Masseschulden** (Verbindlichkeiten, die der Unternehmung durch die Geschäftstätigkeit des Konkursverwalters entstehen sowie Lohn- und Gehaltsforderungen der letzten 6 Monate)	85000,— DM
	270000,— DM
– **Massekosten** (Gerichtskosten, Vergütung für den Konkursverwalter, Unterstützung an den Schuldner)	27000,— DM
	243000,— DM
– **Vorweganspüche** bevorrechtigter Konkursgläubiger (in folgender Reihenfolge):	
1. Lohn- und Gehaltsforderungen, die die Bundesanstalt für Arbeit geltend macht, da sie bereits Konkursausfallgeld gezahlt hat	24000,— DM
2. Forderungen des Staates (z. B. Steuern)	38000,— DM
3. Forderungen der Kirchen und Schulen	8000,— DM
4. Forderungen der Ärzte und Apotheken	7000,— DM
5. Forderungen der Kinder und Mündel	— DM
Restmasse	166000,— DM
Dieser Restmasse stehen noch weitere Forderungen gegenüber in Höhe von insgesamt	790500,— DM

Damit ergibt sich eine **Konkursquote** von

$$\frac{166000,\text{— DM} \cdot 100}{790500,\text{— DM}} = 21\,\%.$$

Jeder der *restlichen* Gläubiger erhält somit nur 21 % seiner Forderungen erstattet.

14.6 Zwangsvergleich

Der **Zwangsvergleich** ist eine besondere Form des gerichtlichen Vergleichs und hebt ein Konkursverfahren auf. So kann während eines Konkursverfahrens festgestellt werden, daß der Gemeinschuldner eine Reihe neuer Geldgeber findet, wenn das Unternehmen bestehen bleibt. Da durch die neuen Kapitaleinlagen die Abfindungen heraufgesetzt werden können, sind die Gläubiger bereit, dem Vergleich zuzustimmen. Er gilt als angenommen, wenn der Schuldner den nicht bevorrechtigten Gläubigern mindestens 20% anbietet und eine Mehrheit von Gläubigern zustimmt, die mindestens 75% der nicht bevorrechtigten Forderungen vertreten. Wenn das Gericht den Vergleich bestätigt, ist er für alle Gläubiger verbindlich.

14.7 Liquidation

(§§ 31, 131, 145-158 HGB; §§ 262-277, 289f. AktG; §§ 60-77 GmbHG; §§ 78-98 GenG)

Die *Liquidation* ist die freiwillige Auflösung der Unternehmung.

Sie kann persönliche Gründe (z. B. Tod des Unternehmers, Ausscheiden eines Vollhafters) oder sachliche Gründe (z. B. schlechte Ertragsaussichten) haben.
Der Liuidationsbeschluß wird ins Handelsregister eingetragen und veröffentlicht. Die Firma erhält den Zusatz i. L. (in Liquidation).
Alle Vermögensteile werden in liquide Mittel umgewandelt; sie werden einzeln verkauft. Alle Schulden werden getilgt. Ein verbleibender Vermögensrest wird auf die Gesellschafter aufgeteilt.
Nach vollendeter Liquidation erlischt die Firma. Gesellschafter von Personengesellschaften haften für Schulden noch fünf Jahre. Die nach Durchführung der Liquidation verbleibenden Überschußbeträge dürfen bei Kapitalgesellschaften und Genossenschaften erst nach Ablauf eines Sperrjahres ausgezahlt werden.

Kontrolle des Lernerfolgs

1. Erläutern Sie die folgenden Begriffe:
   Notleidende Unternehmung, Sanierung, Liquidation, Liquidator, Konkurs, Konkursgericht, Konkursverwalter, Konkursmasse, Konkursquote.
2. Durch welche Maßnahmen kann ein drohender Konkurs abgewendet werden?
3. Schildern Sie den Ablauf eines Konkurses.
   a) Wer kann einen Konkursantrag stellen? Halten Sie diese Regelung für sinnvoll?
   b) Wo ist der Antrag zu stellen?
   c) In welchem Fall wird dem Antrag nicht stattgegeben?
   d) Warum ist eine Veröffentlichung des eingeleiteten Konkursverfahrens sinnvoll?
   e) Wer wickelt den Konkurs ab?
   f) Wie wird ein Konkurs durchgeführt?
   g) Wie endet ein Konkurs?
   h) Welche Pflichten haben die Kapitaleigner nach einem Konkurs?
4. Ermitteln Sie mit den folgenden Angaben die Konkursquote.

Betriebliches Vermögen	90000,– DM	Masseschulden	20000,– DM
Privates Vermögen	110000,– DM	Massekosten	30000,– DM
Nicht pfändbares Vermögen	15000,– DM	Bevorrechtigte Forderungen	25000,– DM
Verpfändbares Vermögen	25000,– DM	Sonstige Konkursforderungen	160000,– DM
Gegenseitige Forderungen	5000,– DM		

Siebter Themenkreis
Rechtliche und soziale Rahmenbedingungen der menschlichen Arbeit im Betrieb

1 Arbeitsrecht

1.1 Rechtliche Grundlagen des Arbeitsverhältnisses

Arbeitsverhältnis

Ein *Arbeitsverhältnis* ist ein Dienstverhältnis zwischen einem Arbeitgeber und einem Arbeitnehmer, das durch den Arbeitsvertrag geregelt ist.

Arbeitgeber sind Unternehmer (natürliche oder juristische Personen), die Arbeitnehmer gegen Entgelt beschäftigen.

Arbeitnehmer sind unselbständige Beschäftigte (Arbeiter, Angestellte und Auszubildende), die dem Arbeitgeber gegenüber weisungsgebunden und von ihm wirtschaftlich abhängig sind.

Das Arbeitsverhältnis wird bestimmt durch

- gesetzliche Vorschriften des Arbeitsrechts,
- Tarifverträge,
- Betriebsvereinbarungen,
- Einzelarbeitsverträge.

Arbeitsrechtliche Gesetze

Das Arbeitsrecht ist in zahlreichen Gesetzen festgehalten. Grundlegend sind die Allgemeinen Vorschriften des 1. und 2. Buches des BGB, insbesondere die Bestimmungen über den Dienstvertrag (BGB §§ 611 ff.). Ferner enthält die Gewerbeordnung arbeitsrechtliche Bestimmungen für gewerbliche Arbeitnehmer, das HGB solche für kaufmännische Arbeitnehmer (HGB §§ 59 ff.). Weiterhin sind folgende Gesetze für die Gestaltung des Arbeitsverhältnisses von großer Bedeutung:

- Arbeitszeitordnung,
- Bundesurlaubsgesetz,
- Tarifvertragsgesetz,
- Schwerbeschädigtengesetz,
- Kündigungsschutzgesetz,
- Berufsbildungsgesetz,
- Jugendarbeitsschutzgesetz,
- Mutterschutzgesetz,
- Arbeitsgerichtsgesetz,
- Arbeitsplatzschutzgesetz,
- Betriebsverfassungsgesetz,
- Bundeserziehungsgeldgesetz.

Die Vorschriften dieser Gesetze sind zum großen Teil zwingend. Vielfach dienen sie dem Schutz des Arbeitnehmers und seiner Arbeitskraft. Ein solcher Schutz ist notwendig, da der Arbeitnehmer in der Regel gegenüber dem Arbeitgeber in einer schwächeren Position ist.

1.2 Einzelarbeitsvertrag

Ihre Bewerbung

Sehr geehrter Herr Kühne,

wir bestätigen Ihnen hiermit Ihr heutiges Vorstellungsgespräch mit unserem Personalleiter, Herrn Hansen, demzufolge wir Sie zum 01.04.19.. als Einkäufer einstellen.

Ihr Bruttogehalt beträgt monatlich 3 450,00 DM, zahlbar am letzten jedes Monats. Außerdem zahlen wir Ihnen vom gesetzlichen Rentenalter an 15 % Ihres Endgehaltes als Pension, bei vorzeitiger Invalidität einen Ihrer Dienstzeit entsprechenden, nach versicherungsmathematischen Grundsätzen zu errechnenden Betrag.

Ihr Dienst regelt sich nach den Vorschriften unserer Betriebsordnung und nach der Stellenbeschreibung, die wir beifügen. Wir erwarten sorgfältige und gewissenhafte Erledigung der Ihnen übertragenen Aufgaben und den Einsatz Ihrer ganzen Arbeitskraft. Für die Kündigung gelten die gesetzlichen Bestimmungen.

Wir nehmen an, daß Sie Ihren Dienst am 01.04.19.. antreten werden, und bitten Sie um Ihre Bestätigung.

Beim Abschluß eines Arbeitsvertrages herrscht Vertragsfreiheit. Der Vertrag kann schriftlich oder mündlich abgeschlossen werden. Minderjährige benötigen die Zustimmung des gesetzlichen Vertreters. Häufig kommt der Vertrag zustande, indem der Arbeitnehmer seine Papiere - die Lohnsteuerkarte, den Versicherungsnachweis und die Zeugnisse - dem Arbeitgeber aushändigt. Der Vertragsinhalt kann frei vereinbart werden. Dabei ist allerdings zu beachten, daß gültige Bestimmungen nicht unterschritten werden:

- Gesetze (z. B. Kündigungsschutzgesetz, Jugendarbeitsschutzgesetz),
- Tarifverträge,
- Betriebsvereinbarungen.

Im Arbeitsvertrag sollten insbesondere geregelt werden:

- Beginn, ggf. Dauer des Arbeitsverhältnisses und Kündigungsfristen,
- Dauer der Probezeit,
- genaue Bezeichnung der Tätigkeit,
- Art der Entlohnung (z. B. Stundenlohn, Monatsgehalt),
- Höhe der Entlohnung,
- weitere Bezüge (z. B. Provisionen, Zulagen, Gratifikationen, Urlaubsgeld, vermögenswirksame Leistungen),
- Sozialleistungen,
- Kostenerstattung (z. B. Reisekosten),
- Arbeits- und Pausenzeiten,
- Dauer des Jahresurlaubs,
- erlaubte Nebentätigkeit und Wettbewerbsverbote.

Da der Arbeitgeber mit dem Vertrag erheblich gebunden wird, hat er das Recht, sich über den Arbeitnehmer vor der Einstellung ausgiebig zu erkundigen. So muß dieser alle Fragen bezüglich seiner Ausbildung, früherer Arbeitsverhältnisse oder seiner Gesundheit und Fähigkeiten wahrheitsgetreu beantworten. Als Gegenleistung erwartet der Arbeitnehmer volle Aufklärung über die auf ihn zukommenden Pflichten und Rechte.

Pflichten des Arbeitnehmers (= Rechte des Arbeitgebers)
Pflicht zur Arbeitsleistung (BGB § 611) Der Arbeitnehmer muß die Arbeiten verrichten, die seinem Arbeitsvertrag entsprechen (Ein Einkäufer darf z.B. nicht ständig als Buchhalter eingesetzt werden). Die Arbeit ist im Zweifelsfall persönlich und nach bestem Wissen und Gewissen zu leisten (Die Verletzung der Arbeitspflicht durch Nichtleistung oder Schlechtleistung macht den Arbeitnehmer schadenersatzpflichtig, wenn er sie zu vertreten hat).
Gehorsamspflicht Der Arbeitnehmer muß bei seiner Tätigkeit die Weisungen des Arbeitgebers befolgen.
Treuepflicht, Verschwiegenheitspflicht, Schmiergeldverbot Der Arbeitnehmer muß die Interessen seines Arbeitgebers und des Betriebes wahrnehmen. Insbesondere darf er Geschäfts- und Betriebsgeheimnisse nicht weitergeben (z.B. Konstruktionsunterlagen, Kalkulationsgrundlagen) und darf keine Schmiergelder zu seinem eigenen Vorteil annehmen. Pflichtverletzungen können zu Schadenersatzforderungen, fristloser Entlassung und strafrechtlicher Verfolgung führen.
Pflicht zur Unterlassung von Wettbewerb (HGB § 60, § 61; GO § 133f.) Ohne Einwilligung des Arbeitgebers darf der Arbeitnehmer nicht im Geschäftszweig des Arbeitgebers Geschäfte für eigene oder fremde Rechnung machen. Kaufmännische Angestellte dürfen auch kein eigenes Geschäft in einem beliebigen Geschäftszweig betreiben. Das Wettbewerbsverbot kann durch eine ,,Konkurrenzklausel'' im Arbeitsvertrag auch für eine gewisse Zeit nach dem Ausscheiden aus der Firma bestehenbleiben (bei kaufmännischen Angestellten z.B. maximal zwei Jahre). Pflichtverletzungen können ebenfalls zu Schadenersatzforderungen und fristloser Entlassung führen. Bei Geschäften auf eigene Rechnung hat der Arbeitgeber auch das ,,Selbsteintrittsrecht'' (d.h. er kann das Geschäft selbst ausführen), bei Geschäften auf fremde Rechnung das Recht auf Herausgabe der Vergütung.

Pflichten des Arbeitsgebers (= Rechte des Arbeitnehmers)
Vergütungspflicht (BGB § 611, § 614, § 616) Der Arbeitgeber muß pünktlich den Lohn oder das Gehalt zahlen (bei Angestellten z.B. am Ende des Monats). Voraussetzung ist, daß die Arbeitsleistung auch tatsächlich erbracht wurde. Ausnahme: bei unverschuldetem Unglück (z.B. Lohnfortzahlung im Krankheitsfall für 6 Wochen) oder relativ kurzer Verhinderung (z.B. Ladung als Zeuge vor Gericht). Die Entlohnung muß in Geld erfolgen.
Fürsorgepflicht (BGB § 618) Der Arbeitgeber muß die Unfallverhütungs- und Arbeitsgesetze beachten und muß Sorge dafür tragen, daß Gesundheit und Anstandsgefühl des Arbeitnehmers nicht beeinträchtigt werden. Die Sozialversicherungsbeiträge sind ordnungsgemäß abzuführen.
Urlaub Der Arbeitnehmer hat Anspruch auf bezahlten Urlaub. Jugendarbeitsschutzgesetz: bis 16 Jahre 30, bis 17 Jahre 27, bis 18 Jahre 25 Werktage. Bundesurlaubsgesetz: über 18 Jahre 18 Werktage, wenn der Arbeitnehmer dem Betrieb mindestens 6 Monate angehört.

Zeugnispflicht
(BGB § 630)

Der Arbeitgeber muß dem Arbeitnehmer bei Ausscheiden aus dem Arbeitsverhältnis ein Zeugnis über Art und Dauer der Beschäftigung ausstellen (einfaches Zeugnis). Auf Wunsch des Arbeitnehmers sind auch Angaben über Führung und Leistung aufzunehmen (qualifiziertes Zeugnis). Das Zeugnis muß wahrheitsgemäß abgefaßt sein (Haftung des alten gegenüber dem neuen Arbeitgeber bei falschen Angaben nach BGB § 826 wegen vorsätzlicher sittenwidriger Schädigung), aber wohlwollend: Gute Leistungen sind zu erwähnen, schlechte nur, wenn sie wesentlich und schwerwiegend sind. Der Arbeitgeber haftet dem Arbeitnehmer für schuldhaft unrichtige Aussagen wegen Verletzung des Arbeitsvertrags. Der Arbeitnehmer kann vor dem Arbeitsgericht auf Berichtigung klagen.

1.3 Beendigung des Arbeitsverhältnisses

Ist ein Arbeitsverhältnis für eine bestimmte Zeit eingegangen worden, so endet es mit Ablauf der vereinbarten Frist. Ist es dagegen für unbestimmte Zeit eingegangen, so kann es nur durch die übereinstimmende Willenserklärung beider Vertragspartner, den **Aufhebungsvertrag,** oder durch die einseitige Willenserklärung eines Vertragspartners, die **Kündigung,** gelöst werden.

Die *Kündigung* ist die Erklärung eines Vertragspartners, daß er den Arbeitsvertrag lösen will. Sie wird wirksam, wenn sie dem anderen Vertragspartner zugegangen ist.

1.3.1 Ordentliche Kündigung

Die ordentliche Kündigung (BGB § 622) ist stets an eine Kündigungsfrist gebunden. Die Kündigungsfrist beträgt grundsätzlich

- **für Angestellte:** 6 Wochen zum Quartalsende (18./19. 2.; 19. 5.; 19. 8.; 19. 11.)
  Einzelvertraglich und tarifvertraglich können andere Fristen vereinbart werden. Eine einzelvertraglich vereinbarte kürzere Frist muß aber mindestens 1 Monat zum Monatsende betragen.
- **für Arbeiter:** 2 Wochen
  Einzelvertraglich kann nur eine längere Frist vereinbart werden.

Einzelvertraglich vereinbarte Fristen dürfen für eine Kündigung durch den Arbeitnehmer nicht länger sein als für eine Kündigung durch den Arbeitgeber.
Tarifvertraglich können kürzere Fristen als die oben genannten vereinbart werden. In der Praxis kommen sie nicht vor.
Der Arbeitnehmer hat das Recht, sich während der Arbeitszeit um einen neuen Arbeitsplatz zu bemühen (BGB § 629). Wenn im Arbeitsvertrag nichts anderes vereinbart ist, wird die Vergütung für die Fehlzeit weitergezahlt.

1.3.2 Außerordentliche Kündigung

Die außerordentliche Kündigung (BGB § 626) ist stets eine fristlose Kündigung aus wichtigem Grund. Das bedeutet, daß die Fortsetzung des Arbeitsverhältnisses dem Arbeitnehmer oder dem Arbeitgeber nicht zugemutet werden kann (z. B. bei Straftaten im Betrieb, Tätlichkeiten, Arbeitsverweigerung, grober Beleidigung, Verletzung der Arbeitsschutzbestimmungen, Nichtzahlung der Vergütung). Wer eine fristlose Kündigung verursacht, schuldet dem Vertragspartner Schadenersatz. Die Kündigung muß binnen zwei Wochen ausgesprochen werden, nachdem der Kündigungsgrund bekannt wurde.

Kontrolle des Lernerfolgs

1. Wird ein Arbeitsvertrag in jedem Fall schriftlich geschlossen?
2. Nennen Sie wichtige Punkte, über die sich Arbeitgeber und Arbeitnehmer im Arbeitsvertrag einigen sollten.
3. Wodurch wird die Vertragsfreiheit bei Arbeitsverträgen stark eingeschränkt?
4. Sind folgende Vereinbarungen in Arbeitsverträgen zulässig?
   a) Die Probezeit beträgt 3 Monate. Innerhalb der Probezeit ist jederzeit eine Kündigung ohne Angabe von Gründen möglich.
   b) Als Arbeitslohn erhält der Arbeitnehmer jeden Monat 10% der von ihm hergestellten Werkzeuge.
   c) Der Arbeitnehmer darf nicht auf eigene Rechnung im Geschäftszweig des Arbeitgebers tätig werden. Bei Zuwiderhandlung kann der Arbeitgeber selbst in das Geschäft eintreten. Dieses Wettbewerbsverbot gilt noch bis zu 3 Jahren nach Ausscheiden des Arbeitnehmers.
   d) Der Arbeitnehmer muß sich bei der Sozialversicherung anmelden.
   e) Der Jahresurlaub beträgt im Jahr der Einstellung für jeden Monat einen Werktag, anschließend jährlich 16 Werktage.
   f) Der Arbeitgeber kann den Arbeitnehmer mit einer Frist von einem Monat zum Quartalsende, der Arbeitnehmer kann mit einer Frist von 6 Wochen kündigen.
5. Herr Müller ist dreimal hintereinander eine Viertelstunde zu spät zur Arbeit erschienen. Rechtfertigt dies eine außerordentliche Kündigung?
6. Erläutern Sie den Unterschied zwischen einer ordentlichen und einer außerordentlichen Kündigung.

1.4 Tarifverträge

1.4.1 Tarifvertragsparteien

Arbeitgeber und Arbeitnehmer haben das Recht, sich in Organisationen zusammenzuschließen. Dies garantiert Art. 9 (3) des Grundgesetzes.

Grundgesetz Art. 9 Abs. 3
Das Recht, zur Wahrung und Förderung der Arbeits- und Wirtschaftsbedingungen Vereinigungen zu bilden, ist für jedermann und für alle Berufe gewährleistet. ...

Dieses Recht heißt **Koalitionsfreiheit.**
Die Arbeitgeber gleicher Wirtschaftszweige organisieren sich in **Fachverbänden.** Ihr Dachverband ist die Bundesvereinigung der Deutschen Arbeitgeberverbände (BDA).
Die Arbeitnehmer organisieren sich ihrerseits in **Gewerkschaften.** Im Deutschen Gewerkschaftsbund sind 17 Einzelgewerkschaften mit mehr als 7 Millionen Mitgliedern vereinigt.
Das Tarifvertragsgesetz gesteht den Gewerkschaften einerseits und den einzelnen Arbeitgebern sowie den Arbeitgeberverbänden andererseits das Recht zu, **Tarifverträge** abzuschließen.
***Tarifverträge* sind kollektive (für alle angeschlossenen Mitglieder verbindliche) Arbeitsverträge. Sie enthalten Abmachungen über Löhne, Gehälter und andere arbeitsrechtliche Regelungen.**

Der Tarifvertrag regelt neben dem Einzelarbeitsvertrag die Arbeitsverhältnisse. Er ist geltendes Recht. Solange der Tarifvertrag gilt, ist der Arbeitsfrieden gesichert. Für alle besteht eine Friedenspflicht, die es verbietet, Arbeitskämpfe zu führen. Der Tarifvertrag enthält jedoch nur Mindestbedingungen. Zugunsten der Arbeitnehmer kann der Arbeitgeber jeweils anderes vereinbaren.

1.4.2 Tarifautonomie

Das Tarifvertragsgesetz gibt den Tarifvertragsparteien die Tarifautonomie. Darunter versteht man das Recht, Tarifverträge frei von staatlichen Eingriffen abzuschließen. Der Staat darf nicht einmal dann in Tarifverhandlungen eingreifen, wenn abzusehen ist, daß die Ergebnisse schädliche Auswirkungen auf die Wirtschaftslage haben können (z. B. auf die Geldwertstabilität). Er soll nur dafür sorgen, daß die Spielregeln für beide Parteien gleich sind. Lohnstopp, Preisstopp oder die Beseitigung des privaten Eigentums würden die Tarifautonomie zerstören.

1.4.3 Begriff „Sozialpartner"

Die Tarifvertragsparteien werden oft als Sozialpartner bezeichnet. Besonders die Gewerkschaften melden Vorbehalte gegen diesen Begriff an. Sie sagen: Wer von Partnern spricht, meint eine enge Verbindung, wie z. B. bei Ehepartnern. Auf die Tarifvertragsparteien kann der Begriff Partner nur zutreffen, wenn sie gemeinsam und ohne Gegensätze die Arbeitsbedingungen regeln. Dies ist jedoch nicht der Fall. Tarifverhandlungen sind geradezu durch Interessengegensätze gekennzeichnet. Der Begriff „Sozialparteien" wäre deshalb richtiger.
Allerdings hat auch der Begriff „Sozialpartner" etwas für sich: Er betont das Gemeinsame an der Arbeitswelt: Arbeitgeber können ohne Arbeitnehmer nichts produzieren, keine Projekte verwirklichen. Umgekehrt können Arbeitnehmer ohne Arbeitgeber kein Einkommen erzielen.

1.4.4 Arten von Tarifverträgen

Häufig lassen sich die Ergebnisse von Tarifverhandlungen nur schwer in einem einzelnen Vertrag zusammenfassen. So sind z. B. für bestimmte Vereinbarungen unterschiedliche Laufzeiten anzutreffen. Lohnvereinbarungen haben kürzere Laufzeiten als Urlaubsregelungen.
Daher werden die Vereinbarungen der Sozialpartner in zwei verschiedenen Arten von Tarifverträgen geregelt:

Arten von Tarifverträgen	
Lohntarifvertrag (Gehaltstarifvertrag) [1]	**Manteltarifvertrag**
regelt: – Löhne und Gehälter – Lohngruppen, Zulagen, Zuschläge – Lohnfortzahlung – Akkordlohn – Erfolgsbeteiligung	regelt: – Vermögenswirksame Leistungen – Urlaubsregelungen – Arbeitszeit – Rationalisierungsschutz – Arbeitsschutz

[1]) In der chemischen Industrie wurde 1988 zum ersten Mal ein einheitlicher „Entgelttarifvertrag" für Arbeiter und Angestellte geschlossen.

Lohntarifverträge enthalten nur Regelungen über Vergütungen, während **Manteltarifverträge** als Rahmentarife Einzelfragen wie Sonderzuschläge und vermögenswirksame Leistungen regeln. Solche Vereinbarungen haben meistens einen größeren Geltungsbereich und eine längere Geltungsdauer. Ein gemeinsamer Vertrag würde neue Verhandlungen verlängern, da dann über alle Fragen gleichzeitig verhandelt werden müßte.

Gültigkeit der Tarifverträge
Persönlicher Geltungsbereich Ein Tarifvertrag gilt nur für die Arbeitnehmer, die der tarifschließenden Gewerkschaft angehören und die bei einem Arbeitgeber des tarifschließenden Verbandes beschäftigt sind. So sind nur 40% der Arbeitnehmer tarifgebunden. Nichtorganisierte haben demnach keinen Anspruch auf die Anwendung des Tarifvertrages! Sie können aber in ihren Arbeitsverträgen Bezug auf die Tarifverträge nehmen. So können sie auch ohne Mitgliedschaft die Vorteile wahrnehmen. Die Arbeitgeber werden dazu bereit sein, um ihre Arbeitnehmer nicht in die Gewerkschaft zu drängen. In der Praxis werden über 90% aller Arbeitsverträge durch tarifvertragliche Regelungen gestaltet. Eine Allgemeinverbindlichkeitserklärung auch für nicht organisierte Betriebe und Arbeitnehmer ist durch den Bundesarbeitsminister möglich, wenn die tarifgebundenen Arbeitgeber mindestens 50% der unter diesen Tarifabschluß fallenden Arbeitnehmer beschäftigen und wenn die Allgemeinverbindlichkeitserklärung im öffentlichen Interesse liegt.
Fachlicher Geltungsbereich Tarifverträge gelten nur für einzelne Industriezweige oder Betriebe. Gewerkschaften sind an möglichst vielen Tarifbereichen interessiert, da sich so eher Verbesserungen durchsetzen lassen.
Räumlicher Geltungsbereich Ein Tarifvertrag kann außer der fachlichen Begrenzung auch räumlich eingeschränkt sein. Man unterscheidet Bundestarifverträge, Regionaltarifverträge oder Bezirkstarifverträge. In zeitlicher Hinsicht tendiert man immer mehr zu kurzen Laufzeiten.

1.5 Tarifverhandlungen und Arbeitskampf

1.5.1 Tarifverhandlungen

Die Arbeitgeber und Arbeitnehmer tragen ihre Interessengegensätze in Tarifverhandlungen aus. Sie werden notwendig, wenn ein alter Tarifvertrag ausgelaufen oder von einer Partei gekündigt ist. Jede Partei ernennt Vertreter für die **Tarifkommission,** in der die Begründungen der Forderungen oder Ablehnung vorgetragen werden. Jeder rechnet dem anderen genau vor, wie seine wirtschaftliche Lage ist und worauf er seine Forderungen begründet.

Können sich die Partner nicht einigen, dann kann es zunächst beim tariflosen Zustand bleiben. Die Gewerkschaft versucht, über die Belegschaft Druck auszuüben. Es gibt Demonstrationen, Streikdrohungen, Betriebsversammlungen und Warnstreiks. Die Öffentlichkeit wird informiert, um so Druck auf die Gegenpartei auszuüben.

Der Arbeitsfriede kann erhalten bleiben, wenn eine Partei die **Schlichtung** beantragt. Dies ist ein Verfahren zur Einigung. Es wird eine Kommission aus Vertretern beider Tarifparteien gebildet, deren Mitglieder auch einen unparteiischen Schlichter hinzuziehen können.
Er hat die schwierige Aufgabe, die bereits gescheiterten Tarifverhandlungen zu einem guten Ende zu bringen. Er soll die Streitpunkte klären und einen Vorschlag zur Einigung machen. Oft werden Arbeitskämpfe durch eine Schlichtung verhindert. Die Tarifpartner wissen, daß dies die letzte Gelegenheit ist, einen teuren Arbeitskampf zu vermeiden. Maßgeblich für das Schlichtungsverfahren sind besondere Schlichtungsabkommen.
Gibt es keine Einigung, so kommt es zum **Arbeitskampf.** Die Bundesrepublik Deutschland ist in der Vergangenheit eines der streikärmsten Länder. Eine Ursache dafür ist die Auffassung der Gewerkschaften, daß der Streik das letzte Mittel ist.

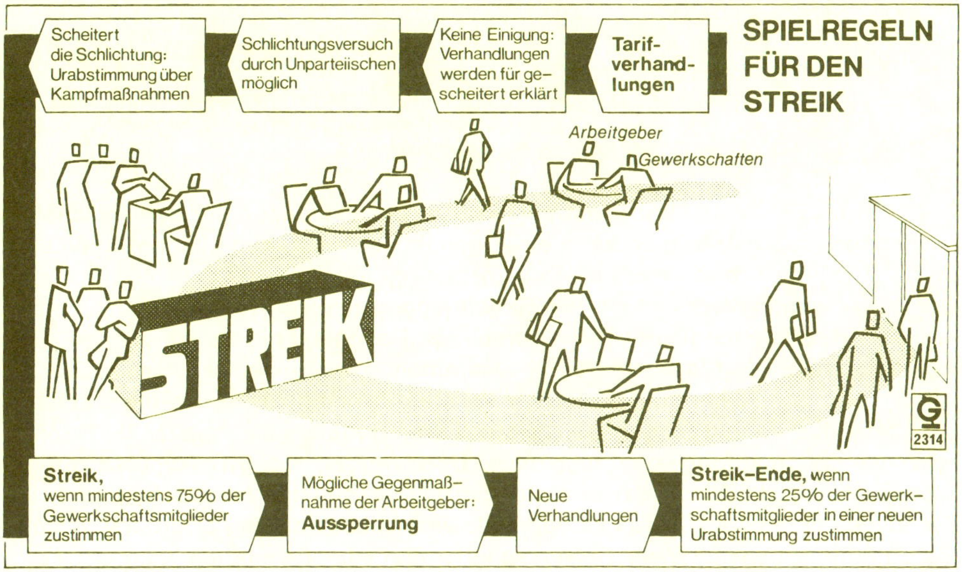

1.5.2 Streik

Grundgesetz Art. 9 Abs. 3

... Maßnahmen nach den Artikeln 12a, 35 Abs. 2 und 3, Artikel 87a Abs. 4 und Artikel 91[1]) dürfen sich nicht gegen Arbeitskämpfe richten, die zur Wahrung und Förderung der Arbeits- und Wirtschaftsbedingungen ... geführt werden.

Das Streikrecht wird aus Art. 9 Abs. 3 GG durch die Rechtsprechung abgeleitet. Daher ist es ein **erlaubtes Mittel des Arbeitskampfes.** Jedoch mit einer **Einschränkung:** Ein Streik darf nur um Forderungen geführt werden, die nicht bereits in einem Tarifvertrag geregelt sind.

[1]) betrifft den Einsatz von Streitkräften und Polizei

Ein *Streik* liegt vor, wenn eine größere Zahl von Arbeitnehmern absichtlich zusammen die Arbeit niederlegt, um bestimmte wirtschaftliche Ziele durchzusetzen.

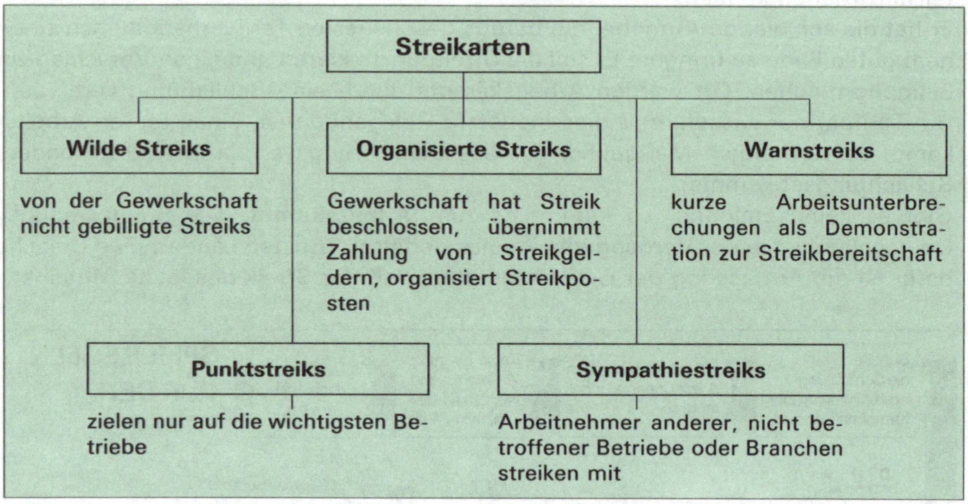

Einem Streik geht eine **Urabstimmung** voraus. Die Satzungen der Gewerkschaften bestimmen, daß ihre Mitglieder in einer geheimen Abstimmung zu befragen sind, ob sie zu einem Arbeitskampf für ihre Forderungen bereit sind.
Der Gewerkschaftsvorstand gibt die Genehmigung zu einer Urabstimmung. Es sind nur Gewerkschaftsmitglieder stimmberechtigt. Der Streik gilt als genehmigt, wenn 75% der Organisierten dem Streik zustimmen. Die Gewerkschaftsführung bestimmt eine Streikleitung, die die Streikposten ernennt. Sie sollen die Streikbrecher beeinflussen und Streikende von strafbaren Handlungen abhalten. In Streiklokalen werden nur Mitglieder registriert. Dort werden die Streikunterstützungen ausbezahlt, um die Mitglieder finanziell für den Lohnausfall zu entschädigen.
Zur Beendigung eines Streiks ist ebenfalls eine Urabstimmung erforderlich. Dabei müssen mindestens 25% der Gewerkschaftsmitglieder zustimmen.
Der Streik löst das Arbeitsverhältnis nicht. Es ruht ebenso wie die Pflicht zur Lohnzahlung. Streiken kann jeder, auch wer nicht zur Gewerkschaft gehört. Jedoch zahlt die Gewerkschaft eine Unterstützung nur an Mitglieder.

1.5.3 Aussperrung

Ebenso wie die Arbeitnehmer hat auch der Arbeitgeber ein Kampfmittel, die Aussperrung.

Unter *Aussperrung* versteht man die Ausschließung der Arbeitnehmer von der Arbeit.

Wie beim Streik, so ruhen auch bei der Aussperrung das Arbeitsverhältnis und die Pflicht zur Lohnzahlung.
Der Arbeitgeber schließt den Betrieb. Dadurch sind auch die Arbeitswilligen ausgesperrt und ohne Vergütung.

Arten der Aussperrung
Angriffsaussperrung Um einem Streik zuvorzukommen, sperren die Unternehmer alle Arbeitnehmer aus.
Abwehraussperrung Dies ist das Mittel, einen Streik zu verkürzen und damit abzuwehren. Je mehr Arbeitnehmer ausgesperrt sind, desto mehr wird die Streikkasse beansprucht.

Nur die Abwehraussperrung gilt als verfassungskonformes Kampfmittel der Arbeitgeber.

Ein Arbeitskampf bedeutet für beide Seiten hohe Kosten: Die Arbeitgeber haben Verluste durch den Produktionsausfall. Feste Kosten, wie Mieten, Versicherungen, Kreditzinsen laufen weiter. Eventuell gehen Kunden an das Ausland verloren. Die Gewerkschaft ihrerseits muß die Unterstützungszahlungen (Streikgeld) für ihre Mitglieder aufbringen.

Kontrolle des Lernerfolgs

1. Was bedeutet: Der Tarifvertrag ist ein kollektiver Arbeitsvertrag?
2. Arbeitgeber und Gewerkschaften werden als Tarifparteien, manchmal auch als Tarifpartner bezeichnet. Welcher Begriff ist nach Ihrer Ansicht passender?
3. Was versteht man unter Tarifautonomie?
4. a) Welche Einzelheiten werden im Lohntarifvertrag, welche im Manteltarifvertrag geregelt?
   b) Weshalb sind zwei Vertragsarten erforderlich?
5. Welche Voraussetzungen müssen gegeben sein
   a) für die Ausrufung eines Streiks?
   b) für die Beendigung eines Streiks?
6. Ein Streik kostet viel Geld.
   Begründen Sie, warum der Staat trotzdem Streiks nicht verhindert.
7. Sie erhalten als Nichtorganisierter den Tarifvertrag der Gewerkschaft und lesen auf dem Umschlag: Nach dem Gesetz haben nur Mitglieder der IG-Metall Anspruch auf die Erfüllung des Tarifvertrages.
   Trotzdem gelangen Nicht-Mitglieder häufig in den Genuß der Vorteile von Tariferhöhungen. Begründen Sie diesen Vorgang.
8. Gewerkschaftsmitglieder bezeichnen Nicht-Organisierte, die von Gewerkschaftsmaßnahmen profitieren, als „Trittbrettfahrer". Versuchen Sie diesen Begriff zu erklären. Nennen Sie Gründe dafür, daß eine Gewerkschaft möglichst alle Arbeitnehmer in ihrem Bereich organisieren will.

1.6 Arbeitsgerichte

Das Arbeitsgericht ist die zuständige Stelle für alle Streitigkeiten

- aus dem Arbeitsvertrag,
- aus Tarifverträgen,
- aus Betriebsvereinbarungen,
- aus den Bestimmungen des Betriebsverfassungsgesetzes,
- aus den Bestimmungen der Mitbestimmungsgesetze.

Die Klage muß schriftlich oder mündlich beim örtlich zuständigen Arbeitsgericht erhoben werden. Dies ist das Gericht am Sitz des Beklagten; wenn eine Leistung eingeklagt wird, ist es das Gericht am Erfüllungsort. Vor Beginn des Prozesses findet eine **Güteverhandlung** vor dem vorsitzenden Richter statt (Arbeitsgerichtsgesetz § 54). Hier sollen die Parteien zu einer Einigung (Klagerücknahme, Klageanerkennung, Vergleich) ohne Urteil gebracht werden, um Gerichtskosten und unnötige Arbeit zu sparen.

Instanzen der Arbeitsgerichte

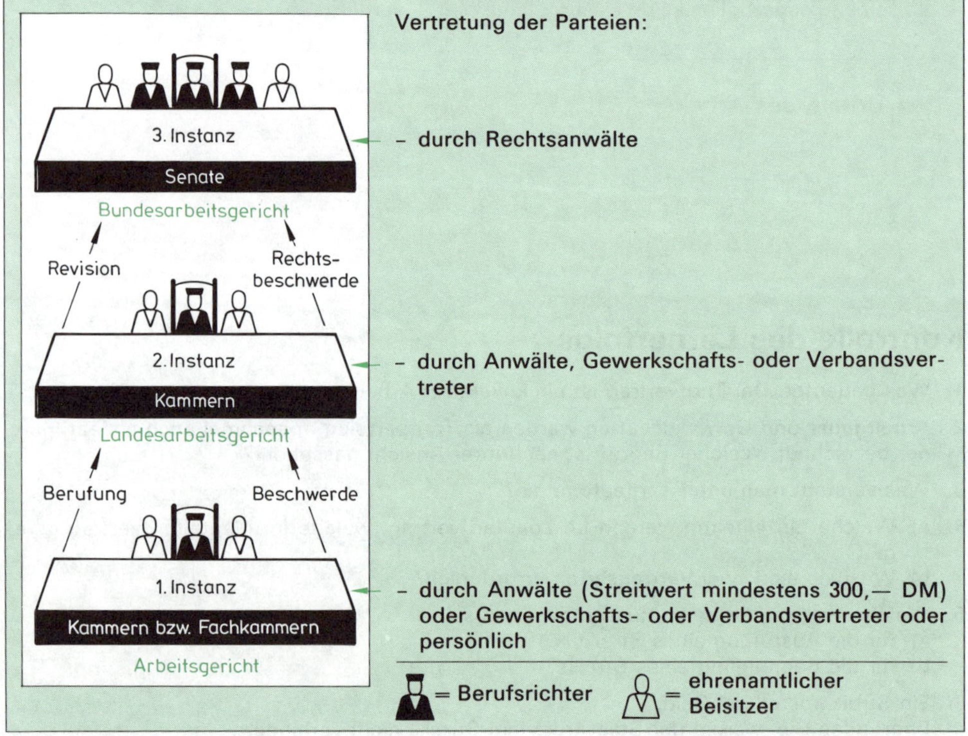

Im ersten Rechtszug entscheiden die Kammern bzw. Fachkammern des **Arbeitsgerichts** in der Besetzung mit einem Vorsitzenden und je einem ehrenamtlichen Richter aus Kreisen der Arbeitnehmer und der Arbeitgeber. Letztere werden auf die Dauer von 4 Jahren von der obersten Arbeitsbehörde des Landes berufen. In bürgerlichen Rechtsstreitigkeiten entscheidet das Arbeitsgericht nach mündlicher Verhandlung durch **Urteil** (oder die Parteien schließen einen Vergleich), in Angelegenheiten aus dem Betriebsverfassungsgesetz und Mitbestimmungsgesetz durch **Beschluß**.

Urteils- und Beschlußverfahren	
Urteilsverfahren	**Beschlußverfahren**
Klage	Parteienantrag
↓	↓
Güteverhandlung	Aufklärung des Sachverhalts durch das Gericht
↓	↓
streitige Verhandlung mit Beweisaufnahme (durch Urkunden, Zeugen, Sachverständige, Augenschein)	
↓	
Urteil oder Vergleich	Beschluß
Die Parteien müssen alle Tatsachen vorbringen und alle Beweismittel beibringen. Das Gericht stellt selbst diesbezüglich keine Nachforschungen an.	Das Gericht stellt von sich aus Ermittlungen an und klärt den Sachverhalt auf.

Gegen Urteile des Arbeitsgerichts ist die Berufung möglich, sofern sie im Urteil zugelassen worden ist und der Streitwert mindestens 800,— DM beträgt. Gegen Beschlüsse kann gleichfalls beim **Landesarbeitsgericht** Beschwerde eingelegt werden.

Dritte und höchste Instanz in Arbeitsrechtssachen ist das **Bundesarbeitsgericht** in Kassel, dessen Senate sich aus einem Vorsitzenden, zwei berufsrichterlichen Beisitzern und je einem ehrenamtlichen Richter zusammensetzen. Die Senate entscheiden über die Revision gegen Urteile sowie über die Rechtsbeschwerde gegen Beschlüsse des Landesarbeitsgerichts. In bestimmten Fällen ist die Sprungrevision bzw. Sprungrechtsbeschwerde vom Arbeitsgericht direkt zum Bundesarbeitsgericht möglich. Voraussetzung ist immer, daß die Revision von der Vorinstanz zugelassen worden ist. Die Zulassung soll erfolgen, wenn die Rechtssache grundsätzliche Bedeutung hat.

Bei der **Berufung** wird der gesamte Streitfall erneut geprüft. Bei der **Revision** wird lediglich geprüft, ob die untere Instanz die Rechtsvorschriften richtig angewandt hat.

Bei Arbeitsgerichtsprozessen fallen keine Gerichtsgebühren an. Andererseits trägt jede Partei (auch der Gewinner) ihre Kosten selbst (z. B. eventuelle Anwaltskosten).

Kontrolle des Lernerfolgs

1. Ein Arbeitnehmer klagt wegen ausbleibender Lohnzahlung.
   a) Welches Gericht ist sachlich und örtlich zuständig?
   b) Wie läuft das Verfahren ab?
   c) Welche Rechtsmittel stehen gegen das Urteil offen?
2. Warum ist das Gericht mit Berufsrichtern und ehrenamtlichen Richtern besetzt?
3. Erläutern Sie den Unterschied zwischen Urteil, Vergleich und Beschluß.

2 Arbeitsschutzbestimmungen

2.1 Technischer Arbeitsschutz (Arbeitssicherheit)

- Eine Stenotypistin kippte mit einem veralteten Schreibtischstuhl um.
- Ein Mitarbeiter stolperte über herumliegende Kabel und brach sich den Arm.
- Eine Sekretärin bekam einen gefährlichen Stromschlag durch eine defekte Steckdose.

Jährlich werden etwa 2 Millionen Arbeitsunfälle und Berufskrankheiten von den 27 Millionen Beschäftigten in der Bundesrepublik Deutschland angezeigt. Also ist jeder zwölfte Berufstätige betroffen. Die Folgen sind Tod, Körperschäden, seelische und finanzielle Belastungen für die Betroffenen und ihre Familien sowie hohe Kosten für Betriebe, Versicherungen und Staat. Deshalb sind große Anstrengungen für eine bestmögliche Arbeitssicherheit notwendig.

Der technische Arbeitsschutz ist in der **Gewerbeordnung** geregelt.

GO § 120 a
Die Gewerbeunternehmer sind verpflichtet, die Arbeitsräume, Betriebsvorrichtungen, Maschinen und Gerätschaften so einzurichten und zu unterhalten und den Betrieb so zu regeln, daß die Arbeitnehmer gegen Gefahren für Leben und Gesundheit so weit geschützt sind, wie es die Natur des Betriebes gestattet.

Eine Reihe weiterer Gesetze und Verordnungen enthält genauere Vorschriften:

- **Maschinenschutzgesetz**
  Die Bestimmungen der Sicherheitstechnik und der Unfallverhütungsvorschriften sind für neue Maschinen und Geräte verbindlich.
- **Verordnung über Arbeitsstoffe**
  Verpackung, Schutzmaßnahmen, Verwendungsbeschränkungen sowie gesundheitliche Kontrollen sind zu beachten.
- **Arbeitsstättenverordnung**
  Sie verlangt menschengerechte Arbeitsplätze, enthält Mindestvorschriften über Belüftung und Geräuschbelästigung.
- **Arbeitssicherheitsgesetz**
  Betriebe sind verpflichtet, Betriebsärzte und Sicherheitsfachkräfte einzustellen zur Verbesserung der Arbeitssicherheit. Die Berufsgenossenschaften richten dafür einen überbetrieblichen Dienst auf.

Für den Arbeitsschutz zuständige Stellen

Gewerbeaufsichtsamt

Die staatlichen Gewerbeaufsichtsämter überwachen die Einhaltung der Schutzbestimmungen. Sie sind für die Beseitigung von Mißständen zuständig. Sie nehmen Betriebsbesichtigungen vor, begutachten die Einrichtungen und nehmen bei Unfällen und Anzeigen Stellung.

Technischer Überwachungsverein (TÜV)

Die Technischen Überwachungsvereine überprüfen Kraftfahrzeuge und technische Anlagen regelmäßig auf Betriebssicherheit.

Berufsgenossenschaften

Die Berufsgenossenschaften sind die Träger der Unfallversicherungen. Sie betreiben darüber hinaus Unfallverhütung durch Herausgabe von Unfallverhütungsvorschriften und durch Unfallforschung. Die Unfallverhütungsvorschriften sind im Betrieb an geeigneter Stelle auszuhängen.

Bundesanstalt für Arbeitsschutz und Unfallforschung

Die Bundesanstalt für Arbeitsschutz und Unfallforschung befaßt sich mit den Unfallursachen und Unfallschwerpunkten.

Betriebe mit mehr als 20 Beschäftigten müssen aufgrund der Reichsversicherungsordnung **Sicherheitsbeauftragte** stellen. Sie sollen den Unternehmer bei der Durchführung des Unfallschutzes unterstützen und sich laufend von der ordnungsgemäßen Benutzung der vorgeschriebenen Schutzvorrichtungen überzeugen.

Nach dem Betriebsverfassungsgesetz sind Arbeitgeber und Betriebsrat bei allen Fragen des Arbeitsschutzes und der Unfallverhütung zu gemeinsamem Handeln verpflichtet.

Warnzeichen (nach DIN 4844)

Warnung vor feuergefährlichen Stoffen

Warnung vor explosionsgefährlichen Stoffen

Warnung vor giftigen Stoffen

Warnung vor ätzenden Stoffen

Warnung vor radioaktiven Stoffen oder ionisierenden Strahlen

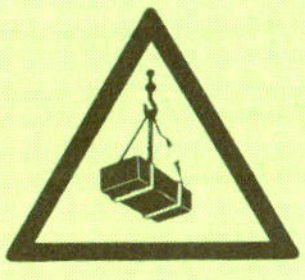
Warnung vor schwebender Last

Warnung vor Flurförderzeugen!

Warnung vor gefährlicher elektrischer Spannung

Warnung vor einer Gefahrenstelle

Warnung vor Laserstrahl

2.2 Kündigungsschutz

Für langjährige Mitarbeiter gelten aufgrund des § 622 des Bürgerlichen Gesetzbuches und aufgrund des Gesetzes über die Kündigungsfristen für Angestellte verlängerte Kündigungsfristen bis zu 6 Monaten bei Kündigungen durch den Arbeitgeber.

Kündigungsfristen		
Kündigungsfristen für Angestellte[1])	**Betriebszugehörigkeit**	**Kündigungsfristen für Arbeiter[1])**
3 Monate zum Quartalsende	5 Jahre	1 Monat zum Monatsende
4 Monate zum Quartalsende	8 Jahre	—
5 Monate zum Quartalsende	10 Jahre	2 Monate zum Monatsende
6 Monate zum Quartalsende	12 Jahre	—
—	20 Jahre	3 Monate zum Quartalsende

[1]) Beschäftigungsjahre vor dem 25. Lebensjahr werden nicht berücksichtigt.

2.2.1 Sozial ungerechtfertigte Kündigungen

Der Arbeitgeber kann gegen eine fristgerecht ausgesprochene Kündigung durch den Arbeitnehmer keinen Einspruch erheben. Umgekehrt ist aber der Arbeitnehmer gegen eine Kündigung durch den Arbeitgeber durch das **Kündigungsschutzgesetz** geschützt. Danach ist die Kündigung eines Arbeitnehmers, der länger als sechs Monate ununterbrochen einer Unternehmung mit in der Regel mehr als 5 Beschäftigten (ohne Auszubildende) angehört, rechtsunwirksam, wenn sie sozial ungerechtfertigt ist.

Dies ist der Fall, wenn

- sie nicht in der Person des Arbeitnehmers begründet ist (z. B. fehlende Eignung, ansteckende Krankheiten, Fehlen der Arbeitserlaubnis),
- sie nicht im Verhalten des Arbeitnehmers begründet ist (z. B. Pflichtverletzung, mangelnde Arbeitsleistungen, dauernde Unpünktlichkeit),
- sie nicht auf dringenden betrieblichen Erfordernissen beruht (z. B. Produktionseinschränkung, Stillegung einzelner Abteilungen, dauernder Auftragsmangel). Beruht sie auf solchen Erfordernissen, so ist sie trotzdem sozial ungerechtfertigt, wenn der Arbeitgeber bei der Auswahl der zu Kündigenden soziale Gesichtspunkte nicht ausreichend berücksichtigt hat; z. B. müßte ein Lediger vor einem Familienvater gekündigt werden.

Der Arbeitgeber muß das Vorliegen eines Kündigungsgrundes nachweisen. Ausnahme: Der Arbeitnehmer muß die Nichtberücksichtigung sozialer Gesichtspunkte bei einer Kündigung aus betrieblichen Erfordernissen nachweisen. Hält der Arbeitnehmer die Kündigung für sozial ungerechtfertigt, so kann er binnen einer Woche nach der Kündigung Widerspruch beim Betriebsrat einlegen.

2.2.2 Widerspruchsrecht des Betriebsrats

Nach § 102 Betriebsverfassungsgesetz ist vor jeder Kündigung der Betriebsrat unter Angabe der Kündigungsgründe zu hören. Geschieht dies nicht, so ist die Kündigung unwirksam. Der Betriebsrat kann einer ordentlichen Kündigung binnen einer Woche, einer außerordentlichen Kündigung unverzüglich, spätestens aber binnen drei Tagen schriftlich widersprechen.

BetrVG § 102

(3) Der Betriebsrat kann innerhalb der Frist des Absatzes 2 Satz 1 der ordentlichen Kündigung widersprechen, wenn

1. der Arbeitgeber bei der Auswahl des zu kündigenden Arbeitnehmers soziale Gesichtspunkte nicht oder nicht ausreichend berücksichtigt hat,
2. die Kündigung gegen eine Richtlinie nach § 95 verstößt[1]),
3. der zu kündigende Arbeitnehmer an einem anderen Arbeitsplatz im selben Betrieb oder in einem anderen Betrieb des Unternehmens weiterbeschäftigt werden kann,
4. die Weiterbeschäftigung des Arbeitnehmers nach zumutbaren Umschulungs- oder Fortbildungsmaßnahmen möglich ist oder
5. eine Weiterbeschäftigung des Arbeitnehmers unter geänderten Vertragsbedingungen möglich ist und der Arbeitnehmer sein Einverständnis hiermit erklärt hat.

(4) Kündigt der Arbeitgeber, obwohl der Betriebsrat nach Absatz 3 der Kündigung widersprochen hat, so hat er dem Arbeitnehmer mit der Kündigung eine Abschrift der Stellungnahme des Betriebsrats zuzuleiten.

(5) Hat der Betriebsrat einer ordentlichen Kündigung frist- und ordnungsgemäß widersprochen, und hat der Arbeitnehmer nach dem Kündigungsschutzgesetz Klage auf Feststellung erhoben, daß das Arbeitsverhältnis durch die Kündigung nicht aufgelöst ist, so muß der Arbeitgeber auf Verlangen des Arbeitnehmers diesen nach Ablauf der Kündigungsfrist bis zum rechtskräftigen Abschluß des Rechtsstreits bei unveränderten Arbeitsbedingungen weiterbeschäftigen.

[1]) vgl. S. 307

2.2.3 Klage vor dem Arbeitsgericht

Der Arbeitnehmer kann binnen drei Wochen nach Zustellung der Kündigung beim **Arbeitsgericht** des Geschäftssitzes klagen. Tut er dies nicht oder nicht fristgerecht, so ist die Kündigung wirksam. Stellt das Arbeitsgericht fest, daß die Kündigung sozial ungerechtfertigt ist, so muß der Arbeitnehmer weiterbeschäftigt werden. Da häufig eine Fortsetzung des Arbeitsverhältnisses dem Arbeitnehmer nicht zugemutet werden kann, kommt es zumeist zu einem Vergleich vor dem Arbeitsgericht. Der Arbeitnehmer verzichtet auf die Weiterbeschäftigung, der Arbeitgeber zahlt ihm eine gerichtlich festgesetzte Abfindung. Diese beträgt höchstens 12 Monatsverdienste, für ältere Arbeitnehmer (55 Jahre; 20 Beschäftigungsjahre) höchstens 18 Monatsverdienste.

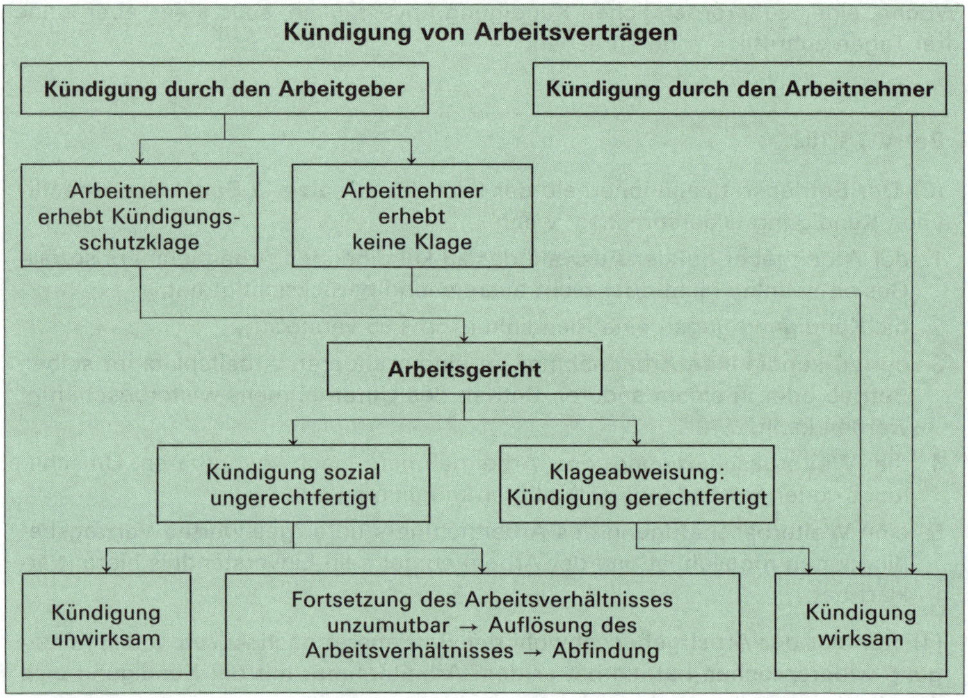

2.2.4 Besonderer Kündigungsschutz

Arbeitnehmergruppen mit besonderem Kündigungsschutz
Mitglieder des Betriebsrats und der Jugendvertretung Sie können gemäß **Kündigungsschutzgesetz § 15** nur aus wichtigem Grund gekündigt werden. Die Kündigung bedarf der Zustimmung des Betriebsrats.
Schwerbehinderte Die Kündigung eines Schwerbehinderten bedarf gemäß **Schwerbehindertengesetz § 12** der Zustimmung durch die Hauptfürsorgestelle.

Frauen
Frauen darf während der Schwangerschaft bis zu 6 Monaten nach der Entbindung nicht gekündigt werden **(Mutterschutzgesetz § 9)**. Siehe auch Erziehungsurlaub[1]).
Wehrpflichtige, Ersatzdienstleistende
Wehrpflichtige und Ersatzdienstleistende sind während des Grundwehrdienstes, einer Wehrübung und des Ersatzdienstes unkündbar **(Arbeitsplatzschutzgesetz § 1, Zivildienstgesetz § 78)**.
Auszubildende
Auszubildende können während der Probezeit ohne Angabe von Gründen, anschließend nur aus wichtigem Grund gekündigt werden **(Berufsbildungsgesetz § 15)**.

Massenentlassungen müssen zunächst mit dem Betriebsrat beraten werden. Mindestens einen Monat vor dem vorgesehenen Termin sind sie beim Arbeitsamt anzumelden. Das Landesarbeitsamt kann eine befristete „Entlassungssperre" aussprechen, um die Vermittlung der Betroffenen an neue Arbeitsplätze zu erleichtern (Kündigungsschutzgesetz).

2.3 Arbeitszeitschutz

Die **Arbeitszeitordnung** schreibt vor, welche Arbeitszeiten nicht überschritten werden dürfen:

Arbeitszeitordnung § 2 (Der Begriff der Arbeitszeit)
(1) Arbeitszeit ist die Zeit vom Beginn bis zum Ende der Arbeit ohne die Ruhepausen. (3) Arbeitszeit ist auch die Zeit, während der ein im übrigen im Betriebe Beschäftigter in seiner eigenen Wohnung oder Werkstätte oder sonst außerhalb des Betriebes beschäftigt wird. Werden Arbeitnehmer von mehreren Stellen beschäftigt, so dürfen die einzelnen Beschäftigungen zusammen die gesetzliche Höchstgrenze der Arbeitszeit nicht überschreiten.

Arbeitszeitordnung § 3 (Die regelmäßige Arbeitszeit)
Die regelmäßige werktägliche Arbeitszeit darf die Dauer von acht Stunden nicht überschreiten.

[1]) vgl. S. 568

Arbeitszeitordnung § 6 (Die Arbeitszeitverlängerung an dreißig Tagen)
Die Arbeitnehmer eines Betriebes oder einer Betriebsabteilung dürfen an dreißig Tagen im Jahr über die regelmäßige Arbeitszeit hinaus mit Mehrarbeit bis zu zwei Stunden täglich, jedoch nicht länger als zehn Stunden täglich, beschäftigt werden.

- Die Mindestruhezeit zwischen zwei Arbeitstagen muß 11 Stunden betragen.
- Sonn- und Feiertagsarbeit sind verboten. Ausnahmen bestehen für Gewerbe wie Hotels, Gaststätten, Krankenhäuser, Verkehrsbetriebe.
- Mehrarbeit muß bezahlt werden.

Die Gewerkschaften haben häufig mit den Arbeitgebern weitergehende Arbeitszeitregelungen ausgehandelt. Die Arbeitszeitordnung ist nur eine Mindestregelung, die immer zugunsten der Arbeitnehmer veränderbar ist.

2.4 Jugendarbeitsschutz

Der Jugendliche besitzt nur eine begrenzte Leistungsfähigkeit, weil seine körperliche und geistig-seelische Entwicklung noch nicht abgeschlossen ist. Deshalb gewährt ihm das **Jugendarbeitsschutzgesetz** einen besonderen Schutz. Zusätzlich will das Gesetz den Einstieg in die Arbeitswelt erleichtern.

Jugendarbeitsschutzgesetz § 1 (Geltungsbereich)
Das Jugendarbeitsschutzgesetz gilt für alle, die noch keine 18 Jahre alt sind und einer Beschäftigung nachgehen. Unter Beschäftigung ist dabei jede Art von Arbeit zu verstehen, also z. B. eine Berufsausbildung, die Arbeit in einem Betrieb ohne Berufsausbildung, die Arbeit in einem Betrieb als Anlernling usw. Die Bestimmungen über die Berufsschule und die Freistellung für Prüfungen gelten für alle, die berufsschulpflichtig sind, auch wenn sie älter als 18 Jahre sind (§ 9 Abs. 4). Die Beschäftigung junger Menschen durch die Eltern und andere Personensorgeberechtigten im Familienhaushalt fällt nicht unter das Gesetz. Ebenso sind geringfügige Hilfeleistungen aus Gefälligkeit vom Gesetz ausgenommen.

Das Mindestalter für eine Beschäftigung beträgt 15 Jahre. Jugendliche, die nicht mehr der Vollzeitschulpflicht unterliegen, aber noch nicht 15 Jahre alt sind, dürfen zwar auch schon beschäftigt werden, jedoch nur 7 Stunden am Tag und 35 Stunden in der Woche.

Die **Gewerbeaufsichtsämter** der Länder sind dafür zuständig, daß das Gesetz eingehalten wird.

Schutzbestimmungen des Jugendarbeitsschutzgesetzes
Arbeitszeit - höchstens täglich 8 Stunden, wöchentlich 40 Stunden - die Fünftagewoche ist verbindlich Ausnahme: 8,5 Stunden täglich, wenn freitags nur 6 Stunden gearbeitet wird - Tarifverträge können auch in anderen Fällen längere Arbeitszeiten vereinbaren, wenn in einem Zeitraum von 2 Monaten ein Ausgleich dafür erfolgt
Ruhepausen - bei 4½ bis 6 Stunden mindestens 30 Minuten - bei mehr als 6 Arbeitsstunden mindestens 60 Minuten - erste Pause spätestens nach 4½ Stunden - Mindestdauer einer Pause 15 Minuten
Freizeit, Arbeitsbeginn, Arbeitsende - täglich mindestens 12 Stunden Freizeit - keine Beschäftigung zwischen 20 und 6 Uhr Ausnahmen: Jugendliche über 16 Jahre im Hotel- und Gaststättengewerbe, in Bäckereien, in der Landwirtschaft, in der Binnenfischerei, in Betrieben mit Schichtarbeit
Sonn- und Feiertage, Samstage - am Samstag keine Beschäftigung Ausnahmen: in Betrieben mit Samstagsarbeit, dafür Ausgleich an einem Wochentag - Beschäftigungsverbot an Sonn- und Feiertagen mit begrenzten Ausnahmen
Bezahlter Urlaub Jugendliche, deren Alter zu Beginn des Kalenderjahres - unter 16 Jahre liegt: 30 Werktage - unter 17 Jahre liegt: 27 Werktage - unter 18 Jahre liegt: 25 Werktage
Beschäftigungsverbot - Arbeiten, die die Leistungsfähigkeit übersteigen (z. B. Akkord- und Fließbandarbeit mit vorbeschriebenem Arbeitstempo) - gefährliche Arbeiten (Ausnahmen bei Jugendlichen über 16 Jahre zu Ausbildungszwekken)

Berufsschulbesuch
- Der Berufsschulbesuch wird auf die Ausbildungs- bzw. Arbeitszeit angerechnet und vergütet.
- Der Jugendliche muß für den Berufsschulunterricht freigestellt werden.
Beschäftigungsverbot:
  - vor einem vor 9 Uhr beginnenden Unterricht,
  - an einem (nicht zwei!) Berufsschultag in der Woche mit mehr als 5 Unterrichtsstunden,
  - in Berufsschulwochen mit planmäßigem Blockunterricht von mindestens 25 Stunden an mindestens 5 Tagen.

Ärztliche Untersuchung - erste Untersuchung: vor Beginn der Beschäftigung (frühestens 9 Monate) - Nachuntersuchung: in den letzten 3 Monaten des ersten Jahres

2.5 Mutterschutz

In der Bundesrepublik Deutschland gelten für erwerbstätige Frauen besondere Schutzvorschriften. Dies gilt insbesondere für Frauen während der Schwangerschaft und für die Zeit nach der Geburt eines Kindes. Die Schutzbestimmungen haben ihre Grundlage in Art. 6 des Grundgesetzes

Grundgesetz Art. 6
Jede Mutter hat den Anspruch auf den Schutz und die Fürsorge der Gemeinschaft.

Dem trägt das **Mutterschutzgesetz** in vier Bereichen Rechnung.

Mutterschutzgesetz
Kündigungsschutz Während der Schwangerschaft und bis zu sechs Monaten nach der Entbindung kann eine Mutter nicht gekündigt werden; sie bleibt beitragsfrei in der Sozialversicherung.
Beschäftigungsverbot Werdende Mütter dürfen nicht beschäftigt werden, wenn nach ärztlichem Zeugnis Leben oder Gesundheit von Mutter oder Kind bei Fortdauer der Arbeit gefährdet sind. Ein gesetzliches Beschäftigungsverbot besteht für die letzten 6 Wochen vor der Niederkunft und für 8 Wochen nach der Geburt (Schutzfrist).
Gefahrenschutz Werdende Mütter dürfen nicht mit Arbeiten beschäftigt werden, die ihre Gesundheit oder die ihres Kindes gefährden.
Mutterschaftshilfe Hierzu zählen insbesondere die ärztliche Betreuung während der Schwangerschaft, Hebammenhilfe und Mutterschaftsgeld. Das Mutterschaftsgeld wird während der Schutzfrist in Höhe des bisherigen Nettoarbeitseinkommens gezahlt.

Das **Bundeserziehungsgeldgesetz** gewährt selbst erziehenden Müttern oder Vätern (anstelle der Mutter) für einen Zeitraum von 18 Monaten nach der Entbindung eine Erziehungsgeld von 600,— DM monatlich. Vom siebten Monat an ist das Erziehungsgeld an Einkommensgrenzen gekoppelt. Berufstätige Mütter oder Väter (anstelle der Mutter) können für den Zeitraum des Erziehungsgeldanspruchs Erziehungsurlaub nehmen. Während des Erziehungsurlaubs besteht Kündigungsschutz.

Der Mutterschutz ist zwingendes Recht, welches weder durch Vertrag noch durch tarifliche Vereinbarungen abgeändert werden kann. Sonst könnte ein Arbeitgeber eine Mutter leicht veranlassen, auf den Mutterschutz zu verzichten. Der Wortlaut des Gesetzes sollte in den Betrieben aushängen.

Kontrolle des Lernerfolgs

1. Welche Unfallschutzvorschriften sind Ihnen für Ihren Arbeitsplatz bekannt?

2. Nennen Sie Beispiele für eine sozial nicht gerechtfertigte Kündigung.

3. Wie kann der Arbeitnehmer bei einer ordentlichen Kündigung eine vorläufige Weiterbeschäftigung erreichen?

4. Bei der Hielscher KG wurden im Jahr 19.. 50 Arbeitnehmer wegen der guten Auftragslage 70 Tage mit jeweils 11 Stunden pro Tag beschäftigt und weitere 40 Tage mit jeweils 9 Stunden.
   Ist dies zulässig?

5. Herr Klein, 46 Jahre, seit 10 Jahren als Arbeiter im Betrieb beschäftigt, erhält am 01. 10. die Kündigung zum 30. 11.
   Ist die Kündigung gültig?

6. Karl wird am 01. 03. 17 Jahre alt.
   a) Wie viele Tage Urlaub stehen ihm für das laufende Jahr zu?
   b) Kann er seine Einkünfte durch Überstunden aufbessern?

7. Die 16jährige Gabriele besucht mittwochs von 9 bis 15 Uhr die Berufsschule. Wegen Personalmangels muß sie anschließend bis 19 Uhr in den Betrieb. Beurteilen Sie diesen Fall.

8. Frau Schneider hat ihre Stelle seit 2 Monaten inne. Sie teilt ihrem Arbeitgeber mit, daß der Arzt soeben bei ihr eine Schwangerschaft festgestellt habe. Darauf erhält sie wegen „Täuschung des Arbeitgebers bei der Einstellung" die fristlose Kündigung. Nehmen Sie Stellung.

9. a) Warum benötigen werdende Mütter einen besonderen Schutz?
   b) Nennen Sie einige wichtige Vorschriften des Mutterschutzgesetzes.

10. a) Warum sind auch für Jugendliche besondere Arbeitsschutzvorschriften notwendig?
    b) Nennen Sie Vorschriften des Jugendarbeitsschutzgesetzes, die für Sie persönlich von besonderer Bedeutung sind.

3 Sozialversicherung

3.1 Wesen und Träger der Sozialversicherung

Herr Pechl ist seit drei Wochen in einem Sanatorium. Schon seit Jahren litt er unter Rückenschmerzen, die zuerst mit Spritzen behandelt wurden und schließlich eine Bandscheibenoperation erforderlich machten. Seit drei Monaten ist er krank geschrieben. Durch eine Spezialbehandlung in einem Sanatorium soll er nun seine volle Arbeitsfähigkeit wiedererhalten. Sein Arbeitgeber mußte 6 Wochen lang die Arbeitsvergütung weiterzahlen. Jetzt erhält er Krankengeld von der Krankenversicherung. Alle Behandlungskosten werden ebenfalls von der Krankenkasse getragen.

Wesen der Sozialversicherung

Die Arbeitnehmer werden durch die gesetzliche Sozialversicherung vor den Folgen von Krankheit, Unfall, Arbeitslosigkeit und Alter geschützt. Alle Arbeitnehmer sind **grundsätzlich pflichtversichert** (mit einer Reihe von Ausnahmen). Der Staat verpflichtet sie, sich an der Gemeinschaft der Versicherten auf Gegenseitigkeit **(Solidargemeinschaft)** zu beteiligen. Eine Solidargemeinschaft betreibt gemeinsame Vorsorge, ohne das besondere Risiko des einzelnen bei Beitragshöhe und Leistung zu berücksichtigen. So spielt es keine Rolle, ob jemand beispielsweise seinen Arbeitsplatz im Büro oder in einer Gießerei hat, ob er 20 oder 50 Jahre alt ist: Alle zahlen die gleichen Beitragssätze und erhalten die gleichen Leistungen.

Die Zwangsversicherung ist erforderlich, weil viele Menschen sich nicht freiwillig versichern und im Notfall der Gemeinschaft zur Last fallen würden. Heute versichert die Sozialversicherung etwa 90% der Bevölkerung. Etwa 9% sind privat versichert, 1% überhaupt nicht.

Träger der Sozialversicherung

Die einzelnen Versicherungszweige sind selbständig und nach dem Prinzip der Selbstverwaltung aufgebaut. In der Kranken-, Renten- und Unfallversicherung wählen Arbeitgeber und Arbeitnehmer für eine Amtszeit von sechs Jahren je die Hälfte der Mitglieder der Vertreterversammlung. Diese hat als ,,Parlament" des Versicherungsträgers die Satzung zu beschließen, den Haushalt zu verabschieden und den Vorstand zu bestellen. Dem Vorstand obliegt die Geschäftsführung und die Vertretung der Versicherung.

Bei der Bundesanstalt für Arbeit werden die Mitglieder der Selbstverwaltung nicht gewählt, sondern aufgrund von Vorschlagslisten der Gewerkschaften, der Arbeitgeber und der öffentlichen Körperschaften berufen.

Träger der Sozialversicherung

Krankenversicherung	Unfallversicherung	Rentenversicherung	Arbeitsförderung	Altershilfe für Landwirte
Krankenkasse	**Berufsgenossenschaften**	**Versicherungsanstalten**	**Bundesanstalt für Arbeit**	**Landwirtschaftliche Berufsgenossenschaft**
– Ortskrankenkassen – Betriebskrankenkassen – Innungskrankenkassen – Landwirtschaftliche Krankenkassen – Ersatzkrankenkassen – See-Krankenkassen	– Gewerbliche Berufsgenossenschaften – Landwirtschaftliche Berufsgenossenschaften – See-Berufsgenossenschaften – Verbände der Gemeindeunfallversicherungen	– Bundesversicherungsanstalt für Angestellte – Landesversicherungsanstalten – Bundesbahn-Versicherungsanstalt – Seekasse – Bundesknappschaft	– Landesarbeitsämter – Arbeitsämter	– Landwirtschaftliche Alterskassen

3.2 Sozialgerichte

Für Rechtsstreitigkeiten auf allen Gebieten der Sozialversicherung sind die Sozialgerichte zuständig. Das Verfahren ist kostenfrei.

Instanzen der Sozialgerichte

3.3 Übersicht über die Zweige der Sozial-

Zweige der		
Merkmale	**Krankenversicherung**	**Unfallversicherung**
Aufgaben	– Finanzielle Absicherung im Krankheitsfall – Krankheitsvorsorge	– Verhütung von Arbeitsunfällen – Wiederherstellung von Gesundheit u. Erwerbsfähigkeit – finanzielle Absicherung von Verletzten u. Angehörigen
Mitglieder	– Arbeiter und Angestellte mit einem Einkommen bis 75% der Beitragsbemessungsgrenze der Rentenversicherung, darüber freiwillige Versicherung – Auszubildende – Arbeitslose – unter bestimmten Bedingungen Rentner, Selbständige, Studenten (Familienmitglieder sind automatisch mitversichert.)	– Arbeiter und Angestellte – Auszubildende – Schüler und Studenten – Kinder in Kindergärten – Lebensretter, Unfallhelfer, Blutspender – Bestimmte Gruppen von Selbständigen
Finanzierung	durch Beiträge: – bis ca. 13% des Bruttolohnes bis zu einer Höchstgrenze von 75% der Beitragsbemessungsgrenze der Rentenversicherung – Arbeitgeber und Arbeitnehmer zahlen je die Hälfte (bei Geringverdienern – bis 610,— DM – zahlt nur der Arbeitgeber) – Für Empfänger von Arbeitslosengeld/Arbeitslosenhilfe zahlt die Bundesanstalt für Arbeit den Beitrag – Rentner leisten einen eigenen Beitrag	durch Beiträge: – Der Beitrag ist abhängig von der Gefahrenklasse, außerdem von der Lohnsumme des Arbeitgebers. – Beitragszahler sind Arbeitgeber, der Bund und die Länder (für Schüler und Studenten)
Pflichten der Arbeitnehmer	– Vorlage der Arbeitsunfähigkeitsbescheinigung innerhalb von 3 Tagen	Einhaltung der Unfallverhütungsvorschriften
Pflichten der Arbeitgeber	– Vornahme der An- und Abmeldung des Arbeitnehmers – Einbehaltung und Abführung der Beiträge – Meldung der Bruttoeinkommen	– Vornahme der An- und Abmeldungen – Abführung der Beiträge – Meldung der Arbeitsunfälle innerhalb von 3 Tagen – Benennung von Sicherheitsbeauftragten im Betrieb
Leistungsvoraussetzungen	– Beitragszahlung – Eintritt des Leistungsfalles wie Krankheit, Geburt, Todesfall	Unfall während der Arbeit (Arbeitsunfall) oder auf dem kürzesten Weg zwischen Wohnung und Arbeitsort (Wegeunfall); Erkrankung bei bestimmten gesundheitsschädigenden Tätigkeiten (Berufskrankheit), z. B. Staublunge, Lärmschwerhörigkeit
Leistungen	Sachleistungen (Krankenkasse rechnet mit den leistenden Stellen selbst ab): – Vorsorgemaßnahmen – Kurmaßnahmen – Sachleistungen zur Krankenhilfe (Heilbehandlung, Arzneimittel, Heilmittel) – Krankenhausbehandlung – Mutterschaftshilfe bei Geburten – Familienhilfe bei Hauspflege Geldleistungen: – Krankengeld bis 80% des Bruttoeinkommens (ab der 7. Krankheitswoche bis max. 78 Wochen) – Tagegeld bei Heilkuren	– Unfallverhütung durch Erstellung von Unfallverhütungsvorschriften und Unfallforschung – Heilbehandlung bei Unfällen oder Berufskrankheiten – Umschulung bei Einschränkung der Berufsausübung (Rehabilitation) – Unfallrente bei mindestens 20% Erwerbsunfähigkeit – Hinterbliebenenrente – Sterbegeld

[1]) Zahlen für 1990

versicherung[1])

Sozialversicherung	
Rentenversicherung	**Arbeitslosenversicherung**
Finanzielle Absicherung gegen die Folgen von Erwerbsminderung, Alter und Tod	Finanzielle Absicherung im Falle der Arbeitslosigkeit. Als arbeitslos gilt, wer trotz Arbeitsfähigkeit und -willigkeit keine Arbeit findet und beim Arbeitsamt gemeldet ist.
Pflichtversicherte: - Angestellte - Arbeiter - Landwirte, Handwerker - Selbständige unter bestimmten Voraussetzungen - Auszubildende - Wehr- und Ersatzdienstleistende Freiwillig Versicherte: Personen, die nicht mehr versicherungspflichtig sind (z. B. Hausfrauen nach Aufgabe der Berufstätigkeit)	Arbeitnehmer (außer Beamte)
Zuschüsse des Bundes und Beiträge: - 18,7% des Bruttoeinkommens, max. 18,7% von der Beitragsbemessungsgrenze (6300,— DM) - freiwillige Höherversicherung möglich - Arbeitgeber und Arbeitnehmer zahlen je die Hälfte. Prinzip des „Generationenvertrags": Die erwerbstätige Generation sichert mit ihren Beiträgen die laufenden Rentenzahlungen	Zuschüsse des Bundes und Beiträge: - 4,3% des Bruttoeinkommens, max. von der Beitragsbemessungsgrenze (6300,— DM) - Arbeitgeber und Arbeitnehmer tragen je die Hälfte
- Beschaffung eines Versicherungsheftes und Sozialversicherungsausweises bei Versicherungsämtern der Gemeinden - Vorlage des Heftes beim Arbeitgeber	- Meldung der Arbeitslosigkeit beim Arbeitsamt - Mithilfe bei der Vermittlung, Annahme einer zumutbaren angebotenen Arbeitsstelle
- Einstellung nur mit Vorlage des Versicherungsheftes und des Sozialversicherungsausweises - Führung der Versicherungsnachweise	- Meldung von Massenentlassungen - Antragstellung für Kurzarbeit und Arbeitsförderungsmaßnahmen (wie Winterbauhilfe)
- mindestens 60 Monate Versicherungszeit einschl. anrechnungsfähige Zeiten wie Wehrdienst, Schulausbildung, Arbeitslosigkeit (für Altersruhegeld) - Berufs- oder Erwerbsunfähigkeit (für Berufs- und Erwerbsunfähigkeitsrenten Wartezeit mind. 60 Monate) - Tod des Versicherten (für Hinterbliebenenrente)	- mindestens 180 Tage beitragspflichtige Tätigkeit in den letzten 3 Jahren vor der Arbeitslosigkeit[1]) - persönliche Antragstellung beim Arbeitsamt - Verfügbarkeit für die Arbeitsvermittlung - bei selbst herbeigeführter Arbeitslosigkeit 12 Wochen Sperrzeit für Arbeitslosengeld
Altersruhegeld ab: - 65 Jahren generell - 60 Jahren für Frauen und Arbeitslose, Schwerbehinderte - 63 Jahre für Versicherte, die vorzeitig Rente beantragen (flexible Altersgrenze) und 35 Versicherungsjahre nachweisen - Hinterbliebenenrente - Berufs- und Erwerbsunfähigkeitsrente - Maßnahmen zur beruflichen Eingliederung (Rehabilitation). Bestehende Renten werden durch Bundesgesetz der Einkommensentwicklung angepaßt („dynamische Rente").	- Berufsberatung - Arbeitsvermittlung - Arbeitslosengeld ca. 63% des letzten Nettoeinkommens[1]) - Arbeitslosenhilfe bei Bedürftigkeit und Wegfall des Anspruchs auf Arbeitslosengeld, ca. 56% des letzten Nettoeinkommens ohne zeitliche Begrenzung - Beihilfen für Aus- und Fortbildung und Umschulung - Konkursausfallgeld[2]) - Kurzarbeitergeld, Schlechtwettergeld, Winterbauhilfe usw. - Krankenkassenbeitrag für Arbeitslose

[1]) Ein Anspruch auf Arbeitslosengeld besteht bei einer beitragspflichtigen Mindestbeschäftigungszahl innerhalb dieser Dreijahresfrist von:
- 360 Kalendertagen für 156 Tage (6 Monate)

Darüber hinaus erhöht sich der Anspruch nach einer beitragspflichtigen Beschäftigung innerhalb der letzten 7 Jahre von:
- 480 Kalendertagen auf 208 Tage (8 Monate),
- 600 Kalendertagen auf 260 Tage (10 Monate),
- 720 Kalendertagen auf 312 Tage (12 Monate).

Die Höchstdauer des Bezuges von Arbeitslosengeld wird für Arbeitslose ab vollendetem 42. Lebensjahr stufenweise erhöht:
- ab 42. Lebensjahr auf maximal 468 Tage (18 Monate),
- ab 44. Lebensjahr auf maximal 572 Tage (22 Monate),
- ab 49. Lebensjahr auf maximal 676 Tage (26 Monate),
- ab 54. Lebensjahr auf maximal 832 Tage (32 Monate).

Arbeitslose, die das 58. Lebensjahr vollendet haben, können Arbeitslosengeld oder Arbeitslosenhilfe weiterbeziehen, ohne der Arbeitsvermittlung zur Verfügung zu stehen.

[2]) Löhne und Gehälter, die in den letzten 3 Monaten vor Konkurseröffnung nicht mehr gezahlt werden.

3.4 Aufgaben der Bundesanstalt für Arbeit

Die Bundesanstalt für Arbeit ist nicht nur Träger der Arbeitslosenversicherung. Sie hat durch das **Arbeitsförderungsgesetz** eine Vielzahl von Aufgaben erhalten:

Aufgaben der Bundesanstalt für Arbeit

Beschäftigungspolitik	Erhaltung und Schaffung von Arbeitsplätzen	Leistungen an Arbeitslose
– Arbeitsmarktbeobachtung – Arbeitsmarkt- und Berufsforschung – Arbeitsvermittlung – Berufsberatung – Förderung der beruflichen Bildung: Berufliche Ausbildung, Fortbildung und Umschulung	– Kurzarbeitergeld – Förderung der ganzjährigen Beschäftigung in der Bauwirtschaft: Schlechtwettergeld Winterbauförderung – Arbeitsbeschaffung	– Arbeitslosengeld: Hauptbetrag Familienzuschläge – Arbeitslosenhilfe – Krankenversicherungsschutz

Im Rahmen der Arbeitsförderung erbringt die Bundesanstalt für Arbeit z.B. folgende Leistungen:

- **Arbeitsvermittlung und Ausbildungsplatzvermittlung**
- **Zahlungen für berufliche Ausbildung, Fortbildung und Umschulung**
- **Förderung bei Arbeitsaufnahme**
  Arbeitnehmer können Beihilfen zu Bewerbungskosten, Reisekosten, Umzugskosten, Arbeitsausrüstung erhalten. Arbeitgeber erhalten Zuschüsse zum Arbeitsentgelt und Eingliederungsbeihilfen.
- **Kurzarbeitergeld**
  Bei Kurzarbeit zahlt das Arbeitsamt als Anreiz zur Erhaltung der Arbeitsplätze und zum Ausgleich der Lohnausfälle Kurzarbeitergeld bis zu 6 Monaten.
- **Leistungen für „Altersteilzeit"**
  Arbeitnehmer ab 58 Jahre können nach Tarifvertrag oder Vereinbarung mit ihrem Arbeitgeber bei halber Arbeitszeit etwa 70% ihres letzten Nettolohns erhalten und in der Rentenversicherung auf der Basis von 90% ihrer letzten Bezüge abgesichert werden. Der Arbeitgeber erhält die zusätzlichen Kosten von der Arbeitslosenversicherung erstattet, wenn er die so geschaffene Teilzeitstelle mit einem Arbeitslosen besetzt.

Kontrolle des Lernerfolgs

1. Welche Aufgaben haben die Sozialversicherungen ganz allgemein zu erfüllen?
2. Beantworten Sie die Fragen in dem folgenden Beispiel.

> Auf dem Weg von der Arbeit nach Haus verursachte Herr Pech einen folgenschweren Verkehrsunfall. Aufgrund seiner Schnittverletzungen an den Augen wird er wahrscheinlich vier Monate in einer Spezialklinik verbringen müssen. Höchstwahrscheinlich kann er seinen Beruf als Buchhalter nicht mehr ausüben. Welche Kosten entstehen ihm durch seinen Unfall? Wird er eine Rente erhalten? Wer zahlt diese Rente, die Unfallversicherung oder die Angestelltenversicherung? Wer zahlt die Kosten für die Heilbehandlung? Wer unterstützt ihn, wenn er eventuell umgeschult werden möchte? Schließlich ist er erst 38 Jahre alt ...

3. Zum 1. Januar werden in einer Firma folgende Personen eingestellt:
   - Heinz Helpenstein als Abteilungsdirektor für den Bereich Warenverkauf; vereinbartes Monatsgehalt 7400,— DM.
   - Ulrike Schulz und Beate Presser als Bürogehilfinnen; Bezahlung entsprechend dem z. Zt. gültigen Tarifvertrag.
   - Ursula Küppers als Sachbearbeiterin in der Abteilung Buchhaltung; Halbtagskraft; tarifliche Vergütung.
   - Bernd Schmitz; 64 Jahre; für 20 Stunden wöchentlich Pförtnerdienste; vereinbartes Bruttogehalt 1200,— DM monatlich.

   Nehmen wir an, Sie seien z. Zt. in der Personalabteilung und hätten den Auftrag, die Einstellung zu bearbeiten. Welche Schritte hätten Sie im Hinblick auf eine sozialversicherungsmäßige Absicherung bei den einzelnen Personen zu unternehmen?
4. Gehen Sie davon aus, daß Ihr Arbeitskollege vor acht Wochen schwer erkrankte. Beschreiben Sie, welche Leistungen er von seiner Krankenversicherung zu erwarten hat.
5. Der Vater einer Familie mit drei Kindern im Alter von 12, 14 und 18 Jahren (z. Zt. Auszubildender) erleidet einen Betriebsunfall. Nach einer neunwöchigen Intensivbehandlung im Krankenhaus verstirbt der Familienvater.
   Beschreiben Sie, welche Sozialversicherungsleistungen der Verunglückte, seine Ehefrau und die Kinder zu erwarten haben.
6. Was bedeutet: Die Sozialversicherungen sind Solidargemeinschaften?
7. Welche Träger der Sozialversicherung zahlen Renten?
8. Nennen Sie die durch die Unfallversicherung versicherten Gruppen.
9. Unterscheiden Sie die verschiedenen Unfallarten, für deren Folgen die gesetzliche Unfallversicherung eintritt.
10. Stellen Sie zusammen, welche Einrichtungen der Sozialversicherung sich mit Krankheiten beschäftigen.
11. Erläutern Sie das Prinzip des Generationenvertrags bei der Rentenversicherung.
12. Welche Leistungen gewährt die Unfallversicherung?
13. Schildern Sie den Zusammenhang zwischen Unfallversicherung und Unfallverhütung.
14. Erklären Sie den Unterschied zwischen Arbeitslosengeld und Arbeitslosenhilfe.
15. Ein arbeitsloser Autoverkäufer nimmt eine Stelle bei einer Autofirma an: 1900,— DM monatliches festes Gehalt, Dienstwagen und 200 Liter Freibenzin. Bei Arbeitsbeginn gefallen ihm die Bedingungen nicht mehr, und er meldet sich wieder arbeitslos.
    Untersuchen Sie, gegen welche Bestimmungen des Arbeitsamtes er verstoßen hat.
16. Ein Unternehmer stellt fest, daß der Monat Mai aufgrund von Feiertagen nur noch 15 Arbeitstage enthält. Da die Beschäftigten für die Feiertage vollen Lohnanspruch haben, meldet das Unternehmen trotz genügender Aufträge Kurzarbeit an.
    Bewerten Sie den Fall aus der Sicht des Arbeitsamtes.

4 Mitbestimmung

4.1 Gesetzliche Grundlagen der Mitbestimmung

Der Begriff „Mitbestimmung" bezeichnet die aktive Beteiligung der Arbeitnehmer an den betrieblichen Entscheidungen. Die Forderung nach Mitbestimmung stammt bereits aus dem 19. Jahrhundert. Sie beruht in erster Linie auf der Erkenntnis, daß die Produktionsfaktoren Arbeit und Kapital gleichermaßen für die Erstellung der betrieblichen Leistungen notwendig sind. Deshalb, so wird gefolgert, hat nicht nur der Eigentümer des Kapitals, sondern auch der Arbeitnehmer als Träger der Arbeit Anspruch auf Mitbestimmung.

Dem Streben der Arbeitnehmer nach Mitbestimmung wurde Rechnung getragen durch das Betriebsverfassungsgesetz 1952 (Neufassung 1972), das Gesetz über die Mitbestimmung in Unternehmen des Bergbaus und der Eisen und Stahl erzeugenden Industrie von 1951 (Montanmitbestimmungsgesetz) und das Mitbestimmungsgesetz von 1976.

Diese Gesetze regeln zwei Arten von Mitbestimmung:

Arten von Mitbestimmung der Arbeitnehmer

Innerbetriebliche Mitbestimmung	Mitbestimmung durch Kontrolle der Unternehmensleitung
abgestufte Mitbestimmung durch den **Betriebsrat** in sozialen, personellen und wirtschaftlichen Angelegenheiten.	Mitbestimmung durch Sitze im **Aufsichtsrat** von Kapitalgesellschaften
– Betriebsverfassungsgesetz	– Betriebsverfassungsgesetz – Mitbestimmungsgesetz – Montanmitbestimmungsgesetz

4.2 Innerbetriebliche Mitbestimmung

Betriebsrat

Das Betriebsverfassungsgesetz will durch eine Erweiterung der Arbeitnehmerrechte einen gerechten Interessenausgleich und eine vertrauensvolle Zusammenarbeit zwischen Arbeitgebern und Arbeitnehmern bewirken.

Zu diesem Zweck können in Unternehmen mit mindestens fünf wahlberechtigten Arbeitnehmern Betriebsräte gewählt werden, wenn mindestens 3 wählbare Arbeitnehmer beschäftigt werden. Wählbar sind alle Wahlberechtigten ab 18 Jahre, die mindestens 6 Monate dem Betrieb angehören. Die Wahlen finden alle vier Jahre zwischen dem 1. März und dem 31. Mai statt.

Anzahl der Betriebsratsmitglieder			
Wahlberechtigte	Mitglieder	Wahlberechtigte	Mitglieder
5- 20	1 (Betriebsobmann)	1101-2000	15
21- 50	3	2001-3000	19
51- 150	5	3001-4000	23
151- 300	7	4001-5000	27
301-600	9	5001-7000	29
601-1000	11	7001-9000	31
Bei mehr als 9000 Arbeitnehmern kommen je angefangene 3000 Arbeitnehmer 2 Betriebsratsmitglieder hinzu. Ab 9 Mitgliedern bildet der Betriebsrat einen **Betriebsausschuß.** Dieser führt die laufenden Geschäfte des Betriebsrats.			

Wirtschaftsausschuß

Ab 100 Beschäftigten bestimmt der Betriebsrat einen Wirtschaftsausschuß. Er setzt sich aus mindestens drei und höchstens sieben sachverständigen Personen zusammen, von denen mindestens eine Betriebsratsmitglied sein muß. Der Ausschuß berät wirtschaftliche Angelegenheiten mit dem Unternehmer (z. B. Finanzlage, Investitionsprogramm, Rationalisierungen, Arbeitsmethoden, Stillegungen, Zusammenschlüsse usw.) und unterrichtet den Betriebsrat. Der Unternehmer hat zusammen mit dem Wirtschaftsausschuß der Belegschaft mindestens einmal im Vierteljahr einen wirtschaftlichen Lagebericht zu geben.

Allgemeine Aufgaben des Betriebsrats

Der Betriebsrat hat folgende allgemeine Aufgaben:

- Überwachung der Einhaltung von Betriebsvereinbarungen, Tarifverträgen und Gesetzen;
- Beantragung von Maßnahmen im Interesse von Betrieb und Arbeitnehmern bei der Geschäftsleitung;
- Annahme, Beratung, Vertretung von Anregungen der Arbeitnehmer und Jugendvertretung und Hinwirkung auf ihre Erledigung durch Verhandlungen mit dem Arbeitgeber;
- Förderung schutzbedürftiger Gruppen (Behinderte, Ausländer, Jugendliche, ältere Arbeitnehmer).

Der Betriebsrat muß mindestens einmal im Kalendervierteljahr eine **Betriebsversammlung** einberufen und einen Tätigkeitsbericht erstatten. Der Arbeitgeber ist einzuladen und hat Rederecht. Der Betriebsrat wählt ab neun Mitglieder einen Betriebsausschuß, der die laufenden Geschäfte des Betriebsrates führt. Der Betriebsrat tagt in nicht-öffentlicher Sitzung, die in der Regel während der Arbeitszeit stattfindet. Die Kosten des Betriebsrates trägt der Arbeitgeber.

Betriebsrat als Mitbestimmungsorgan

Der Betriebsrat ist auch ein wichtiges Mitbestimmungsorgan der Arbeitnehmer. In zahlreichen Fällen ist er befugt, gemeinsam mit der Geschäftsleitung zu entscheiden bzw. von ihr angehört zu werden. Seine Mitbestimmungsrechte sind abgestuft.

Mitbestimmungs- und Mitwirkungsrechte des Betriebsrats nach Betriebsverfassungsgesetz

Mitentscheidungsrecht

Soziale Angelegenheiten (§ 87):
- Betriebsordnung
- Lage der Arbeitszeit und der Pausen
- Urlaubsplan
- Unfallverhütung
- betriebliche Berufsbildung
- betriebliche Sozialeinrichtungen
- Zeit, Ort, Art der Entgeltszahlung
- Einführung von technischen Einrichtungen zur Verhaltens- und Leistungsüberwachung
- Entlohnungsgrundsätze und -methoden
- Akkord- und Prämiensätze
- Vorschlagswesen
- Richtlinien über die personelle Auswahl bei Einstellungen, Versetzungen, Umgruppierungen, Kündigungen (§ 95)

Sozialplan bei Betriebsänderung und Konkurs (§ 111)

Eine Entscheidung kommt nur mit Zustimmung des Betriebsrats zustande.

Widerspruchsrecht

Personelle Einzelmaßnahmen (§ 99):
- Einstellungen
- Ein- und Umgruppierungen
- Versetzungen

Kündigungen (§ 102)

Der Betriebsrat kann aus schwerwiegenden Gründen Entscheidungen der Geschäftsleitung widersprechen.

Informations- und Beratungsrecht

Wirtschaftliche Angelegenheiten (§ 106):
z. B. wirtschaftliche und finanzielle Lage
Produktions- und Absatzlage
Investitions- und Produktionsprogramm
neue Arbeitsmethoden,
Stillegung von Betriebsteilen, Zusammenschluß von Betrieben, Änderung der Betriebsorganisation oder des Betriebszwecks
Rationalisierungsvorhaben.
Information durch den vom Betriebsrat bestimmten Wirtschaftsausschuß

Gestaltung des Arbeitsplatzes (§ 90):
- Neu-, Um-, Erweiterungsbauten
- technische Anlagen
- Arbeitsverfahren

Personalplanung (§ 92)

Förderung der Berufsbildung (§§ 96, 97)

Die Geschäftsleitung muß den Betriebsrat über anstehende Entscheidungen unterrichten[1]) und sich mit ihm beraten. Ein Widerspruch ist jedoch wirkungslos.

---

[1]) Dies muß so rechtzeitig erfolgen, daß die Vorschläge des Betriebsrats berücksichtigt werden können.

Erfolgt zwischen Betriebsrat und Arbeitgeber keine Einigung über eine Maßnahme, so ist bei Bedarf eine Einigungsstelle zu bilden. Arbeitgeber und Betriebsrat bestellen hierzu eine gleiche Anzahl von Beisitzern und einigen sich auf einen neutralen Vorsitzenden. Betriebsvereinbarungen können eine ständige Einigungsstelle vorsehen (BetrVG § 76). Außerdem verbleibt die Möglichkeit einer Klage vor dem Arbeitsgericht.

Die Stellung der Betriebsräte ist zu ihrem eigenen sozialen Schutz und zur wirksamen Interessenvertretung wesentlich stärker als die der Arbeitnehmer:

- Betriebsratsmitglieder sind bis ein Jahr nach Beendigung ihrer in der Regel dreijährigen Tätigkeit nur außerordentlich kündbar unter der Bedingung, daß der Betriebsrat oder das Arbeitsgericht zustimmen.
- Während der Interessenvertretung läuft das Arbeitsentgelt weiter.
- Jedes Betriebsratsmitglied hat das Recht auf einen dreiwöchigen bezahlten Bildungsurlaub.
- Die Kosten des Betriebsrates trägt der Arbeitgeber (Bei großen Kapitalgesellschaften können das über eine Million DM sein.).

Sprecherausschüsse der leitenden Angestellten nach dem Sprecherausschuß-Gesetz (SprAuG)

In Betrieben mit mindestens 10 leitenden Angestellten können im Frühjahr 1990 erstmals Sprecherausschüsse gewählt werden, wenn sich die Mehrheit der leitenden Angestellten dafür ausspricht.

Die **Mitwirkung des Sprecherausschusses** erfolgt durch Unterrichtung und Beratung über personelle und wirtschaftliche Angelegenheiten. Der Ausschuß kann die Arbeit der Betriebsräte nicht blockieren und Vereinbarungen zwischen Arbeitgeber und Betriebsrat nicht gerichtlich zu Fall bringen.

Betriebsvereinbarungen

Betriebsvereinbarungen sind **Verträge zwischen Arbeitgeber und Betriebsrat.** Sie regeln Fragen der Arbeitsbedingungen (z. B. Urlaubsplan, Beginn und Ende der Arbeitszeit, Betriebsordnung), der Mitbestimmung, der Verhütung von Arbeitsunfällen und Gesundheitsschädigungen, der Errichtung von Sozialeinrichtungen und der Förderung der Vermögensbildung. Hat ein Tarifvertrag die Fragen schon geregelt, so können sie allerdings nicht Gegenstand von Betriebsvereinbarungen werden, es sei denn, der Tarifvertrag läßt den Abschluß ergänzender Betriebsvereinbarungen ausdrücklich zu (BetrVG § 77, (3)). Betriebsvereinbarungen gelten unmittelbar und zwingend.

Zwischen der Firma ______________________________
vertreten durch ______________________________
einerseits
und
dem Betriebsrat der Firma ______________________________
vertreten durch den Vorsitzenden ______________________________
andererseits,
wird gemäß § 77 BetrVG folgende

BETRIEBSVEREINBARUNG

abgeschlossen:

1. Mit Wirkung vom ______________ wird für die Arbeiter und Angestellten die Gleitende Arbeitszeit eingeführt. Im Rahmen der folgenden Betriebsvereinbarung können die Arbeiter und Angestellten ihren Arbeitsbeginn und das Arbeitsende frei wählen.
2. Die **Gesamtarbeitszeit** umfaßt den Zeitraum von 7.00 bis 19.00 Uhr. Die **Stammarbeitszeit** umfaßt den Zeitraum von 9.15 bis 15.45 Uhr. Während der Stammarbeitszeit müssen die Arbeitnehmer an ihrem Arbeitsplatz sein. Während der Gleitzeit (von 7.00 bis 9.15 und 15.45 bis 19.00 Uhr) können die Arbeitnehmer ihre Arbeitszeit nach eigenen Bedürfnissen einrichten. Als **Normalarbeitszeit** wird der Zeitraum von 8.00 bis 16.30 Uhr angesehen.
Eine Arbeitsleistung von mehr als 10 Stunden pro Tag ist nach ______________ nicht zulässig.
3. Im Monat ist die im Tarifvertrag vereinbarte Arbeitszeit zu leisten. Überschreitungen oder Unterschreitungen der tariflichen Arbeitszeit bis zu 8 Stunden pro Monat sind möglich. Sie werden im folgenden Monat ausgeglichen.
4. Jeder Arbeitnehmer führt eine Zeiterfassung durch.
5. Abwesenheit von der Arbeit wird bei der Zeitsummenrechnung wie folgt behandelt:
(1) Überschreitungen der Soll-Arbeitszeit im vorhergehenden Abrechnungszeitraum sind als Zeitvortrag auf der Zeiterfassungskarte vermerkt. Sie vermindern die Soll-Arbeitszeit im gleichen Umfang.
(2) Dienstliche Abwesenheit, Urlaub, Kuraufenthalte, Arbeitsunfähigkeit und Schonzeiten im Sinne der §§ 2 und 6 des MuSchG vermindern die Soll-Arbeitszeit.
(3) Dienstverhinderungen infolge eines unverschuldeten Unglücks vermindern die Soll-Arbeitszeit und werden in der Zeiterfassungskarte nachträglich vermerkt.
(4) Beurlaubung aus besonderen Anlässen („Sonderurlaub") nach Maßgabe des bestehenden Tarifvertrags vermindern die Soll-Arbeitszeit und werden in der Zeiterfassungskarte nachträglich vermerkt.
(5) Unbezahlte Abwesenheit („unbezahlter Urlaub") muß im Einzelfall vereinbart werden.
6. Arbeitsgruppen, bei denen die gemeinsame Anwesenheit der Arbeitnehmer erforderlich ist, stimmen über die gemeinsame Arbeitszeit ab. Die Mehrheitsentscheidung der Arbeitsgruppe ist für alle Arbeitnehmer dieser Gruppe verbindlich.

Jugend- und Auszubildendenvertretung

Jugendliche Arbeitnehmer wählen eine eigene Jugend- und Auszubildendenvertretung. Die Grenze für das aktive und passive Wahlrecht liegt bei 25 Jahren.

BetrVG § 60

(1) In Betrieben mit in der Regel mindestens fünf Arbeitnehmern, die das 18. Lebensjahr noch nicht vollendet haben (jugendliche Arbeitnehmer) oder die zu ihrer Berufsausbildung beschäftigt sind und das 25. Lebensjahr noch nicht vollendet haben, werden Jugend- und Auszubildendenvertretungen gewählt.
(2) Die Jugend- und Auszubildendenvertretung nimmt nach Maßgabe der folgenden Vorschriften die besonderen Belange der in Absatz 1 genannten Arbeitnehmer wahr.

Die **Wahlen** finden alle zwei Jahre in der Zeit vom 1. Oktober bis 30. November statt.

Die Jugend- und Auszubildendenvertretung setzt sich wie folgt zusammen:

Anzahl der Jugend- und Auszubildendenvertreter			
Wahlberechtigte	**Jugend- und Auszubildenden-vertreter**	**Wahlberechtigte**	**Jugend- und Auszubildenden-vertreter**
5- 20	1	301- 600	9
21- 50	3	601-1000	11
51-200	5	mehr als 1000	13
201-300	7		

Die Jugend- und Auszubildendenvertretung

- beantragt Maßnahmen beim Betriebsrat, die den Jugendlichen dienen;
- überwacht die Einhaltung der Rechtsnormen zugunsten der Jugendlichen;
- leitet Anregungen Jugendlicher an den Betriebsrat weiter und wirkt auf ihre Erledigung hin.

Die Jugend- und Auszubildendenvertretung kann nur über den Betriebsrat tätig werden. Sie kann zu allen Betriebsratssitzungen einen Vertreter entsenden. An Tagesordnungspunkten, die besonders jugendliche Arbeitnehmer betreffen, kann die gesamte Jugend- und Auszubildendenvertretung teilnehmen. Wenn die Betriebsratsbeschlüsse überwiegend jugendliche Arbeitnehmer betreffen, haben die Jugend- und Auszubildendenvertreter Stimmrecht. Wenn sie meinen, daß durch einen Beschluß wichtige Interessen der Jugendlichen beeinträchtigt werden, so ist auf ihren Antrag der Beschluß für eine Woche auszusetzen, damit eine Verständigung versucht werden kann.
Die Jugend- und Auszubildendenvertretung kann vor oder nach jeder Betriebsversammlung im Einvernehmen mit dem Betriebsrat **Jugend- und Auszubildendenversammlungen** einberufen. In Betrieben mit mehr als 50 Jugendlichen kann die Jugend- und Auszubildendenvertretung **Sprechstunden** abhalten, auf denen ihre Tätigkeitsberichte und sozialpolitische Themen diskutiert werden können. Sprechstunden zwischen den Versammlungen während der Arbeitszeit erhalten den Kontakt mit der Jugendvertretung.

4.3 Mitbestimmung im Aufsichtsrat

Mitbestimmung nach dem Betriebsverfassungsgesetz

Die Bestimmungen des BetrVG gelten für folgende Rechtsformen mit den angegebenen Beschäftigtenzahlen:

- **AG und KGaA** mit in der Regel nicht mehr als 2000 Beschäftigten;
- **GmbH und Genossenschaft** mit mehr als 500 und in der Regel nicht mehr als 2000 Beschäftigten;
- **Bergrechtliche Gewerkschaft** mit mehr als 500 Beschäftigten.

(Es ist jedoch zu beachten, daß Unternehmen der Montanindustrie in der Rechtsform der AG, GmbH und der Bergrechtlichen Gewerkschaft mit in der Regel mehr als 1000 Beschäftigten dem Montanmitbestimmungsgesetz unterliegen.)

Die Kapitaleigner (Hauptversammlung, Generalversammlung, Gesellschafterversammlung) wählen in diesen Rechtsformen ⅔ der Aufsichtsratsmitglieder, die wahlberechtigten Arbeitnehmer ⅓ (sogenannte **„Drittel-Parität"**). Die Zahl der Aufsichtsratsmitglieder muß deshalb durch 3 teilbar sein.

Ist nur ein Arbeitnehmervertreter zu wählen, so muß er Arbeitnehmer des Betriebs sein. Bei zwei oder mehr Arbeitnehmervertretern müssen mindestens zwei Arbeitnehmer des Betriebes sein, darunter ein Arbeiter und ein Angestellter. Bei mehr als 50% weiblichen Arbeitnehmern soll mindestens eine Frau im Aufsichtsrat vertreten sein.

Wahlvorschläge können machen:

- mindestens 100 Arbeitnehmer oder mindestens 10% der Arbeitnehmer;
- der Betriebsrat.

Bei Aktiengesellschaften, die Familiengesellschaften sind und weniger als 500 Beschäftigte haben, wird der Aufsichtsrat nur von den Kapitaleignern gewählt.

Mitbestimmung nach dem Betriebsverfassungsgesetz
(Beispiel: Aufsichtsrat mit 9 Mitgliedern)

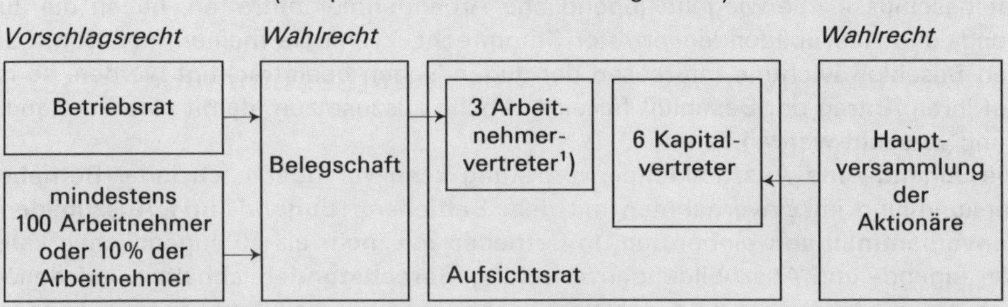

¹) davon 1 Angestellter und 1 Arbeiter des Unternehmens; 1 Vertreter kann von außen stammen.

Mitbestimmung nach dem Mitbestimmungsgesetz (Mitbestimmung in Großunternehmen)

Das Mitbestimmungsgesetz gilt für alle Kapitalgesellschaften und Genossenschaften mit mehr als 2000 Beschäftigten.

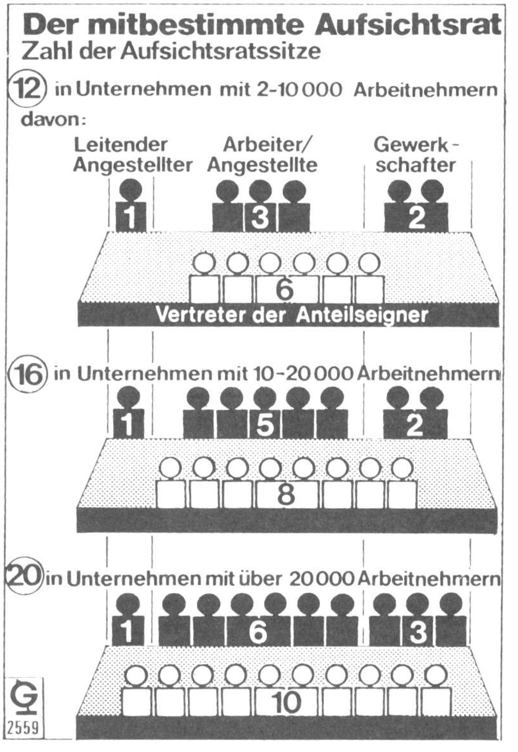

Der Aufsichtsrat dieser Unternehmen wird paritätisch (zu gleichen Teilen) von den Anteilseignern und Arbeitnehmern gewählt. Die Zahl der Aufsichtsratsmitglieder hängt von der Unternehmensgröße ab. Das Vorschlagsrecht für die Gewerkschaftsvertreter haben die im Unternehmen selbst oder in anderen Unternehmen vertretenen Gewerkschaften. Alle Arbeitnehmer wählen jeweils als Arbeiter, Angestellte oder Leitende Angestellte ihre Gruppenvertreter. In Unternehmen bis 8000 Beschäftigte sollte die Direktwahl gelten, bei über 8000 Beschäftigten sollte die Wahl durch Wahlmänner mittelbar erfolgen. Die Wahlmänner wählen dann die Aufsichtsratsmitglieder. Die Vorschläge dazu gibt jede Arbeitnehmer-Gruppe getrennt ab. In der Gruppe der Angestellten müssen die Leitenden Angestellten entsprechend ihrem Stärke-Verhältnis vertreten sein.

Der Aufsichtsratsvorsitzende und sein Stellvertreter werden vom Aufsichtsrat mit Zwei-Drittel-Mehrheit gewählt. Gelingt das im ersten Wahlgang nicht, so wählen die Vertreter der Anteilseigner den Vorsitzenden und die Arbeitnehmervertreter den Stellvertreter. Abstimmungen im Aufsichtsrat selbst erfolgen mehrheitlich. Bei Stimmengleichheit (Patt) hat der Vorsitzende im zweiten Wahlgang ein doppeltes Stimmrecht. Der Aufsichtsrat wählt mit Zwei-Drittel-Mehrheit den Vorstand des Unternehmens. Kommt diese Mehrheit nicht zustande, genügt bei der folgenden Abstimmung die einfache Mehrheit.

Mitbestimmung nach dem Montanmitbestimmungsgesetz

Das Montanmitbestimmungsgesetz gilt für Unternehmen der Montanindustrie (Bergbau und eisen- und stahlerzeugende Industrie), die in der Rechtsform einer AG, GmbH oder Bergrechtlichen Gewerkschaft betrieben werden und in der Regel mehr als 1000 Arbeitnehmer beschäftigen.

Der Aufsichtsrat besteht aus 11 Mitgliedern. Er setzt sich zusammen aus

- vier Vertretern der Anteilseigner und einem weiteren Mitglied,
- vier Vertretern der Arbeitnehmer und einem weiteren Mitglied,
- einem weiteren Mitglied (oft neutrales Mitglied genannt).

Die weiteren Mitglieder dürfen nicht Arbeitnehmer oder Arbeitgeber im Unternehmen sein; sie dürfen nicht wirtschaftlich wesentlich am Unternehmen interessiert sein; sie dürfen (rückwirkend bis zu 1 Jahr vor der Wahl) nicht in einem ständigen Dienst- oder Geschäftsbesorgungsverhältnis zu Gewerkschaften oder Arbeitgeberverbänden stehen (gestanden haben) oder Repräsentanten davon sein (gewesen sein.
Die Aufsichtsratsmitglieder werden durch die Hauptversammlung bzw. Gesellschafterversammlung gewählt. Dabei sind die Vorschläge, die ihr bezüglich der Arbeitnehmervertreter und des neutralen Mitglieds gemacht werden, bindend für sie. Einzelheiten zeigt das folgende Schema:

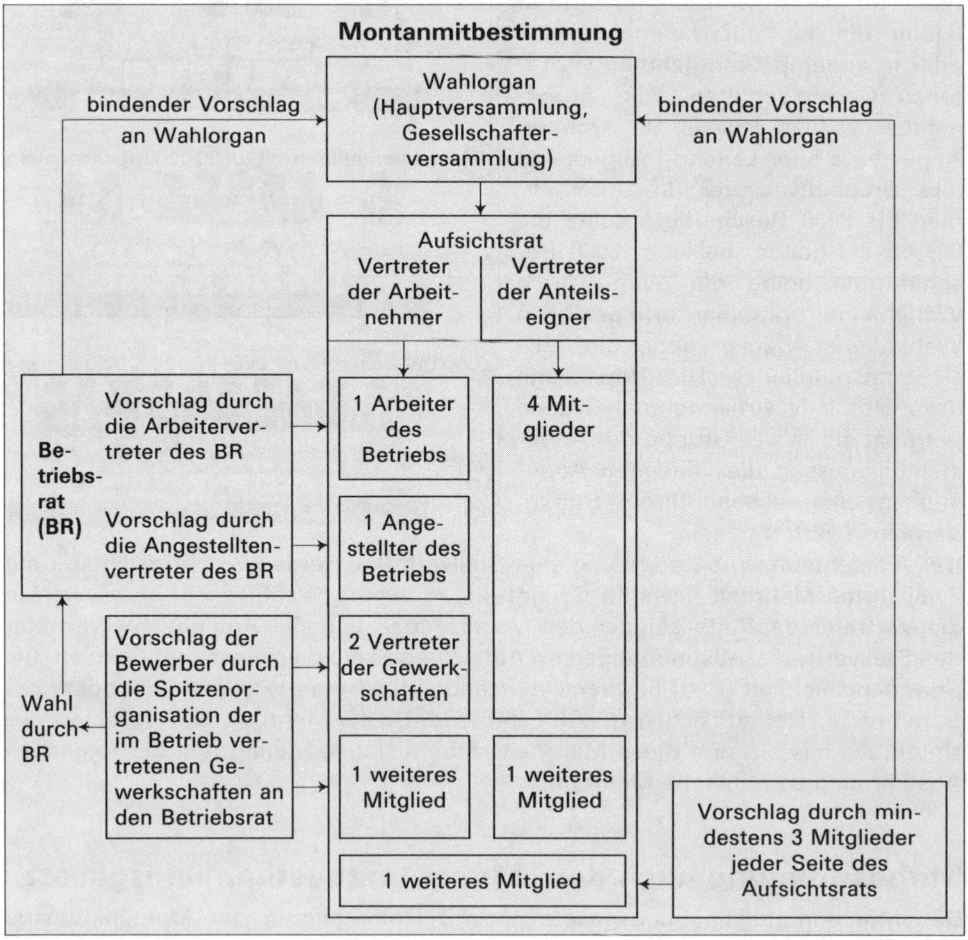

Beträgt das Nennkapital mehr als 20 (50) Mio. DM, so kann der Aufsichtsrat aus 15 (21) Mitgliedern bestehen.

Dem Vorstand bzw. der Geschäftsführung gehört als gleichberechtigtes Mitglied ein **Arbeitsdirektor** an. Der Arbeitsdirektor kann nicht gegen die Mehrheit der Arbeitnehmervertreter im Aufsichtsrat berufen oder abberufen werden.

Kontrolle des Lernerfolgs

1. Folgende Zeichnung beschreibt die Zusammenhänge der innerbetrieblichen Mitbestimmungsorgane.

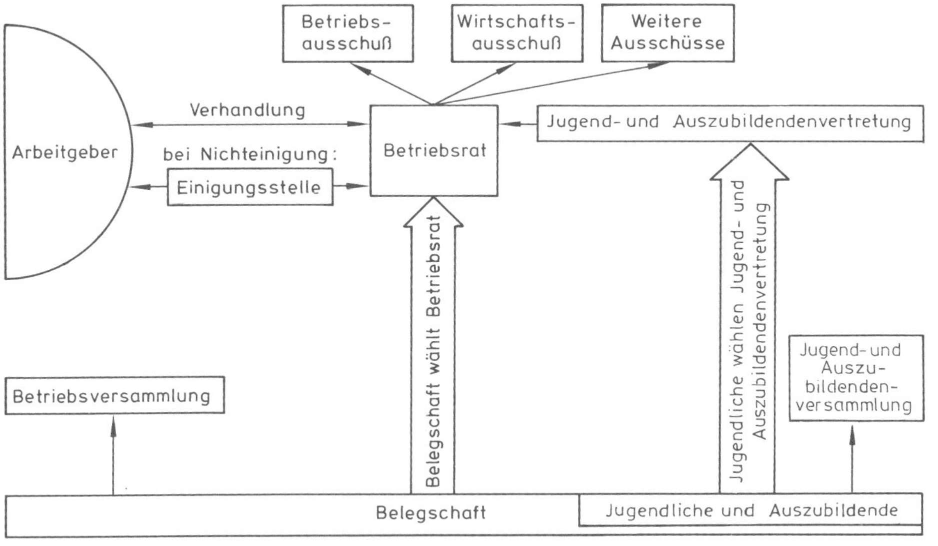

a) Beschreiben Sie in eigenen Worten die Aufgaben der Organe.
b) Erklären Sie, für welche Konflikte die Mitbestimmungsorgane zuständig sind.
   (1) Ein Jugendlicher wird nicht nach der Ausbildungsordnung ausgebildet.
   (2) Ein Arbeitnehmer ist seiner Meinung nach in die falsche Lohngruppe eingestuft.
   (3) Die Unternehmungsleitung will durch Rationalisierung 60 Arbeitsplätze einsparen.

2. Dürfen ausländische Arbeitnehmer an Betriebsratswahlen teilnehmen? Können sie auch gewählt werden?

3. Weshalb muß sich der Betriebsrat um bestimmte Gruppen von Arbeitnehmern besonders kümmern? Um welche handelt es sich?

4. Prüfen Sie die Mitbestimmungsrechte des Betriebsrates.
   a) Die Betriebsleitung beschließt die Abschaffung der gleitenden Arbeitszeit.
   b) Der Betriebsrat spricht sich gegen die Einstellung eines neuen Mitarbeiters aus
      - weil dieser ein unsympathischer Mensch sei,
      - weil er als brutaler Schläger bekannt sei.

5. Womit begründen die Gewerkschaften den Anspruch der Arbeitnehmer auf Mitbestimmung?
   a) Was versteht man unter paritätischer Mitbestimmung?
   b) Weshalb verlangen die Gewerkschaften die paritätische Mitbestimmung?
   c) Ist die paritätische Mitbestimmung in der Bundesrepublik Deutschland verwirklicht?

6. Unterscheiden Sie die Mitbestimmung nach dem Mitbestimmungsgesetz und der Montanmitbestimmung.

7. In dem ehemals gewerkschaftseigenen Unternehmen „Neue Heimat" bestand der 21köpfige Aufsichtsrat aus je 10 Anteilseignern und Arbeitnehmervertretern sowie einem neutralen Mann, dem DGB-Vorsitzenden. Von den 10 Arbeitnehmervertretern waren aber drei von der Gewerkschaft IG-Bau-Steine-Erden und der Gewerkschaft Handel, Banken und Versicherungen, die gleichzeitig Anteilseigner an der „Neuen Heimat" waren.
   Prüfen Sie, ob eine Seite übergewichtig vertreten war. Erklären Sie, wieso sich die paritätische Mitbestimmung ins Gegenteil verkehren kann.

Achter Themenkreis
Steuern des Industriebetriebes

1 Staatseinnahmen

Der Staat tätigt vielfältige Ausgaben für Investitionen, für die Bezahlung seiner Bediensteten, für Sozialleistungen und Subventionen. Zur Finanzierung dieser Ausgaben stehen ihm verschiedene Einnahmequellen zur Verfügung.

Einnahmequellen des Staates
Gebühren Entgelt für beanspruchte Leistungen staatlicher Einrichtungen, wie Verkehrsbetriebe, Paßbehörde, Gerichte. Es besteht ein unmittelbarer Zusammenhang zwischen Leistung und Gegenleistung.
Beiträge Spezielle Abgaben als Entgelt für staatliche Leistungen, wie Erschließungsbeiträge für Grundstücke oder Beiträge zur Sozialversicherung. In der Regel handelt es sich um eine Beteiligung des Bürgers an den von ihm verursachten Kosten.
Zölle Abgaben auf Einfuhr-, Ausfuhr- oder Durchfuhrgüter. Zölle finden meist ihre Begründung im Schutz der einheimischen Wirtschaft vor Billigeinfuhren aus dem Ausland. Die Bundesrepublik Deutschland kennt nur Einfuhrzölle.
Steuern Die **Abgabenordnung**, das grundlegende Steuergesetz, definiert in § 3: Steuern sind Geldleistungen, die **nicht eine Gegenleistung** für eine besondere Leistung darstellen und von einem öffentlich-rechtlichen Gemeinwesen zur Erzielung von Einkünften allen auferlegt werden, bei denen der Tatbestand zutrifft, an den das Gesetz die Leistungspflicht knüpft; die Erzielung von Einnahmen kann Nebenzweck sein.
Kredite Ausgaben, für die die aufgeführten Einnahmen nicht ausreichen, werden oft durch Kredite finanziert. Hierfür gibt der Staat z. B. Schuldverschreibungen aus.

Die Steuern bilden den Hauptbestandteil der Staatseinnahmen.

2 Einteilung der Steuern

An den Steuereinnahmen sind der Bund, die Länder und die Gemeinden beteiligt. Dementsprechend unterscheidet man **nach dem Empfänger** der Steuern Bundes-, Länder-, Gemeinde- und Gemeinschaftssteuern.
Hinzu kommt die Kirchensteuer, die die Religionsgemeinschaften als Körperschaften des öffentlichen Rechts von ihren Mitgliedern erheben dürfen.

Die Steuern sind an die der Finanzverwaltung angeschlossenen Finanzämter abzuführen, die die Verteilung vornehmen.

Einteilung der wichtigsten Steuerarten nach Gebietskörperschaften

Die Steuern lassen sich weiterhin einteilen nach

- dem Steuergegenstand,
- der Erhebungsart,
- der buchhalterischen Behandlung.

[1]) wird 1991 abgeschafft

Steuerarten

Steuerarten nach dem Steuergegenstand

Besitzsteuern

Personalsteuern

Sie erfassen den Ertrag aus der Arbeit und dem Vermögen von Personen. Dabei wird die Leistungsfähigkeit dieser Personen anhand festgelegter Kriterien berücksichtigt.
Arten: Einkommensteuer (veranlagte Einkommensteuer, Lohnsteuer, Kapitalertragsteuer, Körperschaftsteuer), Vermögensteuer, Erbschaft- und Schenkungsteuer, Kirchensteuer

Realsteuern (Ertragsteuern)

Sie erfassen die Erträge von Objekten (z. B. Unternehmen) ohne Rücksicht auf die Personen, denen die Erträge zufließen.
Arten: Gewerbesteuer, Grundsteuer

Verbrauchsteuern

Sie erfassen die steuerliche Leistungsfähigkeit nicht unmittelbar bei der Entstehung des Einkommens wie die Personalsteuern, sondern mittelbar bei seiner Verwendung (dem Verbrauch). Damit wird auch derjenige erfaßt, der z. B. keine Einkommensteuer zahlt. Die Steuer ist vom Hersteller oder Importeur zu entrichten, der sie in den Verkaufspreis einkalkuliert. Damit wird letztlich der Verbraucher mit der Steuer belastet.
Arten: Mineralölsteuer, Lebensmittelsteuern (Zuckersteuer, Salzsteuer), Genußmittelsteuern (Bier-, Tabak-, Kaffee-, Tee-, Schaumweinsteuer usw.), Zündwaren-, Leuchtmittel-, Spielkartensteuer
Vielfach wird auch die Umsatzsteuer als eine Verbrauchsteuer im weiteren Sinn bezeichnet.

Verkehrsteuern

Sie besteuern die Vorgänge des Rechtsverkehrs (Rechtsakte, die jemandem Rechte an einer Sache oder Dienstleistung einräumen). Sie knüpfen in der Regel an ein laufendes Geschäft an und nicht wie die Besitzsteuern an das Ergebnis. Sie werden deshalb auch ohne Rücksicht auf die steuerliche Leistungsfähigkeit des Steuerpflichtigen erhoben.
Arten: Umsatzsteuer (gleichzeitig Verbrauchsteuer), Grunderwerbsteuer, Gesellschaftsteuer, Börsenumsatzsteuer[1]), Wechselsteuer[1]), Kraftfahrzeugsteuer, Versicherungsteuer, Lotteriesteuer usw.

Zölle

Sie erfassen den grenzüberschreitenden Warenverkehr bei der Einfuhr. (Die Bundesrepublik Deutschland kennt keine Ausfuhr- und Transit-(=Durchfuhr-)Zölle.)
Arten: Wertzölle (nach dem Zollwert berechnet), Gewichtszölle (selten; nach dem Gewicht berechnet), gemischte Zölle (nach dem Gewicht, aber mit Mindestwert).

Steuerarten nach der Erhebungsart

Direkte Steuern

Sie werden direkt von denen erhoben, die nach dem Willen des Gesetzgebers die Steuern auch tragen sollen. Alle Besitzsteuern sind direkte Steuern.

Indirekte Steuern

Sie werden von Wirtschaftseinheiten erhoben, die nach dem Willen des Gesetzgebers die Steuer nicht selbst tragen, sondern sie über den Preis offen oder verdeckt auf andere abwälzen sollen. Die Verbrauchsteuern und Verkehrsteuern (außer Kfz-Steuer) sind indirekte Steuern.

---

[1]) wird 1991 abgeschafft

Steuerarten nach buchhalterischer Behandlung
Aktivierungspflichtige Steuern Sie sind als Anschaffungsnebenkosten anzusehen und bei der Anschaffung auf dem Konto des beschafften Gegenstandes zu aktivieren. *Arten:* Grunderwerbsteuer, Börsenumsatzsteuer[1]), Zölle
Betriebssteuern (Aufwandsteuern) Sie gelten im steuerlichen Sinn als Betriebsausgaben. Sie dürfen als Aufwendungen von den Erträgen abgesetzt werden und mindern folglich den Gewinn. Sie gehen als Kostenbestandteile in die Kalkulation ein. *Arten:* Gewerbesteuer, Grundsteuer, Kraftfahrzeugsteuer, Wechselsteuer[1])
Personensteuern (Privatsteuern) Sie betreffen die Person des Unternehmers und nicht das Unternehmen. Sie dürfen daher nicht als Aufwand abgesetzt werden, sondern sind **aus dem Gewinn** zu zahlen. *Arten:* Einkommensteuer, Kirchensteuer, Vermögensteuer, Körperschaftsteuer
Durchlaufsteuern Sie werden von der Unternehmung im Auftrag des Finanzamtes von anderen eingezogen und abgeführt. Sie sind als „durchlaufende Posten" erfolgsneutral. *Arten:* Umsatzsteuer, vom Arbeitnehmer einbehaltene Lohn- und Kirchensteuer, alle Verbrauchsteuern

Kontrolle des Lernerfolgs

1. Nennen Sie je zwei Gemeinschaftssteuern, die Bund und Ländern bzw. Ländern und Gemeinden zufließen.

2. Nennen Sie die jeweiligen Steuern, die bei folgenden Vorgängen anfallen:
   a) Sie kaufen Benzin.
   b) Sie erhalten Ihre monatliche Ausbildungsvergütung überwiesen.
   c) Der Inhaber eines Lebensmittelgeschäftes versteuert seinen Gewinn.
   d) Die Daimler-Benz AG versteuert ihren Gewinn.
   e) Sie erhalten 500000,— DM geschenkt.
   f) Sie erhalten eine Dividendenzahlung.
   g) Sie trinken Bier in einer Gaststätte und bezahlen sofort.
   h) Sie sind Halter eines Personenwagens.

[1]) wird 1991 abgeschafft

3 Einkommensteuer

Die Einkommensteuer mit ihrer wichtigsten Sonderform, der Lohnsteuer, ist die ergiebigste Steuerart. Sie erbringt rund 37% des gesamten Steueraufkommens.

3.1 Steuerpflicht und Steuervorauszahlungen

Alle natürlichen Personen mit Wohnsitz oder gewöhnlichem Aufenthalt im Inland sind **unbeschränkt steuerpflichtig.** Natürliche Personen, die weder ihren Wohnsitz noch ihren gewöhnlichen Aufenthalt im Inland haben, sind **beschränkt steuerpflichtig:** Nur ihre inländischen Einkommen unterliegen der Einkommensteuer (EStG § 1).

Der Einkommensteuer unterliegen nach EStG § 2:

- Einkünfte aus Land- und Forstwirtschaft,
- Einkünfte aus Gewerbebetrieb,
- Einkünfte aus selbständiger Arbeit,
- Einkünfte aus nichtselbständiger Arbeit,
- Einkünfte aus Kapitalvermögen,
- Einkünfte aus Vermietung und Verpachtung,
- sonstige Einkünfte.

Die Einkommensteuer wird vom Jahreseinkommen berechnet. Der Staat verlangt jedoch **Vorauszahlungen:** Er will die Leistungsfähigkeit des Bürgers möglichst zu dem Zeitpunkt erfassen, in dem der Bürger die Einkommenszahlung erzielt. Die Steuervorauszahlung erfolgt unterschiedlich, je nachdem, ob der Bürger zur Einkommensteuer veranlagt wird oder ob die Steuer als Lohnsteuer bei der Einkommenszahlung einbehalten wird.

3.2 Veranlagte Einkommensteuer

Alle Einkünfte sind dem Finanzamt bis zum 31. 05. des folgenden Jahres durch eine Einkommensteuererklärung auf Vordruck zu deklarieren[1]) **(Deklarationsverfahren).** Dies gilt für Einkünfte aus nichtselbständiger Tätigkeit allerdings nur, wenn der Bruttoarbeitslohn mehr als 27000,— DM (bei verheirateten Arbeitnehmern mehr als 54000,— DM) beträgt. Anhand der Erklärung wird die Steuer ermittelt **(Veranlagungsverfahren).** Für die Zukunft werden Einkommensteuervorauszahlungen für die durch das Deklarationsverfahren erfaßten Einkommensteile berechnet. Sie sind vierteljährlich zu leisten.

Die Steuer wird nach dem Einkommensteuertarif festgesetzt. Sie läßt sich aus Einkommensteuertabellen ablesen. Die Berechnung durch die EDV erfolgt mit Hilfe der Einkommensteuerformeln, die im § 32a des Einkommensteuergesetzes festgelegt sind.

[1]) lat. declarare = klarmachen, erklären, bekanntgeben

3.3 Lohnsteuer

Die Lohnsteuer ist eine besondere Erhebungsart der Einkommensteuer für Einkünfte aus nichtselbständiger Tätigkeit. Sie bemißt sich nach dem Jahresarbeitslohn, wird aber als Vorauszahlung bei jeder Lohnzahlung im **Abzugsverfahren** durch den Arbeitnehmer vom Arbeitslohn des Arbeitnehmers einbehalten und abgeführt. Dabei wird die Steuer jeweils mit dem Teilbetrag der Jahreslohnsteuer berechnet, die sich ergibt, wenn man den Arbeitslohn des Zahlungszeitraumes auf einen Jahresarbeitslohn umrechnet.

Zur Vereinfachung des Lohnsteuerabzugs gibt es Monats-, Wochen- und Tageslohnsteuertabellen. Sie setzen die Steuer mit $^1/_{12}$, $^7/_{360}$ und $^1/_{360}$ der Jahresbeträge an. Die Lohnsteuertabelle wird, unter Berücksichtigung der Besonderheiten der Lohnsteuer, aus der Einkommensteuertabelle erstellt.

Gesetzliche oder tarifvertragliche Zuschläge für geleistete Sonntags-, Feiertag- und Nachtarbeit sind steuerfrei. Andere Zuschläge für diese Arbeiten sind es, wenn sie bestimmte Prozentsätze des Grundlohns nicht übersteigen (EStG § 3b).

Beispiel: Monatslohnsteuertabelle (Auszug)

Die Abzüge an Lohnsteuer und Kirchensteuer betragen																							
Lohn/ Gehalt bis	Steuerklasse	Steuerklassen I, III-VI ohne Kinderfreibetrag			Steuerklasse	Steuerklassen I, II, III und IV mit Kinderfreibeträgen																	
						mit 0,5 Kinderfreibetrag			mit 1,0 Kinderfreibetrag			mit 1,5 Kinderfreibeträgen			mit 2,0 Kinderfreibeträgen			mit 2,5 Kinderfreibeträgen			mit 3,0 Kinderfreibeträgen		
		Lohn-steuer	Kirchensteuer 8%	Kirchensteuer 9%		Lohn-steuer	Kirchensteuer 8%	Kirchensteuer 9%	Lohn-steuer	Kirchensteuer 8%	Kirchensteuer 9%	Lohn-steuer	Kirchensteuer 8%	Kirchensteuer 9%	Lohn-steuer	Kirchensteuer 8%	Kirchensteuer 9%	Lohn-steuer	Kirchensteuer 8%	Kirchensteuer 9%	Lohn-steuer	Kirchensteuer 8%	Kirchensteuer 9%
2511,15	I,IV	324,75	25,98	29,22	I	294,91	22,59	25,41	265,75	19,26	21,66	237,16	15,97	17,96	209,08	12,72	14,31	181,66	9,53	10,72	154,75	6,38	7,17
	III	180,16	14,41	16,21	II	189,41	14,15	15,92	162,41	10,99	12,36	135,91	7,87	8,85	110,08	4,80	5,40	84,75	1,78	2,00	60,00		
	V	586,66	46,93	52,79	III	155,33	11,42	12,85	130,50	8,44	9,49	106,16	5,49	6,17	82,00	2,56	2,88	58,00			34,16		
	VI	643,66	51,49	57,92	IV	309,75	24,28	27,31	294,91	22,59	25,41	280,25	20,92	23,53	265,75	19,26	21,66	251,41	17,61	19,81	237,16	15,97	17,96
2515,65	I,IV	326,83	26,14	29,41	I	297,08	22,76	25,61	267,83	19,42	21,85	239,16	16,13	18,14	211,08	12,88	14,49	183,58	9,68	10,89	156,66	6,53	7,34
	III	180,16	14,41	16,21	II	191,41	14,31	16,10	164,33	11,14	12,53	137,83	8,02	9,02	111,91	4,95	5,57	86,50	1,92	2,16	61,75		
	V	588,33	47,06	52,94	III	155,33	11,42	12,85	130,50	8,44	9,49	106,16	5,49	6,17	82,00	2,56	2,88	58,00			34,16		
	VI	645,16	51,61	58,06	IV	311,91	24,45	27,50	297,08	22,76	25,61	282,33	21,08	23,72	267,83	19,42	21,85	253,41	17,77	19,99	239,16	16,13	18,14
2520,15	I,IV	327,91	26,23	29,51	I	298,08	22,84	25,70	268,83	19,50	21,94	240,16	16,21	18,23	212,08	12,96	14,58	184,58	9,76	10,98	157,66	6,61	7,43
	III	182,00	14,56	16,38	II	192,33	14,38	16,18	165,25	11,22	12,62	138,75	8,10	9,11	112,83	5,02	5,65	87,41	1,99	2,24	62,66		
	V	589,66	47,17	53,06	III	157,00	11,56	13,00	132,33	8,58	9,65	107,83	5,62	6,32	83,66	2,69	3,02	59,83			35,83		
	VI	646,83	51,74	58,21	IV	312,91	24,53	27,59	298,08	22,84	25,70	283,41	21,17	23,81	268,83	19,50	21,94	254,41	17,85	20,08	240,16	16,21	18,23
2524,65	I,IV	329,00	26,32	29,61	I	299,16	22,93	25,79	269,91	19,59	22,04	241,16	16,29	18,32	213,08	13,04	14,67	185,58	9,84	11,07	158,58	6,68	7,52
	III	182,00	14,56	16,38	II	193,33	14,46	16,27	166,25	11,30	12,71	139,66	8,17	9,19	113,75	5,10	5,73	88,33	2,06	2,32	63,50		
	V	591,16	47,29	53,20	III	157,00	11,56	13,00	132,33	8,58	9,65	107,83	5,62	6,32	83,66	2,69	3,02	59,83			35,83		
	VI	648,33	51,86	58,34	IV	314,00	24,62	27,69	299,16	22,93	25,79	284,41	21,25	23,90	269,91	19,59	22,04	255,50	17,94	20,18	241,16	16,29	18,32
2529,15	I,IV	330,08	26,40	29,70	I	300,25	23,02	25,89	270,91	19,67	22,13	242,25	16,38	18,42	214,08	13,12	14,76	186,50	9,92	11,16	159,50	6,76	7,60
	III	182,00	14,56	16,38	II	194,33	14,54	16,36	167,16	11,37	12,79	140,58	8,24	9,27	114,66	5,17	5,81	89,25	2,14	2,40	64,41		
	V	592,83	47,42	53,35	III	157,00	11,56	13,00	132,33	8,58	9,65	107,83	5,62	6,32	83,66	2,69	3,02	59,83			35,83		
	VI	650,00	52,00	58,50	IV	315,08	24,70	27,79	300,25	23,02	25,89	285,50	21,34	24,00	270,91	19,67	22,13	256,50	18,02	20,27	242,25	16,38	18,42
2533,65	I,IV	331,16	26.49	29,80	I	301,25	23,10	25,98	272,00	19,76	22,23	243,25	16,46	18,51	215,08	13,20	14,85	187,50	10,00	11,25	160,50	6,84	7,69
	III	183,83	14,70	16,54	II	195,33	14,62	16,45	168,16	11,45	12,88	141,58	8,32	9,36	115,58	5,24	5,90	90,08	2,20	2,48	65,25		
	V	594,16	47,53	53,47	III	158,83	11,70	13,16	134,00	8,72	9,81	109,66	5,77	6,49	85,50	2,84	3,19	61,50			37,50		
	VI	651,50	52,12	58,63	IV	316,16	24,79	27,89	301,25	23,10	25,98	286,58	21,42	24,10	272,00	19,76	22,23	257,50	18,10	20,36	243,25	16,46	18,51

Jeder Arbeitnehmer muß dem Arbeitgeber eine **Lohnsteuerkarte** vorlegen. Sie wird vom Gemeindeamt ausgestellt und ist der Einkommensnachweis des Arbeitnehmers. Sie enthält unter anderem die für die Anwendung der Steuertabelle notwendigen Angaben über die Steuerklasse und die Kinderfreibeträge. Das Finanzamt trägt auf Antrag des Arbeitnehmers weitere Freibeträge (steuerfreie Einkünfte) in die Karte ein. Am Jahresende werden die Arbeitsentgelte und Steuerabzüge vom Arbeitgeber auf der Karte bescheinigt.

Die **Lohnsteuerklassen** sollen die Familien- und Einkommensverhältnisse des Arbeitnehmers beim Steuerabzug berücksichtigen:

I: nicht verheiratete und dauernd getrennt lebende Arbeitnehmer

II: nicht verheiratete und dauernd getrennt lebende Arbeitnehmer, wenn Kinder eingetragen sind

III: verheiratete Arbeitnehmer, wenn der Ehegatte keinen Arbeitslohn bezieht oder aber Arbeitslohn bezieht und Steuerklasse V wählt

IV: verheiratete Arbeitnehmer, wenn beide Ehegatten Arbeitslohn beziehen und nicht die Kombination III/V wählen

V: für einen Ehegatten anstelle Klasse IV, wenn der erste in III eingereiht ist

VI: für eine zweite und weitere Lohnsteuerkarten (bei mehreren Arbeitsverhältnissen)

3.4 Zu versteuerndes Einkommen

Das zu versteuernde Einkommen ergibt sich (vereinfacht) wie folgt:

1. Einnahmen aus Land- und Forstwirtschaft 2. Einnahmen aus Gewerbebetrieb 3. Einnahmen aus selbständiger Arbeit	– Betriebsausgaben **= Gewinneinkünfte**
4. Einnahmen aus nichtselbständiger Arbeit 5. Einnahmen aus Kapitalvermögen, Dividenden, Zinsen, Gewinnanteilen 6. Einnahmen aus Vermietung und Verpachtung 7. Sonstige Einnahmen wie wiederkehrende Bezüge, Spekulationsgewinne	– Werbungskosten für jede Einkunftsart **= Überschußeinkünfte**

Summe der Einkünfte = Überschußeinkünfte + Gewinneinkünfte
– Altersentlastung (40% Einkünfte, max. 3720,– DM, für über 64jährige)

= Gesamtbetrag der Einkünfte
– Sonderausgaben
– Außergewöhnliche Belastungen

= Einkommen
– Bestimmte Freibeträge

= Zu versteuerndes Einkommen

Gewinneinkünfte sind grundsätzlich mittels der Buchführung und unter Beachtung der Buchführungsvorschriften (z.B. bezüglich Abgrenzung und Bewertung) zu ermitteln.
Wer nicht gesetzlich zur Buchführung verpflichtet ist, kann als Gewinn den Überschuß der Betriebseinnahmen über die Betriebsausgaben ansetzen.
Überschußeinkünfte ergeben sich, indem man Werbungskosten von den Einnahmen abzieht.

Das zu versteuernde Einkommen ist **nach dem Steuertarif** zu versteuern.
Die Besteuerung soll die Leistungsfähigkeit des einzelnen Steuerzahlers erfassen. Diese ist aber bei jedem aufgrund der beruflichen Verhältnisse oder familiären Lage unterschiedlich. Daher gibt das Steuerrecht die Möglichkeit, die Einkünfte steuermindernd durch Freibeträge, Werbungskosten, Sonderausgaben und außergewöhnliche Belastungen zu verkürzen.

Freibeträge

Freibeträge sind Einkommensbeträge, die nach dem Einkommensteuergesetz steuerfrei bleiben. Dazu gehören z.B. der Grundfreibetrag (5616,– DM für Ledige, 11232,– DM für Verheiratete) und der Kinderfreibetrag (3024,– DM je Kind).

Werbungskosten

Werbungskosten sind Aufwendungen zur Erwerbung, Sicherung und Erhaltung der Einnahmen. Sie sind bei derjenigen Einkunftsart abzuziehen, bei der sie entstehen.
Zu den Werbungskosten bei Einkünften aus nichtselbständiger Arbeit gehören z.B. Fahrtkosten für die Fahrt zur Arbeitsstätte, Kosten für Arbeitsmittel (wie Arbeits-

kleidung, Fachliteratur, Arbeitswerkzeug), Fortbildungskosten, Gewerkschaftsbeiträge, Verpflegungsmehraufwand. Ein Mindestbetrag („Werbungskostenpauschale") von 2000,— DM wird als Freibetrag automatisch durch das Finanzamt abgezogen. Höhere Werbungskosten müssen hingegen nachgewiesen werden.

Sonderausgaben

Sonderausgaben sind Aufwendungen, die keine Betriebsausgaben oder Werbungskosten sind. Der Staat gestattet aus wirtschafts- und sozialpolitischen Gründen ihren Abzug, obwohl sie den Kosten der privaten Lebensführung zuzurechnen sind. Sie sind teilweise in unbeschränkter Höhe, teilweise in beschränkter Höhe abzugsfähig.

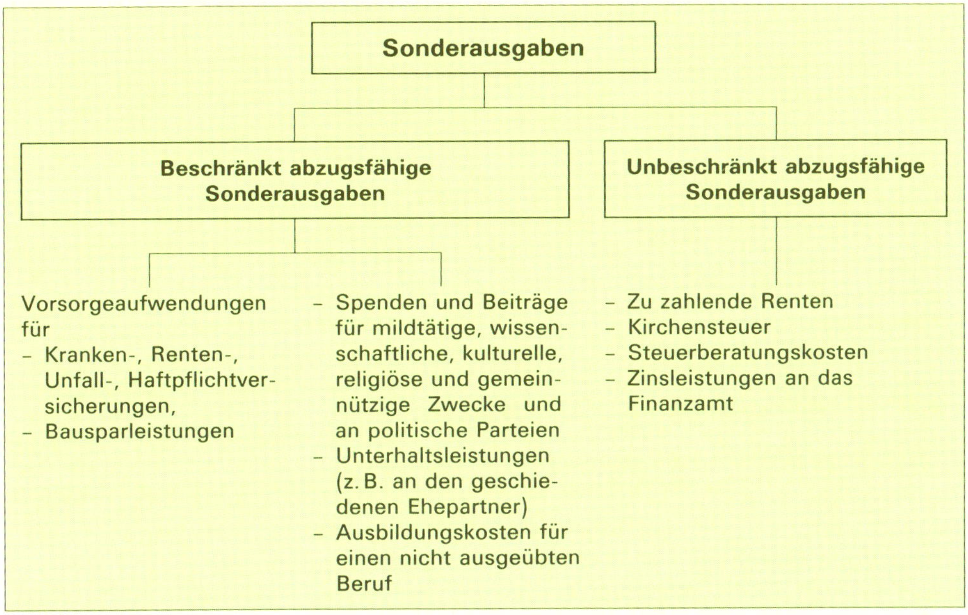

Für Vorsorgeaufwendungen ist bereits eine Vorsorgepauschale in die Lohnsteuertabelle eingearbeitet. Sie wird auch ohne Nachweis solcher Aufwendungen abgezogen. Sie beträgt zirka 18% des Brutto-Jahresarbeitslohns, wobei jedoch bestimmte Höchstbeträge zu berücksichtigen sind. Über die Vorsorgepauschale hinausgehende Aufwendungen können bis zu festgesetzten Höchstbeträgen geltend gemacht werden.

Außergewöhnliche Belastungen

Außergewöhnliche Belastungen sind größere Aufwendungen, als sie die überwiegende Mehrzahl der Steuerpflichtigen gleicher Einkommens- und Vermögensverhältnisse und gleichen Familienstands hat, die zwangsläufig entstehen. Sie sind – mit Ausnahmen – unter Berücksichtigung einer zumutbaren Eigenbelastung abzugsfähig. Zu den außergewöhnlichen Belastungen gehören z. B. Krankheitskosten und Kosten bei einem Sterbefall.

3.5 Steuertarif

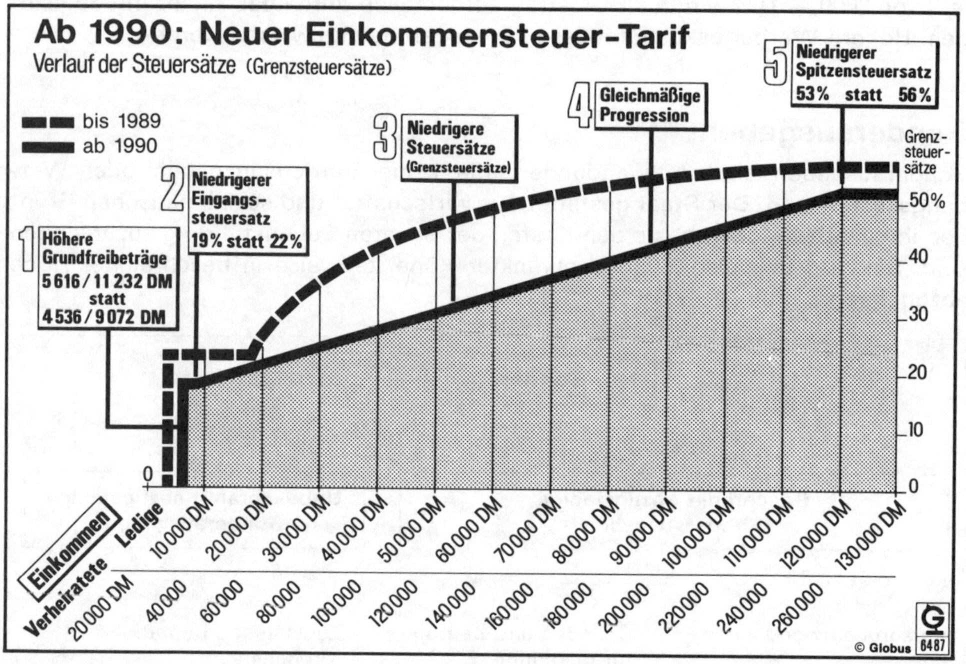

Die Steuer beginnt mit 19% von jeder über 5616,— DM (Ledige) bzw. 11 232,— DM (Verheiratete) hinaus verdienten Mark. Ab 8154,— DM bei Ledigen sowie ab 16 308,— DM bei Verheirateten fängt dann die sogenannte Steuerprogression an. Sie verläuft völlig gleichmäßig ansteigend bis zu einem Spitzensteuersatz von 53%. Bei Ledigen gilt dieser Satz für jede über 120 042,— DM hinaus, bei Verheirateten für jede über 240 084,— DM hinaus verdiente Mark.

Bei Verheirateten wird das sogenannte **Splittingverfahren** angewandt: Das zu versteuernde Einkommen wird halbiert; die Steuer wird von der Häfte berechnet und verdoppelt. Verheiratete werden deshalb erst von der Progression erfaßt, wenn ihr Einkommen doppelt so hoch ist wie das Einkommen des Alleinstehenden. Die Steuer kann aus einer besonderen Splittingtabelle abgelesen werden.

3.6 Lohnsteuerjahresausgleich

Die von den Arbeitnehmern einbehaltene Lohnsteuer ist oft höher als die Jahreslohnsteuer. Dies ist besonders dann der Fall, wenn

- im Laufe des Jahres Lohnschwankungen[1]) vorlagen,
- Werbungskosten, Sonderausgaben und außergewöhnliche Belastungen nicht vollständig berücksichtigt wurden,

[1]) In Zeiträumen mit höheren Zahlungen greift die Progression unverhältnismäßig stark.

- der Arbeitnehmer im Laufe des Jahres geheiratet hat,
- der Arbeitnehmer im Laufe des Jahres Kinder bekommen hat.

Auf Antrag des Arbeitnehmers wird ein Lohnsteuerjahresausgleich vom Finanzamt durchgeführt, durch den die wirkliche Jahreslohnsteuer ermittelt wird. Der Antrag ist auf dem gleichen Formular wie die Einkommensteuererklärung beim Finanzamt einzureichen (Frist: 30. 09. des Folgejahres).

Kontrolle des Lernerfolgs

1. Prüfen Sie, welche Einkunftsarten vorliegen und welche Steuern anfallen:
Dr. Baer eröffnet ein Sanatorium und beschäftigt mehrere Ärzte und Pflegerinnen. Zum Sanatorium gehören ein Schwimmbad und eine Tennisanlage. Nebenbei ist Dr. Baer stiller Gesellschafter bei der Firma seines Bruders mit einer Einlage von 100000,— DM zu 6% Zinsen.

2. Ein 40jähriger lediger Arbeitnehmer gibt zur Ermittlung seines steuerpflichtigen Einkommens folgende Zahlen an:
- Einkommen aus nichtselbständiger Arbeit 30000,— DM pro Jahr,
- Werbungskosten 4000,— DM,
- abzugsfähige Sonderausgaben 7000,— DM,
- Einnahmen aus Kapitalvermögen 2000,— DM.

a) Ermitteln Sie das zu versteuernde Einkommen unter Berücksichtigung der Freibeträge.

b) Ermitteln Sie anhand folgender verkürzter Steuertabelle die Steuerschuld.

Grundtabelle		Splittingtabelle	
Zu versteuerndes Einkommen	Tarifliche Einkommensteuer	Zu versteuerndes Einkommen	Tarifliche Einkommensteuer
19979,— DM	2931,— DM	19655,— DM	1588,— DM
20087,— DM	2955,— DM	19763,— DM	1608,— DM
20141,— DM	2968,— DM	19871,— DM	1630,— DM
20195,— DM	2980,— DM	19979,— DM	1650,— DM
20249,— DM	2992,— DM	20087,— DM	1672,— DM
20303,— DM	3004,— DM	20195,— DM	1694,— DM
20357,— DM	3017,— DM	20303,— DM	1714,- DM

c) Unterstellen Sie, daß der Arbeitnehmer verheiratet ist, und errechnen Sie seine ungefähre Steuerersparnis.

3. Beschreiben Sie den Einkommensteuertarif anhand der Begriffe Steuersatz, Proportionalzone, Progressionszone.
Versuchen Sie, die verschiedenen Zonen zu begründen.

4. Die Steuerreform 1990 regelte die Familienentlastung neu. Danach wird neben dem steuerfreien Kindergeld ein Kinderfreibetrag von 3024,— DM gewährt, wenn die Eltern verheiratet sind und nicht dauernd getrennt leben.

a) Zählen Sie auf, welche Steuervorzüge ein Steuerpflichtiger mit Kindern hat.

b) Begründen Sie, warum die einheitlichen Kindergeldbeträge sozial anders zu beurteilen sind als einheitliche Steuerfreibeträge. Berücksichtigen Sie die Auswirkungen auf niedrige und hohe Einkommen.

4 Körperschaftsteuer

Die Körperschaftsteuer ist die Einkommensteuer juristischer Personen. Nichtausgeschüttete Gewinne werden mit 50%, ausgeschüttete Gewinne mit 36% besteuert. Der einzelne Aktionär kann die auf seinen Dividendenanteil entfallende Körperschaftsteuer mit seiner individuellen Steuerschuld verrechnen. Er bekommt zu diesem Zweck vom Finanzamt eine Gutschrift über die Körperschaftsteuer.

Beispiel:

Gewinn vor Körperschaftsteuer einer AG	1000000,— DM
– 50% Körperschaftsteuer auf den Gewinn	500000,— DM
	500000,— DM
– Zuweisungen zu den Rücklagen nach Beschluß	223000,— DM
	277000,— DM
zuzüglich Körperschaftsteuerentlastung von 14%, da ausgeschüttete Gewinne nur mit 36% belastet sind: 50% ≙ 277000,— DM; 14% ≙ x DM	77560,— DM
Bardividende	354560,— DM

Ertragsrechnung eines Aktionärs, der 1000,— DM Dividende erhält:

Körperschaftsteuergutschrift: 64% ≙ 1000,— DM; 36% ≙ x DM	562,50 DM
Dividende	1000,— DM
Zu versteuernder Gesamtbetrag	1562,50 DM

Die Gewinne von Personengesellschaften werden den Gesellschaftern zugeordnet. Der Gewinnanteil unterliegt folglich der Einkommensteuer, wenn der Gesellschafter eine natürliche Person ist; er unterliegt der Körperschaftsteuer, wenn der Gesellschafter eine juristische Person ist (z. B. eine GmbH oder AG).

5 Umsatzsteuer

Die Umsatzsteuer besteuert den von Unternehmen erzielten Umsatz an Waren und Dienstleistungen sowie den Eigenverbrauch des Unternehmers und die Wareneinfuhr (Einfuhrumsatzsteuer). Steuerfrei sind vor allem die Ausfuhr und Umsätze der Banken, der Post, der Ärzte und Krankenanstalten und der Sozialversicherung. Der volle Steuersatz beträgt 14%, der ermäßigte Steuersatz (z. B. für Lebensmittel und Bücher) 7%.

Der Unternehmer ist gegenüber dem Finanzamt steuerpflichtig. Da er aber die Steuer auf seinen Nettopreis aufschlägt, überwälzt er sie nach dem Willen des Gesetzgebers auf den Käufer.

Die heutige Umssatzsteuer ist technisch eine Mehrwertsteuer: Sie besteuert nur die **Wertschöpfung (Mehrwert)**, die ein Gut auf der jeweiligen Produktions- oder Handelsstufe erfährt. Technisch wird dies dadurch ermöglicht, daß jeder Verkäufer seinem Kunden die Mehrwertsteuer auf den Gesamtpreis seiner Leistung berechnet, aber von der vereinnahmten Steuersumme die von ihm selbst bei Einkäufen gezahlte Umsatzsteuer (die sogenannte **Vorsteuer**) abziehen kann. Der Rest **(Zahllast)** ist mit einer Umsatzsteuervoranmeldung für den laufenden Monat bis zum 10. des folgenden Monats an das Finanzamt abzuführen. Ein Vorsteuerüberschuß über 1000,— DM wird vom Finanzamt erstattet, ein Betrag unter 1000,— DM wird mit dem Folgemonat verrechnet.

Beispiel:

	Verkaufspreis	14% USt. vom Verkaufspreis	minus Vorsteuer	= Zahllast
Hersteller → Großhändler	1000,—	140,—	—	140,—
Großhändler → Einzelhändler	1500,—	210,—	140,—	70,—
Einzelhändler → Verbraucher	2000,—	280,—	210,—	70,—
		↓ Verbindlichkeiten	↓ Forderungen	280,— → Finanzamt
		gegenüber dem Finanzamt		

6 Gewerbesteuer

Die Gewerbesteuer ist eine **Gemeindesteuer.** Jeder Gewerbebetrieb wird unabhängig von seiner Rechtsform zur Gewerbesteuer herangezogen. Man unterscheidet Gewerbeertrag- und Gewerbekapitalsteuer.

Berechnung des Gewerbeertrages

	Gewinn aus dem Gewerbebetrieb laut Steuerbilanz			
+	Hinzurechnungen (Zinsen für Dauerschulden; Renten; die halbe Miete für die Benutzung fremder Anlagegüter)			
–	Kürzungen (1,2% von 140% des Einheitswertes des zum Betriebsvermögen gehörenden Grundbesitzes)			
=	**Gewerbeertrag**	z. B.	86000,–	DM
–	Freibetrag		36000,–	DM
=	**Verbleibender Betrag**		50000,–	DM
	davon 5% (Steuermeßzahl)	=	2500,–	DM **(Steuermeßbetrag)**

Berechnung des Gewerbekapitals

	Einheitswert des Betriebsvermögens			
+	Hinzurechnungen (Dauerschulden)			
–	Kürzungen (140% des Einheitswertes der Betriebsgrundstücke)			
=	**Gewerbekapital**	z. B.	220000,–	DM
–	Freibetrag		120000,–	DM
=	**Verbleibender Betrag**		100000,–	DM
	davon 2‰ (Steuermeßzahl)	=	200,–	DM **(Steuermeßbetrag)**

Berechnung der Gewerbesteuer

	Steuermeßbetrag Gewerbeertrag	2500,–	DM
+	Steuermeßbetrag Gewerbekapital	200,–	DM
=	**Gesamter Steuermeßbetrag**	2700,–	DM
×	Hebesatz (z. B. 300%)		
=	**Gewerbesteuer**	8100,–	DM

Der Hebesatz wird vom Gemeinderat festgesetzt und ist deshalb von Gemeinde zu Gemeinde unterschiedlich. Er gibt an, wieviel Prozent des Steuermeßbetrages die Gewerbesteuer beträgt. Unternehmen mit an sich gleicher Ertragskraft werden aufgrund unterschiedlicher Hebesätze ungleich belastet. Dies kann zu Wettbewerbsnachteilen bzw. -vorteilen führen.

Kontrolle des Lernerfolgs

1. Ein Aktionär erhält eine Nettodividende nach Abzug von 25% Kapitalertragsteuer von 2000,— DM.
   a) Ermitteln Sie den zu versteuernden Gesamtertrag.
   b) Errechnen Sie die Steuerrückzahlung bei einem persönlichen Steuersatz von 40%.

2. Ein Waldbesitzer verkauft für 500,— DM +14% USt. Holz an ein Sägewerk. Dieses verkauft die hergestellten Bretter für 1000,— DM +14% USt. an eine Möbelfabrik. Diese wiederum verkauft daraus hergestellte Möbel für 1500,— DM +14% USt.
   Übertragen Sie folgendes Schema auf ein gesondertes Blatt. Zeichnen Sie die Wirkungsweise der Mehrwertsteuer ein.

1. Stufe	[ ]	→ Mehrwert DM	→ Finanzamt DM
2. Stufe	[ ]	→ Mehrwert DM	→ Finanzamt DM
3. Stufe	[ ]	→ Mehrwert DM	→ Finanzamt DM
			Summe [DM]

3. Geben Sie an, welche der folgenden Zwecke eine Erhöhung der USt. Ihrer Meinung nach rechtfertigen.
   a) Schuldentilgung des Staates
   b) Verbesserung des Konsums
   c) Steuersenkung
   d) Erhöhung der Kaufkraft
   e) Erhöhung des Anteils der Bundessteuern
   f) Höhere Unternehmerbesteuerung
   g) Angleichung an die höhere USt. in anderen EG-Ländern

4. Nennen Sie zwei Gründe, warum die Gewerbesteuer gesenkt werden sollte.

Stichwortverzeichnis

B